Nationalatlas Bundesrepublik Deutschland – Unternehmen und Märkte

Nationalatlas Bundesrepublik Deutschland

1. Gesellschaft und Staat
2. Relief, Boden und Wasser
3. Klima, Pflanzen- und Tierwelt
4. Bevölkerung
5. Dörfer und Städte
6. Bildung und Kultur
7. Arbeit und Lebensstandard
8. **Unternehmen und Märkte**
9. Verkehr und Kommunikation
10. Freizeit und Tourismus
11. Deutschland in der Welt
12. Deutschland im Überblick

Registerband

Diese Reihenfolge entspricht nicht der Erscheinungsreihenfolge. Das Gesamtwerk soll bis zum Jahre 2006 abgeschlossen sein; Informationen über die geplanten Erscheinungstermine der einzelnen Bände erhalten Sie beim Verlag. Markierte Titel sind lieferbar.

Dieser Band wurde gefördert mit Mitteln der Stiftung Mercator

Leibniz-Institut für Länderkunde (Hrsg.)

Nationalatlas Bundesrepublik Deutschland

Unternehmen und Märkte

Mitherausgegeben von Hans-Dieter Haas, Martin Heß, Werner Klohn und Hans-Wilhelm Windhorst

Spektrum
AKADEMISCHER VERLAG

Wichtiger Hinweis für den Benutzer
Der Verlag und der Autor haben alle Sorgfalt walten lassen, um vollständige und akkurate Informationen in diesem Buch zu publizieren. Der Verlag übernimmt weder Garantie noch die juristische Verantwortung oder irgendeine Haftung für die Nutzung dieser Informationen, für deren Wirtschaftlichkeit oder fehlerfreie Funktion für einen bestimmten Zweck. Der Verlag übernimmt keine Gewähr dafür, dass die beschriebenen Verfahren, Programme usw. frei von Schutzrechten Dritter sind. Der Verlag hat sich bemüht, sämtliche Rechteinhaber von Abbildungen zu ermitteln. Sollte dem Verlag gegenüber dennoch der Nachweis der Rechtsinhaberschaft geführt werden, wird das branchenübliche Honorar gezahlt.

Bibliografische Information der Deutschen Bibliothek
Die Deutsche Bibliothek verzeichnet diese Publikation in der Deutschen Nationalbibliografie; detaillierte bibliografische Daten sind im Internet über http://dnb.ddb.de abrufbar.

Nationalatlas Bundesrepublik Deutschland
Herausgeber: Leibniz-Institut für Länderkunde
Schongauerstraße 9
D-04329 Leipzig
Mitglied der Leibniz-Gemeinschaft

Unternehmen und Märkte
Mitherausgegeben von Hans-Dieter Haas, Martin Heß, Werner Klohn und
Hans-Wilhelm Windhorst

1. Auflage 2004

Spektrum Akademischer Verlag ist ein Imprint der Elsevier GmbH.

04 05 06 07 5 4 3 2 1 0

Nationalatlas Bundesrepublik Deutschland
Projektleitung: Prof. Dr. S. Lentz, Dr. S. Tzschaschel
Lektorat: S. Tzschaschel
Redaktion: V. Bode, K. Großer, D. Hänsgen, C. Hanewinkel, S. Lentz, S. Tzschaschel
Kartenredaktion: S. Dutzmann, K. Großer, B. Hantzsch, W. Kraus
Umschlag- und Layoutgestaltung: WSP Design, Heidelberg
Satz und Gesamtgestaltung: J. Rohland
Druck und Verarbeitung: Appl Druck GmbH & Co. KG, Wemding

Umschlagfotos: PhotoDisc sowie Claas KGaA (Landwirtschaft) und IWKA AG (PKW-Produktion)
Printed in Germany

ISBN 3-8274-0959-4

Aktuelle Informationen finden Sie im Internet unter www.elsevier.de

Geleitwort

STIFTUNG  MERCATOR

„In Leder gebundene Bücher leisten nützliche Dienste beim Abziehen von stumpfen Messern. Dünne Broschüren sind unentbehrlich, um wacklige Tische und andere Möbelstücke wieder ins Gleichgewicht zu bringen. Ein Lexikon ist ein sehr wirksames Wurfgeschoss und dient gut als Sitzunterlage. Ein Atlas kann einem eine ganze Weltreise ersparen.", schreibt der reisebegeisterte Mark Twain, eigentlich Samuel Langhorne Clemens, über die Faszination, die von einem guten Atlas ausgehen kann – und tatsächlich ausgeht, sobald man ein so eindrückliches Exemplar wie den nunmehr vorliegenden, vom Leibniz-Institut für Länderkunde Leipzig herausgegebenen Nationalatlas in der Hand hält.

Jedes Kind bekommt in der Schule irgendwann einen Atlas in die Hand – und kommt auf diese Weise mit Gerhard Mercator in Kontakt; zum einen, weil Mercator erstmals ein Buch unter der Bezeichnung Atlas publiziert hat, und zum anderen, weil seine wissenschaftliche Leistung Kartensammlungen in einer solchen, bis dahin nicht gekannten hohen Qualität überhaupt erst möglich gemacht hat. Die Mathematiker unter den Lesern mögen uns die nachfolgende stark vereinfachte Darstellung verzeihen: Gerhard Mercator war der geniale Erfinder, der das Problem gelöst hat, wie die kugelige Erde angemessen auf zweidimensionalem Papier dargestellt werden kann, ohne dass die Erdkrümmung die Darstellung der genauen Richtung verfälscht. Erst mit Karten, die das von Mercator im 16. Jahrhundert entwickelte mathematisch hochkomplexe Verfahren der Mercator-Projektion umsetzten, konnte insbesondere auf See der gewünschte Kurs exakt bestimmt werden. Gerhard Mercator war ein handwerklich versierter Erfinder bei der Herstellung von Globen, Land- und Seekarten und zugleich Wissenschaftler und Entdecker – all das, ohne auch nur eine Forschungsreise selbst unternommen zu haben.

Mercator veröffentlichte 1569 seine weltberühmt gewordene Weltkarte. Für diese Karte wie für jedes seiner Werke stellte er akribisch und detailgetreu das gesamte verfügbare Wissen seiner Zeit zusammen. Er las alle Reise- und Expeditionsberichte über die Erkundungen neuer Länder und Kontinente, die er bekommen konnte, und wertete sie systematisch aus; er stellte sich „auf die Schultern von Riesen" wie Sir Isaac Newton 1675 das typische Herangehen der modernen Wissenschaft charakterisiert hat. Gerhard Mercator revolutionierte das Weltbild seiner Zeit, ohne dafür seine Heimatstadt Duisburg zu verlassen. Er betrieb und verkörperte zu einer sehr frühen Zeit Wissenschaft in einem modernen Sinne, war seiner Zeit weit voraus und ermöglichte so die Entdeckungen der Seefahrer, deren Namen heute berühmter sind als der seine – denen er Karten an die Hand gab, die präzise genug waren, um ein ganzes Zeitalter der Entdeckungen einzuläuten.

Die gemeinnützige Stiftung Mercator GmbH trägt den Namen dieses berühmten Kartographen, dessen Wirken Ausdruck genau der Weltoffenheit und Toleranz ist, für den sich auch die Stiftung einsetzen will. Daher unterstützt sie Initiativen, die im Sinne Gerhard Mercators den aktiven Wissensaustausch zwischen Menschen mit unterschiedlichem nationalen, kulturellen und sozialen Hintergrund verbessern; sie bemüht sich um Projekte, die sich neben dem Engagement für Kinder und Jugendliche und der Stärkung des interkulturellen Austauschs zwischen Menschen aus Deutschland auf der einen und Osteuropa und Asien auf der anderen Seite das Ziel gesetzt haben, Innovationen im Hochschulbereich zu fördern – so die Bezeichnung des größten Themenschwerpunktes unserer Stiftungsarbeit. Mercators Lebenswerk macht deutlich: Erkenntnis und Erfahrung müssen ausgetauscht werden, um wirken und sich (weiter-)entwickeln zu können.

Dabei helfen Atlanten. Sie weisen nicht nur den Weg, sondern weisen zugleich darauf hin, was es alles zu entdecken gibt. Zwar ersetzt der vorliegende Nationalatlas keine Weltreise, er zeigt jedoch in wirklich beeindruckender Weise auf, wie faszinierend die gut durchdachte Reise durch das eigene Land sein kann: Wir sind davon überzeugt, im Nationalatlas hätte Mark Twain auf seinem Bummel durch Europa, vor allem während seiner ausgedehnten Entdeckungsreise durch Deutschland, eine spannende Lektüre und ein zentrales wissenschaftliches Nachschlagewerk gefunden. Dafür, dass wir uns heute über den 9. Band des Nationalatlas' zum Thema „Unternehmen und Märkte" freuen können, möchten wir im Namen der Stiftung Mercator unseren herzlichen Dank ausdrücken bei den vielen Menschen, die dieses Werk geschaffen haben.

Annabel von Klenck
Geschäftsführerin
Stiftung Mercator GmbH

Robert Faulstich-Theis
Geschäftsführer
Stiftung Mercator GmbH

Abkürzungsverzeichnis

Zeichenerläuterung

- ❶ Verweis auf Abbildung/Karte
- ▶▶ Verweis auf anderen Beitrag
- → Hinweis auf Folgeseiten
- ▶ Verweis auf blauen Erläuterungsblock
- ▷ Verweis auf Eintrag im allgemeinen Glossar (S. 152ff.)

Einheiten für Energie und Leistung

Joule (J) für Energie, Arbeit, Wärmemenge

Watt (W) für Leistung, Energiestrom, Wärmestrom

1 Joule (J) = 1 Newtonmeter (Nm) = 1 Wattsekunde (Ws)

Vorsätze und Vorsatzzeichen

Kilo	k	10^3	Tausend
Mega	M	10^6	Million
Giga	G	10^9	Milliarde
Tera	T	10^{12}	Billion
Peta	P	10^{15}	Billiarde
Exa	E	10^{18}	Trillion

Umrechnungsfaktoren

Ausgangseinheit	Zieleinheit				
	PJ	Mio. t SKE	Mio. t RÖE	Mrd. kcal	TWh
1 Petajoule (PJ)	-	0,034	0,024	238,8	0,278
1 Mio. t Steinkohleeinheit (SKE)	29,308	-	0,7	7000	8,14
1 Mio. t Rohöleinheit (RÖE)	41,869	1,429	-	10000	11,63
1 Mrd. Kilokalorien (kcal)	0,0041868	0,000143	0,0001	-	0,001163
1 Terawattstunde (TWh)	3,6	0,123	0,0861	859,8	-

Beispiel: Um von der Ausgangseinheit (z.B. TWh) in die Zieleinheit (z.B. Mio. t SKE) umzurechnen, muss der Ausgangswert mit dem Tabellenwert (im Beispiel: 0,123) multipliziert werden.

Allgemeine Abkürzungen

a – annum, Jahr
Abb. – Abbildung
aL – alte Länder
Anm. – Anmerkung (im Anhang)
BBR – Bundesamt für Bauwesen und Raumordnung
Bd. – Band
BRD – Bundesrepublik Deutschland
bspw. – beispielsweise
bzw. – beziehungsweise
ca. – circa
DDR – Deutsche Demokratische Republik
DM – Deutsche Mark
dt., dtsch. – deutscher/e/es
dzt. – derzeit
ehem. – ehemals, ehemaliger/e/es
engl. – englisch
etc. – et cetera, und so weiter
EU – Europäische Union
Ew., EW – Einwohner
ggf. – gegebenenfalls
h – Stunde
Hrsg. – Herausgeber, herausgegeben
i.d.R. – in der Regel
i.e.S. – im eigentlichen Sinne
i.A. – im Allgemeinen
IfL – Leibniz-Institut für Länderkunde
inkl. – inklusive
Jh./Jhs. – Jahrhundert/s
k.A. – keine Angabe (bei Daten)
Kfz – Kraftfahrzeug
km – Kilometer
lat. – lateinisch
m – Meter
Max./max. – Maximum/maximal
Min./min. – Minimum, minimal
Mio. – Million/en
Mrd. – Milliarde/n
N – Norden
n. Chr. – nach Christus
nL – neue Länder
NUTS – nomenclature des unités territoriales statistiques [1]
O – Osten
ÖPNV – öffentlicher Personennahverkehr
Pkw – Personenkraftwagen
rd. – rund
s – Sekunde
S – Süden
S. – Seite
s. – siehe
sog. – so genannter/e/es
s.u. – siehe unten
Tsd. – Tausend
u.Ä. – und Ähnliches
u.a. – und andere, unter anderem
u.U. – unter Umständen
usw. – und so weiter
v. Chr. – vor Christus
v.a. – vor allem
vgl. – vergleiche
W – Westen
z.B. – zum Beispiel
z.T. – zum Teil
z.Z. – zur Zeit

Spezielle Abkürzungen für Band 8

AAB – Arbeitsamtsbezirk
ASEAN – Association of South East Asian Nations (Verband Südostasiatischer Staaten)
BIP – Bruttoinlandsprodukt
BSP – Bruttosozialprodukt
DAX – Deutscher Aktienindex
dt – Dezitonne, 100 Kg
DV – Datenverarbeitung
e.G. – eingetragene Genossenschaft
EAGFL – Europäischer Ausgleichs- und Garantiefond für die Landwirtschaft
EDV – Elektronische Datenverarbeitung
EFTA – European Free Trade Association (Europäische Freihandelsassoziation)
EU – Europäische Union
EWR – Europäischer Wirtschaftsraum
F&E – Forschung und Entwicklung
GATT – General Agreement on Tariffs and Trade, Welthandelsabkommen
GbR – Gesellschaft bürgerlichen Rechts
GG – Grundgesetz
GmbH – Gesellschaft mit beschränkter Haftung
hl – Hektoliter
IHK – Industrie- und Handelskammer
IT – Informationstechnologie
kW – Kilowatt
LF _ Landwirtschaftliche Fläche
LF – landwirtschaftliche Fläche
Lkw – Lastkraftwagen
LNF – Landwirtschaftliche Nutzfläche
LW – Landwirtschaft
M&A – *engl.* Mergers & Acquisitions; Fusionen und Unternehmenskäufe
MERCOSUR – Mercado Común del Sur, südamerikanische Wirtschaftsgemeinschaft
Mg – Megagramm (1 Mg = 1 t)
MOEL (Mittel-, Ost- und Südosteuropa)
MW – Megawatt
NAFTA North American Free Trade Agreement (Nordamerikanisches Freihandelsabkommen)
pG – produzierendes Gewerbe
Pkw – Personenkraftwagen
PKW – Personenkraftwagen
RGW – Rat für gegenseitige Wirtschaftshilfe, auch COMECON
ROR – Raumordnungsregion
SB – Selbstbedienung
sm – Seemeile
SUV – *engl.* Sport Utility Vehicle, sportliches Nutzfahrzeug
sv – sozialversicherungspflichtig
TK – Telekommunikation
tkm – 1000 Kilometer
vG – verarbeitendes Gewerbe
WTO – World Trade Organization, Welthandelsorganisation der UN

[1] NUTS – Schlüsselnummern der EU-Statistik.
Die Ebene NUTS-0 bilden die Staaten; NUTS-1 die nächstniederen Verwaltungseinheiten, in Deutschland die Länder; NUTS-2 in Deutschland die Regierungsbezirke; NUTS-3 in Deutschland die Kreise.

Für Abkürzungen von geographischen Namen – Kreis- und Länderbezeichnungen, die in den Karten verwendet werden – siehe Verzeichnis im Anhang.

Inhaltsverzeichnis

Regionalwirtschaftliche Strukturen und Wirtschaftsraumtypen

Märkte und Logistik

Umwelt und Nachhaltigkeit in der Wirtschaft

Wirtschaft und Politik

Anhang

In der hinteren Umschlagklappe finden Sie Folienkarten zum Auflegen mit der administrativen Gliederung der Bundesrepublik Deutschland (Gebietsstand 1999) mit Grenzen und Namen der Kreise in den Maßstäben 1:2,75 Mio. und 1:3,75 Mio.

Vorwort des Herausgebers

Das Funktionieren der Wirtschaft und ihre Entwicklung haben für ein Gemeinwesen entscheidende Bedeutung. Nicht nur individueller Lebensstandard hängt davon ab, sondern auch die Leistungsfähigkeit des Staates: Bildungs- und Kultureinrichtungen beispielsweise, der Ausbau von Infrastruktur oder Maßnahmen für den Umweltschutz bleiben schnell auf der Strecke, wenn die finanziellen Grundlagen nicht gewährleistet sind. Deshalb gilt es zu betonen, dass das späte Erscheinen von „Unternehmen und Märkte" in der 12-bändigen Serie des Nationalatlas nicht mit einem „Bedeutungsrang" des Themas für Staat und Gesellschaft verwechselt werden darf, im Gegenteil: Es ist Koordinatoren, Autoren und Herausgebern ein Anliegen, die große Bedeutung wirtschaftlicher Aktivitäten für die Gesellschaft und ihre Grundlagen ebenso wie ihre vielfältigen Ausprägungen und die neuesten Trends darzustellen.

So war es folgerichtig, der Versuchung einer Gliederung nach Wirtschaftssektoren und Branchen zu widerstehen und sich stattdessen die Aufgabe zu stellen, sowohl stabile Strukturen als auch dynamischen Wandel der ökonomisch-räumlichen Organisation deutlich zu machen. Deshalb wird beispielsweise die Landwirtschaft nicht in einem speziellen Kapitel gewürdigt, auch wenn sie optisch und in Bezug auf den Flächenverbrauch raumprägend wirkt. Gemessen an ihren aktuellen strukturellen Bedingungen in Deutschland, ihren Produktionsverfahren und ihren Ertragszielen ist sie immer mehr ein Wirtschaftszweig wie jeder andere geworden. Eine separate Darstellung, abgekoppelt von Verarbeitung, von Vermarktung und von technischen Innovationen, wäre folglich nicht mehr zeitgemäß.

Die Beschäftigung mit der räumlichen Differenzierung der Ökonomie, mit ihren Bedingungen und mit ihren Folgen, so wie sie dieser Atlasband präsentiert, bringt vereinzelt verblüffende, in jedem Fall aber immer markante räumliche Unterschiede zutage. Und fast alle Beiträge belegen, dass diese räumlichen Differenzierungen keinesfalls auf den in Medien und Politikerreden allzu oft herausgestrichenen West-Ost-Gegensatz zu reduzieren sind. Der beobachtende Blick auf den Stand der Wiedervereinigung und das Zusammenwachsen der beiden deutschen Staaten, der im Nationalatlas immer wieder eingenommen wird, registriert in vielen Beiträgen, worin die Unterschiede der west- und der ostdeutschen Wirtschaft bestanden haben, in welchen Bereichen der wirtschaftliche Aufschwung in Ostdeutschland aufholen musste und in welcher Weise sich die deutsche Wirtschaft in den letzten 15 Jahren auch räumlich neu organisiert hat.

Obwohl der Band keinen historischen Abriss der wirtschaftlichen Entwicklung Deutschlands bieten will und schwerpunktmäßig auf neue Trends und innovative Entwicklungen blickt, beginnt er mit einem klassischen Kapitel über die Bedingungen wirtschaftlicher Tätigkeit, die sich in Deutschland bieten, von den Rohstoffen bis zu den so genannten weichen Standortfaktoren.

Ein zweites Kapitel befasst sich mit den Unternehmen und Unternehmensstrukturen, und auch hier wird ein breites Spektrum vom Automobilbau bis hin zur industriellen Geflügelzucht, von den Standorten der im DAX gezeichneten Aktiengesellschaften bis hin zu Finanzunternehmen aufgespannt. Dass dieses Bild nicht statisch ist, sondern ständigen, sehr dynamischen Veränderungen unterliegt, zeigen Prozesse wie Unternehmensübernahmen und Fusionen.

Im Kapitel über ökonomische Milieus geht es um Biotechnologie, Forschung und neue Medien sowie andere Branchen, die sich als *Trendsetter* und Wachstumsmotoren erwiesen haben. Dagegen blickt das Kapitel über regionalwirtschaftliche Strukturen auch zurück auf jene Wirtschaftszweige, die einst für ganze Landstriche prägend waren, wie der Bergbau oder die verarbeitende Industrie, und die heute nur mit radikalen Erneuerungen überleben können.

Unter der Überschrift Märkte und Logistik werden zwei komplementäre Seiten des Wirtschaftsgeschehens angesprochen: zum einen die Nachfrageseite mit Aspekten wie Kaufkraft, auf der anderen Seite die Facetten der Vermarktung bis hin zum Export und der Marktforschung.

Im Zuge der Etablierung des Umweltschutzes in Deutschland hat sich ein umfangreicher Geschäftsbereich entwickelt, anhand dessen aufgezeigt wird, welche Dimension Umweltaspekte in ökonomischen Aktivitäten bereits einnehmen: angefangen von der Beseitigung von Umweltschäden über das Recycling von Wertstoffen und die Vermarktung regenerativer Energien bis hin zum ökologischen Landbau.

Abschließend gehen einige Beiträge auf die Verflechtung von Politik und Wirtschaft und die öffentliche Hand als ökonomischer Akteur ein. Unter anderem befassen sie sich mit Wirtschaftsförderung, Marketing und dem öffentlichen Dienst als Arbeitgeber.

So hoffen wir, mit dem vorliegenden Band eine Lücke im Gesamtwerk des Nationalatlas geschlossen und gleichzeitig Themen vertieft zu haben, die bereits unter anderer Perspektive in den vorangegangenen Bänden angeklungen sind.

Abschließend soll hier – wie in den vorangegangenen Atlasbänden schon zur guten Gewohnheit geworden – unser Dank all jenen ausgesprochen werden, die uns bei der Erstellung dieses Atlasbandes unterstützt haben. Das sind in erster Linie natürlich die Autoren, von denen jeder mit großem Einsatz seine persönliche thematische Spezialität eingebracht hat. Auch die beiden Koordinatorenteams – die Mitherausgeber des Bandes – in Vechta und in München, ergänzt durch den immer hilfsbereiten H.-M. Zademach, haben viel zum Gelingen des Werkes beigetragen. Dank gebührt aber auch wieder Bundesämtern und Institutionen wie dem Bundesamt für Geowissenschaften und Rohstoffe oder dem Bundesamt für Bauwesen und Raumordnung mit ihren engagierten Mitarbeitern, die hier stellvertretend für viele genannt werden. Schließlich, *last not least*, soll unser Dank ganz ausdrücklich und besonders herzlich dem Sponsor dieses Bandes ausgesprochen werden, der uns mit großem Engagement unterstützt hat. Als erster von zwei durch die Stiftung Mercator geförderten Atlasbänden erscheint „Unternehmen und Märkte" nach jahrelanger wohlwollender und reichhaltiger finanzieller Förderung. Anfangs für uns noch anonym, können wir inzwischen diesen Dank persönlich an Herrn Schmidt richten, aber auch an sein Team, allen voran Frau von Klenck.

Leipzig, im Juni 2004

Für den Herausgeber
Dr. Konrad Großer
Dipl.-Geogr. Christian Hanewinkel
Prof. Dr. Sebastian Lentz
Dr. Sabine Tzschaschel

Deutschland auf einen Blick

Dirk Hänsgen und Birgit Hantzsch

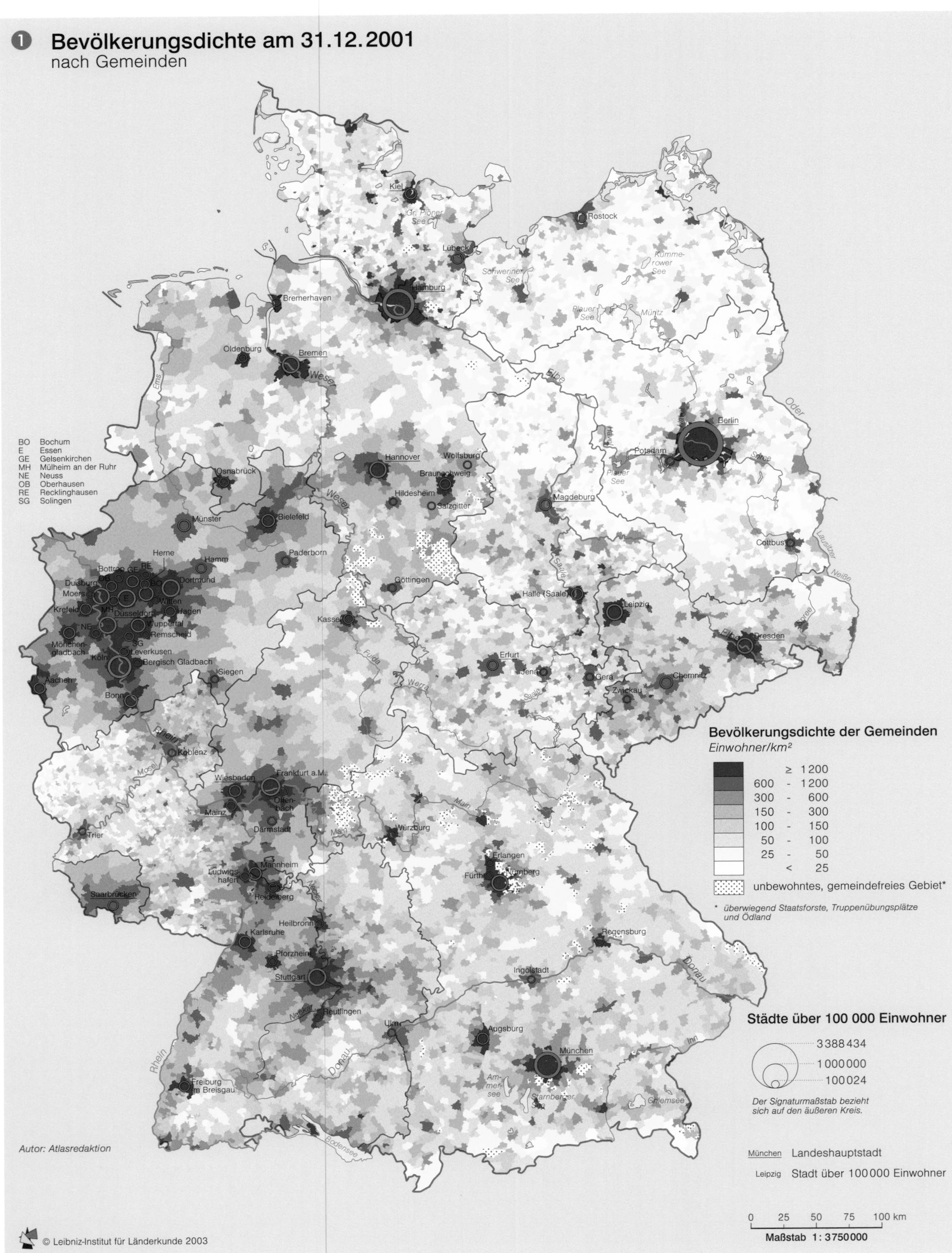

❶ **Bevölkerungsdichte am 31.12.2001**
nach Gemeinden

Deutschland liegt in Mitteleuropa, hat ein kompakt geformtes Territorium mit einer Bodenfläche von 357.031 km² und grenzt auf einer Länge von 3757 km an neun Nachbarstaaten. Die Staatsgrenze im Meer beträgt in der Nordsee 267 km und in der Ostsee 387 km.

Äußerste Grenzpunkte (Gemeinden): List (SH) 55°03'33"N / 8°24'44"E, Oberstdorf (BY) 47°16'15"N / 10°10'46"E, Selfkant (NW) 51°03'09"N / 5°52'01"E, Neißeaue (SN) 51°16'22"N / 15°02'37"E

N-S-Linie der Grenzpunkte: 876 km

W-O-Linie der Grenzpunkte: 640 km

Gliederung des Staatsgebiets

Das Bundesgebiet gliedert sich in verschiedene Gebietskörperschaften. Die föderative Struktur der 16 Länder trägt den regionalen Besonderheiten Deutschlands Rechnung. Die 323 Landkreise/Kreise, 117 kreisfreien Städte/Stadtkreise und 13.415 Gemeinden bilden die Basis der verwaltungsräumlichen Gliederung (Stand 31.12.2001).

Landesnatur

Die landschaftliche Großgliederung ❷ Deutschlands ordnet sich in die für Mitteleuropa typischen Großlandschaften: Tiefland, Mittel- und Hochgebirge. Im Norden befindet sich das *Norddeutsche Tiefland*. Eine besondere Differenzierung erfährt die Mittelgebirgslandschaft durch das *Südwestdeutsche Schichtstufenland* und den *Oberrheingraben*. Im Süden stellt das *Süddeutsche Alpenvorland* den Übergang zu der Hochgebirgsregion der *deutschen Alpen* dar.

Höchste Erhebungen: Zugspitze (2962 m), Hochwanner (2746m), Höllentalspitze (2745m), Watzmann (2713 m), Plattspitze (2679m), Hochfrottspitze (2649m), Mädelegabel (2645m)

Längste Flussabschnitte: Rhein (865 km), Elbe (700 km), Donau (647 km), Main (524 km), Weser (440 km), Saale (427 km), Spree (382 km)

Größte Seen: Bodensee (dt. Anteil 305 km², Gesamtfläche 571,5 km²), Müritz (110,3 km²), Chiemsee (79,9 km²), Schweriner See (60,6 km²), Starnberger See (56,4 km²)

Größte Inseln: Rügen (930 km²), Usedom (dt. Anteil 373 km², Gesamtfläche 445 km²), Fehmarn (185,4 km²), Sylt (99,2 km²)

Bevölkerung, Siedlung, Flächennutzung

Auf der Fläche Deutschlands lebten im Jahr 2001 rund 82,4 Mio. Menschen, bei einer mittleren Bevölkerungsdichte ❶ von 231 Ew./km². Die reale Verteilung weist ein ausgeprägtes West-Ost-Gefälle auf. Die Siedlungs- und Verkehrsfläche beansprucht 12,3 % des Territoriums. Die größten Anteile an der Bodenfläche werden von der Landwirtschaftsfläche (53,5%) und der Waldfläche (29,5%) eingenommen.

Höchste und niedrigste Bevölkerungsdichte (Kreise): kreisfreie Stadt München (3955 Ew./km²), Landkreis Müritz (41 Ew./km²)

Größte Städte: Berlin (3,39 Mio. Ew.), Hamburg (1,73 Mio. Ew.), München (1,23 Mio. Ew.), Köln (0,97 Mio. Ew.), Frankfurt a.M. (0,64 Mio. Ew.)

Höchster und geringster Besatz mit Unternehmen (Kreise, Stand 2000): Landkreis Starnberg (67,2 Unternehmen/1000 Ew.), kreisfreie Stadt Wolfsburg (17,9 Unternehmen/1000 Ew.)

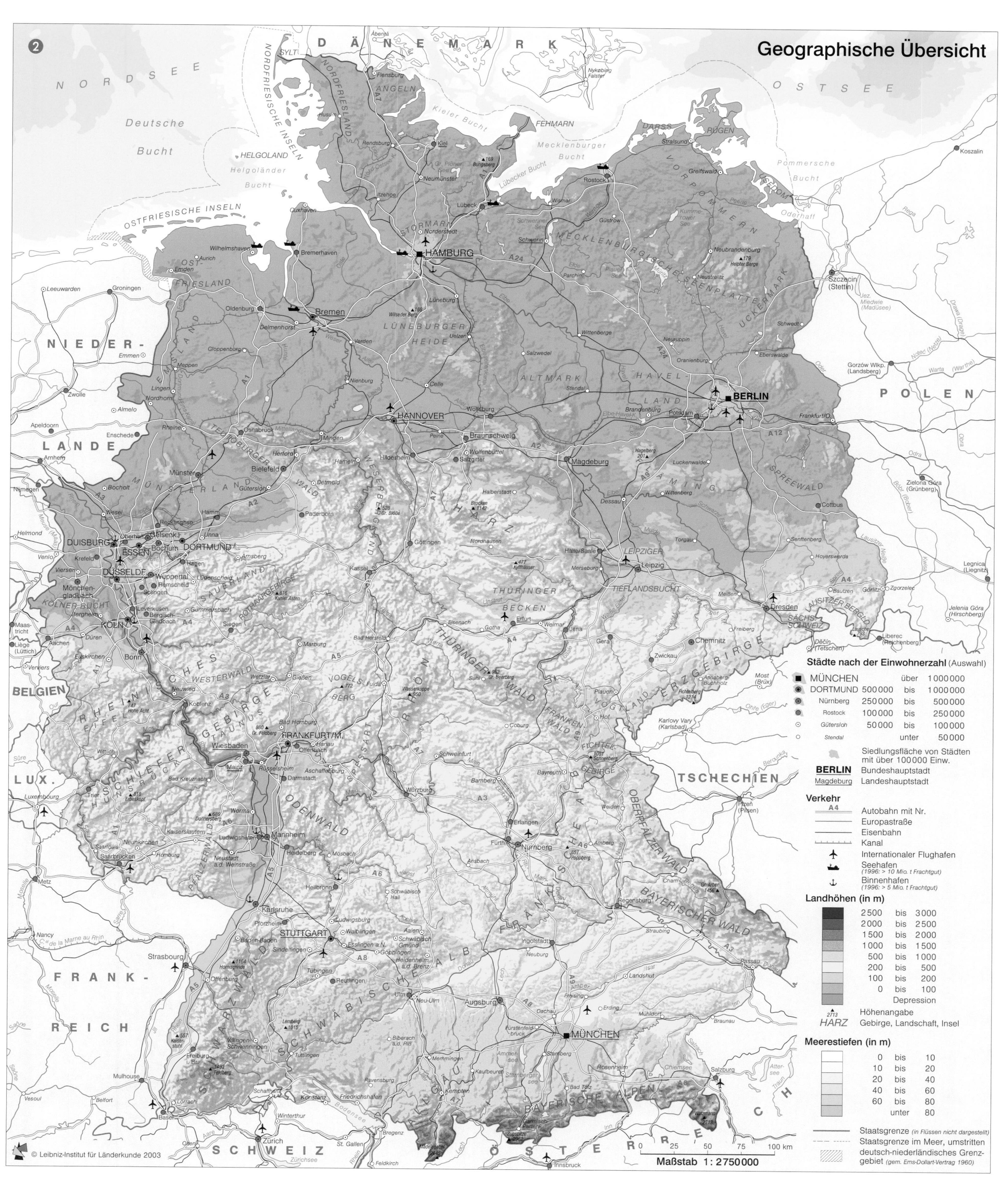
2
Geographische Übersicht
N O R D S E E
Deutsche Bucht
D Ä N E M A R K
O S T S E E
HELGOLAND
OSTFRIESISCHE INSELN
NORDFRIESISCHE INSELN
N I E D E R - L A N D E
BELGIEN
LUX.
F R A N K - R E I C H
S C H W E I Z
Ö S T E R R E I C H
TSCHECHIEN
P O L E N
BERLIN
HAMBURG
MÜNCHEN
Städte nach der Einwohnerzahl (Auswahl)
MÜNCHEN über 1 000 000
DORTMUND 500 000 bis 1 000 000
Nürnberg 250 000 bis 500 000
Rostock 100 000 bis 250 000
Gütersloh 50 000 bis 100 000
Stendal unter 50 000
Siedlungsfläche von Städten mit über 100 000 Einw.
BERLIN Bundeshauptstadt
Magdeburg Landeshauptstadt
Verkehr
A4 Autobahn mit Nr.
Europastraße
Eisenbahn
Kanal
Internationaler Flughafen
Seehafen (1996: > 10 Mio. t Frachtgut)
Binnenhafen (1996: > 5 Mio. t Frachtgut)
Landhöhen (in m)
2 500 bis 3 000
2 000 bis 2 500
1 500 bis 2 000
1 000 bis 1 500
500 bis 1 000
200 bis 500
100 bis 200
0 bis 100
Depression
Höhenangabe
HARZ Gebirge, Landschaft, Insel
Meerestiefen (in m)
0 bis 10
10 bis 20
20 bis 40
40 bis 60
60 bis 80
unter 80
Staatsgrenze (in Flüssen nicht dargestellt)
Staatsgrenze im Meer, umstrittenes deutsch-niederländisches Grenzgebiet (gem. Ems-Dollart-Vertrag 1960)
0 25 50 75 100 km
Maßstab 1 : 2 750 000
© Leibniz-Institut für Länderkunde 2003

Unternehmen und Märkte – eine Einführung

Hans-Dieter Haas, Martin Heß, Werner Klohn und Hans-Wilhelm Windhorst

Carl Zeiss in Jena – 1945

Carl Zeiss Jena – heute

Im Verlauf der letzten 250 Jahre waren Wirtschaft und Gesellschaft auf dem Gebiet des heutigen Deutschland einem Wandel in bis dahin nicht gekannter Geschwindigkeit unterworfen. Der Weg von einer Agrargesellschaft zur heutigen postindustriellen Dienstleistungsgesellschaft war gekennzeichnet von einer zunehmenden Ausdifferenzierung der Produktion und des Konsums von Waren und Dienstleistungen, welche auch weiterhin die Märkte und die Unternehmenslandschaft in Deutschland verändern wird. Dieser sozioökonomische Entwicklungsprozess vollzog sich jedoch nicht kontinuierlich und auch nicht ohne signifikante Brüche. Wirtschaftliche Krisen und zwei Weltkriege wie auch die darauf folgende Teilung Deutschlands bedeuteten massive Einschnitte. Dennoch gelang es Deutschland als Wirtschaftsstandort, sich im internationalen Kontext immer wieder zu profilieren.

Die deutsche Unternehmenslandschaft

Seit geraumer Zeit hat die Diskussion um die Zukunft Deutschlands als Wirtschafts- und Unternehmensstandort jedoch zugenommen. Vor dem Hintergrund einer sich verstärkenden ▶ Globalisierung befürchten viele Beobachter eine Verringerung der Wettbewerbsfähigkeit deutscher Unternehmen, die sich nicht zuletzt auch in der Notierung des Deutschen Aktienindex DAX niederschlägt (▶▶ Beitrag Bode/Hanewinkel/Mahler, S. 62). Dass in der Wirtschaft und v.a. im Bereich des verarbeitenden Gewerbes ein deutlicher Strukturwandel stattgefunden hat, ist unbestritten (▶▶ Beitrag Klein/Löffler, S. 106). Besonders spürbar wurde dies in Regionen, die lange Zeit von Altindustrien auf der Basis von Eisen, Kohle und Stahl geprägt waren (▶▶ Beiträge Wehling, S. 110; Berndt/Goeke, S. 114). Während einige Industriesektoren, z.B. die chemische Industrie, bzgl. Umsatz und Beschäftigung von vergleichsweise wenigen Großunternehmen geprägt sind (▶▶ Beitrag Bathelt/Depner/Griebel, S. 68), ist die deutsche Unternehmenslandschaft insgesamt nach wie vor sehr stark durch kleine und mittelständische Betriebe charakterisiert ❶ (▶▶ Beitrag Fritsch, S. 92). Dennoch liegt die Selbstständigenquote in Deutschland mit 10% merklich unter dem EU-15-Durchschnitt von rund 15% ❷.

Trotz der Bedeutung des Mittelstands für die deutsche Wirtschaft waren gerade die letzten Jahre durch unternehmerische Konzentrationsprozesse in Form von Fusionen und Übernahmen charakterisiert (▶▶ Beitrag Zademach, S. 56). Damit entstehen tendenziell immer mächtigere Großunternehmen und Konzerne. Diese haben längst nationale Grenzen überwunden, was sich an Beispielen so genannter Megafusionen wie jener der Daimler-Benz AG mit dem amerikanischen Automobilhersteller Chrysler (▶▶ Beitrag Nuhn, S. 54) oder der Deutschen Bank mit dem US-Finanzhaus Bankers Trust eindrucksvoll belegen lässt. Die Hauptsitze dieser Firmen konzentrieren sich auf vergleichsweise wenige Regionen ❹.

In Deutschland befinden sich die Hauptverwaltungen der 500 umsatzstärksten deutschen Unternehmen überwiegend in den westdeutschen Verdichtungsräumen wie z.B. in Hamburg, Frankfurt, München, Düsseldorf, Köln und Essen. Dies erklärt sich einerseits aus den Anforderungen, die aufgrund der ▶ Headquarter-Funktionen an den Unternehmensstandort gestellt werden. Dazu zählen insbesondere die überregionale Erreichbarkeit (▶▶ Beitrag Kagermeier, S. 38) und eine entsprechende Verkehrsinfrastruktur (z.B. Flughäfen), eine leistungsfähige Kommunikationsinfrastruktur sowie die Verfügbarkeit von hoch qualifiziertem Personal. Zum anderen profitierten die westdeutschen Verdichtungsräume von Hauptsitzverlagerungen nach Ende des Zweiten Weltkriegs, insbesondere vom Zuzug Berliner Firmen. Die Teilung Berlins und die isolierte Lage von West-Berlin – als zur Bundesrepublik gehörige Insel innerhalb der DDR – veranlasste nämlich viele Unternehmen, aufgrund der politischen Unsicherheit ihre Zentralen aus der geteilten Stadt abzuziehen. Dies spiegelt sich auch heute noch in dem vergleichsweise geringen Unternehmensumsatz wider, der von Berlin aus kontrolliert wird. Mit dem Wiedererlangen der Hauptstadtfunktion Berlins für das vereinte Deutschland und dem Umzug von Bundesregierung und -ministerien, denen auch eine Reihe von Interessensverbänden folgten (▶▶ Beitrag Kirsch, S. 170), ist eine deutliche Stärkung der Zentralität Berlins im Unternehmensbereich zu erwarten, wie die Bauprojekte z.B. von Sony oder der DaimlerChrysler-Tochterfirma Debis gezeigt haben. Diese Firmen sind mit der Errichtung großer Bürokomplexe am Potsdamer Platz wichtige Investoren in Berlins neuer Mitte.

Das Vorhandensein von Unternehmenshauptsitzen in einem Wirtschaftsraum beeinflusst die ökonomische Entwicklung der Standortregion durch Beschäftigungseffekte sowie vor- und nachgelagerte Verflechtungen in positiver Weise, wodurch die zentral-periphe-

biogen – biologischen Ursprungs

Deregulierung – Abbau von Gesetzgebung und Reglementierungen, die die Handlungsfreiheit von (meist wirtschaftlichen) Akteuren einschränken

externe Effekte – Auswirkungen auf Dritte

Globalisierung – Prozess der immer stärkeren weltweiten Vernetzung, besonders von wirtschaftlichen Vorgängen, sowie auch zu zunehmend mehr Systemen, die viele oder alle Staaten umfassen

Headquarter-Funktionen – Erfüllung oberster Verwaltungs- und Steuerungsaufgaben

Konvergenz – in einem Punkt zusammenkommend, Annäherung, zur Übereinstimmung bringen

Liberalisierung – das Wirtschaftsgeschehen den freien Kräften des Marktes überlassen

Logistik – zeitliche, organisatorische, rechtliche und materielle Koordination von Prozessen; überwiegend im Transportgewerbe verwendet

persistent – mit Tendenz zur Erhaltung von Bestehendem

primärer, sekundärer, tertiärer Sektor – Die Sektor-Theorie (nach Jean Fourastié 1949) als eine Variante der Wirtschaftsstufentheorie beschreibt einen Wandel von dem primären (Land- und Forstwirtschaft, Bergbau) über den sekundären (Industrie, verarbeitendes Gewerbe) zum tertiären Sektor (Dienstleistung) und erklärt ihn mit unterschiedlichen Einkommenselastizitäten der Nachfrage und Produktivitäten des Angebots.

vertikale Integration – im Unternehmensbereich Bezeichnung für das Ausmaß, in dem ein Konzern alle Elemente von der Erzeugung und Verarbeitung bis hin zur Vermarktung eines Produktes unter einem Dach vereinigt

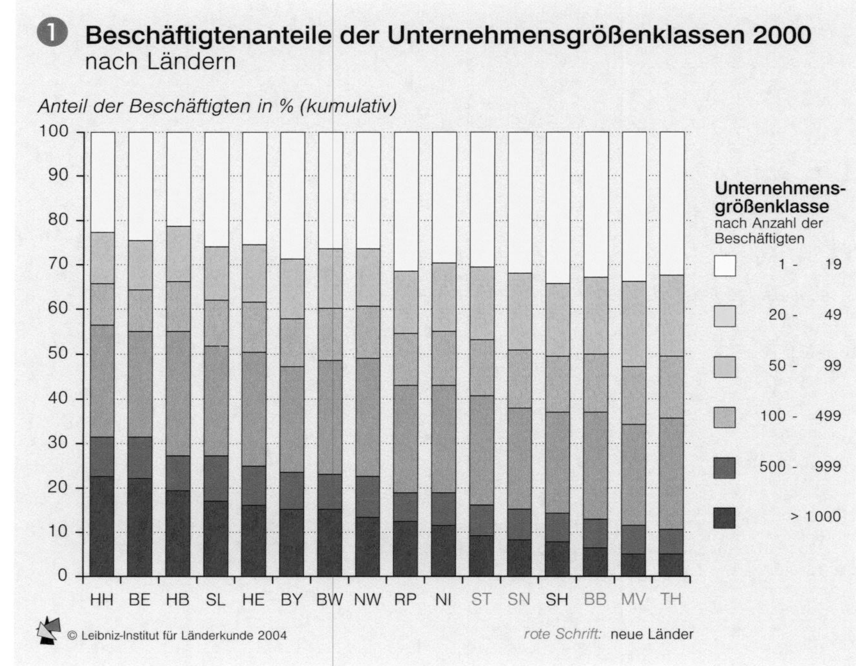

Zuckerrübenernte

re Differenzierung der Wirtschaftskraft – trotz wirtschafts- und raumordnungspolitischer Maßnahmen – in der Regel ▸ persistent bleibt.

Die Wirtschaftsstruktur Deutschlands hat sich in den letzten Jahrzehnten deutlich verändert. Während die Beschäftigtenzahlen in Landwirtschaft und Industrie kontinuierlich abgenommen haben, ist der Anteil der Arbeitnehmer im Dienstleistungsbereich stark gestiegen (▸▸ Beitrag Henschel/Kulke, S. 46). Heute arbeitet in der Bundesrepublik mehr als die Hälfte der Menschen im ▸ tertiären Sektor, in den Stadtstaaten Hamburg und Berlin sowie in den meisten größeren Städten Deutschlands sind es bereits mehr als 70% ❸. Die größten absoluten Beschäftigtenzahlen weisen die Flächenstaaten Westdeutschlands auf, angeführt von Baden-Württemberg, Bayern und Nordrhein-Westfalen, gefolgt von Niedersachsen und Hessen. Zwar ist auch in diesen Ländern der Anteil der Dienstleistungsbeschäftigten beachtlich, der relativ höchste Anteil ist jedoch – von Hamburg und Berlin abgesehen – in den neuen Ländern, in Schleswig-Holstein sowie in Hessen zu finden. Dies hat unterschiedliche Gründe: Der hohe Anteil des Dienstleistungssektors in Schleswig-Holstein ist v.a. auf den Tourismus an den Küsten von Nord- und Ostsee zurückzuführen, welcher einen wesentlichen Wirtschaftsfaktor darstellt.

In Hessen erklärt sich die Bedeutung des tertiären Sektors dadurch, dass Frankfurt als größte Stadt Hessens das Zentrum der deutschen Finanzwirtschaft und ein wichtiger europäischer Bankenplatz sowie Standort für unternehmensnahe Dienstleistungen ist (▸▸ Beitrag Glückler, S. 96). Neben der größten Börse Deutschlands und den Hauptsitzen wichtiger Großbanken (u.a. Deutsche Bundesbank, Deutsche Bank, Dresdner Bank, Commerzbank) hat sich auch die Europäische Zentralbank hier angesiedelt (▸▸ Beitrag Klagge/Zimmermann, S. 60). Seit der Währungsunion, an der bisher 11 der (bis Mai 2004) 15 EU-Staaten teilnehmen, ist sie das wichtigste Organ europäischer Geld- und Zinspolitik. Im Umfeld dieser Institutionen haben viele andere Finanzdienstleister ihren Standort, was ebenfalls zur Stärkung des tertiären Sektors in Hessen beiträgt. Schließlich ist auch der Frankfurter Flughafen als wichtigste Luftverkehrsdrehscheibe Deutschlands zu nennen, der direkt und indirekt eine große Zahl von Arbeitsplätzen im Dienstleistungssektor generiert.

In den neuen Ländern schließlich liegt die Ursache für den hohen Tertiärisierungsgrad v.a. darin, dass im Verlauf des Transformationsprozesses seit der Wiedervereinigung ein großer Teil der Industrieunternehmen geschlossen oder drastisch verkleinert wurde. Die relative Bedeutung der Dienstleistungen resultiert also aus einer sehr starken Schrumpfung des ▸ sekundären Sektors, wie er eingangs bereits erwähnt wurde. Der wachsende Dienstleistungsbereich in Ostdeutschland konnte aber bisher noch nicht die entstandenen Arbeitsplatzverluste, das im Vergleich zu Westdeutschland hohe Niveau der Arbeitslosigkeit und die damit verbundenen Kaufkraftunterschiede ausgleichen. Auch wenn der ökonomische Aufholprozess in Ostdeutschland das West-Ost-Gefälle in der Wirtschaftskraft in den letzten Jahren tendenziell verringert hat, verdeutlicht die Zusammenstellung der Kaufkraft je Einwohner, dass nach wie vor erhebliche Unterschiede in Bezug auf die Nettoeinkommen der deutschen Bevölkerung bestehen (▸▸ Beitrag Löffler, S. 122).

Märkte in Bewegung

Die wirtschaftliche Entwicklung in Deutschland wird v.a. von der Entwicklung der Binnen- und Außenmärkte bestimmt, die unterschiedlichen konjunkturellen Schwankungen unterliegen. Nach wie vor zählt die Bundesrepublik zu den führenden Exportnationen der Welt, wodurch ein großer Teil der Wirtschaftsleistung erzeugt wird (▸▸ Beitrag Haas/Zademach, S. 140). Die Exporte, aber auch die Importe weisen kontinuierlich hohe, aber regional differenzierte Wachstumsraten auf ❻ ❼, womit auch eine Zunahme des Warentransports einhergeht. Die Globalisierung der Märkte sowie eine vermehrt ausdifferenzierte soziale und technische Arbeitsteilung haben darüber hinaus zu einer steigenden Bedeutung des Transport- und Logistiksektors geführt, um die effiziente Produktion und Distribution von Gütern national und international sicherzustellen (▸▸ Beitrag Neiberger, S. 128). Ein wichtiger Marktplatz für Anbieter und Nachfrager sind die vielen Besucher- und Fachmessen, welche Deutschland zum Messestandort Nummer eins weltweit machen (▸▸ Beitrag Bode/Burdack, S. 138).

Während die Auslandsnachfrage trotz z.T. nachteiliger Veränderungen der Wechselkurse lebhaft ist, entwickelt sich die Binnennachfrage auf eher moderatem Niveau. Dies ist u.a. auf die stagnierenden oder sinkenden Realeinkommen zurückzuführen, die sich im Zuge steigender Arbeitslosigkeit und einer Erhöhung der Steuer- und Abgabenlast negativ auf die verfügbaren Mittel auswirken. Im Osten Deutschlands war allerdings in den Jahren nach der Wende eine sehr hohe Inlandsnachfrage zu verzeichnen, basierend auf einem Nachholbedarf im Konsumbereich und einem Bauboom als Folge massiver staatlicher Förderungen. Waren zwischen 1995 und 2000 die Zuwachsraten bei der Fertigstellung von Wohnungen in Ostdeutschland in den meisten Regionen noch positiv ❺, so hat sich dieses Bild mit dem Ende der Gewährung von Sonderabschreibungen inzwischen gewandelt. Der Wohnungsbau nahm drastisch ab, und seit Mitte der 1990er Jahre steigt die Leerstandsquote, verursacht durch ein Überangebot an Wohnungen bei starken Abwanderungstendenzen. Dies wirkt sich auch negativ auf den Umsatz und die Beschäftigung im Bauhauptgewerbe aus, welche in den →

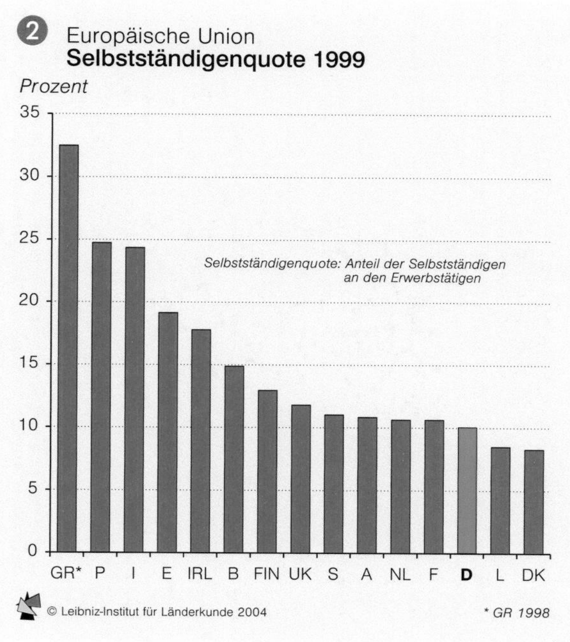

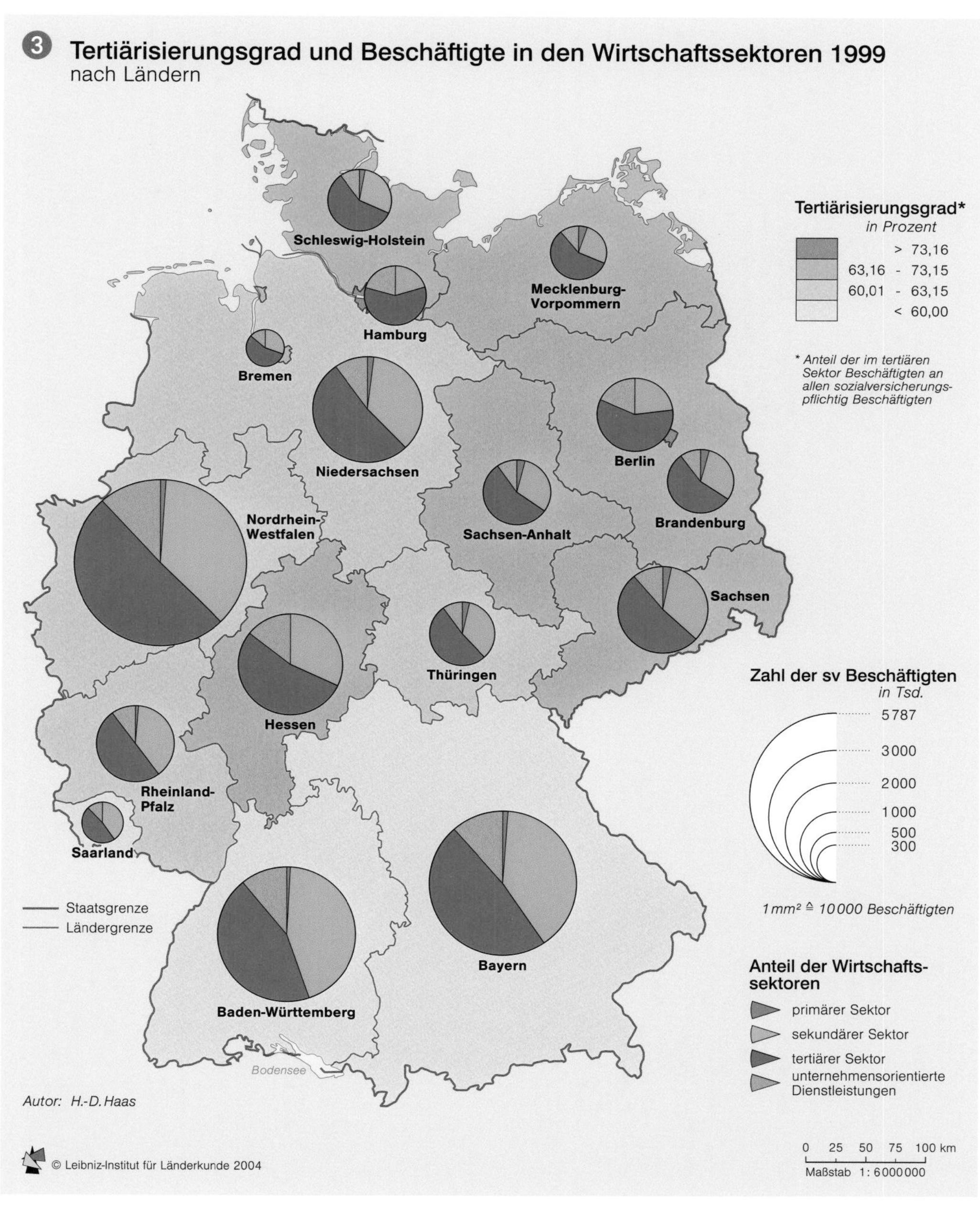

Die 500 größten Unternehmen

Volker Bode und Christian Hanewinkel

Die Sitze der 500 umsatzstärksten Unternehmen ohne Banken und Versicherungen sind nach Gemeinden sowie nach ihrer Branchenzugehörigkeit bzw. der des Kerngeschäfts dargestellt. Datengrundlage bildet die Veröffentlichung der "Top500 der deutschen Unternehmen 2002" der Zeitung "Die Welt", die auf Basis der eigenen Bilanzierung der Unternehmen sowohl Hauptkonzerne als auch Tochtergesellschaften ausweist. Das Ranking erfolgt über die Netto-Außenumsätze. Aufgrund unscharfer Umsatzzahlen bei Mutter-Tochter-Verflechtungen können die Umsatzwerte in der Karte nicht abgebildet werden.

Die Hauptsitze der Unternehmen befinden sich in insgesamt 175 Gemeinden. Dort werden u.a. die Entscheidungen über Firmenstrategien, Produktionsstätten oder Filialen getroffen. Die räumliche Verteilung dieser Machtzentren der Wirtschaft bildet die Wirtschaftsregionen Deutschlands ab. Zu den bedeutendsten zählen die monozentrischen Agglomerationsräume Hamburg und München sowie die polyzentrischen Regionen Rhein-Ruhr, Rhein-Main und Rhein-Neckar, in denen insgesamt rd. zwei Drittel der größten Unternehmen ihren Sitz haben. Lediglich 22 befinden sich im östlichen Deutschland, davon 14 in Berlin. 229 der 500 umsatzstärksten deutschen Unternehmen sind Aktiengesellschaften (▶▶ *Beitrag V. Bode, C. Hanewinkel und A. Mahler S. 62*). Der größte Konzern ist die Daimler Chrysler AG in Stuttgart mit 150 Mrd. Euro Umsatz, die Asklepios Kliniken in Königstein im Taunus stehen mit einer Milliarde Umsatz auf dem letzten Platz. Unter den Größten befinden sich 158 Tochterunternehmen, die 60 Konzernmüttern zuzuordnen sind. Der Handel dominiert mit 125 Unternehmen, gefolgt vom Maschinen- und Anlagenbau (54) sowie der Chemie- und Pharmaindustrie (47).

Aschheim
178 Ingram Micro Holding GmbH (*2900*)
Augsburg
156 Walter Bau-AG (*3325*)
Bad Homburg v.d. Höhe
110 Fresenius Medical Care AG (*4841,9*); M 66
98 Fujitsu Siemens Computers GmbH (*5340*)
199 Altana AG (*2609*)
436 DuPont de Nemours GmbH (*1159*)
66 Fresenius AG (*7507*); T 110
165 Deutsche Sparkassen Leasing AG & Co KG (*3095*)
Bad Nauheim
368 Interbaustoff GmbH & Co KG (*1361*)
Bergisch Gladbach
432 Krüger GmbH & Co KG (*1164*); M 370
Berlin
73 Cap Gemini Ernst & Young Deutschland Holding GmbH (*7047*)
94 IBM Deutschland Holding GmbH (*5800*)
104 Schering AG (*5023*)
421 August Storck KG (*1200*)
287 Coca-Cola Erfrischungsgetränke AG (*1864*)
72 Total Fina Elf Deutschland GmbH (*7089*); T 239, 351
175 Bewag AG (*2926*); M 55
55 Vattenfall Europe AG (*8860,1*); T 160, 175
153 DB Netz AG (*3402*); M 24
24 Deutsche Bahn AG (*18685*); T 43, 115, 126, 153, 159, 176
192 Axel Springer AG (*2777*)
32 DaimlerChrysler Services AG (*15699*); M 1
424 DUSSMANN AG + Co KGaA (*1187*)
492 KPMG Deutsche Treuhand Gesellschaft (*1017*)
Biberach an der Riß
133a Liebherr-Holding GmbH (*4069*)
Bielefeld
488 Gildemeister AG (*1032,8*)
100 Dr. August Oetker KG (*5125*); T 304
448 Schüco International KG (*1135*); M 301
111 AVA Allgemeine Handelsgesellschaft der Verbraucher AG (*4829*); M 13; T 112, 378
376 EK-Großeinkauf eG (*1341*)
112 Marktkauf Handelsgesellschaft mbH & Co oHG (*4752*); M 111
442 VME Vereinigte Möbeleinkaufs-GmbH & Co KG (*1142*)
378 AVA Logistik (*1333,3*); M 111
240 IDS Logistik GmbH (*2200*)
Böblingen
464 Agilent Technologies Deutschland GmbH (*1103*)
101 Hewlett Packard GmbH (*5100*)
Bochum
219 Gea AG (*2379*); M 58
84 ThyssenKrupp Automotive AG (*6337*); M 10
Bonn
471 Kautex Textron GmbH & Co KG (*1095*)
438 Moeller Firmengruppe (*1151*)
387 Haribo GmbH & Co KG (*1300*)
8 Deutsche Post World Net AG (*39255*); T 258
4 Deutsche Telekom AG (*53700*); T 46, 63
63 T-Mobile Deutschland GmbH (*7800*); M 4
Bornheim
321 Hornbach-Baumarkt AG (*1625*); M 307
Braunschweig
441 Nordzucker AG (*1146*)
138 Volkswagen Leasing GmbH (*3937*); M 2
Bremen
273 Kraft Foods Deutschland Holding GmbH (*1950*)
369 Atlanta AG (*1360*)
386 Senator Lines GmbH (*1300*)
Brühl
406 Renault Nissan Deutschland AG (*1250*)
Buchloe
293 A. Moksel AG (*1800*)
Büdelsdorf
256 Mobilcom AG (*2053*)
Burghausen
493 Wacker Siltronic AG (*1017*); M 196
Burscheid
120 Johnson Controls GmbH Automotive Systems Group (*4571*)
Chemnitz
208 envia Mitteldeutsche Energie AG (*2514,6*); M 6
Coburg
299 Brose Fahrzeugteile GmbH & Co KG (*1780*)
Darmstadt
67 Merck KGaA (*7473*)
155 Wella AG (*3390*)
Dillingen/Saar
453 AG der Dillinger Hüttenwerke (*1123*)
413 DHS - Dillinger Hütte Saarstahl AG (*1222*)
Ditzingen
415 Trumpf GmbH + Co KG (*1215*)
353 R.I.C. Electronic Communication Services GmbH (*1452*)
Dortmund
106 RWE Gas AG (*4958*); M 6; T 403
130 RWE Net AG (*4284*); M 6
306 Rewe Dortmund Großhandel eG (*1706*); M 9
328 RWE Systems AG (*1575*); M 6
Dreieich
285 MHK Marketing Handel Kooperation GmbH & Co Verbundgruppe Holding KG (*1880*)
Duisburg
400 Hüttenwerke Krupp Mannesmann GmbH (*1264*)
102 Thyssen-Krupp Stahl AG (*5091*); M 44
135 ThyssenKrupp Stainless GmbH (*4020*); M 44
44 Thyssen-Krupp Steel AG (*11686*); M 10; T 102, 135
403 Thyssengas GmbH (*1252*); M 106
20 Franz Haniel & Cie. GmbH (*22462*); T 26
136 Klöckner & Co AG (*3993*); M A
Düsseldorf
119 Rheinmetall AG (*4571*); T 284, 314
10 Thyssen-Krupp AG (*36689*); T 44, 54, 84, 92, 203
241 SMS AG (*2190*)
284 Kolbenschmidt Pierburg AG (*1882,6*); M 119
351 Atofina Deutschland (*1462*); M 72
162 Cognis Deutschland GmbH & Co KG (*3126*)
42 Degussa AG (*11765*); M 11
484 Ecolab GmbH & Co oHG (*1040,6*)
50 Henkel KGaA (*9656*)
54 Thyssen-Krupp Materials AG (*8875*); M 10
303 Kamps AG (*1729,8*)
11 Eon AG (*36126*); T 25, 42, 195, 218, 411
186 C & A Mode & Co (*2813*)
337 ElectronicPartner GmbH & Co KG (*1533*)
392 Garant Schuh + Mode AG (*1278*)
5 Metro AG (*51526*); T 51, 61, 133, 140, 190, 205
408 Mitsui & Co Deutschland GmbH (*1240*)
470 Peek & Cloppenburg KG (*1100*)
338 Salzgitter Handel GmbH (*1531*); M 114
433 Sonepar Deutschland GmbH (*1164*)
261 Thyssen Schulte GmbH (*2006*)
258 DHL Gruppe (*2029*); M 8
279 E-Plus Mobilfunk GmbH & Co KG (*1913*)
70 Vodafone D2 GmbH (*7400*)
316 DKV Euro Service GmbH + Co KG (*1657*)
248 Optimum Media Direction Germany GmbH (*2106*)
203 Thyssen-Krupp Serv AG (*2540*); M 10
Ehingen (Donau)
88 Anton Schlecker (*6200*)
Eisenach
460 Opel Eisenach GmbH (*1111,8*); M 36
Elmshorn
489 Talkline GmbH & Co KG (*1030*)
Eschborn
377 Deutsche Shell Chemie GmbH (*1338*); M 28
327 Alcan Deutschland GmbH (*1578*)
384 Arcor AG & Co (*1308*)
181 VR-Leasing AG (*2835*)
Essen
37 RAG Aktiengesellschaft (*13025*); T 122, 125, 214, 270, 428
151 Thyssen-Krupp Elevator AG (*3500*)
92 Thyssen-Krupp Technologies AG (*5806*); M 10
214 Rütgers AG (*2425*); M 37
168 Coca-Cola GmbH (*3050*)
125 RAG Coal International AG (*4349*); M 37
41 Ruhrgas AG (*11924*)
6 RWE AG (*43487*); T 38, 53, 78, 90, 106, 117, 130, 141, 183, 208, 243, 328, 417
141 RWE Power AG (*3884*); M 6
428 Steag AG (*1178*); M 37
38 Hochtief AG (*12782*); M 6
48 Aldi Nord (*10993*); M 21
274 Deichmann-Gruppe (*1950*)
177 Ferrostaal AG (*2916*); M 30
85 Karstadt Warenhaus AG (*6321*); M 31
31 Karstadt-Quelle AG (*15815*); T 85, 91, 215
198 Medion AG (*2627*)
356 Nowedа eG (*1434*)
53 RWE Plus AG (*9130*); M 6
90 RWE Trading GmbH (*6120*); M 6
87 Schenker AG (*6225*); M 43; T 309
443 Stinnes Interfer AG (*1141*); M 43
263 Westdeutsche Allgemeine - Zeitungsverlagsgesellschaft E. Brost & J. Funke GmbH & Co (*2000*)
411 Viterra AG (*1226*); M 11
Esslingen
359 Eberspächer Holding GmbH & Co (*1413*)
495 Schefenacker Vision AG (*1011*)
Ettlingen
462 G. Schneider & Söhne GmbH & Co KG (*1105*)
Everswinkel
206 Humana Milchunion Unternehmensgruppe (*2535*)
Fahrenzhausen
437 Deutscher Möbel-Verbund Handels-GmbH (*1155*)
Feldkirchen
251 Intel GmbH (*2077*)
Fischach
305 Molkerei Alois Müller Gruppe (*1710*)
Frankenthal (Pfalz)
427 KSB AG (*1180*)
355 Tarkett Sommer AG (*1437,3*)
Frankfurt am Main
197 Alstom GmbH (*2662*)
58 mg technologies AG (*8589*); T 209, 219, 354
174 SAI Automotive AG (*2941*)
494 Celanese Chemicals Europe GmbH (*1013*); M 127
364 Ferrero OHG (*1378*)
146 Nestlé Deutschland AG (*3700*)
180 Andreae-Noris Zahn AG (*2887*)
340 Fiat Automobil AG (*1516*)
215 Neckermann Gruppe (*2400*); M 31
211 Raab Karcher Saint-Gobain GmbH (*2478*)
354 Solvadis AG (*1441*); M 58
115 DB Regio AG (*4715*); M 24
176 DB Reise&Touristik AG (*2916*); M 24
330 Derpart Reisevertrieb GmbH (*1560*)
292 Fraport AG (*1803,6*)
320 Lufthansa City Center Reisebüropartner GmbH (*1630*); M 29
46 T-Systems International GmbH (*11310*); M 4
461 Deutsche Börse AG (*1106*)
331 PwC Deutsche Revision AG Wirtschaftsprüfungsgesellschaft (*1550*)
183 RWE Solutions AG (*2819*); M 6
Frechen
40 Lekkerland International GmbH (*12300*)
71 Lekkerland-Tobaccoland GmbH & Co KG (*7358*)
Friedrichshafen
394 MTU Friedrichshafen GmbH (*1273*); M 1
52 ZF Friedrichshafen AG (*9169*); T 268, 308, 335, 342, 439
342 ZF Nutzfahrzeug- und Sonder-Antriebstechnik (*1513*); M 52
Fürstenwalde
380 E.DIS AG (*1331*); M 25
Fürth
91 Quelle-Gruppe (*5834*); M 31
Gaimersheim
347 Edeka Handelsgesellschaft Südbayern mbH (*1484*); M 13
Garching
401 Zeppelin GmbH (*1260*)
Gauting
391 Webasto AG Fahrzeugtechnik (*1280*)
Georgsmarienhütte
445 Georgsmarienhütte Unternehmensgruppe (*1139*)
Gladbeck
423 Ineos Phenol GmbH & Co KG (*1189*)
Grenzach-Wyhlen
184 Roche Deutschland Holding GmbH (*2814*)
Greven
407 Fiege Deutschland GmbH & Co KG (*1250*)
Grünwald
74 Kommanditgesellschaft Allgemeine Leasing GmbH & Co (*7000*)
Gütersloh
233 Miele & Cie GmbH & Co (*2245*)
27 Bertelsmann AG (*18312*); T 147, 198
147 Bertelsmann Arvato AG (*3668*); M 27
Hagen
235 Douglas Holding AG (*2234*)
230 Nordwest Handel AG (*2255,3*)
Hamburg
167 Tchibo Holding AG (*3067*)
118 Airbus GmbH (*4590*); M 1
350 Jungheinrich AG (*1476*)
366 Körber AG (*1375*)
390 Olympus Optical Co (Europa) GmbH (*1281*)
475 Still GmbH (*1079*); M 56
134 Philips GmbH (*4054*)
113 Beiersdorf AG (*4742*)
191 Helm AG (*2783*)
362 Oelmühle Hamburg AG (*1387*)
449 Phoenix AG (*1134*)
277 Norddeutsche Affinerie AG (*1920*)
296 British-American Tobacco (Industrie) GmbH (*1794*); T 349
349 British-American Tobacco Germany GmbH (*1476*); M 296
221 Reemtsma Cigarettenfabriken GmbH (*2349*); M A
310 Unilever Bestfoods Deutschland GmbH & Co OHG (*1692*); M 163
163 Unilever Deutschland GmbH (*3100*); M A; T 310
260 Conoco Phillips Germany GmbH (*2020*)
18 Deutsche BP AG (*23355*)
39 Exxon Mobil Central Europe GmbH (*12300*)
78 RWE Dea AG (*6591,5*); M 6
28 Shell + Dea Oil GmbH (*17580*); T 377
160 HEW Hamburgische Electricitäts-Werke AG (*3249*); M 55
315 Mabanaft Deutschland GmbH (*1667*); M 131
95 Alfred C. Toepfer International GmbH (*5791*)
311 CG Nordfleisch AG (*1692*)
295 Cobana/Fruchtring-Gruppe (*1794*)
13 Edeka-Gruppe (*32500*); T 111, 170, 172, 347, 352
341 H&M Hennes & Mauritz GmbH (*1516*)
131 Marquard & Bahls AG (*4200*); T 315
23 Otto GmbH & Co (*19221*); T 143, 446
481 Panasonic Industrial Europe GmbH (*1055*)
469 Wilhelm E. H. Biesterfeld GmbH&Co KG (*1100*)
304 Hamburg Südamerikanische Dampfschifffahrts-Gesellschaft KG (*1726*); M 100
144 Hapag-Lloyd AG (*3777*); M 22
249 Hapag-Lloyd Container Linie GmbH (*2100*); M 144
478 Kühne & Nagel AG & Co KG (*1069*)
189 Gruner & Jahr AG & Co KG (*2800*); M 27
298 Heinrich Bauer Verlag (*1782*)
348 Europcar Autovermietung GmbH (*1483*); M 2
137 HGV Hamburger Gesellschaft für Vermögens- und Beteiligungsverwaltung mbH (*3941*)
187 Lufthansa Technik AG (*2808*); M 29
Hanau
83 Heraeus Holding GmbH (*6415*)
213 OMG AG & Co KG (*2438*)
Hannover
45 Continental AG (*11408*); T 434
319 Solvay Deutschland GmbH (*1633*)
254 BEB Erdgas und Erdöl GmbH (*2066,6*)
302 RHG Raiffeisen Hauptgenossenschaft Nord AG (*1747*)
22 TUI AG (*20302*); T 128, 144
128 TUI Deutschland GmbH (*4300*); M 22
Harsewinkel
397 Claas KGaA (*1266*)
Heidelberg
133 Heidelberger Druckmaschinen AG (*4130*); M 5
79 Heidelberg Cement AG (*6570*)
451 MLP AG (*1126*)
Heidenheim
157 Voith AG (*3289*)
395 Hartmann Gruppe (*1270*)
Heilbronn
466 Campina GmbH & Co KG (*1100*)
Helmstedt
216 Avacon AG (*2400*); M 25
Herne
122 DSK Deutsche Steinkohle AG (*4495*); M 37
Herzogenaurach
75 INA-Holding Schaeffler KG (*6900*)
81 adidas-Salomon AG (*6523*)
Hildesheim
496 Blaupunkt GmbH (*1010*); M 12
Hofheim am Taunus
246 Ikea Deutschland GmbH & Co KG (*2127*)
Ingelheim
65 Boehringer Ingelheim (*7580*)
Ingolstadt
19 Audi AG (*22603*); M 2
51 Media Saturn-Holding GmbH (*9583*); M 5
Jena
325 Jenoptik AG (*1584*); T 383
Karlsruhe
223 IWKA AG (*2312*)
297 Michelin Reifenwerke KGaA (*1787*)
57 EnBW Energie Baden-Württemberg AG (*8658*); T 236
232 dm-drogerie markt GmbH & Co KG (*2247*)
446 Heinrich Heine Handelsgesellschaft mbH (*1136,5*); M 23
363 Interpares-Mobau GmbH & Co KG (*1381*)
Kassel
228 K+S Aktiengesellschaft (*2258*)
121 Wintershall AG (*4564*); M 14
Kelsterbach
220 Lufthansa Cargo AG (*2350*); M 29
309 Schenker Deutschland AG (*1700*); M 87
Kempten
281 Dachser GmbH & Co KG (*1900*)
Kerpen
430 CC CompuNet Computer AG & Co oHG (*1171*)
Kiel
289 Bartels-Langness GmbH & Co KG (*1854*)
374 Coop Schleswig-Holstein eG (*1350*)
463 Raiffeisen Hauptgenossenschaft Nord AG (*1104*)
Kirkel
205 Praktiker Bau- und Heimwerkermärkte AG (*2539*); M 5
Koblenz
365 Corus Deutschland GmbH (*1375*)
Köln
435 Deutz AG (*1160*)
35 Ford-Werke AG (*15001,8*)
195 Hydro Aluminium Deutschland GmbH (*2705*); M 11
370 Pfeifer & Langen (*1360*); T 432
117 RWE Rheinbraun AG (*4662*); M 6
417 rhenag Rheinische Energie AG (*1214*); M 6
245 Stadtwerke Köln GmbH (*2137*)
161 Strabag Beteiligungs-AG (*3210*)
498 Für Sie Handelsgenossenschaft eG Food-Non-Food (*1008*)
170 Gedelfi GmbH + Co KG (*3000*); M 13
140 Kaufhof Warenhaus AG (*3900*); M 5
426 Raiffeisen-Waren-Zentrale Rhein-Main eG (*1180*)
9 Rewe Gruppe (*37430*); T 264, 276, 303, 402
264 Rewe-Zentralfinanz eG (*1999*); M 9
447 Sony Deutschland GmbH (*1135*)
402 toom Baumarkt GmbH (*1259,2*); M 9
326 Toyota Deutschland Gruppe (*1580*)
483 Volvo Car Germany GmbH (*1041*)
29 Deutsche Lufthansa AG (*16971*); T 76, 187, 207, 220, 431
431 Lufthansa City Line GmbH (*1168*); M 29
343 RTL Television GmbH (*1503*)
286 Duales System Deutschland AG (*1874*)
Königstein im Taunus
500 Asklepios Kliniken GmbH (*1000*)
Konstanz
283 Altana Pharma AG (*1891*)
Kornwestheim
388 Salamander AG (*1297*)
Krefeld
339 Messer Griesheim GmbH (*1526*)
Kriftel
207 LSG Lufthansa Service Holding AG (*2515*); M 29
Kronberg im Taunus
344 Braun GmbH (*1502*)
127 Celanese AG (*4325*); T 494
Künzelsau
96 Würth Gruppe (*5360*)
Langenhagen
420 expert AG (*1200*)
404 Minolta Europe GmbH (*1251*)
Leer
468 J. Bünting Handels- und Beteiligungs-AG (*1100*)
Leipzig
179 VNG-Verbundnetz Gas AG (*2894*)
Lemförde
393 Elastogran Gruppe (*1274*); M 14
308 ZF Lemförder Fahrwerktechnik AG & Co KG (*1700*); M 52
Leonberg
361 Der Kreis GmbH & Co KG (*1390*)
Leverkusen
116 Agfa Gevaert-Gruppe (*4683*)
16 Bayer AG (*29624*)
422 Mazda Motors Deutschland GmbH (*1193*)
Lippstadt
173 Hella KG Hueck & Co (*2943*)
Lohr am Main
149 Bosch Rexroth AG (*3620*); M 12
Lübeck
476 L. Possehl & Co mbH (*1076*)
379 Drägerwerk AG (*1333*)
Ludwigsburg
450 Mann + Hummel Holding GmbH (*1128*)
Ludwigshafen
14 BASF AG (*32216*); T 121, 393
416 Vinci Deutschland GmbH (*1214,5*)
Mainhausen
257 Ariston-Nord-West-Ring eG (*2050*)
Mainz
425 Blaue Quellen Mineral- und Heilbrunnen AG (*1181*)
271 Schott Glas (*1956*); M 132
212 Weltfunk GmbH & Co KG (*2450*)
159 DB Cargo AG (*3259*); M 24
Mannheim
89 Röchling-Gruppe (*6137*)
164 ABB AG (*3100*)
480 Fuchs Petrolub AG (*1065*)
123 Südzucker AG (*4384*)
313 MVV Energie AG (*1679*)
107 Bilfinger Berger AG (*4912*)
217 Bauhaus Gruppe (*2400*)
33 Phoenix Pharmahandel AG & Co KG (*15400*)
169 Südleasing GmbH (*3040*)
Meinerzhagen
301 Otto Fuchs Metallwerke KG (*1749*); T 484
Melsungen
193 B. Braun Melsungen AG (*2747*)
352 Edeka Handelsgesellschaft Hessenring mbH (*1461*); M 13
Metzingen
472 Hugo Boss AG (*1093*)
Minden
455 Melitta Unternehmensgruppe Bentz KG (*1120*)
182 Edeka Handelsgesellschaft Minden-Hannover mbH (*2830*); M 142
142 Edeka Minden-Hannover Holding GmbH (*3824*); M 13; T 182
Mönchengladbach
61 Real-SB-Warenhäuser (*8199*); M 5
Moers
294 Edeka Handelsgesellschaft Rhein-Ruhr mbH (*1800*); M 13
Mülheim an der Ruhr
126 Brenntag AG (*4341*); M 24
440 Mannesmannröhren-Werke AG (*1149*); M 114
21 Aldi Gruppe (*22075*); T 47, 48
47 Aldi Süd (*11082*); M 21
105 Plus Warenhandelsgesellschaft mbH & Co oHG (*4998,6*); M 17
17 Unternehmensgruppe Tengelmann (*25148*); T 105, 108, 231
43 Stinnes AG (*11762*); M 24; T 87, 443
München
382 Epcos AG (*1312*)
99 Infineon Technologies AG (*5210*); M 3
30 MAN AG (*16040*); T 80, 177, 291
238 MTU Aero Engines GmbH (*2215*); M 1
7 BMW AG (*42282*)
247 Knorr-Bremse AG (*2118*)
80 MAN Nutzfahrzeug AG (*6564*); M 30
86 BSH Bosch und Siemens Hausgeräte GmbH (*6289*); M 12, 3
124 Osram GmbH (*4363*); M 3
3 Siemens AG (*84016*); T 59, 86, 93, 99, 124, 171, 454
93 Siemens Business Services GmbH & Co oHG (*5800*); M 3
77 Tech Data Germany AG (*6864*)
196 Wacker Chemie GmbH (*2677,8*); T 493
454 Mannesmann Plastics Machinery GmbH (*1120*); M 3
255 Philip Morris GmbH (*2060*)
396 Agip Deutschland AG (*1267*)
486 Avia Mineralöl AG (*1038*)
25 Eon Energie AG (*18585*); M 11; T 216, 380, 399
267 Stadtwerke München (*1980*)
60 Thüga-Gruppe (*8400*)
97 BayWa AG (*5349*)
452 Elekro Technischer Großhandel ETG J. Fröschl & Co GmbH & Co KG (*1124*)
389 Südfleisch Holding-AG (*1292*)
317 O2 Germany (*1651*)
477 Fraunhofer-Gesellschaft (*1072*)
225 McDonald's Deutschland Inc. (*2278*)
473 Giesecke & Devrient GmbH (*1088*)
Münster
64 Westfleisch Vieh- und Fleischzentrale Westfalen eG (*1007*)
68 Raiffeisen Central-Genossenschaft Nordwest (*1645*)
34 Westdeutsche Lotterie GmbH & Co oHG (*1993*)
Neckarsulm
64 Kaufland Stiftung & Co KG (*7682*); M 34
68 Lidl Stiftung & Co KG (*7461*); M 34
34 Schwarz Beteiligungs-GmbH (*15143*); T 64, 68
Neu-Isenburg
276 Fegro/ Selgros oHG (*1943*); M 9
76 Lufthansa Air Plus Servicekarten GmbH (*6888*); M 29
Neumarkt i.d.Opf.
491 Pfleiderer AG (*1028*)
Neuss
262 Wilh. Werhahn (*2006*)
266 Toshiba Europe GmbH (*1980*)
467 3M Deutschland GmbH (*1100*)
Neustadt an der Weinstraße
307 Hornbach Holding AG (*1705*); T 321
Neutraubling
385 Krones AG (*1305*)
Nieder-Olm
372 Eckes AG (*1352*)
Nürnberg
357 Diehl Stiftung & Co (*1433*)
171 Siemens Dematic AG (*2995*); M 3
434 Conti Temic Microelectronic GmbH (*1161*); M 45
458 Leoni AG (*1114*)
419 Grundig AG (*1200*)
252 Norma/ Roth Lebensmittelfilialbetrieb GmbH & Co KG (*2075*)
Oberding
148 SCA Hygiene Products AG (*3634*)
Oberkochen
132 Carl Zeiss Stiftung (*4152*); T 229, 271
229 Carl Zeiss Gruppe (*2257*); M 132
Oberursel
334 Lafarge Roofing GmbH (*1538*)
62 Thomas Cook AG (*8063*)
Offenbach am Main
291 MAN Roland Druckmaschinen AG (*1808*); M 30
465 Honda Motor Europe (North) (*1103*)
Offenburg
145 Edeka Handelsgesellschaft Südwest mbH (*3748*); M 13
360 Hubert Burda Media Holding GmbH & Co KG (*1404*)
Oldenburg
194 EWE AG (*2709*)
Osnabrück
409 Wilhelm Karmann GmbH (*1240*)
244 KM Europa Metal AG (*2174*)
312 Hellmann Worldwide Logistics GmbH & Co KG (*1690,9*)
Ottobrunn
15 EADS Deutschland GmbH (*29901*)
Paderborn
158 Benteler AG (*3287*)
373 Wincor Nixdorf Holding GmbH (*1350*)
Passau
439 ZF Passau (*1150*); M 52
Pforzheim
405 VKG Vereinigter Küchenfachhandel GmbH & Co KG (*1250*)
Planegg
222 Sanacorp Pharmahandel AG (*2343,3*)
Pullach
237 Sixt AG (*2224*)
Ratingen
314 Rheinmetall De Tec AG (*1677*); M 119
497 Readymix AG (*1008*)
Regensburg
218 Eon Bayern AG (*2381,8*); M 11
Remscheid
300 Vaillant GmbH (*1755*)
Rendsburg
399 Schleswag AG (*1264*); M 25
Rheda-Wiedenbrück
375 B + C Tönnies GmbH & Co KG (*1349*)
Rottendorf
172 Edeka Handelsgesellschaft Nordbayern-Sachsen-Thüringen mbH (*2960*); M 13
Rüsselsheim
36 Adam Opel AG (*14875*); T 460
Saarbrücken
270 RAG Saarberg (*1956*); M 37
268 ZF Getriebe GmbH (*1966*); M 52
324 Peugeot Deutschland GmbH (*1599*)
Salzgitter
114 Salzgitter AG (*4741*); T 338, 440
Sarstedt
190 Extra Verbrauchermärkte GmbH (*2800*); M 5
Schenefeld
82 Spar Handels-AG (*6500*)
Schieder-Schwalenberg
490 Schieder Möbel Holding GmbH (*1030*)
Schkopau
410 Dow Olefinverbund GmbH (*1235*); M 226
Schwäbisch Gmünd
335 ZF Lenksysteme GmbH (*1536*); M 52
Schwalbach am Taunus
59 Siemens VDO Automotive AG (*8515*); M 3
226 Dow Deutschland GmbH&Co OHG (*2272*); T 410
210 Procter & Gamble GmbH (*2500*)
Schweinfurt
227 FAG Kugelfischer & Co KG (*2260*)
398 SKF GmbH (*1264*)
269 ZF Sachs (*1958*)
Siegburg
202 Dohle Handelsgruppe Holding GmbH & Co KG (*2547*)
Siegen
345 Electrolux Deutschland GmbH (*1491*)
Singen
479 Alcan Holdings Germany (*1068*)
Soest
444 Actebis Computer Deutschland GmbH (*1140*); M 143
143 Actebis Holding GmbH (*3800*); M 23; T 444
Soltau
201 Hagebau GmbH & Co KG (*2595*)
Spergau
239 Mitteldeutsche Erdoel-Raffinerie GmbH (*2203*); M 72
St. Augustin
457 Großeinkauf Europa Möbel GmbH & Co KG (*1116*)
St. Wendel
154 Globus Handelshof Gruppe (*3400*)
Stuttgart
250 Dürr AG (*2082*)
383 M + W Zander Holding AG (*1309*); M 325
185 Behr GmbH & Co KG (*2814*)
1 Daimler-Chrysler AG (*149583*); T 32, 118, 152, 238, 278, 394
278 Evobus GmbH (*1917*); M 1
166 Mahle GmbH (*3070*)
109 Porsche AG (*4857*)
49 Valeo GmbH (*9803*)
12 Robert Bosch GmbH (*34977*); T 86, 149, 496
332 GVS Gasversorgung Süddeutschland GmbH (*1546*)
358 Ed. Züblin AG (*1419*)
236 NWS Neckarwerke Stuttgart AG (*2228*); M 57
26 Celesio AG (*18383*); M 20
290 Emil Frey Gruppe Deutschland (*1843,5*)
329 SG-Holding AG & Co KG (*1562*)
150 Alcatel Deutschland GmbH (*3518*); T 323
323 Alcatel SEL AG (*1608*); M 150
188 debitel AG (*2805*)
234 Verlagsgruppe Georg von Holtzbrinck GmbH & Co (*2241*)
152 Daimler-Chrysler Bank AG (*3420*); M 1
74 Dekra AG (*1045*)
275 Südfactoring GmbH (*1945,4*)
Sulzbach (Taunus)
242 Clariant GmbH (*2188*)
Troisdorf
209 Dynamit Nobel AG (*2512*); M 58
Ulm
367 Iveco Magirus AG (*1366*)
412 Wieland-Werke AG (*1225*)
381 Müller GmbH & Co KG (*1313*)
Unterföhring
282 ProSiebenSat.1 Media AG (*1895*)
Untergruppenbach
280 Getrag GmbH & Co KG (*1900*)
Unterschleißheim
429 Microsoft GmbH (*1173,5*)
Verden
346 Masterfoods GmbH (*1490*)
Viersen
231 Kaisers Tengelmann AG (*2254,3*); M 17
243 RWE Umwelt AG (*2179*); M 6
Visbek
474 PHW-Gruppe (*1080*)
Waiblingen
336 Stihl Holding AG & Co (*1534,2*)
Walldorf
69 SAP AG (*7413*)
Weinheim
259 Freudenberg Dichtungs- und Schwingungstechnik (*2028*); M 139
139 Freudenberg und Co (*3918*); T 259
Wermelskirchen
108 Obi Bau- und Heimwerkermärkte GmbH & Co Frachise Center KG (*4872*); M 17
Wesseling
272 Basell Polyolefine GmbH (*1953*)
Wetzlar
288 Buderus AG (*1860*); T 418
418 Buderus Heiztechnik GmbH (*1207*); M 288
Wiesbaden
56 Linde AG (*8726*); T 475
200 Motorola Deutschland GmbH (*2600*)
459 SGL Carbon AG (*1112*)
333 Dyckerhoff AG (*1545*)
Winnenden
485 Alfred Kärcher GmbH & Co KG (*1039*)
Wolfsburg
2 Volkswagen AG (*86948*); T 19, 129, 138, 322, 348
322 Volkswagen Transport GmbH & Co oHG (*1621*); M 2
Wuppertal
456 Delphi Automotive Systems Deutschland GmbH (*1118*)
487 Vorwerk & Co (*1034*)
253 Einkaufsbüro Deutscher Eisenhändler GmbH (*2070,6*)
204 Wal Mart Germany GmbH & Co KG (*2539*)
103 Gefa Gruppe (*5081*)
414 Gefa-Leasing GmbH (*1217*)
Würzburg
371 Koenig & Bauer AG (*1354*)
Zeven
224 Nordmilch eG (*2300*)
Zwickau
129 Volkswagen Sachsen GmbH (*4287*); M 2

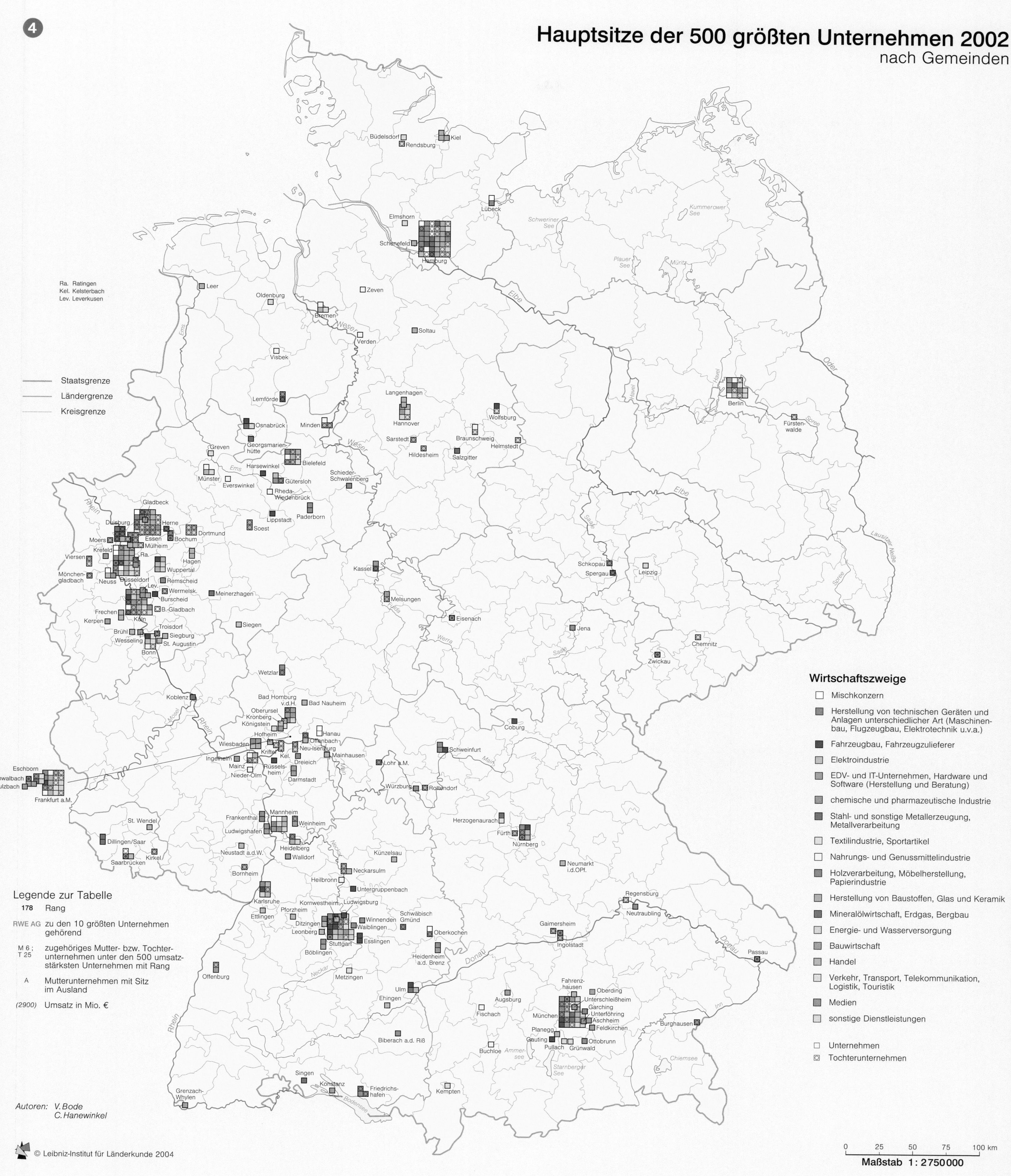
4
Hauptsitze der 500 größten Unternehmen 2002
nach Gemeinden
Ra. Ratingen
Kel. Kelsterbach
Lev. Leverkusen
Staatsgrenze
Ländergrenze
Kreisgrenze
Wirtschaftszweige
Mischkonzern
Herstellung von technischen Geräten und Anlagen unterschiedlicher Art (Maschinenbau, Flugzeugbau, Elektrotechnik u.v.a.)
Fahrzeugbau, Fahrzeugzulieferer
Elektroindustrie
EDV- und IT-Unternehmen, Hardware und Software (Herstellung und Beratung)
chemische und pharmazeutische Industrie
Stahl- und sonstige Metallerzeugung, Metallverarbeitung
Textilindustrie, Sportartikel
Nahrungs- und Genussmittelindustrie
Holzverarbeitung, Möbelherstellung, Papierindustrie
Herstellung von Baustoffen, Glas und Keramik
Mineralölwirtschaft, Erdgas, Bergbau
Energie- und Wasserversorgung
Bauwirtschaft
Handel
Verkehr, Transport, Telekommunikation, Logistik, Touristik
Medien
sonstige Dienstleistungen
Unternehmen
Tochterunternehmen
Legende zur Tabelle
178 Rang
RWE AG zu den 10 größten Unternehmen gehörend
M 6 ; T 25 zugehöriges Mutter- bzw. Tochterunternehmen unter den 500 umsatzstärksten Unternehmen mit Rang
A Mutterunternehmen mit Sitz im Ausland
(2900) Umsatz in Mio. €
Autoren: V. Bode
C. Hanewinkel
© Leibniz-Institut für Länderkunde 2004
0 25 50 75 100 km
Maßstab 1 : 2750000
Büdelsdorf
Rendsburg
Kiel
Lübeck
Elmshorn
Schenefeld
Hamburg
Schweriner See
Kummerower See
Plauer See
Müritz
Leer
Oldenburg
Zeven
Bremen
Weser
Elbe
Soltau
Verden
Visbek
Ems
Oder
Havel
Berlin
Fürstenwalde
Spree
Lemförde
Langenhagen
Hannover
Wolfsburg
Osnabrück
Minden
Sarstedt
Braunschweig
Helmstedt
Hildesheim
Salzgitter
Georgsmarienhütte
Greven
Harsewinkel
Bielefeld
Münster
Everswinkel
Gütersloh
Rheda-Wiedenbrück
Schieder-Schwalenberg
Lippstadt
Paderborn
Gladbeck
Rhein
Duisburg
Herne
Dortmund
Bochum
Moers
Essen
Mülheim
Soest
Krefeld
Viersen
Ra.
Hagen
Wuppertal
Mönchengladbach
Neuss
Düsseldorf
Remscheid
Lev.
Wermelsk.
Burscheid
Meinerzhagen
Frechen
Köln
B.-Gladbach
Kerpen
Brühl
Troisdorf
Wesseling
Siegburg
St. Augustin
Bonn
Siegen
Kassel
Melsungen
Fulda
Eisenach
Werra
Schkopau
Spergau
Leipzig
Saale
Jena
Chemnitz
Zwickau
Lausitzer Neiße
Wetzlar
Koblenz
Mosel
Bad Homburg v.d.H.
Bad Nauheim
Oberursel
Kronberg
Königstein
Hanau
Hofheim
Offenbach
Wiesbaden
Neu-Isenburg
Ingelheim
Kriftel
Kel.
Dreieich
Mainhausen
Mainz
Rüsselsheim
Nieder-Olm
Darmstadt
Eschborn
Schwalbach
Sulzbach
Frankfurt a.M.
Coburg
Schweinfurt
Main
Lohr a.M.
Würzburg
Rottendorf
St. Wendel
Frankenthal
Mannheim
Ludwigshafen
Weinheim
Herzogenaurach
Fürth
Nürnberg
Dillingen/Saar
Heidelberg
Walldorf
Neustadt a.d.W.
Künzelsau
Saarbrücken
Kirkel
Bornheim
Neckarsulm
Neckar
Neumarkt i.d.OPf.
Heilbronn
Untergruppenbach
Karlsruhe
Ettlingen
Pforzheim
Kornwestheim
Ludwigsburg
Winnenden
Schwäbisch Gmünd
Waiblingen
Ditzingen
Leonberg
Stuttgart
Esslingen
Böblingen
Oberkochen
Heidenheim a.d. Brenz
Regensburg
Neutraubling
Gaimersheim
Ingolstadt
Donau
Passau
Offenburg
Metzingen
Ulm
Ehingen
Augsburg
Fischach
Fahrenzhausen
Oberding
Unterschleißheim
Garching
Unterföhring
München
Aschheim
Feldkirchen
Planegg
Gauting
Pullach
Grünwald
Ottobrunn
Burghausen
Inn
Biberach a.d. Riß
Buchloe
Ammersee
Starnberger See
Chiemsee
Singen
Konstanz
Friedrichshafen
Bodensee
Kempten
Grenzach-Whylen

östlichen Landesteilen inzwischen auffällig niedrig ausfallen ❽.

Der Wettbewerb in Deutschland hat sich nicht nur im Zuge der globalen Konkurrenz verschärft, sondern auch durch ▸ Liberalisierungs- und ▸ Deregulierungsprozesse vormals staatlich dominierter Güter- und Dienstleistungsmärkte. Besonders spürbar wurde dies in der Telekommunikationsindustrie und auf dem Energiesektor (▸▸ Beiträge Brücher/Helfer, S. 130; Baier/Gräf, S. 134), wo Monopole aufgebrochen wurden und neue private Anbieter auf den Markt drängten. Schließlich war auch der deutsche Einzelhandel strukturell und räumlich starken Änderungen unterworfen, die auf sich wandelnden Konsummustern und einem Bedeutungswandel der verschiedenen Einzelhandelsformen beruhen (▸▸ Beitrag Heinritz, S. 58). Einen weiteren Einflussfaktor stellt die graduelle Liberalisierung des Ladenschlussgesetzes dar.

Auf die ständigen Veränderungen des Marktes flexibel zu reagieren, stellt eine der größten Herausforderungen für die deutsche Wirtschaft dar. Sie bedient sich dazu zunehmend externer Unterstützung, sowohl durch Unternehmensberater (▸▸ Beitrag Glückler, S. 96) wie auch durch Markforschungsunternehmen (▸▸ Beitrag Kunz/Meyer/Specht, S. 136).

Wirtschaftsräume

Die Bundesrepublik Deutschland zählt heute zu den wirtschaftsstärksten Ländern der Erde. Ermöglicht wurde dies durch ein enormes Wirtschaftswachstum seit dem Zweiten Weltkrieg, welches unter dem Begriff „deutsches Wirtschaftswunder" weltweit Aufmerksamkeit erlangte (▸▸ Beitrag Pohl, S. 22). Dabei verlief die Entwicklung zunächst in den Besatzungszonen und später in den beiden deutschen Teilstaaten politisch und ökonomisch sehr unterschiedlich. Während die westlichen Zonen und die 1949 daraus entstandene Bundesrepublik Deutschland relativ schnell die Integration in die kapitalistisch dominierte Weltwirtschaft erreicht hatten, führte der Weg der sowjetischen Besatzungszone und späteren DDR zu einer sozialistischen Wirtschaftsform, deren Schwachstellen – trotz Bemühungen des Staates um eine hohe Prioritätensetzung, Effektivierung und Modernisierung der Industrie ❾ – insbesondere nach der Wende offensichtlich wurden.

Das große Gefälle der Wirtschaftskraft zwischen den alten und den neuen Ländern, welches sich auch in den unterschiedlich hohen Arbeitslosenquoten beider Teilgebiete widerspiegelt ⓬ (▸▸ Beitrag Faßmann, S. 126), zu beseitigen, ist seit der deutschen Wiedervereinigung eine der wichtigsten gesellschafts- und wirtschaftspolitischen Aufgaben. Dieses West-Ost-Gefälle überlagert die wirtschaftsräumlichen Disparitäten in Westdeutschland, die v.a. in den 1980er Jahren zwischen Süd und Nord zu verzeichnen waren, sowie zum Teil auch die Disparitäten zwischen Zentren und Peripherie sowie zwischen Verdichtungsräumen und ländlichem Raum (▸▸ Beitrag Wießner, S. 112). Aufgrund der geringeren Arbeitslosigkeit und der günstigeren wirtschaftlichen Entwicklung besonders in Baden-Württemberg, Bayern und Hessen in der Zeit vor der Wende war in Westdeutschland im Wesentlichen von einem Süd-Nord-Gefälle die Rede. Heute zeigt die Wirtschaftsstruktur Deutschlands insgesamt dagegen ein weitaus differenzierteres Bild (▸▸ Beiträge Klein, S. 42; Zimmer, S. 104).

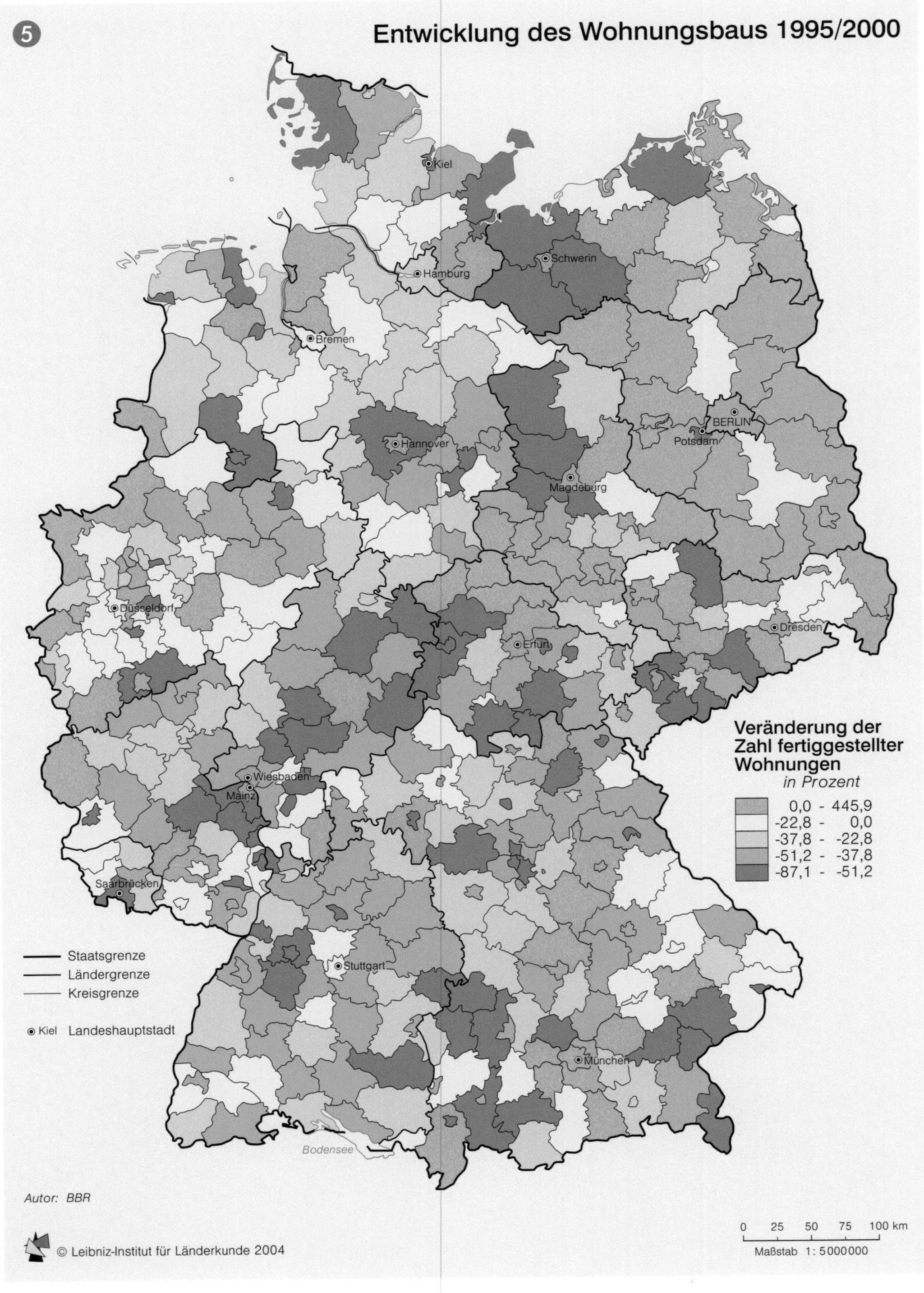

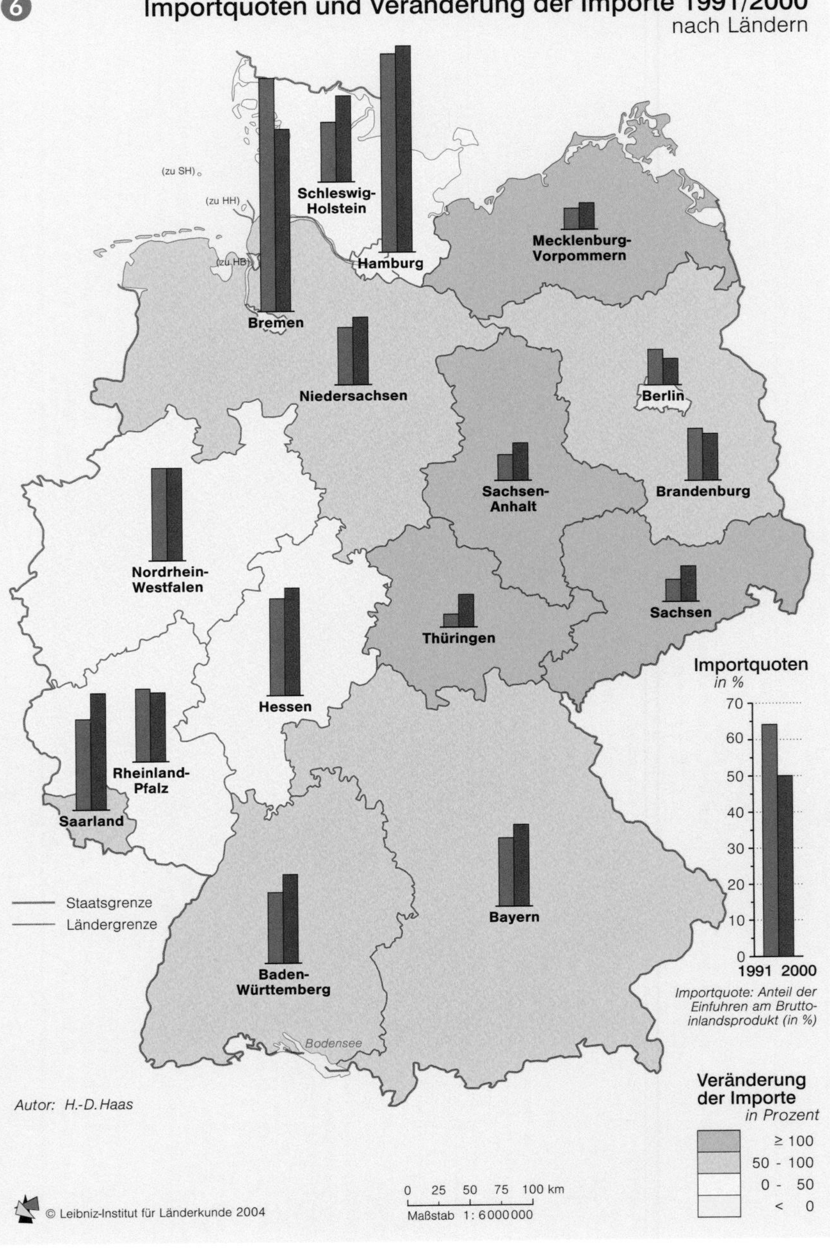

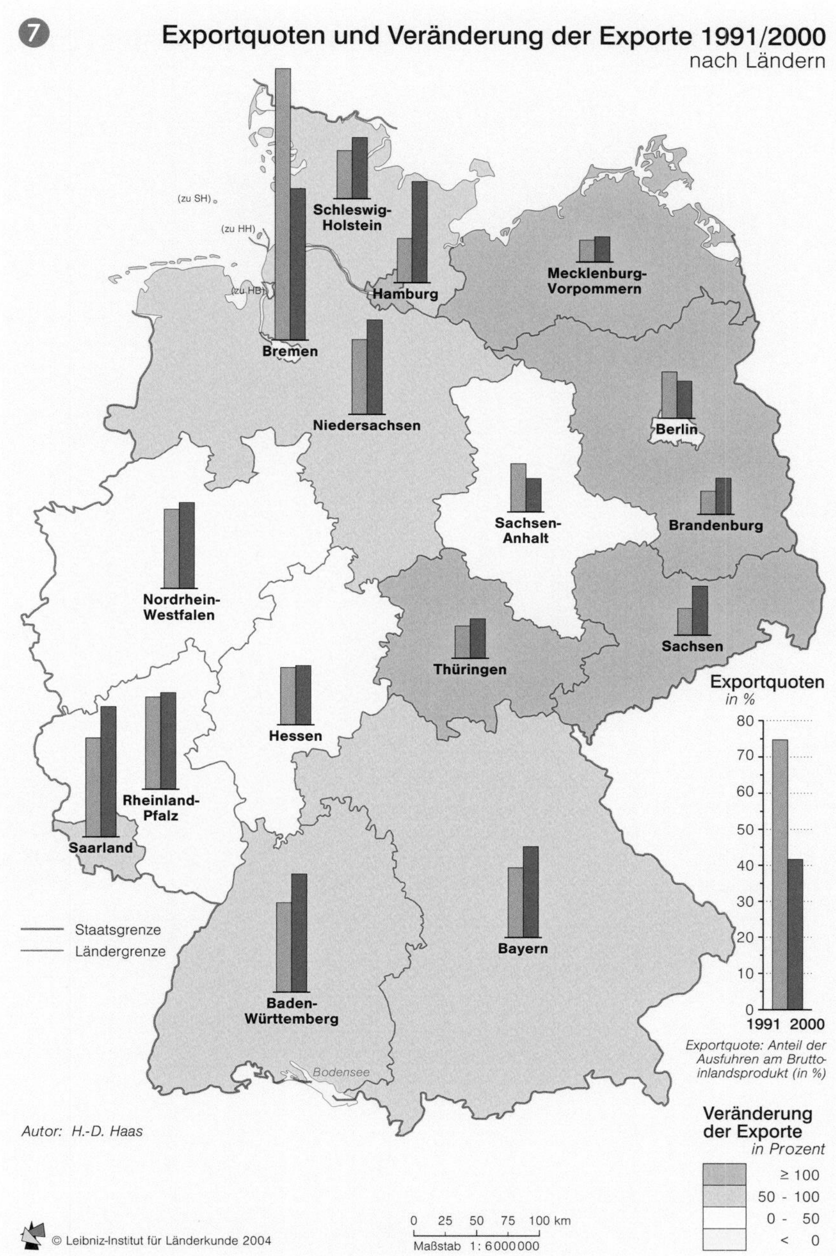

Die Bundesrepublik Deutschland zählt zu den Ländern mit relativ geringen Rohstoffvorkommen (▶▶ Beiträge Pasternak, S. 36; Thielemann/Wagner, S. 34; und Beitrag Lahner/Lorenz, Bd. 2, S. 48). Um auf den Weltmärkten konkurrieren zu können, muss die deutsche Wirtschaft deshalb technologisch leistungsfähig und innovativ sein. Dabei kommen der Forschung und Entwicklung (F&E) sowie einer qualifizierten Arbeitnehmerschaft besondere Bedeutung zu (▶▶ Beiträge Greif, S. 82; Nutz, S. 88). Die Technologieintensität der Unternehmen ist jedoch räumlich unterschiedlich ausgeprägt ⑪ (▶▶ Beiträge Koschatzky/Marquardt, S. 86; Gehrke/Sternberg, S. 90). Zu den wichtigsten Technologieregionen zählen insbesondere Gebiete in Süddeutschland und Nordrhein-Westfalen sowie die Stadtregionen Berlin und Hamburg. Große Teile der neuen Länder sowie ländliche Gebiete im westlichen Teil der alten Länder zeigen dagegen noch einen Nachholbedarf bezüglich ihrer technologischen Leistungsfähigkeit. Daran konnte auch die Schaffung einer Vielzahl von Technologie- und Gründerzentren bisher nur wenig ändern (▶▶ Beitrag Tamasy, S. 84).

Dynamische High-Tech-Regionen entstanden v.a. dort, wo sich Forschungseinrichtungen und Universitäten in Kooperationen begegnen. Außerdem spielen sog. weiche Standortfaktoren wie z.B. Kultur (Theater, Museen etc.) und attraktive Freizeitmöglichkeiten (Naturvoraussetzungen wie Berge oder Seen sowie eine entsprechende Infrastruktur) für innovationsorientierte Unternehmen eine wichtige Rolle (▶▶ Beitrag Grabow, S. 40). Sie bilden die Voraussetzung dafür, hochqualifizierte Beschäftigte anwerben zu können, für die ein attraktives Lebensumfeld von großer Bedeutung ist. Schließlich stellen auch die Anbindung an das überregionale Verkehrsnetz, v.a. an internationale Verkehrsflughäfen, und eine hochwertige Kommunikationsinfrastruktur wichtige Standortvorteile dar (▶▶ Beiträge Kagermeier, S. 38; Baier/Gräf, S. 116). In den bestvernetzten Regionen wie München, Frankfurt, Köln oder Stuttgart finden sich deshalb besonders viele Firmen technologieintensiver Wirtschaftszweige wie der Computer- und der Elektronikindustrie, der Softwarebranche, des Fahrzeugbaus (▶▶ Beitrag Schamp, S. 64), der Medienwirtschaft (▶▶ Beiträge Krätke, S. 94; Ducar/Graeser, S. 102) und in jüngerer Zeit auch der Biotechnologie (▶▶ Beitrag Oßenbrügge, S. 98). In den deutschen Technologieregionen sind auch die meisten wissensintensiven unternehmensorientierten Dienstleistungsfirmen ansässig (▶▶ Beitrag Strambach, S. 50).

Gemessen am Bruttoinlandsprodukt je Einwohner weisen die neuen Länder eine ähnlich geringe Wirtschaftskraft auf wie weite Teile der EU-Peripherie. Die umfangreichen Transferzahlungen im Rahmen des „Aufbau Ost“ konnten hier noch kein so dynamisches Wirtschaftswachstum hervorrufen, dass eine Angleichung an westdeutsche Verhältnisse erreicht worden wäre ⑩. Der Löwenanteil des Nettotransfers von ca. 1 Billion DM bis 1998 wurde dabei vom Bund getragen, die restlichen Mittel brachten Länder, Gemeinden, die EU und die Sozialversicherung auf. Insgesamt beliefen sich die jährlichen Nettotransfers in die neuen Länder auf rund 5% des westdeutschen Bruttoinlandsprodukts. Bis 2004 schätzt man →

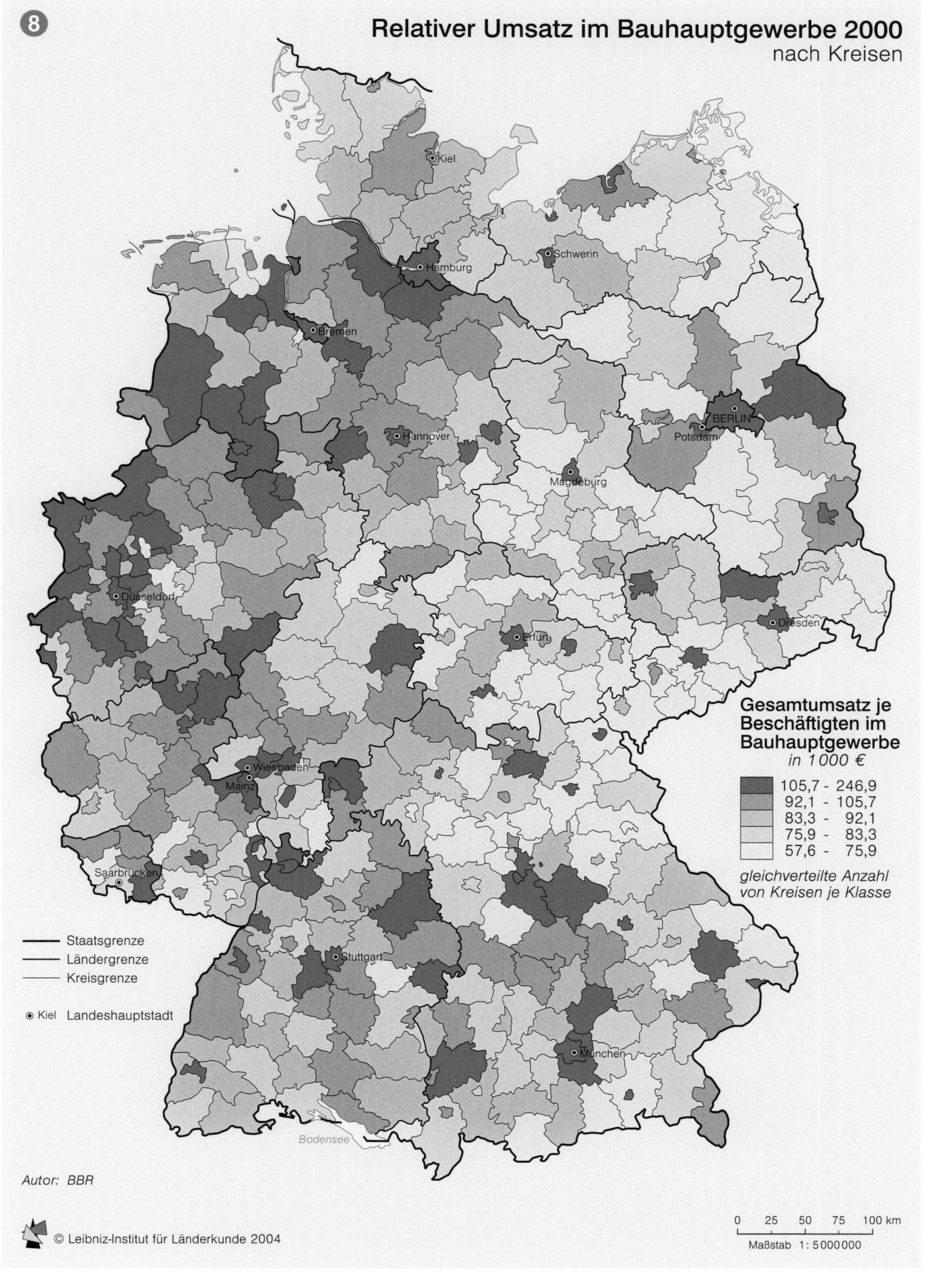

den Nettotransfer mittlerweile auf ca. 1,25 Billionen Euro.

Die Wirtschaftsentwicklung in den neuen Ländern verlief – nach den starken Einbrüchen zu Beginn der 1990er Jahre – bis Ende 1994 durchaus positiv, und es konnten hohe Wachstumsraten erzielt werden. Seit 1995 jedoch hat sich dieses Wachstum spürbar abgeflacht und rangiert mittlerweile wieder hinter den Zuwachsraten der alten Länder. Wirtschaftspolitisch wurde diese Situation teilweise unterschätzt, so dass auch auf absehbare Zeit ein West-Ost-Transfer von Finanzmitteln in großem Umfang unausweichlich sein wird, will man die ökonomische Entwicklung in Ostdeutschland und damit eine Festigung der inneren Einheit in der Bundesrepublik nicht gefährden. Dies zeigt sich auch am Beschluss der Bundesregierung, den Finanztransfer als Solidaritätspakt II weit über das Jahr 2005 hinaus weiterzuführen.

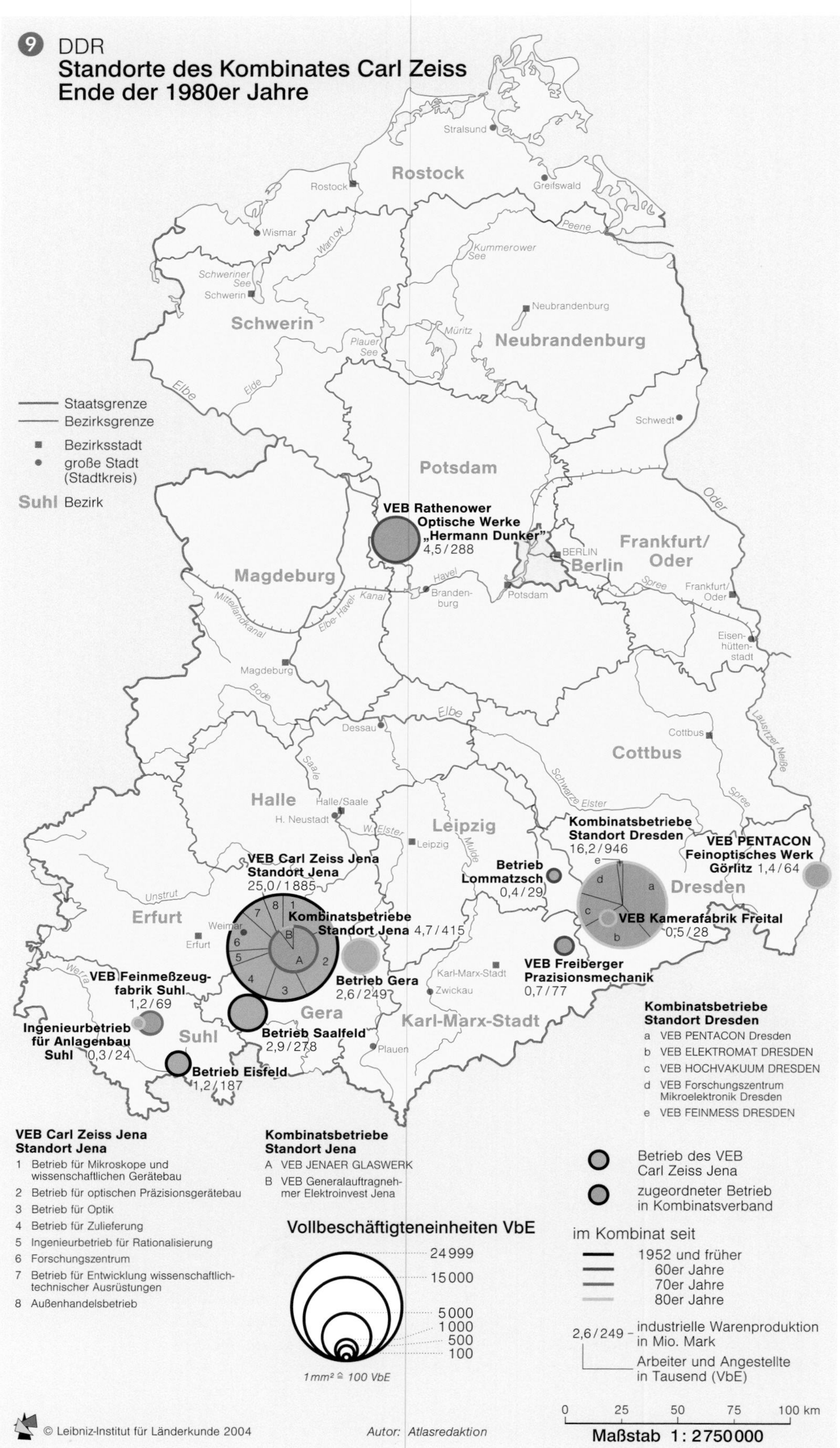

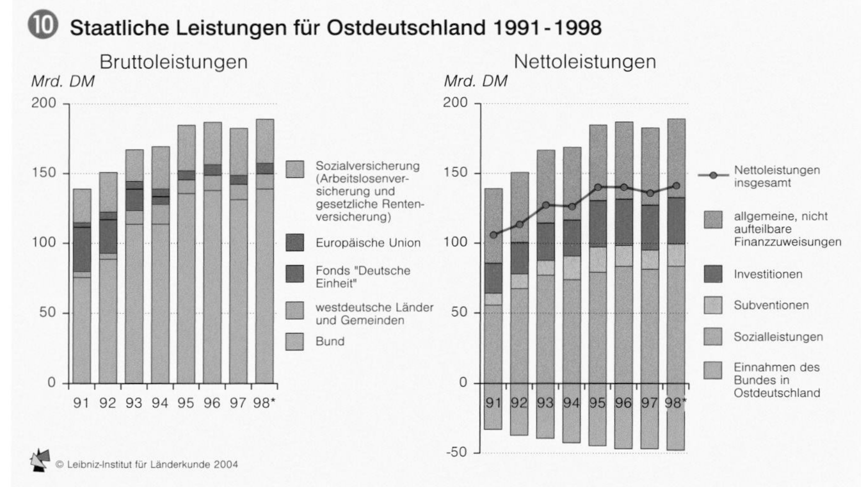

Struktur und Bedeutung der Agrarwirtschaft

Der ▶ primäre Wirtschaftssektor weist gegenüber dem sekundären und tertiären einige Besonderheiten auf. Durch seine flächenhafte Ausprägung – rund 80% der Fläche Deutschlands werden durch die Land- und Forstwirtschaft genutzt – wirkt er vielfach landschaftsprägend. Dies gilt vor allem für Regionen mit einem hohem Getreideanteil (▶▶ Beitrag Hüwe/Roubitschek, S. 30) sowie für Gebiete mit intensivem Sonderkulturanbau (▶▶ Beitrag Voth, S. 32). Insbesondere in der pflanzlichen Erzeugung bestehen nach wie vor große Abhängigkeiten vom natürlichen Potenzial des Raumes (▶▶ Beitrag Hüwe/Roubitschek, S. 28). Böden mit hoher Tragfähigkeit werden vorrangig ackerbaulich genutzt und dienen vor allem der Erzeugung von Weizen, Raps und Zuckerrüben, Böden mit geringerer Tragfähigkeit weisen demgegenüber hohe Roggenanteile auf. Allerdings ist es vielfach durch die Intensivierung der Nutztierhaltung und die damit verbundene Bereitstellung von Wirtschaftsdünger zu einem Wandel in der Bodennutzung gekommen, weil nun auch Mais und Gerste angebaut werden, die in der Mischfutterherstellung bzw. Silagebereitung Verwendung finden. An den Küsten und in den Mittelgebirgen treten ausgedehnte Grünlandregionen auf, die als natürliche Standorte für die Rinderhaltung, insbesondere die Milchviehhaltung, von Bedeutung sind (▶▶ Beitrag Klohn, S. 74). Die Möglichkeiten der Landwirte, ihre Betriebssysteme in Richtung Pflanzenproduktion zu verändern, sind sehr begrenzt, was im Gefolge der Neuorientierung der gemeinsamen Agrarpolitik der EU zu beträchtlichen Anpassungsproblemen führen wird, weil intensiv wirtschaftende Rinderhaltungsbetriebe bei der vorgesehenen Neuregelung der Subventionen deutlich benachteiligt sind.

Traditionell ist die Agrarwirtschaft durch eine starke politische Einflussnahme gekennzeichnet. Dies gilt sowohl für die nationale Politik als auch für die EU-Agrarpolitik 16. Eine Vielzahl von Regelungen, z.B. Produktionsquoten oder Prämien, haben maßgeblichen Einfluss auf die strukturellen Entwicklungen in der Agrarwirtschaft genommen. In den meisten Fällen haben diese politischen Regelungen die Strukturen eher konserviert und den Strukturwandel gebremst, ihn aber nicht verhindern können. Dort, wo keine Marktregelungen vorlagen, z.B. in der Schweine- und Geflügelhaltung (▶▶ Beiträge Windhorst, S. 78 und S. 80), ist der Strukturwandel weitaus schneller abgelaufen und hat sich internationalen Entwicklungen angleichen können.

Wesentliche Merkmale des Strukturwandels in der Landwirtschaft sind die stetige Verringerung der Anzahl der Betriebe und ihr Größenwachstum (▶▶ Beitrag Klohn/Roubitschek, S. 24). Dies wird als sektorale Konzentration bezeichnet. Eine Besonderheit, die es in dieser Ausprägung in der gewerblichen Wirtschaft nicht gibt, besteht im Ost-West-Gegensatz der Agrarstrukturen. Zwar durchlief die Landwirtschaft in Ostdeutschland nach 1990 eine grundlegende Umgestaltung, doch wurden die in der DDR-Zeit gebildeten ostdeutschen Großbetriebe nicht zerschlagen, sondern häufig in neuer Rechtsform weitergeführt (▶▶ Beitrag Roubitschek, S. 118). Besonders deutlich ist dies z.B. dort zu erkennen, wo ehemalige KIM-Betriebe (Kombinat Industrielle Mast) in ▶ vertikal integrierte agrarindustrielle Unternehmen überführt wurden. Demgegenüber dominieren in Westdeutschland weiterhin kleine und mittelgroße Familienbetriebe, die gegenüber den Großbetrieben vielfach Kostennachteile aufweisen.

Die gesamtwirtschaftliche Bedeutung des primären Produktionssektors ist eher gering ③, doch werden die von ihm erzeugten oder gewonnenen Rohstoffe als Grundlage für die Weiterverarbeitung im gewerblichen Sektor benötigt. Dies gilt nicht nur für die landwirtschaftlichen Erzeugnisse, sondern ebenso für die Produkte der Wald- und Forstwirtschaft (▶▶ Beitrag Klohn, S. 162) wie auch der Fischereiwirtschaft (▶▶ Beitrag Dionisius/ Gläßer/ Schwackenberg/ Seidel, S. 146). Die enge Verflechtung der agrarischen Produktion mit den vor- und nachgelagerten Wirtschaftszweigen (z.B. Hersteller von Geräten zur Nutztierhaltung oder von Landmaschinen, Mischfutterwerke, Getreide- und Ölmühlen, Schlachtereien und Fleischwarenfabriken) hat zur ge-

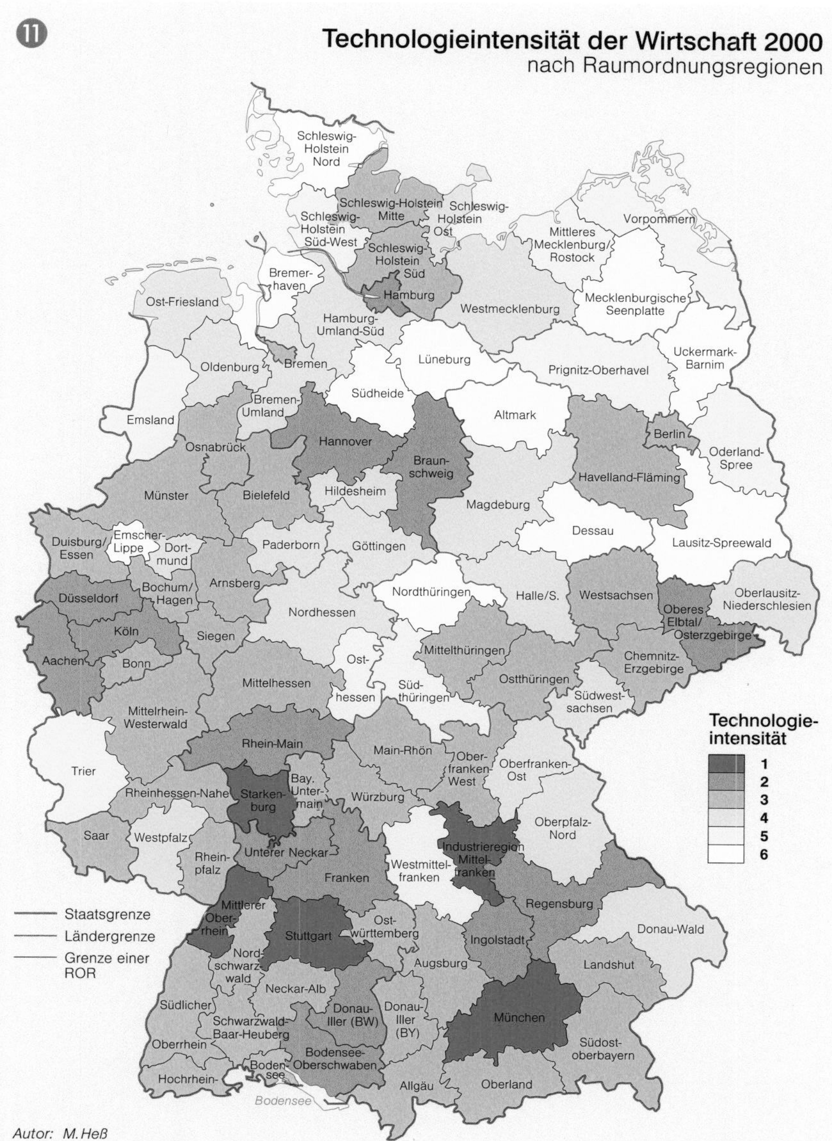

Entsprechend dem Schulnotensystem bedeuten ***1*** *die* ***höchste*** *und* ***6*** *die* ***geringste*** *Technologieintensität. Der Klassifizierung liegen folgende* ***Merkmale*** *zugrunde:*

- *Anteil der Beschäftigten in Forschung und Entwicklung an den Erwerbstätigen in Unternehmen 2000 in %*
- *Veränderung des Anteils der Beschäftigten in Forschung und Entwicklung an den Erwerbstätigen in Unternehmen 1992-1997 in %*
- *Anteil der in Unternehmen beschäftigten Ingenieure an den Erwerbstätigen 2000 in %*
- *Veränderung der Zahl der in Unternehmen beschäftigten Ingenieure 1996-2000 in %*
- *Anzahl der angemeldeten Patente im Durchschnitt der Jahre 1992-1994 je Mio. Erwerbstätige*
- *Anteil der hoch qualifizierten Arbeitnehmer an allen Beschäftigten in technologieorientierten Wirtschaftszweigen 2000 in %*
- *Veränderung der Zahl der hoch qualifizierten Arbeitnehmer in technologieorientierten Wirtschaftszweigen, 1996-2000*
- *Anzahl neu gegründeter technologieorientierter Unternehmen 1996-1999*
- *Bruttowertschöpfung 1998 in Mio. DM*
- *Veränderung der Bruttowertschöpfung 1992-1998 in %*
- *Beschäftigungsniveau 1998 (Erwerbstätige/ Bevölkerung*
- *Beschäftigungsdynamik (Veränderung der Zahl der Beschäftigten 1992-1998 in %)*

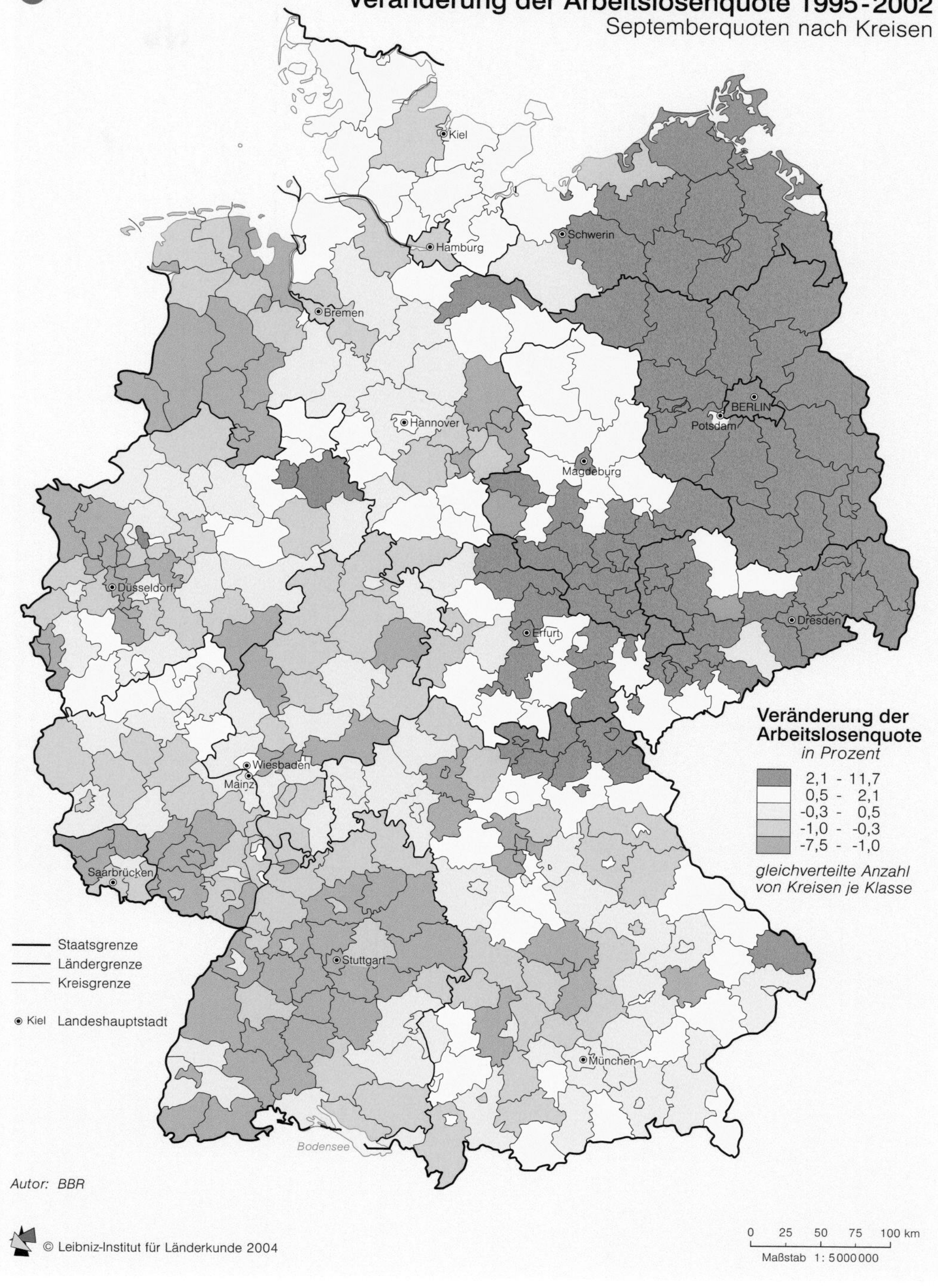

meinsamen Betrachtung unter der Bezeichnung Agribusiness geführt. Vielfach sind die Übergänge von der Primärproduktion zur Weiterverarbeitung fließend, durch Anbau- oder Produktionsverträge besteht ein enger Verbund zwischen Erzeugern und Verarbeitern (▶▶ Beitrag Klohn, S. 76). Die Form der Vertragslandwirtschaft beschränkt sich allerdings nicht auf den Pflanzenbau, sondern tritt verbreitet auch in der tierischen Produktion auf, insbesondere in der Geflügelmast (▶▶ Beitrag Windhorst, S. 80).

In einzelnen Zweigen der Tierhaltung haben sich räumliche Konzentrationen herausgebildet, die vor allem in der Schweinehaltung (▶▶ Beitrag Windhorst, S. 78) und in der Geflügelhaltung (▶▶ Beitrag Windhorst, S. 80) über große Marktanteile verfügen. Dieser Prozess wird als regionale Konzentration bezeichnet. Die stärkste Konzentration von Intensivgebieten der Tierproduktion befindet sich im Nordwesten Deutschlands (▶▶ Beitrag Windhorst, S. 100) und hat vielfältige Ursachen. Zum einen sind sie in der geringen Fruchtbarkeit der alteiszeitlichen Sandböden und der damit begrenzten Möglichkeit zu sehen, aus dem Pflanzenbau hinreichende Betriebseinkommen zu erzielen, zum anderen in den vergleichsweise geringen Betriebsgrößen. Die günstige Lage zu den Häfen an der Nordseeküste ermöglichte die Einfuhr von Rohkomponenten für die Mischfutterherstellung. Bereits gegen Ende des 19. Jahrhunderts entstanden spezialisierte Tierhaltungsbetriebe auf Zukauffutterbasis, die ihre Erzeugnisse in den Verdichtungsräumen an Rhein und Ruhr absetzten. Zwar ermöglichten die Importe von Futtermitteln die stetige Ausweitung der Tierproduktion, doch kam es in den Zentren der Schweine- und Geflügelhaltung schon bald zu negativen ▶ externen →

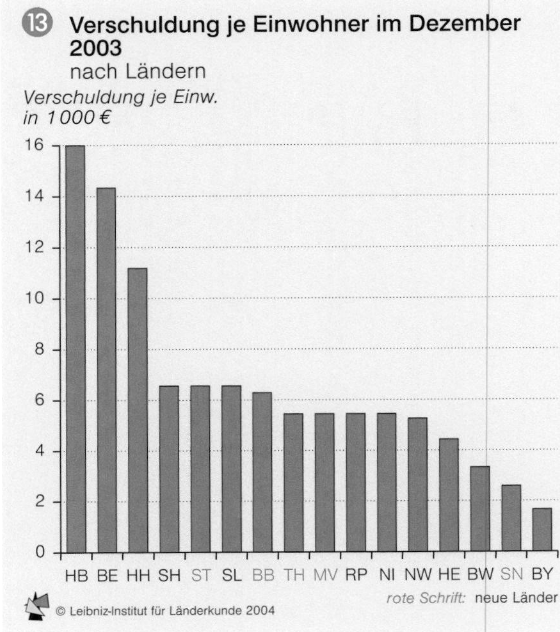

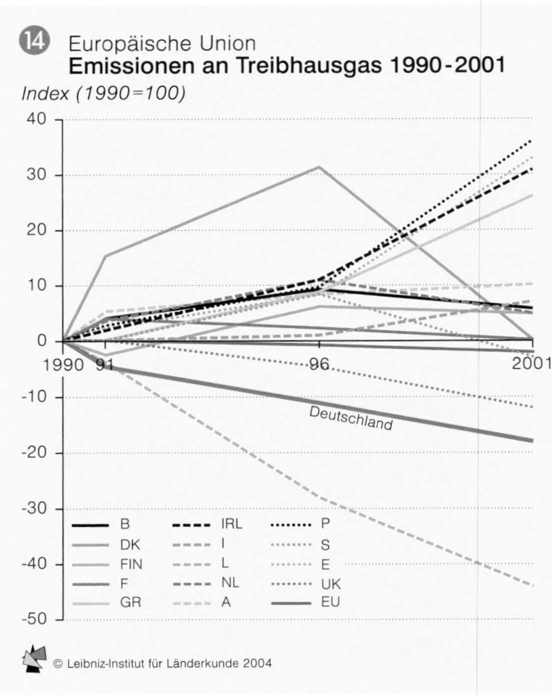

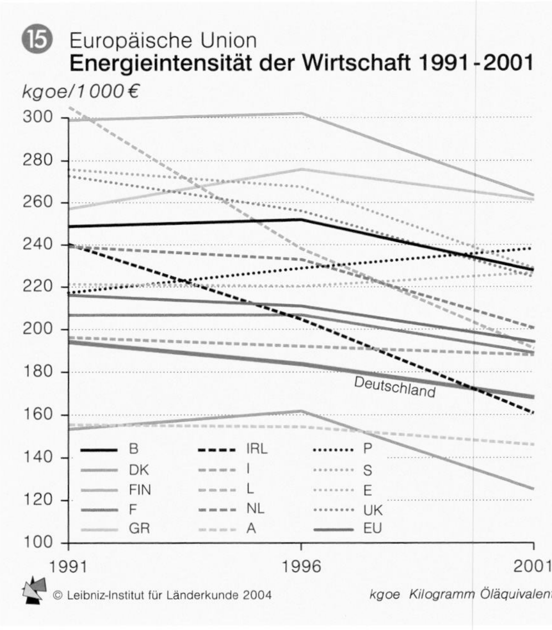

⑬ **Verschuldung je Einwohner im Dezember 2003**
nach Ländern

Verschuldung je Einw. in 1000 €
16
14
12
10
8
6
4
2
0
HB BE HH SH ST SL BB TH MV RP NI NW HE BW SN BY
rote Schrift: neue Länder
© Leibniz-Institut für Länderkunde 2004

⑭ Europäische Union
Emissionen an Treibhausgas 1990-2001

Index (1990=100)
40
30
20
10
0
1990 91 96 2001
-10
-20
-30
-40
-50
Deutschland
B
DK
FIN
F
GR
IRL
I
L
NL
A
P
S
E
UK
EU
© Leibniz-Institut für Länderkunde 2004

⑮ Europäische Union
Energieintensität der Wirtschaft 1991-2001

kgoe/1000 €
300
280
260
240
220
200
180
160
140
120
100
1991 1996 2001
Deutschland
B
DK
FIN
F
GR
IRL
I
L
NL
A
P
S
E
UK
EU
© Leibniz-Institut für Länderkunde 2004
kgoe Kilogramm Öläquivalent

⑯ Europäische Union
Agrarpolitik – Ausgezahlte EAGFL-Mittel 2001

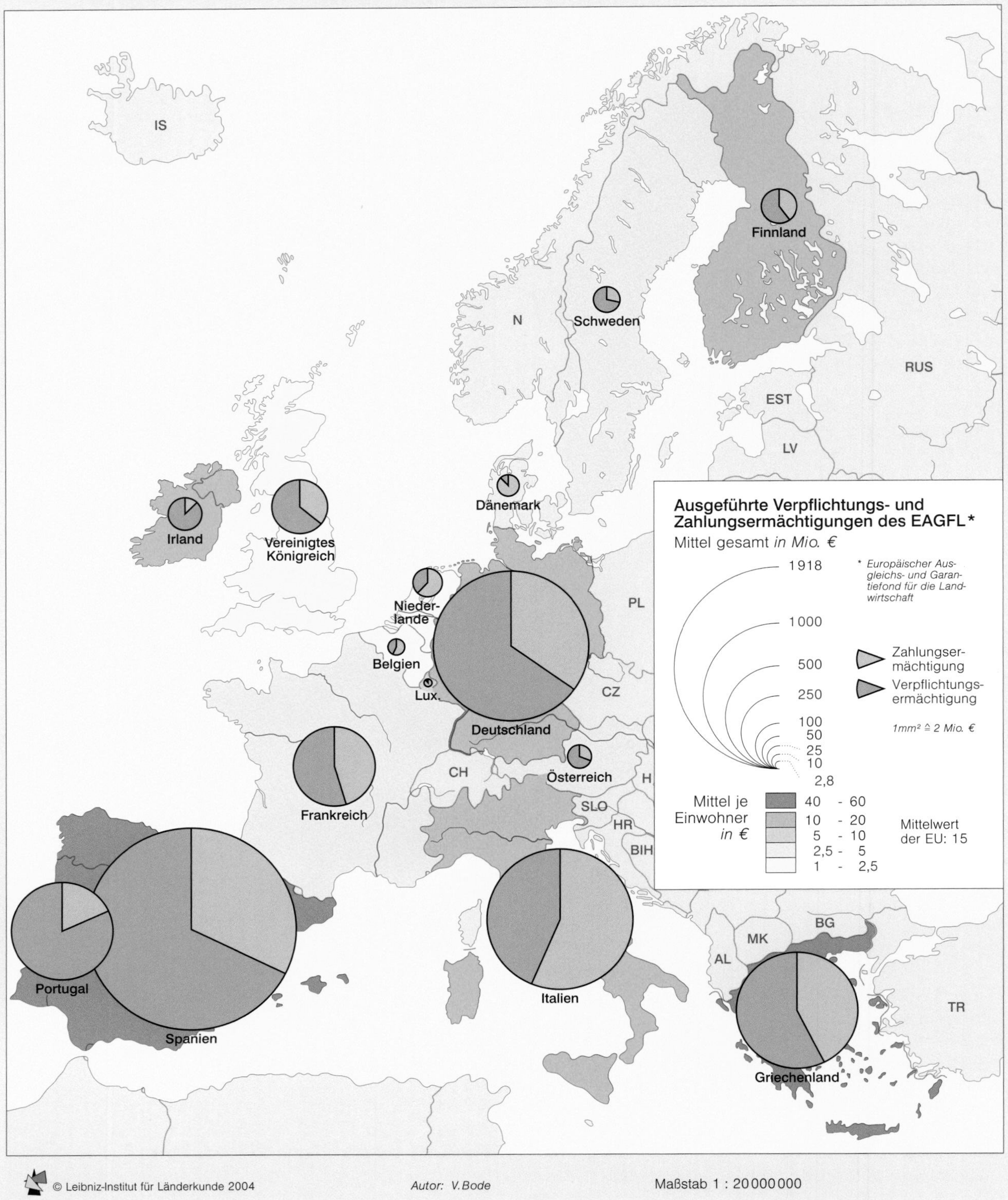

IS
N
Schweden
Finnland
RUS
EST
LV
Dänemark
Irland
Vereinigtes Königreich
Nieder-lande
Belgien
Lux.
Deutschland
PL
CZ
Frankreich
CH
Österreich
H
SLO
HR
BIH
Portugal
Spanien
Italien
MK
AL
BG
Griechenland
TR
Ausgeführte Verpflichtungs- und Zahlungsermächtigungen des EAGFL*
Mittel gesamt in Mio. €
1918
1000
500
250
100
50
25
10
2,8
* Europäischer Ausgleichs- und Garantiefond für die Landwirtschaft
Zahlungsermächtigung
Verpflichtungsermächtigung
1mm² ≙ 2 Mio. €
Mittel je Einwohner in €
40 - 60
10 - 20
5 - 10
2,5 - 5
1 - 2,5
Mittelwert der EU: 15
© Leibniz-Institut für Länderkunde 2004
Autor: V. Bode
Maßstab 1 : 20000000

Effekten durch die hohen Mengen an tierischen Exkrementen und durch frei werdende Schadgase, vor allem Ammoniak. Wenn diese Regionen längerfristig ihre Marktstellung halten wollen, müssen neue Wege in der umweltverträglichen Verwertung der ▸ biogenen Rest- und Abfallstoffe aus der landwirtschaftlichen Primärproduktion und ihrer Verarbeitung gefunden werden. Zu beträchtlichen Umweltbelastungen ist es z.T. auch bei den ehemaligen KIM-Betrieben gekommen, die heute noch als Altlasten bestehen und eine Umnutzung der Anlagen erschweren.

Die in der gewerblichen Wirtschaft zu beobachtenden Konzentrationsprozesse finden auch in den mit der Agrarwirtschaft verbundenen Unternehmen statt. Durch Fusionen entstanden große Unternehmensverbünde (▸▸ Beiträge Borchert, S. 72; Klohn, S. 74). Insbesondere in der Geflügelwirtschaft kam es zu vertikal integrierten agrarindustriellen Unternehmen, die alle Elemente der Erzeugung und Verarbeitung eines Produktes (z.B. Eier oder Geflügelfleisch) unter einem Dach vereinigen. Die zunehmende Vielfalt in- und ausländischer Agrarprodukte und der Wunsch der Verbraucher nach möglichst ganzjähriger Belieferung mit frischen Erzeugnissen zu günstigen Preisen haben auch zu neuen Vermarktungs- und Distributionsformen geführt. Während dies bei Obst und Gemüse (▸▸ Beitrag Voth, S. 144) bereits eine längere Tradition hat, erfolgt die stärkere Zuwendung zu portioniertem und als SB-Ware verpacktem Fleisch erst in jüngster Zeit. Hier sind in Folge der Entscheidung einiger Discounter (ALDI, Lidl), Frischfleisch in ihr Angebotssortiment aufzunehmen, z.T. völlig neue ▸ Logistiknetze aufgebaut worden. Dies kann allerdings dazu führen, dass kleinere Fleischereien zunehmend an Bedeutung verlieren werden.

Im südlichen Weser-Ems-Gebiet ist nach dem Zweiten Weltkrieg einer der leistungsfähigsten Agrarwirtschaftsräume Europas entstanden. Hier haben sich räumliche Verbundsysteme und Netzwerke zwischen Primärproduktion, vor- und nachgelagerter Industrie sowie Forschungs- und Beratungseinrichtungen ausgebildet, die es zulassen, von einem Silicon Valley der modernen marktorientierten Agrarproduktion und Agrartechnologie zu sprechen (▶▶ Beitrag Windhorst, S. 100). Eine Reihe der Unternehmen, die in der Entwicklung, der Herstellung und im Vertrieb von Geräten zur Nutztierhaltung tätig sind, haben Weltgeltung erreicht. Sie vertreiben ihre Erzeugnisse inzwischen in allen Kontinenten. Viele der Verarbeitungsbetriebe für Milch, Eier und Fleisch weisen ebenfalls hohe Exportanteile auf. Der günstige Zugang zur Autobahn A1, zu den Flughäfen in Bremen und Münster/Osnabrück sowie zu den Exporthäfen an der Nordseeküste sind für diese Unternehmen ebenso wichtige Standortfaktoren wie die enge Nachbarschaft zu den Forschungseinrichtungen der Georg-August-Universität Göttingen, der Tierärztlichen Hochschule Hannover, der Hochschule Vechta und dem Deutschen Institut für Lebensmitteltechnik in Quakenbrück.

Die Agrarbetriebe und die Unternehmen der Ernährungsindustrie sehen sich gegenwärtig zahlreichen Herausforderungen gegenüber, die eine schnelle Anpassung verlangen. Es sind zum einen von außen einwirkende Steuerungsfaktoren. Hier sind vornan die Globalisierung der Märkte, die Osterweiterung der EU und die Agrar- und Umweltpolitik der EU zu nennen. Zum anderen machen sich Einflussfaktoren auf nationaler Ebene geltend, z.B. ein verändertes Konsumverhalten der Bevölkerung oder nationale Rechtssetzungen, die von denen der EU abweichen. Die Forderung nach hoher Produktsicherheit und Produktqualität wird zu einer Neustrukturierung der agrarischen Produktion in weitgehend geschlossenen Nahrungsmittelketten führen. Dies gilt sowohl für die konventionelle Produktion als auch für den ökologischen Landbau (▶▶ Beitrag Diemann, S. 160). Wenngleich im ökologischen Landbau in den vergangenen Jahren hohe relative Wachstumsraten erreicht wurden, ist der Marktanteil ökologisch erzeugter Nahrungsmittel weiterhin gering. Dies gilt vor allem für tierische Nahrungsmittel.

Wirtschaft, Politik und Umwelt

Unternehmen und Märkte in Deutschland werden maßgeblich von den existierenden institutionellen Rahmenbedingungen und den politischen Entscheidungen auf unterschiedlichen Maßstabsebenen beeinflusst. Neben industriepolitischen Aspekten kommt aus wirtschaftsräumlicher Sicht v.a. das Bemühen um sozioökonomische ▶ Konvergenz mit den Mitteln regionaler Wirtschaftsförderung zum Tragen. Dabei haben sich die Schwerpunkte der Regionalförderung unter dem Einfluss veränderter Rahmenbedingungen im Laufe der Zeit inhaltlich wie räumlich verschoben (▶▶ Beitrag Kremb, S. 166). Neue organisatorische Formen der Förderinstitutionen wie beispielsweise durch die Zusammenlegung der Kreditanstalt für Wiederaufbau und der Deutschen Ausgleichsbank sind ebenso zu beobachten wie die Hinwendung zu gänzlich neuen Konzepten und Instrumenten der Förderung. Letzteres zeigt sich z.B. in der zunehmenden Einführung von Regional- und Stadtmarketingkonzepten (▶▶ Beitrag Ante, S. 168), was nicht zuletzt eine wachsende Ökonomisierung des Politischen reflektiert, wie es aus neoliberalen Staaten schon länger bekannt ist. Bund, Länder und Kommunen sehen sich dabei mit einer zunehmend prekären Haushaltssituation konfrontiert ⑬, nicht zuletzt durch stagnierende oder sinkende Steuereinnahmen ⑰, die auch die Rolle des öffentlichen Dienstes als wichtige Säule des deutschen Beschäftigungssystems verändert (▶▶ Beitrag Mayr, S. 172).

In der Debatte um den „Standort Deutschland" werden das etablierte institutionelle Gefüge im Land und eine angeblich mangelhafte Reformfreudigkeit der Akteursgruppen (Politik, Gewerkschaften und Arbeitgeberverbände) immer wieder als Hindernisse auf dem Weg zu höherer Wettbewerbsfähigkeit thematisiert. Ausdruck der divergierenden Interessen in Bezug auf die zukünftige Politik ist auch das Ringen um einen ökologischen Umbau der deutschen Wirtschaft (▶▶ Beitrag Braun, S. 148). Ein Umsteuern hin zu umweltverträglichen Formen des Wirtschaftens erscheint dabei nicht nur aus der Perspektive globaler Umweltprobleme wie der zunehmenden Belastung der Erdatmosphäre notwendig, sondern auch aus ökonomischer Perspektive sinnvoll. Zweifellos zählen Energieerzeugung, Industrie und Verkehr sowohl in Deutschland als auch weltweit zu den wesentlichen Emittenten sog. Treibhausgase (▶▶ Beitrag Schlesinger, S. 154) ⑭. Es ist auch nicht zu leugnen, dass die Umstellung auf alternative Formen der Energiegewinnung (▶▶ Beitrag Klein, S. 152) oder verbesserte Abfallwirtschaftskonzepte (▶▶ Beitrag Störmer u.a. S. 156) zunächst mit Kosten verbunden sind. Es darf jedoch nicht vernachlässigt werden, dass Maßnahmen zur Verringerung der Energieintensität der Wirtschaft, welche in Deutschland – im Vergleich zu anderen europäischen Ländern – bereits relativ niedrig ist ⑮, mittel- und langfristig auch enorme Einsparpotenziale bieten. Darüber hinaus bieten Umweltschutztechnologien völlig neue Marktpotenziale und damit auch eine Basis für künftiges Wirtschafts- und Beschäftigungswachstum (▶▶ Beitrag Wackerbauer, S. 150). Die ökologische Modernisierung von Unternehmen und Märkten ist nicht zuletzt ein unverzichtbares Element auf dem Weg zu nachhaltiger Entwicklung, für die es gerade in Deutschland bereits viele Ansätze auch auf regionaler Ebene gibt (▶▶ Beitrag Wiechmann, S. 158).◆

Siemens Werk Leipzig (Handy-Produktion) – Fabrik des Jahres 2001

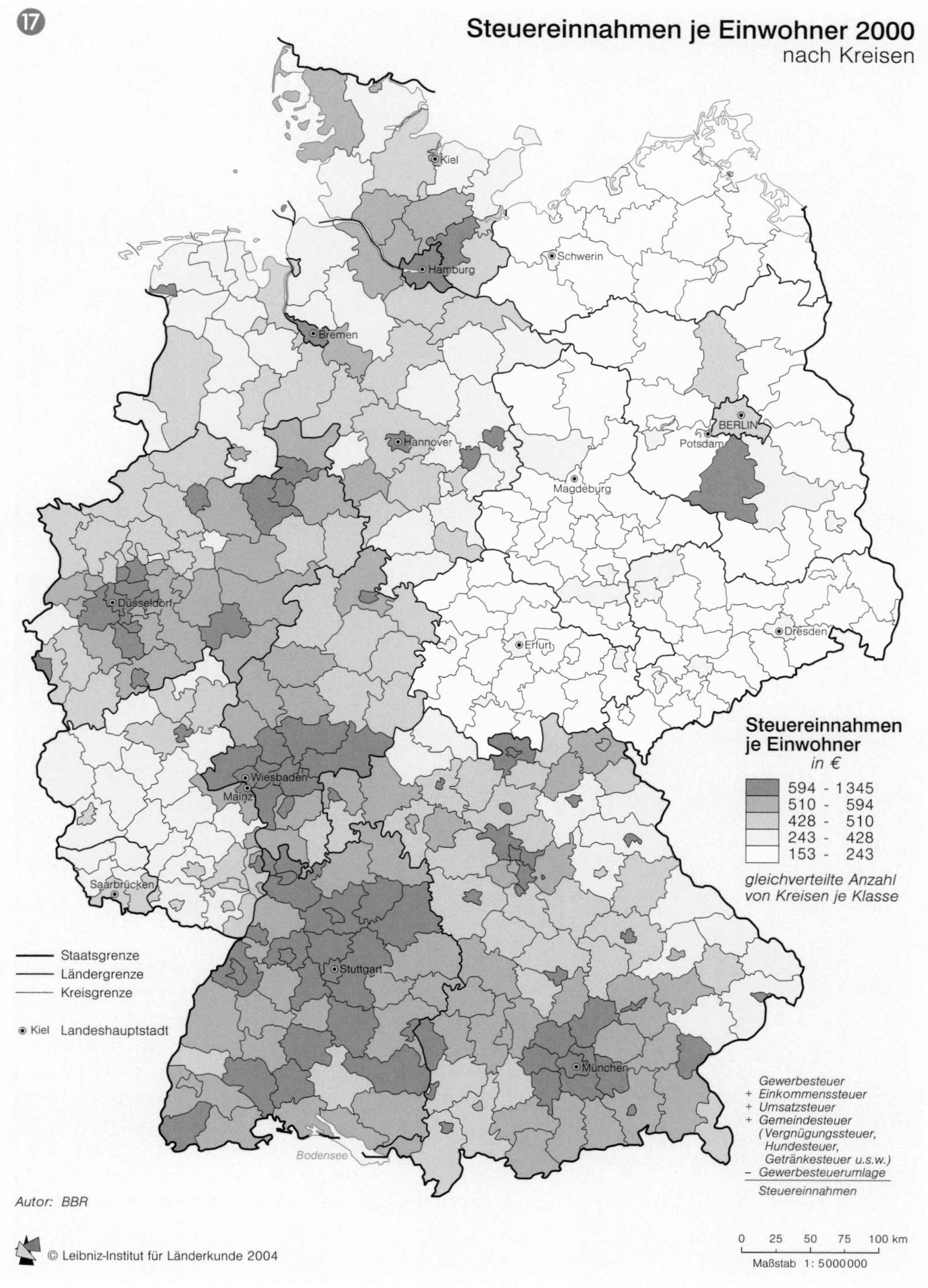

Wirtschaftswunder, Planwirtschaft, Vereinigung und Transformation

Rüdiger Pohl

Mit dem Beitritt der DDR zur Bundesrepublik Deutschland im Jahre 1990 endete nach über 40 Jahren die Teilung Deutschlands. Nachdem die sozialistische Planwirtschaft in der DDR gescheitert war, gilt für das vereinte Deutschland die soziale Marktwirtschaft. Seitdem steht das Land wirtschaftlich vor einer doppelten Herausforderung: dem Aufholprozess der neuen Länder zum westdeutschen Wirtschaftsniveau und der Verbesserung der internationalen Wettbewerbsfähigkeit des Standortes Deutschland in einer globalisierten Welt.

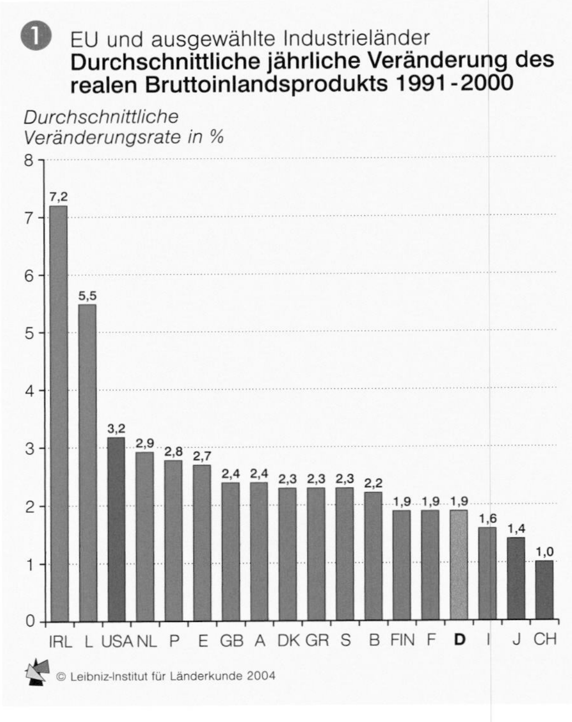

1 EU und ausgewählte Industrieländer
Durchschnittliche jährliche Veränderung des realen Bruttoinlandsprodukts 1991-2000

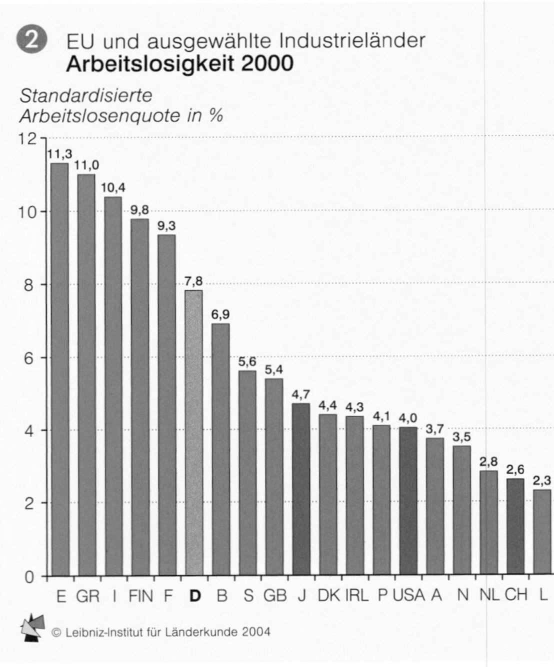

2 EU und ausgewählte Industrieländer
Arbeitslosigkeit 2000

Die Wirtschaft im vereinten Deutschland

Aufholprozess Ost

Mit der Öffnung der Grenzen im Herbst 1989 geriet die zuvor abgeschottete DDR-Wirtschaft unter einen internationalen Wettbewerbsdruck, dem sie nicht gewachsen war. Die Folge war 1990/91 ein massiver Einbruch der Produktion (Transformationsschock). Schlüsselaktivitäten auf dem Weg zur Marktwirtschaft waren die Einführung der D-Mark in der DDR im Juli 1990, die Privatisierung der staatseigenen Betriebe durch die Treuhandanstalt sowie die Einrichtung marktwirtschaftlicher Institutionen (Arbeitsmarkt u.a.). Die massive staatliche Förderung privater Investitionen unterstützte den Aufbau einer wettbewerbsfähigen Wirtschaft. Die Finanzierung von Wirtschaftsförderung und sozialen Maßnahmen, die als Folge des Zusammenbruchs der DDR notwendig wurden, war und ist angesichts der schwachen ostdeutschen Wirtschaftskraft nur durch Mittelzuflüsse aus Westdeutschland zu bewältigen.

Die Neuorientierung führte ab 1992 zu zuerst hohen, kurzzeitig zweistelligen Wachstumsraten 3, die aber ab 1997 sogar unter die von Westdeutschland fielen. Was wie eine Krise der Transformation wirkt, ist letztlich die Folge eines notwendigen strukturellen Wandels. Der immense Nachholbedarf an Wohnungen modernen Standards, an Infrastruktur, gewerblichen und öffentlichen Gebäuden löste einen Bauboom aus. Gefördert durch Subventionen nahm die Bauproduktion von 1991 bis 1995 um 90% zu. Nachdem der Nachholbedarf weitgehend gedeckt war, kam es ab 1996 zu einer Normalisierung der Bauproduktion, was in diesem Fall bedeutete: Schrumpfung, mit dem Effekt einer dadurch stark gedrückten gesamtwirtschaftlichen Wachstumsrate. Die ostdeutsche Industrie hingegen entwickelte sich über das ganze Jahrzehnt hin dynamisch. Sie hat Zutritt zu den Weltmärkten gefunden, was ihre mittlerweile erworbene Wettbewerbsfähigkeit unterstreicht.

Gemessen am Bruttoinlandsprodukt je Einwohner erreichte die ostdeutsche Wirtschaft im Jahr 2000 einen Leistungsstand von 61% des westdeutschen Niveaus. Das ist zwar fast eine Verdopplung seit 1991 (33%), doch ist die Relation nach 1997 kaum mehr gestiegen. Der Aufholprozess wird erst weitergehen, wenn die Schrumpfung in der Bauwirtschaft zum Stillstand gekommen ist und zugleich die Dynamik der ostdeutschen Industrie anhält. Auch dann ist nicht mit einer vollen Angleichung in wenigen Jahren zu rechnen. Denn Ostdeutschland weist im Vergleich zu Westdeutschland immer noch weniger und kleinere Unternehmen auf. Diese Lücke über Gründungsaktivitäten zu schließen, bleibt ein zeitraubender Prozess.

Deutschland im Standortwettbewerb

Der Blick auf Deutschland als Ganzes offenbart ein Bild mit Schattenseiten. Deutschland hat eine wohlhabende Volkswirtschaft mit einem leistungsfähigen Unternehmenssektor. Im Welthandel nimmt es unangefochten den zweiten Platz nach den USA ein. Jedoch ist die wirtschaftliche Dynamik im internationalen Vergleich schwach 1. Zugleich herrscht seit vielen Jahren eine hohe Arbeitslosigkeit 2.

Eine Ursache für diese akuten Probleme ist das Übermaß an einengenden staatlichen Regulierungen. Am Arbeitsmarkt halten weit ausgebaute Arbeitnehmerrechte die Kosten der Arbeit hoch – ein gravierendes Beschäftigungshemmnis. Auch die Abgabenlast aus Steuern und Sozialbeiträgen verharrt auf einem historisch hohen Niveau 4. Deswegen wird der Ruf nach wirtschaftlichen Reformen immer lauter.

Wirtschaft in Deutschland bis 1990

Die Teilung Deutschlands hat über mehr als vier Jahrzehnte hinweg die wirtschaftliche Entwicklung geprägt. In der Bundesrepublik Deutschland wurde die soziale Marktwirtschaft zur herrschenden Wirtschaftsordnung, in der DDR war es die sozialistische Planwirtschaft. Die westdeutsche Wirtschaft wurde in die marktwirtschaftlich ausgerichtete ▶ Europäische Gemeinschaft eingebunden, die ostdeutsche in den sozialistisch organisierten ▶ COMECON.

Bundesrepublik Deutschland

Die soziale Marktwirtschaft verbindet das Wettbewerbsprinzip – Koordination der Wirtschaftsaktivitäten durch freie Preisbildung bei privatem Eigentum an Produktionsmitteln – mit der Idee der sozialen Gerechtigkeit. Die Konzeption erwies sich als sehr erfolgreich.

Als Wirtschaftswunder wird die Phase von 1949 bis 1965 bezeichnet, in der die Wirtschaft mit hohen Raten wuchs 5 und zugleich die Arbeitslosigkeit überwunden wurde. Die Entwicklung war mit geringen Preissteigerungen, also stabilem Geld verbunden 6.

Erfolge am Weltmarkt prägten die Dynamik. Die Ausfuhrquoten stiegen von 17% (1960) auf 39% (1990). Seit Mitte der 1960er Jahre entwickelte sich die Wirtschaft in Wachstumszyklen, die auch Rezessionen einschlossen. Das positive Gesamtbild der westdeutschen Wirtschaftsentwicklung trübte sich jedoch seit den 1970er Jahren ein. Mit der Rezession von 1975 ging die Vollbeschäftigung verloren. Aufgrund außenwirtschaftlicher Ursachen (Ölkrisen) war die Geldwertstabilität bedroht.

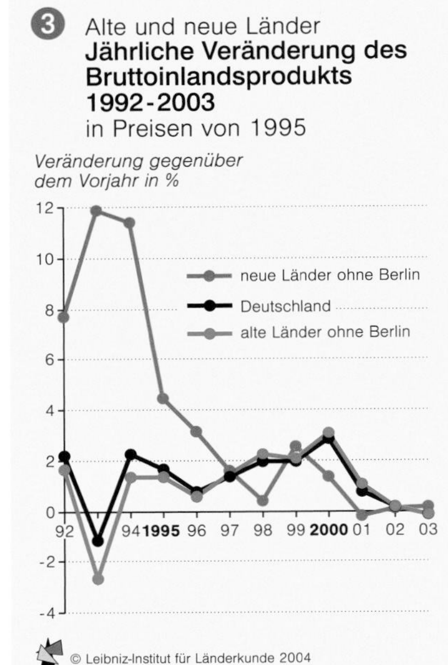

3 Alte und neue Länder
Jährliche Veränderung des Bruttoinlandsprodukts 1992-2003
in Preisen von 1995

COMECON – *engl.* Council for Mutual Economic Assistance; im Westen übliche Bezeichnung für den Rat für gegenseitige Wirtschaftshilfe (RGW), am 25.1.1949 gegründeter wirtschaftlicher Zusammenschluss der Ostblockstaaten, 1991 aufgelöst

Europäische Gemeinschaft – gegründet am 25.3.1957 als Europäische Wirtschaftsgemeinschaft (EWG); später in Europäische Gemeinschaften (EG) und dann Europäische Union (EU) umbenannt

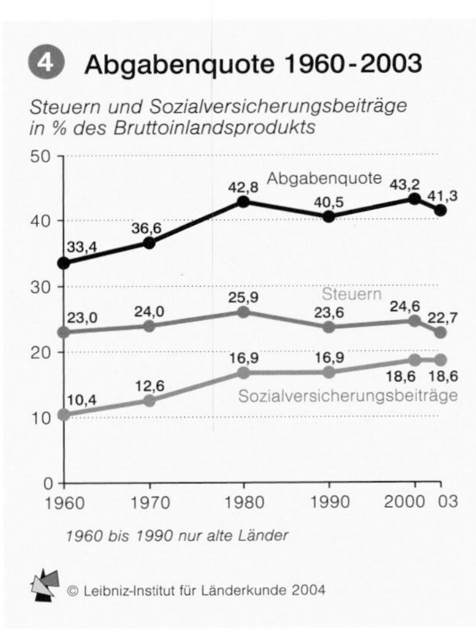

4 **Abgabenquote 1960-2003**

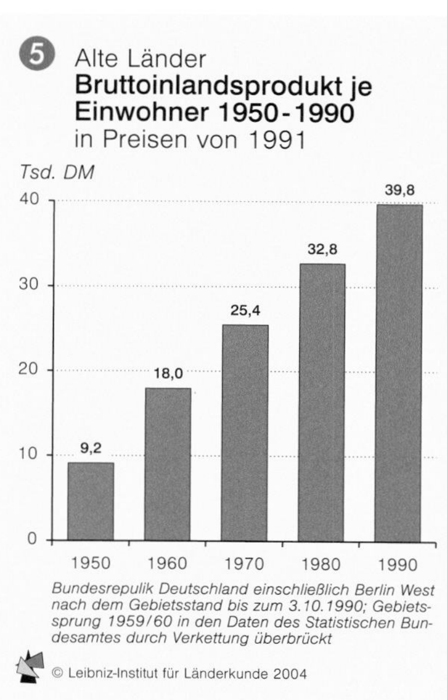

5 Alte Länder
Bruttoinlandsprodukt je Einwohner 1950-1990
in Preisen von 1991

Doch auch die Wirtschaftspolitik hat in dieser Zeit Weichen falsch gestellt. Die kräftige Ausweitung der Sozialleistungen vor allem in den 1970er Jahren führte zu einer drastisch steigenden Abgabenlast **4** – ein Hemmnis für die Entfaltung der Wirtschaft.

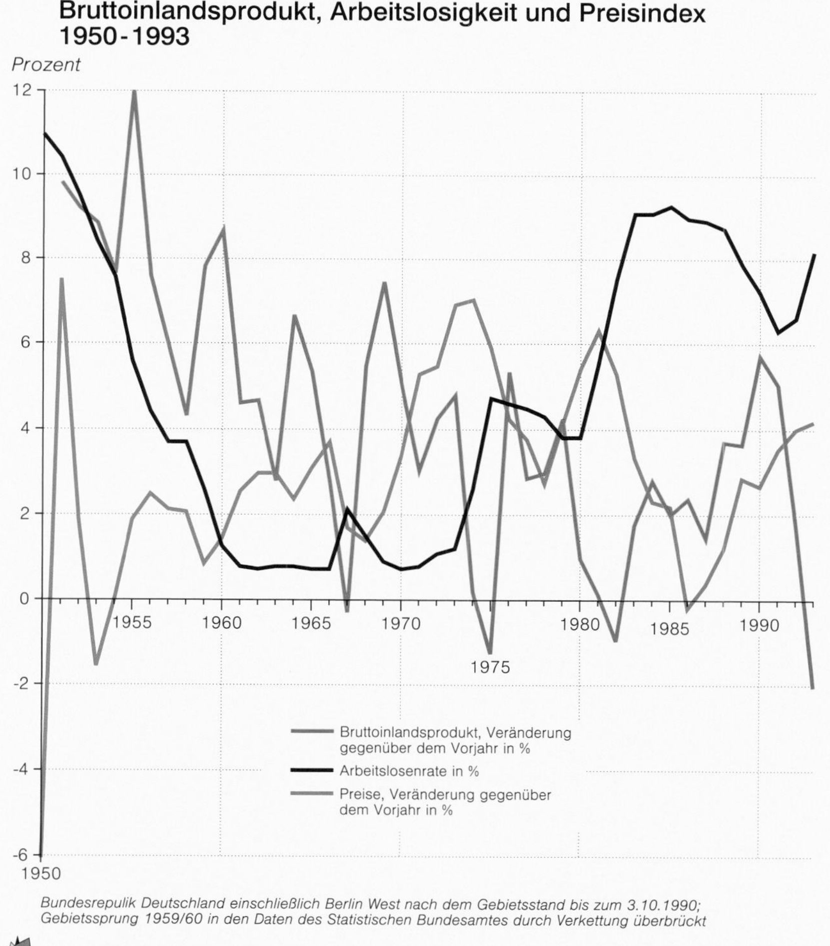

6 Alte Länder
Bruttoinlandsprodukt, Arbeitslosigkeit und Preisindex 1950-1993

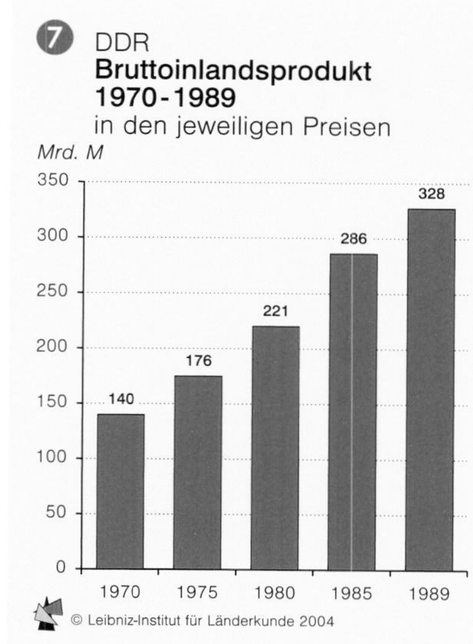

7 DDR
Bruttoinlandsprodukt 1970-1989
in den jeweiligen Preisen

Die wirtschaftliche Dynamik hat der Bevölkerung eine im Ganzen erhebliche Steigerung ihres Lebensstandards gebracht. Sichtbarster Indikator war der Anstieg der Produktivität (Vervierfachung von 1950 bis 1990). An der Steigerung der Leistungskraft war die Bevölkerung mit entsprechenden Lohnsteigerungen beteiligt.

Deutsche Demokratische Republik

Die Wirtschaft der DDR stand im Zeichen sozialistischer Planwirtschaft. Das Privateigentum an Produktionsmitteln war abgeschafft, freies Unternehmertum wurde unterbunden. Statt des Preismechanismus koordinierten staatliche Planung und Lenkung die Wirtschaftsentwicklung.

Die gesamtwirtschaftlichen Indikatoren wie das BIP – in jeweiligen Preisen gerechnet – zeigten zunächst positive Entwicklungen **7**. Die Erwerbstätigkeit stieg ebenfalls **8**; es gab keine offene Arbeitslosigkeit. Die Verbraucherpreise blieben über lange Zeiträume stabil. Doch dahinter verbargen sich in Wahrheit prekäre wirtschaftliche Verhältnisse. Die Stabilität reflektierte nicht stabile Produktionskosten, sondern eine immer höhere staatliche Subventionierung der Preise. Das Wachstum war nur dadurch aufrechtzuerhalten, dass die ostdeutsche Wirtschaft vor der Konkurrenz kostengünstigerer und qualitativ überlegener Produkte aus dem Ausland weitgehend abgeschottet wurde. Im Außenhandel musste die DDR immer höhere Kosten aufwenden, um eine Deviseneinheit zu verdienen. Die Auslandsverschuldung gegenüber westlichen Volkswirtschaften brachte die DDR in die Nähe der Zahlungsunfähigkeit. Trotz erheblicher Investitionen erreichten die Innovationen vielfach nicht die Weltstandards. Die DDR war schließlich nicht mehr in der Lage, dem Verfall des Kapitalstocks (Wohnungen, Infrastruktur, öffentliche Gebäude) Einhalt zu gebieten. Die Vollbeschäftigung wurde damit erkauft, dass in den Betrieben eine wirtschaftlich nicht gerechtfertigte Überbeschäftigung hingenommen wurde.

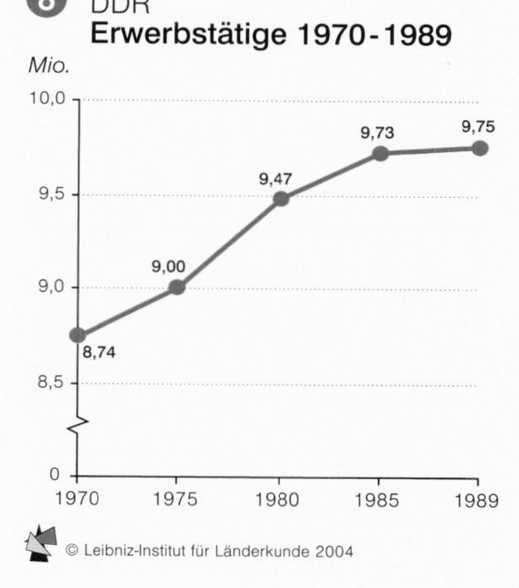

8 DDR
Erwerbstätige 1970-1989

Im Vergleich zur Wirtschaft in der Bundesrepublik fiel die DDR-Wirtschaft immer mehr zurück. Das Bruttosozialprodukt je Einwohner, welches schon 1950 schätzungsweise nur zwei Drittel des westlichen Niveaus erreicht hatte, lag 1989 nur noch bei 40%. Das wirtschaftliche Scheitern der DDR ist im Kern darauf zurückzuführen, dass das System der sozialistischen Planwirtschaft versagt hat.

Um die Anpassungslasten des Transformationsprozesses für die ostdeutsche Bevölkerung zu mildern, wurde (und wird) ein erheblicher Teil vor allem sozialer Leistungen durch Transferzahlungen aus Westdeutschland aufgebracht. Dies wirkt im früheren Bundesgebiet wachstumshemmend, sind doch auch deswegen Steuern und Abgaben hoch. Damit der Aufbau Ost weiter vorankommt, bedarf es vor allem einer Wirtschaftspolitik, die Deutschland als Ganzem zu mehr Dynamik verhilft, denn letztlich kann die ökonomische Transformation der neuen Länder nur in einem dynamisch wachsenden Deutschland vorankommen. An die Stelle der gescheiterten DDR-Wirtschaft eine selbsttragende ostdeutsche Wirtschaft zu setzen, ist gleichwohl ein generationenübergreifender Prozess.◆

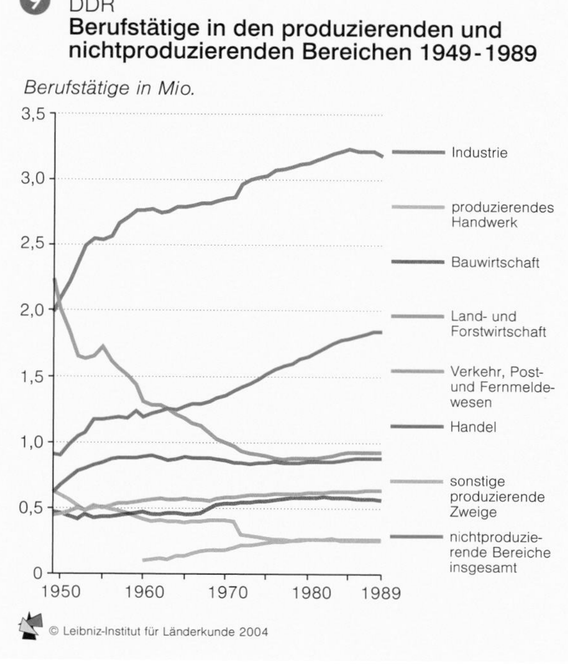

9 DDR
Berufstätige in den produzierenden und nichtproduzierenden Bereichen 1949-1989

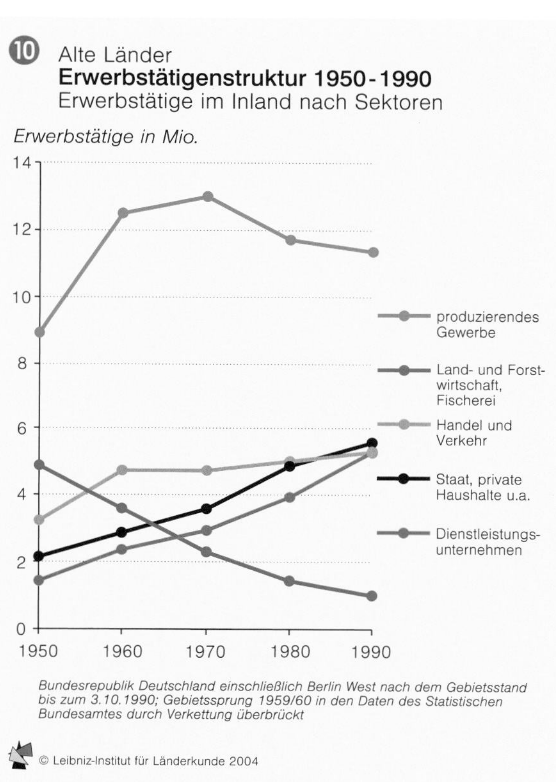

10 Alte Länder
Erwerbstätigenstruktur 1950-1990
Erwerbstätige im Inland nach Sektoren

Die deutsche Agrarwirtschaft im Wandel

Werner Klohn und Walter Roubitschek

Zur Zeit der Gründung des Deutschen Reiches 1871 war jeder zweite Berufstätige Bauer, 1950 war es in beiden deutschen Staaten immerhin noch jeder Fünfte, derzeit ist es in Deutschland nur noch jeder Fünfzigste. Schon hieran zeigt sich der bedeutende Wandel der Landwirtschaft als Wirtschaftszweig. Die Entwicklung verlief in den beiden deutschen Staaten jedoch nicht einheitlich, so dass zunächst eine getrennte Betrachtung erfolgen soll, um die bis in die Gegenwart reichenden Strukturunterschiede zu verstehen.

Die westdeutsche Agrarwirtschaft 1950-1990

In den ersten Jahren der Nachkriegszeit stellte in Westdeutschland die Nahrungsmittelversorgung der Bevölkerung – darunter auch mehrere Millionen Ostflüchtlinge – eine große Herausforderung dar. So wurde die landwirtschaftliche Nutzfläche durch Kultivierung von Ödland zunächst auf 14,3 Mio. ha (1960) ausgeweitet. Später, mit angestiegener Ernährungssicherung, verringerte sie sich wieder bis auf 11,77 Mio. ha (1990).

Die Landwirtschaft in Westdeutschland hat tiefgreifende Veränderungen durchgemacht, die als Strukturwandel bezeichnet werden. Am eindrucksvollsten zeigt sich dieser an der Verringerung der Zahl landwirtschaftlicher Betriebe (ab 2 ha) von etwa 1,2 Mio. im Jahr 1960 auf rund 551.000 im Jahre 1990 ❶. Gleichzeitig vergrößerte sich die durchschnittliche Flächenausstattung pro Betrieb von 11 ha auf 21 ha. Mit dem Größenwachstum ging zumeist eine Spezialisierung der Betriebe auf wenige Produktionszweige einher. Dies führte auch zu einer Lockerung der ursprünglich recht festen Kombination von Bodennutzung und Tierhaltung.

Melioration – Maßnahmen zur Verbesserung der Boden- und Wasserverhältnisse der Kulturflächen

Realerbteilung – Erbrecht, nach dem das Land zwischen den Nachkommen aufgeteilt wird

Schlag – Feld oder Feldteil, das im Rahmen einer Fruchtfolge zusammenhängend bearbeitet wird

vertikale Integration – Unternehmen, das alle Stufen der Erzeugung/Herstellung über die Verarbeitung bis hin zur Vermarktung in sich vereinigt

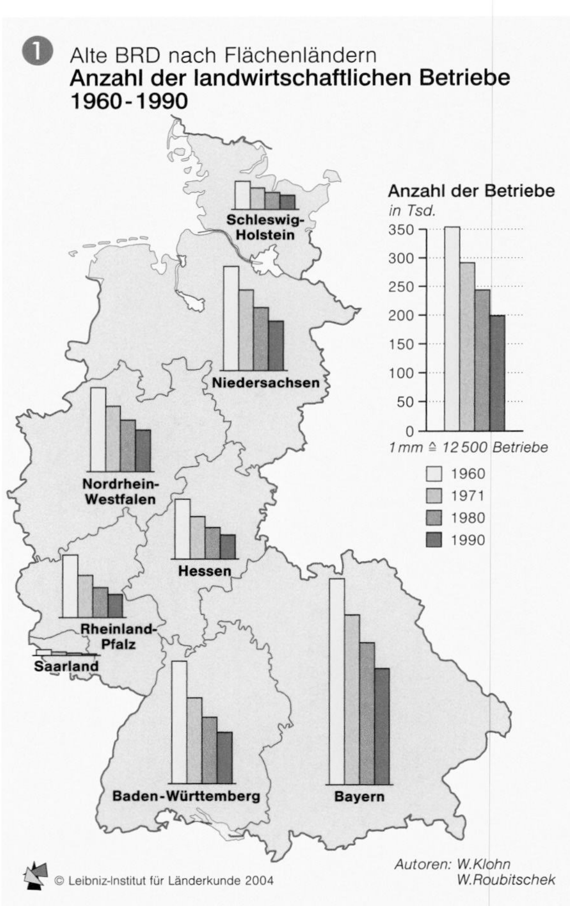

❶ Alte BRD nach Flächenländern
Anzahl der landwirtschaftlichen Betriebe 1960-1990

Mechanisierung, Kapitalisierung und Ertragssteigerung

Einen wesentlichen Einfluss auf die Veränderungen der Agrarwirtschaft hatte die Mechanisierung, die sich in der zunehmenden Verwendung von Ackerschleppern/Traktoren ❷ anstelle von Zugtieren sowie der Verbreitung weiterer Maschinen und technischer Einrichtungen (Melkmaschinen, Fütterungsanlagen usw.) ausdrückte. Als Folge reduzierte sich die Zahl der Arbeitskräfte in der Landwirtschaft von 3,72 Mio. 1960 auf 1,57 Mio. 1990. Durch den erhöhten Einsatz von Mineraldünger ❸, Fortschritte in der Pflanzen- und Tierzüchtung sowie weitere Intensivierungsmaßnahmen stiegen die Erträge auf dem Feld wie im Stall enorm an.

Die zunehmende Technisierung und Kapitalisierung der Produktion erforderte von den Betrieben ständige Anpassungen, die sich vor allem im Größenwachstum niederschlugen. Betriebsflächen und Tierbestände wurden stetig erhöht ❹. Nach dem Prinzip „Wachsen oder Weichen" wurden vor allem kleinere Betriebe aufgegeben oder nach Eintritt des Betriebsleiters in den Ruhestand nicht weitergeführt. Die so frei gewordenen Flächen wurden von expansionswilligen Betrieben übernommen.

Der nach 1980 rückläufige Verbrauch an Stickstoffdünger ❸ ist die Folge eines umweltbewussteren Verhaltens der Landwirte, die durch gezielte und bedarfsgerechte Düngung Beeinträchtigungen der Umwelt zu vermeiden versuchen.

Leitbild: bäuerlicher Familienbetrieb

Neben den von der Agrarpolitik als Leitbild der westdeutschen Landwirtschaft propagierten bäuerlichen Familienbetrieben entstanden ab den 1970er Jahren in einzelnen Betriebszweigen zunehmend auch ▶ vertikal integrierte agrarindustrielle Unternehmen, die hohe Produktionsanteile auf sich vereinigen.

Die Betriebe werden in Haupt- und Nebenerwerbsbetriebe unterschieden. Bei Haupterwerbsbetrieben wird die Arbeitszeit des Betriebsinhabers überwiegend im Betrieb eingesetzt und sein Erwerbseinkommen stammt überwiegend aus dem Betrieb. In Nebenerwerbsbetrieben wird die Arbeitszeit des Betriebsinhabers überwiegend außerbetrieblich eingesetzt oder die außerlandwirtschaftlichen Erwerbseinkommen sind größer als die landwirtschaftlichen Einkommen. Die Haupterwerbsbetriebe werden weiter unterteilt in Vollerwerbs- und Zuerwerbsbetriebe. Betragen die außerbetrieblichen Einkommen bis zu 10% der gesamten Erwerbseinkommen, handelt es sich um einen Vollerwerbsbetrieb. Bei Zuerwerbsbetrieben betragen die außerbetrieblichen Einkommen über 10%, aber unter 50% der gesamten Erwerbseinkommen.

Die ostdeutsche Landwirtschaft 1945-1990

Viel stärker als von Standortbedingungen und ernährungswirtschaftlichen Gesichtspunkten wurde die Landwirtschaft Ostdeutschlands zwischen 1945 und 1989 von einer marxistisch-leninistischen Agrarpolitik und von planwirtschaftlich-bürokratischen Vorgaben geprägt.

Bodenreform

1939 existierten auf dem Territorium der heutigen neuen Länder rd. 573.000 Landwirtschaftsbetriebe mit rund 6,4 Mio. ha landwirtschaftlicher Fläche (LF). Davon nahmen die Großbetriebe mit über 100 ha fast 30% ein. In Mecklenburg dominierten extensiv wirtschaftende Gutsbetriebe, während sich in der Magdeburger Börde unternehmerisch geleitete Großbetriebe konzentrierten. In den futterwüchsigen und viehstarken Gebieten Thüringens und Sachsens herrschten klein- bis mittelbäuerliche Familienbetriebe vor ❾.

Gleich nach dem Ende des Zweiten Weltkriegs, ab September 1945, wurde in der Sowjetischen Besatzungszone jeder private Grundbesitz über 100 ha mit allen Gebäuden, lebendem und totem Inventar enteignet. Dazu kam der Besitz der sog. Kriegsverbrecher und Naziaktivisten. Von diesem Landfonds der Bodenreform mit rd. 3,3 Mio. ha entstanden u.a. 210.000 Neubauernwirtschaften. Rund 1 Mio. ha wurden nicht aufgesiedelt. Die 555 leistungsfähigsten Betriebe (auf 3,2% der LF) führte man als volkseigene Güter (VEG) weiter.

❷ Alte Länder
Anzahl der Schlepper 1950-1990

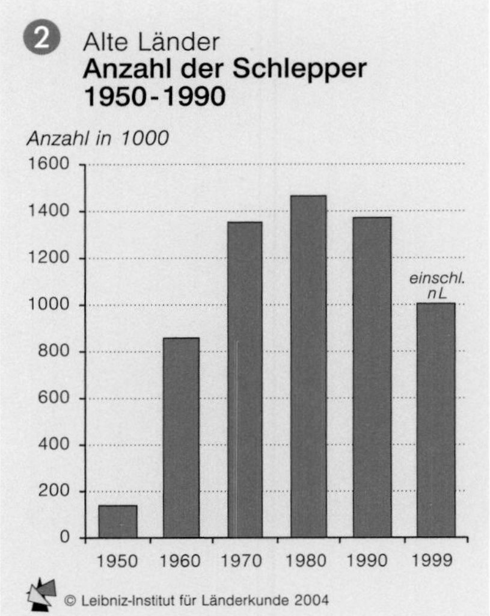

❸ Alte Länder
Mineraldüngereinsatz 1950-2002

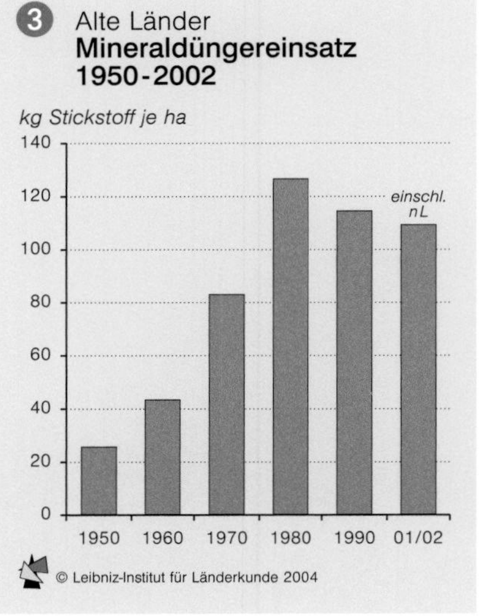

❹ Alte Länder
Durchschnittlicher Viehbestand der viehhaltenden Betriebe 1950-2001

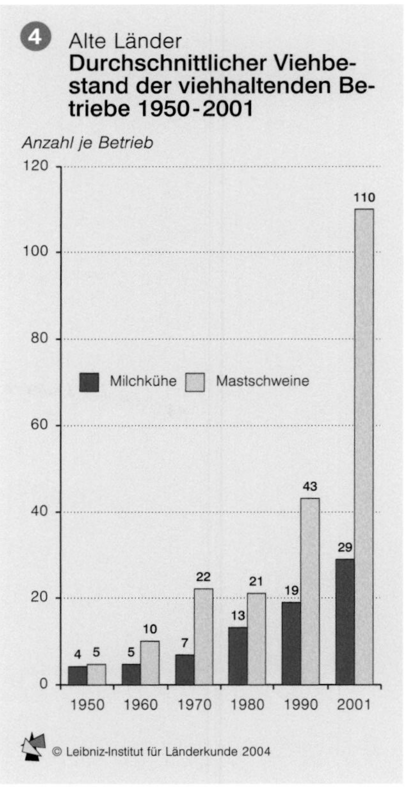

Die Waldflächen gingen meist in das Eigentum der Länder über.

Verordneter genossenschaftlicher Zusammenschluss

Mitte 1952 verkündete die führende Staatspartei SED den „Aufbau des Sozialismus“. Bis zum Frühjahr 1960 wurden fast alle Bauern in Landwirtschaftlichen Produktionsgenossenschaften (LPG) zusammengeschlossen. Als Folge verschiedenster Zwangsmaßnahmen flüchteten viele Bauern über die bis zum Mauerbau 1961 offene Grenze nach Westdeutschland. Zur Unterstützung der neu gegründeten LPG wurden u.a. die ehemaligen Maschinen-Traktoren-Stationen zu „Kreisbetrieben für Landtechnik“ (KfL) ausgebaut und „Agrochemische Zentren“ (ACZ) gebildet.

Neben der Hauptaufgabe, den Nahrungsbedarf aus heimischer Quelle zu decken, war es vorgegebenes Ziel des „Arbeiter- und Bauernstaates“, die Lebensbedingungen auf dem Lande zu verbessern. Auf Kosten der anderen Volkswirtschaftsbereiche wurden der Land- und Nahrungsgüterwirtschaft Sonderkonditionen eingeräumt. Die Agrarbetriebe fungierten auf dem Lande als Hauptarbeitgeber und übernahmen viele öffentliche Funktionen (u.a. Bauwesen, Verkehr, soziale und kulturelle Dienste).

5 BRD und DDR
Effizienz der Landwirtschaft 1989

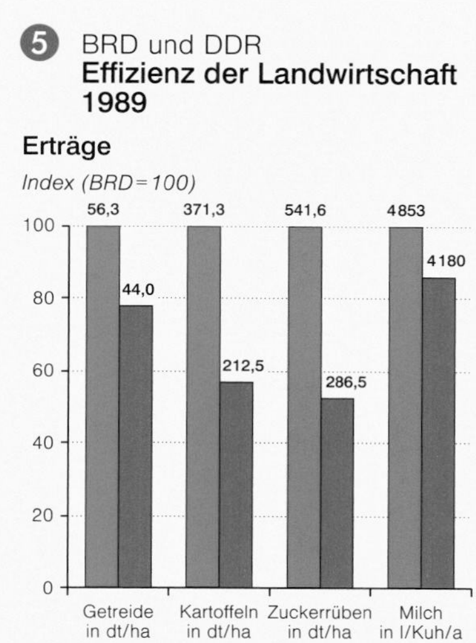

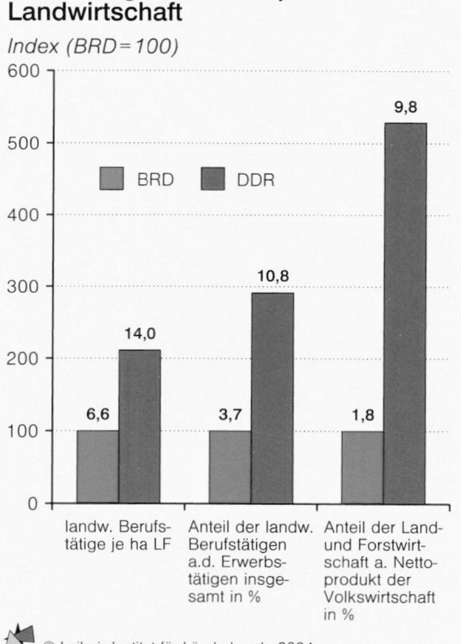

Einrichtung industriemäßiger Großbetriebe

Nach 1970 lauteten die zentralen Vorgaben und Losungen der Agrarpolitik: „Intensivierung, Spezialisierung und Konzentration der Produktion“ bei „horizontaler und vertikaler Kooperation“ sowie „Anwendung industriemäßiger Produktionsmethoden“. Zwischen 1976 und der ersten Hälfte der 1980er Jahre forcierte die Partei- und Staatsführung bisher nicht gekannte Betriebs-, Stall- und ▸ Schlaggrößen. Gleichzeitig wurde die betriebliche Trennung der Pflanzen- und Tierproduktion durchgesetzt. Man bildete staatliche Kombinate für industrielle Tierproduktion, für Landtechnik sowie für Bau und ▸ Melioration und richtete in jedem Bezirk eine auf vertikale Integration orientierte „Agrar-Industrie-Vereinigung“ ein.

Angesichts der auch im Agrarsektor desolater werdenden Situation Ende der 1980er Jahre (u.a. Rückgang an Investitionen, ungenügende Ersatzteilversorgung, verschlissene Verarbeitungskapazitäten bei weiterer Nichtbeachtung von Marktgesetzen sowie politisch motivierte Eingriffe der Zentralbürokratie) stagnierten Produktivität und Leistungen **5**. Damit verschärften sich auch die Mängel in der Versorgung der Bevölkerung. Trotz einer Stützung der Einzelhandelspreise mit zuletzt 32 Mrd. Mark je Jahr gab der DDR-Bürger auch wegen des fehlenden bzw. verteuerten Angebots an hochwertigen Industriewaren nahezu die Hälfte seines Einkommens für Nahrungs- und Genussmittel aus. Dazu kam eine deutliche Beeinträchtigung der Umwelt (Bodenverdichtung auf 28% der LF, Güllebelastungen, Flurausräumung u.a.). Auch im Agrarsektor der DDR war die Zeit reif für eine Wende.

1989 bewirtschafteten 1162 auf Pflanzenproduktion spezialisierte LPG-Pflanzenproduktion insgesamt 5.261.890 ha (= 4528 ha je Betrieb). Daneben bestanden 78 VEG (P) mit einer Durchschnittsgröße von 5030 ha sowie 199 Gärtnerische Produktionsgenossenschaften. Außerdem existierten 2682 LPG-Tierproduktion sowie 312 Tierzucht-VEG. Dazu kamen 31 Kombinate Industrielle Mast (KIM). Alle diese Erzeugerbetriebe wurden von 264 Agrochemischen Zentren und 168 Kreisbetrieben für Landtechnik unterstützt. Neben anderen Betriebsformen bestanden noch hunderte zwischengenossenschaftliche Einrichtungen für Landtechnik, Bauwesen und Melioration.

6 **Daten zur Landwirtschaft der DDR im Wendejahr 1989**

Gesamtfläche	108 333 km²
landwirtschaftliche Nutzfläche (57 %)	6 171 300 ha
davon Ackerfläche	4 676 300 ha
Grünland	1 257 600 ha
Bevölkerung (31.12.)	16 433 790
landwirtschaftliche Beschäftigte (30.9.)	863 000
Rinder (31.10.)	5 724 400 St.
Schweine (31.10.)	12 012 700 St.

Nach 1990 erfuhr diese Betriebsstruktur eine grundlegende Transformation in bürgerliche Rechtsformen nach dem Landwirtschaftsanpassungsgesetz (▸▸ Beitrag Roubitschek, S. 118).

7 Alte und neue Länder
Anteil der Betriebe verschiedener Rechtsformen an der landwirtschaftlichen Nutzfläche 1999

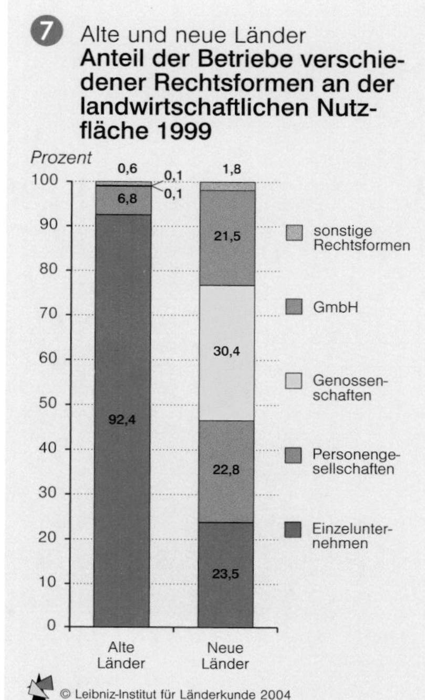

8 Alte und neue Länder
Durchschnittliche Betriebsgrößen 1999
nach Rechtsformen

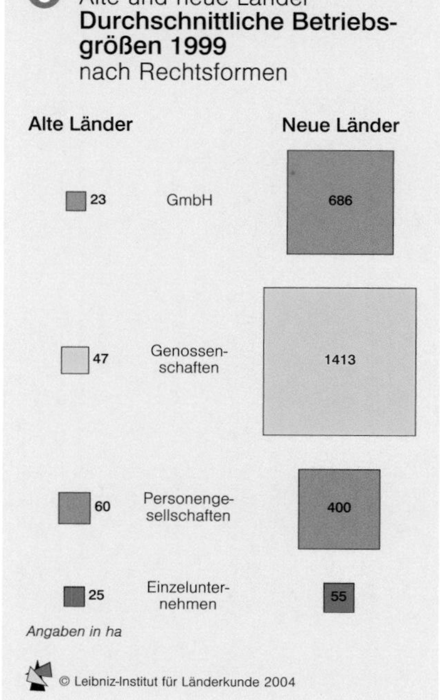

9 Späteres Gebiet der neuen Länder
Vorherrschende Betriebsgrößen um 1925
nach Kreisen von 1925

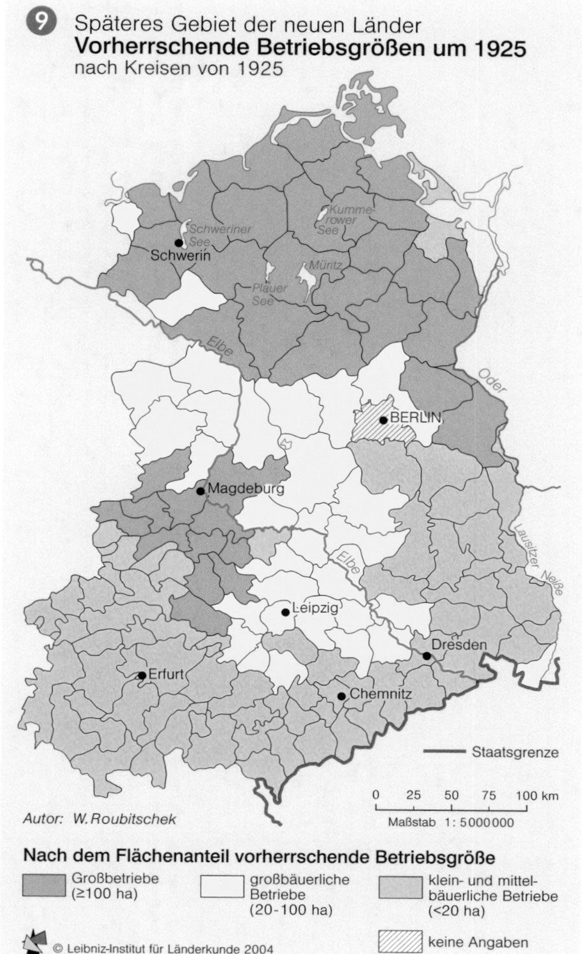

Gegenwärtige Strukturen

Im Jahr 2001 bewirtschafteten rund 400.000 Betriebe (ab 2 ha Fläche) annähernd 17 Mio. ha landwirtschaftliche Fläche. Davon befanden sich etwa 27.000 in den neuen Ländern. Die in den alten und neuen Ländern unterschiedliche Entwicklung spiegelt sich in den gegenwärtigen Strukturen noch deutlich wider. Die ostdeutschen Großbetriebe wurden nach der Wiedervereinigung in landwirtschaftliche Betriebe unterschiedlicher Rechtsform übergeführt, die in ihrer Flächenausstattung zumeist erheblich über denen der alten Länder liegen, so dass große Unterschiede in den Rechtsformen **7** und den Betriebsgrößen zu erkennen sind **8**. Während im Altbundesgebiet Einzelunternehmen (bäuerliche Betriebe) überwiegen, dominieren in Ostdeutschland andere Rechtsformen. In Westdeutschland, und dort vor allem in den Gebieten mit ▸ Realerbteilung, liegt der Anteil der Nebenerwerbsbetriebe sehr hoch **14**.

Wirtschaftliche Bedeutung

Die wirtschaftliche Bedeutung der Landwirtschaft in Deutschland ist zunächst als relativ gering einzuschätzen, denn sie trägt zur Bruttowertschöpfung nur rund 1% bei. Bezieht man die vor- und nachgelagerten sowie die beteiligten Wirtschaftsbereiche wie die Herstellung von Düngemitteln, Pflanzenschutz- und Futtermitteln, landwirtschaftlichen Maschinen und Werkzeugen, die Ernährungsindustrie, →

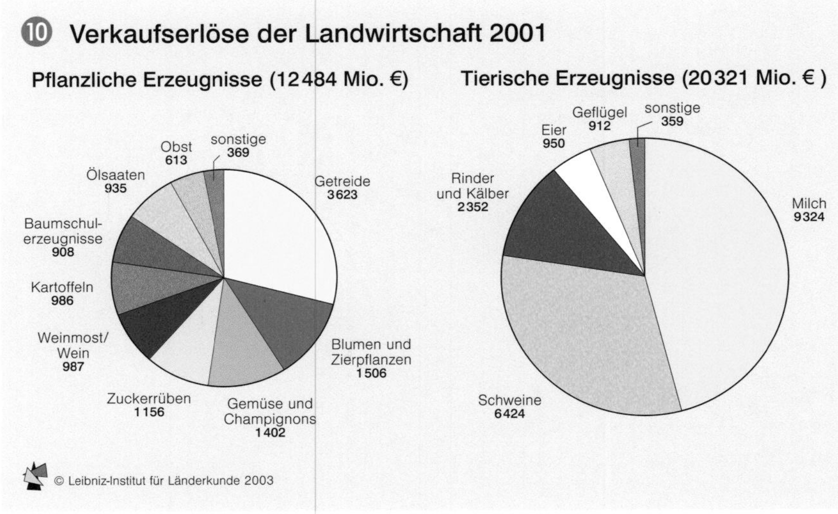

den Lebensmittelhandel, das Veterinärwesen etc. mit ein, so liegt die Bedeutung sehr viel höher. Dieses so genannte Agribusiness trägt insgesamt 14,8% zum Produktionswert der Volkswirtschaft bei, in agrarischen Intensivgebieten liegen die Werte sogar noch beträchtlich höher ⑪.

Dominanz tierischer Produkte

Bezüglich der Verkaufserlöse der Landwirtschaft kommt den tierischen Erzeugnissen besondere Bedeutung zu ⑩. Mit weitem Abstand steht die Milch an der Spitze, gefolgt von der Schweinehaltung, der Getreideerzeugung und der Rinderhaltung. Damit sind von den ersten vier Rangplätzen drei von durch tierische Erzeugnisse belegt.

Einbindung in den Weltagrarhandel

Der deutsche Außenhandel mit Agrar- und Ernährungsgütern ist weltwirtschaftlich gesehen von großer Bedeutung. Im Jahre 2000 stand Deutschland von allen Staaten an dritter Stelle bei den Agrareinfuhren und an vierter Stelle bei den Agrarausfuhren. Die Handelspartner sind überwiegend in der Europäischen Union bzw. in anderen europäischen Ländern gelegen ⑫ ⑬, der Handel mit Staaten in Übersee hat dagegen einen vergleichsweise geringen Umfang. Die Handelsbilanz ist nicht ausgeglichen, die Einfuhr überwiegt. Bei den Agrareinfuhren nehmen Obst, Südfrüchte und Gemüse einschließlich der entsprechenden Konserven sowie Genussmittel (Kakao, Kaffee, Tabak), die in Deutschland nicht oder nur in geringen Mengen erzeugt werden können, einen großen Umfang ein.

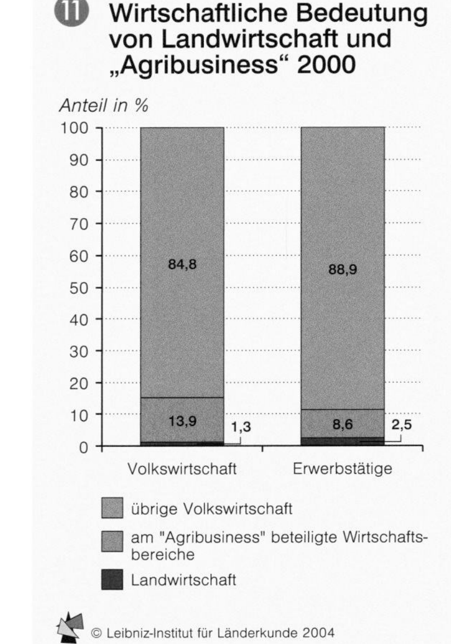

Neue Herausforderungen

Die deutsche Landwirtschaft sieht sich einer Vielzahl von Herausforderungen ausgesetzt. Neben der Sicherung des Berufsstandes und einer gedeihlichen Entwicklung des ländlichen Raumes wird von ihr eine stärkere Berücksichtigung ökologischer Ansprüche (z.B. Wasser- und Bodenschutz) gefordert. Dazu gilt es, die Ansprüche der Verbraucher an die Nahrungsmittelsicherheit zu gewährleisten. Andererseits verschärfen die zunehmenden internationalen Verflechtungen der Agrarwirtschaft und die Osterweiterung der EU die Konkurrenzsituation auf den Agrarmärkten.◆

Ernährungswirtschaftliche Ein- und Ausfuhr 2001

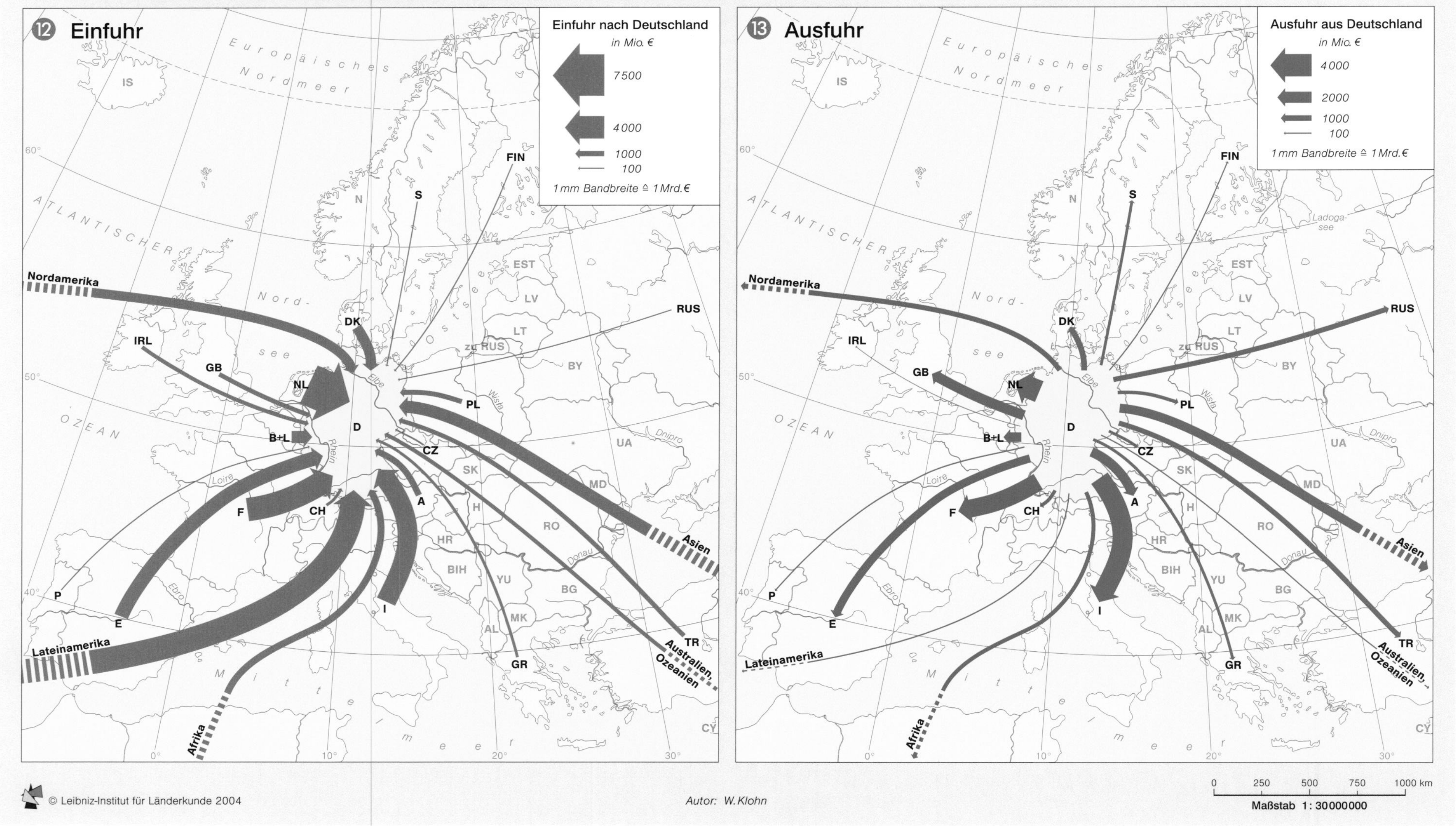

⑫ Einfuhr — Einfuhr nach Deutschland in Mio. € — 1 mm Bandbreite ≙ 1 Mrd. €

⑬ Ausfuhr — Ausfuhr aus Deutschland in Mio. € — 1 mm Bandbreite ≙ 1 Mrd. €

Maßstab 1 : 30 000 000

© Leibniz-Institut für Länderkunde 2004 — Autor: W. Klohn

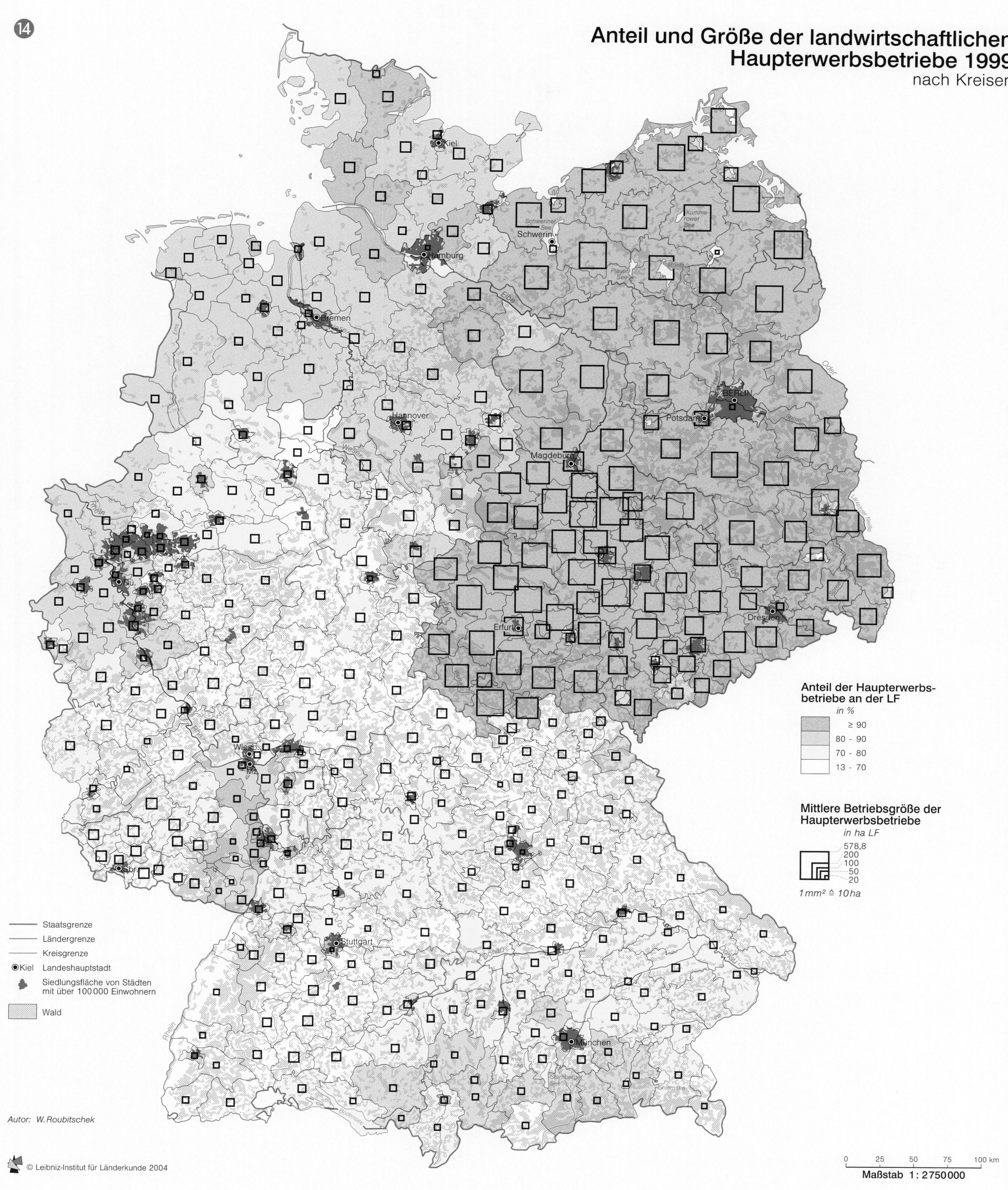
14
Anteil und Größe der landwirtschaftlichen Haupterwerbsbetriebe 1999
nach Kreisen
Kiel
Hamburg
Schwerin
Bremen
Hannover
Magdeburg
BERLIN
Potsdam
Erfurt
Dresden
Dü.
Wiesb.
Mz.
Sbr.
Stuttgart
München
Elbe
Oder
Ems
Weser
Rhein
Donau
Anteil der Haupterwerbsbetriebe an der LF
in %
≥ 90
80 - 90
70 - 80
13 - 70
Mittlere Betriebsgröße der Haupterwerbsbetriebe
in ha LF
578,8
200
100
50
20
1 mm² ≙ 10 ha
Staatsgrenze
Ländergrenze
Kreisgrenze
Kiel Landeshauptstadt
Siedlungsfläche von Städten mit über 100 000 Einwohnern
Wald
Autor: W. Roubitschek
© Leibniz-Institut für Länderkunde 2004
0 25 50 75 100 km
Maßstab 1 : 2 750 000

Landwirtschaftliche Bodennutzung

Rudolf Hüwe und Walter Roubitschek

Von der Bodenfläche der Bundesrepublik mit 35,7 Mio. ha wurden 2001 noch 53,5% landwirtschaftlich genutzt; 29,5% entfielen auf Wald (▸▸ Beitrag Klohn, S. 162). Gegenwärtig nehmen die von Siedlungs- und Verkehrsflächen beanspruchten und fast zur Hälfte versiegelten Areale (12,3%) täglich um mehr als 120 ha zu!

Die Nutzflächen dienen sowohl der Ernährung und der Rohstoffgewinnung wie der Wasserversorgung, der Abproduktverwertung, der Bewahrung natürlicher Ressourcen und der Erholung, aber auch als Baulandreserve. Die ländliche Kulturlandschaft sichert also für die Bevölkerung eine Vielzahl lebenswichtiger Funktionen. Diese Potenziale gilt es langfristig intakt zu erhalten. Deshalb ist ein regionales Flächenmanagement dringend geboten.

Intensivierung und Ertragssteigerung

Mit der starken Bevölkerungszunahme und der Industrialisierung waren bis Ende des 19. Jhs. die Möglichkeiten einer Erweiterung des agraren Kulturlandes durch Rodung, Wegfall der Brache, Ödlanderschließung u.Ä. weithin ausgeschöpft. Seitdem dominieren Intensivierungsmaßnahmen (Düngung, Züchtung u.a.), um über eine höchstmögliche Erzeugung den steigenden Bedarf zu decken (z.B. Getreideeinsatz in der Tierfütterung) und Einkommen zu sichern. In den letzten 50 Jahren waren enorme Steigerungen der Erträge und Änderungen des Anbauspektrums zu verzeichnen. Es zeigen sich dabei deutliche Strukturunterschiede zwischen den alten und den neuen Ländern ❶.

Im Betrachtungszeitraum nahm das Dauergrünland stärker ab als das Ackerland. Bei letzterem stiegen der Anbau von Getreide, Körnermais, Öl- und Hülsenfrüchten sowie von Silomais an. Dagegen gingen der Ackerfutter- und der Hackfruchtbau (Kartoffeln) zurück. Auch die Obst- und Gemüseerzeugung erfuhr durch Billigimporte Einschränkungen. In den neuen Ländern folgte dem starken Abbau der Tierbestände der Rückgang der Futterkulturen. Schließlich ist auf die zur Marktstabilisierung verordnete Brachlegung von Ackerland hinzuweisen. Mit der wachsenden internationalen Konkurrenz und dem Zwang zur Kostensenkung schreiten die Spezialisierung und die Vergrößerung der Betriebe wie auch der Schläge (Felder) voran (▸▸ Beitrag Klohn/Roubitschek, S. 24).

Die Karte der Bewirtschaftungssysteme ❷ spiegelt die Grundzüge der aktuellen räumlichen Ordnung der deutschen Landwirtschaft und damit der Bodennutzung als ihrem Grundpfeiler wider. Deutlich zeigen sich die Vorherrschaft von Marktfruchtbetrieben in den Gebieten hoher Bodengüte sowie von Futterbaubetrieben (Rinderhaltung) im Marschland, in flußnahen Niederungen, in Mittelgebirgslagen sowie im Vorland der Alpen. An spezifisch begünstigten Standorten konzentrieren sich die Dauerkulturen. Am Rand der Städte häufen sich Gartenbaubetriebe. Die Veredelungswirtschaft (Schweine- und Geflügelerzeugung) findet ihren Schwerpunkt in Südoldenburg und im Münsterland (▸▸ Beiträge Windhorst, S. 78 und S. 80).

Flächenhaft dominieren im Anbau die im Fruchtwechsel rotierenden einjährigen Nahrungs-, Futter- und Ölpflanzen. Im Freiland wie unter Glas bzw. Folie werden Gemüsearten, Blumen u.v.a. gezogen. Dazu kommen die für längere Zeit ortsfesten Obst- und Weinkulturen sowie das Dauergrasland (Wiesen und Weiden).

Der Verbraucher nutzt generative oder vegetative Pflanzenteile wie Sa-

❶ Anbau- und Ertragsentwicklung 1935/38-2000

		1935/1938[1)]		1950		1970		1990		2000[2)]
		DDR	BRD	DDR	BRD	DDR	BRD	DDR	BRD	BRD
Landwirtschaftliche Fläche *in 1000 ha*		6657	14764	6527	14122	6286	13578	6165	11867	17152
davon in Prozent	*Grünland*	*20,5*	*38,2*	*19,8*	*39,5*	*23,4*	*40,5*	*20,4*	*36,8*	*29,0*
	Ackerland	*76,2*	*59,0*	*76,9*	*56,50*	*73,5*	*55,5*	*76,0*	*61,4*	*68,8*
Ackerfläche *in 1000 ha*		5070	8707	5017	7975	4618	7539	4683	7288	11805
davon in Prozent	*Getreide*	*60,8*	*59,8*	*54,5*	*54,8*	*51,5*	*68,8*	*52,9*	*61,3*	*59,4*
	Kartoffeln	*16,0*	*13,8*	*16,3*	*13,3*	*15,0*	*9,6*	*7,2*	*2,9*	*2,6*
	Zuckerrüben	*4,4*	*1,5*	*4,5*	*2,2*	*4,3*	*4,0*	*4,3*	*5,6*	*3,8*
Ertrag *in dt/ha*	Getreide	20,6	20,4	27,5	23,2	28,2	33,4	47,2	57,9	64,6
	Kartoffeln	176,1	168,2	197,0	244,9	196,5	276,6	202,5	348,7	440,8
	Zuckerrüben	291,0	327,2	287,6	361,6	320,1	440,1	360,5	574,3	616,6

1) *späteres Staatsgebiet* 2) *Betriebe > 2 ha*

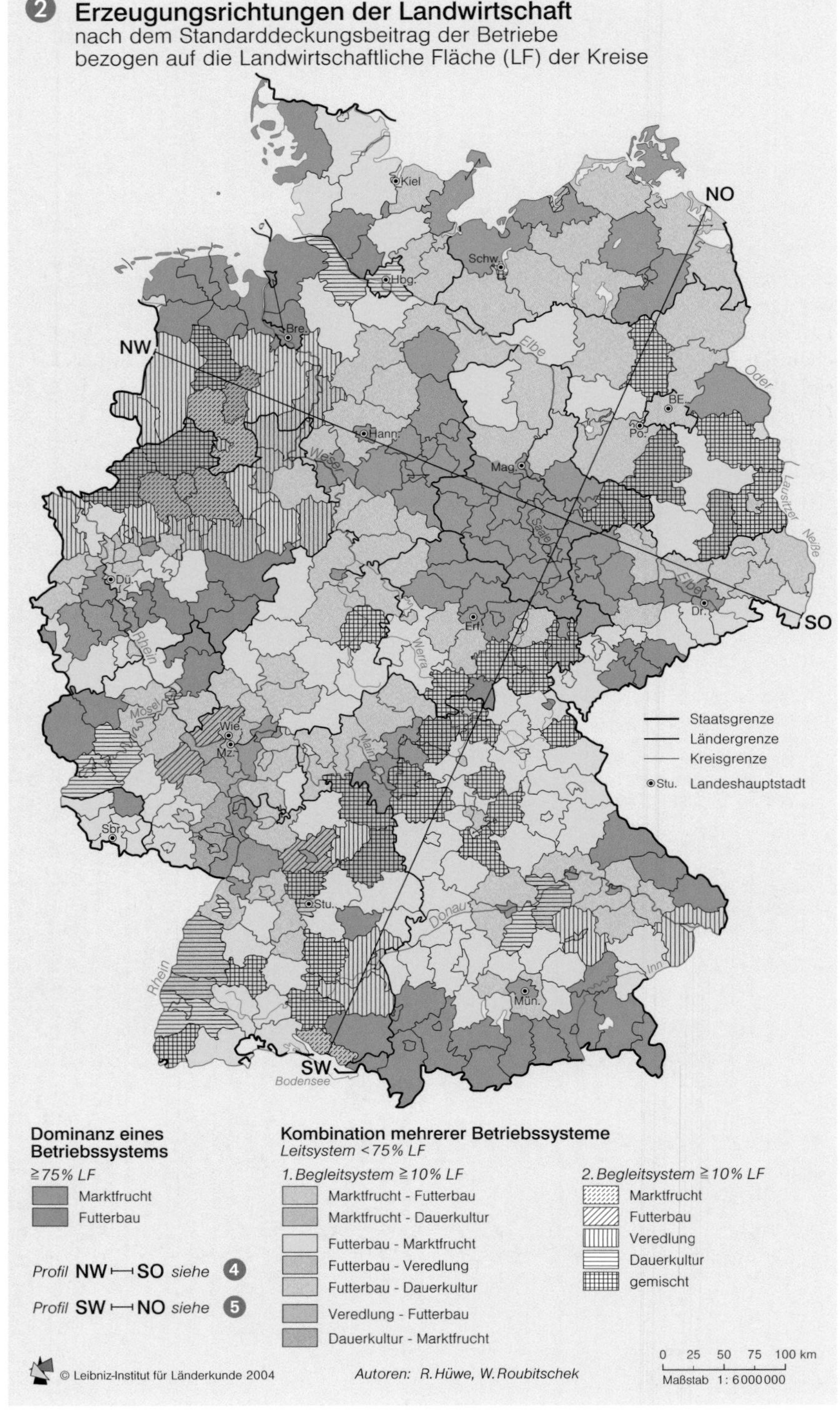

Die **Bodenklimazahl** (BKZ) gibt die natürliche Ertragsfähigkeit der Betriebe in Wertzahlen zwischen 0 (ungünstigster) und 100 (bester Standort) vergleichend wieder. In die BKZ gehen die flächenbezogenen Ergebnisse der Bodenschätzung (▶▶ Beitrag Liedtke/Marschner, Bd. 2, S. 104), die Wasserverhältnisse, die Hangneigung und das Klima ein. Die BKZ dient damit auch der Feststellung des betrieblichen Einheitswertes.

Standarddeckungsbeitrag – Maßzahl für ökonomische Betriebsvergleiche, die für verschiedene Zweige der Bodennutzung und Viehhaltung den Umfang der Erlöse abzüglich der variablen Erzeugungskosten quantifiziert

men, Früchte, Wurzeln, Sprossen, Blätter oder auch Inhaltsstoffe (z.B. den Zuckergehalt der Betarübe oder Vitamine). Ihre Ertragshöhe hängt von den jeweiligen Ansprüchen der Kulturpflanzen ab, vor allem vom Nährstoffgehalt der Böden und klimatischen Prozessen, also von Standortbedingungen ❸.

Regionale Standortorientierung

Die regelhafte regionale Standortorientierung der Bodennutzung in Deutschland sollen zwei Profile veranschaulichen. Im Profil NW – SO ❹ heben sich die grünlandarmen Lössgebiete (Wolfenbüttel, Bernburg) durch einen signifikant hohen Weizenanteil heraus, während die Veredelungszentren (um Vechta) Futtergetreide anbauen und zukaufen. Die Ackerbörden sind auch Schwerpunkte des Zuckerrübenbaues (▶▶ Beitrag Klohn, S. 76). Die besonders in Ostdeutschland umfangreich stillgelegten Areale und die Flächen mit Handelsgewächsen tragen meist Raps, Sonnenblumen und andere nachwachsende Rohstoffe.

Abgesehen vom Bodenseekreis mit seinem vom milden Klima geförderten Obstbau und anderen Dauerkulturen tragen im Profil SW – NO ❺ die Kreise vom Allgäu bis zum Thüringer Wald einen hohen Grünlandanteil, der mit der Gruppe der Futterpflanzen (vorwiegend Silomais) und der Wintergerste auf die führende Erzeugungsrichtung Rinderhaltung hinweist.

Auch die ertragsschwachen Standorte Nordostdeutschlands müssen versuchen, über eine stärkere Tierhaltung die weitere Nutzung mancher Grenzertragsböden und damit Arbeitsplätze dieser industriearmen Regionen zu sichern. Angesichts des hohen Eigenversorgungsgrades und der EU-Osterweiterung erscheinen besonders Gebiete mit starkem Roggenanbau gefährdet (▶▶ Beitrag Hüwe/Roubitschek, S. 30).

Trends und Perspektiven

Imweltweiten Wandel der Agrarwirtschaft schwächen sich die Standortbindungen ab. Marktfruchtbetriebe und -gebiete wirtschaften oft schon viehlos; futterschwachen Regionen ermöglicht der Zukauf dagegen eine intensive Tierhaltung. Es gilt deshalb, Umweltschäden zu vermeiden und den Erhalt der ökologischen Stoffkreisläufe Boden – Pflanze – Tier – Boden zu sichern. Erfreulicherweise orientieren sich das Bewusstsein der Öffentlichkeit, aber ebenso die Maßnahmen der EU-Agrarkommission nicht mehr nur auf die Subventionierung der Agrarproduktion und die Produktsicherheit, sondern zunehmend auch auf die nachhaltige Pflege einer vielfältig strukturierten ländlichen Kulturlandschaft (▶▶ Beitrag Diemann, S. 160).◆

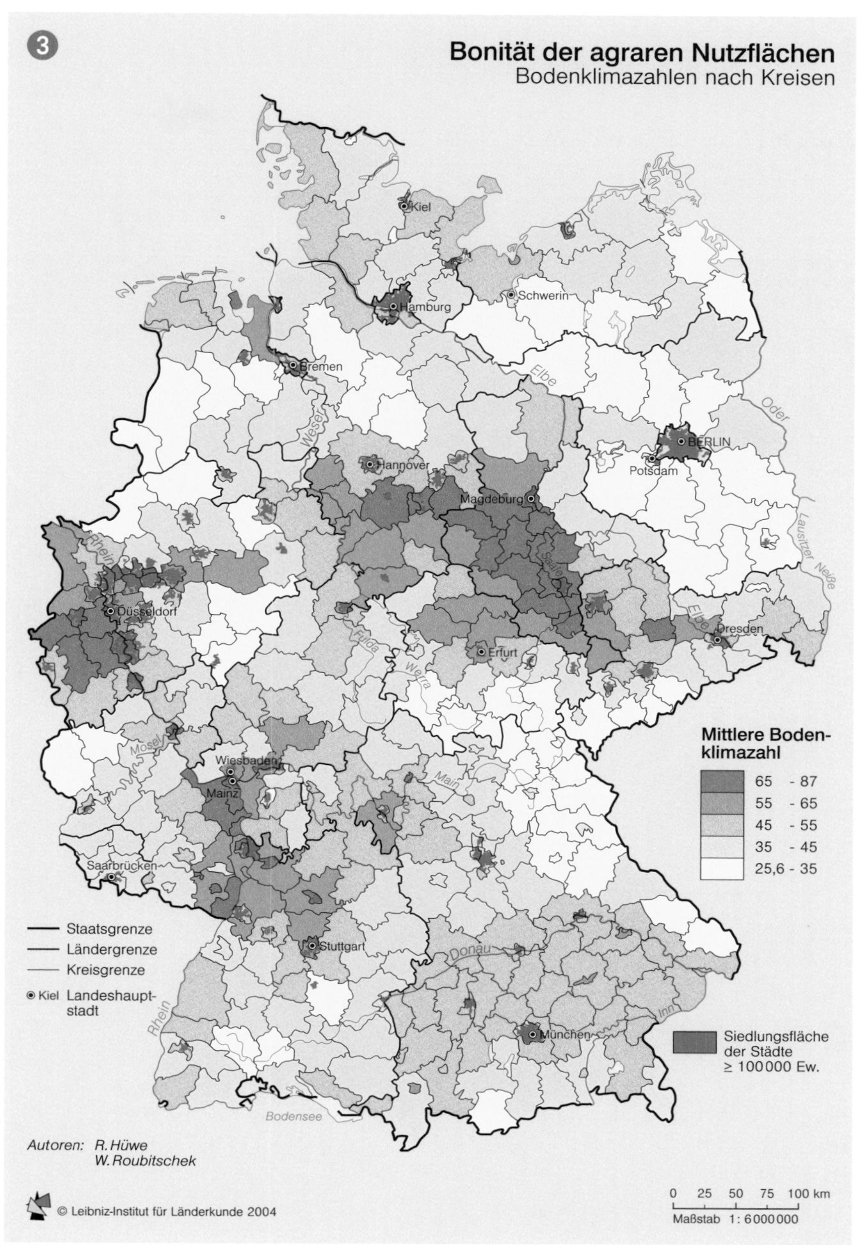

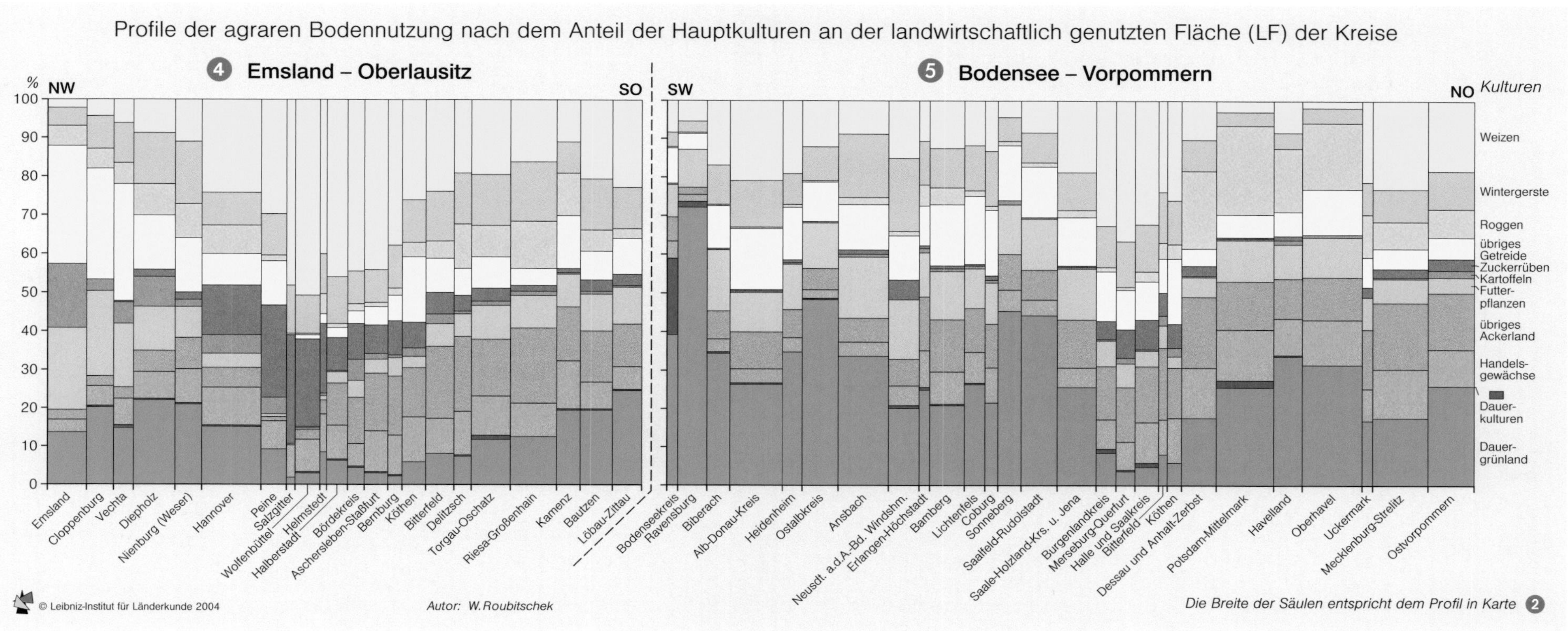

Getreide – unser Grundnahrungsmittel

Rudolf Hüwe und Walter Roubitschek

Das Getreide nimmt in der Kulturgeschichte wie in der Agrar- und Ernährungswirtschaft eine Schlüsselstellung ein. Es dient nicht nur seit langem als zentrales Grundnahrungsmittel, sondern spielt auch eine immer größere Rolle als Kraftfutter für die Nutztierhaltung. Von Vorteil sind der konzentrierte Nährstoffgehalt, das günstige Eiweiß-Stärke-Verhältnisses von 1 : 7-10 und die hohe Haltbarkeit. Getreide lässt sich leicht transportieren, seine Erzeugung mechanisieren. Moderne Züchtungen bringen immer wieder neue ertragreiche Sorten hervor.

Weizen, Mais, Reis und die übrigen Getreidesorten decken rund die Hälfte des Nährstoffbedarfs der Erdbevölkerung. Im Jahr 2000 wurden weltweit auf einer Anbaufläche von 673 Mio. ha 2,05 Mrd. t Getreide geerntet, d.h. je Kopf eine Erzeugung von rd. 360 kg (einschl. Saatgut). Davon entfällt etwa die Hälfte auf Futtergetreide. Während bei ▶ vegetabiler Kostform etwa 150 kg Getreide je Einwohner und Jahr benötigt werden, verbraucht z.Z. ein Bürger der EU etwa 850 kg, davon 1/5 direkt für Brot und Mehlerzeugnisse, 3/5 für die Tierernährung und 1/5 für den Bedarf der Industrie.

Von der Ackerfläche der Bundesrepublik mit 11,8 Mio. ha werden z.Z. über 7 Mio. ha (60%) mit Getreide bebaut. Auch hinsichtlich der Verkaufserlöse nahm das Getreide mit 3425 Mio. Euro (28,3%) bei den pflanzlichen Erzeugnissen den Spitzenplatz ein. Die historische Entwicklung der Getreideerträge ❶ zeigt eine rasante Steigerung seit den 1970er Jahren. Trotz etwa gleich bleibender natürlicher Standortbedingungen vergrößerte sich in der Zeit der Zweistaatlichkeit der Abstand in den Erträgen zwischen der BRD (alt) und der DDR. Seit Mitte des 20. Jhs. steigen vor allem die Gesamtmengen der Weizen- und Gersteernten ❸. Gegenwärtig erbringt der Weizen allein die Hälfte der gesamten Getreideerzeugung. Die Anteile traditioneller Getreidearten wie Roggen und Hafer gehen dagegen langfristig zurück, während in den letzten Jahrzehnten auch Körnermais und ▶ Triticale beachtenswerte Positionen erreichten.

Vor allem die Roggenerzeugung übertrifft deutlich den Inlandsbedarf, nicht zuletzt wegen der einst von der EU garantierten hohen Getreidepreise. Diese sanken bis auf 216 DM/t (1998/99), so dass die Interventionsbestände (Aufkauf zu festen, aber niedrigeren Preisen) auf knapp 8,5 Mio. t zurückgingen. Zur Verringerung der Überschüsse wurden die von der EU garantierten hohen Getreidepreise gesenkt. Ausgleichsprämien verhindern einen Einkommensrückgang für die Landwirte, womit zugleich ein Schutz vor Billigimporten erreicht wird.

Mit dem EU-Beitritt der ostmitteleuropäischen Länder und der anhaltenden Globalisierungstendenz wird sich der heimische Getreideanbau noch deutlicher als bisher auf die Gebiete mit den günstigsten Bedingungen konzentrieren. Die Betriebe gehen verstärkt zum spezialisierten Getreidebau über, um den sich verschärfenden Wettbewerb zu bestehen. Besonders den klein strukturierten und wenig spezialisierten bäuerlichen Familienbetrieben im südwestlichen Bundesgebiet fällt es schwer, mit flächenstarken Unternehmen mitzuhalten, die auf großen ▶ Schlägen leistungsfähige Maschinen einsetzen und durch eigene Lagerung und Verarbeitung Getreide kostengünstiger erzeugen sowie modernes Marketing nutzen können. Da vor allem die heimische Roggenerzeugung den Inlandsbedarf übertrifft, gelten die gering industrialisierten norddeutschen Roggenanbaugebiete als Problemräume ❹.

❸ Anbau, Erträge und Ernten der Getreidearten 1995 und 2000

	Anbau *in 1000 ha*		**Erträge** *in dt/ha*		**Ernten** *in 1000 t*	
	1995	**2000**	**1995**	**2000**	**1995**	**2000**
Weizen/Hartweizen	2579	2969	68,9	72,8	17763	21622
Roggen/Wintermenggetr.	872	853	52	49,3	4572	4208
Brotgetreide insges.	*3451*	*3822*	*64,7*	*67,6*	*22336*	*25830*
Wintergerste	1447	1446	62,5	63,8	9042	9232
Sommergerste	662	621	43	46,3	2849	2874
Hafer	309	237	45,9	45,9	1420	1087
Triticale*	289	499	56,9	56,1	1643	2800
Sommermenggetreide	45	29	40,1	42,9	179	125
Futter- u. Industriegetr.	*2751*	*2833*	*55*	*56,9*	*15133*	*16118*
Getreide insgesamt	**6202**	**6655**	**60,4**	**63**	**37469**	**41947**
Körnermais incl. CCM**	319	361	74,6	92,8	2394	3324

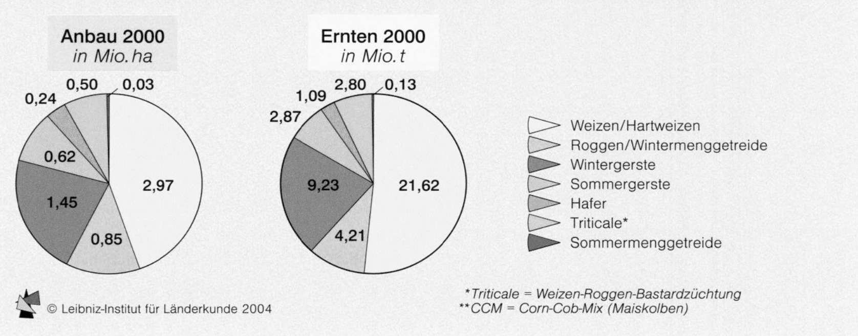

Bereits die groben Mittelwerte der Getreideerträge der Flächenländer zeigen – neben der Tendenz weiter zunehmender Leistungen je Hektar – die von der wechselnden Standortgüte sowie der Witterung geprägten regionalen Unterschiede. So reicht im Jahr 2000 die Spanne der Mittelwerte von 42,6 dt/ha in Brandenburg bis zu 86,6 dt/ha in Schleswig-Holstein ❷. Die Durchschnittsleistungen der Landkreise auf den fruchtbaren Grundmoränenböden Schleswig-Holsteins und Mecklenburgs sowie in den Lössgebieten von Nordrhein-Westfalen über die niedersächsischen und sachsen-anhaltischen Börden bis ins sächsische Lösshügelland hinein übertreffen meist die 70 dt/ha-Marke ❹. Ergebnisse von weniger als 50 dt/ha zeigen die eiszeitlich geprägten Standorte mit hohen Anteilen stark sandiger Böden vor allem in Brandenburg sowie in nord-westdeutschen Geestlandschaften, in Mittelgebirgslagen (Bergisches Land, Oberpfalz) und im Alpenbereich. Die ertragsstarken Gebiete verfügen zugleich über den höchsten Weizenanteil, in den ertragsschwachen konzentriert sich der Roggenanbau.

In Deutschland liegt der Verbrauch von Nahrungsmitteln aus Getreide z.Z. bei etwa 75 kg Mehlwert je Einwohner. Die jährliche Brotgetreidevermahlung von fast 7 Mio. t ergibt 88% Mehlausbeute. Etwa die gleiche Menge wird zu Mischfutter verarbeitet. Trotz des Selbstversorgungsgrads von 130% bei Getreide besteht beim Futtergetreide noch ein gewisser Importbedarf. Die Verarbeitung von Getreide zu Mischfutter konzentriert sich in der Nähe großer Häfen und in Gebieten hohen Viehbesatzes, also in Niedersachsen und Nordrhein-Westfalen.◆

Schlag – Feld oder Feldteil, das im Rahmen einer Fruchtfolge zusammenhängend bearbeitet wird

Triticale – durch Kreuzung von Weizen und Roggen erzeugte Getreideart, die besonders auf schlechteren Böden höhere Erträge bringt als Weizen; seit den 1970er Jahren in Ausbreitung

vegetabile Kostform – auf Pflanzen beruhender Anteil der Ernährung

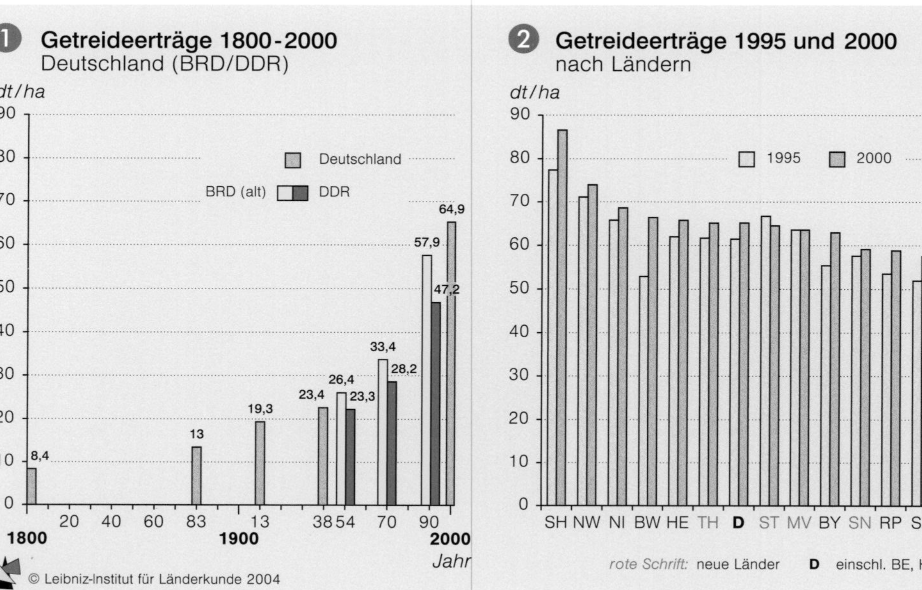

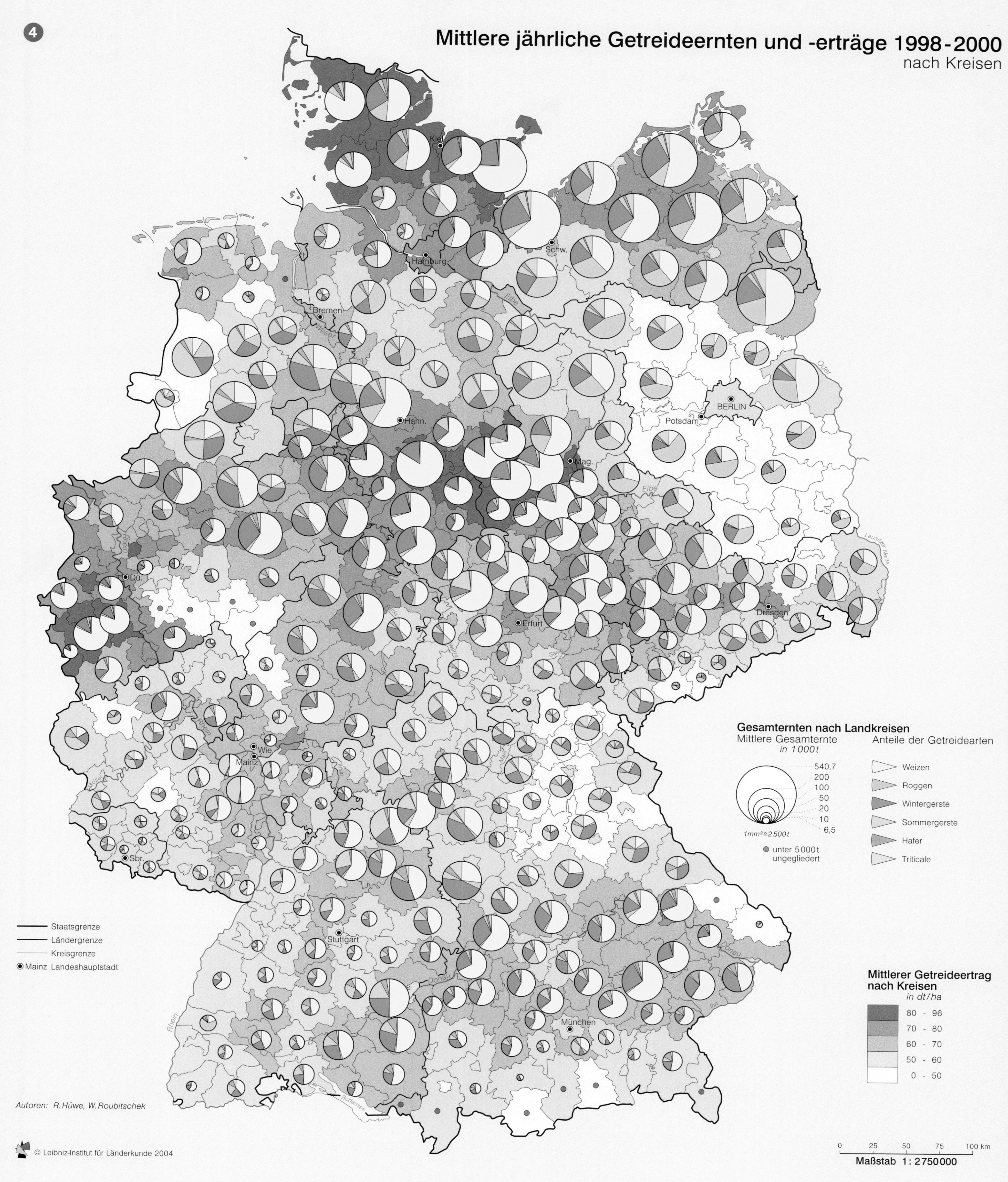
4
Mittlere jährliche Getreideernten und -erträge 1998-2000
nach Kreisen
Kiel
Schw.
Hamburg
Bremen
Hann.
Mag.
BERLIN
Potsdam
Dü.
Erfurt
Dresden
Wie.
Mainz
Sbr.
Stuttgart
München
Elbe
Weser
Oder
Rhein
Lausitzer Neiße
Mosel
Main
Donau
Inn
Bodensee
Gesamternten nach Landkreisen
Mittlere Gesamternte
in 1000t
540,7
200
100
50
20
10
6,5
1mm² ≙ 2500t
unter 5000t ungegliedert
Anteile der Getreidearten
Weizen
Roggen
Wintergerste
Sommergerste
Hafer
Triticale
Staatsgrenze
Ländergrenze
Kreisgrenze
Mainz Landeshauptstadt
Mittlerer Getreideertrag nach Kreisen
in dt/ha
80 - 96
70 - 80
60 - 70
50 - 60
0 - 50
Autoren: R. Hüwe, W. Roubitschek
© Leibniz-Institut für Länderkunde 2004
0 25 50 75 100 km
Maßstab 1 : 2750000

Sonderkulturen – spezielle Formen intensiver Landnutzung

Andreas Voth

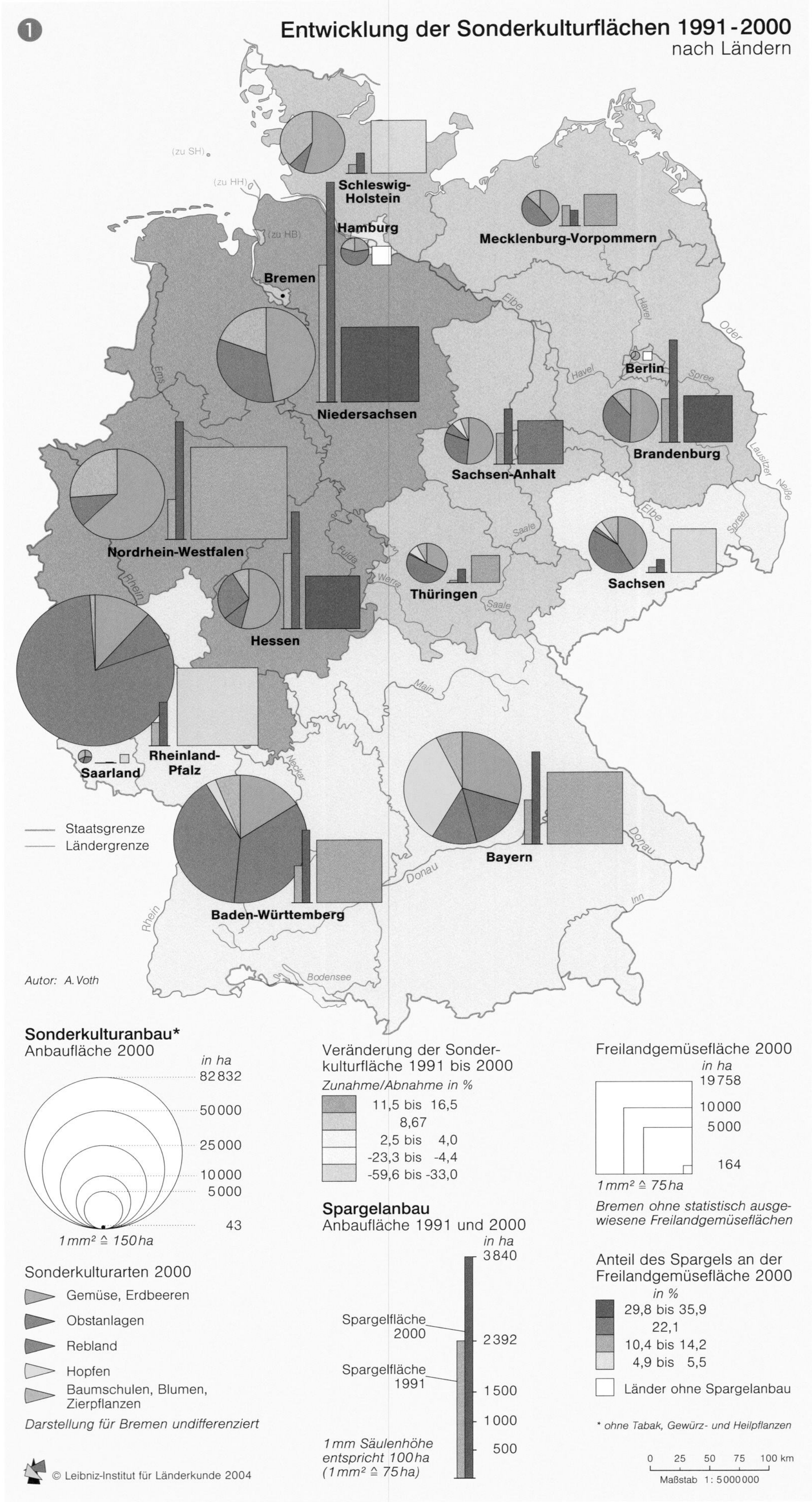

1
Entwicklung der Sonderkulturflächen 1991-2000
nach Ländern
(zu SH)
(zu HH)
(zu HB)
Schleswig-Holstein
Hamburg
Mecklenburg-Vorpommern
Bremen
Niedersachsen
Berlin
Brandenburg
Sachsen-Anhalt
Nordrhein-Westfalen
Sachsen
Thüringen
Hessen
Rheinland-Pfalz
Saarland
Bayern
Baden-Württemberg
Elbe
Havel
Oder
Spree
Ems
Weser
Fulda
Werra
Saale
Neiße
Main
Rhein
Neckar
Donau
Inn
Bodensee
Staatsgrenze
Ländergrenze
Autor: A. Voth
Sonderkulturanbau*
Anbaufläche 2000
in ha
82 832
50 000
25 000
10 000
5 000
43
1 mm² ≙ 150 ha
Sonderkulturarten 2000
Gemüse, Erdbeeren
Obstanlagen
Rebland
Hopfen
Baumschulen, Blumen, Zierpflanzen
Darstellung für Bremen undifferenziert
© Leibniz-Institut für Länderkunde 2004
Veränderung der Sonderkulturfläche 1991 bis 2000
Zunahme/Abnahme in %
11,5 bis 16,5
8,67
2,5 bis 4,0
-23,3 bis -4,4
-59,6 bis -33,0
Spargelanbau
Anbaufläche 1991 und 2000
in ha
3840
Spargelfläche 2000
2392
Spargelfläche 1991
1 500
1 000
500
1 mm Säulenhöhe entspricht 100 ha (1 mm² ≙ 75 ha)
Freilandgemüsefläche 2000
in ha
19 758
10 000
5 000
164
1 mm² ≙ 75 ha
Bremen ohne statistisch ausgewiesene Freilandgemüseflächen
Anteil des Spargels an der Freilandgemüsefläche 2000
in %
29,8 bis 35,9
22,1
10,4 bis 14,2
4,9 bis 5,5
Länder ohne Spargelanbau
* ohne Tabak, Gewürz- und Heilpflanzen
0 25 50 75 100 km
Maßstab 1 : 5 000 000

In der deutschen Agrarwirtschaft heben sich einige Kulturpflanzen aufgrund ihrer Produktionsweise und landschaftlichen Erscheinung von den großflächig verbreiteten Anbaukulturen ab. Da sie an den Standort und den landwirtschaftlichen Betrieb spezifische Anforderungen stellen, lassen sie sich nicht in die geläufige statistische Unterscheidung von Getreide, Hackfrüchten und Futterpflanzen einordnen und werden in Deutschland als Sonderkulturen bezeichnet, zu denen vor allem die zahlreichen Nutzpflanzen des Gartenbaus gehören.

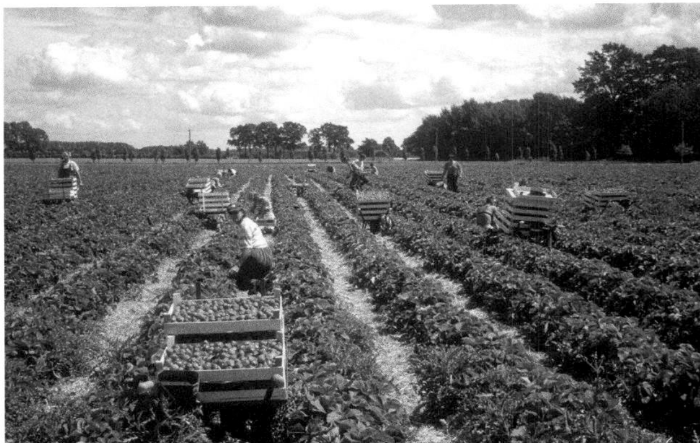

Erdbeerernte in Langförden (Landkreis Vechta)

Original
Spreewälder
Spezialitäten
vom Faß und
im Glas
Direktverkauf !
Unser
Tages-
Preis
Tag:
saure
Gurken
Gewürz-
Gurken
Senf-

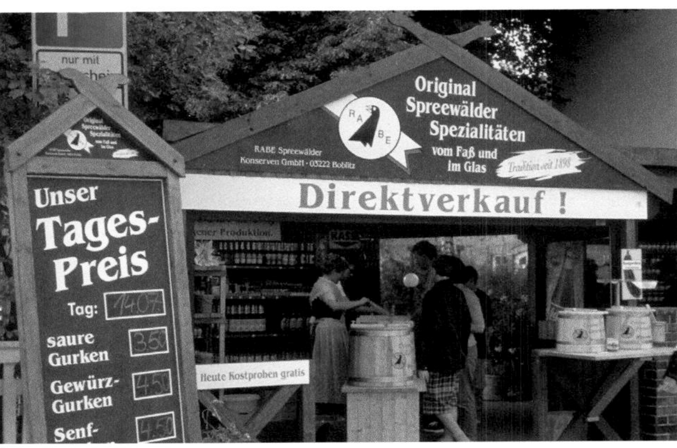

Spreewaldgurken mit EU-geschützter Herkunftsbezeichnung

Baum- und Beerenobstanlagen, Gemüsebau, Baumschulen sowie Blumen- und Zierpflanzenbau geben ein Bild von der Vielfalt des Sonderkulturanbaus, und auch Rebland, Hopfen, Tabak, Heil- und Gewürzpflanzen müssen hinzugerechnet werden. Sie alle stellen im mitteleuropäischen Agrarraum eine Besonderheit dar und zeichnen sich vor allem durch einen relativ hohen Ertragswert je Fläche, eine hohe Arbeits- und Kapitalintensität, das Erfordernis von Fachkenntnissen und Spezialgeräten in der Produktion sowie durch die Ausbildung eigener Absatzformen aus.

Regionale Konzentration

Die Vielzahl der Sonderkulturen wird in der Statistik zu mehreren Gruppen zusammengefasst. Insgesamt nahmen im Jahr 2000 die Flächen von Obstanlagen, Gemüseanbau, Weinbau sowie Baumschul-, Blumen- und Zierpflanzen in Deutschland gut 300.000 ha ein (StBA 2001a). Hinzu kommen wenige regional bedeutsame Sonderkulturen wie z.B. der Hopfen, der in der Hallertau (Bayern) das weltweit größte geschlossene Anbaugebiet ausbildet (Klohn 1993, S. 21). Aufgrund der regionalen Bedeutung des Weinbaus ist Rheinland-Pfalz das Bundesland mit der größten Fläche an Sonderkulturen, noch vor Baden-Württemberg und Bayern. Bedeutende Standorte des Obst- und Gemüsebaus sind in fast allen Ländern zu finden, allerdings jeweils räumlich konzentriert und mit unterschiedlichen Entwicklungstendenzen ❶.

Entsprechend seiner spezifischen Standortanforderungen und historischen Schwerpunktentwicklung ist der Anbau von Sonderkulturen in Deutschland regional ungleichmäßig verteilt. Auch innerhalb der Länder ist der Sonderkulturanbau räumlich auf Gunststandorte konzentriert, wie in den zahlreichen lokalen Anbauschwerpunkten zum Ausdruck kommt ❸. Hervorzuheben sind etwa die ausgedehnten Obstanlagen am Bodensee, im Alten Land bei Hamburg oder bei Werder (Havel).

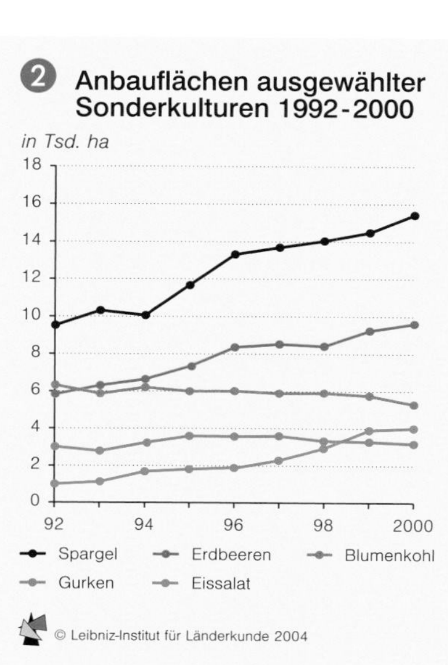

in Tsd. ha
18
16
14
12
10
8
6
4
2
0
92
94
96
98
2000
Spargel
Erdbeeren
Blumenkohl
Gurken
Eissalat
© Leibniz-Institut für Länderkunde 2004

❷ Anbauflächen ausgewählter Sonderkulturen 1992-2000

Manche Sonderkulturen sind von regionaler oder lokaler Bedeutung, wie z.B. die Kulturheidelbeere in der Lüneburger Heide (Zur Landschaftsverortung ▸▸ Beitrag Liedtke, Bd. 2, S. 30).

Produktion

Deutschland ist in der EU der wichtigste Markt für Sonderkulturprodukte wie frisches Obst und Gemüse. Trotz einer bedeutenden Inlandsproduktion ist sein Selbstversorgungsgrad vergleichsweise niedrig und lag 1999/2000 für Gemüse bei 42% und für Marktobst sogar nur bei 14% (ZMP 2001). Frisches Obst und Gemüse erreichten 2000 immerhin einen Anteil von fast 20% am Gesamtwert der deutschen Agrarimporte (BMVEL 2001).

Beachtlich ist vor allem der hohe Anteil der Sonderkulturen von 15% (1999/2000) am gesamten Produktionswert der Landwirtschaft, obwohl alle Sonderkulturen zusammen nur knapp 2% der landwirtschaftlich genutzten Fläche Deutschlands ausmachen. Infolge der ungünstigen Preisentwicklung bei vielen Ackerkulturen hat der Sonderkulturanbau wieder an Attraktivität gewonnen und ist für manche Betriebe zur Möglichkeit der Diversifizierung und Antwort auf den landwirtschaftlichen Strukturwandel geworden. Die in den 1990er Jahren verstärkte Verfügbarkeit ausländischer Erntearbeiter hat die Ausweitung des Anbaus arbeitsintensiver Kulturen begünstigt. Der marktnahe Sonderkulturanbau in Deutschland hat sich durchaus gegenüber der harten Konkurrenz mediterraner Gunststandorte behaupten können.

Frische und Regionalität

Die Entwicklung der Anbauflächen weist je nach Sonderkultur eine unterschiedliche Tendenz auf. Während manche Massenprodukte stagnieren, ist bei einigen Obst- und Gemüsearten, die von aktuellen Verbrauchertrends begünstigt werden, eine dynamische Ausweitung zu beobachten ❷ (▸ Foto). Besonderer Beliebtheit erfreut sich bei Erzeugern und Verbrauchern z.B. der Spargel ❶. Die deutsche Nachfrage ist der Motor des europäischen Spargelmarktes. Einschließlich der Neuanlagen erreichte die Spargelfläche in Deutschland 2000 bereits 15.478 ha und stand mit 15,6% der Gesamtfläche des deutschen Freilandgemüseanbaus vor allen anderen Gemüsearten an erster Stelle (StBA 2001b).

Die zunehmend zu beobachtende Betonung von Frische und regionaler Herkunft verspricht Wettbewerbsvorteile. Gerade bei Erzeugnissen des von regionalen Traditionen und naturräumlichen Standortbedingungen geprägten Sonderkulturanbaus sind Qualitätsmerkmale häufig raumgebunden. Als erste deutsche regionaltypische Sonderkulturprodukte erhielten Spreewälder Gurken und Spreewälder Meerrettich 1999 von der EU eine Herkunftsbezeichnung (geschützte geographische Angabe) (▸ Foto).◆

Anteil der Sonderkulturflächen an der landwirtschaftlichen Nutzfläche
in %
20,0 bis 62,0
10,0 bis 20,0
5,0 bis 10,0
2,5 bis 5,0
1,0 bis 2,5
unter 1,0
keine Sonderkulturflächen
k.A. keine Angabe
Sonderkulturflächen*
in ha
13841
5000
2500
1000
521
1mm² ≙ 75ha
>200 bis 500
> 50 bis 200
bis 50
Sonderkulturarten*
Kreise und kreisfreie Städte mit über 200 ha Sonderkulturflächen
Gemüse, Erdbeeren
Obstanlagen
Rebland
Hopfen
Baumschulen, Blumen, Zierpflanzen
Kreise und kreisfreie Städte mit bis zu 200 ha Sonderkulturflächen
Sonderkultur mit dem größten Flächenanteil (Bedeutung der Farben s.o.)
bis 50 ha, undifferenziert
Schleswig-Holstein
Mecklenburg-Vorpommern
Hamburg
Bremen
Niedersachsen
Berlin
Sachsen-Anhalt
Brandenburg
Nordrhein-Westfalen
Sachsen
Thüringen
Hessen
Rheinland-Pfalz
Saarland
Baden-Württemberg
Bayern
Abkürzungen der Kreisnamen siehe Anhang
Staatsgrenze
Ländergrenze
Kreisgrenze
© Leibniz-Institut für Länderkunde 2004
Autor: A.Voth
0 25 50 75 100 km
Maßstab 1: 3750000
* ohne Tabak, Gewürz- und Heilpflanzen

❸ Sonderkulturen 1999 nach Kreisen

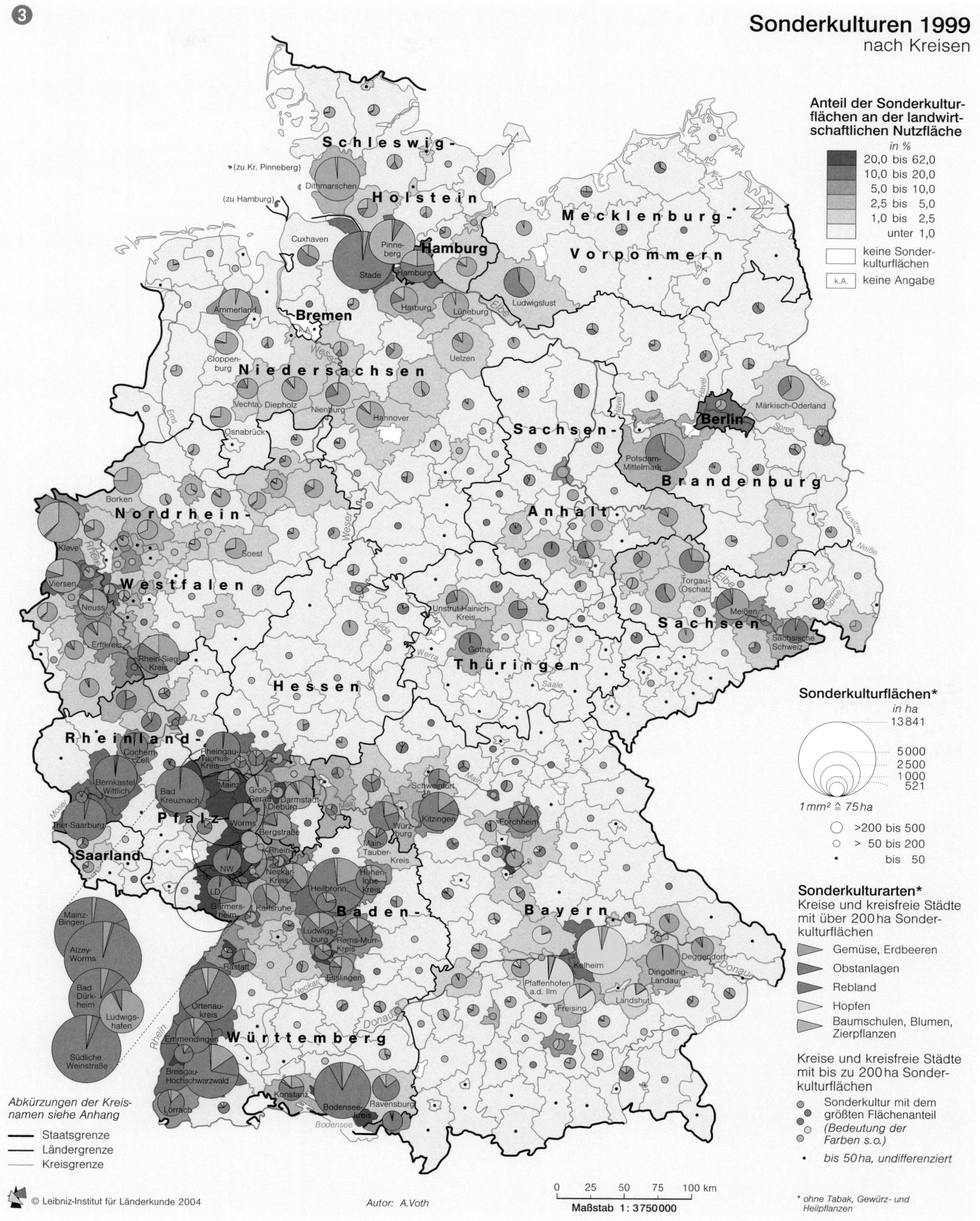

Die deutsche Rohstoffindustrie

Thomas Thielemann und Hermann Wagner

Rohstoffe spielten über Jahrhunderte eine entscheidende Rolle bei der technischen und wirtschaftlichen Entwicklung der Region, die wir heute Deutschland nennen. Sie sind auch noch heute ein Garant für die starke Stellung Deutschlands in der Weltwirtschaft. Zu diesen Rohstoffen zählen Energieträger wie Erdöl, Erdgas, Steinkohle, Braunkohle und Uran, Nicht-Metallrohstoffe wie Sand, Kies und Steinsalz sowie Metallrohstoffe wie Eisen, Kupfer, Zink und Blei. Über Jahrhunderte wurden viele dieser Rohstoffe in Deutschland selbst gefördert. Es entstanden zahlreiche Unternehmen, die sowohl der Produktion als auch der Verarbeitung von Rohstoffen nachgingen. Inzwischen werden vermehrt Rohstoffe importiert. Der Fokus liegt auf dem Rohstoffeinsatz und auf der Rohstoffverarbeitung. Im Jahre 2001 waren noch 485.500 Menschen in den verschiedenen Sektoren der deutschen Rohstoffindustrie beschäftigt ❶. Das waren 1,3% aller deutschen Arbeitsplätze.

Die deutsche Rohstoffindustrie förderte 2001 in Deutschland etwa 950 Mio. t an Rohstoffen. Steine und Erden bilden den Hauptteil und machten 2001 mit 715 Mio. t rund 75% dieser Menge aus. Bei vielen Rohstoffen nimmt die deutsche Produktion eine im Weltmaßstab bedeutende Rolle ein (▶ Tabelle in ❺). Bezieht man die Rohstoffförderung auf die Landesfläche, rangiert Deutschland weltweit an zweiter Stelle.

Rohstoffe werden in allen Sektoren der Wirtschaft und im privaten Bereich verbraucht. Rechnet man den gesamten Rohstoffkonsum auf die Bevölkerung um, so verbraucht ein Mensch im Laufe eines Lebens von 78 Jahren in Deutschland 953 t Rohstoffe ❹. Davon werden 80% (763 t) in Deutschland produziert (Stand 2001).

Neben Erdöl und Erdgas (▶▶ Beitrag Pasternak, S. 36) sowie der Kohleindustrie (▶▶ Beitrag Wehling, S. 110) sind die Steine-und-Erden-Industrie sowie der Metallrohstoffsektor die wichtigsten Bereiche der Rohstoffindustrie.

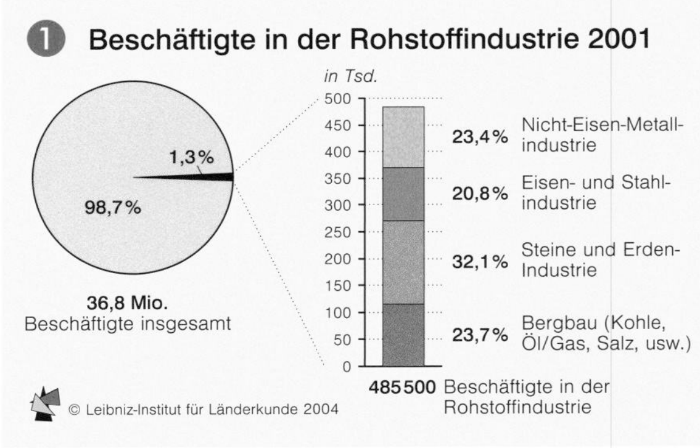

❶ Beschäftigte in der Rohstoffindustrie 2001

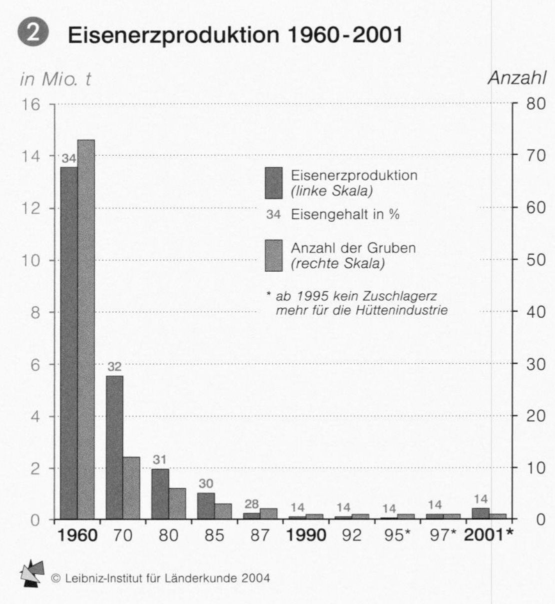

❷ Eisenerzproduktion 1960-2001

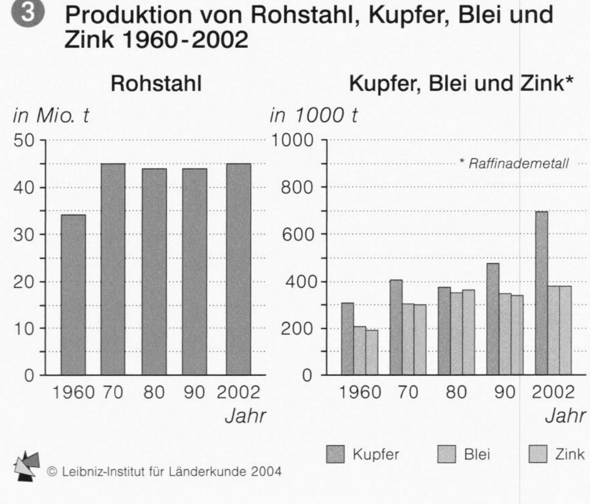

❸ Produktion von Rohstahl, Kupfer, Blei und Zink 1960-2002

Steine und Erden

Die Steine und Erden sind eine sehr heterogene Gruppe, zu der die Rohstoffe mit den größten Fördermengen gehören. Hierzu zählen u.a. Basalt, Feldspat und Kalisalz sowie auch Quarzsand, Baryt und Naturwerksteine ❺. Ein großer Teil der auf diesem Gebiet aktiven Firmen ist im Bundesverband Baustoffe – Steine und Erden e.V. zusammengeschlossen, in dem 156.000 Beschäftigte in 6500 Betrieben haben 2001 einen Jahresumsatz von über 25 Mrd. Euro erwirtschaftet haben. Die mit 715 Mio. t mengenmäßig größte Bedeutung hat die Förderung heimischer mineralischer Baurohstoffe. Die deutsche Baustoffindustrie hat einen Anteil am Baustoffmarkt der EU-15 von über 25%.

Bei der Förderung von Steinen und Erden werden Flächen verbraucht. Jährlich sind das in Deutschland etwa 32 km², also weniger als 0,01% der Landesfläche. Diese Flächen werden im Gegensatz zum Siedlungs- und Verkehrswegebau nicht auf Dauer in Anspruch genommen. Nach Abbauende und Wiederherrichtung (z.B. Renaturierung, Rekultivierung) stehen sie zu einem großen Teil der Gesellschaft für andere Nutzungszwecke wieder zur Verfügung (▶▶ Beiträge Hoepfner/Paul, Bd. 2, S. 52; Berkner, Bd. 2, S. 54).

Große wirtschaftliche Bedeutung hat die Kali- und Steinsalzgewinnung. 1860/61 setzte der Salzbergbau in Deutschland ein. Nach wechselvoller Geschichte wurde am 21.12.1993 die Kali und Salz GmbH (jetzt: K+S-Gruppe) gegründet. Sie ist das einzige verbliebene Unternehmen auf dem Kalisalz-Sektor und aus einer Fusion der Kali und Salz AG (Kassel) mit der Mitteldeutschen Kali AG (Sondershausen) hervorgegangen. Die K+S-Gruppe beschäftigte Ende März 2004 10.687 Mitarbeiter und fördert in vier Revieren mit sechs Kaliwerken. Steinsalz wird von vier Firmen gefördert, der K+S-Gruppe, der Südwestdeutsche Salzwerke AG, der Akzo Nobel Salz GmbH und der Wacker-Chemie GmbH.

In der Gipsindustrie ist das Unternehmen Knauf Gips KG, gegründet 1932 im unterfränkischen Iphofen, bedeutend. Weltweit erwirtschaften 18.000 Mitarbeiter einen Jahresumsatz von 3 Mrd. Euro. Jährlich werden rund 4 Mio. t Naturgips und 2 Mio. t synthetischer Gips aus der Rauchgasentschwefelung (REA-Gips) verarbeitet. Im Inland wird REA-Gips der ostdeutschen Braunkohlekraftwerke Schkopau und Schwarze Pumpe mit der Bahn nach Iphofen transportiert und dort verarbeitet.

Deutschland deckt seinen Bedarf an Gips, Kali- und Steinsalz aus eigenen Quellen. Bei dem Industriemineral Kaolin sind etwa 20-25% des Bedarfs zu importieren, beim Bentonit rund 30%, bei Baryt und Fluorit etwa 70%, und die Nachfrage nach Naturgraphit muss zu über 90% aus Importen gedeckt werden.

Metallrohstoffe

Der Metallerzbergbau hat in Deutschland eine lange Tradition. So wurde seit 968 im Rammelsberg bei Goslar im Harz Kupfer und Silber gewonnen. Neben dem Harz entwickelten sich das Erzgebirge und Teile des Rheinischen Schiefergebirges mit Siegerland und Lahn-Dill-Gebiet zu Zentren der Metallgewinnung, die neben Kupfer und Silber auch auf Eisen, Blei, Zink, Zinn, Uran und weitere Metalle ausgerichtet war. Heute sind die deutschen Erzbergwerke stillgelegt, zuletzt das Zinkbergwerk Meggen (Sauerland) und das Blei-Zink-Bergwerk Grund (Harz) im Jahr 1992. Die Stilllegungen erfolgten entweder wegen der Erschöpfung der Lagerstätten oder weil der Weltmarkt qualitativ bessere und preiswertere Erze angeboten hatte. Die deutsche Eisenerzproduktion sank seit den 1960er Jahren kontinuierlich ❷. Die letzte Grube war Wohlverwahrt-Nammen. Dieses Erz wird seit 1995 nicht mehr als Zuschlagerz an die Hüttenindustrie verkauft, sondern als Farbstoff bei der Zementherstellung eingesetzt, so dass die deutsche Roheisenerzeugung ausschließlich aus importiertem Erz erfolgt.

❹ **Rohstoffverbrauch einer Person im Laufe eines Lebens von 78 Jahren**
Stand 2001

Rohstoff	Durchschnittlicher Verbrauch *in t*
Sand und Kies	307
Braunkohle	158
Hartsteine	130
Erdöl	116
Erdgas	89600*
Kalkstein, Dolomit	72
Steinkohle	67
Stahl	39,5
Zement	29
Steinsalz	12
Gips	8,5
Industriesande	4,7
Kaolin	4
Aluminium	1,7
Kupfer	1,1
Stahlveredler	0,9
Torf	0,6
Kalisalz	0,6
Schwefel	0,2
Asbest	0,16
Phosphat	0,15
Summe	*953*
davon aus Deutschland	763 (80%)

* *Erdgas in m³*

Ähnliche Entwicklungen zeigten die deutschen Bergwerke für Blei und Zink, die um 1960 noch mehrere Prozent der Weltbergwerksförderung lieferten. Der bescheidene Metallerzbergbau in der früheren DDR (Kupfer, Blei, Nickel, Zinn) brach kurz nach der politischen Wende 1991 zusammen.

Bedeutende Firmen wie Thyssen, Krupp oder Salzgitter AG auf dem Stahlsektor sowie Metallgesellschaft und Preussag Metall auf dem Nichteisen-Metallsektor entwickelten in Westdeutschland nach dem Zweiten Weltkrieg eine Hüttenindustrie, die heute zwischen 3 und 6% der Weltproduktion von zum Beispiel Stahl, Kupfer, Blei und Zink liefert ❸. Deutschland ist als hoch entwickeltes Industrieland heute vollständig auf den Import metallischer Rohstoffe für die Stahl- und Nichteisen-Metall-Industrie angewiesen, wobei die Versorgung der Stahlwerke und Primärmetallhütten ❺ im Zeitalter der Globalisierung allgemein als gesichert gelten kann.◆

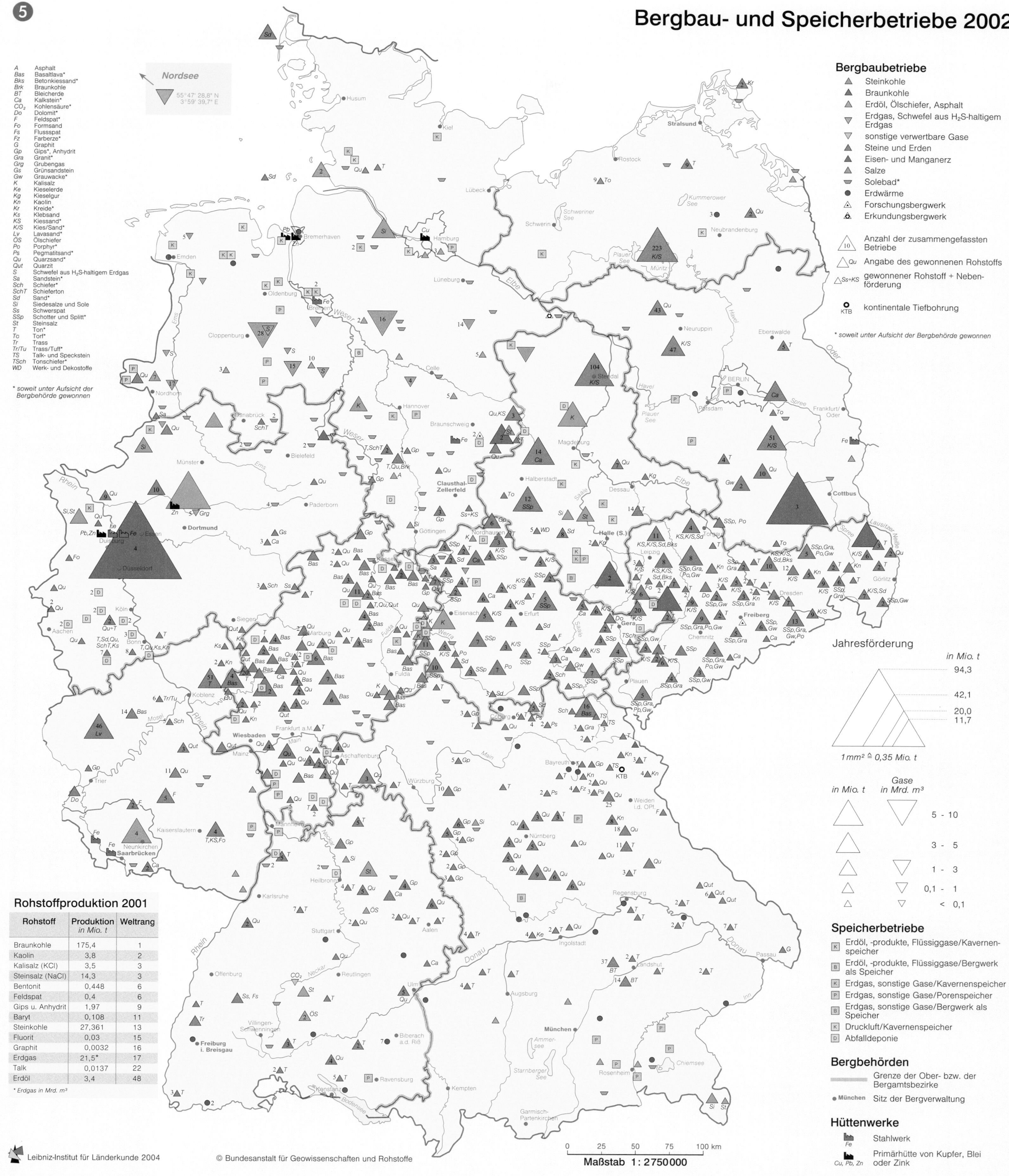

Rohstoffproduktion 2001

Rohstoff	Produktion in Mio. t	Weltrang
Braunkohle	175,4	1
Kaolin	3,8	2
Kalisalz (KCl)	3,5	3
Steinsalz (NaCl)	14,3	3
Bentonit	0,448	6
Feldspat	0,4	6
Gips u. Anhydrit	1,97	9
Baryt	0,108	11
Steinkohle	27,361	13
Fluorit	0,03	15
Graphit	0,0032	16
Erdgas	21,5*	17
Talk	0,0137	22
Erdöl	3,4	48

* Erdgas in Mrd. m³

Die Rohstoffe Erdöl und Erdgas

Michael Pasternak

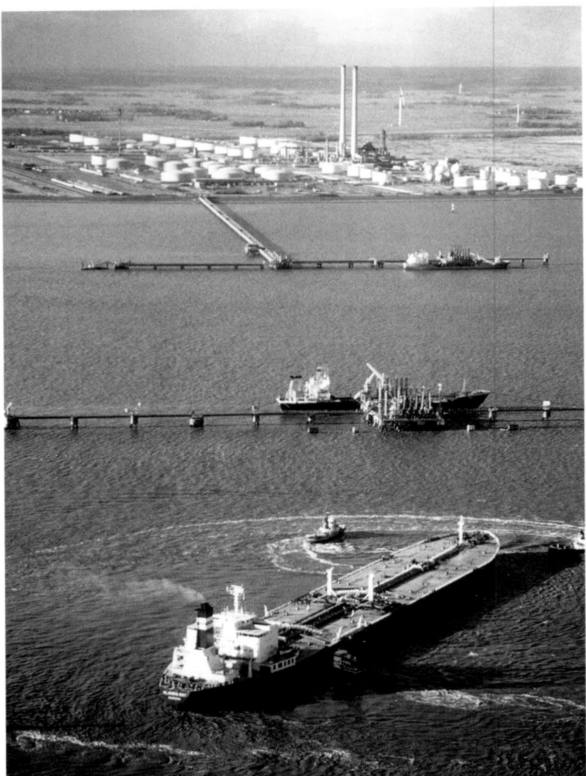

Die Wilhelmshavener Raffineriegesellschaft mbH kann Tanker mit bis zu 250.000 Tonnen Rohöl und Produkten aufnehmen.

Als hoch technisiertes Land ist Deutschland in starkem Maße von der Verfügbarkeit von Energierohstoffen abhängig. Es benötigt im globalen Vergleich pro Kopf überproportional viel Energierohstoffe und rangierte im Jahr 2001 mit einem Gesamtmineralölverbrauch von 131 Mio. t hinter den USA, Japan und China auf Platz vier der größten Ölverbraucher der Welt (EXXONMOBIL 2002). Am Primärenergieverbrauch (PEV) in Höhe von 14.500 Petajoule waren Mineralölprodukte mit etwa 38,5% beteiligt (WITTKE/ZIESING 2002). Der Rohölbedarf von über 105 Mio. t pro Jahr wird gegenwärtig im Wesentlichen aus Quellen der Nordseeanrainer, den Staaten der GUS und Ländern der OPEC gedeckt ❶; hinzu kommen Importe von Mineralölprodukten in der Größenordnung von ungefähr 43 Mio. t pro Jahr (BAFA 2002).

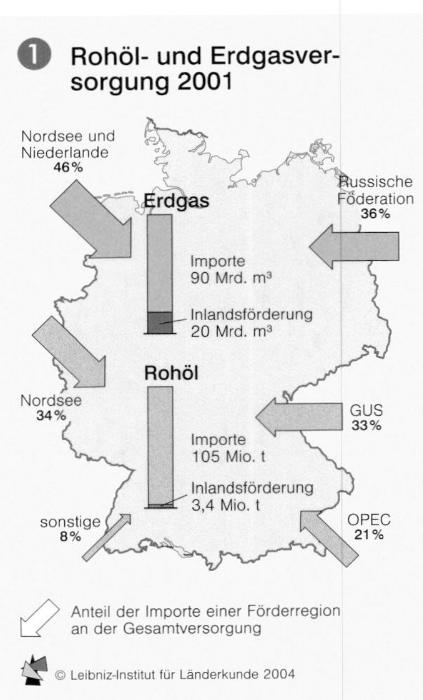

Die inländische Erdölförderung

Nur etwa 3% des Rohölbedarfs stammen aus inländischen Lagerstätten. Das war nicht immer so. Deutschland kann auf eine lange Tradition in der industriellen Erdölgewinnung zurückblicken. Schon im ausgehenden 19. Jh. wurden einheimische Öllagerstätten mit hohem technischem Aufwand ausgebeutet. In der Mitte des vorigen Jahrhunderts konnte die inländische Ölförderung noch etwa 30% des Rohölbedarfs decken. Allerdings konnte sie mit dem wachsenden Bedarf nicht Schritt halten ❷. Aufgrund der im internationalen Maßstab meist kleinen Felder erreichte die Förderung gegen Ende der 1960er Jahre mit etwa 8 Mio. t pro Jahr ihren historischen Höchststand, deckte damit aber nur knapp 10% des Rohölbedarfs. Seither hat die Förderung bis auf ein Niveau von etwa 3 Mio. t pro Jahr abgenommen.

Wichtige – allerdings bereits weitgehend erschöpfte – Lagerstätten befinden sich vor allem im Emsland (Niedersachsen) ❺. Das derzeit bedeutendste Ölfeld Mittelplate, erst 1980 unter dem Wattenmeer vor der Westküste Schleswig-Holsteins entdeckt, trägt nach momentanem Kenntnisstand mehr als die Hälfte der deutschen Erdölreserven, die zum Stichtag 31.12.2001 mit 46,8 Mio. t beziffert wurden. Die Entwicklung dieses Ölfeldes, dessen Förderung von einer künstlich aufgeschütteten Insel im Tidenbereich betrieben wird, gestaltete sich angesichts seiner Lage im Naturpark Wattenmeer in der Vergangenheit äußerst schwierig. Der Abtransport des geförderten Erdöls mittels Schiffen ist tiden- und kapazitätsabhängig auf eine bestimmte Menge limitiert. Eine Pipeline konnte aus Naturschutzgründen bislang nicht verlegt werden. Deshalb hat man die Lagerstätte vom Festland aus mit so genannten *Extended-Reach*-Bohrungen, die die Distanz von ungefähr 7 km in horizontal verlaufenden Bohrlöchern im Untergrund überbrücken, erschlossen. An der Landstation wird das gewonnene Öl über eine Pipeline abtransportiert. Auf diese Weise konnte die Förderung auf mehr als 1,6 Mio. t pro Jahr verdoppelt werden. Damit produziert dieses Feld inzwischen etwa die Hälfte der deutschen Fördermenge.

Der Erdölmarkt

Importmengen erreichen Deutschland direkt über das europäische Pipelinenetz oder über die Ölterminals der Häfen, um dort in das Netz eingespeist und den Raffinerien zur Verarbeitung zugeleitet zu werden ❺. Seit den Anfängen war die Raffineriestruktur einem steten Wandel unterworfen. Wurde in den 1950er Jahren noch ein großer Anteil an schwerem Heizöl für energetische Zwecke gebraucht, so veränderte sich der Bedarf hin zu leichteren Produkten wie z.B. Diesel- und Ottokraftstoffen bei gleichzeitig wachsendem Gesamtbedarf. 1950 lag der inländische Mineralölabsatz noch deutlich unter 10 Mio. t, Ende der 1970er Jahre betrug er fast 150 Mio. t (MWV 2002). Die Ölkrisen und der Trend zur Energieeinsparung führten zu einem Rückgang des gesamten Mineralölkonsums. In der Folge wurde die Raffineriekapazität bis 1990 gegenüber dem Höchststand Ende der 1970er Jahre etwa halbiert, und viele Standorte wurden geschlossen. Seither sind die Raffineriekapazitäten und der Verbrauch wieder stärker angestiegen ❸.

Erdgas

Ein bedeutender Anteil des deutschen PEV, gegenwärtig etwa 21% (WITTKE/ZIESING 2002), wird durch Erdgas gedeckt. Wie beim Erdöl steht Deutschland mit seinem Erdgasverbrauch von etwa 100 Mrd. m³ (alle Volumenangaben beziehen sich auf Normkubikmeter mit einem Energieinhalt von 9,7692 kWh/m³) weit oben in der Rangfolge der weltgrößten Verbraucher: 2001 auf Rang vier hinter den USA, der Russischen Föderation und Großbritannien (EXXONMOBIL 2002). Der Erdgasbedarf wird wesentlich durch Einfuhren aus der Russischen Föderation, den Niederlanden und Norwegen gedeckt ❶. Anders als beim Erdöl kann die Förderung aus inländischen Erdgasfeldern mit etwa 20% einen erheblichen Teil des Bedarfs decken.

Die umfangreiche wirtschaftliche Nutzung von Erdgas setzte in Deutschland Anfang der 1960er Jahre ein. Der Beginn des Erdgaszeitalters war die Folge der erfolgreichen Erdgasexploration Ende der 1950er Jahre in Deutschland, aber auch in den benachbarten Niederlanden. Nachdem die technischen Voraussetzungen für den Ferntransport über Pipelines geschaffen worden waren, entwickelte sich der Erdgasmarkt rasant. Bis Anfang der 1960er Jahre lag der deutsche Erdgasverbrauch deutlich unter 1 Mrd. m³ pro Jahr und konnte aus einheimischen Lagerstätten gedeckt werden. In nur 10 Jahren vervielfachte sich der Erdgasverbrauch bis 1974 auf etwa 50 Mrd. m³ pro Jahr ❸. Zu diesem

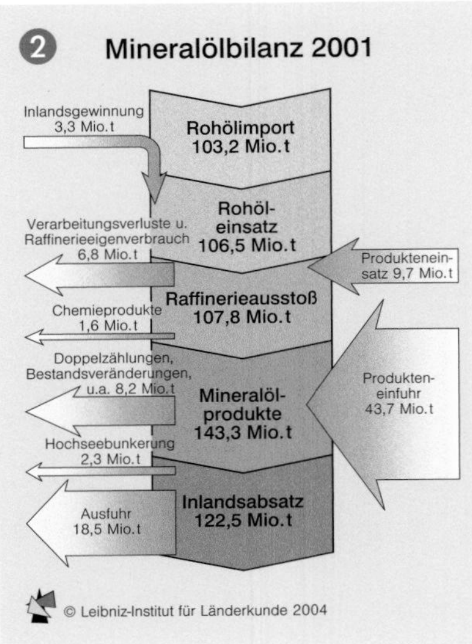

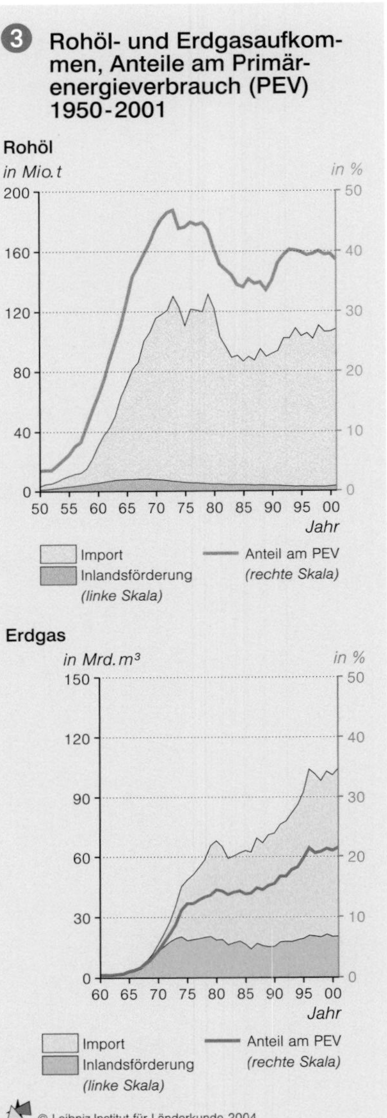

❹ **Sektoraler Inlandsverbrauch an Erdgas 2000**

sonstige Endabnehmer 12%
Haushalte 32%
öffentliche Strom- und Fernwärmeversorgung 13%
sonstiges produzierendes Gewerbe 27%
chemische Industrie 16%
© Leibniz-Institut für Länderkunde 2004

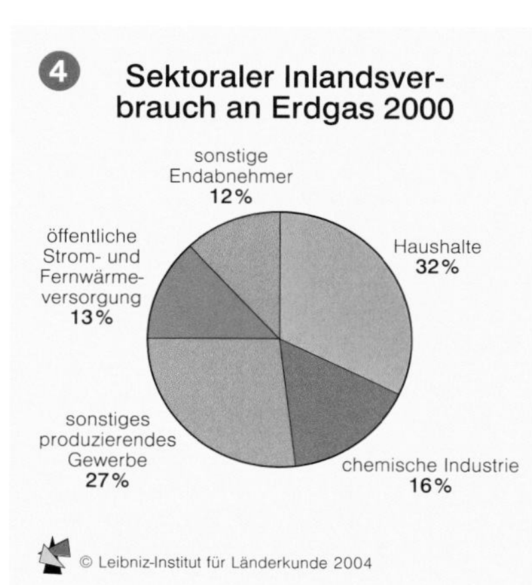

Zeitpunkt wurde das von den inländischen Förderunternehmen langfristig angestrebte Förderniveau in der Größenordnung von etwa 20 Mrd. m^3 pro Jahr erreicht. Nach einem Rückgang auf unter 15 Mrd. m^3 in der Mitte der 1980er Jahre konnte die Erdgasförderung – unterstützt durch die Förderung in den neuen Ländern – Mitte der 1990er Jahre wieder auf dieses Niveau zurückgeführt und bei stetig wachsendem Verbrauch bis heute gehalten werden.

Die inländische Erdgasförderung

Der Schwerpunkt der inländischen Förderung liegt in Niedersachsen ❺. Hier werden etwa 90% des Erdgases gefördert. Die restlichen Mengen stammen vor allem aus Sachsen-Anhalt und dem einzigen deutschen Erdgasfeld in der Nordsee. Die Menge des inländisch produzierten Erdgases ist weniger durch die Kapazität der Lagerstätten als durch vertraglich festgelegte Abnahmemengen und die Kapazität der Aufbereitungsanlagen limitiert. Ein Großteil der Erdgase besitzt einen hohen Anteil an Schwefelwasserstoff, der in großtechnischen Entschwefelungsanlagen dem Erdgas entzogen und in elementaren Schwefel umgewandelt wird. Diese Anlagen können nicht beliebig viel Erdgas aufbereiten, sondern haben definierte maximale Aufbereitungskapazitäten. Jährlich fallen hier mehr als 1 Mio. t Schwefel an, der hauptsächlich in der deutschen chemischen Industrie Verwendung findet.

Zum Stichtag 31.12.2001 betrugen die Erdgasreserven 319 Mrd. m^3. Davon liegen etwa 95% in Niedersachsen.

❺ **Erdöl und Erdgas 2001**

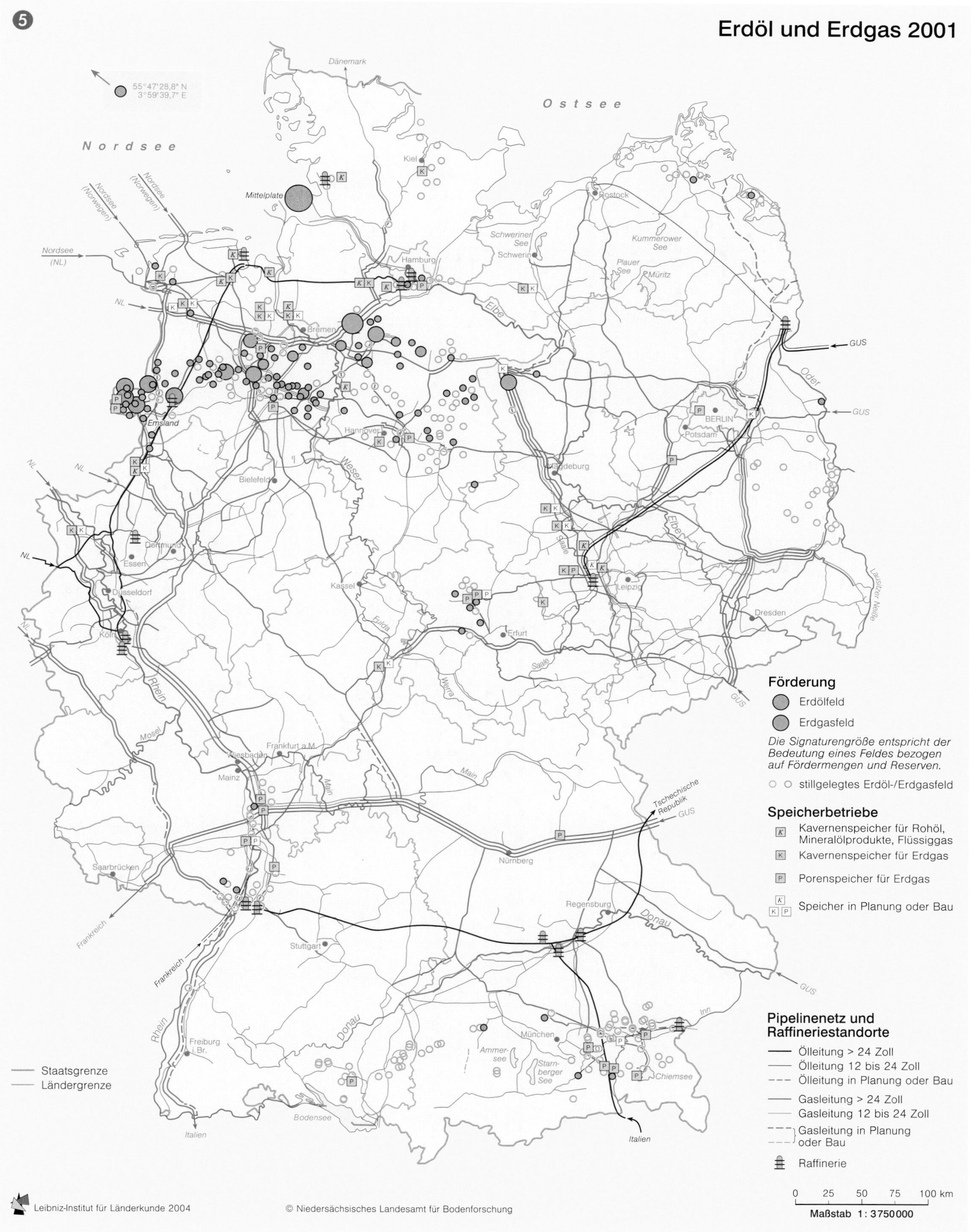

Nordsee
Ostsee
Dänemark
Mittelplate
55°47'28,8" N 3°59'39,7" E
Nordsee (Norwegen)
Nordsee (NL)
Förderung
Erdölfeld
Erdgasfeld
Die Signaturengröße entspricht der Bedeutung eines Feldes bezogen auf Fördermengen und Reserven.
stillgelegtes Erdöl-/Erdgasfeld
Speicherbetriebe
Kavernenspeicher für Rohöl, Mineralölprodukte, Flüssiggas
Kavernenspeicher für Erdgas
Porenspeicher für Erdgas
Speicher in Planung oder Bau
Pipelinenetz und Raffineriestandorte
Ölleitung > 24 Zoll
Ölleitung 12 bis 24 Zoll
Ölleitung in Planung oder Bau
Gasleitung > 24 Zoll
Gasleitung 12 bis 24 Zoll
Gasleitung in Planung oder Bau
Raffinerie
Staatsgrenze
Ländergrenze
0 25 50 75 100 km
Maßstab 1 : 3750000
Leibniz-Institut für Länderkunde 2004
© Niedersächsisches Landesamt für Bodenforschung

Der Erdgasmarkt

Deutschland ist in den europäischen Erdgasmarkt eingebunden. Er reicht bis zu den außerordentlich erdgasreichen Förderregionen Westsibiriens und den afrikanischen Mittelmeeranrainern. Erdgas wird in der Regel nicht frei gehandelt, da ein freier Netzzugang bislang nur eingeschränkt besteht. Ein internationaler Spotmarkt wie beim Erdöl ist als Folge der beginnenden Liberalisierung des europäischen Erdgasmarktes erst in der Entstehung. In der Regel binden sich Produzenten und Abnehmer, die meist auch die Betreiber der Pipelinesysteme sind, durch langfristige Lieferverträge, um die hohen Investitionskosten der Pipelinesysteme abzusichern. Die Importmengen aus Russland, den Niederlanden und Norwegen erreichen über die großen europäischen Pipelinesysteme den deutschen Markt. Über das nationale Netz ❺ der Gasversorgungsunternehmen und der regionalen Versorger wird das Erdgas direkt an die Abnehmer verteilt. Ein Großteil des Erdgases wird in den privaten Haushalten verbraucht. Weitere wichtige Verbraucher sind das produzierende Gewerbe, die chemische Industrie und die öffentliche Elektrizitäts- und Fernwärmeversorgung ❹.◆

Standortfaktor Verkehrsinfrastruktur

Andreas Kagermeier

Hallerbachtalbrücke der Bahnstrecke Frankfurt a.M. – Köln mit ICE 3; daneben die Autobahn A3.

Die Güte der ▶ Verkehrsinfrastruktur, d.h. der Verkehrswege und der zugehörigen Umschlagseinrichtungen, bestimmt die Kosten für die Überwindung von Distanzen. Sie beeinflusst damit die Rentabilität der Produktion, die wiederum grundlegend ist für die regionale Wettbewerbsfähigkeit.

Vor diesem Hintergrunds wird oftmals ein weiterer Ausbau der Verkehrsinfrastruktur als probates Mittel zur regionalen Wirtschaftsförderung angesehen. Gelegentlich wird sogar der direkte Schluss gezogen: „Straßen schaffen Arbeitsplätze". Auch bei Befragungen von Unternehmen zum Stellenwert von Standortfaktoren ❶ zeigt sich immer wieder die große Bedeutung, die einer guten Verkehrsanbindung zugemessen wird.

Unter dieser Prämisse erfolgte in den 1970er und 80er Jahren die Verbesserung der Straßenverkehrsinfrastruktur peripherer Räume. Der gleiche Weg wurde auch nach der deutschen Wiedervereinigung beschritten. Die Verbesserung der Verkehrsinfrastruktur in den neuen Ländern – speziell die ▶ Verkehrsprojekte Deutsche Einheit – wurde im Wesentlichen mit deren Bedeutung für die wirtschaftliche Entwicklung begründet.

Zwar ist unbestritten, dass ein hohes Niveau der Verkehrsinfrastruktur für die Bundesrepublik insgesamt einen wichtigen Faktor im internationalen Wettbewerb darstellt. Periphere ländliche Räume und weite Gebiete der neuen Länder zählen aber auch heute noch – trotz erheblicher Investitionen in die Verbesserung der Verkehrsinfrastruktur – wirtschaftlich zu den Schlusslichtern der europäischen Regionen. Zum einen beeinflussen Standortfaktoren wie das geeignete Arbeitskräftepotenzial, Kooperationsmöglichkeiten, Nähe zu Forschungseinrichtungen und Flächenverfügbarkeit, aber auch weiche Standortfaktoren wie Fühlungsvorteile, kulturelles Angebot, Freizeitqualitäten und unternehmerisches Klima die wirtschaftliche Entwicklung in erheblichem Maß (▶▶ Beitrag Grabow, S. 40). Zum anderen kann vermutet werden, dass angesichts des im internationalen Vergleich bereits relativ hohen Niveaus der verkehrsinfrastrukturellen Erschließung in Deutschland eine weitere Verbesserung auf der regionalen Ebene keine deutlichen Effekte mehr hat.

Die höchsten Erreichbarkeiten per Straße ❷, also die Kreise mit der besten Straßenverkehrserschließung, befinden sich in der nördlichen Hälfte Süddeutschlands, konzentrieren sich aber teilweise auch in Nordrhein-Westfalen sowie in Schleswig-Holstein. Ähnliche Verhältnisse ergeben sich für die Schienenverkehrserreichbarkeit, wobei weite Bereiche der Mittelgebirgsschwelle relativ schlechte Werte aufweisen.

Bei einem Vergleich der Qualität der Erreichbarkeit mit Indikatoren des wirtschaftlichen Niveaus einer Region ergeben sich positive Zusammenhänge (▶ Diagramm rechts unten in ❷). Betrachtet man das Steueraufkommen pro Einwohner in den Landkreisen und kreisfreien Städten als Indikator für die Wirtschaftskraft einer Region, ergibt sich für die Schienenverkehrserreichbarkeit ein deutlicher positiver Zusammenhang (▶ Korrelationskoeffizient = 0,31). Noch stärker ist der Zusammenhang mit der Qualität der Straßenverkehrserschließung (0,57). Dies spricht für einen positiven Einfluss der Verkehrserschließungsqualität auf die wirtschaftliche Entwicklung einer Region. Allerdings ist z.B. der Zusammenhang zwischen Gewerbesteueraufkommen und Verkehrserschließung deutlich schwächer ausgeprägt (Schiene = 0,23, Straße = 0,39) als der mit der Einkommensteuer. Aus diesem einfachen statistischen Zusammenhang lassen sich aber noch keine eindeutigen Aussagen über die Wirkzusammenhänge treffen. So kann es zwar sein, dass das gute Niveau der Verkehrsinfrastruktur den Wohlstand in der Region induziert. Umgekehrt könnten aber auch wirtschaftlich prosperierende Regionen aufgrund der vielfältigen und intensiven wirtschaftlichen Aktivitäten eine gute Verkehrsinfrastrukturausstattung erhalten haben.

Berücksichtigt man die zeitliche Entwicklung, ergibt sich zwischen der Schienenverkehrserschließung und der Gewerbesteuerentwicklung von 1991 bis 1998 (nur alte Länder) nur ein Korrelationskoeffizient von 0,09, der Zusammenhang mit der Einkommensteuerentwicklung ist sogar negativ (-0,18). Auch bei der Straßenverkehrserschließung liegen die Korrelationskoeffizienten mit der Gewerbesteuerentwicklung (0,02) und der Einkommenssteuerentwicklung (0,07) fast bei Null, d.h. die Steuerentwicklung als Indikator für die wirtschaftliche Dynamik einer Region zeigt keinen Bezug zu der Qualität der Verkehrserschließung.

Zusammenfassend lässt sich festhalten, dass die Verkehrsinfrastruktur zwar eine notwendige Voraussetzung für wirtschaftliches Handeln ist, aber bei dem in der Bundesrepublik inzwischen insgesamt erreichten Niveau keine hinreichende Bedingung mehr für eine (weitere) positive wirtschaftliche Entwicklung darstellt.◆

Zur Methode der Erreichbarkeitsberechnung

Zur Darstellung der Qualität von durch die verkehrsinfrastrukturelle Erschließung erzielbaren Erreichbarkeiten wird in der Karte ❷ auf den Ansatz von Eckey (Eckey/Stock 2000) zurückgegriffen. Dabei werden zuerst für jeden Kreis die (Luftlinien-)Geschwindigkeiten bei einer hypothetischen Fahrt zu allen übrigen Kreisen berechnet. Um sich den realen Verflechtungen anzunähern, werden die einzelnen Relationen dann mit der Einwohnerzahl der Kreise und der Entfernung zwischen den Kreisen gewichtet (gravitationstheoretischer Ansatz).

Infrastruktur – Einrichtungen, die eine Grundvoraussetzung der menschlichen Aktivitäten darstellen. Neben den materiellen Voraussetzungen für wirtschaftliches Handeln können auch die institutionellen Gegebenheiten (z.B. Leistungsfähigkeit der Verwaltung) mit zur Infrastruktur im weiteren Sinn gezählt werden. Von den materiellen Elementen der Infrastruktur ist die **Verkehrsinfrastruktur** neben den Ver- (Energie, Wasser) und Entsorgungsmöglichkeiten (Abwässer, Abfall), der Flächenverfügbarkeit und den Telekommunikationsmöglichkeiten eines der zentralen Ausstattungsmerkmale eines Raumes. Ein hohes Niveau der Infrastrukturausstattung erhöht die Effizienz der im Produktionsprozess eingesetzten Faktoren Arbeit und Kapital. Die Infrastrukturausstattung wirkt damit für die privaten Unternehmer kostensenkend und trägt im internationalen Vergleich dazu bei, die Wettbewerbsfähigkeit der Unternehmen zu erhöhen.

Korrelationskoeffizient – statistische Maßzahl zur Beschreibung der Art des Zusammenhangs zwischen zwei Größen. Er kann Werte zwischen -1 (hoher negativer Zusammenhang) und +1 (hoher positiver Zusammenhang) annehmen. Besteht zwischen zwei Größen keinerlei Zusammenhang, liegt er bei 0.

Verkehrsprojekte Deutsche Einheit (VDE) – 17 nach der Wiedervereinigung 1991 beschlossene Vorhaben, um die Verkehrsverbindungen zwischen den alten und den neuen Ländern zu verbessern oder neu auszubauen (▶▶ Beiträge Kagermeier, Bd. 1, S. 72; Holzhauser/Steinbach, Bd. 9, S. 128)

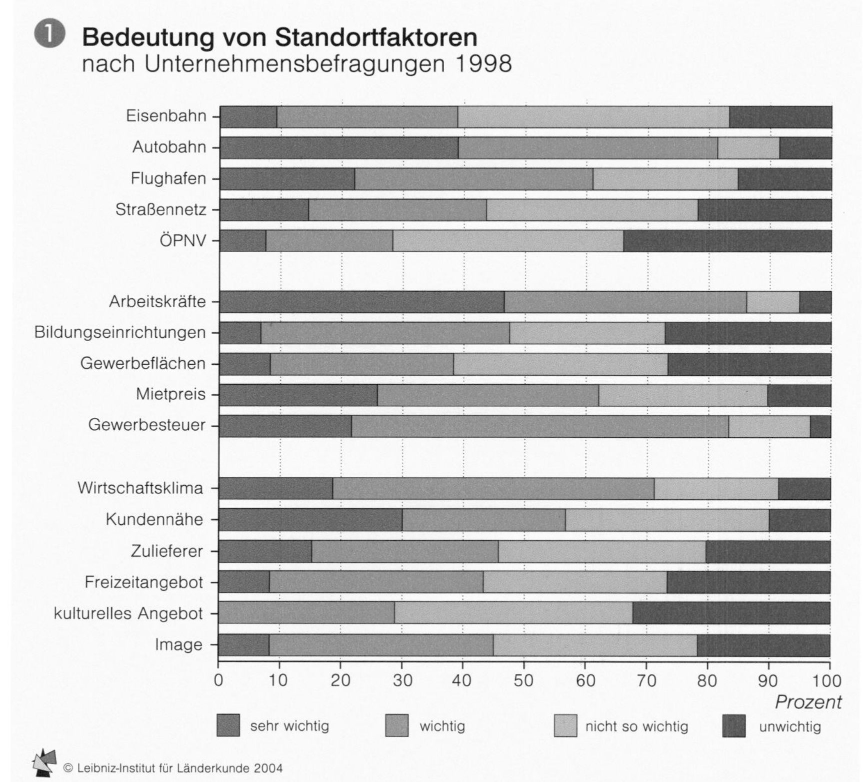

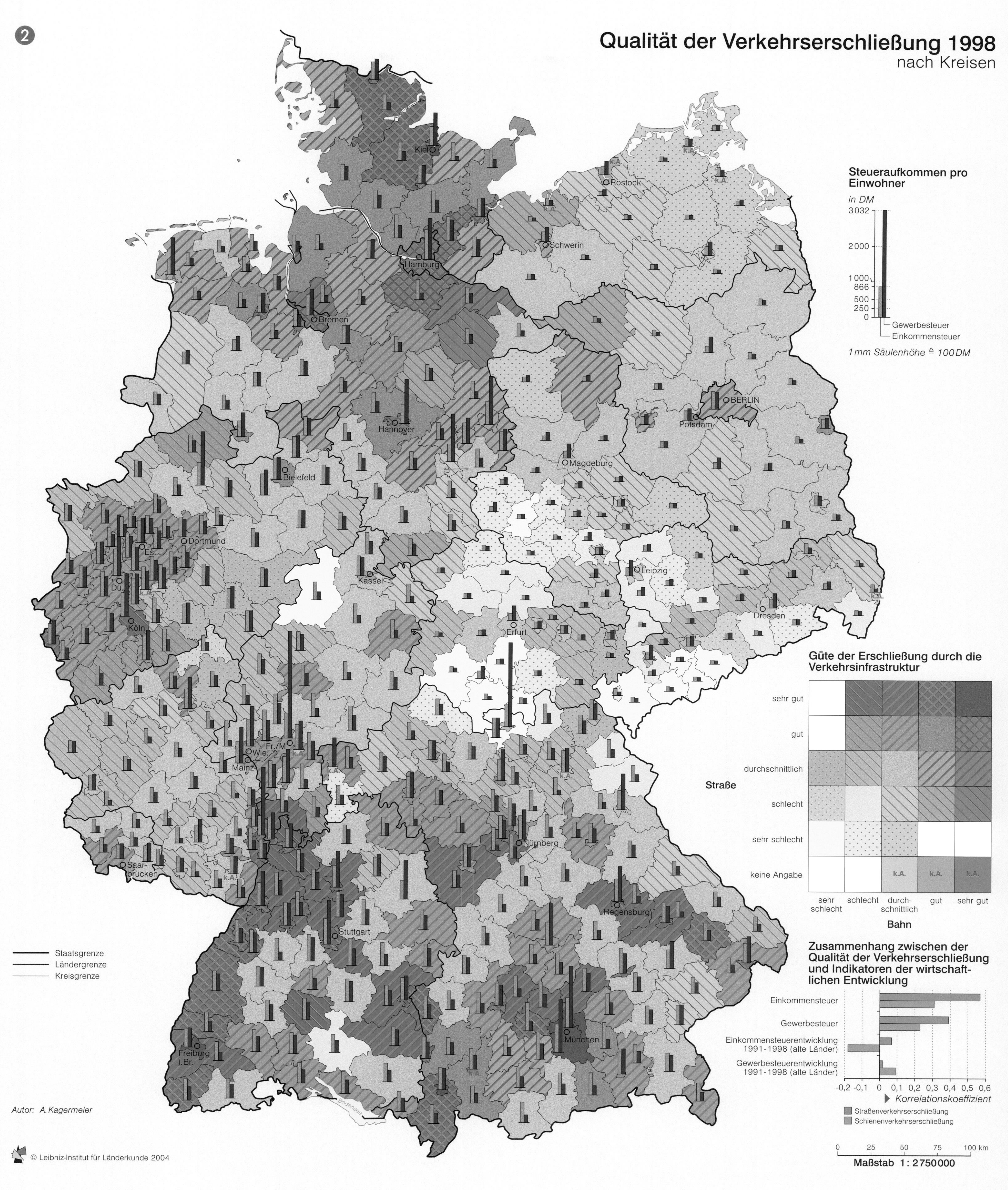

2
Qualität der Verkehrserschließung 1998
nach Kreisen
Steueraufkommen pro Einwohner
in DM
3032
2000
1000
866
500
250
0
Gewerbesteuer
Einkommensteuer
1 mm Säulenhöhe ≙ 100 DM
Güte der Erschließung durch die Verkehrsinfrastruktur
Straße
sehr gut
gut
durchschnittlich
schlecht
sehr schlecht
keine Angabe
k.A.
Bahn
sehr schlecht
schlecht
durch-schnittlich
gut
sehr gut
Zusammenhang zwischen der Qualität der Verkehrserschließung und Indikatoren der wirtschaftlichen Entwicklung
Einkommensteuer
Gewerbesteuer
Einkommensteuerentwicklung 1991-1998 (alte Länder)
Gewerbesteuerentwicklung 1991-1998 (alte Länder)
-0,2 -0,1 0 0,1 0,2 0,3 0,4 0,5 0,6
Korrelationskoeffizient
Straßenverkehrserschließung
Schienenverkehrserschließung
0 25 50 75 100 km
Maßstab 1 : 2750000
Staatsgrenze
Ländergrenze
Kreisgrenze
Autor: A. Kagermeier
Kiel
Rostock
Schwerin
Hamburg
Bremen
BERLIN
Potsdam
Hannover
Magdeburg
Bielefeld
Dortmund
Es.
Du.
Kassel
Leipzig
Dresden
Köln
Erfurt
Fr./M.
Wie.
Mainz
Nürnberg
Saarbrücken
Regensburg
Stuttgart
München
Freiburg i. Br.
Bodensee

Rolle und Bedeutung weicher Standortfaktoren

Busso Grabow

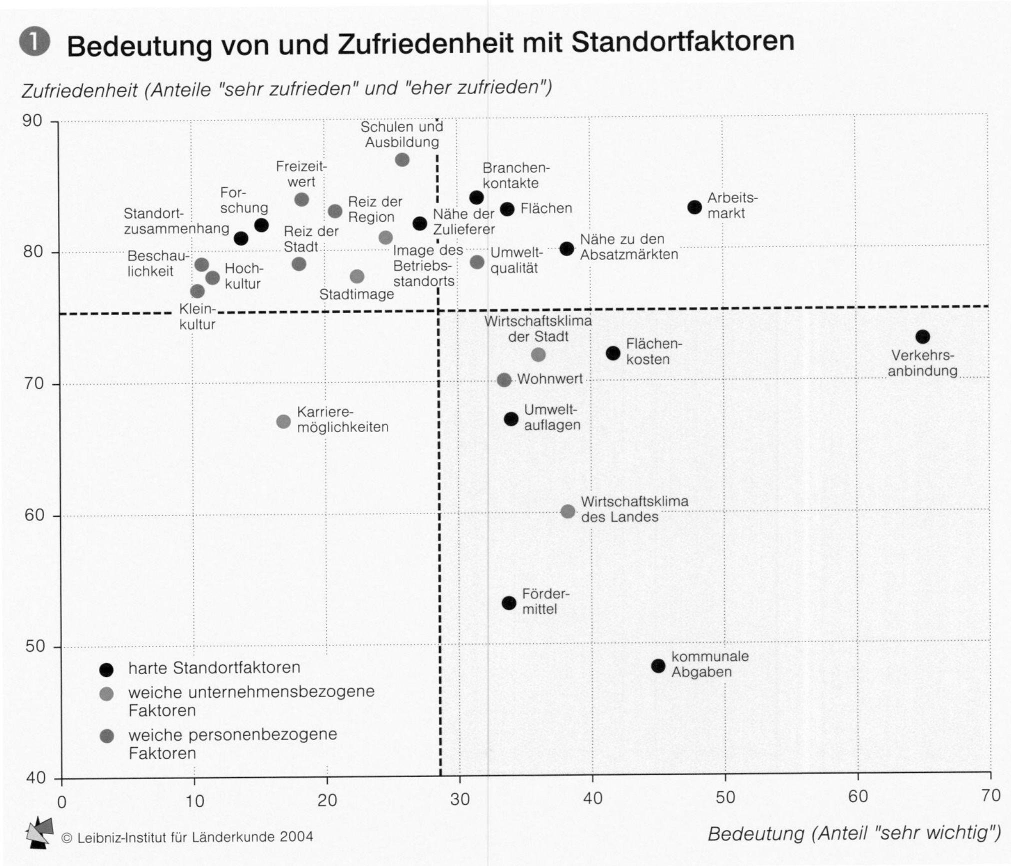

1 Bedeutung von und Zufriedenheit mit Standortfaktoren

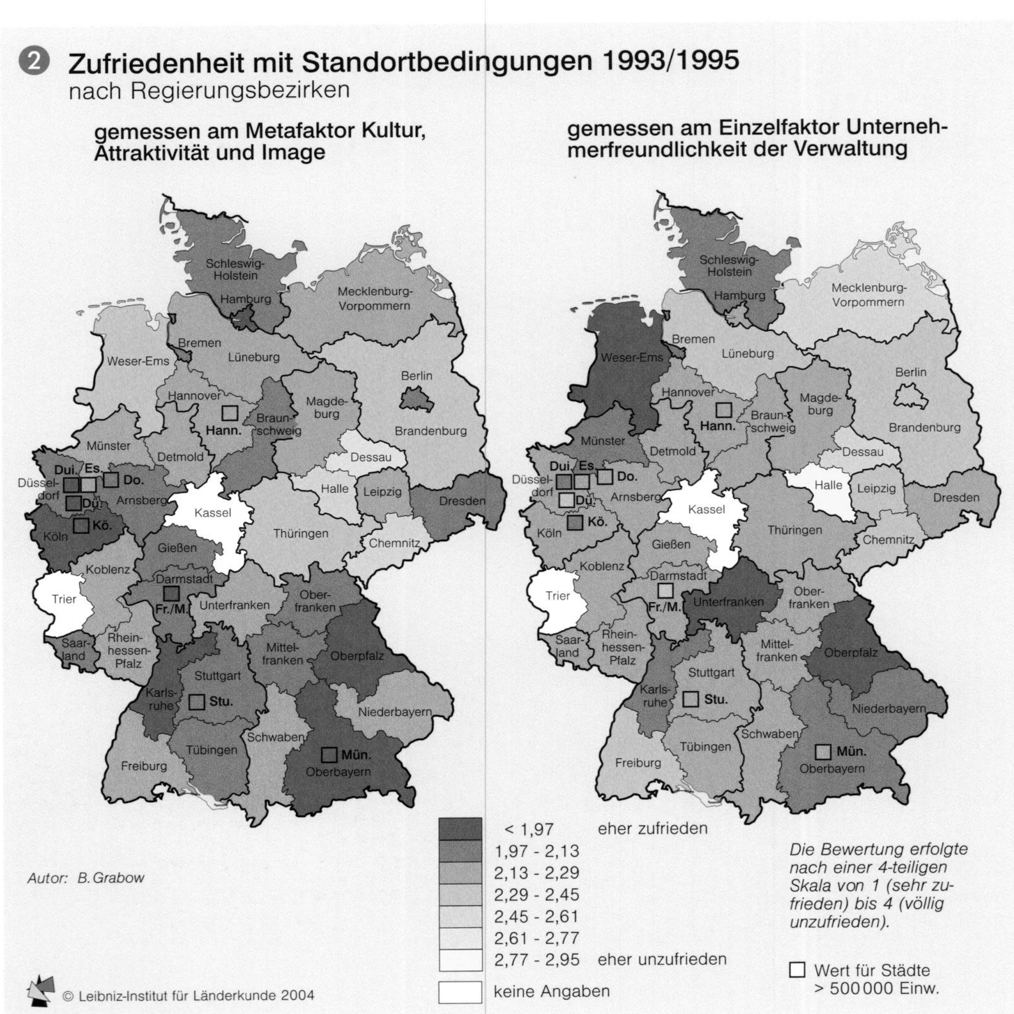

2 Zufriedenheit mit Standortbedingungen 1993/1995
nach Regierungsbezirken

Der Begriff der weichen ▶ Standortfaktoren wird inzwischen mit großer Selbstverständlichkeit gebraucht. Dahinter steht die Erkenntnis, dass unternehmerische und private Entscheidungen – in diesem Fall die Standort- oder Wohnortwahl – von vielen Faktoren beeinflusst sind, die nur zum Teil messbar, in jedem Fall aber stark subjektiv oder irrational sind.

Den weichen Standortfaktoren wird im Standortwettbewerb eine stark wachsende Bedeutung zugesprochen. Die Anstrengungen vieler Städte und Regionen um entsprechende Profilierungen in „weichen" Bereichen lassen erkennen, wie diese Einschätzung bereits im kommunalen Handeln ihren Niederschlag gefunden hat. Kultur und ganz allgemein Investitionen in die Verbesserung der Lebensbedingungen werden zunehmend als Standort- und Wirtschaftsfaktoren verstanden.

Bedeutung weicher Faktoren

Die unternehmerischen Standortentscheidungen sind vorwiegend ortsbezogen, d.h. spezifische Vor- oder Nachteile der jeweiligen Standorte in Städten, Gemeinden oder Kreisen sind in der Regel ausschlaggebend für Standortbewegungen. Weiche Standortfaktoren spielen für etwa 20% der befragten Unternehmer eine nennenswerte Rolle bei Standortentscheidungen (▶ zur empirischen Grundlage). Sie erreichen u.a. deshalb Bedeutung, weil die harten Faktoren an sehr vielen Standorten gleichermaßen gut gegeben sind. Für einen erheblichen Teil der Befragten können weiche Standortfaktoren sogar Mängel bei harten überspielen. Weiche Faktoren spielen aber nur in den seltensten Fällen die allein ausschlaggebende Rolle bei Standortentscheidungen; wenn überhaupt, sind ▶ weiche unternehmensbezogene Faktoren wichtiger als ▶ weiche personenbezogene 1.

Die wichtigsten Standortfaktoren aber sind hart: Verkehrsanbindung, Büroflächen und -preise, Arbeitsmarkt. Die wichtigsten weichen Standortfaktoren sind „Wohnen und Wohnumfeld" inklusive der Umweltqualität sowie das „Wirtschaftsklima in der Stadt und im Bundesland". Viele andere weiche personenbezogene Faktoren, u.a. auch der in der öffentlichen Diskussion häufig angesprochene Bereich der Kultur, finden sich auf den letzten Plätzen in der Bedeutungshierarchie von Standortfaktoren wieder.

Im Zusammenhang mit der Akquisition von Unternehmens- oder Betriebsansiedlungen kann der „weichste" aller weichen Standortfaktoren, „das Image einer Stadt und Region", besonders bedeutsam sein, vor allem in frühen Phasen einer Standortentscheidung. Eine Stadt wird im überregionalen Maßstab um so eher wahrgenommen, je deutlicher sie ein komplettes Bild mit gut ausgeprägten wirtschaftlichen, kulturellen, historischen und räumlichen Komponenten erkennen lässt. Je größer und älter eine Stadt ist, desto wahrscheinlicher ist das Vorhandensein eines kompletten Bildes.

Jede genauere Analyse der Bedeutung von weichen Standortfaktoren erfordert eine differenzierte Betrachtung nach verschiedenen betrieblichen und räumlichen Kategorien, beispielsweise nach dem Typus der Standortwahl, der Branche, dem funktionalen Betriebstypus, der Unternehmens- oder Betriebsgröße, der Stadtgröße oder dem Stadttyp.

Zufriedenheit mit Standortbedingungen

Unter den befragten Unternehmen findet eine nennenswerte Zahl an ihren Standorten die für sie wichtigen Bedingungen in nahezu optimaler Form vor und ist damit überaus zufrieden. Bei den restlichen Befragten ist die Tendenz eher umgekehrt. Je wichtiger die Standortfaktoren sind, desto geringer ist die Zufriedenheit mit den gegebenen Bedingungen. Für viele Unternehmen scheint es nicht möglich zu sein, die für sie wichtigen Bedingungen an den vorhandenen Standorten in der gewünschten Ausprägung zu finden.

Im Vergleich aller weichen Faktoren sind die unternehmerischen Akteure mit dem wichtigsten weichen personenbezogenen Faktor „Wohnen und Wohnumfeld" am wenigsten zufrieden. Ähnliches gilt für die „Unternehmensfreundlichkeit der kommunalen Verwaltung" 2 als wichtigstem unternehmensbezogenem Faktor. Hier ergibt sich jeweils ein erheblicher kommunaler Handlungsbedarf.

Bei der Zufriedenheit mit Standortbedingungen sind die Unterschiede je nach siedlungsstrukturellen Stadt- und Kreistypen, Ländern und Branchen ausgeprägt. So weisen etwa die Großstädte jeweils spezifische Stärken und Schwächen auf. Noch größer sind die Unterschiede in der Zufriedenheit je nach der Stadtgröße. Während die meisten Faktoren in Großstädten deutlich besser bewertet werden (Kultur, Attraktivität, Freizeit usw.), ist bei „Wohnen und Wohnumfeld" und bei der Umweltqualität die Situation genau umgekehrt:

Harte und weiche Standortfaktoren

Weiche und harte Faktoren sind komplementär und decken zusammen das gesamte Spektrum relevanter Bestimmungsgrößen für Standortentscheidungen ab.

Weiche Standortfaktoren

- haben für die Betriebs- oder Unternehmenstätigkeit direkte Auswirkungen, sind aber schwer messbar, oder es werden im Regelfall Fakten durch Einschätzungen überlagert oder ersetzt, oder
- haben für die Betriebs- oder Unternehmenstätigkeit keine oder kaum direkte Auswirkungen, sind aber für die Beschäftigten oder Entscheider relevant.

Es werden unterschieden:

Weiche unternehmensbezogene Faktoren, die von unmittelbarer Wirksamkeit für die Unternehmens- oder Betriebstätigkeit sind (z.B. das Verhalten der öffentlichen Verwaltung)

Weiche personenbezogene Faktoren, zu denen die persönlichen Präferenzen der Entscheider und die Präferenzen der Beschäftigten gehören. Beides sind subjektive Einschätzungen über die Lebens- und Arbeitsbedingungen am Standort.

Insgesamt kommt man damit zu drei Kategorien von Standortfaktoren: harte, weiche unternehmensbezogene und weiche personenbezogene.

Unternehmerische Akteure sehen viele Merkmale nicht isoliert, sondern urteilen häufig über einen ganzen Komplex benachbarter Faktoren sehr undifferenziert. So lässt sich das Spektrum verschiedener weicher, vor allem personenbezogener Faktoren ohne großen Informationsverlust auf zwei Dimensionen reduzieren (dazu wurden multivariate Methoden eingesetzt): den **Metafaktor Wohnen/Freizeit/Umwelt**, der in allen Branchen und in Betrieben unterschiedlicher Größe usw. in ähnlicher Weise als wichtig angesehen wird, und den (insgesamt) weniger wichtigen **Metafaktor Kultur/Attraktivität/Image der Stadt**, bei dem die Urteile über die Wichtigkeit je nach Branche, Betriebsgröße usw. erhebliche Unterschiede zeigen.

Hier nimmt mit abnehmender Stadtgröße die Zufriedenheit zu.

Unterschiedliche Einschätzungen der Befragten in Bezug auf Wichtigkeit und Zufriedenheit von und mit Standortfaktoren sind vor allem auf den Kontrast zwischen Flächenstaaten und Stadtstaaten einerseits und zwischen alten und neuen Ländern andererseits zurückzuführen ❸. In der Einschätzung der „Unternehmensfreundlichkeit der kommunalen Verwaltung“ gibt es offensichtlich weniger strukturell bedingte Unterschiede als vielmehr regionstypische, auch wenn tendenziell in ländlichen Räumen die Zufriedenheit mit der Dienstleistungsqualität der Kommunen höher ist.

Vor allem zwischen den alten und neuen Ländern waren Mitte der 1990er Jahre immer noch große Diskrepanzen in der Standortqualität vorhanden. Rund 80% der Unternehmen in den neuen Ländern sahen Nachteile bei den weichen Standortfaktoren, die im weitesten Sinne Lebensqualität beschreiben, so z.B. im Hinblick auf „die Attraktivität der Stadt und Region“, auf „Wohnen und Wohnumfeld“ und „Kulturangebote“. Auch wenn die Daten aus dem Jahr 1993 nicht mehr die aktuelle Wirklichkeit widerspiegeln, so zeigen Abgleiche mit anderen, nicht repräsentativen neueren Veröffentlichungen, dass sich der Trend nicht grundsätzlich umgekehrt hat.

Kommunale Wirtschaftspolitik

Verbesserungen von weichen Standortfaktoren müssen vor allem in denjenigen Bereichen ansetzen, die einerseits von den Unternehmen als wichtig erachtet werden, mit denen sie andererseits besonders wenig zufrieden sind. Kommunen müssen sich zudem auf solche weichen Standortbedingungen

Zur empirischen Grundlage

In einem Projekt des Deutschen Instituts für Urbanistik zur Bedeutung weicher Standortfaktoren (1993-1995) wurde im Herbst 1993 eine repräsentative Umfrage bei über 2000 Unternehmen vorgenommen (vgl. Grabow u.a.1995). Da keine neueren flächendeckenden Untersuchungen zu diesem Thema für Deutschland vorliegen, musste auf diese nicht ganz aktuellen Daten zurückgegriffen werden. An der grundsätzlichen Aussagefähigkeit der Darstellungen ändert sich durch ihr Alter jedoch nichts.

konzentrieren, bei denen ihre Handlungskompetenz und ihre Gestaltungsmöglichkeiten groß sind.

Bei dem wichtigsten weichen unternehmensbezogenen Standortfaktor, der „Unternehmensfreundlichkeit der kommunalen Verwaltung“, ist die kommunale Handlungskompetenz sehr hoch: Dieser Faktor kann am ehesten von Städten und Gemeinden beeinflusst, gestaltet und verändert werden; alle Kommunen bringen dazu ähnliche Voraussetzungen mit.

Auch weiche personenbezogene Standortfaktoren wie z.B. „die kulturelle Ausstattung einer Stadt“ oder „Wohnen und Wohnumfeld“ können je nach der finanziellen Situation einer Stadt in einem gewissen Rahmen von ihr gestaltet werden. Die Verbesserung der Wohnbedingungen – der wichtigste weiche Faktor und zugleich derjenige, bei dem die größte Unzufriedenheit herrscht – stellt sowohl in Qualität als auch Quantität die größte Herausforderung der Standortpolitik im Hinblick auf die weichen Rahmenbedingungen dar.◆

„Golfen im Schwäbischen Barockwinkel“ – Golf-Club Schloss Klingenburg in Bayern (zwischen Ulm und Augsburg)

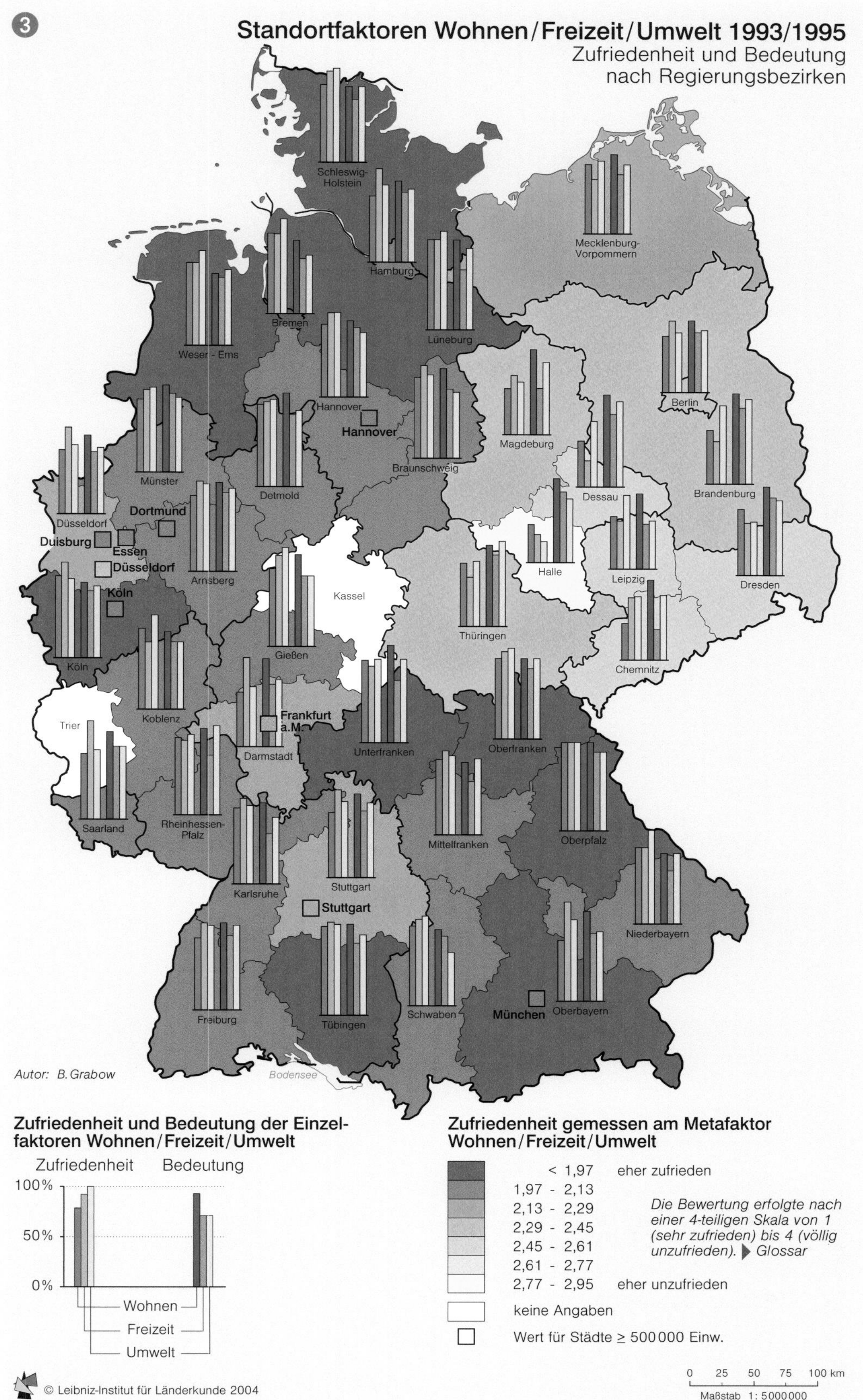

Die räumliche Branchenkonzentration im verarbeitenden Gewerbe

Ralf Klein

Zusammenschlüsse durch Fusionen und Übernahmen (▶▶ Beiträge Nuhn, S. 54 und Zademach, S. 56) führen zu einem stetigen Größenwachstum der Unternehmen und Konzerne. Ein wesentliches Ziel dieser Strategie sind die Verbesserung der Position im zunehmend globalen marktwirtschaftlichen Wettbewerb und damit die Sicherung der unternehmerischen Existenz einschließlich der Arbeitsplätze. Größere Marktanteile ermöglichen eine stärkere Beeinflussung des Marktes, die ▶ Diversifikation verspricht eine höhere Stabilität bei konjunkturellen Schwankungen.

Unternehmenskonzentrationen führen aber auch zu einer Monopolisierung der Märkte und zu starken Abhängigkeiten von Lieferanten bzw. von Nachfragern, was wiederum Stagnation und Inflexibilität für zahlreiche wirtschaftliche Akteure zur Folge hat. Der Monopolist kann seine Marktmacht gegenüber den Konsumenten durch überhöhte Preise und gegenüber staatlichen Entscheidungsträgern auch als politische Macht ausüben.

Die räumliche Konzentration von Branchen ist keine neue Entwicklung. In der Antike waren Alexandria und Karthago Sammelplätze von Handwerk und Wissenschaft, und die mittelalterlichen Zünfte bildeten innerhalb der Städte mit ihren Straßen und Gassen räumlich eng begrenzte Gebiete von gleichen oder ähnlichen Betrieben, so genannte Cluster. Die Entstehungszusammenhänge und Organisationsstrukturen heutiger Produktionscluster sind wesentlich komplexer. Die Vorteile der räumlichen Konzentration von Betrieben bzw. Agglomerationsvorteile liegen vor allem in externen Ersparnissen. Sie entstehen durch die Reduzierung von Kosten aufgrund der Tätigkeit oder Anwesenheit anderer Wirtschaftseinheiten (Unternehmen, staatliche Institutionen, Privatpersonen). Zum Beispiel spart ein Unternehmen Ausbildungskosten, wenn es die Absolventen einer Universität einstellt. Ein gemeinsamer spezifischer Arbeitsmarkt, eine Nachfrage- und Kaufkraftkonzentration sowie die gemeinsame Inanspruchnahme von Zulieferern und Dienstleistern (Beratung, Wartung, Reparatur, Werbung, Absatz) sind ebenfalls von Vorteil.

Branchenstruktur

Die sektorale Struktur des verarbeitenden Gewerbes ist nach der Klassifikation der Wirtschaftszweige (Wirtschaftszählung 1993) gegliedert, die sich an die europäische Systematik ▶ NACE Rev. 1 anlehnt ❶. Die einzelnen Branchen sind gemessen an der Zahl der Unternehmen und der Beschäftigten sehr unterschiedlich. Den größten Anteil haben die Herstellung von Metallerzeugnissen, der Maschinenbau und das Ernährungsgewerbe. Die zweithöchste Beschäftigtenzahl, die höchste durchschnittliche Unternehmensgröße und die höchste Investitionssumme weist der Automobilbau auf. Umgekehrt sind in den Branchen Tabak- und Mineralölverarbeitung nur wenige Unternehmen und Beschäftigte vorhanden. Die Zahl der Unternehmen bzw. Beschäftigten wirkt sich tendenziell auf die sektorale und regionale Konzentration aus. Bei nur wenigen Unternehmen tritt eher eine Konzentration ein als bei vielen Unternehmen.

Sektorale Konzentration

Die sektorale Konzentration kann durch den Anteil der umsatzgrößten Unternehmen am gesamten Umsatz der Branche oder aber durch spezielle Konzentrationsmaße, z.B. den dimensionslosen ▶ Herfindahl-Index, beschrieben werden ❸. Sektoral am stärksten konzentriert sind die Tabakverarbeitung, die Mineralölverarbeitung und die Herstellung von Büromaschinen, Datenverarbeitungsgeräten und -einrichtungen: Die sechs umsatzgrößten Unternehmen vereinigen in diesen Wirtschaftszweigen bereits 95,7% bzw. 81,5% und 72,3% des Umsatzes auf sich. Gemessen am Herfindahl-Index sind neben diesen drei Wirtschaftszweigen die Branchen Herstellung von Elektrogeräten, Automobilbau und Rundfunk-, Fernseh- und Nachrichtentechnik relativ stark konzentriert. Sehr geringe sektorale Konzentrationen sind im Maschinen-, Metall- und Möbelbau sowie im Glas-, Ernährungs- und Textilgewerbe vorhanden, was zum einen auf die große Zahl der Unternehmen und zum anderen auf die mittelständische Betriebsstruktur zurückzuführen ist, wobei auch im verarbeitenden Gewerbe strukturelle Veränderungen zu beobachten sind (▶▶ Beitrag Klein/Löffler, S. 106).

Räumliche Konzentration

Zur Messung der räumlichen Konzentration wurden für die 439 Landkreise und kreisfreien Städte Deutschlands und für 14 Branchen ▶ Standortkoeffizienten (SQ) berechnet ❷. Diese geben an, in welchem Verhältnis die in einem Landkreis vorhandenen Branchen, gemessen an der Zahl der Betriebe, zum Bundesdurchschnitt stehen. Als Kreise, die durch eine oder mehrere Branchen deutlich überproportional geprägt sind, wurden diejenigen Fälle definiert, die einen Standortkoeffizient von →

Herfindahl-Hirschman-Koeffizient

$$H = \frac{1000}{A_n^2} \sum_{i=1}^{n} a_i^2$$

Definiert im Intervall von 1000/n bis 1000
n – Gesamtzahl der Einheiten
a_i – Merkmalsbetrag der Einheit i
A_n – Merkmalssumme sämtlicher n Einheiten
Der Herfindahl-Hirschman-Koeffizient bzw. Herfindahl-Index wird neben Konzentrationsraten (*concentration ratios*, CR) zur Messung der Wettbewerbsintensität verwendet. Nach §22 III GWB (Kartellgesetz – Gesetz gegen Wettbewerbsbeschränkungen) gilt als kritische Konzentration $CR_3 > 1/2$ und $CR_5 > 2/3$. Die amerikanischen Fusionsrichtlinien orientieren sich an dem Herfindahl-Index. Ist er höher als 0,18 (bezogen auf ein Maximum von 1) ist der Konzentrationsgrad hoch.

Standortkoeffizient

Der Standortkoeffizient gibt die regionale Konzentration von Wirtschaftssektoren bzw. Branchen an. Dazu wird zunächst der Anteil der ökonomischen Aktivität (hier: Anzahl der Betriebe) des Wirtschaftsbereichs j (betrachtete Branche) im Teilraum i (Landkreis bzw. kreisfreie Stadt) an der ökonomischen Aktivität des Wirtschaftsbereichs j im Gesamtraum (Deutschland) berechnet. Dieser Wert wird dann zu dem Anteil der ökonomischen Aktivität aller Wirtschaftsbereiche im Teilraum i (alle Betriebe des Verarbeitenden Gewerbes im Kreis i) an der ökonomischen Aktivität aller Wirtschaftsbereiche im Gesamtraum (alle Betriebe des verarbeitenden Gewerbes im gesamten Bundesgebiet) in Beziehung gesetzt. Formale Darstellung des Standortquotienten (SQ):

$$SQ_{ij} = \frac{\dfrac{Y_{ij}}{\sum_{i=1}^{n} Y_{ij}}}{\dfrac{\sum_{j=1}^{m} Y_{ij}}{\sum_{i=1}^{n}\sum_{j=1}^{m} Y_{ij}}}$$

Ein Standortquotient von 1 besagt, dass in einem Kreis i der Anteil der Branche j genau dem Anteil aller Wirtschaftsbereiche entspricht. Ist der Standortquotient kleiner als 1, so deutet dies darauf hin, dass der Wirtschaftsbereich hier unterproportional besetzt ist, ein Quotient von größer 1 weist dementsprechend auf überproportionalen Besatz hin.

❶ Branchenstruktur des verarbeitenden Gewerbes 2001

	Branchen des verarbeitenden Gewerbes	Unternehmen *Anzahl*	Beschäftigte *in Tsd.*	Durchschnittl. Unternehmensgröße *Beschäftigte*	Lohn- und Gehaltsumme *in Mio. €*	Umsatz *in Mio. €*	Investitionen *in Mio. €*	Lohn- u. Gehaltsumme pro Beschäft. *in Tsd. €*	Umsatz pro Besch. *in Tsd. €*	Investitionen pro Besch. *in Tsd. €*
15	Ernährungsgewerbe	5351	597	112	14436	126159	4074	24,2	211	6,8
16	Tabakverarbeitung	22	12	545	582	17778	185	48,5	1482	15,4
17	Textilgewerbe	1066	117	110	3098	15279	561	26,5	131	4,8
18	Bekleidungsgewerbe	541	61	113	1488	10596	150	24,4	174	2,5
19	Ledergewerbe	234	23	98	582	3670	59	25,3	160	2,6
20	Holzgewerbe (ohne Herstell. von Möbeln)	1702	107	63	2985	15941	761	27,9	149	7,1
21	Papiergewerbe	867	147	170	4914	31114	1667	33,4	212	11,3
22	Verlags-, Druckgewerbe, Vervielfältigung von bespielten Ton-, Bild- und Datenträgern	2747	273	99	10186	42543	1811	37,3	156	6,6
23	Kokerei, Mineralölverarbeitung, Herstellung und Verarbeitung von Spalt- und Brutstoffen	47	24	511	1206	84082	665	50,3	3503	27,7
24	chemische Industrie	1320	473	358	20164	130561	6680	42,6	276	14,1
25	Herst. v. Gummi- und Kunststoffwaren	2746	360	131	10999	51901	2590	30,6	144	7,2
26	Glasgewerbe, Keramik, Verarbeitung von Steinen und Erden	2148	237	110	7404	34947	2004	31,2	147	8,5
27	Metallerzeugung u. -bearbeitung	942	263	279	9288	59316	2844	35,3	226	10,8
28	Herstell. von Metallerzeugnissen	6427	603	94	18799	75798	3462	31,2	126	5,7
29	Maschinenbau	6030	1009	167	37883	158433	4952	37,5	157	4,9
30	Herst. v. Büromaschinen, Datenverarbeitungsgeräten und -einrichtungen	181	41	227	1695	15214	259	41,3	371	6,3
31	Herst. v. Geräten d. Elektrizitätserzeugung, -verteilung u. ä.	2001	491	245	20249	89551	3346	41,2	182	6,8
32	Rundfunk-, Fernseh- und Nachrichtentechnik	539	152	282	6278	41160	4242	41,3	271	27,9
33	Medizin-, Mess-, Steuer- und Regelungstechnik, Optik	1926	216	112	7604	30742	1269	35,2	142	5,9
34	Herstell. von Kraftwagen und Kraftwagenteilen	945	855	905	35984	257875	11572	42,1	302	13,5
35	sonstiger Fahrzeugbau	312	135	433	5712	27684	1220	42,3	205	9,0
36	Herst. v. Möbeln, Schmuck, Musikinstrumenten, Sportgeräten, Spielwaren u. sonstigen Erzeugnissen	1866	208	111	5936	27454	787	28,5	132	3,8
37	Recycling	136	9	66	240	2216	94	26,7	246	10,4
	insgesamt	**40096**	**6413**	**160**	**227712**	**1350014**	**55254**	**35,5**	**211**	**8,6**

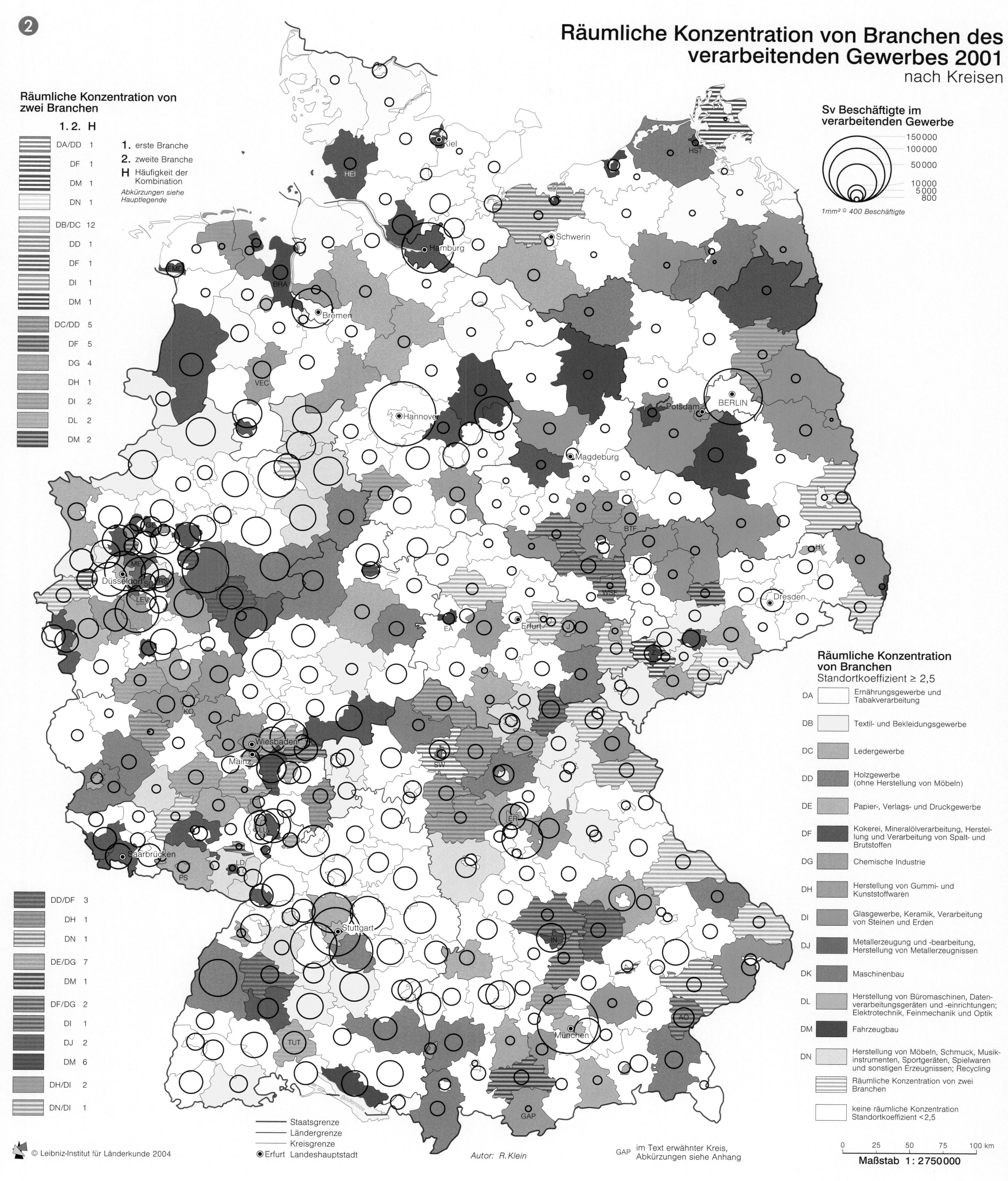
2
Räumliche Konzentration von Branchen des verarbeitenden Gewerbes 2001
nach Kreisen
Räumliche Konzentration von zwei Branchen
1. 2. H
DA/DD 1
DF 1
DM 1
DN 1
DB/DC 12
DD 1
DF 1
DI 1
DM 1
DC/DD 5
DF 5
DG 4
DH 1
DI 2
DL 2
DM 2
DD/DF 3
DH 1
DN 1
DE/DG 7
DM 1
DF/DG 2
DI 1
DJ 2
DM 6
DH/DI 2
DN/DI 1
1. erste Branche
2. zweite Branche
H Häufigkeit der Kombination
Abkürzungen siehe Hauptlegende
Sv Beschäftigte im verarbeitenden Gewerbe
150 000
100 000
50 000
10 000
5 000
800
1mm² ≙ 400 Beschäftigte
Räumliche Konzentration von Branchen
Standortkoeffizient ≥ 2,5
DA Ernährungsgewerbe und Tabakverarbeitung
DB Textil- und Bekleidungsgewerbe
DC Ledergewerbe
DD Holzgewerbe (ohne Herstellung von Möbeln)
DE Papier-, Verlags- und Druckgewerbe
DF Kokerei, Mineralölverarbeitung, Herstellung und Verarbeitung von Spalt- und Brutstoffen
DG Chemische Industrie
DH Herstellung von Gummi- und Kunststoffwaren
DI Glasgewerbe, Keramik, Verarbeitung von Steinen und Erden
DJ Metallerzeugung und -bearbeitung, Herstellung von Metallerzeugnissen
DK Maschinenbau
DL Herstellung von Büromaschinen, Datenverarbeitungsgeräten und -einrichtungen; Elektrotechnik, Feinmechanik und Optik
DM Fahrzeugbau
DN Herstellung von Möbeln, Schmuck, Musikinstrumenten, Sportgeräten, Spielwaren und sonstigen Erzeugnissen; Recycling
Räumliche Konzentration von zwei Branchen
keine räumliche Konzentration Standortkoeffizient <2,5
Kiel
HEI
HST
Schwerin
Hamburg
EMD
BRA
Bremen
VEC
Hannover
Potsdam
BERLIN
Magdeburg
BTF
HY
GE
ME
Düsseldorf
SG
RS
LEV
WSF
Dresden
EA
Erfurt
J
Z
KO
Wiesbaden
Mainz
SW
ER
LU
Saarbrücken
LD
PS
Stuttgart
IN
AÖ
München
TUT
GAP
Bodensee
Staatsgrenze
Ländergrenze
Kreisgrenze
Erfurt Landeshauptstadt
Autor: R. Klein
GAP im Text erwähnter Kreis, Abkürzungen siehe Anhang
0 25 50 75 100 km
Maßstab 1 : 2750000

mindestens 2,5 aufweisen. Dieser Schwellenwert ergab sich aus der Analyse der empirischen Daten und aus Abwägungen bezüglich der Darstellbarkeit der Ergebnisse. Bei einem höheren Wert werden nur noch wenige Kreise als räumlich konzentriert ausgewiesen, bei einem niedrigeren Wert geht wegen zahlreicher Kreise mit Mehrfachzuordnungen die Übersichtlichkeit verloren.

Räumliche Schwerpunkte des Ernährungsgewerbes liegen fast ausschließlich in Norddeutschland, wobei berücksichtigt werden muss, dass die sektorale Konzentration der Unternehmen nur sehr gering ist ❸. Das Textilgewerbe ist vor allem im Vogtland, im Norden der Fränkischen und im Süden der Schwäbischen Alb, im Spessart und im nördlichen Münsterland konzentriert. Das Ledergewerbe ist deutlich überproportional in der Südwestpfalz (SQ=72,3) und in Pirmasens (SQ=59,9) vorhanden. In den sektoral wenig konzentrierten Branchen Holz-, Papier- und Verlags- und Druckgewerbe sind nur vereinzelt geringfügig vom Durchschnitt abweichende Landkreise vorzufinden. Die höchsten Standortkoeffizienten in der Mineralölverarbeitung haben die Städte Landau (SQ=27,5) und Gelsenkirchen (SQ=27,2) sowie die Kreise Weißenfels (SQ=24,17) und Dithmarschen (SQ=20,83). Die chemische Industrie ist vor allem in Bitterfeld, Ludwigshafen, Altötting und Leverkusen konzentriert, die Herstellung von Gummi- und Kunststoffwaren im Odenwald, in Garmisch-Partenkirchen, im Taunus und in Vechta. Im Unterschied zu den anderen Branchen liegen Schwerpunkte des Glas- und Keramikgewerbes hauptsächlich in den östlichen Bundesländern. Die Metallerzeugung und -bearbeitung erfolgt insbesondere im Sauerland sowie im Raum Solingen, Remscheid, Mettmann. Im Maschinenbau ist der Standortkoeffizient lediglich in der Stadt Schweinfurt größer als 2,5, in der Elektrobranche in Jena, Erlangen, Tuttlingen, Koblenz und Hoyerswerda. Durch Betriebe des Fahrzeugbaus sind vor allem die Kreise Stralsund, Wesermarsch, Emden, Eisenach, Zwickau und Ingolstadt geprägt. Im Möbelbau sind mit Oberfranken und Ostwestfalen zwei Schwerpunkte vorhanden.

Die Karte ❹ zeigt, dass die räumliche Konzentration der Branchen sehr differenziert ist. Häufig sind es einzelne Kreise, in denen Branchen überproportional vertreten sind. Es gibt aber auch Regionen, in denen benachbarte Kreise Konzentrationen der gleichen Branche aufweisen. Zu berücksichtigen ist, dass der Grad der Konzentration nicht weiter quantifiziert ist und sich die Konzentration auf die Branchenstruktur des jeweiligen Landkreises bezieht. Es ist also durchaus möglich, dass in einem Kreis zahlreiche Unternehmen mehrerer Branchen vorhanden sind, aufgrund des Fehlens einer dominanten Branche aber keine Konzentration vorliegt. Die räumliche Verteilung der einzelnen Branchen lässt aber ebenfalls die genannten räumlichen Schwerpunkte erkennen.◆

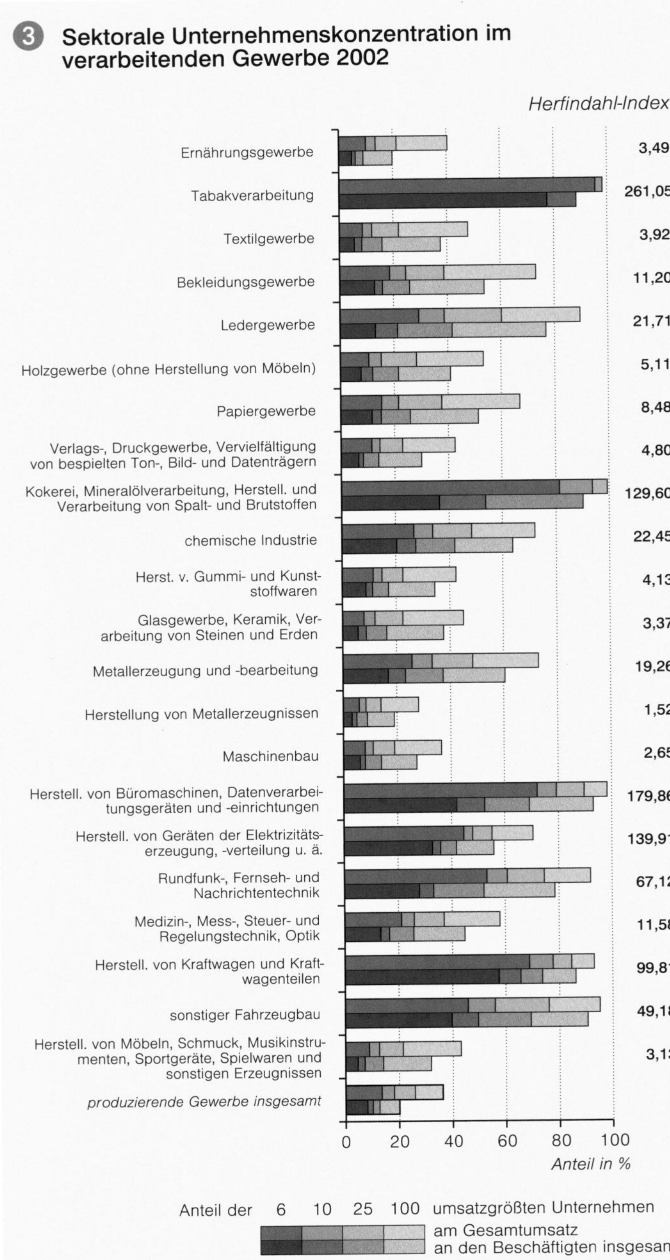

Akquisition – Kauf, Aneignung

Diversifikation – Ausweitung des Leistungsprogramms auf – gegenüber dem bisherigen Angebot – neue Produkte für neue Märkte. Die Diversifikation ist ein Mittel der Wachstums- und Risikenpolitik der Unternehmung. Formen externer Diversifikation sind Akquisitionen und Allianzen. Es kann in mehrere Richtungen diversifiziert werden: **Horizontale Diversifikation** bezeichnet die Ausdehnung des Absatzprogramms auf Produkte bzw. Produktgruppen der gleichen Wirtschaftsstufe. Bei **medialer Diversifikation** besteht ein sachlicher Zusammenhang zum bisherigen Programm; bei **lateraler Diversifikation** besteht kein solcher Zusammenhang, d.h. das Unternehmen erschließt neue Marktbereiche. Die **vertikale Diversifikation** bedeutet eine Ausdehnung der Leistungstiefe des Programms, d.h. es werden Produkte der Vorstufe oder der Nachstufe einbezogen (nach Gabler-Wirtschafts-Lexikon 1997).

NACE Rev. 1 – *franz.* nomenclature générale des activités économiques dans les communautés européennes; statistische Systematik der Wirtschaftszweige in der Europäischen Gemeinschaft

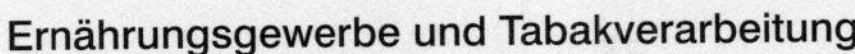

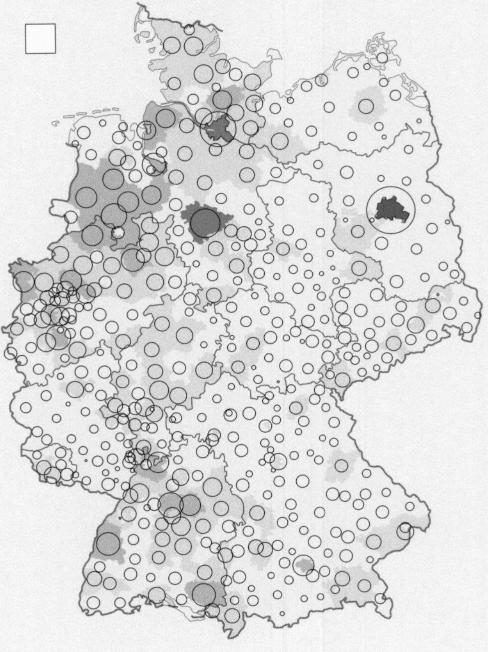

Kokerei, Mineralölverarbeitung, Herstellung und Verarbeitung von Spalt- und Brutstoffen

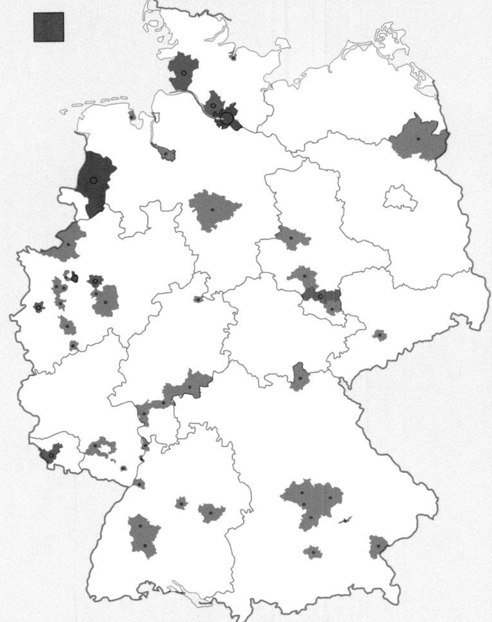

Anzahl der Betriebe

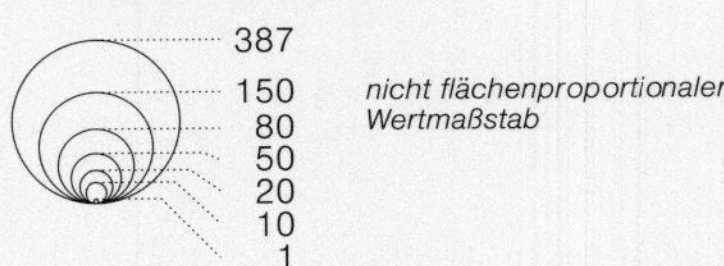

Anteil der Betriebe an der Gesamtzahl der Betriebe einer Branche nach Kreisen

in Prozent

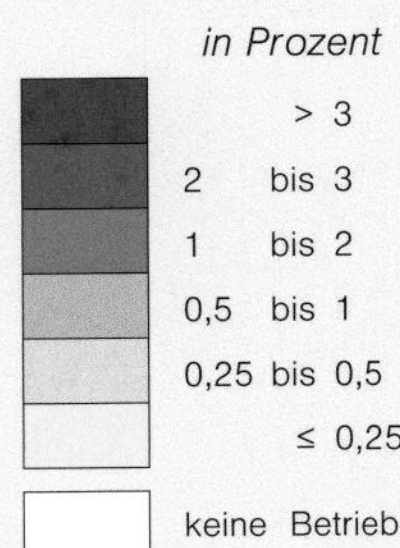

Autor: R. Klein

Räumliche Verteilung der Branchen
nach Kreisen

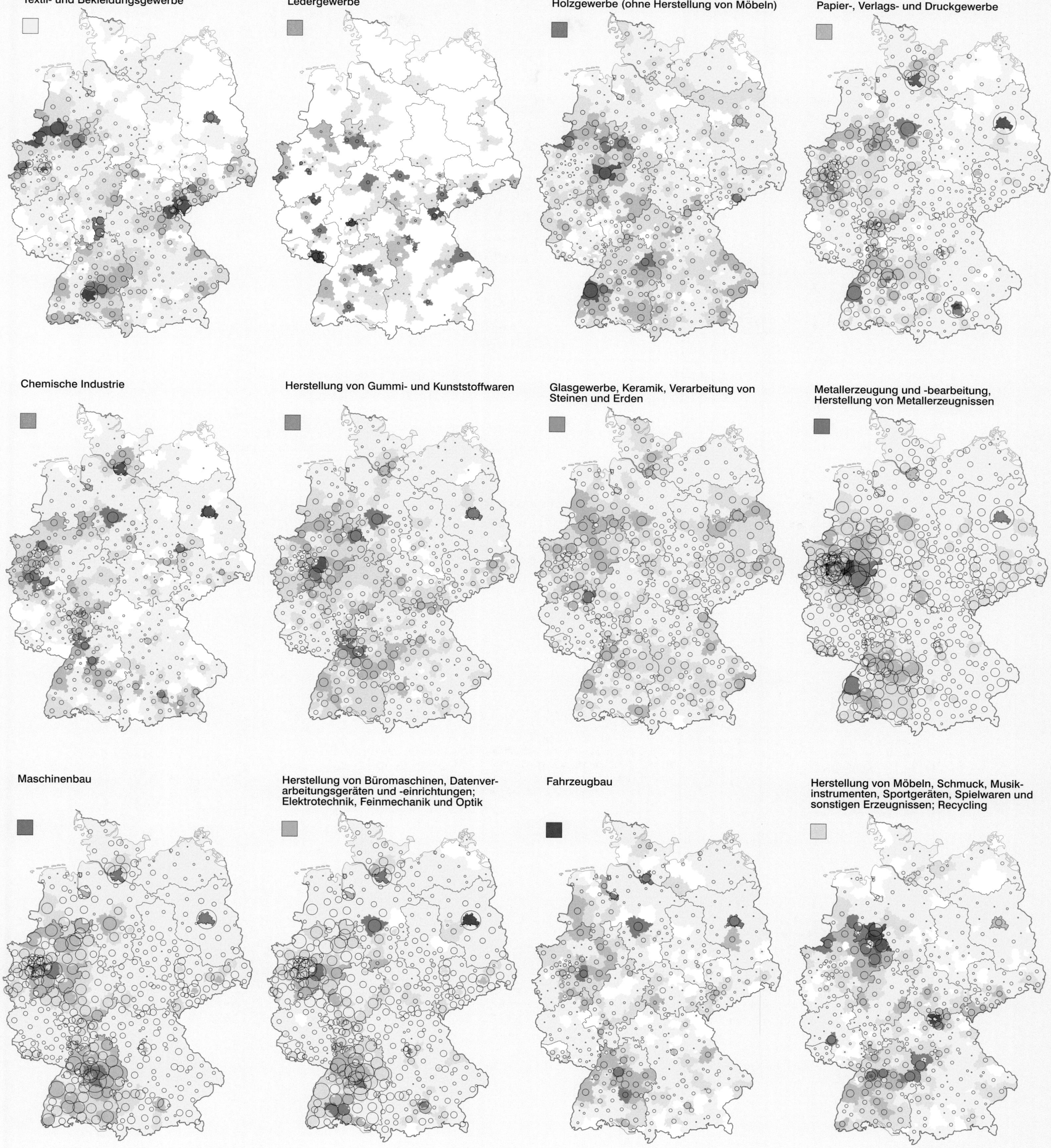

Textil- und Bekleidungsgewerbe
Ledergewerbe
Holzgewerbe (ohne Herstellung von Möbeln)
Papier-, Verlags- und Druckgewerbe
Chemische Industrie
Herstellung von Gummi- und Kunststoffwaren
Glasgewerbe, Keramik, Verarbeitung von Steinen und Erden
Metallerzeugung und -bearbeitung, Herstellung von Metallerzeugnissen
Maschinenbau
Herstellung von Büromaschinen, Datenverarbeitungsgeräten und -einrichtungen; Elektrotechnik, Feinmechanik und Optik
Fahrzeugbau
Herstellung von Möbeln, Schmuck, Musikinstrumenten, Sportgeräten, Spielwaren und sonstigen Erzeugnissen; Recycling

Dienstleistungsstandort Deutschland

Sven Henschel und Elmar Kulke

Das International Net Management (INMC) der Deutschen Telekom in Frankfurt a.M. muss ein weltumspannendes Sprach- und Datennetz kontrollieren. Herzstück der hochmodernen Sicherungstechnik ist ein 72 m² großes Leinwandsystem.

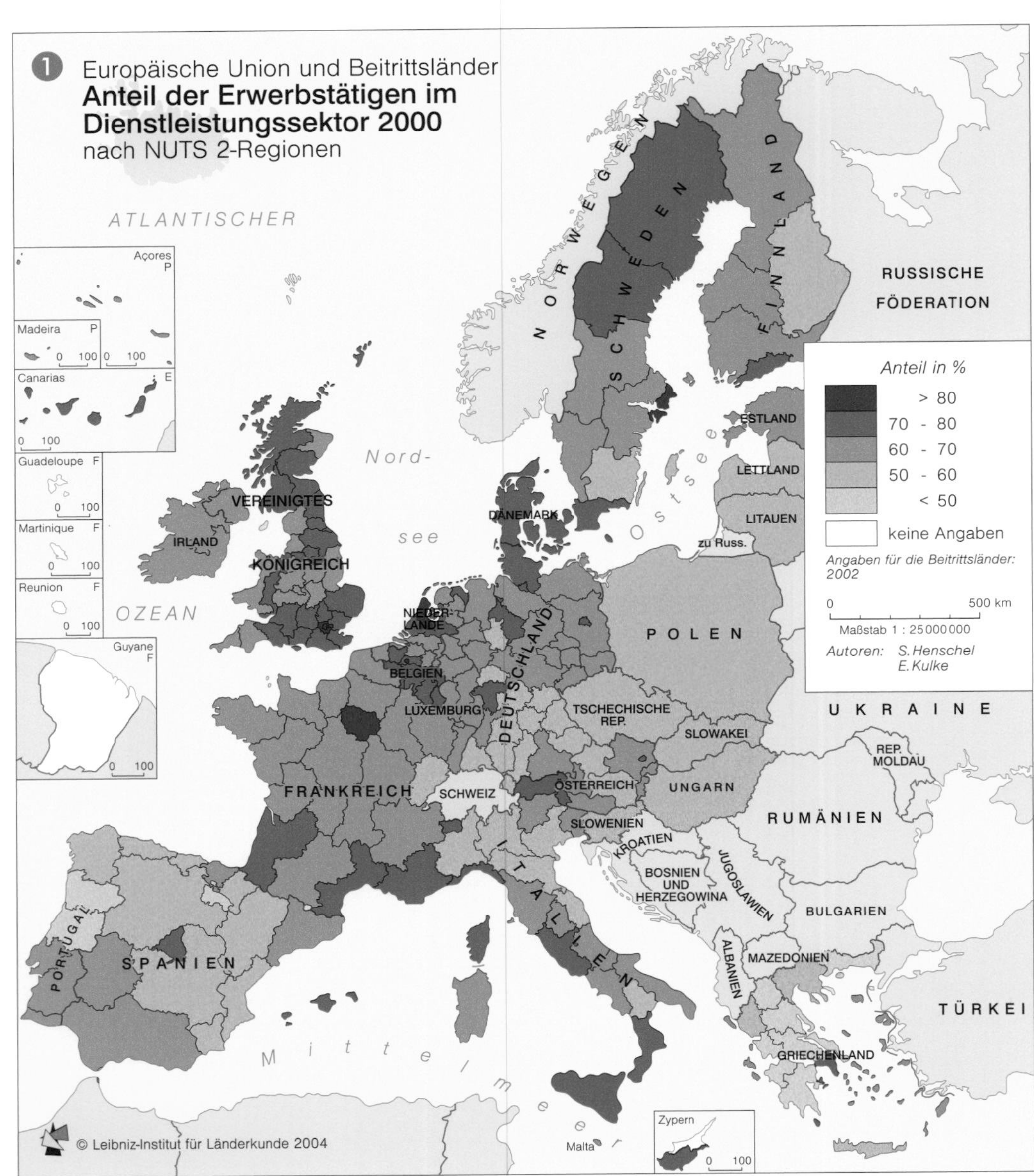

Die These „Wandel zur Dienstleistungsgesellschaft" beschreibt die aktuellen Veränderungen der ▸ Sektoralstrukturen hoch entwickelter Länder wie Deutschland.

Globale Entwicklungspfade

Bis in das 19. Jahrhundert dominierte in allen Ländern der Erde der Agrarsektor. Mit der einsetzenden industriellen Revolution erlangte in Westeuropa und Nordamerika das verarbeitende Gewerbe immer höhere Beschäftigtenanteile und besaß bis in die 1970er Jahre dominierende Bedeutung. In den folgenden Jahrzehnten wurden Dienstleistungen – ganz dem Modell von FOURASTIÉ (1949) entsprechend – immer wichtiger ❷. Als klassische Erklärung des sektoralen Wandels gelten technische Innovationen, die im wirtschaftlichen Entwicklungsverlauf zu Steigerungen der Arbeitsproduktivität führen und die eine höhere Entlohnung des Produktionsfaktors Arbeit erlauben. Der Einkommensanstieg führt nach einer Vollversorgung mit Lebensmitteln zuerst zu einer verstärkten Nachfrage nach Industriegütern (z.B. langlebige Konsumgüter), gleichzeitig bewirkt der Fortschritt in der Arbeitsproduktivität – z.B. durch Maschinen und Geräte – die Freisetzung von Arbeitskräften aus der Landwirtschaft, die in der expandierenden Industrie Beschäftigung finden. Bei späteren Produktivitätszuwächsen in der Industrie und weiter steigenden Einkommen kommt es schließlich zum Nachfrageanstieg nach Dienstleistungen. In weit entwickelten Gesellschaften mit hoher Produktivität in Landwirtschaft und Industrie verzeichnet der Dienstleistungsbereich den größten Beschäftigtenzuwachs.

Unterscheidung in Sektoren

Als Merkmale zur Unterscheidung der Sektoren dient die Art der produzierten Güter. Während in Landwirtschaft und Industrie materielle Güter hergestellt werden (z.B. Kartoffeln, Maschinen), erbringt der Dienstleistungssektor immaterielle Güter. Charakteristika immaterieller Güter sind eine weitgehend fehlende Lagerfähigkeit, die Notwendigkeit, dass Anbieter und Nachfrager in unmittelbaren Kontakt zueinander treten müssen und dass Erstellung und Verwendung zusammenfallen.

Der Dienstleistungssektor selbst weist eine sehr heterogene Struktur auf. Untergliederungen erfolgen meist nach der Häufigkeit der Nachfrage (kurze, mittlere, längere Fristigkeit), nach der Qualität der Tätigkeit der Beschäftigten (arbeitsintensiv oder humankapitalintensiv) oder nach funktionalen Merkmalen (distributive, konsumentenorientierte, unternehmensorientierte, soziale/öffentliche Dienste).

In Europa zeigt sich deutlich der Zusammenhang zwischen nationalem und regionalem Entwicklungsstand und der Bedeutung des Dienstleistungssektors ❶. Die Länder der europäischen Peripherie (z.B. Griechenland, Portugal oder viele neue EU-Mitglieder) weisen bisher geringere Beschäftigtenanteile im Dienstleistungsbereich auf. Den niedrigsten Anteil mit unter 50% besitzen – sofern nicht Besonderheiten wie Fremdenverkehrsaktivitäten (z.B. Balearen, Südspanien, Südfrankreich) dies überprägen – die peripheren ländlichen Regionen. Hohe Beschäftigtenanteile verzeichnen die Länder Mitteleuropas und die großen ▸ Agglomerationen.

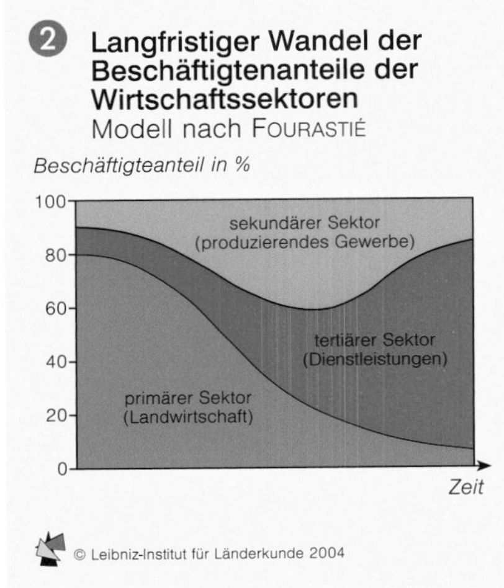

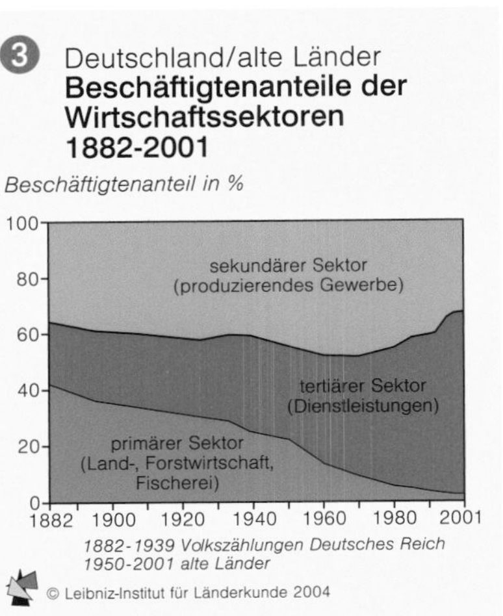

4

Beschäftigte im tertiären Sektor 1989 und 1999
nach Kreisen

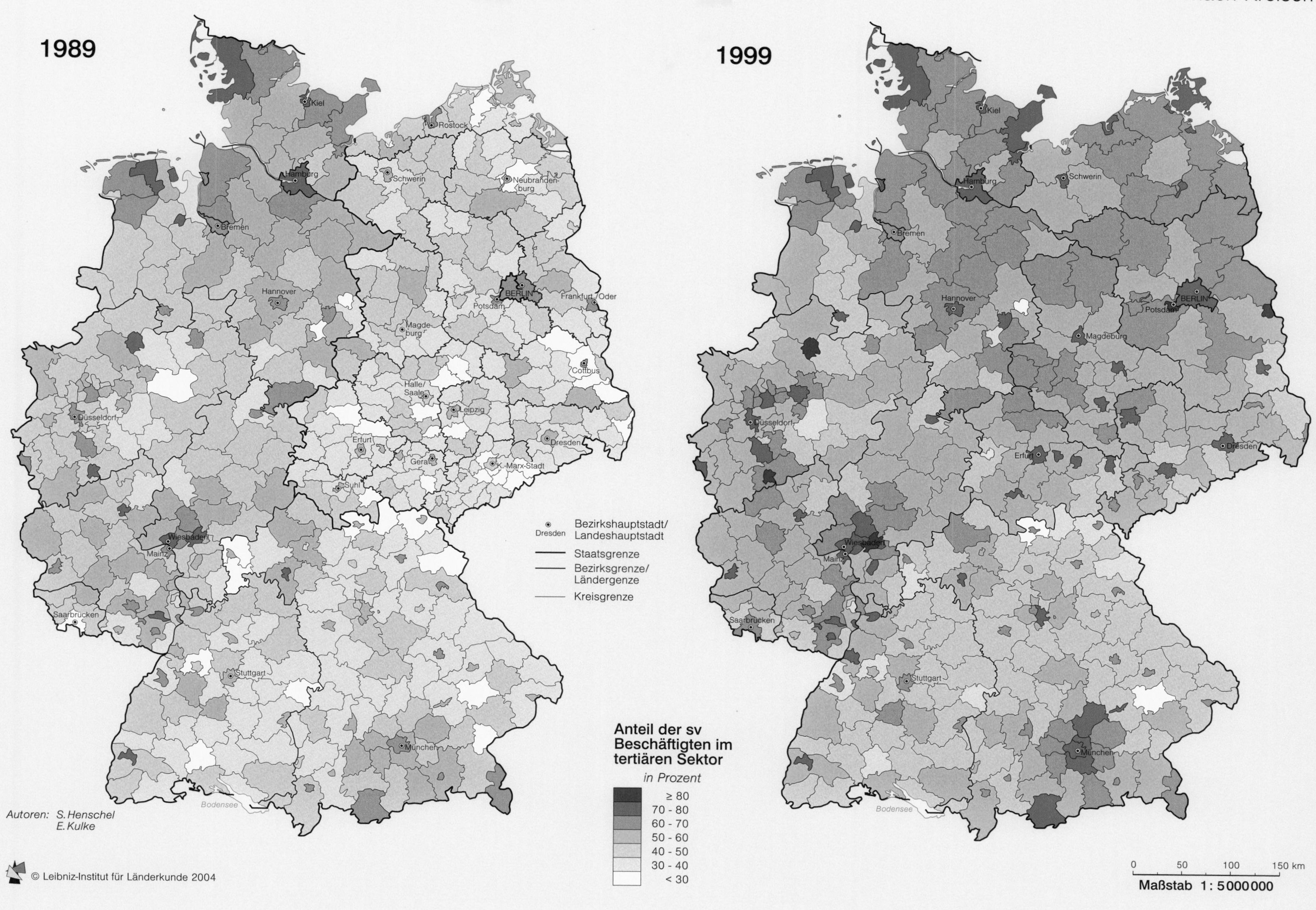

Merkmale von Dienstleistungen

- Immaterialität der Produkte
- fehlende Lagerfähigkeit der Produkte
- Interaktionsprozess zwischen Anbieter und Nachfrager
- Uno-actu-Prinzip, d.h. Produktion und Verwendung der Dienstleistung fallen zeitlich und räumlich zusammen
- relativ hoher Anteil menschlicher Arbeitsleistung bei der Erstellung der Dienstleistungen (hohe Humankapital- oder Arbeitsintensität)

Sektoraler Wandel in Deutschland

Die tatsächlichen langfristigen Veränderungen der Beschäftigtenanteile in Deutschland spiegeln den Modellverlauf des sektoralen Wandels (nach Jean Fourastié) wider 3. 1882 waren noch 42% der Beschäftigten in der Landwirtschaft tätig, auf den ▸ sekundären Sektor entfielen 36% und auf Dienstleistungen erst 22%. Der sekundäre Sektor erreichte um 1970 mit 49% seinen größten Beschäftigtenanteil. Seitdem werden Dienstleistungen immer wichtiger; im Jahr 2000 waren bereits zwei Drittel aller Beschäftigten im ▸ tertiären Sektor tätig.

Der in jüngster Zeit zu beobachtende starke Zuwachs lässt sich jedoch nicht allein durch die klassischen Faktoren Produktivität und Einkommen erklären, vielmehr sind gegenwärtig drei weitere Gründe für die Zunahme der Beschäftigtenzahlen im Dienstleistungssektor zu berücksichtigen. Neue Produktions- und Organisationskonzepte in Unternehmen (z.B. ▸ *lean production*) führen zu einer Vergabe bisher selbst erbrachter Leistungen an spezialisierte Servicebetriebe (Externalisierung). Zunehmende internationale Verflechtungen, kürzere Produktzyklen und die wachsende Bedeutung von Innovationen bewirken eine steigende Unternehmensnachfrage nach hochwertigen Dienstleistungen (z.B. Forschung und Entwicklung, Beratung, Werbung) des ▸ quartären Bereichs (Interaktion). Schließlich schaffen sich neue Formen von Dienstleistern (vom Sonnenstudio bis zum Investmentbanking) in hoch entwickelten Gesellschaften eigene Tätigkeitsfelder und neue Märkte (Parallelität).

Diese Prozesse zeigen sich im starken Zuwachs der Dienstleistungen von Unternehmen und freien Berufen 7. Demgegenüber realisieren die klassischen Dienstleistungen in zunehmendem Maße durch technische und organisatorische Innovationen Steigerungen der Arbeitsproduktivität (z.B. Ersatz von Personal im Supermarkt durch SB-Fläche, in der Bankfiliale durch Geldautomaten); entsprechend tritt dort trotz Nachfragezuwachs nur eine begrenzte Steigerung oder sogar ein Rückgang der Beschäftigtenzahlen auf.

Standorte von Dienstleistungen

Aufgrund der Charakteristika des Produkts sind die absatzorientierten Faktoren für Dienstleistungsbetriebe von entscheidender Bedeutung bei der Standortwahl. Für großräumige Standortentscheidungen sind die Erreichbarkeit für Nachfrager (Verkehrsverbindungen), das Marktvolumen (Zahl und Einkommen der Nachfrager) und das Kontaktpotenzial (Informationsaustausch und Vernetzung) wichtig. Auf lokale Standortentscheidungen wirken die Flächenverfügbarkeit, der Flächenpreis und das Lageimage ein. Die Gewichtung der Faktoren unterscheidet sich zwischen den verschiedenen Branchen; während konsumentenorientierte und soziale Dienste die Nähe zu den Endnachfragern suchen, wählen moderne →

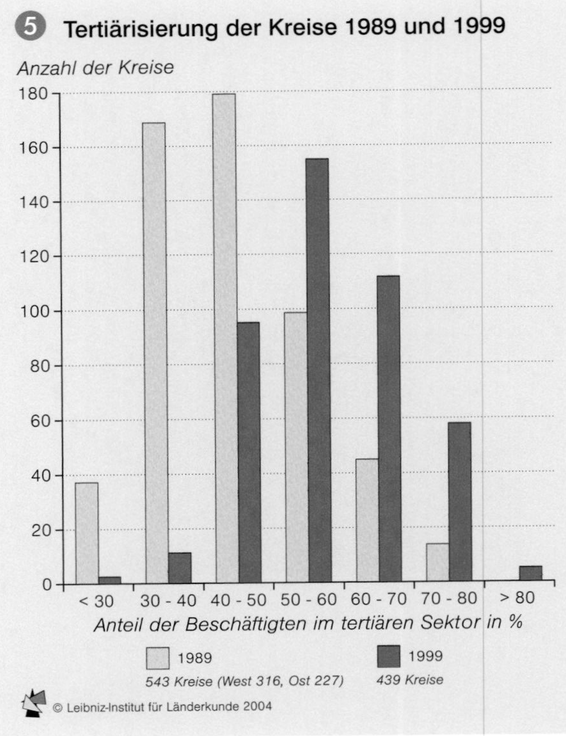

unternehmensorientierte Dienste vor allem Zentren mit der Nähe zu Hauptsitzen von Unternehmen, guten Verkehrsverbindungen und verfügbarem hoch qualifiziertem Personal.

Aus den Einzelstandorten der Betriebe ergeben sich drei Typen von Standortsystemen. Artähnliche, einfachere konsumentenorientierte Dienstleister (z.B. SB-Laden, Friseur) zeigen ein Netzmuster, wobei die Maschendichte von der Einwohnerzahl abhängt. Konsumentenorientierte und öffentliche Dienstleistungsbetriebe des mittel- und langfristigen Bedarfs weisen hierarchische Standortsysteme auf; sie suchen die räumliche Nähe zueinander, da sie so eine größere Attraktivität für Kundenbesuche aufgrund von Kopplungsmöglichkeiten erlangen. ▶ Clusterungen

Gliederungssysteme des Dienstleistungssektors

1. nach der Qualität (vgl. Gottmann 1961)
- tertiärer Sektor: klassische, eher arbeitsintensive Dienstleistungen (z.B. Handel, Verkehr, Gastronomie, Konsumentendienste)
- quartärer Sektor: moderne, eher humankapitalintensive Dienstleistungen (z.B. Forschung, Ausbildung, Beratung, Finanzwesen)

2. nach der Fristigkeit bzw. Häufigkeit der Nachfrage (vgl. Daniels 1993)
- kurzfristig – häufig nachgefragte Dienste wie Handel, Gastronomie
- mittelfristig – in gewissen Abständen nachgefragte Dienste wie Fachärzte, Reparatur
- langfristig – seltener nachgefragte Dienste wie Lebensversicherungen

3. nach funktionalen Merkmalen (vgl. Singelmann 1978)
- distributiv – verteilende und vermittelnde Funktion, z.B. Großhandel, Verkehr, Transport
- konsumentenorientiert – Versorgung von Endverbrauchern, z.B. Einzelhandel, Gastronomie, Fremdenverkehr
- unternehmensorientiert – Dienstleistungen für Unternehmen, z.B. Forschung/Entwicklung, Beratung, Wartung
- sozial/öffentlich – Versorgung von Personen durch öffentliche und private Einrichtungen, z.B. Bildungs-, Gesundheits-, Verwaltungs-, Sozialdienste

zeigen sich bei spezialisierten Dienstleistern, die von besonderen räumlich differenzierten Faktoren (z.B. Küste für Fremdenverkehrsbetriebe, Börse und Zentralbank für Finanzdienstleister) abhängig sind.

Je nach der Siedlungsgröße bestehen aufgrund der sektorenspezifisch günstigsten Nutzung von Produktionsfaktoren typisch sektorale Prägungen ❻. In kleinen Siedlungen dominiert aufgrund der preisgünstigen Verfügbarkeit des Produktionsfaktors Boden die Landwirtschaft. Mittelgroße Städte bieten für industrielle Aktivitäten günstige Bedingung, da dort eine Mindestverdichtung von Zulieferern, Arbeitskräften sowie Infrastruktur besteht und gleichzeitig die Standortkosten noch tragbar sind. Der Dienstleistungsanteil erhöht sich stetig mit der Siedlungsgröße; in kleinen Orten gibt es nur Anbieter von Waren des täglichen Bedarfs, mit zunehmender Einwohnerzahl kommen auch mittel- und langfristige Anbieter hinzu. Schließlich dominieren in Großstädten hoch produktive quartäre Aktivitäten mit großen Marktgebieten.

Räumliche Strukturen und Entwicklungen

Die typischen siedlungsgrößenabhängigen Unterschiede der sektoralen Strukturen zeigen sich in Deutschland in ausgeprägter Weise ❽. Ländliche Räume verzeichnen mit einem Beschäftigtenanteil von unter 40% die geringste Prägung durch Dienstleistungsaktivitäten. Deutlich erkennbar sind mit über 70% die hohen Dienstleistungsanteile der Großstädte und der urbanen Agglomerationen. Aus diesem generellen Trend fallen nur Räume mit speziellen Dienstleistungsclusterungen heraus. Dazu gehören vor allem die Fremdenverkehrsgebiete an der Küste, in den Mittelgebirgen und im Alpenraum sowie die durch tertiäre Aktivitäten besonders geprägten mittelgroßen Städte (z.B. durch Universitäten, Landesregierungen, öffentliche Einrichtungen).

Zwischen den Beobachtungsjahren 1989 und 1999 vergrößerte sich generell der Beschäftigtenanteil im Dienstleistungsbereich, aber die einzelnen Raumeinheiten waren unterschiedlich an dem Zuwachs beteiligt ❺. Die großen Zentren (z.B. Berlin, Frankfurt, München) verzeichneten eine weitere Erhöhung der Zahl der Dienstleistungsbeschäftigten; dort verstärkten sich die von quartären Aktivitäten getragenen internationalen Vernetzungen im Rahmen der Globalisierungsprozesse. Zugleich erfuhren die Umlandgebiete der Großstädte einen überproportionalen Zuwachs, da sich in jüngerer Vergangenheit die Suburbanisierungsprozesse im Dienstleistungssektor verstärkten. Seit den 1970er Jahren entstanden im Umland der Städte großflächige Einzelhandelsbetriebe (z.B. Verbrauchermärkte, Fachmärkte), später verlagerten sich Verkehrs- und ▶ Logistikdienstleister (z.B. Speditionen, Zentrallager) an den Stadtrand, und in jüngster Zeit entstehen dort auch neue Bürostädte. In diesen befinden sich zumeist jene Betriebsteile großer Unternehmen, die keinen unmittelbaren Kundenkontakt besitzen (z.B. Verwaltungen von Versicherungen, Banken). Die Erhöhung des Dienstleitsungsanteils in manchen Gebieten des ländlichen Raumes hängt mit dem allgemeinen sektoralen Wandel, mit einer Verbesserung der Ausstattung mit kundenorientierten Angeboten (z.B. Einzelhandel, Fitnessstudios) und mit der Ansiedlung mancher besonders niedrige Standortkosten suchender Spezialdienstleister (z.B. ▶ Call-Center) zusammen.

Agglomeration – großes Verdichtungsgebiet mehrerer Städte und Siedlungen

Call-Center – Dienstleistung der Bestellung, Beratung oder Kundenakquisition per Telefon; als reales Büro oder als Vernetzung von dispersen Tele-Arbeitsplätzen organisiert

Cluster, Clusterung – Häufung, räumliche Konzentration

lean production – Produktionsweise, die die innerbetrieblichen Tätigkeiten auf einen möglichst geringen Arbeitskräfteeinsatz reduziert und arbeitsintensive Teilbereiche nach außen verlagert

Logistik – überwiegend im Transportgewerbe verwendeter Begriff für die gesamte Koordination der Güterverteilung in zeitlicher, organisatorischer und rechtlicher Hinsicht

Sektorenmodell – man unterscheidet die wirtschaftlichen Aktivitäten in Sektoren. Der **primäre Sektor** umfasst die Land- und Forstwirtschaft wie auch den Bergbau, der **sekundäre Sektor** bezeichnet produktive Aktivitäten, also Industrie und Baugewerbe, und der **tertiäre Sektor** umfasst die Dienstleistungen. Neuerdings wird innerhalb des tertiären Sektors ein **quartärer Sektor** unterschieden, der Dienstleistungen für Unternehmen getrennt betrachtet.

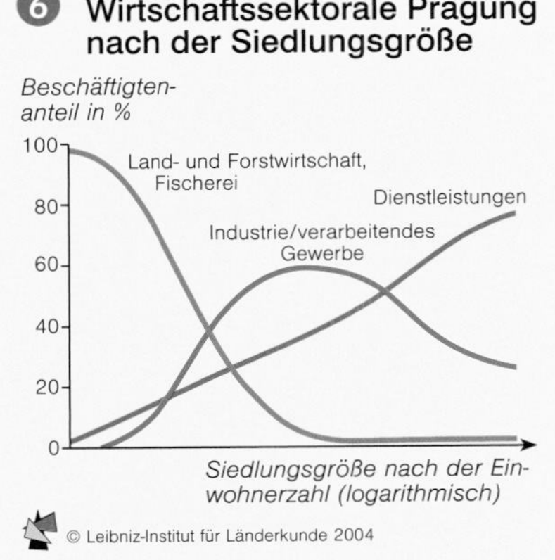

Großräumiger Vergleich zwischen West- und Ostdeutschland

Die auf Siedlungsgrößen bezogenen Raummuster sind in West- und Ostdeutschland ähnlich, jedoch zeigt der großräumige Vergleich wesentliche Unterschiede. Zum Zeitpunkt der Wiedervereinigung ❹ besaß Ostdeutschland einen sehr geringen Dienstleistungsanteil (1989 ca. 40% der Erwerbstätigen), da im sozialistischen Wirtschaftssystem die materielle Güterproduktion in Landwirtschaft und Industrie Vorrang hatte und zudem viele Dienstleitungen in große Kombinate integriert waren

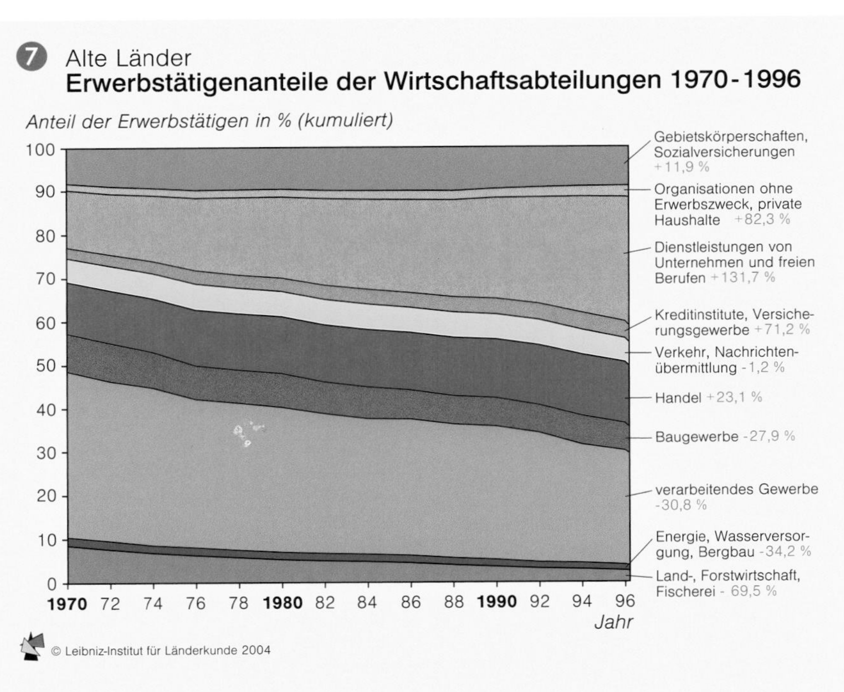

Das deutsche Unternehmen DACHSER zählt zu den führenden Logistikdienstleistern Europas.

und statistisch der Industrie zugeteilt wurden. Im Zuge der Systemtransformation erfolgte eine massive Deindustrialisierung, da die DDR-Industrie aufgrund überalterter Produkte und Produktionsverfahren, verschlissener Produktionsanlagen und personellen Überbesatzes nicht konkurrenzfähig war. Zugleich kam es auch zu massiven Freisetzungen aus der Landwirtschaft. Die ehemals in landwirtschaftliche Großbetriebe integrierten außerlandwirtschaftlichen Einrichtungen (z.B. Kindergarten, Sozialstation) wurden ausgegliedert. Der

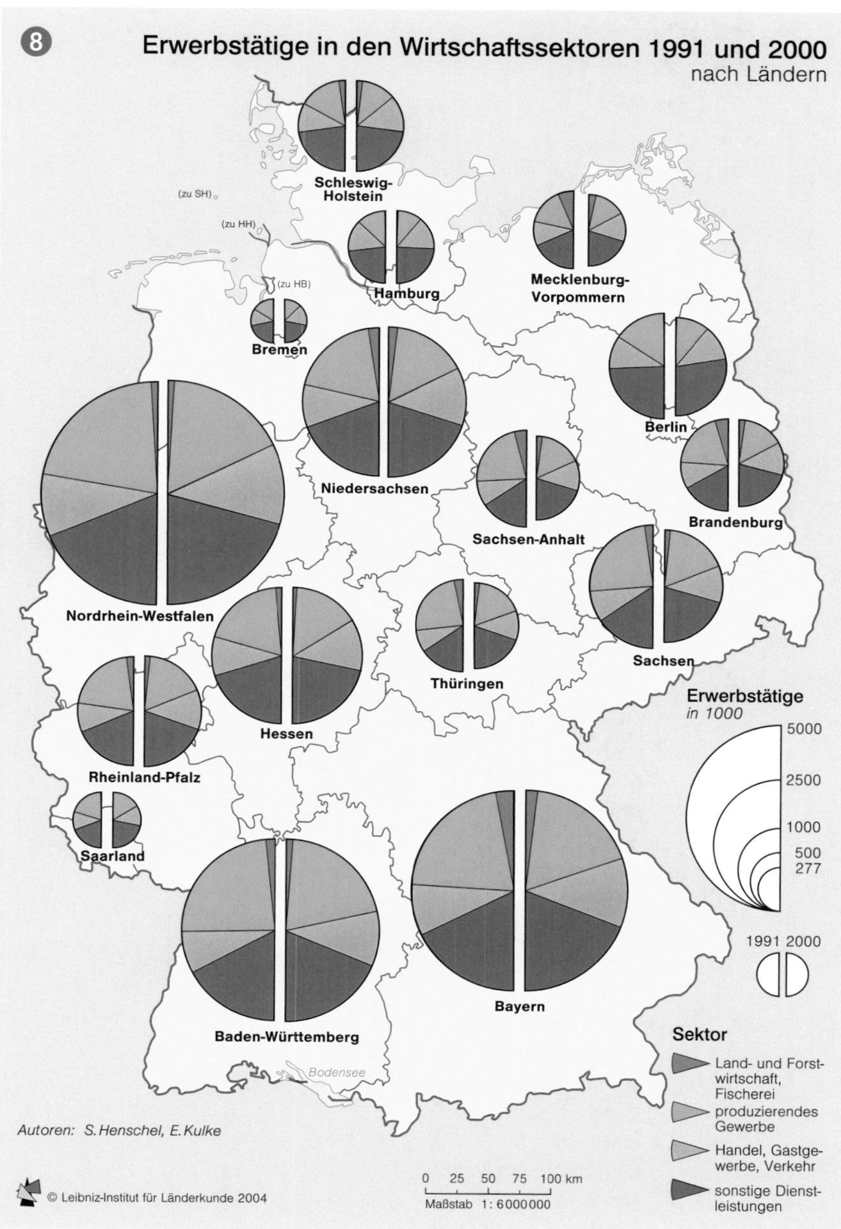

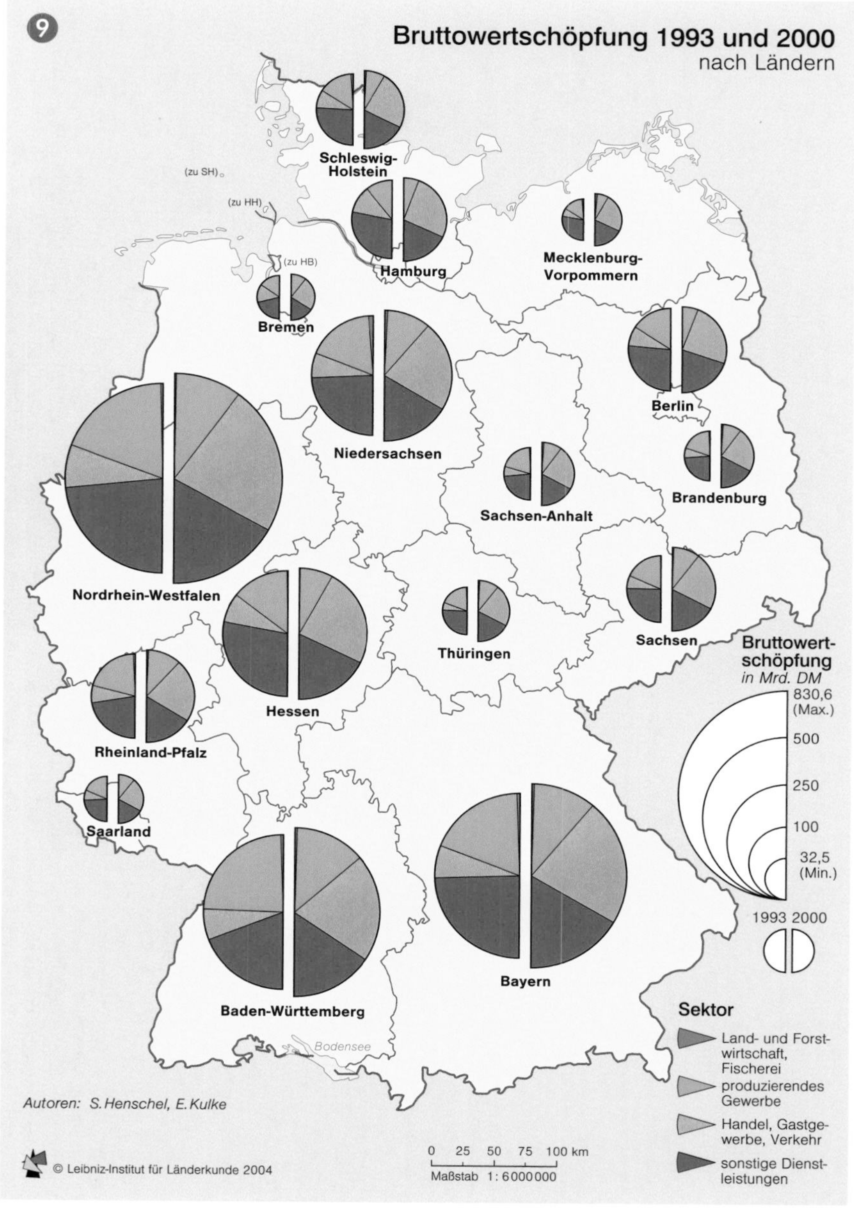

Dienstleistungssektor gewann zentrale Bedeutung bei der Schaffung neuer Arbeitsplätze. In der DDR bestand ein erhebliches Angebotsdefizit und ein Nachfrageüberhang bei konsumentenorientierten Dienstleistungen. Unmittelbar nach der Wende kam es zu zahlreichen Neugründungen kleiner Einbetriebsunternehmen in jenen Branchen, bei denen der Marktzugang aufgrund geringer Investitionskosten relativ einfach war (z.B. Einzelhandel, Gastronomie, Körperpflege, Reinigungs-, Wachdienst). Zugleich expandierten große kundenorientierte Unternehmen aus dem Westen nach Ostdeutschland (z.B. Geschäftsbanken, Versicherungen, Einzelhändler) und errichteten dort Filialen. Deindustrialisierung und Expansion konsumentenorientierter Aktivitäten erklären den heute teilweise über den Werten der Flächenstaaten des Westens liegenden Anteil von Dienstleistungsbeschäftigten in Ostdeutschland.

Höherwertige unternehmensorientierte Dienstleistungen, bei denen größere Investitionen erforderlich sind und hoch qualifiziertes Personal benötigt wird, entwickelten sich jedoch nicht in gleichem Maße. Dies lässt sich durch das Fehlen eines komplementären modernen industriellen Sektors in Ostdeutschland, durch zu wenige erfahrene Gründerpersönlichkeiten und durch die Schwierigkeiten bei der Gewinnung qualifizierten Personals erklären. Auch konzentrieren sich diese Unternehmen zumeist auf wenige Großstädte, und sie können aufgrund ihrer üblicherweise großräumigen Kundenverflechtungen von ihrem alten Standort aus auch die ostdeutsche Nachfrage versorgen. Besondere Defizite bestehen in Ostdeutschland bei Wirtschafts- und Rechtsberatungen, Werbeagenturen, Medieneinrichtungen, privaten F&E-Instituten und EDV-Dienstleistern. Ausdruck dieser Defizite ist die noch heute zu beobachtende deutlich geringere Personalproduktivität (Bruttowertschöpfung pro Erwerbstätigen) im Osten ❾.◆

Wissensintensive unternehmensorientierte Dienstleistungen

Simone Strambach

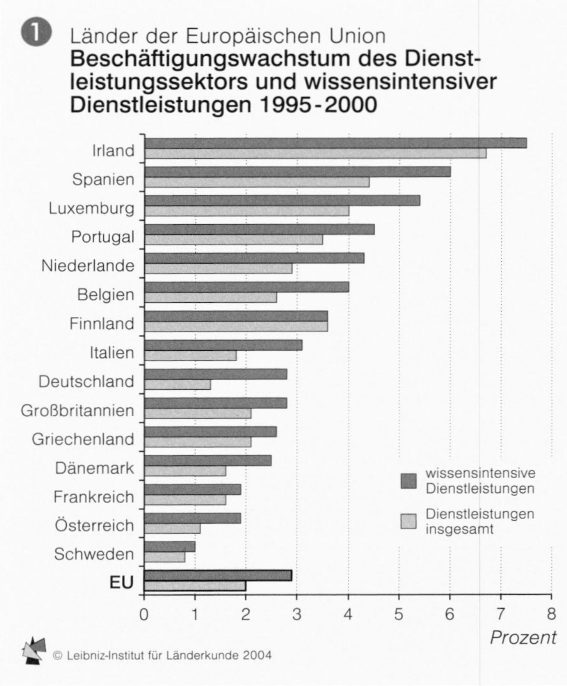

Der starke Bedeutungszuwachs und die kontinuierliche Ausdifferenzierung von Dienstleistungen sind ein markantes Kennzeichen des wirtschaftlichen Strukturwandels hoch entwickelter Volkswirtschaften. Neue Informations- und Kommunikationstechnologien, Veränderungen in der Organisation der industriellen Produktion und die zunehmende internationale Integration wirtschaftlicher Aktivitäten haben zu beträchtlichen Strukturveränderungen im Dienstleistungssektor geführt. Makroökonomische Indikatoren wie die Beschäftigung oder die Bruttowertschöpfung zeigen in den letzten Jahren eine deutliche strukturelle Verschiebung hin zu ▸ wissensintensiven Dienstleistungen.

In den EU-Ländern waren im Jahr 2000 rund 51 Mio. Personen in den von Eurostat abgegrenzten wissensintensiven Dienstleistungsbereichen tätig (▸ Anmerkung im Anhang), das entspricht einem Anteil von 32,3% an der Gesamtbeschäftigung. In den Jahren 1995 bis 2000 war das Wachstum der Beschäftigtenzahlen wissensintensiver Dienstleistungen in der EU mehr als doppelt so groß wie das der Gesamtbeschäftigung ❶.

Innerhalb der wissensintensiven Dienstleistungen zeichnen sich wissensintensive unternehmensorientierte Dienstleistungen seit Ende der 1980er Jahre durch ein dynamisches Wachstum aus. Funktional betrachtet werden diese nicht nur von selbstständigen Firmen erbracht, sondern auch innerhalb von Industrieunternehmen organisiert. Im vorliegenden Beitrag stehen jedoch selbstständige Unternehmen im Zentrum der Analyse, die als Hauptprodukt wissensintensive Dienstleistungen auf dem Markt anbieten. Neben den bekannten Segmenten wie Unternehmensberatung oder Softwareentwicklung entstehen nicht nur innerhalb, sondern auch zwischen den Branchen und an den Schnittstellen eine Vielzahl neuer Unternehmen mit Leistungsangeboten, die vor einigen Jahren noch nicht existierten, wie beispielsweise Internetprovider, Webdesigner, Beratungsunternehmen für Facility Management oder Wissensmanagement. Diese Unternehmen gruppieren sich oft eher um neue Produkte als um Branchen. Die institutionellen Rahmenbedingungen ermöglichen oft schnelle Markteintritte. Auf einen potenziellen Bedarf am Markt kann schnell mit innovativen Produkten und Leistungen reagiert werden. Dies spiegelt der kontinuierlich steigende Anteil unternehmensorientierter Dienstleistungen an den Neugründungen in den 1990er Jahren wider.

Drei Kennzeichen, die auch als Definitionsmerkmale gelten können, verbinden die heterogen zusammengesetzten wissensintensiven unternehmensorientierten Dienstleistungen:

1. Wissen und Expertise ist die „Ware", mit der diese Unternehmen handeln. Ihre Leistungen sind durch einen hohen Grad an Immaterialität und Input von Fachwissen gekennzeichnet.
2. Es besteht ein intensiver Interaktions- und Kommunikationsprozess zwischen Anbieter und Kunden, der eine Standardisierung dieser Dienstleistungen erschwert.
3. Die Tätigkeit der Beratung ist, wenn auch in unterschiedlichem Maße, wesentlicher Inhalt im Interaktionsprozess von wissensintensiven Dienstleistungsfirmen und ihren Kunden.

Diese Merkmale beeinflussen die räumliche Organisation und die Standortmuster des Wirtschaftsbereichs. Sie bedingen, dass formale und informelle Netzwerkbeziehungen, Referenzen, Reputation und langfristige Kundenbeziehungen Schlüsselfunktionen für die Unternehmen erfüllen. Diese Beziehungen dienen als Ersatz für noch nicht vorhandenes, auf gemeinsamer Interaktion basierendes Vertrauen, sie ersetzen fehlende formelle Markteintrittsbarrieren und quantifizierbare Qualitätskriterien der flüchtigen Wissensprodukte.

Struktur und Wachstumsdynamik

Im Jahr 2000 waren in Deutschland 22,7% der Dienstleistungsunternehmen (328.906) und 9,4% der sozialversicherungspflichtig Beschäftigten im Dienstleistungssektor (1,64 Mio.) in wissensintensiven unternehmensorientierten Dienstleistungen im engeren Sinne tätig (zur Beschäftigtenstatistik ▸ Anhang). Zum Gesamtumsatz des ▸ tertiären Sektors haben sie rund 14,1% (302,5 Mio. Euro) beigetragen.

Von 1996 bis 2000 hat sich der Bestand an umsatzsteuerpflichtigen Unternehmen in Deutschland um 159.501 wissensintensive Dienstleistungsfirmen vergrößert. Das entspricht einem Zuwachs von 48,8% – dem Neunfachen des Wachstums der Unternehmensanzahl aller Wirtschaftszweige. Die gesamtwirtschaftliche Bedeutung dieses Wirtschaftsbereichs äußert sich darüber hinaus in einem anhaltenden Beschäftigtenwachstum. Während im ▸ primären und ▸ sekundären Sektor in den Jahren 1998 bis 2000 viele Arbeitsplätze verloren gingen, sind in wissensintensiven unternehmensorientierten Dienstleistungen insgesamt 243.483 neue Stellen für sozialversicherungspflichtig Beschäftigte entstanden. Das sind rund 26% aller neu entstandenen Arbeitsplätze im tertiären Sektor.

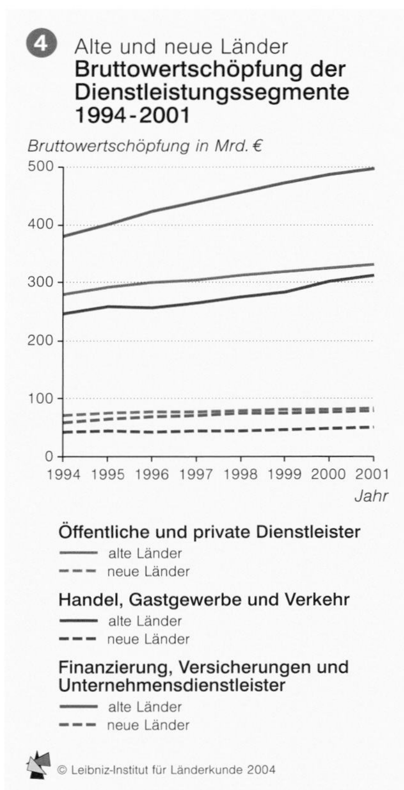

Das dynamische Wachstum wissensintensiver unternehmensorientierter Dienstleistungen ist Ausdruck für einen tief greifenden Wandel von Produktionsstrukturen und eine zunehmende Verflechtung und Vernetzung von ökonomischen Aktivitäten im gegenwärtigen Globalisierungsprozess. Sie haben eine zentrale Stellung in der Entwicklung →

Agglomerationsvorteile – Vorteile, die durch eine hohe Dichte an Bevölkerung bzw. an Arbeitsplätzen entstehen, wie z.B. eine leistungsfähige Infrastruktur

Lokalisationskoeffizient – Abweichung vom nationalen Durchschnittswert einer räumlichen Verteilung, der = 1 gesetzt wird; Werte unter 1 bedeuten eine geringere Konzentration als der Durchschnitt, Werte über 1 eine höhere.

Sektorenmodell – Unterscheidung der wirtschaftlichen Aktivitäten nach **primärem Sektor** für Land- und Forstwirtschaft sowie Bergbau, **sekundärem Sektor** für das produzierende Gewerbe (Weiterverarbeitung) und **tertiärem Sektor** für Dienstleistungen

wissensintensive unternehmensorientierte Dienstleistungen – nicht für den privaten Konsum erbrachte, sondern von Unternehmen und öffentlichen Institutionen nachgefragte Dienstleistungen vor allem in den Bereichen Datenverarbeitung und Informationstechnologie, Forschung und Entwicklung, Werbung sowie Medien

Wissensspillover – informelle Weitergabe („Überspringen") von Wissen und Information durch räumliche Nähe von Personen bzw. Institutionen

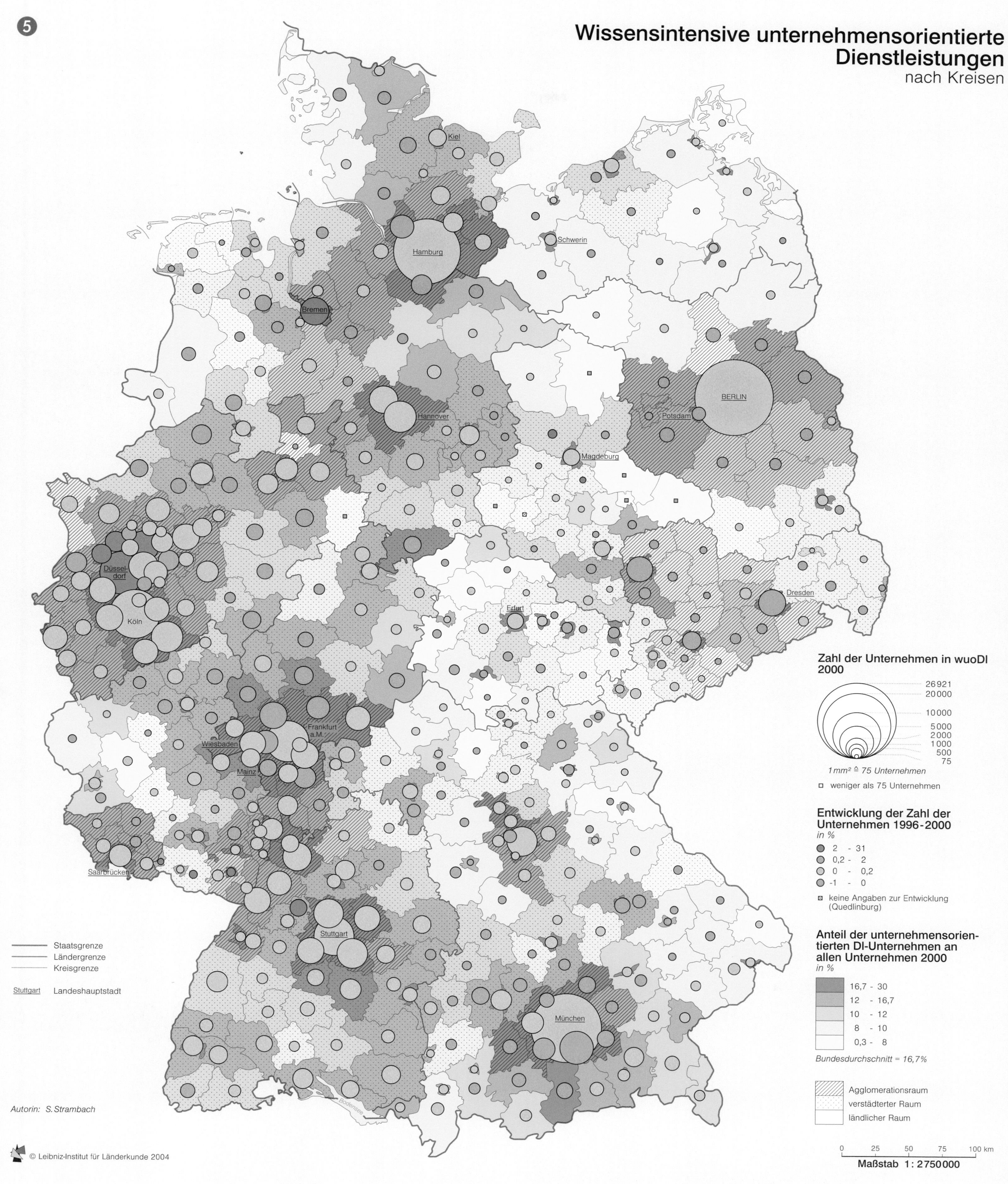
5
Wissensintensive unternehmensorientierte Dienstleistungen
nach Kreisen
Kiel
Hamburg
Schwerin
Bremen
BERLIN
Potsdam
Hannover
Magdeburg
Düssel-dorf
Köln
Erfurt
Dresden
Frankfurt a.M.
Wiesbaden
Mainz
Saarbrücken
Stuttgart
München
Bodensee
Zahl der Unternehmen in wuoDI 2000
26921
20000
10000
5000
2000
1000
500
75
1 mm² ≙ 75 Unternehmen
weniger als 75 Unternehmen
Entwicklung der Zahl der Unternehmen 1996-2000
in %
2 - 31
0,2 - 2
0 - 0,2
-1 - 0
keine Angaben zur Entwicklung (Quedlinburg)
Anteil der unternehmensorientierten DI-Unternehmen an allen Unternehmen 2000
in %
16,7 - 30
12 - 16,7
10 - 12
8 - 10
0,3 - 8
Bundesdurchschnitt = 16,7%
Agglomerationsraum
verstädterter Raum
ländlicher Raum
Staatsgrenze
Ländergrenze
Kreisgrenze
Stuttgart Landeshauptstadt
Autorin: S. Strambach
0 25 50 75 100 km
Maßstab 1 : 2750000

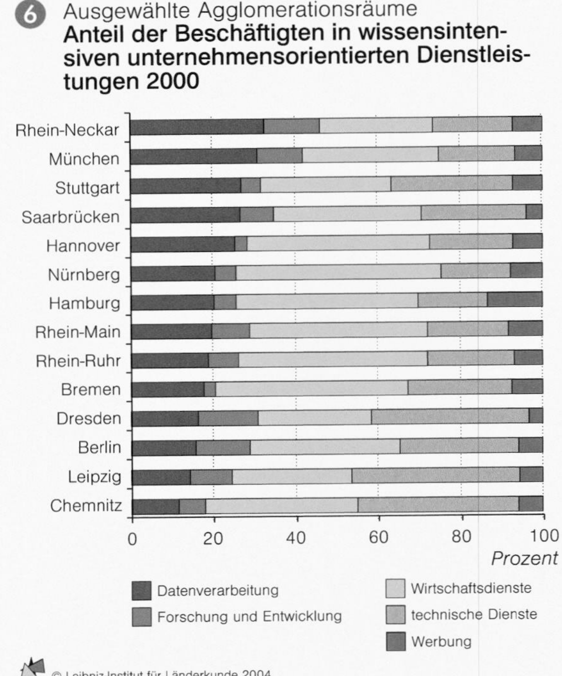

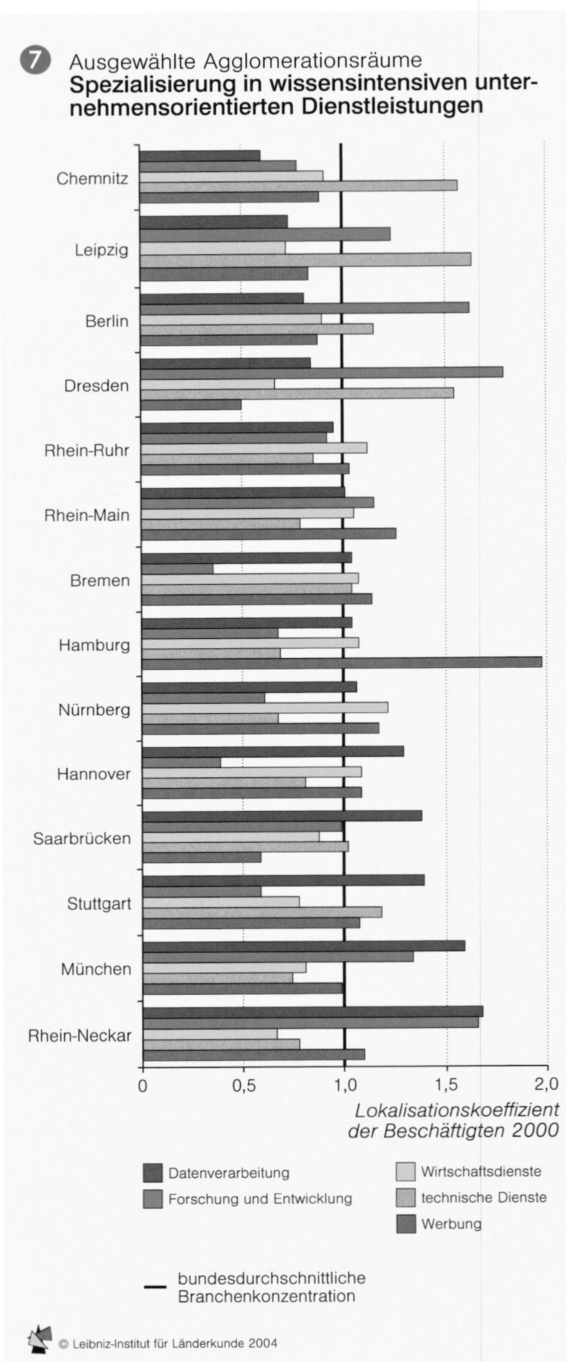

moderner Dienstleistungsstrukturen. Nicht nur die Beschäftigtenzahl, sondern auch die Wertschöpfung sind durch eine hohe Dynamik gekennzeichnet.

Dienstleistungen haben in den 1990er Jahren ihren Anteil an der Bruttowertschöpfung kontinuierlich ausgeweitet. Im Zeitraum 1994 bis 2001 lag die Wachstumsrate ihrer Bruttowertschöpfung um ein Fünffaches über derjenigen des produzierenden Gewerbes. Im Jahr 2001 wurden zwei Drittel der gesamten Bruttowertschöpfung (69,7% zu Herstellungspreisen) vom Dienstleistungssektors erbracht, nur knapp ein Drittel (29,1%) entfiel auf das produzierende Gewerbe. Diese Expansion wird in erheblichem Maße von der Dynamik des Dienstleistungssegments Finanzierung, Vermietung und Unternehmensdienstleister getragen ❹, das auch die wissensintensiven unternehmensorientierten Dienstleistungen enthält, deren Wertschöpfung in der volkswirtschaftlichen Gesamtrechnung Deutschlands nicht gesondert ausgewiesen wird.

Branchenentwicklung

Im Jahr 2000 waren die Wirtschaftsdienste die unternehmensstärkste (44,1%) und beschäftigungsintensivste Branche (41%) innerhalb der wissensintensiven unternehmensorientierten Dienstleistungen ❻. Sie erzielten über die Hälfte des Umsatzes (53%) des Wirtschaftsbereichs. Die technischen ingenieurwissenschaftlichen Dienste, die in den 1980er Jahren das Profil wissensintensiver Dienstleistungen in Deutschland bestimmt haben, stellen mit einem Unternehmensanteil von 30,2% und einem Beschäftigtenanteil von 24,9% die zweitgrößte Branche dar. Dagegen ist kontinuierlich ein relativer Bedeutungsverlust technischer Dienstleistungen festzustellen. Umfassten sie 1981 mit rund 36% noch über ein Drittel der gesamten unternehmensorientierten Dienstleistungsbeschäftigung, so waren es im Jahr 2000 – trotz weiterer Beschäftigungszunahme – 11 Prozentpunkte weniger. Datenverarbeitungsdienste und Wirtschaftsdienste sind dagegen die Wachstumsträger der letzten Jahre. Diese Strukturverschiebung ist ein Hinweis auf quantitative und qualitative Veränderungen auf der Nachfrageseite, die auch in Zusammenhang mit der Bedeutungszunahme von Dienstleistungsinnovationen und Innovationen in der Arbeits- und Unternehmensorganisation zu sehen sind.

Unternehmen, die als Hauptprodukt Forschung und Entwicklungsdienstleistungen am Markt anbieten, stellen gegenwärtig noch ein kleines, aber sehr dynamisch wachsendes Segment dar. Im Jahr 2000 hatten sie einen Unternehmensanteil von 2,1% und einen Anteil von 8,1% an der Gesamtbeschäftigung der wissensintensiven unternehmensorientierten Dienstleistungen. Zwischen 1996 und 2000 verzeichneten sie zusammen mit den Wirtschaftsdiensten die höchsten relativen Zuwachsraten der Unternehmensanzahl (57,2%). Dies

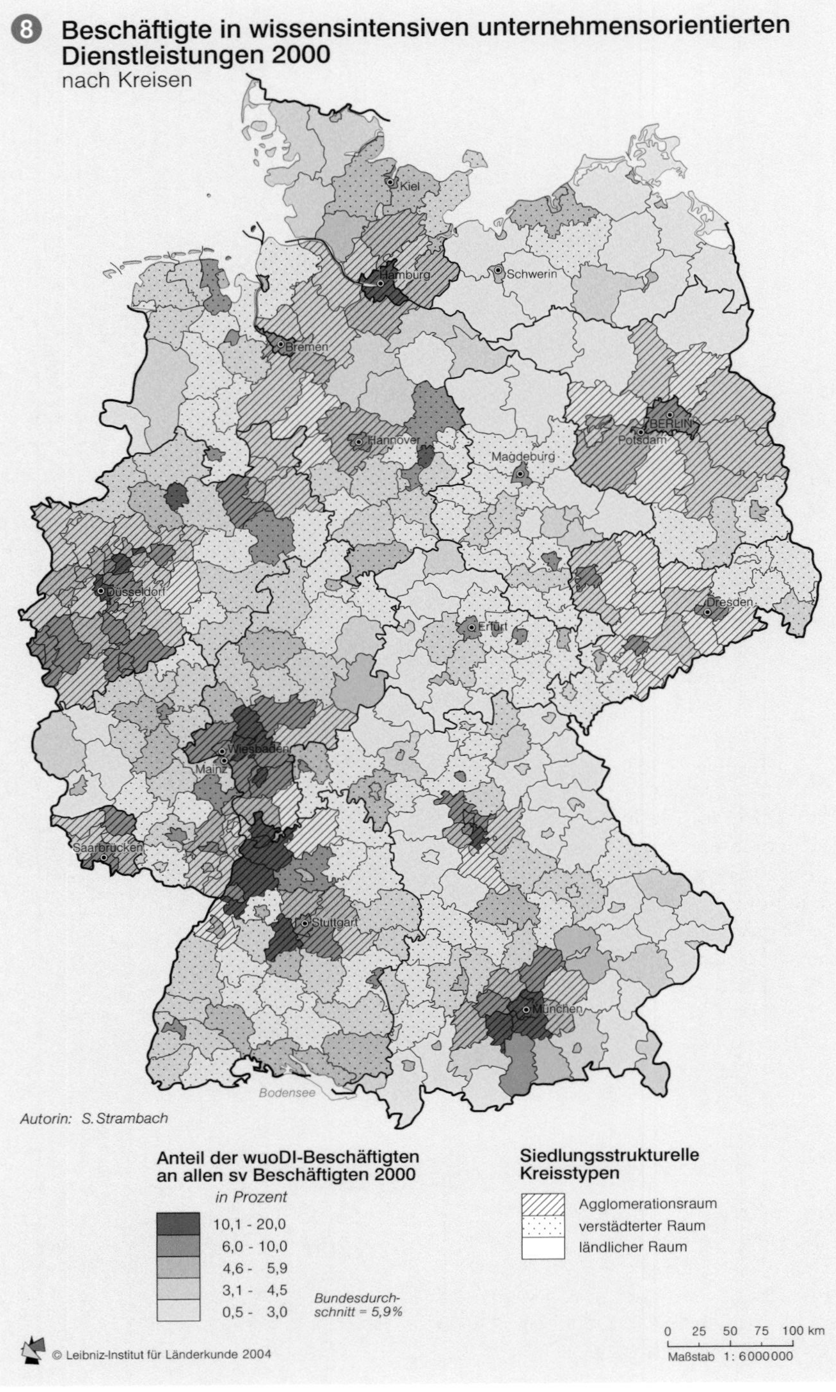

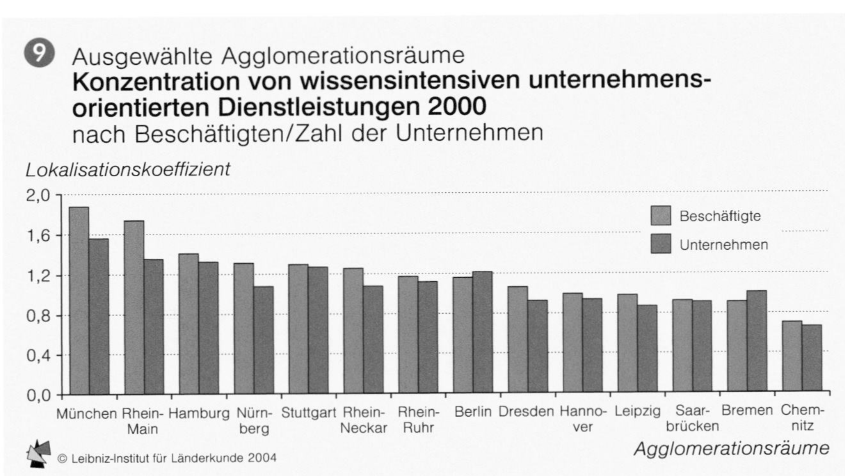

zeigt, dass die Nachfrage nach externen spezialisierten F&E-Leistungen wächst.

Regionale Konzentration und Spezialisierung

Die räumliche Organisation wissensintensiver unternehmensorientierter Dienstleistungen ist durch starke regionale Disparitäten gekennzeichnet. In Deutschland konzentrieren sich, ähnlich wie in anderen europäischen Ländern, Unternehmen und Beschäftigte in hoch verdichteten städtischen Räumen. Dort – und insbesondere in wachstumsstarken Ballungsräumen Westdeutschlands ❷ – arbeiteten im Jahr 2000 fast 70% der wissensintensiven unternehmensorientierten Dienstleistungsbeschäftigten. Verstädterte und ländliche Räume weisen dagegen unter dem Bundesdurchschnitt liegende Beschäftigungsanteile auf. Es gibt ländliche Kreise, in denen weniger als 1% der Beschäftigten und der Unternehmen dieses Wirtschaftsbereichs tätig sind. Demgegenüber sind in einigen Agglomerationsräumen bereits 20% der Beschäftigten ❽ und bis zu 30% der Unternehmen ❺ in wissensintensiven unternehmensorientierten Dienstleistungen tätig.

Ungeachtet des Dezentralisierungspotenzials von neuen Informations- und Kommunikationstechnologien ist seit Anfang der 1990er Jahre kein grundlegender Wandel in der markanten räumlichen Konzentration eingetreten. Auch innerhalb der urbanen Ballungsräume sind Konzentrationen wissensintensiver Dienstleistungen festzustellen ❾. Der ▶ Lokalisationskoeffizient verdeutlicht, dass sich die Unternehmen – trotz feststellbarer Dezentralisierungstendenzen – nach wie vor auf die Kernstädte und auf wenige Kreise konzentrieren ❿ (▶▶ Beitrag Glückler, S. 96).

Für wissensintensive unternehmensorientierte Dienstleistungen haben Standorte in städtischen Ballungsräumen wesentliche Vorteile. Dazu zählen beispielsweise die hochwertige verkehrs- und kommunikationstechnologische Infrastruktur, die schnelle Erreichbarkeit von Kunden und Absatzmärkten, vielfältige Möglichkeiten der Kooperation sowie die flexiblen Arbeitsmärkte mit einem großen Potenzial an hoch qualifizierten Arbeitskräften. Entscheidend sind darüber hinaus dynamische ▶ Agglomerationsvorteile, die aus der Informationsdichte und aus schwer fassbaren ▶ Wissensspillover-Effekten resultieren. Impulse für die Entstehung von wissensintensiven Dienstleistungsinnovationen werden in starkem Maße vom Markt vermittelt. Die Größe, Dichte und Heterogenität von Agglomerationsräumen bieten vielfältige Möglichkeiten, von externen Wissensquellen zu lernen und vorhandenes Wissen anzureichern oder neu zu kombinieren.

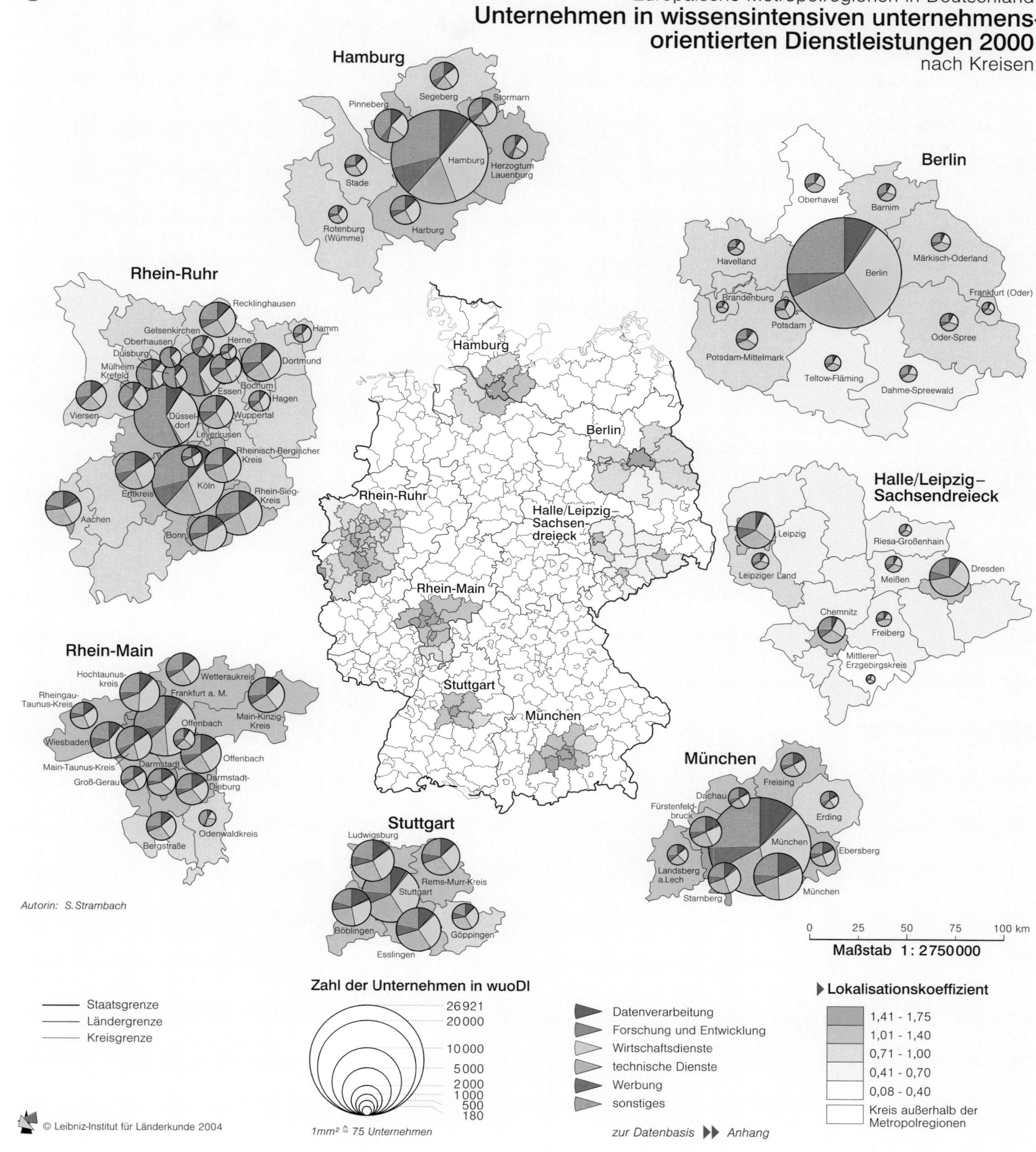

Die Agglomerationsräume weisen unterschiedliche sektorale Spezialisierungen wissensintensiver unternehmensorientierter Dienstleistungsbranchen auf ❿. Im Agglomerationsraum Hamburg dominiert beispielsweise die Werbebranche, die Agglomeration München ist in Datenverarbeitungsdiensten (▶▶ Beitrag Baier/Gräf, S. 116) und Forschung und Entwicklung spezialisiert ❼. Diese langfristig relativ stabilen Spezialisierungen weisen auf regionsspezifische Profile und Entwicklungspfade des jeweiligen Dienstleistungssegmentes hin, die nicht allein durch Infrastrukturausstattung oder Agglomerationsvorteile erklärt werden können. Regionale Spezialisierungen verstärken sich tendenziell durch kumulative Lernprozesse und Wissensspillover, so dass es für Städte und Regionen schwierig ist, sich in wissensintensiven Dienstleistungs- und Technologiefeldern, in denen sie bisher nicht etabliert waren, zu positionieren. Dies wird insbesondere an den Ballungsräumen der neuen Länder deutlich ❷ ❸.

Ausblick

Wissensintensive unternehmensorientierte Dienstleistungsunternehmen befinden sich an der Front der entstehenden Wissensökonomie. Sie haben zunehmende Bedeutung für Innovationsprozesse und für die Wettbewerbsfähigkeit von nationalen und regionalen Ökonomien. Anhaltende organisatorische Restrukturierungen und Auslagerungstendenzen sowohl in der Industrie als auch bei Dienstleistungen, kürzere Innovationszyklen und ein steigender Bedarf an spezialisierter Expertise und Problemslösungswissen bewirken, dass sie auch in Zukunft zu den Dienstleistungsbereichen mit positiven Wachstumsaussichten gehören werden.◆

Konzentrationsprozesse in der Wirtschaft

Helmut Nuhn

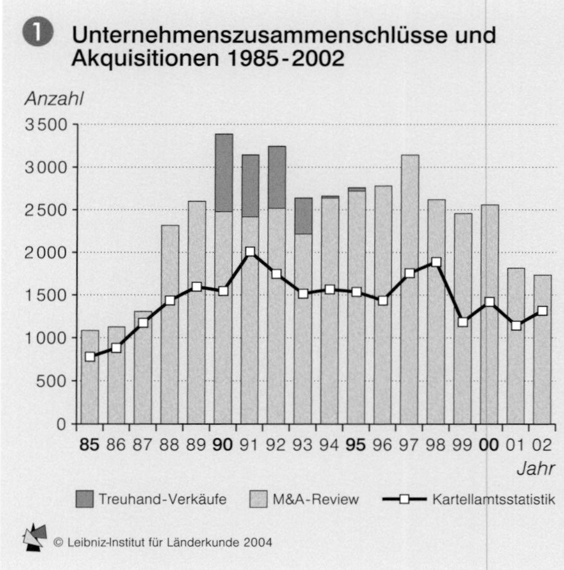

Wirtschaftsunternehmen stehen bei einer liberalen Marktordnung in steter Konkurrenz mit Wettbewerbern und müssen sich rasch auf veränderte Marktsignale und Rahmenbedingungen in Politik und Gesellschaft einstellen. Der Zwang zur Restrukturierung von Produktion und Absatz ist in jüngster Zeit gestiegen wegen der sich häufenden technologischen Neuerungen, der schrittweisen Deregulierung sowie der sich verstärkenden Globalisierung. Die größer werdenden Märkte erfordern größere Unternehmen mit weltweiter Präsenz (Nuhn 1997; Kleinert/Klodt 2000).

Auflösung nahbereichsorientierter Wirtschaftskreisläufe

Unter dem Einfluss veränderter politischer Rahmensetzungen von EU, Bund und Ländern haben sich nach dem Zweiten Weltkrieg kleinräumige Wirtschaftskreisläufe aufgelöst. Dies gilt insbesondere für die Nahrungsmittelindustrie (Nuhn 1993a, b). Die früher auf eine Verarbeitung regionaler Rohstoffe und die Versorgung regionaler Absatzmärkte ausgerichtete Produktion orientiert sich heute überregional. Aus kleineren Einbetriebsunternehmen mit begrenztem Einzugs- und Absatzgebiet sind große Mehrbetriebsunternehmen mit nationalem bzw. internationalem Aktionsfeld geworden. Karte ❸ veranschaulicht dies am Beispiel der Milchverarbeitung. 1987 treten noch Standortkonzentrationen in den Weide- und Futteranbaugebieten hervor. Bis 2002 hat sich das Betriebsnetz durch die Aufgabe von Kleinunternehmen und die Ausweitung der Einzugs- und Absatzgebiete der Großunternehmen völlig verändert (Hülsemeyer 1997; Nuhn 1999c). Der Unternehmenserfolg wird heute nicht mehr durch Absatznähe und Rohstoffbindung, sondern durch Kundenorientierung und Produktinnovationen gesichert. Billige Massentransporte per Lkw, effektive Logistik und neue Distributionssysteme ermöglichen einen raschen, flächendeckenden und kostengünstigen Güteraustausch (Neiberger 1998). Allerdings sind damit erhebliche Steigerungen des Verkehrsaufkommens verbunden (Böge 1993). Durch die Betriebsschließungen und den Aufbau automatisierter Großanlagen gingen im ländlichen Raum viele Arbeitsplätze verloren (Weindlmaier 1998; Nuhn 1999b).

M & A 1985-2001

Ähnliche Konzentrationsprozesse lassen sich auch in anderen Branchen beobachten. Um Größenvorteile bei der Produktion und am Markt zu nutzen, werden Firmen zusammengeschlossen oder Konkurrenten übernommen (*engl.* Merger and Acquisition, M&A). In den 1980er sowie in der zweiten Hälfte der 1990er Jahre haben die M&A in den Industrieländern stark zugenommen (Browne/Rosengren 1987; Siegwart/Neugebauer 1998; Nuhn 1999a). Für Deutschland ergaben sich bereits zu Beginn der 1990er Jahre hohe M&A-Werte durch die Wiedervereinigung und die Privatisierung ehemaliger Staatsbetriebe ❶. Insbesondere westdeutsche Unternehmen nutzten die Chance zur horizontalen Integration, wie auch die Milch verarbeitende Industrie zeigt. Genossenschaften und Privatunternehmen (z.B. Nordmilch und Müller) haben ihre Rohstoffbasis im Osten erweitert und neue, moderne Verarbeitungsbetriebe errichtet ❸. Im Falle der Hansa-Milch Ostholstein wurde sogar der traditionelle Standort in Lübeck geschlossen und die Produktion nach Upahl in Mecklenburg-Vorpommern verlegt. Die jüngste Fusionswelle zwischen 1997-2000 hat weltweit annähernd 10 Mio. M&A mit einem Transaktionsvolumen von über 1 Billion US-$ pro Jahr erreicht. In Deutschland wurden zwischen 1990 und 1999 fast 30.000 Fälle registriert, und das Transaktionsvolumen stieg von 29 Mrd. Euro 1990 auf 467 Mrd. Euro im Jahr 1999 (Zademach 2001; Rodríguez-Pose/Zademach 2003). Spektakuläre Megafusionen mit deutscher Beteiligung haben besondere Beachtung gefunden. Hierzu gehören die Übernahmen der Deutschen Bank und der Allianz in den USA sowie die teilweise in den Medien ausgetragene „feindliche Übernahme" von Mannesmann durch Vodafone und der Zusammenschluss von Daimler-Benz und Chrysler 1998 (Nuhn 2001).

Megafusion DaimlerChrysler

Die durch multinationale Unternehmen geprägte Automobilbranche besitzt einen hohen technologisch-organisatorischen Entwicklungsstand mit Überkapazitäten und starkem Wettbewerbsdruck. Während 1960 noch 42 selbstständige Autobauer ihre Fahrzeuge anboten, dominierten 2000 nur noch wenige Großunternehmen (▶▶ Beitrag Schamp, S. 64). Die überraschende Fusion von Daimler und Chrysler erfolgte durch Aktientausch nach nur halbjähriger Vorbereitungszeit unter Betonung der sich ergänzenden Produktpaletten und Absatzschwerpunkte. Erwartet wurden hohe Einsparungen bei Einkauf und Vertrieb sowie Synergien bei der Fahrzeugentwicklung und -produktion. Für den weiteren Ausbau der „Welt-AG" im asiatischen Raum wurden im März 2000 eine Allianz mit der japanischen Mitsubishi Motors Company und eine Beteiligung beim koreanischen Marktführer Hyundai vereinbart ❷. Hoher Investitionsbedarf zur Restrukturierung, interne Führungsprobleme, unterschätzte Schwierigkeiten bei der Integration der unterschiedlichen Firmenkulturen sowie Absatzprobleme auf dem US-Markt belasteten den Geschäftsverlauf. Der Börsenwert der neuen Welt-AG bewegt sich deshalb nur im Rahmen dessen, was vorher die traditionsreiche Daimler-Benz AG alleine vorzuweisen hatte. Wie bei den meisten M&A wurden auch in diesem Falle die angestrebten Ziele nicht erreicht. Während Industrieökonomen und Kartellbehörden die Mergerwellen und Megafusionen argwöhnisch beobachten (u.a. Ravenscraft/Scherer 1987; Deutscher Bundestag 2001, Monopolkommission 2002; Gugler u.a. 2003), befürworten Finanzexperten die Transaktionen, wohl nicht zuletzt, weil diese Dienstleister in jedem Falle zu den Gewinnern gehören.◆

Ursachen der Unternehmensrestrukturierung unter dem Einfluss der Globalisierung

- Liberalisierung des weltweiten Austauschs von Kapital, Gütern und Dienstleistungen durch internationale Abkommen (GATT, WTO)
- Transformation der ehemals sozialistischen Länder nach dem Zusammenbruch des RGW und Integration in die Weltwirtschaft
- Schaffung länderübergreifender großer Binnenmärkte in Europa und Amerika (EWR, NAFTA, MERCOSUR etc.)
- Deregulierung nationalstaatlicher Wirtschaftshemmnisse und Privatisierung staatlicher Monopolunternehmen (Bahn, Post)
- Neue Finanzdienstleistungen und Bereitstellung von internationalem Investitionskapital
- Technologische Innovationen im Transportsektor und neue logistische Konzepte zur Beschleunigung und Verbilligung des Güteraustauschs
- Neue Kommunikationssysteme mit weltweiter Vernetzung für Nachrichten- und Datentransfer in *realtime* (Internet, Intranet)

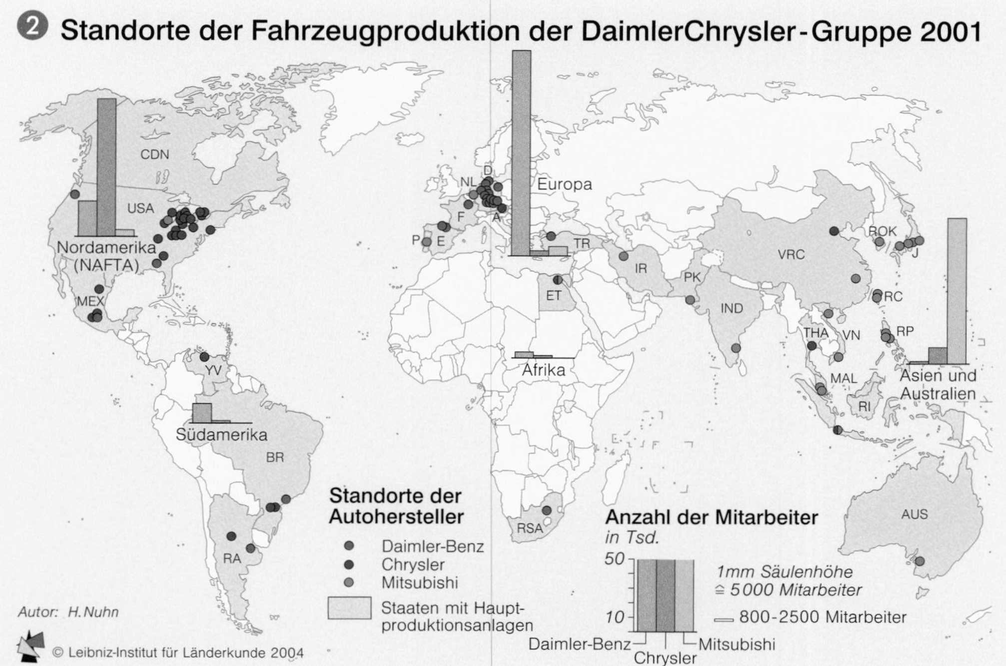

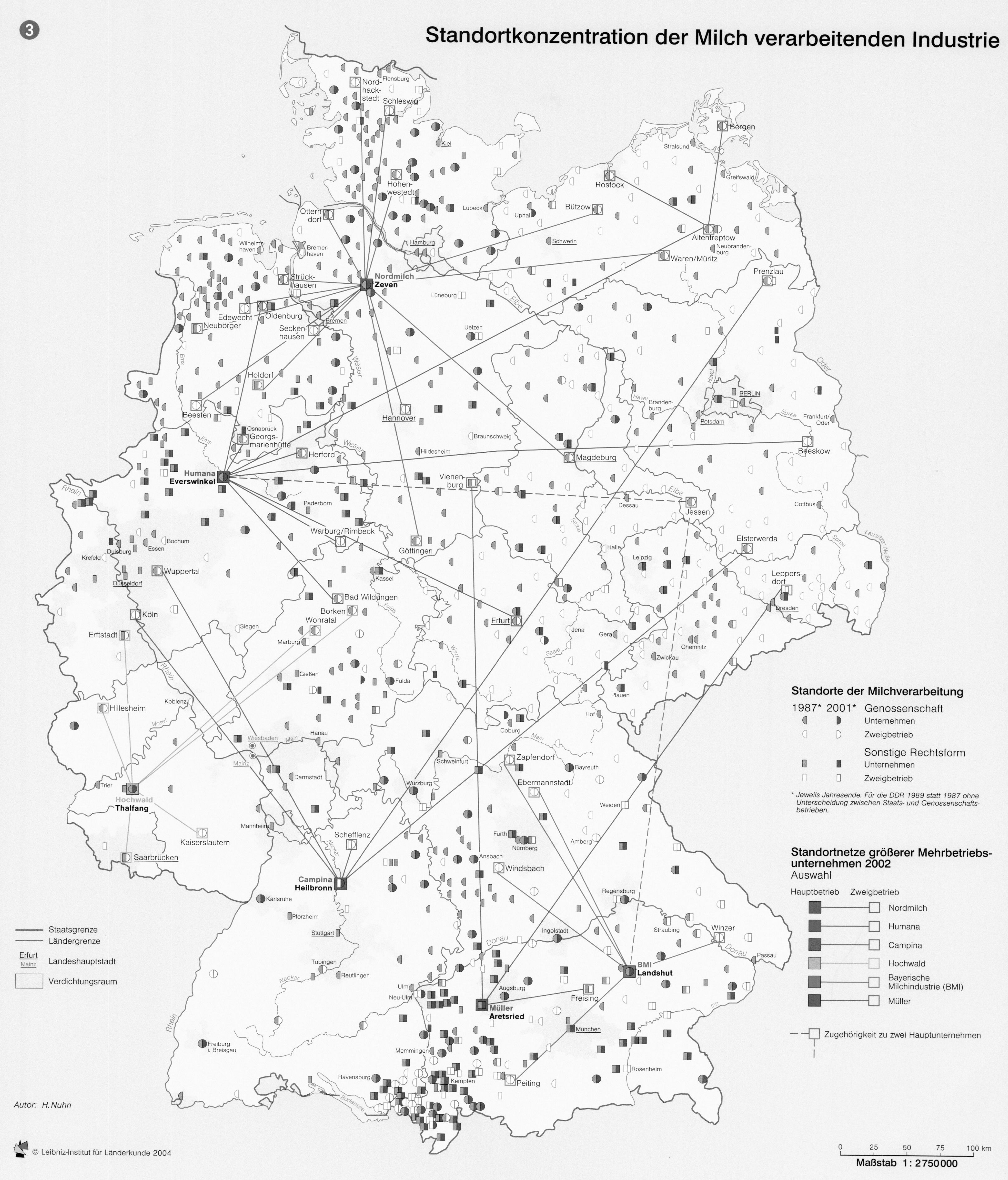
3
Standortkonzentration der Milch verarbeitenden Industrie
Standorte der Milchverarbeitung
1987* 2001* Genossenschaft
Unternehmen
Zweigbetrieb
Sonstige Rechtsform
Unternehmen
Zweigbetrieb
* Jeweils Jahresende. Für die DDR 1989 statt 1987 ohne Unterscheidung zwischen Staats- und Genossenschaftsbetrieben.
Standortnetze größerer Mehrbetriebsunternehmen 2002
Auswahl
Hauptbetrieb
Zweigbetrieb
Nordmilch
Humana
Campina
Hochwald
Bayerische Milchindustrie (BMI)
Müller
Zugehörigkeit zu zwei Hauptunternehmen
Staatsgrenze
Ländergrenze
Erfurt
Mainz
Landeshauptstadt
Verdichtungsraum
Autor: H. Nuhn
© Leibniz-Institut für Länderkunde 2004
0 25 50 75 100 km
Maßstab 1 : 2750000
Nordhackstedt
Flensburg
Schleswig
Kiel
Hohenwestedt
Otterndorf
Lübeck
Hamburg
Bergen
Stralsund
Greifswald
Rostock
Bützow
Uphal
Schwerin
Altentreptow
Neubrandenburg
Waren/Müritz
Prenzlau
Wilhelmshaven
Bremerhaven
Strückhausen
Nordmilch
Zeven
Lüneburg
Edewecht
Oldenburg
Neuborger
Seckenhausen
Bremen
Uelzen
Elbe
Weser
Ems
Holdorf
Beesten
Hannover
Havel
Brandenburg
BERLIN
Potsdam
Spree
Oder
Frankfurt/Oder
Osnabrück
Georgsmarienhütte
Braunschweig
Hildesheim
Herford
Magdeburg
Beeskow
Humana
Everswinkel
Vienenburg
Rhein
Paderborn
Dessau
Jessen
Cottbus
Saale
Warburg/Rimbeck
Göttingen
Halle
Leipzig
Elsterwerda
Lausitzer Neiße
Bochum
Essen
Duisburg
Krefeld
Wuppertal
Düsseldorf
Kassel
Leppersdorf
Dresden
Bad Wildungen
Erfurt
Köln
Borken
Wohratal
Siegen
Fulda
Werra
Jena
Gera
Chemnitz
Zwickau
Erftstadt
Marburg
Gießen
Plauen
Hillesheim
Koblenz
Mosel
Hof
Coburg
Wiesbaden
Main
Mainz
Hanau
Zapfendorf
Bayreuth
Darmstadt
Schweinfurt
Ebermannstadt
Trier
Hochwald
Thalfang
Würzburg
Weiden
Mannheim
Kaiserslautern
Saarbrücken
Schefflenz
Neckar
Fürth
Nürnberg
Amberg
Ansbach
Windsbach
Campina
Heilbronn
Regensburg
Karlsruhe
Pforzheim
Straubing
Stuttgart
Ingolstadt
Winzer
Donau
Passau
Tübingen
Reutlingen
BMI
Landshut
Ulm
Neu-Ulm
Augsburg
Freising
Inn
Müller
Aretsried
München
Freiburg i. Breisgau
Memmingen
Rosenheim
Ravensburg
Kempten
Peiting
Bodensee

Unternehmenszusammenschlüsse und -übernahmen

Hans-Martin Zademach

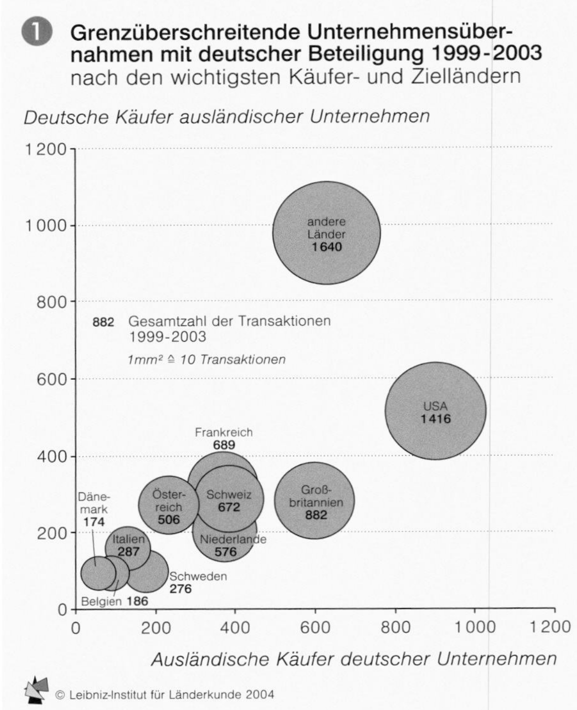

❶ Grenzüberschreitende Unternehmensübernahmen mit deutscher Beteiligung 1999-2003 nach den wichtigsten Käufer- und Zielländern

❷ Regionale Verteilung der Kaufobjekte 1990-1999 am Beispiel der von München/Oberbayern ausgehenden Transaktionen nach Regierungsbezirken

89 Zahl der akquirierten bzw. fusionierten Unternehmen
1mm² ≙ 2 akquirierte bzw. fusionierte Unternehmen

Insgesamt wurden 2215 Unternehmen akquiriert bzw. fusioniert. Davon dargestellt sind 92,9%. Hinzu kommen 157 nicht eindeutig lokalisierbare Fälle.

© Leibniz-Institut für Länderkunde 2004 Autor: H.-M. Zademach

Fusionen und Unternehmenskäufe (*engl.* Mergers & Acquisitions, kurz M&A) rufen nicht nur innerhalb der beteiligten Unternehmen Reorganisationsprozesse hervor. Genauso üben sie – insbesondere wenn in ihrer Gesamtheit betrachtet – auch erheblichen Einfluss auf wirtschaftsräumliche Strukturen wie z.B. die Städtehierarchie eines Landes oder regionale Disparitäten aus. Begründet liegen solche regionalen Struktureffekte beispielsweise in Veränderungen der lokalen Arbeitsmärkte oder dem Transfer wissensintensiver Unternehmenseinheiten, mit denen die kontinuierlich hohe Zahl der Transaktionen während der letzten Jahre ❸ und ihre zum Teil außerordentlichen Volumina oftmals verbunden sind.

Als besonders ausgeprägt erweisen sich diese Folgeerscheinungen bei so genannten Mega-Fusionen (wie z.B. DaimlerChrysler) oder Übernahmen der Größenordnung Time Warner (durch AOL) oder Mannesmann (▶▶ Beitrag Nuhn, S. 54). So wird auch im Falle der im April 2004 von der EU-Wettbewerbskommission genehmigten Übernahme der Aventis – dieser Konzern ging erst 1999 aus einem Zusammenschluss von Hoechst und Rhône-Poulenc hervor (▶ Foto) – durch den französischen Konkurrenten Sanofi-Synthélabo um die Zukunft von 9000 Arbeitsplätzen in der Rhein-Main-Region und den Abzug des biotechnologischen Know-hows nach Frankreich gebangt (▶▶ Beitrag Bathelt u.a., S. 68).

Konzentration von Steuerungsfunktionen

Die mittels ▶ Lokalisationsquotient ermittelte relative Konzentration von akquirierenden bzw. fusionierenden Unternehmen und Kaufobjekten unterstreicht den metropolitanen Charakter der M&A-Landschaft in Deutschland ❹ (vgl. auch S. 14-15). Vor allem nach der Restrukturierung der neuen Länder im Anschluss an die Wiedervereinigung im ersten der drei dargestellten Zeiträume erfolgen Übernahmeaktivitäten vorwiegend von den bedeutendsten Steuerungszentralen der Volkswirtschaft aus. Dabei gleicht sich die Verteilung von Käufern und Objekten im Lauf der 1990er Jahre an, d.h. Regierungsbezirke mit einem verstärkten Auftreten von Käufern zeichnen sich auch durch eine hohe Dichte von Kaufobjekten aus.

Über den gesamten Betrachtungszeitraum gesehen weisen lediglich neun der 40 Untersuchungseinheiten einen über dem Bundesdurchschnitt liegenden Indexwert auf. Es sind dies ausschließlich Regionen, in denen wichtige deutsche Großstädte (wie beispielsweise die Landeshauptstädte) bzw. Verdichtungsräume lokalisiert sind. Frankfurt, Hamburg und Düsseldorf lassen sich so als die herausragenden Metropolen im deutschen M&A-Geschäft erkennen (vgl. auch Lo 2003). Ferner sind Berlin, Köln und München durch eine auffällig hohe Konzentration von akquirierenden Unternehmen gekennzeichnet. In den 1990er Jahren gingen mehr als 55% aller Fusionen und Übernahmen allein von diesen sechs Agglomerationsräumen aus.

Ein Großteil der Kaufobjekte entstammt hierbei jeweils den anderen identifizierten Metropolregionen, wie man am Beispiel München bzw. der Region Oberbayern – stellvertretend für die sechs erwähnten M&A-Zentren – sehen kann ❷. Folglich nimmt die Interaktion zwischen den bereits dominierenden Steuerungs- und Entscheidungszentren auf der unternehmerischen Ebene durch M&A-Prozesse zu. Die ökonomische Vormachtstellung der „Schaltzentralen der Deutschland AG" wird demnach weiterhin verstärkt (Rodríguez-Pose/Zademach 2003). Oftmals geht eine solche Entwicklung damit einher, dass bestehende Beziehungen einer Standortregion zu ihrem direkten Umland substituiert werden (vgl. zur économie d'archipel auch Veltz 1996).

Nachbarschaftseffekte und räumliche Nähe

Darüber hinaus scheinen M&A-Transaktionen – obgleich vornehmlich unternehmensstrategisch begründet – nicht nur auf regionale Standortstrukturen zu wirken, sondern auch raumspezifisch determiniert. Hiervon zeugt die Bedeutung, die geographischer Nähe bei der regionalen Verteilung der Kaufobjekte offensichtlich zukommt. So befinden sich beispielsweise bei ca. einem Drittel aller Transaktionen Käufer und Objekt in ein und derselben Region ❹, gut ein Fünftel der Transaktionen findet innerhalb der gleichen Gemeinde statt (Zademach 2001).

Bezeichnende Nachbarschaftseffekte lassen sich auch bei grenzüberschreitenden Transaktionen (*cross border deals*) erkennen; hier beträgt der Anteil der direkten Anrainer Frankreich, Schweiz, Niederland, Österreich, Dänemark und Belgien sowie Luxemburg, Polen und Tschechien (aufgeführt unter „andere Länder") zusammen 46% aller transnationalen M&A-Transaktionen mit deutscher Beteiligung ❶. Bezogen auf die

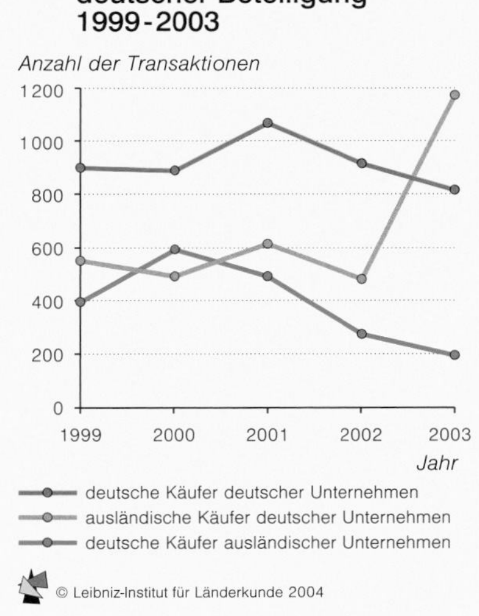

❸ Unternehmenskäufe mit deutscher Beteiligung 1999-2003

Mehr als 1500 Hoechst-Apothekenschilder wurden nach der Fusion mit Rhône-Poulenc durch Aventis-Schilder ersetzt

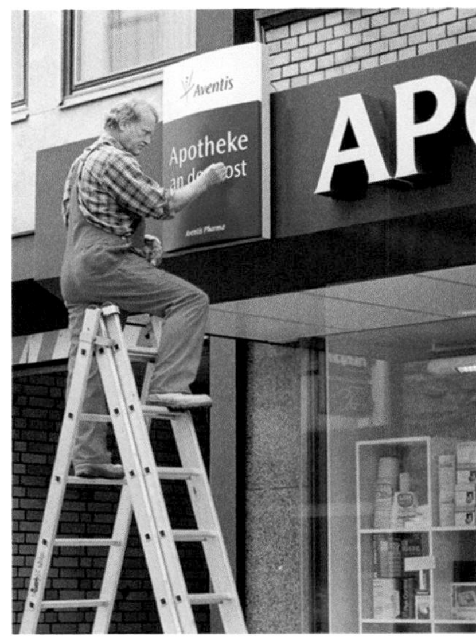

Datengrundlage der Karten ❷ und ❹ ist die von der Universität St. Gallen betreute M&A Review Database (auch über die Wirtschaftsdatenbank Genios der Handelsblattgruppe abzurufen). Sie umfasst für das vergangene Jahrzehnt ca. 30.000 Transaktionen mit deutscher Beteiligung. Die Auswertung dieses Datensatzes erfolgte mittels des folgenden **Lokalisationsquotienten**:

$$MApR_{(gdp)} - I = \frac{\sum_{t0}^{t1} MA_i \Big/ \sum_{t0}^{t1} GDP_i}{\sum_{t0}^{t1} MA_{Ger} \Big/ \sum_{t0}^{t1} GDP_{Ger}}$$

MApR(gdp)-I – M&A per Region-Index (standardisiert nach dem GDP, *engl.* für BIP)

MA – Anzahl der M&A-Transaktionen (absolut)

i – Regierungsbezirk (Untersuchungseinheit)

Ger – Deutschland

Der Index berücksichtigt das jeweilige Bruttoinlandsprodukt der 40 als räumliche Aggregationsebene dienenden Regierungsbezirke. Damit wird Verzerrungen entgegengetreten, die aus der in Deutschland regional stark differenzierten Wirtschaftskraft bzw. der unterschiedlich hohen Anzahl von Unternehmen in den Untersuchungseinheiten resultieren würden.

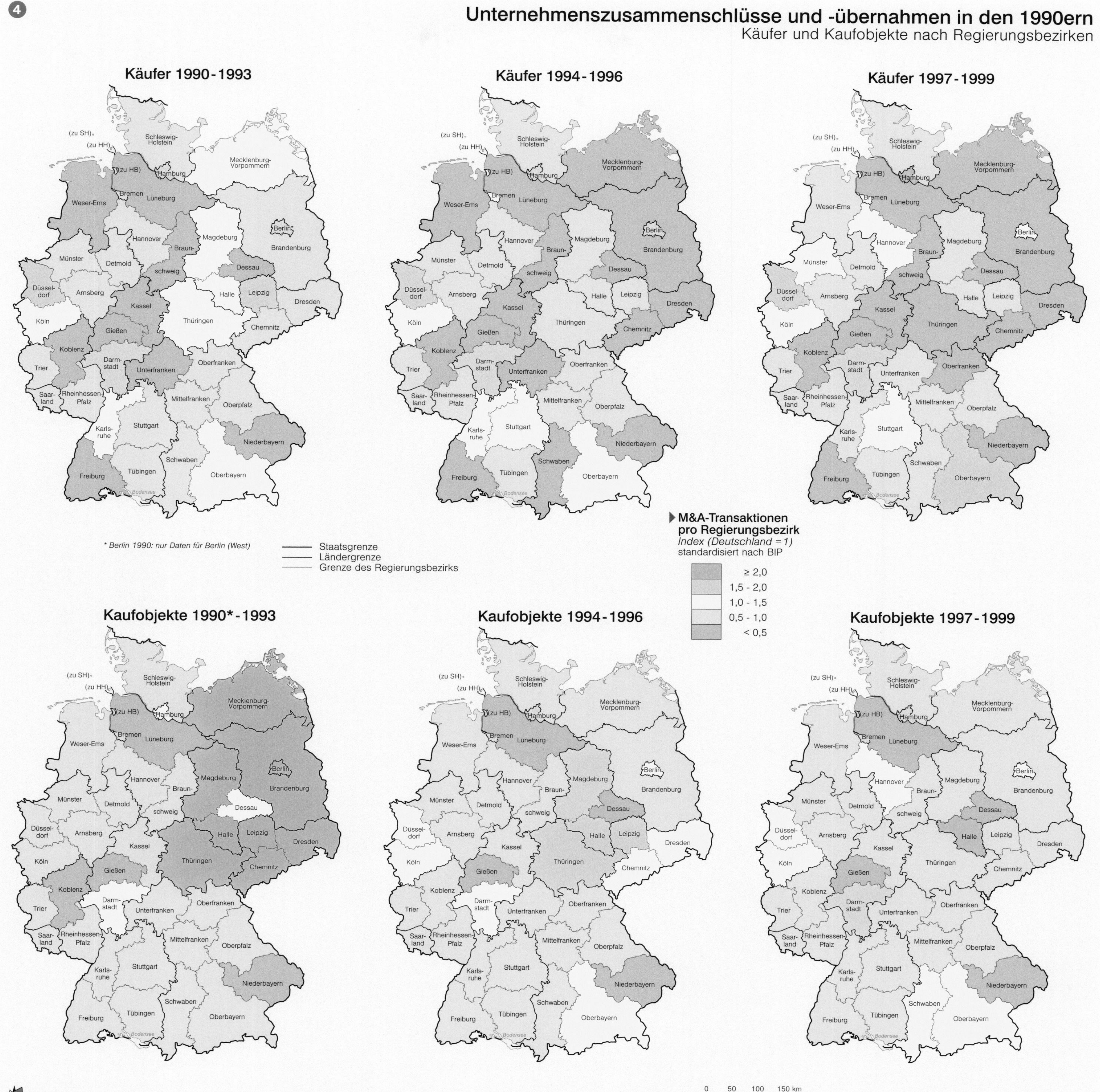

bloße Anzahl an Transaktionen weist Deutschland mit Österreich, Italien, Dänemark, Belgien und Luxemburg sowie den beiden östlichen Nachbarn Polen und Tschechien eine positive Bilanz auf. Weitere vorwiegend aus Kosten- bzw. Effizienzgründen bedeutsame Zielregionen deutscher Unternehmenskäufe im Ausland sind Spanien, Ungarn und Brasilien.

Als wichtigste Käufermärkte lassen sich hingegen die USA und Großbritannien benennen. In beiden Ländern stellen Beteiligungs- und Firmenkäufe bereits seit der vorigen Jahrhundertwende ein relativ übliches Geschäftsgebaren aus Motiven der Sicherung oder Erschließung neuer Auslandsmärkte bzw. der Ressourcen- und Wertstrategie dar (z.B. JANSEN u.a. 2001). Dementsprechend gut ausgebildet ist hier auch die spezifische Infrastruktur, z.B. im M&A-bezogenen Beratungs- und Finanzdienstleistungsbereich.◆

Shopping-Center – ein erfolgreicher Import aus den USA

Günter Heinritz

Nicht eine modische Präferenz für Anglizismen, sondern zwei gute Gründe sprechen dafür, in diesem Beitrag den Begriff Shopping-Center statt des deutschen Terminus Einkaufszentrum zu verwenden. Shopping-Center und Einkaufszentrum werden zwar häufig synonym verwendet, aber ebenso oft wird Einkaufszentrum verstanden als eine gewachsene räumliche Konzentration von Einzelhandels- und Dienstleistungsbetrieben verschiedener Art und Größe. Ein solches Verständnis reicht weit über den Inhalt hinaus, der sich mit dem Begriff Shopping-Center verbindet, das als eine „als Einheit geplante, errichtete und verwaltete Agglomeration von Einzelhandels- und Dienstleistungsbetrieben“ (FALK 1973, S. 15) definiert ist.

Die Verwendung des Anglizismus Shopping-Center soll aber auch signalisieren, dass in der Tat nicht nur das Wort, sondern auch die Sache selbst aus den USA importiert wurde: 1956 ist in Minneapolis mit dem Southdailcenter das erste Shopping-Center als geplante überdachte und klimatisierte Einzelhandelsagglomeration konzipiert und realisiert worden. Die planerische Grundidee besteht schlicht darin, zwei große Warenhäuser durch einen überdachten Bereich (Mall) zu verbinden, an dem eine Vielzahl von Geschäften verschiedener Branchen angesiedelt ist. Dieser „Knochengrundriss“ induziert Passantenströme zwischen den „Ankermietern“ und erwies sich als so erfolgreich, dass er in den USA in rascher Folge so oft kopiert worden ist, dass das Wortspiel "if you know one, you know the(m)all" durchaus seine Berechtigung hat.

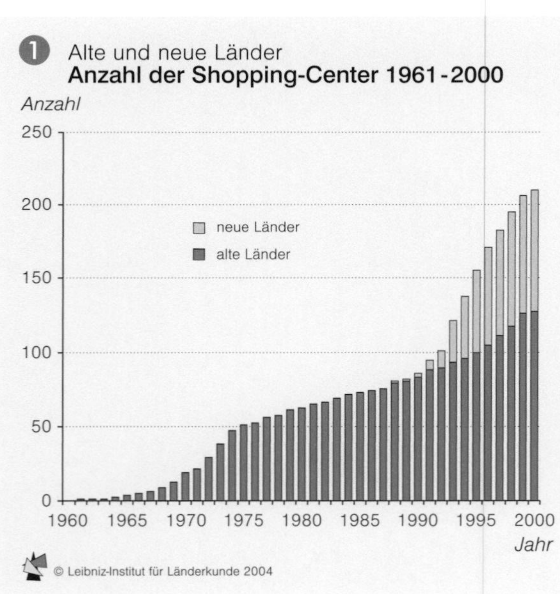

Der Ruhrpark in Bochum. Als dieses Einkaufszentrum 1964 eröffnet wurde, verfügte es erst über ein Fünftel der heutigen Verkaufsfläche von nahezu 126.000 m².

Erste deutsche Shopping-Center

In den 1960er Jahren erreichte die Innovation Shopping-Center Europa. 1964 eröffneten mit dem Main-Taunus-Center bei Frankfurt und dem Ruhrpark-Shopping-Center bei Bochum die ersten größeren Einrichtungen dieser Art in Deutschland. Als neuartige Elemente in der Kulturlandschaft wurden sie alsbald von Stadtgeographen zur Kenntnis genommen und untersucht (z.B. WOLF 1966; MAYR 1976).

Der folgende Ausbreitungsprozess ❶ gewann in der ersten Hälfte der 1970er Jahre erheblich an Dynamik, die nach 1975 wieder deutlich nachzulassen begann, nicht zuletzt deshalb, weil die Auswirkungen großflächiger Einzelhandelsstandorte zunehmend kritisch gesehen wurden und die staatliche Raumordnung regulierend Einfluss zu nehmen suchte. Das hat zwar die Ansiedlung weiterer Shopping-Center nicht verhindern können, aber doch zur Folge gehabt, dass die durchschnittlichen Verkaufsflächen der nach 1975 eröffneten Shopping-Center im Allgemeinen nicht mehr wie bis dahin über 30.000 m² betrugen, sondern deutlich kleiner dimensioniert waren und sich bei 20-25.000 m² eingependelt haben.

Neuere Entwicklungen

Neue Dynamik gewann der Ausbreitungsprozess der Shopping-Center in Deutschland nach dem Beitritt der neuen Bundesländer, in denen sich nach der Wende ungehindert durch staatliche Planung (die erst noch dabei war sich zu etablieren) zahlreiche Shopping-Center ausbreiten konnten. Diese Gründungswelle hat in vielen Städten die Fundamente des innerstädtischen Einzelhandels unterspült und drohte, sie zum Einsturz zu bringen. So ergibt sich die etwas paradoxe Situation, dass es gerade dort die meisten Shopping-Center gibt, wo die Kaufkraft am geringsten ist ❸.

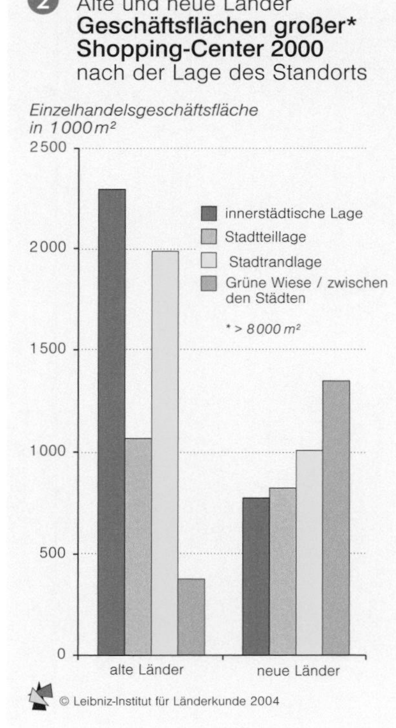

Waren die ersten Shopping-Center in den alten Ländern auf der grünen Wiese, d.h. an nicht integrierten Standorten gebaut worden (▶▶ Beitrag Henschel/Krüger/Kulke, Bd. 9, S. 74), wurden in den 1980er und 1990er Jahren immer mehr innerstädtische Standorte bevorzugt ❷. Anders als in den neuen findet sich in den alten Ländern deshalb der größere Teil der Shopping-Center-Fläche in innerstädtischen Lagen (▶▶ Beitrag Gerhard/Jürgens, Bd. 5, S. 144). Ob die Innenstädte dadurch wieder an Attraktivität gewinnen, ist eine durchaus umstrittene Frage.

Methodisches zur Erfassung und Darstellung von Shopping-Centern

Alle Versuche, den Ausbreitungsprozess der Shopping-Center statistisch abzubilden, haben mit der Schwierigkeit zu kämpfen, dass den verschiedenen Bestandsaufnahmen unterschiedliche Definitionen zu Grunde liegen. Sie unterscheiden sich u.a. hinsichtlich der Verkaufsfläche und der Zahl der zugehörigen Einzelhandelsbetriebe, die mindestens gegeben sein müssen, damit eine als Einheit geplante Agglomeration von Einzelhandels- und Dienstleistungsbetrieben in der entsprechenden Erhebung berücksichtigt wird. Die Karte ❸ basiert auf Daten, die dem Shopping-Center-Report des privatwirtschaftlichen Instituts für Gewerbezentren entnommen sind (FALK 2000). Er weist für das Jahr 2000 insgesamt 380 Shopping-Center nach. Allerdings liegt dem eine sehr weite Definition zu Grunde, die auch kleinere Spezialzentren, Fachmarktzentren usw. einschließt. Die Abbildung der zahlenmäßigen Ausbreitung von Shopping-Centern in Deutschland ❶ beruht zwar auf der gleichen Quelle (vgl. POPP 2002), berücksichtigt aber nur Einrichtungen, die mindestens 20 Ladenlokale und eine Geschossfläche von mindestens 10.000 m² umfassen.

Mit ihrer verkaufsästhetisch motivierten Inszenierung der Urbanität zeigen die Shopping-Center am deutlichsten den Umbau des öffentlichen Raumes an. Hier simulieren private Einkaufsstraßen den öffentlichen Raum durch eifrige Zitate des traditionellen Stadtbildes. Offenbar sind sie gerade deshalb erfolgreich, weil sie der Sehnsucht des Konsumenten nach einem Raum entsprechen, der für autonome gesellschaftliche Handlungen offen ist.◆

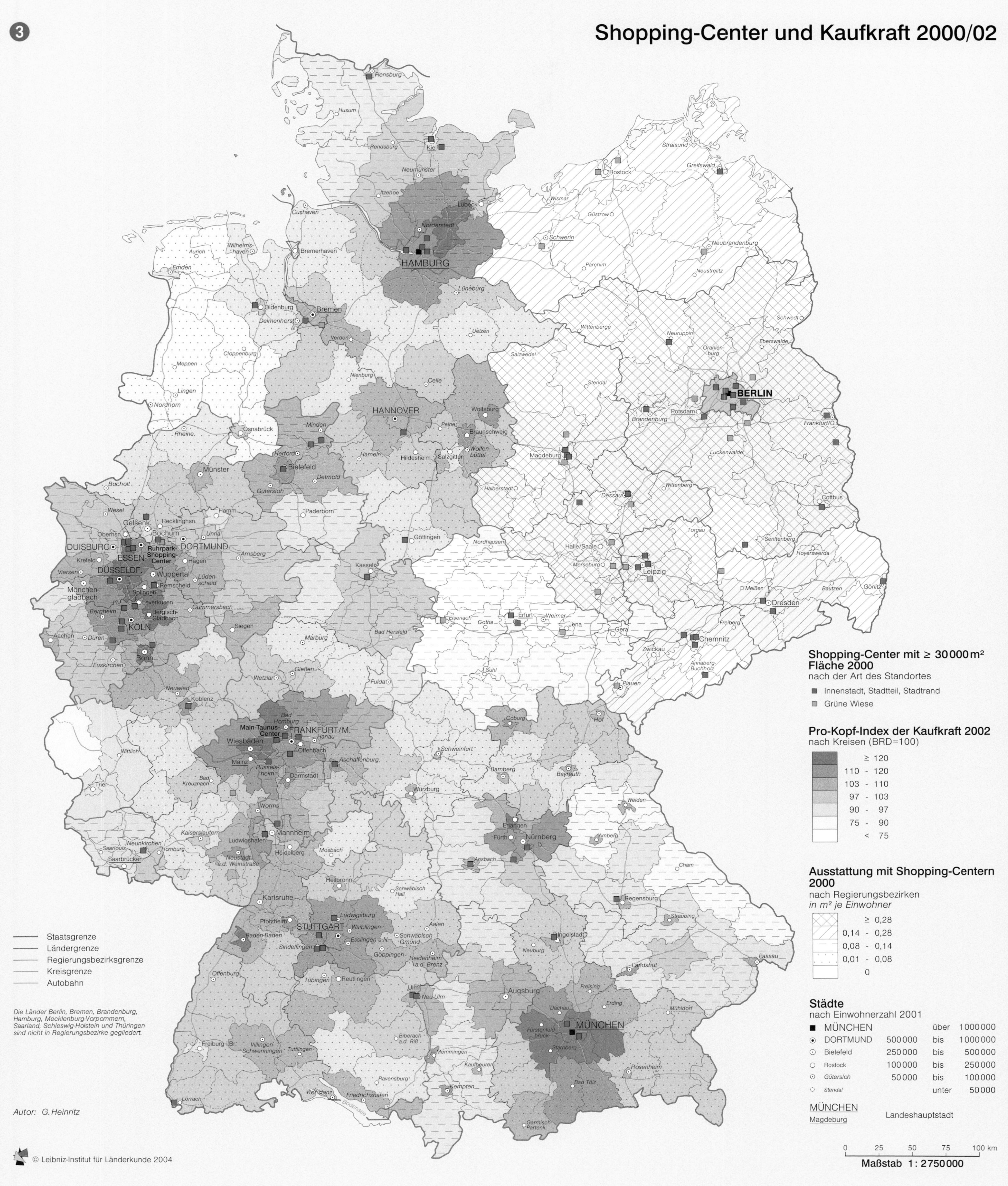
3
Shopping-Center und Kaufkraft 2000/02
Shopping-Center mit ≥ 30 000 m² Fläche 2000
nach der Art des Standortes
Innenstadt, Stadtteil, Stadtrand
Grüne Wiese
Pro-Kopf-Index der Kaufkraft 2002
nach Kreisen (BRD=100)
≥ 120
110 - 120
103 - 110
97 - 103
90 - 97
75 - 90
< 75
Ausstattung mit Shopping-Centern 2000
nach Regierungsbezirken
in m² je Einwohner
≥ 0,28
0,14 - 0,28
0,08 - 0,14
0,01 - 0,08
0
Städte
nach Einwohnerzahl 2001
MÜNCHEN über 1 000 000
DORTMUND 500 000 bis 1 000 000
Bielefeld 250 000 bis 500 000
Rostock 100 000 bis 250 000
Gütersloh 50 000 bis 100 000
Stendal unter 50 000
MÜNCHEN
Magdeburg
Landeshauptstadt
0 25 50 75 100 km
Maßstab 1 : 2 750 000
Staatsgrenze
Ländergrenze
Regierungsbezirksgrenze
Kreisgrenze
Autobahn
Die Länder Berlin, Bremen, Brandenburg, Hamburg, Mecklenburg-Vorpommern, Saarland, Schleswig-Holstein und Thüringen sind nicht in Regierungsbezirke gegliedert.
Autor: G. Heinritz
© Leibniz-Institut für Länderkunde 2004
HAMBURG
BERLIN
HANNOVER
DUISBURG
ESSEN
DORTMUND
DÜSSELDF.
KÖLN
FRANKFURT/M.
STUTTGART
MÜNCHEN

Finanzstandort Deutschland: Banken und Versicherungen

Britta Klagge und Nina Zimmermann

Der Finanzsektor hat sich in den vergangenen Jahrzehnten zu einer Schlüsselbranche für das Fortschreiten der Globalisierung entwickelt. Im Zuge dieser Entwicklung hat auch der Finanzstandort Deutschland tief greifende Änderungen erfahren. Neue rechtliche Regelungen und Informations- und Kommunikations-Technologien (▶▶ Beitrag Koch, Bd. 9, S. 108) haben nicht nur finanztechnische Innovationen ermöglicht, sondern zugleich die Internationalisierung des Finanzstandorts Deutschland befördert. Diese Veränderungen sowie die Einführung des gemeinsamen Marktes und des Euro stellen die Rahmenbedingungen für einen Strukturwandel dar, in dessen Verlauf sich die Konkurrenz auf den Finanzmärkten und die Vielfalt der Finanzunternehmen in Deutschland deutlich erhöht haben ❹. Hierauf haben Banken und Versicherungen mit neuen Strategien und weitreichenden Umstrukturierungen reagiert. Sie gehen mit organisatorischen und räumlichen Konzentrationsprozessen einher, die auf Kostenvorteile durch Skalenerträge und Synergieeffekte abzielen. Ein Beispiel bildet das mit dem Begriff „Allfinanz" bezeichnete Zusammenwachsen von Bank-, Versicherungs- und anderen Finanzunternehmen (z.B. Dresdner Bank und Allianz). Seit 1990 ist die Zahl der Versicherungen und Banken durch Fusionen und Übernahmen deutlich gesunken ❸. Besonders betroffen sind die teilweise sehr kleinen Kreditgenossenschaften und die Sparkassen. Hier zeigt sich ein dezentrales Konzentrationsmuster, während Fusionen und Übernahmen bei den Geschäftsbanken die Dominanz der Bankenmetropole Frankfurt gestärkt haben ❺.

❶ Bankzweigstellen 2000
nach Ländern; ohne Bausparkassen

Schleswig-Holstein, Hamburg, Mecklenburg-Vorpommern, Bremen, Niedersachsen, Berlin, Brandenburg, Sachsen-Anhalt, Nordrhein-Westfalen, Sachsen, Thüringen, Hessen, Rheinland-Pfalz, Saarland, Baden-Württemberg, Bayern

Anzahl der Zweigstellen: 9869, 5000, 2000, 1000, 282
1mm² ≙ 50 Zweigstellen

Geschäftsbanken
Sparkassen und Landesbanken
genossenschaftliche Banken
Deutsche Postbank

Zweigstellendichte je 1 Mio. Einw.
> 750
550 - 750
< 550

❷ Ausgewählte europäische Länder
Vergleich der Bankzweigstellendichte 1987 und 1999
ohne Bausparkassen

Zweigstellen je 1 Mio. Einwohner
1987, 1999
NL, F, GB, D, CH

 Autorinnen: B. Klagge, N. Zimmermann

Finanzplatz Frankfurt

Dass die Mainmetropole nach dem Zweiten Weltkrieg zum wichtigsten deutschen und zu einem bedeutenden internationalen Finanzplatz wurde, hängt vor allem mit der Gründung der Bank deutscher Länder – der späteren Bundesbank – im Jahr 1948 in Frankfurt zusammen. In der Folge verlagerten viele große deutsche Banken ihre Hauptsitze nach Frankfurt, und die Stadt wurde außerdem zum wichtigsten deutschen Standort für ausländische Banken. Parallel dazu wuchs die Frankfurter Wertpapierbörse zur wichtigsten Börse in Deutschland heran. Frankfurt wurde zur Schnittstelle zwischen den globalen Kapitalmärkten und dem nationalen Markt, zählt trotz der Europäischen Zentralbank jedoch weiterhin nur zur zweiten Riege internationaler Finanzplätze. Hier werden – im Unterschied zu London – vor allem Geschäfte mit direktem Bezug zu Deutschland getätigt.

Regionale Struktur

Trotz der wachsenden Bedeutung des Finanzplatzes Frankfurt besteht in Deutschland immer noch eine relativ dezentrale Finanzstruktur. Neben den großen regionalen (▶▶ Beitrag Bode/Hanewinkel/Mahler, S. 62) Bankenzentren und Börsenstandorten gibt es flächenhaft organisierte Systeme der Kreditgenossenschaften und der Sparkassen ❶. Das Versicherungswesen konzentriert sich in wenigen großen Städten. Neben Köln und Hamburg gilt das vor allem für München als Standort der Münchner Rück und der Allianz, die in ihren jeweiligen Märkten zu den globalen Marktführern gehören. In den neuen Ländern gibt es keinen bedeutenden Banken- oder Versicherungsplatz.

Die regionalen Unterschiede im Bank- und Versicherungswesen spiegeln sich in der Verteilung der Beschäftigten wider. Hohe Beschäftigtenanteile weisen neben den genannten Finanzzentren vor allem kleinere Standorte mit wichtigen Einzelunternehmen auf, z.B. Coburg, Hameln-Pyrmont und Schwäbisch Hall ❺. Generell niedrige Anteile haben die neuen Länder, da hier die Bankzweigstellendichte geringer ist. Mit der zunehmenden Bedeutung neuer Vertriebswege wie Telefon-, Computer- und Automatenbanking, der damit einhergehenden Standardisierung von Produkten und Automatisierung von Prozessabläufen wird die bereits in den 1990er Jahren gesunkene Zahl der Zweigstellen und der Beschäftigten weiter zurückgehen. Der Vergleich mit anderen europäischen Ländern zeigt, dass Deutschland hinsichtlich der Zweigstellen trotz der bereits erfolgten Rückbauprozesse nach wie vor als relativ „overbanked" bzw. „overbranched" einzuschätzen ist ❷.

Zukünftige Entwicklungstrends

Angesichts der wachsenden Bedeutung des Kapitalmarktes wird die Vielfalt der Finanzunternehmen in Deutschland weiter steigen. Wichtige Aspekte hierfür sind der demographische Wandel und seine Folgen für die Alterssicherung sowie die veränderten institutionellen Bedingungen im Finanzsektor selbst. Hier sind auch Veränderungen an den Börsen und auf dem privaten Kapitalbeteiligungsmarkt sowie neue rechtliche Regelungen – z.B. zur Haftung (EU) oder Eigenkapitalausstattung (Baseler Akkord) – zu nennen. Diese Entwicklungen zusammen mit der fortschreitenden Internationalisierung von Finanzmärkten und -unternehmen tragen dazu bei, dass die Finanzbranche auch in Zukunft dynamisch bleiben wird.◆

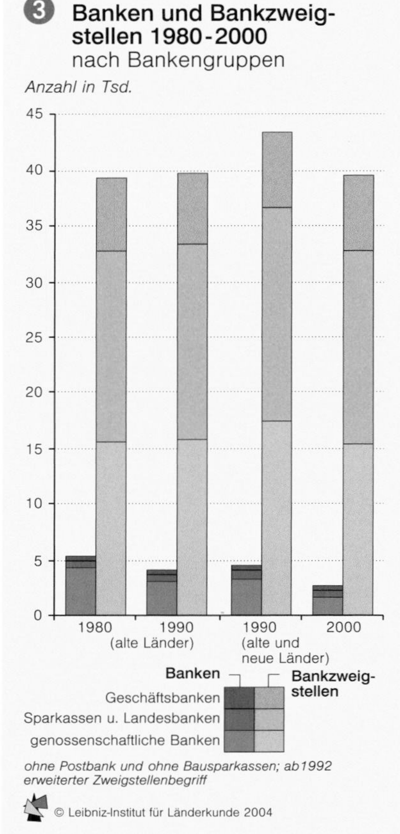

❸ Banken und Bankzweigstellen 1980-2000
nach Bankengruppen

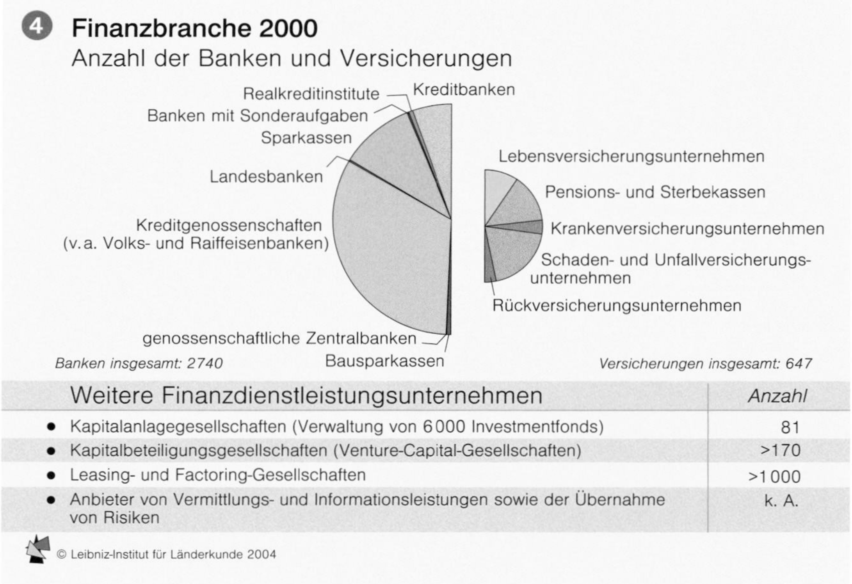

❹ Finanzbranche 2000
Anzahl der Banken und Versicherungen

Weitere Finanzdienstleistungsunternehmen	Anzahl
• Kapitalanlagegesellschaften (Verwaltung von 6000 Investmentfonds)	81
• Kapitalbeteiligungsgesellschaften (Venture-Capital-Gesellschaften)	>170
• Leasing- und Factoring-Gesellschaften	>1 000
• Anbieter von Vermittlungs- und Informationsleistungen sowie der Übernahme von Risiken	k. A.

5

Banken und Versicherungen 1993-2000

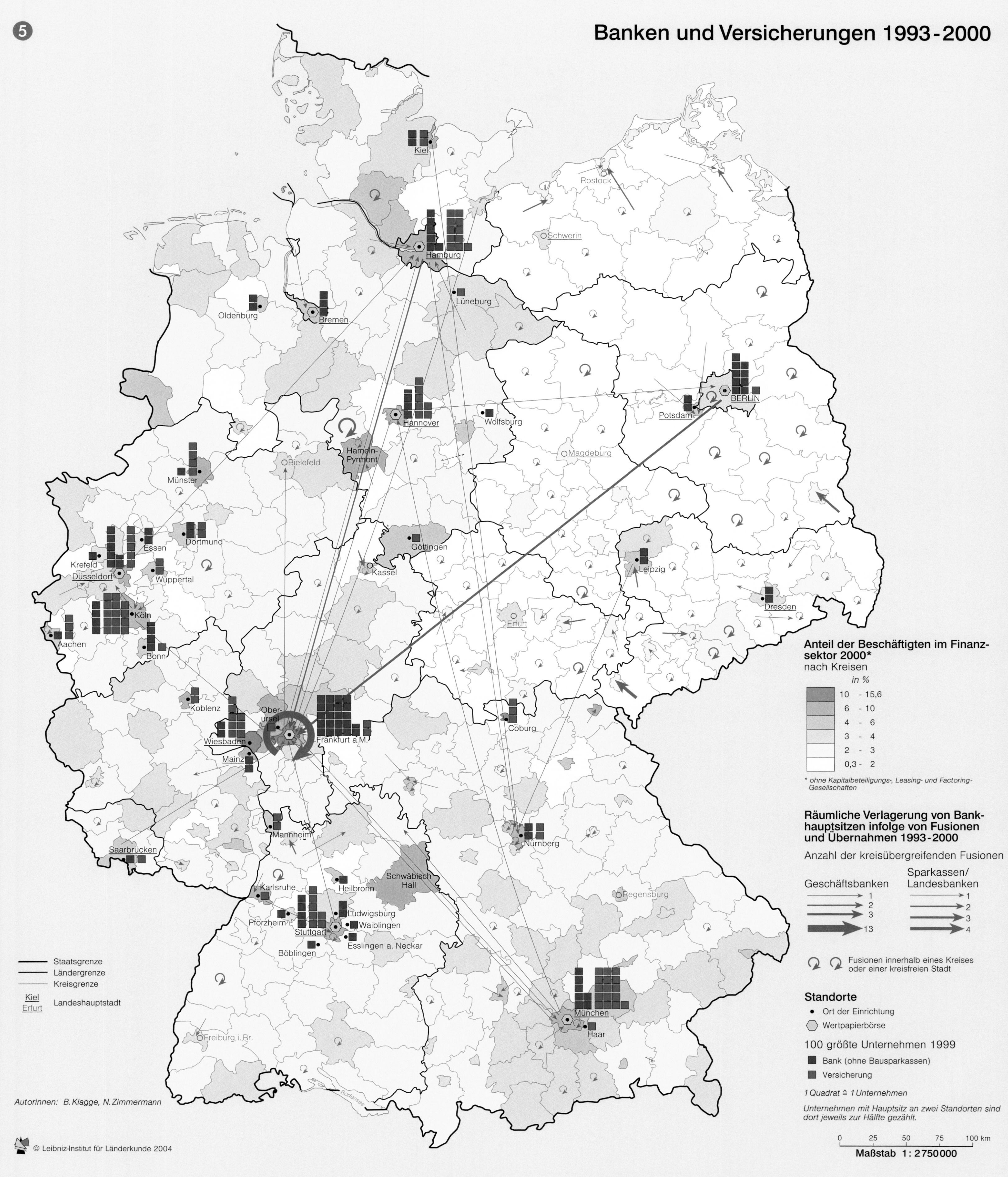

Kiel
Rostock
Schwerin
Hamburg
Oldenburg
Bremen
Lüneburg
BERLIN
Potsdam
Hannover
Wolfsburg
Magdeburg
Hameln-Pyrmont
Bielefeld
Münster
Dortmund
Essen
Krefeld
Düsseldorf
Wuppertal
Göttingen
Kassel
Leipzig
Dresden
Köln
Aachen
Bonn
Erfurt
Koblenz
Ober-ursel
Wiesbaden
Frankfurt a.M.
Mainz
Coburg
Mannheim
Nürnberg
Saarbrücken
Schwäbisch Hall
Karlsruhe
Heilbronn
Regensburg
Ludwigsburg
Pforzheim
Waiblingen
Stuttgart
Esslingen a. Neckar
Böblingen
München
Haar
Freiburg i.Br.
Bodensee
Anteil der Beschäftigten im Finanzsektor 2000*
nach Kreisen
in %
10 - 15,6
6 - 10
4 - 6
3 - 4
2 - 3
0,3 - 2
* ohne Kapitalbeteiligungs-, Leasing- und Factoring-Gesellschaften
Räumliche Verlagerung von Bankhauptsitzen infolge von Fusionen und Übernahmen 1993-2000
Anzahl der kreisübergreifenden Fusionen
Geschäftsbanken
1
2
3
13
Sparkassen/ Landesbanken
1
2
3
4
Fusionen innerhalb eines Kreises oder einer kreisfreien Stadt
Standorte
Ort der Einrichtung
Wertpapierbörse
100 größte Unternehmen 1999
Bank (ohne Bausparkassen)
Versicherung
1 Quadrat ≙ 1 Unternehmen
Unternehmen mit Hauptsitz an zwei Standorten sind dort jeweils zur Hälfte gezählt.
0
25
50
75
100 km
Maßstab 1: 2750000
Staatsgrenze
Ländergrenze
Kreisgrenze
Kiel
Erfurt
Landeshauptstadt

Autorinnen: B. Klagge, N. Zimmermann

Auf dem Börsenparkett

Volker Bode, Christian Hanewinkel und Armin Mahler

Die Deutschen halten sich beim Aktienkauf zurück – dabei ist eine funktionierende Börse für die Volkswirtschaft lebenswichtig. Am 18. November 1996 fand ein für die deutsche Wirtschaft denkwürdiges, aber im Rückblick durchaus zweischneidiges Ereignis statt: Die Telekom ging an die Börse, und dank einer beispiellosen Werbekampagne fieberte die ganze Nation mit, als die so genannte T-Aktie fortan zu ihrem fulminanten Höhenflug ansetzte – um schließlich wieder unter ihren Ausgabekurs abzustürzen. Die T-Aktie sollte eine Volksaktie sein, sie sollte aus den Deutschen ein Volk von Aktienbesitzern machen. Denn Anteilsscheine an Unternehmen, die an der Börse gehandelt werden, versprachen schnellen Reichtum.

❶ Aktiengesellschaften des Prime Standard mit deutschem Hauptsitz 2004
nach Branche und Marktsegment

Branche/ Kerngeschäft	Anzahl der Unternehmen				
	DAX	MDAX	SDAX	TecDAX	gesamt
	■	■	■	■	29
	■	■	■		6
	■				1
	■		■	■	8
	■	■	■	■	21
	■	■			3
	■	■	■		5
		■			1
		■			1
		■	■		4
		■			1
	■		■		3
		■			2
	■	■	■		13
	■	■	■	■	13
		■	■		5
	■	■	■		21
		■	■	■	11
gesamt	30	47	47	24	**148**

Farben: ▶▶ Kartenlegende ■ 1 Quadrat ≙ 1 Firma

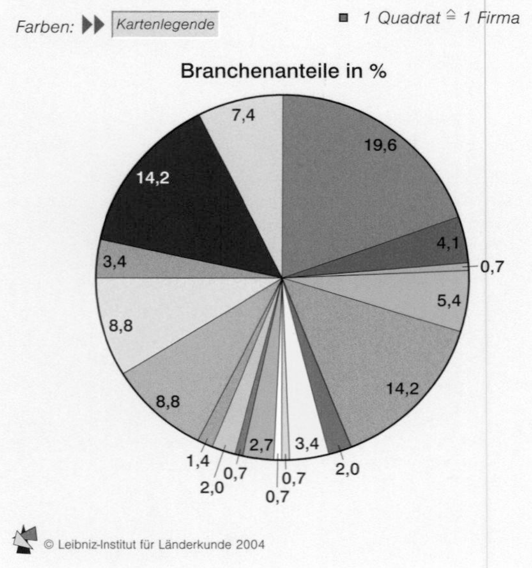

© Leibniz-Institut für Länderkunde 2004

Inzwischen mussten die Deutschen erfahren, dass die Börse keine Einbahnstraße ist und dass, wo große Chancen winken, auch große Gefahren lauern. Denn nach einem beispiellosen Höhenrausch, der nicht nur die T-Aktie, sondern alle Technologieaktien nach oben katapultierte, folgte die große Ernüchterung. Seitdem verhalten sich viele enttäuschte Aktionäre wie gebrannte Kinder: Sie bleiben der Börse fern. Derzeit besitzen nur rund 5,2 Millionen Deutsche Aktien. Das ist zwar eine halbe Million mehr als noch ein Jahr vorher, aber rund eine Million weniger als zu den Hochzeiten der Börse im Jahr 2000. Schlimmer noch: Die Zahl der Börsengänge, die bis 2000 immer neue Rekordstände erreichte, brach dramatisch ein – im Jahr 2003 wagte sich kein einziges Unternehmen an die deutsche Börse.

Für die Volkswirtschaft ist das fatal. Denn die Börse versorgt die Unternehmen mit dem, was sie am dringendsten brauchen – mit Geld. Sie vermittelt zwischen den Menschen, die für ihr Geld eine renditeträchtige Anlage suchen, und Unternehmen, die Geld für ihre Expansion suchen. Wenn die Versorgung stockt, und das tut sie seit die Börsenblase im Jahr 2000 platzte, wird die wirtschaftliche Entwicklung gebremst: Unternehmen können nicht mehr so stark wachsen, neue Technologien können nicht so schnell erschlossen werden.

Ohne Mobilisierung von Kapital in Form von Aktien bei weiten Kreisen der Bevölkerung wäre der Bau von Eisenbahnen und von Schienenstrecken quer durchs Land im 19. Jahrhundert kaum denkbar gewesen, und auch der Siegeszug des Internet in den 90er Jahren des 20. Jahrhunderts war nur so möglich – auch wenn es hier wie dort zu Übertreibungen und Pleiten kam.

Der Aktionär ist, solange er seine Aktien hält, Mitgesellschafter des Unternehmens. Seine Mitspracherechte sind allerdings begrenzt, wie die Hauptversammlungen der großen Konzerne Jahr für Jahr zeigen. Da lassen die Kleinaktionäre stundenlang Dampf ab, und beschlossen wird am Ende, was die Großaktionäre, die Fonds und Banken zuvor abgesprochen haben. Als Miteigentümer bekommt der Aktionär einen Anteil am Gewinn, die Dividende. Die fällt, gemessen am Aktienkurs, allerdings eher bescheiden aus. Die meisten Anleger lockt vielmehr die Hoffnung auf Kurssteigerungen.

Aktiensaal der Frankfurter Wertpapierbörse

Den Kurs einer Aktie bestimmen Angebot und Nachfrage. Je mehr Anleger an die Zukunft eines Unternehmens glauben und auf steigende Kurse setzen, desto mehr steigt der auch. Gehandelt werden Erwartungen. Werden diese Erwartungen enttäuscht, sinkt der Kurs. Und wenn die Euphorie allzu groß und die folgende Enttäuschung kollektiv ist wie zur Jahrtausendwende, dann brechen die Kurse auf breiter Front und nachhaltig ein. Crashs hat es in der Börsengeschichte immer wieder gegeben, und oft dauert es Jahre oder gar Jahrzehnte, bis die Kurse sich wieder erholen.

Für die Unternehmen ist ein hoher Kurs überlebenswichtig – nicht nur, weil sie sich dann an der Börse über Kapitalerhöhungen frisches Geld besorgen können. Wenn sie an der Börse weit niedriger bewertet werden als ihre ausländischen Konkurrenten, und das ist derzeit der Fall, besteht auch die Gefahr, dass sie geschluckt werden.

Die Liste der großen Konzerne der Welt, gemessen an ihrem Börsenwert, führen General Electric, Microsoft, Exxon Mobil, Pfizer und Citigroup an. Die besten deutschen liegen auf Platz 40 (Deutsche Telekom), 53 (Siemens), 85 (SAP) und 100 (E.on). DaimlerChrysler schafft es nicht einmal in die Top 100.

Bedenklich ist nicht nur, dass die deutschen Konzerne in den vergangenen Jahren immer weiter zurück fielen, sondern auch dass kaum Neues nachwächst. Noch immer dominieren in Deutschland die klassischen Industrien wie Automobilbau und Chemie, Hightech-Unternehmen sind die Ausnahme. Geographisch gesehen kommt es sowohl markt- als auch branchenspezifisch zu räumlichen Konzentrationen ❶ ❷. Dabei nimmt München mit seinem Umland in allen Belangen eine Spitzenposition ein. Dort sind nicht nur 7 der DAX 30 Unternehmen, sondern auch 7 der 21 Konzerne aus dem Finanzsektor und insgesamt 15% aller DAX-Unternehmen zu Hause. Im Raum Frankfurt lassen sich der Chemiesektor und die Banken als weitere branchenspezifische Cluster ausmachen. Daneben sind die Regionen Rhein/Ruhr und Rhein/Neckar sowie Hamburg als Hauptstandorte der Unternehmen des ▶ DAX, ▶ MDAX, ▶ SDAX und ▶ TecDAX hervorzuheben. Die Hauptstadt Berlin folgt unter ferner liefen, und Ostdeutschland ist noch immer ein weißer Fleck auf der Landkarte.◆

Die deutschen Aktienindizes

Aktien, die am Amtlichen oder Geregelten Markt gehandelt werden sollen, müssen gesetzlichen Mindestanforderungen genügen (General Standard). Am 1. Januar 2003 wurde zusätzlich das neue Segment **Prime Standard** mit einheitlichen Zulassungsfolgepflichten geschaffen. Es ist auf Unternehmen zugeschnitten, die sich auch gegenüber internationalen Investoren positionieren wollen.

Der **DAX** (**D**eutscher **A**ktieninde**x**) bildet die Kursentwicklung der – gemessen am Börsenumsatz und an der Marktkapitalisierung – 30 größten deutschen Aktiengesellschaften ab. Er wurde 1988 eingeführt. Die nach den Dax-Kriterien folgenden 50 Werte, die sog. Midcaps, sind im **MDAX** enthalten, der seit 1996 existiert, und die nächsten 50 Unternehmen, die Smallcaps, im **SDAX**. Im 2003 neu eingeführten **TecDAX** sind die 30 größten Technologieunternehmen außerhalb des Dax vertreten.

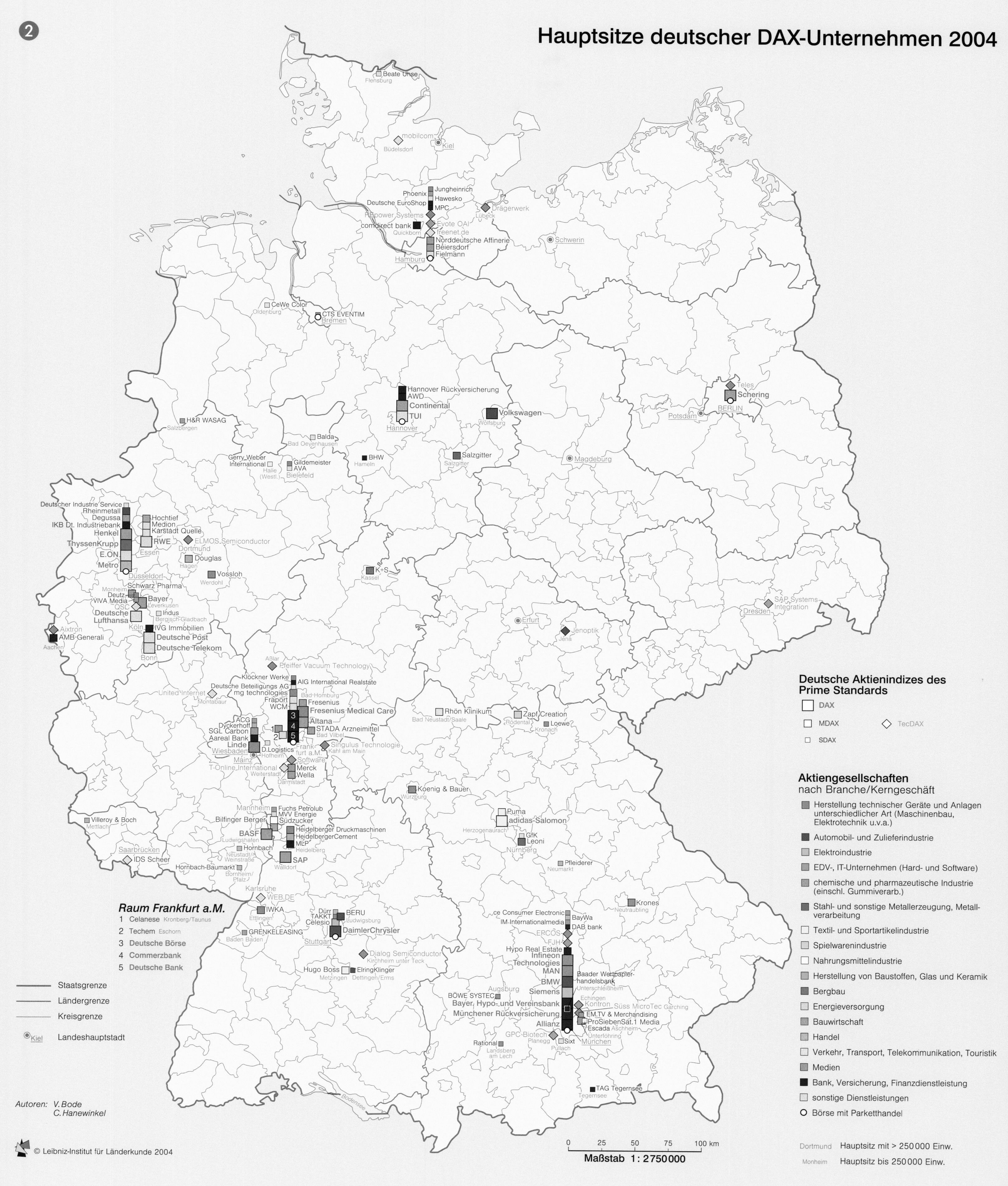
2
Hauptsitze deutscher DAX-Unternehmen 2004
Beate Uhse
Flensburg
mobilcom
Büdelsdorf
Kiel
Jungheinrich
Phoenix
Hawesko
Deutsche EuroShop
MPC
REpower Systems
Drägerwerk
Lübeck
comdirect bank
Evote OAI
Quickborn
freenet.de
Schwerin
Norddeutsche Affinerie
Beiersdorf
Fielmann
Hamburg
CeWe Color
Oldenburg
CTS EVENTIM
Bremen
Teles
Schering
Potsdam
BERLIN
Hannover Rückversicherung
AWD
Continental
TUI
Hannover
Volkswagen
Wolfsburg
H&R WASAG
Salzbergen
Balda
Bad Oeynhausen
BHW
Hameln
Salzgitter
Magdeburg
Gerry Weber International
Halle (Westf.)
Gildemeister
AVA
Bielefeld
Deutscher Industrie Service
Rheinmetall
Degussa
IKB Dt. Industriebank
Henkel
ThyssenKrupp
E.ON
Metro
Düsseldorf
Hochtief
Medion
Karstadt Quelle
RWE
Essen
ELMOS Semiconductor
Dortmund
Douglas
Hagen
Vossloh
Werdohl
K+S
Kassel
Monheim
Schwarz Pharma
Deutz
VIVA Media
QSC
Bayer
Leverkusen
Deutsche Lufthansa
Indus
Bergisch-Gladbach
Köln
SAP Systems Integration
Dresden
Aixtron
AMB Generali
Aachen
IVG Immobilien
Deutsche Post
Deutsche Telekom
Bonn
Erfurt
Jenoptik
Jena
Aßlar
Pfeiffer Vacuum Technology
Klöckner Werke
AIG International Realstate
Deutsche Beteiligungs AG
mg technologies
Bad Homburg
United Internet
Montabaur
Fraport
Fresenius
WCM
Fresenius Medical Care
Altana
STADA Arzneimittel
Bad Vilbel
ACG
Dyckerhoff
SGL Carbon
Aareal Bank
Linde
Wiesbaden
D.Logistics
Hofheim
Frankfurt a.M.
Singulus Technologie
Kahl am Main
Mainz
T-Online International
Weiterstadt
Software
Merck
Wella
Darmstadt
Rhön Klinikum
Bad Neustadt/Saale
Zapf Creation
Rödental
Loewe
Kronach
Koenig & Bauer
Würzburg
Mannheim
Fuchs Petrolub
MVV Energie
Südzucker
Bilfinger Berger
BASF
Ludwigshafen
Heidelberger Druckmaschinen
HeidelbergerCement
MLP
Heidelberg
Hornbach
Neustadt/Weinstraße
SAP
Walldorf
Villeroy & Boch
Mettlach
Saarbrücken
IDS Scheer
Hornbach-Baumarkt
Bornheim/Pfalz
Puma
adidas-Salomon
Herzogenaurach
GfK
Leoni
Nürnberg
Pfleiderer
Neumarkt
Karlsruhe
WEB.DE
IWKA
Ettlingen
GRENKELEASING
Baden Baden
Dürr
BERU
TAKKT
Ludwigsburg
Celesio
DaimlerChrysler
Stuttgart
Dialog Semiconductor
Kirchheim unter Teck
Hugo Boss
ElringKlinger
Metzingen
Dettingen/Erms
Krones
Neutraubling
ce Consumer Electronic
BayWa
IM Internationalmedia
DAB bank
ERCOS
FJH
Hypo Real Estate
Infineon Technologies
MAN
BMW
Baader Wertpapierhandelsbank
Unterschleißheim
Siemens
Augsburg
BÖWE SYSTEC
Echingen
Kontron
Süss MicroTec
Garching
Bayer. Hypo- und Vereinsbank
Münchener Rückversicherung
EM.TV & Merchandising
ProSiebenSat.1 Media
Allianz
Escada
Aschheim
Unterföhring
GPC-Biotech
Planegg
Sixt
Pullach
München
Rational
Landsberg am Lech
TAG Tegernsee
Tegernsee
Bodensee
Raum Frankfurt a.M.
1 Celanese Kronberg/Taunus
2 Techem Eschborn
3 Deutsche Börse
4 Commerzbank
5 Deutsche Bank
Staatsgrenze
Ländergrenze
Kreisgrenze
Kiel Landeshauptstadt
Autoren: V. Bode
C. Hanewinkel
© Leibniz-Institut für Länderkunde 2004
Deutsche Aktienindizes des Prime Standards
DAX
MDAX
TecDAX
SDAX
Aktiengesellschaften nach Branche/Kerngeschäft
Herstellung technischer Geräte und Anlagen unterschiedlicher Art (Maschinenbau, Elektrotechnik u.v.a.)
Automobil- und Zulieferindustrie
Elektroindustrie
EDV-, IT-Unternehmen (Hard- und Software)
chemische und pharmazeutische Industrie (einschl. Gummiverarb.)
Stahl- und sonstige Metallerzeugung, Metallverarbeitung
Textil- und Sportartikelindustrie
Spielwarenindustrie
Nahrungsmittelindustrie
Herstellung von Baustoffen, Glas und Keramik
Bergbau
Energieversorgung
Bauwirtschaft
Handel
Verkehr, Transport, Telekommunikation, Touristik
Medien
Bank, Versicherung, Finanzdienstleistung
sonstige Dienstleistungen
Börse mit Parketthandel
0 25 50 75 100 km
Maßstab 1 : 2750000
Dortmund Hauptsitz mit > 250000 Einw.
Monheim Hauptsitz bis 250000 Einw.

Automobilindustrie: Standorte und Zulieferverflechtungen

Eike W. Schamp unter Mitarbeit von Bernd Rentmeister

Deutschland ist seit Jahrzehnten Europas führende – und nach den USA und Japan weltweit die drittgrößte – Produktionsregion für Pkw. Der Umfang der Produktion ist seit 1980 von etwa 3,5 Mio. auf mehr als 5 Mio. Fahrzeuge im Jahr 2002 gewachsen ❸. Die direkte Beschäftigung in den Autowerken hat jedoch erst heute wieder das Niveau von 1980 erreicht. Erhebliche Produktivitätsfortschritte wurden erzielt – unter anderem durch die Reduzierung der ▶ Fertigungstiefe von etwa 38% im Jahr 1980 auf etwa 25% im Jahr 2002 und durch Auslagerung der Teile-Montage zu den Zulieferern. Die Autoindustrie trägt 19% zum Export von Industriegütern bei (2002) – nur etwa ein Drittel der deutschen Pkw-Produktion wird im Inland abgesetzt – und ist damit der wichtigste Exportmotor der deutschen Industrie. Im vergangenen Jahrzehnt sind deutsche Autohersteller zu globalen Unternehmen mit vernetzten Produktionswerken in allen Weltregionen herangewachsen. Summiert man alle Tätigkeiten von der Entwicklung bis zur Nutzung des Autos, wird der Beitrag zum deutschen BIP auf knapp 20% geschätzt.

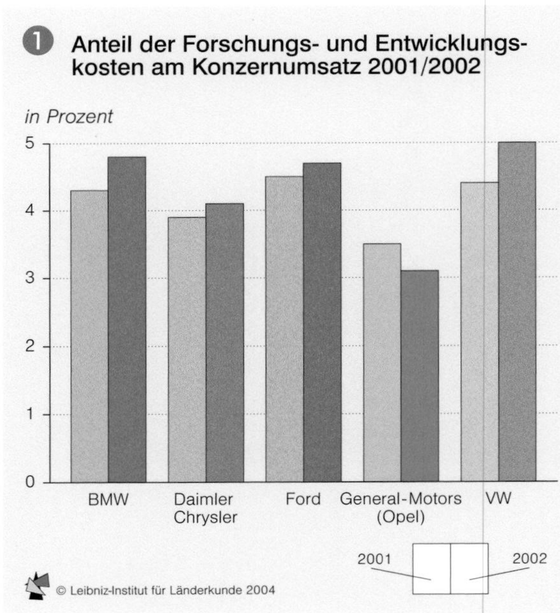

❶ Anteil der Forschungs- und Entwicklungskosten am Konzernumsatz 2001/2002

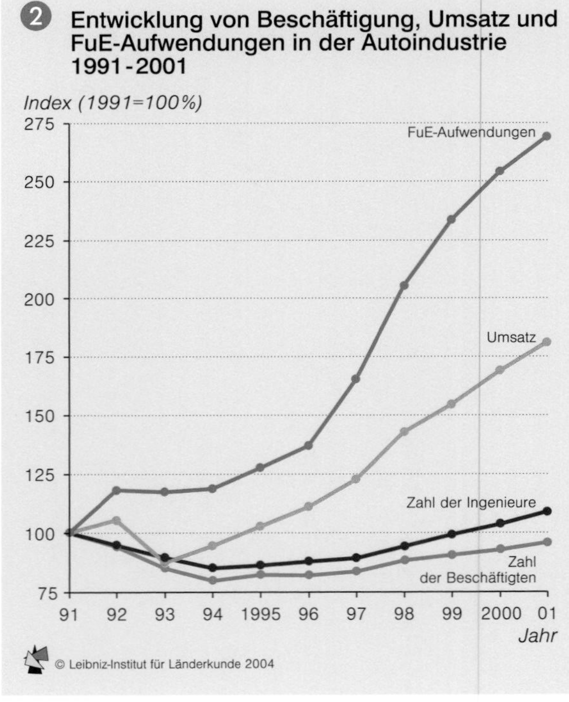

❷ Entwicklung von Beschäftigung, Umsatz und FuE-Aufwendungen in der Autoindustrie 1991-2001

Wenige Konzerne

Nur wenige Konzerne bestimmen die Autoproduktion in Deutschland – wenn auch mehr als in den meisten anderen Industrienationen. Die meisten von ihnen sind zu ▶ Allprodukt-Anbietern geworden, nachdem sie – im internationalen Vergleich spät – begonnen haben, auch erfolgreiche Sondermodelle wie Vans, ▶ SUVs oder Cabrios zu produzieren. Die Grenzen in der Produktpalette verschwimmen zwischen den Unternehmen. Zugleich ordnen diese ihr Standortsystem in einer europäischen Arbeitsteilung. Werke werden auf wenige Modelle spezialisiert; neue Werke für die Kleinwagen-Produktion wie etwa Rastatt (DaimlerChrysler) oder Eisenach (Opel) werden zu Testfeldern einer neuen Produktionsorganisation; die Montage von Kleinserien- und Sondermodellen – vor allem Cabrios – wird an Dienstleister der Automontage wie Karmann in Osnabrück, Valmet in Finnland oder Bertone in Italien ausgelagert.

Die Konzentration in der Autoindustrie schreitet fort, allerdings nur im Ausland. Die immer wieder auftretenden Absatzkrisen der Autohersteller werden in Deutschland nicht – wie anderswo – durch Schließung von Werken bewältigt, sondern durch Maßnahmen wie die Rück-Verlagerung von Produktion aus ausländischen und fremden Werken oder durch neue Entlohnungs- und Arbeitszeitmodelle. Daher ist das Standortmuster der deutschen Hersteller in Deutschland recht stabil, wenn auch die Zahl der Beschäftigten je Standort in der Montage aufgrund von Produktivitätsfortschritten stetig sinkt.

Regionale Produktionssysteme

Die Produktionsstrategie der deutschen Autoindustrie folgt dem Konzept der ▶ schlanken Produktion. Der Gewinn an Flexibilität und Produktvielfalt wird erzielt durch Spezialisierung der eigenen Werke, durch Auslagerung der Vorproduktion an ▶ Systemzulieferer und durch neue Formen der Zusammenarbeit zwischen Autoherstellern.

Es lassen sich zwei Standort-Strategien ableiten, die gleichzeitig ein- →

❸ Pkw-Produktion nach Marktsegmenten 1981-2002

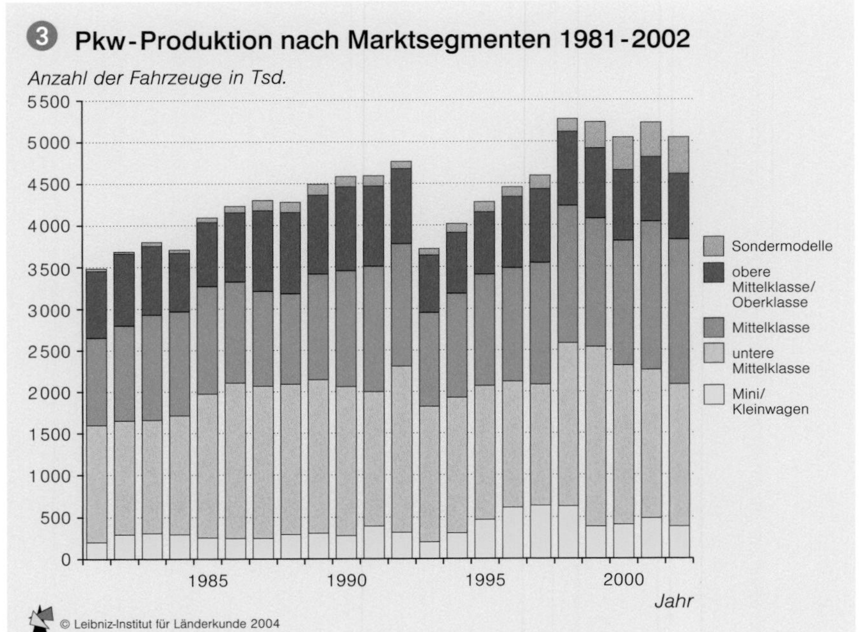

❹ Raum Zwickau (Sachsen)
Modullieferanten für das VW-Werk Zwickau-Mosel 2001

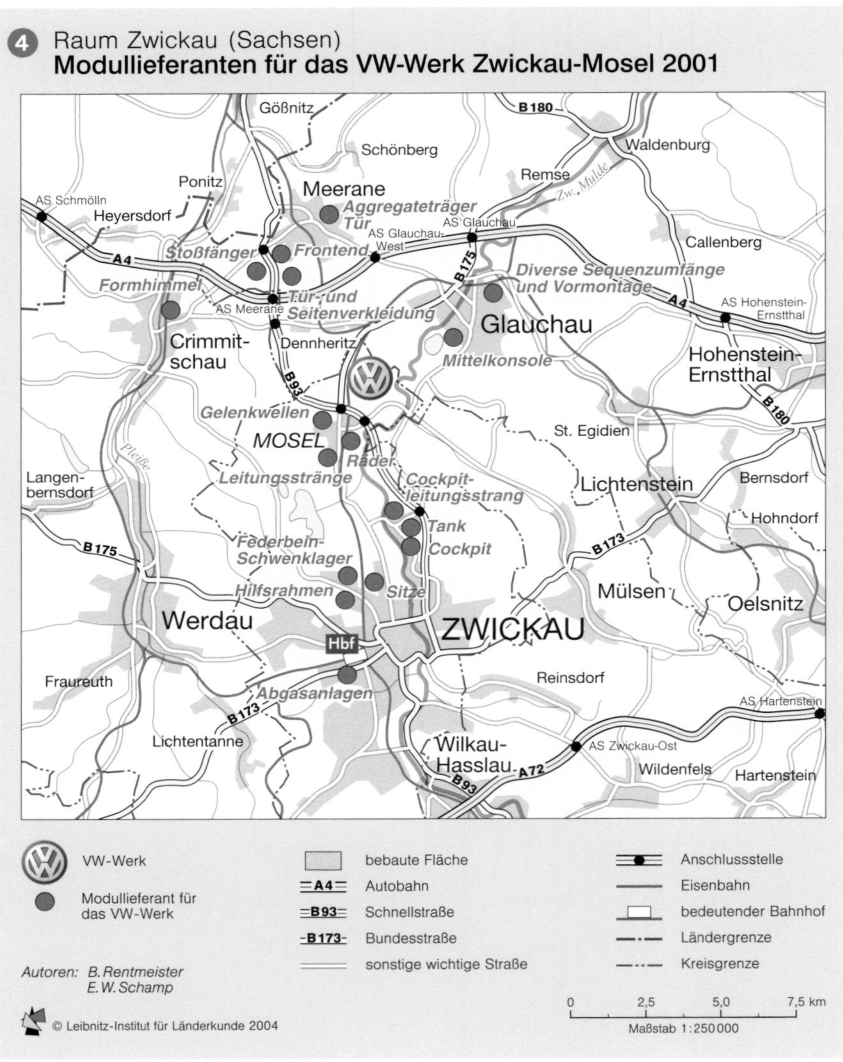

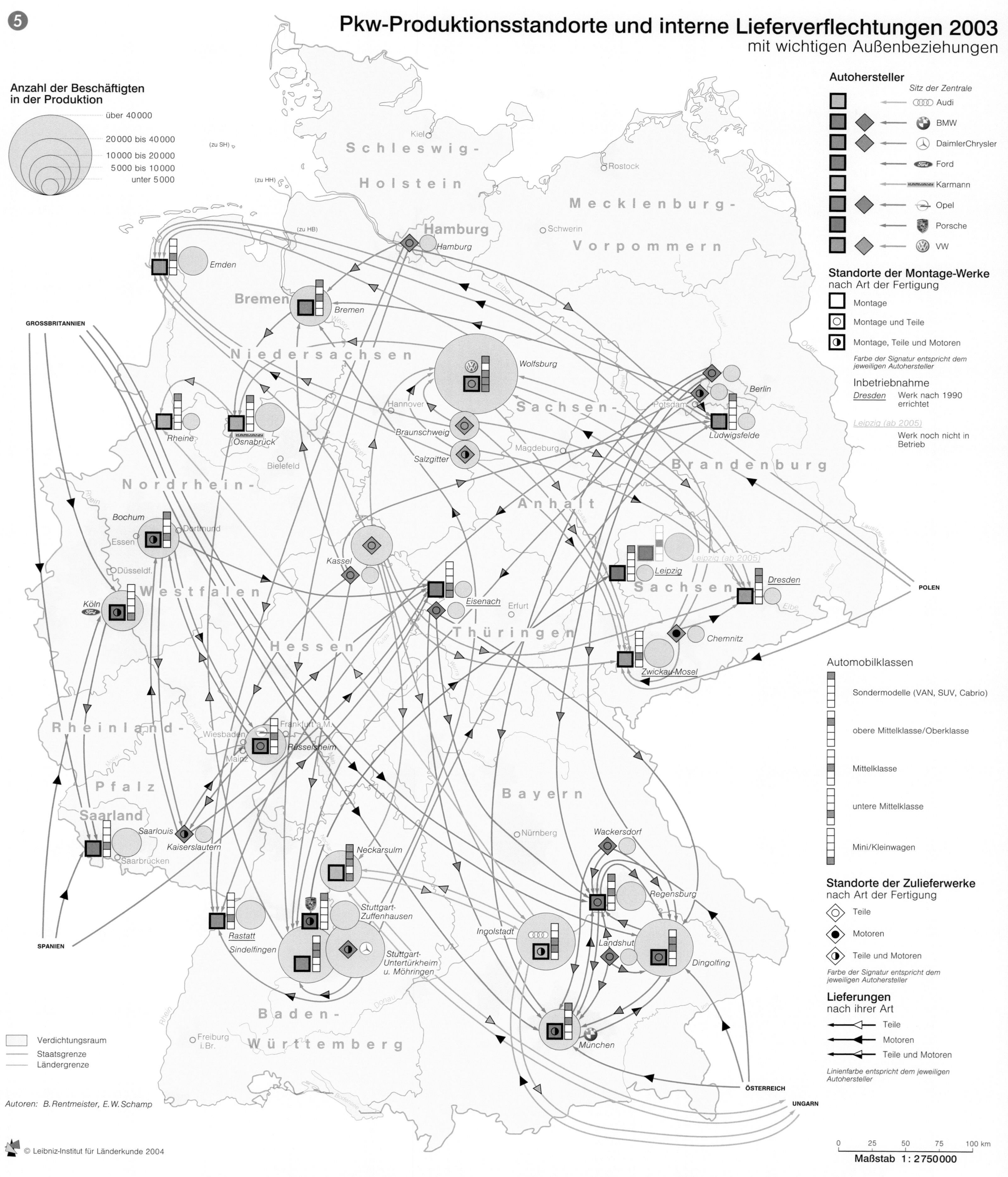
5
Pkw-Produktionsstandorte und interne Lieferverflechtungen 2003
mit wichtigen Außenbeziehungen
Anzahl der Beschäftigten in der Produktion
über 40 000
20 000 bis 40 000
10 000 bis 20 000
5 000 bis 10 000
unter 5 000
Autohersteller
Sitz der Zentrale
Audi
BMW
DaimlerChrysler
Ford
Karmann
Opel
Porsche
VW
Standorte der Montage-Werke nach Art der Fertigung
Montage
Montage und Teile
Montage, Teile und Motoren
Farbe der Signatur entspricht dem jeweiligen Autohersteller
Inbetriebnahme
Dresden Werk nach 1990 errichtet
Leipzig (ab 2005) Werk noch nicht in Betrieb
Automobilklassen
Sondermodelle (VAN, SUV, Cabrio)
obere Mittelklasse/Oberklasse
Mittelklasse
untere Mittelklasse
Mini/Kleinwagen
Standorte der Zulieferwerke nach Art der Fertigung
Teile
Motoren
Teile und Motoren
Farbe der Signatur entspricht dem jeweiligen Autohersteller
Lieferungen nach ihrer Art
Teile
Motoren
Teile und Motoren
Linienfarbe entspricht dem jeweiligen Autohersteller
Verdichtungsraum
Staatsgrenze
Ländergrenze
Schleswig-Holstein
Mecklenburg-Vorpommern
Hamburg
Bremen
Niedersachsen
Sachsen-Anhalt
Brandenburg
Nordrhein-Westfalen
Hessen
Thüringen
Sachsen
Rheinland-Pfalz
Saarland
Bayern
Baden-Württemberg
GROSSBRITANNIEN
SPANIEN
POLEN
ÖSTERREICH
UNGARN
Kiel
Rostock
Schwerin
Emden
Bremen
Wolfsburg
Berlin
Potsdam
Ludwigsfelde
Hannover
Braunschweig
Salzgitter
Magdeburg
Rheine
Osnabrück
Bielefeld
Bochum
Dortmund
Essen
Düsseldf.
Köln
Kassel
Eisenach
Erfurt
Leipzig
Leipzig (ab 2005)
Dresden
Chemnitz
Zwickau-Mosel
Frankfurt a.M.
Wiesbaden
Mainz
Rüsselsheim
Saarlouis
Kaiserslautern
Saarbrücken
Neckarsulm
Rastatt
Sindelfingen
Stuttgart-Zuffenhausen
Stuttgart-Untertürkheim u. Möhringen
Nürnberg
Wackersdorf
Regensburg
Ingolstadt
Landshut
Dingolfing
München
Freiburg i.Br.
(zu SH)
(zu HH)
(zu HB)
Autoren: B. Rentmeister, E.W. Schamp
0 25 50 75 100 km
Maßstab 1 : 2 750 000

gesetzt werden. Die erste betrifft die eigenen Produktionswerke und deren Spezialisierung. Viele Konzerne haben im Lauf der vergangenen Jahrzehnte ihre Standortmuster regional aufgebaut ❹. Die einzelnen Montagewerke sind auf bestimmte Marktsegmente spezialisiert und tauschen gleichzeitig untereinander wichtige Teile aus, um Ersparnisse in der Produktion zu erzielen. Neue Standorte wurden oft – mit Unterstützung der Politik – in Krisengebieten gewählt: Bochum (1964), Saarlouis (1968), Regensburg (1987) und nach der Wende Eisenach (1991), Rastatt (1991), Mosel (1994), Dresden und Leipzig (2002 bzw. 2005). Hier konnten die Autohersteller neue Formen der Produktionsorganisation testen und gleichzeitig wesentlich zum regionalen Strukturwandel beitragen.

Lange Zeit waren deutsche Autohersteller wie Audi, BMW, Daimler und Porsche rein nationale Hersteller. In den 1990er Jahren wurden sie zu europäischen Produzenten – mit einer anhaltend starken Tendenz zur Globalisierung, indem sie zunehmend die Chancen der kostengünstigen Produktion im benachbarten Ausland nutzten: BMW in Österreich, Audi in Ungarn, Volkswagen in Polen und der Slowakei. Demgegenüber haben die amerikanischen Hersteller Opel und Ford schon seit den 1980er Jahren eine Arbeitsteilung ihrer Werke im europäischen Maßstab aufgebaut. Deren Werke in Deutschland beziehen beispielsweise wichtige Teile aus Spanien oder Großbritannien.

❻ Standorte der Automobilentwicklung 2002

Autoren: B. Rentmeister, E. W. Schamp

Entwicklungseinrichtungen der Autohersteller: Audi, BMW, DaimlerChrysler, Ford, Opel, Porsche, VW

Beschäftigte in der Entwicklung: 10000, 5000, 2500

Sonstige Entwicklungsstätten: FuE-Zentrum eines großen Systemlieferanten (Umsatz > 1Mrd.€; FuE-Mitarbeiter > 200)

Ingenieurbüros: Hauptniederlassung, Zweigniederlassung

Verdichtungsraum, Staatsgrenze, Ländergrenze

0 25 50 75 100 km, Maßstab 1: 5000000

Allprodukt-Anbieter – Anbieter einer vollständigen Produktpalette innerhalb einer Branche

Fertigungstiefe – Grad, zu dem Teilprodukte von einem Hersteller selber angefertigt werden

just in sequence – Anlieferung von Montage-Teilen in genauer Reihenfolge der zu montierenden Fahrzeuge zum richtigen Zeitpunkt am richtigen Ort

Modularisierung – Umstellung des Fahrzeugbaus auf die Verwendung von vormontierten Baugruppen oder Systemen **(Module)**

schlanke Produktion – *engl.* lean production; Reduzierung der Produktionsstufen in der Fabrik durch Vorfertigung und Vormontage von Modulen bei den Zulieferern

Simultaneous Engineering – *engl.* zeitlich parallele Entwicklung von Bauteilen in verschiedenen Teams unter Nutzung von Informations- und Kommunikationstechnologien

SUV – *engl.* Sport Utility Vehicle (Geländesportwagen)

Systemzulieferer – ein Zulieferer, der Module und Komponenten zu Systemen entwickelt, produziert und montiert

Lokale Zuliefersysteme

Die zweite Standortstrategie der Autohersteller betrifft die Neuordnung ihres Zuliefersystems. Mit Hilfe der ▸ Modularisierung des Autos verlagern die Autohersteller wesentliche Teile der Vormontage von Systemen an Zulieferer, die ihrerseits die gesamte Beschaffung der einzubauenden Teile von anderen Lieferanten zu besorgen haben (▸▸ Beitrag Schamp, Bd. 9, S. 100). Autohersteller verpflichten die Systemlieferanten zur räumlichen Nähe der Vormontage und errichten dazu zunehmend so genannte Zulieferparks ❹. Dort wird ▸ *just in sequence* das zusammengebaut, was in Kürze im Autowerk gebraucht wird. Doch solche Anlieferungen betreffen oft nur 15 bis 20 Systeme oder Komponenten bei insgesamt immer noch 300 bis 500 Zulieferern für ein modernes Automodell.

Zunehmende Wissensintensität

Die Allprodukt-Anbieter müssen erhebliche Mittel für die Entwicklung neuer Automodelle aufbringen. Die deutschen Autohersteller gehören zu den forschungsintensivsten Unternehmen ihrer Branche weltweit. Ihre F&E-Aufwendungen sind im vergangenen Jahrzehnt auf ca. 15 Mrd. Euro (2002) gestiegen, weitaus stärker als der Umsatz ❶ ❷.

Die Autohersteller können heute die technische Entwicklung nicht mehr allein vorantreiben und haben daher eine komplexe Arbeitsteilung von F&E-Prozessen organisiert, in die sie ihre eigenen Entwicklungszentren, neu herangewachsene Unternehmen der technischen Beratung und die Entwicklungsstätten der großen Zulieferer einbinden. Fahrzeuge werden gedanklich in Module zerlegt und die Entwicklungsaufträge dann gleichzeitig vergeben (▸ Simultaneous Engineering).

Um ihre eigenen Forschungs- und Entwicklungszentren, die an den traditionellen Stamm-Standorten im vergangenen Jahrzehnt auf mehrere tausend Ingenieure angewachsen sind, gruppieren sich große und kleine Ingenieur-Unternehmen ❻. Während die Autohersteller so ihr Know-how an wenigen Standorten bündeln, zeichnen sich die größeren Ingenieur-Dienstleister durch ein dezentrales Standortnetz aus. Zweigniederlassungen in unmittelbarer Nähe zu den F&E-Zentren nahezu jeden Autoherstellers halten engen Kontakt, andere spezialisierte Standorte führen die allgemeinen Konstruktions- und Entwicklungsaufgaben durch.

Die zentralen Standorte der Autoproduktion in Deutschland werden so zunehmend zu „Blaupausen-Standorten", an denen auch Modelle für ausländische Produktionsstandorte entwickelt werden. In der Entwicklung des Designs oder von Elektronik kommen die Autohersteller dagegen nicht ohne ausländische Entwicklungsstätten in Kalifornien, Italien oder Japan aus.

Regionale Märkte

Der Marktanteil von deutschen Herstellern bei den Zulassungen in Deutschland liegt immer noch bei über 70%. Wichtige Importmarken kommen aus Frankreich und – mit sinkender Tendenz – aus Japan. Viele ausländische Autohersteller haben den Standort ihrer Deutschland-Zentrale in den wichtigsten Absatzregionen ❼. Denn Automärkte haben eine regionale Komponente, gemäß dem Grad der Urbanisierung, der Höhe der regionalen Kaufkraft und der Nähe zu einem Produktionswerk eines Autoherstellers.◆

Ausländische Automarken

Renault

Σ *2197201*
∅ *5028*

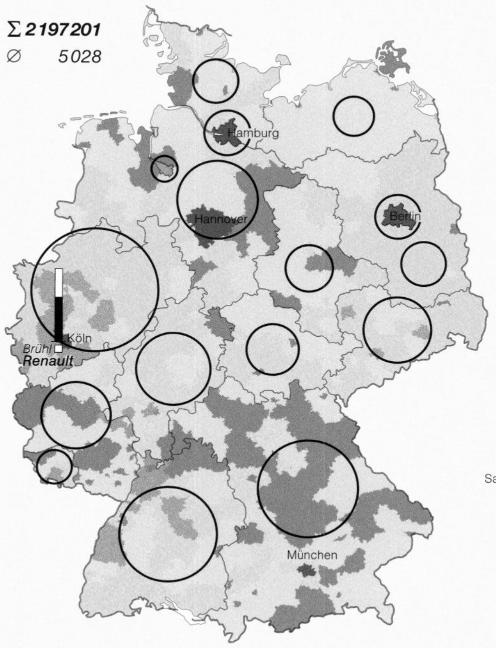

Peugeot

Σ *1020029*
∅ *2334*

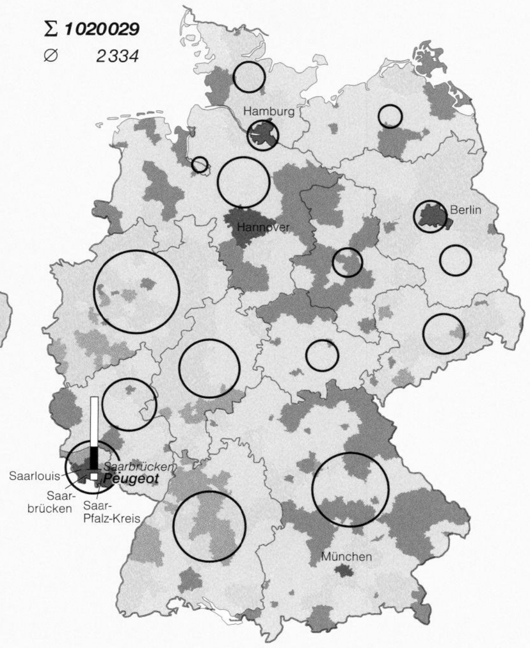

Toyota

Σ *1017327*
∅ *2328*

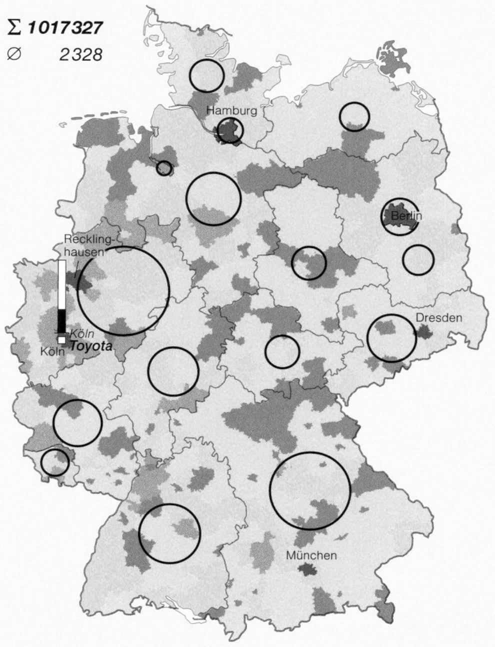

Honda

Σ *550264*
∅ *1259*

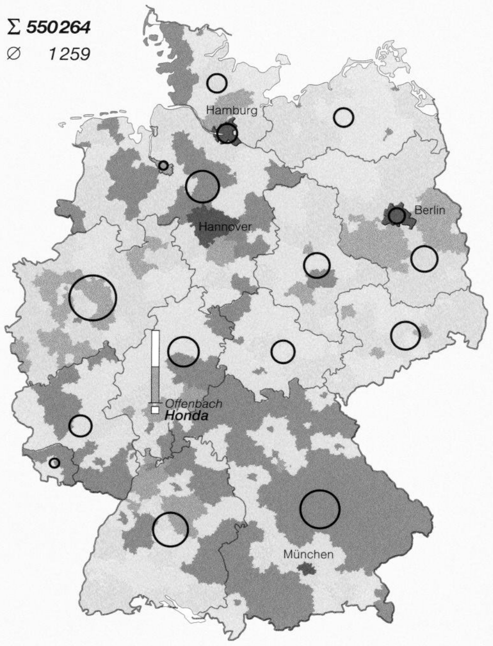

Seat

Σ *711977*
∅ *1629*

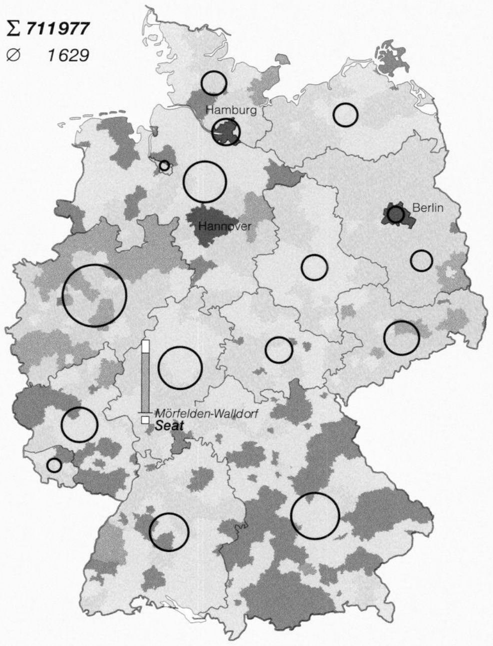

Fiat

Σ *1232495*
∅ *2820*

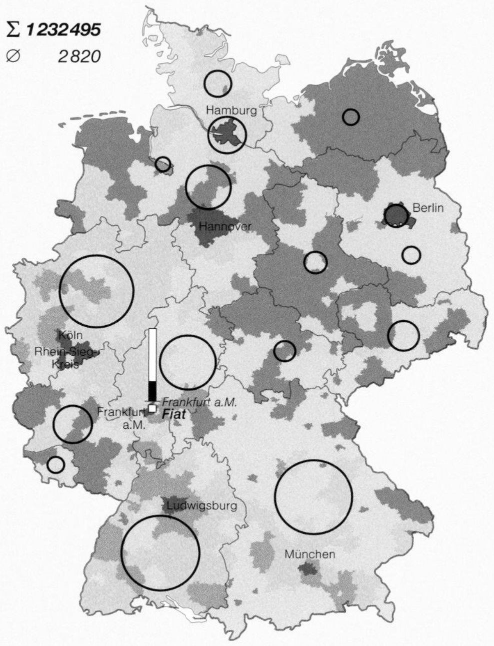

Volvo

Σ *371627*
∅ *850*

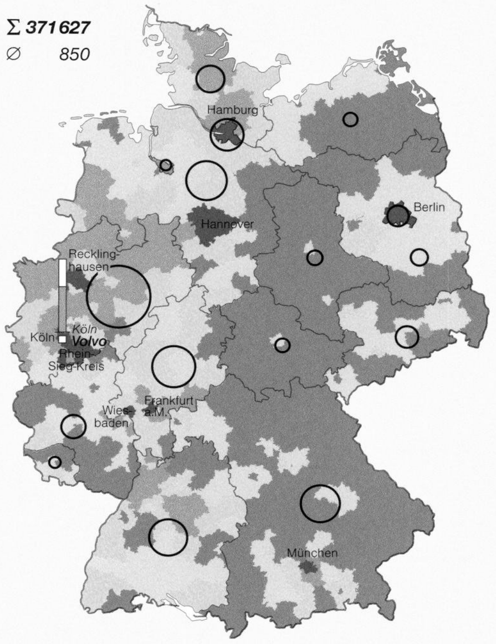

Kia

Σ *137230*
∅ *314*

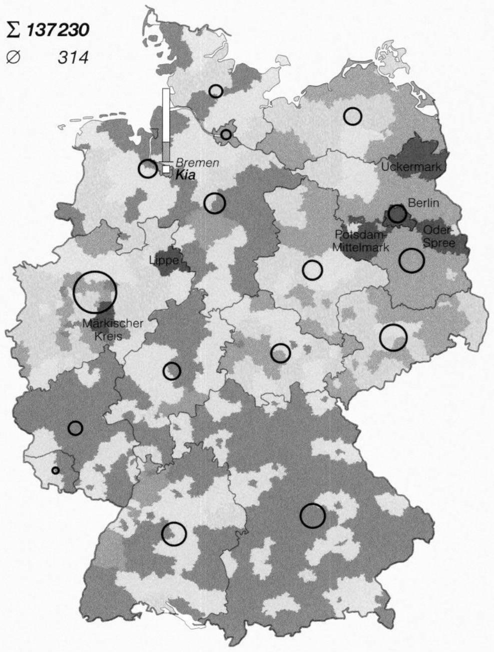

Nissan

Σ *1034398*
∅ *2367*

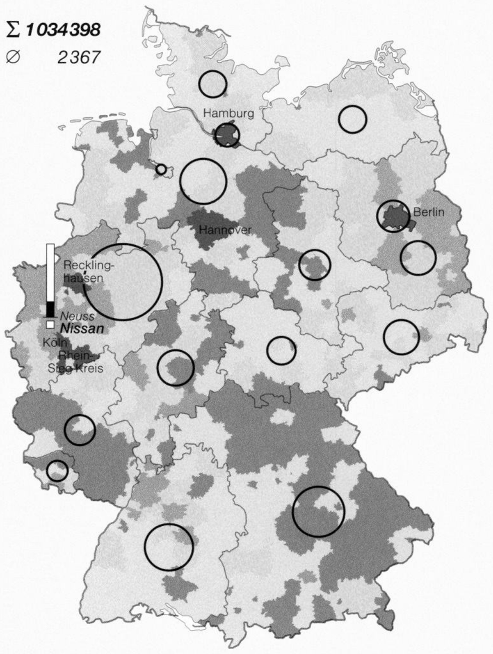

Škoda

Σ *428360*
∅ *980*

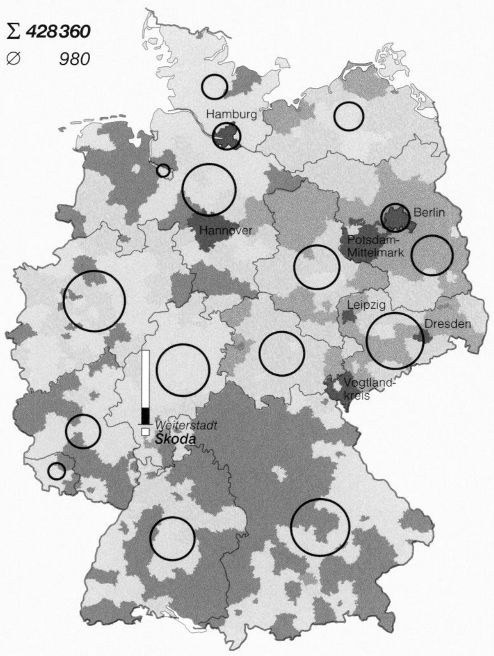

Verbreitung ausländischer Automarken 2003

Pkw mit Erstzulassung ab 1990; nach Zulassungsbezirken

- extrem überdurchschnittlich
- stark überdurchschnittlich
- überdurchschnittlich
- unterdurchschnittlich
- stark unterdurchschnittlich

Bildung der Kategorien:
Anzahl der zugelassenen Pkw einer Automarke in einem Zulassungsbezirk : Bundesdurchschnitt; Abgrenzung bei 4-, 2-, 1-, 1/2fachem Durchschnitt. Zulassungsbezirke mit extrem überdurchschnittlicher Verbreitung sind beschriftet.

Kartenrandangabe

Σ Gesamtzahl der in Deutschland zugelassenen Pkw (Erstzulassung ab 1990) einer Automarke

∅ Bundesdurchschnitt = mittlere Zahl der Zulassungen je Zulassungsbezirk (bei 437 Zulassungsbezirken)

Neuzulassungen 2002

nach Ländern

Anzahl

44544
20000
10000
5000
1000
107

1 mm² ≙ 200 Autos; gültig für die gesamte Kartenreihe

Marktanteil 2000-2003

in %

10,00
6,06
2,06

deutschlandweiter Marktanteil über 2%; 1 mm Säulenhöhe ≙ 1%

2,00
1,73
0,16

deutschlandweiter Marktanteil unter 2%; 1 mm Säulenhöhe ≙ 0,2%

Köln ***Volvo*** Sitz der Deutschland-Zentrale

Autor: Atlasredaktion

Chemische Industrie: Integrierte Standorte im Wandel

Harald Bathelt, Heiner Depner und Katrin Griebel

In der chemischen Industrie haben sich seit Beginn der 1990er Jahren auf Grund von wirtschaftlichen, gesellschaftlichen und technologischen Entwicklungen massive Umstrukturierungsprozesse vollzogen. Sie sind dadurch gekennzeichnet, dass sich die Unternehmen zusehends auf ihr Kerngeschäft konzentrieren, ihr internes Potenzial aber allein nicht mehr ausreicht, um auf den Weltmärkten hohes Wachstum zu erzielen. So kam es zu erheblichen Zahlen von Fusionen, Unternehmensübernahmen und strategischen Partnerschaften.

Heute sind internationale Unternehmensstrukturen in der chemischen Industrie eher die Regel als die Ausnahme. In der zweiten Hälfte der 1990er Jahre haben deutsche Chemieunternehmen nahezu genau so viel im Ausland wie im Inland investiert, vor allem, um die Existenz der Unternehmen durch eine Expansion in wachsende Märkte zu sichern. Trotz des Aufbaus von Produktionsanlagen im Ausland werden nach wie vor große Mengen an chemischen Produkten aus Deutschland exportiert. Für die deutsche chemische Industrie, nach der der USA und der Japans die drittgrößte der Welt, ist die Auslandsnachfrage die bestimmende Nachfragekomponente. Die Exportquote lag im Jahre 2000 bei knapp 70% – ein Indiz für die internationale Wettbewerbsfähigkeit der deutschen chemischen Industrie.

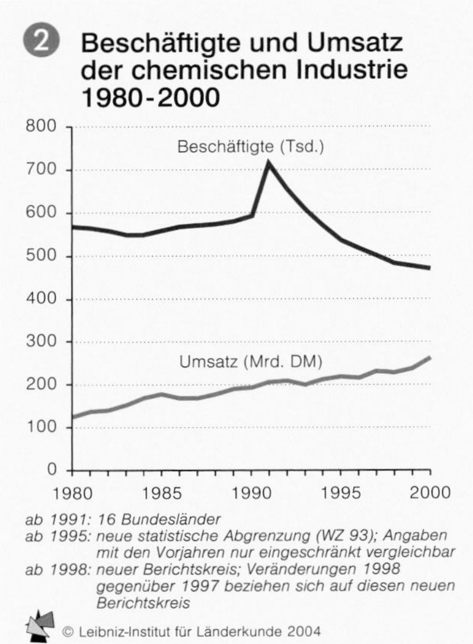

Branchen- und Unternehmensstrukturen

In den 1990er Jahren hat die Anzahl der Beschäftigten aufgrund von Rationalisierung und Kapitalintensivierung der Produktion sowie der Umwandlung der ostdeutschen Staatsbetriebe stark abgenommen, der Umsatz allerdings ist kontinuierlich gestiegen ❶. Dies ist von Bedeutung für die deutsche Volkswirtschaft, da die chemische Industrie mit vielen anderen Industrien über Produktionsverflechtungen eng verknüpft ist. Nahezu jedes verarbeitete Produkt, das der Verbraucher heute erwirbt, enthält eine Reihe wichtiger Bestandteile aus der chemischen Produktion. Direkt zum Verbraucher gelangen allerdings nur etwa 12% des Absatzes der Chemieunternehmen. Der weitaus größte Teil des Umsatzes entfällt auf chemische Grundstoffe, die als Zwischenprodukte weiterverarbeitet werden ❺. Die Konjunkturabhängigkeit sowie die starke Konkurrenz aus anderen Ländern haben in dieser Sparte zu einer zusätzlichen Kapitalintensivierung geführt.

Die Herstellung pharmazeutischer Erzeugnisse ist demgegenüber extrem abhängig von Änderungen der institutionellen Rahmenbedingungen im Gesundheitswesen. In der Pharmaindustrie wird der langfristige Geschäftserfolg von Unternehmen insbesondere durch die kontinuierliche Einführung neuer Produkte bestimmt, denn Produkte und Verfahren können nach Ablauf des Patentschutzes leicht kopiert werden und so preiswerte ▶ Generika-Marktanteile erobern.

Im Jahr 1999 waren 1753 Betriebe in der Produktion von chemischen Erzeugnissen tätig. Zwei Drittel des Gesamtumsatzes entfielen auf 193 Großbetriebe, in denen auch knapp zwei Drittel der Beschäftigten tätig waren. Da viele der Unternehmen Mehrbetriebs-Unternehmen sind, erhalten diese eine dominante Stellung. Die Klein- und Mittelunternehmen besetzen Nischen in der

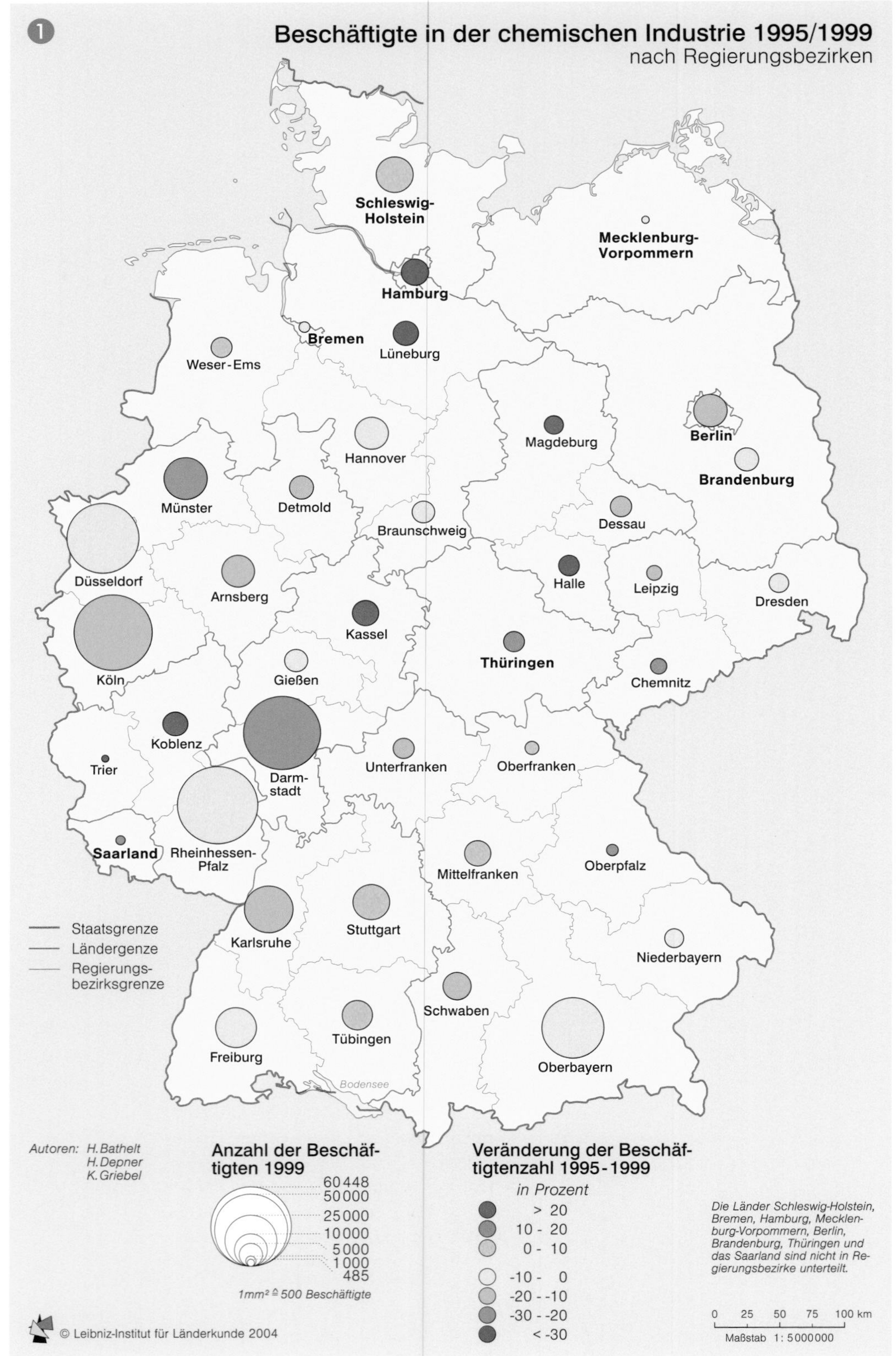

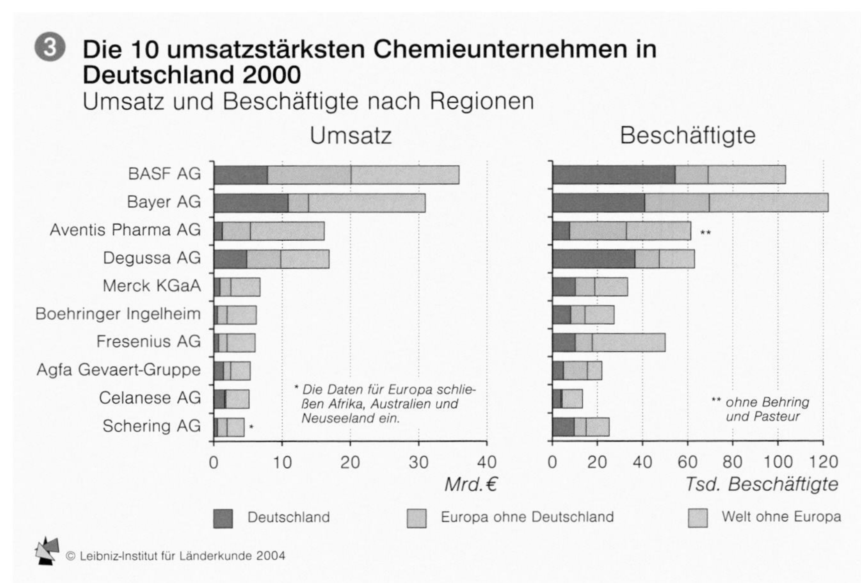

unternehmensübergreifenden Arbeitsteilung mit Großunternehmen oder stellen spezielle Endprodukte her.

Unterschiede in West und Ost

Die heute führenden Großunternehmen der chemischen Industrie entstanden mehrheitlich in der zweiten Hälfte des 19. Jhs., als sich die chemische Großproduktion aufgrund der hohen Nachfrage an Bleich- und Färbemitteln aus der Textil- und Bekleidungsindustrie entwickelte. Anfang des 20. Jhs. führten Innovationen im Bereich der organischen Chemie dazu, dass aus Kohlefolgeprodukten Kunststoffe und synthetische Fasern entwickelt und immer neue Anwendungsgebiete erschlossen wurden.

Nach dem Zweiten Weltkrieg erfolgte in Westdeutschland ein Wechsel der Rohstoffbasis zu Erdöl und Erdgas. Die Diversifizierung der Produktpalette und die Nutzung von Synergieeffekten begünstigten eine vertikale und horizontale Integration der Unternehmen. Es entstanden komplexe ▶ Verbundstandorte, in denen durch die Hintereinanderschaltung verschiedener Produktionsstufen und -prozesse eine direkte Weiterverarbeitung der anfallenden Neben- und Abfallprodukte möglich wurde. Durch die Vergrößerung der Produktionskapazitäten erzielten die Unternehmen Größenvorteile und weiteten ihre Marktmacht aus. Die führenden Großunternehmen trugen zur Entstehung von ▶ Clustern bei, da die dort angesiedelten Unternehmen durch interne und externe Ersparnisse wachsende Wettbewerbs- und Produktivitätsvorteile realisieren konnten.

5
Produktionsstruktur der chemischen Industrie 1995/1999
Anteile der Sparten am Chemieumsatz
chemische Grundstoffe
pharmazeutische Erzeugnisse
sonstige Erzeugnisse
Seifen, Wasch-, Reinigungs- und Körperpflegemittel
Anstrichmittel, Druckfarben und Kitte
Chemiefasern
Schädlingsbekämpfungs- und Pflanzenschutzmittel
1995
1999
0
10
20
30
40
50
Anteil in %
© Leibniz-Institut für Länderkunde 2004

In der sowjetischen Besatzungszone wurden nach dem Zweiten Weltkrieg die Unternehmen verstaatlicht. Technisch und ökonomisch zusammenhängende Produktionszweige wurden später zu Kombinaten zusammengefasst. Im Unterschied zu Westdeutschland blieben die Kombinate auf die Verarbeitung der heimischen Braunkohle konzentriert, um die Außenhandelsabhängigkeit von Erdöl zu verringern. Standortschwerpunkt wurde das Chemiedreieck Halle-Merseburg-Bitterfeld, in dessen Umkreis in sechs Kombinaten (einschließlich Anlagenbau) Ende der 1980er Jahre 40-50% der Beschäftigten der Chemieindustrie der DDR arbeiteten.

Nach der Wiedervereinigung erwiesen sich veraltete und umweltbelastende Produktionstechnologien und -anlagen vieler Kombinatsbetriebe als massives Problem. Die Politik entschloss sich jedoch zum Erhalt des Chemiedreiecks, da eine Liquidation eine verheerende Signalwirkung für die neuen Länder bedeutet hätte. Notwendige Umstrukturierungsmaßnahmen bedingten allerdings einen Schrumpfungsprozess. Heute ist in der chemischen Industrie Ostdeutschlands nur noch etwa ein Zehntel der ehemals knapp 300.000 Beschäftigten tätig.

Heutige Standortstrukturen

Anhand der Standortverteilung der Beschäftigten ➊ und Betriebe ➍ war die chemische Industrie Deutschlands 1999 auf vier Hauptstandortregionen konzentriert: (1) das Rheinland mit Köln-Düsseldorf und angrenzende Teile des Ruhrgebiets, (2) Frankfurt-Wiesbaden und Umland, (3) Ludwigshafen-Mannheim und Rhein-Neckar-Raum, (4) Hamburg und Umland. Es sind dies zugleich →

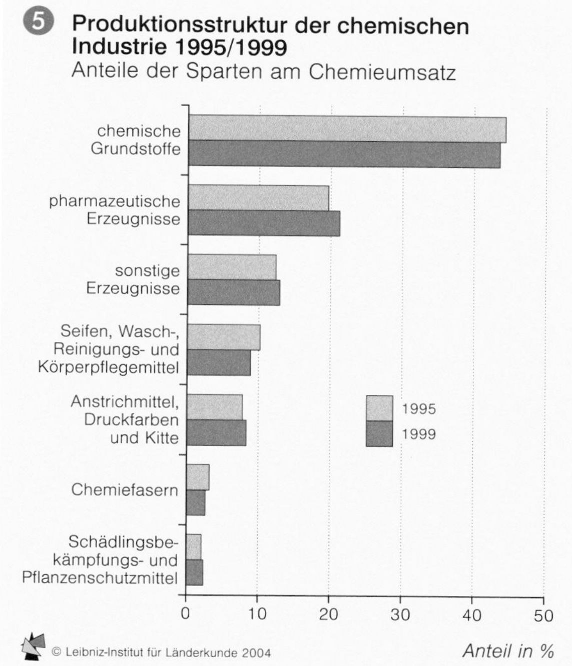

4
Betriebe der chemischen Industrie 1995-1999 und Verwaltungsstandorte der größten Unternehmen 2001
Umsatzstärkste Unternehmen der chemischen Industrie 2000
Reihenfolge nach dem Umsatz
1 BASF Ludwigshafen
2 Bayer Leverkusen
3 Aventis Frankfurt a.M.
4 degussa. creating essentials vor 2001 Frankfurt a.M.
5 MERCK Darmstadt
6 Boehringer Ingelheim Ingelheim
7 Fresenius Bad Homburg
8 AGFA Leverkusen
9 Celanese Kronberg
10 SCHERING Berlin
Schleswig-Holstein
Mecklenburg-Vorpommern
Hamburg
Bremen
Weser-Ems
Lüneburg
Hannover
Berlin
Brandenburg
Magdeburg
Münster
Detmold
Braunschweig
Dessau
Düsseldorf
Halle
Leipzig
Dresden
Leverkusen
Arnsberg
Kassel
Köln
Thüringen
Chemnitz
Gießen
Koblenz
Bad Homburg
Kronberg
Frankfurt a.M.
Ingelheim
Darmstadt
Trier
Unterfranken
Oberfranken
Saarland
Ludwigshafen
Rheinhessen-Pfalz
Mittelfranken
Oberpfalz
Karlsruhe
Stuttgart
Niederbayern
Schwaben
Tübingen
Freiburg
Bodensee
Oberbayern
Staatsgrenze
Ländergrenze
Regierungsbezirksgrenze
Die Länder Schleswig-Holstein, Bremen, Hamburg, Mecklenburg-Vorpommern, Berlin, Brandenburg, Thüringen und das Saarland sind nicht in Regierungsbezirke unterteilt.
Betriebe der chemischen Industrie nach Regierungsbezirken
Anzahl der Betriebe 1999
134
100
50
25
10
3
1mm² ≙ 1 Betrieb
Veränderung der Zahl der Betriebe 1995-1999
in Prozent
≥ 20
10 - 20
0 - 10
0
-10 - 0
-20 - -10
<-20
Verwaltungsstandorte
Verwaltungsstandort
0 25 50 75 100 km
Maßstab 1: 5000000
© Leibniz-Institut für Länderkunde 2004
Autoren: H. Bathelt, H. Depner, K. Griebel

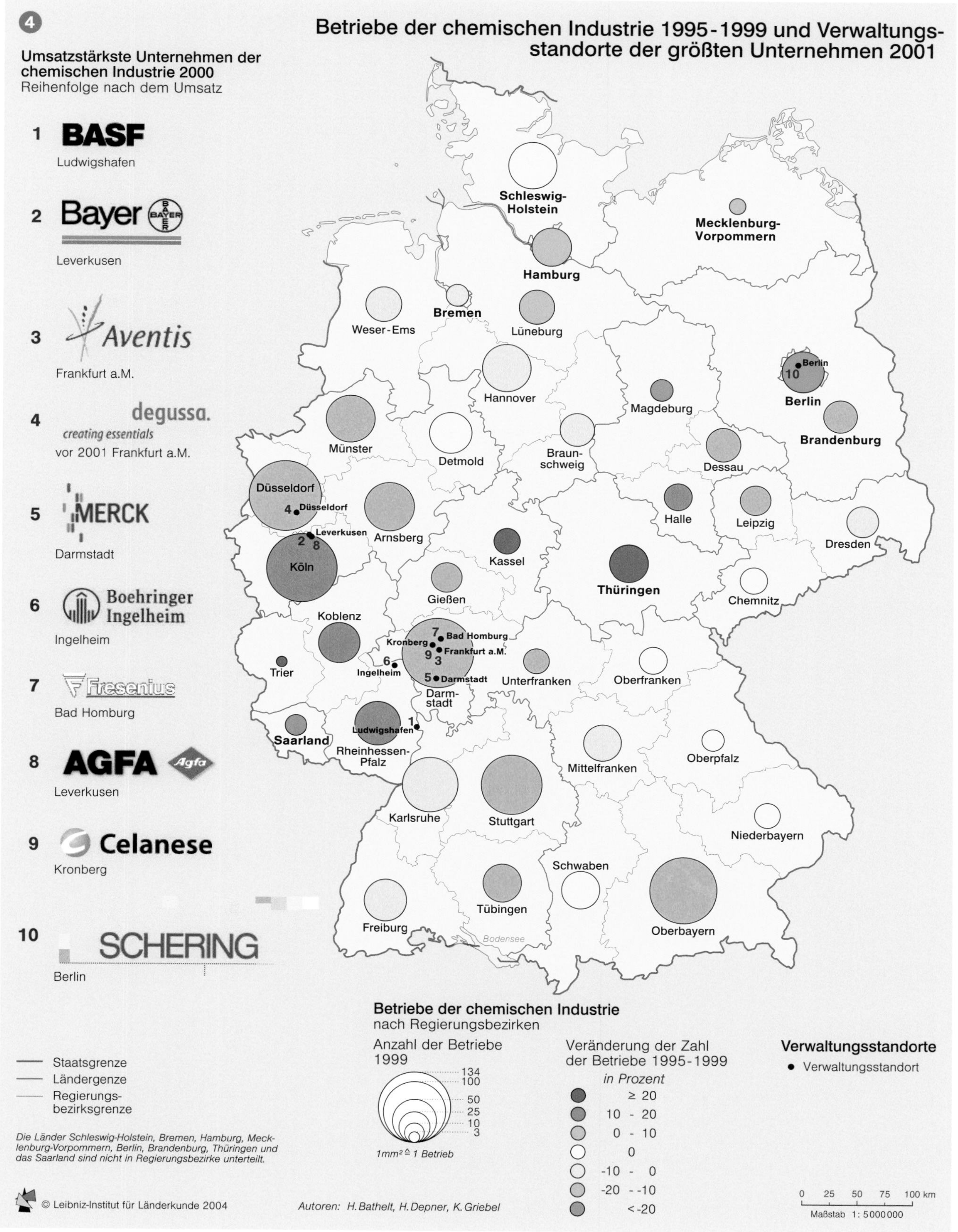

Chemiepark – abgegrenztes Standortareal für chemische Produktionsbetriebe, bei dem eine Betreibergesellschaft die Infrastruktur entwickelt und spezielle Dienstleistungen für die Betriebe anbietet

Cluster – räumlich konzentrierte, über Zuliefer-, Absatz- und Konkurrenzbeziehungen miteinander verflochtene Unternehmen einer Industrie

Generika – Nachahmer-Arzneimittel, die nach Ablauf des Patentrechts von Konkurrenten auf den Markt gebracht werden

Verbundstandort – baulich durch Wege und Materialleitungen verbundener Standortkomplex von Produktionsbetrieben. Die Neben- oder Abfallprodukte eines Betriebs dienen anderen als Vor- und Zwischenprodukte.

6 Investitionen, Beschäftigte und Umsätze der BASF-Gruppe 1993, 1998 und 2001
nach Weltmarktregionen

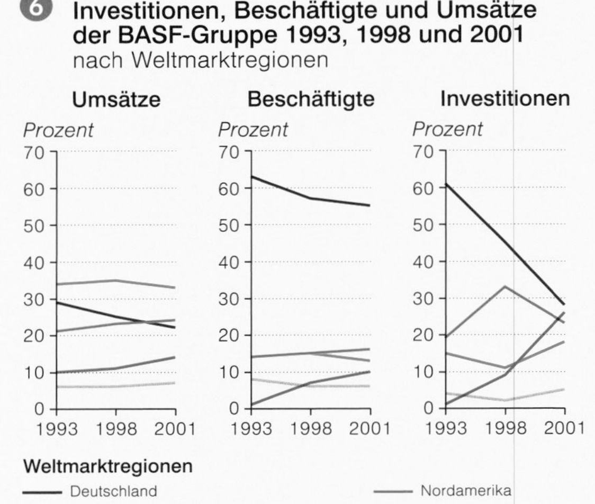

die Standortregionen der größten Chemieunternehmen Deutschlands ④. Zwar hat gerade dort Ende der 1990er Jahre ein fortgesetzter Beschäftigtenrückgang stattgefunden, doch lässt sich eine hohe räumliche Persistenz der Standortstrukturen feststellen (Bathelt 1997). Fundamentale Strukturveränderungen zeigen sich in erster Linie in der Organisation der Chemieindustrie, in den Produktionsprogrammen und -prozessen sowie den Zuliefer- und Absatzbeziehungen der Unternehmen. Dies lässt sich anhand von Fallbeispielen verdeutlichen.

Aus Hoechst wird Aventis

Bis Mitte der 1990er Jahre war der Hoechst-Konzern einer der größten deutschen Chemiekonzerne, gekennzeichnet durch eine breite Diversifizierung der Arbeitsbereiche. Durch den steigenden internationalen Wettbewerbsdruck sah sich das Unternehmen jedoch veranlasst, Strategie und Struktur zu ändern. Im April 1994 übernahm Jürgen Dormann den Vorstandsvorsitz. Sein Ziel war eine schrittweise Auflösung der traditionellen Strukturen und Schwerpunkte, um mit Blick auf die Finanzmärkte ein wachstumsstarkes Unternehmen mit weltweitem Marktzugang aufzubauen. Die Reorganisation führte u.a. zu einem kontinuierlichen, substanziellen Beschäftigtenrückgang im gesamten Konzern.

Dormann strebte eine vollständige Konzentration und Spezialisierung auf die Arbeitsgebiete Gesundheit, Ernährung, Landwirtschaft (*Life Sciences*) an. Alle Arbeitsbereiche, die nicht zum neu definierten Kerngeschäft gehörten, wurden nach und nach aus dem Unternehmensverbund herausgelöst oder in Tochtergesellschaften umgewandelt ⑦. Im Jahr 1999 fusionierte Hoechst mit dem französischen Chemie- und Pharmakonzern Rhône-Poulenc und brachte die Pharma- und Agrochemieaktivitäten in den neuen Konzern Aventis ein. Als sich später abzeichnete, dass die Konsumenten den Einsatz der Gentechnik in der Landwirtschaft nicht akzeptierten, wurde die *Life-Sciences*-Strategie aufgegeben. Seit dem Jahr 2002 konzentriert sich Aventis unter einem neuen Vorstandsvorsitzenden ganz auf den Pharmabereich (▶▶ Beitrag Zademach, S. 56).

Das Stammwerk des ehemaligen Hoechst-Konzerns wurde nach der Verlagerung der Aventis-Zentrale nach Straßburg in einen mit zentralen Diensten ausgestatteten, für andere Unternehmen und neue Investoren offenen Industriepark, den Industriepark Höchst (IPH), umgewandelt (▶ Foto).

Der Hoechst-Konzern war über Zuliefbeziehungen ursprünglich sehr stark in die Rhein-Main-Region eingebunden ⑧. Im Lauf der Jahre hatte sich hier ein dichtes Netz von Zulieferern und Dienstleistern im Chemiebereich entwickelt. Allein 40% der Zulieferer und Dienstleister waren im Jahr 2000 in der Region ansässig. Die Auflösung der Konzernstruktur und die Umwandlung des Standorts Frankfurt-Höchst in den IPH hatte auch Auswirkungen auf die Zulieferer- und Dienstleisterbeziehungen.

Der Industriepark Höchst, in dem rund 22.000 Menschen beschäftigt sind

Eine Studie (Bathelt/Griebel 2001) ergab, dass es sich bei den Zuliefer- und Dienstleisterbetrieben des Standortbetreibers Infraserv Höchst überwiegend um Klein- bis Kleinstbetriebe handelt (<100 Beschäftigte), die inzwischen nur noch einen relativ geringen Anteil ihrer Umsätze mit den Unternehmen des IPH abwickeln. Es sind dies zum überwiegenden Teil Handelsniederlassungen und verarbeitende Betriebe. Zwar wurden in der Studie nur die im Jahr 2000 aktiven Zulieferer und Dienstleister erfasst, doch lässt sich eine Tendenz erkennen. Die Betriebe, die mit dem Hoechst-Konzern häufige und intensive Kontakte pflegten, konnten ihre Umsätze mit Abnehmern im IPH überproportional steigern und haben noch heute eine enge Beziehung zu diesen. Sie konnten von der erworbenen Chemiekompetenz profitieren. Dagegen stehen die Zulieferer und Dienstleister, deren Kontakte weniger häufig und komplex waren. Für sie wirkte sich der Umstrukturierungsprozess eher negativ aus, da bei ihnen die Umsatzanteile des IPH tendenziell rückläufig waren.

Die BASF – aus dem Badischen in die Welt

Die Badische Anilin- & Soda-Fabrik (BASF) wurde 1865 in Ludwigshafen zur Produktion von Teerfarben gegründet. Noch vor dem Zweiten Weltkrieg wurden großtechnische Anlagen zur Produktion von Kunststoff in Betrieb genommen. Nach der Auflösung der I.G. Farben, dem in den 1920er Jahren erfolgten strategischen Zusammenschluss der großen deutschen Chemieunternehmen, konzentrierte sich das Unternehmen in der Nachkriegszeit auf die Herstellung von Kunststoffen und synthetischen Fasern. Versuche, die Produktionspalette in den Pharmabereich auszudehnen, waren wenig erfolgreich.

Unter dem Vorstandsvorsitz von Jürgen Strube schlug die BASF in den 1990er Jahren einen anderen Weg ein als Hoechst. Trotz turbulenter Marktän-

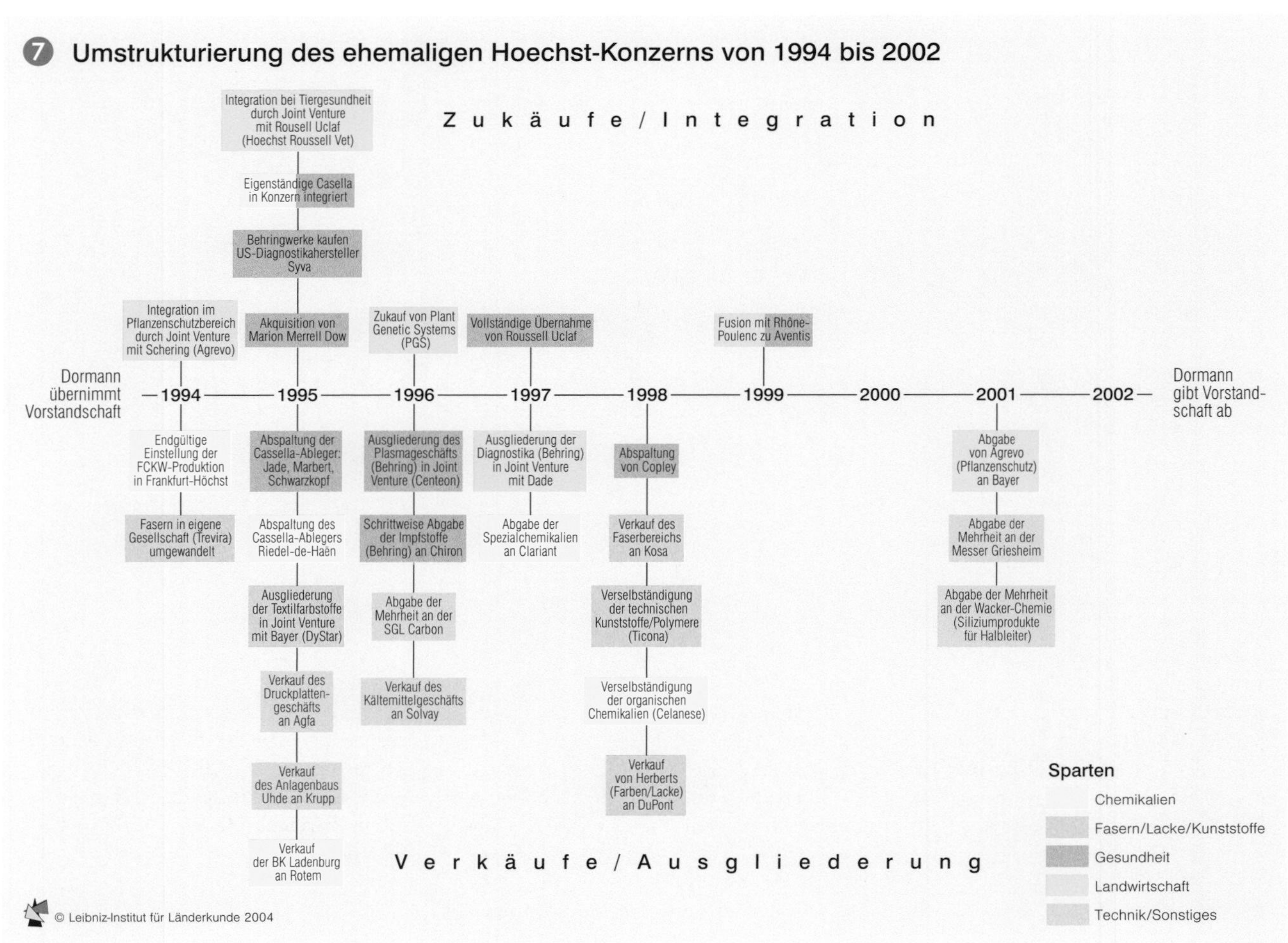

7 Umstrukturierung des ehemaligen Hoechst-Konzerns von 1994 bis 2002

derungen setzte sie auf Kontinuität und bewährte Kompetenzen. Die Unternehmenspolitik zielte darauf ab, Synergie- und Größenvorteile in diversifizierten Verbundproduktionen systematisch auszuweiten. Hierzu werden an integrierten Standorten Grundchemikalien und Zwischenprodukte hergestellt und vor Ort in Großanlagen weiterverarbeitet.

Kern des Unternehmens ist der Stammsitz in Ludwigshafen, wo im größten zusammenhängenden Chemieareal der Welt entsprechende Verbundvorteile realisiert werden. Zugleich hat die BASF seit Mitte der 1960er Jahre sukzessive die Geschäftstätigkeit im Ausland ausgeweitet. Mit rund 200 Tochter- und Beteiligungsgesellschaften gehört das Unternehmen zu den weltweit bedeutendsten Chemiekonzernen. Unter anderem wurden auch in Belgien, Spanien und den USA integrierte Produktionsstandorte aufgebaut. Ein weiterer wird in der VR China (Nanjing) folgen. Durch diese Aktivitäten hat sich der Anteil Deutschlands an Umsatz, Beschäftigung und Investitionen der BASF sukzessive verringert ❻.

Der Standort Bitterfeld-Wolfen

Nachdem eine Blockprivatisierung der ehemaligen Kombinate Bitterfeld und Wolfen durch die Treuhandanstalt gescheitert war, wurden 1994 die Standorte in getrennte Industrie- bzw. ▶ Chemieparks umgewandelt und Geschäftsfelder einzeln privatisiert. Damit die ansässigen Betriebe und Neuansiedler die Vorteile der Verbundproduktion nutzen konnten, sollten neu gegründete Betreibergesellschaften für ein wettbewerbsfähiges Angebot an Infrastruktur- und Serviceleistungen sorgen. In Bitterfeld waren die Bemühungen erfolgreich: Um die Chlorproduktion als Schwerpunkt eines neuen Produktionsverbunds siedelten sich zahlreiche Investoren aus Westdeutschland an. Neben der Chemiepark-Infrastruktur konnten sie als Vorteile des Standorts hohe Zuschüsse bei Investitionen und beschleunigte Verfahren bei den Behörden nutzen und gleichzeitig mit einer hohen Chemieakzeptanz der Bevölkerung sowie einem Mitarbeiterpotenzial mit Chemieerfahrung rechnen. In Wolfen hingegen gelang es nicht, die Filmherstellung als Kern der Produktion zu erhalten. 1997 wurde die Entwicklung beider Standorte zusammengefasst und der ChemiePark Bitterfeld-Wolfen GmbH übertragen. Im Jahr 2001 übernahm ein privates Bauunternehmen die Entwicklung des Chemieparks. Trotz des Engagements westdeutscher Unternehmen konnte nicht verhindert werden, dass ein großer Teil der alten Anlagen geschlossen wurde.

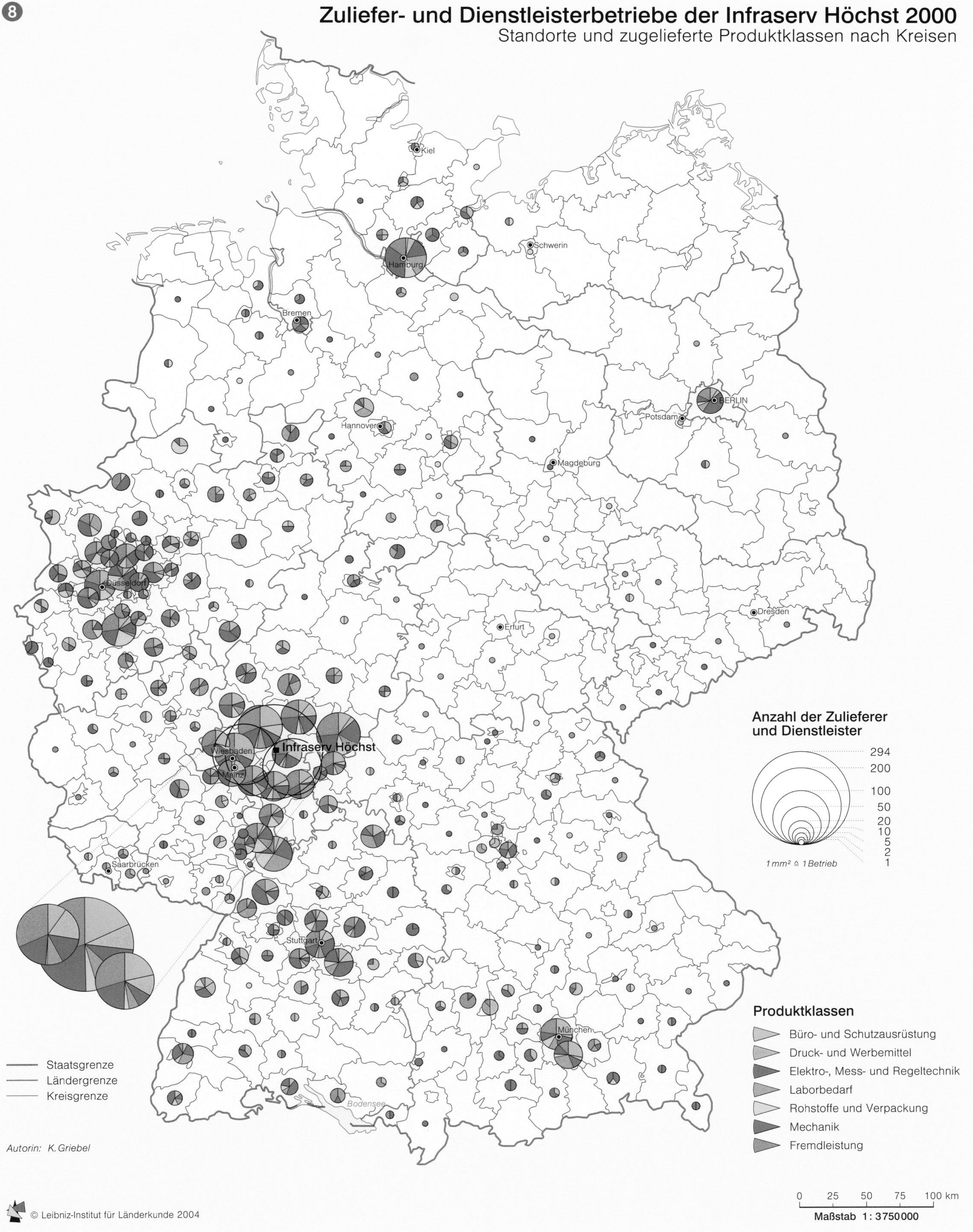

Bis Anfang 2002 wurden im Chemiepark Bitterfeld-Wolfen rund 2,7 Mrd. Euro in Anlagen und Infrastruktur investiert. Es waren rund 50 Chemieunternehmen mit 3000 Mitarbeitern sowie über 300 Unternehmen anderer Branchen mit weiteren 6500 Beschäftigten angesiedelt. Durch den Erhalt einiger Kernaktivitäten am Standort Bitterfeld sowie die Schaffung moderner Strukturen als Basis für weitere Investitionen im regionalen Umfeld erscheint eine positive Entwicklung der Industrie im Chemiedreieck Halle-Merseburg-Bitterfeld möglich.◆

Brauwirtschaft – Vielfalt von Marken und Sorten

Axel Borchert

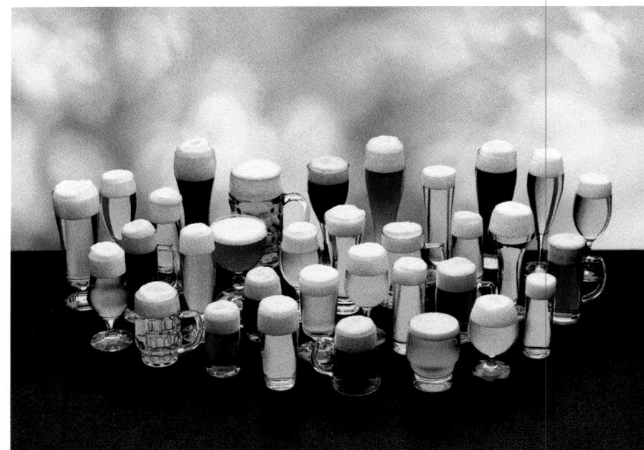

Die Geschmacks- und Sortenvielfalt deutscher Biere

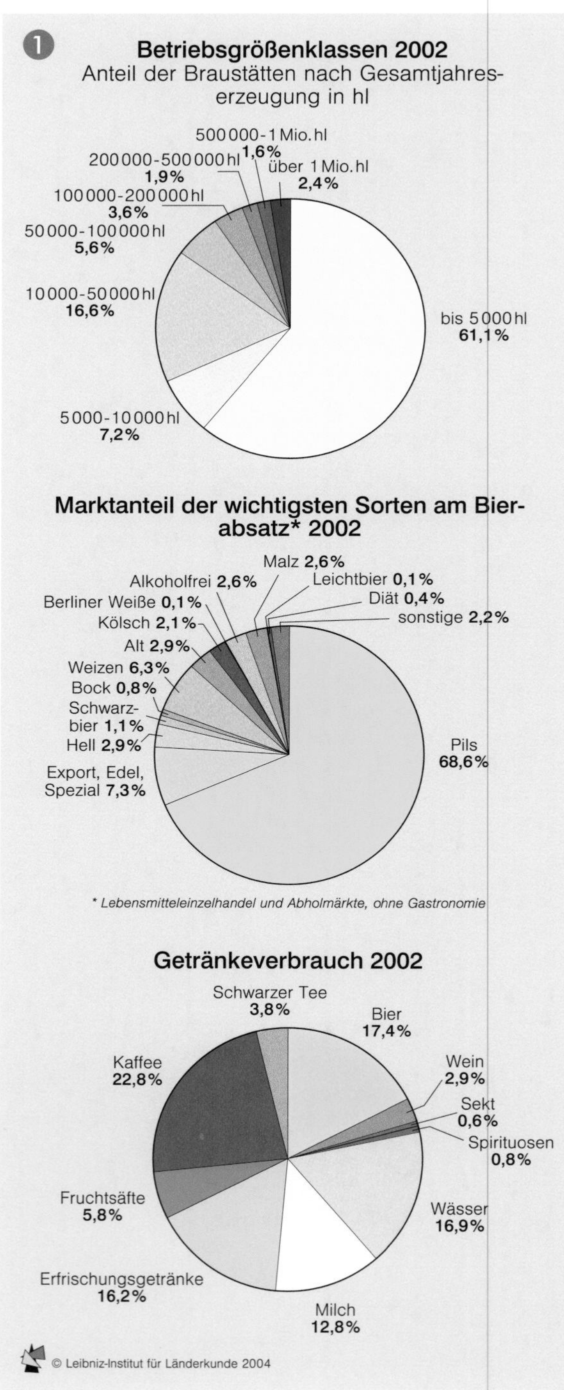

Deutschland gilt als *die* Biernation und das zu Recht: Im internationalen Vergleich nimmt es sowohl bei der Produktion wie auch bei der Markenvielfalt und dem Konsum von Bier stets Spitzenstellungen ein. So deckt Deutschland in der EU über ein Drittel des gesamten Bierausstoßes bzw. -absatzes ab, und das mit 1270 von 1661 EU-Braustätten (Jahr 2000). International liegt Deutschland mit einer Gesamtjahreserzeugung von 110 Mio. hl auf Platz 3 hinter den USA (232 Mio. hl) und der VR China (220 Mio. hl). Jedoch ist die durchschnittliche Bierproduktion mit jährlich knapp 87.000 hl je deutscher Brauerei bei weitem die geringste in der EU.

Nirgendwo in der Welt ist die Anzahl und Dichte an Brauereien so hoch wie in Deutschland. Die Konzentration nimmt nach Süden stark zu ❸. Über die Hälfte aller Brauereien liegt in Bayern, wobei Franken klar heraussticht. Der durchschnittliche Bierausstoß in bayerischen Braustätten liegt mit 34.000 hl weit unter dem nationalen Niveau. Das Bild ist dort eher von großer Marken- und Sortenvielfalt sowie langer Historie geprägt. Immerhin wurde das erste „deutsche" Bier 800 v.Chr. in Kulmbach hergestellt. Die großen Brauereien mit den auch international bekannten Marken finden sich dagegen eher im Westen und Norden der Republik. In den neuen Ländern konnte die Zahl der Braustätten und ihr Bierausstoß in den 1990er Jahren gegen den Bundestrend gesteigert, sogar fast verdoppelt werden. Nach einigen Betriebsschließungen gab es viele Neugründungen, fast ausschließlich von Gasthausbrauereien. Mittlerweile ist die Produktion mit ca. 19% des gesamtdeutschen Ausstoßes auf dem Niveau angekommen, das dem ostdeutschen Bevölkerungsanteil entspricht.

Klein und Groß behaupten sich

Die Kleinbetriebe mit einer Produktion von unter 5000 hl/Jahr machen über die Hälfte aller Brauereien in Deutschland aus – Tendenz steigend. Die Zahl der kleinsten, nämlich der Gasthausbrauereien, wird auf ca. 320 geschätzt. Die Anzahl der großen mit einem Jahresausstoß von jeweils über 1 Mio. hl blieb bis zum Jahr 2000 mit ca. 30 Brauereien relativ konstant. Abgenommen hat die einst große Zahl der mittelgroßen Brauereien. Die deutschen Brauereibetriebe mit mehr als 20 Mitarbeitern hatten im Jahr 1991 insgesamt noch 69.200 Beschäftigte, im Jahr 2000 waren es nur noch 37.600.

Bier – in Deutschland nach dem Reinheitsgebot von 1516 ausschließlich aus Malz, Hopfen, Hefe und Wasser gebrautes alkoholhaltiges Getränk; es besteht aus Kohlehydraten, Eiweiß, Kohlensäure, Alkohol, Mineralstoffen, Vitaminen und zu 90% aus Wasser. Man unterscheidet – je nach Gärungsprozess der Hefe – untergärige und obergärige Biere.

Internationale Konzerne drängen in den Markt

War das Thema Bier bis dato eine rein deutsche Angelegenheit, so sorgten in letzter Zeit zunehmend internationale Konzerne für Aufregung. Zwar war in der deutschen Brauwirtschaft bereits seit längerer Zeit eine Tendenz zur Konzentration erkennbar, die zur Herausbildung von einigen großen Brauereigruppen führte. Der Aufkauf großer deutscher Brauereien durch belgische und niederländische Unternehmen war jedoch neu. Die größten deutschen Brauereikonzerne kommen mit ihren Umsätzen bei weitem nicht an die international führenden heran. Während die größten deutschen Gruppen Holsten und Binding jeweils rund 10 Mio. hl/ Jahr erzeugen, halten Anheuser Busch (USA) mit 158 Mio. und die belgische Interbrew nach dem Aufkauf von Diebels und Beck's mit 97 Mio. hl/Jahr die Weltspitze. Die größte deutsche Gruppe kommt auf einen einheimischen Biermarktanteil von 10%, den US-Biermarkt beherrschen die zwei größten Gruppen zu 80%.

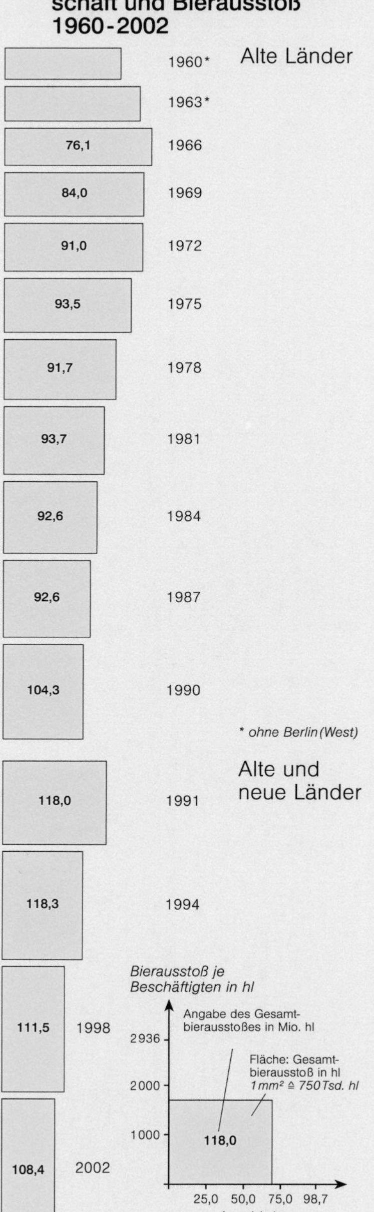

Das Schicksal der deutschen Brauer liegt aufgrund stetig abnehmender Ausstoßmengen ❷ und geringer individueller Marktanteile hauptsächlich in den Überkapazitäten und den daraus resultierenden sehr niedrigen Unternehmensrenditen. Eine Absatzsteigerung einzelner Marken ist nur durch verstärkten Export und durch Verdrängungswettbewerb oder Übernahmen erreichbar. Der deutsche Biermarkt wird laut Brancheninsidern nicht mehr wachsen. Es wird eine weitere Konzentration, eine Zunahme einzelner Marktanteile und damit eine Abnahme der Zahl der Braustätten prognostiziert. Ausgenommen von diesem Trend sind die beliebten Gasthausbrauereien.

Treue zu deutschem Pils

Der Verbraucher ist sehr markentreu. Nur 4,6 gekaufte Biermarken konnten 1999 je Haushalt registriert werden, obwohl ca. 5000 verschiedene deutsche Biermarken angeboten werden. Jeder Einwohner trinkt durchschnittlich ein Glas Bier am Tag, statistisch 127,5 l/ Jahr. Weltweit wird nur in Tschechien mehr getrunken. Die im Ausland gebrauten und nach Deutschland importierten Biere müssen sich seit 1987 nicht mehr an das Reinheitsgebot von 1516 halten. Ihr Anteil erreichte in den 1990er Jahren dennoch nicht einmal 3%. Der Export deutscher Biere kletterte dafür stetig auf annähernd 10% (2000) und folgt damit im EU-Vergleich dem Spitzenreiter Niederlande. Insgesamt ist der Bierkonsum in Deutschland rückläufig. Insbesondere die Jugend trinkt weniger Bier.

Obwohl viele und neue Biersorten intensiv beworben werden, bleibt das Bier nach Pilsener Art mit 68% Marktanteil stetig unangefochtener Spitzenreiter ❶. Weizenbier konnte seinen Marktanteil auf knapp 6% ausbauen; Bier-Mixgetränke kamen in jüngster Zeit auf 2,5%; alkoholfreies Bier stagniert bei einem Anteil von unter 3%.◆

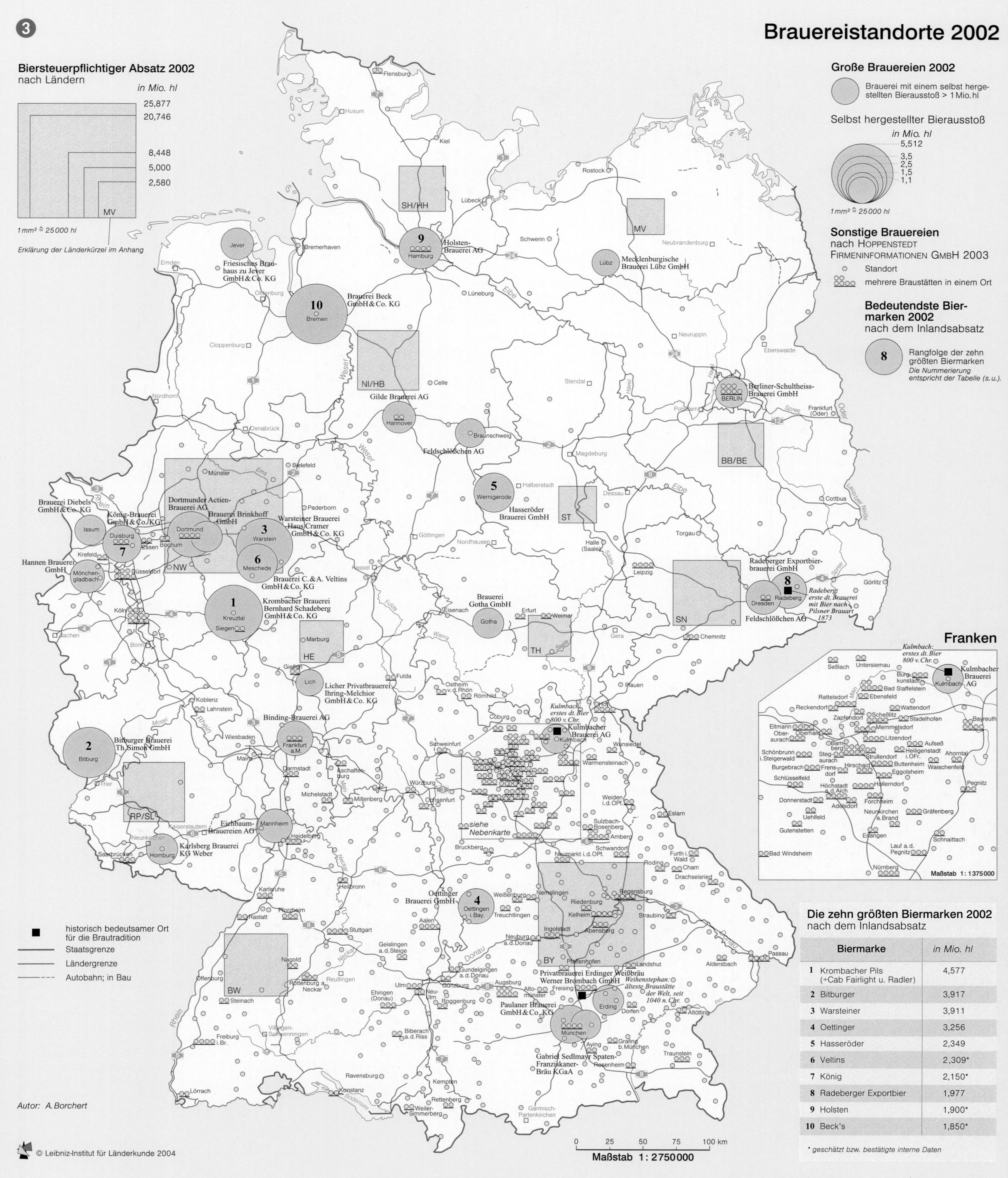

Die zehn größten Biermarken 2002
nach dem Inlandsabsatz

	Biermarke	in Mio. hl
1	Krombacher Pils (+Cab Fairlight u. Radler)	4,577
2	Bitburger	3,917
3	Warsteiner	3,911
4	Oettinger	3,256
5	Hasseröder	2,349
6	Veltins	2,309*
7	König	2,150*
8	Radeberger Exportbier	1,977
9	Holsten	1,900*
10	Beck's	1,850*

* geschätzt bzw. bestätigte interne Daten

Milcherzeugung und Milchverarbeitung

Werner Klohn

Milchkühe werden vor allem in Grünlandregionen gehalten

Mit einem Anteil von mehr als 25% an den gesamten Verkaufserlösen ist die Milch das wichtigste Erzeugnis der deutschen Landwirtschaft (▶▶ Beitrag Klohn/Roubitschek, S. 24). In regionaler Betrachtung werden zwei Schwerpunkte der Milchkuhhaltung deutlich ❹: der Marschensaum der Küste in Norddeutschland sowie das Allgäu und das Alpenvorland in Süddeutschland. Aber auch in den Mittelgebirgen wie im Bayerischen Wald oder im Sauerland ist die Milchkuhhaltung stärker vertreten. Deutlich tritt die Bindung an traditionelle Grünlandgebiete hervor, wo ungünstige Klimabedingungen, Reliefverhältnisse oder geringmächtige Böden keinen Ackerbau zulassen.

Die Milcherzeugung

Die Milcherzeugung ist in hohem Maße gesetzlich reglementiert. So wurde 1968 die europäische Milchmarktordnung eingeführt, die für die Milcherzeuger hohe Preise und die garantierte Abnahme aller erzeugten Milch beinhaltete. Dieser Anreiz führte zur laufenden Erhöhung der Milchproduktion, wozu auch die höheren Milchleistungen pro Kuh beitrugen, hervorgerufen durch züchterische Fortschritte und verbesserte Tierernährung. Schließlich wurde in der EU zur Begrenzung der Überproduktion im Jahr 1984 eine Garantiemengenregelung eingeführt, in deren Folge den Betrieben eine Milch-Referenzmenge (Produktionsquote) zugewiesen wurde. Durch die weiter ansteigende Milchleistung der Kühe kann dieselbe Milchmenge mit einer immer geringeren Anzahl von Milchkühen erzeugt werden ❸. In jüngerer Zeit können Milchquoten auch gehandelt werden, wodurch sich die ursprünglich strukturkonservierenden Regelungen mehr und mehr auflösen. Größere strukturelle Veränderungen werden aber erwartet, wenn die Milchquotenregelung im Zuge agrarpolitischer Reformen einmal auslaufen sollte.

2001 hielten in Deutschland rund 132.000 Betriebe insgesamt etwa 4,5 Mio. Milchkühe. Dabei sind sehr große Unterschiede in den durchschnittlichen Bestandsgrößen festzustellen: In Westdeutschland weisen die Betriebe in den nördlichen Ländern höhere Durchschnittsbestände auf als die in den süddeutschen. Besonders gravierend ist aber der Ost-West-Gegensatz ❶.

Unterschiedlich sind auch die durchschnittlichen Milchleistungen je Kuh, die in den ostdeutschen Ländern beträchtlich über dem Wert der westdeutschen liegen. Diese höhere Milchleistung konnte durch die Verwendung sehr leistungsfähiger Rinderrassen beim Neuaufbau der Bestände in Ostdeutschland erreicht werden. Die geringste Milchleistung weisen Baden-Württemberg und Bayern auf. Ganz offensichtlich werden viele Kleinbestände nicht optimal geführt und Leistungspotenziale nicht ausgeschöpft.

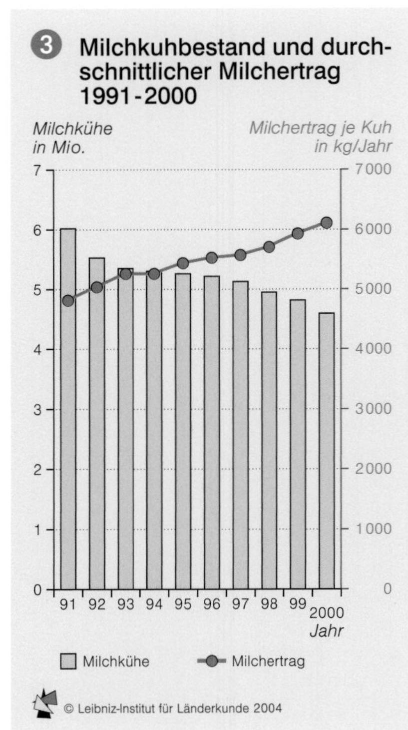

❶ **Durchschnittlicher Milchkuhbestand je Betrieb 2001**
nach Ländern

Stück

0, 20, 40, 60, 80, 100, 120, 140, 160, 180, 200

Alte Länder

Neue Länder

SH SL NI RP NW **aL** HE BW BY **D** BB MV ST **nL** TH SN

© Leibniz-Institut für Länderkunde 2004

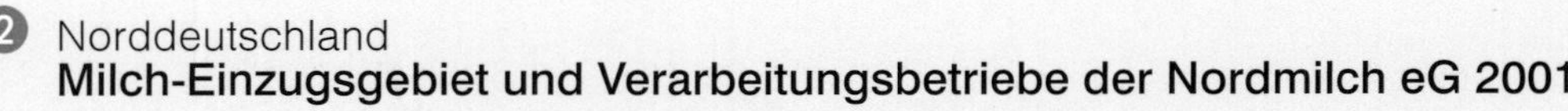

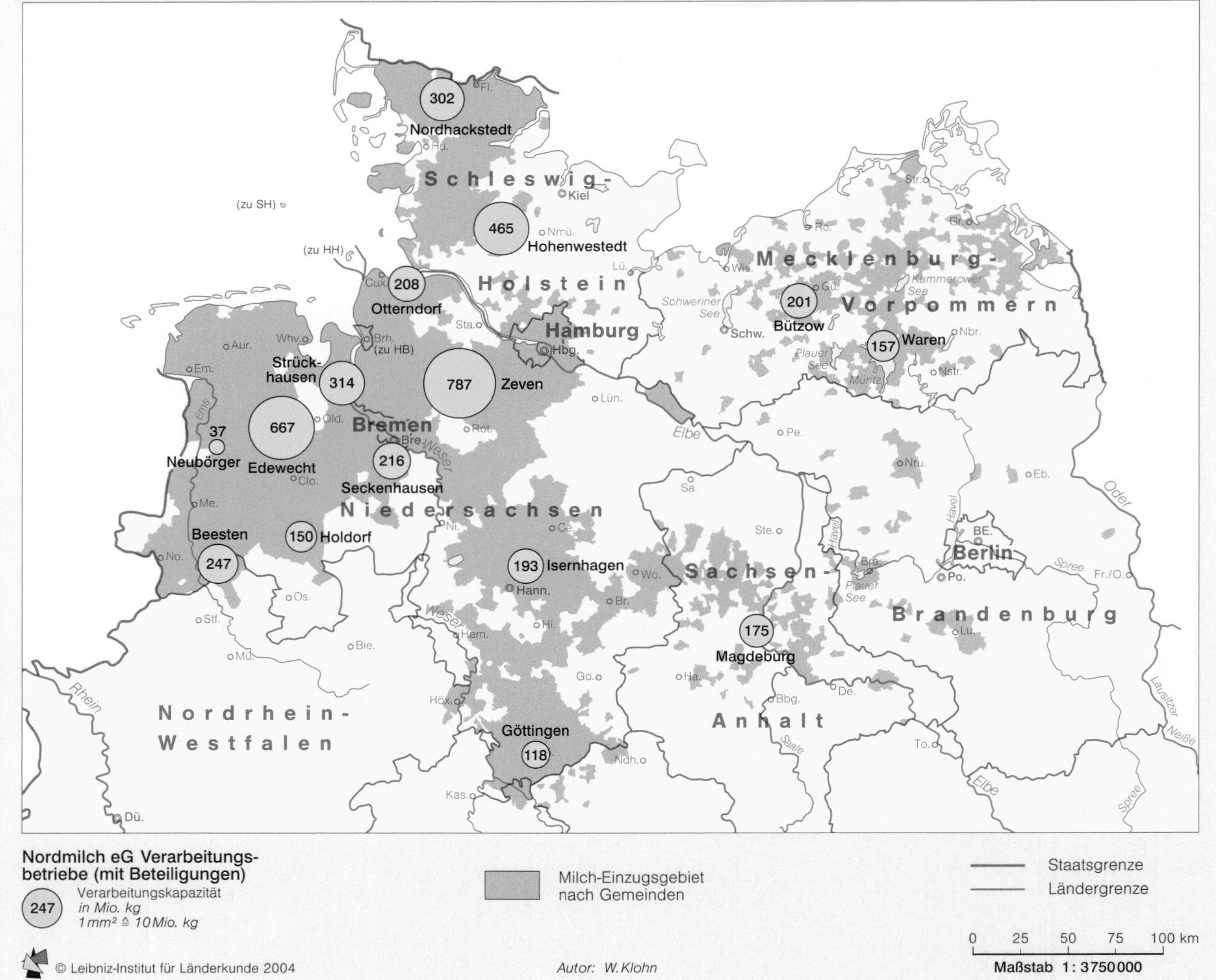

Die Milchverarbeitung

Aufgrund der leichten Verderblichkeit und Transportempfindlichkeit der Milch war früher eine dezentrale Erfassungs- und Verarbeitungsstruktur notwendig. Zahlreiche kleine private und genossenschaftliche Molkereien sammelten und verarbeiteten die Milch. Bis 1970 galten für die Molkereien festgelegte Einzugsbereiche, aus denen sie die Milch erhielten. Damit war zunächst der Erhalt der kleinen, dezentral organisierten Verarbeitungsbetriebe weitgehend gesichert. Als diese räumlich festgelegten Lieferbeziehungen 1970 aufgehoben wurden, setzte jedoch ein starker Konzentrationsprozess ein. Durch die Quotenregelung 1984 und die daraus resultierende Verringerung der Milchmenge setzte unter den Verarbeitungsbetrieben ein verstärkter Wettbewerb um den Rohstoff ein. Dies und die verschlechterte Erlössituation verstärkten den Konzentrationsschub unter den Molkereien (▶▶ Beitrag Nuhn, S. 54). Als Folge zahlreicher Fusionen wurden kleinere Zweigstandorte geschlossen und die Verarbeitung aus Kostengründen in wenigen, aber dafür gut ausgelasteten Großanlagen konzentriert. Infolge des Konzentrationsprozesses sind in Deutschland große Milchkonzerne mit hoher Milchverarbeitung und Jahresumsätzen in Milliardenhöhe entstanden. Das gegenwärtig größte Milchverarbeitungsunternehmen ist die Nordmilch eG ❷, die zusammen mit ihren Tochterunternehmen (Nordmilch Konzern) im Jahr 2001 etwa 3,8 Mrd. kg Milch verarbeitete. Rund 3700 Beschäftigte erwirtschafteten einen Umsatz von 2,2 Mrd. Euro.

Wie weit sich das Marktgeschehen auf wenige Molkereiunternehmen konzentriert, zeigt der Anteil der Milchverarbeitungsmenge, der auf die fünf größten Unternehmen entfällt. Kamen die Top-5 im Jahr 1996 auf einen Anteil von rund 22% an der gesamten Milchverarbeitung, waren es 2001 bereits 42,5%.

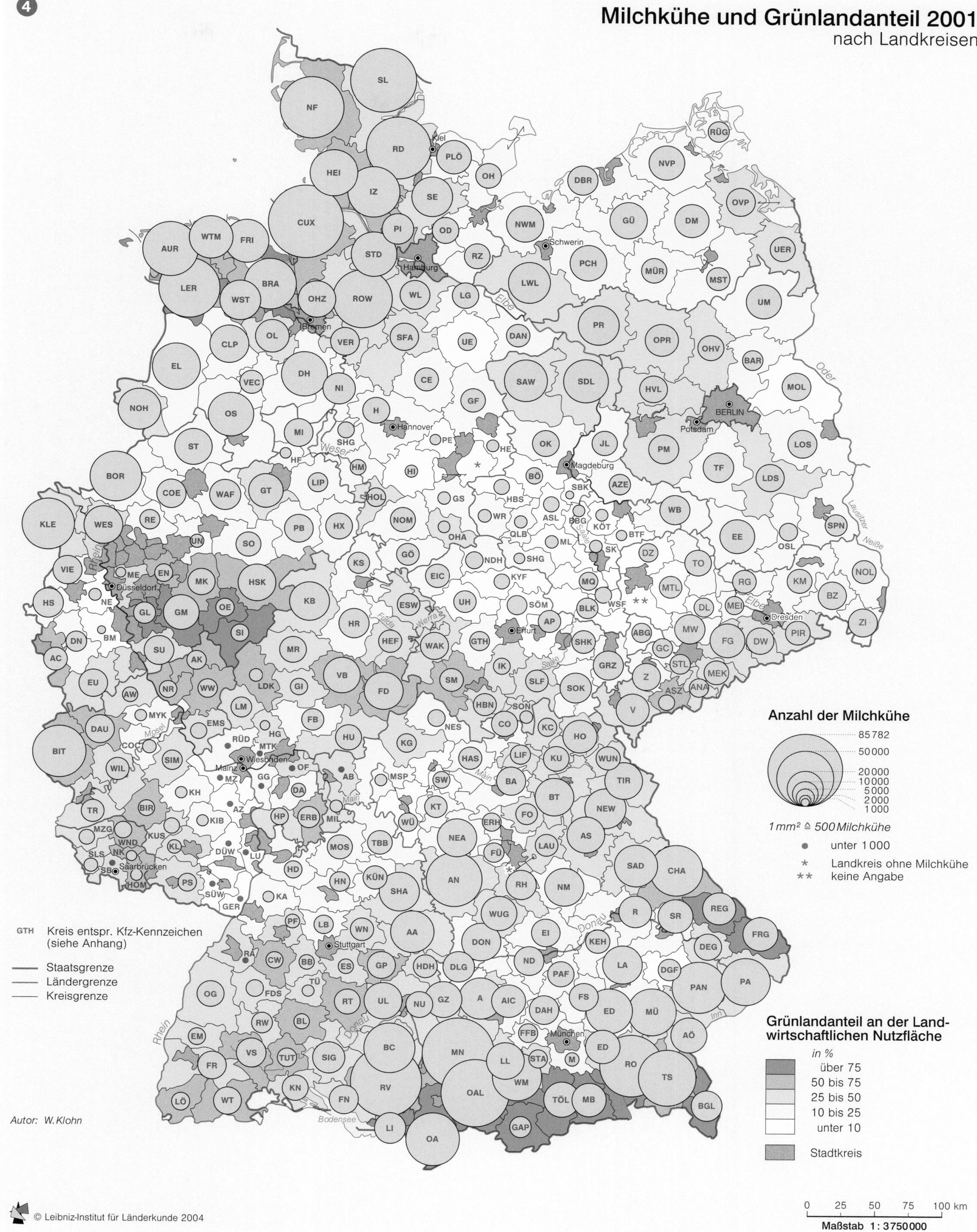

Herausforderungen und Perspektiven

Trotz der mittlerweile erreichten Größenordnungen muss die Struktur der deutschen Milchwirtschaft im Vergleich zu anderen Erzeugerländern in der Europäischen Union kritisch gesehen werden. So sind unverkennbar strukturelle Nachteile vorhanden, die sich beispielsweise in zu kleinen durchschnittlichen Tierbeständen ausdrücken. Während in den ostdeutschen Ländern äußerst konkurrenzfähige Größenstrukturen vorliegen, müssen in den westdeutschen dringend Strukturdefizite abgebaut werden, um gegenüber den europäischen Konkurrenten wettbewerbsfähig zu sein.

Strukturelle Defizite gegenüber den Konkurrenten in wichtigen europäischen Wettbewerbsländern bestehen auch in der deutschen Molkereiwirtschaft. Unter den zehn größten Unternehmen Europas ist mit der Nordmilch eG zwar erstmals ein deutsches Unternehmen vertreten, doch sind insgesamt die Größenstrukturen in anderen Ländern der EU günstiger. Daher ist zu erwarten, dass sich der Strukturwandel in der Molkereiwirtschaft mit unveränderter Dynamik fortsetzen wird, wobei auch zunehmend länderübergreifende Unternehmen entstehen werden.◆

Zuckerwirtschaft – der Trend zur Konzentration

Werner Klohn

Zuckerfabrik bei Offenau (Neckar)

Die Kultur der Zuckerrübe war lange Zeit im Verhältnis zu anderen landwirtschaftlichen Anbaufrüchten verhältnismäßig zeit- und arbeitsintensiv. Außerdem erfordert sie eine hohe Bodenqualität. Wichtige Standorte des Zuckerrübenanbaus in Deutschland sind daher die mit ertragreichen Böden (▶▶ Beitrag Adler u.a., Bd. 2, S. 100) ausgestatteten Regionen, vor allem die Börde- bzw. Gäulandschaften ❹.

Da die Zuckerrübe zu den ▶ selbstunverträglichen Kulturpflanzen zu zählen ist, muss der Rübenanbauer die jeweils für seine Bodenart optimale Fruchtfolge anwenden, bei der sich flachwurzelnde Getreidearten mit tiefwurzelnden Pflanzen (wie z.B. der Zuckerrübe) abwechseln und regelmäßig humusmehrende Pflanzen wie ▶ Leguminosen eingesät werden sollten.

Rechtliche Regelungen und Anbauquoten

Der europäische Zuckermarkt wird seit 1968 durch eine gemeinsame Zuckermarktordnung mit einem Quotensystem reguliert. Der Landwirt benötigt ein Rübenlieferrecht, um Zuckerrüben an eine Zuckerfabrik zu liefern. Zwischen den Rüben anbauenden Landwirten und den Zuckerfabriken werden Lieferverträge abgeschlossen, die den Lieferumfang, das Angebot seitens der Fabrik, den Kampagnebeginn, den Liefertermin, die Maßnahmen zur Steigerung der Rübenqualität und die Bezahlung der Rüben festlegen. Es liegt also ein enger Verbund zwischen Zuckerrübenanbauern und Zuckerfabriken vor.

Jährlich werden vom EU-Ministerrat Mindestpreise für Zuckerrüben und Zucker festgesetzt. Seit etlichen Jahren liegt der Selbstversorgungsgrad Deutschlands bei Zucker zwischen 130 und 160%, in der EU insgesamt nur geringfügig darunter. Daher hat die Europäische Union in der Vergangenheit große Zuckermengen subventioniert auf dem Weltmarkt abgesetzt. Durch Regelungen des ▶ GATT-Abkommens von 1994 mussten derartige Ausfuhren mittlerweile reduziert werden. Eine Verringerung des hohen Außenschutzes und eine stärkere Orientierung auf den Markt werden angestrebt.

Anbauflächen und Strukturen

Im Jahr 1999 bauten in Deutschland 48.247 Betriebe auf 489.164 ha Zuckerrüben an. Von der Fläche entfiel ein gutes Viertel auf Niedersachsen, gefolgt von Bayern und Nordrhein-Westfalen. Sehr groß sind die Unterschiede bezüglich der durchschnittlichen Anbauflächen zwischen den westdeutschen und den ostdeutschen Ländern ❶.

Durch die weitgehende Mechanisierung des Rübenanbaus, der Rübenpflege und der Rübenernte konnte der Arbeitsaufwand in den letzten Jahrzehnten erheblich verringert werden. Dadurch wurde der Zuckerrübenanbau, der lange Zeit vorwiegend in Klein- und Mittelbetrieben stattfand, zu einem wichtigen Produktionszweig der Mittel- und Großbetriebe.

Verarbeitungsfabriken

Die Zuckerrübe ist eine relativ junge landwirtschaftliche Kultur. Erst 1802 wurde die erste Fabrik der Welt, die Zucker auf Basis von Zuckerrüben herstellte, auf einem Gut in Cunern in Niederschlesien errichtet. In der Gründungszeit der Zuckerfabriken betrug die Entfernung zwischen den einzelnen Fabriken kaum zehn Kilometer, da den Rübenbauern mit ihren Pferdewagen längere Wege nicht zuzumuten waren. Später spielte die Rübenanlieferung mit der Bahn eine große Rolle, so dass jede Verarbeitungsfabrik mit einem eigenen Gleisanschluss versehen war. Durch die heute übliche Anlieferung mit Lastkraftwagen oder Traktoren mit gezogenem Anhänger ist diese Bindung an die

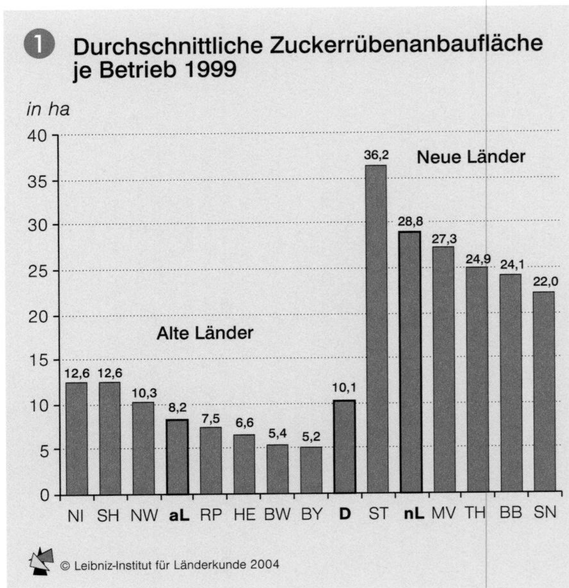

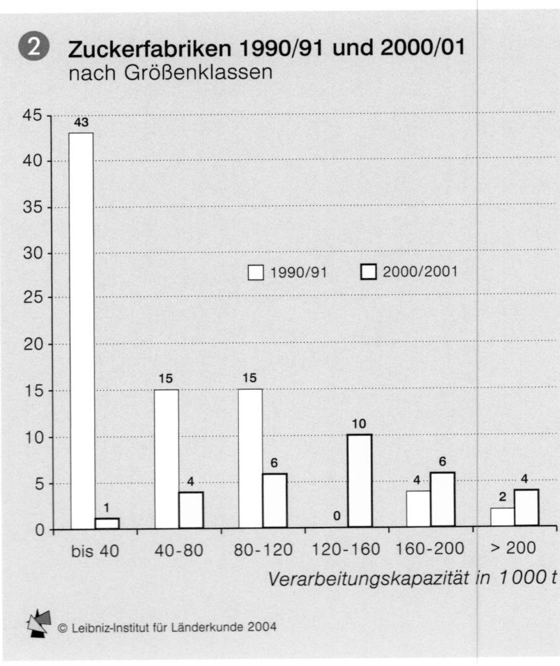

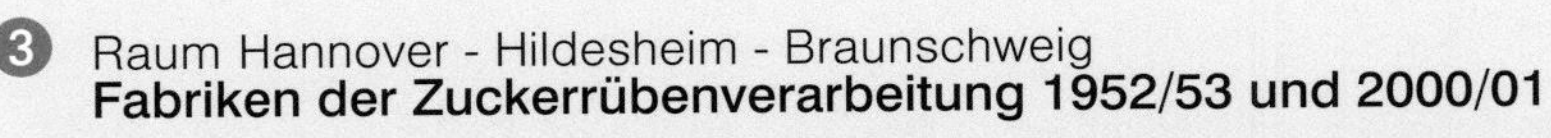

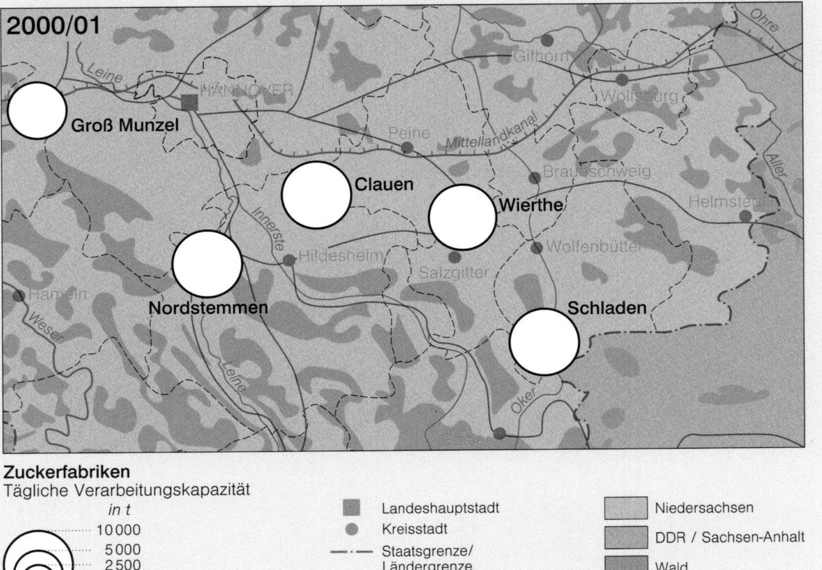

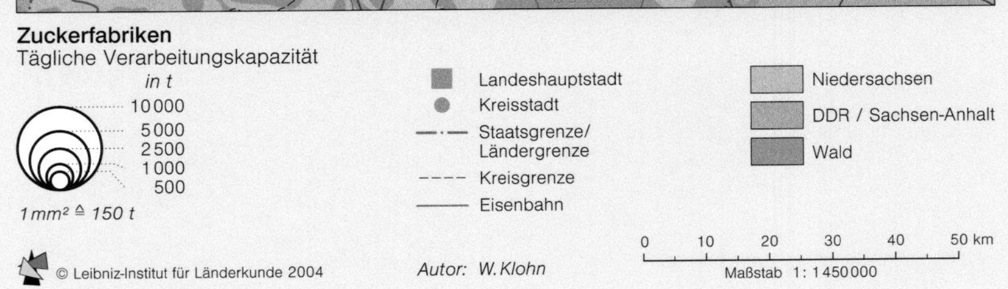

GATT-Abkommen – Allgemeines Zoll- und Handelsabkommen zur Erleichterung des Welthandels

Leguminosen – Pflanzen, die aufgrund ihrer Symbiose mit Knöllchenbakterien in der Lage sind, Luftstickstoff zu binden. Dieser im Boden gesammelte Stickstoff steht dann den nachfolgend angebauten Früchten zur Verfügung.

selbstunverträglich – Bezeichnung für Anbaufrüchte, die im nächsten Jahr nicht wieder auf demselben Boden angebaut werden können

Eisenbahn verloren gegangen. Im Verlauf der letzten Jahrzehnte ist es zu einer starken Konzentration der Zuckerfabriken gekommen, wobei insbesondere nach der Wiedervereinigung zahlreiche kleine ostdeutsche Betriebe geschlossen wurden ❷. Ein Ausschnitt aus dem Raum Hannover-Hildesheim-Braunschweig zeigt den Wandel von zahlreichen kleinen Verarbeitungsfabriken zu wenigen großen Betrieben ❸. Im Jahr 2001 existierten in Deutschland noch 30 Zuckerfabriken unter der Leitung von sechs Unternehmen, zwischenzeitlich wurden zwei weitere kleine Betriebe geschlossen, im Jahr 2003 fand eine weitere Fusion statt (Union Zucker Südhannover ging in Nordzucker auf) ❹.

Die großen deutschen Zucker verarbeitenden Unternehmen sind in zunehmendem Maße in den osteuropäischen Ländern aktiv und haben zahlreiche Beteiligungen an dortigen Zuckerfabriken erworben (▶▶ Beitrag Klohn/Windhorst, Bd. 11).

Zuckerkonsum und Absatz

Der Gesamtverbrauch an Zucker in Deutschland ist nach wie vor ansteigend, obwohl der Pro-Kopf-Verbrauch nach starken Zuwächsen in der Nachkriegszeit mittlerweile rückläufig ist. Langfristig betrachtet lässt sich im Verbrauch von Haushaltszucker ein Rückgang feststellen, während der inländische Absatz von Verarbeitungszucker einen stetigen Aufwärtstrend zu verzeichnen hat. Die wichtigste Käufergruppe für Zucker in Deutschland sind be- und verarbeitende Betriebe des Ernährungsgewerbes, die mehr als drei Viertel des Zuckers abnehmen.◆

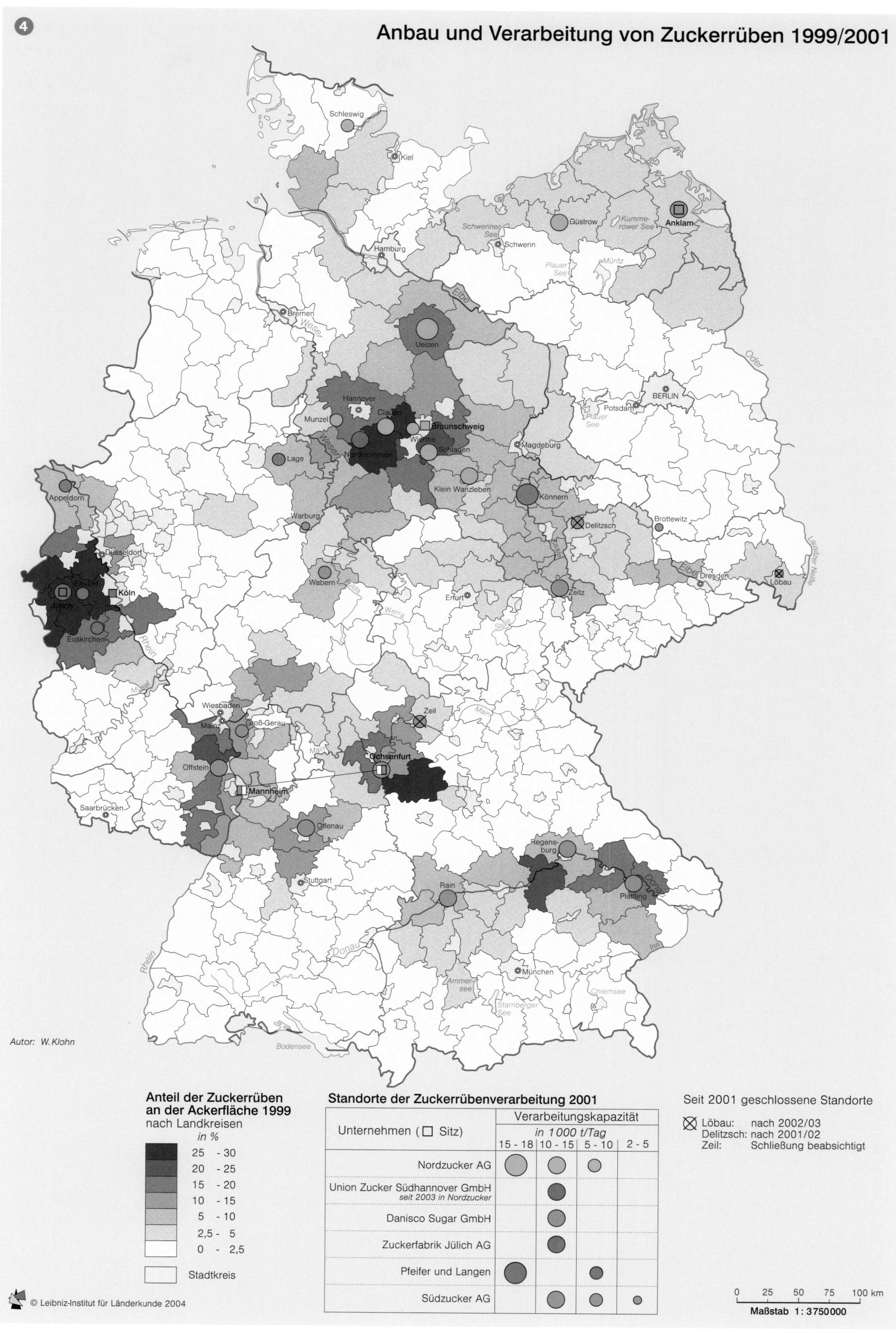

Schweinefleischerzeugung – Schwerpunkt im Nordwesten

Hans-Wilhelm Windhorst

Ferkelaufzucht in Großgruppenbuchten. Großgruppen ermöglichen eine bessere Strukturierung der Buchten – die Tiere haben auf gleicher Fläche mehr Bewegungsspielraum, Aktivitäts- und Ruhezonen sowie einen Kotplatz.

Mit einem Produktionswert von mehr als 3,1 Mrd. Euro ist die Schweinemast nach der Milcherzeugung der zweitwichtigste Zweig der deutschen Landwirtschaft. Sie stellte im Wirtschaftsjahr 2001 etwa 14% der gesamten Verkaufserlöse. Die Ursache für diese bedeutende Stellung ist in dem hohen Pro-Kopf-Verbrauch zu sehen, der im Jahre 2001 bei 53,6 kg lag. Trotz der hohen Produktionsleistung sind die Schweine haltenden Betriebe nicht in der Lage, die Nachfrage des inländischen Marktes zu erfüllen. Bei einem Selbstversorgungsgrad von 88,5% mussten 2001 etwa 1 Mio. t Schweinefleisch nach Deutschland eingeführt werden ❸. Hauptlieferländer waren Belgien, Dänemark und die Niederlande.

Strukturen der Schweinehaltung

Von den 26 Mio. Schweinen, die im Jahre 2001 in Deutschland gehalten wurden, entfielen 85,8% auf die alten und nur 14,2% auf die neuen Länder. Hinsichtlich der Betriebe mit Schweinehaltung war das Ungleichgewicht noch größer, denn nur etwa 6% der Schweine haltenden Betriebe liegen in den neuen Ländern. Hier haben nach der Wiedervereinigung sehr viele ehemalige LPG und auch Kombinate industrieller Mast die Produktion nicht weitergeführt. Es kam zu einem sehr starken Einbruch in den Bestandszahlen, was zu einer deutlichen Unterauslastung der Schlacht- und Zerlegebetriebe führte.

Die durchschnittlichen Bestandsgrößen in den einzelnen Bundesländern weichen sehr stark voneinander ab ❶. Während in Hessen und im Saarland nur 67 bzw. 82 Schweine pro Betrieb gehalten wurden, waren es in Schleswig-Holstein 506 und in Mecklenburg-Vorpommern sogar 819 Tiere. Auch bei der Zuchtsauenhaltung liegt eine große Schwankungsbreite vor. Insgesamt erreichen die Ferkel erzeugenden Betriebe in den neuen Ländern deutlich größere Bestandszahlen als die der alten Länder.

Der Nord-Süd-Gegensatz in den alten Ländern und der West-Ost-Gegensatz zwischen den alten und den neuen Ländern wird besonders deutlich, wenn man die Anteile betrachtet, die auf Bestände mit mehr als 1000 Stallplätzen entfallen. Während in den alten Ländern im Jahre 1999 nur 25,3% der Schweine in Betrieben dieser Größenordnung standen, waren es in den neuen Ländern 92%.

Durch die Wiedervereinigung haben sich die in den alten Ländern vorhandenen Strukturunterschiede noch weiter verstärkt. Dies zeigt sich besonders deutlich in der Zuchtsauenhaltung ❶.

Räumliche Verteilung der Betriebe

Die Schweinehaltung konzentriert sich auf die beiden Länder Niedersachsen und Nordrhein-Westfalen ❹, auf die 2001 mehr als 53% der Bestände, aber nur 33% der Halter entfielen. In den neuen Ländern sind die Schweinebestände sehr gleichmäßig verteilt, Hochburgen wie in Nordwestdeutschland haben sich dort bislang nicht ausgebildet. In den südlichen Landkreisen des Regierungsbezirks Weser-Ems und im nördlichen Westfalen ist seit 1950 eine der größten Verdichtungen der Schweinehaltung entstanden. Die Nähe der Produzenten zu den Seehäfen, über die Rohkomponenten für das Mischfutter eingeführt werden konnten, spielte dabei offensichtlich eine Rolle. Ein weiterer steuernder Faktor ist in den wenig tragfähigen Sandböden der Geest sowie den ursprünglich kleinen Betriebsflächen der Höfe zu sehen. Kleinere Zentren haben sich auf einer eigenen Futtergrundlage in Baden-Württemberg und Bayern ausgebildet. Hierbei bestehen enge funktionale Beziehungen zwischen den Mastbetrieben in den südoldenburgischen Landkreisen Vechta und

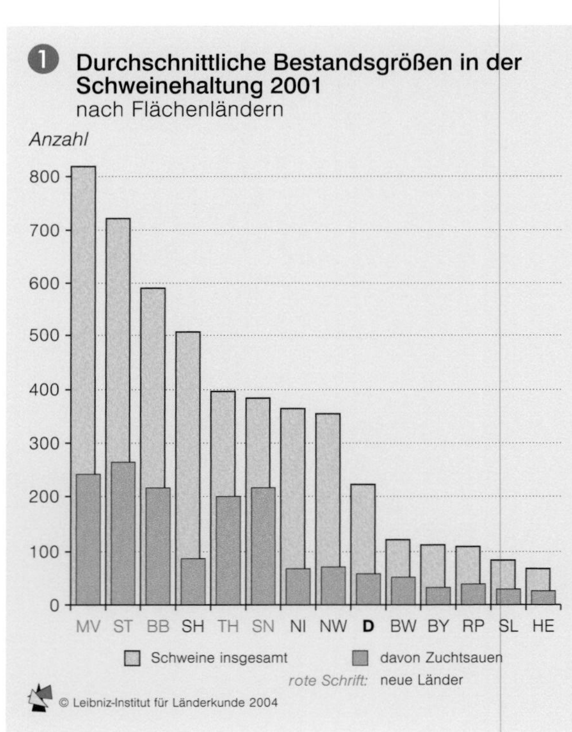

❶ Durchschnittliche Bestandsgrößen in der Schweinehaltung 2001 nach Flächenländern

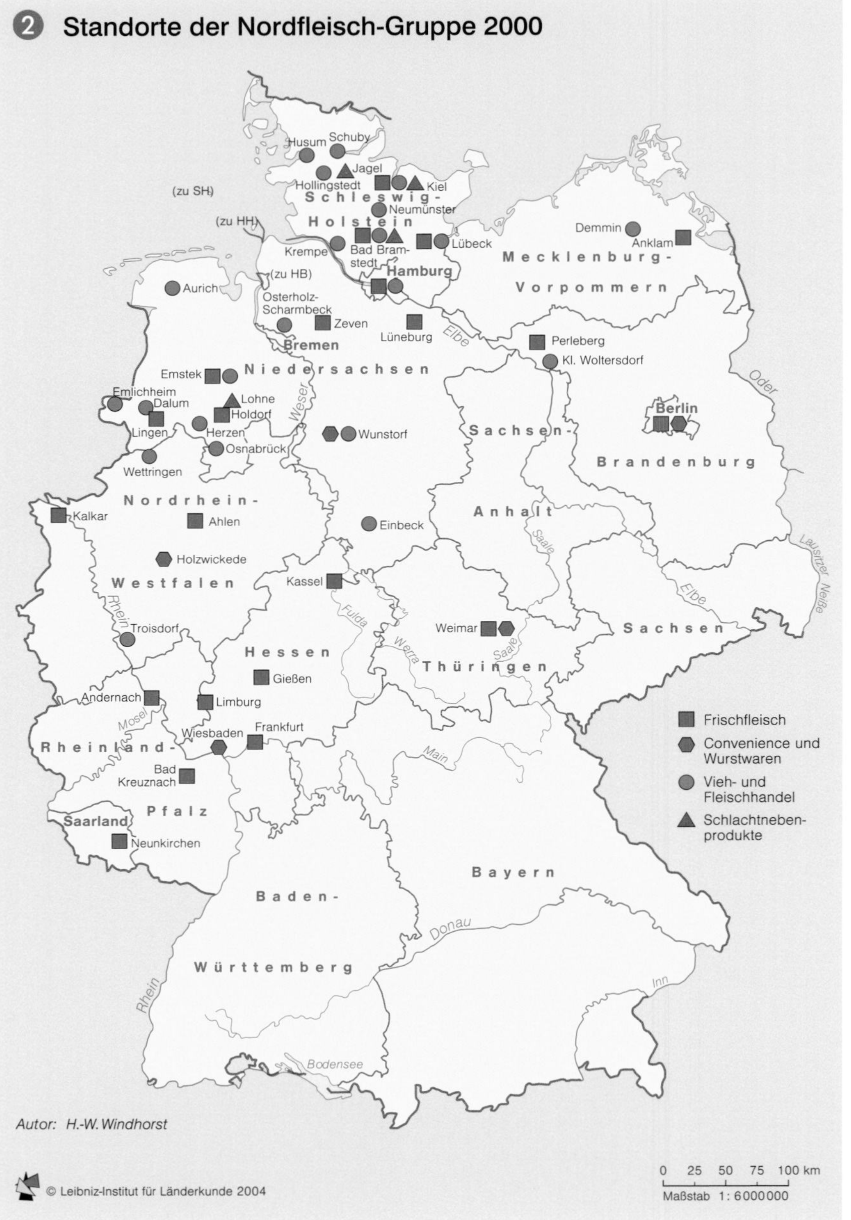

❷ Standorte der Nordfleisch-Gruppe 2000

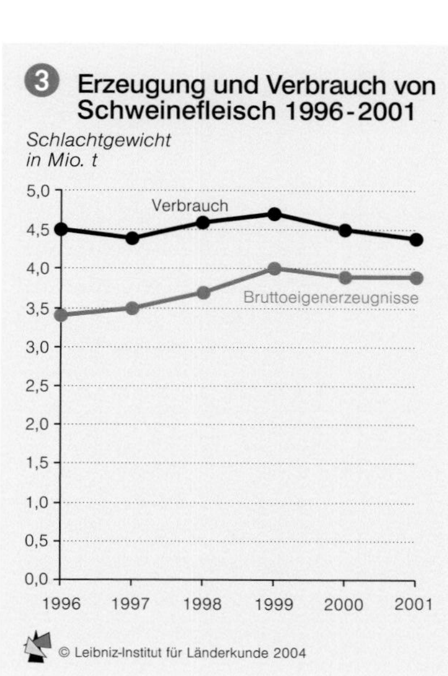

4 Schweinebestand und Schweinebesatz 2001
nach Landkreisen

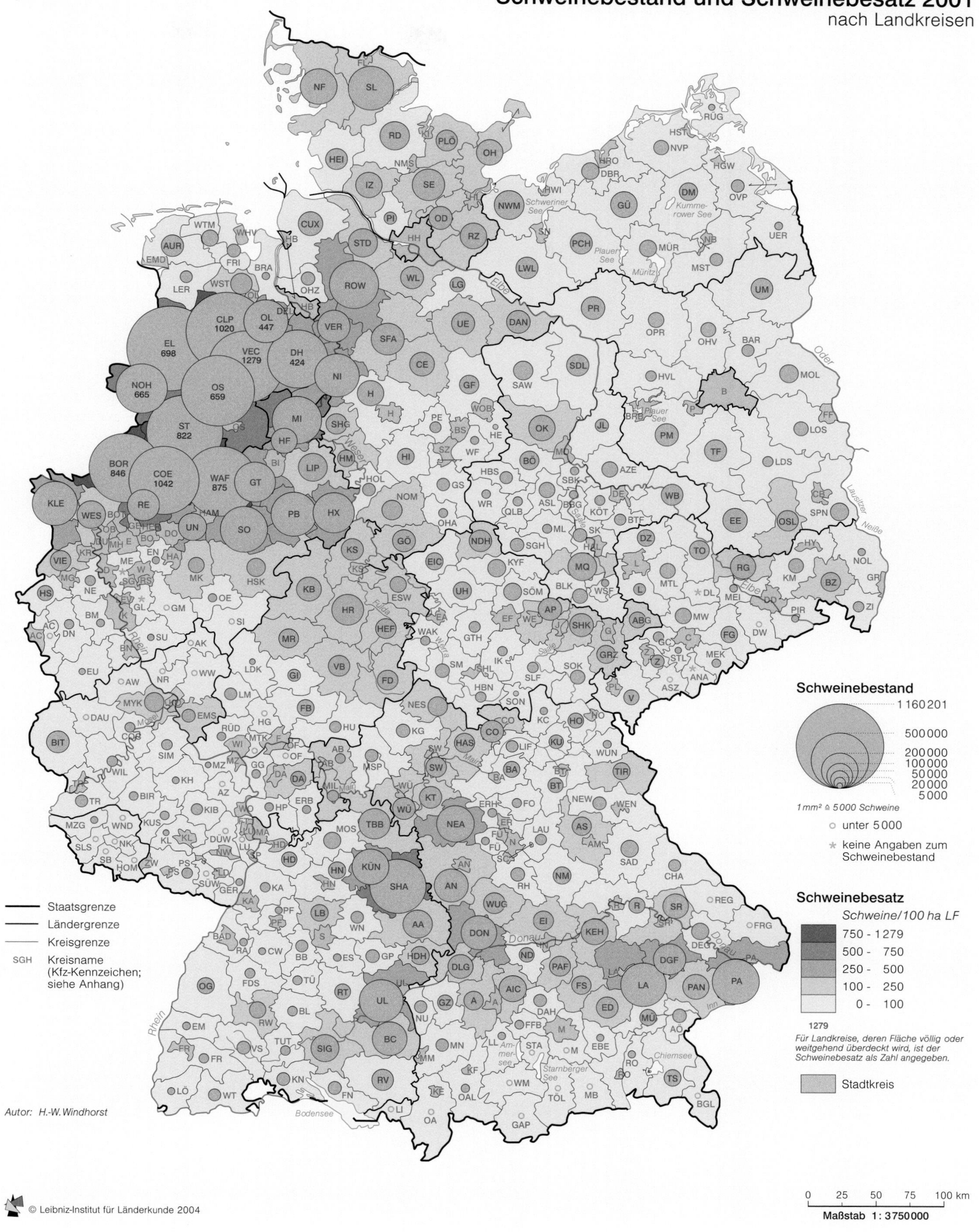

Schweinebestand
1160201
500000
200000
100000
50000
20000
5000
1 mm² ≙ 5000 Schweine
○ unter 5000
* keine Angaben zum Schweinebestand

Schweinebesatz
Schweine/100 ha LF
750 - 1279
500 - 750
250 - 500
100 - 250
0 - 100
1279 Für Landkreise, deren Fläche völlig oder weitgehend überdeckt wird, ist der Schweinebesatz als Zahl angegeben.
Stadtkreis

Staatsgrenze
Ländergrenze
Kreisgrenze
SGH Kreisname (Kfz-Kennzeichen; siehe Anhang)

Autor: H.-W. Windhorst

0 25 50 75 100 km
Maßstab 1 : 3750000

Cloppenburg, die pro Jahr etwa 2 Mio. Ferkel zukaufen müssen, und den Gebieten mit hohen Ferkelüberschüssen in Baden-Württemberg.

Der Schlachtsektor

In Deutschland verfügen nahezu 300 Schlachtbetriebe – davon 38 in den neuen Ländern – über eine EU-Zulassung, also über bestimmte Voraussetzungen hinsichtlich des Hygienestandards und der Ausstattung mit Kühlhäusern für die geschlachteten Tiere. In diesen Schlachtstätten werden pro Jahr etwa 42 Mio. Schweine geschlachtet. In Dänemark sind es demgegenüber nur 17 Schlachtbetriebe, die jährlich etwa 22-23 Mio. Schweine schlachten und zerlegen können. Der Konzentrationsgrad ist in Deutschland folglich weitaus geringer, was zu Kostennachteilen führt. Marktführer in Deutschland sind zwei genossenschaftlich organisierte Unternehmen: einmal die Nordfleisch-Gruppe mit Sitz in Hamburg ❷ und zum anderen die Westfleisch mit Sitz in Münster. Im Jahr 2000 schlachteten die Nordfleisch-Gruppe 5,5 Mio. und die Westfleisch etwa 3,5 Mio. Schweine. Beide Unternehmen sind vertikal integriert, d.h. sie vereinigen mehrere Stufen der Erzeugung von Schweinefleisch und dessen Verarbeitung unter einem Dach. Ferkelerzeugung und Mast finden in landwirtschaftlichen Betrieben statt, die z.T. vertraglich an die Unternehmen gebunden sind. Im Herbst 2003 wurde die Nordfleischgruppe an das niederländische Unternehmen Bestmeat verkauft. Es ist noch offen, ob in Zukunft alle Standorte erhalten bleiben.

Herausforderungen und Perspektiven

Die deutschen Schweinehalter und Schweinefleischproduzenten sehen sich Herausforderungen gegenüber, auf die reagiert werden muss, um sich in Zukunft zu behaupten: wachsende internationale Konkurrenz durch die EU-Osterweiterung und die weitere Liberalisierung der Agrarmärkte sowie veränderte politische Rahmenbedingungen. Die Aspekte Produktsicherheit, Umweltverträglichkeit und Wahrung der Auflagen des Tierschutzes werden Anpassungen in den Haltungsformen notwendig machen. In den Zentren der Schweinehaltung können das erhöhte Seuchenrisiko und die Überversorgung mit tierischen Exkrementen eine Reduzierung der Tierbestände erforderlich machen.◆

Geflügelhaltung – die Dominanz agrarindustrieller Unternehmen

Hans-Wilhelm Windhorst

Legehennen in automatisierter Bodenhaltung

Legehennen-Freilandhaltung – modernes Stallgebäude und Auslaufzone

Im Wirtschaftsjahr 2001 erreichte die deutsche Geflügelwirtschaft einen Produktionswert von etwa 1,9 Mrd. Euro aus der Erzeugung von Eiern und Geflügelfleisch. Dies entspricht insgesamt 5,9% des Verkaufserlöses der deutschen Landwirtschaft (▶▶ Beitrag Klohn/Roubitschek, S. 26). Obwohl im vergangenen Jahrzehnt die Erzeugung von Geflügelfleisch deutlich gesteigert werden konnte, waren die deutschen Mastgeflügelhalter nicht in der Lage, der steigenden Nachfrage zu entsprechen. Der Selbstversorgungsgrad Deutschlands liegt bei etwa 63%, was bei einem Pro-Kopf-Verbrauch von ca. 18,9 kg/Jahr Einfuhren in Höhe von 885.000 t (Schlachtgewicht) pro Jahr notwendig macht. Auch die deutschen Eierproduzenten sind bei weitem nicht in der Lage, den einheimischen Markt hinreichend mit Schaleneiern zum Verzehr und mit Eiprodukten zu versorgen. Bei einem Pro-Kopf-Verbrauch von 222 Eiern und einem Selbstversorgungsgrad von 74% müssen pro Jahr etwa 4 Mrd. Eier eingeführt werden. Damit ist Deutschland einer der attraktivsten Märkte für Eier und Geflügelfleisch weltweit.

Strukturen der Geflügelhaltung

Die Geflügelhaltung hat seit 1950 einen tief greifenden Strukturwandel erfahren, der durch eine Reihe von Innovationen ausgelöst wurde. Hier sind u.a. zu nennen der Einsatz von ▶ Hybridtieren in der Eierproduktion und Geflügelmast, die Verwendung technisch aufwändiger Haltungseinrichtungen, insbesondere in der Legehennenhaltung, und die Ausbildung ▶ vertikal integrierter agrarindustrieller Unternehmen. Wohl in keinem anderen Zweig der Agrarwirtschaft hat die Industrialisierung der Produktion sich so durchsetzen können wie in der Geflügelwirtschaft.

Der Strukturwandel drückt sich zum einen in einer schnellen Abnahme der Halterzahlen aus, zum anderen in einer schnellen Zunahme der durchschnittlichen Bestandsgrößen und der Ausbildung von Hochverdichtungsräumen der Geflügelhaltung. Allein zwischen 1994 und 2001 hat die Zahl der Betriebe mit Legehennenhaltung in Deutschland von 248.700 auf 97.165 oder um 61% abgenommen. Noch einschneidender war der Einbruch bei den Masthühnerhaltern. Hier ging die Zahl im genannten Zeitraum von 69.349 auf 11.228 oder um 84% zurück. Bei gleichzeitig schnell zunehmenden Gesamtbeständen stiegen ganz offensichtlich Betriebe mit kleinen Beständen aus der Produktion aus, weil sie nicht mehr konkurrenzfähig waren. Dies verstärkte wiederum die Marktposition der bisherigen Zentren.

In der DDR gab es bereits sehr große Einheiten in der Eierproduktion und Geflügelmast. Diese blieben nach der Wiedervereinigung z.T. erhalten, weil sie von Unternehmen aus den alten Ländern, den Niederlanden oder Frankreich übernommen wurden. Deshalb kam es auch nicht zu einem so drastischen Produktionsrückgang wie bei der Schweinehaltung, im Gegenteil, in der Geflügelmast werden heute in den neuen Ländern höhere Produktionsleistun-

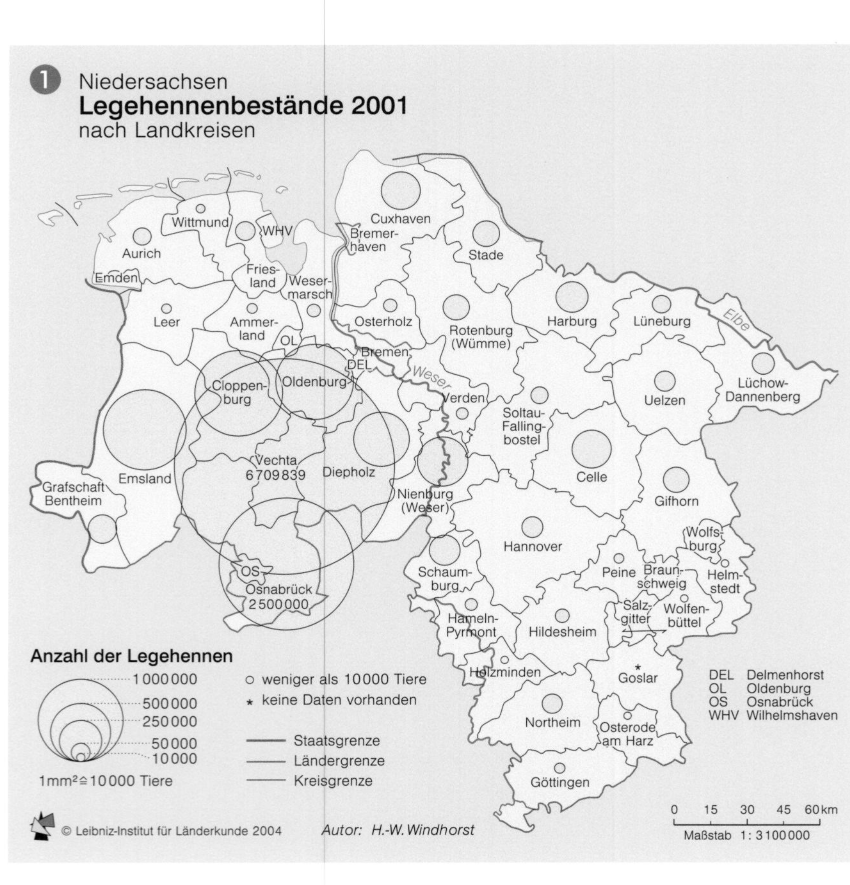

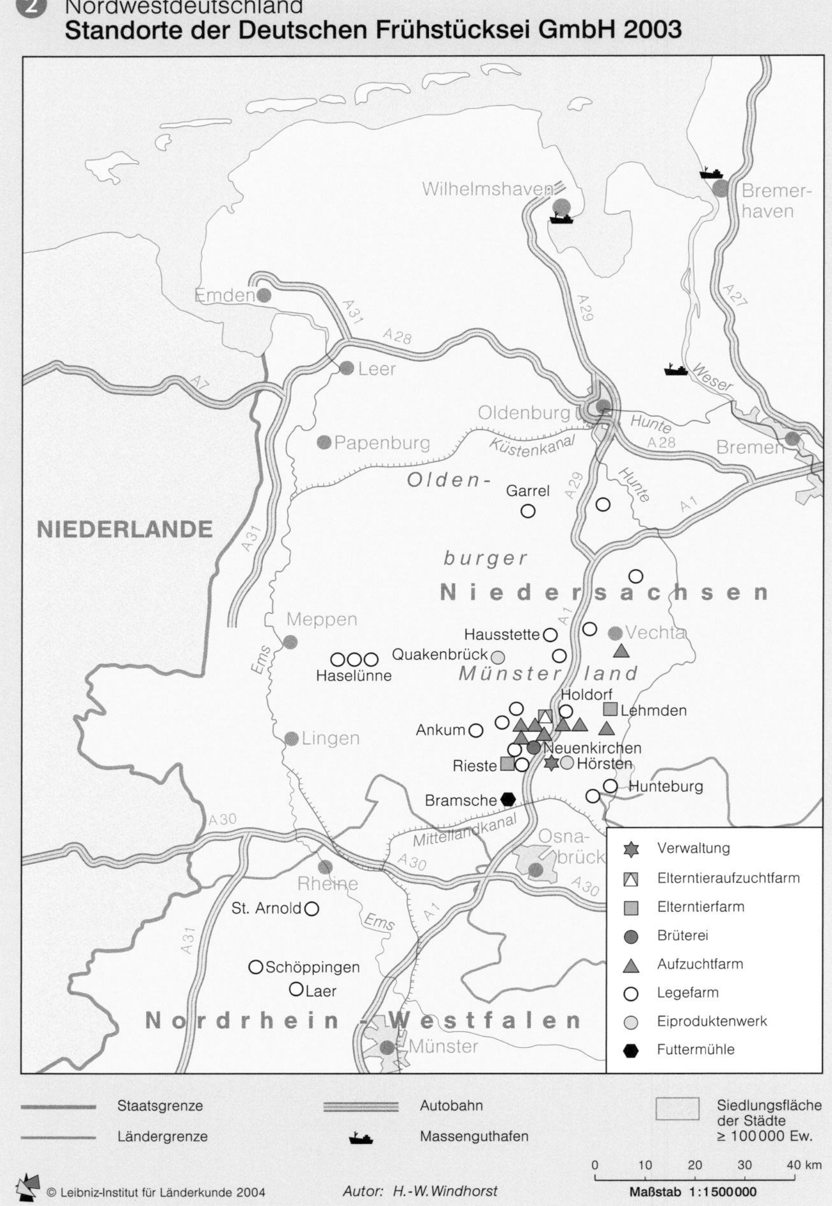

Hybridtiere – Tiere, die durch Kreuzung genetisch verschiedener Eltern entstanden sind. Sie weisen besonders hohe Produktionsleistungen auf.

vertikale Integration – Organisationsform eines Unternehmens, die alle Stufen der Erzeugung/Herstellung über die Verarbeitung bis hin zur Vermarktung unter einer Unternehmensleitung vereint

gen erzielt als vor 1990. Im Jahr 2001 lag der Anteil der neuen Länder an der deutschen Geflügelfleischerzeugung bei 32%.

Zwar sind auch in den neuen Ländern noch kleinere Bestandseinheiten vorhanden, doch bestimmen Großbestände die Struktur. Während dort 53,2% der Legehennen in Betrieben mit mehr als 200.000 Stallplätzen standen, waren es in den alten Ländern nur 12,9%. Eine ähnliche Situation liegt auch in der Masthühnerhaltung vor, wo die Werte bei 55% gegenüber etwa 20% liegen.

Das eindeutige Zentrum der deutschen Geflügelwirtschaft ist Niedersachsen ❸, nur bei den Enten rangiert Brandenburg an führender Stelle. Die Ursachen für die herausragende Stellung Niedersachsens sind einmal in der günstigen Lage zu den Seehäfen zu sehen, über die von den Mischfutterwerken die Rohkomponenten für das Futter bezogen wird, zum anderen in der Lage führender Unternehmen der Geflügelzucht sowie der Herstellung von Geräten zur Tierhaltung (▶▶ Beitrag Windhorst, S. 100).

Agrarindustrielle Unternehmen

Sowohl in der Eierproduktion als auch in der Geflügelmast bestimmen jeweils nur wenige agrarindustrielle Unternehmen den Markt. Viele von ihnen haben ihren Unternehmenssitz in den südlichen Landkreisen des Regierungsbezirks Weser-Ems im westlichen Niedersachsen.

Das führende Unternehmen in der deutschen Eierproduktion und in der Herstellung von Eiprodukten ist die Deutsche Frühstücksei GmbH ❷. Sie ist ein vollständig vertikal integriertes Unternehmen, das alle Stufen der Erzeugung von Eiern und Eiprodukten in sich vereinigt. Auf 20 Farmen werden ca. 4,4 Mio. Legehennen gehalten, die pro Jahr 1,3 Mrd. Eier produzieren. Das entspricht etwa 10% der deutschen Erzeugung. Im angeschlossenen Eiproduktenwerk können pro Arbeitsschicht 2,1 Mio. Eier verarbeitet werden.

Die räumliche Nähe der zu diesem Unternehmen gehörenden Farmen erklärt u.a. die räumliche Konzentration der Legehennenhaltung in Niedersachsen ❶.

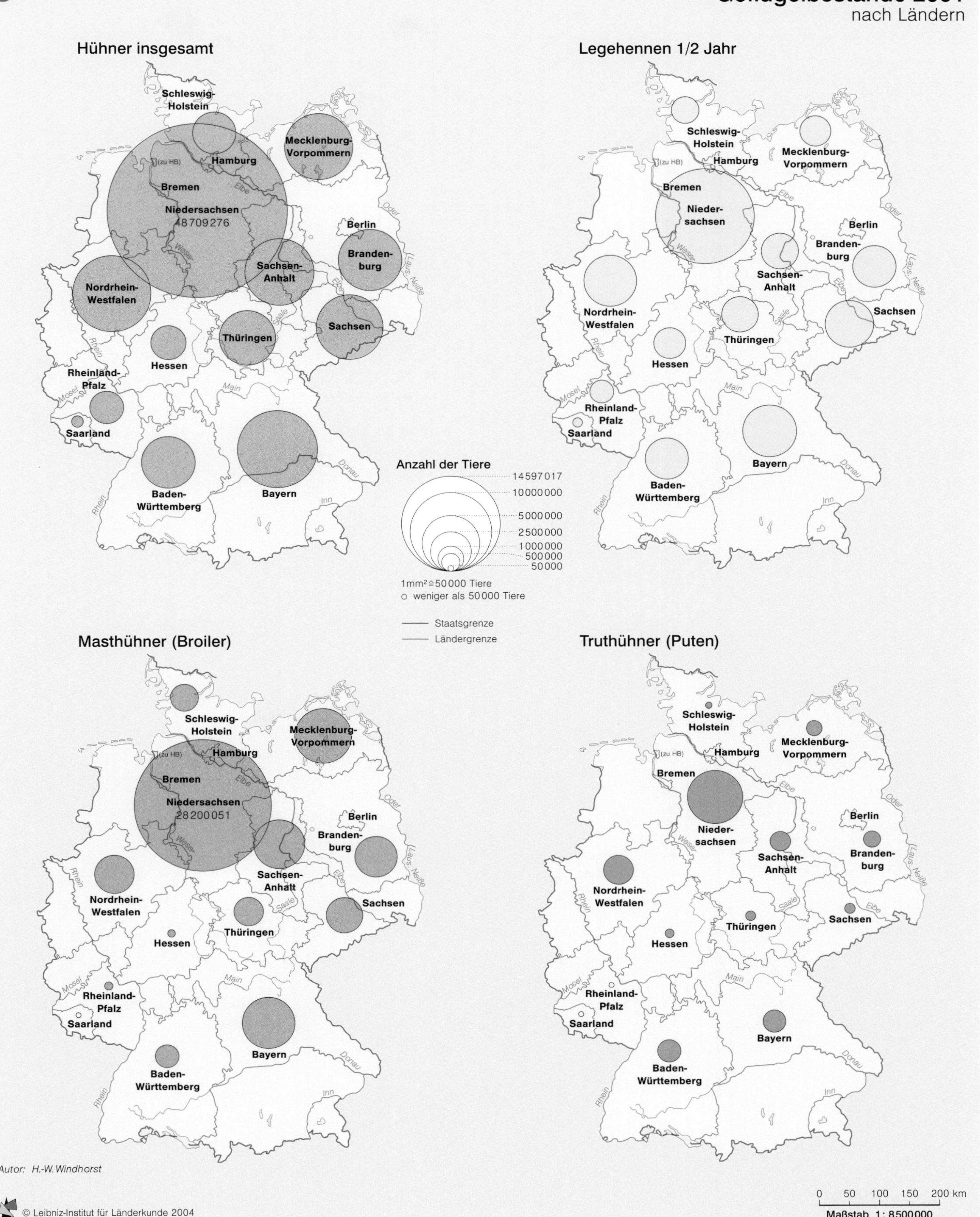

Herausforderungen und Perspektiven

Die Zukunft der deutschen Geflügelwirtschaft wird entscheidend von den politischen Rahmenbedingungen bestimmt werden. Die vom Bundesrat im Oktober 2001 beschlossene und im März 2002 in Kraft getretene Hennenhaltungsverordnung, die ab 2007 ein völliges Verbot der bisherigen Käfighaltung vorsieht, wird die Wettbewerbsfähigkeit der Eierproduzenten gegenüber den übrigen EU-Staaten und Drittländern deutlich verringern und kann ggf. zu einem Abwandern eines beträchtlichen Teils der Produktion ins Ausland führen.◆

Wissen als Ressource: Patentaktivitäten

Siegfried Greif

Patent – vom Staat erteiltes Schutzrecht für eine technische Erfindung, welches dem Inhaber für maximal 20 Jahre die alleinige Verwertung der Erfindung vorbehält. Kriterien für die Patentfähigkeit sind Neuheit, erfinderische Tätigkeit und gewerbliche Anwendbarkeit.

Patentanmeldung – Schutzbegehren für eine Erfindung, beim Patentamt einzureichen. Patentanmeldungen werden 1-1,5 Jahre nach der Anmeldung veröffentlicht. Der Beitrag bezieht sich auf veröffentlichte Anmeldungen und Publikationsjahre.

Die Leistungsfähigkeit einer Volkswirtschaft wird wesentlich durch das naturwissenschaftlich-technische Potenzial und dessen Erweiterung durch den technischen Fortschritt bestimmt. Damit kommt dem Komplex von Erfindungen und Innovationen ein hoher Stellenwert zu. Da ▸ Patente an die Entstehung von Neuerungen anknüpfen und deren Entwicklung und Anwendung begleiten, steht im Patentwesen ein Instrument zur Beobachtung und Analyse naturwissenschaftlich-technischer und wirtschaftlicher Sachverhalte zur Verfügung.

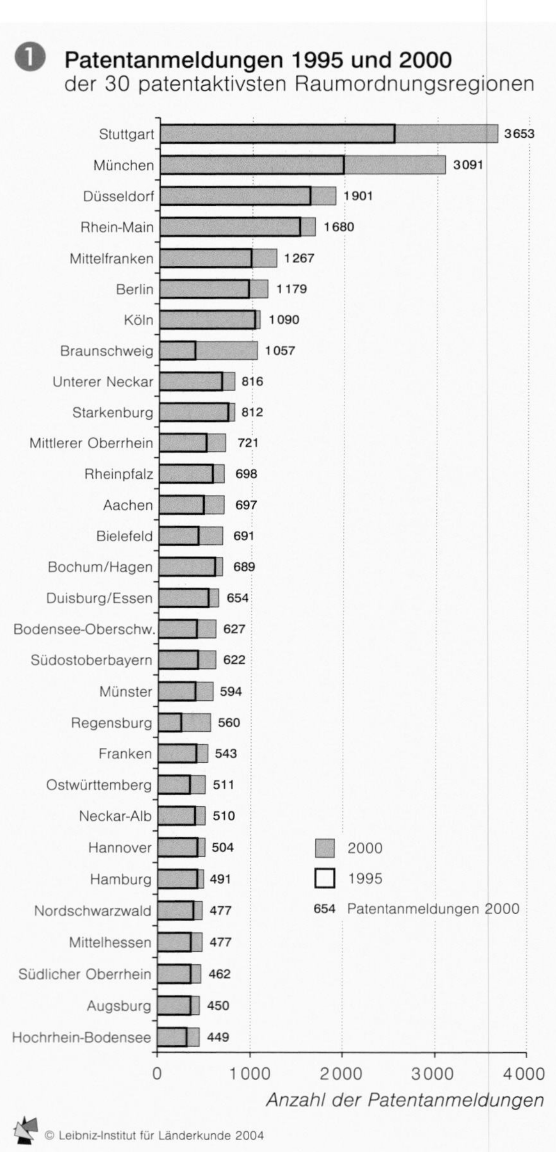

Die Aufschlüsselung der Erfinderaktivitäten erlaubt es, regionale Schwerpunkte zu identifizieren wie auch weiträumige Strukturen zu erkennen. Die Verteilung der 40.374 inländischen ▸ Patentanmeldungen (2000) ist sehr heterogen ❸. Neben starken Konzentrationen gibt es Regionen praktisch ohne Patentaktivität. Diese Ergebnisse erlauben Rückschlüsse auf die Forschungs- und Entwicklungstätigkeit und die Technologie- und Innovationsorientierung in den Gebieten. Die räumliche Zuordnung bezieht sich auf den Sitzort des Erfinders.

Das deutsche Patentgeschehen findet überwiegend in Agglomerationen statt, besonders in den Räumen Rhein-Ruhr, Rhein-Main, Stuttgart und München. Zu beobachten ist ein Gefälle von Südwesten nach Nordosten. Im norddeutschen Raum sind insgesamt relativ schwache Aktivitäten zu verzeichnen. Hamburg, Hannover, Braunschweig und Berlin stellen sich als Inseln dar. In den neuen Ländern konzentriert sich das Patentgeschehen deutlich auf den Süden mit den Schwerpunkten Dresden, Chemnitz, Jena und Leipzig.

Für die Zuordnung von Patentanmeldungen zu definierten Raumeinheiten bieten sich Raumordnungsregionen an ❷. Üblicherweise befinden sich Wohn- und Arbeitsort von Erfindern in derselben Region. Im Jahr 2000 streut die Zahl der Anmeldungen zwischen 22 und 3653. Die Region Stuttgart nimmt mit 9% der Anmeldungen eine Spitzenposition ein. Es folgen die Regionen München (7,7%), Düsseldorf (4,7%), Rhein-Main (4,2%) und Mittelfranken (3,1%). Diese Spitzengruppe mit 5 von 97 Raumordnungsregionen vereinigt rund 30% der Patentanmeldungen auf sich.

In vielen Regionen ist – wie auch insgesamt – eine Zunahme der Patentanmeldungen zu verzeichnen. Ein Ranking der 30 patentaktivsten Regionen im Vergleich von 1995 und 2000 zeigt, dass die ersten vier Plätze gleich blieben, während auf anderen Plätzen mehr oder weniger starke Verschiebungen zu beobachten sind ❶. Eine auffallend starke Abweichung zeigt die Region Braunschweig, die mit einer Wachstumsrate von 170% vom 24. auf den 8. Rang aufgestiegen ist.

Die regionale Verteilung der Patentanmeldungen gibt zunächst nur die Streuung der Erfindungsaktivitäten wieder ❸. Eine Betrachtung der Patentdichte (Patentanmeldungen pro 100.000 Einwohner) erlaubt Rückschlüsse auf die Technologie- und Innovationsorientierung der Regionen. Relativ hohe Patentdichten finden sich im süddeutschen Raum und im Rheinland. Der Bundesdurchschnitt beträgt 49,2 Anmeldungen pro 100.000 Einwohner, an der Spitze liegt die Region Stuttgart mit 141,5 ❷.

Wie der Vergleich beider Karten ❷ ❸ erkennen lässt, sind die Regionen mit starken absoluten Patentaktivitäten nicht durchweg auch die mit hohen Patentdichten. So liegen die starken Regionen Berlin, Hannover, Hamburg und Dresden bei den Patentdichten unter dem Durchschnitt. Insgesamt lässt sich feststellen, dass die Verteilung der Erfindungen nicht der Verteilung der Bevölkerung folgt, sondern eine eigene Raumstruktur besitzt (GREIF 1998; GREIF/SCHMIEDL 2002).

Die Analyse der Anmeldergruppen (Wirtschaft, Wissenschaft und natürliche Personen) zeigt, dass die Patentanmeldungen zu rund 75% aus der Industrieforschung kommen. Damit bestimmt die Wirtschaft das Gesamtbild der deutschen Erfindungslandschaft. Dazu und zu weiteren, insbesondere technischen und räumlichen Inhalten, darf auf den Patentatlas mit seinen tiefgehenden Aufschlüsselungen verwiesen werden (GREIF 1998; GREIF/SCHMIEDEL 2002).

Die Erfassung und Analyse der räumlichen Struktur von Patentaktivitäten, welche auf der einen Seite die Wissensproduktion widerspiegeln und auf der anderen Seite ein Innovationspotenzial aufzeigen, erlaubt eine Fülle spezifischer Einblicke. So können sie beispielsweise die Basis für raumorientierte Maßnahmen unternehmerischer wie staatlicher Technologie- und Wirtschaftspolitik bilden.◆

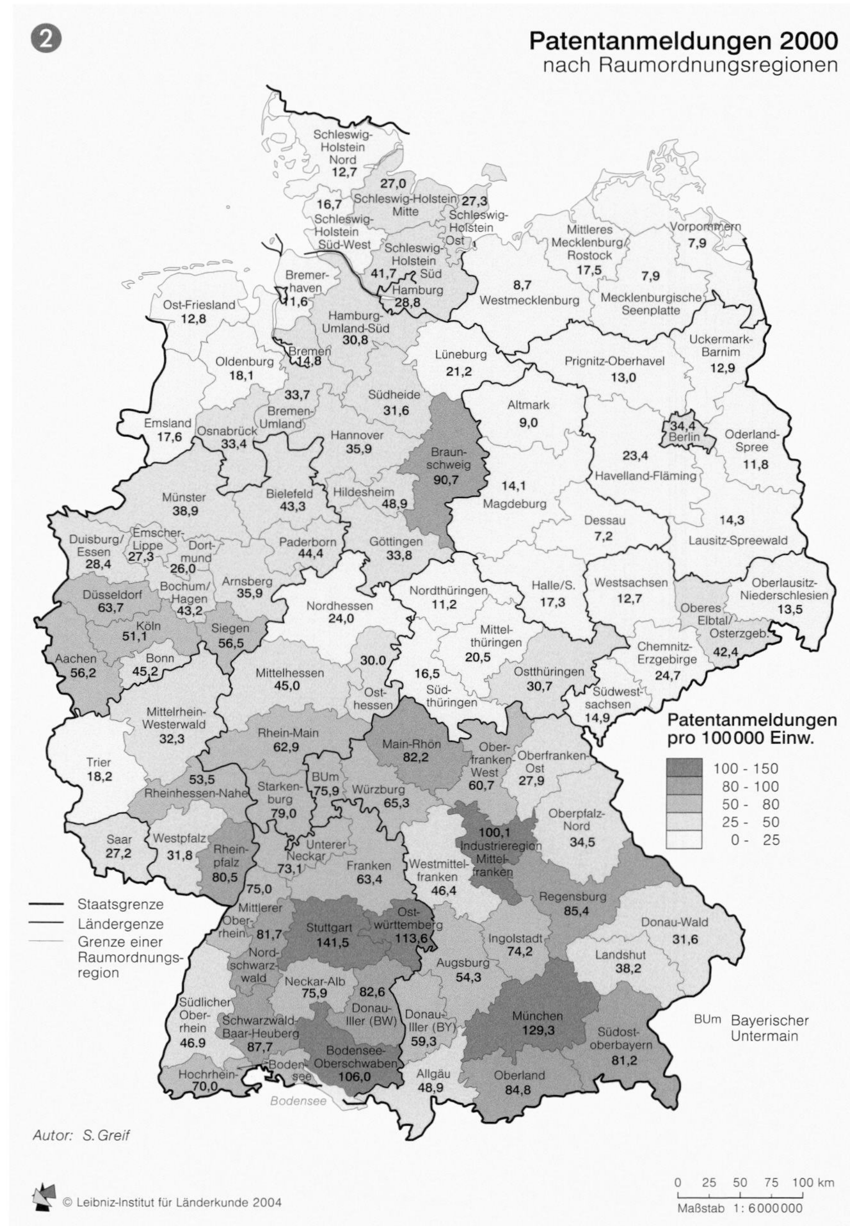

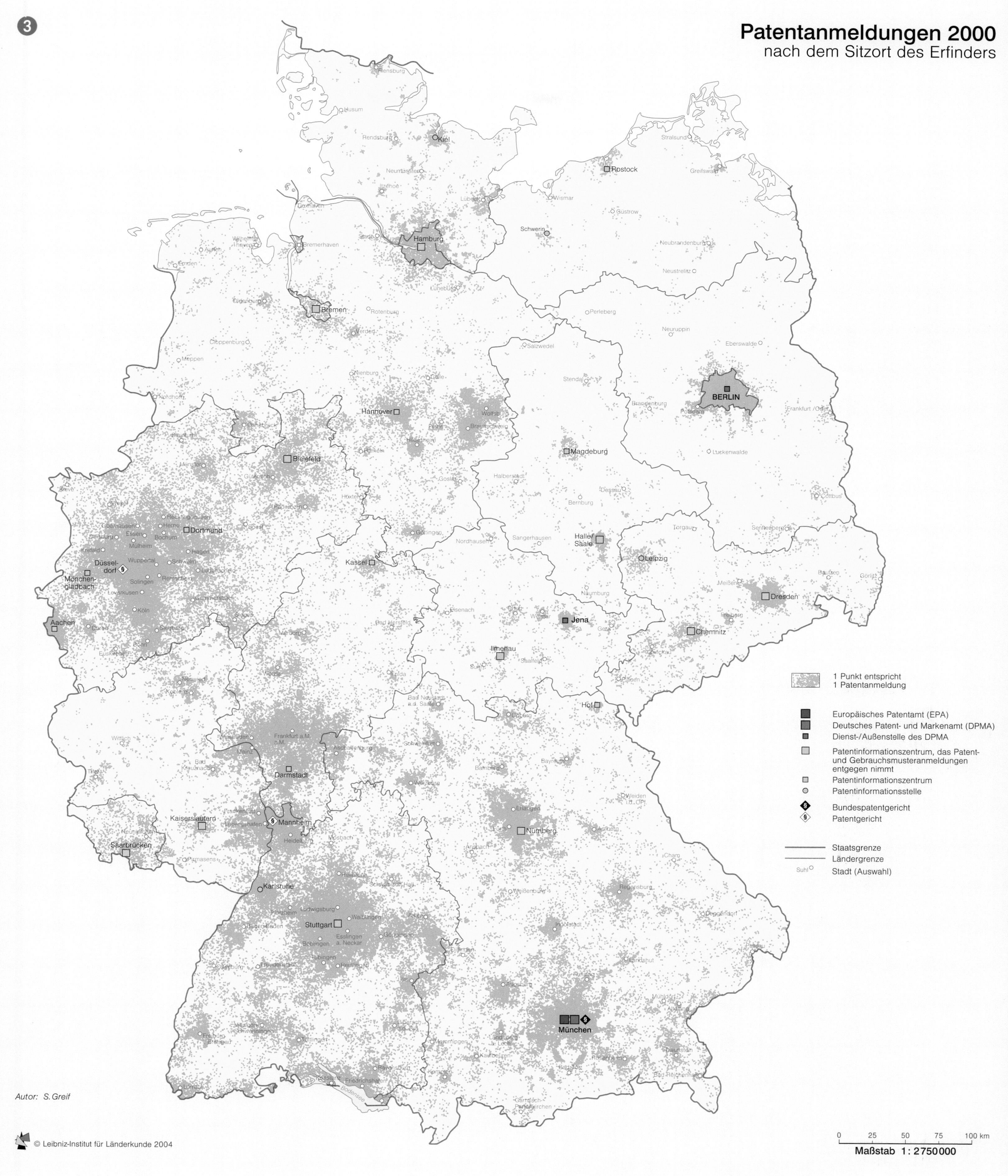
3
Patentanmeldungen 2000
nach dem Sitzort des Erfinders
1 Punkt entspricht
1 Patentanmeldung
Europäisches Patentamt (EPA)
Deutsches Patent- und Markenamt (DPMA)
Dienst-/Außenstelle des DPMA
Patentinformationszentrum, das Patent- und Gebrauchsmusteranmeldungen entgegen nimmt
Patentinformationszentrum
Patentinformationsstelle
Bundespatentgericht
Patentgericht
Staatsgrenze
Ländergrenze
Suhl
Stadt (Auswahl)
0 25 50 75 100 km
Maßstab 1: 2750000
Autor: S. Greif
© Leibniz-Institut für Länderkunde 2004
Flensburg
Husum
Kiel
Rendsburg
Neumünster
Stralsund
Rostock
Greifswald
Lübeck
Wismar
Hamburg
Schwerin
Bremerhaven
Neubrandenburg
Bremen
Hannover
BERLIN
Potsdam
Frankfurt /Oder
Magdeburg
Bielefeld
Dortmund
Düssel-
dorf
Mönchen-
gladbach
Aachen
Köln
Bonn
Kassel
Halle/
Saale
Leipzig
Dresden
Jena
Chemnitz
Ilmenau
Hof
Frankfurt a.M.
Darmstadt
Mannheim
Kaiserslautern
Saarbrücken
Heidelberg
Nürnberg
Erlangen
Karlsruhe
Stuttgart
Regensburg
Ingolstadt
Augsburg
München
Ulm
Freiburg
Friedrichshafen
Bodensee

Technologie- und Gründerzentren

Christine Tamásy

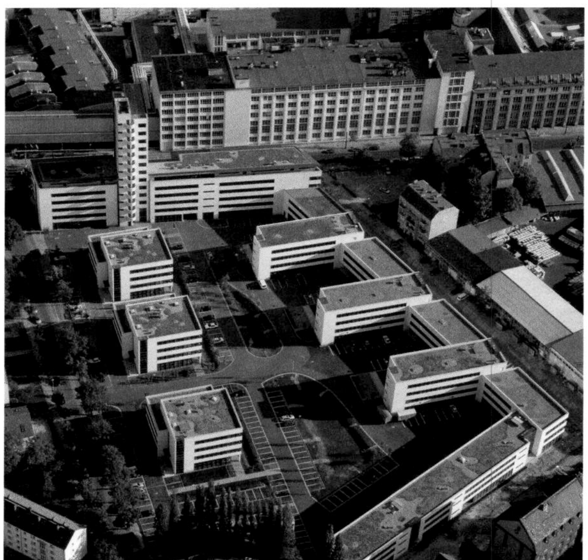

Das Technologie- und Gründerzentrum Spreeknie in Berlin

▸ Technologie- und Gründerzentren gehören in Deutschland zu den populärsten Instrumenten der Wirtschaftsförderung. Seit Eröffnung des ersten Technologie- und Gründerzentrums, dem Berliner Innovations- und Gründerzentrum (BIG) im Jahr 1983, entstanden bis zum Jahre 2001 insgesamt 226 solcher Einrichtungen. Die Förderung von Unternehmensgründungen, die Schaffung qualifizierter Arbeitsplätze sowie die Intensivierung des Wissens- und Technologietransfers sind die wichtigsten Ziele der Technologie- und Gründerzentren. Auch regionalpolitische Überlegungen wie die Verringerung der räumlichen Disparitäten spielen eine Rolle.

Die Entstehung von Technologie- und Gründerzentren ist vor allem ein Spiegelbild der Technologiepolitik der jeweiligen Bundesländer. In Nordrhein-Westfalen beispielsweise investierte die Landesregierung massiv in Technologie- und Gründerzentren ❷. Die Länder Hessen und Bayern, die sich bis Mitte der 1990er Jahre noch weitgehend zurückhielten, haben inzwischen auch die Förderung verstärkt. In den neuen Ländern wurde der Aufbau der ersten Einrichtungen – ein Novum in der Geschichte der Technologie- und Gründerzentren – mit Mitteln aus dem damaligen Bundesministerium für Forschung und Technologie (BMFT) gefördert. Die Aktivitäten der Politik bestimmen somit die regionale Verteilung der Technologie- und Gründerzentren, deren Netz immer engmaschiger wird.

Räumliche Strukturen

Die räumliche Verbreitung der Technologie- und Gründerzentren zeigt einen deutlichen Zusammenhang mit der Bevölkerungsdichte. So konzentrieren sich die meisten Einrichtungen in den Verdichtungsräumen ❶, während sie in ländlichen Räumen deutlich seltener als Instrumente der Wirtschaftsförderung eingesetzt werden. Eine politische Hoffnung wird sich daher in keinem Fall erfüllen: Technologie- und Gründerzentren sind als Instrument zum Abbau regionalwirtschaftlicher Disparitäten ungeeignet. Selbst im – wenig wahrscheinlichen – Falle des Erfolges der Technologie- und Gründerzentren in allen Regionen würden sich die technologischen und ökonomischen Disparitäten in Deutschland nicht verringern. Die besseren Standortvoraussetzungen, wie die Nachbarschaft zu Universitäten und außeruniversitären Forschungseinrichtungen als potenzielle Quell- bzw. Herkunftseinrichtungen innovativer Unternehmen, begünstigen eindeutig die Großstädte und Verdichtungsräume.

Beurteilung der Wirksamkeit

Technologie- und Gründerzentren leisten mehrheitlich wertvolle Überlebens- und Wachstumshilfe für Jungunternehmen, indem preiswerter und nachfrageadäquater Gewerberaum angeboten wird. Auch ermöglicht das flexible Raumangebot bereits Kosteneinsparungen, da eine bedarfsgerechte Anpassung der Mietfläche an die Entwicklung der Unternehmen möglich ist. Das Angebot gemeinschaftlich nutzbarer Serviceeinrichtungen ist in der Regel quantitativ und qualitativ zufrieden stellend. Eine Telefonzentrale, Telekommunikationsdienste (Telefax etc.), Kopiergeräte und Sitzungsräume gibt es in nahezu allen Einrichtungen. Die Beratungsleistungen des Managements der Technologie- und Gründerzentren hinsichtlich Finanzierung, Markteinführung und Weiterbildung konnten bislang allerdings vielerorts nur wenig zur Gründungsförderung beitragen und werden vergleichsweise selten von den Mietern genutzt. Gleichwohl gibt es vereinzelt sehr erfolgreiche Technologie- und Gründerzentren mit herausragenden Beratungsangeboten.

Hinsichtlich der regionalwirtschaftlichen Wirkungen zeigt sich, dass Technologie- und Gründerzentren nur in wenigen Kommunen mit sehr großen und florierenden Einrichtungen und angegliedertem Technologiepark, wie beispielsweise in Dortmund, einen nennenswerten Bestandteil des lokalen Arbeitsmarktes bilden. Die Wirkungen der Technologie- und Gründerzentren auf den lokalen Technologietransfer im Sinne einer schnelleren Umsetzung von neuen Erfindungen in technologisch anspruchsvolle Produkte, Verfahren oder Dienstleistungen sind eher gering. An den meisten Standorten sind Technologie- und Gründerzentren als Institutionen gegenüber anderen Transfereinrichtungen nicht wettbewerbsfähig, da die Beratungskompetenzen nicht ausreichen. Wirkungsvoller ist der „Transfer über Köpfe“, der durch die Gründung der Unternehmen quasi automatisch erfolgt und durch die Auswahl geeigneter Mieter gesteuert werden kann.
Lediglich in ländlichen Gebieten können Technologie- und Gründerzentren eine wichtige Funktion als regionale Transfereinrichtungen in den Bereichen Information und Beratung übernehmen. Wichtiges Erfolgskriterium von Technologie- und Gründerzentren ist daher vor allem deren Einbindung in eine effiziente Arbeitsteilung mit den anderen Einrichtungen der Gründungsförderung und des Technologietransfers vor Ort. Der Vielzahl an Angeboten steht in den meisten Regionen ein nur begrenztes Potenzial an Existenzgründern und transferierbarem technologischem Wissen gegenüber. Eine effiziente Kooperation mit dem Ziel einer intraregionalen Arbeitsteilung unter Vermeidung von Reibungsverlusten und Konkurrenz ist hier ein erfolgversprechender Weg.◆

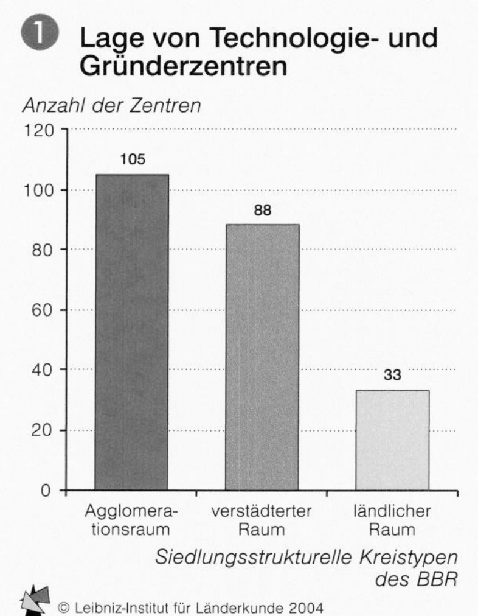

Technologie- und Gründerzentren
Standortgemeinschaften relativ junger, zumeist neu gegründeter Unternehmen, die technologisch neue Produkte, Verfahren oder Dienstleistungen entwickeln und auf dem Markt einführen. Preisgünstige Mietflächen, gemeinschaftlich nutzbare Serviceeinrichtungen (z.B. Kopierer, Sekretariat) und Beratungsleistungen sind die wesentlichen Elemente im Angebot von Technologie- und Gründerzentren. In Anlehnung an das Prinzip eines „Durchlauferhitzers" sollen die Unternehmen nach drei bis fünf Jahren – solange laufen in aller Regel die Mietverträge – die Einrichtungen verlassen.

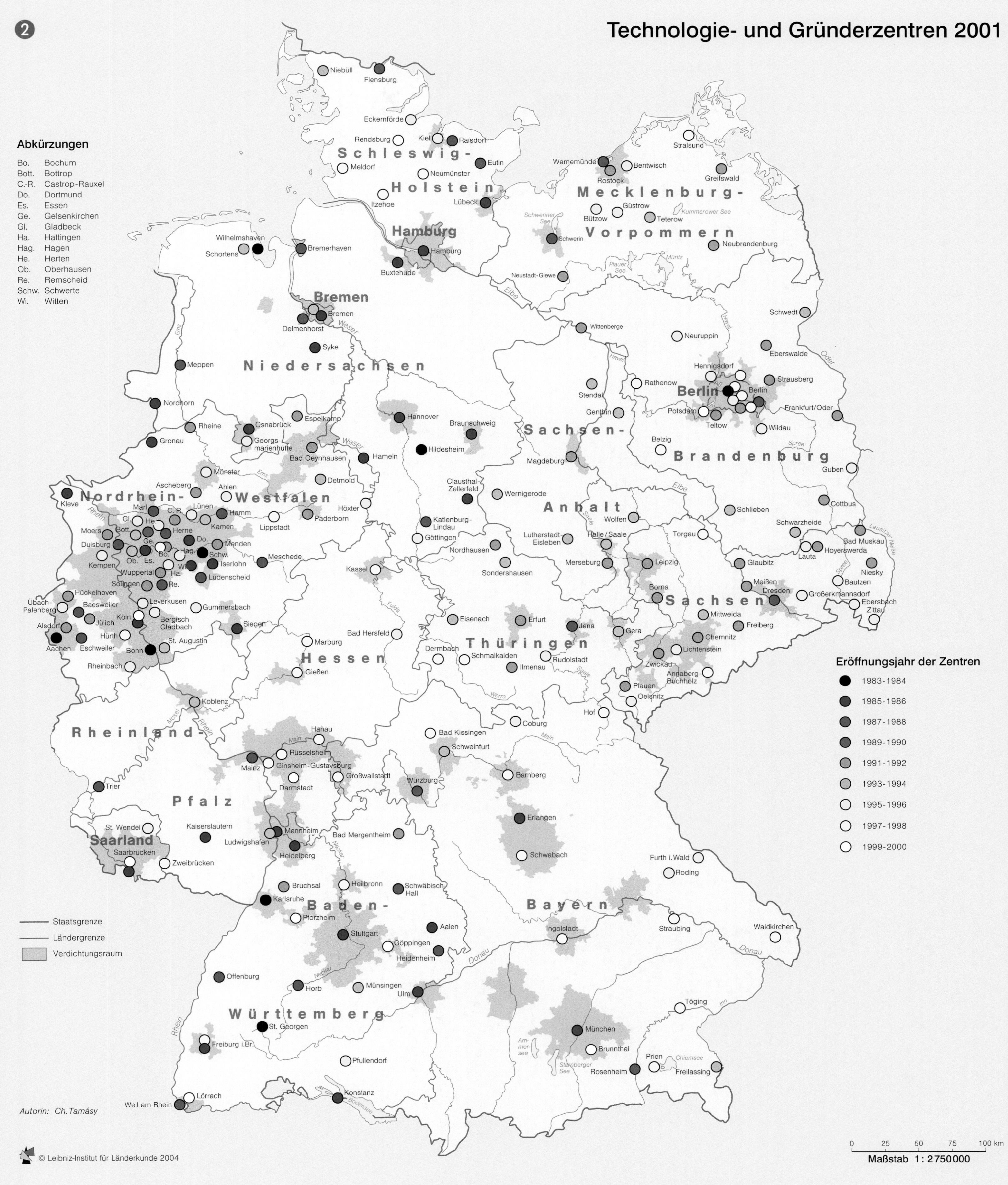

2
Technologie- und Gründerzentren 2001
Abkürzungen
Bo. Bochum
Bott. Bottrop
C.-R. Castrop-Rauxel
Do. Dortmund
Es. Essen
Ge. Gelsenkirchen
Gl. Gladbeck
Ha. Hattingen
Hag. Hagen
He. Herten
Ob. Oberhausen
Re. Remscheid
Schw. Schwerte
Wi. Witten
Schleswig-Holstein
Hamburg
Bremen
Niedersachsen
Mecklenburg-Vorpommern
Berlin
Brandenburg
Sachsen-Anhalt
Nordrhein-Westfalen
Hessen
Thüringen
Sachsen
Rheinland-Pfalz
Saarland
Baden-Württemberg
Bayern
Niebüll
Flensburg
Eckernförde
Rendsburg
Kiel
Raisdorf
Meldorf
Neumünster
Eutin
Itzehoe
Lübeck
Stralsund
Warnemünde
Rostock
Bentwisch
Greifswald
Bützow
Güstrow
Teterow
Schwerin
Neubrandenburg
Neustadt-Glewe
Wilhelmshaven
Schortens
Bremerhaven
Hamburg
Buxtehude
Delmenhorst
Syke
Meppen
Nordhorn
Rheine
Osnabrück
Georgsmarienhütte
Espelkamp
Gronau
Bad Oeynhausen
Hannover
Braunschweig
Hildesheim
Hameln
Detmold
Paderborn
Höxter
Münster
Ascheberg
Ahlen
Kleve
Marl
Lünen
Hamm
Kamen
Herne
Lippstadt
Moers
Duisburg
Menden
Kempen
Iserlohn
Meschede
Wuppertal
Solingen
Lüdenscheid
Hückelhoven
Übach-Palenberg
Baesweiler
Leverkusen
Gummersbach
Köln
Jülich
Bergisch Gladbach
Alsdorf
Hürth
Siegen
Aachen
Eschweiler
Bonn
St. Augustin
Rheinbach
Clausthal-Zellerfeld
Wernigerode
Katlenburg-Lindau
Göttingen
Nordhausen
Sondershausen
Kassel
Marburg
Bad Hersfeld
Gießen
Eisenach
Erfurt
Jena
Gera
Dermbach
Schmalkalden
Ilmenau
Rudolstadt
Stendal
Genthin
Magdeburg
Wolfen
Lutherstadt Eisleben
Halle/Saale
Merseburg
Leipzig
Borna
Wittenberge
Neuruppin
Schwedt
Eberswalde
Hennigsdorf
Rathenow
Strausberg
Potsdam
Teltow
Wildau
Frankfurt/Oder
Belzig
Guben
Cottbus
Schlieben
Schwarzheide
Torgau
Bad Muskau
Lauta
Hoyerswerda
Glaubitz
Niesky
Meißen
Dresden
Bautzen
Großerkmannsdorf
Ebersbach
Zittau
Mittweida
Chemnitz
Freiberg
Zwickau
Lichtenstein
Annaberg-Buchholz
Plauen
Oelsnitz
Hof
Koblenz
Hanau
Rüsselsheim
Mainz
Ginsheim-Gustavsburg
Darmstadt
Großwallstadt
Trier
Kaiserslautern
St. Wendel
Saarbrücken
Zweibrücken
Mannheim
Ludwigshafen
Heidelberg
Bad Mergentheim
Würzburg
Bad Kissingen
Schweinfurt
Coburg
Bamberg
Erlangen
Schwabach
Furth i. Wald
Roding
Bruchsal
Heilbronn
Schwäbisch Hall
Karlsruhe
Pforzheim
Stuttgart
Aalen
Göppingen
Heidenheim
Ingolstadt
Straubing
Waldkirchen
Offenburg
Horb
Münsingen
Ulm
St. Georgen
Freiburg i.Br.
Pfullendorf
Töging
München
Brunnthal
Rosenheim
Prien
Freilassing
Lörrach
Weil am Rhein
Konstanz
Elbe
Weser
Ems
Rhein
Main
Mosel
Neckar
Donau
Inn
Havel
Oder
Spree
Saale
Fulda
Werra
Lausitzer Neiße
Bodensee
Chiemsee
Ammersee
Starnberger See
Schweriner See
Plauer See
Müritz
Kummerower See
Eröffnungsjahr der Zentren
1983-1984
1985-1986
1987-1988
1989-1990
1991-1992
1993-1994
1995-1996
1997-1998
1999-2000
Staatsgrenze
Ländergrenze
Verdichtungsraum
Autorin: Ch. Tamásy
© Leibniz-Institut für Länderkunde 2004
0 25 50 75 100 km
Maßstab 1 : 2750000

Forschung und Entwicklung in der Privatwirtschaft

Knut Koschatzky und Rüdiger Marquardt

Forschung und Entwicklung (F&E) konzentrieren sich im Wesentlichen auf die Verdichtungsräume, da hier qualifiziertes Personal, Zugang zu Wissen und die Realisierung von Kostenvorteilen in besonderem Maße gegeben sind. Der Schwerpunkt der F&E-Tätigkeit liegt in der privaten Wirtschaft (▶▶ Beitrag Sternberg, Bd. 6, S. 90). Hier wurden im Jahre 2000 67,7% der gesamten F&E-Ausgaben in Höhe von 50,1 Mrd. Euro finanziert. In der zweiten Hälfte der 1990er Jahre hatte sich deren Anteil deutlich erhöht ❷. Auch nahm die Zahl der F&E-Beschäftigten in der Privatwirtschaft zum Ende des vergangenen Jahrzehnts wieder zu, nachdem es anfangs der 1990er Jahre im Zuge der Verlagerung von Forschungsstätten großer deutscher Unternehmen ins Ausland einen Abbau von Personalkapazitäten gegeben hatte. Davon profitierten im früheren Bundesgebiet vor allem Niedersachsen, Bayern und Hessen ❸. In Niedersachsen und Hessen erfolgte der Zuwachs vor allem im Fahrzeugbau, in Bayern neben dem Fahrzeugbau auch im unternehmensnahen Dienstleistungssektor. Nordrhein-Westfalen verlor hingegen durch die zum Teil ins Ausland verlagerten F&E-Zentren der chemischen und pharmazeutischen Industrie im Vergleich zu 1985 fast 25% seines F&E-Personals. Trotz der unterschiedlichen Dynamik der Länder blieb die räumliche Verteilung der F&E-Kapazitäten auf der Ebene der Raumordnungsregionen in den 1990er Jahren nahezu stabil. Nur die Automobilregionen Braunschweig und Ingolstadt konnten ihre Positionen verbessern.

Schwerpunkt Süddeutschland

Hinsichtlich der regionalen Verteilung der F&E-Kapazitäten zeigt sich ein Gegensatz zwischen Verdichtungsräumen und ländlich geprägten Regionen ❺. So entfallen auf die acht Raumordnungsregionen München, Stuttgart, Starkenburg, Rhein-Main, Berlin, Braunschweig, Industrieregion Mittelfranken und Düsseldorf mit jeweils mehr als 10.000 F&E-Beschäftigten 49,2% des gesamten F&E-Personals. Hier befinden sich die Forschungszentren großer deutscher Unternehmen wie z.B. Siemens, DaimlerChrysler, Opel, Volkswagen und Schering. Auch der Anteil des F&E-Personals an den Beschäftigten insgesamt ist hier überdurchschnittlich hoch. In Süddeutschland partizipieren über strukturelle Kopplungseffekte zwischen Groß- und Mittelbetrieben davon auch Regionen mit Verdichtungsansätzen bzw. ländliche Räume wie Bodensee-Oberschwaben, Donau-Iller (BW) sowie Südostoberbayern und Allgäu im Voralpenland.

Engpass Norddeutschland

Im Gegensatz zu Süddeutschland sind die niedrigsten F&E-Beschäftigtenquoten in den eher ländlich geprägten Regionen Nordwestniedersachsens, im westlichen und nördlichen Schleswig-Holstein, in Mecklenburg-Vorpommern sowie den daran angrenzenden Regionen zu finden. Den dortigen Betrieben mangelt es an finanziellen und personellen Möglichkeiten, selbst F&E zu betreiben. Auch die großen norddeutschen Stadtregionen sind – mit Ausnahme von Braunschweig – nicht unter den führenden deutschen F&E-Standorten zu finden. Weder Hamburg noch Hannover oder Bremen können sich auf vorderen Plätzen positionieren. Vor allem Hamburg hatte in den 1980er Jahren einen Verlust an industriellen Forschungszentren zu verkraften.

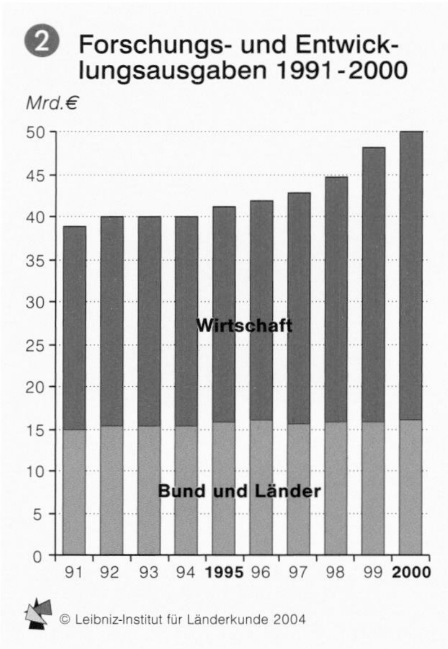

❷ Forschungs- und Entwicklungsausgaben 1991-2000

Leuchtturm Dresden

Von den neuen Ländern sind nach der Wende insbesondere Sachsen-Anhalt und Mecklenburg-Vorpommern vom Verlust industrieller F&E-Kapazitäten geprägt, während Sachsen, Thüringen und Brandenburg seit Mitte der 1990er Jahre durch Neuansiedlungen und Neuausrichtungen von Unternehmen wieder Zuwächse bei F&E-Beschäftigten verzeichnen konnten ❹. Einen Leuchtturm bildet die Raumordnungsregion Oberes Elbtal/Osterzgebirge (Dresden) mit ihrer auf Mikroelektronik ausgerichteten Industriestruktur.

Regionale Spezialisierung

Die regionale Verteilung der F&E-Kapazitäten ist zugleich durch unterschiedliche technologische Spezialisierungsmuster gekennzeichnet ❺. Während der Fahrzeugbau in den Großräumen München und Stuttgart, in Südhessen und im östlichen Niedersachsen eine bedeutende Rolle spielt, liegt der F&E-Schwerpunkt in der Pfalz (Ludwigshafen) und im Rheinland (Köln/Leverkusen) in der chemischen Industrie. F&E im unternehmensnahen Dienstleistungssektor hat in Nordbaden, im Köln-Bonner Raum, in Südhessen, Oberbayern sowie in den Ländern Ostdeutschlands ein besonderes Gewicht. Hier sind Zukunftspotenziale außerhalb der klassischen Industriestrukturen erkennbar, die sich in einem durch Auslagerungsprozesse forcierten Bedeutungsgewinn von F&E-Dienstleistungen für Unternehmen niederschlagen.

Deutlicher als F&E-Beschäftigtenzahlen geben Patentdaten Hinweise auf regionale Spezialisierungsmuster (▶▶ Beitrag Greif, S. 82). Ausgehend von den Patentspezialisierungen in den Raumordnungsregionen München und Stuttgart ❶ liegen die technologischen Stärken der Region Stuttgart vor allem im Maschinen- und Motorenbau, in der Transporttechnik sowie in der – vorwiegend mit dem Automobilbau verbundenen – Telekommunikationstechnik. Komplementär dazu liegen die Stärken Münchens in der Informations- und Kommunikationstechnik sowie in der Biotechnologie (▶▶ Beitrag Oßenbrügge, S. 98).♦

❶ ROR Stuttgart und München
Patentanmeldungen 1994-2000
nach Fachgebieten

Elektrische Energie
Audiovisuelle Technik
Telekommunikation
Datenverarbeitung
Halbleiter
Optik
Messen, Regeln, Nuklear
Medizintechnik
Organische Chemie
Polymere
Pharmazie
Biotechnologie
Lebensmittel
Grundstoffchemie
Oberflächentechnik
Werkstoffe
Verfahrenstechnik
Materialverarbeitung, Textil
Handhabung, Druck
Nahrungsmittelverarb.
Umwelttechnik
Werkzeugmaschinen
Motoren, Turbinen
Thermische Prozesse
Maschinenelemente
Transport, Raumfahrt
Konsumgüter
Bauwesen

Stuttgart
München

-100 -80 -60 -40 -20 0 20 40 60 80 100
Relativer Patentanteil, Index (BRD=100)

© Leibniz-Institut für Länderkunde 2004

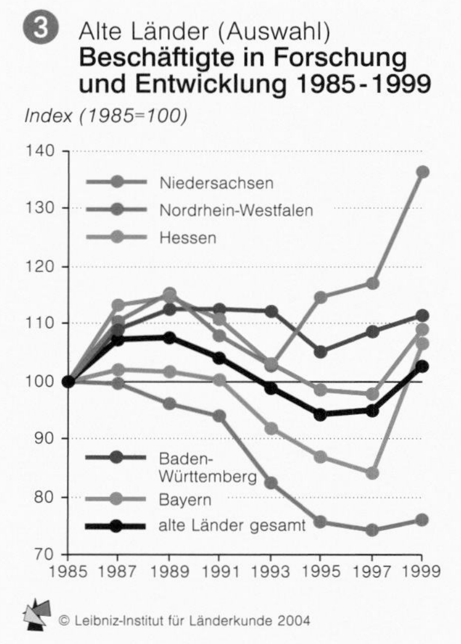

❸ Alte Länder (Auswahl)
Beschäftigte in Forschung und Entwicklung 1985-1999

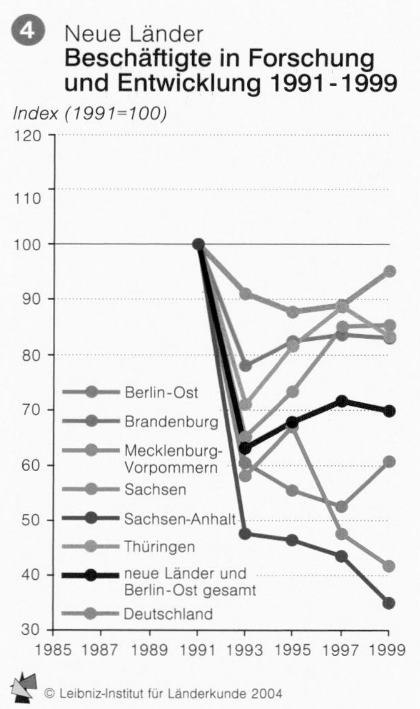

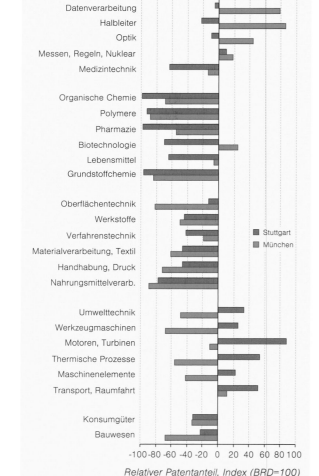

❹ Neue Länder
Beschäftigte in Forschung und Entwicklung 1991-1999

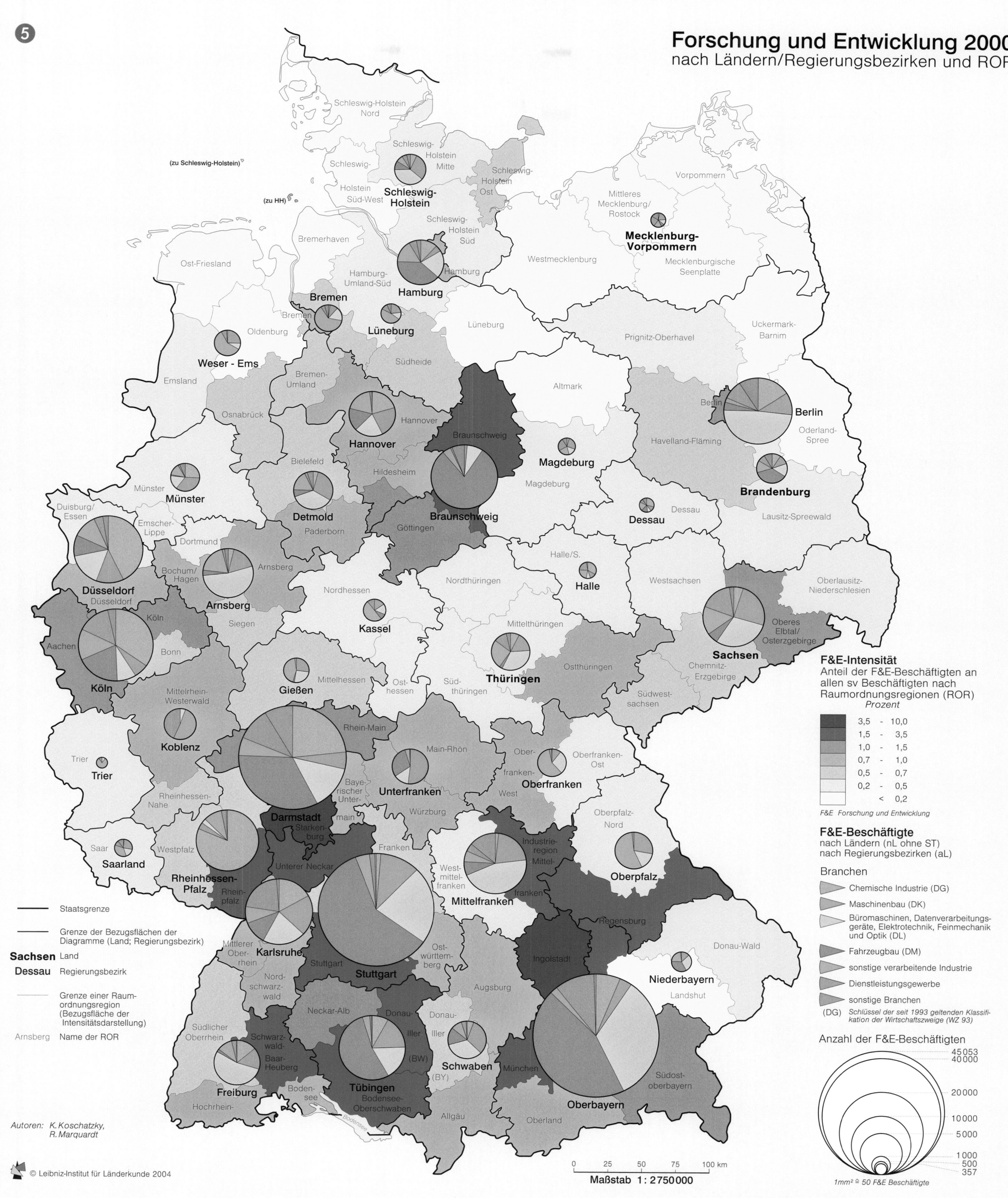
5
Forschung und Entwicklung 2000
nach Ländern/Regierungsbezirken und ROR
F&E-Intensität
Anteil der F&E-Beschäftigten an allen sv Beschäftigten nach Raumordnungsregionen (ROR)
Prozent
3,5 - 10,0
1,5 - 3,5
1,0 - 1,5
0,7 - 1,0
0,5 - 0,7
0,2 - 0,5
< 0,2
F&E Forschung und Entwicklung
F&E-Beschäftigte
nach Ländern (nL ohne ST)
nach Regierungsbezirken (aL)
Branchen
Chemische Industrie (DG)
Maschinenbau (DK)
Büromaschinen, Datenverarbeitungsgeräte, Elektrotechnik, Feinmechanik und Optik (DL)
Fahrzeugbau (DM)
sonstige verarbeitende Industrie
Dienstleistungsgewerbe
sonstige Branchen
(DG) Schlüssel der seit 1993 geltenden Klassifikation der Wirtschaftszweige (WZ 93)
Anzahl der F&E-Beschäftigten
45053
40000
20000
10000
5000
1000
500
357
1mm² ≙ 50 F&E Beschäftigte
Staatsgrenze
Grenze der Bezugsflächen der Diagramme (Land; Regierungsbezirk)
Sachsen Land
Dessau Regierungsbezirk
Grenze einer Raumordnungsregion (Bezugsfläche der Intensitätsdarstellung)
Arnsberg Name der ROR
Autoren: K. Koschatzky, R. Marquardt
© Leibniz-Institut für Länderkunde 2004
0 25 50 75 100 km
Maßstab 1: 2750000
(zu Schleswig-Holstein)
(zu HH)
Schleswig-Holstein Nord
Schleswig-Holstein Mitte
Schleswig-Holstein Süd-West
Schleswig-Holstein Ost
Schleswig-Holstein Süd
Schleswig-Holstein
Mecklenburg-Vorpommern
Vorpommern
Mittleres Mecklenburg/Rostock
Westmecklenburg
Mecklenburgische Seenplatte
Bremerhaven
Ost-Friesland
Hamburg-Umland-Süd
Hamburg
Bremen
Lüneburg
Oldenburg
Weser - Ems
Emsland
Bremen-Umland
Südheide
Altmark
Prignitz-Oberhavel
Uckermark-Barnim
Berlin
Oderland-Spree
Havelland-Fläming
Brandenburg
Lausitz-Spreewald
Osnabrück
Hannover
Braunschweig
Magdeburg
Bielefeld
Hildesheim
Münster
Detmold
Paderborn
Göttingen
Dessau
Duisburg/Essen
Emscher-Lippe
Dortmund
Bochum/Hagen
Arnsberg
Düsseldorf
Halle/S.
Halle
Westsachsen
Oberlausitz-Niederschlesien
Nordthüringen
Nordhessen
Kassel
Siegen
Köln
Bonn
Aachen
Mittelthüringen
Thüringen
Sachsen
Oberes Elbtal/Osterzgebirge
Chemnitz-Erzgebirge
Ostthüringen
Südwestsachsen
Mittelhessen
Gießen
Osthessen
Südthüringen
Mittelrhein-Westerwald
Koblenz
Rhein-Main
Main-Rhön
Trier
Oberfranken-West
Oberfranken-Ost
Oberfranken
Unterfranken
Bayerischer Untermain
Würzburg
Rheinhessen-Nahe
Darmstadt
Starkenburg
Oberpfalz-Nord
Oberpfalz
Saar
Saarland
Westpfalz
Rheinhessen-Pfalz
Rheinpfalz
Unterer Neckar
Franken
Industrieregion Mittelfranken
Westmittelfranken
Mittelfranken
Regensburg
Karlsruhe
Mittlerer Oberrhein
Stuttgart
Ostwürttemberg
Ingolstadt
Donau-Wald
Niederbayern
Landshut
Nordschwarzwald
Augsburg
Neckar-Alb
Donau-Iller
Südlicher Oberrhein
Schwarzwald-Baar-Heuberg
Schwaben
(BW)
(BY)
München
Freiburg
Tübingen
Bodensee
Bodensee-Oberschwaben
Hochrhein-Bodensee
Allgäu
Oberland
Südostoberbayern
Oberbayern

Berufsqualifikationen und Weiterbildung

Manfred Nutz

Die Leistungsfähigkeit der deutschen Wirtschaft basiert zu einem wesentlichen Teil auf dem hohen Qualifikationsstand der Beschäftigten. Eine gute berufliche Bildung wird als wichtiger Standortfaktor – neben anderen – auch in Zukunft die Wettbewerbsfähigkeit der deutschen Wirtschaft im internationalen Rahmen bestimmen.

Allgemeine und berufsbezogene Qualifikationswege

Nach den allgemeinen Abschlüssen der Sekundarstufe I, dem Haupt- oder dem Real- bzw. Mittelschulabschluss, bieten sich für Heranwachsende neben dem direkten Einstieg in eine Berufsausbildung auch Möglichkeiten eines fachrichtungsbezogenen Abiturs an beruflichen Gymnasien oder Fachgymnasien. Im sog. dualen System werden an diesen Schulen fachtheoretische und gleichzeitig berufspraktische Kenntnisse in einem Ausbildungsbetrieb vermittelt. Auch Berufsfachschulen und Fachoberschulen führen zu einem berufsqualifizierenden Abschluss bzw. zum Fachabitur. Das Abitur als Abschluss der Sekundarstufe II an Gymnasien und Gesamtschulen – auch an Abendschulen und Kollegs – führt zur allgemeinen Hochschulreife und ermöglicht ein Studium an Fachhochschulen und Universitäten mit den entsprechenden Abschlüssen ❶.

Was die schulische Vorbildung der Auszubildenden betrifft, so hat sich diese in den letzten Jahrzehnten grundlegend verändert. Anfang der 1970er Jahre kamen 70% der Auszubildenden von der Hauptschule, heute sind es nur noch 41%. Etwa ebenso viele kommen von der Real- bzw. Mittelschule, 17% der Auszubildenden haben sogar einen Gymnasialabschluss.

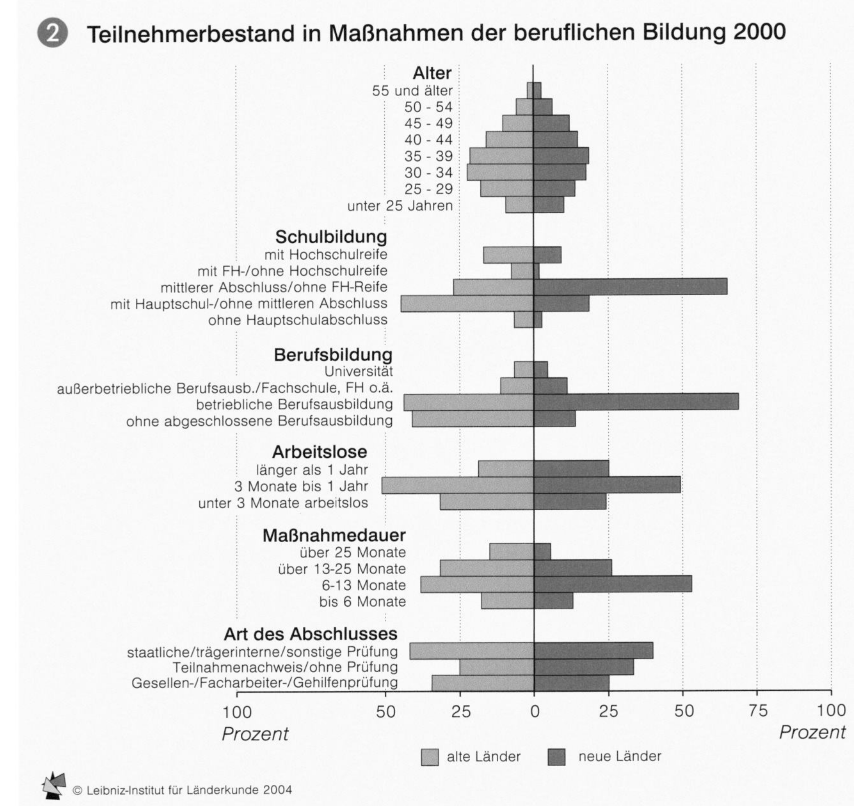

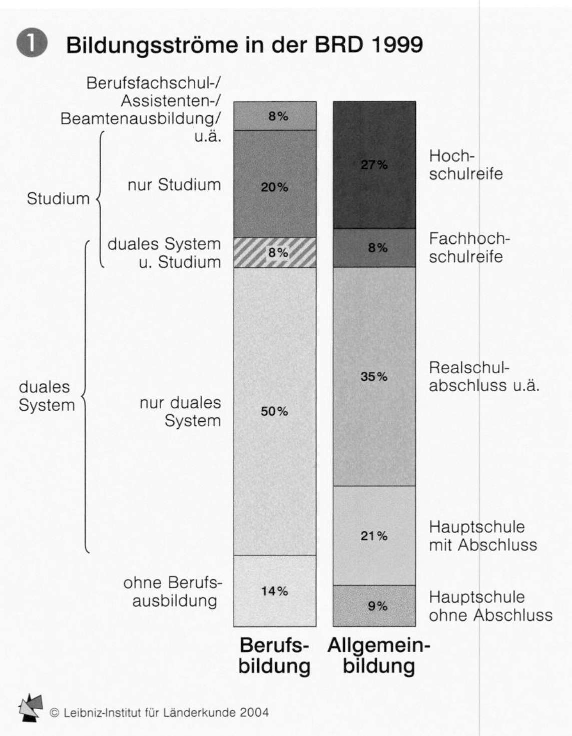

Qualifikation der Beschäftigten

Die Anteile der sozialversicherungspflichtig Beschäftigten an der Einwohnerschaft sind in den Kreisen der Bundesrepublik sehr unterschiedlich. Oft sind es kreisfreie Städte, deren Werte deutlich über 40% liegen ❸. Große öffentliche Verwaltungsstellen, überregionale Bildungseinrichtungen und privatwirtschaftliche Großbetriebe sind unter anderem dafür verantwortlich. Andererseits fallen aber auch Großstädte mit deutlich geringeren Werten auf, die dem Altersaufbau der Einwohner und der Branchenstruktur geschuldet sind. So stehen z.B. viele in der Medienbranche Tätige nicht in einem sozialversicherungspflichtigen Beschäftigungsverhältnis und erscheinen nicht in der Beschäftigtenstatistik.

Deutliche regionale Unterschiede lassen sich auch bezüglich der Ausbildung erkennen (▶▶ Beitrag Janssen u.a., Bd. 6, S. 58). Generell ist in den östlichen Ländern ein geringerer Anteil von Beschäftigten ohne Berufsausbildung festzustellen, eine Folge des umfassenden Bildungs- und Qualifikationssystems der DDR. Während die Anteile im Osten in der Regel unter 15%, sogar oft unter 10% liegen, sind im Westen vor allem in den südlichen Ländern kaum Kreise mit Anteilen unter 20% zu finden. Während 50-75% der Beschäftigten eine Berufsausbildung nach einem allgemeinen Schulabschluss absolviert haben, liegt die Zahl der Beschäftigten mit Hoch- oder Fachhochschulabschluss in der Regel unter 10%. Ausnahmen bilden hier Verwaltungs- und Dienstleistungszentren sowie Kreise mit besonderem Engagement im Bereich Forschung und Entwicklung.

Berufliche Qualifikation und Arbeitslosigkeit

Wenn auch eine Berufsausbildung nicht vor Arbeitslosigkeit schützt, so sind doch die Personen besonders davon betroffen, die nur eine geringe Qualifikation aufweisen. Im Westen Deutschlands hat fast die Hälfte der Arbeitslosen keine Berufsausbildung. Obwohl die Mehrzahl der Arbeitslosen in Ostdeutschland eine Ausbildung nachweisen kann, liegt dort die Arbeitslosigkeit um 10% über dem Westniveau. Hierbei handelt es sich jedoch zum überwiegenden Teil um betriebliche Ausbildungen ehemals sozialistischer Betriebe, die im Transformationsprozess kein Garant mehr für eine Beschäftigung sind.

Weiterbildung und berufliche Qualifikation

Mit der wachsenden Bedeutung des lebenslangen Lernens steigt der Bedarf an allgemeiner, beruflicher oder wissenschaftlicher Weiterbildung. Diese ist nur in geringem Umfang durch den Staat geregelt. Es herrscht eine ausgesprochene Vielfalt an Weiterbildungsträgern, die sich von Wirtschaftsbetrieben über Volkshochschulen, Kammern, Verbände bis hin zu Kirchen u.v.a. erstreckt (▶▶ Beitrag Böhm-Kasper/Weishaupt, Bd. 6, S. 52). Im Rahmen der beruflichen Weiterbildung nehmen die Maßnahmen der Einarbeitung und der Anpassung einen besonderen Stellenwert ein.

Fast die Hälfte der Teilnehmer von beruflichen Weiterbildungsmaßnahmen nimmt das Angebot von Arbeitgebern bzw. Betrieben wahr. Hier unterscheiden sich die Strukturen in den alten Ländern nicht wesentlich von denen in den neuen. Auffallend ist jedoch, dass in Ostdeutschland fast ein Viertel der Teilnehmer über 45 Jahre ist, während im Westen die jüngeren Jahrgänge stärker vertreten sind ❷. Vor allem die kaufmännische Weiterbildung ist stark nachgefragt, sogar noch stärker als EDV-Kurse. In Westdeutschland wird von einem beträchtlichen Teil eine anerkannte Gesellen- oder Facharbeiterprüfung angestrebt. Dieser Anteil ist im Osten deutlich geringer. Hier, wo ein großer Teil bereits eine abgeschlossene Berufsausbildung nachweisen kann, geht es für ein Drittel der Teilnehmer nur um eine prüfungsfreie Teilnahme an einer Weiterbildungsmaßnahme, was auch die kürzere Maßnahmendauer erklärt. Klar erkennbar ist auch der Zusammenhang zwischen Arbeitslosigkeit und beruflicher Weiterbildung. Über 90% der Teilnehmer waren vorher arbeitslos, allerdings finden die Westdeutschen anscheinend früher den Weg zur Weiterbildung; denn fast ein Drittel sind erst drei Monate ohne Beschäftigung, während ein erheblicher Teil der Weiterbildungsteilnehmer im Osten von einer Arbeitslosigkeit von über einem Jahr betroffen ist. Einigkeit besteht darüber, dass in der beruflichen Weiterbildung noch mehr Motivations- und Aufklärungsarbeit zu betreiben ist.

Fazit

Wenn auch bezogen auf eine ganze Reihe von Merkmalen der Qualifikation die West-Ost-Unterschiede noch auffällig sind, so spiegeln diese nicht die Qualifikations- und Weiterbildungslandschaft in Deutschland wider. Sowohl im Westen als auch im Osten liegen regionale Differenzierungen vor, die das Bild sehr heterogen erscheinen lassen. Sektorale und Bevölkerungsstrukturen bestimmen die regionalen Muster maßgeblich mit.◆

Ausbildungsniveau der sozialversicherungspflichtig Beschäftigten 2000

nach Kreisen

Sv Beschäftigte insgesamt

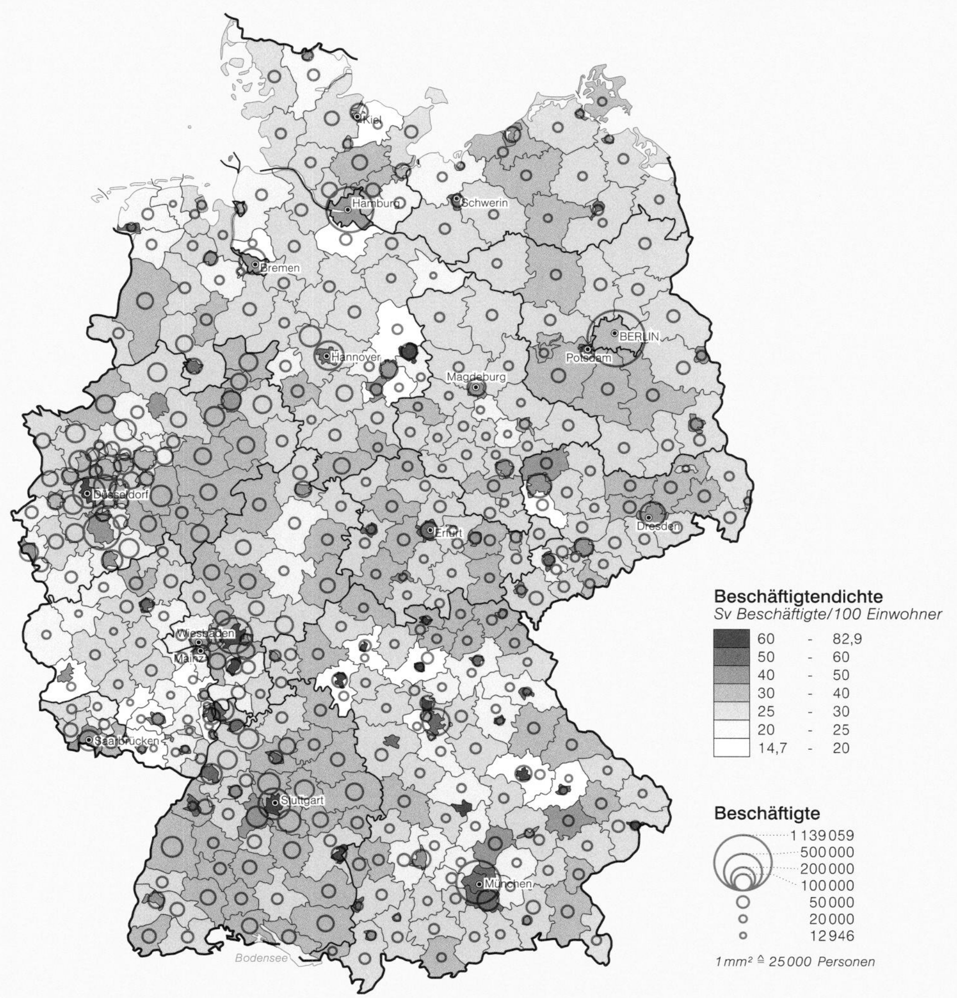

Sv Beschäftigte mit Fachhochschul-/ Hochschulabschluss

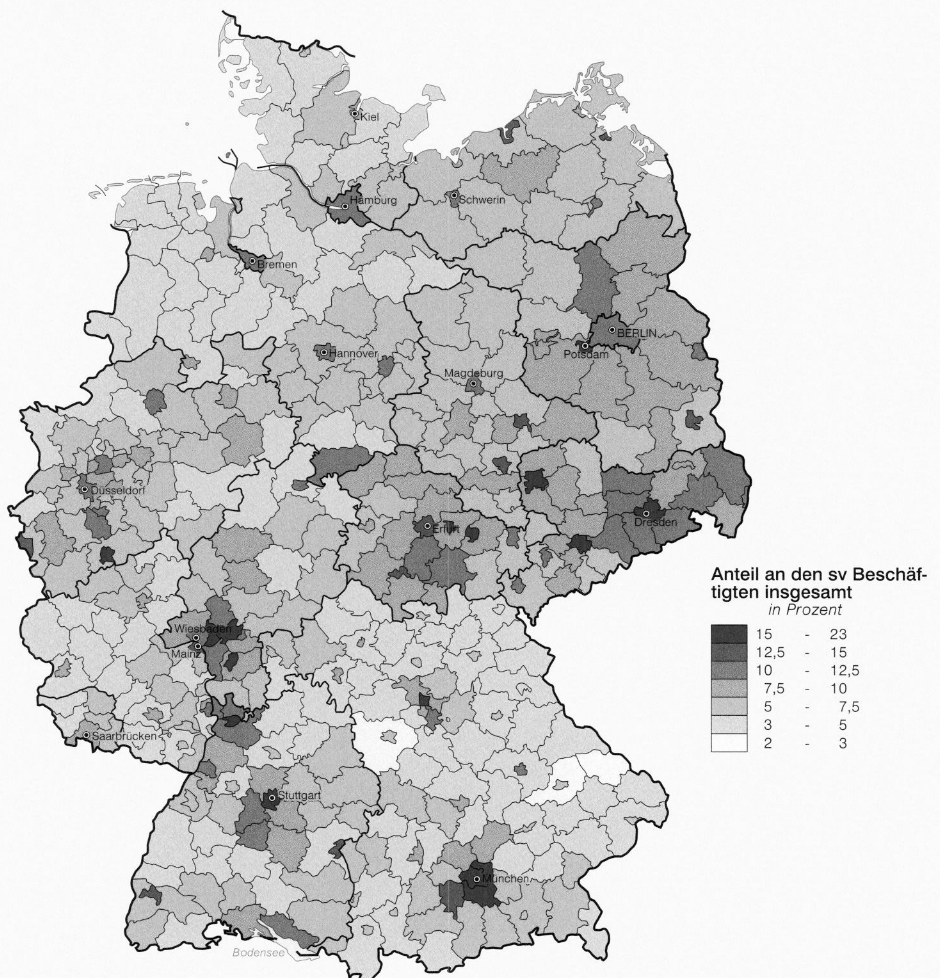

Sv Beschäftigte mit allgemeinem Schulabschluss, ohne Berufsausbildung

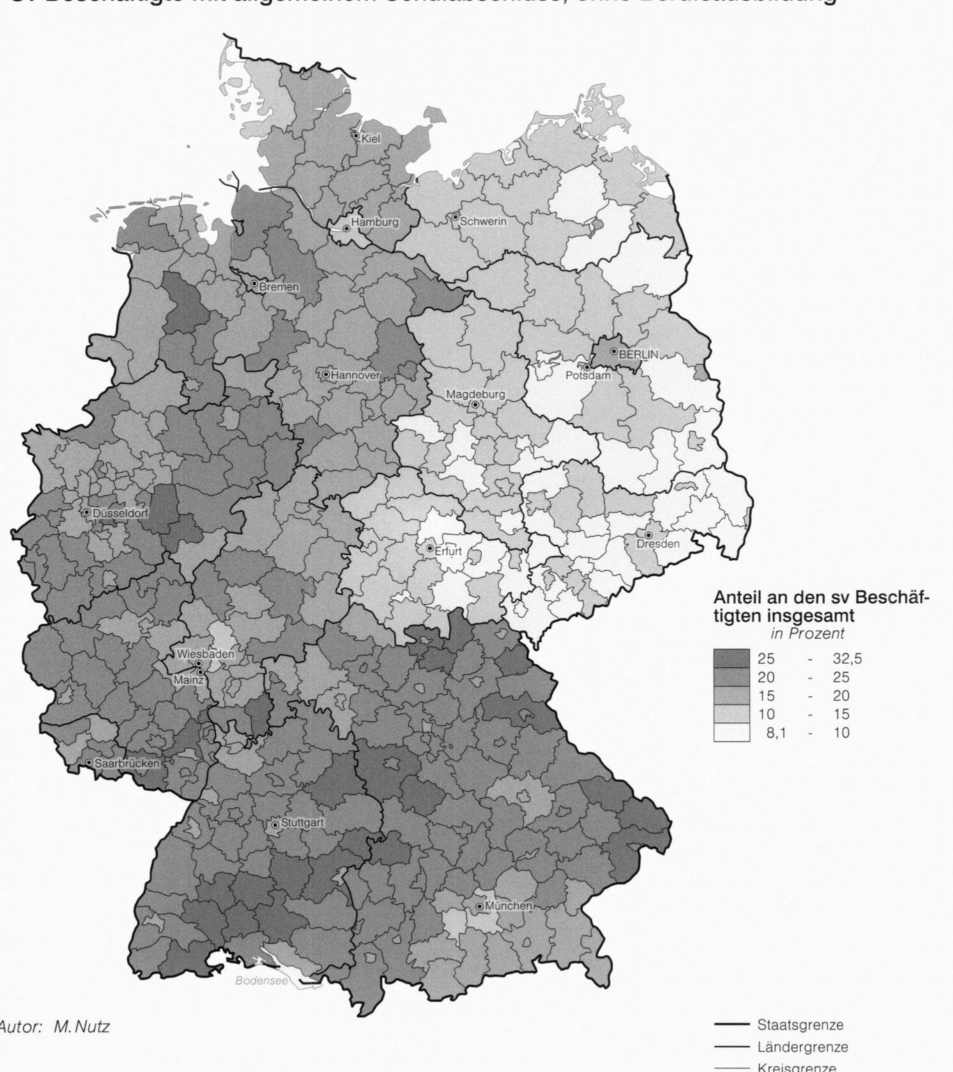

Sv Beschäftigte mit allgemeinem Schulabschluss, mit Berufsausbildung

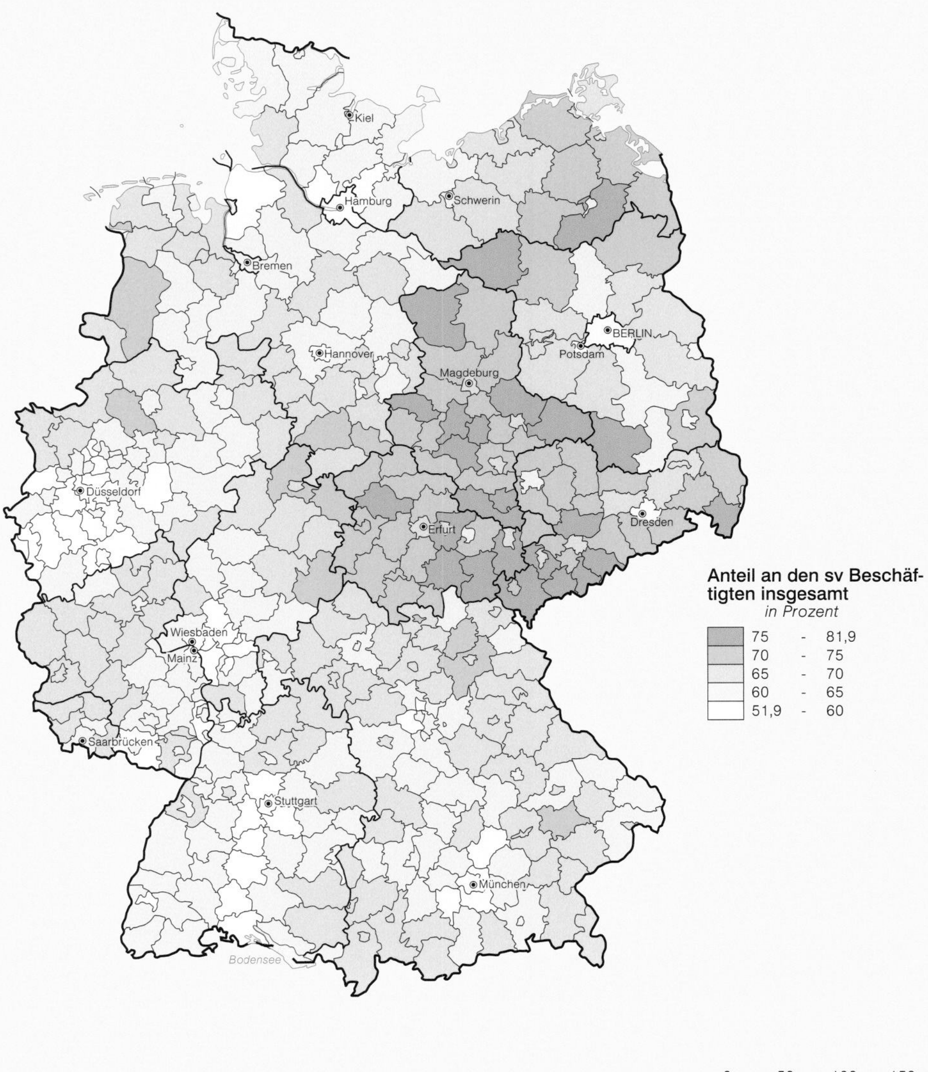

Autor: M. Nutz

0 50 100 150 200 km
Maßstab 1: 6500000

Zentren forschungs- und wissensintensiver Wirtschaft

Birgit Gehrke und Rolf Sternberg

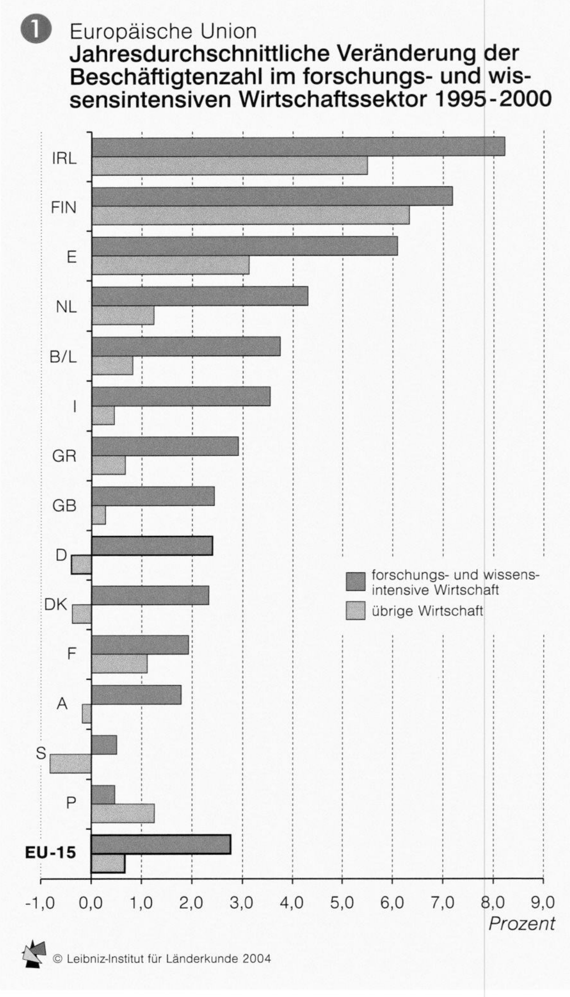

▸ Forschungs- und ▸ wissensintensive Wirtschaftszweige sind der Motor für Innovationen, Wachstum und Beschäftigung. In der EU-15 ist die Beschäftigung in diesem Sektor mit knapp 3% pro Jahr in der zweiten Hälfte der 1990er Jahre mehr als dreimal so stark gestiegen wie in der übrigen gewerblichen Wirtschaft ❶. Mit Ausnahme von Portugal verlief die Wachstumsdynamik der forschungs- und wissensintensiven Wirtschaft in allen anderen Mitgliedsländern zumeist deutlich günstiger als in den übrigen Sektoren, in denen die Zahl der Arbeitsplätze teilweise – wie auch in Deutschland – sogar zurückging.

Regionale Schwerpunkte

Die Erfolgsgeschichte neuer grundlegender Technologielinien wird häufig mit einzelnen Hochtechnologieregionen in Verbindung gebracht, bspw. mit dem Silicon Valley (Elektronik) oder mit der Region Greater Boston (Biotechnologie) in den USA. Ganz offensichtlich profitieren die in solchen High-Tech-Clustern lokalisierten Unternehmen von der regionalen Bündelung wissensintensiver Wirtschaftszweige. In Deutschland waren im Jahre 2000 in der gewerblichen Wirtschaft im Durchschnitt fast drei Viertel der Beschäftigten in wissensintensiven Wirtschaftszweigen tätig, davon knapp zwei Drittel im Dienstleistungsgewerbe und knapp ein Drittel in der Industrie. Die Ballungsräume München, Rhein-Main, Stuttgart, Berlin, die Schiene Köln-Bonn/Düsseldorf und Hamburg sind die Zentren wissensintensiver Sektoren ❹. München, aber auch Stuttgart und Köln zeichnen sich dabei durch ein besonders hohes Gewicht wissensintensiver Industrien aus. Abgesehen von den Stadtregionen Berlin und Hamburg ist die wissensintensive Wirtschaft relativ stark im Süden und Südwesten konzentriert. Zusätzliche *Islands of Innovation* finden sich im westlichen Nordrhein-Westfalen (Köln/Bonn/Aachen, Dortmund/Münster) sowie im Raum Hannover/Braunschweig. In ostdeutschen Flächenländern, im östlichen Niedersachsen und in Nordbayern entfallen auf die wissensintensive Wirtschaft dagegen derzeit nur vergleichsweise geringe Beschäftigtenanteile.

Forschungsintensive Industrien sind deutlich stärker räumlich konzentriert als wissensintensive Dienstleistungen, wobei das Ausmaß der Konzentration

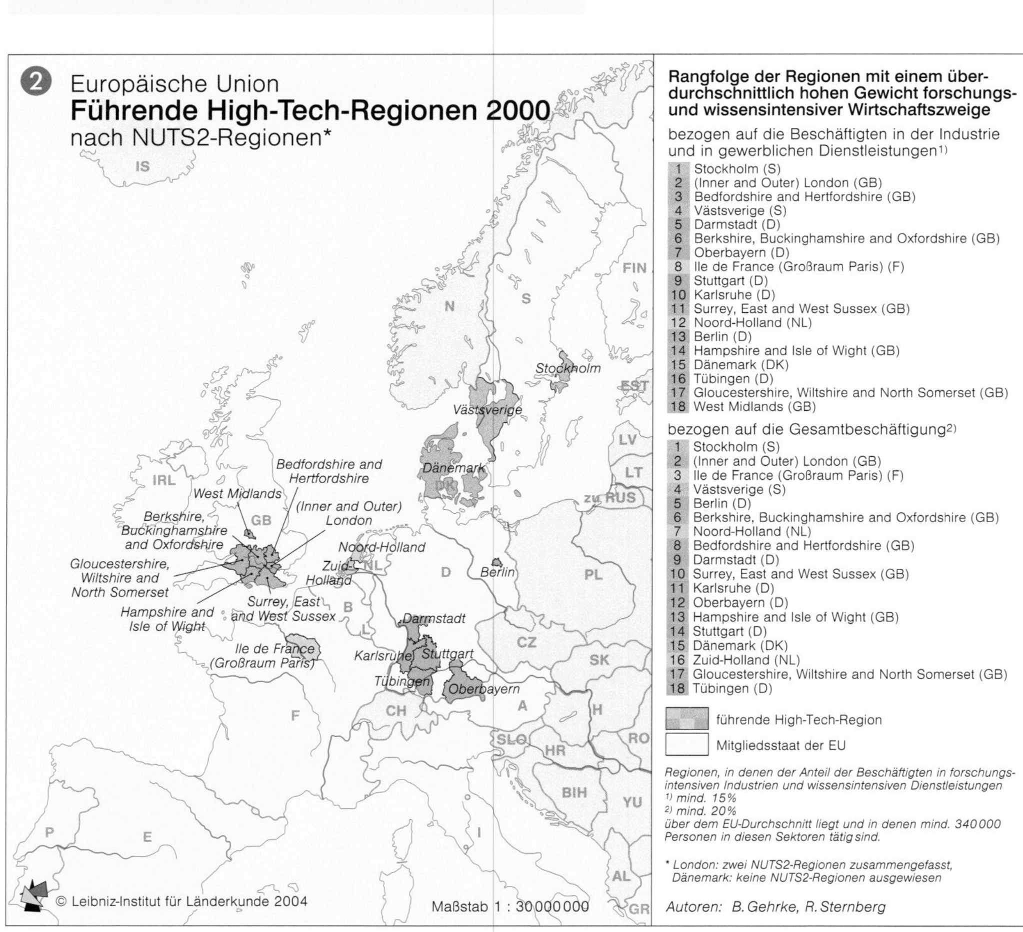

Rangfolge der Regionen mit einem überdurchschnittlich hohen Gewicht forschungs- und wissensintensiver Wirtschaftszweige

bezogen auf die Beschäftigten in der Industrie und in gewerblichen Dienstleistungen¹⁾

1 Stockholm (S)
2 (Inner and Outer) London (GB)
3 Bedfordshire and Hertfordshire (GB)
4 Västsverige (S)
5 Darmstadt (D)
6 Berkshire, Buckinghamshire and Oxfordshire (GB)
7 Oberbayern (D)
8 Ile de France (Großraum Paris) (F)
9 Stuttgart (D)
10 Karlsruhe (D)
11 Surrey, East and West Sussex (GB)
12 Noord-Holland (NL)
13 Berlin (D)
14 Hampshire and Isle of Wight (GB)
15 Dänemark (DK)
16 Tübingen (D)
17 Gloucestershire, Wiltshire and North Somerset (GB)
18 West Midlands (GB)

bezogen auf die Gesamtbeschäftigung²⁾

1 Stockholm (S)
2 (Inner and Outer) London (GB)
3 Ile de France (Großraum Paris) (F)
4 Västsverige (S)
5 Berlin (D)
6 Berkshire, Buckinghamshire and Oxfordshire (GB)
7 Noord-Holland (NL)
8 Bedfordshire and Hertfordshire (GB)
9 Darmstadt (D)
10 Surrey, East and West Sussex (GB)
11 Karlsruhe (D)
12 Oberbayern (D)
13 Hampshire and Isle of Wight (GB)
14 Stuttgart (D)
15 Dänemark (DK)
16 Zuid-Holland (NL)
17 Gloucestershire, Wiltshire and North Somerset (GB)
18 Tübingen (D)

führende High-Tech-Region
Mitgliedsstaat der EU

Regionen, in denen der Anteil der Beschäftigten in forschungsintensiven Industrien und wissensintensiven Dienstleistungen
1) mind. 15%
2) mind. 20%
über dem EU-Durchschnitt liegt und in denen mind. 340 000 Personen in diesen Sektoren tätig sind.

** London: zwei NUTS2-Regionen zusammengefasst, Dänemark: keine NUTS2-Regionen ausgewiesen*

Autoren: B. Gehrke, R. Sternberg

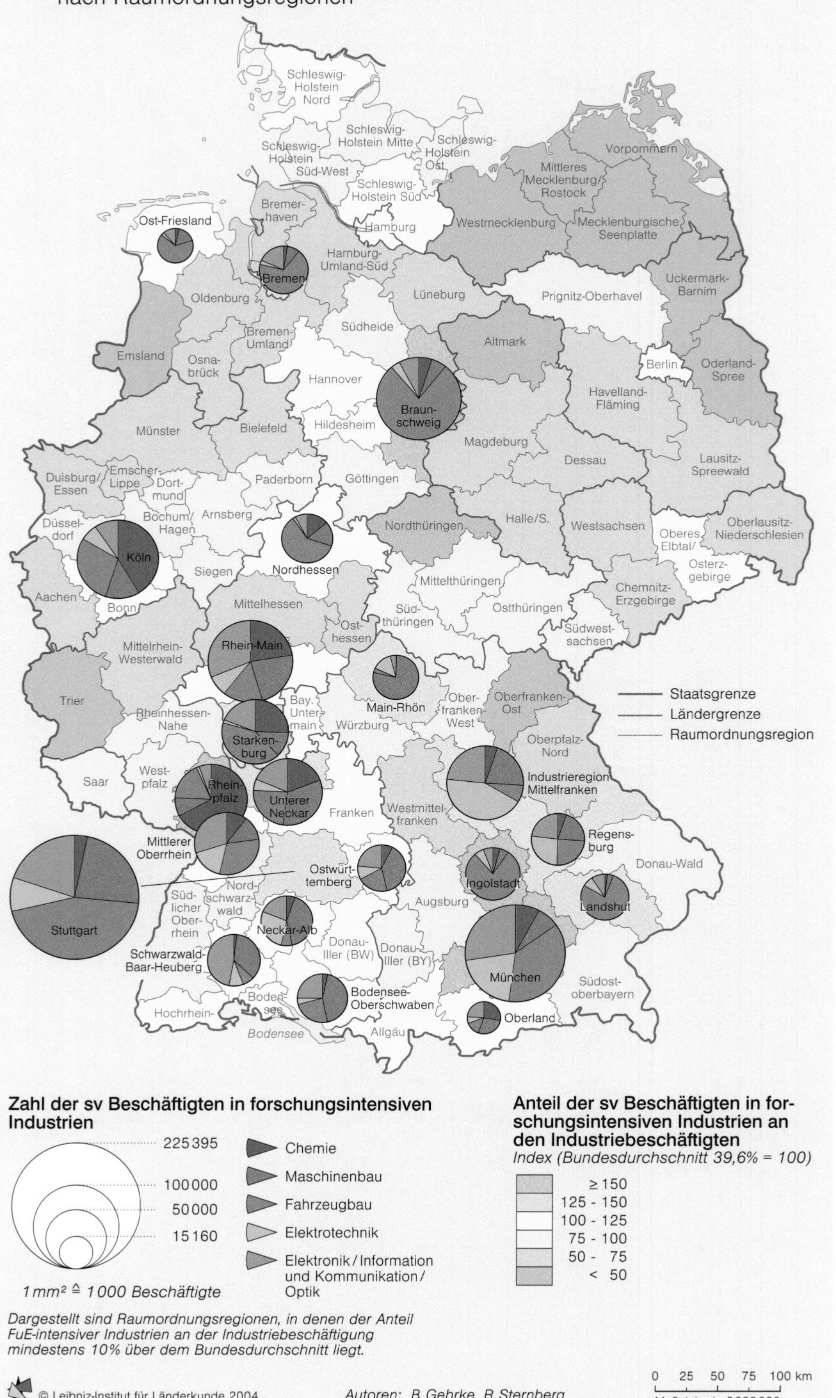

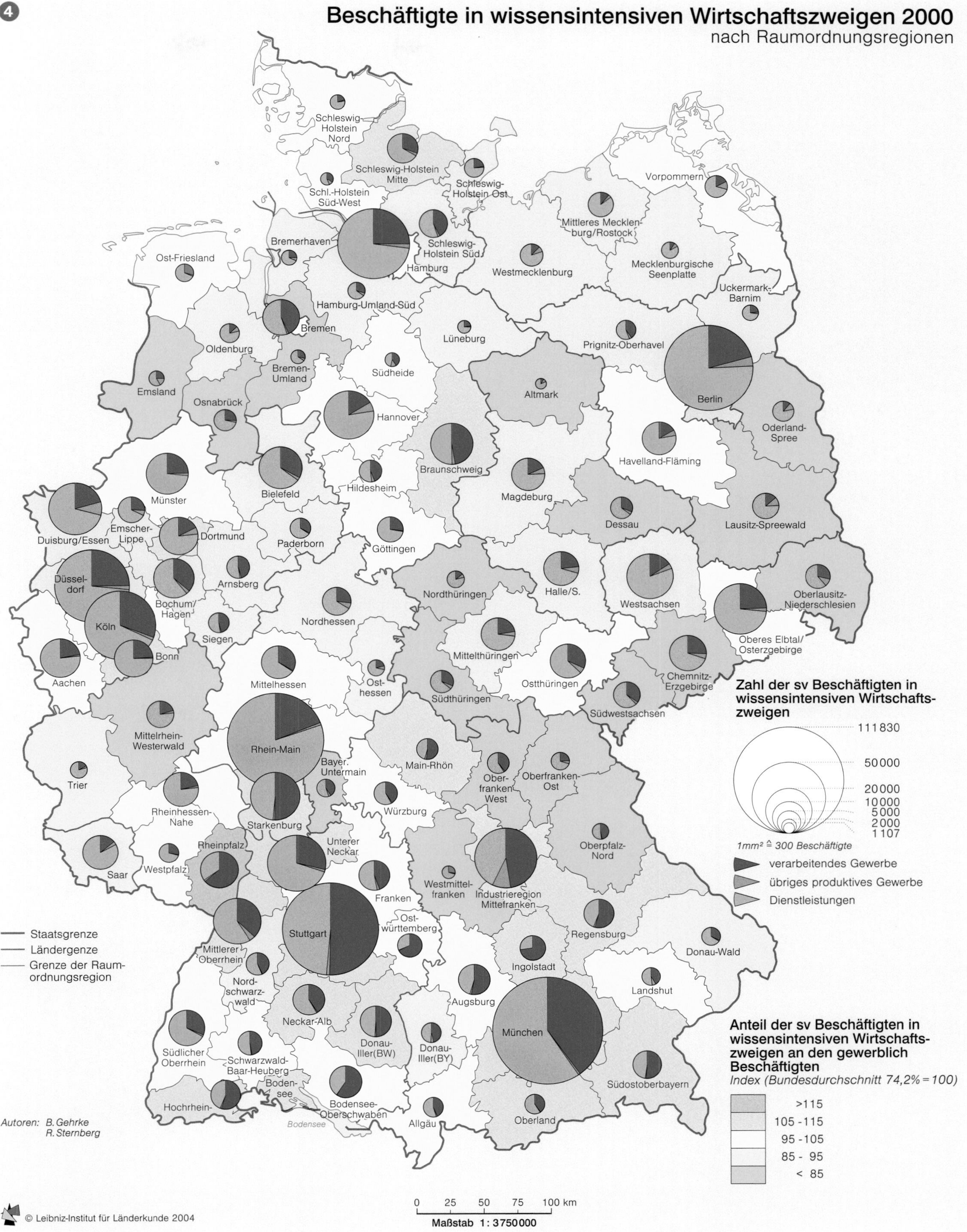

forschungsintensive Industrien – umfassen alle Güterbereiche, in denen der Anteil der Forschungs- und Entwicklungsaktivitäten am Umsatz überdurchschnittlich hoch (>3,5%) ist. Dies gilt insbesondere für Gütergruppen wie Pharmazeutika, EDV, Nachrichtentechnik, Flugzeuge, darüber hinaus aber auch für Automobile, Maschinen, Elektrotechnik, medizinische Geräte, Chemie.

wissensintensive Dienstleistungen – Dienstleistungsbranchen, die hohe Anforderungen an die Qualifikation des Personals stellen, also nicht nur den Informations- und Kommunikationssektor, sondern auch Gesundheits-, Medien-, Finanz- und Beratungsdienstleistungen usw.

zwischen den Wirtschaftszweigen, aber auch im intertemporalen Vergleich erheblich differieren kann. Fast alle industriellen High-Tech-Zentren sind in der Südhälfte Deutschlands angesiedelt. Die mit Abstand größte Zahl an Arbeitsplätzen in forschungsintensiven Industrien stellt die Region Stuttgart mit Schwerpunkten im Maschinen- und Fahrzeugbau ❸. Die Region München bildet zusammen mit den angrenzenden Regionen Ingolstadt, Mittelfranken, Regensburg und Landshut *das* Zentrum forschungsintensiver Industrien. München setzt besondere Schwerpunkte in moderner Elektronik und bei Informations- und Kommunikations-Technologien, ist aber auch im Fahrzeugbau und bei traditioneller Elektrotechnik überdurchschnittlich vertreten. Dort und im Maschinenbau liegen besondere Stärken der Region Mittelfranken (Nürnberg/Fürth/Erlangen). Landshut und Ingolstadt sind demgegenüber stark monostrukturiert. Ihre Spezialisierung auf forschungsintensive Industrien ist fast ausschließlich auf den Fahrzeugbau zurückzuführen. Das gleiche gilt für das einzige herausragende norddeutsche Zentrum um Braunschweig. Zusätzlich zu der Region Oberbayern befindet sich ein zweiter beachtlicher Ballungsraum forschungsintensiver Industrien an Neckar und Rhein. Ein traditioneller Schwerpunkt dort, wie auch in der Nordrheinregion Köln-Bonn, ist die Chemieindustrie. Monostrukturelle Ausprägungen forschungsintensiver Industriebeschäftigung, wie sie sich für manche Fahrzeugbauregionen feststellen lassen, sind hier jedoch kaum zu finden.

Positionierung in Europa

Deutschlands Regionen müssen sich auch im internationalen Standortwettbewerb um innovative Industrie- und hochwertige Dienstleistungsunternehmen gegenüber europäischen Konkurrenzregionen behaupten. Die EU-weite Spitzengruppe führender Zentren forschungs- und wissensintensiver Wirtschaftszweige setzt sich zu je einem Drittel aus deutschen und britischen Regionen zusammen ❷. Während die britischen Regionen ein zusammenhängendes Cluster im Südosten des Landes um das Dienstleistungszentrum London bilden, sind die deutschen Zentren disperser im Raum verteilt und zudem stärker auf forschungsintensive Industrien ausgerichtet. In Frankreich ist die regionale Ballung forschungs- und wissensintensiver Industrien besonders ausgeprägt: Trotz der Größe des Landes ist lediglich die Metropolregion Paris (Ile de France) in der Spitzengruppe vertreten.◆

Mittelstand – vom Handwerker zum Entrepreneur

Michael Fritsch

Der Verband der Zimmerer stellt sich auf der Leipziger BauFach-Messe vor.

Die Elektrowerkzeuge GmbH aus dem Erzgebirge präsentiert innovative Produkte.

Das Phänomen „mittelständische Wirtschaft“ ist schillernd und vielschichtig. Wenn auch alle Unternehmen der privaten Wirtschaft mit weniger als 1000 Beschäftigten dem ▶ Mittelstand zugerechnet werden, so ist doch der überwiegende Teil der Betriebe wesentlich kleiner: In ca. 96% aller Betriebe sind weniger als 50 Personen tätig, ca. 90% haben sogar weniger als 20 Beschäftigte ❶. Besonders hoch ist der Anteil der Kleinbetriebe im Dienstleistungssektor sowie in der Landwirtschaft.

Dass Unternehmen eine relativ geringe Größe aufweisen, kann auf folgende vier Ursachen zurückzuführen sein:

- eine Wirtschaftsweise, bei der keine wesentlichen Größenvorteile bestehen (z.B. Gastronomie, Handwerk)
- eine geringe Wettbewerbsfähigkeit, die dafür verantwortlich ist, dass es einem Unternehmen nicht gelingt, die für ein Wachstum erforderliche Nachfrage auf sich zu ziehen. Wirtschaftlich wenig leistungsfähige Unternehmen, die sich nur knapp am Markt behaupten können (Grenzanbieter), sind in der Regel recht klein.
- Unternehmensneugründung; neu gegründete Unternehmen beginnen meist mit nur wenigen Beschäftigten und sind somit – zumindest während der ersten Jahre ihrer Existenz – dem Mittelstand zuzurechnen.
- rechtliche Regelungen, durch die in dem betreffenden Wirtschaftsbereich die Entstehung von Großunternehmen verhindert wird, z.B. in den freien Berufen

Trendwende zum Mittelstand

Während die Produktionsweise bis zum Ende des 18. Jhs. weitestgehend handwerklich und damit kleinbetrieblich geprägt war, ermöglichte die dann einsetzende Industrialisierung die Entstehung von Großunternehmen. Der Anteil der in Großunternehmen tätigen Beschäftigten stieg in Westdeutschland bis zum Ende der 1960er Jahre stetig an. Seitdem nimmt die Bedeutung des Mittelstandes hier wieder zu (vgl. Fritsch 1993). Die Gründe für diese Trendwende sind vor allem:

- der Nachfragerückgang nach Gütern, die in Massenproduktion und in verschiedenen, von Großunternehmen dominierten Branchen des verarbeitenden Gewerbes (z.B. Kohlebergbau, Stahl-, Textilindustrie, etc.) erzeugt werden
- die abnehmende Bedeutung von Größenvorteilen für die wirtschaftliche Wettbewerbsfähigkeit
- eine Verschiebung der Sektorstruktur vom verarbeitenden Gewerbe hin zum Dienstleistungssektor, der durch im Mittel deutlich niedrigere Unternehmensgrößen geprägt ist

Im Zusammenhang mit dieser Entwicklung nahm auch der Anteil der beruflich selbstständigen Personen in Westdeutschland seit Beginn der 1980er Jahre zu ❷.

In Ostdeutschland wurde während der DDR-Zeit der Mittelstand im Rahmen von erzwungenen Zusammenschlüssen und Verstaatlichung weitgehend verdrängt. Erst mit der Marktöffnung und der deutschen Vereinigung im Jahr 1990 kam es in den neuen Ländern zu einer Wiederbelebung der mittelständischen Wirtschaft. Dies schlug sich insbesondere in einem Gründungsboom zu Beginn der 1990er Jahre nieder. Gleichzeitig wurden die bis dahin dominierenden Großbetriebe und Kombinate aufgespalten bzw. infolge mangelnder Wettbewerbsfähigkeit zu einem massivem Abbau von Beschäftigten gezwungen. Als Ergebnis dieser Entwicklungen war die Wirtschaft in Ostdeutschland am Ende der 1990er Jahre deutlich stärker mittelständisch geprägt als die im Westen ❹.

Mittelstand und Entrepreneurship

Aufgrund ihrer geringen Größe sind mittelständische Unternehmen stark durch die Persönlichkeit des Unternehmers geprägt. Dies hat zur Folge, dass eine unternehmerische Einstellung (▶ Entrepreneurship), die sich durch Initiative, Eigenverantwortlichkeit und die Bereitschaft zur Übernahme von Risiken auszeichnet, in diesem Sektor relativ weit verbreitet ist. Die starke unternehmerische Prägung mittelständischer Firmen wie auch der relativ hohe Anteil des Mittelstandes an der Lehrlingsausbildung haben unter anderem zur Folge, dass sich viele Gründer neuer Unternehmen aus diesem Sektor rekrutieren. Insofern spielt der Mittelstand als „Saatbeet“ für Unternehmensgründungen eine wichtige Rolle.

Von besonderer Bedeutung für die wirtschaftliche Entwicklung sind die innovativen ▶ technologieorientierten Gründungen, deren Angebot wesentlich auf neuem Wissen beruht. Sie tragen zur Umsetzung von Forschungsergebnissen bei und nehmen so eine wichtige Aufgabe im Technologietransfer wahr. Technologieorientierte Unternehmensgründungen sind tendenziell auch wirtschaftlich erfolgreicher und schaffen mehr Arbeitsplätze als weniger innovative Gründungen.

Mittelstandspolitik

Ein wesentliches Ziel der Mittelstandspolitik besteht in der Stimulierung des Wettbewerbs durch Förderung von kleinen Unternehmen, insbesondere auch von Unternehmensgründungen. Unter der Vielzahl der im Rahmen der Gründungsförderung relevanten Instrumente kommt den Hilfen bei der Beschaffung

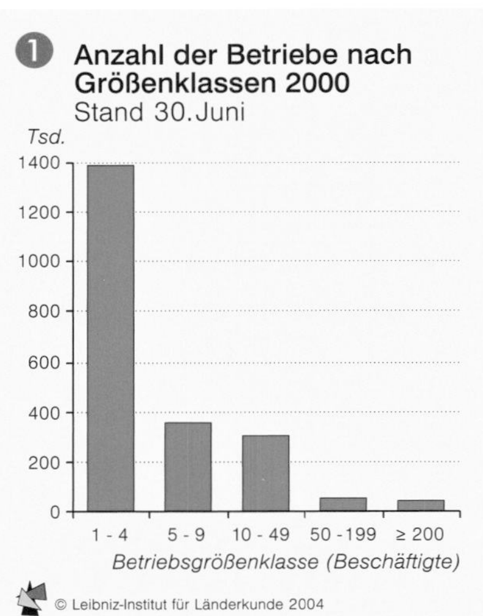

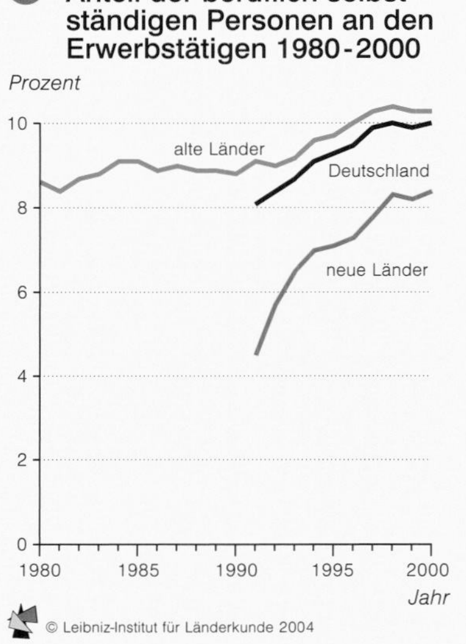

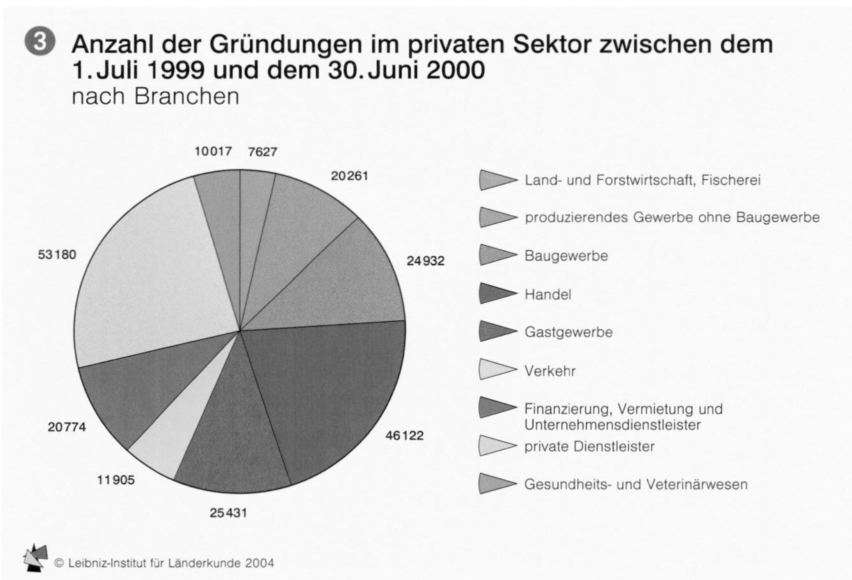

Entrepreneur – im engeren Sinne: Der Unternehmer als Initiator von Geschäftstätigkeit und Träger von damit verbundenen Risiken. Im weiteren Sinne: Personen, die initiativ und selbstverantwortlich tätig sind.

F&E – Forschung und Entwicklung

Mittelstand – alle privaten Unternehmen, die keine Großunternehmen darstellen; in der Regel alle Unternehmen mit weniger als 1000 Beschäftigten. Von der Anzahl her dominieren die sehr kleinen Unternehmen.

Technologieorientierte Unternehmen (TOU) – Unternehmen, die vor allem solche Güter und Dienstleistungen anbieten, die auf der Verwertung neuer technologischer Ideen, Forschungsergebnisse oder Systeme basieren. Für die Aufnahme der Geschäftstätigkeit sind in der Regel umfangreiche technische Entwicklungsarbeiten erforderlich.

Wagnis- bzw. Risikokapital – (*engl.* Venture Capital) Beteiligungskapital und nicht-finanzielle Unterstützungsleistungen für junge, wachstums- und renditeträchtige Unternehmen, meist aus dem Hochtechnologiebereich; **Venture-Kapitalgesellschaften** stellen solches Kapital und Dienstleistungen zur Risikoabsicherung zur Verfügung.

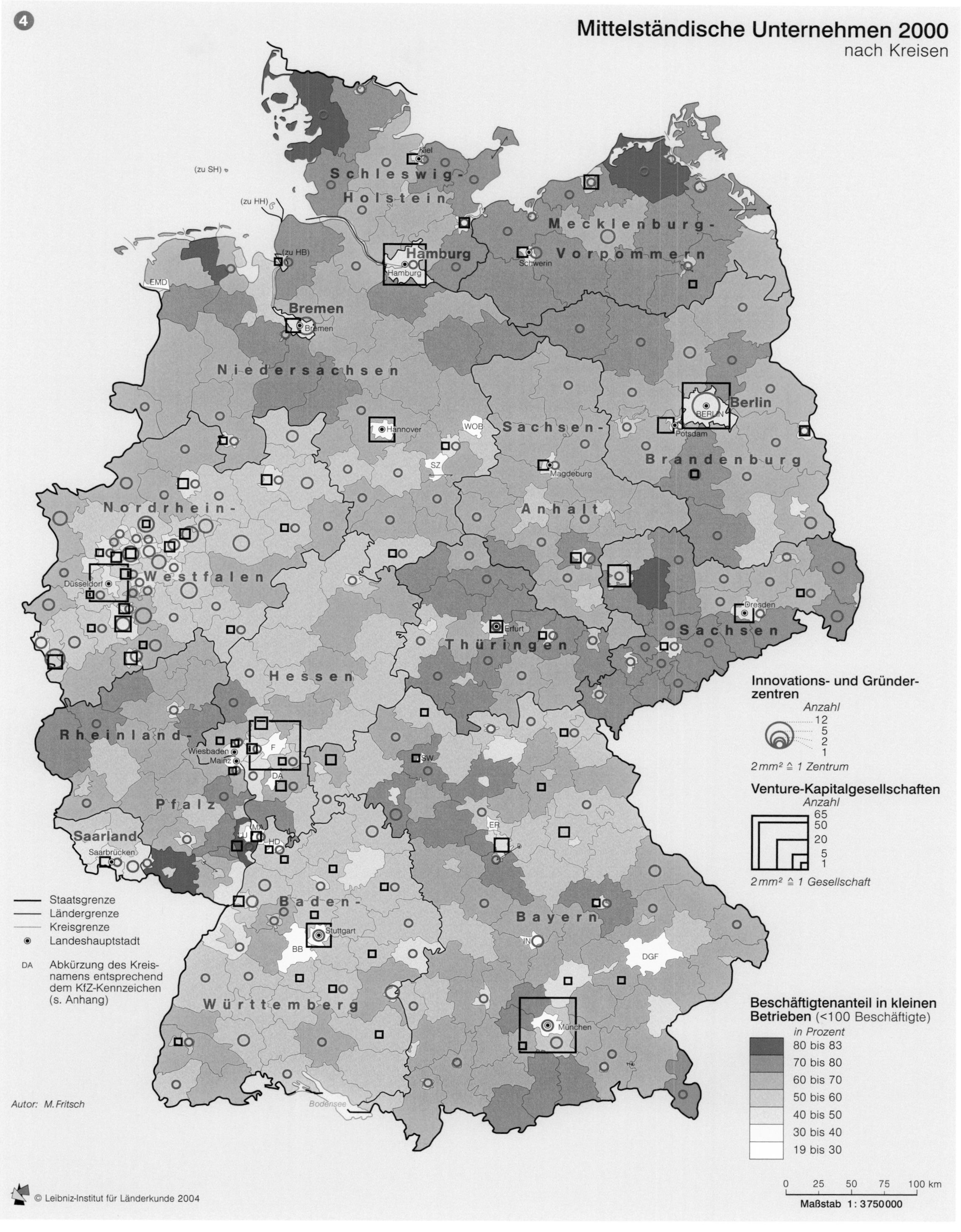

des für die Gründung erforderlichen Kapitals große Bedeutung zu. Denn in der Regel verfügen die Gründer selbst nicht über ausreichende Mittel und können meist auch nur in geringem Ausmaß Sicherheiten für Bankkredite bieten. Erschwerend kommt hinzu, dass Kredite an neu gegründete Unternehmen mit einem besonderen Ausfallrisiko behaftet sind, weil in den ersten Jahren nach der Gründung die Gefahr eines Scheiterns relativ hoch ist. Besonders gravierend sind Kapitalengpässe dann, wenn – wie bei technologieorientierten Unternehmensgründungen häufig der Fall – bis zur Erzielung von ersten Umsätzen noch Forschungs- und Entwicklungsarbeiten zu finanzieren sind. Aufgrund der Unsicherheit hinsichtlich des Ergebnisses dieser Arbeiten als auch hinsichtlich des Markterfolges sind Investitionen in solche Unternehmen relativ risikoreich (▸ Wagnis- bzw. Risikokapital) und werden von speziell abgesicherten ▸ Venture-Kapitalgesellschaften angeboten.

Technologie- und Gründerzentren ❹ haben das Ziel, junge Unternehmen und insbesondere innovative Gründungen vielfältig zu unterstützen (▸▸ Beitrag Tamásy, S. 84). Neben der Bereitstellung von geeigneten Räumlichkeiten kann hierbei auch Beratung eine wesentliche Rolle spielen. Die räumliche Nähe von anderen Unternehmen, die in Technologie- und Gründerzentren ansässig sind, ermöglicht die gemeinsame Nutzung von Büroinfrastruktur oder Laboreinrichtungen und bietet eine gute Voraussetzung zur ▸ F&E-Kooperation. Die enge Anbindung eines solchen Zentrums an eine Universität kann über intensiven Technologietransfer die Wissensbasis der Unternehmen und damit ihre Erfolgschancen verbessern.♦

❹ **Mittelständische Unternehmen 2000**
nach Kreisen

Innovations- und Gründerzentren
Anzahl 12, 5, 2, 1
2 mm² ≙ 1 Zentrum

Venture-Kapitalgesellschaften
Anzahl 65, 50, 20, 5, 1
2 mm² ≙ 1 Gesellschaft

Beschäftigtenanteil in kleinen Betrieben (<100 Beschäftigte)
in Prozent
80 bis 83
70 bis 80
60 bis 70
50 bis 60
40 bis 50
30 bis 40
19 bis 30

Staatsgrenze
Ländergrenze
Kreisgrenze
Landeshauptstadt
DA Abkürzung des Kreisnamens entsprechend dem KfZ-Kennzeichen (s. Anhang)

Maßstab 1 : 3750000

Autor: M. Fritsch

Zentren der Kulturökonomie und der Medienwirtschaft

Stefan Krätke

Als Medienstädte werden heute Zentren der Kulturökonomie und Medienwirtschaft bezeichnet, die von kleinräumigen lokalen Standortgemeinschaften im urbanen Raum bis zu den Kulturmetropolen des globalen Stadt- und Regionalsystems reichen. Die Kulturökonomie umfasst jene Aktivitätszweige, die in besonderem Maße von der Kreativität der Arbeit sowie von der Herstellung und Kommunikation symbolischer Bedeutungen und Images geprägt sind. In der räumlichen Dimension ist sie ein Prototyp künftiger Organisationsformen gesellschaftlicher Arbeit in einem begrenzten Kreis von Großstädten und Metropolen, der sich zum einen auf der Ebene des globalen Städtesystems artikuliert und die zum anderen ▸Cluster der Kulturproduktion innerhalb des großstädtischen Standortraumes bildet, vorzugsweise im Bereich der Innenstädte.

Lokale Cluster und regionale Konzentration

Die Kulturökonomie und die Medienwirtschaft gehören zu den dynamischen Wachstumsfeldern der deutschen Wirtschaft; in den 1990er Jahren hatten sie im Vergleich zur Gesamtwirtschaft überdurchschnittliche Zuwächse an Unternehmen und Umsätzen aufzuweisen. Sie sind in einer Reihe von bedeutenden Medienstädten konzentriert, was anhand der Beschäftigtenzahlen verdeutlicht werden kann (Krätke 2002) ❶.

Kleinräumige Konzentrationen von Unternehmen und Institutionen der Wertschöpfungskette der Medienwirtschaft können als Produktionscluster betrachtet werden. Ein Beispiel ist die sog. Medienstadt Babelsberg am Rande Berlins, die weitgehend der Idealvorstellung eines funktionsfähigen Produktionsclusters entspricht. Sie verfügt über eine ausgeprägte interne Funktionsdifferenzierung, vielseitige und dichte interne Transaktions- und Kommunikationsbeziehungen ❷ sowie eine starke überregionale und internationale Einbindung. Dies kann als soziales Kapital des Clusters Potsdam-Babelsberg für die Entwicklungs- und Innovationskapazität angesehen werden, von dem das gesamte Ensemble der Cluster-Firmen profitiert (Krätke 2002).

Die Aktivitätszweige Film/TV/Rundfunk, Verlagswesen, Werbung und Theater/Künste konzentrieren sich auf eine Reihe von Agglomerationsräumen, von denen Hamburg, Berlin/Potsdam, Leipzig, Düsseldorf/Köln/Bonn, Frankfurt/Wiesbaden/Mainz, Karlsruhe/Baden-Baden, Stuttgart, sowie München/Augsburg mit ▸ Standortquotienten über 1,7 die wichtigsten sind. Diese großen Zentren der Kulturindustrie sind nicht auf die administrativen Stadträume begrenzt, sondern bilden ein regionales Netz von benachbarten Kultur- und Medienzentren und konkurrieren miteinander.

Die positiven Agglomerationseffekte der Konzentration von Beschäftigten und Unternehmen in bestimmten Sparten schaffen Synergieeffekte für die ansässigen Kulturunternehmen. Für die Wettbewerbsposition einer Medienstadt ist deshalb auch ihre sektorale Diversifizierung von Belang bzw. ob sie in mehreren Sparten eine herausragende Position einnimmt. Eine Differenzierung der Kulturindustrie-Cluster nach der Beschäftigtenzahl in den vier Sparten Film/TV/Rundfunk, Verlagswesen, Werbung sowie Theater/Künste ergibt verschiedene Aktivitätsprofile. Die Agglomerationsräume Hamburg, Berlin, München, Köln und Frankfurt am Main rangieren in allen vier Sparten unter den 10 bedeutendsten Zentren ❹.
Die großen deutschen Medienfirmen sind bestrebt, in allen wichtigen Standortzentren der Medienwirtschaft präsent zu sein, um sich deren Kreativitätspo-

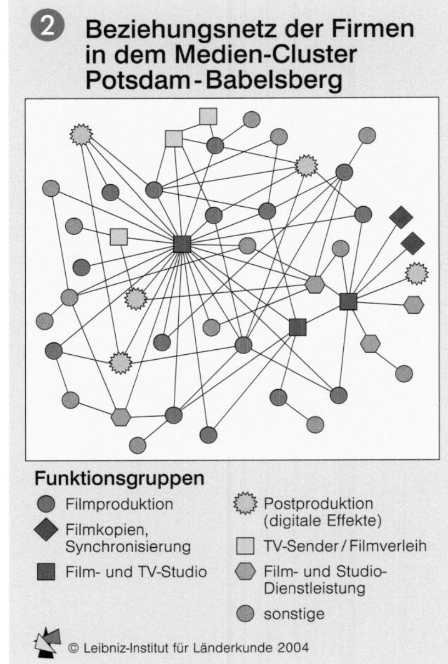

Cluster – relative Häufung von Objekten an einem Standort, hier von Unternehmen und Einrichtungen der Medienwirtschaft

Global Player – Unternehmen, das weltweit tätig ist

Standortquotient – Maß für die relative Konzentration von Aktivitäten in einer Region. Er setzt den Anteil einer Aktivität (z.B. Beschäftigte in der Kulturindustrie) an der Gesamtwirtschaft der Region ins Verhältnis zum Anteil dieser Aktivität an der Gesamtwirtschaft des Bezugsraums (hier: Bundesrepublik Deutschland). Ein Standortquotient >1 besagt, dass die Aktivität in der Region stärker als in der gesamten Bundesrepublik vertreten ist.

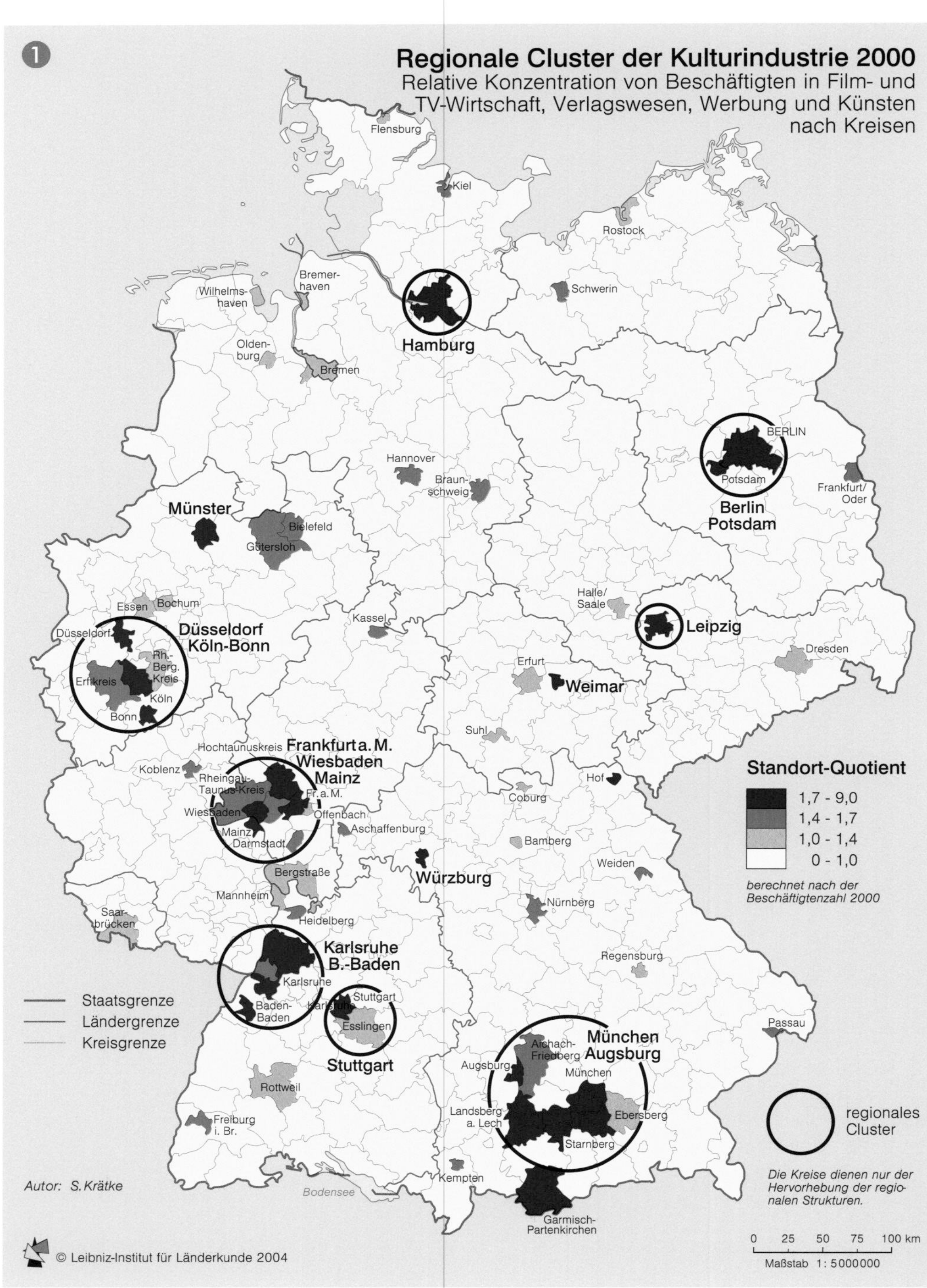

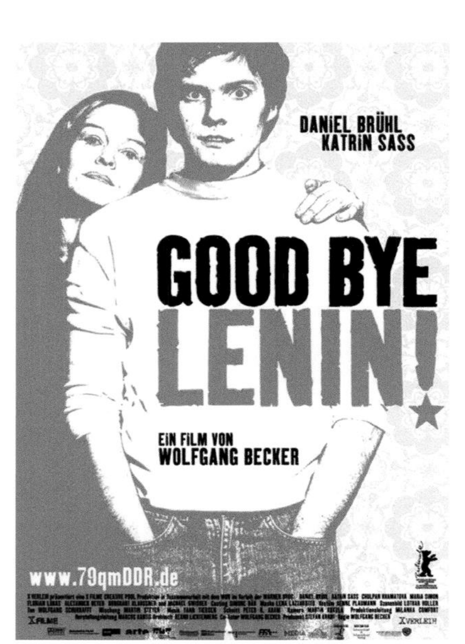

Der erfolgreiche Film GOOD BYE LENIN! wurde in Berlin gedreht und ist eine Coproduktion von X Filme Creative Pool GmbH in Berlin mit dem WDR in Köln.

tenziale überall nutzbar zu machen. Die verschiedenen regionalen Zentren der Kulturproduktion und Medienwirtschaft sind deshalb über Geschäfts- und Kommunikationsbeziehungen zwischen den Unternehmen verbunden oder vernetzt.

Welt-Medienstädte 3

Die Medienwirtschaft ist nicht nur durch die räumliche Konzentration und Clusterbildung in einer Reihe von Metropolen charakterisiert, sondern auch durch eine deutliche Tendenz zur Globalisierung der Unternehmensorganisation. Es formieren sich riesige Medienkonzerne, die sowohl in der Kulturökonomie einzelner Länder eine herausragende Stellung einnehmen wie auch globale Netze von Niederlassungen und Tochtergesellschaften im Weltmaßstab mit lokalen Verankerungspunkten in den Kulturmetropolen aufbauen.

Dabei ist die Strategie der Kulturunternehmen vor allem auf Markterschließung und Erweiterung von Marktanteilen mit Hilfe der Präsenz in den international bedeutenden Zentren der Medienwirtschaft gerichtet. Durch Einbindung in die lokalen Cluster der Kulturökonomie können die ▸ Global Players der Kulturindustrie die jeweiligen Modetrends aufspüren und die innovativsten technologischen Entwicklungen des Mediensektors übernehmen. Die Weltstädte der Kulturindustrie lassen sich so als Knotenpunkte von Standortnetzen globaler Unternehmen der Medienwirtschaft darstellen, in denen es zur partiellen Überlagerung von Standortnetzen mehrerer globaler Medienfirmen kommt.

Eine Analyse der Standortverteilung von 33 globalen Medienfirmen mit zusammen fast 3000 Unternehmenseinheiten (Krätke 2002) verdeutlicht die Konzentration globaler Medienfirmen auf wenige Städte: Die sieben Städte der sog. Alpha-Gruppe – 2,5% der 284 einbezogenen Städte – vereinigen bereits 30% der erfassten Unternehmenseinheiten globaler Medienfirmen auf sich, die 15 Städte der Beta-Gruppe sind Standorte für weitere 23% der erfassten Unternehmenseinheiten. So konzentrieren sich mehr als 50% der Niederlassungen und Tochtergesellschaften globaler Medienkonzerne in 22 Orten des weltweiten Städtesystems, d.h. es existiert eine hochgradig selektive Standortkonzentration im Weltmaßstab.

Zu den Alpha World Media Cities gehören neben New York, London, Paris und Los Angeles auch München und Berlin sowie Amsterdam, drei Städte, die in der auf Unternehmensdienste konzentrierten Global City-Forschung als drittrangige Gamma World Cities eingestuft werden (Beaverstock u.a. 1999). Europa umfasst weltweit die größte Zahl von globalen Medienstädten (Krätke 2002). Seine Stärke liegt in der Vielfalt und Vernetzung des Städtesystems. Für eine ganze Reihe von Großstädten und Metropolen stellt ihre weltwirtschaftliche Integration im Bereich des Kultur- und Mediensektors ein bedeutendes Kompetenzfeld dar 3.◆

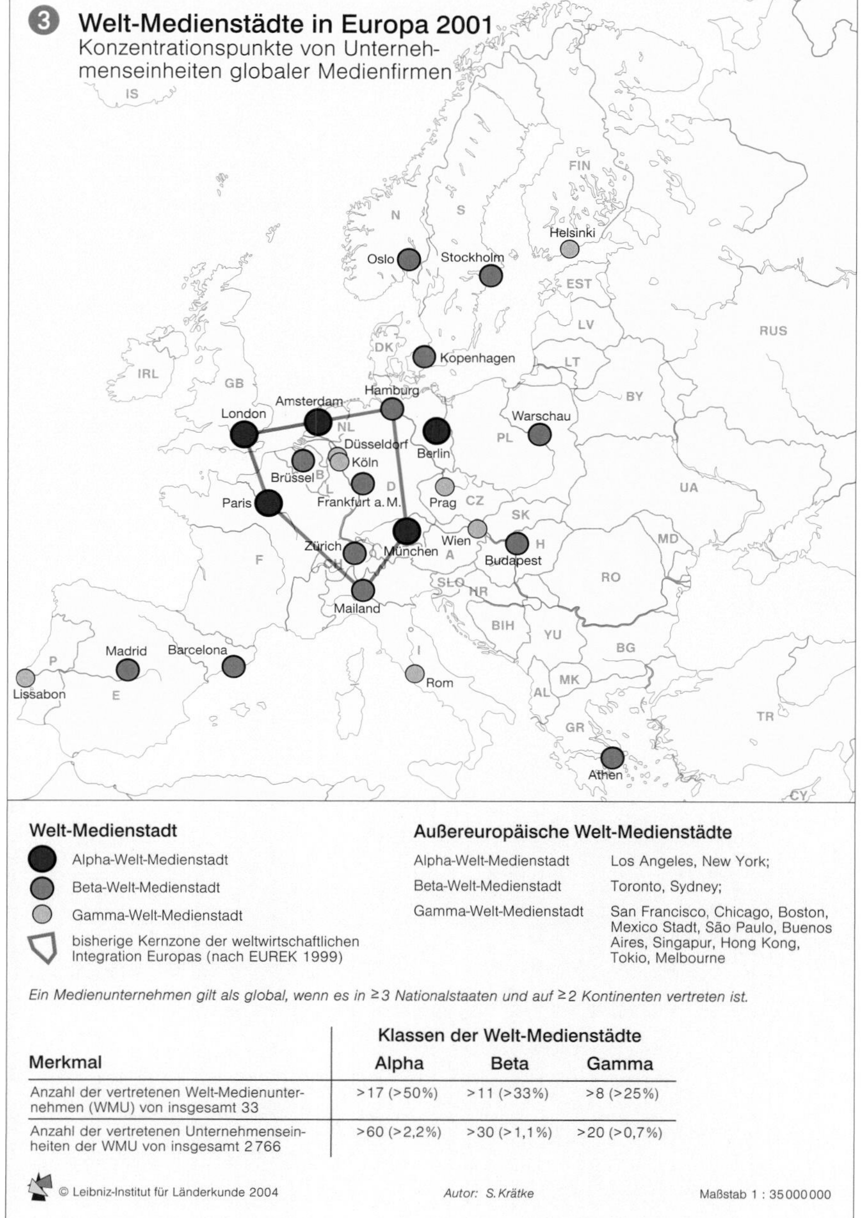

Merkmal	Klassen der Welt-Medienstädte Alpha	Beta	Gamma
Anzahl der vertretenen Welt-Medienunternehmen (WMU) von insgesamt 33	>17 (>50%)	>11 (>33%)	>8 (>25%)
Anzahl der vertretenen Unternehmenseinheiten der WMU von insgesamt 2766	>60 (>2,2%)	>30 (>1,1%)	>20 (>0,7%)

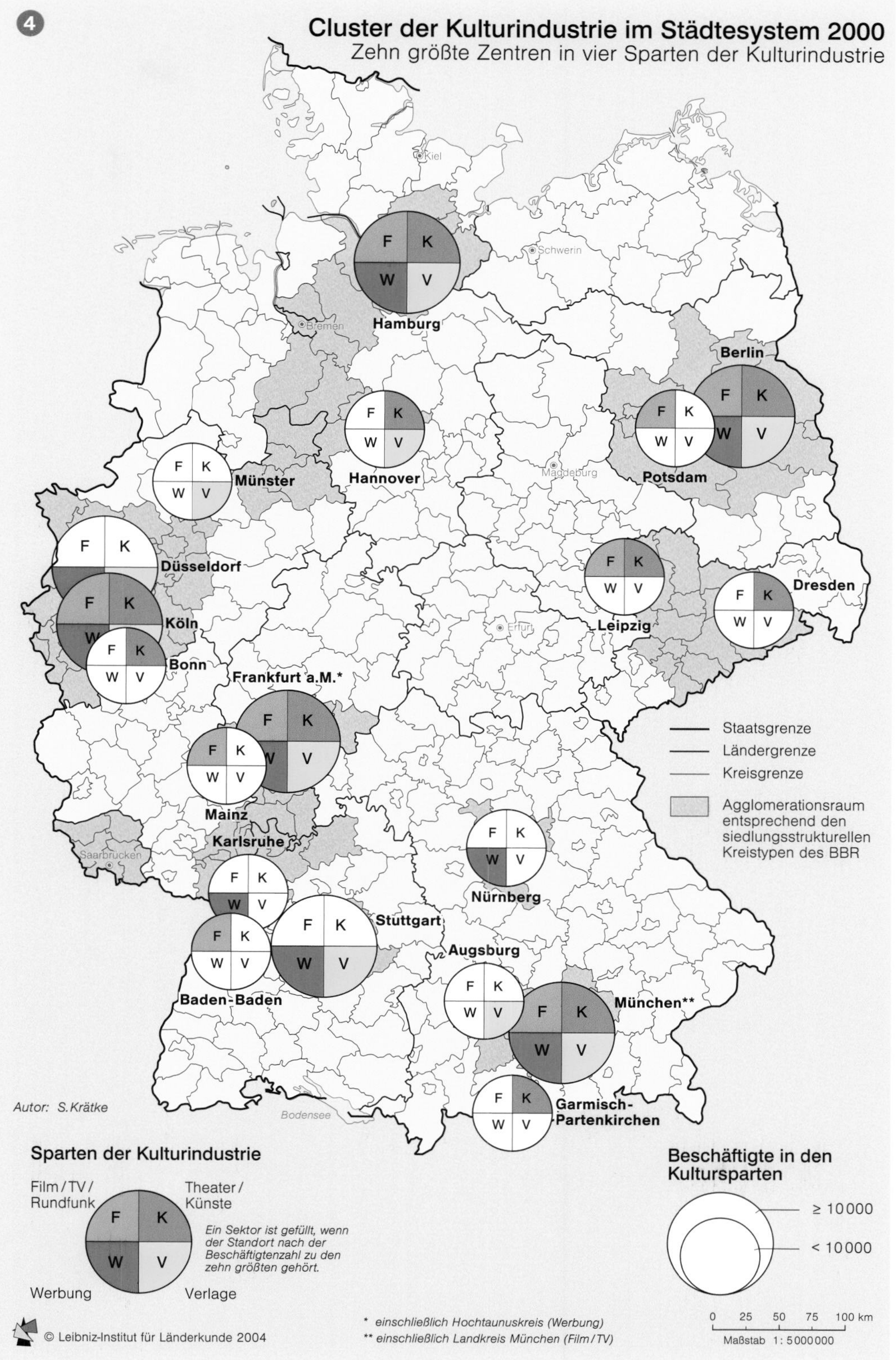

Standortkonzentration von Beratungsunternehmen

Johannes Glückler

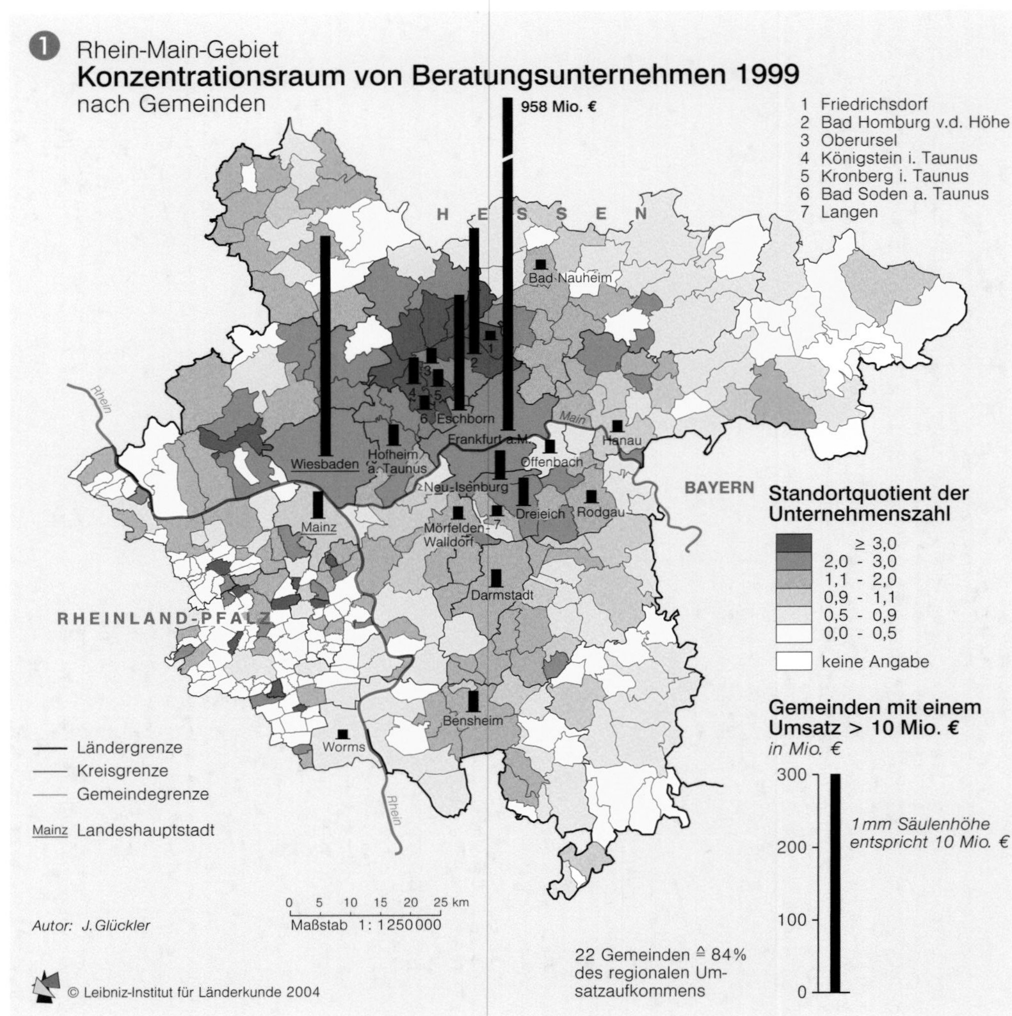

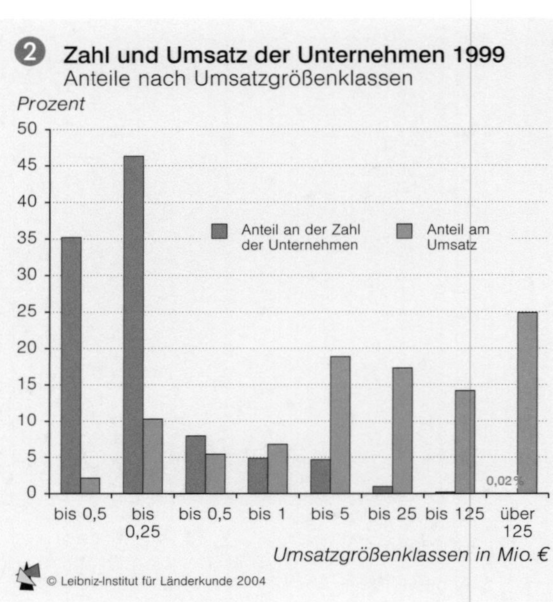

Die Beratung von privaten Unternehmen und öffentlichen Einrichtungen hat seit Mitte der 1980er Jahre ein erhebliches Wachstum erfahren. Das europäische Marktvolumen hat sich bei einer jährlichen Wachstumsrate von über 25% seit 1994 vervierfacht und lag im Jahr 2000 bei 42,5 Mrd. Euro ❸. Deutschland, Großbritannien und Frankreich nehmen mit einem Marktanteil von 72% eine Vorrangstellung in Europa ein. Die übrigen europäischen Märkte haben seit Mitte der 1990er Jahre ebenfalls Entwicklungsimpulse erfahren ❹. Dieses Wachstum kann nicht nur mit der Auslagerung von Managementaufgaben im Zuge industrieller Restrukturierung begründet werden, sondern auch damit, dass durch die Zunahme des technologischen Wandels, internationaler Kapital- und Produktionsverflechtungen und steigender Produkt- und Nachfragedifferenzierungen der Wettbewerbsdruck größer geworden ist. Die große Bedeutung fortwährender Innovativität erfordert eine immer stärker unternehmensübergreifende Organisation von Wissensaustausch und Lernprozessen. Unternehmensberater nehmen hierbei als wissensintensive Dienstleister (▶▶ Beitrag Strambach, S. 50) eine Schlüsselfunktion ein, da sie industrieweite Erfahrung in Kundenunternehmen einführen, *Best-Practice*-Lösungen übertragen, organisatorischen Wandel fördern und somit insgesamt zur Anpassungs- und Wettbewerbsfähigkeit ihrer Kunden beitragen können.

Markt für Ratschläge

Mit über 170.000 Beschäftigten, geschätzten 40.000 Selbständigen und einem Volumen von 24,9 Mrd. Euro lt. ▶ Umsatzsteuerstatistik war Deutschland im Jahre 2000 der größte Beratermarkt in Europa. Hierbei hat sich der Anteil der Beratung an der gesamten Wirtschaftsleistung zwischen 1994 und 2000 von 0,3% auf 0,6% verdoppelt. Der Angebotsmarkt ist segmentiert in wenige multinationale Großunternehmen und viele kleine und Kleinstunternehmen. Während 80% der Unternehmen mit weniger als 250.000 Euro Jahresumsatz nur einen Anteil von 12% des Marktvolumens haben, repräsentieren allein die größten 70 Unternehmen bereits 30% des gesamten Marktvolumens ❷. Diese Größenunterschiede entsprechen zwei Nachfragesegmenten: Große Berater arbeiten fast ausschließlich für große Kundenunternehmen, kleine Firmen beraten überwiegend kleine und mittlere Unternehmen.

Im Vergleich zu anderen wissensintensiven Geschäftsdienstleistungen spielt die räumliche Nähe zu den Kundenunternehmen eine untergeordnete Rolle ❺, da die Beratungsleistung häufig in mobilen Projektteams mit temporärem Aufenthalt beim Kunden erbracht wird. Je spezifischer die Kompetenzen und je höher die Honorare, desto weniger relevant sind die anfallenden Reisekosten in der engen Projektarbeit. Anstelle der Kundennähe suchen die Unternehmen die Nähe zu hochqualifizierten Arbeitskräften, zu den Entscheidungszentren der Wirtschaft (▶▶ Beitrag Bode/Hanewinkel, S. 14) und zentralen Verkehrsinfrastrukturen. Diese Bedingungen sind vor allem in den metropolitanen Ballungsräumen gegeben.

Regionale Konzentration

Anhand der ▶ Standortquotienten des Umsatzaufkommens zeigt sich eine regionale Konzentration der Beratungsunternehmen auf die Ballungsräume Hamburg, Rhein-Ruhr, Rhein-Main, Rhein-Neckar, München und Berlin ❻. Im Jahr 2000 waren 60% des gesamten Umsatzes auf nur 12 Kreise der großen Ballungsräume konzentriert. Daneben bestehen außerhalb dieser Räume mehrere urbane Inseln mit erhöhter Umsatzkonzentration. Diese räumliche Ungleichverteilung der Beratung wird im Vergleich zu allen Wirtschaftsbereichen anhand der Lorenzkurven bestätigt ❻. Zugleich wird aber auch ein Ausbreitungseffekt der Beratung zwischen 1994 und 2000 in die eher peripheren Regionen des Saarlands, Bayerns, Hessens sowie entlang der Ostseeküste sichtbar. Doch trotz der dortigen Zunahme des Anteils der ▶ Unternehmensberatung an der regionalen Wirtschaftsaktivität, führte die Entwicklung zu einer weiteren Verstärkung der Konzentration. Der ▶ Koeffizient der Lokalisierung des Umsatzaufkommens stieg in diesem Zeitraum um 16% auf 0,37 an, insbesondere in den großen Ballungsräumen.

Lokale Konzentration Rhein/Main

Im Rhein-Main-Gebiet, neben München dem Ballungsraum mit der höchsten Konzentration von Beratungsunternehmen, werden alleine 11% des bundesdeutschen Umsatzes der Branche erwirtschaftet. Die Beratungsunternehmen sind dabei keineswegs im Ballungsraum homogen verteilt, sondern stark

Unternehmensberatung – umfasst die Identifizierung und Analyse von Problemen sowie die Konzeption und Umsetzung von strategischen, organisatorischen und technischen Lösungen. Nach dem europäischen Dachverband FEACO werden die vier Beratungsbereiche Informationstechnologie, Organisation, Personal/HR und Strategie unterschieden.

Standortquotient (SQ) – vergleicht den Anteil der Wirtschaftsaktivität (w) eines Sektors (j) in einer Teilregion (i) mit dem Anteil, den dieser Sektor (j) im gesamten Bezugsraum (W) hat. Bei gleicher Konzentration des Sektors in Teil- und Gesamtraum nimmt der Quotient den Wert 1 an. Die Berechnungsformel lautet

$$SQ_{ij} = \frac{w_{ij} / W_i}{W_j / W}$$

Koeffizient der Lokalisierung (KL) – misst die Tendenz der geographischen Konzentration einer Wirtschaftsaktivität in einem Gesamtraum. Der Koeffizient kann Werte zwischen 0 und 1 erreichen. Je größer der Wert, desto stärker ist die geographische Konzentration der Wirtschaftsaktivität. Die Berechnungsformel lautet

$$KL_j = \frac{1}{2}\sum_{i=1}^{n}\left|\frac{w_{ij}}{W_j} - \right.$$

Umsatzsteuerstatistik – erfasst alle umsatzsteuerpflichtigen Unternehmen, die mindestens 16.617 Euro Umsatz im Jahr erzielen, nach ihrer Anzahl und dem Wert der Lieferungen und Leistungen ohne Umsatzsteuer. Die Statistik folgt dem Unternehmensprinzip, d.h. der Umsatz aller Betriebsstätten eines Unternehmens wird unabhängig von deren Standortstruktur geographisch dem Hauptsitz zugerechnet.

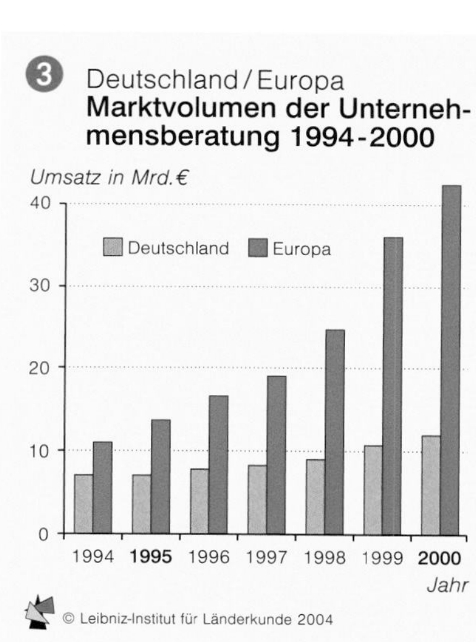

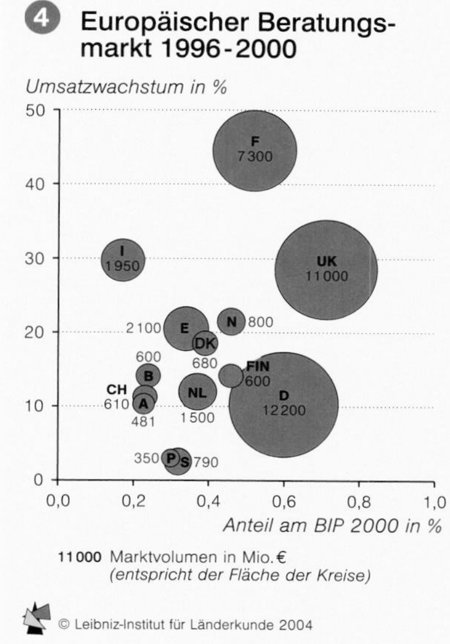

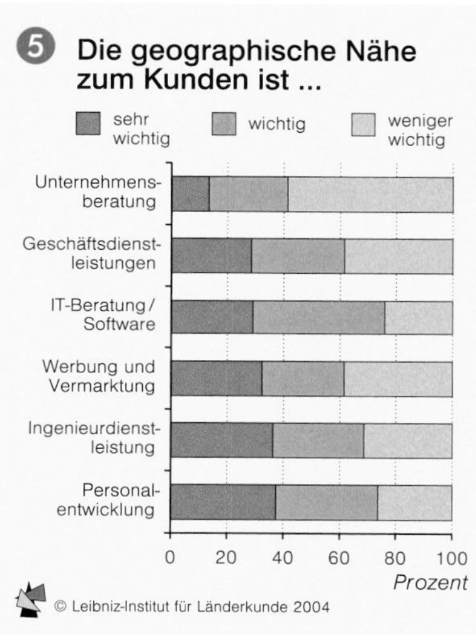

6 **Unternehmensberatung 2000**
Regionale Konzentration und Entwicklung des Umsatzes nach Kreisen

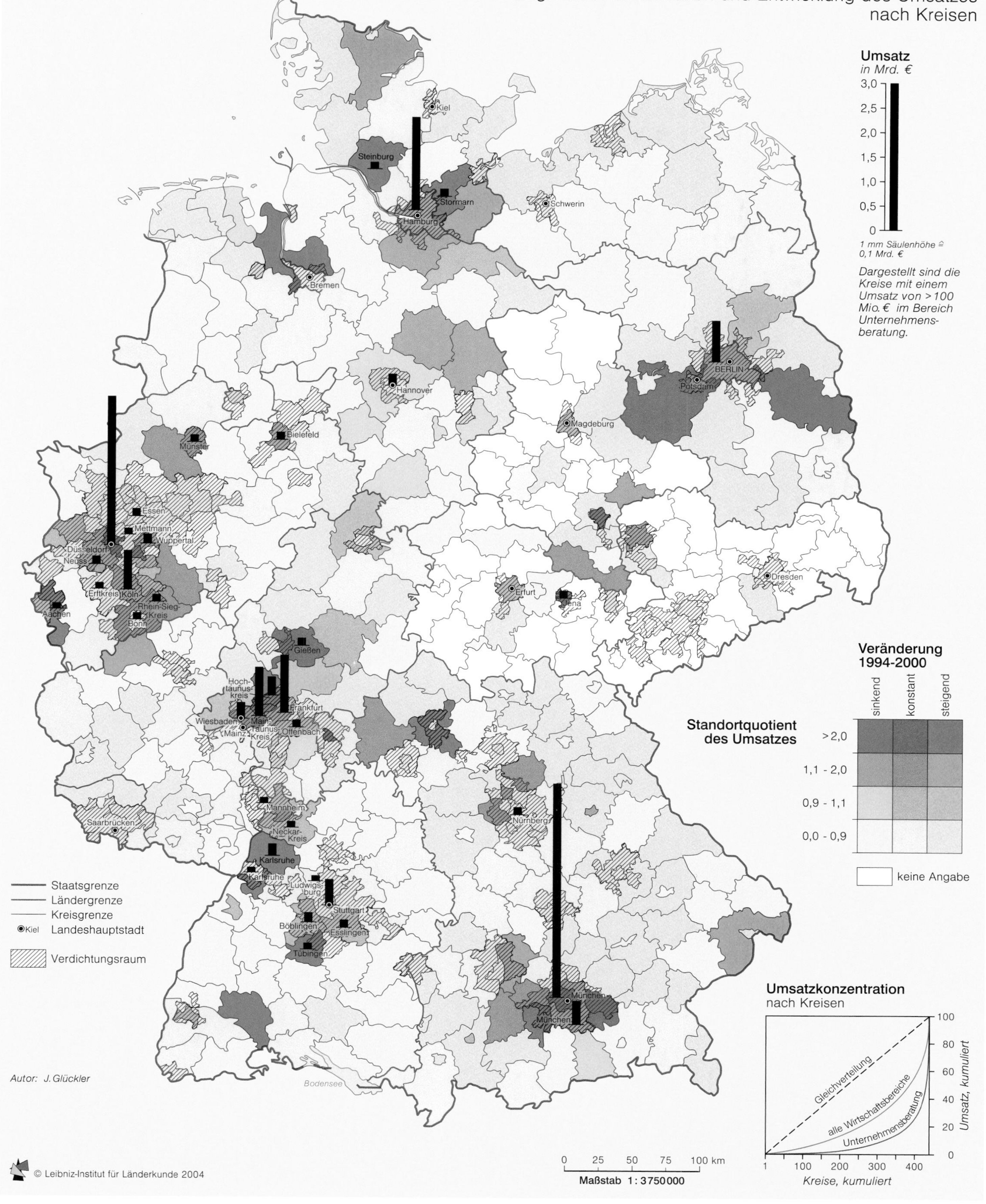

Umsatz in Mrd. €
1 mm Säulenhöhe ≙ 0,1 Mrd. €
Dargestellt sind die Kreise mit einem Umsatz von > 100 Mio. € im Bereich Unternehmensberatung.

Veränderung 1994-2000: sinkend, konstant, steigend
Standortquotient des Umsatzes: >2,0; 1,1 - 2,0; 0,9 - 1,1; 0,0 - 0,9
keine Angabe

Staatsgrenze
Ländergrenze
Kreisgrenze
Kiel Landeshauptstadt
Verdichtungsraum

Umsatzkonzentration nach Kreisen
Gleichverteilung; alle Wirtschaftsbereiche; Unternehmensberatung
Umsatz, kumuliert
Kreise, kumuliert

Autor: J. Glückler

Maßstab 1 : 3 750 000

© Leibniz-Institut für Länderkunde 2004

lokal gebündelt ❶. Die Kernstädte Frankfurt, Wiesbaden, Mainz und Darmstadt sowie die suburbanen Bürogemeinden des Taunusrands Bad Homburg, Kronberg, Königstein, Oberursel, Bad Soden und Eschborn repräsentierten im Jahre 1999 allein drei Viertel des regionalen Umsatzaufkommens. Zwischen 1994 und 1999 erfuhr die Region eine Nettozunahme von 1.600 Unternehmen, wovon sich wiederum die Hälfte auf diese Gemeinden konzentrierte. Diese Entwicklung hat die kleinräumige Konzentration der Unternehmensberatung in der Region Rhein-Main verstärkt.

Entwicklungstrends

Die großen Ballungsräume werden in jedem Falle auch weiterhin ein anhaltendes Wachstum der Unternehmensberatung erfahren. Die Stärke der Ausbreitung von Beratungsunternehmen in periphere Regionen wird hingegen davon abhängen, in welchem Maße kleinere und mittelständische Kundenunternehmen sich gegenüber externer Beratung öffnen werden. Denn gerade kleinere Beratungsfirmen, die weniger spezialisierte Dienste anbieten, können auch in lokal begrenzten Märkten – in regionalen Nischen – wettbewerbsfähig sein, was eine ausgeglichenere räumliche Entwicklung implizieren könnte.◆

Biotechnologie

Jürgen Oßenbrügge

Akteure und Einrichtungen der roten Biotechnologie

Wissensbasis
- Staatlich organisierte Grundlagenforschung und Technologiepolitik
- Universitäten, Großkliniken

Global Players der pharmazeutischen Industrie
- Anwendungsorientierte Forschung und Entwicklung
- Produktion und Vermarktung

Biotechnologie-Kernunternehmen
- Entwicklung von Technologieplattformen (Wirkstoffsuche und Validierung)
- Entwicklung von neuen Produkten (Therapeutika, Diagnostika)

Biotechnologische Dienstleistungen
- Auftragsbezogene Technologie- und Produktentwicklung
- Auftragsproduktion (Contract Manufactoring Organizations)
- Krankenhäuser und klinische Forschungsorganisationen
- Unternehmensbezogene Dienstleistungen (Business Advisory Services)

❶ Biotechnologische Geschäftsfelder 2002
nach Unternehmensschwerpunkten

pharmazeutische Biotechnologie 24%
Proteomics 5%
DNA-Analytik 6%
Diagnostik 13%
„Grüne" Biotechnologie 4%
„Graue" Biotechnologie 3%
biotechnologische Dienstleistungen 22%
Bio-Instrumente 4%
Auftragsproduktion 8%
sonstige Dienste 11%

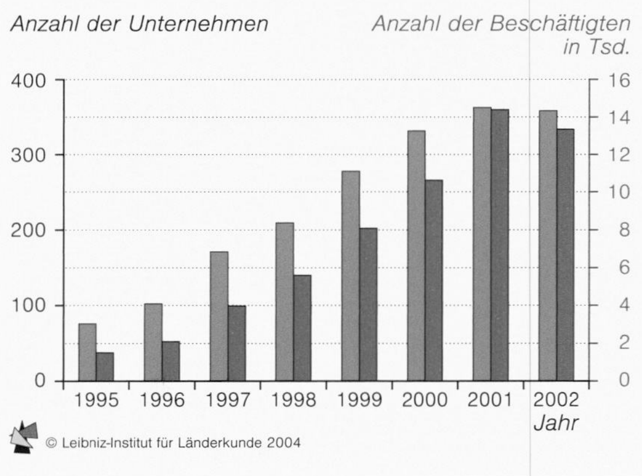

Die ▸ Biotechnologie ist ein charakteristischer Bestandteil unternehmerischer Aktivitäten im Übergang zur wissensbasierten Ökonomie. Sie ist gekennzeichnet durch sehr hohe Aufwendungen für Forschung und Entwicklung und gilt als innovative Zukunftstechnologie. Das Beispiel der Biotechnologie veranschaulicht gut, welche räumlichen Bestimmungsfaktoren für die Standortverteilung und regionale Dynamik wissensbasierter Wirtschaftszweige wesentlich sind.

An die Wissensproduktion der Biotechnologie knüpfen sich Erwartungen großer kommerzieller Erfolge. Daher sind viele Unternehmen entstanden, die in enger Zusammenarbeit mit wissenschaftlichen Einrichtungen wirtschaftlich interessante Anwendungsmöglichkeiten suchen und testen. Die Biotechnologie-Wirtschaft ist durch Unternehmen charakterisiert, die Produkte und Dienstleistungen primär der medizinischen Behandlung (rote Biotechnologie), der landwirtschaftlichen Produktion und der Herstellung von Nahrungsmitteln (grüne Biotechnologie) sowie im Rahmen des Umweltschutzes und der industriellen Produktion (graue Biotechnologie) anbieten. Hinzu kommen verschiedene Zulieferer- und Dienstleistungsunternehmen ❶.

In der bisherigen wirtschaftlichen Entwicklung spielt die medizinisch-pharmazeutische Biotechnologie die mit Abstand größte Rolle. Sie ist durch komplexe und vernetzte Wertschöpfungsketten gekennzeichnet, weil der Weg von der Entdeckung eines möglichen Wirkstoffes bis hin zu einem von den Regulierungsbehörden anerkannten Produkt in der Regel sehr langwierig, kostspielig und hinsichtlich des kommerziellen Erfolges sehr unsicher ist.

Als Einrichtungen und Akteure sind neben den Forschungszentren des Staates und der pharmazeutischen Großunternehmen vor allem die biotechnologischen Kernunternehmen herauszustellen, die in Deutschland überwiegend mittelständisch organisiert sind ❷. Zum einen handelt es sich um Unternehmen, die auf Plattformtechnologien setzen, zum anderen um solche, die sich auf die Produktentwicklung konzentrieren und neue Wirkstoffe zur Diagnose und Therapie erforschen. Bei ihnen sind nicht nur die F&E-Aufwendungen hoch, sondern auch die Ausgaben für die Prüfung der Wirkstoffe in vorgeschriebenen präklinischen und klinischen Studien. Vor der Herstellung so genannter Blockbuster, also von Medikamenten, die Umsätze von mehreren Milliarden erreichen, liegen erhebliche Schwellen, die nach der Euphorie der Biotechnologie mit enormen Wachstumsraten bis zum Jahr 2000 zu einer stärkeren Beachtung auch der ökonomischen Risiken beigetragen haben.

Das Innovations- und Gründerzentrum für Biotechnologie (IZB) in Martinsried

Die moderne Entwicklung der Biotechnologie und ihr kommerzieller Durchbruch sind eindeutig in den Innovationsregionen der USA zu lokalisieren, wo sich die Beschäftigtenzahlen zwischen 1986 und 1997 von ca. 40.000 auf 120.000 verdreifacht und die Umsätze versechsfacht haben. Auch heute noch sind die F&E-Ausgaben der Pharma-Industrie in den USA deutlich höher als in Europa. Die Biotechnologie ist in den 1990er Jahren jedoch auch in Europa sehr schnell gewachsen. Deutschland hat dabei zunächst die Rolle eines Nachzüglers eingenommen. Der technologiekritische Diskurs der 1980er Jahre – geprägt von Auseinandersetzungen über die Atomtechnologie und Gentechnik – hat bis in die 1990er Jahre hinein eine ablehnende Haltung in Politik und Öffentlichkeit erzeugt. Dann jedoch setzte eine Wende ein, die am deutlichsten am BioRegio-Wettbewerb des damaligen Bundesministeriums für Forschung und Technologie sichtbar geworden ist. Der Wettbewerb gilt auch international als eine der erfolgreichsten technologiepolitischen Fördermaßnahmen mit dezentraler Orientierung. Seitdem bestehen zahlreiche regionale Institutionen, die die jeweiligen Potenziale unterstützen.

Zwischen 1995 und 2000 ist in Deutschland ein deutliches Anwachsen der Zahl von Biotechnologieunternehmen zu beobachten ❷. Die starke (regional-)politische Unterstützung für die Branche und das zunehmende Interesse des Kapitalmarktes an jungen technologieintensiven Unternehmen haben Ausgründungen aus Forschungszentren und Neugründungen befördert. Dennoch ist die Branche gemessen an der Anzahl der Beschäftigten in den Kernunternehmen nach wie vor relativ klein. Derzeit ist sogar ein Rückgang der Unternehmenszahl festzustellen. Dies ist auf generelle Finanzierungsprobleme der Technologiebranche sowie

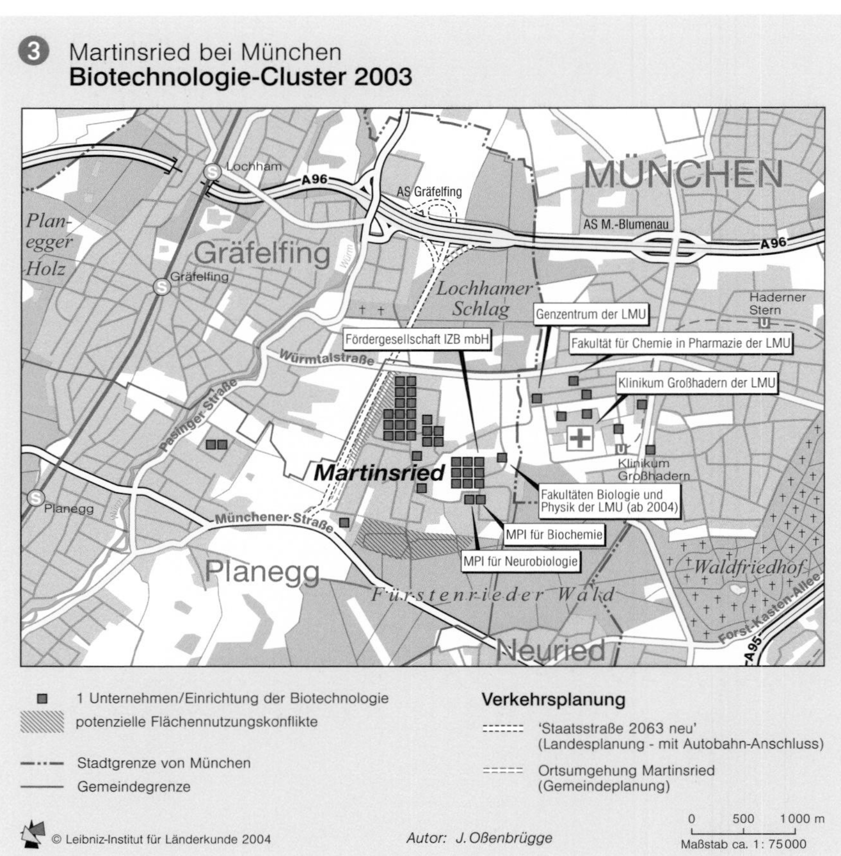

Agglomerationsfaktoren – Wirkungen der hohen Verdichtung von Bevölkerung, Gewerbe und Infrastruktur

Biotechnologie – Verfahren und Techniken, die Erkenntnisse der Genetik, der Immunologie sowie der Molekular-, Zell- und Strukturbiologie zur Entdeckung und Entwicklung neuartiger Produkte und Technologien nutzen

Global Players – Akteure der international vernetzten Wirtschaft

Life Science – Lebenswissenschaft

Private-Public-Partnership – Unternehmen mit gemeinsamer privater und öffentlicher Finanzierung

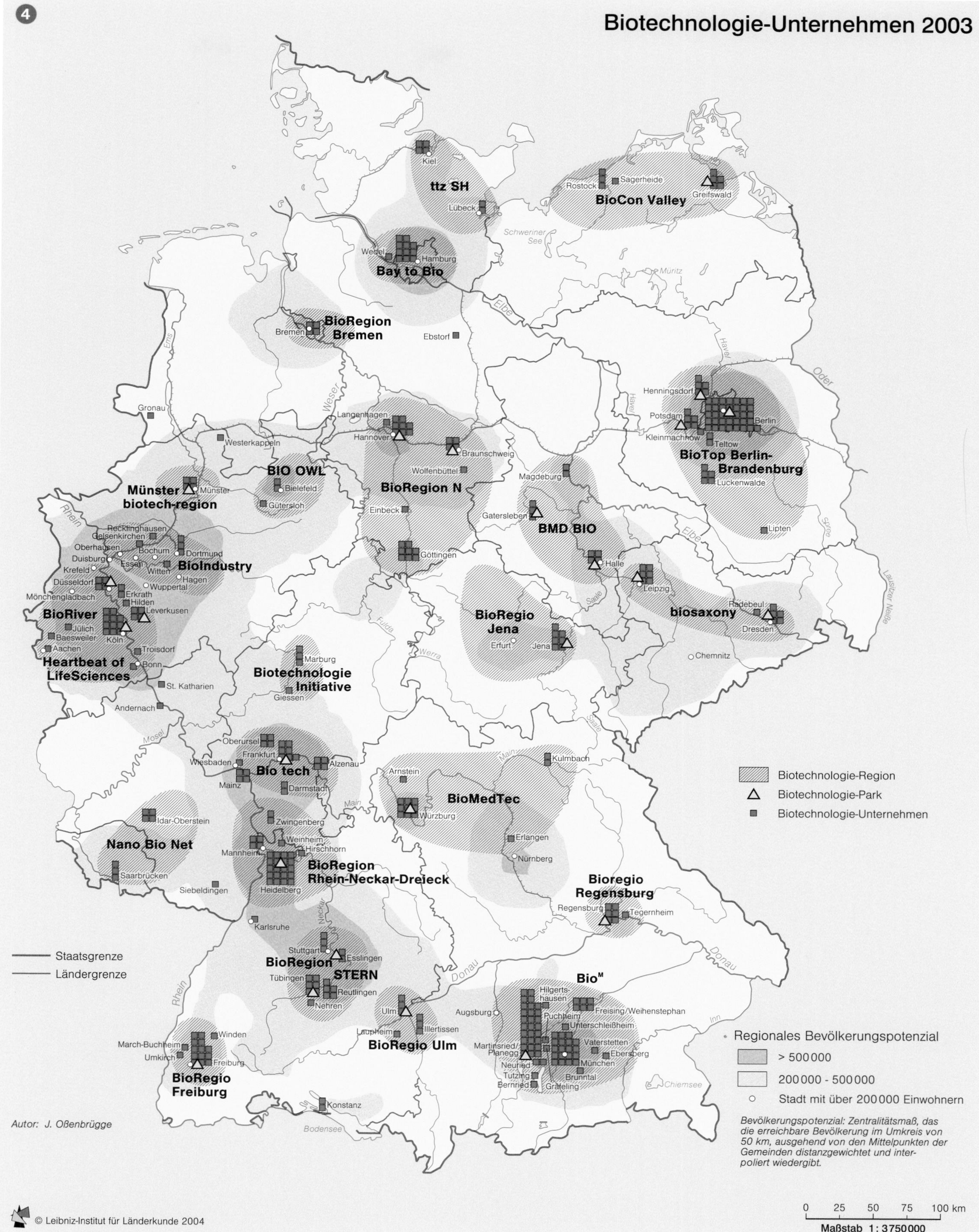

nicht erfüllte Erwartungen bei der Produktentwicklung speziell in der roten sowie auf konsumkritische Einstellungen gegenüber der grünen Biotechnologie zurückzuführen.

Räumliche Konzentrationen

Die Standortverteilung der Biotechnologie in Deutschland 4 zeigt eindeutige räumliche Schwerpunkte. Generell ist die Branche primär in Verdichtungsräumen angesiedelt. Ausnahmen bilden Unternehmen der grünen Biotechnologie, die an landwirtschaftliche Forschungseinrichtungen angebunden sind. Der BioRegio-Wettbewerb hat zudem die Vorstellung befördert, enge regionale Vernetzung würde externe Ersparnisse ergeben und die Wettbewerbsfähigkeit steigern. Themenspezifische Immobilien und Gewerbeparks für die vielen jungen und relativ kleinen Unternehmen verstärken das Bild ausgeprägter räumlicher Konzentration und enger regionaler Kooperationsbeziehungen.

Als primäre Ursache der Clusterbildung in der Biotechnologie müssen die bestehenden Standorte der öffentlichen und privaten Großforschungseinrichtungen angesehen werden (▶▶ Beitrag Sternberg, Bd. 6, S. 88). Sie sind die Quelle für zahlreiche unternehmerische Ausgliederungen (*spin-offs*), die die räumliche Nachbarschaft zu den ursprünglichen Einrichtungen wegen ihrer vielfältigen Verflechtungen beibehalten. Dieser Trend wird durch ausländische Direktinvestitionen verstärkt, deren Standortentscheidungen durch eine hohe biotechnologische Bestandsdichte positiv beeinflusst werden. Ähnliche Entscheidungsmuster bestehen bei unternehmensbezogenen Dienstleistungen der Biotechnologie, deren Tätigkeiten durch informelle und auf Vertrauensbeziehungen basierende Kontakte geprägt sind.

Besonders erfolgreich sind die Biotechnologieregionen in Bayern (München) und Baden-Württemberg (Heidelberg, Tübingen, Freiburg). Beide Länder vereinigen 42% aller Kernunternehmen und verstärken das technologische Süd-Nord-Gefälle in Deutschland. Der bekannteste Biotechnologie-Cluster ist Martinsried bei München 3. Seine Entstehung ist auf die Einrichtung eines Max-Planck-Instituts für Biochemie 1973 zurückzuführen, in den 1980er Jahren folgten das Klinikum Großhadern und das Genzentrum der Münchner Universität (LMU) sowie Mitte der 1990er Jahre das Innovations- und Gründerzentrum für Biotechnologie (IZB). In unmittelbarer Nachbarschaft erfolgt derzeit die Ansiedlung weiterer Institute des ▶ Life-Science-Bereichs der LMU. Martinsried und die benachbarten Gemeinden sind derart erfolgreiche Standorte für biotechnologische Aktivitäten geworden, dass inzwischen negative ▶ Agglomerationsfaktoren wirksam werden und intensiv über konkurrierende Flächennutzungen am südlichen Stadtrand von München diskutiert wird.◆

Das Oldenburger Münsterland – Silicon Valley der Agrartechnologie

Hans-Wilhelm Windhorst

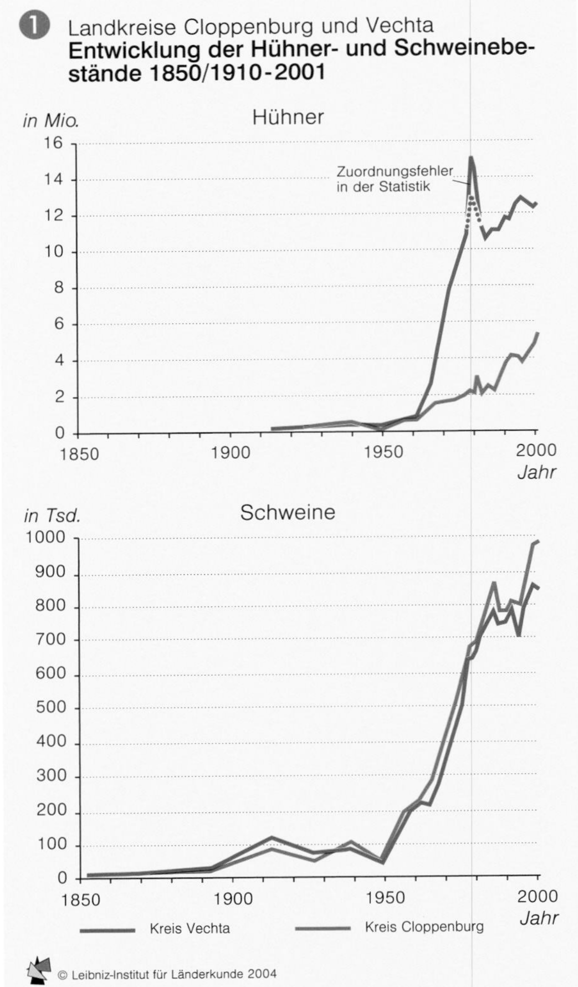

Das Oldenburger Münsterland, wie die beiden Landkreise Cloppenburg und Vechta im nordwestlichen Niedersachsen auch genannt werden, ist einer der leistungsfähigsten Agrarwirtschaftsräume Europas. Hier werden auf engstem Raum hohe Produktionsleistungen erreicht. In den beiden Landkreisen waren 2001 auf weniger als 1% der landwirtschaftlich genutzten Fläche Deutschlands etwa 10% der deutschen Mastschweine, 19% der Legehennen, 13% der Jungmasthühner und 31% der Mastputen eingestallt 4. Der anhaltende Erfolg der tierischen Veredelungswirtschaft erklärt sich sowohl aus internen als auch externen Steuerungsfaktoren.

Phasen der Ausbildung des agrarischen Intensivgebietes

Von der natürlichen Ausstattung her handelt es sich beim Oldenburger Münsterland eher um einen benachteiligten Raum. Sandböden geringer Tragfähigkeit und umfangreiche Moor- und Niederungsgebiete, die für den Ackerbau ausschieden, bestimmen das Bild. Da die landwirtschaftlichen Betriebe überwiegend nur geringe Flächengrößen aufwiesen, herrschte bis zum Ende des 19. Jhs. die ▶ Subsistenzwirtschaft vor. Mit Herstellung der Bahnverbindungen zwischen den Nordseehäfen und dem Ruhrgebiet veränderte sich die wirtschaftliche Situation einschneidend. Nun konnten in großem Umfange Rohkomponenten für Mischfutter eingeführt werden (Gerste und Dorschmehl), was zu einer schnellen Ausweitung der marktorientierten Veredelungswirtschaft auf Zukauffutterbasis als in Zukunft vorherrschender Betriebsform führte. Die beiden Weltkriege und die Weltwirtschaftskrise bedingten zwar eine Unterbrechung der Entwicklung, doch begann ab 1950 eine zweite Phase der Intensivierung 1, die ungefähr bis 1980 anhielt.

Die steigende Nachfrage nach tierischen Nahrungsmitteln, die unbegrenzte Möglichkeit, Futtermittel einzuführen, Fortschritte in der Agrartechnik, die Ausbildung ▶ vertikal integrierter agrarindustrieller Unternehmen, eine beständige Vergrößerung und Spezialisierung der landwirtschaftlichen Betriebe sowie die Ausbildung von räumlichen Verbundsystemen 3 waren die wichtigsten Steuerungsfaktoren.

In den 1980er Jahren wurden erste ökologische und seuchenhygienische Grenzen deutlich. Probleme bei der umweltverträglichen Verwertung der tierischen Exkremente, ein verheerender Ausbruch der Schweinepest und erste Raumnutzungskonflikte, die aus der Verdichtung der Stallanlagen herrührten, führten zu einem Negativimage, das sich auch auf die Vermarktungsmöglichkeiten der erzeugten Produkte auszuwirken begann. Seit Beginn der 1990er Jahre lässt sich eine Anpassung an die veränderten Rahmenbedingungen erkennen. Neue Wege in der Verwertung der tierischen Exkremente, der Aufbau von Qualitätssicherungssystemen, eine Verlagerung von Produktionsstätten in die neuen Länder sowie eine zunehmende Exportorientierung der Hersteller von Tierhaltungsgeräten und der Verarbeitungsindustrie sind Indikatoren des jüngsten Wandels.

Erfolg durch Synergieeffekte

Die enge räumliche Nachbarschaft von Primärproduzenten, vor- und nachgela-

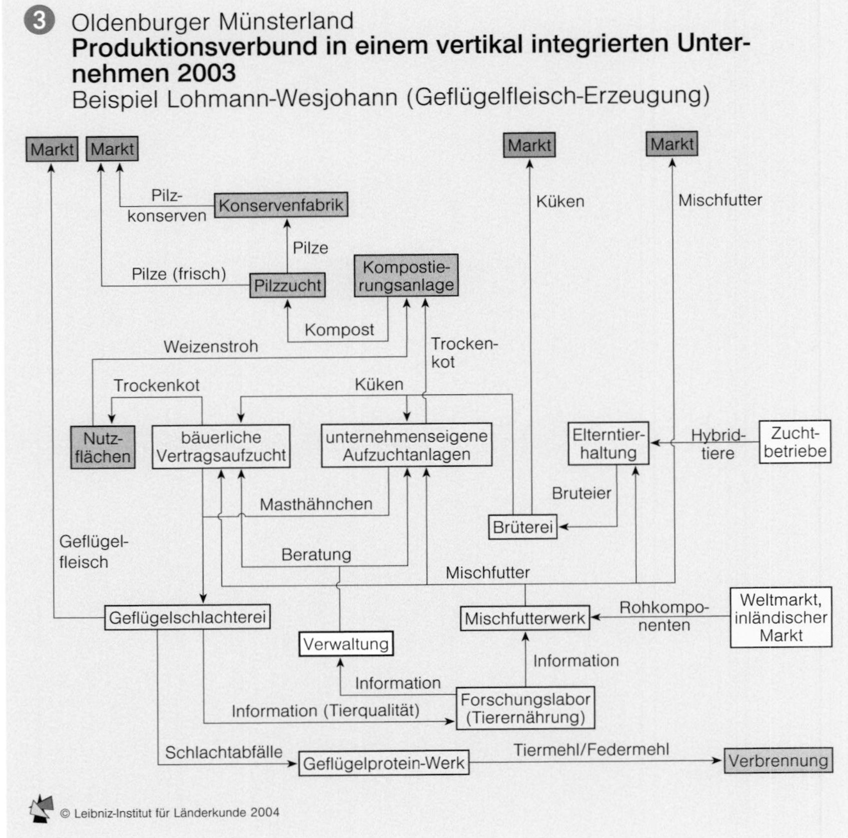

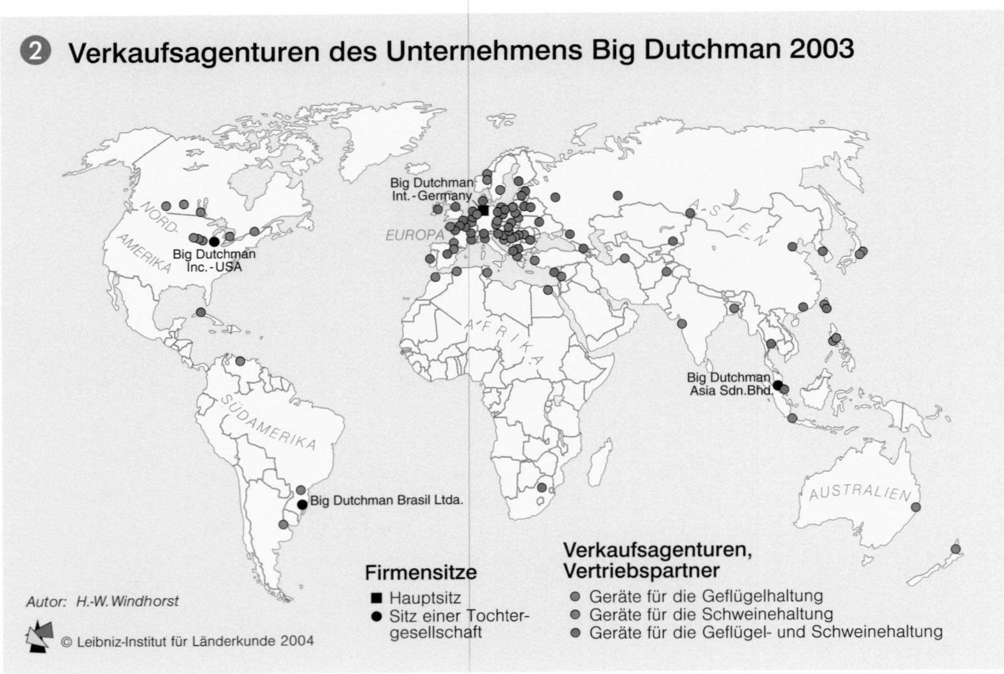

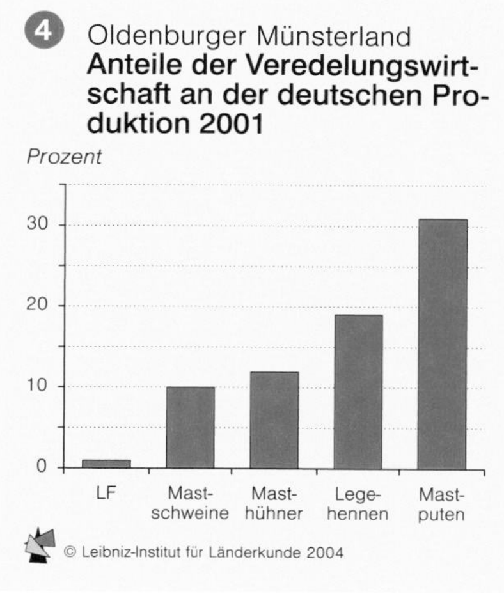

Sitz der Big Dutchman International GmbH in Vechta-Calveslage

4 Oldenburger Münsterland
Anteile der Veredelungswirtschaft an der deutschen Produktion 2001

Prozent

0 – 10 – 20 – 30

LF | Mastschweine | Masthühner | Legehennen | Mastputen

© Leibniz-Institut für Länderkunde 2004

Subsistenzwirtschaft – landwirtschaftliche Wirtschaftsform, die überwiegend auf den Selbsterhalt und nicht auf die Überschussproduktion ausgerichtet ist

vertikale Integration – Unternehmen, das alle Stufen der Erzeugung/Herstellung über die Verarbeitung bis hin zur Vermarktung in sich vereinigt

5 Oldenburger Münsterland
Das „Silicon Valley" der Agrartechnologie für die Veredelungswirtschaft 2003

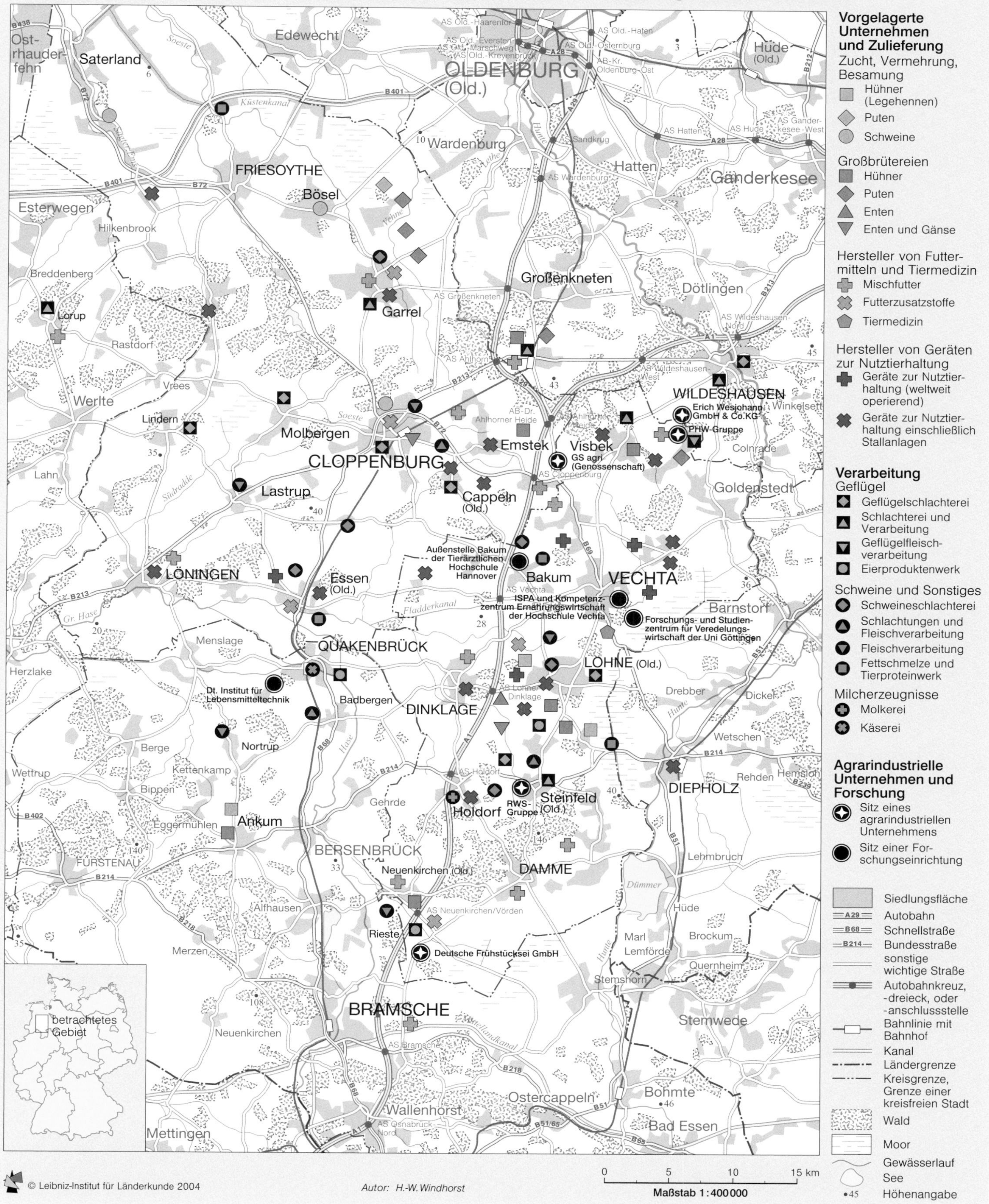

Vorgelagerte Unternehmen und Zulieferung
Zucht, Vermehrung, Besamung
- Hühner (Legehennen)
- Puten
- Schweine

Großbrütereien
- Hühner
- Puten
- Enten
- Enten und Gänse

Hersteller von Futtermitteln und Tiermedizin
- Mischfutter
- Futterzusatzstoffe
- Tiermedizin

Hersteller von Geräten zur Nutztierhaltung
- Geräte zur Nutztierhaltung (weltweit operierend)
- Geräte zur Nutztierhaltung einschließlich Stallanlagen

Verarbeitung
Geflügel
- Geflügelschlachterei
- Schlachterei und Verarbeitung
- Geflügelfleischverarbeitung
- Eierproduktenwerk

Schweine und Sonstiges
- Schweineschlachterei
- Schlachtungen und Fleischverarbeitung
- Fleischverarbeitung
- Fettschmelze und Tierproteinwerk

Milcherzeugnisse
- Molkerei
- Käserei

Agrarindustrielle Unternehmen und Forschung
- Sitz eines agrarindustriellen Unternehmens
- Sitz einer Forschungseinrichtung

Siedlungsfläche; Autobahn; Schnellstraße; Bundesstraße; sonstige wichtige Straße; Autobahnkreuz, -dreieck, oder -anschlussstelle; Bahnlinie mit Bahnhof; Kanal; Ländergrenze; Kreisgrenze, Grenze einer kreisfreien Stadt; Wald; Moor; Gewässerlauf; See; Höhenangabe

0 5 10 15 km
Maßstab 1:400000

© Leibniz-Institut für Länderkunde 2004
Autor: H.-W. Windhorst

gerten Industrien sowie wissenschaftlicher Forschung hat zu Synergieeffekten geführt, die einen Selbstverstärkungsprozess auslösten und in Gang hielten. Beiderseits der Bundesautobahn A1 ist in den Landkreisen Vechta und Cloppenburg ein *Silicon Valley* der Agrartechnologie für die Veredelungswirtschaft entstanden, das weltweit keine Parallele hat **5**. Auf engstem Raum sind hier führende Unternehmen in der Entwicklung, Herstellung und Vermarktung von Tierhaltungsgeräten entstanden, die z.T. auf dem Weltmarkt tätig sind. Unbestrittener Marktführer in der Entwicklung von Geräten zur Geflügelhaltung ist das Unternehmen Big Dutchman (Calveslage, Landkreis Vechta, ▶ Foto), das über Verkaufsagenturen in allen fünf Kontinenten verfügt **2**.

Die ansässigen Unternehmen haben einerseits der Schweine- und Geflügelproduktion in den beiden Landkreisen zu ihrer Spitzenstellung verholfen, andererseits die entwickelten Produkte aber auch auf nationalen und internationalen Märkten abgesetzt und sich dadurch die Marktführung im Rahmen der agrartechnologischen Entwicklung für die Veredelungswirtschaft verschafft. Dabei ist zweifellos die Innovationsbereitschaft der Landwirte dieses Agrarwirtschaftsraumes von großer Bedeutung gewesen, denn sie waren es, die den Nachweis erbrachten, dass die bereitgestellten Innovationen anwendungsreif waren und ökonomisch erfolgreich eingesetzt werden konnten. So konnten sich potenzielle Käufer nicht nur auf Fachmessen, sondern auch direkt vor Ort in den Tierhaltungsbetrieben von der Leistungsfähigkeit der Geräte überzeugen. Sollten veränderte agrarpolitische Rahmenbedingungen dazu führen, dass die Agrartechnik vor Ort nicht mehr eingesetzt werden kann, ist eine Verlagerung zumindest eines Teils der Produktion an andere Standorte nicht auszuschließen.◆

Die Musikwirtschaft – räumliche Prozesse in der Rezession

Dirk Ducar und Norbert Graeser

Die deutsche Musikwirtschaft umfasst neben Interpreten, Produktionsfirmen, Tonstudios und Presswerken, welche die Ware Musik herstellen, Tonträgerfirmen und Labels, die Rechte an Aufnahmen halten und vermarkten, Musikverlage, die Rechte an Kompositionen verwalten und lizenzieren, sowie Vertriebe und Großhändler, die Tonträger in den Handel bringen. Zu diesem Kernbereich aus Musik schaffenden und vermittelnden Akteuren, der auch eine Vielzahl von Agenturen beinhaltet, kommt jener der Musik verbreitenden Unternehmen, zu denen der Einzelhandel, die Konzertveranstalter, Radio- und Fernsehsender sowie ▸ Online- und ▸ Printmedien zählen.

Die Musikwirtschaft ist seit Anfang der 1980er Jahre weltweit durch extreme ▸ horizontale und ▸ vertikale Konzentrationsprozesse gekennzeichnet. Fünf große Firmen agieren in fast allen genannten Wertschöpfungsbereichen und haben über ihre Konzernmütter enge Verbindungen zu Verlagshäusern, Fernsehsendern oder Herstellern von Unterhaltungselektronik. In einer Serie von Übernahmen und Akquisitionen (▸▸ Beitrag Zademach, S. 56) konnten die „Big Five" ihren Marktanteil zwischen 1985 und 1995 von rund 33% auf etwa 80% steigern. Im gleichen Zeitraum stieg mit der Einführung der CD auch der Wert der weltweit umgesetzten Tonträger von jährlich 14 auf rund 40 Mrd. US-$ an. Nach einer Phase der Stagnation ab Mitte der 1990er Jahre ist die Entwicklung der letzten Jahre durch massive Umsatzrückgänge gekennzeichnet. Als Gründe für diese Entwicklung werden die massenhafte Verbreitung von Privatkopien und illegale Downloads von Musikdateien aus dem Internet, aber auch konjunkturelle Schwankungen und die wachsende Konkurrenz durch Handys, DVDs und Computerspiele genannt.

Deutschland bildet mit einem Jahresumsatz von rund 2 Mrd. Euro und einem Anteil von 6,4% am Weltmarkt hinter den USA, Japan, Großbritannien und neuerdings Frankreich den fünftgrößten Tonträgermarkt. Neben den fünf marktbeherrschenden Unternehmensgruppen, die etwa 75% aller Umsätze auf sich vereinen, existiert eine große Zahl kleiner und kleinster Unternehmen im Bereich der Herstellung und Vermittlung von Musikprodukten ❸. Rund 40% dieser Unternehmen sind auf die vier größten Städte Deutschlands, Berlin, Hamburg, München und Köln, konzentriert.

"Hamburg rockt!" (Tocotronic)

Die kulturelle Vielfalt und das kreative Potenzial urbaner Metropolen sind für Unternehmen der Musikwirtschaft ein entscheidende Standortfaktoren. Kleinere Firmen, die sich durch geringe ▸ vertikale Integration auszeichnen, suchen aber auch häufig die räumliche Nähe zueinander. Ein besonders prägnantes Beispiel für derartige Standortgemeinschaften ist das Schanzen-Viertel in Hamburg. Dort hat sich um die Bands und Interpreten der so genannten Hamburger Schule und der Hamburger Hip-Hop-Szene herum ein kleinteiliges und produktives Netzwerk aus Labels, Plattenläden, Tonstudios und Veranstaltungsorten entwickelt ❷. Derzeit plant die Hansestadt dort mit dem Musikzentrum St. Pauli ein musikwirtschaftliches Gründerzentrum für kleine unabhängige Unternehmen, um dieses Milieu zu stärken und in der Hansestadt zu halten.

> **horizontale und vertikale Konzentrationsprozesse** – das zunehmende Zusammengehen von Firmen gleicher Art bzw. von solchen, die aufeinander aufbauende Teilvorgänge in Produktion und Distribution eines Produktes betreiben
>
> **Online-Medien** – über das Internet erreichbare Publikationen
>
> **Printmedien** – gedruckte Publikationen
>
> **vertikale Integration** – Abdecken mehrerer Teilprozesse einer Produktions- und Distributionskette eines Produktes im selben Unternehmen

„Dann geh doch nach Berlin!" (Angelika Express)

Die Bemühungen um die Unternehmen haben ihren Grund, denn die Entwicklung der deutschen Musikwirtschaft ist derzeit nicht nur von massiven Umsatzrückgängen und kontinuierlichem Personalabbau geprägt, sondern auch von anhaltenden Wanderungsbewegungen nach Berlin. Mit der Wende hat die dortige Independent-Szene beständigen Zuwachs von jungen Unternehmen erhalten, und seit Ende der 1990er Jahre verfolgt der Berliner Senat mit großzügigen finanziellen Anreizen für die Marktführer das Ziel, die Bundeshauptstadt auch zur Musikhauptstadt zu machen.

Universal und Sony haben bereits ihre bisher lokal getrennt agierenden Divisionen in Berlin zusammengelegt, um neben Kommunikationsvorteilen eine flexiblere und effizientere Infrastruktur zu schaffen. EMI und BMG sind mit einzelnen Unternehmensteilen anwesend, und auch Warner prüft derzeit eine komplette Standortverlagerung von der Alster an die Spree. In ihrem Schlepptau sind in den letzten Jahren ebenfalls viele große Produktionsfirmen und Agenturen, die Verbände der Phonographischen Wirtschaft, der Musiksender MTV Deutschland und auch wichtige Branchenevents wie die Fachmesse Popkomm und der Musikpreis Echo dorthin umgezogen. Die derzeit angekündigte Fusion von Sony und BMG macht eine weitere räumliche Konzentration wahrscheinlich.

Der räumliche und unternehmerische Konzentrationsprozess tangiert zunehmend alle bisherigen Subzentren und lokalen Szenen der Musikwirtschaft. Am stärksten ist Hamburg von der Abwanderung betroffen, aber auch die föderale Struktur der deutschen Medienlandschaft wird beeinträchtigt. Selbst in Berlin lassen sich mögliche Opfer finden, denn die wachsende Präsenz der konkurrierenden Großunternehmen lässt auf Dauer einen Ausverkauf der alternativen Musikszene der Stadt befürchten.◆

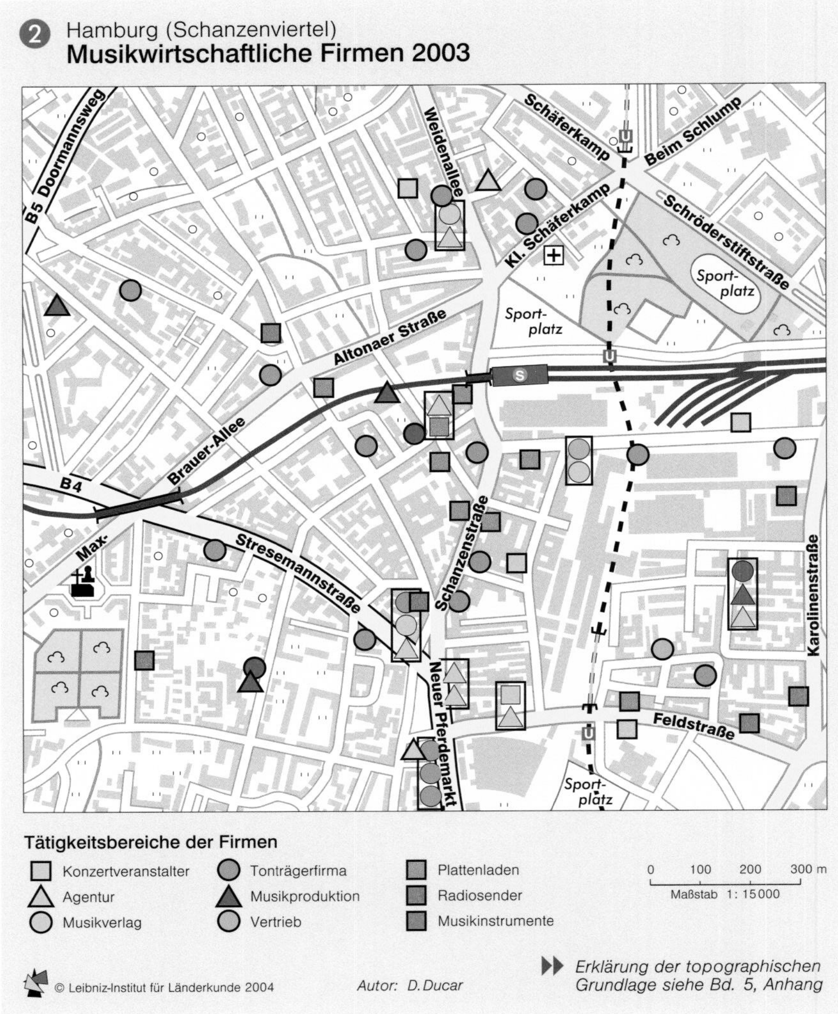

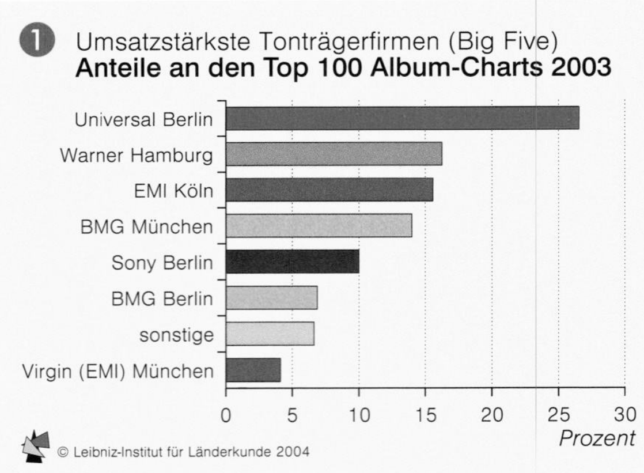

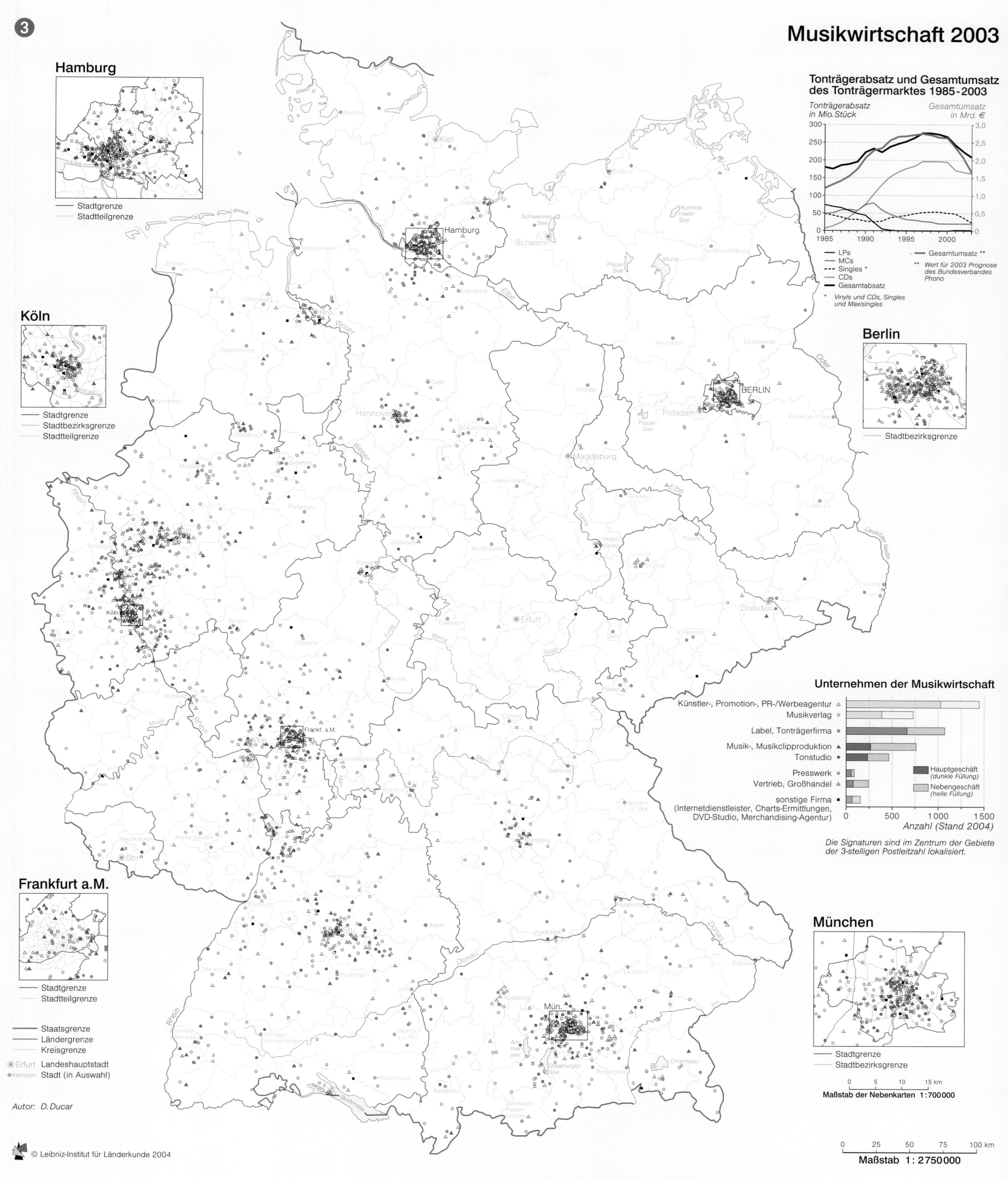
3
Musikwirtschaft 2003
Hamburg
Stadtgrenze
Stadtteilgrenze
Köln
Stadtgrenze
Stadtbezirksgrenze
Stadtteilgrenze
Frankfurt a.M.
Stadtgrenze
Stadtteilgrenze
Berlin
Stadtbezirksgrenze
München
Stadtgrenze
Stadtbezirksgrenze
0 5 10 15 km
Maßstab der Nebenkarten 1:700000
Staatsgrenze
Ländergrenze
Kreisgrenze
Erfurt Landeshauptstadt
Kempten Stadt (in Auswahl)
Autor: D. Ducar
Tonträgerabsatz und Gesamtumsatz des Tonträgermarktes 1985-2003
Tonträgerabsatz in Mio. Stück
Gesamtumsatz in Mrd. €
300 250 200 150 100 50 0
3,0 2,5 2,0 1,5 1,0 0,5 0
1985 1990 1995 2000
LPs
MCs
Singles *
CDs
Gesamtabsatz
Gesamtumsatz **
* Vinyls und CDs, Singles und Maxisingles
** Wert für 2003 Prognose des Bundesverbandes Phono
Unternehmen der Musikwirtschaft
Künstler-, Promotion-, PR-/Werbeagentur
Musikverlag
Label, Tonträgerfirma
Musik-, Musikclipproduktion
Tonstudio
Presswerk
Vertrieb, Großhandel
sonstige Firma (Internetdienstleister, Charts-Ermittlungen, DVD-Studio, Merchandising-Agentur)
Hauptgeschäft (dunkle Füllung)
Nebengeschäft (helle Füllung)
0 500 1000 1500
Anzahl (Stand 2004)
Die Signaturen sind im Zentrum der Gebiete der 3-stelligen Postleitzahl lokalisiert.
Kiel
Hamburg
Schwerin
Bre.
Hannover
BERLIN
Potsdam
Magdeburg
Düsseldorf
Köln
Erfurt
Dresden
Wie.
Mz.
Frankf. a.M.
Sbr.
Stu.
Mün.
Elbe
Weser
Rhein
Oder
Donau
Main
Saale
Inn
Bodensee
0 25 50 75 100 km
Maßstab 1 : 2750000

Verarbeitendes Gewerbe

Dietrich Zimmer

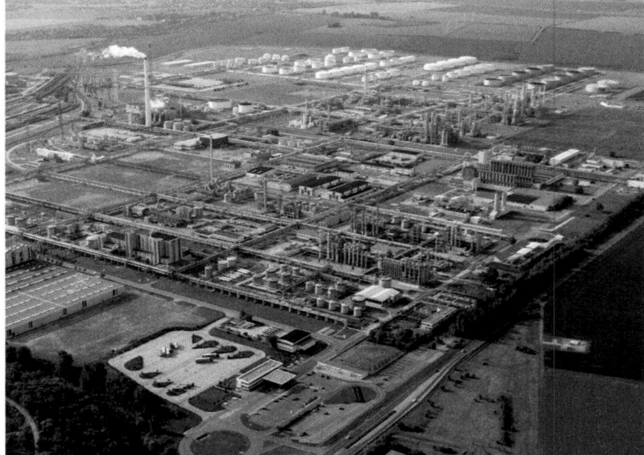

LEUNA – Werkteil II – ein moderner Produktions- und Dienstleistungsstandort der Petrochemie von internationalem Format

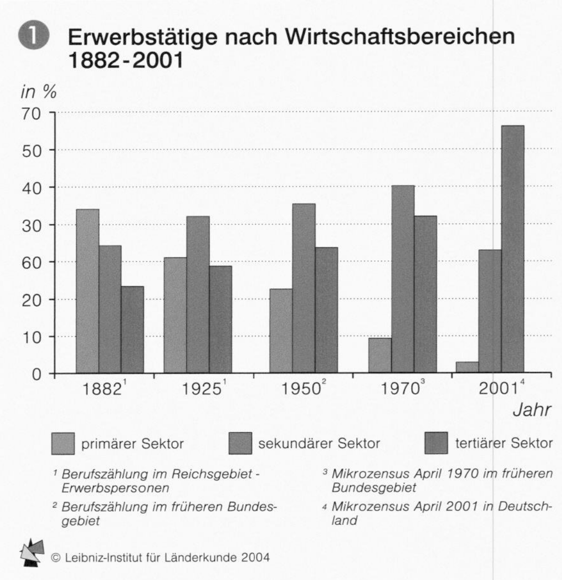

1 Erwerbstätige nach Wirtschaftsbereichen 1882-2001

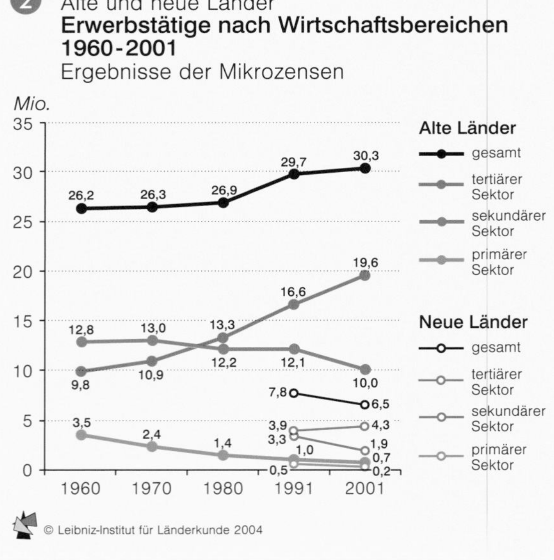

2 Alte und neue Länder
Erwerbstätige nach Wirtschaftsbereichen 1960-2001
Ergebnisse der Mikrozensen

Die Wirtschaft der Bundesrepublik Deutschland hat in den letzten Jahrzehnten einen tiefgreifenden Wandel erfahren. Ähnlich wie andere westliche Volkswirtschaften entwickelt sie sich zunehmend von einer Industrie- zu einer Dienstleistungswirtschaft. Dieser Vorgang wird auch als Tertiärisierung der Wirtschaft bezeichnet.

Verfolgt man die traditionelle Gliederung der Wirtschaftsbereiche in den primären (Land- und Forstwirtschaft, Fischerei), sekundären (produzierendes Gewerbe) und tertiären Sektor (Dienstleistungen) seit 1882 und vor allem seit 1950, so werden die Veränderungen anhand der Erwerbstätigenzahlen sehr deutlich ❶ ❷.

Danach arbeiteten in Deutschland im Jahr 2001 rund 65% aller Erwerbstätigen im tertiären Sektor, während der Anteil des produzierenden Gewerbes nach einem Höchststand im Jahr 1970 von fast 50% auf 33% gesunken war. Mit 29,8% lag er in den neuen Ländern und Berlin-Ost noch darunter. Dieser Wandel ist vor allem auf Änderungen in den Produktions- und Fertigungsverfahren, auf zunehmende Automatisierung und Rationalisierung und veränderte Nachfragestrukturen bei Gütern und Dienstleistungen zurückzuführen.

Das produzierende Gewerbe umfasst nach der Abgrenzung der amtlichen Statistik die Teilbereiche Bergbau und Gewinnung von Steinen und Erden, verarbeitendes Gewerbe, Energie- und Wasserversorgung sowie das Baugewerbe. Im Allgemeinen werden in den zusammenfassenden Statistiken nur Betriebe mit 20 und mehr Beschäftigten erfasst.

Das verarbeitende Gewerbe schließlich wird nach der Art der hergestellten Güter in vier Bereiche unterteilt ❸, in Produzenten von

1. **Vorleistungsgütern** (z.B. Textil, Holz, Papier, Chemie, Gummi, Kunststoff, Glas, Metallerzeugung, Recycling)
2. **Investitionsgütern** (z.B. Maschinen, Büromaschinen, Datenverarbeitung, Medizin- und Steuertechnik, Kraftfahrzeuge, Fahrzeugbau)
3. **Gebrauchsgütern** (z.B. Rundfunk-, Fernseh- und Nachrichtentechnik, Möbel, Schmuck, Spielwaren)
4. **Verbrauchsgütern** (z.B. Ernährung, Tabakverarbeitung, Bekleidung, Leder, Verlags- und Druckgewerbe)

Da im Energiebereich ebenfalls Güter hergestellt werden, z.B. in Kokereien, bei der Mineralölverarbeitung oder bei der Produktion von Spalt- und Brutstoffen, wurde auch dieser Bereich in die Karte „Verarbeitendes Gewerbe 1999" aufgenommen ❹. In einigen Raumordnungsregionen können die Daten aus Datenschutzgründen allerdings nur unvollständig wiedergegeben werden.

Beschäftigtenverteilung

Die Karte ❹ stellt rund 6,3 Mio. versicherungspflichtig Beschäftigte im verarbeitenden Gewerbe dar, die 1999 in knapp über 47.000 Betrieben arbeiteten. Dies entsprach einer durchschnittlichen Betriebsgröße von 135 Beschäftigten für das gesamte Bundesgebiet, wobei die Durchschnittsgröße in den alten Ländern fast doppelt so hoch war (181 Beschäftigte) wie in den neuen Ländern (91). Diese Zahlen belegen, dass die Struktur des verarbeitenden Gewerbes in Deutschland überwiegend durch mittelständische Betriebe geprägt wird.

Betrachtet man einzelne Industriezweige, so zeigt sich, dass im gesamten Bundesgebiet sechs Industriezweige rund 60% der Beschäftigten des verarbeitenden Gewerbes auf sich vereinen: der Maschinenbau (15,6%), Kraftwagen und -teile (12,2%), Metallerzeugnisse (9,4%), Ernährungsgewerbe (8,8%), chemische Industrie (7,4%) und Geräte der Elektrizitätserzeugung u.Ä. (6,9%). Bei den Exportquoten führte die Kraftfahrzeugindustrie (58,3%) vor der chemischen Industrie (50,2%) und dem Maschinenbau (48,3%). Die Branchenstruktur und die Exportquoten deuten an, dass die Bundesrepublik Deutschland zwar eine führende Exportnation ist, ihre Industriestruktur jedoch eher als traditionell bezeichnet werden muss. So bestand – und besteht noch immer – z.B. im Bereich Informations- und Kommunikationstechnik mit lediglich 224.000 Beschäftigten (3,5%) Entwicklungsbedarf.

Bei der räumlichen Verteilung des verarbeitenden Gewerbes zeigt die Karte ein ausgeprägtes Süd-Nord-Gefälle innerhalb der alten Länder mit Schwerpunkten in Baden-Württemberg, Bayern und dem Ruhrgebiet. Massive Defizite bestehen in den neuen Ländern, was vor allem in der Darstellung des Industriebesatzes überdeutlich wird (vgl. dazu auch Maretzke 2001).

Nachdem die DDR die Wirtschafts- und Währungsunion mit der Bundesrepublik am 1. Juli 1990 vollzogen hatte, ging die Nachfrage nach ostdeutschen Industriegütern dramatisch zurück. 75% der alten industriellen Arbeitsplätze gingen innerhalb von drei Jahren verloren. Ihre Zahl sank von 3,2 Mio. im Jahre 1989 bis zur Jahresmitte 1993 auf 693.000. Nach diesen Jahren einer tiefgreifenden Deindustrialisierung hat die dringend notwendige Reindustrialisierung bislang nur in geringerem Maße als erhofft stattgefunden (▶▶ Beitrag Klein/Löffler, S. 106), auch wenn es einige Beispiele für die erfolgreiche Restrukturierung von alten Industrieräumen gibt, z.B. im Chemiedreieck Leuna-Bitterfeld (▶ Foto). Es gelang dabei, ökologisch stark belastete Industriestandorte zu sanieren und zu modernisieren.◆

3 Unternehmen, Beschäftigte und Umsatz im verarbeitenden Gewerbe* 1999
nach Bereichen

Bereich	Früheres Bundesgebiet			Deutschland		
	Unternehmen Anzahl	Beschäftigte *in 1000*	Umsatz *in Mio.€*	Unternehmen Anzahl	Beschäftigte *in 1000*	Umsatz *in Mio.€*
Vorleistungsgüterproduzenten	14572	2653	508387	17014	2871	539367
Investitionsgüterproduzenten	9953	2036	395782	11744	2194	417656
Gebrauchsgüterproduzenten	1499	282	46400	1748	304	48997
Verbrauchsgüterproduzenten	6895	973	196862	8186	1102	214458
Gesamt	**32919**	**5944**	**1147432**	**38692**	**6471**	**1220478**
davon:						
Bergbau und Gewinnung von Steinen und Erden	371	109	9177	469	124	10885
verarbeitendes Gewerbe	32548	5835	1138254	38223	6347	1209593

* *einschließlich Bergbau und Gewinnung von Steinen und Erden; nur Unternehmen ≥ 20 Beschäftigte*

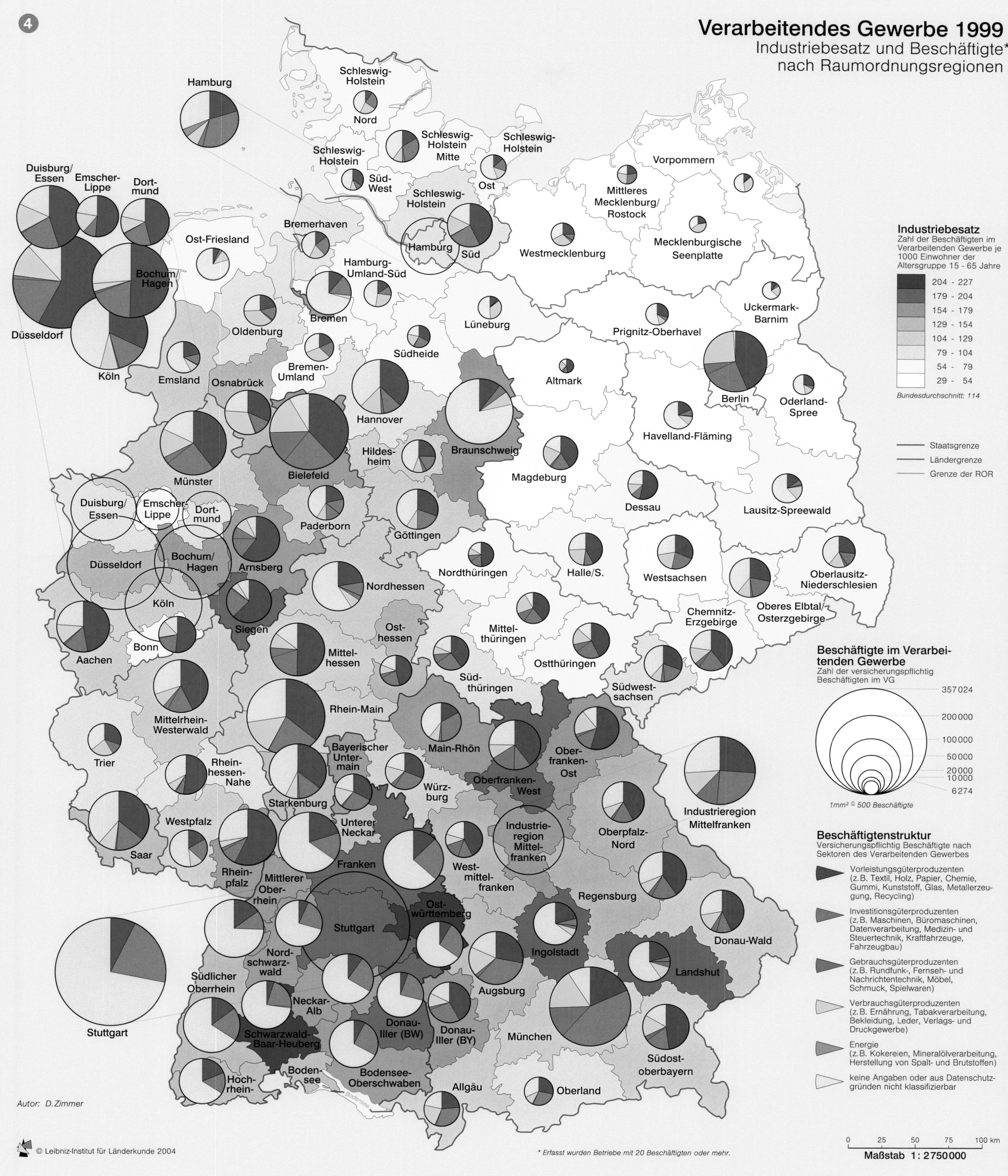
4
Verarbeitendes Gewerbe 1999
Industriebesatz und Beschäftigte*
nach Raumordnungsregionen
Industriebesatz
Zahl der Beschäftigten im Verarbeitenden Gewerbe je 1000 Einwohner der Altersgruppe 15 - 65 Jahre
204 - 227
179 - 204
154 - 179
129 - 154
104 - 129
79 - 104
54 - 79
29 - 54
Bundesdurchschnitt: 114
Staatsgrenze
Ländergrenze
Grenze der ROR
Beschäftigte im Verarbeitenden Gewerbe
Zahl der versicherungspflichtig Beschäftigten im VG
357 024
200 000
100 000
50 000
20 000
10 000
6 274
1mm² ≙ 500 Beschäftigte
Beschäftigtenstruktur
Versicherungspflichtig Beschäftigte nach Sektoren des Verarbeitenden Gewerbes
Vorleistungsgüterproduzenten (z.B. Textil, Holz, Papier, Chemie, Gummi, Kunststoff, Glas, Metallerzeugung, Recycling)
Investitionsgüterproduzenten (z.B. Maschinen, Büromaschinen, Datenverarbeitung, Medizin- und Steuertechnik, Kraftfahrzeuge, Fahrzeugbau)
Gebrauchsgüterproduzenten (z.B. Rundfunk-, Fernseh- und Nachrichtentechnik, Möbel, Schmuck, Spielwaren)
Verbrauchsgüterproduzenten (z.B. Ernährung, Tabakverarbeitung, Bekleidung, Leder, Verlags- und Druckgewerbe)
Energie (z.B. Kokereien, Mineralölverarbeitung, Herstellung von Spalt- und Brutstoffen)
keine Angaben oder aus Datenschutzgründen nicht klassifizierbar
Schleswig-Holstein Nord
Schleswig-Holstein Süd-West
Schleswig-Holstein Mitte
Schleswig-Holstein Ost
Schleswig-Holstein Süd
Hamburg
Vorpommern
Mittleres Mecklenburg/Rostock
Westmecklenburg
Mecklenburgische Seenplatte
Bremerhaven
Ost-Friesland
Hamburg-Umland-Süd
Bremen
Oldenburg
Lüneburg
Prignitz-Oberhavel
Uckermark-Barnim
Südheide
Emsland
Osnabrück
Bremen-Umland
Hannover
Altmark
Berlin
Oderland-Spree
Havelland-Fläming
Münster
Bielefeld
Hildesheim
Braunschweig
Magdeburg
Dessau
Lausitz-Spreewald
Duisburg/Essen
Emscher-Lippe
Dortmund
Düsseldorf
Bochum/Hagen
Köln
Paderborn
Göttingen
Arnsberg
Siegen
Nordthüringen
Halle/S.
Westsachsen
Oberlausitz-Niederschlesien
Nordhessen
Chemnitz-Erzgebirge
Oberes Elbtal/Osterzgebirge
Aachen
Bonn
Osthessen
Mittelhessen
Mittelthüringen
Ostthüringen
Südthüringen
Südwestsachsen
Mittelrhein-Westerwald
Rhein-Main
Trier
Main-Rhön
Oberfranken-Ost
Oberfranken-West
Bayerischer Untermain
Rheinhessen-Nahe
Würzburg
Starkenburg
Industrieregion Mittelfranken
Westpfalz
Unterer Neckar
Saar
Oberpfalz-Nord
Rheinpfalz
Mittlerer Oberrhein
Franken
Westmittelfranken
Regensburg
Ostwürttemberg
Stuttgart
Donau-Wald
Ingolstadt
Nordschwarzwald
Landshut
Südlicher Oberrhein
Augsburg
Neckar-Alb
Schwarzwald-Baar-Heuberg
Donau-Iller (BW)
Donau-Iller (BY)
München
Südostoberbayern
Bodensee
Bodensee-Oberschwaben
Hochrhein-Bodensee
Allgäu
Oberland
Autor: D. Zimmer
* Erfasst wurden Betriebe mit 20 Beschäftigten oder mehr.
0 25 50 75 100 km
Maßstab 1 : 2750000

Der Strukturwandel des verarbeitenden Gewerbes

Ralf Klein und Günter Löffler

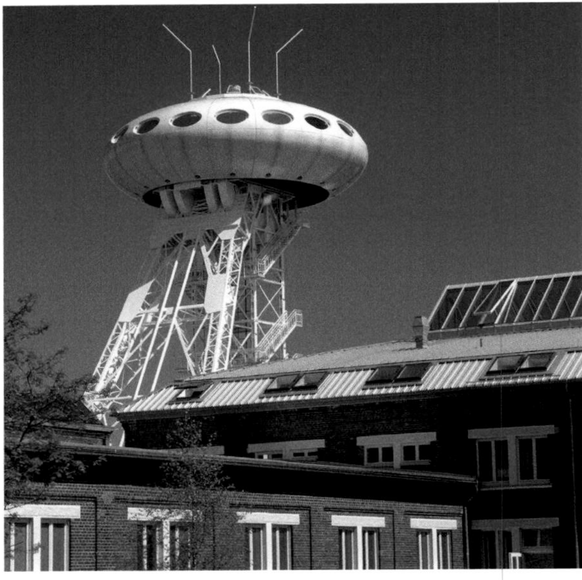

Förderturm der Zeche Minister Achenbach, Schacht IV in Lünen, bis 1991 in Betrieb.

Das 2001 fertig gestellte Gründerzentrum LÜNTEC befindet sich im sog. Colani-Ufo, einem auf das ehemalige Fördergerüst aufgesetzten Ellipsoid.

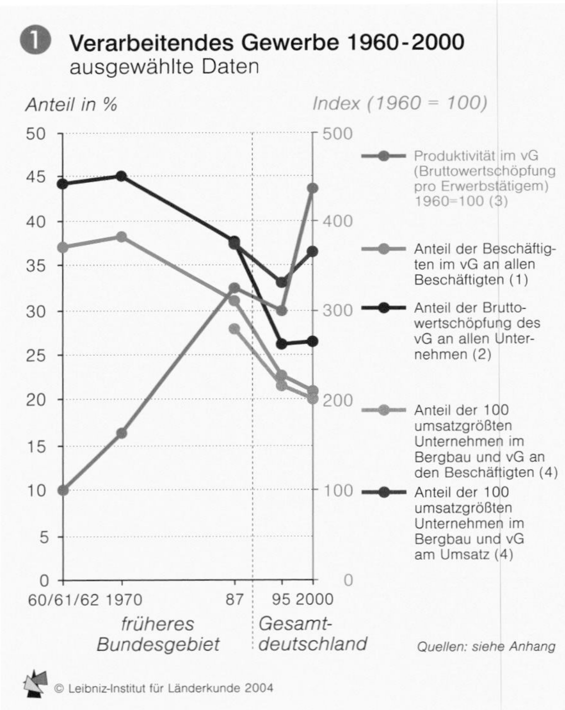

Der Strukturwandel im verarbeitenden Gewerbe (vG) in Deutschland wirkt sich sowohl auf diesen Wirtschaftsbereich insgesamt als auch auf die einzelnen Branchen aus. In den letzten Jahrzehnten des 20. Jhs. sind der Anteil der Beschäftigten im vG und der Anteil des vG an der gesamtwirtschaftlichen ▸ Bruttowertschöpfung stark gesunken. Unternehmenskonzentrationen, fortschreitende Automatisierung, zunehmender Einsatz von Informations- und Kommunikationstechnologien und steigende Produktivität kennzeichnen weiterhin die Entwicklung im vG ❶.

▸ Sektorale und regionale Veränderungen erfordern eine differenzierte Darstellung des Strukturwandels: 1990 veränderte sich durch die politische Vereinigung der Gebietsstand Deutschlands. Mit der Einführung der „Klassifikation der Wirtschaftszweige, Ausgabe 1993" (WZ 93), nach der die Daten seit 1995 ausgewiesen werden, erfolgte eine Anpassung an die EU-Systematik (▸ NACE Rev. 1). Kleinräumig differenzierte Angaben zum vG gehen aus den Arbeitsstättenzählungen der Jahre 1950, 1961, 1970 und 1987 sowie seit 1995 jährlich aus den Landesstatistiken hervor. Vor diesem Hintergrund erfolgt eine für zwei Zeiträume getrennte Darstellung des Strukturwandels: 1961 bzw. 1970 bis 1987 und 1995 bis 2000 ❹ ❼. Um einen vergleichbaren Raumbezug der Daten herzustellen, wurde infolge der zwischenzeitlich erfolgten Gebietsreformen die Zusammenfassung von einigen Kreisen erforderlich.

Der Strukturwandel zwischen 1970 und 1987

Der strukturelle Wandel gestaltet sich in den einzelnen Branchen des vG hinsichtlich des zeitlichen Verlaufs und des Ausmaßes unterschiedlich. Die Phase des Wiederaufbaus nach dem Zweiten Weltkrieg führte zwischen 1950 und 1961 zu einem Anstieg der Beschäftigten in allen Wirtschaftsabteilungen. Zwischen 1961 und 1987 ging dann die Zahl der Betriebe um 220.346 (37,9%) und die Zahl der Beschäftigten um 1.625.114 (16,3%) zurück ❷. Bei den Betrieben dominierten 1961 und 1970 trotz einer bereits rückläufigen Entwicklung noch die drei Bereiche Leder- und Textilindustrie, Ernährungsgewerbe sowie Holz-, Papier- und Druckgewerbe, während bis 1987 der Maschinen- und Fahrzeugbau sowie die Elektrotechnik nach Anzahl der Betriebe aufgeholt hatten. In Bezug auf die Beschäftigten bildeten bereits 1961 der Maschinen- und Fahrzeugbau zusammen mit der Elektrotechnik den sektoralen Schwerpunkt.

Die Veränderungen zwischen den Jahren 1961, 1970 und 1987 nach Wirt-

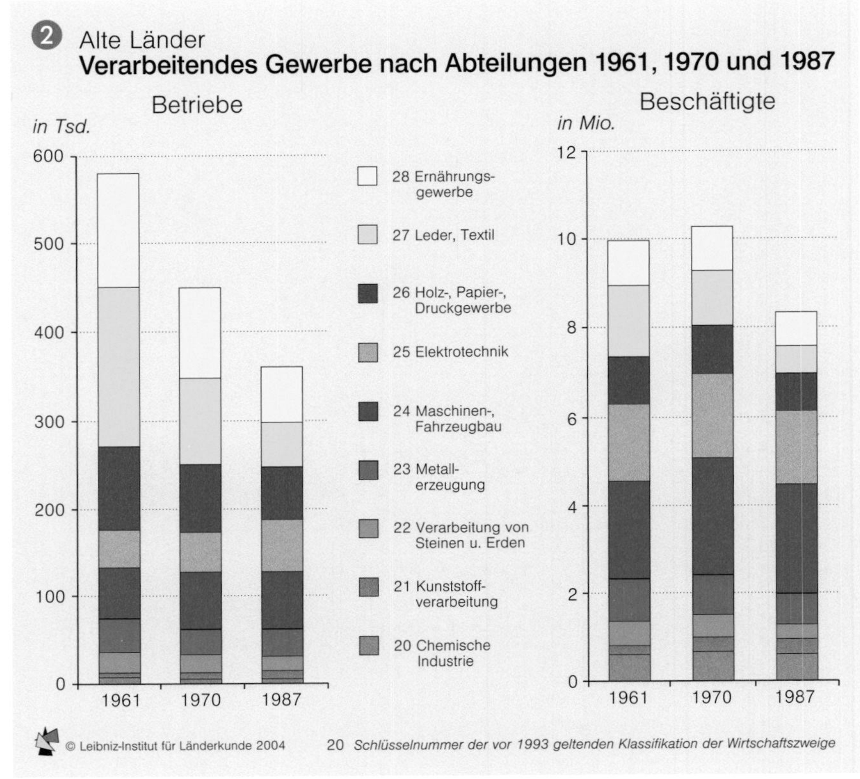

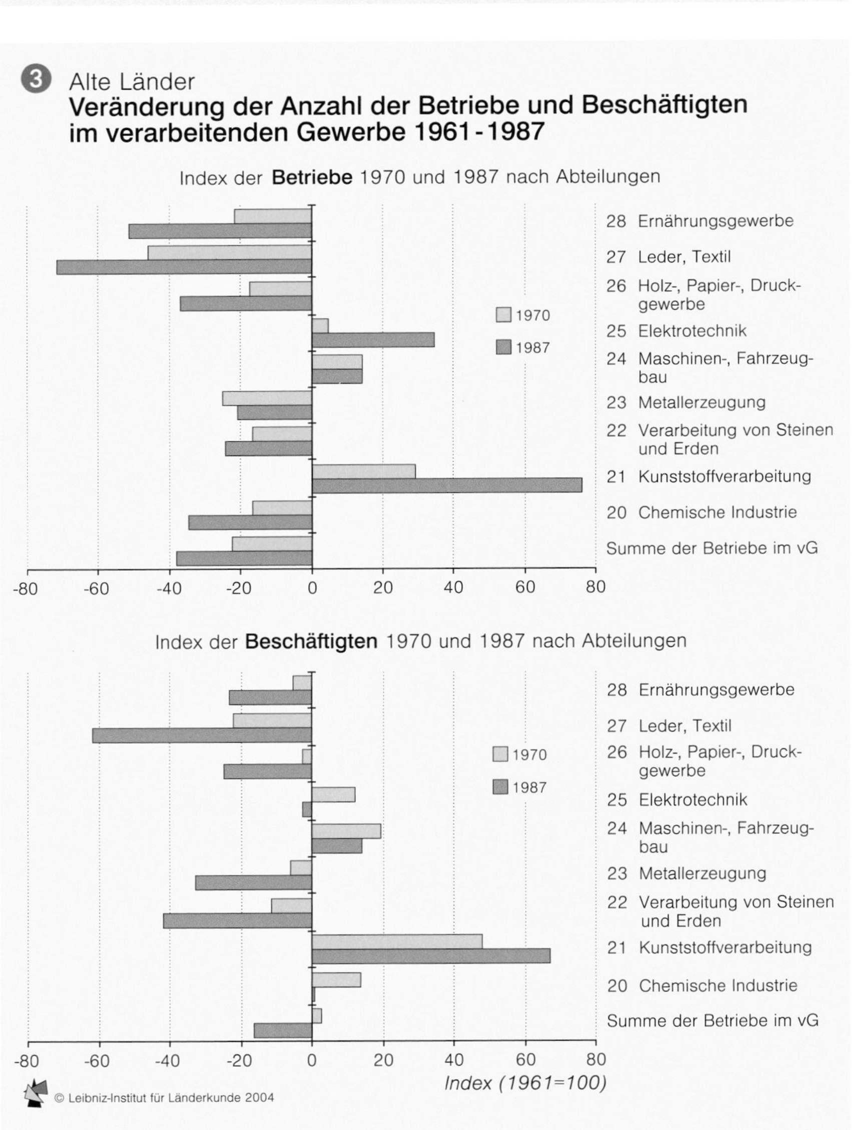

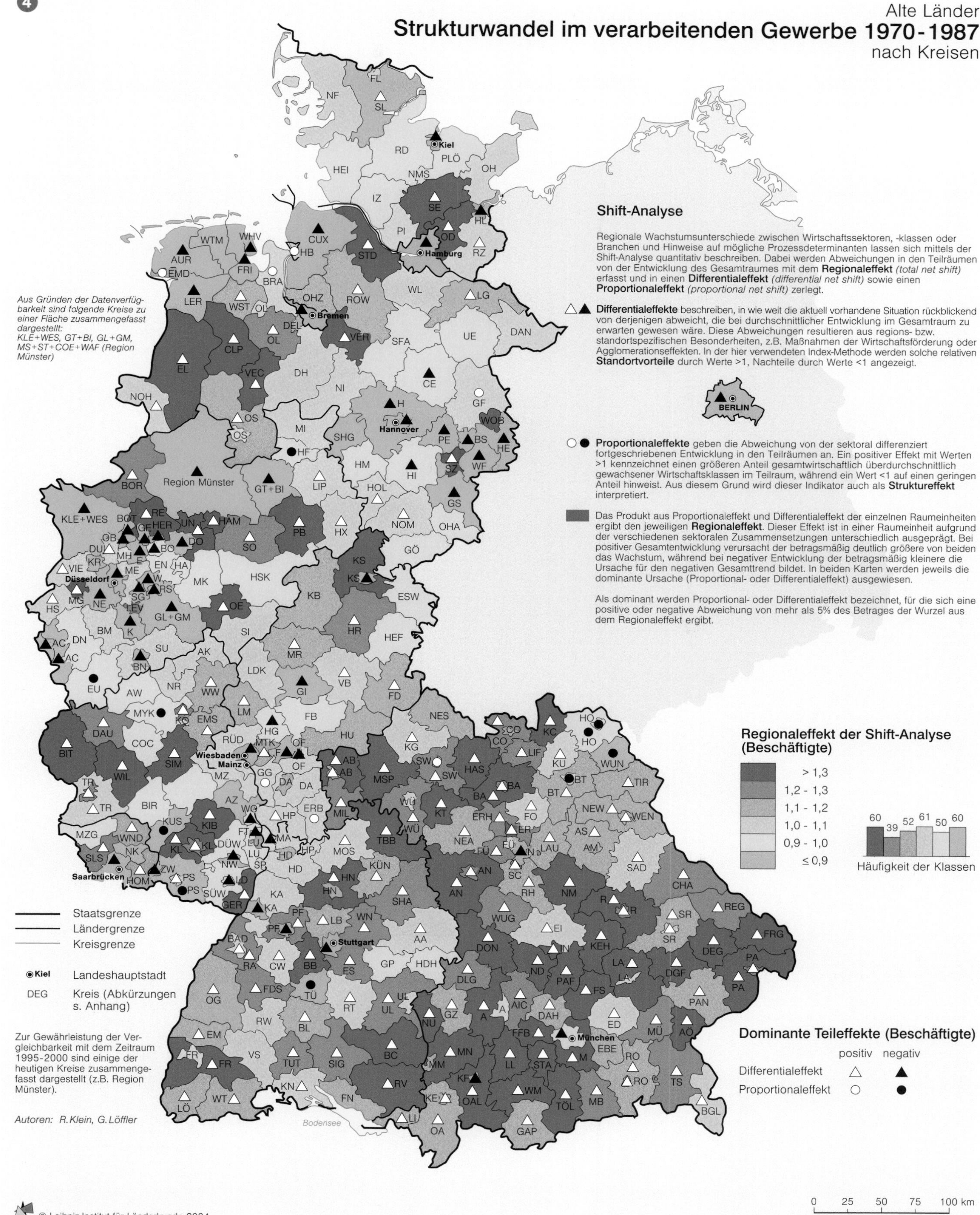

Bruttowertschöpfung – der Wert, der Waren und Dienstleistungen durch weitere Bearbeitung hinzugefügt worden ist, d.h. der durch Arbeit geschaffene Wert ohne Vorleistungen

NACE Rev. 1 – nomenclature générale des activités économiques dans les communautés européennes: Statistische Systematik der Wirtschaftszweige in der Europäischen Gemeinschaft

sektoral – nach den Wirtschaftssektoren unterschieden

Tertiärisierung – Die Sektor-Theorie (CLARK 1940, HOOVER 1948, FOURASTIÉ 1952) als eine Variante der Wirtschaftsstufentheorie beschreibt einen sektoralen Wandel von dem primären über den sekundären zum tertiären Sektor und erklärt ihn mit unterschiedlichen Einkommenselastizitäten der Nachfrage und Produktivitäten des Angebots. Die Tertiärisierung ist der Prozess des Übergangs vom sekundären zum tertiären Sektor bzw. vom produzierenden zum Dienstleistungsgewerbe.

verarbeitendes Gewerbe – Teil des produzierenden Gewerbes, der sich mit der Verarbeitung oder Veredelung von Rohstoffen und Zwischenprodukten befasst

Wirtschaftssektoren – Einteilung der wirtschaftlichen Aktivitäten nach Fourastié; unterscheidet in Land- und Forstwirtschaft sowie Bergbau (primärer Sektor), Industrie und verarbeitendes Gewerbe (sekundärer Sektor) und Dienstleistung (tertiärer Sektor)

Shift-Analyse

Regionale Wachstumsunterschiede zwischen Wirtschaftssektoren, -klassen oder Branchen und Hinweise auf mögliche Prozessdeterminanten lassen sich mittels der Shift-Analyse quantitativ beschreiben. Dabei werden Abweichungen in den Teilräumen von der Entwicklung des Gesamtraumes mit dem **Regionaleffekt** *(total net shift)* erfasst und in einen **Differentialeffekt** *(differential net shift)* sowie einen **Proportionaleffekt** *(proportional net shift)* zerlegt.

△ ▲ **Differentialeffekte** beschreiben, in wie weit die aktuell vorhandene Situation rückblickend von derjenigen abweicht, die bei durchschnittlicher Entwicklung im Gesamtraum zu erwarten gewesen wäre. Diese Abweichungen resultieren aus regions- bzw. standortspezifischen Besonderheiten, z.B. Maßnahmen der Wirtschaftsförderung oder Agglomerationseffekten. In der hier verwendeten Index-Methode werden solche relativen **Standortvorteile** durch Werte >1, Nachteile durch Werte <1 angezeigt.

○ ● **Proportionaleffekte** geben die Abweichung von der sektoral differenziert fortgeschriebenen Entwicklung in den Teilräumen an. Ein positiver Effekt mit Werten >1 kennzeichnet einen größeren Anteil gesamtwirtschaftlich überdurchschnittlich gewachsener Wirtschaftsklassen im Teilraum, während ein Wert <1 auf einen geringen Anteil hinweist. Aus diesem Grund wird dieser Indikator auch als **Struktureffekt** interpretiert.

▮ Das Produkt aus Proportionaleffekt und Differentialeffekt der einzelnen Raumeinheiten ergibt den jeweiligen **Regionaleffekt**. Dieser Effekt ist in einer Raumeinheit aufgrund der verschiedenen sektoralen Zusammensetzungen unterschiedlich ausgeprägt. Bei positiver Gesamtentwicklung verursacht der betragsmäßig deutlich größere von beiden das Wachstum, während bei negativer Entwicklung der betragsmäßig kleinere die Ursache für den negativen Gesamttrend bildet. In beiden Karten werden jeweils die dominante Ursache (Proportional- oder Differentialeffekt) ausgewiesen.

Als dominant werden Proportional- oder Differentialeffekt bezeichnet, für die sich eine positive oder negative Abweichung von mehr als 5% des Betrages der Wurzel aus dem Regionaleffekt ergibt.

Regionaleffekt der Shift-Analyse (Beschäftigte)

▮	> 1,3
▮	1,2 - 1,3
▮	1,1 - 1,2
▮	1,0 - 1,1
▮	0,9 - 1,0
▮	≤ 0,9

60 39 52 61 50 60
Häufigkeit der Klassen

Dominante Teileffekte (Beschäftigte)

	positiv	negativ
Differentialeffekt	△	▲
Proportionaleffekt	○	●

Aus Gründen der Datenverfügbarkeit sind folgende Kreise zu einer Fläche zusammengefasst dargestellt:
KLE+WES, GT+BI, GL+GM, MS+ST+COE+WAF (Region Münster)

Staatsgrenze
Ländergrenze
Kreisgrenze

⊙Kiel Landeshauptstadt
DEG Kreis (Abkürzungen s. Anhang)

Zur Gewährleistung der Vergleichbarkeit mit dem Zeitraum 1995-2000 sind einige der heutigen Kreise zusammengefasst dargestellt (z.B. Region Münster).

Autoren: R. Klein, G. Löffler

© Leibniz-Institut für Länderkunde 2004

0 25 50 75 100 km
Maßstab 1 : 3750000

schaftsklassen ❸ zeigen eine stetige Zunahme der Betriebe in der Kunststoffverarbeitung und der Elektrotechnik sowie bis 1970 im Maschinen- und Fahrzeugbau. Die Beschäftigtenzahlen in der Kunststoffverarbeitung stiegen bis 1987 an. In der Elektrotechnik sowie im Maschinen- und Fahrzeugbau wurde der vergleichsweise höchste Wert 1970 erreicht. Überdurchschnittlich rückläufige Werte wiesen dagegen der Leder- und Textilbereich sowie das Ernährungsgewerbe bei Betrieben und Beschäftigten bis 1987 auf. Auch die Beschäftigtenzahlen der Abteilungen Gewinnung und Verarbeitung von Steinen und Erden sowie der Metallerzeugung sind überproportional zurückgegangen. Die zeitlichen Entwicklungsunterschiede ergeben sich sowohl aus dem Lebenszyklus der Produkte als auch aus den niedrigeren Produktionskosten im Ausland, die spätestens seit Beginn der 1960er Jahre zur Aufgabe von inländischen Betrieben geführt haben. Insbesondere Branchen mit arbeitsintensiven Produktionsprozessen, wie z.B. die Leder- und Textilindustrie, waren davon betroffen. Bei der Betrachtung des Strukturwandels zwischen 1970 und 1987 ist daher zu berücksichtigen, dass er in einigen Wirt-

schaftsabteilungen 1970 bereits weit fortgeschritten war.

Die Branchen weisen räumliche Schwerpunkte auf (▶▶ Beitrag Klein, S. 42), so dass sich die sektoralen Veränderungen auch regional unterschiedlich auswirken. Hinweise auf die Ursachen solcher räumlichen Entwicklungsunterschiede unter Berücksichtigung der

Sektoralstruktur gibt die ▶ Shift-Analyse, deren Ergebnisse in den Karten dargestellt sind ❹ ❼. In Bayern und Baden-Württemberg ist die Beschäftigtenentwicklung gegenüber der Entwicklung im gesamten Bundesgebiet im Zeitraum 1970 bis 1987 überdurchschnittlich (Regionaleffekt), während die übrigen Bundesländer ein eher heterogenes

Verbreitungsmuster aufweisen. Bedeutungsverluste der Montan- und Stahlindustrie sind in den altindustrialisierten Regionen (Rhein-Ruhr, Saarland) vorhanden, Rückgänge der Leder- und Textilindustrie z.B. in Westfalen, der Westpfalz oder in Oberfranken.

Ergänzend zum Regionaleffekt gibt die Karte ❹ den dominanten →

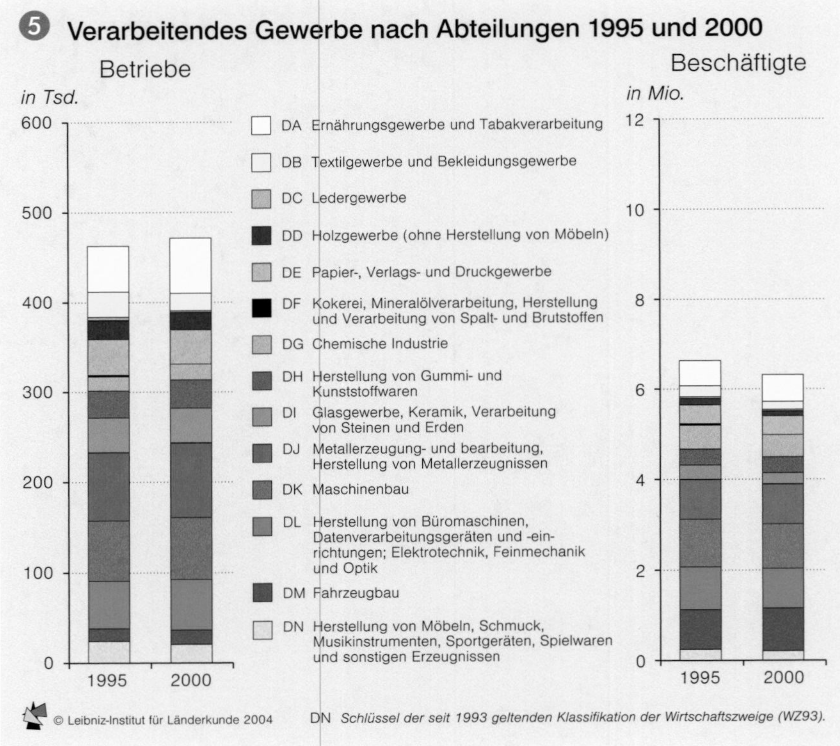

Bestimmungsgrund für eine positive oder negative Gesamtentwicklung des vG in den Kreisen wieder. ▶ Proportionaleffekte geben durch die Fortschreibung der Situation von 1970 aufgrund der durchschnittlichen Entwicklung im Bundesgebiet bis 1987 an, inwieweit die Entwicklung in der Region durch die Sektoralstruktur bestimmt ist. Positive Proportionaleffekte weisen tendenziell auf Wachstumsbranchen, negative Effekte auf stagnierende oder schrumpfende Branchen hin. ▶ Differentialeffekte beschreiben hingegen rückblickend Abweichungen der 1987 in den Kreisen vorhandenen Situation von der durchschnittlichen Entwicklung. Sie weisen daher auf standort- bzw. regionsspezifische positiv oder negativ wirkende exogene Faktoren hin, z.B. Maßnahmen der Wirtschaftsförderung. Beide Effekte werden durch eine Zerlegung des Regionaleffekts in zwei Ursachenkomplexe gewonnen und sind deshalb auch komplementär. Die Zahl der Raumeinheiten mit dominanten Differentialeffekten (168 mit niedrigen, 58 mit hohen Werten) übersteigt deutlich die Zahl derjenigen mit dominanten Proportionaleffekten (7 mit niedrigen, 10 mit hohen Werten). Positive Proportionaleffekte treten in den Städten und Kreisen mit einem Schwerpunkt in der Stahlindustrie sowie im Maschinen- und Fahrzeugbau auf (Emden, Wesermarsch, Gifhorn, Groß Gerau, Schweinfurt); in Bremerhaven ergänzend das Ernährungsgewerbe und im Odenwaldkreis die Herstellung von Kunststoff- und Gummiwaren. Negative Proportionaleffekte, die eine aufgrund der Ausgangsstruktur abnehmende Beschäftigungszahl anzeigen, sind im Leder-, Textil- und Bekleidungsgewerbe vorhanden und kennzeichnen den Nordosten von Oberfranken, die Landkreise Pirmasens und Kusel in der Pfalz sowie den Landkreis Tübingen (TÜ). In Mayen-Koblenz (MYK) erklärt sich der niedrige Proportionaleffekt hauptsächlich aus den Abteilungen Gewinnung und Verarbeitung von Steinen und Erden sowie Metallerzeugung und -bearbeitung, in Euskirchen und Herford sind es das Holz-, Papier- und Druckgewerbe, in Herford zusätzlich das Leder-, Textil- und Bekleidungsgewerbe.

Die Mehrzahl der Großstädte (München, Nürnberg, Stuttgart, Karlsruhe, Frankfurt, Köln, Kassel, Hannover, Bremen, Hamburg, Berlin und Kiel) steht hinter der Gesamtentwicklung deutlich zurück. Das Wachstum des vG findet stattdessen im Umland statt, während sich insbesondere in den Städten die zunehmende ▶ Tertiärisierung der Wirtschaft auswirkt. Ein großräumig einheitliches und vereinfachendes Muster ist nicht erkennbar. Stattdessen sind in dem Zeitraum von 1970 bis 1987 eher kleinräumig große Entwicklungsunterschiede vorhanden. Neben den Ungleichheiten zwischen den Städten und ihrem Umland (z.B. Karlsruhe, Stuttgart, München, Nürnberg) treten sie beispielsweise auch zwischen Ostfriesland und dem prosperierenden Raum Emsland, Cloppenburg und Vechta oder zwischen Westfalen und dem Norden des Ruhrgebiets auf.

Der Strukturwandel zwischen 1995 und 2000

Im Jahr 1995 zählte das vG 46.288 Betriebe mit 6,62 Mio. Beschäftigten, im Jahr 2000 waren es 47.215 Betriebe mit 6,31 Mio. Beschäftigten. Der gesamtwirtschaftliche Anteil der Beschäftigten im vG betrug damit 1995 nur 22,6% und sank bis zum Jahr 2000 weiter auf 20,9%. Dagegen nahm der Anteil der Bruttowertschöpfung des vG an allen Unternehmen in diesem Zeitraum leicht zu. Während einerseits die Unternehmenskonzentration anstieg, zeigen andererseits die leichte Zunahme der Betriebszahlen insgesamt und die rückläufige Beschäftigtenquote in den 100 umsatzgrößten Betrieben tendenziell einen Bedeutungsgewinn mittlerer und kleinerer Betriebe ❶.

Die sektorale Struktur der Betriebe des vG in Deutschland wird 1995 und 2000 insbesondere von den Abteilungen Metallerzeugung und -bearbeitung (DJ), Maschinenbau (DK), Herstellung von Büromaschinen, Datenverarbeitungsgeräten und -einrichtungen, Elektrotechnik, Feinmechanik und Optik (DL) und Ernährungsgewerbe (DA) geprägt, in Bezug auf die Beschäftigten ebenfalls vom Fahrzeugbau (DM) ❺.

Die relativen Veränderungen (1995=100) sind in den alten und den neuen Ländern gegensätzlich ❻. In den alten Ländern ist die Entwicklung insgesamt bei Betrieben und Beschäftigten rückläufig. Lediglich in den Abteilungen Ernährungsgewerbe (DA) und Fahrzeugbau (DM) nimmt die Zahl der Betriebe deutlich zu, im Fahrzeugbau ebenfalls die Zahl der Beschäftigten. Dagegen ist in den neuen Ländern nach den Einbrüchen der ersten Hälfte der 1990er Jahre sowohl insgesamt ein Zuwachs zu verzeichnen (Betriebe: 18,5%, Beschäftigte: 3,1%) als auch ein überdurchschnittliches Wachstum bei Betrieben und Beschäftigten des Ernährungsgewerbes (DA) und der Herstellung von Gummi- und Kunststoffwaren (DH) festzustellen; hinsichtlich der Betriebe ebenfalls im Papier-, Verlags- und Druckgewerbe (DE), in der Metallerzeu-

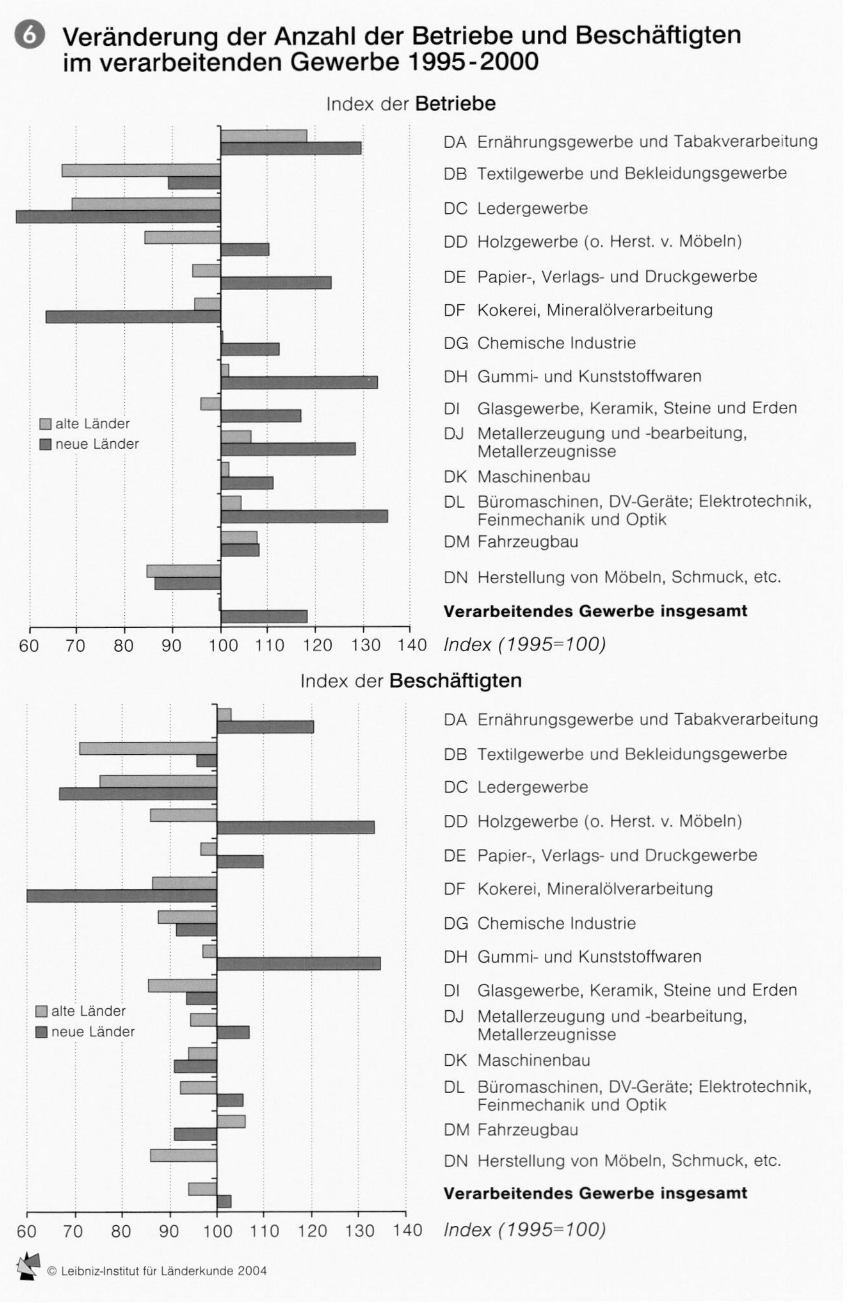

gung und -bearbeitung (DJ) sowie bei der Herstellung von Büromaschinen, Datenverarbeitungsgeräten und -einrichtungen und bei Elektrotechnik, Feinmechanik und Optik (DL).

Die räumlichen Ausprägungen des Strukturwandels von 1995 bis 2000 auf der Basis der Betriebe ⑦ zeigen im Vergleich zum Zeitraum 1970-1987 ④ ein gänzlich anderes Bild. Die Kreise mit positiver Gesamtentwicklung im vG liegen nun überwiegend in den neuen Ländern (nL) und im Norden der alten Länder (aL) (nL: 88 Kreise – 78,6%, aL: 151 Kreise – 46,2%). Demgegenüber weisen weite Teile Bayerns und Hessens sowie jeweils der Süden von Niedersachsen und Schleswig-Holstein niedrige Regionaleffekte auf. Während in den neuen Ländern 70 Kreise einen dominanten positiven Differentialeffekt zeigen (62,5%), sind es in den alten Ländern nur 38 Kreise (11,6%). Dominante negative Differentialeffekte sind dagegen in beiden Landesteilen mit 19,3% (aL) bzw. 17% (nL) annähernd gleich verteilt. Negative Proportionaleffekte sind in diesem kurzen Zeitraum nahezu unbedeutend (aL: 3 Kreise, nL: 1 Kreis), positive gar nicht vorhanden.

Hohe Differentialeffekte sind in den alten Ländern v.a. in Ostfriesland und der Vorderpfalz vorhanden. In diesen Regionen zeigt sich beispielhaft die hohe Dynamik im vG, denn die Karte von 1970-87 ④ weist hier noch eine weit unterdurchschnittliche Entwicklung aus. Deutlich niedrige Differentialeffekte zeigen sich hingegen in den kreisfreien Städten sowie zum Teil in ihrem Umland, im Ruhrgebiet, im Alpenvorland, in der Oberpfalz, in Ober- und Mittelfranken (▶▶ Beitrag Wießner, S. 112) sowie im südhessischen Bergland. Niedrige Proportionaleffekte zeigen sich bei Dominanz des Textil- und Bekleidungsgewerbes (kreisfreie Stadt Hof und Landkreis Freyung-Grafenau) oder des Ledergewerbes (Landkreis Südwestpfalz).

In den neuen Ländern wird eine positive Entwicklung im vG nahezu flächendeckend durch hohe Differentialeffekte bestimmt, was wohl hauptsächlich auf die nationale und europäische Regionalförderung sowie das niedrige Ausgangsniveau zurückzuführen ist. Eine unterdurchschnittliche Entwicklung weisen insbesondere die kreisfreien Städte auf, was hier ebenfalls durch die zunehmende Tertiärisierung erklärt werden kann.

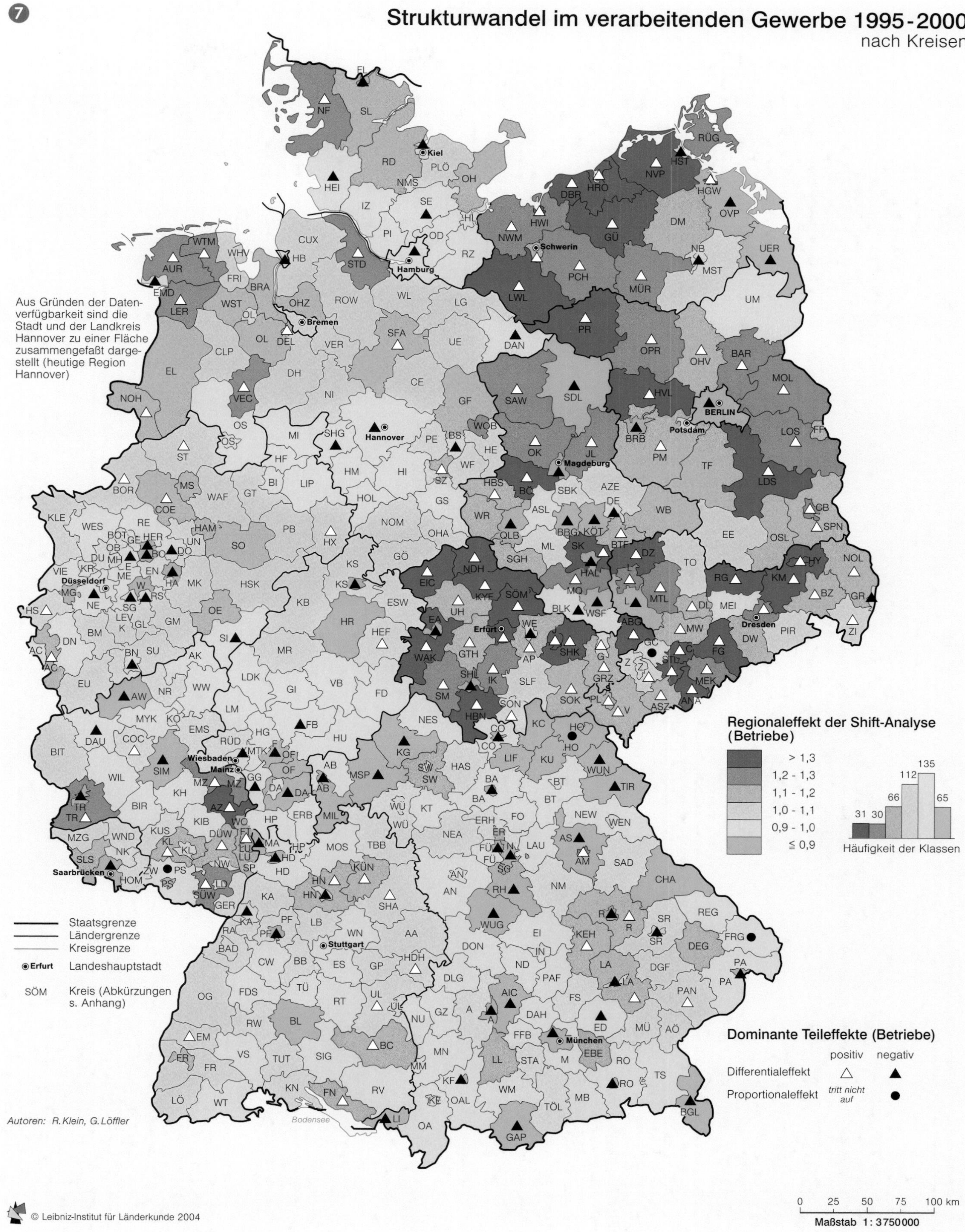

Fazit

Das verarbeitende Gewerbe hat eine komplexe Struktur und zeigt sowohl in seiner sektoralen als auch regionalen Dimension eine hohe Dynamik, die sich aus verschiedenen Ursachenbereichen ergibt. Dazu gehören z.B. als Rahmenbedingungen die Internationalisierung der Produktion und der Konkurrenzsituation sowie die Liberalisierung der Beschaffungs- und Absatzmärkte. Auf der Angebotsseite können die je nach Branchen unterschiedliche Produktivität und Technologieintensität sowie auf der Nachfrageseite die sich stets und in immer kürzeren Zeitabständen verändernden Konsumgewohnheiten und die Individualisierung von Kundenwünschen genannt werden. Diese weiterhin anhaltenden Prozesse werden den Strukturwandel im verarbeitenden Gewerbe fortsetzen und dessen regionale Wirkungen ebenfalls laufend verändern.◆

Bergbaureviere und Strukturwandel

Hans-Werner Wehling

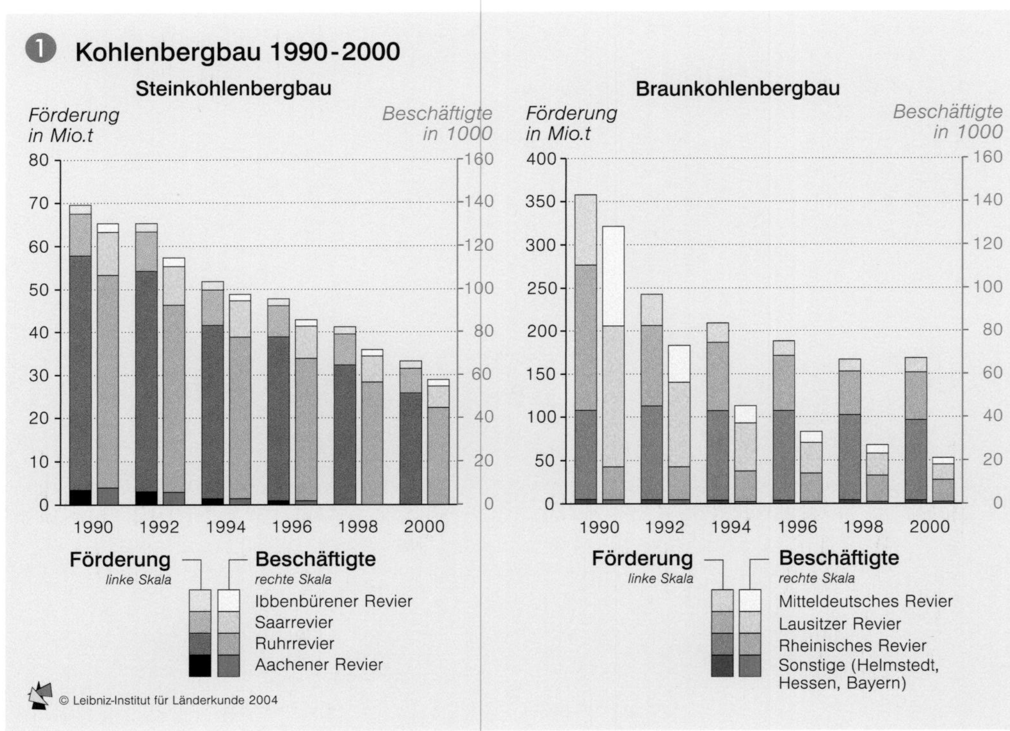

Der westdeutsche Steinkohlenbergbau gehört seit mehr als 30 Jahren, der ostdeutsche Braunkohlentagebau seit der Wiedervereinigung zu den schrumpfenden Altindustrien ❶.

Der Steinkohlenbergbau – eine schrumpfende Altindustrie

Die Steinkohle verlor als Industriekohle wie als Hausbrand seit den 1960er Jahren den Konkurrenzkampf gegen Erdöl und Erdgas (▶▶ Beitrag Pasternak, S. 36) auf dem sich strukturell verändernden heimischen Energiemarkt. Ihr Anteil am insgesamt gestiegenen Primärenergieverbrauch sank von 60% (1960) auf 13,1% (2001). Die nationale Deindustrialisierung reduzierte zudem die quantitative Nachfrage industrieller Großkunden nach Koks. Relativ ungünstige Lagerungsverhältnisse und damit hohe Förderkosten sowie hohe Lohnkosten verringerten weiterhin nicht nur die Chancen der deutschen Steinkohle auf dem Weltmarkt, sondern ließen auch den Anteil preiswerter Importkohle auf 56% der Verbrauchsdeckung steigen.

Der Steinkohlenbergbau reagierte auf die sinkende Nachfrage mit Rationalisierungen, Zechenstilllegungen und Unternehmenszusammenschlüssen. 1957 gingen die Schachtanlagen des Saargebietes in der Saarbergwerke AG auf, und 1969 wurde als Zusammenschluss der Schachtanlagen des Ruhrgebiets ❷ die Ruhrkohle AG gegründet, zu deren Tochtergesellschaften auch die Bergwerksgesellschaften im inzwischen still gelegten Aachener Revier gehörten ❸. 1998 entstand durch Zusammenschluss von Ruhrkohle Bergbau AG und Saarbergwerke AG die Deutsche Steinkohle AG (DSK) als Tochtergesellschaft der Ruhrkohle AG (RAG). Von 1960 bis 2000 sanken die Zahl der Beschäftigten im deutschen Steinkohlenbergbau von 490.000 auf 58.000, die Zahl der Schachtanlagen von 114 auf 12 (8 im Ruhrrevier, 3 im Saarrevier und 1 im Ibbenbürener Revier). Die Fördermengen fielen von 148,8 Mio. t (1958) auf 33,3 Mio. t (2000), von denen 11,5% verkokt, 67,3% direkt verstromt werden.

Zunächst aus energiepolitischen, zunehmend jedoch aus arbeitsmarktpolitischen Gründen wurde dieser Schrumpfungsprozess begleitet von Subventionen des Bundes und der Kohleländer (Nordrhein-Westfalen, Saarland), die sich von 1960 bis 1996 auf 170 Mrd. DM beliefen. Der am 13.3.1997 geschlossene Kohlekompromiss sieht einen schrittweisen Abbau dieser Subventionen vor – von jährlich rund 5 Mrd. Euro bis auf 2,3 Mrd. Euro im Jahre 2005. Zu den bis dahin aufsummierten rund 35 Mrd. Euro trägt der Bund 29 Mrd. Euro, das Land NRW rund 4,8 Mrd. Euro bei; hinzu kommen jährlich 100 Mio. Euro aus den Erträgen der RAG. Dieser Kohlekompromiss wurde am 7.6.2002 durch neue EU-Beihilferegelungen abgesichert. Als Folge der Subventionskürzungen wird die Zahl der Bergbaubeschäftigten bis 2005 auf 36.000, die Zahl der Bergwerke auf zehn mit einer Förderkapazität von jährlich 26 Mio. t zurückgehen.

Tendenzen im Braunkohlenbergbau

Die wirtschaftliche und räumliche Entwicklung der Braunkohle unterliegt seit der Wiedervereinigung unterschiedlichen Tendenzen in den westdeutschen und ostdeutschen Revieren ❹ ❺. Die in den sechs Revieren abgebauten 167,7 Mio. t Braunkohle (2000) dienen zu 91,3% der Stromerzeugung, der Rest zur Herstellung von industriell genutzten Veredlungsprodukten (Braunkohlenstaub, Trockenkohle, Wirbelschichtkohle). Die Produktion von Briketts, die 1989 noch 49,4 Mio. t erreichte und fast ausschließlich im Lausitzer und Mitteldeutschen Revier stattfand, ist nahezu zum Erliegen gekommen.

In der DDR hatte neben dem Kali die Braunkohle als einzige wirtschaftlich nutzbare Ressource eine herausragende Stellung als Energieträger und Rohstoff. Bedingt durch die Autarkiebestrebungen des planwirtschaftlichen Systems stieg die Förderung von 225,5 Mio. t (1960) auf 300 Mio. t (1989). 1989 waren 37 Tagebaue in Betrieb, wobei seit den 1960er Jahren der Förderschwerpunkt aus dem Mitteldeutschen in das Lausitzer Revier verlagert wurde, wo das

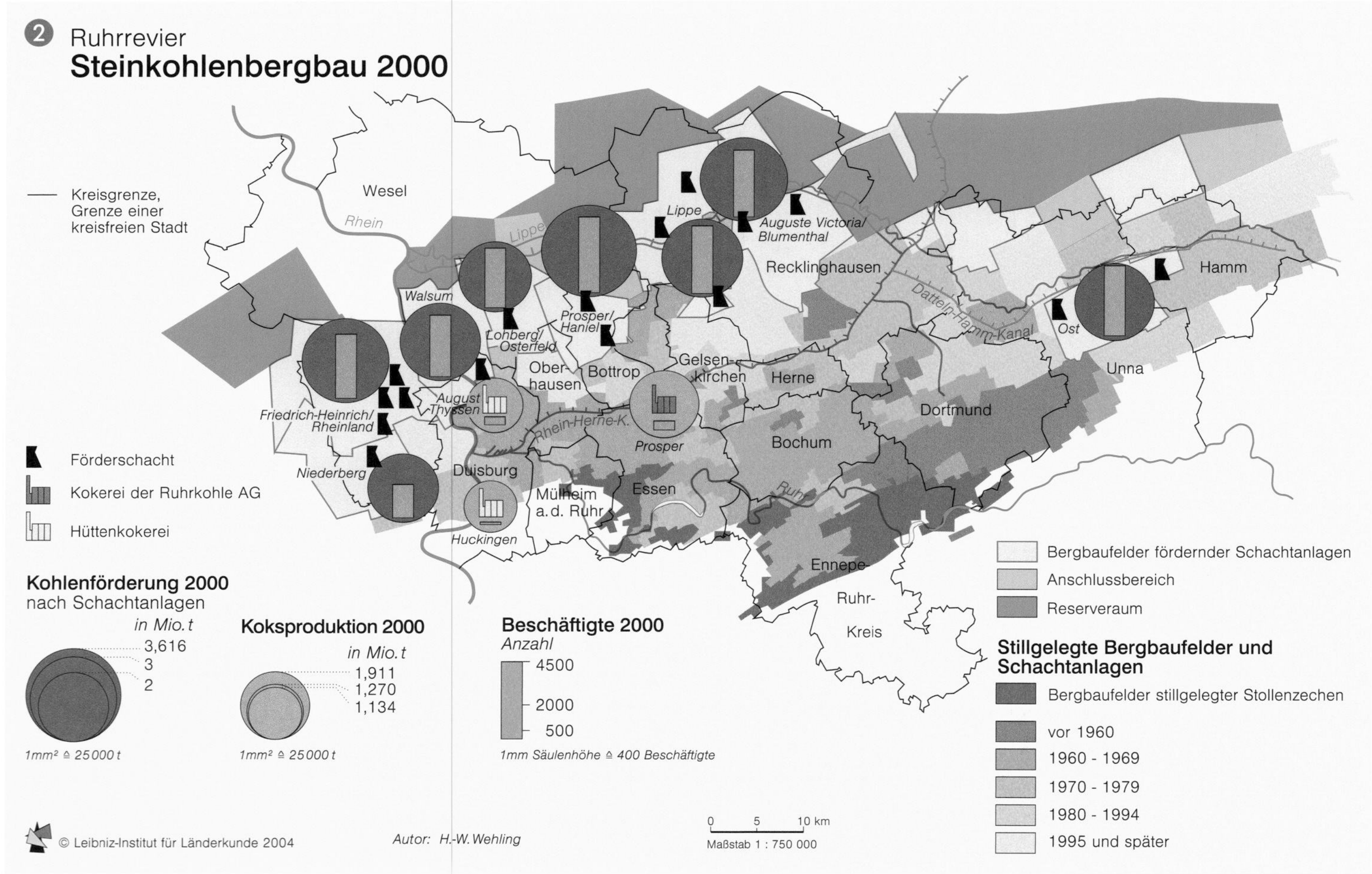

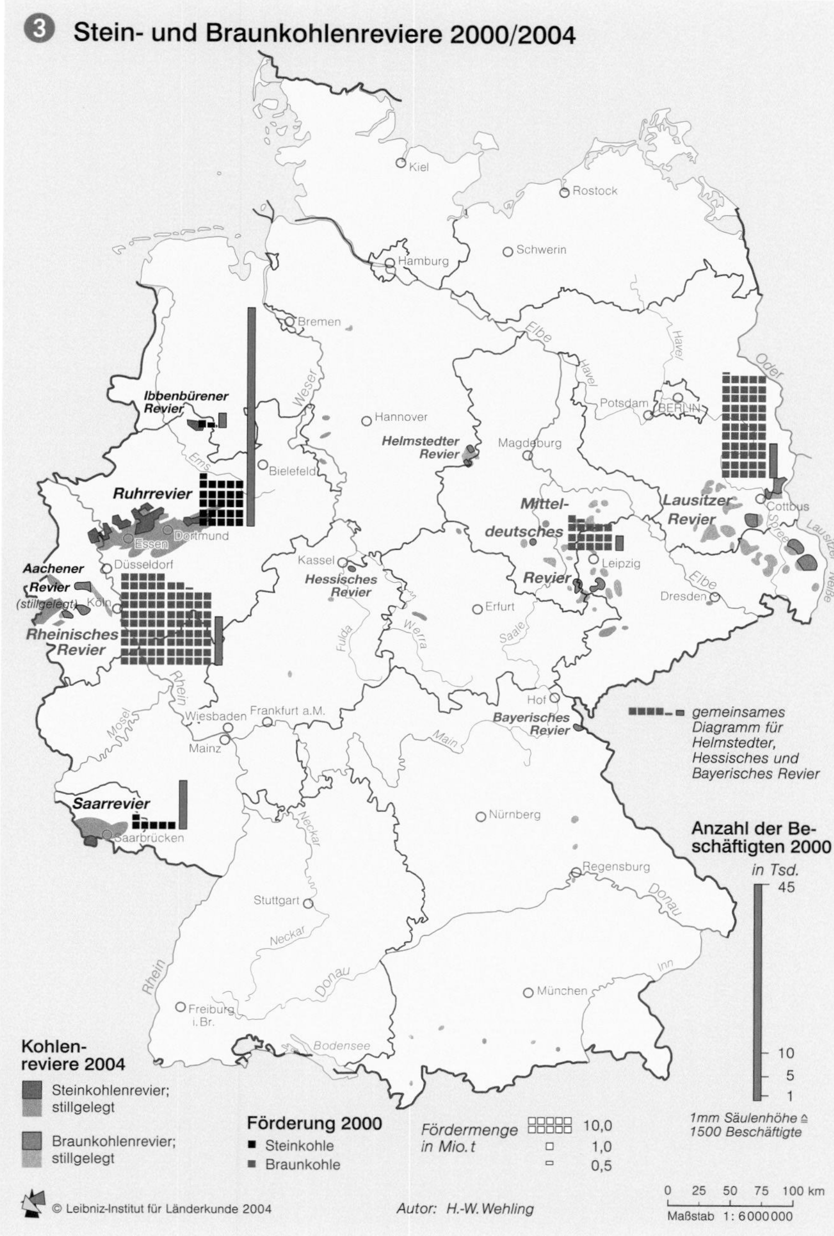

Energiezentrum der DDR entstand. Nach der Wiedervereinigung standen die unternehmerisch neu organisierten ostdeutschen Reviere Wirtschaftlichkeitsüberlegungen und dem wachsenden Konkurrenzdruck der technologisch hoch stehenden westdeutschen Reviere, insbesondere des Rheinischen Reviers, gegenüber. Am 29.6.1990 wurde die Lausitzer Braunkohlen AG (LAUBAG) gegründet, über direkte und indirekte Beteiligung eine 100%ige Tochtergesellschaft westdeutscher Energieunternehmen (RWE, HEW, BEWAG, EnBW). Per 31.12.1993 veräußerte die Treuhand die unter ihrer Verwaltung stehende Mitteldeutsche Braunkohlengesellschaft mbH (MIBRAG) dagegen an ein anglo-amerikanisches Konsortium.

Im Kraftwerksbereich wurden seit 1989 technische Nachrüstungen durchgeführt, kleinere Anlagen stillgelegt und für Altanlagen, die zur Deckung des Grundlastbedarfs nicht notwendig waren, eine späteste Stillegung bis zum 1.4.2001 beschlossen. Darüber hinaus führten die Ausrichtung auf marktorientierte Energiepreise, eine sich zunehmend verändernde Energieversorgung der privaten Haushalte sowie die Stilllegung energieextensiver Produktionsanlagen industrieller Abnehmer zu einem drastischen Bedarfsrückgang.

Insgesamt sank der Anteil der Braunkohle am gesamtdeutschen Primärenergieverbrauch von 24% (1989) auf 10,8% (2000) und an der Stromerzeugung von 32% (1989) auf 21,8% (2000) – ein Rückgang, der ausschließlich zu Lasten der ostdeutschen Reviere ging (▸▸ Beitrag Brücher/Helfer, S. 130). Die Reduzierung der Abbau- und Verarbeitungskapazitäten führte in den östlichen Revieren zu einem Rückgang der Arbeitsplätze von 129.600 (1989) auf 10.077 (2000).

Die Sanierung ehemaliger Tagebaugebiete hatte 1989 davon auszugehen, dass von insgesamt 122.000 ha Bergbauflächen im Mitteldeutschen und Lausitzer Revier nur 46,9% bzw. 51,1% rekultiviert waren (▸▸ Beiträge Hoepfner/Paul, Bd. 2, S. 52 und Berkner, Bd. 2, S. 54). Neben der Flächendevastierung (Zerstörung des Oberflächenbewuchses) von etwa 60.000 ha stellten die Altlasten auf den Standorten ehemaliger Veredelungsanlagen sowie Grundwasserabsenkungen von bis zu 80 m schwerwiegende Eingriffe in den Naturhaushalt dar. Die seitdem angelaufenen Sanierungsarbeiten umfassen – neben der Altlastensanierung auf etwa 100 Standorten – die Begrünung ehemaliger Betriebsflächen, die Umwandlung von Teilen der ehemaligen Bergbau- in eine Naherholungslandschaft, aber auch die Herstellung einer bergtechnischen Grundsicherheit. Böschungen sind vor Rutschungen zu schützen und setzungsgefährdete Kippenflächen müssen saniert werden.

Der Schrumpfung des Braunkohlentagebaus in den östlichen Revieren steht ein Ausbau im rheinischen Revier gegenüber, wo von 2006 bis 2045 ein 48 km² großes Gebiet als Garzweiler II in Betrieb genommen wird.◆

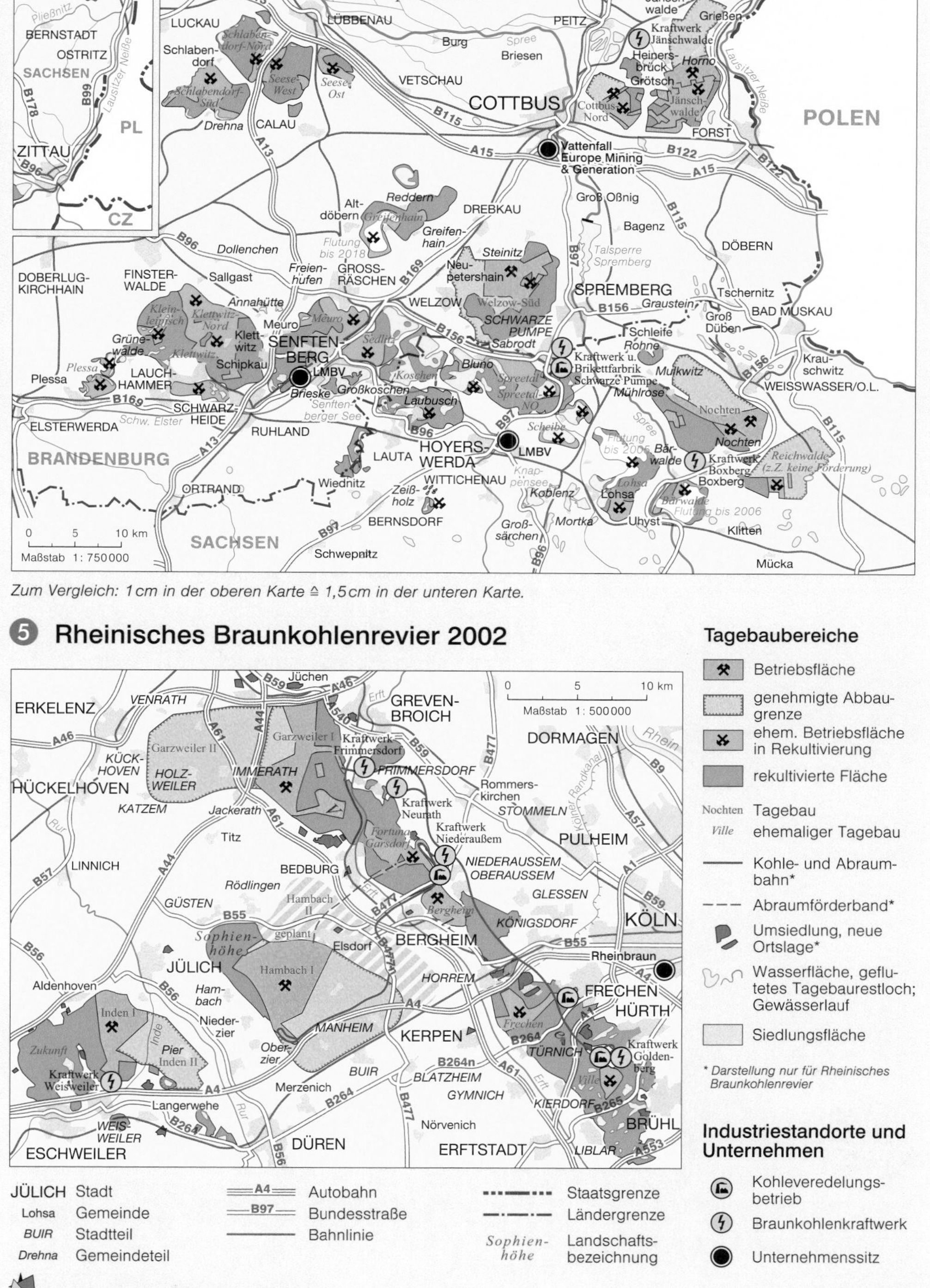

Altindustrialisierte Gebiete: Peripherien und ländliche Räume

Reinhard Wießner

Industriebrache und leer stehendes Fabrikgebäude im Erzgebirge

Saniertes ehemaliges Fabrikgebäude im Erzgebirge, das heute durch einen Dienstleistungsbetrieb genutzt wird

Mit altindustrialisierten Räumen assoziiert man gemeinhin industrielle Ballungsgebiete wie das Ruhrgebiet, in denen der Niedergang der großen alten Industrien für erhebliche wirtschaftliche und soziale Krisen gesorgt hat. Altindustrialisierte Regionen existieren aber auch in vielen peripheren und ländlichen Räumen Deutschlands. Vielfach ebenso von regionalen Strukturkrisen betroffen, stehen sie weit weniger im Blickpunkt der Öffentlichkeit. Unter ländlichem Raum seien dabei entsprechend der Begriffsbildung in der Raumordnung alle Gebiete außerhalb von Verdichtungsräumen verstanden, also auch viele Klein- und Mittelstädte.

Industrieregionen Anfang des 20. Jhs.

In der Karte ❷ werden historische und aktuelle Sachverhalte übereinander projiziert: die derzeitigen raumordnerisch ausgewiesenen Verdichtungsräume, also die wirtschaftlichen Kernräume der heutigen Zeit, sowie die Verteilung der gewerblich-industriellen Aktivitäten im Jahr 1907 (nach Schlier 1922). Die rot hervorgehobenen Regionen, die man mit Fug und Recht als altindustrialisierte Räume bezeichnen kann, umfassen einerseits die industriellen Kernräume, in denen sich Verdichtungsräume herausgebildet haben, wie etwa das Ruhrgebiet oder der Raum Chemnitz-Zwickau, aber andererseits auch weiträumige Bereiche außerhalb der heutigen Verdichtungsräume, teilweise abseits und peripher gelegen.

Als ländliche und periphere Regionen mit den historisch höchsten Gewerbe- und Industriedichten sind hervorzuheben:

- die ausgedehnten Randzonen des sächsisch-thüringischen Industriereviers im Erzgebirge, Vogtland und Thüringer Wald sowie in den südlich angrenzenden Mittelgebirgsregionen Oberfrankens und der Oberpfalz
- Regionen auf der Schwäbischen Alb und im Schwarzwald sowie in der Lausitz

Die Bedeutung solcher Industriereviere kommt auch durch die vertretenen Branchen und die hergestellten Produkte zum Ausdruck, die häufig einen überregionalen, teilweise sogar weltweiten Bekanntheitsgrad erlangt haben. Beispielhaft seien die Porzellanindustrie in Selb, der Oberpfalz und im Thüringer Wald genannt, die Textilindustrie im Vogtland, die Musikinstrumentenherstellung im vogtländischen Musikwinkel, die Spielwaren- und Möbelindustrie im oberfränkisch-südthüringischen Raum um Coburg und Sonneberg wie auch die Schwarzwälder Uhrenindustrie.

Auffallend an den vorgestellten ländlichen Altindustrieräumen ist, dass sie überwiegend in Gebirgsregionen liegen. Diese boten damals Standortvorteile, denn Rohstoffe und traditionelle Energieträger waren verfügbar. Grundlage waren auch die sog. Hausindustrien, Heimgewerbe und handwerkliche Traditionen, häufig als Nebengewerbe neben der kargen Landwirtschaft betrieben, oder zur Existenzsicherung nach der Aufgabe des Bergbaus. Schließlich gab auch die Förderung gewerblicher Aktivitäten durch Landesherren wichtige Impulse für die industrielle Entwicklung (z.B. in Württemberg und Sachsen).

Die Industrialisierung in ländlichen Regionen führte zu einem beträchtlichen Bevölkerungsanstieg. Klein- und Mittelstädte bildeten sich als industrielle Zentren heraus, Stichbahnen banden periphere Orte an das Eisenbahnnetz an. Industrie, Handwerk und der verbliebene Bergbau bestimmten die regionale Arbeitswelt, Kultur und Identität.

Entwicklungsprobleme und Perspektiven

Im 20. Jh. büßten ländliche Altindustrieregionen im Verhältnis zu Verdichtungsräumen deutlich an ökonomischer Substanz ein. Vielfach wurden einst blühende Wirtschaftsregionen zu strukturschwachen Räumen mit erheblichen ökonomischen Problemen. Die traditionellen Standortfaktoren hatten gegenüber Faktoren wie dem Humankapital (Verfügbarkeit qualifizierter Arbeitskräfte) und der Verkehrsinfrastruktur an Bedeutung verloren, so dass große Industriebetriebe bevorzugt in größeren Städten entstanden, die verkehrsgünstig im Vorland der Mittelgebirge bzw. an den Verkehrsachsen der Flusstäler liegen. Dort bildeten sich dann unsere heutigen Verdichtungsräume heraus.

Zeitgleich setzten Prozesse der Deindustrialisierung ein: In den Altindustrien wurden in erheblichem Umfang Arbeitsplätze durch Rationalisierungen abgebaut. In jüngerer Zeit spielt zudem die Internationalisierung und Globalisierung der Wirtschaft eine wachsende Rolle. Arbeitsplatzverluste und die Stilllegung von Altindustriebetrieben sowie mangelnde Erwerbsmöglichkeiten in anderen Wirtschaftsbereichen bedingen hohe Arbeitslosigkeit und Abwanderung.

Beispiel Nordostbayern: Die rückläufige Industrieentwicklung bewirkte in den Arbeitsamtsbezirken Hof, Coburg und Weiden in den 1990er Jahren einen Einbruch um 20-30% der Beschäftigung im verarbeitenden Gewerbe ❶. Weit überdurchschnittlich fiel dabei mit Verlusten im Bereich von 40-50% der Rückgang in den einstmals die Wirtschaftsstruktur prägenden Altindustriebranchen Textil und Bekleidung, Feinkeramik, Holzverarbeitung (Möbel und Spielwaren) sowie Eisen- und Stahlerzeugung ins Gewicht.

Beispiel Ostdeutschland: Noch dramatischer gestaltete sich der Deindustrialisierungsprozess in Ostdeutschland, wo nach der Wende in kürzester Zeit über die Hälfte der industriellen Arbeitsplätze wegfiel. Vor allem viele altindustrialisierte Räume in den Mittelgebirgen verloren von heute auf morgen ihre wirtschaftliche Basis. Industrie- und Gewerbebrachen sowie der Verfall industrieller Gebäudesubstanz wurden zu typischen Elementen in den Ortsbildern. Nur selten gelingt es, solche Gebäude als sehenswerte Zeugen der Industriekultur und Architektur der Gründerzeit zu erhalten und einer neuen Nutzung zuzuführen (▸ Fotos).

Beispiel Schwäbische Alb: Altindustriebranchen in ländlichen Regionen sind aber auch zu Innovationen fähig. Eine bemerkenswerte Entwicklung nimmt z.B. die Textil- und Bekleidungsbranche im Raum Albstadt auf der Schwäbischen Alb. Hier wird hochwertige Mode in Markenqualität erfolgreich produziert und über einen Werksverkauf (Factory Outlet) lukrativ vermarktet.

Eine wachsende Orientierung auf technologieintensive hochwertige Produkte ist in vielen altindustriellen Branchen und Regionen zu beobachten. Solche Produktionen sind auf der Basis des regionalen Know-hows und innovativer Produktionsmilieus am Standort Deutschland überlebensfähig und bilden eine notwendige Grundlage, um ländlichen Altindustrieregionen einen qualifizierten Bestand an Industrie und Arbeitsplätzen zu sichern.◆

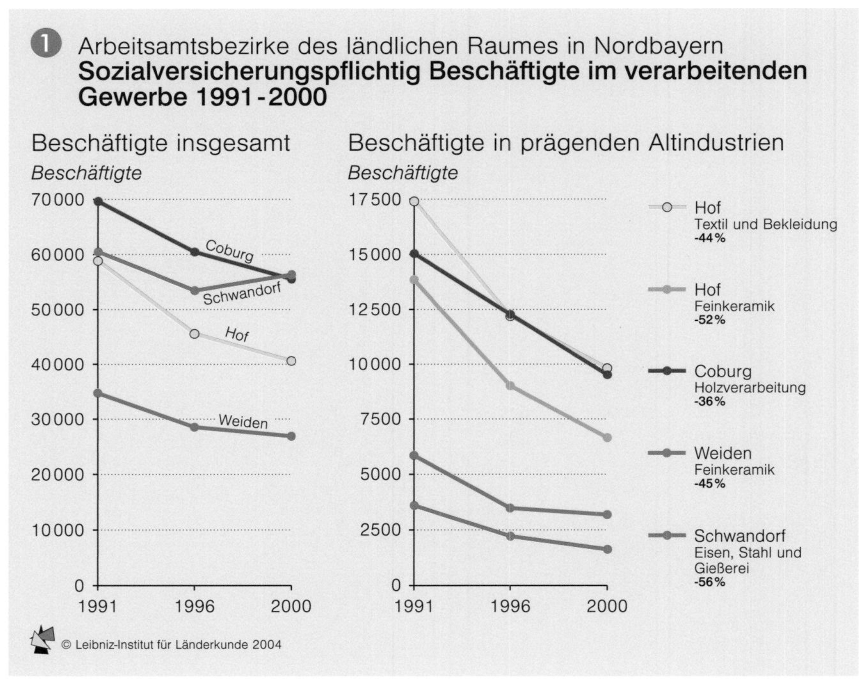

❶ Arbeitsamtsbezirke des ländlichen Raumes in Nordbayern
Sozialversicherungspflichtig Beschäftigte im verarbeitenden Gewerbe 1991-2000

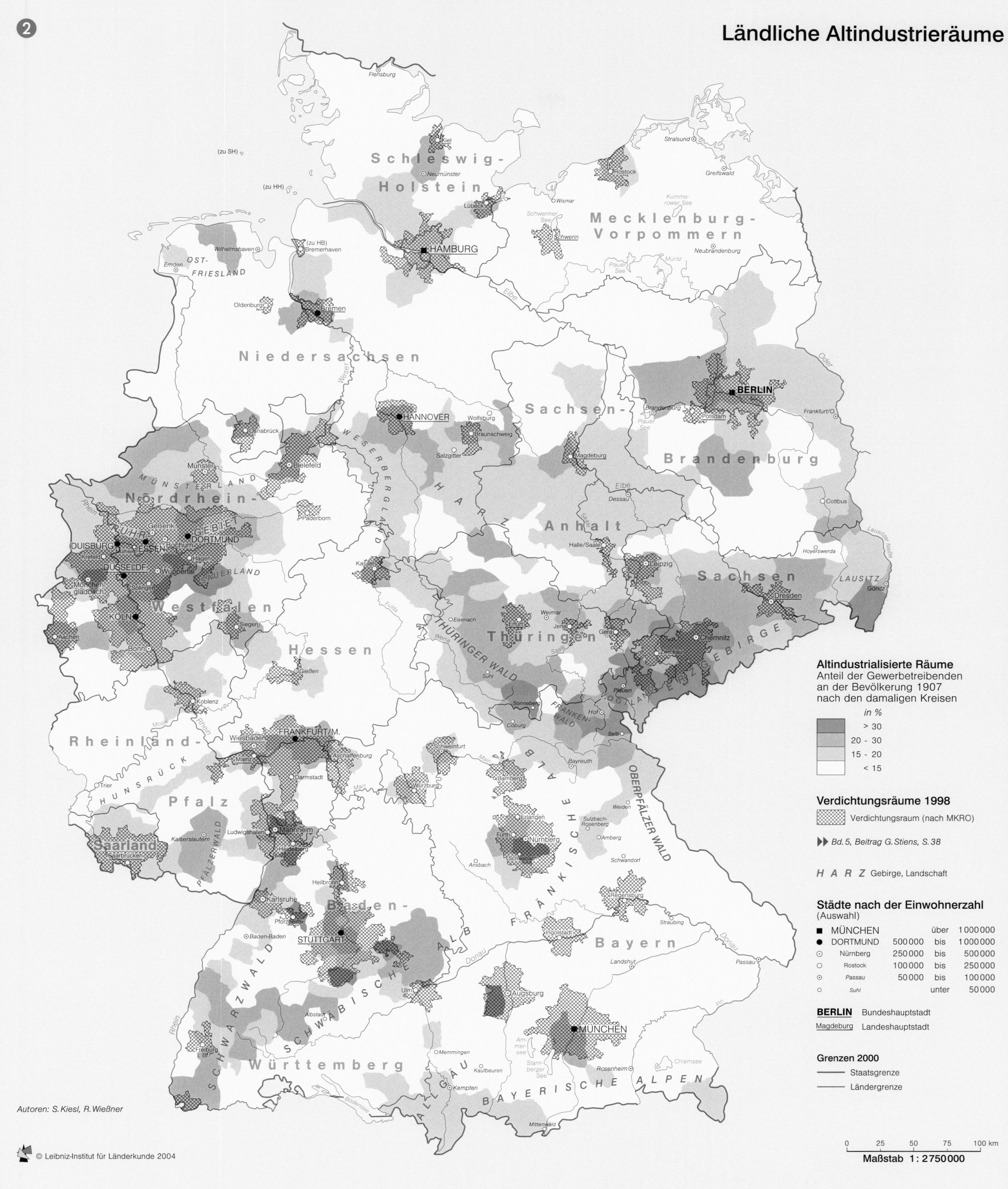

2
Ländliche Altindustrieräume
Altindustrialisierte Räume
Anteil der Gewerbetreibenden an der Bevölkerung 1907 nach den damaligen Kreisen
in %
> 30
20 - 30
15 - 20
< 15
Verdichtungsräume 1998
Verdichtungsraum (nach MKRO)
Bd. 5, Beitrag G. Stiens, S. 38
H A R Z Gebirge, Landschaft
Städte nach der Einwohnerzahl
(Auswahl)
MÜNCHEN über 1 000 000
DORTMUND 500 000 bis 1 000 000
Nürnberg 250 000 bis 500 000
Rostock 100 000 bis 250 000
Passau 50 000 bis 100 000
Suhl unter 50 000
BERLIN Bundeshauptstadt
Magdeburg Landeshauptstadt
Grenzen 2000
Staatsgrenze
Ländergrenze
0 25 50 75 100 km
Maßstab 1 : 2 750 000
Autoren: S. Kiesl, R. Wießner
© Leibniz-Institut für Länderkunde 2004
Schleswig-Holstein
Mecklenburg-Vorpommern
Niedersachsen
Sachsen-Anhalt
Brandenburg
Nordrhein-Westfalen
Hessen
Thüringen
Sachsen
Rheinland-Pfalz
Saarland
Baden-Württemberg
Bayern
HAMBURG
BERLIN
Bremen
HANNOVER
DORTMUND
ESSEN
DUISBURG
DÜSSELDF.
KÖLN
FRANKFURT/M.
STUTTGART
MÜNCHEN
Flensburg
Kiel
Neumünster
Lübeck
Rostock
Stralsund
Greifswald
Wismar
Schwerin
Neubrandenburg
Wilhelmshaven
Bremerhaven
Emden
Oldenburg
Osnabrück
Münster
Bielefeld
Paderborn
Wolfsburg
Braunschweig
Salzgitter
Magdeburg
Potsdam
Brandenburg
Frankfurt/O.
Cottbus
Dessau
Halle/Saale
Leipzig
Dresden
Hoyerswerda
Görlitz
Chemnitz
Zwickau
Plauen
Gera
Jena
Weimar
Erfurt
Eisenach
Suhl
Sonneberg
Coburg
Hof
Selb
Bayreuth
Kassel
Siegen
Gießen
Koblenz
Bonn
Aachen
Wuppertal
Hagen
Bochum
Gelsenk.
Krefeld
Mönchengladbach
Solingen
Wiesbaden
Mainz
Darmstadt
Aschaffenburg
Schweinfurt
Würzburg
Bamberg
Erlangen
Fürth
Nürnberg
Schwabach
Ansbach
Amberg
Weiden
Sulzbach-Rosenberg
Schwandorf
Regensburg
Straubing
Ingolstadt
Landshut
Passau
Trier
Kaiserslautern
Saarbrücken
Ludwigshafen
Mannheim
Heidelberg
Heilbronn
Karlsruhe
Pforzheim
Baden-Baden
Ulm
Albstadt
Augsburg
Freiburg
Memmingen
Kaufbeuren
Kempten
Rosenheim
Mittenwald
RUHRGEBIET
MÜNSTERLAND
SAUERLAND
OST-FRIESLAND
WESERBERGLAND
HARZ
THÜRINGER WALD
FRANKENWALD
VOGTLAND
ERZGEBIRGE
LAUSITZ
HUNSRÜCK
PFÄLZERWALD
OBERPFÄLZER WALD
FRÄNKISCHE ALB
SCHWÄBISCHE ALB
SCHWARZWALD
ALLGÄU
BAYERISCHE ALPEN
Elbe
Oder
Weser
Rhein
Main
Donau
Mosel
Saale
Werra
Fulda
Inn
Lausitzer Neiße
Bodensee
Chiemsee
Ammersee
Starnberger See
Schweriner See
Müritz
Plauer See
Kummerower See
(zu SH)
(zu HH)
(zu HB)

Alte Industrieregionen

Christian Berndt und Pascal Goeke

Die 1946 gegründete Werft in Rostock-Warnemünde, ist nach erfolgreicher Modernisierung 1992-95 auf den Neubau von Containerschiffen, schwimmenden Bohrplattformen u.Ä. spezialisiert.

In den einschlägigen Publikationen internationaler Organisationen wird Deutschland als reife Volkswirtschaft mit strukturellen Verkrustungen und Innovationsschwächen dargestellt. Aus einer internationalen Perspektive könnte man es durchaus als einen älteren Industrieraum bezeichnen, der ohne Zweifel an Wettbewerbsfähigkeit eingebüßt hat. Auch innerhalb des Landes gibt es Teilräume, die auf eine relativ lange Industriegeschichte zurückblicken und die in besonderem Maße damit konfrontiert werden, dass Wettbewerbsvorteile mit der Zeit zu Nachteilen werden können.

Alte Industrieregionen

Als alte Industrieregionen werden solche Kreise definiert, in denen die Beschäftigten- und Betriebsstrukturen überdurchschnittlich von folgenden Branchen geprägt sind: 1. Bergbau; 2. chemische Industrie (Grundstoffchemie); 3. Schiffbau; 4. Metallerzeugung und -bearbeitung; 5. Textil-, Bekleidungs- und Ledergewerbe.

In den östlichen Bundesländern, wo seit der Wende nahezu der gesamte sekundäre Sektor weggebrochen ist, kann wegen der relativ geringen Bedeutung des verarbeitenden Gewerbes bzw. aufgrund der geringen Bevölkerungsdichte auch dort nicht mehr von altindustriell geprägten Regionen gesprochen werden, wo früher einmal industrielle Strukturen gegeben waren, etwa bei der Uranförderung im Erzgebirge und im südöstlichen Thüringen (vgl. Beck 2001) oder im Falle des Chemiedreiecks Halle-Leipzig-Bitterfeld (Faupel u.a. 2001; Kaiser 1997).

Alte Industrieregionen bleiben in der Regel hinter der Entwicklung der allgemeinen Wirtschaftskraft eines Landes zurück, auch wenn gerade an der chemischen Industrie deutlich wird, dass alte Industriebranchen durchaus einen positiven Beitrag zur regionalen Entwicklung leisten können ❶.

Gratwanderung zwischen Wandel und Beharrung

In den traditionellen industriellen Kernregionen zeigen sich die für Deutschland immer noch typischen institutionellen Muster in besonderer Deutlichkeit: enge Verflechtungen zwischen einzelnen Unternehmen, die besondere Rolle von Hausbanken bei der Finanzierung gerade älterer mittelständischer Unternehmen, die starke Position der Gewerkschaften sowie das quasi-symbiotische Beziehungsgeflecht aus Politik, Verbänden und Industrie. Die Vorteile dieser Stabilität und Sicherheit garantierenden Beziehungsnetzwerke wurden im Zuge von Globalisierungsprozessen immer mehr zu Hemmnissen für die regionale Anpassungs- und Innovationsfähigkeit. Alte Industrieregionen sind Paradebeispiele dafür, wie sich technologischer ▸ Lock-in regional verfestigen kann (vgl. Grabher 1993; Schamp 2000).

Aus der Perspektive von Unternehmen, die ihre Standorte in alten Industrieregionen haben, stellt sich der Produktionsalltag als eine ständige Gratwanderung zwischen Wandel und Beharrung dar. Mittelständische Industrieunternehmen, die z.B. für die jeweilige regionale Schlüsselbranche als Zulieferer fungieren, müssen erkennen, dass sich die Produktionsnetze der großen, die Region prägenden Konzerne immer weiter ausdehnen und dabei gerade an den traditionellen Standorten immer grobmaschiger werden. Andererseits weist die Wissenschaft nach, dass erfolgreiche Diversifizierung gerade des industriellen Mittelstands in der Regel auf lokale und regionale Beziehungen angewiesen ist (Berndt 2001).

Was für einzelne Unternehmen gilt, lässt sich auch auf die Entwicklung der Region übertragen. Politische Entscheidungsträger müssen ähnlich wie Manager und Unternehmer täglich immer wieder aufs Neue zwischen Stabilität und Wandel, radikalem Abbruch und behutsamer Erneuerung entscheiden. In der Wissenschaft herrscht Einigkeit darüber, dass es hier keinen Königsweg gibt und sich diese Entwicklungen deshalb nur sehr eingeschränkt politisch beeinflussen lassen (Danielzyk 1998).

Ein Blick auf das Ruhrgebiet

Auf technologisch-ökonomischen Ansätzen basierende Typisierungen ❶ liefern einen ersten Überblick über regionale Spezialisierungen, stoßen jedoch bei näherer Betrachtung aus zweierlei Gründen sehr schnell an ihre Grenzen. Erstens wird die pauschale Kategorie „alte Industrieregion" der Verschiedenheit ▸ regionaler Entwicklungspfade nicht gerecht. Zweitens werden bei der Bildung von Regionentypen innerregionale Differenzierungen ausgeblendet. Schon ein Blick auf die Entwicklung der Pro-Kopf-Bruttowertschöpfung zeigt, dass sich die Städte und Kreise des Ruhrgebiets im Zeitraum 1978 bis 1996 nicht sehr einheitlich entwickelt haben. Die Situation in alten Industrieregionen erweist sich bei näherer Betrachtung weitaus differenzierter, als es klassische regionale Kategorisierungen auf der Basis technologisch-ökonomischer Zyklen vermuten lassen (▸ Branchenzyklusthese; vgl. dazu Schamp 2000, S. 142-143).♦

Branchenzyklusthese – Übertragung der Produktzyklustheorie auf ganze Wirtschaftsbranchen

Lock-in – Verfestigung; evolutionsökonomischer Begriff für die institutionelle Pfadabhängigkeit von Technologien im Zuge steigender unternehmensexterner Skalenerträge

Pfadabhängigkeit – Erklärung einer Entwicklung aus ihrer spezifischen Geschichte heraus

Produktzyklustheorie – Im Zusammenhang mit einem idealtypischen „Lebenspfad" eines Produktes werden bei der Produktion eines Gutes nachfrageabhängig feste Phasen der Produkteigenschaften und der Produktionstechnik unterschieden.

regionale Branchenzyklen – Erklärung regionaler Wirtschaftsstrukturen mit der Lebenszyklusphase regionaler Leitindustrien

regionaler Entwicklungspfad – beschreibt die mögliche Pfadabhängigkeit eines regionalen Entwicklungsprozesses als Folge von Verfestigung

Skalenertrag – Größeneffekt; Kostenersparnisse bei der Produktion durch sinkende Durchschnittskosten bei zunehmender Produktionsmenge (unternehmensinterne Skalenerträge); in zwischenbetrieblichen Beziehungen entstehen Ersparnisse über kollektive Lernprozesse (unternehmensexterne Skalenerträge).

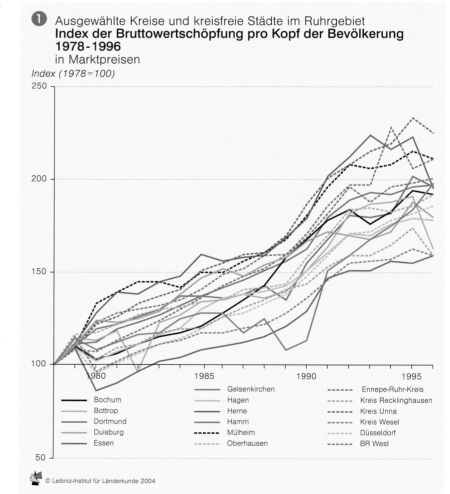

❶ Ausgewählte Kreise und kreisfreie Städte im Ruhrgebiet
Index der Bruttowertschöpfung pro Kopf der Bevölkerung 1978-1996
in Marktpreisen

Index (1978=100)

250
200
150
100
50

1980 1985 1990 1995

Bochum
Bottrop
Dortmund
Duisburg
Essen
Gelsenkirchen
Hagen
Herne
Hamm
Mülheim
Oberhausen
Ennepe-Ruhr-Kreis
Kreis Recklinghausen
Kreis Unna
Kreis Wesel
Düsseldorf
BR West

2

Verdichtete Kreise und kreisfreie Städte altindustrieller Prägung 1998

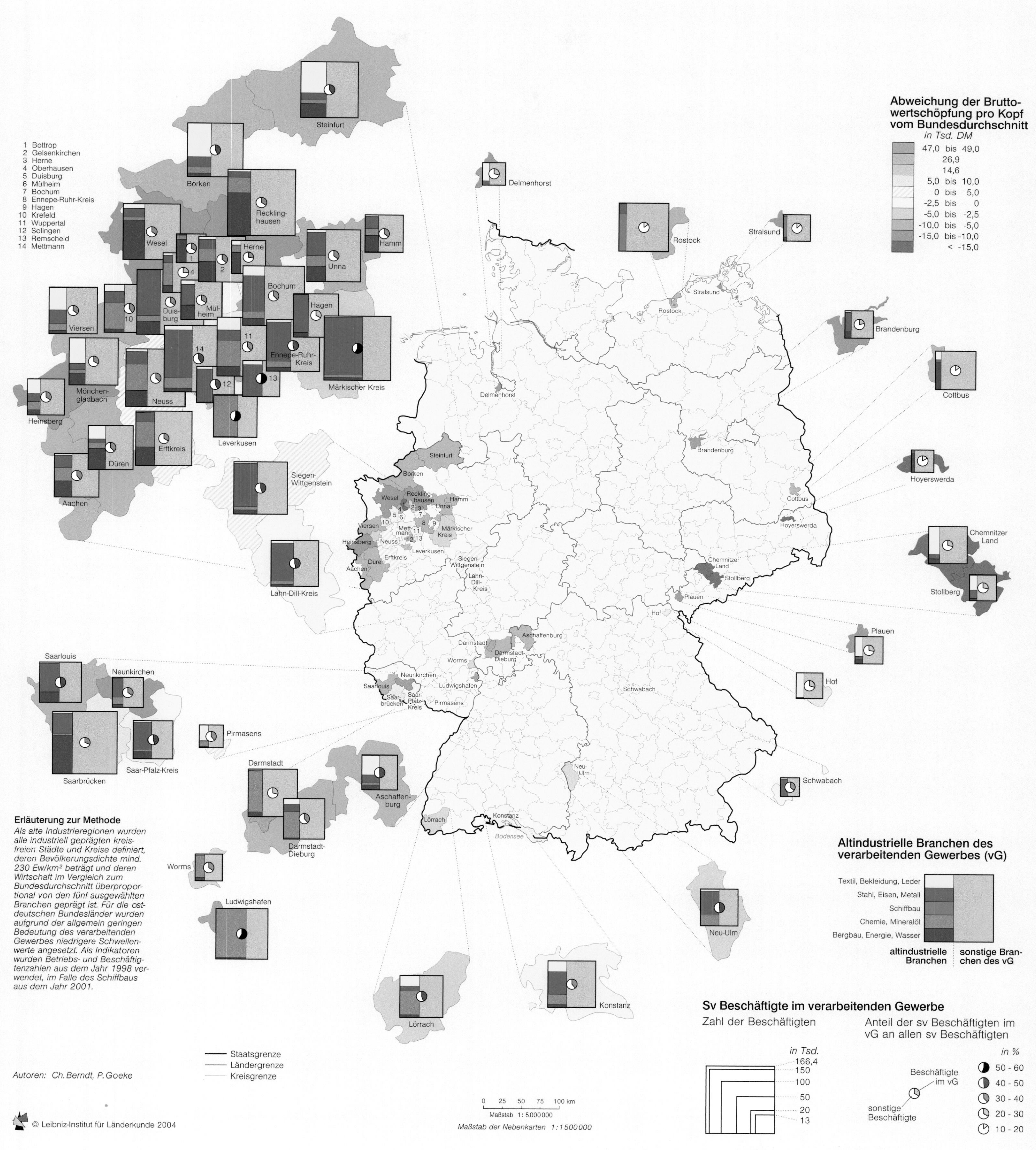

Erläuterung zur Methode

Als alte Industrieregionen wurden alle industriell geprägten kreisfreien Städte und Kreise definiert, deren Bevölkerungsdichte mind. 230 Ew/km² beträgt und deren Wirtschaft im Vergleich zum Bundesdurchschnitt überproportional von den fünf ausgewählten Branchen geprägt ist. Für die ostdeutschen Bundesländer wurden aufgrund der allgemein geringen Bedeutung des verarbeitenden Gewerbes niedrigere Schwellenwerte angesetzt. Als Indikatoren wurden Betriebs- und Beschäftigtenzahlen aus dem Jahr 1998 verwendet, im Falle des Schiffbaus aus dem Jahr 2001.

Autoren: Ch. Berndt, P. Goeke

Standorte der Informationstechnologie

Klaus Baier und Peter Gräf

Die Informationstechnologie (IT) ist zur Schlüsseltechnologie für das 21. Jahrhundert geworden. Man kann sie in vier Kategorien unterteilen: Computer ▶ Hardware, Bürotechnik, ▶ Software und IT-Services.

Zur Visualisierung von IT-Standorten in Deutschland wurden als Stichprobe die 4798 deutschen Aussteller der ▶ CeBIT 2001 untersucht. Bei der CeBIT handelt es sich um die global bedeutendste Messe für Informations- und Telekommunikationstechnik (▶▶ Beitrag Baier/Gräf, S. 134). Zur Analyse der räumlichen Verteilung von Beschäftigten der ▶ DV-Branche wurde auf eine Statistik der Bundesanstalt für Arbeit zurückgegriffen, in der die Beschäftigten nach Arbeitsamtsbezirken erfasst sind ❶.

Räumlich lässt sich eine Konzentration der IT-Standorte in einem Bogen beobachten, der sich von Hamburg über Hannover, Düsseldorf, Köln, Bonn, Frankfurt, das Rhein-Maingebiet und Stuttgart bis nach München und in sein Umland erstreckt ❶. Weitere ▶ Cluster der Informationstechnologie sind Berlin, Nürnberg, Karlsruhe und Saarbücken. Regionale Bedeutung haben außerdem noch Aachen, Münster, Dortmund sowie in den neuen Bundesländern Dresden und Leipzig. In einer Standorthierarchie für Informationstechnologie führt München mit 339 Unternehmen, gefolgt von Berlin mit 241 und Hamburg mit 214 IT-Firmen. Auf diese drei Standorte entfallen mit 794 Betrieben 16,6% aller untersuchten CeBIT-Aussteller ❹. Bei den meisten wichtigen IT-Clustern handelt es sich zudem um Standorte hochwertiger Dienstleistungen und Cluster der High-tech-Industrie. Die IT-Cluster beschränken sich aber nicht nur auf bedeutende Agglomerationen, sondern neue Cluster haben sich im Einzugsgebiet der wichtigen IT-Standorte gebildet. Hervorzuheben sind in der Region München Unterföhring und die angrenzenden Gemeinden mit dem Postleitzahlengebiet 857..; hier ist mit 80 Unternehmen der größte Cluster bei einem räumlichen Raster von dreistelligen Postleitzahlen. In diesem Zusammenhang sind aber auch beispielsweise Hallbergmoos (ebenfalls im Flughafenumfeld München) und Bad Homburg bei Frankfurt zu nennen.

Stammsitz der PC-Ware Informationstechnologies AG in Leipzig

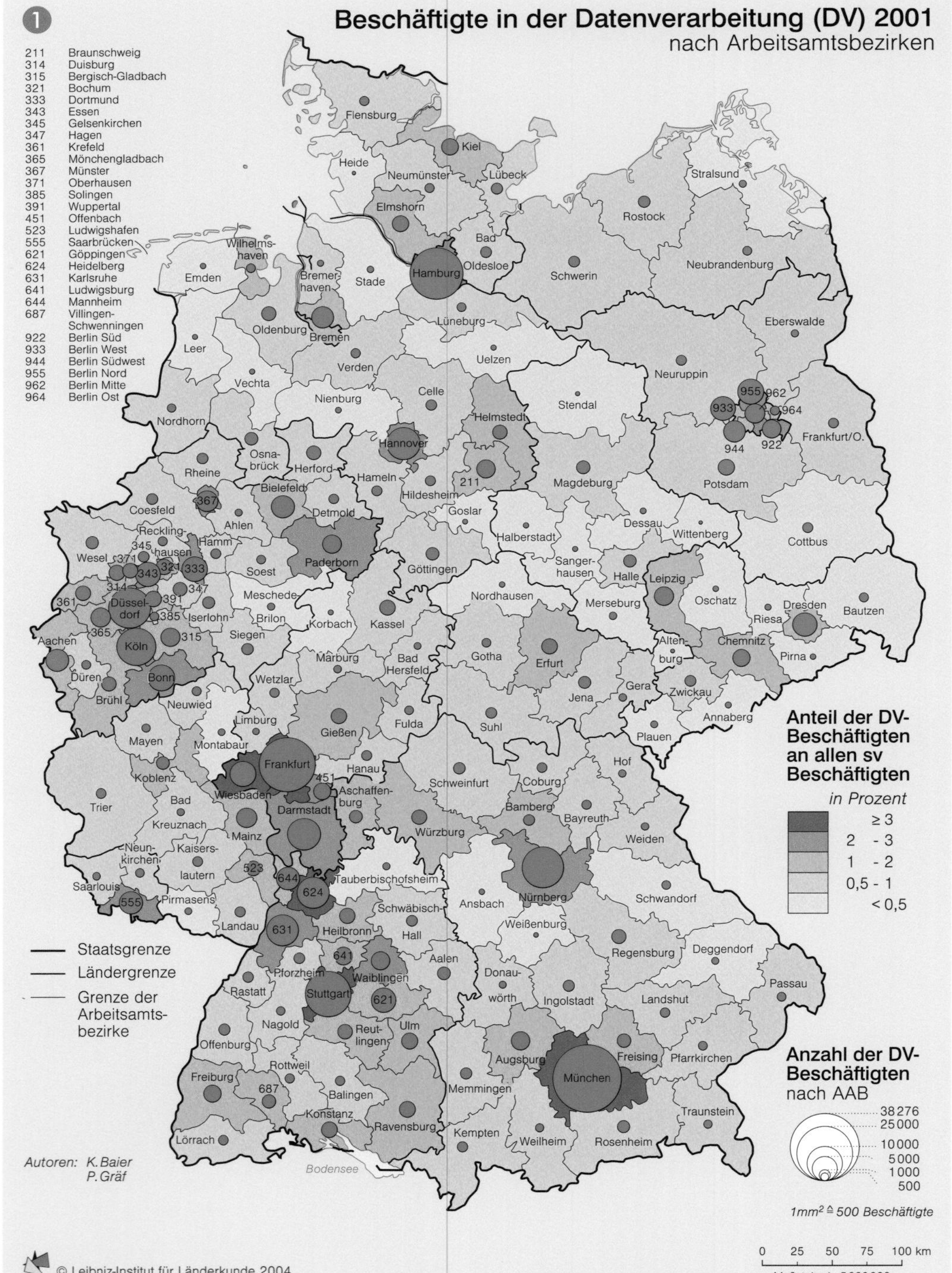

Eine Clusterbildung in der Informationstechnologie lässt sich u.a aus den wirtschaftspolitischen Aktivitäten der jeweiligen Stadt bzw. des Landes sowie aus der generellen Attraktivität des Standorts erklären. Es ist plausibel, dass die Standorte der IT-Unternehmen fast identisch mit jenen der Telekommunikationsbranche sind. Wie kommt es nun aber zu der Clusterbildung in den Einzugsgebieten der großen Cluster? Hierzu kann die Unternehmensstruktur in der IT-Branche als erklärende Variable dienen. IT-Unternehmen sind einerseits Großunternehmen, zum Beispiel Siemens AG mit Hauptsitz in München, sowie große internationale Unternehmen mit einer Filiale oder einer Tochtergesellschaft in Deutschland. Andererseits prägen zahlreiche kleine und mittelständische Unternehmen mit hoch spezialisierten Produkten und Diensten die Struktur, darunter viele ▶ Start-ups. Gerade für letztere bieten die Standorte außerhalb der Hauptcluster optimale Bedingungen. Sie befinden sich im Einzugsbereich der Agglomerationen, aber Mieten und Grundstückspreise liegen niedriger als in der Innenstadt. Infrastrukturell sind gerade in neuen Gewerbegebieten sehr gute Bedingungen zu finden.

Im Jahre 2001 waren in der DV-Branche 416.730 Beschäftigte statistisch erfasst. In Karte ❶ sind deutliche räumliche Korrelationen zwischen der Anzahl der Beschäftigten und den Clustern der Informationstechnologie zu erkennen. So hatte 2001 München 38.276 Beschäftigte in der DV-Branche. Der zweitgrößte Standort Hamburg weist mit 22.657 Arbeitnehmern ebenfalls eine hohe Konzentration DV-Beschäftigter auf. Fasst man die fünf Arbeits-

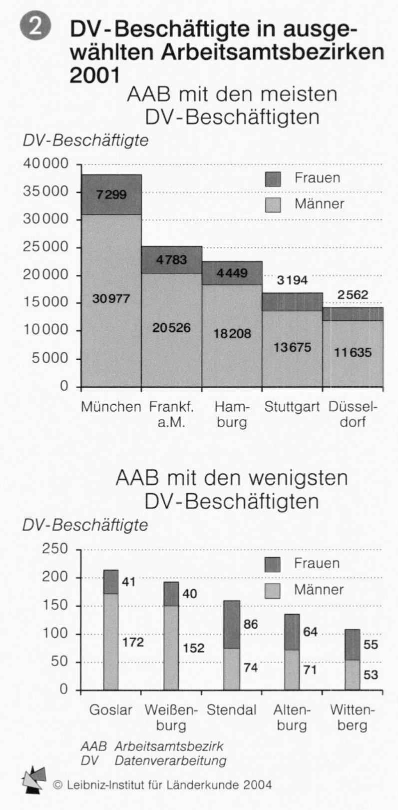

CeBIT – Fachmesse für Computer und Informationstechnologie, der Name bedeutete ursprünglich „Centrum für Büro- und Informationstechnik"

Cluster – Häufung, räumliche Konzentration

DV – Datenverarbeitung; Teilbereich der IT-Branche

Hardware – Geräte der Computer-Technologie

Software – Programme für die Computer-Technologie

Start-up – neu beginnendes Unternehmen, Jungunternehmer

amtsbezirke Berlins zusammen, so entfallen auf Berlin auf 21.143 Angestellte in der DV-Branche ❶. Auch bei den Arbeitsamtsbezirken mit den geringsten DV-Beschäftigtenzahlen – Wittenberg (108), Altenburg (135) und Stendal (160) ❷ – gibt es Korrelationen mit den Standorten der CeBIT-Aussteller.

Von 1995 bis 2001 haben sich die Beschäftigtenzahlen in der DV-Branche in den Gebieten mit hoher Konzentration der IT-Unternehmen positiv entwickelt. So lag die Veränderungsrate in München bei +49,7%. Keine andere Branche konnte in den letzten Jahren einen ähnlichen Zuwachs, relativ wie absolut, an Arbeitsplätzen aufweisen. Auffallend sind die hohen Frauenanteile in Ostdeutschland in der DV-Branche, die von der guten Berufsausbildung für Frauen in der DDR herrührt ❸.

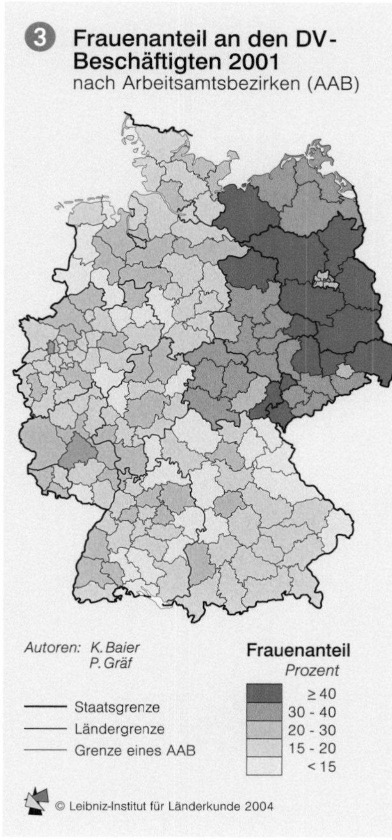

❸ **Frauenanteil an den DV-Beschäftigten 2001**
nach Arbeitsamtsbezirken (AAB)

❹ **Aussteller der CeBIT 2001**
nach Postleitzahlen

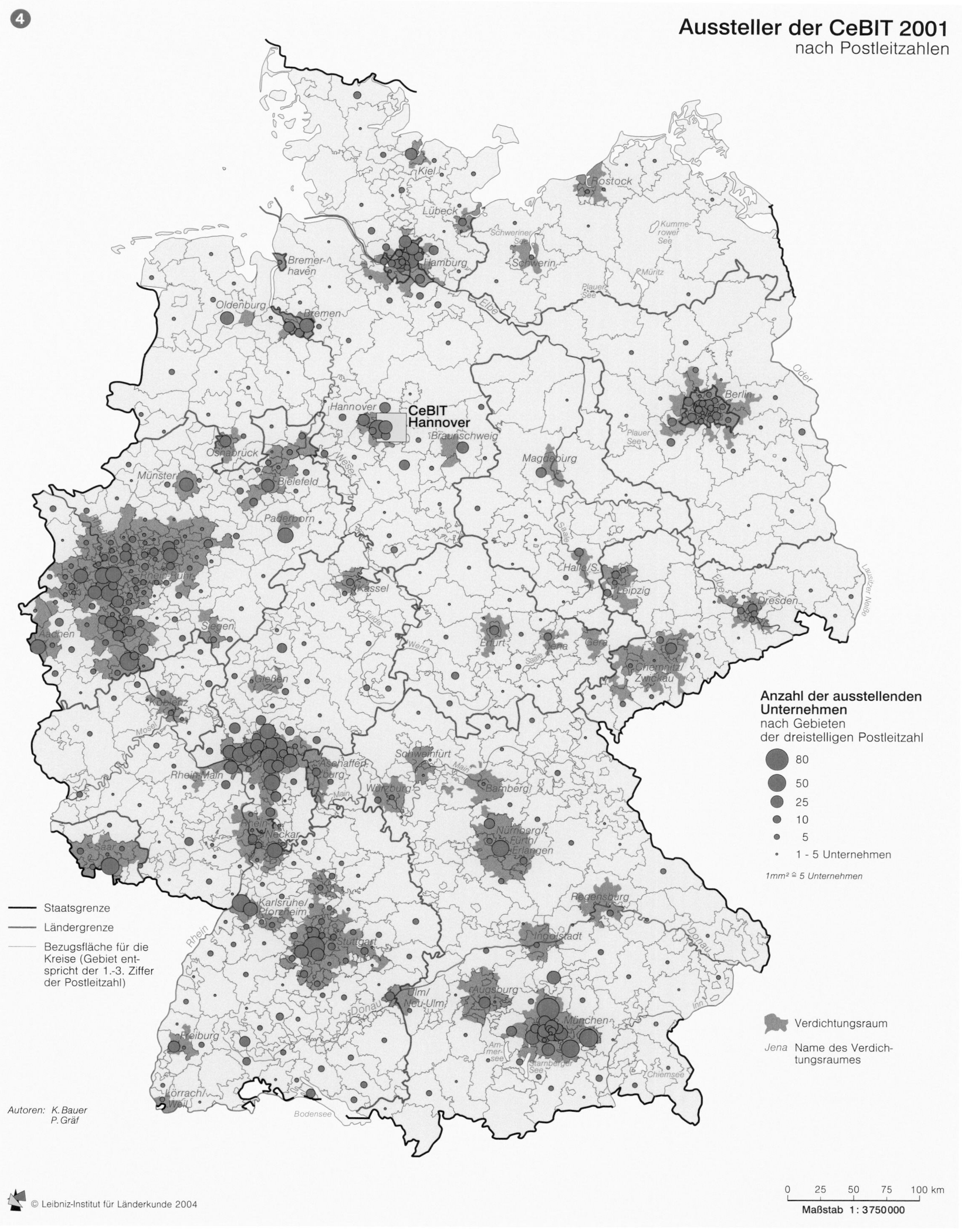

Anzahl der ausstellenden Unternehmen nach Gebieten der dreistelligen Postleitzahl: 80, 50, 25, 10, 5, 1 - 5 Unternehmen; 1mm² ≙ 5 Unternehmen

Staatsgrenze; Ländergrenze; Bezugsfläche für die Kreise (Gebiet entspricht der 1.-3. Ziffer der Postleitzahl)

Verdichtungsraum; *Jena* Name des Verdichtungsraumes

Autoren: K. Bauer, P. Gräf

Maßstab 1 : 3750000 (0 – 25 – 50 – 75 – 100 km)

Interessant ist ein Vergleich der Veränderung der Beschäftigtenzahlen in den nördlich und westlich an München angrenzenden Arbeitsamtsbezirken, wo sich neue Cluster der IT-Branche entwickelt haben. Dabei handelt es sich um die Arbeitsamtsbezirke Augsburg (2771 DV-Beschäftigte), Ingolstadt (1025) und Freising (1504). Der relative Zuwachs im Arbeitsamtsbezirk Freising mit +61,2% (+571) übertrifft selbst den Zuwachs der größten Informationstechnologiestandorte deutlich.

Dies zeigt, dass sich auch ländlich geprägte Regionen mit zielkonformen wirtschaftpolitischen Maßnahmen, guten infrastrukturellen Anschlüssen und Nähe zu Agglomerationsräumen innerhalb kurzer Zeit zu High-Tech-Standorten entwickeln und dadurch einen bedeutenden Zuwachs an Arbeitsplätzen für hoch qualifizierte Beschäftigte erreichen können.◆

Ostdeutsche Landwirtschaft seit der Wende: Umbruch und Erneuerung

Walter Roubitschek

Die Zuckerfabrik in Zeitz zählt mit einer Tagesverarbeitung von 11.300 t Rüben zu den größten der Südzucker AG

Nach den Umbrüchen in der Zeit der Bodenreform und der Kollektivierung (▶▶ Beitrag Klohn/Roubitschek, S. 24) vollzogen sich im Agrarbereich der neuen Länder mit der Währungsunion am 1. Juli sowie der Vereinigung der beiden deutschen Staaten am 3. Oktober 1990 erneut grundsätzliche Veränderungen. Mit dem Wegfall bisheriger Subventionen, dem abrupten Preisverfall bei in der Regel geringem Eigenkapital und fehlenden marktwirtschaftlichen Erfahrungen gingen den heimischen Betrieben, denen vorher die Abnahme der Produkte durch den Staat ab Hof garantiert war, im sofort nach der Währungsunion einsetzenden Wettbewerb wesentliche Marktpositionen verloren. Zudem bezogen die für den Osten neuen Handelsketten die Waren fast ausschließlich aus ihren bisherigen Einzugsbereichen. Die ehemals sozialistischen Landwirtschaftsbetriebe standen unter gravierendem Änderungsdruck.

In diesen Schwierigkeiten spiegelten sich die Erblasten der SED-Zeit: Zentrale Planvorgaben ohne Berücksichtigung örtlicher Gegebenheiten, fehlendes Kosten-Nutzen-Denken, Missachtung des Privateigentums, Trennung von Pflanzen- und Tierproduktion usw. Angesichts der Überschussproduktion in der EU führte all dies rasch zu Liquiditätsproblemen, begleitet von einer einschneidenden Reduzierung der Zahl der Arbeitskräfte auf ein Fünftel und der Viehbestände bei Rindern auf die Hälfte, bei Schweinen auf ein Viertel des Niveaus zur Wendezeit.

Umwandlung der LPG und VEG

Die rechtliche Basis für die Eingliederung der ostdeutschen Landwirtschaft in das demokratische Rechts- und Wirtschaftssystem der Bundesrepublik und zur Überwindung der Strukturprobleme lieferte das ▶ Landwirtschaftsanpassungsgesetz. Bis Ende 1991 mussten alle ehemaligen landwirtschaftlichen Genossenschaften in neue Rechtsformen überführt sein oder ihre Auflösung beschlossen haben.

Im Jahr 2001 stellten sich in Ostdeutschland auf einer Nutzfläche von rd. 5,6 Mio. ha fast 31.000 Unternehmen den Bedingungen des internationalen Marktes ❶. Im Unterschied zu den alten Ländern wird in den neuen über die Hälfte der Nutzfläche von sog. Juristischen Personen bewirtschaftet. Die Betriebsgrößen übertreffen bei allen Rechtsformen deutlich die des früheren Bundesgebietes ❸. Die Lösung, wieder privates Eigentum herzustellen und dazu die freie Entwicklung mehrerer Rechtsformen einschließlich neuartiger Produktivgenossenschaften zu ermöglichen, kann unter den gegebenen Umständen als optimale Lösung für die ostdeutschen Landeigentümer, die ausscheidenden Mitglieder der ▶ LPG und die heute im primären Sektor Tätigen bezeichnet werden.

Die ehemaligen Volkseigenen Betriebe bzw. ihre Vermögenswerte wurden und werden von der Treuhandanstalt bzw. ihrer Nachfolgerin, der Bodenverwertungs- und -verwaltungsgesellschaft (BVVG) privatisiert, d.h. verpachtet oder verkauft. 2001 betraf das noch rd. 1 Mio. ha LF und 400.000 ha Wald. Die Vermarktung dieser Flächen wird noch bis ins nächste Jahrzehnt andauern.

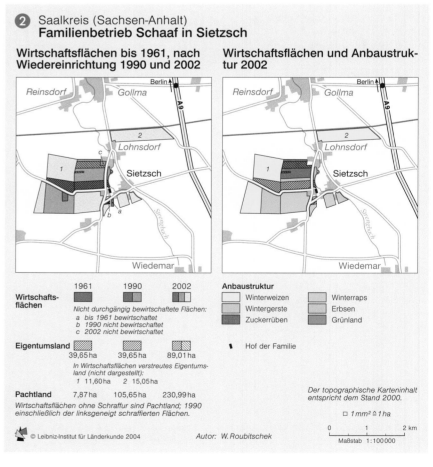

❶ Alte und neue Länder
Rechtsformen der deutschen Landwirtschaftsbetriebe 2001

Rechtsformen	Anteil der Betriebe in %		Anteil an der LF in %		Mittlere Betriebsgröße in ha LF	
	aL	nL	aL	nL	aL	nL
Einzelunternehmen	96,0	78,8	91,4	24,1	26,2	55,9
Personengesellschaften	3,5	10,6	7,7	22,9	61,3	393,2
Juristische Personen	0,5	10,6	0,9	52,9	46,1	913,2
darunter: e. Genossenschaften	0,0	3,8	0,1	29,2	60,7	1 419,2
GmbH	0,2	5,9	0,1	21,9	25,1	681,4
	Anzahl in 1000		*LF in 1000 ha*			
	416,7	30,7	11 472,9	5 598,6	**27,5**	**182,4**

Strukturmerkmale der ostdeutschen Landwirtschaft

Hinsichtlich der natürlichen Bodenfruchtbarkeit nach Ertragsmesszahlen je Kreis weichen die Mittelwerte zwischen den alten und neuen Ländern kaum vom Bundesdurchschnittswert (44,2 Punkte) ab.

Die ostdeutsche Landwirtschaft verfügte 2002 über 161.000 in der Mehrzahl familienfremde Arbeitskräfte (AK). Damit war der Besatz je 100 ha auf nur noch 1,6 AK/100 ha gegenüber 3,5 AK im Altbundesgebiet gesunken. Besonders im Marktfruchtbau waren Kostensenkungen und eine hohe Arbeitsproduktivität erreicht worden. Das systembedingte Produktivitätsgefälle in der Pflanzenproduktion gegenüber dem früheren Bundesgebiet ist inzwischen verschwunden.

Angesichts einer permanenten agraren Überproduktion in der EU und des Beitritts der mittel- und osteuropäischen Länder dürften die Sorgen einiger nordostdeutscher Gebiete mit hohen Anteilen von Sandböden mit Roggenanbau anhalten. Dagegen haben die Lössregionen Sachsen-Anhalts, Sachsens und Thüringens sowie die Grundmoränenstandorte Mecklenburg-Vorpommerns in der Marktfruchterzeugung bis jetzt gute Wettbewerbschancen.

Der relativ geringe Umfang der Viehhaltung in Ostdeutschland lässt sich wegen des meist fehlenden Eigenkapitals und der niedrigen Agrarpreise erst mittelfristig wieder anheben. Die durchschnittliche Milchleistung je Kuh lag 2002 mit 7380 kg im Osten bereits deutlich höher als in den alten Ländern (6272 kg) ❹. Bei einem Flächenanteil von 32,8 % erzeugten die Ostbetriebe zu Beginn des 21. Jhs. etwa 18% des BIP der deutschen Landwirtschaft – ein mehr als doppelt so hoher Anteil wie beim verarbeitenden Gewerbe.

In Ost- wie auch in Westdeutschland bilden umfangreiche Finanzhilfen des Bundes, der Länder und der EU eine grundlegende Voraussetzung für die Existenzsicherung der Agrarbetriebe. In den 7 Jahren zwischen 2000 und 2006 erhalten die neuen Länder mit knapp 7 Mrd. Euro 37,6% aller Agrarfördermittel in Deutschland, wobei die Dorf-

❷ Saalkreis (Sachsen-Anhalt)
Familienbetrieb Schaaf in Sietzsch

Wirtschaftsflächen bis 1961, nach Wiedereinrichtung 1990 und 2002

Reinsdorf
Gollma
Berlin
A9
2
Lohnsdorf
c
1
Sietzsch
b
a
Strengbach
Wiedemar

Wirtschaftsflächen und Anbaustruktur 2002

Reinsdorf
Gollma
Berlin
A9
2
Lohnsdorf
1
Sietzsch
Strengbach
Wiedemar

Wirtschaftsflächen 1961 1990 2002
Nicht durchgängig bewirtschaftete Flächen:
a bis 1961 bewirtschaftet
b 1990 nicht bewirtschaftet
c 2002 nicht bewirtschaftet

Eigentumsland 39,65 ha 39,65 ha 89,01 ha
In Wirtschaftsflächen verstreutes Eigentumsland (nicht dargestellt):
1 11,60 ha 2 15,05 ha

Pachtland 7,87 ha 105,65 ha 230,99 ha
Wirtschaftsflächen ohne Schraffur sind Pachtland; 1990 einschließlich der linksgeneigt schraffierten Flächen.

Anbaustruktur
Winterweizen
Wintergerste
Zuckerrüben
Winterraps
Erbsen
Grünland

Hof der Familie

Der topographische Karteninhalt entspricht dem Stand 2000.

□ *1 mm² ≙ 1 ha*

0 1 2 km
Maßstab 1:100 000

Autor: W. Roubitschek

Ackerzahl – Kennzeichnung der naturbedingten Ertragsfähigkeit des Bodens

Landwirtschaftsanpassungsgesetz (LwAnpG) – von der Volkskammer der DDR verabschiedetes Gesetz, das 1990 von der Bundesregierung übernommen und 1994 novelliert wurde. Es regelt die LPG-Nachfolge sowie Vermögensauseinandersetzungen zwischen im Betrieb verbleibenden und ausscheidenden Mitgliedern, wobei allen Rechtsformen Chancengleichheit eingeräumt wird.

LPG – landwirtschaftliche Produktionsgenossenschaft (landwirtschaftliche Betriebsform der DDR)

Schlag – landwirtschaftliches Flurstück, das zusammenhängend bewirtschaftet wird

Triticale – Kreuzung zwischen Weizen und Roggen

VEG – Volkseigenes Gut (landwirtschaftliche Betriebsform der DDR)

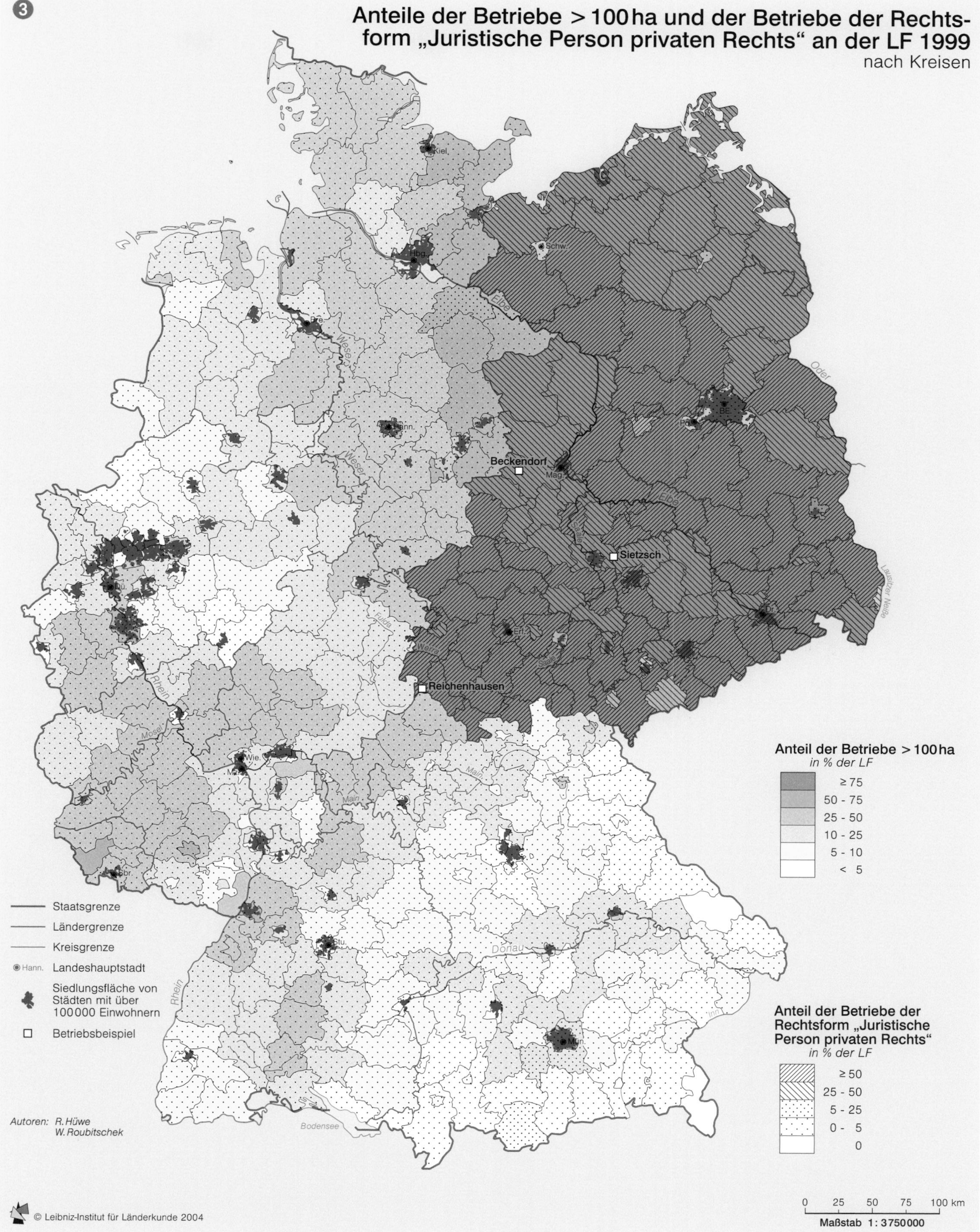

erneuerung vor der Ausgleichszulage und der Investitionsförderung an der Spitze steht.

Hervorzuheben ist schließlich der Neuaufbau einer effizienten Ernährungsindustrie. Vorrangig westdeutsche Marktführer errichteten in kurzer Zeit modernste Werke, so dass z.B. statt 41 zumeist veralteter Zuckerfabriken heute fünf Großanlagen arbeiten (▶ Foto) (▶▶ Beitrag Klohn, S. 76).

Die Veränderungen des Agrarsektors in den neuen Ländern markieren für ganz Deutschland einen deutlichen Schritt weg von der traditionell familienbäuerlichen Landwirtschaft hin zu größeren spezialisierten und unternehmerisch organisierten Wirtschaftsunternehmen.

Zur Situation im ländlichen Raum

Die Freisetzung von mehr als einer halben Million bisher in der Landwirtschaft tätigen Arbeitskräften und die daraus folgende hohe Arbeitslosigkeit sowie die Abwanderung junger Menschen kennzeichnen die Dimension sozialer Probleme in den ländlichen Gebieten Ostdeutschlands. Bei einem Arbeitskräftebedarf von oft unter zwei je 100 ha bietet der Agrarsektor nur noch geringe Chancen auf Beschäftigung. Dazu konzentrieren sich Handwerk, Einzelhandel und Dienstleistung auf die bevölkerungsreichen zentralen Standorte. Für die ländlich geprägten Regionen der neuen Länder sind regionale Förderung und die Schaffung außerlandwirtschaftlicher Arbeitsplätze ein dringendes Gebot. Ziel der Bemühungen sollte ein mehrfunktionaler ländlicher Raum sein, der neben der Ernährungsfunktion alle Lebens-, Wirtschafts- und Erholungsbereiche nachhaltig fördert und den Schutz der natürlichen Ressourcen sowie den Erhalt und die Pflege der ländlichen Kulturlandschaft gewährleistet.

Die folgenden Betriebsbeispiele veranschaulichen die Entwicklung verschiedener Rechts- und Wirtschaftsformen seit der Wende.

Familienbetrieb Cl. Schaaf in Sietzsch (Saalkreis)

Das Beispiel ❷ zeigt die typischen Entwicklungsphasen eines Wiedereinrichterbetriebes im hallischen Lössgebiet.

Als das Land 1962 der örtlichen LPG übergeben wurde, bewirtschaftete Großvater Richard Schaaf 47,5 ha, davon 39,6 ha im Eigenbesitz. Am 12.12.1990 übernahmen der jetzige Inhaber Clemens Schaaf und seine Ehefrau – beide Agraringenieure – auf angestammter Hofstelle wieder das Land der Familie sowie zusätzliche Pachtflächen. Bis zur Gegenwart konnte die Wirtschaftsfläche auf 320 ha erweitert werden, davon knapp 90 ha Eigenland. Diese →

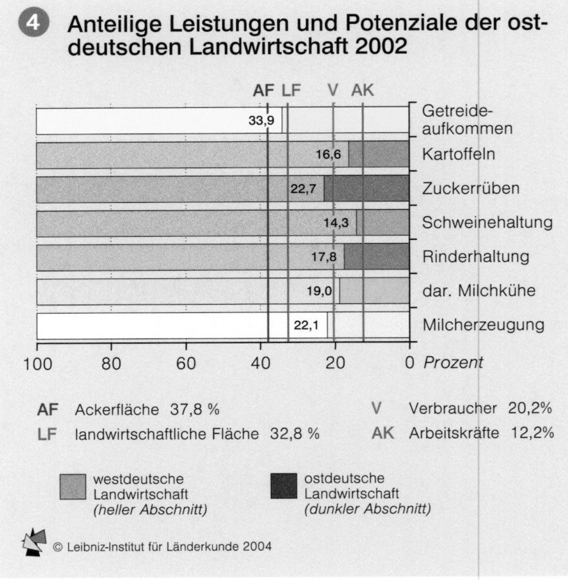

4 Anteilige Leistungen und Potenziale der ostdeutschen Landwirtschaft 2002

Größenordnung ist für ostdeutsche Wiedereinrichter auf hochproduktiven Böden durchaus typisch.

In dem für den Marktfruchtbau prädestinierten fruchtbaren Schwarzerdegebiet – die mittlere ▶ Ackerzahl der ▶ Schläge liegt bei 72 – dominiert die Ackernutzung. Raps und Erbsen lockern die hohe Getreide-Selbstfolge auf. Dazu kommen Zuckerrüben. Außer einer ständigen zusätzlichen Arbeitskraft wirkt der Vater des Inhaberehepaars aktiv mit. Der Betrieb verfügt über moderne Maschinen und Geräte. Als Besonderheit werden zudem Reitpferde gehalten.

Agrargenossenschaft Reichenhausen e.G. (Rhön)

Die landwirtschaftlich nur begrenzt nutzbaren Flächen im submontanen Bereich der Vorderen und Kuppenrhön liegen vorwiegend in 450-600 m Höhe. Für den Ackerbau werden die unteren Lagen mit geringer Reliefenergie genutzt (▶ Foto), die höheren Lagen sind traditionelles Wiesen- und Schafweideland (Rhönschaf). Die heutige Kulturlandschaft spiegelt noch vielfach die traditionsreiche bäuerliche Bewirtschaftung durch Kleinbetriebe im Haupt- und Nebenerwerb wider. Im Mai 1959, vor der Gründung der ersten LPG Typ 1, gab es in der damaligen Gemeinde Reichenhausen bei 82 Haushalten 53 Wirtschaften mit 1118 Flurstücken (mittlere Größe <0,3 ha) 7. Bis heute dominiert die Fränkische Realteilung die Bodeneigentumsverhältnisse.

Die Agrargenossenschaft Reichenhausen e.G., die die Nachfolge der 1971 gegründeten LPG Typ III Rhönzucht Erbenhausen antrat, wurde am 5. Dezember 1991 gegründet. Ihr heutiges Profil fußt auf umfangreichen überkommenen Stallanlagen. 2003 bewirtschaftete der Betrieb mit 26 Beschäftigten und 95 Mitgliedern in den Gemeinden Erbenhausen und Melpers 1130 ha landwirtschaftlicher Nutzfläche 8. Davon sind 796 ha Grünland sowie 333 ha Ackerland. Das Unternehmen pachtete 954 ha Land von 250 privaten Eigentümern, 95 ha von der Gemeinde und 43 ha von der BVVG. Das Eigentumsland der Genossenschaft umfasst knapp 38 ha. Daneben wirtschaften zwei Wiedereinrichter und zwei Nebenerwerbsbetriebe mit insgesamt 46 ha Ackerland und 114 ha Grünland. In 51 weiteren Haushalten gibt es Nutzvieh, meist Geflügel und Schafe.

Die Betriebsflur der e.G. liegt im 1991 gegründeten Biosphärenreservat Rhön. In Abstimmung mit staatlichen und Naturschutzeinrichtungen bemüht sich der Betrieb um eine umweltverträgliche Nutzung. Neben der Ausweisung von Schutzgebieten gewährleisten dies generelle Extensivierungsrichtlinien sowie eine standortspezifische Bewirtschaftung. Der Betrieb beteiligt sich am Kulturlandschaftsprogramm des Landes Thüringen.

Im Territorium der beiden Gemeinden ist die Genossenschaft größter Arbeitgeber. Anfang 2004 hielt der Betrieb u.a. 344 Milchkühe, 30 Mutterkühe und 202 Färsen sowie 536 Schafe. Die Milchleistungen waren im Jahr 2003 auf 8336 kg je Kuh und Jahr angestiegen. Nach Umsatzanteilen führt die Milch- und Zuchtviehproduktion; dazu kommen zu je rd. 10% die Erzeugung von Marktfrüchten (Getreide, Ölfrüchte) sowie Landschaftspflege und kommunale Dienste. Für ihre Leistungen auf den Gebieten Rinderzucht bzw. Rohmilchqualität wurde die Genossenschaft mehrfach ausgezeichnet; 2001 erhielt sie den Titel „Betrieb der umweltverträglichen Landbewirtschaftung“.

Nehring-Isermeyer GbR in Beckendorf (Kreis Oschersleben)

Der großväterliche Betrieb der Familie Nehring umfasste rd. 68 ha. 1959 trat der Vater in die LPG Beckendorf ein 5. 1990 bot die Wende dem Sohn Dr. W. Nehring zusammen mit seinem Partner Dr. H. Isermeyer aus der Nähe von

5 Bördekreis (Sachsen-Anhalt)
GbR Beckendorf – Großelterlicher Besitz 1950 und Wirtschaftsflächen 2002

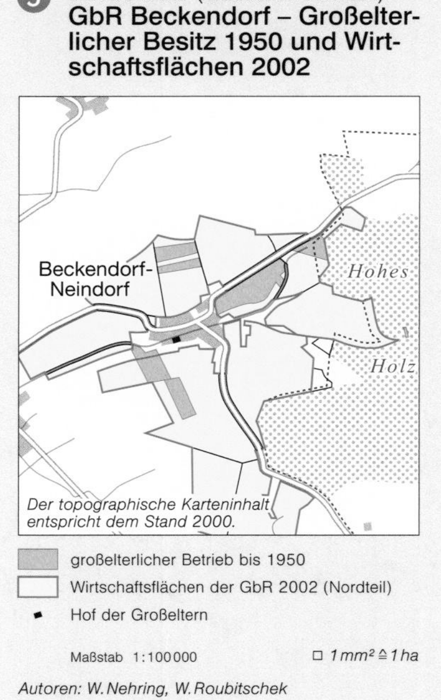

Biosphärenreservat Rhön bei Reichenhausen

6 Bördekreis (Sachsen-Anhalt)
GbR Beckendorf – Wirtschaftsflächen 1990/Eigentumsland und Anbaustruktur 2002

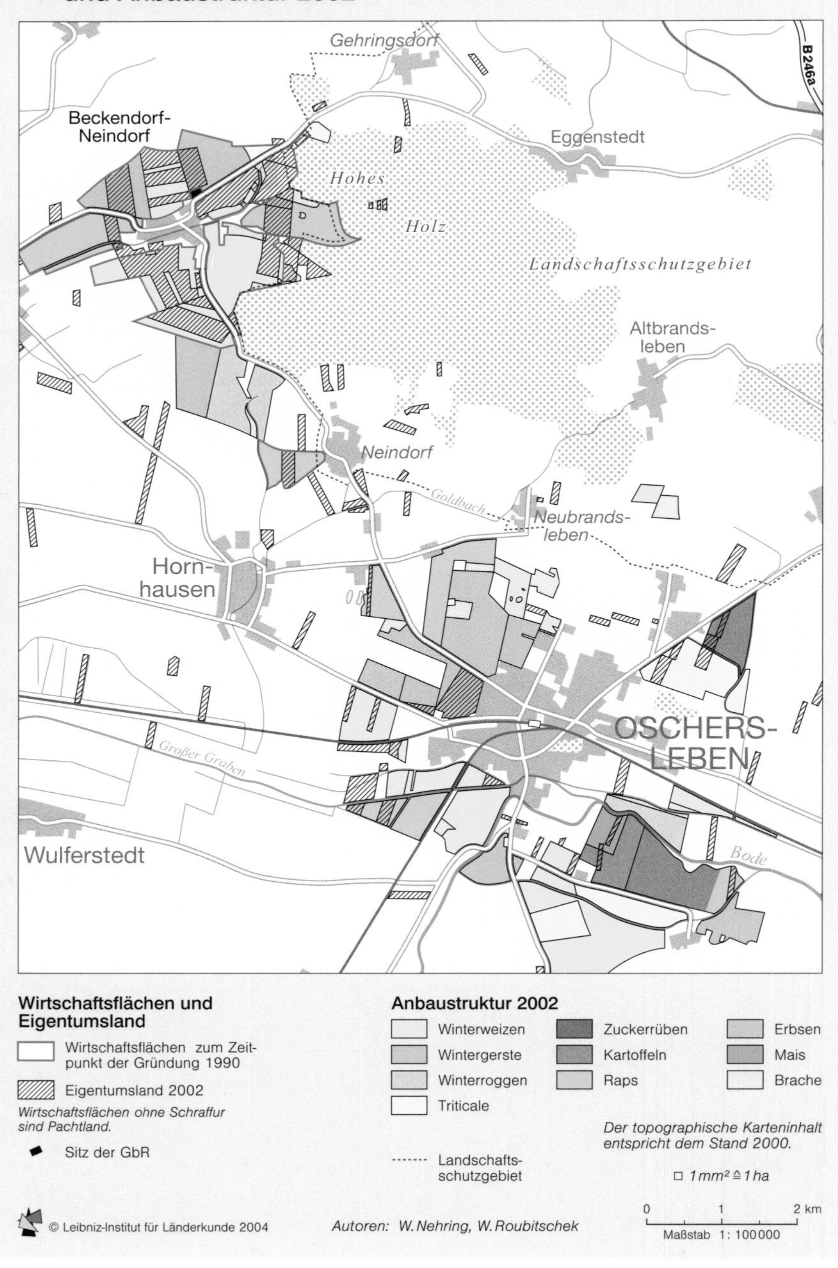

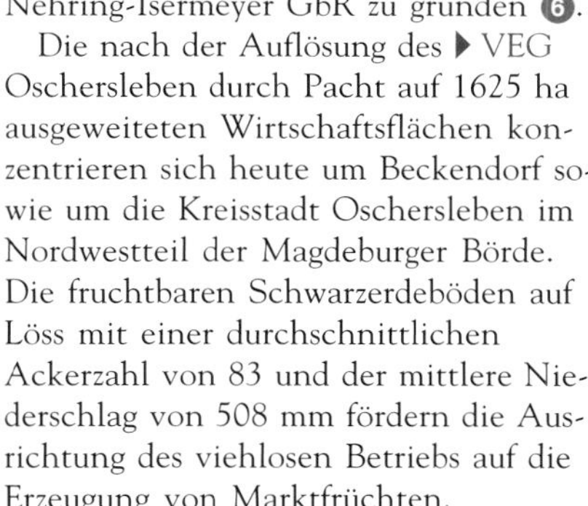

Gifhorn die Möglichkeit, auf 550 ha die Nehring-Isermeyer GbR zu gründen ❻.

Die nach der Auflösung des ▶ VEG Oschersleben durch Pacht auf 1625 ha ausgeweiteten Wirtschaftsflächen konzentrieren sich heute um Beckendorf sowie um die Kreisstadt Oschersleben im Nordwestteil der Magdeburger Börde. Die fruchtbaren Schwarzerdeböden auf Löss mit einer durchschnittlichen Ackerzahl von 83 und der mittlere Niederschlag von 508 mm fördern die Ausrichtung des viehlosen Betriebs auf die Erzeugung von Marktfrüchten.

Die Gesellschafter betreuen zusätzlich drei weitere Betriebe mit nochmals 700 ha, die auf der Karte ebenfalls dargestellt sind. Für Nachbarschaftsbetriebe übernimmt die GbR zudem die Zuckerrübenernte auf 950 ha. Da größere Schläge einen rationellen Maschineneinsatz gewährleisten, wird bei der Pacht eine Schlagarrondierung mittels Flächentausch angestrebt. Viele Eigenflächen werden wegen zu geringer Arealgröße oder abseitiger Lage nicht selbst bewirtschaftet. Das Beispiel zeigt die oft erhebliche Größe ostdeutscher Marktfruchtbetriebe, aber auch die starke Zersplitterung der Flur, die vielfach Schwierigkeiten beim Landerwerb mit sich bringt.

Anbauschwerpunkt des Gebiets wie auch des Betriebs bildet das Getreide mit 36% Winterweizen, 16% Wintergerste, 8% ▶ Triticale und 6% Winterroggen-Vermehrung. Dazu kommen 17% Raps, 8% Zuckerrüben, 6% Erbsen sowie knapp 100 ha Grünbrache. Die mittlere Schlaggröße liegt bei 38 ha. Neben den Gesellschaftern sind 11 Arbeitskräfte fest angestellt. Dazu kommen von August bis Oktober zwei bis vier Saisonarbeitskräfte. Durch den hohen Maschineneinsatz ergibt sich ein niedriger Arbeitskräftebesatz von 0,6 pro 100 ha. Die Erträge lagen 2001 bei 90,1 dt/ha für Winterweizen, 90,4 dt/ha für Wintergerste, 66,8 dt/ha für Triticale, 78,5 dt/ha für Winterroggen, 39,5 dt/ha für Raps, 553 dt/ha für Zuckerrüben und 42,5 dt/ha für Erbsen.

Die Nehring-Isermeyer GbR repräsentiert mit ihren Strukturen und Leistungen ein heute das mitteldeutsche Schwarzerdegebiet prägendes, auf Marktfruchtbau spezialisiertes Unternehmen, das mit einem hochmodernen Maschinenpark nach neuesten Erkenntnissen und in engem Kontakt mit wissenschaftlichen Einrichtungen geführt wird. Neben dem wirtschaftlichen Erfolg ist es das Ziel dieses Großbetriebs, sowohl die Qualitätssicherung der Produkte für den Verbraucher wie auch ein für den Standort umweltgerechtes und nachhaltiges Wirtschaften zu gewährleisten.◆

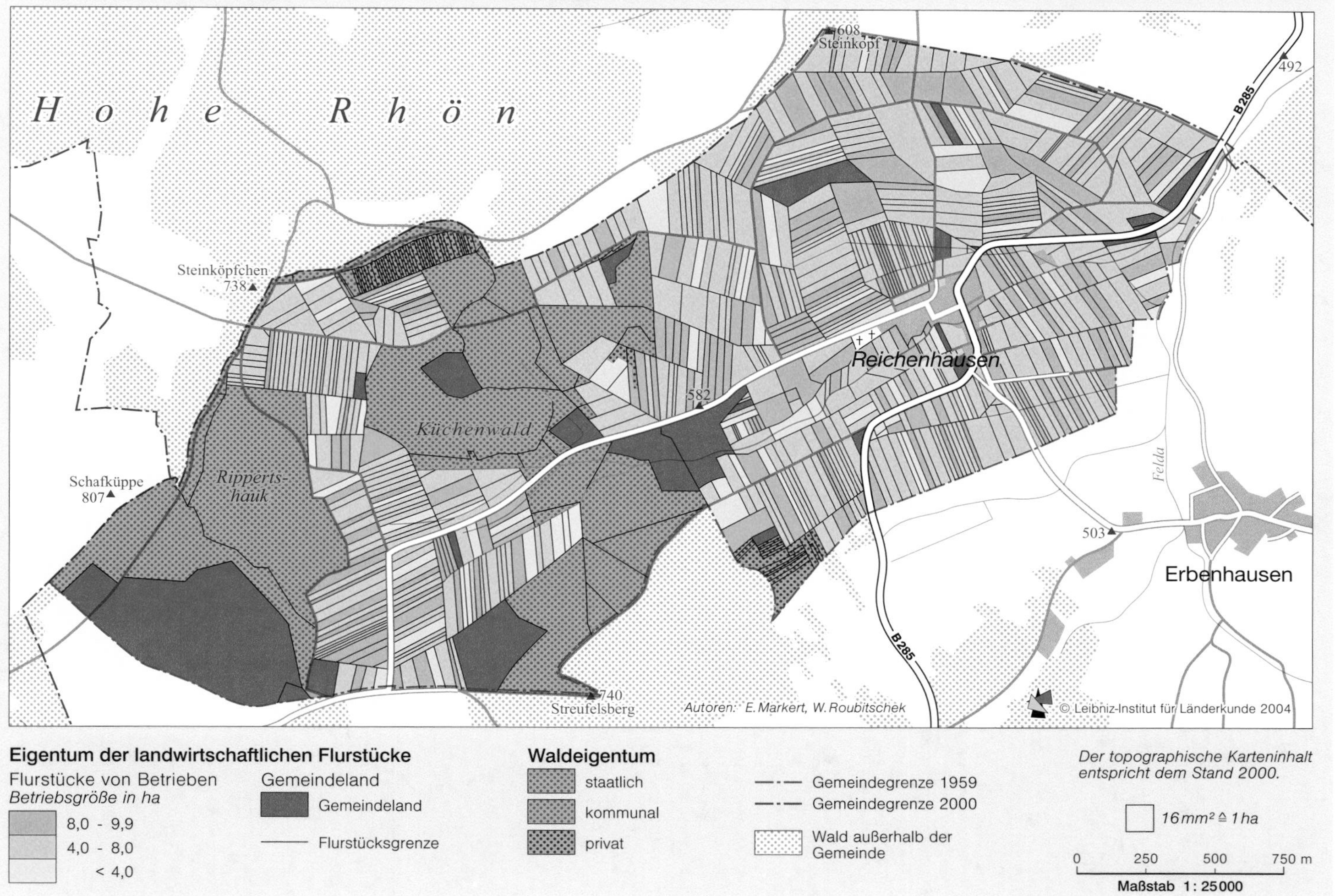

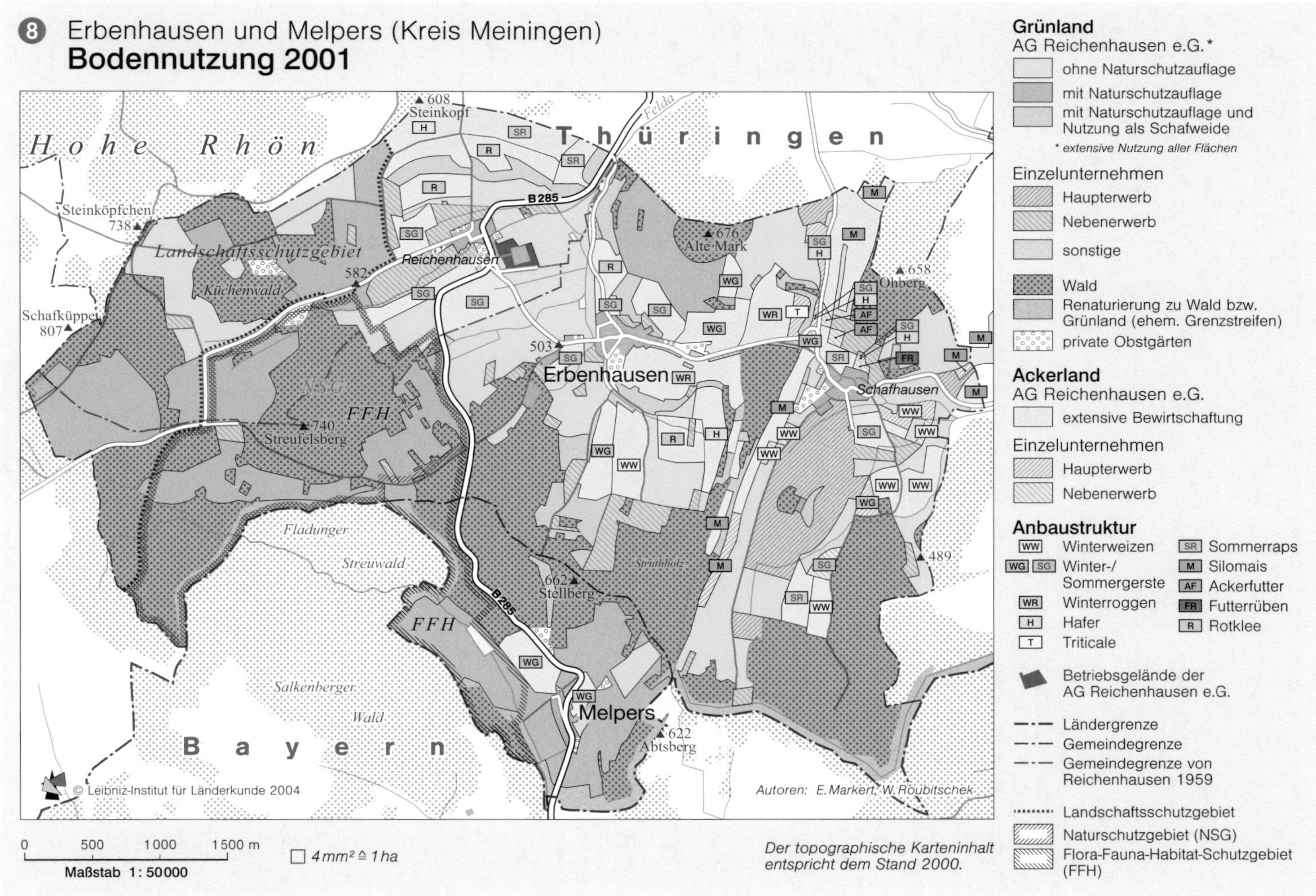

Die einzelhandelsrelevante Kaufkraft

Günter Löffler

Die ▸ Kaufkraft der Bevölkerung stellt für Anbieter von Waren und Dienstleistungen für den privaten Konsum eine wichtige Größe bei planerischen Entscheidungen dar. Die absolute Geldmenge für den privaten Verbrauch in Deutschland, ihre Zu- oder Abnahme sowie die zeitliche Veränderung der Zusammensetzung der getätigten Ausgaben erlauben Einschätzungen der Markt- und Konjunkturentwicklung.

Den Hauptanteil ihres verfügbaren Einkommens verwendet die Bevölkerung für den Konsum von Waren und Dienstleistungen, ein geringer Anteil wird gespart. Neben den Ausgaben für das Wohnen, für Freizeitaktivitäten, Reisen usw. entfallen im Mittel der letzten Jahre ca. ein Drittel des privaten Verbrauchs auf den Kauf von Waren, den sog. einzelhandelsrelevanten Konsum. In der Entwicklung des verfügbaren Einkommens, der Konsumausgaben privater Haushalte und des Umsatzes im Einzelhandel in Deutschland zwischen 1994 und 2000 ❶ fällt der nahezu konstante absolute Betrag und der damit rückläufige Anteil des Umsatzes im Einzelhandel am verfügbaren Einkommen auf. Er betrug 1994 35,3%, im Jahr 2000 lediglich 31,4%. Dies belegt die Schwäche der inländischen Konsumgüternachfrage ebenso wie die Umsatzmesszahlen ❷, auf die in der öffentlichen Diskussion um die Konjunkturentwicklung derzeit häufig abgestellt wird.

Ein Vergleich der ▸ Lebenshaltungskosten in den verschiedenen Ausgabebereichen zwischen 1993 und 2000 ❸ zeigt, dass im Bereich der Konsumwaren die Preissteigerungen geringer ausfielen als in anderen Bereichen. Neue und alte Länder weisen bei Nahrungsmitteln keinen Unterschied auf. Während die Indexwerte für Bekleidung und Schuhe sowie für Einrichtungsgegenstände in den neuen Ländern niedriger sind, liegt der Gesamtindex über dem der alten Länder. Bei der Berechnung dieser Indexwerte wird zur Gewichtung die

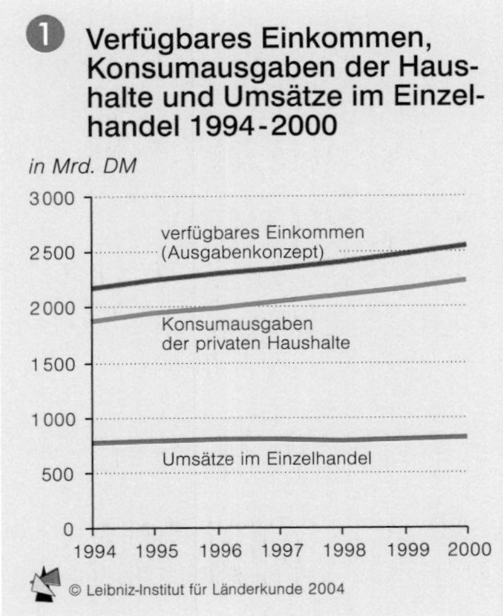

❶ Verfügbares Einkommen, Konsumausgaben der Haushalte und Umsätze im Einzelhandel 1994-2000

durchschnittliche Verwendung der privaten Konsumausgaben zu Grunde gelegt. Diese Gewichtungszahlen ❹ spiegeln die Verwendungsarten der Kaufkraft in Deutschland wider. Hier fallen zwischen neuen und alten Ländern einige Unterschiede auf.

Die im Einzelhandel verausgabte Kaufkraft, d.h. die ▸ einzelhandelsrelevante Kaufkraft ergibt sich näherungsweise aus den Umsätzen des Einzelhandels. Näherungsweise deshalb, weil der Wohnort des Konsumenten nicht zwingend der Einkaufort ist; so stammen viele der Kunden einer größeren Stadt aus den umliegenden Landkreisen. In den Zahlen für Deutschland spiegeln sich – unter Vernachlässigung der Käufe von Deutschen im Ausland und der von Ausländern im Inland – die Umsätze in den Branchen die Verwendung der einzelhandelsrelevanten Kaufkraft wider ❺. Die Umsatz-Messzahlen für den Einzelhandel in Preisen von 1995 zeigen den relativen Entwicklungsverlauf 1994 bis 2001 ❷. Bei überwiegend negativer Entwicklung der Umsätze bildet lediglich die Wirtschaftsklasse „Apotheken, medizinische Artikel, usw." (52.3) eine positive Ausnahme ❻.

Räumliche Unterschiede

Die räumliche Verteilung der absoluten Kaufkraft in den Kreisen erklärt sich 2001 zu 98,4% aus ihren Einwohnerzahlen, ihr einzelhandelsrelevanter Anteil zu 99,2%. Die Höhe der absoluten Kaufkraft ist in der Karte ❺ nach 10 Größenklassen dargestellt und zeichnet die Bevölkerungsverteilung nach. Die Verdichtungsräume stellen somit in absoluten Beträgen das größte Konsumpotenzial dar.

Während die Gesamtkaufkraft das Konsumpotenzial der Wohnbevölkerung in den Kreisen beschreibt, kann die einzelhandelsrelevante Kaufkraft (EHKK)

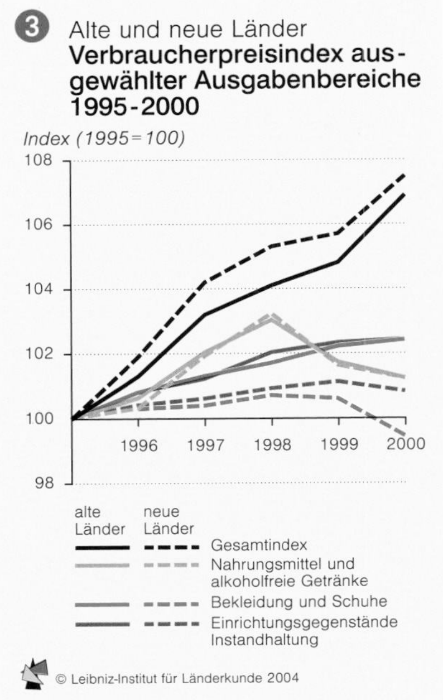

❸ Alte und neue Länder
Verbraucherpreisindex ausgewählter Ausgabenbereiche 1995-2000

als Nachfragepotenzial der Einwohner im stationären Einzelhandel und Versandhandel aufgefasst werden. Aufgrund der regionalen Unterschiede in der Höhe des verfügbaren Einkommens pro Einwohner (▸▸ Beitrag Heß/Scharrer, Bd. 1, S. 126) bzw. der Gesamtkaufkraft (▸▸ Henschel u.a., Bd. 9, S. 77), der regional unterschiedlichen Preise in weiteren Ausgabebereichen (z.B. für das Wohnen) und regionaler Konsum- →

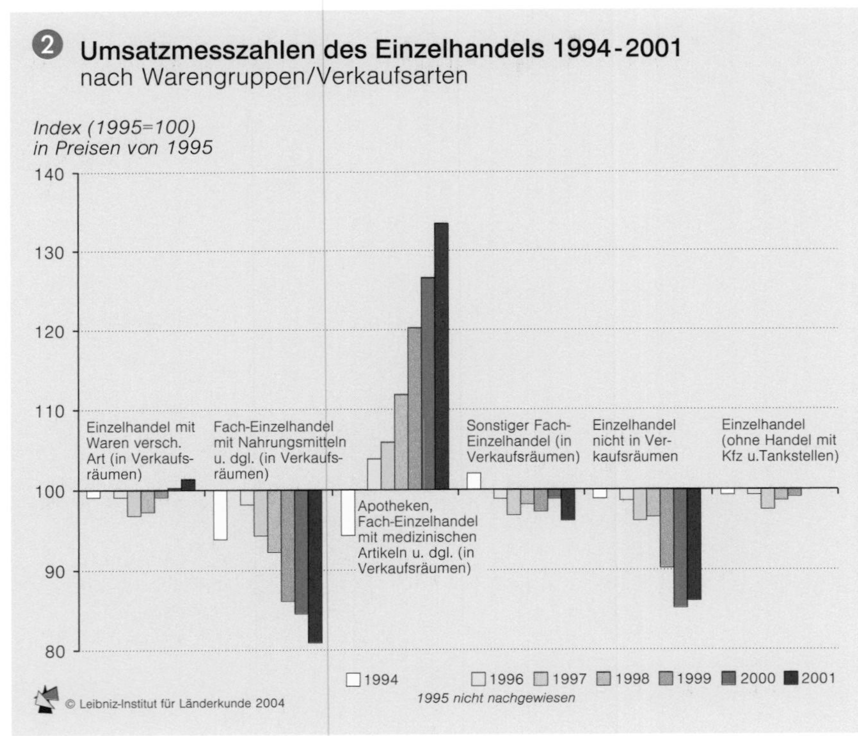

❷ Umsatzmesszahlen des Einzelhandels 1994-2001
nach Warengruppen/Verkaufsarten

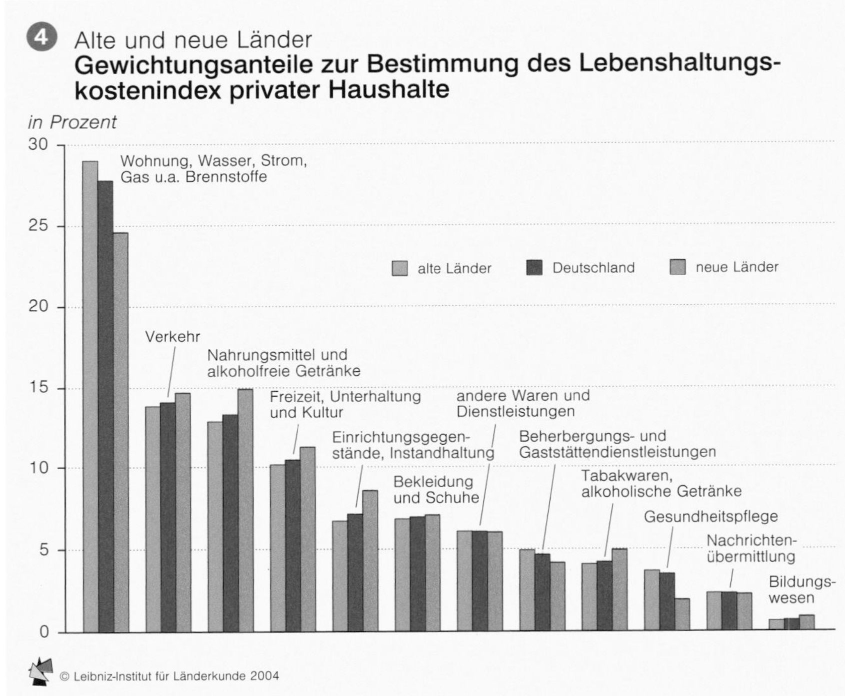

❹ Alte und neue Länder
Gewichtungsanteile zur Bestimmung des Lebenshaltungskostenindex privater Haushalte

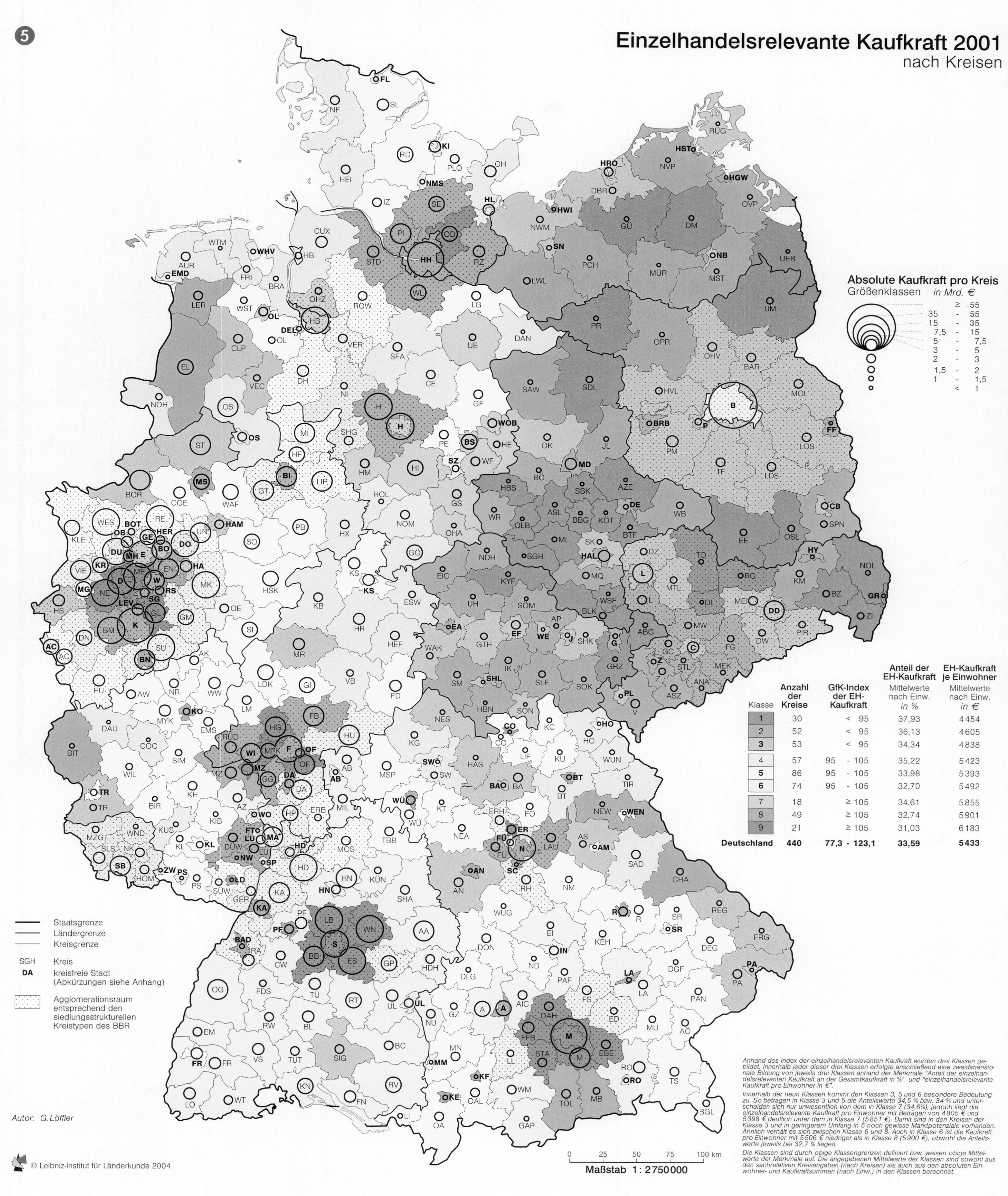

Klasse	Anzahl der Kreise	GfK-Index der EH-Kaufkraft	Anteil der EH-Kaufkraft Mittelwerte nach Einw. in %	EH-Kaufkraft je Einwohner Mittelwerte nach Einw. in €
1	30	< 95	37,93	4454
2	52	< 95	36,13	4605
3	53	< 95	34,34	4838
4	57	95 - 105	35,22	5423
5	86	95 - 105	33,98	5393
6	74	95 - 105	32,70	5492
7	18	≥ 105	34,61	5855
8	49	≥ 105	32,74	5901
9	21	≥ 105	31,03	6183
Deutschland	**440**	**77,3 - 123,1**	**33,59**	**5433**

Anhand des Index der einzelhandelsrelevanten Kaufkraft wurden drei Klassen gebildet. Innerhalb jeder dieser drei Klassen erfolgte anschließend eine zweidimensionale Bildung von jeweils drei Klassen anhand der Merkmale "Anteil der einzelhandelsrelevanten Kaufkraft an der Gesamtkaufkraft in %" und "einzelhandelsrelevante Kaufkraft pro Einwohner in €".

Innerhalb der neun Klassen kommt den Klassen 3, 5 und 6 besondere Bedeutung zu. So betragen in Klasse 3 und 5 die Anteilswerte 34,5 % bzw. 34 % und unterscheiden sich nur unwesentlich von dem in Klasse 7 (34,6%), jedoch liegt die einzelhandelsrelevante Kaufkraft pro Einwohner mit Beträgen von 4805 € und 5398 € deutlich unter dem in Klasse 7 (5851 €). Damit sind in den Kreisen der Klasse 3 und in geringerem Umfang in 5 noch gewisse Marktpotenziale vorhanden. Ähnlich verhält es sich zwischen Klasse 6 und 8. Auch in Klasse 6 ist die Kaufkraft pro Einwohner mit 5506 € niedriger als in Klasse 8 (5900 €), obwohl die Anteilswerte jeweils bei 32,7 % liegen.

Die Klassen sind durch obige Klassengrenzen definiert bzw. weisen obige Mittelwerte der Merkmale auf. Die angegebenen Mittelwerte der Klassen sind sowohl aus den sachrelativen Kreisangaben (nach Kreisen) als auch aus den absoluten Einwohner- und Kaufkraftsummen (nach Einw.) in den Klassen berechnet.

Kundenmagnet Kaufhaus (Frankfurt a.M.)

präferenzen variiert der einzelhandelsrelevante Anteil an der Gesamtkaufkraft im Jahr 2001 in den Kreisen zwischen 29,4% und 39,8% und liegt im Gesamtmittel bei 33,6%. Die EHKK pro Einwohner schwankt in den Kreisen zwischen 4200 und 6690 Euro; im deutschen Durchschnitt beträgt sie 5433 € pro Jahr.

Zwischen diesen Größen besteht ein Zusammenhang; je niedriger der absolute Betrag der EHKK pro Einwohner, desto höher ihr relativer Anteil an der Gesamtkaufkraft pro Einwohner. Verfügt jemand nur über ein relativ geringes Einkommen, werden wesentliche Anteile davon für den Kauf lebensnotwendiger Konsumgüter verwendet, während in anderen Bereichen des privaten Konsums gespart wird. Von diesem Zusammenhang gibt es Abweichungen. Bei annähernd gleichem Anteil der EHKK werden in einer Reihe von Kreisen weniger Euro pro Einwohner für Konsumgüter aufgewendet. Diese Kreise bergen daher noch ein gewisses Marktpotenzial, soweit nicht andere Ausgabenbereiche besonders hohe Kosten verursachen oder traditionell sowie aufgrund regionaler Besonderheiten eine gewisse Zurückhaltung geübt wird, z.B. wegen einer hohe Sparquote oder negativer Entwicklungsperspektiven der Region.

Typologie der Kreise nach einzelhandelsrelevanter Kaufkraft

In einer zweiten Kartenebene ❺ sind durch die Flächenfarben neun unterschiedliche Kreistypen dargestellt (▶ methodische Anmerkung in der Karte). Der Unterschied in der Höhe der EHKK zwischen den neuen und alten Ländern ist deutlich. Mit Ausnahme einiger peripher gelegener Gebiete in den alten Ländern sind die meisten Kreise mit einem unterdurchschnittlichen EHKK-Index in den neuen Ländern zu finden. Überdurchschnittliche Indexwerte treten nur in den Verdichtungsräumen der alten Länder auf, und Kreise mit durchschnittlichen Indexwerten sind ebenfalls auf diese beschränkt.

Auf freie Marktpotenziale (pro Kopf) weist besonders der Kreistyp 3 hin. Er tritt überwiegend im Umland der großen Städte in den neuen Ländern auf. In geringerem Umfang werden freie Marktpotenziale auch durch die Typen 5 und 6 in den alten Ländern beschrieben. Während Kreistyp 6 auf den Südwesten beschränkt bleibt, tritt Typ 5 vom Kreis Schleswig-Flensburg im Norden bis zum Kreis Berchtesgadener Land im Süden auf, beide überwiegend in ländlichen Gebieten. In diesen drei Kreistypen (3, 5 und 6) ergibt sich ein Gesamtbetrag von etwa 2200 Mio. Euro, der als freies Marktpotenzial für den Einzelhandel interpretiert werden kann.

Typologie der Kreise nach Kaufkraftzuflüssen und -abflüssen

Die bei den Konsumenten vorhandene einzelhandelsrelevante Kaufkraft stellt nach ihrer Ausgabe den Umsatz des Handels dar. Wird in den Kreisen vom Umsatz des stationären Einzelhandels die Kaufkraft der Einwohner abgezogen, so ergibt die Differenz die Geldbeträge, die über Kreisgrenzen zu- bzw. abfließen. Diese Kaufkraftströme lassen sich absolut als Gesamtbeträge oder relativ pro Einwohner berechnen. Für das Jahr 2001 können auf der Grundlage der Daten der GfK die absoluten und relativen Kaufkraftströme ausgewiesen werden ❼. Bei der Wahl der Klassengrenzen der relativen Ströme wird eine Klasse für Beträge zwischen 500 € Abfluss und 500 € Zufluss gebildet, um der eher indifferenten Stellung der zugehörigen Kreise gerecht zu werden. Für die Darstellung der absoluten Beträge erfolgt dagegen eine Trennung zwischen Kreistypen mit Zu- und Abfluss.

Die Spannweite der relativen Ströme reicht vom Zufluss von rund 6980 € (Kreisfreie Stadt Weiden i.d. OPf.) pro Einwohner und Jahr bis zum Abfluss von rund 2800 € (Landkreis Eichstätt). Dabei sind erwartungsgemäß die Landkreise zu 90% durch Kaufkraftabflüsse gekennzeichnet. Von den 31 Landkreisen mit Zuflüssen liegt er in nur 11 Kreisen über 500 € pro Einwohner und Jahr. Hier handelt es sich um Landkreise die aufgrund ihrer Nachbarschaft zu Großstädten oder Agglomerationen unmittelbar an den Grenzen selbst einen hohen Einzelhandelsbesatz aufweisen (u.a. Neu Ulm zu Ulm; Merseburg-Querfurt, Saalkreis und Weißenfels zu Leipzig und Halle; Verden zu Bremen oder Segeberg zu Hamburg). Im Fall von Hamburg und dem nördlich angrenzenden Segeberg fließt dem Land-

❻ Umsätze im Einzelhandel (EH) 1994-1998*
nach Wirtschaftsklassen, ohne Umsatzsteuer

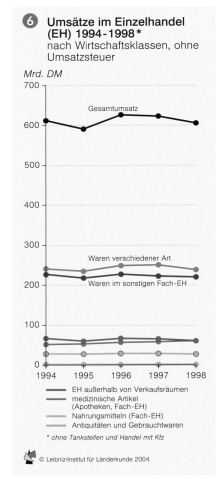

Mrd. DM
700
600
500
400
300
200
100
0
1994 1995 1996 1997 1998
Gesamtumsatz
Waren verschiedener Art
Waren im sonstigen Fach-EH
EH außerhalb von Verkaufsräumen
medizinische Artikel (Apotheken, Fach-EH)
Nahrungsmitteln (Fach-EH)
Antiquitäten und Gebrauchtwaren

* *ohne Tankstellen und Handel mit Kfz*

© Leibniz-Institut für Länderkunde 2004

Kaufkraft

Als Kaufkraft der Bevölkerung wird – im Unterschied zur Kaufkraft des Geldes – der Teil der Einkünfte der Bevölkerung verstanden, über den der Einzelne frei verfügen kann (verfügbares Einkommen). Vereinfacht dargestellt entspricht die regionale Kaufkraft damit der Summe aus Nettoeinkommen und Transferzahlungen (Renten, Pensionen, Arbeitslosengeld und -hilfe, Sozialhilfe, Wohn- und Kindergeld, BAföG) in einer Region. Seitens der amtlichen Statistik in Deutschland erfolgt explizit keine Berechnung der Kaufkraft. Es werden lediglich die getätigten privaten Konsumausgaben für Deutschland insgesamt jährlich ermittelt. Aufgrund der Bedeutung der Kaufkraft der Einwohner für die Wirtschaft werden entsprechende Informationen daher von Beratungsunternehmen differenzierter bestimmt und kleinräumig abgeschätzt. Diesem Beitrag liegt die Kaufkraftberechnung der Marktforschung der Gesellschaft für Konsumforschung (GfK), Nürnberg, zu Grunde, die bei der Bestimmung der Kaufkraft auch die Steuervergünstigungen der Landwirte und die Existenz von Einkommensmillionären berücksichtigt. Die Berechnung der **einzelhandelsrelevanten Kaufkraft** der GfK beruht auf den Ausgaben im Einzelhandel ohne Kraftfahrzeuge und Brennstoffe sowie für Dienstleistungen und Reparaturen.

Preisindex der Lebenshaltung – beschreibt die monatlichen oder jährlichen Veränderungen der Lebenshaltungskosten der privaten Haushalte für Waren und Dienstleistungen und wird durch Stichproben erhoben. Ein Gesamtindex berechnet sich aus 12 Ausgabenbereichen mit unterschiedlicher Gewichtung.

Stationärer Einzelhandel – in der amtlichen Statistik umfasst der Einzelhandel die Wirtschaftsklassen 521 bis 526. Der stationäre Einzelhandel (521 bis 525) vertreibt im Gegensatz zum Versandhandel und zum ambulanten Handel (526) seine Waren in Verkaufsräumen.

Umsatzmesszahlen – beschreiben die relative Umsatzentwicklung im Einzelhandel anhand von Stichprobendaten insgesamt bzw. nach Branchen gemäß der Wirtschaftssystematik.

Das reichhaltige Angebot übersteigt oft die lokale Kaufkraft (Galeria Kaufhof in Chemnitz)

kreis Kaufkraft in Höhe von rund 2120 € pro Einwohner und Jahr zu, verursacht durch die Einzelhandelsagglomerationen im Norden von Hamburg auf Segeberger Gebiet. Zu Kaufkraftzuflüssen kommt es ebenfalls durch den Tourismus wie in Nordfriesland, auf Rügen oder dem Berchtesgadener Land. Eine weitere Gruppe bilden solche Landkreise, die eine größere Stadt einschließen wie Gießen oder Göttingen.

88% der Stadtkreise bzw. kreisfreien Städte weisen erwartungsgemäß Kaufkraftzuflüsse auf, lediglich in 15 sind Abflüsse zu verzeichnen, wobei nur 8 von ihnen über 500 € pro Einwohner und Jahr abgeben. Zu diesen acht Kreisen gehören mit Ausnahme von Baden-Baden und Salzgitter Städte im Ballungsraum an Rhein und Ruhr, wo benachbarte konkurrierende Städte durch entsprechende Zuflüsse ausgewiesen sind. Auch im Fall von Baden-Baden und Salzgitter ziehen attraktive Städte wie Braunschweig oder Karlsruhe Kaufkraft ab.

Hohe Abflüsse aus Landkreise wie Eichstätt, Fürth, Starnberg und dem Rhein-Taunus-Kreis ergeben sich aus der direkten Nachbarschaft zu Großstädten oder Agglomerationen. Sie schlagen sich relativ gesehen in ihnen jedoch weniger deutlich nieder, als die Zuflüsse pro Einwohner und Jahr, die in Städten mit überwiegend ländlichem Umland zu verzeichnen sind (Werte über 5000 € pro Einwohner und Jahr in: Rosenheim, Straubing, Passau, Hof, Memmingen oder Beträgen über 3500 € in: Kempten, Schweinfurt, Ansbach, Würzburg, Trier, Amberg, Aschaffenburg, Flensburg, Regensburg). Bei einigen von ihnen spielt die Nähe zum Ausland als Quelle der Zuflüsse eine ergänzende Rolle.

Hinsichtlich der absoluten Kaufkraftzuflüsse nimmt München mit rund 1,9 Mrd. € den Spitzenplatz ein, gefolgt von Nürnberg (950 Mio.), Köln (900 Mio.), Hannover (840 Mio.) und Hamburg (790 Mio.). Im Rhein-Main-Gebiet ergibt erst die Summe der Zuflüsse nach Frankfurt, Mainz und Wiesbaden mit 840 Mio. € einen vergleichbar hohen Wert. Hier wird deutlich, dass sich in mehrkernigen Ballungsräumen die Zentren in Konkurrenz zueinander stehen. Durch entsprechend große Abflussbeträge zeichnen sich die Umlandkreise dieser Städte und Ballungsräume aus wie u. a. der Maximalwert im Rhein-Sieg-Kreis von 875 Mio. € belegt. In den neuen Ländern ergibt sich durch die häufige Ansiedlung des großflächigen Einzelhandels im nahen Umland ein anderes Bild. So weisen Leipzig und Halle lediglich Zuflüssen von 45 Mio. bzw. 25 Mio. € auf, während den umgebenden Landkreisen zusammen ca. 262 Mio. € zufließen. Die Bundeshauptstadt Berlin bindet ebenfalls rechnerisch keine Kaufkraft von außerhalb.

Während die in der Karte sichtbaren großräumigen Unterschiede zwischen dem Südwesten und Nordosten Deutschlands aus der Entwicklung des Städtewesens und den Gebietsreformen der jüngeren Vergangenheit resultieren, ergeben sich die regionalen Unterschiede aus spezifischen Lagebeziehungen und Bevölkerungsverteilungen und -dichten. Auch sind sie durch den jeweiligen Einzelhandelsbesatz in den Kreisen bedingt, der durch die Ansiedlungsstrategie der Handelsunternehmen und der Ansiedlungspolitik der planenden Verwaltung bereits räumliche Unterschiede aufweist.◆

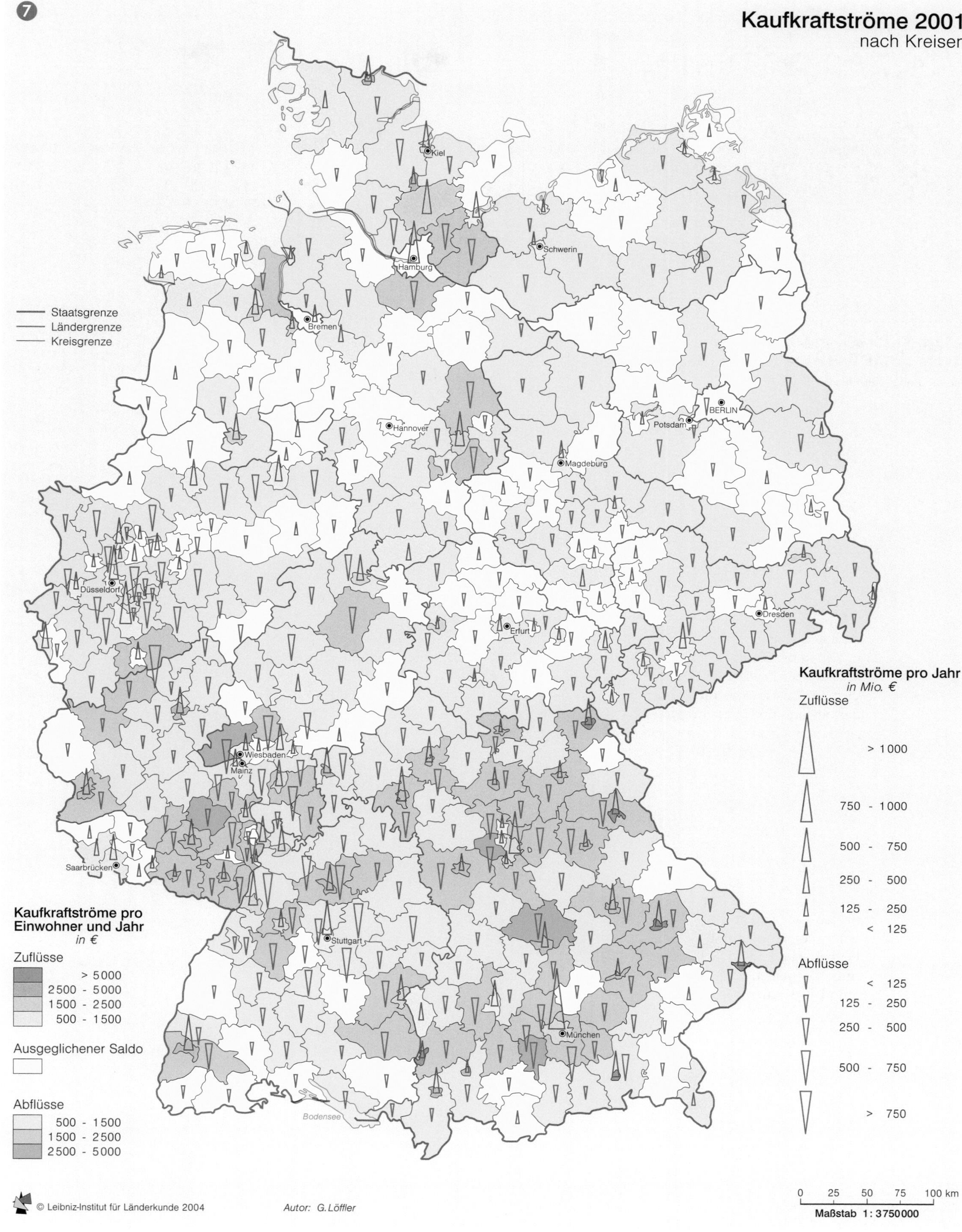

Massenarbeitslosigkeit und regionale Arbeitsmarktdisparitäten

Heinz Faßmann

Im Jahre 2000 betrug die Zahl der sozialversicherungspflichtig Beschäftigten zur Jahresmitte rund 27,8 Mio. Menschen. Gleichzeitig waren 3,7 Mio. arbeitslos. 10 Jahre vorher waren noch fast 10% mehr Beschäftigte gezählt worden, und die Arbeitslosigkeit lag unter der 10%-Marke. Deutschland ist weiterhin deutlich von einer Vollbeschäftigungssituation entfernt, und ein kurzfristiges Erreichen derselben ist aus derzeitiger Sicht vollkommen unrealistisch. Alle angebotsreduzierenden Maßnahmen, die potenziell oder tatsächlich Erwerbstätige aus dem Arbeitsmarkt herausnehmen und damit „Luft" für die Wiedereingliederung der Arbeitslosen machen würden, sind nicht finanzierbar oder widersprechen dem internationalen Trend. Von einer Reduzierung des Rentenalters spricht heute keiner mehr, und auch eine Verlängerung der Schulpflicht oder eine Verkürzung der Arbeitszeit haben aus Gründen der internationalen Wettbewerbsfähigkeit bzw. der Finanzrestriktionen bei öffentlichen Ausgaben keine Realisierungschancen.

Auf der anderen Seite ist die Nachfrage nicht in der Lage, die erwerbsbereiten Menschen zu beschäftigen. Dies hängt mit der konjunkturellen Entwicklung zusammen, die nur schwach ausgeprägt ist und von der kein nachfrageerhöhender Effekt zu erwarten ist. Mindestens ebenso ausgeprägt sind aber die strukturellen Ursachen. Die Industrie hat in den vergangenen Jahren einen massiven Abbau von Beschäftigung hinter sich und zwar sowohl in den alten als auch in den neuen Ländern. Vor dem Hintergrund einer verstärkten internationalen Arbeitsteilung, aber auch eines nun globalen Wettbewerbs wurden arbeitsintensive Produktionsteile reduziert, geschlossen oder ins Ausland verlagert. Insgesamt verringerte sich die sozialversicherungspflichtige Beschäftigung in den neuen Ländern um fast 40% innerhalb einer Dekade ❶. Ganze Bereiche des Arbeitsmarktes sind damit weggebrochen, was einen erheblichen Effekt auf die strukturelle Arbeitslosigkeit ausgeübt hat und noch immer ausübt.

❶ Alte und neue Länder
Beschäftigte und Arbeitslose 2001
einschließlich der mittelfristigen Entwicklung

	Alte Länder	Neue Länder	Deutschland gesamt
sv Beschäftigte 2000 *in 1000*	22 089,2	5 727,5	27 825,6
Entwicklung 1990-2000 *in %*	2,4	-38,4	-9,9
Arbeitslose Juni 2001 *in 1000*	2 256,7	1 486,3	3 743,0
Arbeitslosenquote Juni 2001 *in %*	7,7	18,2	10,0
Entwicklung 1993-2001 *in %-Punkten*	-0,4	2,7	0,1

❷ Alte und neue Länder
Arbeitslose nach demographischen Gruppen 2000

Demographische Gruppen	Alte Länder	Neue Länder	Deutschland gesamt
Frauen arbeitslose Frauen pro 1 000 Frauen zwischen 15 und 65 Jahren	48,0	126,0	65,0
Jugendliche Arbeitslose zwischen 15 und 25 Jahren pro 1 000 der Altersgruppe	40,0	87,0	51,0
Ältere Arbeitslose zwischen 55 und 65 Jahren pro 1 000 der Altersgruppe	52,0	92,0	61,0
Ausländer Anteil der arbeitslosen Ausländer an allen Arbeitslosen *in %*	17,2	4,5	12,1
Langzeitarbeitslose Anteil der Langzeitarbeitslosen (1 J. u.m.) an allen Arbeitslosen *in %*	32,3	35,3	33,5

Soziale Differenzierung

Der rasante Anstieg der Arbeitslosigkeit hat einige Bevölkerungsgruppen mehr betroffen als andere ❷. So ist in den neuen Ländern trotz des massiven Rückbaus der Industrie und der Konsolidierung des Dienstleistungssektors insbesondere die weibliche Bevölkerung benachteiligt. Über 50% aller registrierten Arbeitslosen sind hier Frauen, in den alten Ländern sind es nur 46%. Dies hängt in vielen Fällen direkt oder indirekt mit der Reduktion der sozialen Infrastruktur wie z.B. der Kinderbetreuungseinrichtungen zusammen, die zum Wegfall der von Frauen eingenommenen Arbeitsplätze geführt hat, aber auch die Erwerbstätigkeit von Frauen selbst verhindert. Hinzu kommt, dass in Zeiten abnehmender Verfügbarkeit von Arbeitsplätzen der Verteilungskampf härter wird und Frauen eher aus dem Berufsleben verdrängt werden als Männer (▶▶ Beiträge Stegmann, Bd. 4, S. 62 und S. 66).

Insbesondere auf den ostdeutschen Arbeitsmärkten lassen sich Schließungstendenzen beobachten. Der Gegensatz zwischen denen, die einen Arbeitsplatz besitzen, und jenen, die einen anstreben, vergrößert sich. Insider des Beschäftigungssystems schützen sich vermehrt gegen Outsider. Frauen sind dabei in vielen Fällen die Leidtragenden und werden aus dem Erwerbsleben gedrängt. Ebenso hat sich der Anteil der Langzeitarbeitslosen in den neuen Ländern stärker erhöht als in den alten.

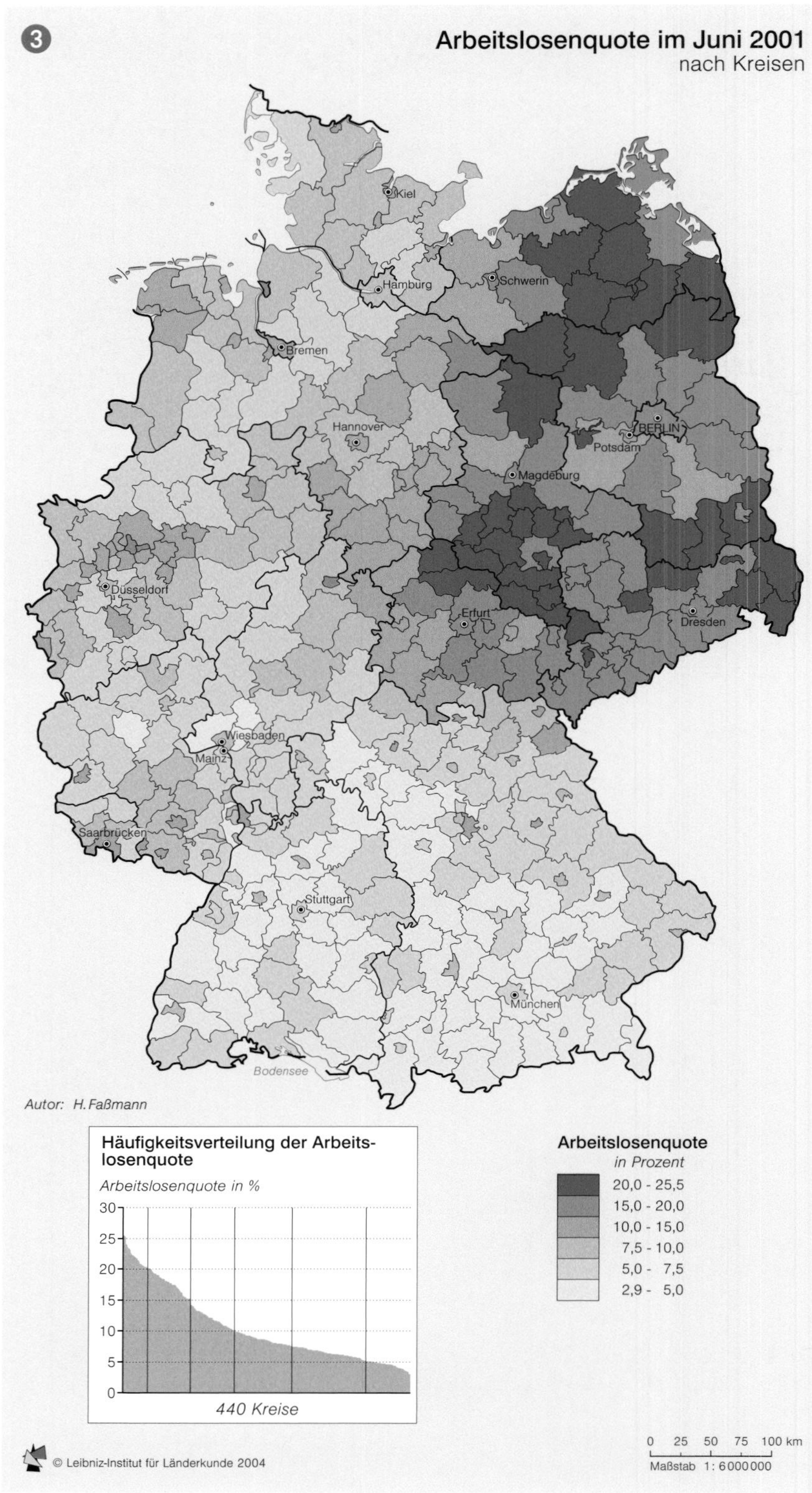

Die Tendenz zur Schließung führt auch dazu, dass Schulabsolventen und Berufseinsteiger schwerer in das Beschäftigungssystem integriert werden. Der Anteil arbeitsloser Jugendlicher steigt damit in den neuen Ländern besonders stark an (▶▶ Beitrag Bode/Burdack, Bd. 4, S. 84). Die Schließungstendenz den Jungen gegenüber wird durch eine analoge Tendenz bei den Älteren ergänzt. Die Arbeitslosigkeit der 55- bis unter 65-Jährigen ist in den neuen Ländern mit 92 Arbeitslosen pro 1000 der Altersgruppe wesentlich höher als in den alten Ländern, wo die Rate lediglich bei 52 liegt.

Regionale Differenzierung

Das regionale Muster der Arbeitslosigkeit folgt nicht nur einer einfachen Ost-West-Dichotomie ❸. Die Arbeitslosenquote ist in den neuen Ländern zwar generell höher, aber nicht überall. In den Kreisen, die an Bayern, Hessen,

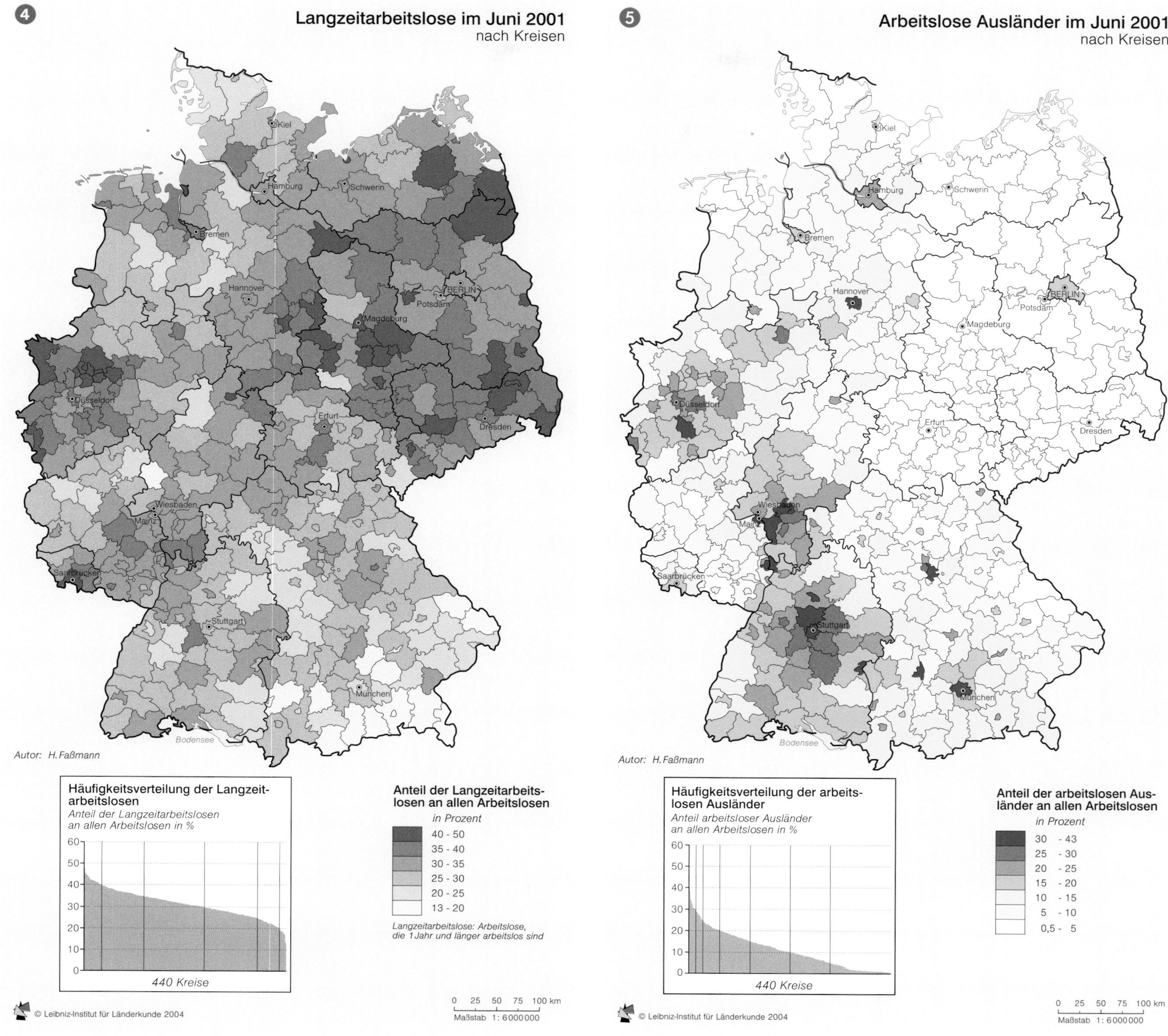

Niedersachsen und Schleswig-Holstein grenzen, liegt die Arbeitslosenquote unter dem Mittelwert der neuen Länder. Ebenso unterdurchschnittlich hoch ist die Arbeitslosigkeit im Umland der großen Städte und in Potsdam. Thesen, die auf der Wachstumspolkonzeption und auf Agglomerationsvorteile aufbauen, scheinen dadurch bestätigt. In den Zentrenregionen der neuen Länder kann am ehesten mit einer positiven Nachfrageentwicklung und damit mit einem Sinken der Arbeitslosenquote gerechnet werden. Aktuell erweisen sich bereits die großen Stadtregionen Süddeutschlands als die Wachstumspole der Regionalwirtschaft. Die Arbeitsmärkte um die großen Zentren in Bayern und Baden-Württemberg sind aufnahmefähig und durch deutlich geringere Arbeitslosenquoten gekennzeichnet. Erding, Freising und Ebersberg erfüllen mit einer Quote von unter 3% eindeutig das Vollbeschäftigungskriterium. Im Gegensatz dazu sind die peripher gelegenen ländlichen Gebiete, insbesondere in den neuen Ländern, durch eine sehr hohe Arbeitslosigkeit gekennzeichnet. In Hoyerswerda, Demmin, Uecker-Randow und Görlitz ist jeweils mehr als ein Viertel der Arbeitnehmer arbeitslos. Bedenkt man, dass auch die Zahl der erwerbsbereiten Arbeitnehmer bereits zurückgegangen ist, weil sich viele demoralisiert in die stille Reserve zurückgezogen haben, dann erhält man eine Vorstellung von der eigentlichen Tragweite der Arbeitslosigkeit.

Abweichungen von der einfachen Ost-West-Dichotomie der Arbeitslosigkeit zeigen sich auch bei ausgesuchten Problemindikatoren des Arbeitsmarktgeschehens. Der Anteil der Langzeitarbeitslosen kann als ein solcher Problemindikator gelten, der auf eine spezifische Verfestigung der Arbeitslosigkeit verweist ❹. Auch hier ist der Gegensatz zwischen dem prosperierenden Süden und dem mit Strukturproblemen kämpfenden Osten deutlich zu erkennen. So liegt in Kreisen oder kreisfreien Städten wie z.B. Erding, Freising oder Garmisch-Partenkirchen der Anteil der Langzeitarbeitslosen deutlich unter 20%, in Görlitz, Quedlinburg oder Dortmund hingegen bei fast 50%.

Ein vollständig anderes räumliches Muster weist die Verteilung der Ausländerarbeitslosigkeit auf ❺. Hier zählen die neuen Länder zu den eindeutig bevorzugten Gebieten. Weil dort der Anteil der ausländischen Wohnbevölkerung insgesamt gering ist, erreicht auch der Anteil der ausländischen Arbeitslosen an allen Arbeitslosen nur unbedeutende Werte. Die Problemgebiete liegen hier in den alten Ländern: Die regionalen Arbeitsmärkte in Baden-Württemberg, Hessen, Nordrhein-Westfalen und die Stadtstaaten Hamburg und Bremen sind dabei die Spitzenreiter. Aber auch in Köln, Mainz, Augsburg, Mannheim, München, Nürnberg, Frankfurt am Main, Stuttgart oder Offenbach sind jeweils ein Drittel der Arbeitslosen ausländische Staatsangehörige.◆

Logistikzentren – Distributionsprozesse im Wandel

Cordula Neiberger

Deregulierung – Aufhebung von einschränkenden, oft den freien Wettbewerb verhindernden Gesetzen

Distribution – Verteilung

Kabotage – Zugangsfreiheit zu einem Binnenmarkt für ausländische Speditionsunternehmen

logistisch – die Organisation, Lagerhaltung und Koordination betreffend, hier speziell auf das Transportwesen bezogen

Straßengüterfernverkehr – Werkfernverkehr plus gewerblicher Fernverkehr

Straßengüternahverkehr – Güterbeförderung mit Lastkraftfahrzeugen ausschließlich im Nahverkehr, d.h. der Umkreisfläche von 75 km Luftlinie (vor dem 27.5.1992: 50 km Luftlinie) um den wahren oder angenommenen Standort des Fahrzeuges (BDF 1995, S.1)

Verkehrsaufkommen – Verkehrsmenge ausgedrückt als Zahl der beförderten Gütertonnen

Werkverkehr – Eigenverkehr von produzierenden und Handel treibenden Unternehmen

Wirtschaftlicher Strukturwandel, eine wachsende arbeitsteilige Verflechtung der Produktion auf nationaler und internationaler Ebene und die Zunahme internationaler Handelsbeziehungen haben in den letzten 30 Jahren sowohl zu einer enormen Steigerung des Transportaufkommens von Gütern geführt als auch zu gestiegenen Ansprüchen an Schnelligkeit, Zuverlässigkeit und Flexibilität der Transportabwicklung. Diese Entwicklung wurde bis Anfang der 1990er Jahre durch eine starke Regulierung des Verkehrsmarktes gehemmt. Erst mit einschneidenden ▸ Deregulierungsmaßnahmen seit 1994 setzte eine dynamische Veränderung des Marktes ein, die sowohl die Struktur als auch das Leistungsprofil der Branche betraf.

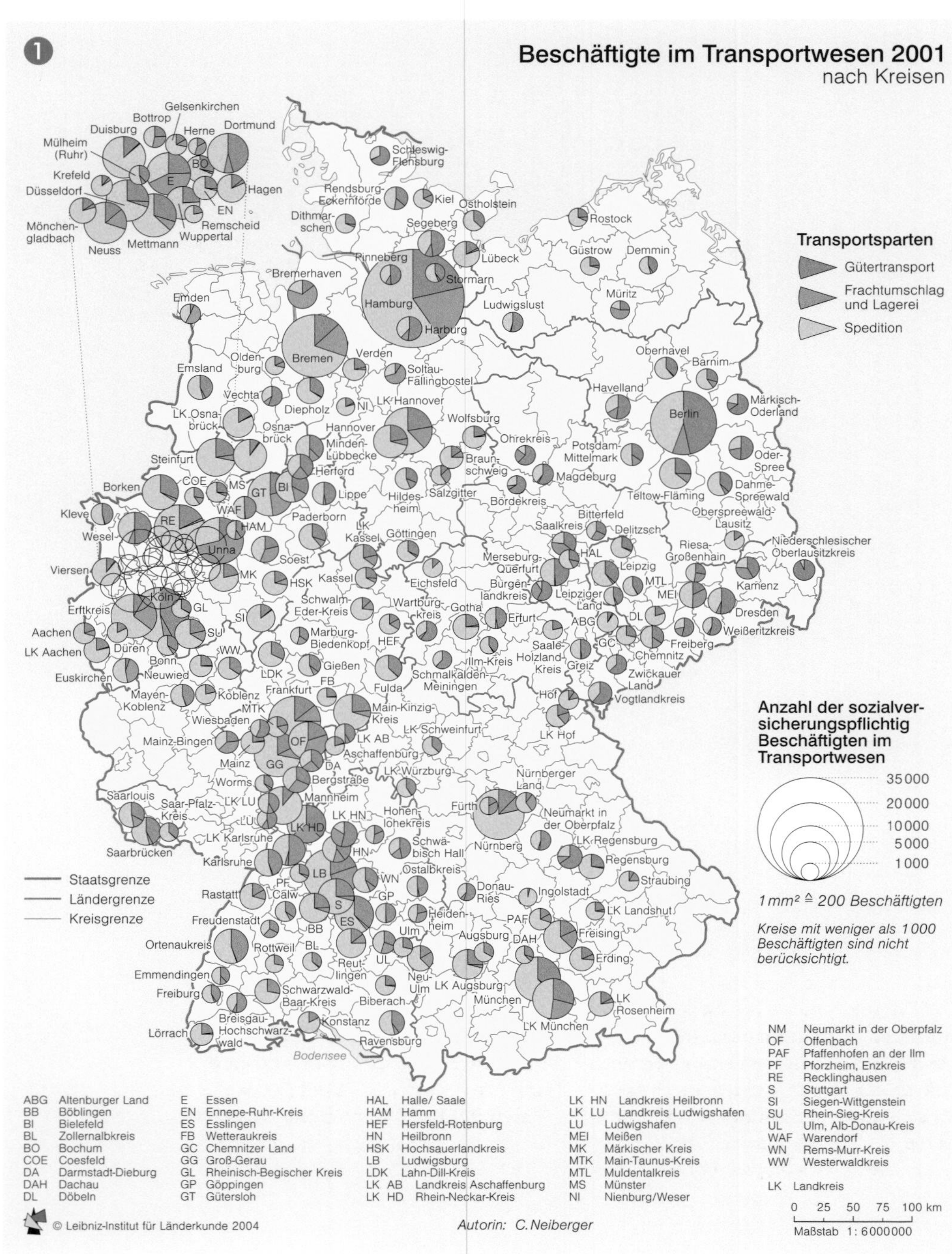

Dies beeinflusste auch die Entscheidung verladender Unternehmen über die Art und Weise der ▸ Distribution ihrer Waren, die prinzipiell die Wahl zwischen der Eigenerstellung ▸ logistischer Leistungen und der Übertragung dieser Aufgaben an Dienstleister des Speditions- und Transportgewerbes (Fremdbezug) haben. Hierbei handelt es sich um eine individuelle Entscheidung der Unternehmen, die sich in erster Linie an Kostengesichtspunkten ausrichtet, bei der aber auch andere Parameter, wie Zuverlässigkeit und Koordinationsmöglichkeiten eine Rolle spielen.

Die Rolle des Werkverkehrs

Durch die starke Regulierung des Verkehrsmarktes in Deutschland waren bis in die 1990er Jahre vor allem die Kostenparameter äußeren Einflüssen unterlegen. So wurden aufgrund eines noch aus der Vorkriegszeit stammenden rigiden Ordnungsrahmens zum Schutz der Deutschen Bundesbahn und zur Vermeidung einer befürchteten ruinösen Konkurrenz eine Markteinteilung in ▸ Straßengüternah-, ▸ Straßengüterfern- und Umzugsverkehr vorgenommen und die Preise für Transportleistungen im Straßengüterverkehr festgelegt, kontingentierte Konzessionen auf Lkw im Güterfernverkehr erteilt und der Zutritt ausländischer Unternehmen in den deutschen Markt (Kabotage) verhindert. Dies führte zu einer spezifischen Struktur des Verkehrsmarktes in Deutschland, der durch ein knappes Angebot an Transportleistungen, fehlende Konkurrenz und eine abgebremste Konzentration gekennzeichnet war. Das alles bewirkte hohe Preise bei fehlender Flexibilität und dadurch ein überproportionales Wachstum der Verkehrsleistung des ▸ Werkfernverkehrs im Vergleich zum gewerblichen Fernverkehr (Zobel 1988) ❷. Nach der Verkehrsleistung hatte der Werkfernverkehr 1955 einen Anteil von 22,7% am gesamten Straßengüterfernverkehr, 1990 betrug der Anteil 32%. Beim ▸ Verkehrsaufkommen wird dieser Trend noch deutlicher. Hier stieg der Anteil des Werkfernverkehrs von 25% (1960) auf 44% (1990) (BMVBW versch. Jahrgänge).

Doch nicht nur die reinen Fahrleistungen werden von Verladern selbst erbracht, sondern auch Lagerhaltung und administrative Tätigkeiten der Absatzlogistik. Dabei werden die Logistiknetze auf die spezifischen Bedürfnisse der jeweiligen Unternehmen ausgerichtet. Dies bedeutet bei produzierenden Unternehmen große Lagerflächen zum Auffangen der Produktion in der Nähe der Produktionsstandorte und ein an den Standorten der Kunden ausgerichtetes Distributionsnetz (Neiberger 1998).

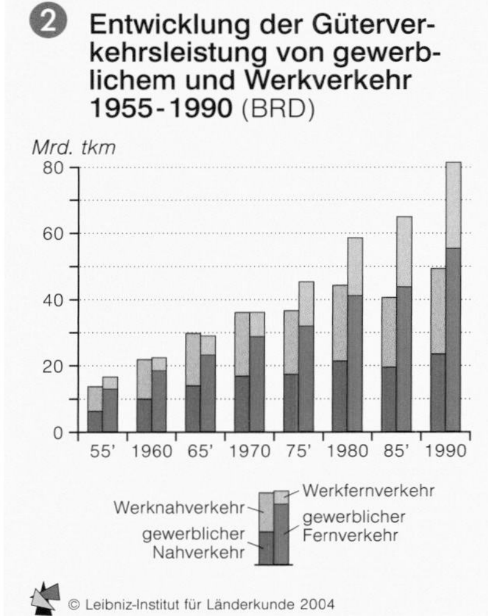

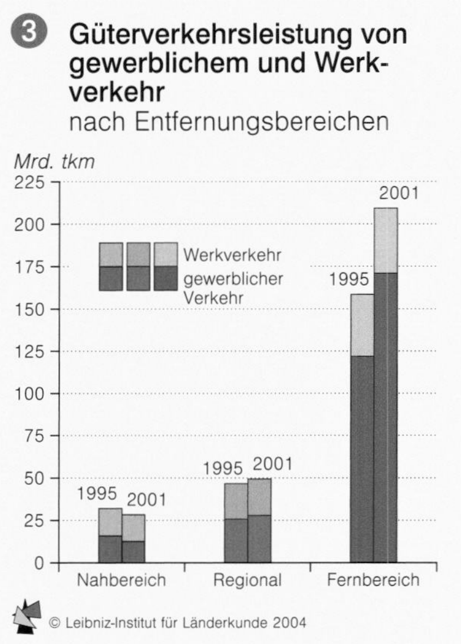

Die neuen Dienstleistungsunternehmen

Entscheidende Veränderungen in der Distributionslogistik wurden erst durch die Mitte der 1990er Jahre in Kraft getretene Deregulierung des Verkehrsmarktes hervorgerufen. Zum 1.1.1994 wurde die staatliche Tarifbindung aufgehoben und zum 1.7.1998 der uneingeschränkte Marktzugang für Transportunternehmen der EU (Kabotagefreiheit) verwirklicht. Seitdem gibt es in Deutschland auch keine Konzessionspflicht und keine Markteinteilung zwischen Güternah-, Güterfern- und Umzugsverkehr mehr (Aberle 2003).

Direkte Folgen dieser Maßnahmen sind gesunkene Transportpreise und die Erweiterung des Angebotes durch Dienstleistungsunternehmen. Damit entfielen für viele Unternehmen die Gründe für eine Eigenerstellung der Verkehrsleistung, wodurch eine verstärkte Auslagerung an Dienstleistungsunternehmen begann. Seitdem ist eine

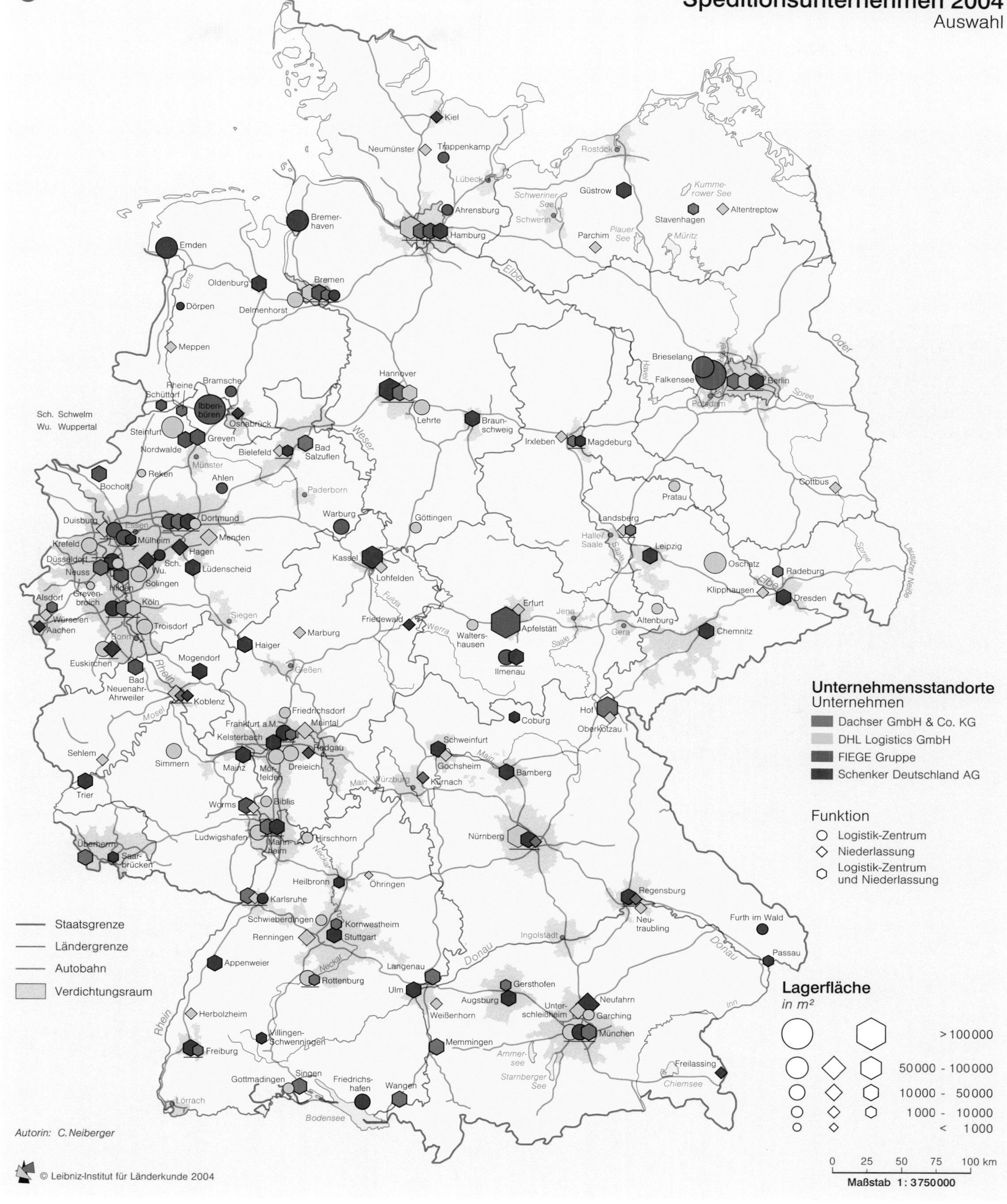

weitere Zunahme des Verkehrsaufkommens zu beobachten ❸, und diese findet in erster Linie im Fernverkehr statt. Sie wird vom gewerblichen Straßengüterverkehr aufgenommen. Seit der Deregulierung sinkt der Anteil des Werkverkehrs an der Gesamtverkehrsleistung kontinuierlich.

Innerhalb der Verkehrsbranche kam es zu entscheidenden Umstrukturierungen (▶▶ Beitrag Bertram, Bd. 9, S. 102). Der verstärkte Wettbewerb führte zu einem schnellen Konzentrationsprozess, im Zuge dessen sich große international agierende Konzerne mit einem erheblichen Marktanteil entwickelt haben. Daneben ist ein Mittelstand zu verzeichnen, der sich aufgrund des Konkurrenzdruckes spezialisiert oder sich in Speditionsnetzwerken zusammenschließt. Kleine und mittlere Unternehmen sind dagegen häufig dem Wettbewerb nicht mehr gewachsen und werden aufgekauft bzw. müssen aus dem Markt ausscheiden (BAG 2002).

Gleichzeitig ermöglichte die Deregulierung des Verkehrsmarktes den Unternehmen eine Erweiterung und Neudefinition ihres Tätigkeitsfeldes. Dadurch konnte eine Entwicklung beginnen von einfachen für die Transportabwicklung zuständigen Verkehrsunternehmen hin zu logistischen Unternehmen mit einem komplexen Angebot an Dienstleistungen, die den zwischenbetrieblichen Material- und Informationsfluss vermitteln, organisieren und steuern. Durch Neugründungen und Aufkäufe entstehen flächendeckende Netze des Speditursammelgutverkehrs, die von einer vollständigen Abdeckung des deutschen und in zunehmendem Maße auch des europäischen Marktgebietes geprägt sind ❹. Die einzelnen Niederlassungen dienen dabei sowohl als regionale Sammelstationen als auch als regionale Verteilstationen der aus den anderen Niederlassungen angelieferten Waren. Häufig sind sie in der Nähe der großen Ballungszentren anzutreffen, da hier sowohl eine beträchtliche Anzahl an Verladern ansässig ist als auch ein Großteil ihrer Kunden. Im Allgemeinen haben diese Niederlassungen nur eine geringe Lagerfunktion und nehmen in erster Linie eine Kommissionierungs- und Umschlagfunktion wahr.

Ähnliche Netze werden von mittelständischen Speditionen gebildet, die sich zu Speditionsnetzwerken zusammenschließen. Bei Beibehaltung der Selbstständigkeit der einzelnen Unternehmen können durch solch eine Kooperation Flächendeckung und Angebotsstandardisierung erreicht werden.

Aber nicht nur die Transportleistungen des Fuhrparks werden an logistische Dienstleistungsunternehmen vergeben, auch eine Auslagerung gesamter logistischer Leistungspakete ist erkennbar. Die hier entstehenden Standorte sind durch große Warenverteilzentren gekennzeichnet, die entweder für einzelne Kunden und auf deren spezielle Bedürfnisse zugeschnitten oder als Speziallager für mehrere Kunden betrieben werden. Neben der reinen Warenlagerung werden dort auch Funktionen wie Kommissionierung und Etikettierung bis hin zur kompletten Übernahme der Warendistribution vom Dienstleistungsunternehmen wahrgenommen. Die Standorte dieser Lager richten sich in erster Linie an denen der Kunden aus, befinden sich also bei produzierenden Unternehmen in der Nähe der Produktionsstätten. Bei Handelsunternehmen werden in Deutschland zentral und verkehrstechnisch günstig gelegene Standorte bzw. Standorte in Verdichtungsräumen, also in der Nähe der Verbraucher, bevorzugt (Neiberger 1998). Entsprechend diesen einzelwirtschaftlichen Erfordernissen ergibt sich eine stark diversifizierte Verteilung der Standorte des Transportwesens, was an dem unterschiedlichen Besatz der abhängig Beschäftigten des Transportwesens ❶ abzulesen ist.◆

Energienachfrage und Angebotsdifferenzierung

Wolfgang Brücher und Malte Helfer

Kohlekraftwerk Lippendorf bei Leipzig

Nach dem Zweiten Weltkrieg hat die Entwicklung der Energiewirtschaft in Deutschland zu einem alle Energieträger umfassenden Energiemix geführt, wie er für ein Industrieland mit eigenen Ressourcen typisch ist. Sie wurde beeinflusst durch die Steinkohlenkrise ab 1957, die Öl- bzw. Energiekrisen ab 1973, aber auch durch die unterschiedlichen Situationen in beiden deutschen Staaten sowie deren Vereinigung.

Entwicklung des Primärenergieverbrauchs

Die Nachkriegszeit war zunächst von der autarken Versorgung mit Kohle und etwas Erdöl geprägt ❶. Heute wird die damalige Bedeutung der erneuerbaren Energien unterschätzt, die 1950 immerhin 5,9% des gesamten Verbrauchs abdeckten. Trotz der rapiden Zunahme konkurrierender Energieträger blieb die Nutzung der Steinkohle seit 1973 überraschend konstant. Nicht so ihre Förderung, denn der schnell wachsende Anteil von Importkohle wird gern übersehen: Er erreichte 2001 (inkl. Koks) bereits 60,5%. Die heimische Förderung war im selben Jahr gegenüber dem Höhepunkt 1957 auf 18,6% gesunken, die Zahl der Beschäftigten auf ganze 8,7%.

Die Entwicklung der Braunkohle kann nur vor dem Hintergrund der deutschen Teilung und Einigung verstanden werden. Galt einst die DDR als größter Produzent der Welt, so sank der Konsum in Ostdeutschland seit der Wende unter die Hälfte ihres Wertes von 1989. Wegen des geringen Energiegehalts beschränkte sich die Verwendung der Braunkohle schon immer weitgehend auf die Verstromung (>90%). Die Steinkohle zeigt inzwischen mit prognostizierten 83% für 2020 eine ähnliche Tendenz, was entscheidend zu ihrem Überleben beigetragen hat.

Ab Mitte der 1960er Jahre wurde das Erdöl zum dominierenden Energieträger, was Deutschland definitiv in die Importabhängigkeit führte. Die einheimischen Quellen im Dreieck Kiel – Hannover – Rheine konnten nie bedeutende Mengen liefern; ihr Anteil liegt heute unter 2% vom Gesamtverbrauch von 5773 PJ. Zwar trägt das dort ebenso vorkommende Erdgas immerhin noch ein Fünftel zum deutschen Gesamtkonsum von 3018,4 PJ bei, es konnte sich jedoch gegen die Konkurrenz des Öls erst später durchsetzen. Inzwischen ist es zum zweitwichtigsten Energieträger aufgerückt, nicht zuletzt wegen seiner geringen Umweltbelastung.

Ebenfalls verspätet und, wegen langer Bauzeiten und politischer Widerstände zunächst schleppend, begann die Nutzung der Atomenergie. Sie trägt 12,2% zum Primärenergieverbrauch bei, wird in absehbarer Zeit aber – vorausgesetzt, die Politik des Atomausstiegs hält an – wieder gegen Null tendieren. Der relative Beitrag der erneuerbaren Energien ist bisher kaum verändert gering geblieben.

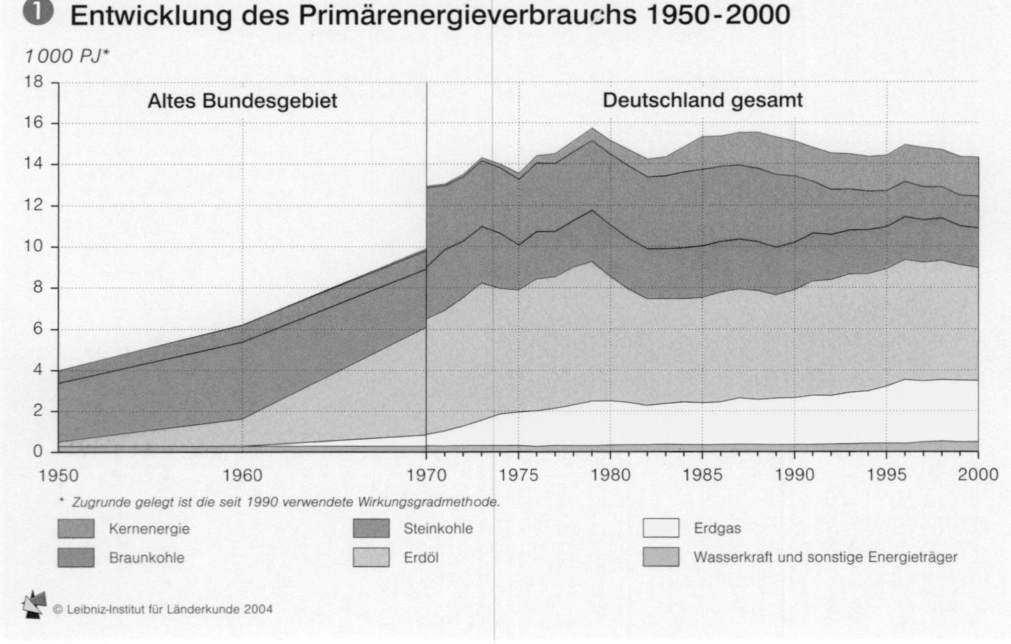

Energieerzeugung

Bei der Stromerzeugung spielen der zeitliche Einsatz bzw. die Verfügbarkeit der Kraftwerke (KW) eine entscheidende Rolle: Grundlast-KW (vor allem Braunkohlen-, Atom- und Laufwasser-KW) laufen im Dauerbetrieb, Mittellast-KW (Steinkohlen- und teilweise Öl- und Gas-KW) vor allem während der Woche zur Arbeitszeit, Spitzenlast-KW (Öl- und Gas-KW sowie Speicher-KW) nur zu den wenigen Tagesstunden mit Höchstbedarf.

Während die Laufwasser-KW sich an wasser- und/oder gefällereichen Flüssen orientieren, werden Speicher-KW in Höhenlagen mit Steilabfall angelegt, teilweise unterhalb künstlicher Becken. Außerhalb seines schmalen Alpensaumes verfügt Deutschland nur über ein sanftes Relief. Die Leistung der Fließgewässer ist deshalb so gering, dass die Produktion aller Kraftwerke pro Flusslauf auf der Karte ❷ nur kumuliert dargestellt werden kann; bei den meisten werden nicht einmal dann 5 PJ erreicht. Trotz des insgesamt mageren Volumens an Wasserkraft kommt es so zum deutlichen Übergewicht der Alpenflüsse ❺, vor allem des wasserreichen Oberrheins (ohne französischen Nutzungsanteil von 82,6%). Außerdem gibt es im Land nur wenige große Pumpspeicher-KW. Wegen der kurzen Einsatzzeiten ist ihre Jahresproduktion so niedrig, dass die meisten nicht erfasst wurden. Selbst das mit 1135 MW größte, Markersbach in Sachsen, lieferte 1998 nur 2,2 PJ bzw. erreichte eine Nettoerzeugung von knapp 10% des vergleichbaren Steinkohlen-KW Voerde bei Duisburg. Die Masse des hydroenergetischen Spitzenstroms kommt vielmehr aus den Speicherseen der Alpen jenseits der Grenze, neuerdings auch per Seekabel aus Skandinavien.

Ressourcengebunden sind außerdem die Braunkohlen-KW, für die sich wegen ihres geringen Energiegehaltes (28% der Steinkohle) der Transport nur über kürzeste Distanz rentiert; sie stehen deshalb in unmittelbarer Nachbarschaft der Tagebaue, von wo sie z.T. direkt über Fließbänder beliefert werden. Das Gleiche gilt für die Kraftwerke dicht neben den Zechen an Ruhr und Saar, die minderwertige Ballast(stein)kohle verfeuern, während sich für hochwertige Kesselkohle der Schiffstransport auf den Wasserstraßen oder aus Übersee lohnt.

Bereitstellung und Umwandlung von Energie – physikalisch unkorrekt, aber geläufiger ausgedrückt: **Energieerzeugung**; d.h. es werden die tatsächlichen Energielieferungen in Petajoule (PJ) während eines bestimmten Jahres wiedergegeben.

Kennzahl für Gasleitungen – Die Kennzahl gibt die Kapazität einer Gasleitung an und berechnet sich aus der Querschnittsfläche der Rohrleitung in m² multipliziert mit dem höchstzulässigen Betriebsdruck in Bar.

Zu den Maßeinheiten für Energie und Leistungen ▸ Abkürzungen auf S. 6

Zur Methodik der Kartendarstellung

Die Karte ❷ zeigt die ▸ Bereitstellung aller eingesetzten Energieträger und -formen 1998 und deren ▸ Umwandlung in ihrer Gesamtheit. Die einzelnen Energieträger sind direkt vergleichbar, da die Flächen der Signaturen die gelieferte Energiemenge in Petajoule angeben (dargestellt ab einem Minimum von 5 PJ = 1,39 Mio. MWh), sei es die geförderte Primärenergie z.B. in Form von Braunkohle, sei es den Durchsatz der Raffinerien, sei es die Erzeugung von Strom oder von Fernwärme. Nach demselben Prinzip werden außerhalb der deutschen Grenzen die jeweiligen Im- und Exporte dargestellt, orientiert an den Bestimmungs- und Herkunftsländern, z.B. am Ostrand der Stromexport nach und der Kohlenimport von Polen.

Karte ❺ verwendet für die Diagramme der erzeugten Energie die hundertfache Fläche zur Darstellung wie in Karte ❷, um die geringen Quantitäten regenerierbarer Energien visualisieren zu können.

Eine Position zwischen Elektrizitäts- und Wärmewirtschaft nimmt die Fernwärme ein, die mit 3,3% zur gesamten Endenergie beiträgt und vorwiegend der Raumheizung dient. Sie wird in Heizwerken oder Heizkraftwerken mittels Kraft-Wärme-Kopplung gewonnen. Dadurch wird der Wirkungsgrad erhöht und die Umweltbelastung gesenkt. Aufgrund der extrem hohen Kosten speziell für die Isolierung lohnt sich der Bau der Verteilernetze nur in dichtest besiedelten Räumen. Dies gilt nicht nur für große Agglomerationen; dezentral organisierte Fernwärmeeinspeisung aus kleinen, meist gasgetriebenen Blockheizkraftwerken ist auch in Mittelstädten rentabel. Auffällig ist die nach wie vor starke Verbreitung in Ostdeutschland, wo im sozialistischen System diese Form der kollektiven Raumheizung konsequent gefördert wurde und heute noch 28% der Wohnungen versorgt. Dagegen spielt sie im Westen mit 8% versorgten Wohnungen eine sekundäre Rolle. Bedingt ist dies einerseits durch die →

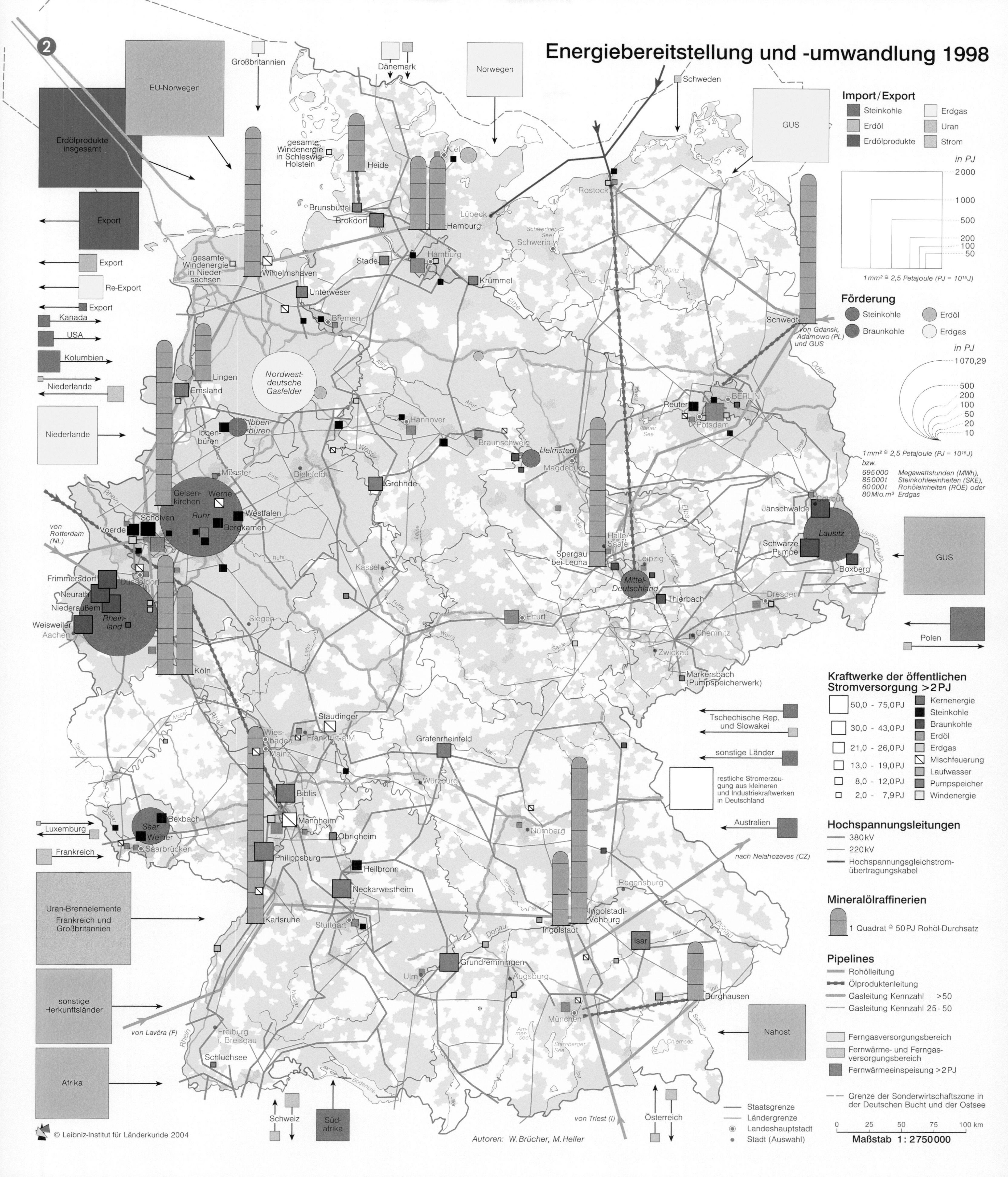
2
Energiebereitstellung und -umwandlung 1998
Import/Export
Steinkohle
Erdöl
Erdölprodukte
Erdgas
Uran
Strom
in PJ
2000
1000
500
200
100
50
1mm² ≙ 2,5 Petajoule (PJ = 10¹⁵J)
Förderung
Steinkohle
Braunkohle
Erdöl
Erdgas
in PJ
1070,29
500
200
100
50
20
10
1mm² ≙ 2,5 Petajoule (PJ = 10¹⁵J)
bzw.
695 000 Megawattstunden (MWh),
85 000 t Steinkohleeinheiten (SKE),
60 000 t Rohöleinheiten (RÖE) oder
80 Mio. m³ Erdgas
Kraftwerke der öffentlichen Stromversorgung >2 PJ
50,0 - 75,0 PJ
30,0 - 43,0 PJ
21,0 - 26,0 PJ
13,0 - 19,0 PJ
8,0 - 12,0 PJ
2,0 - 7,9 PJ
Kernenergie
Steinkohle
Braunkohle
Erdöl
Erdgas
Mischfeuerung
Laufwasser
Pumpspeicher
Windenergie
restliche Stromerzeugung aus kleineren und Industriekraftwerken in Deutschland
Hochspannungsleitungen
380 kV
220 kV
Hochspannungsgleichstrom-übertragungskabel
Mineralölraffinerien
1 Quadrat ≙ 50 PJ Rohöl-Durchsatz
Pipelines
Rohölleitung
Ölproduktenleitung
Gasleitung Kennzahl >50
Gasleitung Kennzahl 25 - 50
Ferngasversorgungsbereich
Fernwärme- und Ferngas-versorgungsbereich
Fernwärmeeinspeisung >2 PJ
Staatsgrenze
Ländergrenze
Landeshauptstadt
Stadt (Auswahl)
Grenze der Sonderwirtschaftszone in der Deutschen Bucht und der Ostsee
0 25 50 75 100 km
Maßstab 1 : 2 750 000
EU-Norwegen
Erdölprodukte insgesamt
Export
Re-Export
Kanada
USA
Kolumbien
Niederlande
Großbritannien
Dänemark
Norwegen
Schweden
GUS
Polen
Tschechische Rep. und Slowakei
sonstige Länder
Australien
nach Nelahozeves (CZ)
Nahost
Österreich
Schweiz
Süd-afrika
Luxemburg
Frankreich
Uran-Brennelemente Frankreich und Großbritannien
sonstige Herkunftsländer
Afrika
von Lavéra (F)
von Triest (I)
von Rotterdam (NL)
von Gdansk, Adamowo (PL) und GUS
gesamte Windenergie in Schleswig-Holstein
gesamte Windenergie in Niedersachsen
Nordwestdeutsche Gasfelder
Ruhr
Rheinland
Saar
Helmstedt
Mitteldeutschland
Lausitz
Ibbenbüren
Kiel
Heide
Brunsbüttel
Brokdorf
Hamburg
Lübeck
Rostock
Schwerin
Stade
Krümmel
Wilhelmshaven
Unterweser
Bremen
Lingen
Emsland
Schwedt
Berlin
Reuter
Potsdam
Hannover
Braunschweig
Magdeburg
Münster
Bielefeld
Grohnde
Gelsenkirchen
Werne
Scholven
Westfalen
Voerde
Bergkamen
Frimmersdorf
Neurath
Niederaußem
Weisweiler
Aachen
Düsseldorf
Köln
Siegen
Kassel
Halle/Saale
Spergau bei Leuna
Leipzig
Jänschwalde
Cottbus
Schwarze Pumpe
Boxberg
Dresden
Thierbach
Erfurt
Chemnitz
Zwickau
Markersbach (Pumpspeicherwerk)
Staudinger
Wiesbaden
Frankfurt a.M.
Mainz
Grafenrheinfeld
Würzburg
Biblis
Mannheim
Obrigheim
Bexbach
Weiher
Saarbrücken
Philippsburg
Heilbronn
Neckarwestheim
Nürnberg
Regensburg
Karlsruhe
Stuttgart
Ingolstadt
Ingolstadt-Vohburg
Isar
Grundremmingen
Ulm
Augsburg
Burghausen
München
Freiburg i. Breisgau
Schluchsee
Rhein
Elbe
Oder
Weser
Donau
Main
© Leibniz-Institut für Länderkunde 2004
Autoren: W. Brücher, M. Helfer

Photovoltaikanlage auf dem Dach eines Saarbrücker Bergmannshäuschens aus dem 19. Jh.

Strategie der großen Energieversorger, zum anderen eignen sich Atomkraftwerke (AKW) weniger für die Gewinnung von Fernwärme.

Seit 1968, dem ersten kommerziellen Einsatz der Atomenergie, hat sich die deutsche Stromerzeugung von 750 auf 1699 PJ/a mehr als verdoppelt, der aus den traditionellen Energieträgern gewonnene Anteil jedoch nur um ein Drittel erhöht, und das bei rückläufigem Einsatz von Erdgas und Erdöl. Die Bedarfslücke füllen 14 AKW mit 551 PJ/a bzw. 30% der Stromproduktion. Räumliche Lücken füllen sie in den energiearmen Zonen des Südens bzw. des Nordens, erleichtert durch die Tatsache, dass Transportkosten für die Brennstäbe nicht mehr ins Gewicht fallen. Wegen der benötigten Kühlwassermengen suchen die AKW die Lage an Flüssen. Nicht überall ist der erforderliche Sicherheitsabstand zu Ballungsräumen eingehalten. Bezeichnenderweise fehlen in Westdeutschland AKW in den Ländern der Braun- und/oder Steinkohlenreviere, NRW und Saarland, wo sie als Konkurrenz offensichtlich unerwünscht sind. In Ostdeutschland wurde das einzige AKW bei Greifswald nach der Einigung wegen Sicherheitsmängeln abgerissen.

Die Schließung zahlreicher Erdölraffinerien – ihre Zahl reduzierte sich von 36 (1978) auf 14 (1998) – ist nicht allein das Ergebnis der um -39% rückläufigen Rohöldestillation (1998: 110 Mio. t), sondern auch eines Rationalisierungsprozesses, denn der Durchsatz pro Raffinerie wurde um 57% gesteigert. Zusätzlich werden über Produktenpipelines Treibstoffe und Heizöl anstelle von Rohöl ins Binnenland geliefert, immerhin 29% der Gesamttonnage.

Erdgas wird entweder in konsumfähigem Zustand gefördert oder im Ursprungsgebiet aufbereitet und dann direkt zu den Abnehmern gepumpt. Es benötigt dort also, im Unterschied zu den anderen Energieträgern, keine Umwandlungs-, sondern lediglich Verteilungsanlagen. Hinzu kommen riesige unterirdische Kavernen- und Porenspeicher, die sowohl der Reservehaltung als auch der dem saisonalen Bedarf anzupassenden Versorgung dienen: Auf 76 Mrd. m³/a Gaskonsum kommen 4,8 Mrd. m³ Speicherkapazität (▸▸ Beitrag Pasternak, S. 36).

Netze und Versorgung

Die Raffinerien werden über Pipelines mit importiertem Rohöl versorgt, die Produkte von dort wahlweise per Binnenschiff, Bahn und Tanklaster oder aber über Produktenpipelines transportiert (z.B. von Burghausen nach München). Erdöl und seine Produkte sind also nicht leitungsgebunden. Da beide immer in Richtung Verbraucher fließen, haben die Raffinerien keine Austausch- oder Kompensationsbeziehungen untereinander, bilden also kein Netz. So entfällt auch die Notwendigkeit einer Verbindung zwischen den nach wie vor in West- und Ostdeutschland getrennten Bereichen der Mineralölwirtschaft.

Im Ferngasnetz bilden die Hauptleitungen sowohl die Importadern als auch das Grundgerüst für die Verteilung im Land. Hier fällt der fast geschlossene Bereich von Rhein-Ruhr bis Hamburg auf, in dem sich auch die internen Lagerstätten befinden. Nicht rentabel ist der Ausbau des Netzes in weiten dünn besiedelten Gegenden, wie z.B. in Mecklenburg-Vorpommern; dort steht nur Flüssiggas zur Verfügung. In einigen Bereichen kommt es zur direkten Konkurrenz zwischen Erdgas und Fernwärme ❷.

Das Netz der Elektrizität ist ein kompliziertes Gebilde, das ganz überwiegend im Binnenland von Hunderten von Kraftwerken und unzähligen Windkraft- und Photovoltaik-Anlagen gespeist wird. Da Elektrizität nur mit großen Verlusten gespeichert werden kann, müssen die Betreiber des Verbundnetzes in Absprache ständig dafür sorgen, dass die Bedarfsmenge an Strom von den entsprechenden Grund-, Mittel- und Spitzenlastkraftwerken pünktlich geliefert werden kann. Dabei ist die gleichzeitige Versorgung der unterschiedlichsten Abnehmer, ob im abgelegenen ländlichen Raum oder in der Großstadt, auf den verschiedenen Spannungsebenen zu garantieren, von der Villa bis zur Aluminiumhütte. Im Gegensatz zu dem lückenhaften Gasnetz ist das Geflecht der Leitungen für Mittel- und Niederspannung flächendeckend selbst in dünnst besiedelten Gebieten ausgebaut, denn jeder Individualabnehmer hat rechtlichen Anspruch auf Anschluss ans Strom-, nicht aber ans Gasnetz.

In den letzten Jahrzehnten lag beim Ausbau der Elektrizitätswirtschaft das Schwergewicht auf einer gleichzeitigen Verdichtung und Verstärkung des Verbundnetzes einerseits sowie andererseits auf einer Leistungssteigerung der Kraftwerke bei Verringerung der Zahl der Standorte. In diese Strategie passten vor allem die neuen AKW mit Leistungen bis max. 2572 MW (Gundremmingen), aber auch der Trend der Steinkohlen-KW mit >100 MW. In den letzten drei Jahrzehnten hat ihre Zahl zwar deutlich abgenommen, ihre Erzeugung hat dagegen aufgrund der Vergrößerung bestehender Anlagen, aber auch der Verbesserung ihres Wirkungsgrads zugenommen. An dieser Verstärkung sowohl des Verbundnetzes als auch der Erzeugerstandorte lässt sich eine grundsätzlich zentralistische Strategie der Energieversorger ablesen, zu der nicht zuletzt der anhaltende Prozess von Unternehmensfusionen passt.

Wenn zahlreiche Leitungen die Grenze queren, so darf daraus nicht auf einen intensiven Stromaußenhandel geschlossen werden. Dagegen sprechen bereits die auffällig geringen Im- und Exportmengen. Zumeist handelt es sich um Hilfslieferungen im Tausch, z.B. bei Ausfall eines AKW oder von Wasserkraftwerken bei Trockenheit. Erst mit der Deregulierung, d.h. der Einführung des freien EU-Strommarktes, wird sich dieses Bild ändern, z.B. mit der vermutlichen Zunahme von importiertem billigem Atomstrom aus Frankreich oder einem Handel von Grundlaststrom aus norddeutschen AKW nachts gegen Spitzenlaststrom aus norwegischen Speicherseen tagsüber.

Die deutsche Energielandschaft

Deutschland weist die für ein hochindustrialisiertes, bevölkerungsreiches Land charakteristische dichte Energieerzeugung und -versorgung auf ❷. Dennoch gibt es Ungleichgewichte, die sich

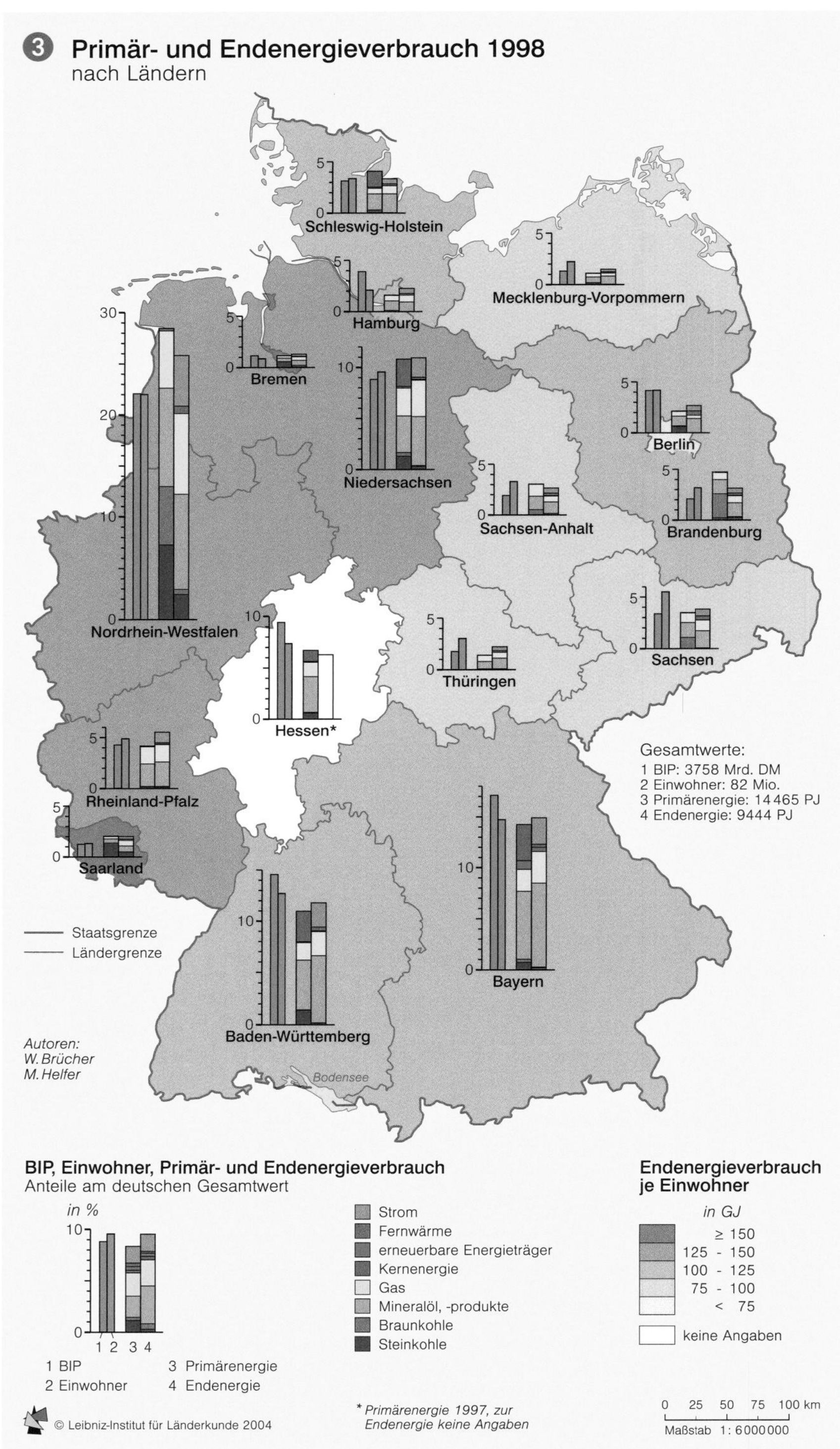

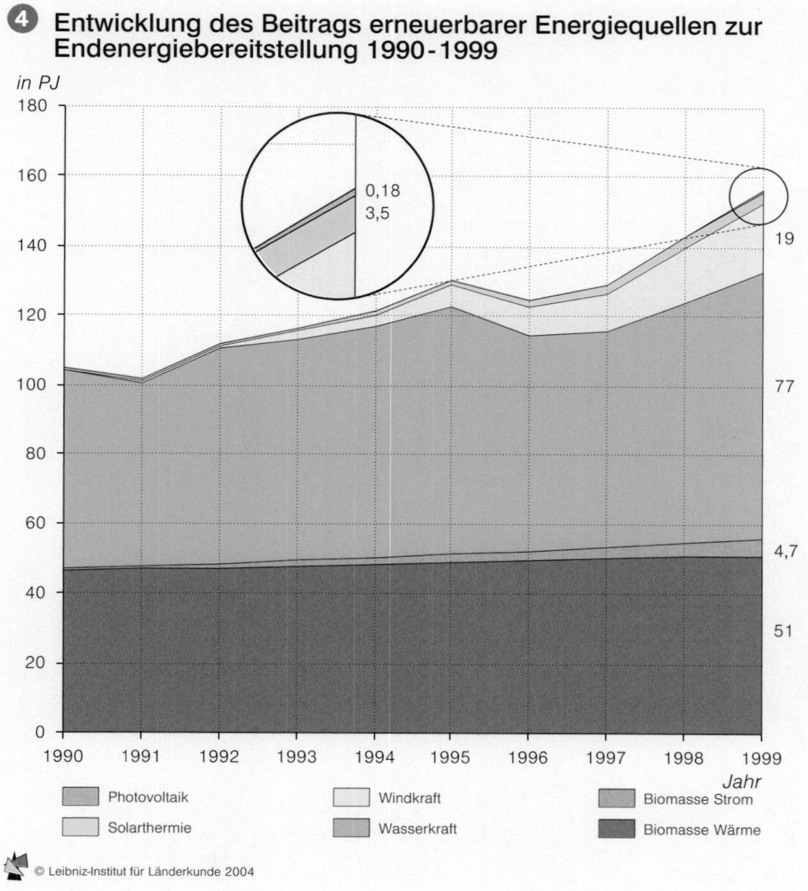

❹ Entwicklung des Beitrags erneuerbarer Energiequellen zur Endenergiebereitstellung 1990-1999

nicht allein durch Unterschiede zwischen urbanen und ländlichen Bereichen erklären lassen. Auf fällt die periphere Lage aller wichtigen Energieressourcen: von den norddeutschen Erdöl- und Erdgasvorkommen über die Stein- und Braunkohlenreviere bis zur Wasserkraft im Süden und der Windenergie an den Küsten. An dieser naturbestimmten Anordnung orientieren sich Bergbau, Stromerzeugung, Industrie und Einwohner. Überdies zieht die Nähe zu den Importquellen die meisten Raffinerien an die Grenzen. Auffällig ist ein breiter Saum beiderseits der ehemaligen innerdeutschen Grenze, der lediglich von drei Leitungen gekreuzt wird und in dem auch Kraftwerke selten sind. Konnte nach der Wende das Gasnetz, im Übrigen seit Jahrzehnten u.a. aus der UdSSR bzw. GUS gespeist, hier ohne Rücksicht auf die ehemalige Grenze ausgebaut werden, so bereitete der Anschluss des östlichen Stromversorgungsgebiets erhebliche Schwierigkeiten wegen der unterschiedlichen Frequenzen. Noch deutlicher und nachhaltiger bleibt die Erdölwirtschaft in Ost und West getrennt.

Bei der Verteilung von Primärenergie- und Endenergieverbrauch, dem Bruttoinlandsprodukt (BIP) sowie der Einwohnerzahl ❸ sticht besonders das bevölkerungsreichste Bundesland Nordrhein-Westfalen hervor, bedingt durch die wichtigsten Kohlenvorkommen, aber auch durch energieintensive Industriezweige (Stahl, Aluminium etc.). Relativ zu BIP und Bevölkerung jedoch liegt der Energieeinsatz in anderen Ländern höher, wegen der immer noch wichtigen Kohle, am deutlichsten im Saarland und in Brandenburg. Umgekehrt sprechen aus den Relationen in Hessen, Baden-Württemberg und Bayern indirekt das Gewicht der energieextensiven High-Tech-Industrien und die höhere Wertschöpfung pro eingesetzte Energieeinheit.

Regenerative Energien

Der Anteil der umweltfreundlicheren erneuerbaren (regenerativen) Energien ist überraschend gering ❹. In der Karte ❺ zeigt sich der relief- und klimabedingte Kontrast zwischen der Dominanz der Hydroelektrizität im Süden und der Windenergie im Norden (▶▶ Beitrag Klein, S. 152). Dagegen wurden im traditionell von der Braunkohle geprägten Ostdeutschland die erneuerbaren Ressourcen bisher unübersehbar vernachlässigt.

Die Nutzung von Wind hat seit 1998 deutlich zugenommen, bis 2001 um 156% auf 41,4 PJ. Das beste Standortpotenzial scheint jedoch bereits ausgeschöpft zu sein, die Zukunft liegt in Windparks offshore, d.h. vor der Küste, aber auch deren Standorte sind begrenzt.

Geothermie ist mit rund 2 PJ kaum erwähnenswert (▶▶ Beitrag Rummel/Schellschmidt, Bd. 2, S. 42), Gezeitenkraft wird nicht genutzt. Zwar konnte die Photovoltaik, Strom aus Sonnenlicht, ihren noch winzigen Anteil an der gesamten Stromerzeugung von 0,003% (1998) bis 2002 auf 0,02% erheblich steigern (▶▶ Beitrag Eberhard, Bd. 3, S. 76), doch wird ihr Wachstum durch hohe Kosten weiterhin gebremst.

Weiterhin gilt, dass das Potenzial der Wasserkraft weitgehend erschöpft ist und die Nutzung von Sonne und Wind in Deutschland keine optimalen Voraussetzungen findet. Von zusätzlichem Nachteil ist aber auch die erwähnte zentralistische Strategie der großen Energieversorger, völlig konträr zu den dezentralen Strukturen einer regenerativen Energiewirtschaft.

So ist die Photovoltaikanlage (▶ Foto) auf dem Dach eines Saarbrücker Bergmannshäuschens aus dem 19. Jh. zugleich Symbol der energiewirtschaftlichen Tradition und der Hoffnung auf ihren Wandel in der Zukunft.◆

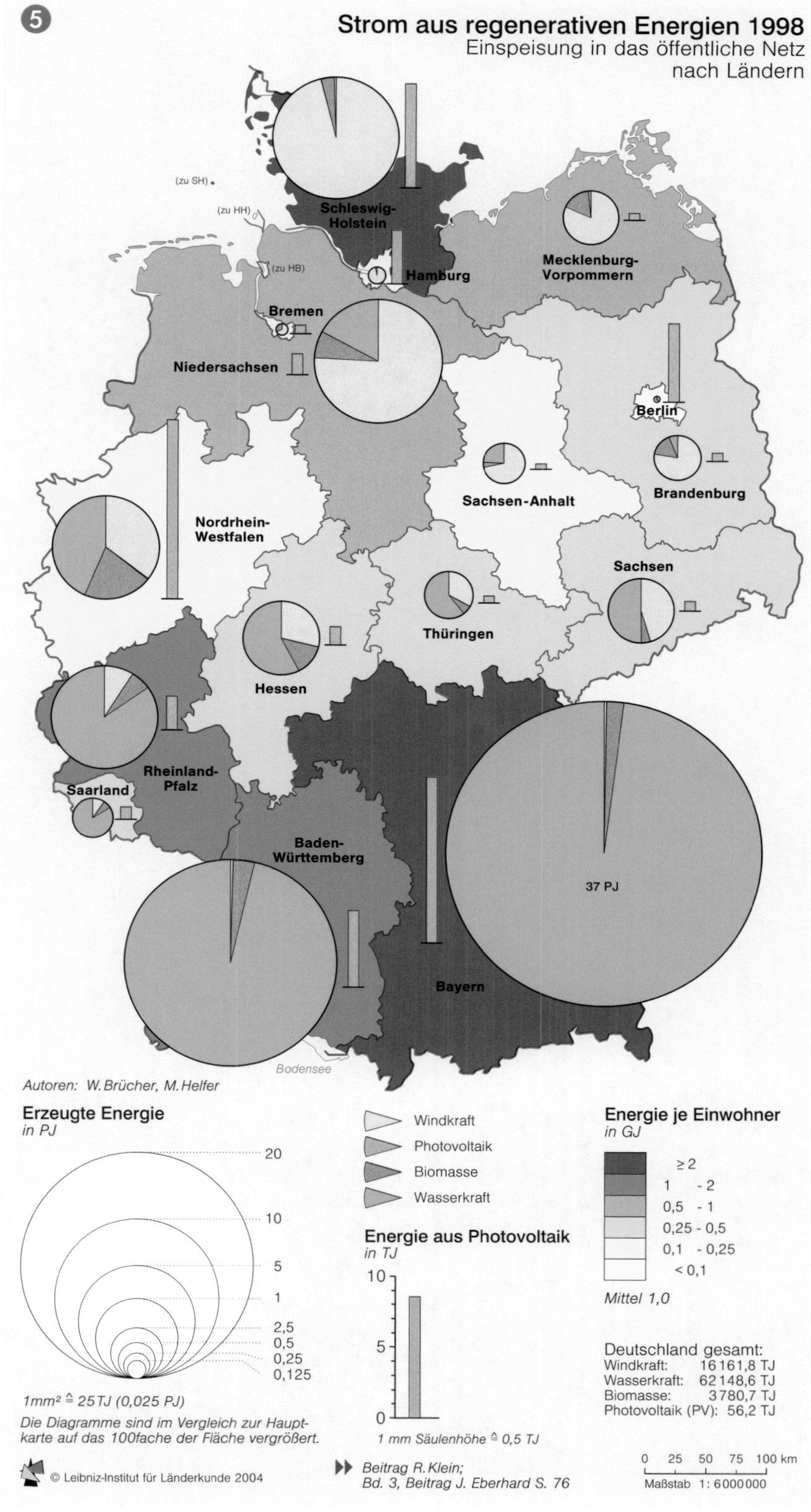

❺ Strom aus regenerativen Energien 1998

Standorte der Telekommunikationsunternehmen

Klaus Baier und Peter Gräf

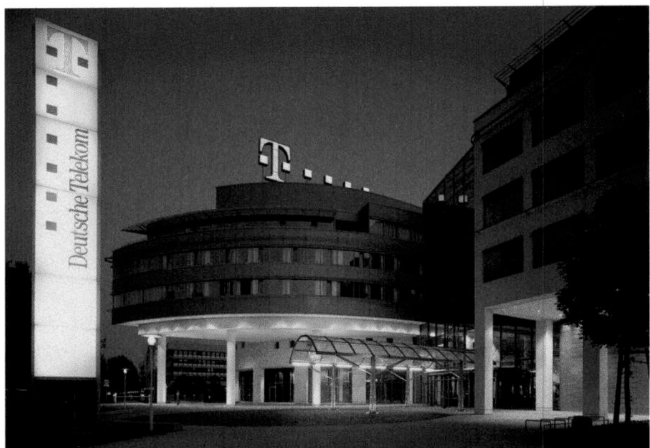
Die Zentrale der Deutschen Telekom in Bonn

Technisch vermittelte Individualkommunikation nutzt Sprachtelefon-, Festnetz-, Mobilfunk-, Satellitenfunk- und Onlinedienste. Man kann nach öffentlichen Diensten und Dienstleistungen für geschlossene Benutzergruppen unterscheiden. Die Anzahl der Anbieter in Deutschland belief sich Ende 2001 auf 1477 Unternehmen ❷.

Noch Anfang der 1990er Jahre wurden telekommunikative Dienste in einem vom deutschen Staat stark regulierten Rahmen mit eingeschränktem Wettbewerb angeboten. Durch die Liberalisierung des Marktes nach 1998 entwickelte sich ein starker Wettbewerb, der das Wachstum eines führenden Wirtschaftssektors ermöglichte.

Bedeutendster Standort der Telekommunikationsbranche ist Frankfurt a.M. mit mehr als 100 TK-Unternehmen. In der Region Frankfurt haben die bislang stärksten US-amerikanischen Unternehmen dieser Branche (z.B. AT&T) Niederlassungen. Der zweitgrößte Standort ist München mit ebenfalls mehr als 100 Telekommunikationsdienstleistern. In München ist mit der ▸ BT-Tochter ViagInterkom jedoch nur ein wichtiger ausländischer Wettbewerber zu finden. Der Standort München ist nicht durch bedeutende ▸ Carrier, sondern insbesondere durch seine Netzwerk- und Internetdienstleister geprägt. Die Struktur des drittgrößten deutschen Standorts Hamburg ist vergleichbar mit jener von München. Auch hier dominieren Netzwerk- und Internetdienste. Weitere wichtige Standorte sind die Städte Berlin, Düsseldorf, Köln, Nürnberg und Stuttgart. Standorte auf der Rheinschiene (Köln und Düsseldorf) weisen ein sehr differenziertes Dienste-angebot auf. An beiden Standorten sind neben Festnetzdiensten vor allem die reinen Mobilfunkdienstleister stark vertreten. Es ist anzunehmen, dass gerade Düsseldorf im Zuge der Verbreitung von ▸ UMTS noch weiter an Bedeutung gewinnen wird, hier haben mit D2 (Vodafone), E-Plus und Sonera (Teilhaber der Group ▸ 3G) drei Lizenznehmer ihren Standort. Köln zeichnet sich unter anderem dadurch aus, dass hier einige wichtige Medienunternehmen ihre Netzwerkdienste anbieten. Die Standorte Berlin, Nürnberg und Stuttgart weisen eine ähnliche Struktur wie München und Hamburg auf. In den neuen Ländern sind nur Leipzig und Dresden als Standorte von TK-Dienstleistern von regionaler Bedeutung. In den genannten Städten zusammen genommen haben fast ein Drittel aller Telekommunikationsunternehmen ihren Standort.

Welche Ursachen können zur ▸ Clusterbildung beigetragen haben? Auffällig ist, dass sich die Konzentration der Telekommunikationsbranche im Umfeld der Standorte hochwertiger Dienstleistungen sowie der Hightech-Industrie vollzogen hat. Ferner sind die genannten Standorte generell bedeutsame Wirtschaftszentren, sowohl innerhalb Deutschlands als auch im internationalen Vergleich. Diese Städte sind entweder Landeshauptstädte und/oder bedeutende Standorte des tertiären Sektors wie Frankfurt a.M. (Finanzen) und Köln (Medien) und bieten einen ergiebigen Markt für hoch qualifizierte Arbeitskräfte sowie ein beträchtliches Kundenpotenzial vor Ort. Die Nutzung von ▸ Synergieeffekten wie eine gemeinsame Nutzung von Infrastrukturen sind ein Erklärungsansatz der Standortmuster, ein weiterer bezieht sich auf ein ausreichendes Angebot an attraktiver Bürofläche in repräsentativen Lagen. Wie man aus den Karten der Städte Frankfurt und München ❶ erkennen kann, bevorzugen fast alle Telekommunikationsunternehmen Innenstadtlagen. ▸ Agglomerationsvorteile könnten im engen Kontaktfeld zu Mitbewerbern gegeben sein.

Die Rahmenbedingungen zur Entwicklung eines Telekommunikationsstandorts werden am Beispiel München diskutiert, dessen Struktur besonders durch Unternehmen für Netzwerk- und Internetdienste geprägt ist. Jedes vierte deutsche Internetunternehmen hat seinen Hauptsitz in München.

Die Entwicklungsgrundlagen des IT-Standorts München wurden unter anderem durch die Initiative der Bayerischen Staatsregierung Bayern Online im Jahre 1994 positiv beeinflusst. Das Projekt wurde zur Beschleunigung der Verbreitung von Informations- und Kommunikationstechnik initiiert. Im Rahmen dieser Initiative ist ein landesweites Hochgeschwindigkeitsnetz für Datenverkehr aufgebaut worden. Bei 53 Pilotprojekten wurden innovative Anwendungen aus dem Bereich Telekommunikation gefördert. Für die Initiative Bayern Online wurden damals 148 Mio. DM aus Privatisierungserlösen der Staatsregierung bereitgestellt (Bay. StMWVT 2000). Große Bedeutung dürfte auch der Existenz potenzieller Investoren zukommen, die innovative Ideen finanziell unterstützen. Gerade für die vielen ▸ Internet-Start-ups ist ▸ Venture Capital eine wichtige Bedingung zur Umsetzung ihrer Geschäftsideen (Bay. StK 2002). Die generelle Attraktivität des Standorts München verstärkt als weicher Standortfaktor den Sog in die bayerische Metropole.

Insgesamt ist die Entwicklung von Telekommunikationsstandorten wesentlich auf zwei Aspekte zu reduzieren: Auf die Wirtschaftspolitik des jeweiligen Landes bzw. der Stadt sowie auf die generelle Attraktivität des Standorts selbst. Hier lassen sich, wie an dem Beispiel München eingehend erläutert, günstige Rahmenbedingung schaffen, die über einen relativ kurzen Zeitraum (5-7 Jahre) ein starkes Wachstum der Telekommunikationsbranche initiieren.◆

Agglomerationsvorteile – positive Auswirkungen der Ballung von Bevölkerung, Gewerbe und Infrastruktur

BT – British Telecom

Carrier – *engl.* Träger; Verkehrs- und TK-Unternehmen

Cluster – Häufung, räumliche Konzentration

3G – 3. (Mobilfunk-)Generation, andere Bezeichnung für UMTS

Internet-Start-ups – neu gegründete Internetfirmen, meistens als Aktiengesellschaft

Synergieeffekte – Ersparnis durch gemeinsame Nutzung von Ressourcen; positive Auswirkungen durch das Zusammenwirken mehrerer an einem Standort angesiedelter Unternehmen

TK – Telekommunikation

UMTS – Universal Mobil Telecommunication System

Venture Capital – Risiko- oder Wagniskapital für innovative Geschäftsideen

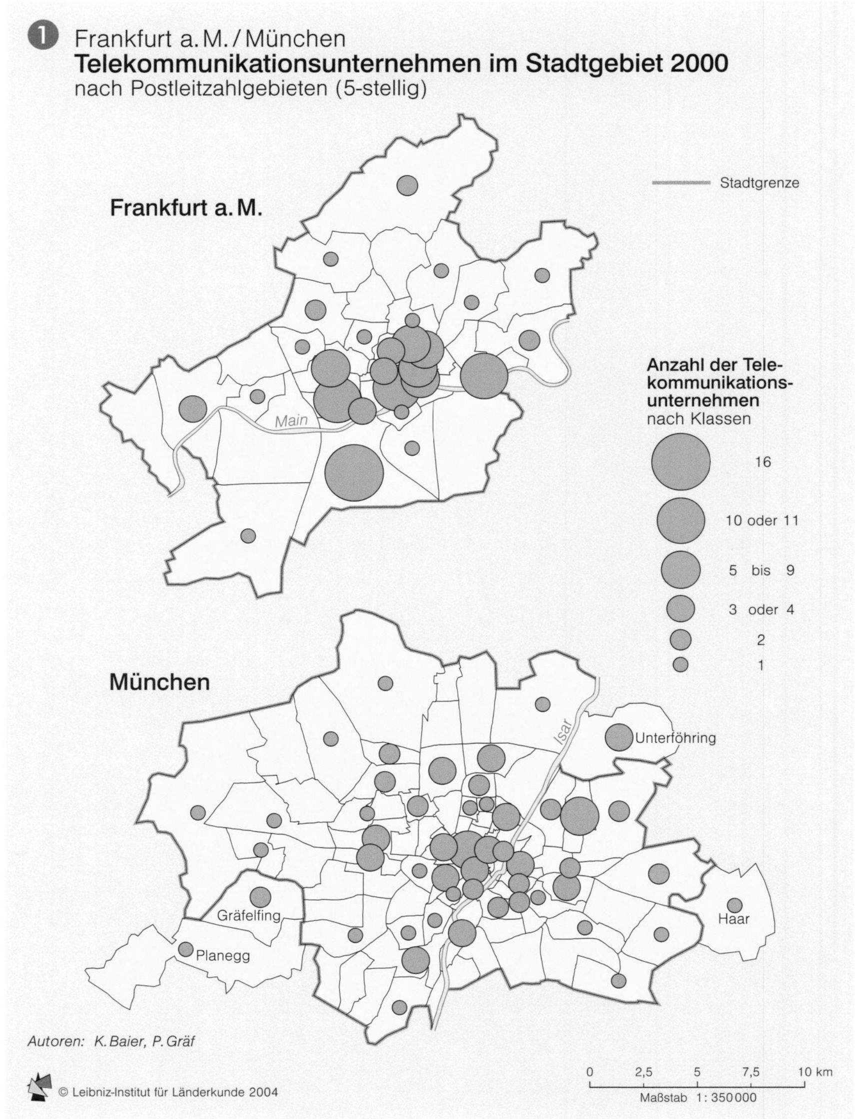

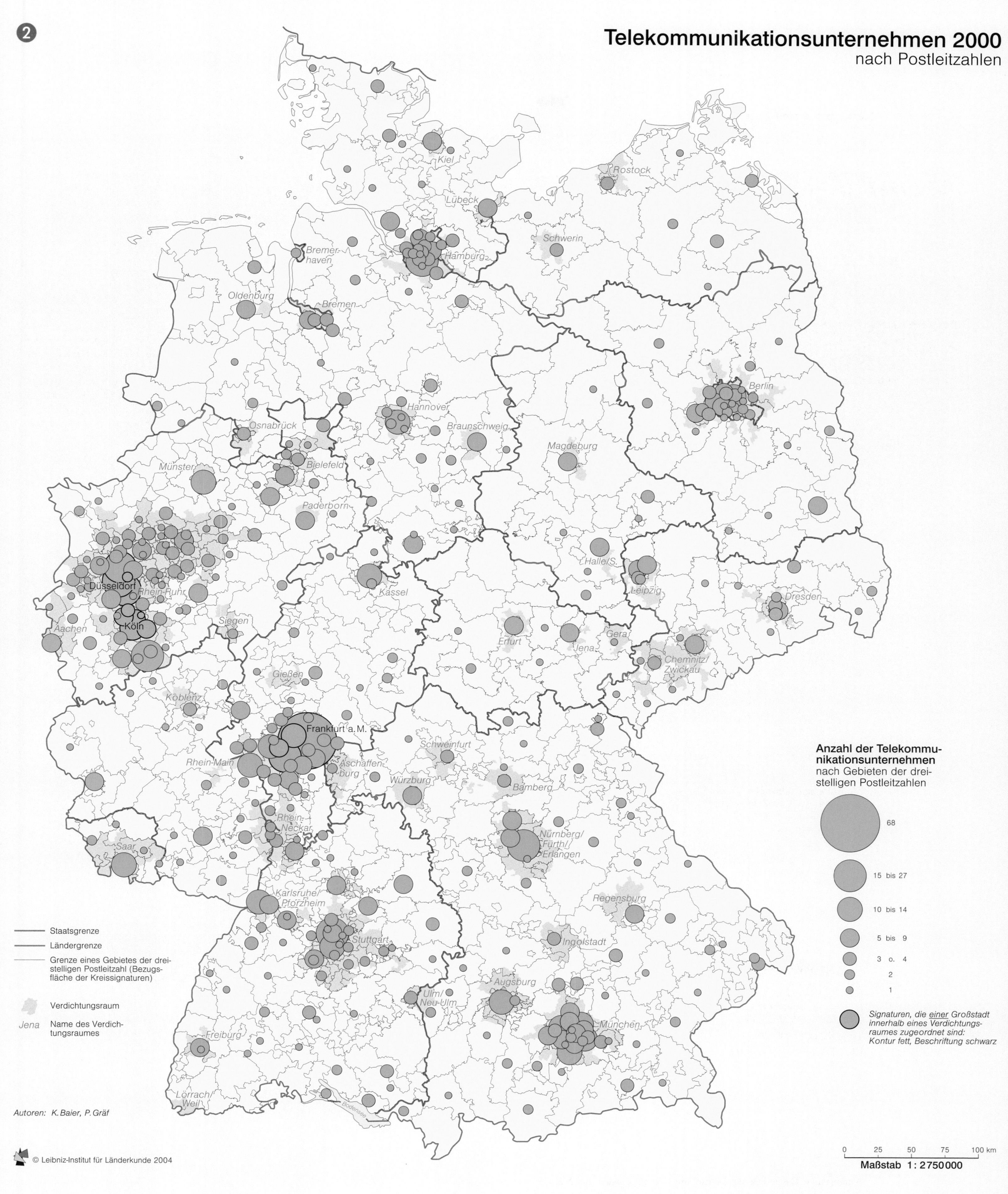
2
Telekommunikationsunternehmen 2000
nach Postleitzahlen
Kiel
Rostock
Lübeck
Schwerin
Hamburg
Bremerhaven
Bremen
Oldenburg
Berlin
Hannover
Osnabrück
Braunschweig
Magdeburg
Bielefeld
Münster
Paderborn
Halle/S.
Kassel
Leipzig
Dresden
Düsseldorf
Rhein-Ruhr
Köln
Aachen
Siegen
Erfurt
Jena
Gera
Chemnitz/Zwickau
Gießen
Koblenz
Frankfurt a. M.
Schweinfurt
Rhein-Main
Aschaffenburg
Würzburg
Bamberg
Rhein-Neckar
Nürnberg/Fürth/Erlangen
Saar
Karlsruhe/Pforzheim
Regensburg
Stuttgart
Ingolstadt
Ulm/Neu-Ulm
Augsburg
München
Freiburg
Lörrach/Weil
Bodensee
Anzahl der Telekommunikationsunternehmen
nach Gebieten der dreistelligen Postleitzahlen
68
15 bis 27
10 bis 14
5 bis 9
3 o. 4
2
1
Signaturen, die einer Großstadt innerhalb eines Verdichtungsraumes zugeordnet sind: Kontur fett, Beschriftung schwarz
Staatsgrenze
Ländergrenze
Grenze eines Gebietes der dreistelligen Postleitzahl (Bezugsfläche der Kreissignaturen)
Verdichtungsraum
Jena
Name des Verdichtungsraumes
Autoren: K. Baier, P. Gräf
© Leibniz-Institut für Länderkunde 2004
0 25 50 75 100 km
Maßstab 1 : 2750000

Die Marktforschung und ihre Netzwerke

Werner Kunz, Anton Meyer und Nina Specht

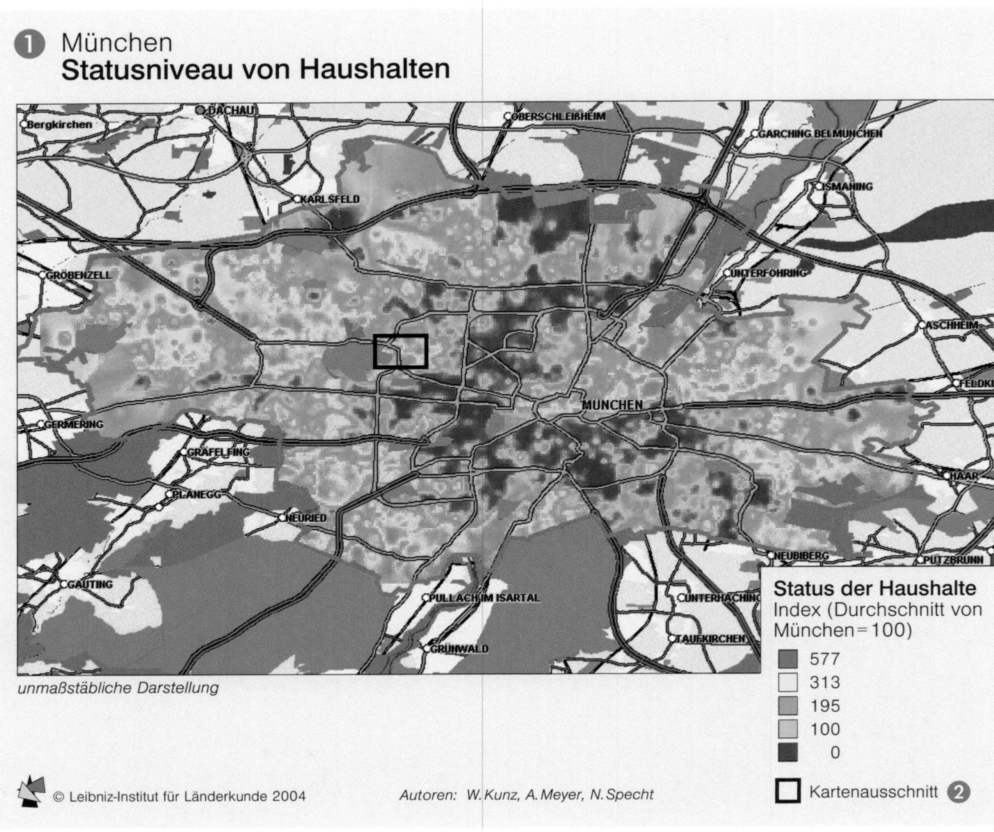

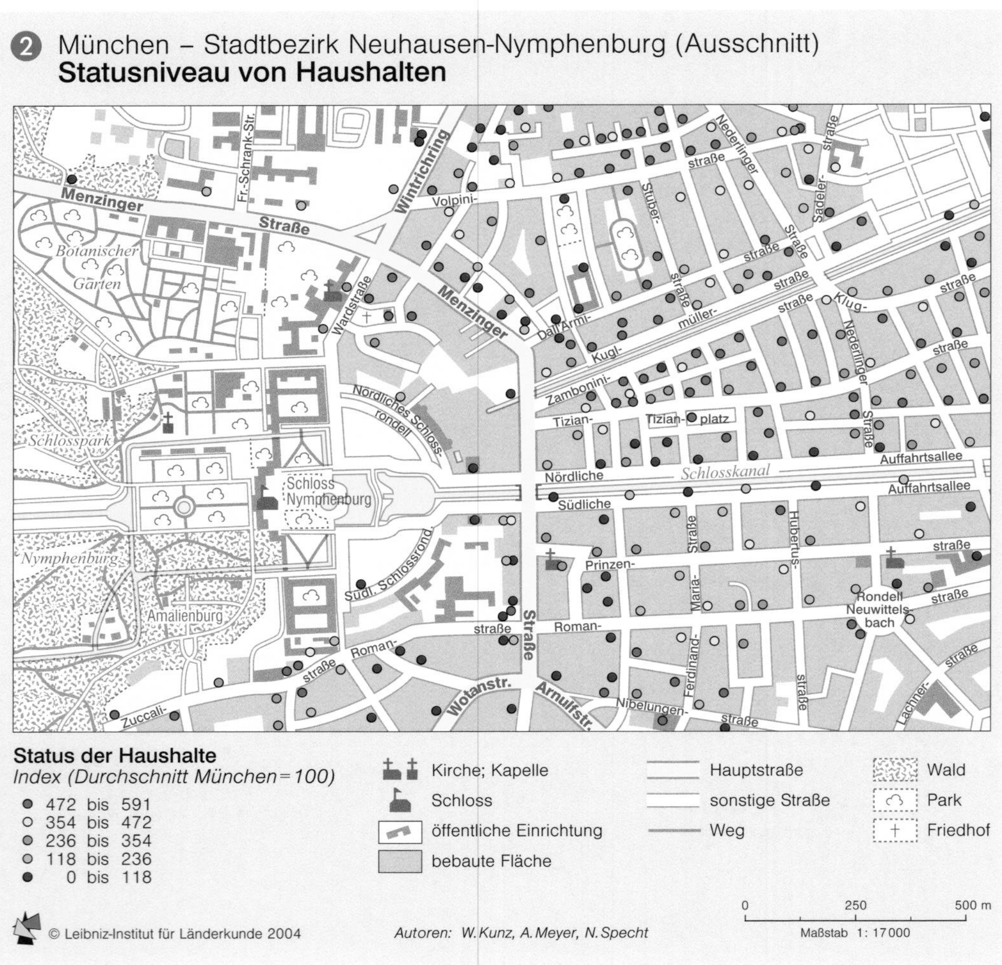

Verfahren der mikrogeographischen Marktsegmentierung

Voraussetzungen:

1. ein mikrogeographisches Gliederungssystem mit durch Schlüsselzahlen (z.B. Postleitzahldistrikte) identifizierbaren Gebietseinheiten
2. entsprechend gegliederte Volkszählungs- bzw. Haushaltsdaten

Die Gebietseinheiten können nun nach ihren demographischen und weiteren marketingrelevanten Merkmalen beschrieben werden. Sie werden zu homogenen Clustern gleichartiger Marktzellen zusammengefasst (Geotypen, Wohngebietstypen z.B. Studentenviertel)

Aufgrund des steigenden Wettbewerbsdrucks müssen Unternehmen bei Marketingentscheidungen eine solide Informationsgrundlage besitzen, um die Risiken von Fehlentscheidungen möglichst gering zu halten und Wettbewerbsvorteile zu identifizieren. Die Marktforschung als Analyse- bzw. Diagnosefunktion hilft diese Entscheidungsgrundlage bereitzustellen (Meyer/Davidson 2001). Viele Unternehmen sind bei dieser Aufgabe auf Marktforschungsinstitute angewiesen, die über Netzwerke verfügen, wie z.B. ein entsprechendes Spektrum an Befragungsteilnehmern, die Vernetzung von Datenbeständen aus verschiedenen Quellen wie auch Kooperationen mit anderen Marktforschungsinstituten. Diese Netzwerkstrukturen ermöglichen es den Instituten, eine umfassende Marktabdeckung zu gewährleisten.

Netzwerke auf der Makroebene

Um Aussagen über Märkte und ihre Kunden machen zu können, bedient sich die Marktforschung repräsentativer Stichproben. Diese stellen eine Auswahl von Personen dar, die in ihrer Gesamtheit bzgl. verschiedener untersuchungsrelevanter Merkmale (z.B. Alter, Geschlecht, Beruf, Bundesland) der Struktur der Bundesrepublik entsprechen (Berekoven u.a. 1996). Die deutschen Marktforschungsinstitute haben repräsentativen Netzwerke von befragungswilligen Personen aufgebaut, die sie kontinuierlich zu deren Konsumverhalten, Wünschen und Vorstellungen befragen können. Durch ein solches sog. Panel ist es möglich, Entwicklungen am Markt aufzudecken und aussagekräftige Prognosen zu machen.

Als Beispiel kann das Haushaltspanel der Gesellschaft für Konsumforschung (GfK) dienen, das 12.000 Haushalte umfasst, die repräsentativ für 33,2 Mio. Haushalte in Deutschland sind. Rechts ist die Struktur des Panels nach den Lebenswelten (beinhaltet u.a. Familienstand und soziale Schicht) der Teilnehmer dargestellt. Sie spiegeln die Struktur der Gesamtbevölkerung der Bundesrepublik wieder 3. So ist z. B. der höhere Anteil von Arbeiterfamilien im Ruhrgebiet deutlich zu erkennen.

Netzwerke auf der Mikroebene

Aufgrund heterogener Kundenbedürfnisse gewinnt die Marktsegmentierung in der Marktforschung an Bedeutung. Darunter versteht man die Aufteilung von Märkten, Absatzwegen und Kunden in homogene Zielgruppen, die sich nach Bedarf und Anforderungen unterscheiden. Ziel ist die Erfüllung dieser Bedarfe mit einem möglichst exakt auf die jeweilige Zielgruppe zugeschnittenen Angebot. Als Kriterien zur Segmentierung von Märkten können neben soziodemographischen Charakteristika wie Alter, Einkommen oder Geschlecht auch psychologische Merkmale wie Motive und Einstellungen oder das Nachfrage- und Konsumverhalten (Mediennutzung, Markentreue etc.) dienen.

Zur Ansprache der Zielgruppen ist es wichtig, einen direkten Kontakt zu gewährleisten. Kernbestandteil hierfür ist die ▶ mikrogeographische Marktsegmentierung, die auf Grundlage verschiedener Datenbestände (z.B. Kommunalstatistiken, Mietspiegel, Marktforschungsdaten) entsteht. Dabei ist es eine zentrale Annahme, dass Menschen innerhalb einer Nachbarschaft bzgl. vieler Merkmale Ähnlichkeiten aufweisen. So unterscheidet sich z.B. die Art und Weise des Denkens, Lebens und vor allem des Konsumierens der Bevölkerung in Oberschichtwohnvierteln von der in Mittelstands- oder Einwanderervierteln (Martin 1993).

Durch die Vernetzung von verschiedenen Quellen ist es den Marktforschungsinstituten möglich, ein detailreiches Bild der Bevölkerungsstruktur einer Stadt 1 bis hin zum Straßenzug zu entwickeln (Meyer 1989). Der Ausschnitt der Karte von München 2 zeigt, dass das Statusniveau eines Wohnviertels bis auf den Häuserblock genau bestimmt werden kann. Die Charakterisierung der Wohnbezirke anhand des Kaufverhaltens ihrer Bewohner ist vor allem für das Marketing interessant, da es wertvolle Informationen für die Standortwahl im Handel und für das Direktmarketing bietet.◆

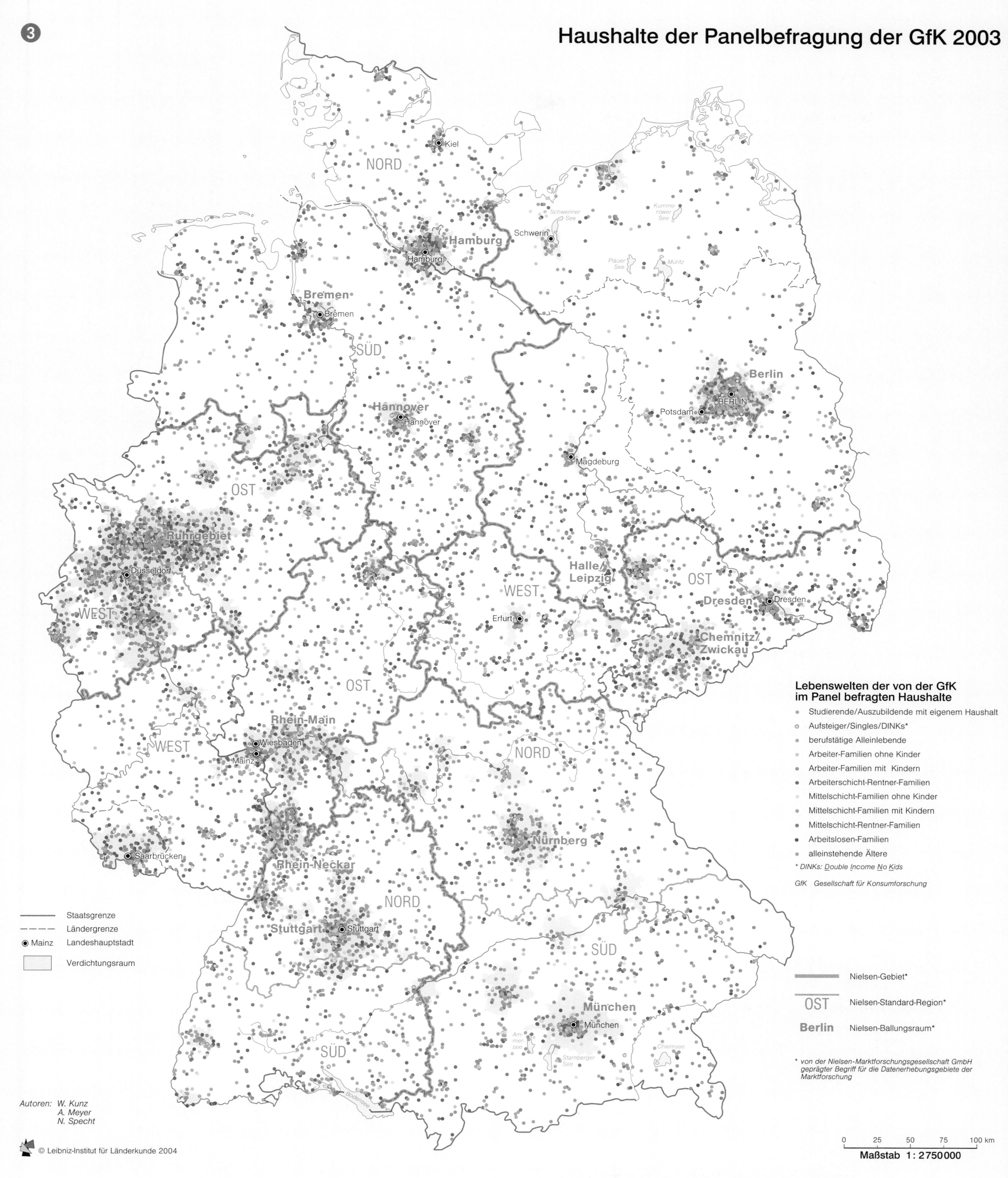
3
Haushalte der Panelbefragung der GfK 2003
Kiel
NORD
Hamburg
Schwerin
Schweriner See
Kummerower See
Plauer See
Müritz
Bremen
SÜD
Berlin
BERLIN
Potsdam
Hannover
Magdeburg
OST
Ruhrgebiet
Düsseldorf
WEST
Halle/Leipzig
Dresden
Erfurt
Chemnitz/Zwickau
Rhein-Main
Wiesbaden
Mainz
Saarbrücken
Rhein-Neckar
Nürnberg
Stuttgart
München
Ammersee
Starnberger See
Chiemsee
Bodensee
Lebenswelten der von der GfK im Panel befragten Haushalte
Studierende/Auszubildende mit eigenem Haushalt
Aufsteiger/Singles/DINKs*
berufstätige Alleinlebende
Arbeiter-Familien ohne Kinder
Arbeiter-Familien mit Kindern
Arbeiterschicht-Rentner-Familien
Mittelschicht-Familien ohne Kinder
Mittelschicht-Familien mit Kindern
Mittelschicht-Rentner-Familien
Arbeitslosen-Familien
alleinstehende Ältere
* DINKs: Double Income No Kids
GfK Gesellschaft für Konsumforschung
Staatsgrenze
Ländergrenze
Mainz Landeshauptstadt
Verdichtungsraum
Nielsen-Gebiet*
OST Nielsen-Standard-Region*
Berlin Nielsen-Ballungsraum*
* von der Nielsen-Marktforschungsgesellschaft GmbH geprägter Begriff für die Datenerhebungsgebiete der Marktforschung
Autoren: W. Kunz
A. Meyer
N. Specht
© Leibniz-Institut für Länderkunde 2004
0 25 50 75 100 km
Maßstab 1 : 2750000

Ökonomische Bedeutung des Messewesens

Volker Bode und Joachim Burdack

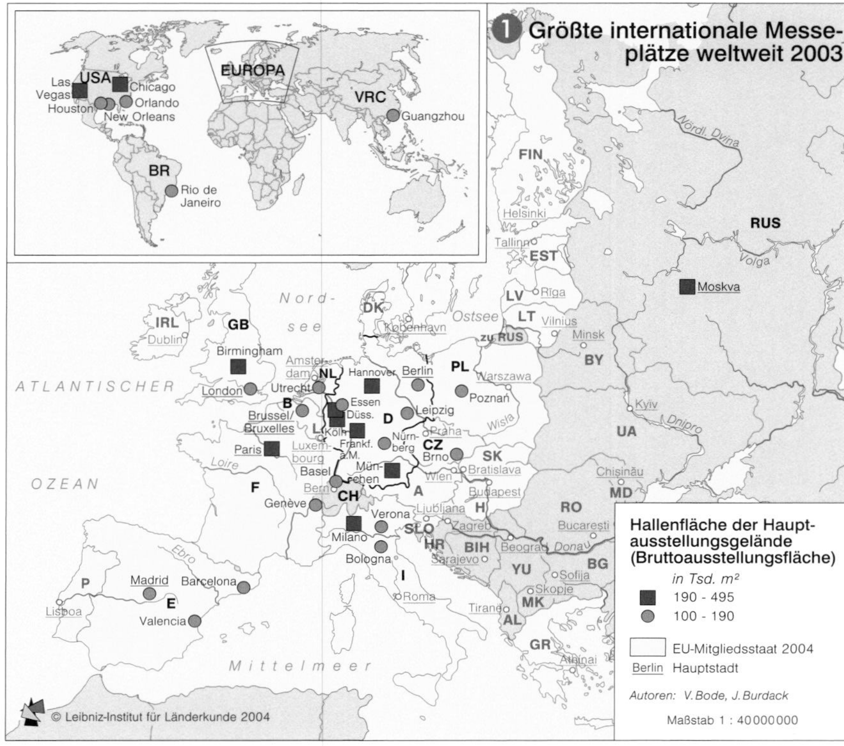

Messen lassen sich u.a. nach dem Einzugsbereich der Besucher und Aussteller sowie nach der Branchenorientierung typisieren. Bezüglich ihres Einzugsbereichs differenziert man sie nach regionaler, überregionaler und internationaler Bedeutung. Hinsichtlich der Besucherorientierung unterscheidet man zwischen Fachmessen, die sich an Fachbesucher wenden, und Verbrauchermessen, die das allgemeine Publikum ansprechen. Obwohl einige der bekanntesten Verbrauchermessen, wie z.B. die Grüne Woche Berlin mit fast 500.000 Besuchern in 10 Tagen, in großen Messestädten stattfinden, sind diese vor allem eine Domäne der Regionalmesseplätze.

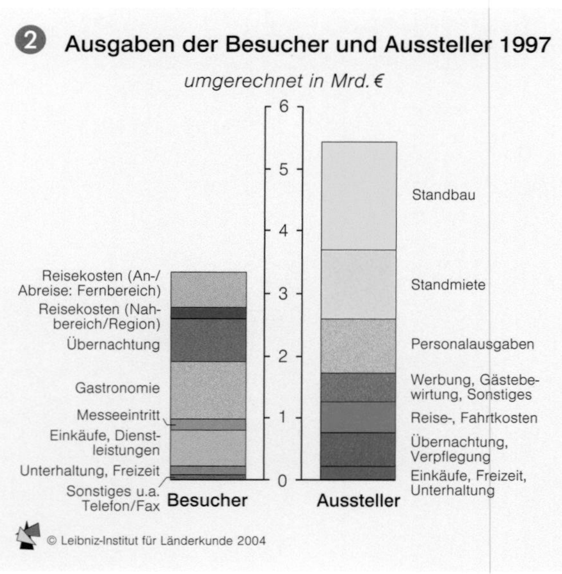

Deutschlandweit gibt es rd. 340 Städte, in denen Messeveranstaltungen regelmäßig jedes Jahr oder in einem bestimmten mehrjährigen Turnus stattfinden. Deren Spektrum reicht von internationalen Leitmessen bis zu regionalen Verbraucherausstellungen. Im Jahre 2003 waren es rd. 1400 Veranstaltungen an 214 Messeplätzen ❺, von denen umgerechnet jede zehnte von internationaler Bedeutung war.

Mit der zunehmenden Globalisierung und der immer stärkeren Vernetzung weltweiter Märkte steigt der Bedarf der Präsentation von neuen Entwicklungen und Face-to-Face-Kontakten auf internationalen Fachmessen. Sie sind die bedeutendsten Branchentreffpunkte und werden zunehmend mit begleitenden Kongressen durchgeführt. Wegen des globalen Wettbewerbsdrucks ist eine steigende Konzentration des modernen, international ausgerichteten Messe- und Ausstellungswesens in Metropolen zu beobachten.

Volkswirtschaftliche Bedeutung

Traditionell gilt Deutschland weltweit als der führende Messeplatz, und „die Dienstleistungsbranche Messen zählt zu den Schlüsselbereichen der deutschen Dienstleistungswirtschaft" (Deutscher Bundestag 2001, S. 4). Kein anderes Land verfügt über eine so große Zahl international wettbewerbsfähiger Messestädte ❶. Über ein Viertel der international wichtigen Messen findet in Deutschland statt. Viele gehören zu den Weltleitmessen ihrer Branchen wie z.B. die CeBIT in Hannover mit 850 Tsd. Besuchern und 8100 Ausstellern aus 61 Ländern, die Internationale Funkausstellung in Berlin mit 380 Tsd. Besuchern und 900 Ausstellern aus 36 Ländern oder die Frankfurter Buchmesse mit 260 Tsd. Besuchern und 6600 Ausstellern aus 106 Ländern. Die deutlichen Zuwächse an Ausstellungsflächen und Ausstellern belegen, dass das Messewesen in den 1990er Jahren eine ausgesprochene Wachstumsbranche war ❹ ❺.

Die volkswirtschaftliche Bedeutung der Messen resultiert aus den direkten und indirekten Effekten. Ökonomen gehen für das Jahr 2001 von messeinduzierten Produktionseffekten von insgesamt 23 Mrd. Euro und Beschäftigungseffekten von rd. 250.000 Arbeitsplätzen aus. Dazu tragen die Ausgaben der Aussteller von jährlich 6,5 Mrd. Euro und der Messebesucher von 3,5 Mrd. Euro sowie die Investitionen der Messegesellschaften von 0,5 Mrd. Euro bei. Auf Seiten der Aussteller sind die Posten Messevorbereitung, Standmiete sowie Standaufbau und -abbau hervorzuheben, während auf Seiten der Besucher neben den Reisekosten der überwiegende Teil des Geldes für Übernachtung, Verpflegung und private Einkäufe ausgegeben wird ❷. Die Bedeutung des Messewesens spiegelt sich auch in den spezifischen Standorten der Aus- und Weiterbildung wider ❺.

Regionalwirtschaftliche Bedeutung

Internationale Fachmessen haben erheblich größere regionalwirtschaftliche Effekte als Verbrauchermessen, deren Publikum ganz überwiegend aus dem Nahbereich kommt. Der Fachbesucher einer internationalen Messe gibt im Durchschnitt viermal so viel in der Region aus wie der Besucher einer regionalen Publikumsmesse. Die jährlich etwa 145 internationalen Messen verzeichnen rd. 10 Mio. Besucher, von denen rd. 2 Mio. aus dem Ausland kommen ❸, sowie rd. 170 Tsd. Aussteller mit 50% Auslandsanteil ❹. Diese verteilen sich im Wesentlichen auf die Messeplätze Frankfurt a.M., München, Düsseldorf, Köln, Hannover, Berlin, Essen, Nürnberg, Stuttgart, Leipzig, Hamburg und Friedrichshafen ❺. Diese 12 internationalen Messestädte bilden mit ihrem Umland Regionen, die primär vom Messewesen profitieren (▶▶ Beitrag Bode/Burdack, Bd. 5, S. 96). Das betrifft vor allem die messeinduzierten Arbeitsplätze, die vorrangig im Dienstleistungssektor entstehen, insbesondere im Gastronomie-/Hotelgewerbe und im Einzelhandel. In exponierter Weise profitieren auch die rd. 2300 Messebaubetriebe, die bundesweit in 950 Orten ansässig sind und überwiegend im Einzugsbereich der internationalen Messeplätze liegen ❺. Die Veranstaltungen auf dem Leipziger Messegelände z.B. bewirken Produktionseffekte von 352 Mio. Euro und Beschäftigungseffekte von 4800 Arbeitsplätzen, von denen rd. 80% in der Region liegen. Die Bedeutung der Münchner Messe spiegelt sich in einem Gesamtproduktionsvolumen von gut 1,6 Mrd. Euro wider, von dem rd. 50% auf die Stadtregion selbst entfallen. Etwa 56% der rd. 20.300 messebedingten Arbeitsplätze sind in München angesiedelt, 27% entfallen auf das weitere Bayern und 17% auf das übrige Bundesgebiet. Noch höhere Effekte erzielt die Messe in Frankfurt a.M.; die direkten Ausgaben der Aussteller und Besucher von 1,584 Mrd. Euro bewirken ein Produktionsvolumen von rd. 2,3 Mrd. Euro, von dem etwa die Hälfte in der Region Frankfurt verbleibt.◆

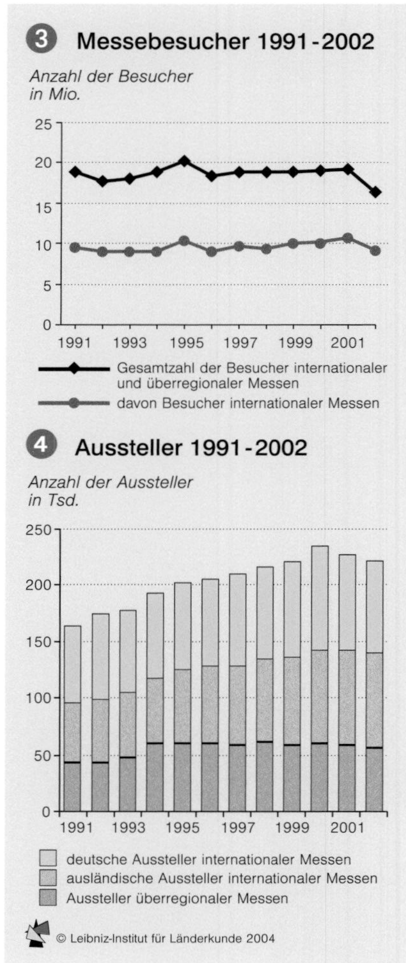

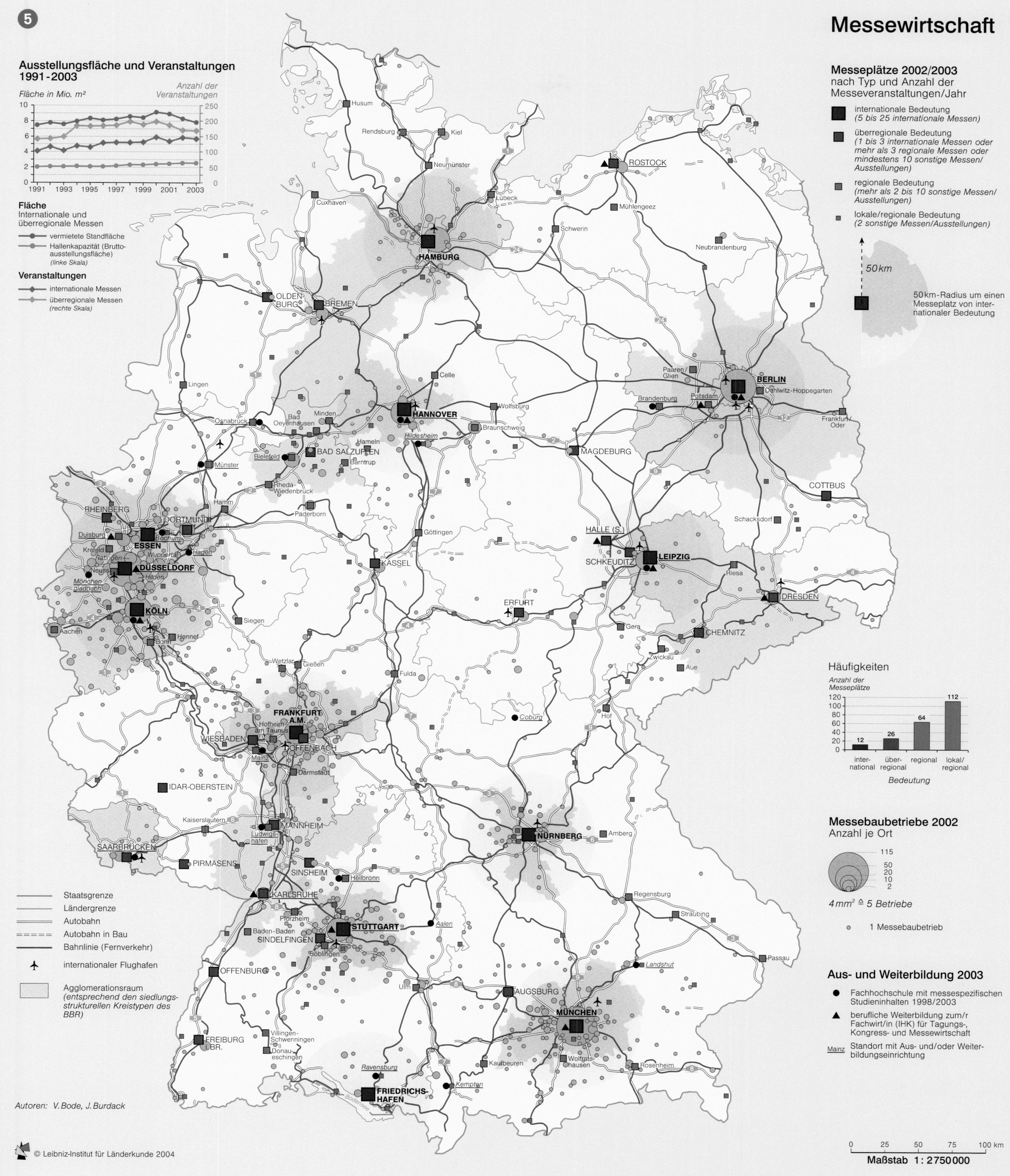

5
Messewirtschaft
Ausstellungsfläche und Veranstaltungen 1991-2003
Fläche in Mio. m²
Anzahl der Veranstaltungen
10
8
6
4
2
0
250
200
150
100
50
0
1991
1993
1995
1997
1999
2001
2003
Fläche
Internationale und überregionale Messen
vermietete Standfläche
Hallenkapazität (Bruttoausstellungsfläche)
(linke Skala)
Veranstaltungen
internationale Messen
überregionale Messen
(rechte Skala)
Messeplätze 2002/2003
nach Typ und Anzahl der Messeveranstaltungen/Jahr
internationale Bedeutung
(5 bis 25 internationale Messen)
überregionale Bedeutung
(1 bis 3 internationale Messen oder mehr als 3 regionale Messen oder mindestens 10 sonstige Messen/Ausstellungen)
regionale Bedeutung
(mehr als 2 bis 10 sonstige Messen/Ausstellungen)
lokale/regionale Bedeutung
(2 sonstige Messen/Ausstellungen)
50 km
50 km-Radius um einen Messeplatz von internationaler Bedeutung
Häufigkeiten
Anzahl der Messeplätze
120
100
80
60
40
20
0
12
26
64
112
international
überregional
regional
lokal/regional
Bedeutung
Messebaubetriebe 2002
Anzahl je Ort
115
50
20
10
2
4 mm² ≙ 5 Betriebe
1 Messebaubetrieb
Aus- und Weiterbildung 2003
Fachhochschule mit messespezifischen Studieninhalten 1998/2003
berufliche Weiterbildung zum/r Fachwirt/in (IHK) für Tagungs-, Kongress- und Messewirtschaft
Mainz
Standort mit Aus- und/oder Weiterbildungseinrichtung
Staatsgrenze
Ländergrenze
Autobahn
Autobahn in Bau
Bahnlinie (Fernverkehr)
internationaler Flughafen
Agglomerationsraum
(entsprechend den siedlungsstrukturellen Kreistypen des BBR)
Husum
Rendsburg
Kiel
Neumünster
Rostock
Lübeck
Mühlengeez
Cuxhaven
Hamburg
Schwerin
Neubrandenburg
Oldenburg
Bremen
Lingen
Celle
Paaren/Glien
Berlin
Dahlwitz-Hoppegarten
Brandenburg
Potsdam
Frankfurt/Oder
Hannover
Wolfsburg
Osnabrück
Bad Oeyenhausen
Minden
Braunschweig
Hildesheim
Hameln
Bad Salzuflen
Barntrup
Bielefeld
Münster
Magdeburg
Rheda-Wiedenbrück
Cottbus
Hamm
Paderborn
Rheinberg
Dortmund
Schacksdorf
Duisburg
Essen
Bochum
Halle (S.)
Krefeld
Ratingen
Wuppertal
Hagen
Göttingen
Kassel
Schkeuditz
Leipzig
Neuss
Düsseldorf
Hilden
Riesa
Mönchengladbach
Dresden
Köln
Erfurt
Aachen
Siegen
Gera
Chemnitz
Bonn
Hennef
Zwickau
Aue
Wetzlar
Gießen
Fulda
Frankfurt a.M.
Hofheim am Taunus
Coburg
Hof
Wiesbaden
Offenbach
Mainz
Darmstadt
Idar-Oberstein
Kaiserslautern
Mannheim
Ludwigshafen
Nürnberg
Amberg
Saarbrücken
Pirmasens
Sinsheim
Heilbronn
Karlsruhe
Regensburg
Pforzheim
Stuttgart
Aalen
Straubing
Baden-Baden
Sindelfingen
Böblingen
Passau
Offenburg
Landshut
Ulm
Augsburg
München
Freiburg i.Br.
Villingen-Schwenningen
Donaueschingen
Wolfratshausen
Rosenheim
Kaufbeuren
Ravensburg
Kempten
Friedrichshafen
Bodensee
Autoren: V. Bode, J. Burdack
0
25
50
75
100 km
Maßstab 1 : 2750000

Exportnation Deutschland

Hans-Dieter Haas und Hans-Martin Zademach

Der Flughafen Frankfurt a.M. ist ein internationales Luftfracht-Drehkreuz

Unter den wichtigsten Welthandelsländern steht Deutschland derzeit nach den USA und vor Frankreich und Großbritannien auf dem zweiten Rang. Als eine der bedeutendsten Exportnationen ist die deutsche Volkswirtschaft daher wie kaum ein anderes Land in die globalen Handelsströme eingebunden. Seit dem Zweiten Weltkrieg trug der Außenhandel insbesondere aufgrund des Exports als wichtige Triebfeder der Konjunktur wesentlich zu Deutschlands Aufschwung bei ❷. Im Jahr 2002 wurden Waren im Wert von 648,3 Mrd. Euro exportiert, der Gegenwert der Einfuhren belief sich auf 518,6 Mrd. Euro, die Außenhandelsbilanz erreichte mit 129,7 Mrd. Euro einen neuen Rekordüberschuss.

Die Struktur der deutschen Exportwaren ist dabei mit über 70% durch eine ausgesprochene Dominanz von Investitionsgütern und wertschöpfungsintensiven Fertigprodukten gekennzeichnet. Hinzu kommen Dienstleistungsexporte sowie in wachsendem Umfang Kapitalexporte, während Rohstoffe und Vorprodukte von geringerer Bedeutung sind. Die Ausrichtung der deutschen Industrie auf den Weltmarkt führt dazu, dass der Exportanteil in allen wichtigen Industriesektoren heute zwischen 25 und 50% und zum Teil sogar noch deutlich höher liegt. In vielen Wirtschaftszweigen – wie etwa bei den Druck- oder Textilmaschinen mit einem jeweiligen Weltmarktanteil von über 30% – ist Deutschland Weltmarkführer.

Beschäftigungsmotor Export

Nach wie vor gilt die Exportwirtschaft als Stütze der Beschäftigung. Einschließlich der indirekten bzw. ▸ induzierten Effekte durch die Produktion von Roh- und Halbfertigwaren, die in die Herstellung von Exportgütern eingehen (nicht zu verwechseln mit dem ▸ indirekten Export), ist heute jeder fünfte Arbeitsplatz – gegenüber Mitte der 1990er Jahre jedem sechsten – von der Ausfuhr abhängig. Diese Abhängigkeit liegt insbesondere darin begründet, dass exportierte Investitionsgüter durch ihre hohe Vorleistungsintensität positive Wachstumseffekte bei anderen Branchen auslösen. Die drei bedeutendsten Produktionsbereiche für die mittelbaren Ausfuhren sind Kraftfahrzeuge/-teile, Maschinen und chemische Produkte. Nimmt man die elektrotechnischen Erzeugnisse hinzu, bestimmen diese vier Wirtschaftszweige bereits seit Beginn der 1980er Jahre über die Hälfte der gesamten Ausfuhr ❶.

Obwohl der deutsche Weltmarktanteil an Industrieexportgütern zurückgeht, gehört Deutschland bei fast allen bedeutenden Fertigwarengruppen zu den größten Exporteuren weltweit. Dabei liegen die Exportquoten in der Automobilindustrie oder der Chemiebranche bei über 60%, in einigen Bereichen des Maschinen- bzw. Anlagenbaus (z.B. Holzverarbeitungsmaschinen) sogar bei über 80%.

Die vier wichtigsten Produktionsbereiche (Kraftwagen, Maschinen, chemische und elektrotechnische Erzeugnisse) weisen hohe Wachstumsraten ihres durch den Export erwirtschafteten Umsatzanteils auf (Zuwächse von 30-45% seit der Mitte der 1990er Jahre). Die höchste Dynamik zeigte in den letzten Jahren jedoch die Luft- und Raumfahrt, gefolgt von Eisen- und Stahlerzeugnissen und der Papier- und Zellstoffindustrie. Allein durch den Export werden hier heute im Vergleich zu 1995 mehr als doppelt so hohe Umsätze, im Bereich der Luft- und Raumfahrt sogar mehr als das Zweieinhalbfache erwirtschaftet. Einzig bei den Textilien schrumpften im gleichen Zeitraum die Umsätze aus der Warenausfuhr.

Aber auch Wirtschaftszweige, die an sich wenig exportieren, können stark von der Ausfuhr abhängen; so stellen beispielsweise Energie und Bergbau oder Handel und Verkehr Vorleistungsprodukte bereit, die in allen Stufen im Produktionsprozess eingesetzt werden und dadurch mittelbar auch zur Befriedigung der Auslandsnachfrage beitragen. Insgesamt ist die ausfuhrinduzierte Produktion während der vergangenen zehn Jahre von 619 Mrd. Euro im Jahr 1991 auf 1049 Mrd. Euro (2001) gestiegen. Dies entspricht jeweils knapp dem 1,8fachen der unmittelbaren Waren- und Dienstleistungsausfuhr (vgl. SCHINTKE/STÄGLIN 2003).

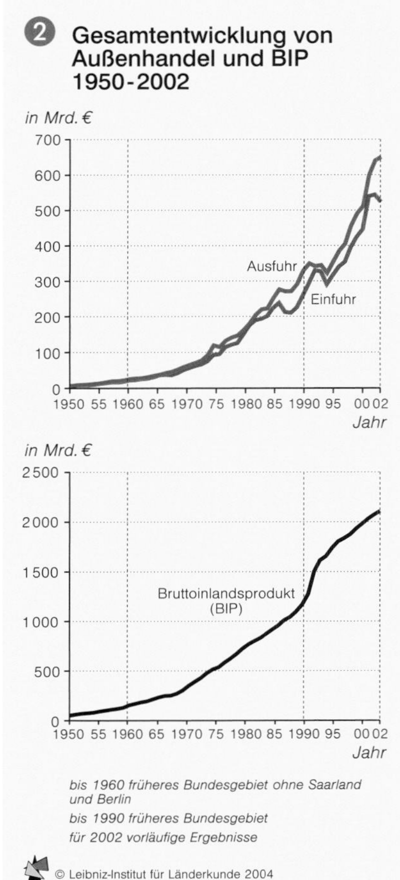

Wenngleich der Saldo beim Dienstleistungsverkehr mit dem Ausland – vor allem durch den intensiven Auslandsreiseverkehr der Deutschen – seit langem negativ ausfällt, sind die hohen mittelbaren Ausfuhreffekte bei den unternehmensbezogenen Dienstleistungen besonders augenfällig. Sie machen seit Beginn der 1990er das Sechs- bis Sie-

indirekter Export – Ausfuhr von Waren und Dienstleistungen mit Hilfe unabhängiger, im Inland ansässiger Intermediäre (sog. Handelsmittler)

Importcontent – Anteil der Einfuhren, der direkt in die Produktion von Exportgütern eingeht

ASEAN – *engl.* Association of South East Asian Nations; Vereinigung Südostasiatischer Staaten

EFTA – *engl.* European Free Trade Association; Europäische Freihandelsvereinigung (Island, Liechtenstein, Norwegen und die Schweiz)

NAFTA – *engl.* North American Free Trade Agreement; Nordamerikanisches Freihandelsabkommen (USA, Kanada und Mexiko)

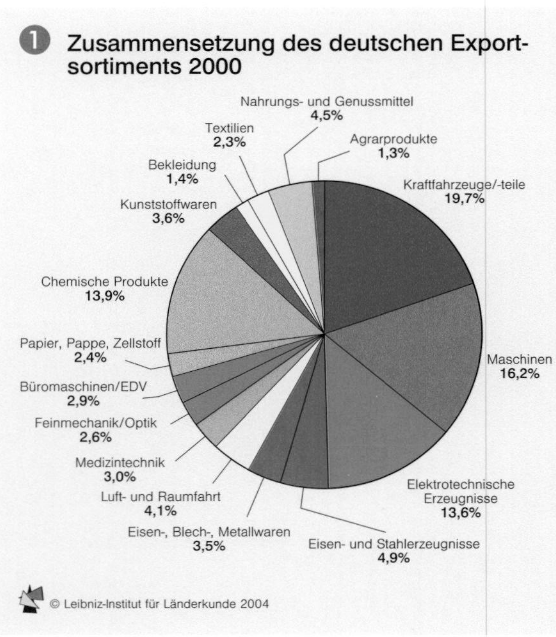

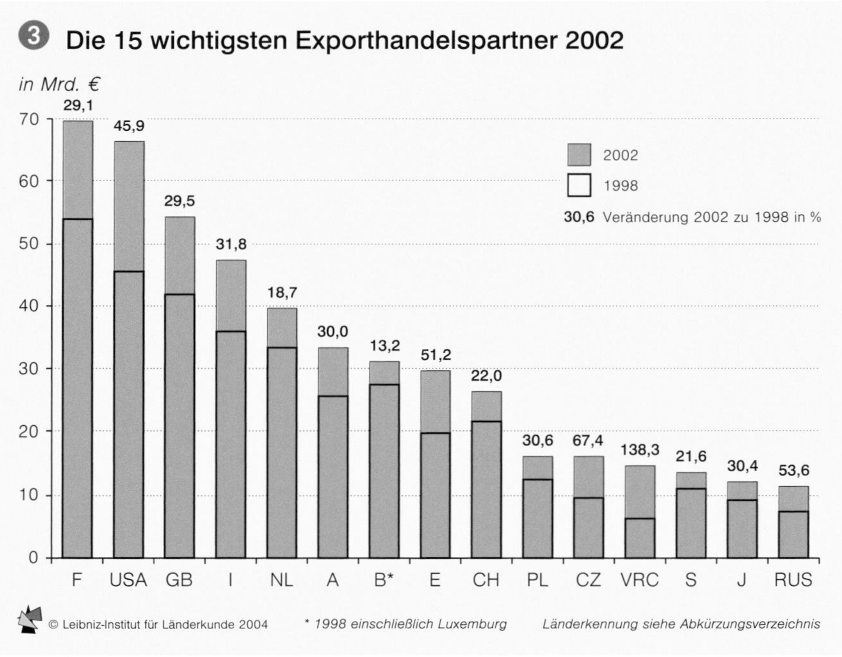

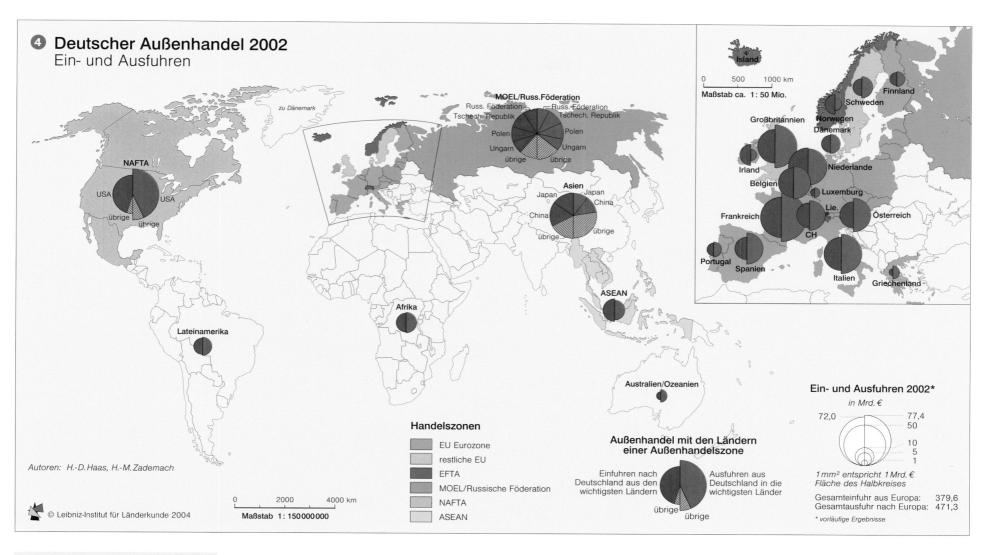

4 Deutscher Außenhandel 2002
Ein- und Ausfuhren

Handelszonen
EU Eurozone
restliche EU
EFTA
MOEL/Russische Föderation
NAFTA
ASEAN

Außenhandel mit den Ländern einer Außenhandelszone
Einfuhren nach Deutschland aus den wichtigsten Ländern
Ausfuhren aus Deutschland in die wichtigsten Länder
übrige

Ein- und Ausfuhren 2002*
in Mrd. €
72,0 77,4 50 10 5 1
1 mm² entspricht 1 Mrd. € Fläche des Halbkreises
Gesamteinfuhr aus Europa: 379,6
Gesamtausfuhr nach Europa: 471,3
* vorläufige Ergebnisse

Maßstab 1: 150000000
Maßstab ca. 1: 50 Mio.

Autoren: H.-D. Haas, H.-M. Zademach

Ausfuhr und ausfuhrinduzierte Beschäftigung

Die ausfuhrinduzierte Produktion eines Sektors besteht aus der unmittelbaren Waren- und Dienstleistungsausfuhr und jenem Teil der Vorleistungsproduktion, der im Zusammenhang mit der Erbringung der Ausfuhren aller Produktionsbereiche entsteht. Sie wird mit Hilfe des öffentlichen statistischen Mengenmodells der Input-Output-Analyse auf der Basis der jährlichen Input-Output-Tabellen des Statistischen Bundesamtes berechnet. Zur Ermittlung der von der Ausfuhr und der ausfuhrinduzierten Produktion abhängigen Beschäftigung müssen die Produktionseffekte in Erwerbstätigenzahlen transformiert werden. Dies geschieht mit Arbeitskoeffizienten, die angeben, welche Anzahl Erwerbstätiger für den jeweiligen Output in einem Produktionsbereich in jeweiligen Preisen erforderlich ist. Werden die für die einzelnen Produktionsbereiche berechneten ausfuhrinduzierten Produktions- und Beschäftigungseffekte zu den jeweiligen Produktionswerten und Erwerbstätigenzahlen in Beziehung gesetzt, so erhält man die Quoten der direkten, indirekten und gesamten Exportabhängigkeit (Schintke/Stäglin 2003).

benfache der direkten Ausfuhr aus (67,6 Mrd. Euro im Jahr 2001 gegenüber 9,4 Mrd. Euro bei den direkten Exporten) und erreichten mit einem Zuwachs von ca. 600.000 Arbeitsplätzen die bei weitem stärkste ausfuhrinduzierte Beschäftigungszunahme im letzten Jahrzehnt. Im Vergleich zu ca. 450.000 Erwerbstätigen im Jahr 1991 sind inzwischen gut eine Million Beschäftigte und damit ein gutes Viertel der Gesamtbeschäftigung in diesem Sektor mittelbar und unmittelbar für die Ausfuhr tätig. Diese Dynamik ist durch die grundsätzliche Zunahme der weltwirtschaftlichen Verflechtungsbeziehungen, die Wettbewerbsfähigkeit der deutschen Dienstleistungsangebote sowie die seit den 1990er Jahren stetig vorangetriebenen Handelsliberalisierungen bedingt (▶▶ Beitrag Haas/Hess, Bd. 1, S. 134).

Partner und Märkte

Die Länder Europas sind aufgrund ähnlicher Wirtschaftsstrukturen, fehlender Zollgrenzen (im Fall des europäischen Binnenmarkts) und verhältnismäßig kurzer Transportwege die bei weitem bedeutendsten Handelspartner Deutschlands 4. Allein mit Frankreich, seit 1986 durchgängig der wichtigste Partner, hat sich der Außenhandel seit der Unterzeichnung des deutsch-französischen Elysée-Vertrages im Januar 1963 verzwanzigfacht. Im Jahr 2002 wurde über die Hälfte der deutschen Außenhandelsumsätze in der EU erzielt (353 Mrd. Euro). 42,2% entfielen dabei auf die Länder der Eurozone und 11,1% auf die übrige EU; weitere 19,4% wurden mit anderen europäischen Handelspartnern getätigt. Die Bedeutung Europas nimmt nach wie vor zu, besonders durch die anteilsmäßige Ausweitung des Handels mit den europäischen Ländern, die nicht der EU angehören bzw. erst 2004 beigetreten sind. Die ▶ EFTA-Staaten sowie die mittel- und osteuropäischen Länder trugen 2000 noch 17,7% zu den deutschen Außenhandelsumsätzen bei (Eberth 2003). Im Handel Deutschlands mit Ländern außerhalb Europas sind der teilweise hochentwickelte ost-/südostasiatische Wirtschaftsraum (mit einem Anteil am Außenhandelsumsatz von 13%) und die ▶ NAFTA (10%) als wichtigste Regionen zu nennen.

Hinsichtlich einzelner Handelspartner liegen neben Frankreich (mit einem Anteil von 10,8% im Jahr 2002) die Vereinigten Staaten (10,3%) und Großbritannien (8,4%) traditionell an der Spitze der Bestimmungsländer deutscher Ausfuhren 3. Im Handel mit China konnte der mit den asiatischen Ländern gewohnt negative Außenhandelssaldo (aufgrund der Einfuhr von sog. Billigprodukten) mittels ausfuhrseitig zweistelligen Zuwachsraten bei den wichtigsten Handelsgütern – z.B. im Bereich Kraftwagen-/teile +71% und +32% bei Maschinen – deutlich reduziert werden. Eine ähnliche Dynamik in der Nachfrage deutscher Produkte weisen die mittel- und osteuropäischen Staaten auf, wobei die Intensivierung der Handelsbeziehungen mit Russland mit Exportzuwächsen von beispielsweise 45% im Jahr 2002 besonders bemerkenswert ist.

Exportaktivität der Länder

Besonders exportorientierte Wirtschaftsstrukturen sind in Nordrhein-Westfalen, Baden-Württemberg und Bayern vorzufinden. In den beiden süddeutschen Ländern drückt sich dies insbesondere in den hier traditionsreichen Branchen Automobilindustrie und Maschinenbau aus, in Nordrhein- →

5 Güterumschlag im grenzüberschreitenden Verkehr 2001
nach Verkehrsträgern

Westfalen im Chemiesektor und in der Herstellung von Eisen- und Stahlwaren. Zusammengenommen produzierten diese drei Länder 2002 annähernd die Hälfte des Gesamtvolumens der deutschen Ausfuhren ❻. Ausgesprochen geringe Exportaktivitäten mit jeweiligen Anteilen von weniger als einem Prozent an der Gesamtausfuhr Deutschlands haben hingegen vor allem die neuen Länder – mit Ausnahme von Sachsen, das inzwischen mehr Waren exportiert als Schleswig-Holstein, Bremen, Berlin oder das Saarland. Zumindest relativ betrachtet, also bezogen auf das Handelsvolumen der einzelnen Länder, wird in Sachsen inzwischen auch der höchste Außenhandelsüberschuss erwirtschaftet, gefolgt von Berlin und Rheinland-Pfalz. Absolut gesehen nehmen diesbezüglich jedoch wiederum Bayern und Baden-Württemberg die Spitzenpositionen ein. Das größte Außenhandelsdefizit – bei derzeit leicht abnehmender Tendenz – weist Hamburg auf, was die besondere Rolle der Hanse- und Hafenstadt als bedeutendster deutscher Umschlagplatz von Einfuhren verdeutlicht. Annähernd 95% des gesamten globalen Warenaustauschs und ca. 35% des europäischen

Im Containerhafen Hamburg – dem zweitgrößten Europas – wurden im Jahr 2003 6,1 Mio. Container verladen

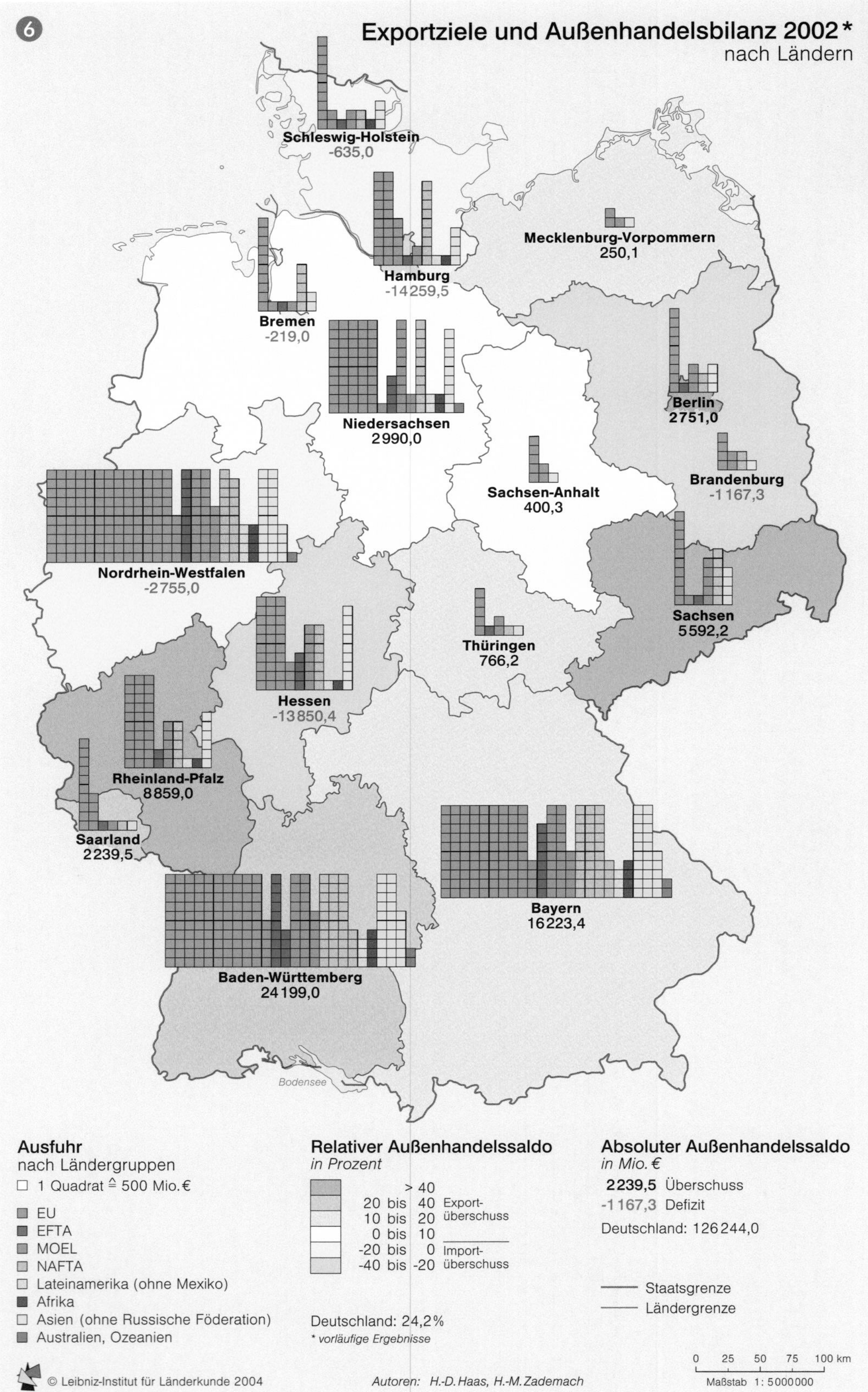

Warenverkehrs finden auf dem Seeweg statt. Allein der Hamburger Hafen wickelte 2001 ca. 11,5% aller deutschen Exporte ab. Insgesamt wurden einschließlich der Binnenschifffahrt rund 37% der deutschen Ausfuhren auf dem Wasserweg versandt, im Straßengüterverkehr lediglich knapp 24% ❺.

In Bezug auf die Bestimmungsregionen sind die Ausfuhrstrukturen aller Bundesländer mit der ausgesprochenen Dominanz der EU als bedeutendster Nachfragerin sehr ähnlich. Auffällig ist allerdings, dass die mittel- und osteuropäischen Staaten vor allem für Mecklenburg-Vorpommern, Brandenburg, Sachsen und auch Bayern, also die direkten Anrainer, eine besondere Stellung einnehmen; nicht zuletzt aufgrund der geringeren Distanz führen sie zum Teil mehr als ein Fünftel ihrer Exporte (im Vergleich zum Bundesdurchschnitt von 12%) allein in diese Ländergruppe aus.

Mit zunehmender Tendenz stellen Fertigprodukte in allen Bundesländern die sowohl anteils- als auch wertmäßig bei weitem wichtigste Güterart (Warengruppen nach EGW-Klassifikation) dar, wohingegen Rohstoffe, Halbwaren und die Ernährungswirtschaft eine stark untergeordnete und im Allgemeinen weiterhin abnehmende Bedeutung haben. Lediglich in Mecklenburg-Vorpommern ist der Exportanteil ernährungswirtschaftlicher Erzeugnisse von ca. 29% im Jahr 1993 auf inzwischen annähernd 37% gestiegen. Unter anderem wirkt sich die hierin zum Ausdruck kommende Strukturschwäche negativ auf den Außenhandelsüberschuss aus, der gegenüber 1993 – ebenso wie in Niedersachsen – auf weniger als die Hälfte zurückging und nunmehr lediglich ca. 250 Mio. Euro beträgt.

Während sich in Nordrhein-Westfalen, Schleswig-Holstein und Bremen die Außenhandelsdefizite seit 1993 verringert haben ❼, ist Hessen das einzige Land, in dem sich der negative Außenhandelsaldo noch vergrößerte. Hierbei gilt jedoch zu berücksichtigen, dass der Rhein-Main-Region mit dem ▶ Foto Flughafen Frankfurt als führender europäischer Luftfrachtdrehscheibe eine ähnliche Sonderstellung wie Hamburg zukommt. Demgegenüber warten Rheinland-Pfalz (+172%), Bayern (+178%) und allen voran wiederum Sachsen mit einer ausgesprochen dynamischen Entwicklung auf, wo sich der Außenhandelsüberschuss im Betrachtungszeitraum von 73 Mio. Euro auf über 5 Mrd. Euro auffällig vervielfachte. Damit verzeichnet der Freistaat derzeit die vierthöchste positive Bilanzsumme aller Bundesländer, wenngleich er insgesamt nur gut 2% zu den deutschen Exporten beiträgt.

Perspektiven im Außenhandel

Die Entwicklung und Wettbewerbsfähigkeit der deutschen Exportwirtschaft haben als konjunkturelle Aktivposten in der zweiten Hälfte der 1990er Jahre entscheidend zum Wachstum der Beschäftigung beigetragen. Ob dies auch in Zukunft gilt, hängt aufgrund des exportorientierten Spezialisierungsmusters der deutschen Unternehmen davon ab, wie diese ihre Spielräume hinsichtlich der weltkonjunkturellen Rahmensituation und der Wechselkursschwankungen – insbesondere des US-Dollars gegenüber dem Euro – nutzen. Denn angesichts der ausgeprägten Einbettung in die internationale Arbeitsteilung und der intersektoralen Verflechtungen in der deutschen Wirtschaft träfe ein Rückgang der Auslandsnachfrage nicht nur die exportierenden Branchen, sondern würde die Beschäftigung der gesamten Volkswirtschaft tangieren.

Jedoch wird angesichts der grundsätzlichen Komplementarität von Aus- und

Statistische Erfassung des Außenhandels

Gegenstand der zentral vom Statistischen Bundesamt durchgeführten Außenhandelsstatistik ist der grenzüberschreitende Warenverkehr Deutschlands mit dem Ausland. Die feinste regionale Untergliederung stellt dabei die Ebene der Bundesländer dar. Differenziert nach der Gliederung der „Warengruppen und -untergruppen der Ernährungswirtschaft und der Gewerblichen Wirtschaft (EGW)" weist die Außenhandelsstatistik alle körperlich ein- und ausgehenden Waren sowie elektrischen Strom nach nunmehr acht EU-einheitlichen Hauptgruppen (von denen die Gruppen 1 bis 4 hier zusammengefasst wurden) aus (Deutsche Bundesbank 2003). Für die Ein- und Ausfuhr werden Mengen und Werte nach Ursprungs-, Einkaufs-, Versendungs- und Zielland bzw. Ursprungs- und Bestimmungsland unter Angaben der Ein- und Ausfuhrarten in der Darstellung als Spezialhandel und Generalhandel nachgewiesen. In die Ausfuhr nicht einbezogen sind Waren, die aus dem Ausland durch das Erhebungsgebiet unmittelbar in das Ausland befördert werden (Durchfuhr), und Waren, die vorübergehend aus dem Erhebungsgebiet durch das Ausland – unmittelbar oder nach vorübergehender Lagerung im Ausland – wieder in das Erhebungsgebiet befördert werden (Zwischenauslandsverkehr). Hinsichtlich der Erfassung des unternehmensinternen Außenhandels, der nach Schätzungen der Vereinten Nationen knapp ein Drittel des gesamten Handelsaufkommens beträgt, bestehen nach wie vor erhebliche Schwierigkeiten.

Einfuhren, welche beispielsweise der hohe ▶ Importcontent der deutschen Ausfuhren widerspiegelt, künftig auch die Importwirtschaft sowie der innerbetriebliche grenzüberschreitende Warenverkehr eine zunehmend wichtige Rolle spielen. Immer stärker stützt sich nämlich die Wettbewerbsfähigkeit der deutschen Unternehmen auf kostengünstige Zulieferungen von internationalen Standorten. Nicht nur angesichts ihrer deutlich gewordenen Wachstumspotenziale als Zielländer für deutsche Exporte, sondern auch im Hinblick auf eingeführte Vorleistungsprodukte ist den dynamischen Märkten der Transformationsländer Mittel- und Osteuropas, Russlands und Chinas sowie den ausfuhrseitig ebenfalls an Bedeutung gewinnenden ▶ ASEAN-Ländern erhöhte Aufmerksamkeit zu widmen.

In Zukunft wird der Bereitschaft der deutschen Unternehmen, neue Märkte auf internationaler Ebene zu erschließen, große Bedeutung zukommen. Eine grundsätzlich global ausgerichtete Wirtschaftspolitik wird dabei nach wie vor entscheidend für die Entwicklung der Exportnation Deutschland sein.◆

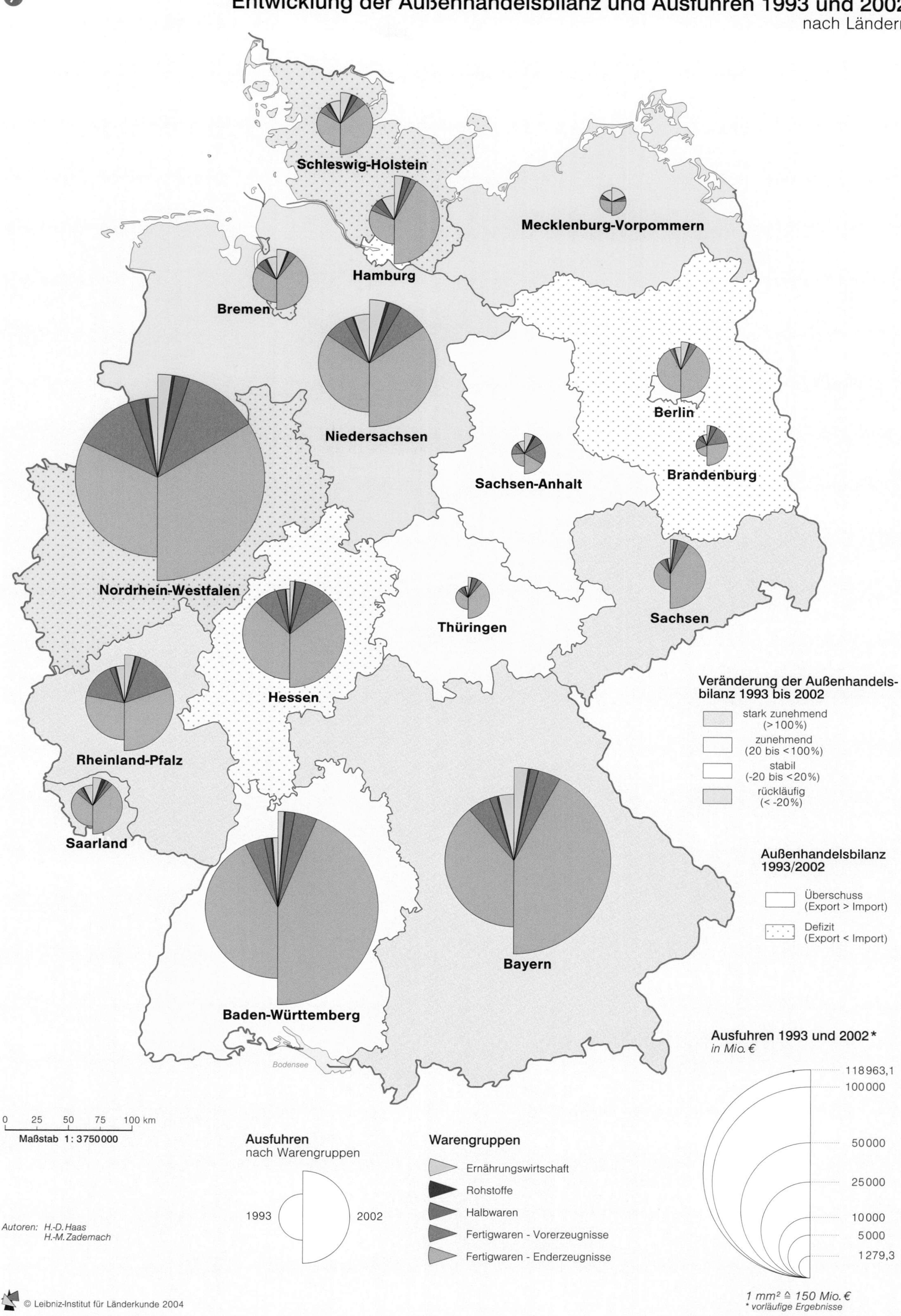

Großmärkte, Erzeugermärkte und Direktvermarktung

Andreas Voth

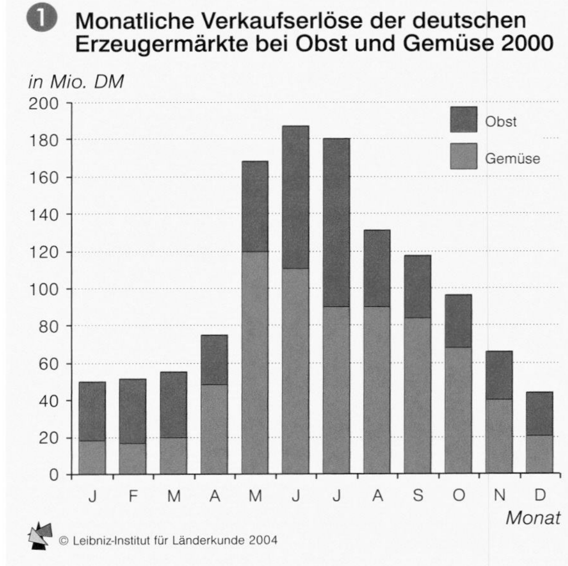

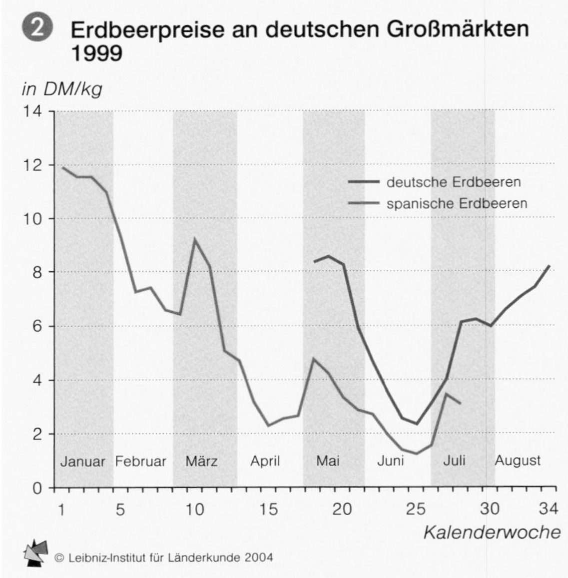

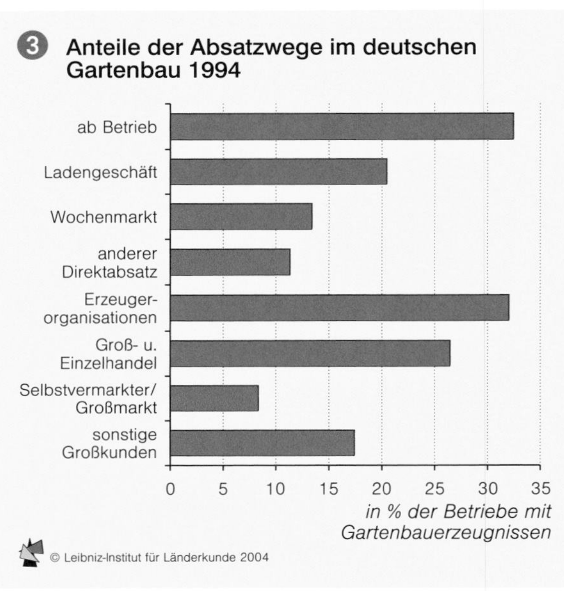

Eine zunehmende Vielfalt in- und ausländischer Produkte, ein harter Wettbewerb und wachsende Verbraucheransprüche kennzeichnen den deutschen Lebensmittelmarkt. Besondere Aufmerksamkeit verdient das reichhaltige Angebot an Frischprodukten, das in ansprechender Präsentation dem Warensortiment Attraktivität verleiht und aufgrund seiner begrenzten Lagerfähigkeit eine effiziente Vermarktung und Logistik voraussetzt. Dazu zählen die vielseitigen Produkte der in Deutschland gedeihenden Sonderkulturen (▶▶ Beitrag Voth, S. 32), deren wachsenden Erträge noch um ebenfalls ständig steigende Importe bereichert wird.

Für Absatz und Distribution der Frischprodukte haben sich leistungsfähige Organisationsstrukturen entwickelt. Der Vermarktungsprozess leitet die Produkte vom Erzeuger zum Verbraucher, meist über mehrere Stufen des Erfassungs-, Groß- und Einzelhandels. Obwohl der direkte Absatz an den Konsumenten gerade bei Frischprodukten die Vorteile kurzer Wege und höherer Erzeugerpreise bietet, sind größere Mengen nur durch eine überregionale Vermarktung abzusetzen, die im Wesentlichen von den in wichtigen Produktionsgebieten angesiedelten Erzeugermärkten, am Rand von städtischen Konsumzentren gelegenen Großmärkten ❽ und den Zentralen des organisierten Lebensmitteleinzelhandels (LEH) geleistet wird.

Formen indirekter Vermarktung

Gerade im Absatz verderblicher Produkte spielen die Konzentration der Erfassung in Erzeugermärkten und der Vermarktung über Verteilergroßmärkte eine wichtige Rolle. Am Oberrhein hat beispielsweise die Ausweitung des überregionalen Absatzes zunehmender Produktionsmengen an Obst und Gemüse über Versteigerungsgenossenschaften Tradition. Im Obst- und Gemüseabsatz haben größere Erzeugermärkte an Gewicht gewonnen ❹.

Erzeugerorganisationen sind das tragende Element der EU-Marktorganisation für Obst und Gemüse und werden entsprechend gefördert. Aber selbst große Erzeugerzusammenschlüsse stehen unter dem Druck der Anpassung an eine ständig wachsende Verhandlungsmacht des konzentrierten LEH, so dass eine verstärkte Kooperation untereinander notwendig wurde. Bei einigen Produkten ist außerdem die Anbindung an eine Verarbeitungsindustrie von Bedeutung.

Die meisten deutschen Sonderkulturprodukte unterliegen einer ausgeprägten, je nach Produkt und Anbaugebiet unterschiedlichen Saisonalität, die auch in den Verkaufserlösen der Erzeugermärkte für Obst und Gemüse zum Ausdruck kommt ❶. Die hiermit verbundenen produktspezifischen, großenteils witterungsbedingten Preisschwankungen sind auch für den Handel an den Großmärkten typisch, über die deutsche und importierte Ware vermarktet wird ❷. Zeitlich und qualitativ sich ergänzende, aber z.T. auch miteinander kon-

Erdbeervermarktung am Straßenrand

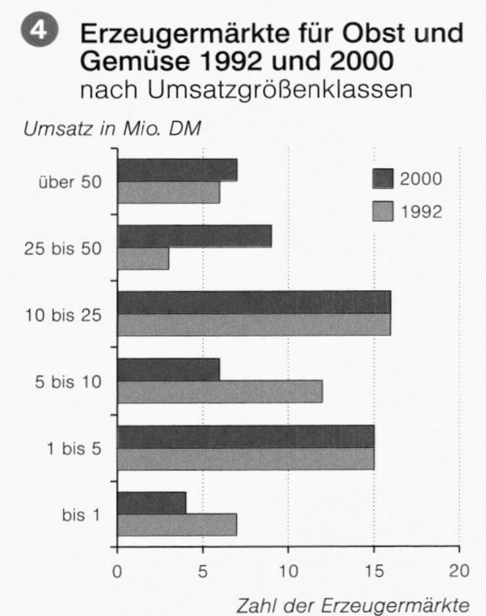

5 Struktur des Großhandels mit Obst und Gemüse* 1996 nach Umsatzgrößenklassen

Umsatz in Mio. DM

über 50
10 bis 50
1 bis 10
bis 1

0 10 20 30 40 50
in %

Anteil an der Zahl der Großhandelsbetriebe
Umsatzanteil
* einschl. Kartoffeln

© Leibniz-Institut für Länderkunde 2004

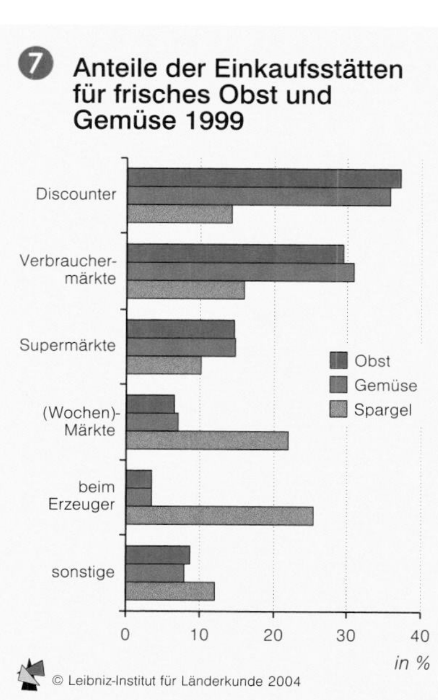

❼ Anteile der Einkaufsstätten für frisches Obst und Gemüse 1999

❽ Erzeuger- und Großmärkte für Obst und Gemüse 2000

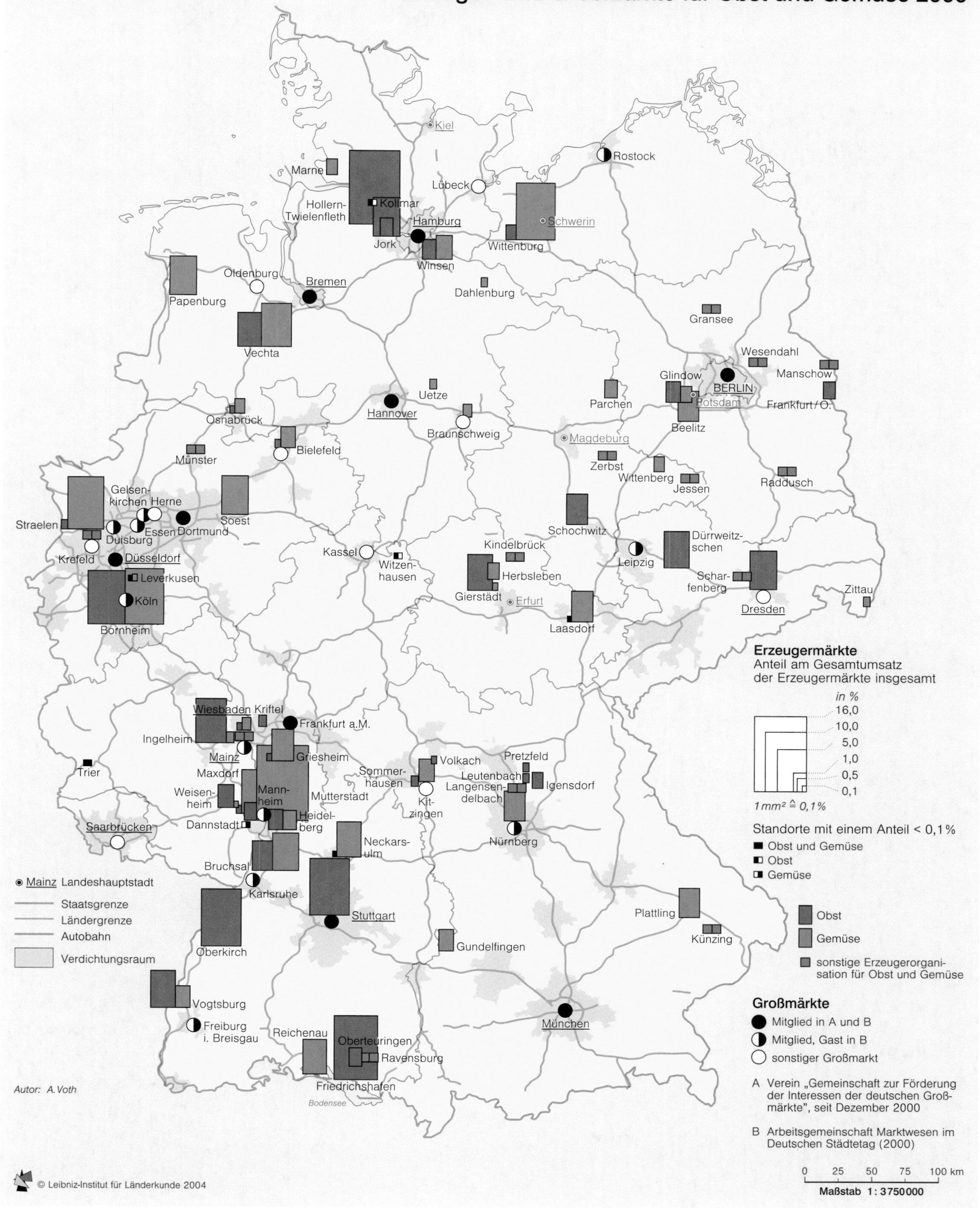

Erzeugermärkte
Anteil am Gesamtumsatz der Erzeugermärkte insgesamt (in %): 16,0; 10,0; 5,0; 1,0; 0,5; 0,1 — 1 mm² ≙ 0,1 %

Standorte mit einem Anteil < 0,1 %: Obst und Gemüse; Obst; Gemüse

Obst; Gemüse; sonstige Erzeugerorganisation für Obst und Gemüse

Großmärkte
Mitglied in A und B; Mitglied, Gast in B; sonstiger Großmarkt

A Verein „Gemeinschaft zur Förderung der Interessen der deutschen Großmärkte", seit Dezember 2000

B Arbeitsgemeinschaft Marktwesen im Deutschen Städtetag (2000)

Mainz Landeshauptstadt; Staatsgrenze; Ländergrenze; Autobahn; Verdichtungsraum

Maßstab 1 : 3750000 (0 25 50 75 100 km)

Autor: A. Voth

© Leibniz-Institut für Länderkunde 2004

kurrierende Produkte unterschiedlichster Herkunft treffen hier zur Versorgung des Marktes zusammen. Auch bei den auf deutschen Großmärkten ansässigen Großhandelsbetrieben liegt eine Konzentration des Umsatzes vor ❺.

Hervorzuheben ist die führende Rolle der Erzeugerorganisationen in der Vermarktung von frischem Obst und Gemüse, aber auch der Direktabsatz durch Erzeuger an Endverbraucher erfreut sich wieder einer wachsenden Beliebtheit. Über diese zwei Wege wird zusammen etwa die Hälfte der deutschen Produktion vermarktet. Die übrigen Mengen laufen über andere indirekte Absatzwege, vornehmlich über die Großmärkte. Deren schwer abschätzbarer Warenanteil nimmt jedoch tendenziell ab, weil der zunehmend konzentrierte LEH verstärkt an zentralisierter Beschaffung und direkteren Wegen interessiert ist.

Direktvermarktung

Neben den indirekten Absatzwegen werden von Erzeugern verschiedene Formen der Direktvermarktung genutzt, die in Deutschland in den letzten Jahren insbesondere bei Frischprodukten einen Bedeutungsgewinn erfahren haben ❸. Viele Betriebe mit Gartenbauerzeugnissen entscheiden sich für eine Kombination mehrerer Absatzwege. Verbrauchsfertige Produkte wie frisches Obst und Gemüse eignen sich für den direkten Verkauf an den Endverbraucher. Besonders bei hochwertigen Frischprodukten wie Spargel ist die Tendenz der Verbraucher zum Einkauf beim Erzeuger und auf Wochenmärkten stark ausgeprägt ❼.

Der Ab-Hof-Verkauf beginnt in seiner einfachsten Form in einem nur zur Saison provisorisch eingerichteten Verkaufsraum und kann sich bei Spezialisierung auf diese Vermarktungsform zu einem ganzjährig geöffneten, professionell betriebenen Hofladen entwickeln, der sein Angebot über die eigenen Erzeugnisse hinaus ausweitet. Die Nähe zu frequentierten Verkehrswegen, Parkmöglichkeiten und die Attraktivität der Umgebung für den Kunden sind wichtige Standortfaktoren.

Landwirtschaftliche Betriebe mit Ab-Hof-Verkauf sind in Deutschland inzwischen nahezu flächenhaft verbreitet. Die Erschließung von Vermarktungsformen erfolgt als Reaktion der Erzeuger auf die vom konzentrierten LEH dominierten Märkte und auf den zunehmenden Wettbewerb der Direktvermarkter untereinander, gleichzeitig aber auch unter dem Einfluss eines sich ändernden Verbraucherverhaltens. Auch in der Direktvermarktung bestehen Tendenzen zur Entwicklung differenzierter und komplexer Organisationsformen ❻.

Fischwirtschaft zwischen Küstenfischerei und Aquakultur

Regina Dionisius, Ewald Gläßer, Johann Schwackenberg und Axel Seidel

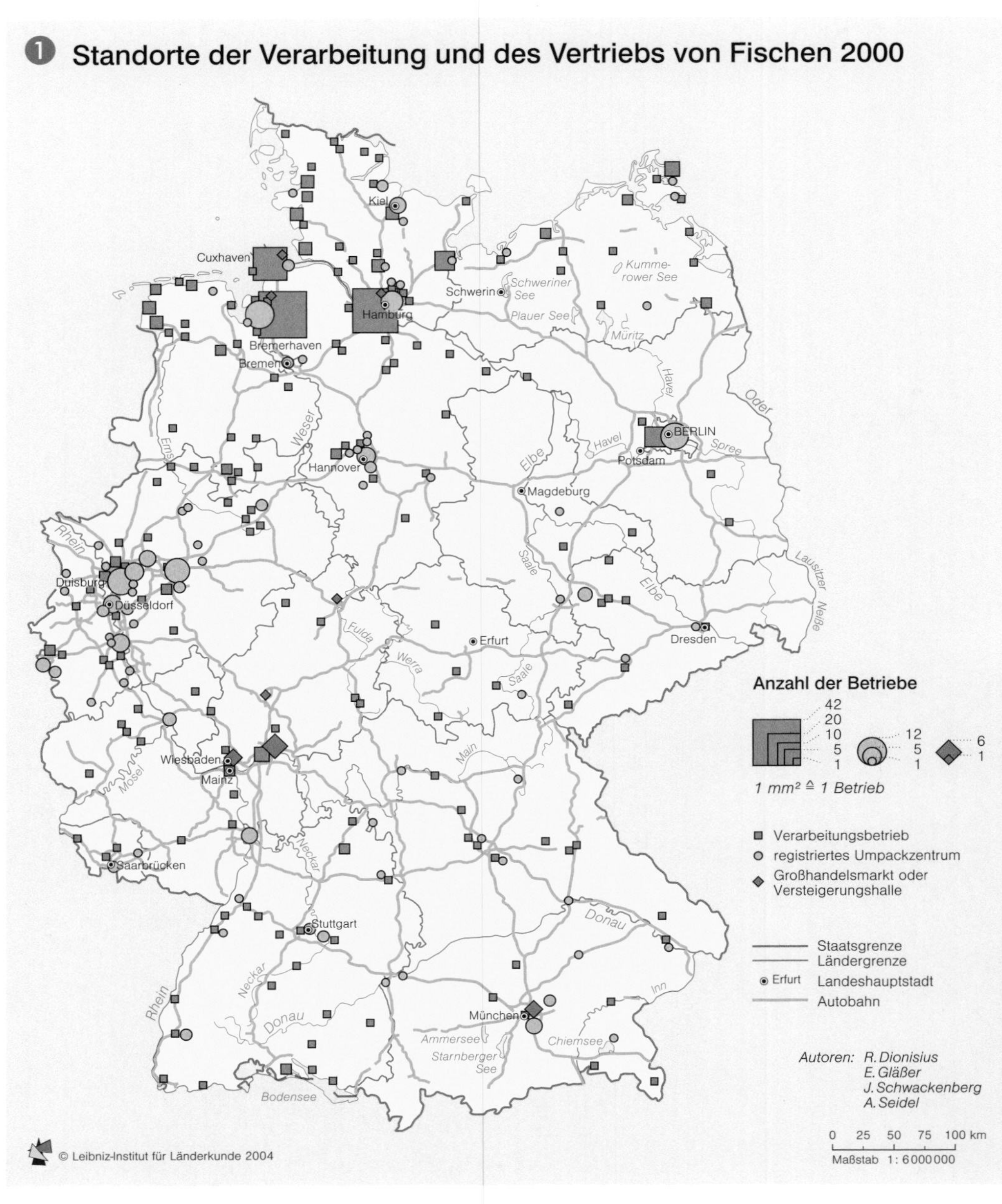

Ein grundlegender Strukturwandel prägt das Bild der deutschen Fischwirtschaft seit den 1970er Jahren. Die Veränderungen zeigen sich u.a. in den Fangmengen der deutschen Fischereiflotte. Während die Anlandungen der Hochsee- und Küstenfischerei von 1950 bis 1970 bei ca. 600.000 t pro Jahr lagen, sanken sie seit den frühen 1970er Jahren nahezu kontinuierlich bis auf ca. 300.000 t pro Jahr Ende der 1990er Jahre.

Drei Wirkungskomplexe haben den Strukturwandel gesteuert: die jahrzehntelange Überfischung der meisten Bestände im Nordatlantik, die Einführung der 200-Seemeilen (sm)-Wirtschaftszonen und die Gemeinsame Fischereipolitik (GFP) der Europäischen Union.

Die deutsche Hochseeflotte wurde besonders hart von der Einführung der 200-sm-Zonen getroffen. Als Konsequenz mussten sich die Kapazitäten den reduzierten Fangmöglichkeiten anpassen. So schrumpfte die deutsche Hochseeflotte von 110 Fangeinheiten im Jahr 1970 auf 15 im Jahre 1999. Die Kleine Hochsee- und Küstenfischerei wurde durch die Einführung der 200-sm-Zonen weniger beeinflusst. Sie musste allerdings ebenfalls Fangeinbußen hinnehmen, vor allem durch verkleinerte Fanggebiete in der Ostsee. Der durchschnittliche Jahresfang von ca. 150.000 t zwischen 1960 und 1970 sank auf knapp unter 83.000 t im Jahr 1999.

Ab 1. Januar 1977 richtete die EG ebenfalls 200-sm-Zonen ein mit dem Ziel, in diesen Zonen, dem so genannten EG-Meer, die Fischerei gemeinschaftlich zu regeln.

Die Gemeinsame Fischereipolitik umfasst folgende Bereiche: 1. Zugang zu den Fischereizonen, 2. Festlegung und Verteilung von Fangmengen, 3. Fischereivereinbarungen mit Drittländern, 4. Maßnahmen zur Erhaltung der Bestände, 5. Kontrollmaßnahmen, 6. Strukturpolitik und 7. Marktorganisation.

Der Hafen von Dornumersiel an der ostfriesischen Küste

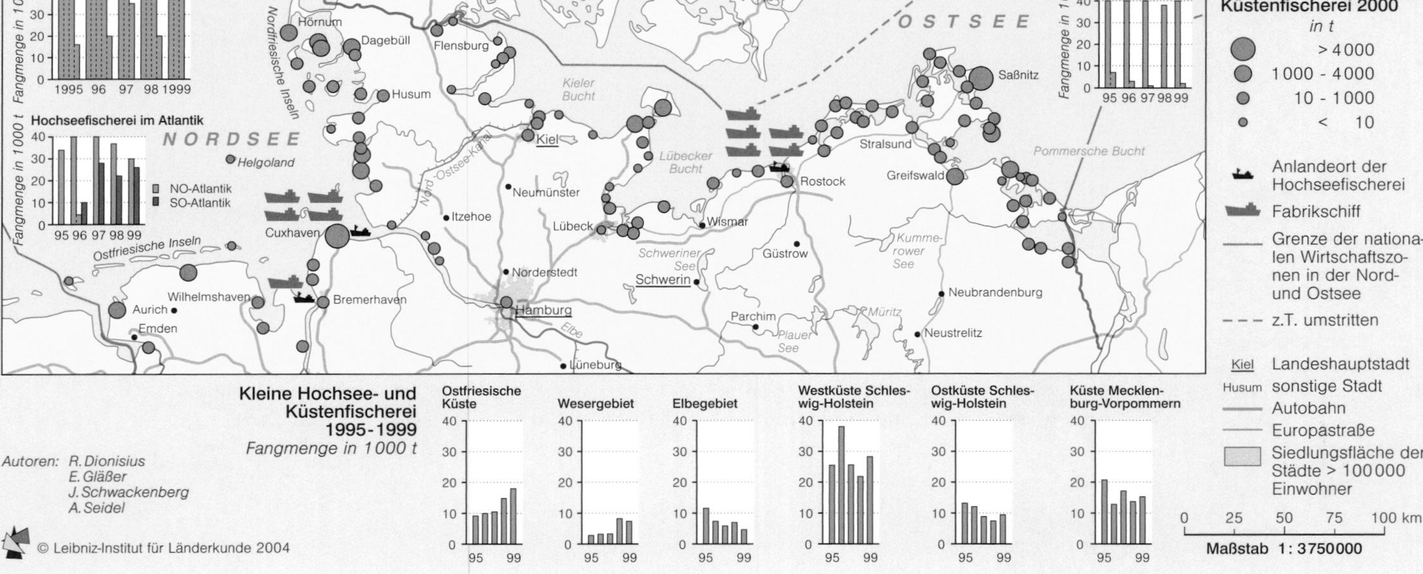

Fischverarbeitung und -industrie

In der deutschen Fischwirtschaft, die derzeit über 44.000 Menschen beschäftigt, konnte nach Angaben des Fischinformationszentrums (FIZ) im Jahre 1999 ein Umsatz von insgesamt rd. 13,8 Mrd. DM (ca. 6,9 Mrd. Euro) erzielt werden. Der größte Teil davon wird nicht in der Fischerei selbst, sondern in den Verarbeitungsbranchen und im Handel getätigt ❶. Denn sowohl bei Seefischen als auch bei Süßwasserfischen ist Deutschland auf enorme Importmengen angewiesen, die mittlerweile über 80% des Inlandsbedarfes decken. Die Nachfrage

4

Betriebe der Binnenfischerei 2001
Mitglieder im Verband der deutschen Binnenfischerei

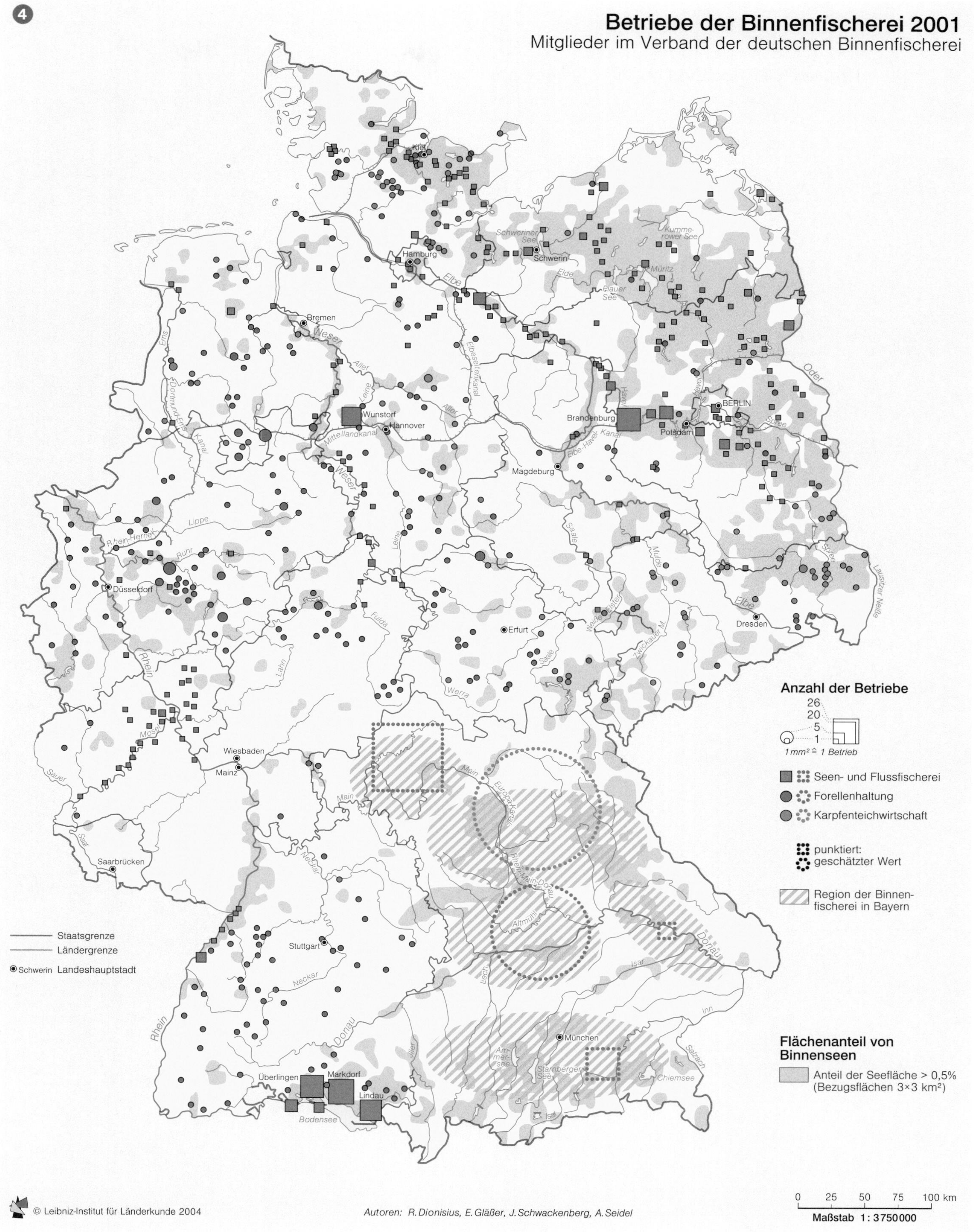

Anzahl der Betriebe
26
20
5
1
1 mm² ≙ 1 Betrieb

Seen- und Flussfischerei
Forellenhaltung
Karpfenteichwirtschaft

punktiert: geschätzter Wert

Region der Binnenfischerei in Bayern

Flächenanteil von Binnenseen
Anteil der Seefläche > 0,5% (Bezugsflächen 3×3 km²)

Staatsgrenze
Ländergrenze
Schwerin Landeshauptstadt

0 25 50 75 100 km
Maßstab 1 : 3750000

Autoren: R. Dionisius, E. Gläßer, J. Schwackenberg, A. Seidel

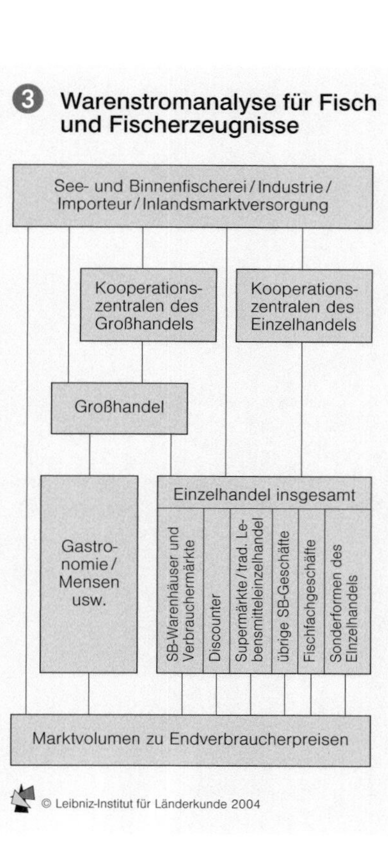

3 Warenstromanalyse für Fisch und Fischerzeugnisse

in Deutschland ist vor allem auf Seefische gerichtet, die drei Viertel des Gesamtverbrauchs auf sich vereinen. Vor den Krebs- und Weichtieren mit 10% liegen die Süßwasserfische mit 15% an zweiter Stelle im Gesamtverbrauch.

Die Distributionsstruktur

Anhand der verschiedenen Produktbereiche lässt sich die Distributionsstruktur für Fisch und Fischerzeugnisse gliedern. Die eher beratungsintensiven Frischprodukte werden primär über den Fischfachhandel vertrieben, der mit 908 Mio. DM Umsatz (1999) (ca. 455 Euro) immerhin 30% des Umsatzes auf sich vereinigen kann. Tiefkühlerzeugnisse und die Produktbereiche Räucherwaren, Fischkonserven und -marinaden werden meist über den sonstigen Lebensmitteleinzelhandel vertrieben **3**.

Entwicklungsperspektiven

Die Anlandungen deutscher Fischereifahrzeuge in Deutschland belaufen sich zwar nur auf ca. 10% des gesamten Angebots auf dem heimischen Rohwarenmarkt für Fisch, doch für weite strukturschwache Küstenregionen der Nord- und Ostsee bedeutet die Fischerei auch heute noch eine wichtige Wirtschaftsbasis. Sie stellt nicht nur Arbeitsplätze im Fang- und Verarbeitungsbetrieb zur Verfügung, sondern prägt nachhaltig die Küstenkultur, die wiederum eine entscheidende Grundlage für die dortige Tourismuswirtschaft darstellt **2**.

Weil eine nachhaltige Bewirtschaftung der Fischbestände nur in einem intakten marinen Milieu möglich ist, zeigt die Fischerei großes Interesse am Umweltschutz in Nordsee und Ostsee. Die EU ist Mitglied der internationalen Übereinkommen von Oslo und Paris zum Schutze der Küsten und Gewässer des Nordatlantiks sowie des Helsinki-Abkommens zum Schutz der Ostsee und des Nordatlantiks.

Angesichts der weltweit steigenden Nachfrage nach Fisch und der immer noch instabilen Situation der meisten Fischbestände ist mittelfristig mit Ressourcenverknappungen und Preiserhöhungen für Fisch zu rechnen. In diesem Kontext werden Aquakulturen zunehmende Bedeutung erfahren. Marine Aquakulturen und Teichwirtschaften bieten ein großes Potenzial für die Marktversorgung mit Fisch, das mengen- und qualitätsmäßig ausgebaut und diversifiziert werden kann. Dabei tritt die Aquakultur nicht in Konkurrenz zur Seefischerei; vielmehr kann sie Ressourcenengpässe schließen und die Produktpalette von Fisch und Fischerzeugnissen erweitern.◆

Der ökologische Umbau der Industrie

Boris Braun

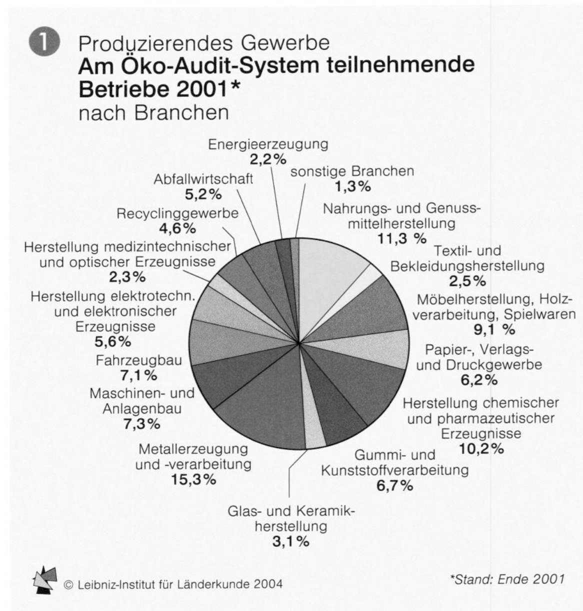

Die Industrie hat in den letzten Jahrzehnten erhebliche finanzielle, organisatorische und technologische Anstrengungen zum Schutz der natürlichen Umwelt unternommen. Diese erfolgten häufig als Reaktion auf staatliche Auflagen. Daneben spielen aber auch freiwillige Maßnahmen eine wichtige Rolle. Immer mehr Unternehmen erkennen, dass sich Umweltschutz auch betriebswirtschaftlich rechnet. Einerseits können frühzeitig durchgeführte Umweltschutzmaßnahmen Kosten für Rohstoffe und Abfallentsorgung senken, anderseits schaffen sie in der Öffentlichkeit ein positives Unternehmensimage und kommen den Wünschen der Kunden nach umweltfreundlichen Waren und Produktionsweisen entgegen.

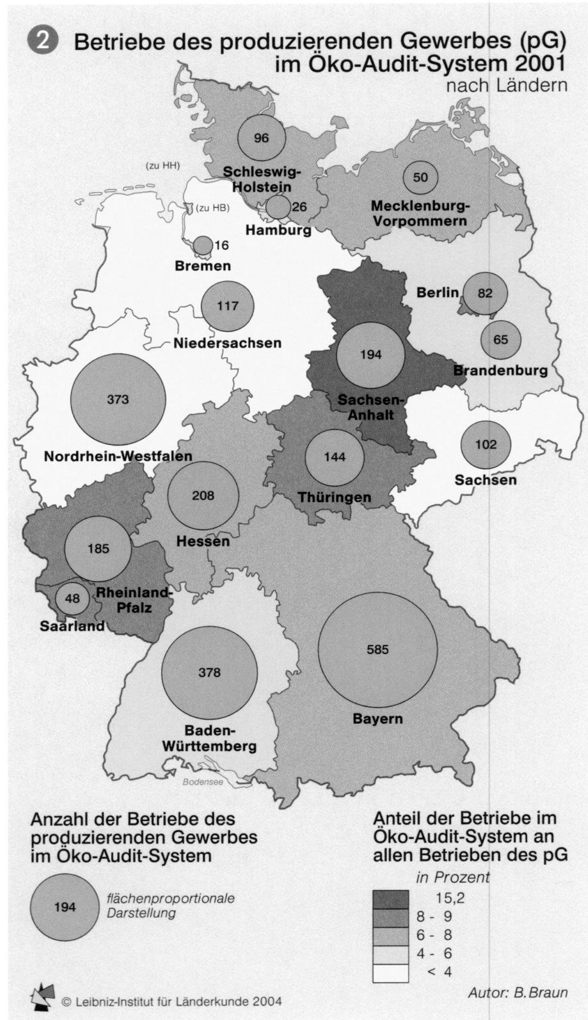

Investitionen im Umweltschutz

In den alten Ländern haben die ▸ Umweltschutzinvestitionen im verarbeitenden Gewerbe bereits im Laufe der 1980er Jahre stark zugenommen. So löste etwa die Großfeuerungsanlagenverordnung einen Investitionsschub bei Entschwefelungs- und Entstickungsanlagen aus. In der ersten Hälfte der 1990er Jahre verharrten die Umweltschutzinvestitionen aufgrund der notwendigen Sanierung der ostdeutschen Industrie bei gut 5% der Gesamtinvestitionen. Seither gehen die Werte wieder leicht zurück, auch weil der ▸ produktionsintegrierte Umweltschutz gegenüber klassischen ▸ *End-of-Pipe*-Lösungen an Bedeutung gewinnt. Bis heute ist jedoch eine nachholende Entwicklung in den neuen Ländern festzustellen. Der Anteil der Umweltschutzinvestitionen an den Gesamtinvestitionen liegt hier noch immer gut einen Prozentpunkt über dem der alten Länder. Zusätzlich zu dieser West-Ost-Differenz wird das räumliche Muster der Umweltschutzinvestitionen spürbar von der regionalen Branchenstruktur bestimmt. Neben dem Recyclinggewerbe tätigen die Mineralölverarbeitung, die chemische Industrie, die Metallerzeugung und die Papierherstellung überdurchschnittliche Umweltschutzinvestitionen. Dementsprechend weisen vor allem Regionen, in denen diese Industriezweige besonders stark vertreten sind, überproportionale Umweltschutzinvestitionen auf ❸. Dies gilt etwa für die klassischen Schwerindustrieräume an Rhein und Ruhr, im südlichen Sachsen-Anhalt sowie entlang der Oder, aber auch für das südostbayerische Chemiedreieck. Insgesamt entfallen auf die Luftreinhaltung und den Gewässerschutz die größten Anteile der industriellen Umweltschutzinvestitionen ❹.

Betriebliches Umweltmanagement

Die Hoffnung auf Imagevorteile und positive betriebswirtschaftliche Effekte hat in den letzten Jahren zur raschen Verbreitung des betrieblichen ▸ Umweltmanagements beigetragen. Um dieses systematisch aufzubauen und ihre

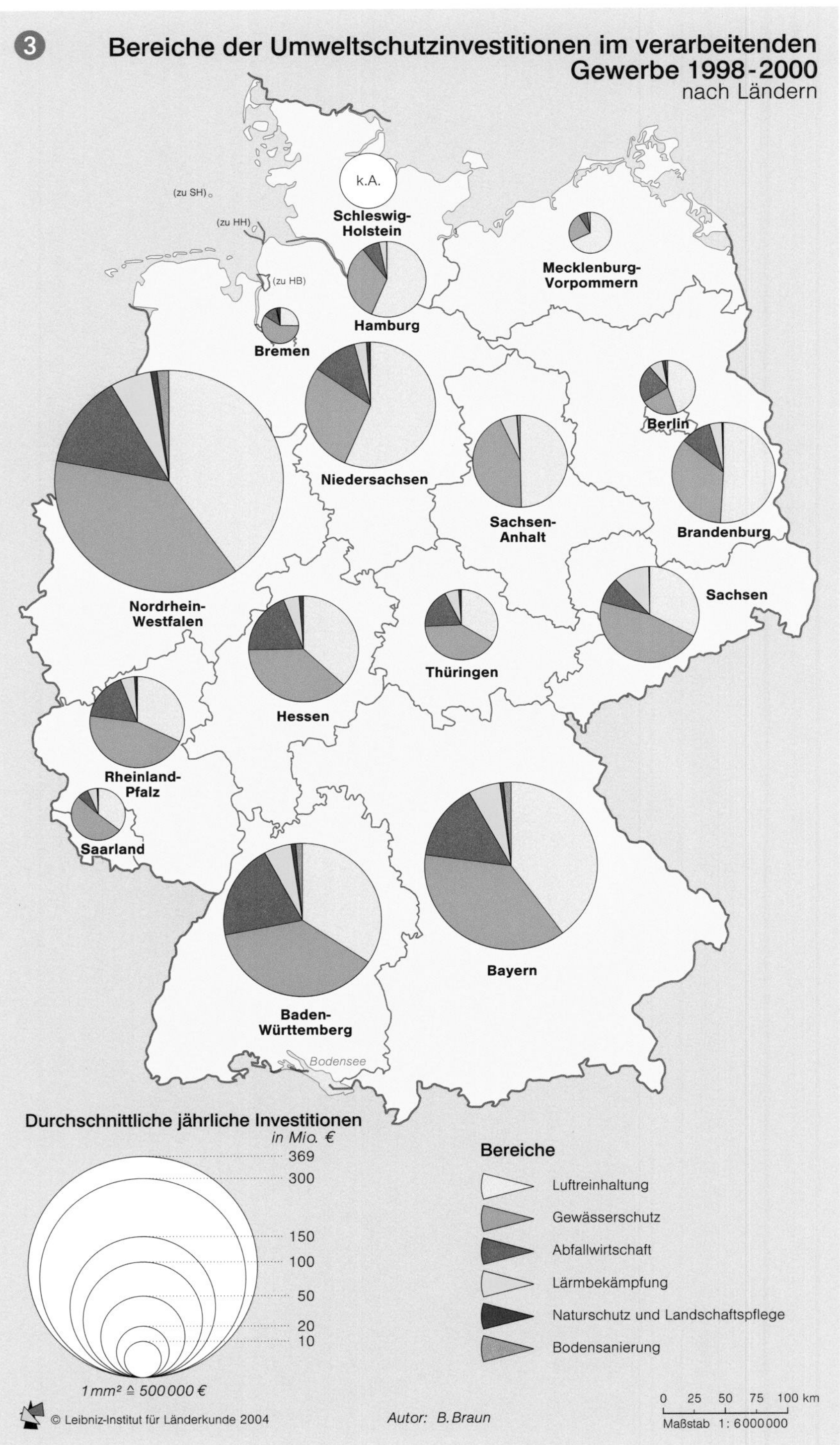

Anstrengungen für den Umweltschutz auf Basis einer externen Überprüfung auch nach außen dokumentieren zu können, stehen deutschen Unternehmen zwei internationale Normen zur Verfügung: der weltweit gültige Umweltmanagement-Standard ISO 14001 der Internationalen Organisation für Normung sowie das inhaltlich anspruchsvollere Öko-Audit-System der Europäischen Union (EMAS – *Eco Management and Audit Scheme*). Bis heute haben sich in Deutschland fast 3000 gewerbliche Betriebe nach EMAS und sogar noch etwas mehr nach ISO 14001 überprüfen lassen. Damit entfallen zwei Drittel aller in Europa im Rahmen des Öko-Audit-Systems registrierten Betriebe allein auf Deutschland. Bundesweit nehmen rund 5% aller Betriebe des ▸ produzierenden Gewerbes mit mehr als 20 Beschäftigten am Öko-Audit-Sys-

***End-of-pipe-* (nachsorgender) Umweltschutz** – Maßnahmen, die nicht den eigentlichen Produktionsprozess verändern, sondern nachgeschaltet dessen negative Umweltwirkungen vermindern, z.B. durch Filter- und Reinigungsanlagen

produktionsintegrierter Umweltschutz – Maßnahmen, die direkt im Produktionsprozess ansetzen und dadurch verhindern, dass umweltbeeinträchtigende Wirkungen überhaupt entstehen

produzierendes Gewerbe – übergeordneter Terminus für die Produktion von Sachgütern in Industrie und Handwerk; die deutsche Statistik schließt dabei die Energie- und Wasserwirtschaft, den Bergbau und das Baugewerbe ein.

Umweltmanagementsystem – Regelung von Zuständigkeiten, Verfahren und Mitteln für die Festlegung und Umsetzung der umweltbezogenen Ziele und Handlungsgrundsätze eines Unternehmens bzw. Betriebs

Umweltschutzinvestitionen – Sachinvestitionen in technische und bauliche Anlagen, die ausschließlich oder vorrangig dem Umweltschutz dienen

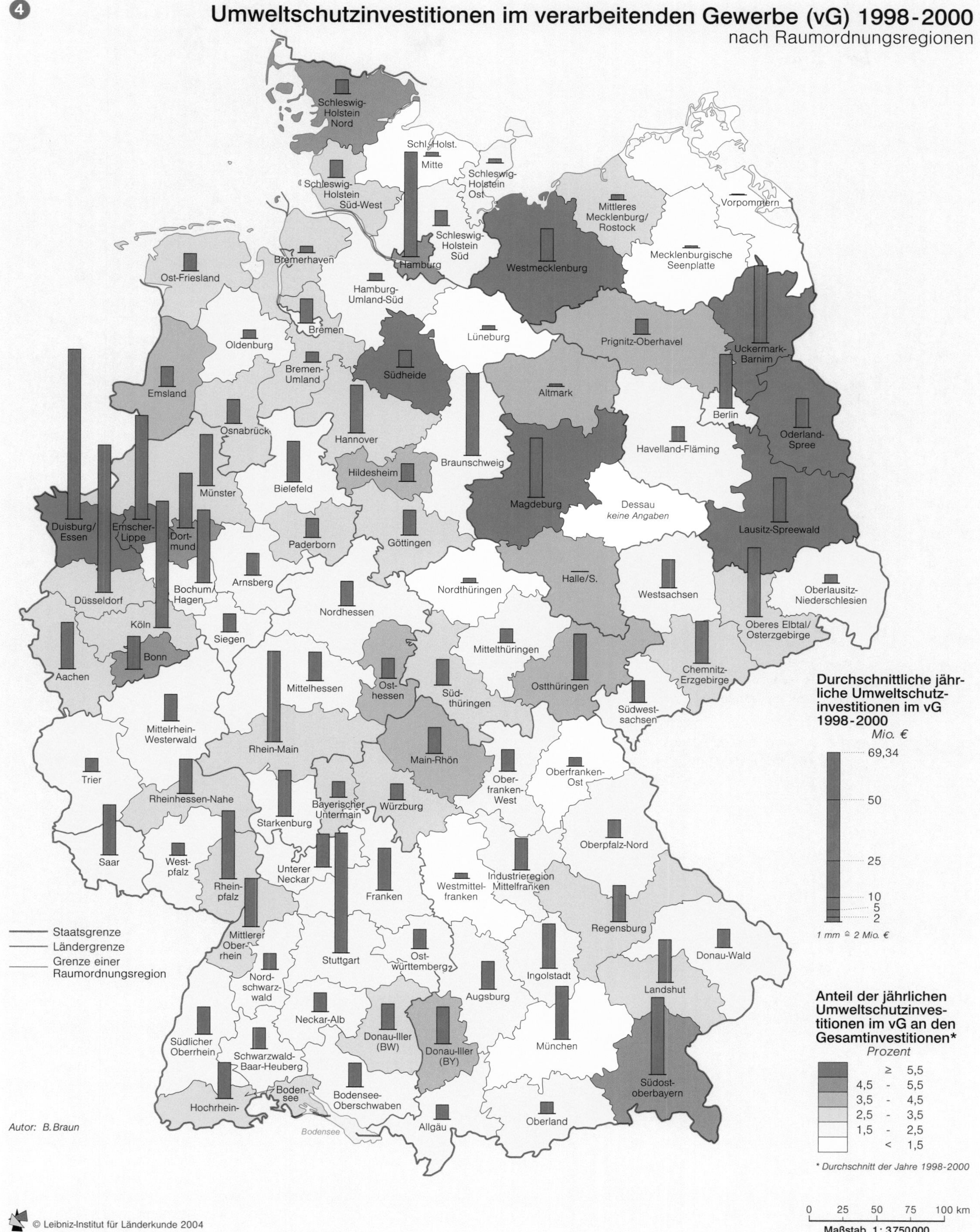

tem teil. Die sich beteiligenden Branchen sind breit gefächert, Schwerpunkte bilden ökologisch besonders relevante Wirtschaftszweige wie die Metallerzeugung und -bearbeitung, die Nahrungsmittelherstellung oder die chemische Industrie ❶. Die markanten Unterschiede der Beteiligungsquote zwischen den Bundesländern ❷ lassen sich auf Differenzen in der Wirtschafts- und Betriebsgrößenstruktur, vor allem aber auf das jeweilige Maß an Unterstützung durch die Landespolitik über Förderprogramme und Deregulierungsanreize zurückführen. Um Umweltmanagement auch für Kleinunternehmen interessant zu machen, wurde von der Stadt Graz in Österreich das ÖKOPROFIT-Modell (ÖKOlogisches *PRO*jekt *F*ür *I*ntegrierte Umwelt*T*echnik) entwickelt. Unter Federführung der Kommune werden dabei die umweltrelevanten Abläufe in den örtlichen Betrieben optimiert. Seit 1998 sind auch in Deutschland zahlreiche dieser Kooperationsprojekte zwischen Kommunalverwaltungen und lokaler Wirtschaft entstanden, z.B. Ökoprofit Berlin.

Fortschritte

Industrielle Unternehmen haben in den letzten Jahren mehr als andere Bereiche in Wirtschaft und Gesellschaft ihre negativen Wirkungen auf die natürliche Umwelt vermindert. Bei fast allen Umweltindikatoren konnte die deutsche Industrie in den letzten Jahren spürbare Verbesserungen erzielen. Der Anteil der Industrie am Gesamtenergieverbrauch in Deutschland ist in den letzten 30 Jahren von über 40% auf 26% zurückgegangen und damit heute geringer als der Energieverbrauch durch den Verkehr oder die privaten Haushalte. Ebenfalls rückläufig sind trotz gestiegener Produktionszahlen das Abwasseraufkommen sowie die Emission zahlreicher Luftschadstoffe. Damit leistet die deutsche Industrie einen maßgeblichen Beitrag zur Verminderung des menschlichen Einflusses auf den Klimawandel, zu der sich die Bundesrepublik in internationalen Abkommen verpflichtet hat (▶▶ Beitrag Schlesinger, S. 154). Dennoch bedarf der ökologische Umbau der deutschen Industrie auch weiterhin erheblicher Anstrengungen. Rasche Erfolge, wie sie in der letzten Dekade durch den Zusammenbruch der ineffizienten Industrie in den neuen Ländern erreicht werden konnten, werden sich in Zukunft nicht mehr so leicht erzielen lassen.◆

Umweltschutztechnologien – eine Zukunftsbranche

Johann Wackerbauer

Umweltschutztechnologien gelten seit langem als Wachstumsbranche der deutschen Industrie. Die Umweltschutzausgaben in der Bundesrepublik Deutschland stiegen zwischen 1993 und 1998 jahresdurchschnittlich um 13,5%. Im Jahr 1999 umfasste das Marktvolumen Deutschlands mit 57 Mrd. Euro fast ein Drittel des EU-Marktes für Umweltschutzgüter und -dienstleistungen von 183 Mrd. Euro. Neben dem Angebot an Umweltschutzanlagen und -komponenten gewinnen auch die umweltrelevanten Dienstleistungen an Bedeutung. So nahm im Gefolge der EG-Öko-Audit-Verordnung (EMAS) die Bedeutung des betrieblichen Umweltschutzes zu und generierte eine hohe Nachfrage nach Umweltberatungs-, Auditierungs- und sonstigen Dienstleistungen (▶▶ Beitrag Braun, S. 148). Nach Angaben des Umweltbundesamtes waren zum 30.10.1999 in Deutschland 2270 Standorte gemäß EG-Öko-Audit-Verordnung registriert. Damit entfielen zum Ende der 1990er Jahre ca. zwei Drittel der europaweit registrierten Standorte auf Deutschland.

Umweltschutztechnologien sind immer in Zusammenhang mit den Umweltschutzdienstleistungen zu sehen, die bereits den Großteil der Anbieter von Umweltschutzgütern (Waren und Dienstleistungen) ausmachen ❶. Sie bilden zusammen die ▶ Umweltschutzwirtschaft, deren Besonderheit aus ihrer hohen Abhängigkeit von staatlicher Regulierung resultiert. Umweltgesetze und deren Vollzug waren bis zur Mitte der 1990er Jahre die wichtigsten Entwicklungsdeterminanten für die Umweltschutzwirtschaft, erst in den letzten Jahren tragen ökonomische Instrumente wie die Ökosteuer oder Selbstverpflichtungsabkommen einzelner Branchen zur Nachfrage nach Umweltschutzgütern und -dienstleistungen bei.

❶ Umwelttechnologie produzierende Firmen 2003 nach Ländern

Schleswig-Holstein 475; Mecklenburg-Vorpommern 237; Hamburg 222; Bremen 100; Niedersachsen 645; Berlin 457; Sachsen-Anhalt 677; Brandenburg 325; Nordrhein-Westfalen 1737; Thüringen 702; Sachsen 899; Hessen 901; Rheinland-Pfalz 490; Saarland 67; Baden-Württemberg 1277; Bayern 2072

Autor: J. Wackerbauer

Zahl der Firmen je Land • 1 Punkt ≙ 10 Firmen

Regionale Verteilung der Anbieter

Für die politischen Entscheidungsträger ist es daher von Interesse, welche Bedeutung die Umweltschutzwirtschaft ihres Landes bzw. ihrer Region im Vergleich zu anderen Ländern oder Regionen hat. Um dieses zu beurteilen, bieten sich verschiedene Indikatoren an, wobei der naheliegendste und aktuellste die Anzahl der in diesem Bereich tätigen Unternehmen ist. Im bundesweiten Umweltfirmen-Informationssystem (UMFIS) der Industrie- und Handelskammern in Deutschland wurden zum 1. Juni 2003 11.290 Unternehmen und Institutionen ausgewiesen, die Produkte oder Dienstleistungen für den Umweltschutz anbieten. Die Schwerpunkte der Umweltschutzwirtschaft liegen in Bayern ❶ mit 2072 Firmen bzw. einem bundesweiten Anteil von 18,4%, Nordrhein-Westfalen (1737 bzw. 15,4%) und Baden-Württemberg (1277 bzw. 11,3%). Der bedeutendste ostdeutsche Standort für Umweltschutztechnologien ist Sachsen mit 899 Firmen, das mit einem Anteil von 8% gleichrangig mit Hessen (901) an vierter Stelle steht.

Starkes Wachstum in den 1990er Jahren

Weitere Indikatoren zum Umfang der Umweltschutzwirtschaft beinhalten Informationen über die Beschäftigten- und Umsatzzahlen sowie die Außenhandels- und Exporttätigkeit. Da Anbieterverzeichnisse wie UMFIS die Beschäftigten- und Umsatzzahlen nur für einen Bruchteil der Firmen ausweisen, wurden die entsprechenden Werte durch Umfragen bei den Anbietern ermittelt. In der letzten ifo-Umfrage in der Umweltschutzwirtschaft von 1999 wurde für 1998 ein Umsatz mit Umweltschutzgütern von 8,3 Mrd. DM bei 30.571 Beschäftigten erfasst. Die Hochrechnung dieser Umfrageergebnisse ergab einen Gesamtumsatz von 64,1 Mrd. DM und insgesamt 235.397 Beschäftigte in der Umweltschutzwirtschaft ❸. Dies entsprach gegenüber den Werten von 1993 einem Umsatzzuwachs von 25,2% (jahresdurchschnittlich 4,6%) und einem Beschäftigtenzuwachs von 32,7% (jahresdurchschnittlich 5,8%).

An der Wachstumsrate (1993-1998) des mit Umweltschutztechnologien erzielten Umsatzes ist die Dynamik dieser Branche zu erkennen. Insgesamt war nach den Umfrageergebnissen die Umsatzentwicklung der Umweltschutztechnologien in allen Bundesländern aufwärts gerichtet. Besonders hohe jahresdurchschnittliche Zuwächse verzeichneten die Umweltschutztechnologien in Bremen (+20,8%), in Brandenburg (+14,5%), in Mecklenburg-Vorpommern (+11,4%) und im Saarland (+15,0%). Relativ niedrige Zuwächse erreichte die Umweltschutzwirtschaft dagegen in Hessen (+0,4%), Rheinland-Pfalz (+2,1%) und Sachsen (+1,7%).

Die regionalpolitische Bedeutung

Der relativ hohe staatliche Einfluss macht die Umweltschutzwirtschaft in Verbindung mit ihrer Entwicklungsdynamik zu einem attraktiven Objekt der regionalen Wirtschaftspolitik. Dabei ist in vielen Fällen die Hoffnung auf eine Verbindung von umwelt- und beschäftigungspolitischen Zielsetzungen gerichtet. Da die Entwicklung der Umweltschutzwirtschaft deutlich von der bundesdeutschen und europäischen Umweltschutzgesetzgebung abhängig ist, verbleiben für die Regionalpolitik vor allem die folgenden strategischen Ansatzpunkte:

- der Vollzug der Umweltschutzgesetzgebung durch die unteren Gebietskörperschaften und die Beseitigung von Vollzugsdefiziten
- das öffentliche Beschaffungswesen von Ländern und Kommunen
- Förderprogramme und Subventionen für Umweltschutzmaßnahmen
- Aktivitäten zur Verbesserung der Exporttätigkeit der Umweltschutzwirtschaft
- innovationsorientierte Wirtschaftspolitik
- Förderung des Umweltbewusstseins der Unternehmen sowie der privaten Haushalte

Die regionalen Entwicklungsstrategien sind zumeist auf einen Mix der verschiedenen Instrumente ausgerichtet, wobei der Schwerpunkt zunächst auf dem Abbau von Vollzugsdefiziten und Entwicklungshemmnissen lag. Erst in den letzten Jahren fand eine Verlagerung auf freiwillige Vereinbarungen wie z.B. regionale Umweltpakte statt. Entwicklungshemmnisse waren vor allem bei kleinen und mittleren Unternehmen und Existenzgründern im Umweltschutz der Eigen- und Fremdkapitalmangel sowie eine fehlende bzw. unzulängliche Infrastruktur für Forschung und Entwicklung (F&E) bzw. ein Mangel an F&E-Personal. Sie unterschieden sich damit nur wenig von den Problemen der Marktneulinge in anderen innovativen Branchen. Dem Problem des Kapitalmangels wird durch zahlreiche Förderprogramme des Bundes und der Länder begegnet. Engpässe im Bereich der Forschung und Entwicklung versuchen viele Bundesländer und Regionen durch eine innovationsorientierte Wirtschaftspolitik zu beseitigen, die auf Informationsaustausch, Qualifikationsmaßnahmen sowie der Einrichtung von Technologietransferstellen und Umwelttechnikzentren basiert. Dagegen spielt das öffentliche Beschaffungswesen

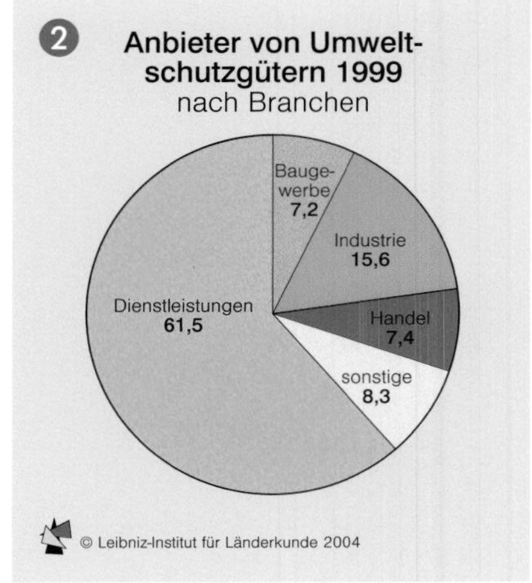

❷ Anbieter von Umweltschutzgütern 1999 nach Branchen

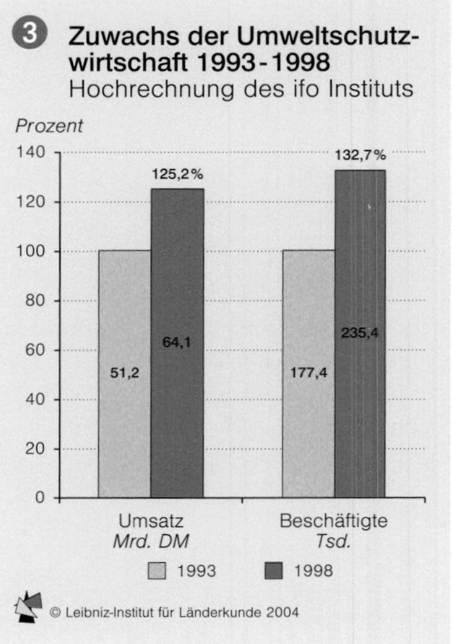

❸ Zuwachs der Umweltschutzwirtschaft 1993-1998 Hochrechnung des ifo Instituts

Eine Elektroinstallations-Firma stellt ihr Programm für die Errichtung von Photovoltaikanlagen zur kommerziellen Stromerzeugung auf der Leipziger BauFach-Messe vor.

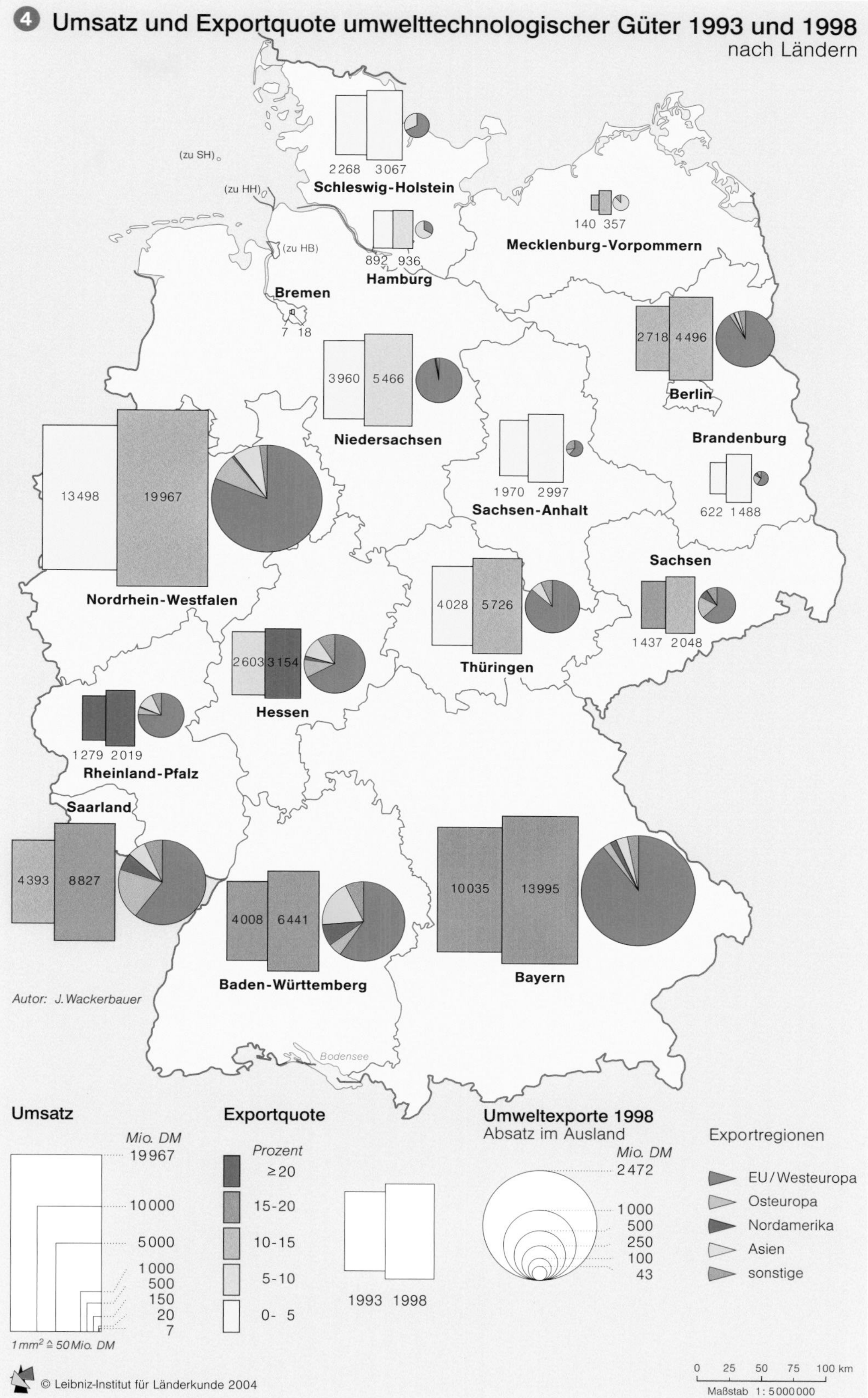

als Impulsgeber für die Nachfrage nach regionalen Umweltschutzleistungen eine immer geringere Rolle, da im Rahmen der einschlägigen Vergaberichtlinien die entsprechenden Aufträge zunehmend bundesweit, wenn nicht sogar europaweit ausgeschrieben werden müssen.

Exporttätigkeit der Umweltschutzwirtschaft

Eine zunehmende Konkurrenz auf dem Inlandsmarkt für Umweltschutztechnologien führte dazu, dass sich die regionalen Entwicklungsstrategien in jüngster Zeit auf die Förderung der Exporte von Umweltschutztechnologien und der Erleichterung des Zugangs zu internationalen Umweltschutzmärkten verlagerten. An der Exportquote der regionalen Umweltschutzwirtschaft zeigt sich ihre Wettbewerbsfähigkeit.

Im bundesweiten Durchschnitt betrug die Exportquote der Umweltschutzwirtschaft im Jahr 1993 8,6% und im Jahr 1998 13,4%. Diese Werte scheinen niedrig zu sein, beruhen aber auf dem hohen Anteil an Dienstleistungsunternehmen, die überwiegend auf den Binnenmarkt ausgerichtet sind. Die höchsten Exportquoten wiesen 1998 die Anbieter von Umweltschutztechnologien in Hessen (22,4%), Rheinland-Pfalz (20%) und Baden-Württemberg (19,9%) aus ❹. Dieser Vorsprung beruht auf Schwerpunkten der betreffenden Länder im Maschinen- und Anlagenbau, der eine Schlüsselbranche für Umwelttechnologien und zugleich deutlich exportorientiert ist.

Neben der Ermittlung der Exportquote ist es von Interesse, für welche Absatzregionen die Exporte von Umweltschutztechnologien bestimmt sind ❹. So haben zwar alle Anbieter von Umweltschutztechnologien eine vergleichsweise hohe Exportorientierung nach Westeuropa, aber in Baden-Württemberg und im Saarland machen die Ausfuhren nach Westeuropa nur gut die Hälfte aller Exporte aus, während es in Bayern und Brandenburg um die 90% sind. Dennoch erzielen die bayerischen Anbieter damit fast 20% ihres Umsatzes auf westeuropäischen Märkten. Asien hat als Absatzmarkt vor allem für Hamburg (8,8% des Gesamtumsatzes) und für Mecklenburg-Vorpommern ein überdurchschnittliches Gewicht. Der Anteil osteuropäischer Märkte ist für saarländische und für sächsische Anbieter am höchsten, wobei allerdings in Sachsen wie in ganz Ostdeutschland die Exportquote insgesamt recht niedrig ist.

Die teilweise sehr geringen Anteile einzelner Absatzregionen weisen darauf hin, dass auf den Auslandsmärkten für Umweltschutztechnologien noch nennenswerte Potenziale für die deutsche Umweltwirtschaft brach liegen. Der Erschließung dieser Märkte stehen Hemmnisse entgegen, die vor allem auf Unterschieden in der Umweltschutzgesetzgebung und deren Vollzug sowie auf den daraus resultierenden technischen Anforderungen beruhen. Da die Konkurrenz auf dem bundesdeutschen wie auch auf dem europäischen Markt für Umweltschutztechnologien aber ständig zunimmt und die Marktanteile der einzelnen Anbieter damit unter Druck geraten, führt langfristig kein Weg an den internationalen Umweltschutzmärkten vorbei.◆

Die **Umweltschutzwirtschaft** umfasst gemäß der Definition des VDI-Lexikons Umwelttechnik (1994) diejenigen Unternehmen, die auf dem Umweltschutzmarkt Güter (Waren, Bauleistungen und Dienstleistungen) anbieten
- zur Verhinderung bzw. Verminderung von schädlichen Emissionen
- zum Schutz vor schädlichen Immissionen
- zur Messung und Analyse von Emissionen und Immissionen
- zur Erhöhung der Absorptionsfähigkeit der Umwelt für anthropogene Einwirkungen
- zur Behebung von Schäden an der natürlichen Umwelt
- für Sammlung, Transport, Behandlung, Lagerung, Wieder- und Weiterverwendung von Abfallstoffen
- zur Einsparung natürlicher Ressourcen bzw. zur Substitution nicht regenerierbarer natürlicher Ressourcen
- die Beratungsleistungen zur Lösung der genannten Probleme darstellen oder
- die unmittelbar mit dem Einsatz von Umweltschutzeinrichtungen verbunden sind

Einsatz und Entwicklung regenerativer Energien

Ralf Klein

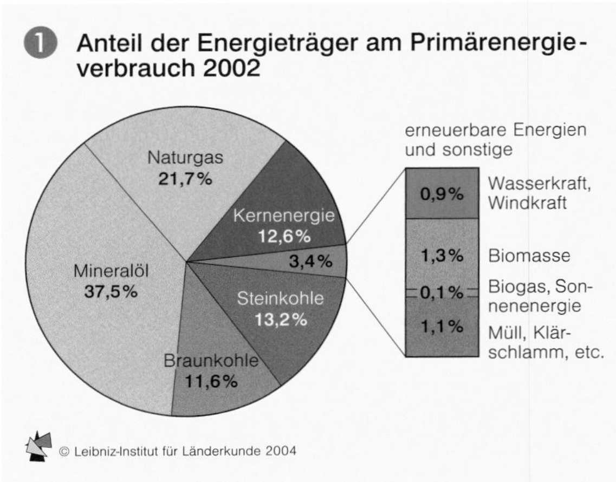

1 Anteil der Energieträger am Primärenergieverbrauch 2002

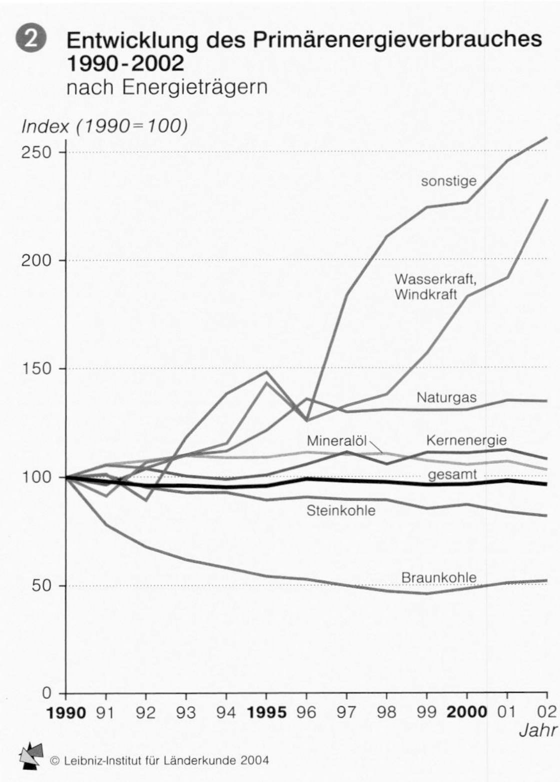

2 Entwicklung des Primärenergieverbrauches 1990-2002
nach Energieträgern

3 Entwicklung der Marktformen für regenerative Energien

Regenerative Energien sind die Sonnenenergie sowie ihre indirekten Formen Wasserkraft, Windenergie, Biomasse, Biogas und Umgebungswärme. Außerdem zählen die Erdwärme (Geothermie) und die Gezeitenenergie dazu. Der Einsatz regenerativer Energien schont fossile Reserven und führt durch die Minderung des Schadstoffausstoßes zu einer Entlastung der Umwelt. Deshalb wird international das Ziel verfolgt, die Nutzung regenerativer Energien zu fördern und weiterzuentwickeln (Vereinte Nationen: Klimarahmenkonvention 1992, Kyoto-Protokoll 1997, Johannesburg 2002; EU: Weißbuch 1997, Grünbuch 2000) (▶▶ Beitrag Schlesinger, S. 154).

Bei der Nutzung regenerativer Energien müssen sowohl umweltpolitische Aspekte als auch die wirtschaftliche Dimension betrachtet werden. Neben dem Energiemarkt selbst existiert ein Markt für die technischen Anlagen zur Energienutzung, deren Produktion und Export zukunftsfähige High-Tech-Arbeitsplätze sichern und schaffen können.

Einsatz regenerativer Energien

Die Sonnenenergie kann mittels Sonnenkollektoren thermisch oder zur Umwandlung in Strom photovoltaisch direkt genutzt werden (▶▶ Beitrag Eberhard, Bd. 3, S. 76), alle anderen regenerativen Energiequellen werden indirekt genutzt. Die Sonne als ist auch Ursache für die Winde sowie für den Kreislauf des Wassers. Die Bewegungsenergie strömenden Wassers und des Windes wird zur Stromerzeugung verwendet. Die Biomasse von Holz, Getreide, Zucker-, Öl- und Stärkepflanzen kann zur Wärme- und Stromerzeugung oder zur Herstellung von Kraftstoffen genutzt werden. Bei der Zersetzung von organischem Material entsteht Biogas (▶▶ Beitrag Eberhard, Bd. 3, S. 76), mit dem in Blockheizkraftwerken Strom und Fernwärme erzeugt werden können. Die Erdwärme kann durch Dampf oder Wasser an die Erdoberfläche geführt und dann zu Heizzwecken genutzt werden (▶▶ Beitrag Rummel/Schellschmidt, Bd. 2, S. 42).

Die erneuerbaren Energien haben einen Anteil von 2,7% am Primärenergieverbrauch Deutschlands 1. Der Markt für erneuerbare Energien teilt sich in die drei Anwendungsbereiche Wärme (56%), Strom (39%) und Kraftstoff (5%) auf.

Der Wärmemarkt wird zu 93,5% durch feste Biomasse (Holz) bestimmt, auf die Solarthermie entfallen 2,8%. Die Stromeinspeisung erfolgt zu 66,4% durch Wasserkraft und zu weiteren 29,2% durch Windenergie. Die derzeit in Deutschland einzige praktikable Möglichkeit des Einsatzes als Kraftstoff stellt Biodiesel (Rapsölmethylester) dar. Der Markt für erneuerbare Energien weist ein sehr hohes Wachstum auf: Ihr Anteil hat sich in der letzten Dekade mehr als verdoppelt, während der Anteil von Braun- und Steinkohle deutlich gesunken ist 2. Da der Primärenergieverbrauch Deutschlands in diesem Zeitraum konstant geblieben ist, kann tendenziell von einem Substitutionseffekt ausgegangen werden.

Räumliche Unterschiede

Die Nutzung der Wind- und Wasserkraft in Deutschland weist eine deutliche räumliche Trennung auf 5. Während Windkraftanlagen vor allem im nördlichen Teil der Republik genutzt werden, findet man Wasserkraftwerke hauptsächlich in Süddeutschland. Zur Abdeckung der Spitzenlast werden Pumpspeicherkraftwerke eingesetzt.

Die räumlichen Schwerpunkte der Windenergienutzung befinden sich in Regionen hoher mittlerer Windgeschwindigkeiten. Die verstärkte Bodenreibung über Land verursacht eine Abnahme der Windgeschwindigkeit von Nordwest nach Südost (▶▶ Beitrag Bürger, Bd. 3, S. 52), so dass an der Küste im Jahresmittel über 5 m/s erreicht werden, in süddeutschen Becken- und Tallandschaften hingegen nur bis zu 3 m/s.

Die Nutzung der Wasserkraft erfolgt dort, wo Reliefenergie und Wasseraufkommen hoch sind. Die mittlere jährliche Abflusshöhe nimmt von Norden (100 mm/a) nach Süden zu (▶▶ Beitrag Glugla/Jankiewicz, Bd. 2, S. 130). In den Hochlagen der Alpen können aufgrund hoher Niederschläge, der Schneebedeckung und fehlender Vegetation Abflüsse von mehr als 2000 mm/a gemessen werden.

Wandel der Märkte

Der Markt für regenerative Energien unterliegt einem Wandel 3. Während anfangs einzelne Akteure als Pioniere den Markt bildeten, entstand durch breitere gesellschaftliche Akzeptanz ein Wertemarkt. Der politisch gestützte Markt ging aus der Vergütungsregelung nach dem Stromeinspeisungsgesetz vom 1.1.1991 hervor. Das allgemeiner angelegte Erneuerbare-Energien-Gesetz (EEG) trat am 1.4.2000 in Kraft, womit weiterhin Investitionssicherheit gegeben wird. Es handelt sich hierbei nicht um eine aus staatlichen Mitteln finanzierte Subvention, sondern um eine dem Verursacherprinzip folgende Festlegung von Mindestpreisen für die Vergütung. Sie fließt unmittelbar in die gesamten Stromentstehungskosten ein und wird somit an den Verbraucher weitergegeben. Ziel dieser Entwicklung ist der freie Markt.

Der Anteil regenerativer Energien am Energiemix 4 wird in diesem Jahrhundert deutlich zunehmen (müssen), um den global steigenden Energiebedarf zu decken. Für den Übergang kommt dem Energieträger Gas besondere Bedeutung zu (WBGU 2003).◆

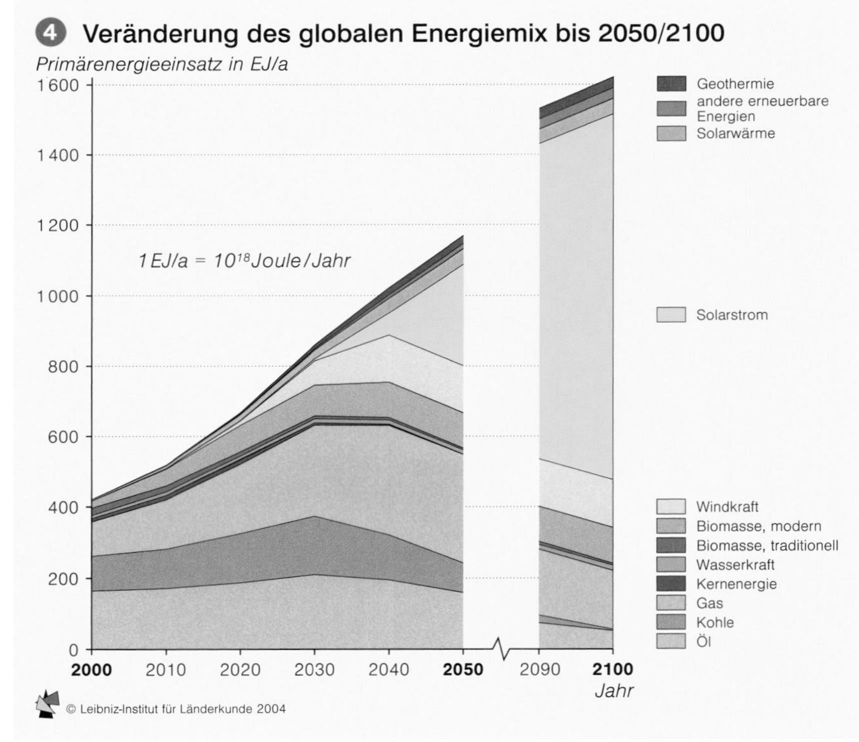

4 Veränderung des globalen Energiemix bis 2050/2100

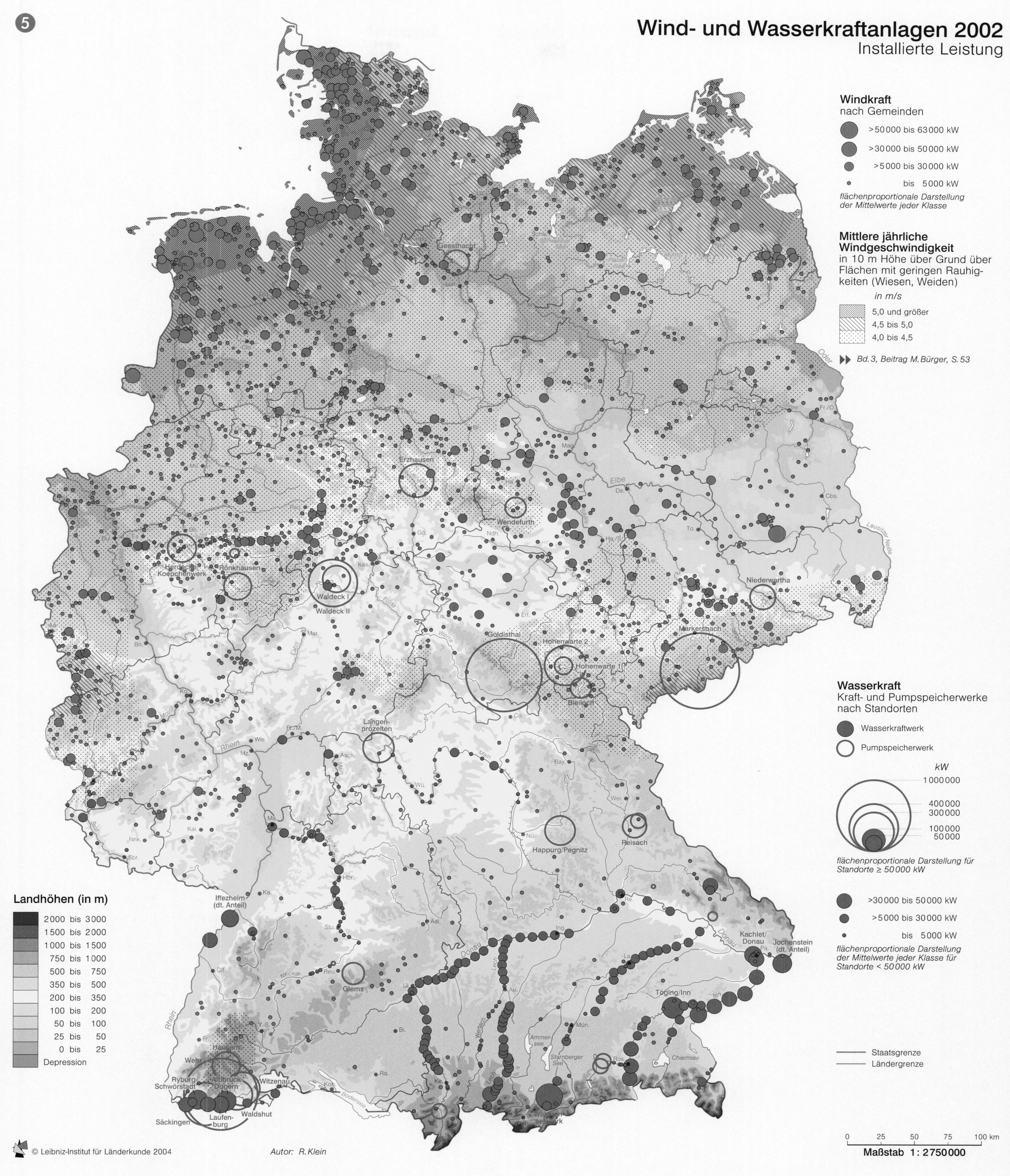
5
Wind- und Wasserkraftanlagen 2002
Installierte Leistung
Windkraft
nach Gemeinden
>50000 bis 63000 kW
>30000 bis 50000 kW
>5000 bis 30000 kW
bis 5000 kW
flächenproportionale Darstellung der Mittelwerte jeder Klasse
Mittlere jährliche Windgeschwindigkeit
in 10 m Höhe über Grund über Flächen mit geringen Rauhigkeiten (Wiesen, Weiden)
in m/s
5,0 und größer
4,5 bis 5,0
4,0 bis 4,5
Bd. 3, Beitrag M. Bürger, S. 53
Wasserkraft
Kraft- und Pumpspeicherwerke nach Standorten
Wasserkraftwerk
Pumpspeicherwerk
kW
1000000
400000
300000
100000
50000
flächenproportionale Darstellung für Standorte ≥ 50000 kW
>30000 bis 50000 kW
>5000 bis 30000 kW
bis 5000 kW
flächenproportionale Darstellung der Mittelwerte jeder Klasse für Standorte < 50000 kW
Staatsgrenze
Ländergrenze
Landhöhen (in m)
2000 bis 3000
1500 bis 2000
1000 bis 1500
750 bis 1000
500 bis 750
350 bis 500
200 bis 350
100 bis 200
50 bis 100
25 bis 50
0 bis 25
Depression
Geesthacht
Erzhausen
Wendefurth
Herdecke
Koepchenwerk
Rönkhausen
Waldeck I
Waldeck II
Niederwartha
Markersbach
Goldisthal
Hohenwarte 2
Hohenwarte 1
Bleiloch
Langenprozelten
Happurg/Pegnitz
Reisach
Iffezheim (dt. Anteil)
Glems
Kachlet/Donau
Jochenstein (dt. Anteil)
Töging/Inn
Häusern
Wehr
Ryburg-Schwörstadt
Albbruck-Dogern
Witznau
Säckingen
Laufenburg
Waldshut
Walchensee-Kraftwerk
Rhein
Elbe
Oder
Donau
Main
Neckar
Mosel
Weser
Werra
Fulda
Lausitzer Neiße
Bodensee
Ammersee
Starnberger See
Chiemsee
Isar
Inn
Lech
Iller
0 25 50 75 100 km
Maßstab 1 : 2750000
Autor: R. Klein

CO_2-Ausstoß und Emissionshandel

Dieter Schlesinger

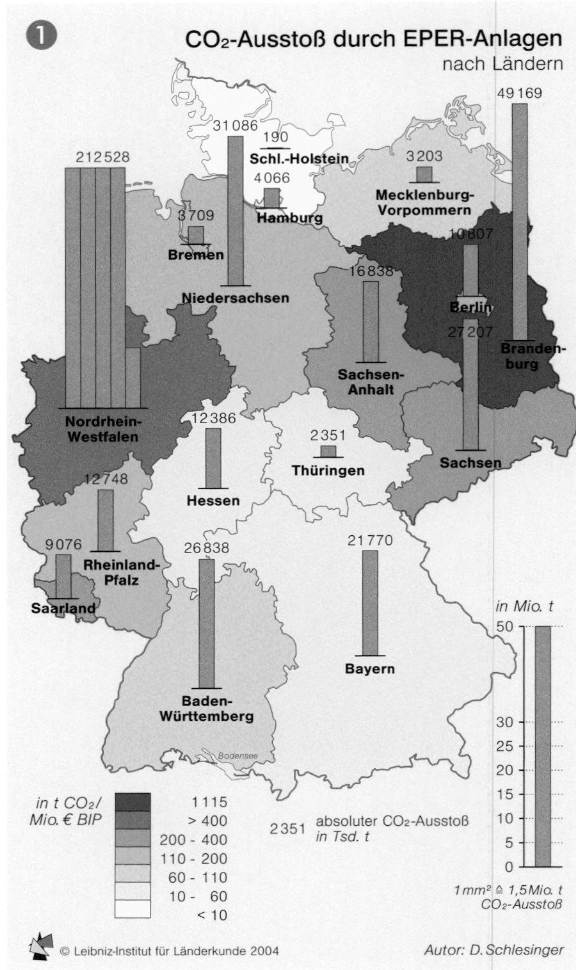

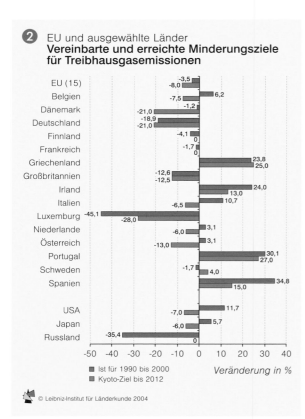

2 EU und ausgewählte Länder
Vereinbarte und erreichte Minderungsziele für Treibhausgasemissionen

EU (15), Belgien, Dänemark, Deutschland, Finnland, Frankreich, Griechenland, Großbritannien, Irland, Italien, Luxemburg, Niederlande, Österreich, Portugal, Schweden, Spanien, USA, Japan, Russland

-3,5 -8,0 · 6,2 -7,5 · -1,2 -21,0 · -18,9 -21,0 · -4,1 0 · -1,7 0 · 23,8 25,0 · -12,6 -12,5 · 24,0 13,0 · 10,7 -6,5 · -45,1 -28,0 · 3,1 -6,0 · 3,1 -13,0 · 30,1 27,0 · -1,7 4,0 · 34,8 15,0 · 11,7 -7,0 · 5,7 -6,0 · -35,4 0

-50 -40 -30 -20 -10 0 10 20 30 40 Veränderung in %

■ Ist für 1990 bis 2000
■ Kyoto-Ziel bis 2012

© Leibniz-Institut für Länderkunde 2004

Der Emissionshandel beruht auf der Erkenntnis, dass die anthropogenen Emissionen so genannter Treibhausgase – vor allem von Kohlendioxid (CO_2) – für den weltweiten Klimawandel verantwortlich sind. Durch die charakteristische Eigenschaft der Treibhausgase kann die kurzwellige Sonnenstrahlung nahezu ungehindert die Atmosphäre passieren, wobei die langwellige Wärmestrahlung der Erdoberfläche von der Atmosphäre reflektiert wird. Dies führt zu einer Erwärmung der Atmosphäre in Bodennähe und damit zu einem Klimawandel mit z.T. drastischen Folgen wie Überschwemmungen oder der Verschiebung von Lebensräumen bestimmter Tiere und Pflanzen.

Der Einfluss des Menschen ist der dominierende Faktor für die aufgetretenen Klimaänderungen. Daher gilt es nun, diesen in Gang gesetzten Prozess zu stoppen oder zumindest zu verlangsamen. Alle Regionen und Staaten der Erde sind an dem Prozess beteiligt: Einerseits verursachen sie die Emission der Treibhausgase, andererseits spüren sie die Folgen der Klimaänderung. Deshalb wurde auf mehreren internationalen Konferenzen eine Lösung gesucht und in der Klima-Rahmenkonvention (Rio de Janeiro 1992) sowie dem Kyoto-Protokoll (1997) gefunden (▶▶ Beitrag Klein, S. 152).

Die Klima-Rahmenkonvention fordert, das Klima im Sinne des Vorsorgeprinzips zu schützen. Es sollen Maßnahmepläne erstellt und klimaschützende Technologien entwickelt werden. Im Kyoto-Protokoll sind konkrete Verpflichtungen zur Emissionsminderung der Industrieländer bis zum Jahr 2012 festgeschrieben. Insgesamt sollen diese ihre Treibhausgasemissionen gegenüber dem Bezugsjahr 1990 um 5,2% mindern. Dazu gibt es verschiedene Möglichkeiten, z.B. durch die Gegenrechnung von Wäldern als Kohlenstoff-Senken. Für die Entwicklungsländer bestehen in der ersten Phase noch keine Minderungsverpflichtungen.

In Europa sollen die Emissionen in den Durchschnittswerten der Jahre 2008 bis 2012 gegenüber 1990 um insgesamt 8% verringert werden ❶. Das Klimaschutzprogramm der Bundesregierung, das im Jahr 2000 verabschiedet wurde, enthält die rechtlich bindende Verpflichtung, die Emissionen der sechs Treibhausgase des Kyoto-Protokolls im Zeitraum 2008-2012 im Vergleich zu 1990 um 21% zu mindern. Zudem sieht das Klimaschutzprogramm noch diverse technologie- und energieträgerbezogene Ziele vor, wie z.B. die Verdoppelung des Anteils erneuerbarer Energien bis 2010 und den Ausbau der Kraft-Wärme-Kopplung. Zur Umsetzung des Programms müssen ein nationaler Allokationsplan ❹ (Makro- und Mikroplan) festgelegt, dieser in nationales Recht umgesetzt und eine geeignete Struktur für seinen Vollzug gefunden werden.

Ziel des Makroplans ist der Nachweis der Erfüllung der nationalen Verpflichtungen, wobei zwischen CO_2 und den weiteren im Kyoto-Protokoll definierten Treibhausgasen getrennt wird. Um dennoch eine einheitliche Bewertung zu gewährleisten, werden die Treibhausgase in CO_2-Äquivalente umgerechnet ❸. Weiterhin müssen für die Makrosektoren (private Haushalte, Verkehr Dienstleistungen/Gewerbe, Industrie und Energiewirtschaft) Emissionsziele festgelegt und für ▶ Neuemittenten eine Reserve geschaffen werden. Die Mehrausstattung in einem Sektor führt dabei zur Minderausstattung in einem anderen ❹. Um die Reduktionsziele zu erreichen, werden verschiedene staatliche Maßnahmen ergriffen. Zum Beispiel ergab die Einführung der Ökosteuer insbesondere im Sektor Verkehr eine relative CO_2-Reduktion. Die geplante Lkw-Maut soll ebenfalls zur Emissionsreduktion in diesem Sektor beitragen.

Das Hauptaugenmerk der Maßnahmen liegt aber auf dem CO_2-▶ Emissionshandel. Hierunter fallen hauptsächlich Anlagen aus der Industrie und Energieerzeugung, die zusammen für über 50% der CO_2-Emissionen verantwortlich sind und somit das größte Potenzial für CO_2-Reduktionen bieten ❺. Die Regeln und Kriterien für die Zuteilung der Emissionsberechtigungen sind im Mikroplan enthalten. Dabei wird die ▶ Allokation der kostenlosen Zertifikate anhand von ▶ Grandfathering und ▶ Benchmarking vorgenommen. Als Datenbasis für die Verteilung der Zertifikate auf die einzelnen Anlagen dient der Zeitraum von 2000 bis 2002.

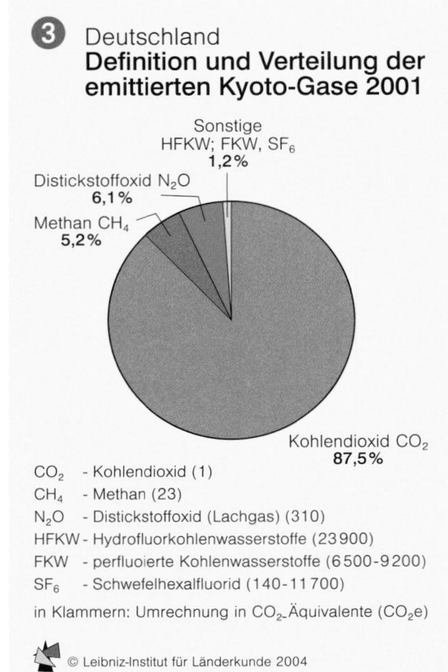

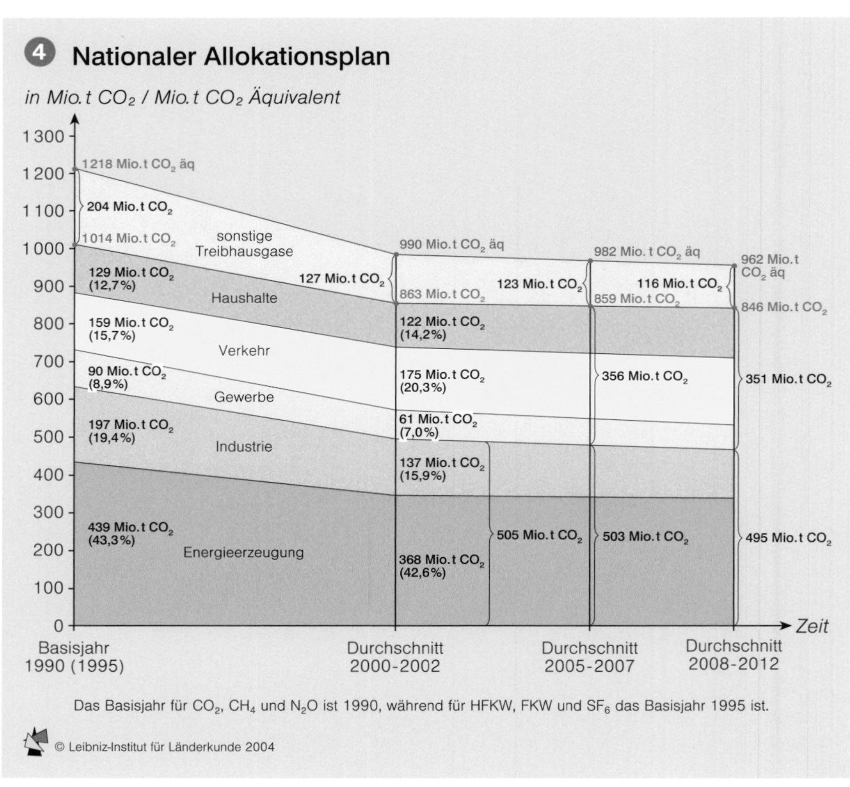

Der CO_2-Ausstoß trägt wesentlich zur Smog-Bildung bei

Grundlage hierfür ist die 2004 veröffentlichte EU-Datenbank EPER, die alle Emissionsdaten von Großanlagen beinhaltet (EUROPÄISCHE UMWELTAGENTUR).

Der größte Einzel-Emittent ist das VEAG Kraftwerk Jänschwalde mit 25 Mio. t CO_2-Ausstoß pro Jahr. Dies entspricht in etwa 2,5% der deutschen Gesamtemissionen. Das Abschalten dieser Anlage würde reichen, damit Deutschland seine Kyoto-Zusage einhalten könnte.

Unter den zehn größten Einzel-Emittenten befinden sich acht Braun- und zwei Steinkohle-Kraftwerke, die zusammen 156,35 Mio. t CO_2 im Jahr emittieren (15% der deutschen Gesamtemissionen), was die Bedeutung der Energiewirtschaft für die Gesamtemissionen unterstreicht. Besonders in Nordrhein-Westfalen fällt die Häufung der Großkraftwerke in Nähe der Braunkohleabbaugebiete auf ❷. Das Land emittiert mit 212 Mio. t CO_2 fast 50% der Gesamtemissionen der Industrie und Energieerzeugung. Aber auch in dem brandenburgischen Braunkohleabbaugebiet führt die Verstromung der Braunkohle zu einem enorm hohen CO_2-Aussstoß und zu der insgesamt schlechtesten CO_2/BIP-Relation in Deutschland. Im Gegensatz dazu steht etwa die bayerische Energieversorgung, die sich nur zu rund 20% aus fossilen Energieträgern zusammensetzt und so eine sehr niedrige CO_2/BIP-Relation aufweisen kann.◆

Allokation – Zuteilung

Benchmarking – Zuteilung anhand der durchschnittlichen spezifischen Emissionen einer Produktkategorie

Emission – Schadstoffausstoß

Emittent – Verursacher einer Emission

EPER – *engl.* European Pollutant Emission Register; Europäisches Schadstoffemissionsregister

Grandfathering – Zuteilung anhand der historischen Emissionen einer Anlage im Basiszeitraum

Emissionshandel

Der Handel mit Emissionszertifikaten erlaubt es, die maximale Gesamtmenge an Emissionen festzulegen und gleichzeitig eine kosteneffiziente Reduktion der Treibhausgase sicherzustellen. Die Idee hinter dem Zertifikathandel ist, dass ein Unternehmen, welches seine Emissionen mit geringen Investitionen vermindern kann, u.U. sein Emissionskontingent nicht ausschöpfen wird. Es kann dann die überzähligen Zertifikate zum Verkauf anbieten. Das folgende Beispiel verdeutlicht diesen Zusammenhang.

Die Unternehmen A und B sollen zusammen 10% ihrer Emissionen abbauen. Während für das Unternehmen B die notwendigen Investitionen zum Emissionsabbau relativ hoch sind, sind die Investitionen im Unternehmen A niedriger. Durch den Emissionshandel ist es für das Unternehmen A wirtschaftlich sinnvoll, 20% seiner Emissionen abzubauen und die dann nicht genutzten Emissionsrechte an das Unternehmen B zu verkaufen. Das Klimaschutz-Ziel ist damit dennoch erreicht, da 10% der Gesamtemissionen abgebaut wurden.

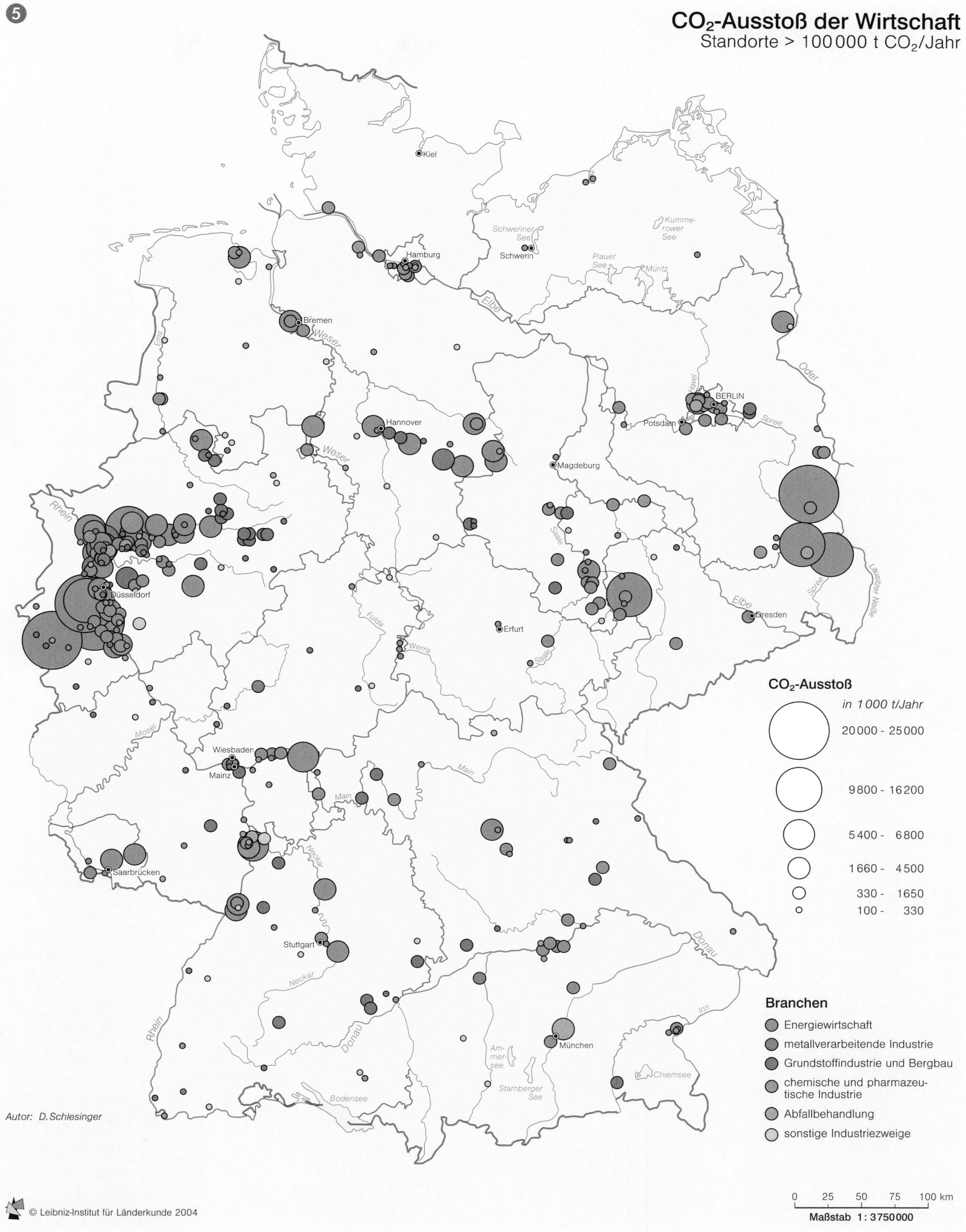

❺ **CO_2-Ausstoß der Wirtschaft**

Standorte > 100000 t CO_2/Jahr

Kiel, Hamburg, Schwerin, Bremen, Hannover, Magdeburg, BERLIN, Potsdam, Düsseldorf, Erfurt, Dresden, Wiesbaden, Mainz, Saarbrücken, Stuttgart, München

Rhein, Weser, Elbe, Oder, Spree, Saale, Fulda, Werra, Main, Neckar, Donau, Inn, Mosel, Ems, Havel, Lausitzer Neiße

Schweriner See, Kummerower See, Plauer See, Müritz, Bodensee, Ammersee, Starnberger See, Chiemsee

CO_2-Ausstoß

in 1000 t/Jahr

20000 - 25000

9800 - 16200

5400 - 6800

1660 - 4500

330 - 1650

100 - 330

Branchen

Energiewirtschaft

metallverarbeitende Industrie

Grundstoffindustrie und Bergbau

chemische und pharmazeutische Industrie

Abfallbehandlung

sonstige Industriezweige

Autor: D. Schlesinger

0 25 50 75 100 km

Maßstab 1 : 3750000

Abfallwirtschaft

Eckhard Störmer unter Mitarbeit von Marc Jochemich und Dieter Schlesinger

Die Abfallwirtschaft in Deutschland befindet sich in einer Umbruchphase. Durch Furcht vor einem drohenden Müllnotstand erlangte dieser Umweltbereich Anfang der 1990er Jahre eine hohe öffentliche Aufmerksamkeit, die eine Umsteuerung in der Abfallpolitik von einer hygieneorientierten Entsorgung zu einer stoffstromorientierten Kreislaufwirtschaft eingeleitet hat.

Zielsetzung des aktuellen abfallwirtschaftlichen Paradigmas ist die „Förderung der Kreislaufwirtschaft zur Schonung der natürlichen Ressourcen und die Sicherung der umweltverträglichen Beseitigung von Abfällen" (KrW-/AbfG §1). Abfälle sind in erster Linie zu vermeiden, insbesondere durch Verminderung ihrer Menge und Schädlichkeit, in zweiter Linie stofflich zu verwerten oder zur Gewinnung von Energie zu nutzen. Erst wenn die Verwertung technisch nicht möglich bzw. wirtschaftlich nicht zumutbar ist, sollen sie beseitigt werden ❶.

Vermeidung

Abfallvermeidung ist eine Querschnittsaufgabe, die eine Betrachtung des gesamten Produktlebenszyklus erforderlich macht, d.h. von der Rohstoffgewinnung über die Nutzung bis hin zur Verwertung oder Beseitigung. Sie bedeutet auch Ressourceneinsparung.

Die Produkthersteller beeinflussen das Abfallaufkommen, indem sie den Rahmen für die zu verwendenden Rohstoffe, die Nutzbarkeit und die Lebensdauer des Produktes sowie Verwertungs- und Entsorgungsmöglichkeiten festlegen. Daneben induziert der Konsument durch seine Konsummuster und Lebensstile erst die Produktion von Gütern und Dienstleistungen.

Verwertung

Die Verwertung oder das Recycling von Reststoffen steht an zweiter Stelle der Zielhierarchie. Hierunter ist sowohl die einfache Aufbereitung der Produkte zum Wiedereinsatz durch Reinigung oder Reparatur zu verstehen, wie auch die Zerlegung der Reststoffe in Sekundärrohstoffe, die erneut in den Produktionsprozess einfließen.

Ursprünglich stand Recycling unter dem Zwang von Rohstoffknappheiten in Mangelwirtschaften. Das Anwachsen der Restmüllmengen im Zeitalter von Massenkonsum und Einwegprodukten erforderte ausdifferenzierte Abfallkonzepte. Ab Ende der 1980er Jahre wurden verschiedenartige Getrenntsammelkonzepte entwickelt und realisiert.

Für Unternehmen ist es – neben der gesetzlichen Anforderung – auf Grund hoher Entsorgungskosten häufig ökonomisch vorteilhafter, Reststoffe der Verwertung zuzuführen. Sie können z.T. innerbetrieblich der Produktion als Sekundärrohstoff oder als Ersatzbrennstoff wieder zugeführt oder extern verwertet werden. Dazu kann das Unternehmen Entsorgungsbetriebe beauftragen oder selbst Abnehmer suchen, z.B. über Sekundärrohstoffbörsen. Zur Verbesserung der Marktübersicht über das Angebot und die Nachfrage an Sekundärrohstoffen haben sich verschiedene Abfallbörsen etabliert.

Das Duale System

Die Duale System Deutschland GmbH (DSD) organisiert seit 1991 bundesweit die getrennte Erfassung von ausgedienten Verpackungsmaterialien aus Haushalten. Das DSD ist die organisatorische Umsetzung der Selbstverpflichtung der Wirtschaft, ein Verpackungsrücknahmesystem des Handels durch ein alternatives – von der Privatwirtschaft betriebenes und finanziertes – System mit haushaltsnaher Erfassung dieser Stoffe adäquat zu ersetzen. Staatliche Vorgabe ist, bestimmte Verwertungsquoten bezogen auf das Verpackungsaufkommen zu erreichen: 75% bei Glas, 70% bei Papier/Pappe/Karton und jeweils 60% bei Kunststoffen, Aluminium und Verbunden.

Das System finanziert sich über Lizenzentgelte der Hersteller. Dieser Kostendruck und das veränderte Kaufverhalten sensibilisierter Kunden haben die Produkthersteller unter Innovationszwang gesetzt, Verkaufsverpackungen zu verändern: Verbundmaterialien wurden vielfach durch Einstoffmaterialien ersetzt, die Dicke von Verpackungen auf ein Mindestmaß reduziert, zusätzliche Umverpackungen ersatzlos gestrichen.

Die Erfassung und Sortierung der Verpackungsmaterialien erfolgt i.d.R. über den „gelben Sack" oder die „gelbe Tonne". Über 90% der Bürger trennen und sortieren ihren Hausmüll. Jeder sammelt über diese Entsorgungswege über 70 Kilogramm Verpackungsmaterial im Jahr ❸. Seit 2004 müssen bestimmte Getränke-Einwegverpackungen im Pfandsystem über den Handel – statt über das DSD – zurückgenommen werden, da der Verkaufsanteil des klassischen Mehrwegsystems zu stark zurückging.

Kritiker des DSD weisen darauf hin, dass durch dieses System ein deutschlandweites Monopol entstanden ist, das zusätzlich durch die Vergabe von Gebietsmonopolen an die Entsorgungswirtschaft verfestigt ist. Dadurch bestehen zu wenige marktwirtschaftliche Anreize zur Verbesserung der Wirtschaftlichkeit und Effektivität des Gesamtsystems und seiner Teile.

Beseitigung

Der in privaten Haushalten und in der Industrie anfallende Restmüll wird von den entsorgungspflichtigen Gebietskörperschaften in verschiedenen Anlagen beseitigt ❷. Bis 2005 können diese Abfälle noch unbehandelt auf Deponien abgelagert werden, danach müssen sie in Müllverbrennungsanlagen (MVA) oder mechanisch-biologischen Anlagen (MBA) vorbehandelt werden. Der Energieinhalt des Abfalls wird ausgenutzt.

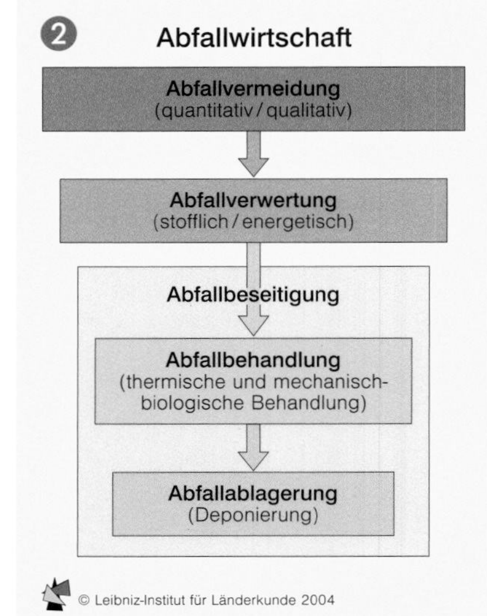

Dabei kommt Material zur Ablagerung, das nur noch gering umweltgefährdend ist und deutlich geringere Deponiekapazitäten in Anspruch nimmt.

Mit der Verteilung der verschiedenen Anlagentypen im Bundesgebiet ❹ kann auf unterschiedliche Abfallkonzepte der Länder geschlossen werden. Es bestehen Müllverbrennungskapazitäten in der Höhe von 14 Mio. Tonnen im Jahr (2003). Ab 2005 werden etwa 24 Mio. Tonnen Hausmüll und hausmüllähnliche Gewerbeabfälle jährlich zu behandeln sein. Neben MVA und MBA kann die Verbrennung von energiereichen Abfällen als Substitutbrennstoffe in industriellen Anlageöfen eine zusätzliche Entsorgungsoption sein.◆

❶ Abfallentsorgung 1996-2001 nach Anlagearten

in Tsd.; Jahr: 1996, 97, 1998, 99, 2000, 01

biologisch-mechanische Behandlungsanlagen; Kompostierungsanlagen; thermische Behandlungsanlagen; Deponien

© Leibniz-Institut für Länderkunde 2004

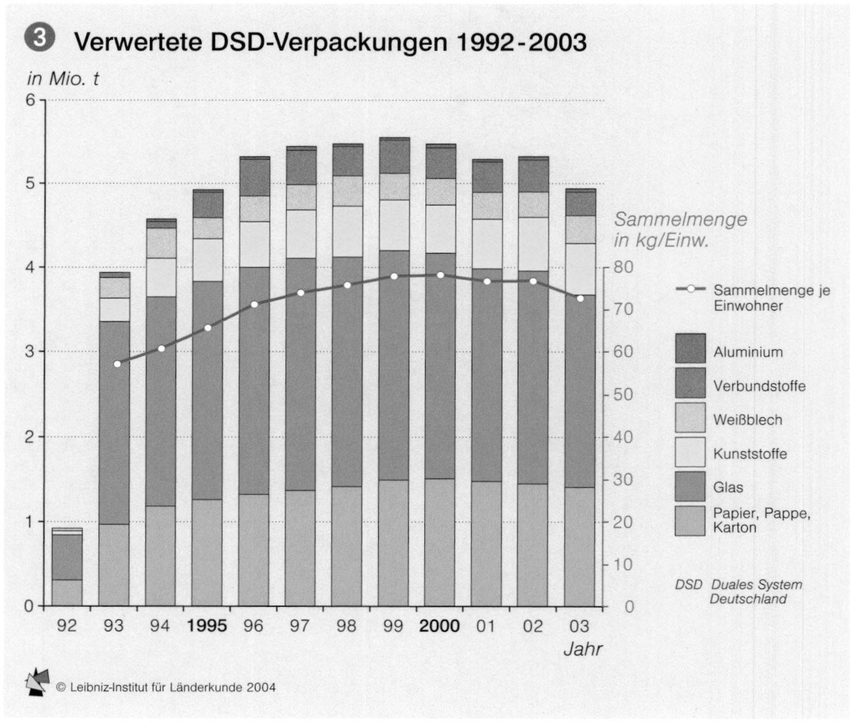

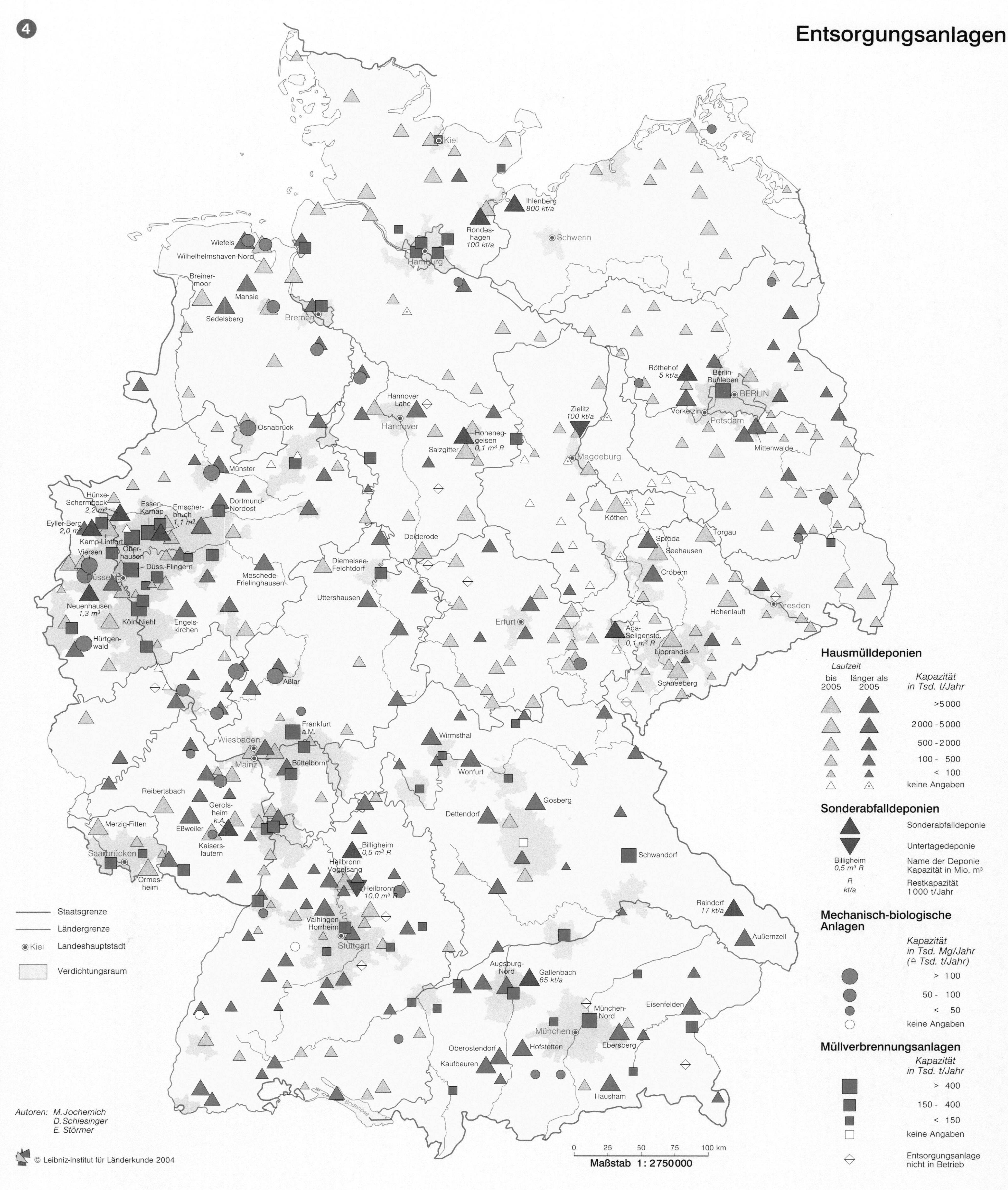

4
Entsorgungsanlagen
Hausmülldeponien
Laufzeit
bis 2005
länger als 2005
Kapazität in Tsd. t/Jahr
>5000
2000 - 5000
500 - 2000
100 - 500
< 100
keine Angaben
Sonderabfalldeponien
Sonderabfalldeponie
Untertagedeponie
Billigheim 0,5 m³ R
R kt/a
Name der Deponie Kapazität in Mio. m³
Restkapazität 1000 t/Jahr
Mechanisch-biologische Anlagen
Kapazität in Tsd. Mg/Jahr (≙ Tsd. t/Jahr)
> 100
50 - 100
< 50
keine Angaben
Müllverbrennungsanlagen
Kapazität in Tsd. t/Jahr
> 400
150 - 400
< 150
keine Angaben
Entsorgungsanlage nicht in Betrieb
Staatsgrenze
Ländergrenze
Kiel Landeshauptstadt
Verdichtungsraum
0 25 50 75 100 km
Maßstab 1 : 2750000
Autoren: M. Jochemich
D. Schlesinger
E. Störmer
© Leibniz-Institut für Länderkunde 2004
Kiel
Ihlenberg 800 kt/a
Rondeshagen 100 kt/a
Schwerin
Hamburg
Wiefels
Wilhelhelmshaven-Nord
Breinermoor
Mansie
Sedelsberg
Bremen
Röthehof 5 kt/a
Berlin-Ruhleben
BERLIN
Vorketzin
Potsdam
Mittenwalde
Zielitz 100 kt/a
Magdeburg
Hannover Lahe
Hannover
Hoheneggelsen 0,1 m³ R
Salzgitter
Osnabrück
Münster
Hünxe-Schermbeck 2,2 m³
Essen-Karnap
Emscherbruch 1,1 m³
Dortmund-Nordost
Eyller-Berg 2,0 m³
Kamp-Lintfort
Oberhausen
Viersen
Düss.-Flingern
Düsseldorf
Meschede-Frielinghausen
Neuenhausen 1,3 m³
Köln-Niehl
Engelskirchen
Hürtgenwald
Deiderode
Diemelsee-Felchtdorf
Uttershausen
Köthen
Sproda
Seehausen
Torgau
Cröbern
Dresden
Hohenlauft
Erfurt
Aga-Seligenstd. 0,1 m³ R
Lipprandis
Schneeberg
Aßlar
Frankfurt a.M.
Wiesbaden
Mainz
Büttelborn
Wirmsthal
Wonfurt
Reibertsbach
Gerolsheim k.A.
Merzig-Fitten
Eßweiler
Kaiserslautern
Saarbrücken
Ormesheim
Gosberg
Dettendorf
Schwandorf
Billigheim 0,5 m³ R
Heilbronn Vogelsang
Heilbronn 10,0 m³ R
Raindorf 17 kt/a
Außernzell
Vaihingen-Horrheim
Stuttgart
Augsburg-Nord
Gallenbach 65 kt/a
München-Nord
Eisenfelden
München
Ebersberg
Oberostendorf
Hofstetten
Kaufbeuren
Hausham
Bodensee

Ansätze nachhaltiger Regionalentwicklung

Thorsten Wiechmann

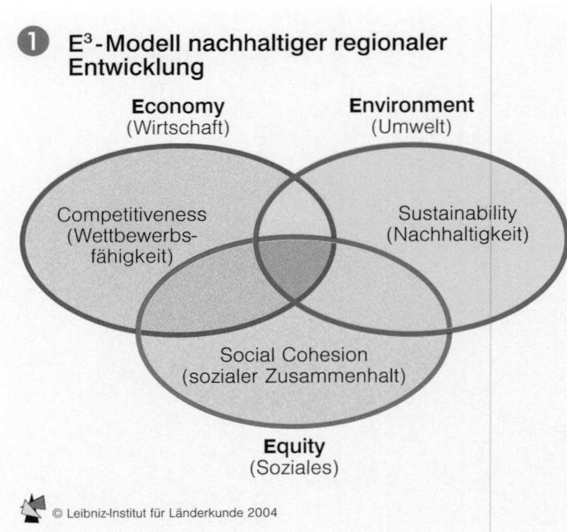

❶ E^3-Modell nachhaltiger regionaler Entwicklung

Der Begriff ▸ nachhaltige Entwicklung hat eine steile Karriere hinter sich. Seinen Ausgang nahm der internationale Dialog hierüber bereits in den 1980er Jahren. Vor allem der 1987 veröffentlichte Brundtland Report *Our common future* wirkte als Initialzündung. War das Nachhaltigkeitsprinzip zuvor auf die Sicherung einer langfristigen wirtschaftlichen Nutzbarkeit natürlicher Ressourcen ausgerichtet, so stellte der Brundtland Report erstmals auf die generationenübergreifende Zukunftsverantwortung ab: Die menschliche Bedürfnisbefriedigung soll die Entwicklungschancen zukünftiger Generationen nicht beeinträchtigen.

Die auf der ▸ Rio-Konferenz der Vereinten Nationen 1992 erfolgte Ausdifferenzierung des Nachhaltigkeitskonzepts in die drei Zieldimensionen Ökonomie, Ökologie und Soziales ❶ hat seitdem, obwohl nicht rechtsverbindlich, erheblichen Einfluss auf die nationale wie internationale Politik genommen. In Deutschland wurde eine nachhaltige Entwicklung 1994 Verfassungsziel. 2002 wurde eine ▸ nationale Nachhaltigkeitsstrategie beschlossen.

Allerdings ist der weit gefasste Nachhaltigkeitsbegriff nicht unproblematisch. In der öffentlichen wie auch in der wissenschaftlichen Debatte wird er zunehmend inflationär verwendet. Dabei stellt die Nachhaltigkeitsidee hohe Anforderungen. Die Breite der Themen und die unterschiedlichen Maßstabsebenen von der globalen bis zur lokalen Ebene führen zu einer Hyperkomplexität, die die beteiligten Akteure schnell überfordert und eine öffentliche Debatte erschwert. Bisher ist es nur ansatzweise gelungen, die regulative Idee nachhaltiger Entwicklung in Form von Rahmen setzenden Zielen zu operationalisieren. Indikatorensets zur Messung nachhaltiger Entwicklung stehen ebenfalls erst am Anfang.

Bedeutung der Region

Im Mittelpunkt der Ansätze nachhaltiger Entwicklung standen zunächst die Kommunen. In der Agenda 21, dem Abschlussdokument der Rio-Konferenz, werden lokale Handlungsansätze besonders betont. Gleichwohl gehen die Vertreter der Nachhaltigkeitsidee davon aus, dass es vielfältiger Anstrengungen auf allen Politikebenen bedarf. Viele Probleme in den zentralen Verursacherbereichen Energie, Verkehr, Landwirtschaft, Bau- und Siedlungswesen müssen vor Ort gelöst werden, überfordern aber oftmals die einzelne Kommune. Daher kommt der regionalen Ebene eine Schlüsselrolle zu. Im Grundsatz kombinieren Ansätze nachhaltiger Regionalentwicklung die Nachhaltigkeitsidee mit dem Konzept einer eigenständigen Regionalentwicklung.

Auf der regionalen Ebene zeigt sich aber auch die Schwierigkeit, dass viele Schlüsselprobleme wie die Klimaveränderung nur global zu lösen sind. Auch die traditionell geringe Institutionalisierung der Regionen in Deutschland schwächt die Durchsetzbarkeit nachhaltiger Regionalentwicklung.

Kooperative Lernprozesse

Einen umweltwissenschaftlich begründbaren Königsweg zur nachhaltigen Entwicklung gibt es nicht. Unsicheres Wissen, individuelle Wertvorstellungen und die Komplexität der Wirkungszusammenhänge erfordern einen kommunikativen Lern- und Suchprozess und eine offene Diskussionskultur zwischen beteiligten Akteuren aus Staat, Wirtschaft und Zivilgesellschaft. Kooperation und Vernetzung gelten daher als Grundkonzepte bei der Umsetzung nachhaltiger Regionalentwicklung. Letztlich muss jede Nachhaltigkeitsstrategie eigenständige Lösungsansätze verfolgen und an vorhandene regionale Potenziale anknüpfen.

Das Verständnis von Nachhaltigkeit als ergebnisoffener gesellschaftlicher Prozess hat Konsequenzen für das Handeln des Staates. Nicht nur in der Regionalpolitik hat sich die Erkenntnis durchgesetzt, dass einseitige hierarchische Interventionen des Staates wenig Erfolg versprechend sind. Anstatt als abgegrenzte physische Ausschnitte der Erdoberfläche werden Regionen heute als mittelmaßstäbliche Kooperationsräume verstanden, in denen private und öffentliche Akteure in Netzwerken interagieren.

Der Regionalpolitik kommt hier die Aufgabe zu, Prozesse der kooperativen Selbststeuerung zu initiieren. Dazu gehört z.B. auch, dass über *Good-Practice*-Ansätze, wie die Modellvorhaben der Raumordnung, Impulse gesetzt werden. Erforderlich ist ein Mix aus hierarchischen, marktlichen und diskursiven Steuerungsformen ❷. Unter dem Schlagwort *Regional Governance* wird dieses moderne Planungs- und Politikverständnis europaweit seit einigen Jahren verstärkt diskutiert.

Ausgewählte Ansätze ❹

- Seit 1998 gilt eine nachhaltige Entwicklung als Oberziel deutscher Raumordnung, verankert im § 1 des Raumordnungsgesetzes. Dies bedeutet, dass die 108 deutschen Planungsregionen a priori einer nachhaltigen Regionalentwicklung verpflichtet sind. Die Unbestimmtheit des Begriffes führt jedoch dazu, dass eine Integration der Dimensionen der Nachhaltigkeit nur in Ansätzen gelingt.
- Neuere Ansätze zielen auf kooperative Wettbewerbe zwischen Regionen. Beispielhaft stehen hierfür die Bundeswettbewerbe Regionen der Zukunft ❸ und Regionen Aktiv.
- Mit den 1992 eingeführten Modellvorhaben der Raumordnung zielt die Bundesregierung auf die Förderung der Region als Handlungsebene einer nachhaltigen Raum- und Siedlungsentwicklung. Zu den Modellvorhaben gehören u.a. Regionalkonferenzen, regionale Sanierungs- und Entwicklungsgebiete sowie das Netzwerk Regionen der Zukunft.
- Die EU hat in ihrer „Strategie der Europäischen Union für die nachhaltige Entwicklung" (2001) festgelegt, dass nachhaltige Entwicklung zum Kernelement aller Politikfelder werden soll. Umsetzen sollen diese Leitvorstellung im Rahmen der Regionalpolitik der EU v.a. die Gemeinschaftsinitiativen wie LEADER für den ländlichen Raum und INTERREG für Grenzregionen.◆

❷ Steuerungsformen nachhaltiger Regionalentwicklung

Ordnungsinstrumente:
Raumpläne, Ge- und Verbote, planerische Stellungnahmen

Staat
(Hierarchie)

Regional Governance
(Regionalpolitik)

Markt
(Polyarchie)

Gesellschaft
(Kooperation)

Marktliche Instrumente:
Zielvereinbarungen, steuerliche Anreize, Vertragslösungen

Diskursive Instrumente:
Regionale Entwicklungskonzepte, Regionalkonferenzen, Regionalmanagement

© Leibniz-Institut für Länderkunde 2004

nachhaltige Entwicklung – eine Entwicklung, die den Bedürfnissen der heutigen Generation entspricht, ohne die Möglichkeiten künftiger Generationen zu gefährden, ihre eigenen Bedürfnisse zu befriedigen (Brundtland-Kommission 1987)

Rio-Konferenz – UN-Konferenz für Umwelt und Entwicklung in Rio de Janeiro im Jahr 1992, auf der die internationale Verständigung über eine globale nachhaltige Entwicklung ihren vorläufigen Höhepunkt erreichte. Das Abschlussdokument der Rio-Konferenz, die Agenda 21, formuliert die Grundlagen für eine nachhaltige Entwicklung.

nationale Nachhaltigkeitsstrategie – Programm der Bundesregierung für nachhaltige Entwicklung, 2002 mit Blick auf die UN-Gipfel zur nachhaltigen Entwicklung in Johannesburg (Rio+10) vorgelegt

❸ Ziele einer nachhaltigen Raum- und Siedlungsentwicklung im Rahmen des Bundeswettbewerbes „Regionen der Zukunft"

Ökologische Ziele

- Reduzierung der Freiflächeninanspruchnahme für Siedlungszwecke
- Förderung lokaler und regionaler Stoffströme und Energieflüsse
- Sparsame Nutzung nicht-regenerierbarer Rohstoffe und Energiequellen
- Reduzierung der Abgabe von Schadstoffen/Emissionen in die Natur

Soziale Ziele

- Gleichberechtigte Beteiligung und Berücksichtigung der Interessen aller regionalen Akteure und Bevölkerungsgruppen

Ökonomische Ziele

- Sicherung und Schaffung regionaler Arbeitsplätze in innovativen, umweltorientierten Betrieben
- Erhaltung und Verbesserung der finanziellen öffentlichen Handlungsspielräume

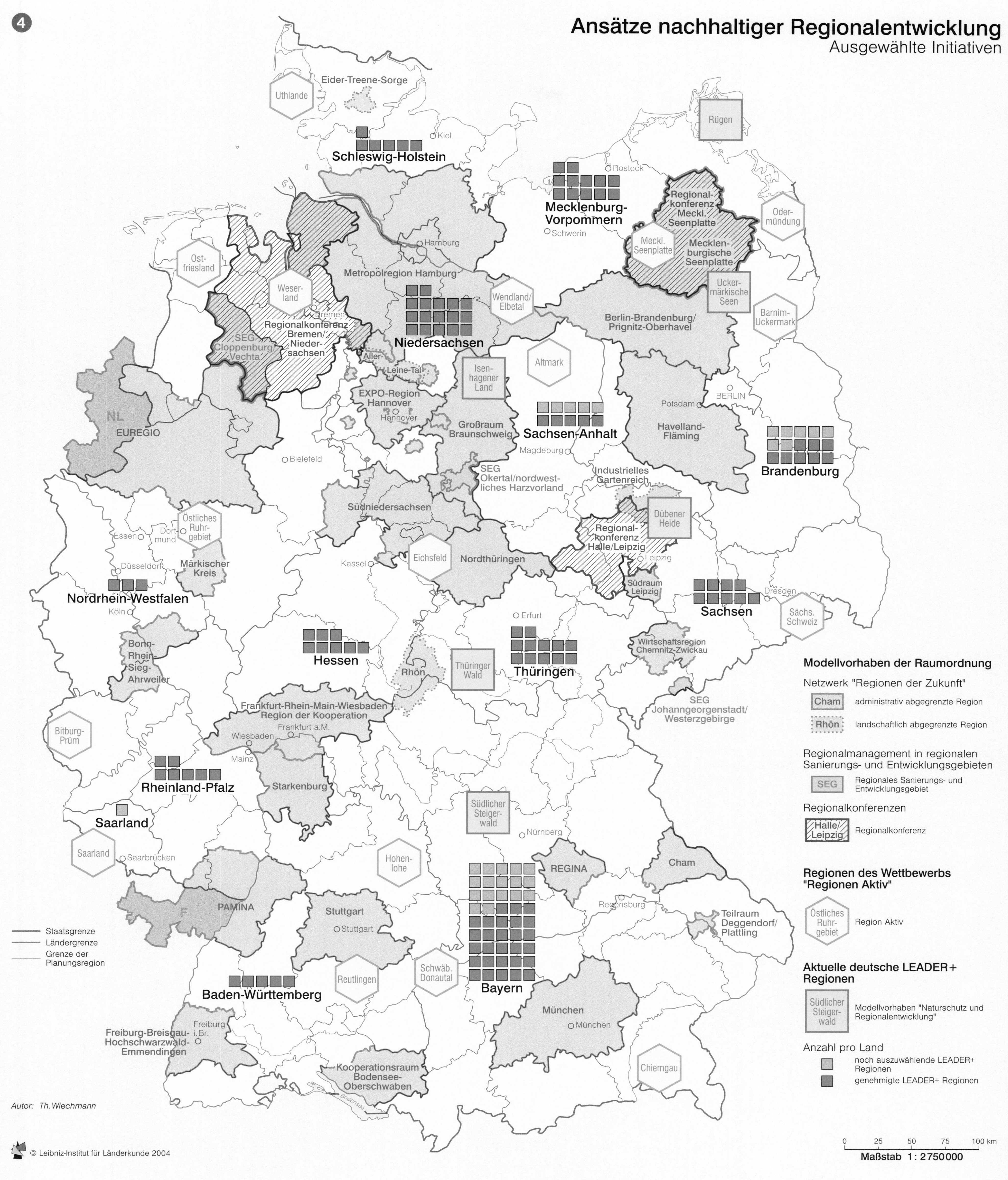
4
Ansätze nachhaltiger Regionalentwicklung
Ausgewählte Initiativen
Uthlande
Eider-Treene-Sorge
Kiel
Schleswig-Holstein
Rügen
Rostock
Mecklenburg-Vorpommern
Schwerin
Regionalkonferenz Meckl. Seenplatte
Meckl. Seenplatte
Mecklenburgische Seenplatte
Odermündung
Uckermärkische Seen
Barnim-Uckermark
Ostfriesland
Weserland
Hamburg
Metropolregion Hamburg
Bremen
Regionalkonferenz Bremen/Niedersachsen
SEG Cloppenburg/Vechta
Niedersachsen
Wendland/Elbetal
Berlin-Brandenburg/Prignitz-Oberhavel
Aller-Leine-Tal
Isenhagener Land
Altmark
EXPO-Region Hannover
Hannover
NL
EUREGIO
Großraum Braunschweig
Sachsen-Anhalt
Magdeburg
Potsdam
BERLIN
Havelland-Fläming
Brandenburg
Bielefeld
SEG Okertal/nordwestliches Harzvorland
Industrielles Gartenreich
Südniedersachsen
Dübener Heide
Regionalkonferenz Halle/Leipzig
Leipzig
Südraum Leipzig
Essen
Dortmund
Östliches Ruhrgebiet
Düsseldorf
Märkischer Kreis
Kassel
Eichsfeld
Nordthüringen
Nordrhein-Westfalen
Köln
Erfurt
Dresden
Sachsen
Sächs. Schweiz
Bonn-Rhein-Sieg-Ahrweiler
Hessen
Rhön
Thüringer Wald
Thüringen
Wirtschaftsregion Chemnitz-Zwickau
SEG Johanngeorgenstadt/Westerzgebirge
Frankfurt-Rhein-Main-Wiesbaden Region der Kooperation
Frankfurt a.M.
Wiesbaden
Mainz
Bitburg-Prüm
Rheinland-Pfalz
Starkenburg
Saarland
Saarbrücken
Südlicher Steigerwald
Nürnberg
REGINA
Cham
Regensburg
Teilraum Deggendorf/Plattling
Hohenlohe
PAMINA
F
Stuttgart
Reutlingen
Schwäb. Donautal
Bayern
Baden-Württemberg
München
Freiburg i.Br.
Freiburg-Breisgau-Hochschwarzwald-Emmendingen
Kooperationsraum Bodensee-Oberschwaben
Bodensee
Chiemgau
Staatsgrenze
Ländergrenze
Grenze der Planungsregion
Modellvorhaben der Raumordnung
Netzwerk "Regionen der Zukunft"
Cham administrativ abgegrenzte Region
Rhön landschaftlich abgegrenzte Region
Regionalmanagement in regionalen Sanierungs- und Entwicklungsgebieten
SEG Regionales Sanierungs- und Entwicklungsgebiet
Regionalkonferenzen
Halle/Leipzig Regionalkonferenz
Regionen des Wettbewerbs "Regionen Aktiv"
Östliches Ruhrgebiet Region Aktiv
Aktuelle deutsche LEADER+ Regionen
Südlicher Steigerwald Modellvorhaben "Naturschutz und Regionalentwicklung"
Anzahl pro Land
noch auszuwählende LEADER+ Regionen
genehmigte LEADER+ Regionen
Autor: Th. Wiechmann
© Leibniz-Institut für Länderkunde 2004
0 25 50 75 100 km
Maßstab 1 : 2750000

Entwicklung des ökologischen Landbaus

Rolf Diemann

In den 1920er und 1930er Jahren formierten sich zivilisationskritische Bestrebungen mit dem Ziel, die Landwirtschaft zu reformieren und sie alternativ zu betreiben. Diese Tendenz verstärkte sich nach dem Zweiten Weltkrieg durch den rapiden Strukturwandel, dem die Landwirtschaft durch die zunehmende Rationalisierung und Technisierung unterlag. Das wachsende Umweltbewusstsein führte schließlich zu einer stärkeren Akzeptanz des ▸ ökologischen Landbaus.

Die Zahl der so genannten Ökobetriebe nahm in Deutschland seit den 1970er Jahren ständig zu, ebenso wie die von ihnen bewirtschaftete Landwirtschaftliche Nutzfläche ❹. Im Hinblick auf die Umweltwirksamkeit des ökologischen Landbaus ist diese Flächenentwicklung besonders wichtig. Auf Grund der EU-Öko-Verordnung 2092/91 stieg in den letzteren Jahren der Anteil derjenigen Ökobetriebe, die ohne Mitgliedschaft in einem Erzeugerverband nur nach dieser Verordnung wirtschaften. Im Vergleich mit der Gesamtheit der deutschen Landwirtschaftsbetriebe verfügen die Ökobetriebe über eine höhere Flächenausstattung. Besonders die Ökobetriebe in den neuen Bundesländern besitzen eine beträchtliche Größe. Als Beispiel sei die in der Fachliteratur mehrfach vorgestellte Ökozentrum Werratal/Thüringen GmbH Vachdorf mit 1369 ha (1999) genannt.

Ende 2002 bewirtschafteten die 15.626 Ökobetriebe 696.978 ha; das sind 3,6% der Landwirtschaftsbetriebe und 4,1% der Landwirtschaftlichen Nutzfläche Deutschlands. Ziel der rot-grünen Bundesregierung ist es, bis zum Jahr 2010 einen Anteil von 20% zu erreichen. Dies setzt nicht nur weiterhin eine besondere Förderung voraus, sondern vor allem eine beträchtliche Vergrößerung des Käuferpotenzials bei einem höheren Preisniveau für Ökoprodukte ❺, das die im Vergleich zum konventionellen Landbau deutlich niedrigeren Erträge kompensieren muss (z.B. bei Getreide 30-40% weniger). Eine Zeitreihe ❸ zeigt den wirtschaftlichen Erfolg von Ökobetrieben im Vergleich zu konventionellen Betrieben über eine ganze Reihe von Jahren, aber auch den Rückgang in letzter Zeit. Zunehmend dringen Exporteure anderer EU-Länder auf den deutschen Markt, die kostengünstiger anbieten.

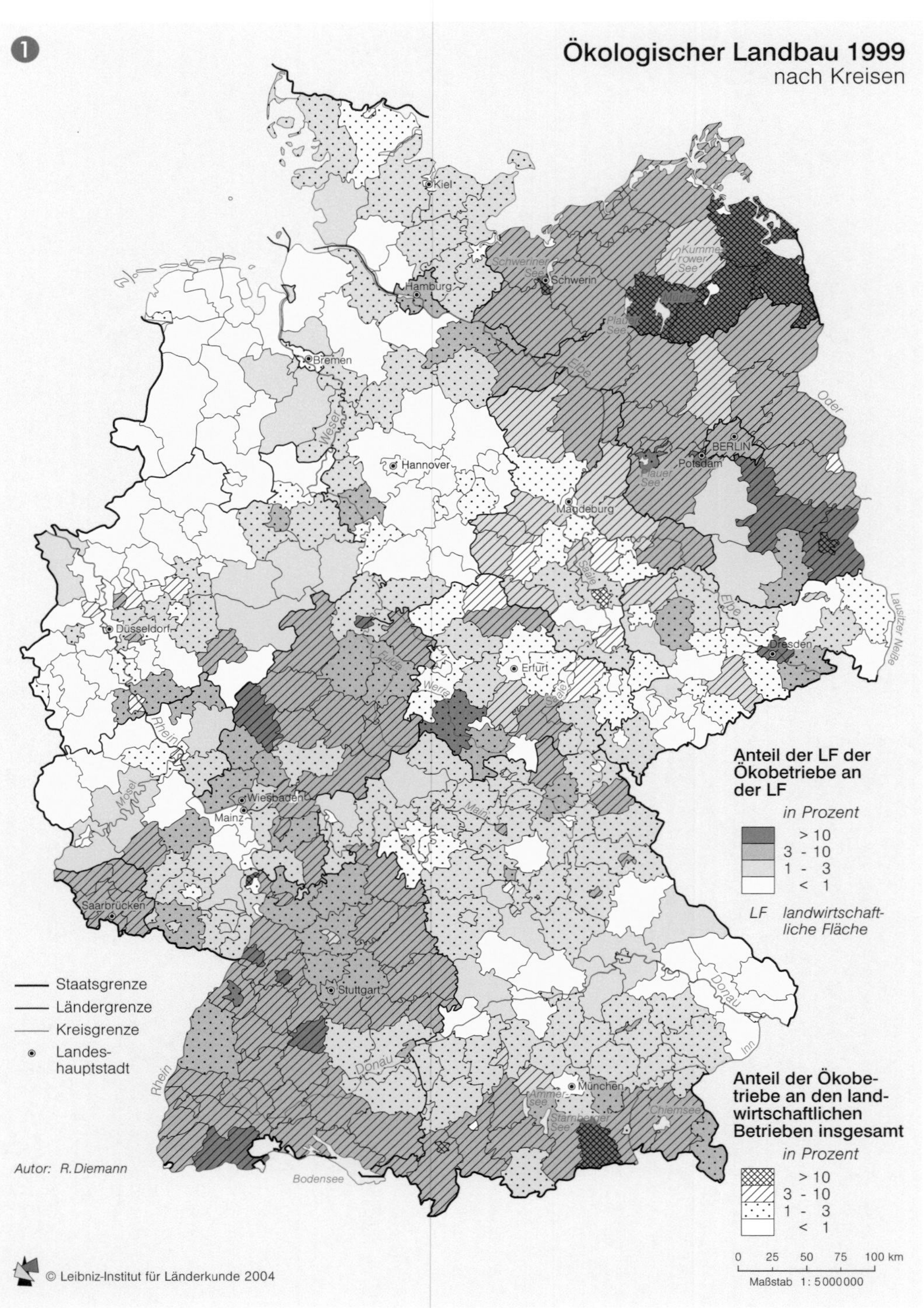

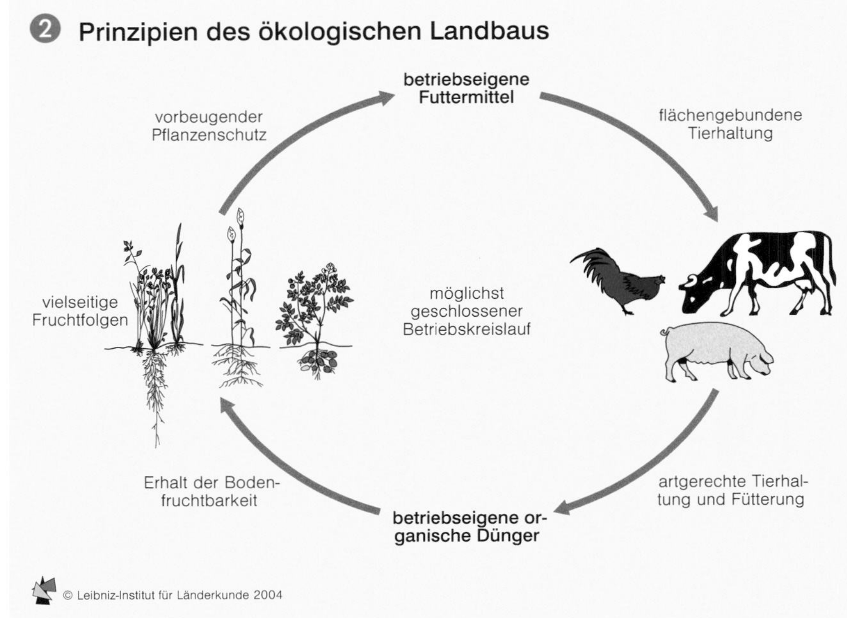

Regionale Disparitäten

Die Karte ❶ zeigt, dass Baden-Württemberg, das Saarland, Hessen, Mecklenburg-Vorpommern und auch Brandenburg sowohl nach dem Flächenanteil als auch nach dem Anteil der Ökobetriebe eine Vorrangstellung ein-

Merkmale des ökologischen Landbaus

Der ökologische Landbau verfolgt das Prinzip der Nachhaltigkeit durch einen wenn möglich geschlossenen Kreislauf im landwirtschaftlichen Betrieb ❷ und mit einer Minimierung des Verbrauchs an nicht regenerierbaren Ressourcen. Besonderes Augenmerk widmet er der Biologie des Bodens und in diesem Zusammenhang der Humuswirtschaft (Mist, Kompost, Gründüngung). Sowohl der Förderung der Bodenfruchtbarkeit als auch dem vorbeugenden Pflanzenschutz dienen Fruchtfolgen unterschiedlicher Kulturpflanzen. Als ein Hauptmerkmal des Ökolandbaus kann die Ablehnung chemisch-synthetischer Produkte (z.B. mineralische Stickstoffdünger, industrielle Pflanzenschutzmittel) und der Gentechnik gelten. Die ökologische Tierhaltung ist an die Betriebsfläche gebunden, und ein bestimmter Tierbesatz pro Flächeneinheit darf nicht überschritten werden.

Ziel des Ökolandbaus ist die Erzeugung hochwertiger rückstandsfreier Nahrungsmittel bei bewusster Vermeidung von Belastungen der natürlichen Umwelt. Er wirkt sich schließlich positiv auf die Stoff- und Energieflüsse der Agroökosysteme aus.

③ Gewinnentwicklung in ökologischen und vergleichbaren konventionellen Betrieben 1993-2000

€/ha LF
800
700
600
500
400
300
200
100
0
93 94 1995 96 97 98 99 2000
Jahr
ökologische Betriebe
vergleichbare konventionelle Betriebe

Rechtsgrundlagen und Organisation

Seit 1991 regulieren die EU-Öko-Verordnung 2092/91/EWG und Folgeverordnungen die Gebote und Verbote im Ökolandbau. Daneben existieren weiterhin speziellere, strengere Richtlinien mehrerer Erzeugerverbände, die unterschiedliche Richtungen im ökologischen Landbau repräsentieren. Diese sind seit 2002 mit den Verarbeitungsbetrieben und dem Handel im „Bund Ökologische Lebensmittelwirtschaft" zusammengeschlossen. Das 2001 eingeführte staatliche Bio-Siegel signalisiert Produktion und Kontrolle nach der EU-Öko-Verordnung. Handelsketten verfügen über eigene Ökomarken, jedoch spielen gegenwärtig so genannte Bioläden etc. noch eine größere Rolle. Verschiedentlich erreichen Biomärkte schon eine beträchtliche Dimension.

nehmen, während Nordrhein-Westfalen und Niedersachsen nur gewisse regionale Schwerpunkte einer mittleren Verbreitungsdichte aufweisen. In Agrarintensivgebieten wie dem südwestlichen Niedersachsen und dem Münsterland findet der Ökolandbau wenig Verbreitung. Gleiches gilt für Kreise mit hoher Bonität der Böden (Bodenklimazahl größer 65, ▶▶ Beitrag Hüwe/Roubitschek, S. 28). So fällt der fruchtbare Wetteraukreis in Hessen als Insel mit geringerer Verbreitung des Ökolandbaus auf. Einzelne Länder zeigen ein sehr unterschiedliches Verbreitungsmuster (Rheinland-Pfalz, Thüringen), andere dagegen ein weitgehend gleichmäßiges, was für Schleswig-Holstein und den größten Teil Bayerns zutrifft. Hier bilden das Alpenvorland und der Alpenraum einen besonderen regionalen Schwerpunkt.

In den fünf neuen Ländern setzte die Entwicklung des Ökolandbaus erst nach der politischen Wende 1989/90 ein. Es bildeten sich hier zwei neue Erzeugerverbände (Gäa in Dresden und Biopark in Karow/Landkreis Parchim).

Die Karte zum ökologischen Landbau ❶ basiert auf der Landwirtschaftszählung 1999 (Haupterhebung). Lücken im Datensatz, die vor allem Stadtkreise (kreisfreie Städte) betreffen, wurden durch Daten unterschiedlicher Landesbehörden geschlossen. Es mussten in Einzelfällen auch Schätzwerte verwendet werden.

Eine wichtige Funktion bei der Entwicklung und Betreuung des ökologischen Landbaus nehmen die Erzeugerverbände ein. Die Schwerpunkte der Verbreitung dieser Verbände ❻ sind z.T. historisch begründet und zeigen noch die ursprüngliche Beschränkung auf eine bestimmte Region (Biokreis, Gäa, Biopark), von der aus die Ausbreitung in andere Gebiete einsetzte. Die Datengrundlage für diese Karte wurde von den aufgeführten Anbauverbänden zur Verfügung gestellt.◆

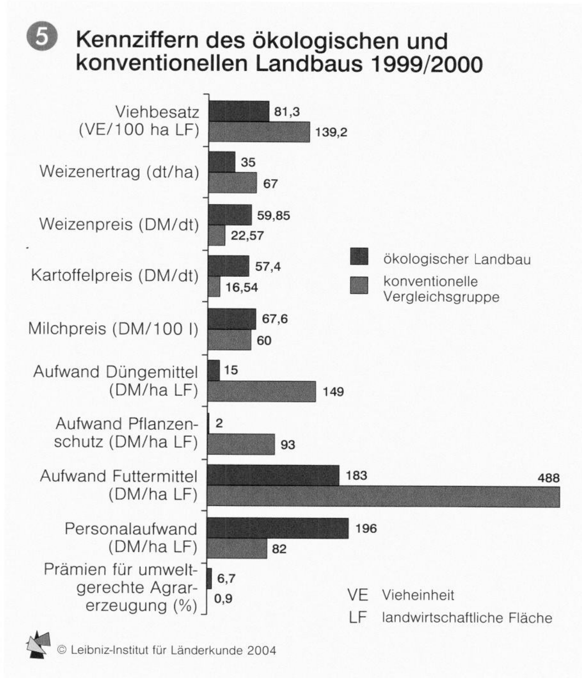

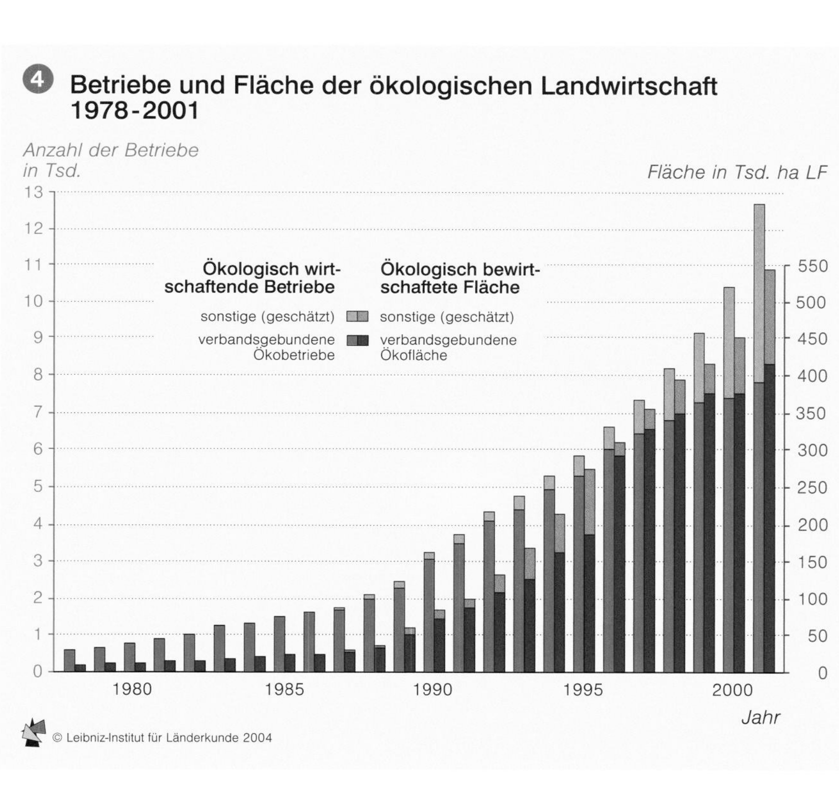

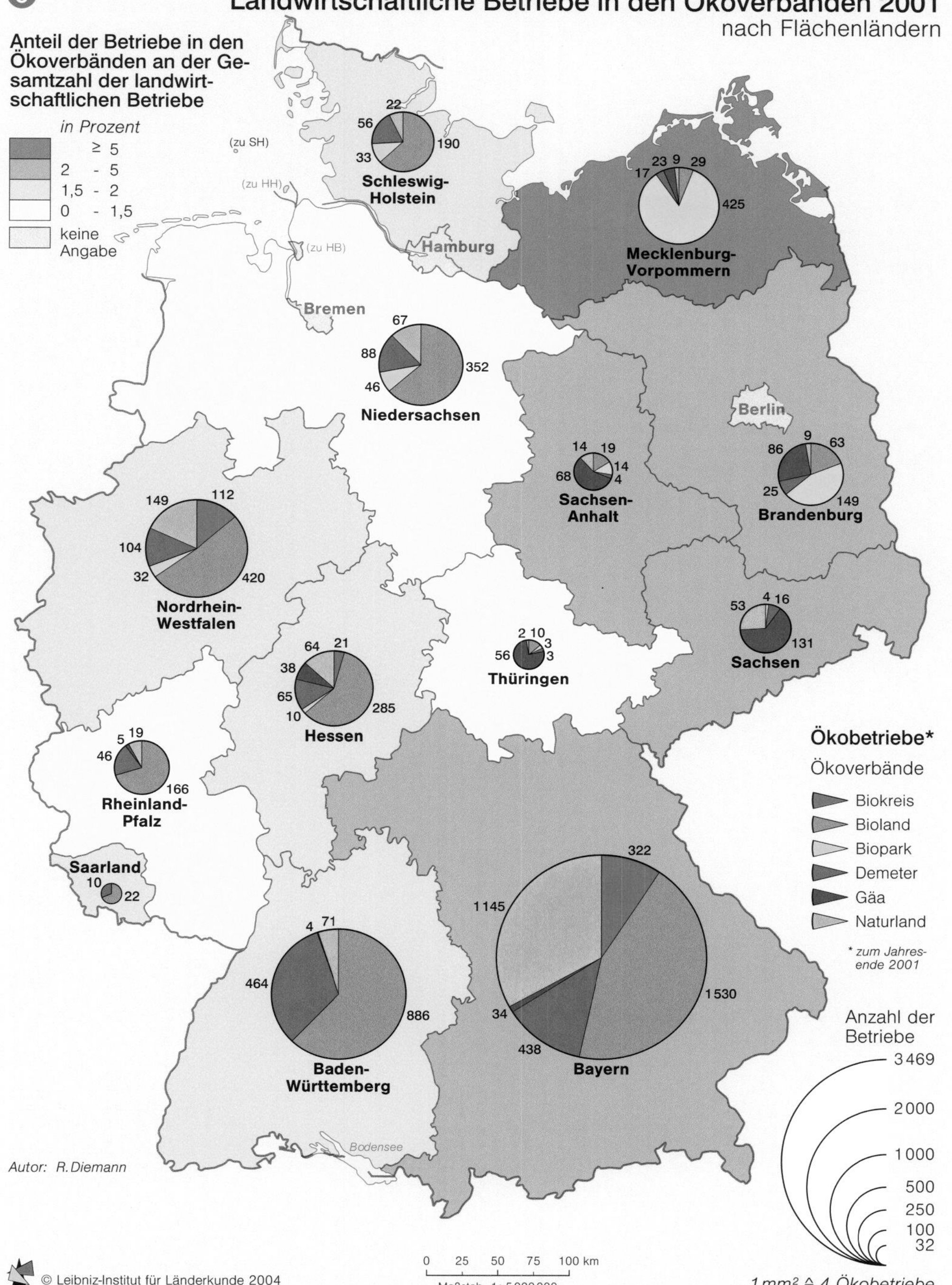

Die Wald- und Forstwirtschaft

Werner Klohn

Waldreiche Landschaft in Sachsen – Blick vom Scheibenberg im oberen Erzgebirge

Mit einer Waldfläche von gut 10,7 Mio. ha ist Deutschland zu 30% bewaldet, wobei es jedoch regional große Unterschiede gibt: In Schleswig-Holstein liegt die Bewaldung bei nur 10%, in Rheinland-Pfalz und Hessen bei 41% ❷.

Die Waldflächenentwicklung ist seit langem positiv, d.h. trotz der Zunahme von Siedlungs-, Wirtschafts- und Verkehrsflächen wächst die Waldfläche weiter an. Dies ist vor allem auf die Aufforstung ehemals landwirtschaftlich genutzter Flächen zurückzuführen.

In den ursprünglichen natürlichen Waldgesellschaften Deutschlands nahmen die Laubwälder über 80% der Waldfläche ein. Durch menschliche Eingriffe wurde die Baumartenzusammensetzung beträchtlich zugunsten des Nadelwaldes verschoben. Gegenwärtig macht dieser zwei Drittel der Waldfläche aus ❸, zu der auch zahlreiche reine Nadelwälder gehören. Regionale Unterschiede der Baumartenanteile sind zwischen den einzelnen Bundesländern und besonders zwischen den alten und neuen Ländern erkennbar. So ist beispielsweise der Anteil der Kiefer in den neuen Ländern – vor allem auf den Sandböden Brandenburgs – besonders hoch (▶▶ Beitrag Steinecke/Venzke, Bd. 3, S. 92).

Waldbesitz

Bezüglich der Eigentumsformen wird unterschieden zwischen Privatwald, Staatswald (Landes- und Bundesbesitz) sowie Kommunal- bzw. Körperschaftswald (Wald im Besitz von Gemeinden, Kirchen, Schulen, Stiftungen, Anstalten und sonstigen Einrichtungen des öffentlichen Rechts). Den größten Anteil an der Waldfläche hat der Privatwald, gefolgt vom Staatswald ❹. Auch diesbezüglich sind beträchtliche regionale Unterschiede für die einzelnen Bundesländer festzustellen ❷. Angaben über die Eigentumsverhältnisse am Wald insgesamt sind nur eingeschränkt möglich, da in der Statistik Forstbetriebe erst ab 10 ha Waldfläche gezählt werden, sofern sie nicht landwirtschaftliche Betriebe (erfasst ab 2 ha landwirtschaftlich genutzter Fläche) sind. Bezieht man diesen nicht erfassten Kleinbesitz (z.B. Waldflächen unter 10 ha im Besitz von Privatpersonen) mit ein, so gibt es in Deutschland insgesamt schätzungsweise 1,3 Mio. Waldeigentümer. Bei den eigentlichen Forstbetrieben ist die Waldfläche überwiegend in der Hand einer vergleichsweise kleinen Anzahl von Großbetrieben konzentriert ❶, wohingegen die große Zahl kleinerer Betriebe nur insgesamt über einen geringen Anteil an der Waldfläche verfügt.

Von der Waldverwüstung zur Nachhaltigkeit

Nachdem es durch langen Raubbau und Waldverwüstung an der Wende vom 17. zum 18. Jahrhundert zu einem heiklen Engpass in der Holzversorgung in Mittel- und Westeuropa gekommen war, setzte sich in der Forstwirtschaft rasch das Prinzip der Nachhaltigkeit durch,

❶ Anzahl und Fläche der Forstbetriebe 1999
nach Betriebsgrößenklassen

Anteil der Betriebsgrößenklassen an der Gesamtzahl der Forstbetriebe (rote Säule; 1 mm ≙ 1%)

Anteil der Betriebsgrößenklassen an der bewirtschafteten Waldfläche insgesamt (grüne Fläche; 4 mm² ≙ 1%)

Betriebsgrößenklasse in ha	Anteil an der Gesamtzahl	Anteil an der Waldfläche
10-50	64,7%	4,5%
50-200	18,8%	6,9%
200-500	7,7%	8,6%
500-1000	3,6%	9,0%
>1000	5,3%	71,0%

Klassenmitte (1 mm² ≙ 25 ha)

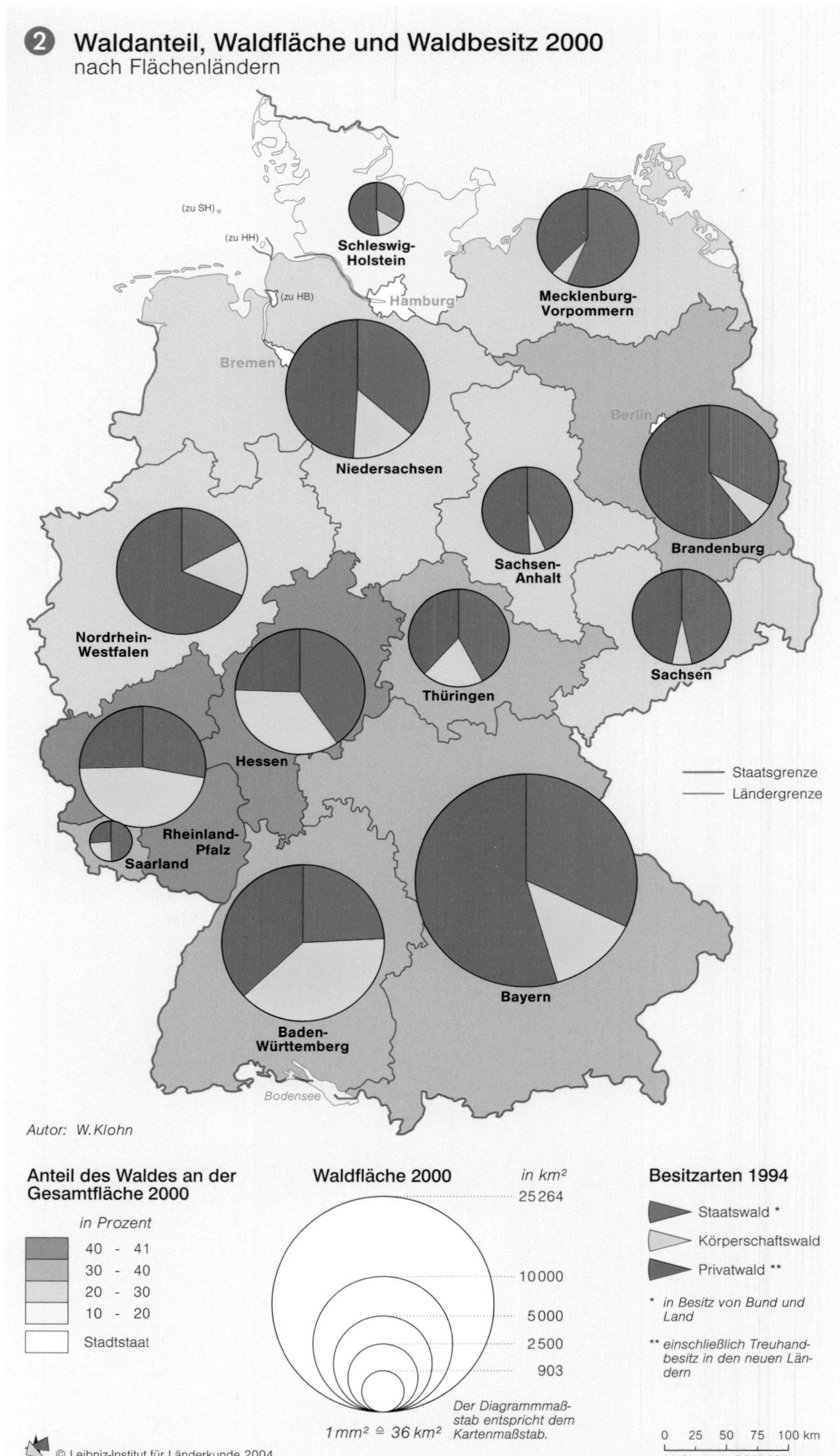

Altersklassenwald bei Taufkirchen südlich von München

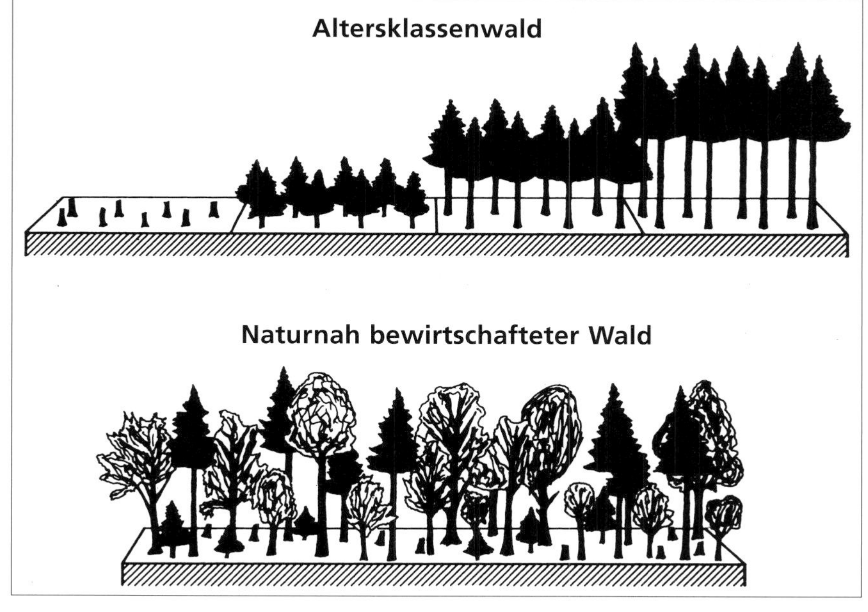

Altersklassenwald oder schlagweiser Hochwald

Auf einer Fläche wachsen jeweils nur Bäume gleichen Alters. Sie werden bei Erreichen der Schlagreife alle auf einmal gefällt (Kahlschlag), dann wird wieder aufgeforstet. Ein solcher Wald ist empfindlich gegenüber Sturmschäden und Schädlingsbefall.

naturnaher Wald oder Plenterwald

Auf einer Fläche wachsen jeweils Bäume unterschiedlichen Alters. Schlagreife Stämme werden einzeln herausgeschlagen, durch natürliche Verjüngung wachsen neue Stämme nach. Es handelt sich um einen mehrstufigen, weitgehend sturmfesten Mischwald.

das seither als Richtschnur gilt. Demnach wird jeweils nicht mehr Holz eingeschlagen als nachwächst, um eine dauerhafte und stetige Holzversorgung auch für die Zukunft zu gewährleisten. In jüngerer Zeit wurde die Verpflichtung zur nachhaltigen Bewirtschaftung auch auf die anderen Waldfunktionen (z.B. Schutz- und Erholungsfunktion) ausgeweitet, um auch diese dauerhaft und ungeschmälert zu sichern.

Rechtliche Rahmenbedingungen

Der Wald steht unter besonderem gesetzlichem Schutz durch das Bundeswaldgesetz, das als Rahmengesetz konzipiert ist und in den jeweiligen Landesgesetzen konkretisiert wird. Dabei werden das Eigentum an Wald und insbesondere seine Nutzung stark eingeschränkt. So ist die Umwandlung von Waldflächen in eine andere Nutzungsart genehmigungspflichtig, aber auch Erstaufforstungen bedürfen der Genehmigung. Auch für die Bewirtschaftung des Waldes gelten Vorgaben. Dabei wird insbesondere auf ordnungsgemäße, pflegliche und nachhaltige Bewirtschaftung Wert gelegt. In den Vorschriften der Länder finden sich Bestimmungen zur Umweltvorsorge, zu Kahlhiebsbeschränkungen sowie zur sachgemäßen und planmäßigen Waldbewirtschaftung.

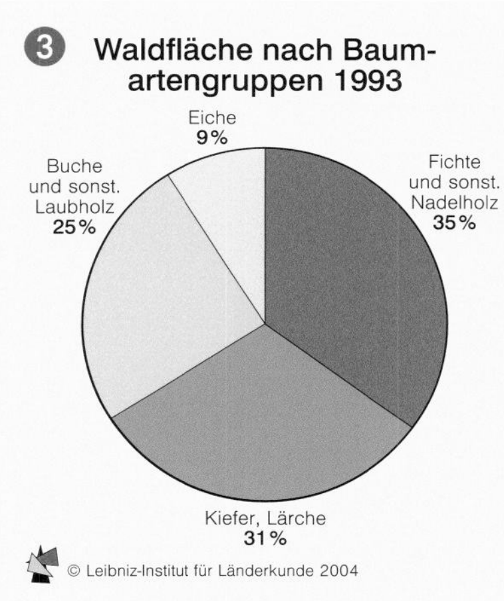

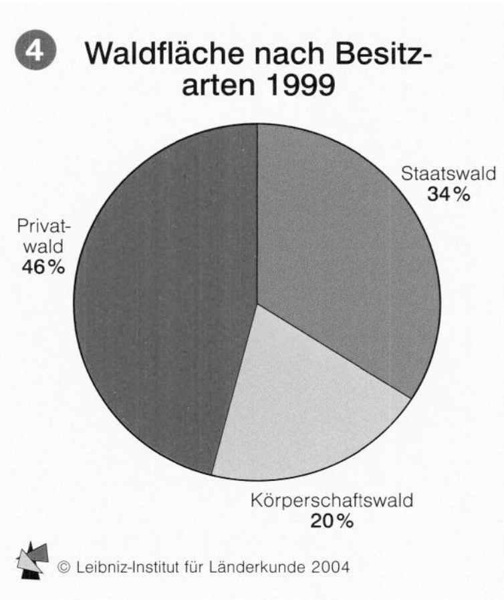

Holz als umweltfreundlicher Rohstoff

Die Nutzung, Verarbeitung und Verwendung von Holz hat ökologische und ressourcenschonende Vorteile. Der Energieeinsatz für Holzerzeugung, Holzernte und Transport bis zum ersten Verbraucher liegt bei nur 2-3% der im Holz gespeicherten Energie. Außerdem ist Holz CO_2-neutral, da bei der Verbrennung oder Verrottung nur soviel CO_2 freigesetzt wird, wie die Bäume beim Wachstum binden. Eine stärkere Nutzung von Holz hätte beträchtliche Vorteile für die Umwelt, da mit jedem Kubikmeter Holz gegenüber der Verwendung von z.B. Beton, Stahl und Kies der Umwelt 1 t CO_2 erspart bleibt. Wird 1 t Aluminiumfensterrahmen durch Holz ersetzt, werden der Atmosphäre sogar 30 t CO_2 erspart. Angesichts der Umweltfreundlichkeit und der Möglichkeit der nachhaltigen Erzeugung wird Holz vielfach als „Schlüsselressource des 21. Jahrhunderts" bezeichnet. Zahlreiche Initiativen in Deutschland zielen darauf ab, eine erhöhte Holznutzung zu erwirken.

Holzaufkommen und Holzeinschlag

Der in den deutschen Wäldern jährlich anfallende Gesamtzuwachs an Holz wird auf 57,36 Mio. m³ geschätzt, wobei jedoch nur rund zwei Drittel dieses Zuwachses eingeschlagen werden ❺. Es wächst stetig mehr Holz zu als entnommen wird, so dass sich in den Wäldern große Holzvorräte angesammelt haben, die mit durchschnittlich 270 m³/ha einen europäischen Spitzenplatz bedeuten. Der durchschnittliche jährliche Holzzuwachs beträgt ca. 6 m³/ha, der durchschnittliche jährliche Holzeinschlag nur 4 m³/ha. Beim Holzaufkommen und -einschlag dominieren die Nadelhölzer, wobei zwischen den Ländern beträchtliche Unterschiede im Laub- bzw. Nadelwaldanteil zu verzeichnen sind ❾. Den mit Abstand größten Holzeinschlag weisen Bayern und Baden-Württemberg auf, die annähernd die Hälfte des Holzeinschlages auf sich vereinigen.

Aus der breiten Streuung des Waldeigentums in Deutschland und der hohen Zahl von Waldbesitzern, die nur über geringe Waldflächen verfügen, resultieren Bewirtschaftungsmängel im Kleinprivatwald. Während der Großprivatwald überwiegend fachkundig bewirtschaftet wird, bleibt der Kleinprivatwald vielfach weit hinter seinen Ertragsmöglichkeiten zurück. Dies lässt sich an den Einschlagszahlen ablesen, die im Kleinprivatwald je Hektar deutlich unter den Werten des Großprivatwaldes und des Staatswaldes liegen.

Ökonomische Probleme

Seit einigen Jahren befindet sich die deutsche Forstwirtschaft in einer schweren wirtschaftlichen Krise. Aufgrund stark gestiegener Aufwendungen – darunter vor allem die Löhne und Lohnnebenkosten für die Beschäftigten – einerseits und niedriger Holzpreise (auch durch billige Importe) andererseits ist in vielen Betrieben die Rentabilität nicht oder nur un- →

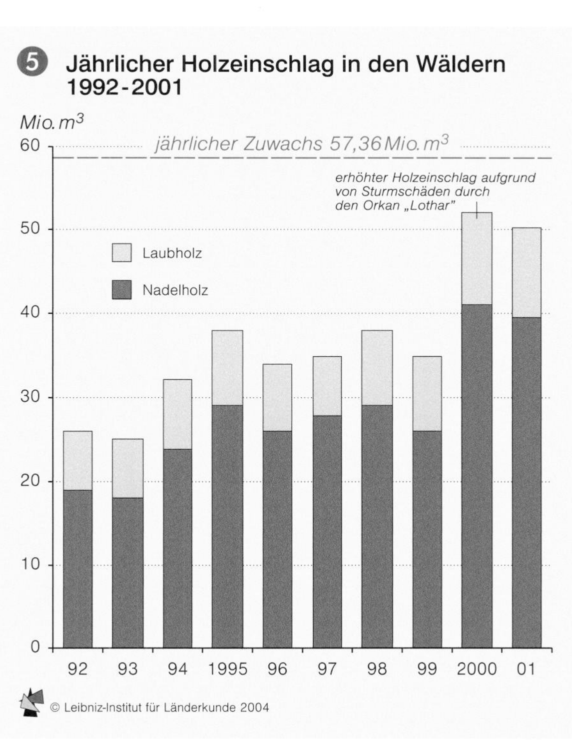

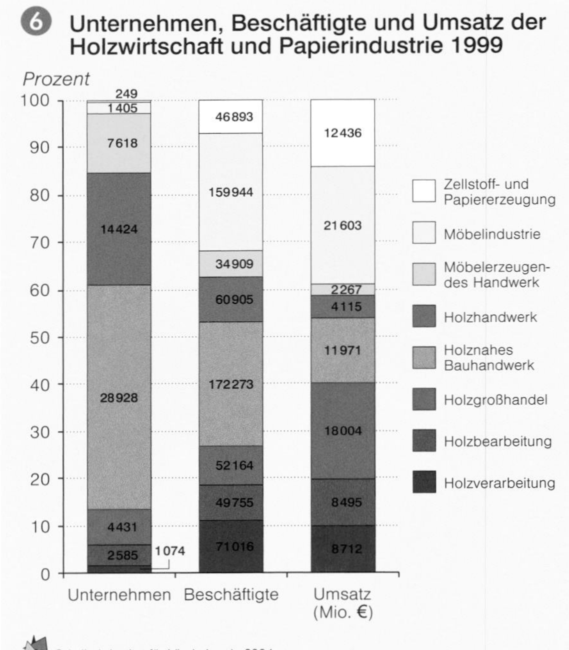

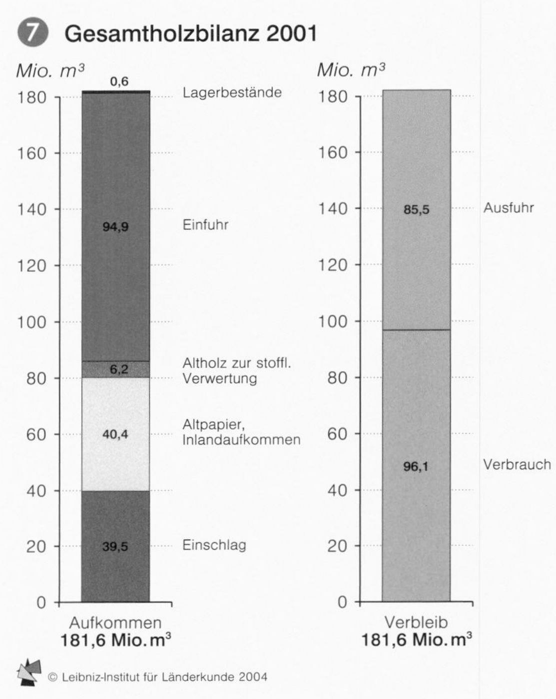

zureichend gegeben ❻. Vor allem im Staatswald, der in besonderer Weise dem Allgemeinwohl verpflichtet ist und daher höhere Aufwendungen als der Privatwald erfordert, sind die Wirtschaftsergebnisse seit Jahren überwiegend negativ, während die Privatforstbetriebe aufgrund geringerer Belastungen (z.B. niedrigere Personalkosten) oft noch mit geringen Gewinnen abschließen konnten ❿.

Bei diesem Vergleich zwischen den Waldbesitzformen ist jedoch zu bedenken, dass die staatliche Forstverwaltung feste Kosten für Personal und Einrichtungen zu tragen hat, die beim Privatwald in dieser Form nicht anfallen. Staatsforste umfassen auch unrentable Betriebsteile wie z.B. Steillagen oder Flächen mit besonderen Schutzfunktionen, von denen sich der Staat nicht trennen kann und deren finanzielle Belastungen von ihm mit getragen werden müssen. Zudem ist in den meisten Landeswaldgesetzen dem Staatswald eine besondere Vorbildfunktion zugeschrieben, die eine gesetzliche Verpflichtung der Bewirtschaftung zum höchstmöglichen Nutzen für die Allgemeinheit verlangt. Somit ist es dort auch nicht möglich, Pflegemaßnahmen einfach zu unterlassen, wie dies in Privatwäldern schon einmal geschehen kann. Kritiker am „teuren Staatswald" sehen als Ursachen für die finanziellen Probleme allerdings auch den Behördencharakter des Staatsforstes, die personelle Aufblähung und die umständlichen Organisationsstrukturen.

Die Forstwirtschaft hat große Anstrengungen unternommen, dieser Preis-Kosten-Schere entgegenzuwirken. Die Landesforstverwaltungen haben Reformen initiiert oder bereits abgeschlossen, um die Zahl der Forstämter und der zugehörigen Revierförstereien zu verringern und die jeweils betreuten Forstflächen auszuweiten. Ergänzt werden diese Maßnahmen durch Anpassungen an die erhöhten Kosten durch Rationalisierung, Steigerung der Arbeitsproduktivität und Personalabbau. Die Erfolge zeigen sich in der Technisierung, die den Aufwand für die Holzernte drastisch verringert hat. Waren im Jahr 1955 in den Landesforsten Baden-Württembergs noch annähernd 12 Arbeitsstunden je Festmeter geernteten Holzes notwendig, lag der Wert 1999 bei nur noch 0,8 Arbeitsstunden ❽. Eine der damit verbundenen Folgen ist der Einsatz einer immer geringeren Zahl von Waldarbei-

Mischwald im Siebertal im Harz

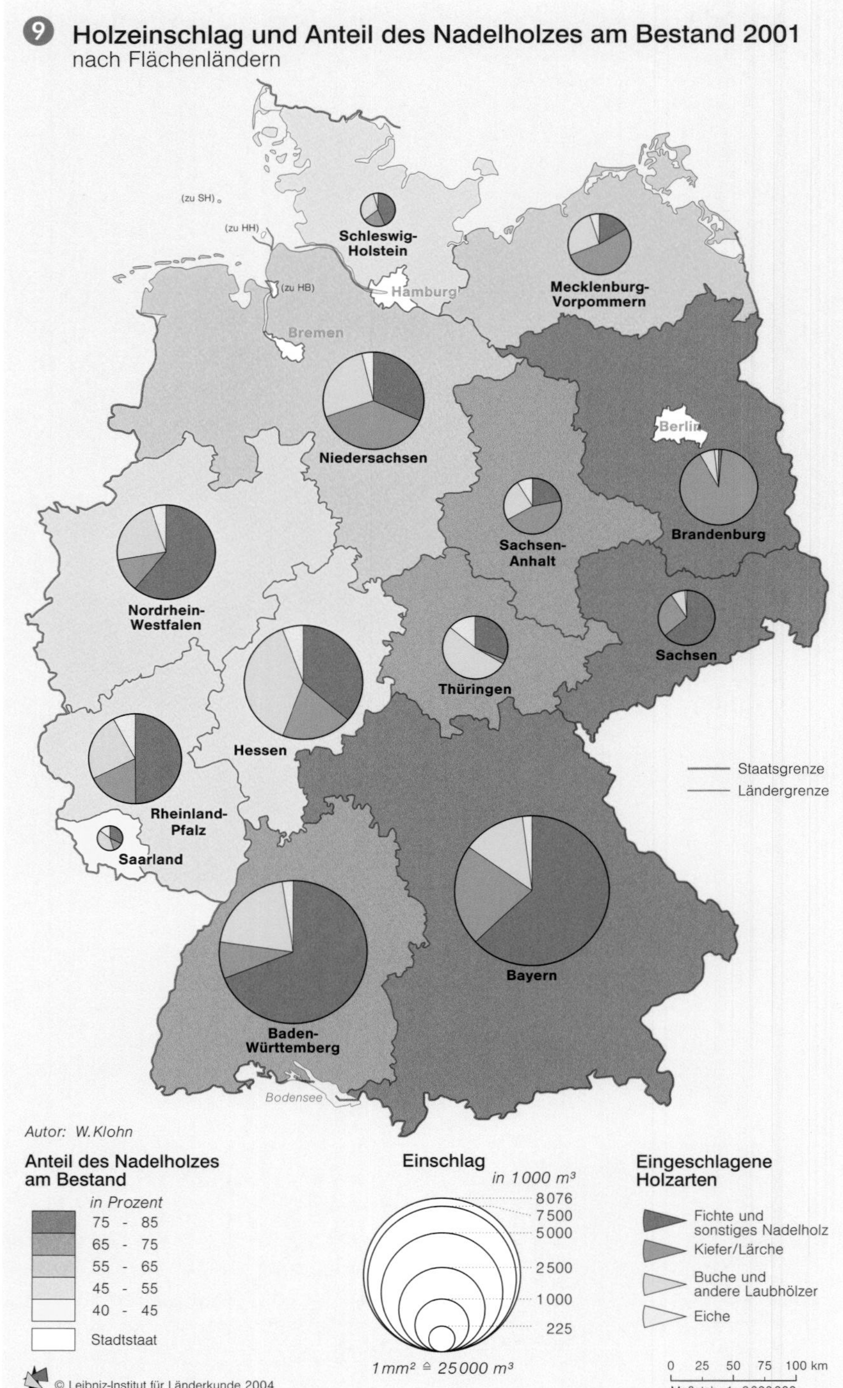

Waldschäden am Rudolfstein im Fichtelgebirge (1997)

tern. Dabei wurde vor allem die Zahl der nicht ständig Beschäftigten reduziert und Wert auf eine gute Aus- und Weiterbildung des Stammpersonals gelegt, so dass dieses heute hoch qualifiziert ist.

Ökologischer Umbau und naturnaher Waldbau

Die großen Flächen von Nadelbaum-Monokulturen, die in den vergangenen 200 Jahren vielerorts zur rationellen Bewirtschaftung und zur Erzeugung möglichst großer Mengen hochwertigen Nutzholzes eingerichtet wurden, haben sich als sehr anfällig gegenüber Sturmschäden und Insektenbefall erwiesen (▶▶ Beitrag Steinecke/Venzke, Bd. 3, S. 106). Die seit Anfang der 1980er Jahre in den deutschen Wäldern bekannten Krankheitserscheinungen, die als neuartige Waldschäden bezeichnet werden und deren Ursache vor allem in den Luftschadstoffen (Schwefeldioxid, Stickstoffoxide, Ammoniak, Ozon) gesehen wird, treten bei nicht an den Standort angepassten Baumbeständen vermehrt auf. Daher sind in zahlreichen Bundesländern Konzepte zur verstärkten Berücksichtigung ökologischer Belange durch naturnahe Bewirtschaftung der Landesforsten und zur Erhöhung des Laubwaldanteils gestartet worden ⓫. Durch einen möglichst naturnahen Waldaufbau sollen der Gesundheitszustand des Waldes verbessert, seine Vitalität gesteigert, seine Schadensanfälligkeit gemindert und seine Funktionenvielfalt (Nutz-, Schutz- und Erholungsfunktionen) gewährleist werden. Die Überführung von Reinbeständen in Mischbestände und der Umbau nicht standortgerechter Bestände werden finanziell gefördert. Auch bei der Erstaufforstung wird die Anlage ökologisch wertvoller Laub- und Mischkulturen durch höhere Fördersätze begünstigt.

⓾ Wirtschaftsergebnisse im Staats- und Privatwald 1960-1999

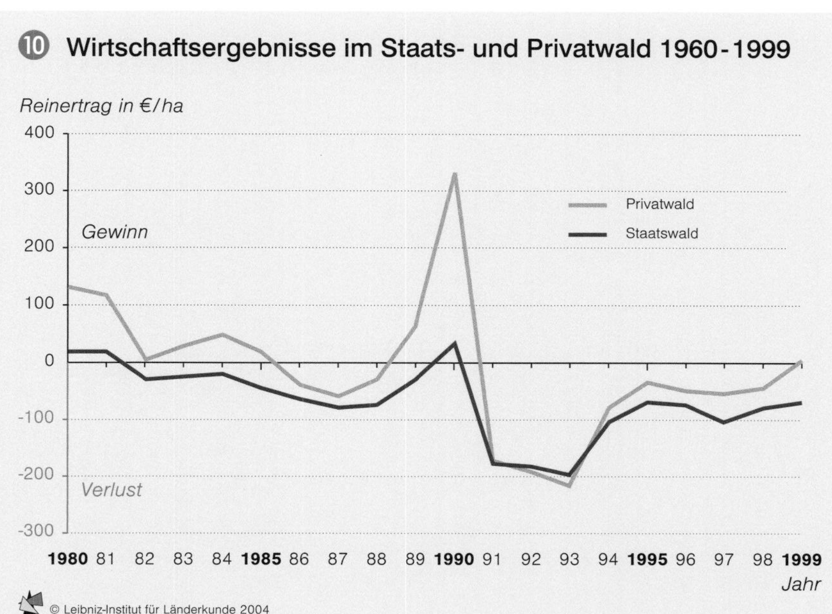

⓫ Baden-Württemberg
Baumartenanteile im öffentlichen Wald 1850-1987

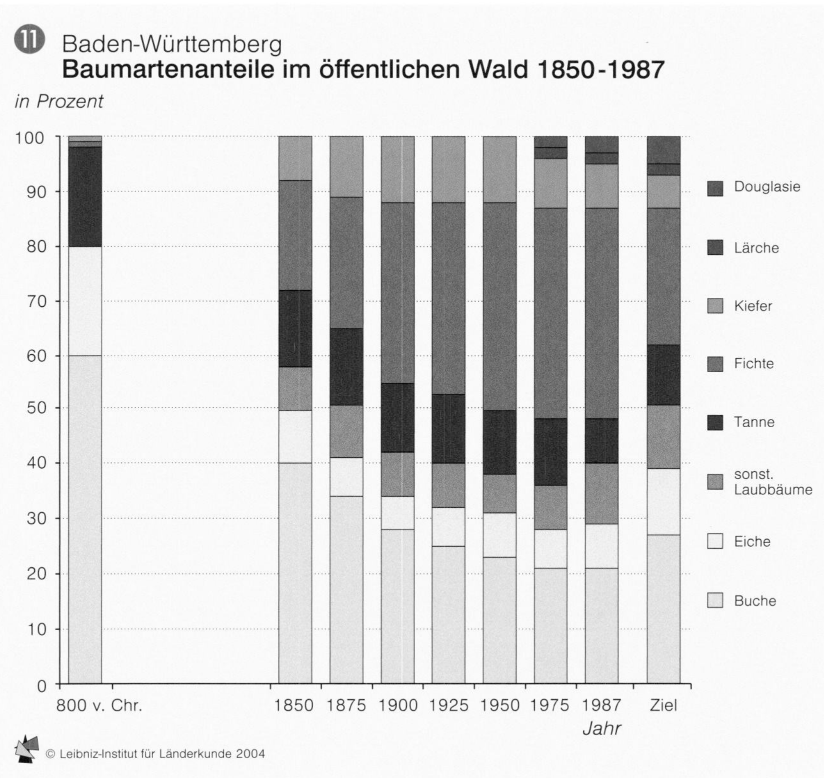

Holzwirtschaft und Papierindustrie

Die gesamtwirtschaftliche Bedeutung der Forstwirtschaft hinsichtlich der Holzproduktion ist nur marginal. Die jährliche deutsche Holzproduktion hat einen Wert von 1,3 bis 1,8 Mrd. Euro, und nur etwa 70.000 Beschäftigte (0,2% der Erwerbsbevölkerung) sind in der Forstwirtschaft im engeren Sinne tätig. Sie steht jedoch am Beginn einer längeren Wertschöpfungskette und ist Lieferant für den Rohstoff Holz, der in den holzbe- und -verarbeitenden Betrieben, dem Holzhandel und der Zellstoff- und Papierindustrie weiter gehandelt bzw. verarbeitet wird. Der Gesamtbereich der Holz- und Papierwirtschaft sowie der Holzhandel erzielten 1999 einen Jahresumsatz von 88 Mrd. Euro und trugen mit 1,2% zur Bruttowertschöpfung bei ❻. Annähernd 648.000 Beschäftigte waren in diesen Bereichen tätig, was etwa einem Anteil von 2% der Beschäftigten insgesamt entspricht.

Der Einschlag von Holz trägt nur zu einem vergleichsweise geringen Anteil zur Deckung des Bedarfs an Holz bzw. an Produkten auf der Basis von Holz bei. Annähernd den gleichen Umfang erreicht mittlerweile das Inlandsaufkommen von Altpapier, der überwiegende Rest des Bedarfes an Rohstoff und Produkten wird durch Einfuhren gedeckt ⓬. Besonders hoch ist der Importbedarf bei Nadelschnittholz und Zellstoff. Das benötigte Nadelschnittholz wird überwiegend aus den skandinavischen Ländern bezogen. Daneben spielen die baltischen Staaten und benachbarte Länder eine wichtige Rolle. Bei Zellstoff sind zwei Herkunftsräume bedeutsam: Skandinavien und Nordamerika. Die restlichen Herkunftsländer sind breiter gestreut und reichen vom Mittelmeerraum bis Südamerika.◆

⓬ Ein- und Ausfuhr von Holzprodukten 1999

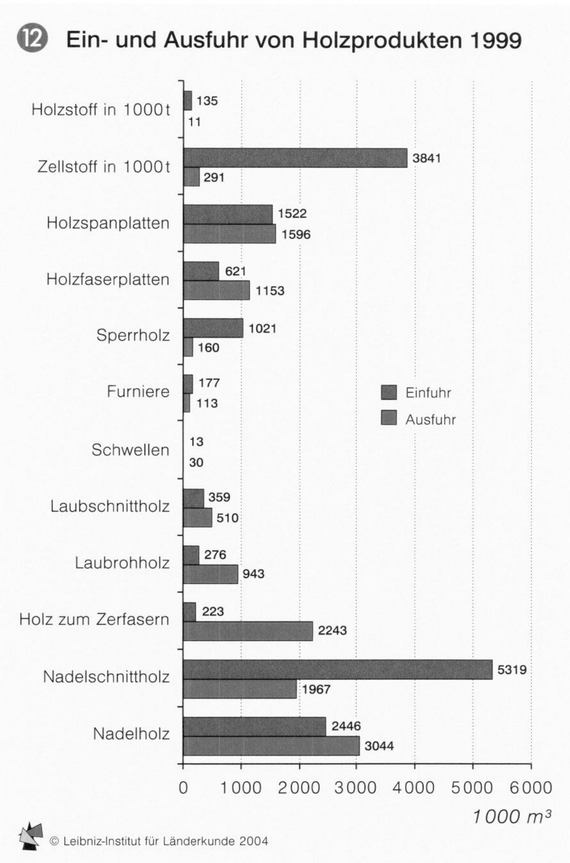

Wirtschaftsförderung

Klaus Kremb

Die Wirtschaftsförderung hat seit 1969 Verfassungsrang; sie ist in Art. 91a GG als „Gemeinschaftsaufgabe von Bund und Ländern zur Verbesserung der regionalen Wirtschaftsstruktur" festgelegt. Das Ausführungsgesetz dazu konkretisiert: Die jeweiligen Maßnahmen sollen zur Förderung der gewerblichen Wirtschaft und zum Ausbau der gewerblich erforderlichen Infrastruktur in Gebieten eingesetzt werden, deren Wirtschaftskraft erheblich unter dem Bundesdurchschnitt liegt oder die erheblich vom Strukturwandel betroffen sind (§1). Zweckmäßigerweise ergänzen sich dabei regionale Komponenten und sektorale/branchenbezogene Fördermaßnahmen ❶.

Sektorale/branchenbezogene Förderung

Im Instrumentarium zur Steuerung des sektoralen/branchenbezogenen Strukturwandels kommt Subventionen die Hauptrolle zu. Über deren Vergabe informiert gemäß §12 des Stabilitätsgesetzes von 1969 alle zwei Jahre ein Subventionsbericht der Bundesregierung. Er weist als größten Transferempfänger mit rund 3 Mrd. Euro (2002) den Kohlebergbau aus. Grundlage dieser Subvention ist der 1974 beschlossene Kohlepfennig zur Stützung des deutschen Bergbaus. Erhoben wurde diese Abgabe zunächst von den Elektrizitätsversorgungsunternehmen, die sie ihrerseits an die Verbraucher weitergaben, bis das Bundesverfassungsgericht 1995 den Kohlepfennig als verfassungswidrige Sonderabgabe bewertete. Seither wird die Kohlesubvention aus allgemeinen Bundeshaushaltsmitteln bestritten und stützt so die Arbeitsplätze der (2003) rund 20.000 im Braunkohle- und 50.000 im Steinkohlebergbau Beschäftigten.

❷ Regionalförderung 2000-2003

Fördergebiets-kategorie	Definition	Förderhöchst-sätze
A-Fördergebiet	Regionen in den neuen Ländern mit den größten Strukturproblemen	KMU 50% GU 28%
B-Fördergebiet	Berlin und Regionen in den neuen Ländern, die bereits Entwicklungsfortschritte aufweisen	KMU 43% GU 28%
C-Fördergebiet	strukturschwache Regionen in den westdeutschen Ländern	KMU 28% GU 18%
D-Fördergebiet	strukturschwache Regionen in den westdeutschen Ländern, die nicht über die volle Investitionshilfeberechtigung der EU-Kommission verfügen	KM 15% MU 7,5% GU bis 100000€

KMU = kleine (KU) und mittlere Unternehmen (MU)
GU = größere Unternehmen

Regionale Förderung

Gebiete der sektoralen/branchenbezogenen Förderung sind i.A. auch vorrangige Räume der regionalen Förderung.

Deutsche Ausgleichsbank (DtA) – 1986 aus der 1954 per Gesetz gegründeten Lastenausgleichsbank hervorgegangene Anstalt des öffentlichen Rechts mit Sitz in Bonn; seit 2003 mit der KfW zur KfW-Mittelstandsbank fusioniert

European Recovery Program (ERP) – 1948 als Auslandshilfegesetz vom amerikanischen Kongress verabschiedetes Wiederaufbauprogramm

Kreditanstalt für Wiederaufbau (KfW) – 1948 per Gesetz als Körperschaft des öffentlichen Rechts mit Sitz in Frankfurt a.M. gegründete Bank; ihre ursprüngliche Aufgabe war die Bereitstellung und Vergabe von Finanzierungsmitteln für den Wiederaufbau Deutschlands nach dem Zweiten Weltkrieg; heute konzentriert sich die KfW auf die langfristige strukturpolitische Investitionsfinanzierung und auf die Exportfinanzierung.

Regionalförderung ist auf der Grundlage von Art. 91a GG eine Aufgabe, deren Finanzierung der Bund und das betreffende Bundesland je zur Hälfte tragen. Um dabei den jeweiligen regionalen Notwendigkeiten möglichst gerecht zu werden, wird die Förderungsbedürftigkeit mit Hilfe von Regionalindikatoren auf der Basis von 271 Arbeitsmarktregionen ermittelt. Auf deren Grundlage wurden für die Förderperiode 2000-2003 vier Fördergebietskategorien ❷ ❹ ausgewiesen. Die Indikatoren erfassen:

- den Arbeitsmarkt
- die zukünftige Arbeitsplatzsituation
- die Einkommenslage
- die infrastrukturelle Ausstattung

Nationale Förderprogramme

Ergänzend zur Wirtschaftsförderung auf Grund sektoraler/branchenbezogener und/oder regionaler Tatbestände besteht eine Fülle von nationalen Förderprogrammen, die alle Teilregionen in Deutschland gleichermaßen betreffen. Bis 2003 wurde diese Aufgabe von der ▸ Kreditanstalt für Wiederaufbau (KfW) und der ▸ Deutschen Ausgleichsbank (DtA) wahrgenommen ❸ ❹. Mit der Fusion beider Förderbanken (durch das FöBG 2003) zur KfW-Mittelstandsbank wurden die bisher z.T. parallelen Produktangebote der KfW und DtA gebündelt.

Europäische Förderprogramme

Schließlich spielt in der Wirtschaftsförderung in Deutschland – neben den hier nicht berücksichtigten Förderprogrammen der Länder – die europäische Ebene eine Rolle. Dabei handelt es sich um eine an Regionen gebundene Förderung (▸▸ Beitrag Kremb, Bd. 1, S. 133). Für die Förderperiode 2000-2006 wurden auf Grund der Neufestlegung der Förderziele und der Gemeinschaftsinitiativen der Europäischen Strukturfonds im Rahmen der AGENDA 2000 v.a. in Bayern, Baden-Württemberg, Rheinland-Pfalz und Niedersachsen regionale Neuausrichtungen vorgenommen (Deutscher Bundestag 2002, Anhang 17, Karte 2).

Zukunft der Wirtschaftsförderung

Die Wirtschaftsförderung befindet sich inmitten einer Umbruchsituation. Die Neustrukturierung der Förderbanken ist dafür ebenso ein Beleg wie die bevorstehende Neuregelung der Kohlesubventionierung oder die Initiative der Ministerpräsidenten vom Juni 2001 zur Reform der Gemeinschaftsaufgaben. Zudem ergibt sich auf Grund der EU-Osterweiterung (2004) eine Modifizierung der bisherigen Fördergebietsregionalisierung in Deutschland.◆

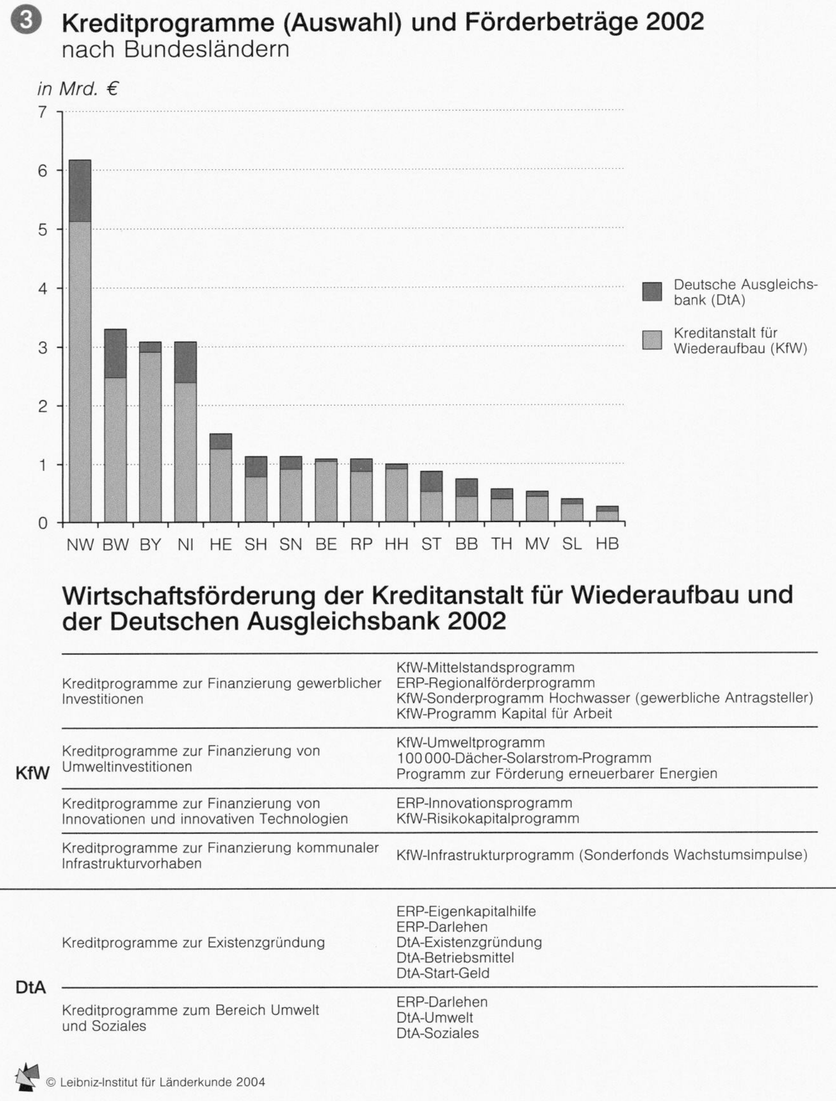

Wirtschaftsförderung der Kreditanstalt für Wiederaufbau und der Deutschen Ausgleichsbank 2002

KfW	Kreditprogramme zur Finanzierung gewerblicher Investitionen	KfW-Mittelstandsprogramm ERP-Regionalförderprogramm KfW-Sonderprogramm Hochwasser (gewerbliche Antragsteller) KfW-Programm Kapital für Arbeit
KfW	Kreditprogramme zur Finanzierung von Umweltinvestitionen	KfW-Umweltprogramm 100000-Dächer-Solarstrom-Programm Programm zur Förderung erneuerbarer Energien
KfW	Kreditprogramme zur Finanzierung von Innovationen und innovativen Technologien	ERP-Innovationsprogramm KfW-Risikokapitalprogramm
KfW	Kreditprogramme zur Finanzierung kommunaler Infrastrukturvorhaben	KfW-Infrastrukturprogramm (Sonderfonds Wachstumsimpulse)
DtA	Kreditprogramme zur Existenzgründung	ERP-Eigenkapitalhilfe ERP-Darlehen DtA-Existenzgründung DtA-Betriebsmittel DtA-Start-Geld
DtA	Kreditprogramme zum Bereich Umwelt und Soziales	ERP-Darlehen DtA-Umwelt DtA-Soziales

4

Wirtschaftsförderung 2002
nach Kreisen

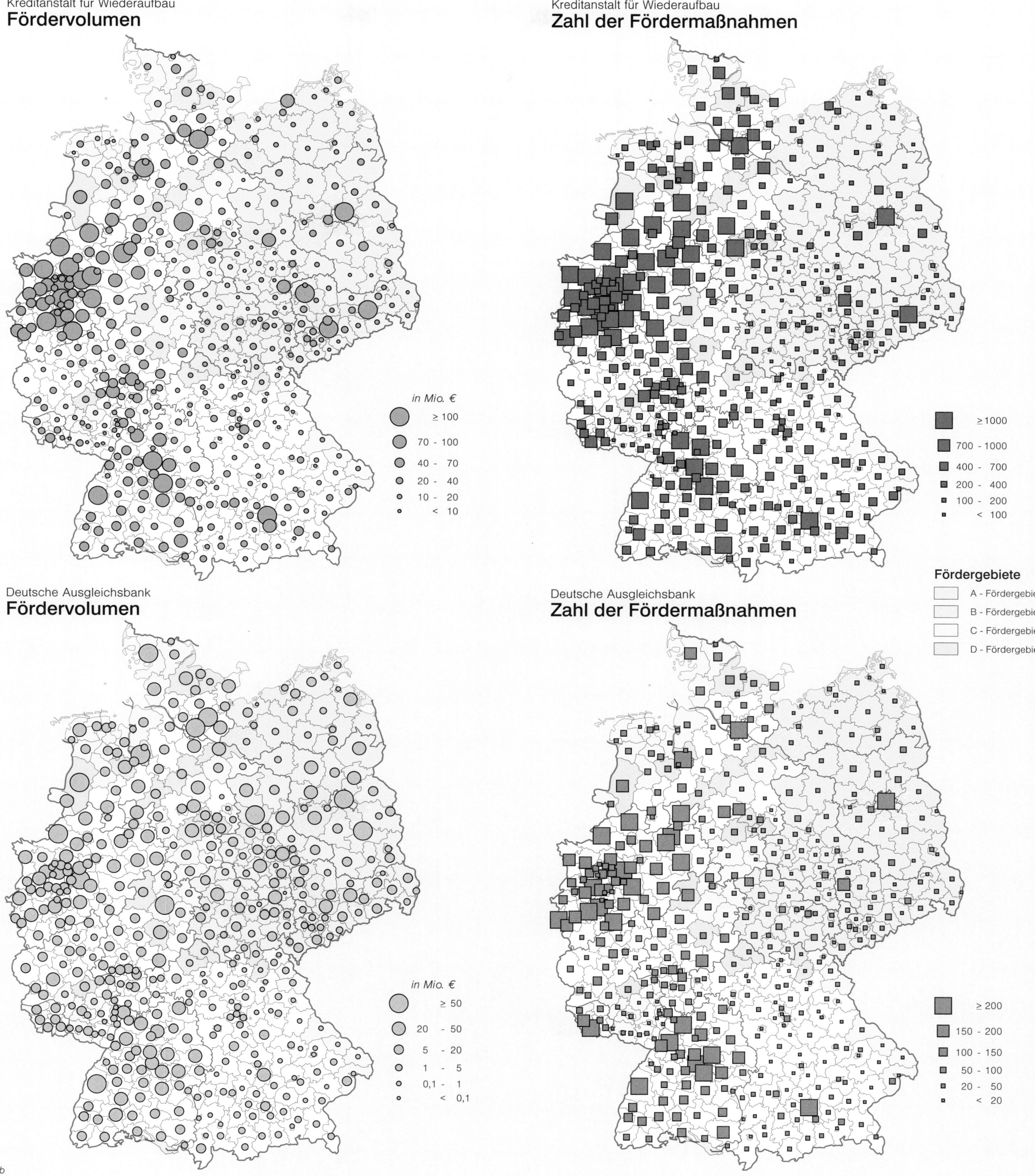

Autor: K. Kremb

Regional- und Stadtmarketing

Ulrich Ante

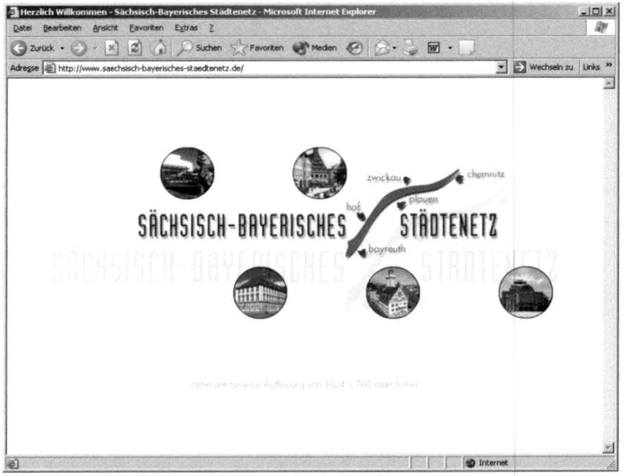

Internetauftritt des Sächsisch-Bayerischen Städtenetzes

Seit dem Zweiten Weltkrieg ist Raumentwicklung durch regionale Wirtschaftspolitik zu einer systematischen Staatsaufgabe geworden. Im Zusammenwirken ökonomischer, gesellschaftlicher und politischer Veränderungen ❶ werden die Instrumentarien mit dem Ziel erneuert, in regionalen Handlungsbezügen zu einer größeren Kongruenz von sektoralen und regionalen Lebensbezügen zu kommen. Regional- und Stadtmarketing sind hierin einzuordnen.

Städtenetze

Städtenetze (▶▶ Beitrag Jurczek/Wildenauer, Bd. 1, S. 70/71) sind keine analytischen Leitbilder der räumlichen Entwicklung. Erstmals thematisiert sie der Raumordnungspolitische Orientierungsrahmen als Reaktion auf räumliche Probleme. Das Leitbild des Städtenetzes fasst zumeist Vorstellungen von physischen, sozioökonomischen und kommunikativen Netzen zusammen; werden stärker technisch-materielle Strukturen betont, hebt ein Städtenetz auf räumliche Nähe ab.

Anders als Hierarchien sind Städtenetze ein Instrument der kommunalen Kooperation, um gemeinsame überlokale Anliegen zu bewältigen. Unabhängig von Status und Größe der beteiligten Kommunen bringen diese ihre Fähigkeiten und Potenziale freiwillig und gleichberechtigt ein. Die Maßstabsvergrößerung von Entwicklungsabsichten und die Bewältigung gemeinsamer Aufgaben oder Projekte zielen auf ▶ Synergieeffekte durch Arbeitsteilung statt Konkurrenz, Kostensenkung durch gemeinsame Nutzung von Ressourcen und Investitionen sowie Informationsaustausch. Städtenetze als flexibles Instrument ergänzen die vorhandenen hoheitlich angelegten überörtlichen Planungssysteme. Dies führt zur Frage, wie informelle interkommunale Kooperationsabsprachen in ein gegebenes Planungssystem einzubinden sind.

Städtenetze können in regionalen, nationalen oder europäisch-internationalen Kontexten entstehen. In der europäischen Dimension gibt es sie zwischen Metropolen oder als grenzüberschreitende Kooperationen im regionalen Maßstab; dies unterstreicht Städtesysteme als Rückgrat der Union sowie ihre Bedeutung gegenüber nationalen Regierungen.

Das in Deutschland differenzierte Städtewesen hat häufig relativ kleine Städte hervorgebracht, die gegenüber europäischen Metropolregionen kaum konkurrenzfähig erscheinen. So sollen Städtenetze als flexibles Instrument die räumliche Entwicklung auch deshalb stabilisieren, weil sie je nach Raumstruktur und Gebietstyp als Auffang-, Stabilisierungs- oder Aufholnetz fungieren können (Knieling 1997).

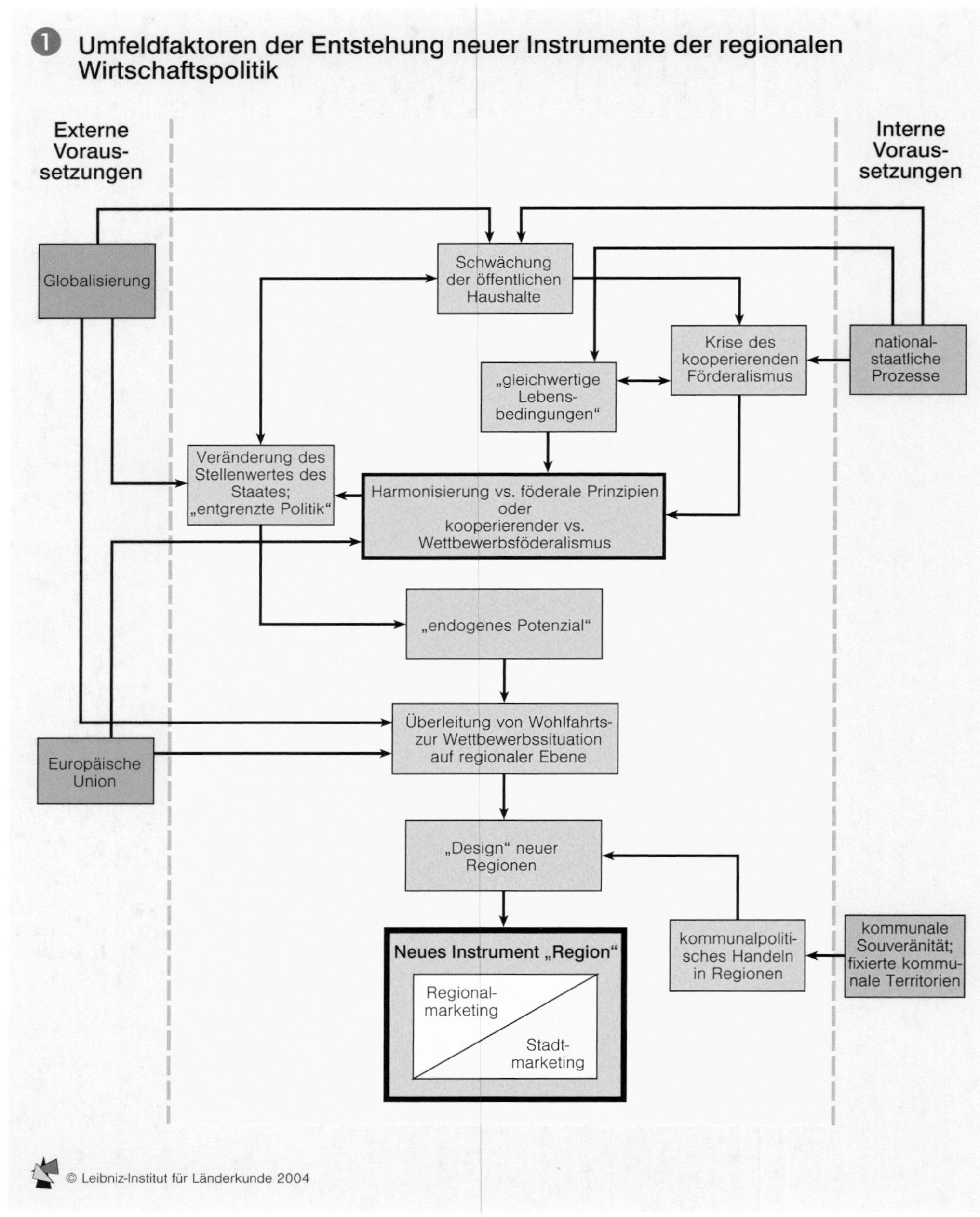

❶ Umfeldfaktoren der Entstehung neuer Instrumente der regionalen Wirtschaftspolitik

Regionalmarketing

Nach Selbstverständnis und Zielsetzung lässt sich zwischen Städtenetzen und Regionalmarketing mehr Gemeinsames als Trennendes ausmachen. Das Netz hebt auf die Knoten, weniger auf die zwischenliegenden Maschen ab. Demgegenüber ist das Regionalmarketing überörtlich für eine definierte Region gedacht. Für die einzelne Kommune wie für Kommunalverbände sind eigene Entwicklungsspielräume und Wettbewerbschancen gegenüber anderen Regionen oder den nahe gelegenen Oberzentren nur im regionalen Zusammenschluss einlösbar.

Regionalmarketing verfolgt vor allem die Steigerung der ▶ endogenen Potenziale mit zwei Handlungsstrategien: Die Vermarktung nach innen schafft regionale Identität, die Außenwirkung soll die Anwerbung neuer Investoren erfolgreich machen. Der ▶ querschnittsorientierte Ansatz des Regionalmarketing ergibt seine Nähe zur Landesentwicklung. Formell ist es ein „weiches" Instrument, das bestehende rechtsverbindliche und hoheitliche Instrumente sowie vorausschauende Planung nicht ersetzt.

endogenes Potenzial – am Ort vorhandene ausbaufähige Möglichkeiten (Bevölkerung und ihre Fähigkeiten, Boden und Bodenschätze, Kapital u.Ä.)

querschnittsorientiert – alle Bereiche (in diesem Fall: staatlicher Planung) betreffend

Synergieeffekte – wirtschaftliche Ersparnisse durch gemeinsame Nutzung von Ressourcen, Investitionen etc.

Regionale Interessen vs. Globalisierung

Unausgesprochen unterstellt die neue regionalisierte Strukturpolitik die Gestaltbarkeit der Produkte Region und Netze sowie ein Potenzial standortsuchender Unternehmen. Methoden, Konzepte oder Prinzipien ihrer Funktionsweisen sind vielfältig und spiegeln zumindest zweierlei:

1. ist man noch auf der Suche nach den „richtigen" Wegen des freiwilligen und selbstbestimmten Zusammenwirkens;
2. sind die regionalen Rahmenbedingungen so vielfältig, dass sie häufig einheitliche Lösungen verbieten, so dass eine regionsspezifische, individuelle Gestaltung die zweckmäßige ist.

Beispielhaft zeigen die regionalisierten Kooperationen in Nordrhein-Westfalen, Hamburg, Schleswig-Holstein und Niedersachsen diese Situation ❷. Neben klaren Regionsgrenzen (z.B. in NRW) existieren Überschneidungen bzw. Überlagerungen regionalisierter Aktivitäten (z.B. in Niedersachsen). Der Zuständigkeitsbereich der gemeinsamen Landesplanung von Niedersachsen, Hamburg und Schleswig-Holstein firmiert als Metropolregion Hamburg.

Städte oder Regionen setzen zu ihrer Profilierung auf regionalisierte strukturpolitische Handlungsfelder, auf Kooperations- und Kommunikationsstrukturen. Ihnen wird derzeit mit dem selbstbestimmten Zusammenwirken von Akteuren (Beteiligungsvielfalt) – auch innerhalb der EU „am Nationalstaat vorbei" – eine große Erfolgschance zugeschrieben.◆

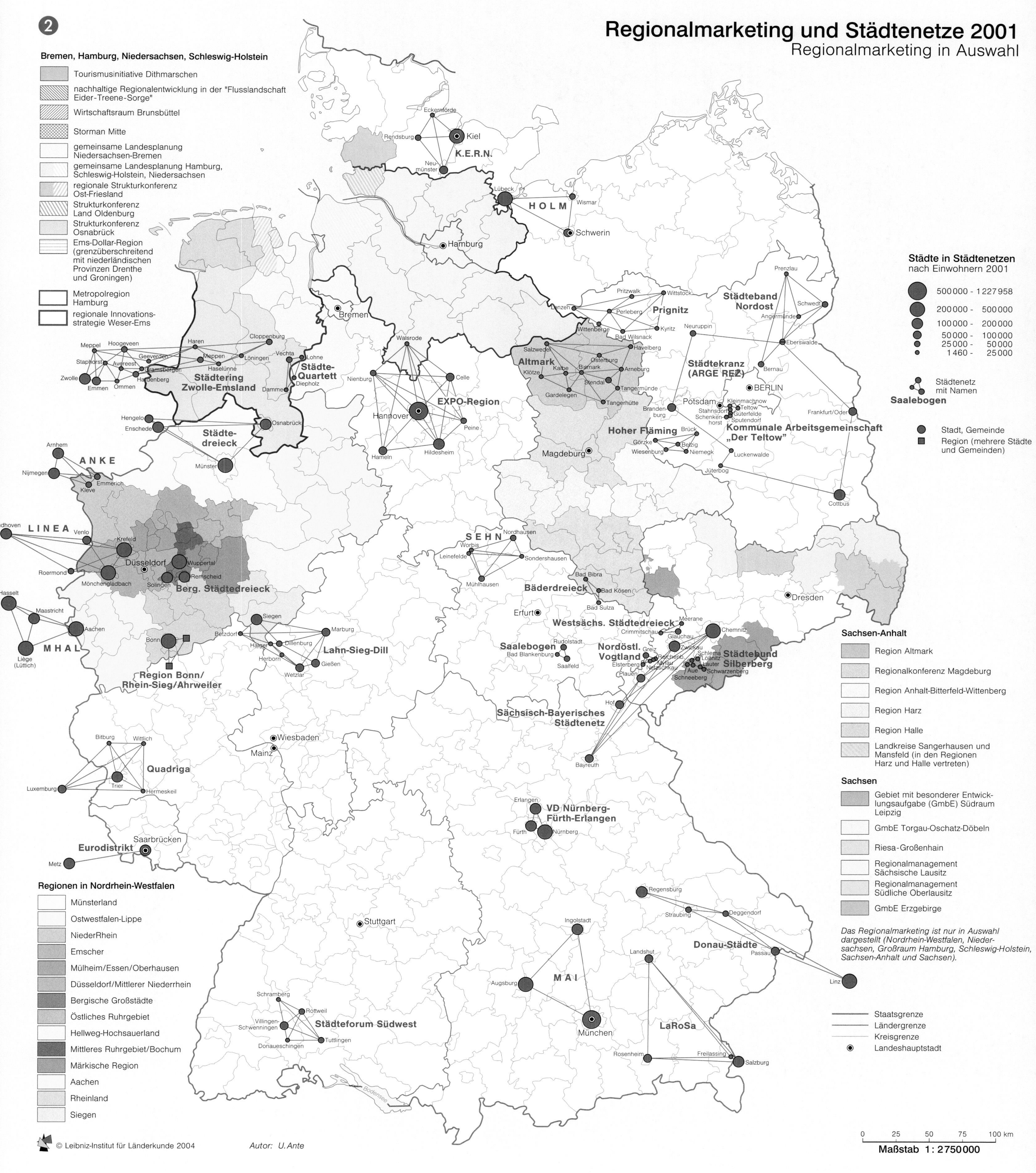

2
Regionalmarketing und Städtenetze 2001
Regionalmarketing in Auswahl
Bremen, Hamburg, Niedersachsen, Schleswig-Holstein
Tourismusinitiative Dithmarschen
nachhaltige Regionalentwicklung in der "Flusslandschaft Eider-Treene-Sorge"
Wirtschaftsraum Brunsbüttel
Storman Mitte
gemeinsame Landesplanung Niedersachsen-Bremen
gemeinsame Landesplanung Hamburg, Schleswig-Holstein, Niedersachsen
regionale Strukturkonferenz Ost-Friesland
Strukturkonferenz Land Oldenburg
Strukturkonferenz Osnabrück
Ems-Dollar-Region (grenzüberschreitend mit niederländischen Provinzen Drenthe und Groningen)
Metropolregion Hamburg
regionale Innovationsstrategie Weser-Ems
Städte in Städtenetzen nach Einwohnern 2001
500000 - 1227958
200000 - 500000
100000 - 200000
50000 - 100000
25000 - 50000
1460 - 25000
Städtenetz mit Namen
Saalebogen
Stadt, Gemeinde
Region (mehrere Städte und Gemeinden)
K.E.R.N.
HOLM
Städteband Nordost
Prignitz
Städtekranz (ARGE REZ)
Altmark
Städte-Quartett
Städtering Zwolle-Emsland
EXPO-Region
Städte-dreieck
Hoher Fläming
Kommunale Arbeitsgemeinschaft „Der Teltow"
ANKE
LINEA
SEHN
Bäderdreieck
Berg. Städtedreieck
MHAL
Westsächs. Städtedreieck
Saalebogen
Nordöstl. Vogtland
Städtebund Silberberg
Lahn-Sieg-Dill
Region Bonn/ Rhein-Sieg/Ahrweiler
Sächsisch-Bayerisches Städtenetz
Quadriga
VD Nürnberg-Fürth-Erlangen
Eurodistrikt
Donau-Städte
MAI
LaRoSa
Städteforum Südwest
Sachsen-Anhalt
Region Altmark
Regionalkonferenz Magdeburg
Region Anhalt-Bitterfeld-Wittenberg
Region Harz
Region Halle
Landkreise Sangerhausen und Mansfeld (in den Regionen Harz und Halle vertreten)
Sachsen
Gebiet mit besonderer Entwicklungsaufgabe (GmbE) Südraum Leipzig
GmbE Torgau-Oschatz-Döbeln
Riesa-Großenhain
Regionalmanagement Sächsische Lausitz
Regionalmanagement Südliche Oberlausitz
GmbE Erzgebirge
Das Regionalmarketing ist nur in Auswahl dargestellt (Nordrhein-Westfalen, Niedersachsen, Großraum Hamburg, Schleswig-Holstein, Sachsen-Anhalt und Sachsen).
Regionen in Nordrhein-Westfalen
Münsterland
Ostwestfalen-Lippe
NiederRhein
Emscher
Mülheim/Essen/Oberhausen
Düsseldorf/Mittlerer Niederrhein
Bergische Großstädte
Östliches Ruhrgebiet
Hellweg-Hochsauerland
Mittleres Ruhrgebiet/Bochum
Märkische Region
Aachen
Rheinland
Siegen
Staatsgrenze
Ländergrenze
Kreisgrenze
Landeshauptstadt
0 25 50 75 100 km
Maßstab 1 : 2750000
© Leibniz-Institut für Länderkunde 2004
Autor: U. Ante

Die Geographie des Verbandswesens

Jens Kirsch

Im Zusammenhang mit den Diskussionen über den Regierungsumzug von Bonn nach Berlin (▸▸ Beitrag Bode, Bd. 1, S. 21) ist oftmals vom gleichzeitigen „Marsch der Lobbyisten" an die Spree die Rede gewesen. In der Regel ist damit eine zusätzliche Dimension des Bedeutungsverlustes der Region Bonn und ein neuer Zentralismus in Berlin assoziiert worden. Für eine solche Bewegung gibt es auch vielfältige Beispiele, allerdings ist die räumliche Verteilung von Interessenorganisationen in der Bundesrepublik und deren Mobilitätsverhalten insgesamt in diesem Kontext zumeist nicht betrachtet worden.

Bei weitem nicht alle ▸ Verbände waren in Bonn bzw. sind nun in Berlin, vielmehr wird in der polyzentralen Verteilung der Verbandshauptsitze offensichtlich, dass die Regierungsnähe nicht der einzige ausschlaggebende Standortfaktor für das Verbandswesen ist ❸.

❶ Branchenspezifische Verbandskonzentrationen 2002
nach Sitzorten

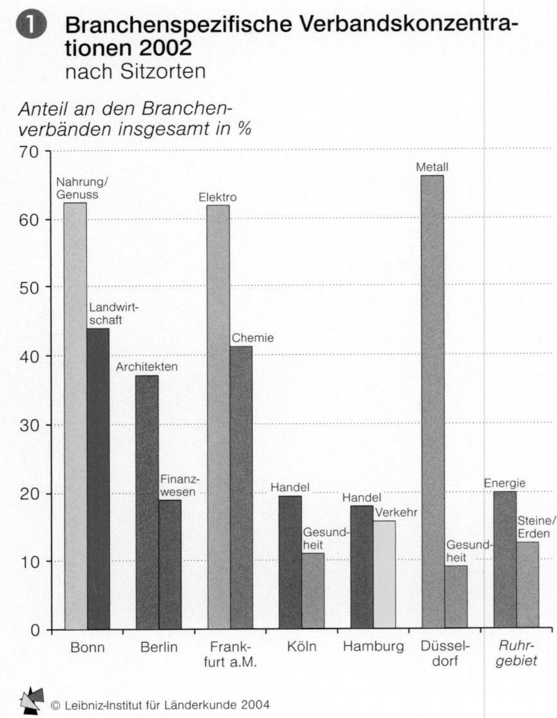

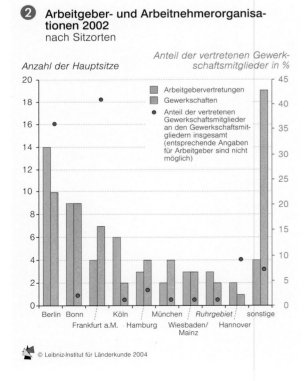

❷ Arbeitgeber- und Arbeitnehmerorganisationen 2002
nach Sitzorten

Anzahl der Hauptsitze — Anteil der vertretenen Gewerkschaftsmitglieder in %

Arbeitgebervertretungen
Gewerkschaften
● Anteil der vertretenen Gewerkschaftsmitglieder an den Gewerkschaftsmitgliedern insgesamt (entsprechende Angaben für Arbeitgeber sind nicht möglich)

Berlin, Bonn, Frankfurt a.M., Köln, Hamburg, München, Wiesbaden/Mainz, Ruhrgebiet, Hannover, sonstige

© Leibniz-Institut für Länderkunde 2004

Wo konzentrieren sich welche Verbände?

Die Gesamtheit der Verbände kann nach ihrem Selbstverständnis in zwei allgemeine Gruppen unterteilt werden. Der eine Teil sieht seine vordringliche Aufgabe in der Vertretung politischer Interessen nach außen, während die andere größere Gruppe aus eher verbandsintern orientierten Serviceorganisationen besteht. Diese zweite Gruppe unterhält zumeist regierungsferne Standorte, deren Lage sich in der Regel aus der räumlichen Nähe zu den Mitgliedern und etwaigen Partnerorganisationen, einer allgemein guten Erreichbarkeit und mitunter auch schlicht aus dem Lebensmittelpunkt der Gründer ergibt.

So ist festzustellen, dass die spezifischen Wirtschaftsstrukturen einiger deutscher Städte ihren Niederschlag in einer ▸ Clusterbildung von Branchenverbänden finden ❶. Diese Regel gilt jedoch nicht ohne Abstriche. München zeigt beispielsweise kaum entsprechende Verbandskonzentrationen. Auch sind die Konzentrationsgrade der einzelnen Branchen sehr unterschiedlich. Zur Erklärung dieser Muster ist es notwendig, weitere Faktoren einzubeziehen, etwa die geringe Ausdifferenzierung verbandlicher Organisation vor allem im Falle junger, noch wenig konsolidierter Wirtschaftsbereiche sowie die unterschiedliche Politiknähe einzelner Branchen – in Abhängigkeit z.B. vom Subventionsgrad.

Regierungsnahe Verbände

Während in Bonn bis 1999 ein breiter Querschnitt des gesamten deutschen Verbandswesens vertreten war, fanden sich in Berlin bereits vor dem Regierungsumzug überproportional viele Vertretungen von sozial Schwachen und Organisationen des Kulturwesens. Dieses Bild hat sich in den vergangenen Jahren deutlich verändert.

Insgesamt sind in den Jahren nach der Umsetzung des Berlin/Bonn-Gesetzes (1991) über 140 Verbände mit ihrer Zentrale in die neue Hauptstadt umgezogen ❸, wobei diese Gruppe außerordentlich heterogen zusammengesetzt ist, was die Herkunft, aber auch was die verbandlichen Handlungsfelder, die

Die zukünftige Zentrale der Vereinten Dienstleistungsgewerkschaft ver.di am Spreeufer in Berlin kurz vor der Fertigstellung (2004)

Größe u.a.m. anbelangt. Diese Uneinheitlichkeit der Neu-Berliner Verbände wird erklärlich durch das Zusammenspiel der Faktoren politische Orientierung und Mobilität der Verbandsorganisation. Nicht alle politisch orientierten Verbände des Bonner Raumes konnten einen Umzug realisieren, oftmals aufgrund fehlender Finanzmittel sowie mangelnder Mobilität der Mitarbeiter. Eine Reihe dieser Verbände wählte mit der Gründung einer Berliner Dependance bzw. der Interessenvertretung durch einen entsprechenden Dachverband in Berlin einen Mittelweg zwischen Umzug und Regierungsferne. Gleichzeitig ist eine zunehmende Politisierung ehedem serviceorientierter Verbände zu konstatieren, was seinen Niederschlag auch in der Verlagerung von Zentralen aus regierungsfernen Gebieten nach Berlin findet. In dem sehr hohen Anteil etwa von umgezogenen Architektenverbänden wird fernerhin die Relevanz von subjektiven Standortfaktoren wie das Image einer Stadt für bestimmte Organisationen offenbar (zur Quelle der Informationen ▸ Anmerkung im Anhang).

Betrachtet man die ▸ Arbeitnehmer- und Arbeitgebervertretungen als spezifische Gruppe innerhalb des Verbandswesens, ist eine allgemein größere räumliche Nähe zur Regierung auf Seiten der Arbeitgeber festzustellen, auch als Resultat einer höheren Organisationsmobilität ❷. Die Gründe hierfür sind überwiegend in der unterschiedlichen finanziellen Ausstattung, einer andersartigen Erwartungshaltung der Mitglieder wie auch einer ungleichen Bedeutung standörtlicher Traditionen zu sehen.

Ausblick

Wenige Jahre nach dem Regierungsumzug ist noch ein beträchtlicher Anteil der deutschen Verbandszentralen im Raum Köln/Bonn angesiedelt, ein fortschreitender Verlagerungsprozess gilt allgemein jedoch als wahrscheinlich. Der von nicht wenigen erwartete Nachzug der übrigen Ministerien von Bonn nach Berlin, die zeitliche Dehnung vieler Umzüge aus finanziellen Gründen und eine anhaltende Eigendynamik des Umzugsgeschehens werden nach Einschätzung zahlreicher Verbandsvertreter Berlin mittelfristig auch zur deutschen Verbändehauptstadt machen. Ein unbedeutender Standort des Verbandswesen wird Bonn allerdings aufgrund der relativen Nähe zu Brüssel sowie des Verbleibs und der Neuansiedlung verschiedener bedeutender nationaler und internationaler Organisationen auch in Zukunft nicht sein.◆

Arbeitgeber- und Arbeitnehmervertretungen – alle Mitgliedsorganisationen der Bundesvereinigung der Deutschen Arbeitgeberverbände bzw. des Deutschen Gewerkschaftsbundes, des Deutschen Beamtenbundes und des Christlichen Gewerkschaftsbundes

Cluster – Häufung, räumliche Konzentration

Verbände – alle in der „Bekanntmachung der öffentlichen Liste über die Registrierung von Verbänden und deren Vertreter" (erscheint in der Beilage zum Bundesanzeiger, BMJ) verzeichneten Organisationen (insges. 1760, Stand: 2002)

3

Hauptsitze von Interessenverbänden 2002

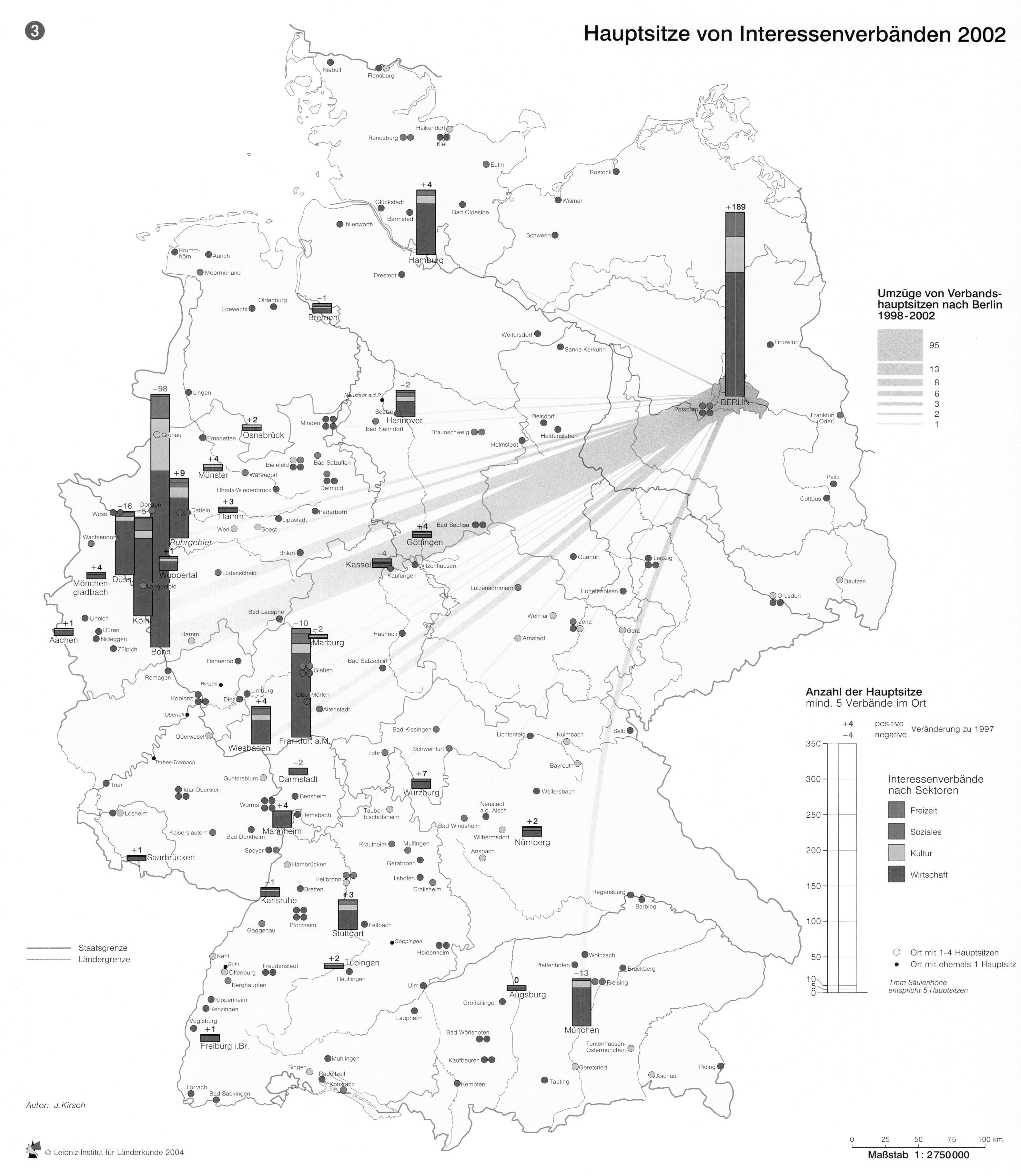

Autor: J. Kirsch

Der öffentliche Dienst als Arbeitgeber

Alois Mayr

Innerhalb des deutschen Beschäftigungssystems stellt der öffentliche Dienst eine wichtige Säule dar. Ihm werden im engeren Sinne alle Berufstätigen zugeordnet, die in vertikal verschiedenen Verwaltungsebenen und in horizontal unterschiedlichen Sektoren beim Bund, bei den Ländern, den Kreisen, den Gemeinden und Gemeindeverbänden (u.a. Kommunal- und Regionalverbände) tätig sind. Im weiteren Sinne werden aber auch jene Bediensteten dazu gezählt, die bei Körperschaften und Anstalten des öffentlichen Rechtes arbeiten, z.B. bei Kirchen, Sozialversicherungen, Wohlfahrtsverbänden und gemeinnützigen Organisationen. Generell nehmen sie alle bestimmte Aufgaben für das Gemeinwesen wahr.

Das Spektrum der öffentlichen Dienstleistungen ist außerordentlich groß. Neben Einrichtungen der Verwaltung schließt es auch solche des Schul- und Ausbildungswesens, des Hochschulbereichs, des Gesundheitswesens, der sozialen Fürsorge, des Kultur- und Sportbereichs und andere ein. Teile dieser von der öffentlichen Hand unterhaltenen Dienste können aber durchaus auch in privater Trägerschaft angeboten werden, wie z.B. Schulen, Krankenhäuser und Kulturangebote. Sie arbeiten dann nicht selten effizienter und kostengünstiger. Verschiedene staatliche Dienste sind privatisiert worden und erreichen seither eine höhere Wirtschaftlichkeit, wie die Entwicklung bei Post und Bahn gezeigt hat.

1 Beschäftigte im öffentlichen Dienst 2000
nach Beschäftigungsumfang und Statusgruppen

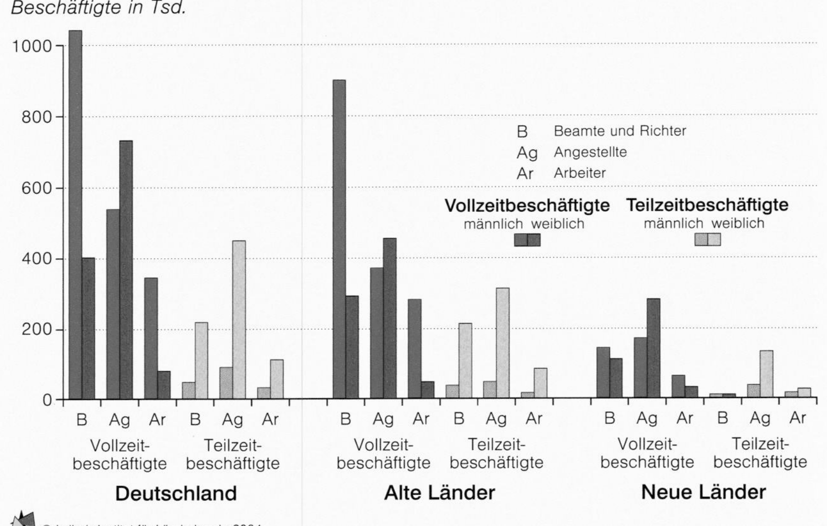

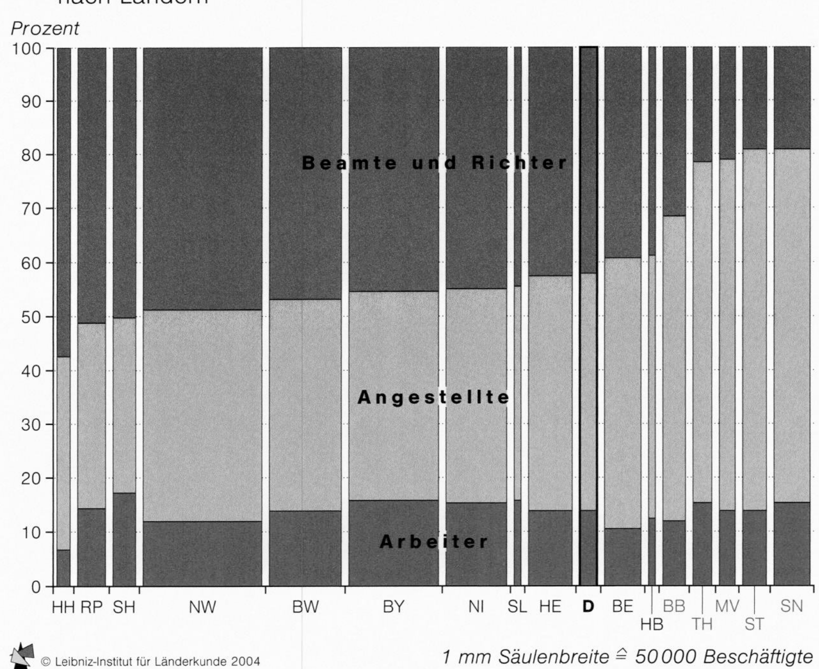

Beamte, Angestellte, Arbeiter

Die Berufung in das Beamtenverhältnis erfolgt zur Wahrnehmung hoheitsrechtlicher Aufgaben, z.B. als Richter, Polizist und Finanzbeamter, oder solcher Funktionen, die eine besondere Staatstreue und Verantwortung erfordern, z.B. als Lehrer und Professor. Fälschlicherweise wird oft unterstellt, dass Beschäftigte im öffentlichen Dienst ausschließlich Beamte sind. Doch neben diesen gibt es Angestellte und Arbeiter als weitere Statusgruppen ❷. Die trennenden Merkmale zwischen diesen beiden Gruppen und insbesondere zwischen Angestellten und Beamten verlieren zunehmend an Bedeutung.

Entsprechend der Personalstandsstatistik des Bundes, der Länder und der Gemeinden gab es im Jahre 2000 in Deutschland insgesamt rd. 4,2 Mio. Beschäftigte im öffentlichen Dienst, annähernd gleich viele Männer (50,4%) wie Frauen (49,6%) – in den neuen Ländern lag der Frauenanteil mit 58,2% angesichts der höheren weiblichen Erwerbsquote wesentlich höher. Die weitaus meisten der 3,1 Mio. Vollzeitbeschäftigten waren jedoch Männer. Die Frauen dominierten bei den 1,1 Mio. Teilzeitbeschäftigten, darunter ca. 130.000 Teilzeitbeschäftigte mit weniger als der halben Wochenarbeitszeit. Zwischen den alten und neuen Ländern differiert die Zusammensetzung der Teilgruppen beträchtlich ❸.

Bei den Vollzeitbeschäftigten ragten auf Bundesebene die Beamten – zwei Drittel davon waren Männer – mit 1,4 Mio. Personen heraus, gefolgt von den 1,2 Mio. Angestellten und den ca. 420.000 Arbeitern. In den neuen Ländern dominierten hingegen die Angestellten ❶. Dieser Sachverhalt erklärt sich aus der in allen ostdeutschen Ländern – wie auch in Bremen – praktizierten Tendenz, weniger Beamte einzustellen ❷.

Räumliche Verteilung

Die Standortverteilung der öffentlichen Dienstleistungen insgesamt wie auch der Beschäftigten im öffentlichen Dienst orientiert sich an dem Ziel, entsprechend der Bevölkerungsverteilung ein dichtes Netz zur Versorgung der Nutzer in zumutbarer Entfernung zu unterhalten. Dabei entstehen überwiegend fest vorgegebene Zuständigkeitsbereiche. Das regionale Versorgungsniveau, berechnet aus dem Verhältnis der Beschäftigten im öffentlichen Dienst zu den Einwohnern eines Kreises, zeigt ein sehr differenziertes Bild ❺. Entfielen im Jahre 2000 auf 100 Einwohner durchschnittlich fünf Beschäftigte im öffentlichen Dienst, so wurden die geringsten Werte insbesondere in Teilen Bayerns, in Rheinland-Pfalz, West-Nie-

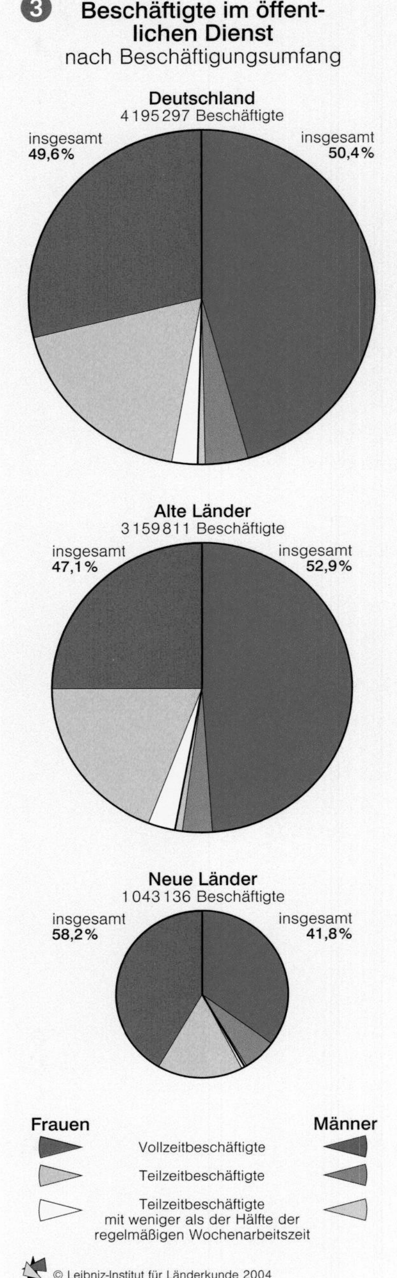

dersachsen, im Hamburger Umland, in Mecklenburg-Vorpommern sowie in Teilen Thüringens und Sachsens erreicht, das Minimum von 1,3 lag im Landkreis Bamberg. Sehr hohe Werte hingegen zeigten sich in mittelgroßen kreisfreien Städten, die häufig zugleich auch Landeshauptstädte oder anderweitige Verwaltungszentren, Hochschulstädte und /oder bedeutende Militärstandorte sind, z.B. Bonn, Münster, Wilhelmshaven, Kiel, Potsdam, Magdeburg, Bayreuth und Würzburg. Das Maximum mit einem Wert von 23,3 erreichte die kreisfreie Stadt Koblenz. Bei Landkreisen mit hohen Versorgungsgraden machen sich Behördenstandorte des Bundes und der Länder – z.B. das Kraftfahrt-Bundesamt in Flensburg – und Garnisonen bemerkbar. Größtenteils liegt die Anzahl der Beschäftigten im öffentlichen Dienst in den neuen Ländern trotz Stellenabbaus immer noch höher als in den alten Ländern.

Entwicklungstendenzen

Angesichts leerer öffentlicher Kassen sind seit 1990 1,1 Mio. Stellen im öffentlichen Dienst abgebaut worden. Allein zwischen 1998 und 2000 hat im Bundesgebiet die Zahl der Beschäftigten um rd. 235.000 abgenommen. Gleichzeitig sind die Vollzeitstellen verringert worden und ist die Teilzeitbeschäftigung auf 23,1% gestiegen ❹. Weitere Stellenstreichungen sind angekündigt oder zu erwarten.

Von verschiedenen Seiten wird eine Reform des öffentlichen Dienstes gefordert, die außer mit Aufgabenverlagerungen auch mit beträchtlichen sozialen Einschnitten insbesondere bei den Beamten verbunden werden soll. Die Vorschläge reichen von einer Beschränkung des Beamtentums auf explizit hoheitliche Aufgaben über Möglichkeiten einer differenzierteren, leistungsgerechten Bezahlung sowie Pensionskürzungen bis zur vollständigen Abschaffung des Beamtenstatus. Diese Diskussionen vollziehen sich vor dem Hintergrund eines insgesamt stetig wachsenden Dienstleistungssektors, der unbestritten als bedeutendster Wachstumsmotor der Wirtschaft angesehen wird.

Zur Vertretung ihrer Interessen haben sich die Mitarbeiter des öffentlichen Dienstes in verschiedenen Organisationen zusammengeschlossen. Dazu zählen vor allem die Vereinte Dienstleistungsgewerkschaft (ver.di) im Deutschen Gewerkschaftsbund mit ca. 3 Mio. Mitgliedern und der Deutsche Beamtenbund (dbb) mit 1,2 Mio. Mitgliedern.◆

❺ **Beschäftigte im öffentlichen Dienst 2000**
nach Kreisen

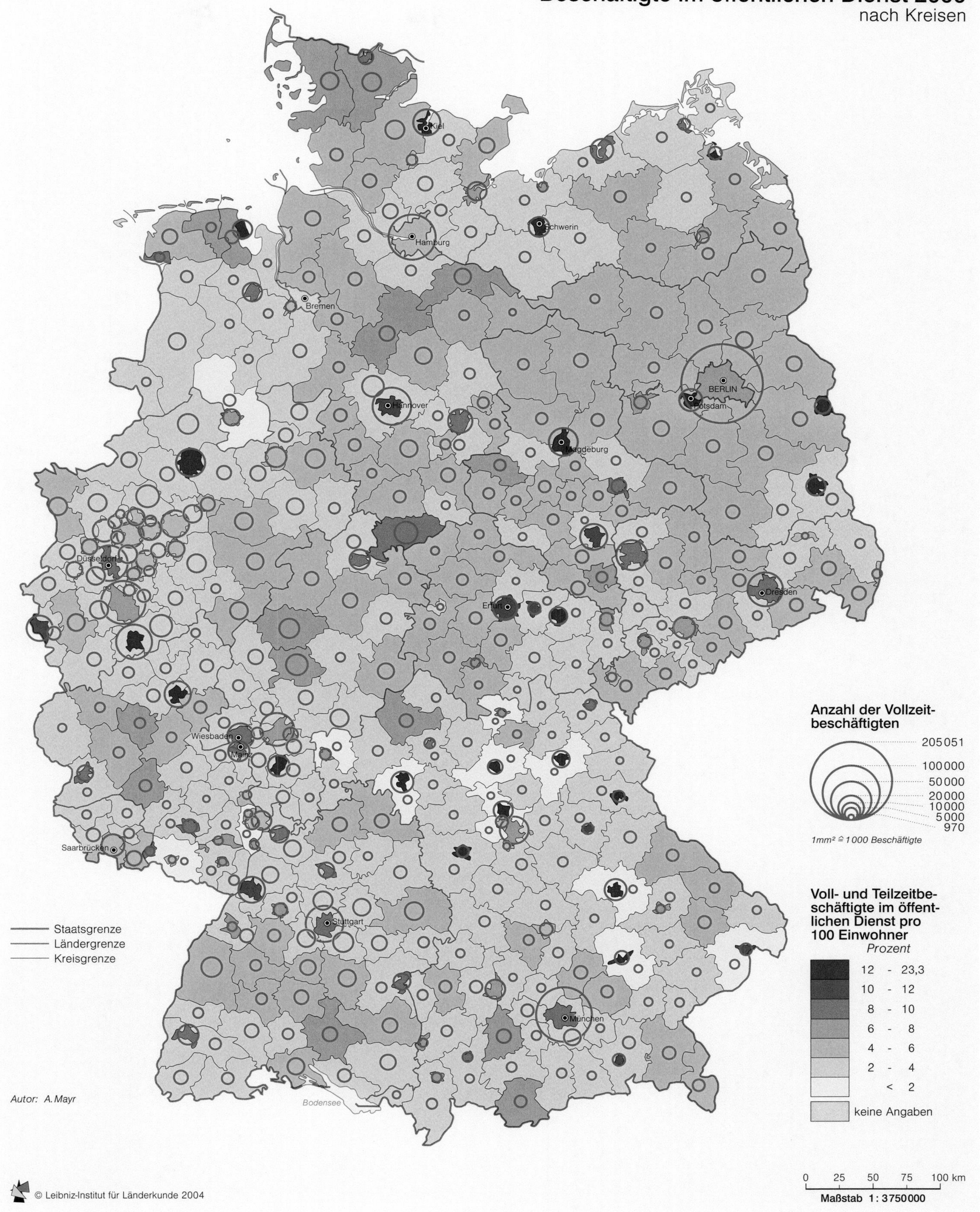

Anzahl der Vollzeitbeschäftigten: 205051, 100000, 50000, 20000, 10000, 5000, 970
1mm² ≙ 1000 Beschäftigte

Voll- und Teilzeitbeschäftigte im öffentlichen Dienst pro 100 Einwohner (Prozent): 12 - 23,3; 10 - 12; 8 - 10; 6 - 8; 4 - 6; 2 - 4; < 2; keine Angaben

Staatsgrenze
Ländergrenze
Kreisgrenze

Autor: A. Mayr

Maßstab 1 : 3750000 (0 25 50 75 100 km)

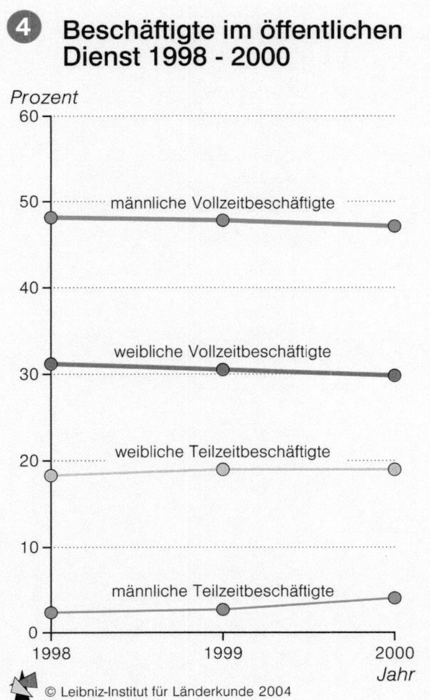

❹ Beschäftigte im öffentlichen Dienst 1998 - 2000

Anhang

Abkürzungen für Kreise, kreisfreie Städte und Länder

Länder der Bundesrepublik Deutschland

BB	Brandenburg
BE	Berlin
BW	Baden-Württemberg
BY	Bayern
HB	Bremen
HE	Hessen
HH	Hamburg
MV	Mecklenburg-Vorpommern
NI	Niedersachsen
NW/NRW	Nordrhein-Westfalen
RP	Rheinland-Pfalz
SH	Schleswig-Holstein
SL	Saarland
SN	Sachsen
ST	Sachsen-Anhalt
TH	Thüringen

Kreis / kreisfreie Stadt / Landkreis

A	Augsburg (Stadt und Land)
AA	Ostalbkreis (Aalen)
AB	Aschaffenburg (Stadt und Land)
ABG	Altenburger Land (Altenburg)
AC	Aachen (Stadt und Land)
AIC	Aichach-Friedberg
AK	Altenkirchen/ Westerwald
AM	Amberg
AN	Ansbach (Stadt und Land)
ANA	Annaberg (Annaberg-Buchholz)
AÖ	Altötting
AP	Weimarer Land (Apolda)
AS	Amberg-Sulzbach
ASL	Aschersleben-Staßfurt
ASZ	Aue – Schwarzenberg
AUR	Aurich
AW	Ahrweiler (Bad Neuenahr-Ahrweiler)
AZ	Alzey – Worms
AZE	Anhalt – Zerbst
B	Berlin
BA	Bamberg (Stadt und Land)
BAD	Baden-Baden
BAR	Barnim (Eberswalde)
BB	Böblingen
BBG	Bernburg
BC	Biberach an der Riss
BGL	Berchtesgadener Land (Bad Reichenhall)
BI	Bielefeld
BIR	Birkenfeld, Idar-Oberstein
BIT	Bitburg – Prüm
BL	Zollernalbkreis (Balingen)
BLK	Burgenlandkreis (Naumburg)
BM	Erftkreis (Bergheim)
BN	Bonn
BO	Bochum
BÖ	Bördekreis
BOR	Borken
BOT	Bottrop
BRA	Wesermarsch (Brake/Unterweser)
BRB	Brandenburg
BS	Braunschweig
BT	Bayreuth (Stadt und Land)
BTF	Bitterfeld
BÜS	Kreis Konstanz (Büsingen am Hochrhein)
BZ	Bautzen
C	Chemnitz
CB	Cottbus
CE	Celle
CHA	Cham
CLP	Cloppenburg
CO	Coburg (Stadt und Land)
COC	Cochem – Zell
COE	Coesfeld
CUX	Cuxhaven
CW	Calw
D	Düsseldorf
DA	Darmstadt, Darmstadt-Dieburg
DAH	Dachau
DAN	Lüchow – Dannenberg
DAU	Daun
DBR	Bad Doberan
DD	Dresden, Dresden-Land
DE	Dessau
DEG	Deggendorf
DEL	Delmenhorst
DGF	Dingolfing – Landau
DH	Diepholz
DL	Döbeln
DLG	Dillingen an der Donau
DM	Demmin
DN	Düren
DO	Dortmund
DON	Donau – Ries (Donauwörth)
DU	Duisburg
DÜW	Bad Dürkheim, Weinstraße
DW	Weißeritzkreis (Dippoldiswalde)
DZ	Delitzsch
E	Essen
EA	Eisenach
EBE	Ebersberg
ED	Erding
EE	Elbe – Elster (Herzberg)
EF	Erfurt
EI	Eichstätt
EIC	Eichsfeld (Heiligenstadt)
EL	Emsland (Meppen)
EM	Emmendingen
EMD	Emden
EMS	Rhein – Lahn –Kreis (Bad Ems)
EN	Ennepe-Ruhr-Kreis (Schwelm)
ER	Erlangen
ERB	Odenwaldkreis (Erbach)
ERH	Erlangen-Höchstadt
ES	Esslingen am Neckar
ESW	Werra – Meißner – Kreis (Eschwege)
EU	Euskirchen
F	Frankfurt/M.
FB	Wetteraukreis (Friedberg/ Hessen)
FD	Fulda
FDS	Freudenstadt
FF	Frankfurt/O.
FFB	Fürstenfeldbruck
FG	Freiberg
FL	Flensburg
FN	Bodenseekreis (Friedrichshafen)
FO	Forchheim
FR	Freiburg im Breisgau, Breisgau-Hochschwarzwald
FRG	Freyung – Grafenau
FRI	Friesland (Jever)
FS	Freising
FT	Frankenthal/ Pfalz
FÜ	Fürth (Stadt und Land)
G	Gera
GAP	Garmisch – Partenkirchen
GC	Chemnitzer Land (Glauchau)
GE	Gelsenkirchen
GER	Germersheim
GF	Gifhorn
GG	Groß-Gerau
GI	Gießen
GL	Rheinisch-Bergischer Kreis (Bergisch Gladbach)
GM	Oberbergischer Kreis (Gummersbach)
GÖ	Göttingen
GP	Göppingen
GR	Görlitz
GRZ	Greiz
GS	Goslar
GT	Gütersloh
GTH	Gotha
GÜ	Güstrow
GZ	Günzburg
H	Hannover (Stadt und Land)
HA	Hagen
HAL	Halle/ Saale
HAM	Hamm
HAS	Haßberge (Haßfurt)
HB	Bremen/Bremerhaven
HBN	Hildburghausen
HBS	Halberstadt
HD	Heidelberg
HDH	Heidenheim an der Brenz
HE	Helmstedt
HEF	Hersfeld – Rotenburg (Bad Hersfeld)
HEI	Dithmarschen (Heide)
HER	Herne
HF	Herford
HG	Hochtaunuskreis (Bad Homburg v.d. Höhe)
HGW	Hansestadt Greifswald
HH	Hansestadt Hamburg
HI	Hildesheim
HL	Hansestadt Lübeck
HM	Hameln – Pyrmont
HN	Heilbronn (Stadt und Land)
HO	Hof (Stadt und Land)
HOL	Holzminden
HOM	Saarpfalz-Kreis (Homburg/Saar)
HP	Bergstraße (Heppenheim an der Bergstraße)
HR	Schwalm-Eder-Kreis (Homberg/Efze)
HRO	Hansestadt Rostock
HS	Heinsberg
HSK	Hochsauerlandkreis (Meschede)
HST	Hansestadt Stralsund
HU	Main-Kinzig-Kreis (Hanau)
HVL	Havelland (Rathenow)
HWI	Hansestadt Wismar
HX	Höxter
HY	Hoyerswerda
IGB	St. Ingbert (zugehörig zu Saarpfalz-Kreis)
IK	Ilm-Kreis (Arnstadt)
IN	Ingolstadt
IZ	Steinburg (Itzehoe)
J	Jena
JL	Jerichower Land (Burg bei Magdeburg)
K	Köln
KA	Karlsruhe (Stadt und Land)
KB	Waldeck-Frankenberg (Korbach)
KC	Kronach
KE	Kempten/ Allgäu
KEH	Kelheim
KF	Kaufbeuren
KG	Bad Kissingen
KH	Bad Kreuznach
KI	Kiel
KIB	Donnersbergkreis (Kirchheimbolanden)
KL	Kaiserslautern (Stadt und Land)
KLE	Kleve
KM	Kamenz
KN	Konstanz
KO	Koblenz
KÖT	Köthen
KR	Krefeld
KS	Kassel (Stadt und Land)
KT	Kitzingen
KU	Kulmbach
KÜN	Hohenlohekreis (Künzelsau)
KUS	Kusel
KYF	Kyffhäuserkreis (Sondershausen)
L	Leipzig, Leipziger Land
LA	Landshut (Stadt und Land)
LAU	Nürnberger Land (Lauf an der Pegnitz)
LB	Ludwigsburg
LD	Landau in der Pfalz.
LDK	Lahn-Dill-Kreis (Wetzlar)
LDS	Dahme-Spreewald (Lübben)
LER	Leer/ Ostfriesland
LEV	Leverkusen
LG	Lüneburg
LI	Lindau/ Bodensee
LIF	Lichtenfels
LIP	Lippe (Detmold)
LL	Landsberg am Lech
LM	Limburg – Weilburg
LÖ	Lörrach
LOS	Oder –Spree (Beeskow)
LU	Ludwigshafen am Rhein (Stadt und Land)
LWL	Ludwigslust
M	München (Stadt und Land)
MA	Mannheim
MB	Miesbach
MD	Magdeburg
ME	Mettmann
MEI	Meißen
MEK	Mittlerer Erzgebirgskreis (Marienberg)
MG	Mönchengladbach
MH	Mülheim (Ruhr)
MI	Minden – Lübbecke
MIL	Miltenberg
MK	Märkischer Kreis (Lüdenscheid)
ML	Mansfelder Land (Eisleben)
MM	Memmingen
MN	Unterallgäu (Mindelheim)
MOL	Märkisch – Oderland (Seelow)
MOS	Neckar – Odenwald – Kreis (Mosbach)
MQ	Merseburg – Querfurt
MR	Marburg – Biedenkopf
MS	Münster
MSP	Main – Spessart – Kreis (Karlstadt)
MST	Mecklenburg – Strelitz (Neustrelitz)
MTK	Main –Taunus – Kreis (Hofheim am Taunus)
MTL	Muldentalkreis (Grimma)
MÜ	Mühldorf am Inn
MÜR	Müritz (Waren)
MW	Mittweida
MYK	Mayen – Koblenz
MZ	Mainz – Bingen
MZG	Merzig – Wadern
N	Nürnberg
NB	Neubrandenburg
ND	Neuburg-Schrobenhausen
NDH	Nordhausen
NE	Neuss
NEA	Neustadt an der Aisch – Bad Windsheim
NES	Rhön – Grabfeld (Bad Neustadt an der Saale)
NEW	Neustadt an der Waldnaab
NF	Nordfriesland (Husum)
NI	Nienburg/ Weser
NK	Neunkirchen/ Saar
NM	Neumarkt in der Oberpfalz
NMS	Neumünster
NOH	Grafschaft Bentheim (Nordhorn)
NOL	Niederschlesischer Oberlausitzkreis (Niesky)
NOM	Northeim
NR	Neuwied/ Rhein
NU	Neu – Ulm
NVP	Nordvorpommern (Grimmen)
NW	Neustadt an der Weinstraße
NWM	Nordwestmecklenburg (Grevesmühlen)
OA	Oberallgäu

	(Sonthofen)
OAL	Ostallgäu (Marktoberdorf)
OB	Oberhausen
OD	Stormarn (Bad Oldersloe)
OE	Olpe
OF	Offenbach am Main (Stadt und Land)
OG	Ortenaukreis (Offenburg)
OH	Ostholstein (Eutin)
OHA	Osterode am Harz
OHV	Oberhavel (Oranienburg)
OHZ	Osterholz (Osterholz – Schwarmbeck)
OK	Ohrekreis (Haldensleben)
OL	Oldenburg (Stadt und Land)
OPR	Ostprignitz – Ruppin (Neuruppin)
OS	Osnabrück (Stadt und Land)
OSL	Oberspreewald – Lausitz (Senftenberg)
OVP	Ostvorpommern (Anklam)
P	Potsdam
PA	Passau (Stadt und Land)
PAF	Pfaffenhofen an der Ilm
PAN	Rottal – Inn (Pfarrkirchen)
PB	Paderborn
PCH	Parchim
PE	Peine
PF	Pforzheim, Enzkreis
PI	Pinneberg
PIR	Sächsische Schweiz (Pirna)
PL	Plauen
PLÖ	Plön/ Holstein
PM	Potsdam – Mittelmark (Belzig)
PR	Prignitz (Perleberg)
PS	Pirmasens
QLB	Quedlinburg
R	Regensburg (Stadt und Land)
RA	Rastatt
RD	Rendsburg – Eckernförde
RE	Recklinghausen
REG	Regen
RG	Riesa – Großenhain
RH	Roth
RO	Rosenheim
ROW	Rotenburg/ Wümme
RS	Remscheid
RT	Reutlingen
RÜD	Rheingau – Taunus – Kreis (Bad Schwalbach)
RÜG	Rügen (Bergen)
RV	Ravensburg
RW	Rottweil
RZ	Herzogtum Lauenburg (Ratzeburg)
S	Stuttgart
SAD	Schwandorf
SAW	Altmarkkreis Salzwedel
SB	Stadtverband Saarbrücken
SBK	Schönebeck
SC	Schwabach
SDL	Stendal
SE	Segeberg (Bad Segeberg)
SFA	Soltau – Fallingbostel
SG	Solingen
SGH	Sangerhausen
SHA	Schwäbisch Hall
SHG	Schaumburg (Stadthagen)
SHK	Saale-Holzland-Kreis (Eisenberg)
SHL	Suhl
SI	Siegen – Wittgenstein
SIG	Sigmaringen
SIM	Rhein – Hunsrück – Kreis (Simmern)
SK	Saalkreis (Halle/ Saale)
SL	Schleswig – Flensburg
SLF	Saalfeld – Rudolstadt
SLS	Saarlouis
SM	Schmalkalden – Meiningen
SN	Schwerin
SO	Soest
SÖM	Sömmerda
SOK	Saale – Orla –Kreis (Schleiz)
SON	Sonneberg
SP	Speyer
SPN	Spree – Neiße (Forst)
SR	Straubing, Straubing-Boden
ST	Steinfurt
STA	Stamberg
STD	Stade
STL	Stollberg
SU	Rhein – Sieg Kreis (Siegburg)
SÜW	Südliche Weinstraße
SW	Schweinfurt (Stadt und Land)
SZ	Salzgitter
TBB	Main – Tauber – Kreis (Tauberbischofsheim)
TF	Teltow – Fläming (Luckenwalde)
TIR	Tirschenreuth
TO	Torgau – Oschatz
TÖL	Bad Tölz – Wolfratshausen
TR	Trier
TS	Traunstein
TÜ	Tübingen
TUT	Tuttlingen
UE	Uelzen
UER	Uecker – Randow (Pasewalk)
UH	Unstrut – Hainich – Kreis (Mühlhausen/ Thüriingen)
UL	Ulm, Alb – Donau – Kreis
UM	Uckermark (Prenzlau)
UN	Unna
V	Vogtlandkreis (Plauen)
VB	Vogelsbergkreis (Lauterbach/ Hessen)
VEC	Vechta
VER	Verden (Verden/ Aller)
VIE	Viersen
VK	Völklingen (zugehörig zu Stadtverband Saarbrücken)
VS	Schwarzwald – Baar – Kreis (Villingen – Schwenningen)
W	Wuppertal
WAF	Warendorf
WAK	Wartburgkreis (Bad Salzungen)
WB	Wittenberg
WE	Weimar
WEN	Weiden i.d. Opf.
WES	Wesel
WF	Wolfenbüttel
WHV	Wilhelmshaven
WI	Wiesbaden
WIL	Bernkastel – Wittlich
WL	Harburg (Winsen/ Luhe)
WM	Weilheim – Schongau
WN	Rems – Murr – Kreis (Waiblingen)
WND	Sankt Wendel
WO	Worms
WOB	Wolfsburg
WR	Wernigerode
WSF	Weißenfels
WST	Ammerland (Westerstede)
WT	Waldshut (Waldshut – Tiengen)
WTM	Wittmund
WÜ	Würzburg (Stadt und Land)
WUG	Weißenburg – Gunzenhausen
WUN	Wunsiedel i. Fichtelgebirge
WW	Westerwaldkreis (Montabaur)
Z	Zwickau, Zwickauer Land
ZI	Löbau – Zittau
ZW	Zweibrücken

Länder

A	Österreich
AL	Albanien
AUS	Australien
B	Belgien
BG	Bulgarien
BIH	Bosnien und Herzegowina
BR	Brasilien
BY	Weißrussland
CDN	Kanada
CH	Schweiz
CZ	Tschechische Republik
D	Deutschland
DK	Dänemark
E	Spanien
EST	Estland
ET	Ägypten
F	Frankreich
FIN	Finnland
GB	Großbritannien und Nordirland (Vereinigtes Königreich)
GR	Griechenland
H	Ungarn
HR	Kroatien
I	Italien
IND	Indien
IR	Iran
IRL	Irland
J	Japan
L	Luxemburg
LT	Litauen
LV	Lettland
MAL	Malaysia
MD	Republik Moldau
MEX	Mexiko
MK	Mazedonien
NL	Niederlande
NZ	Neuseeland
P	Portugal
PK	Pakistan
PL	Polen
RA	Argentinien
RC	Republik China (Taiwan)
RI	Indonesien
RO	Rumänien
ROK	Republik Korea (Südkorea)
RP	Philippinen
RSA	Südafrika
RUS	Russische Föderation
S	Schweden
SK	Slowakei
SLO	Slowenien
THA	Thailand
TR	Türkei
UA	Ukraine
USA	Vereinigte Staaten
VN	Vietnam
VRC	Volksrepublik China
YU	Jugoslawien
YV	Venezuela

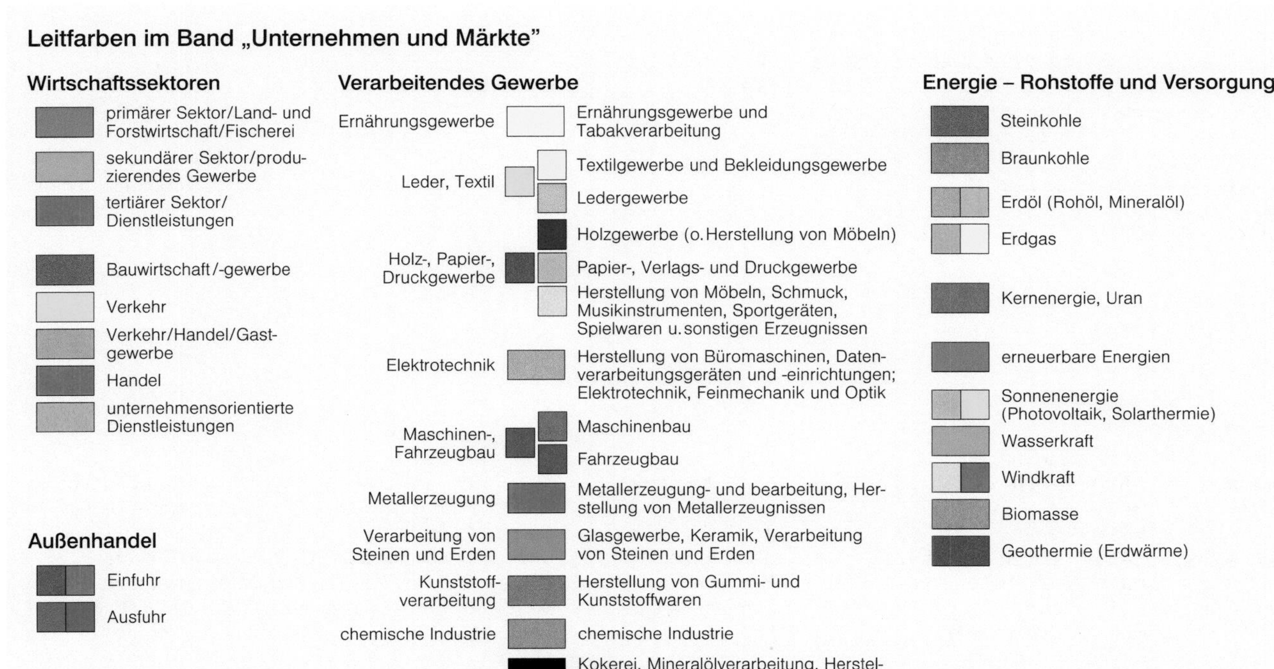

Leitfarben im Band Unternehmen und Märkte

Konrad Großer

Die Farbgestaltung der Karten und Diagramme des Bandes *Unternehmen und Märkte* orientiert sich weitgehend an den in nebenstehender Übersicht ausgewiesenen Leitfarben. Die Zusammenstellung zeigt vornehmlich bandspezifische Farbanwendungen. Darüber hinaus wurden die Regeln der Farbgebung aus bereits vorliegenden Bänden übernommen (▶▶ Band 4, Bevölkerung, S.148-149; Band 6, Bildung und Kultur, S.165). Dies betrifft die farbliche Unterscheidung von

- siedlungsstrukturellen Typen
- Erdteilen, Erdräumen
- der alten und neuen Länder
- Trägerschaften, Finanzierungen

Einige der bestehenden Regeln wurden erweitert, z.B. für die *Wirtschaftssektoren*. Geringfügige Abwandlungen in Farbton und -intensität, aber auch Abweichungen wurden zugelassen, um eine gute Wahrnehmbarkeit im jeweiligen Kartenzusammenhang zu gewährleisten. Farben, die lediglich in einzelnen Beiträgen einheitlich verwendet werden, sind in der Übersicht nicht enthalten, darunter jene für landwirtschaftliche Kulturen. Abweichungen und Unterschiede ergeben sich des weiteren aus den von den Autoren bevorzugten Klassifikationen der Wirtschaft und ihrer Zweige.

Quellenverzeichnis

Verwendete Abkürzungen

aktual.	aktualisiert(e) (Auflage)
ARL	Akademie für Raumforschung und Landesplanung
Aufl.	Auflage
BA	Bundesagentur für Arbeit (ehem. Bundesanstalt für Arbeit, bis 12/2003)
BBR	Bundesamt für Bauwesen und Raumordnung
Bearb.	bearbeitet(e), Bearbeitung
BfLR	Publikationen des BBR vor 1998, Bundesforschungsanstalt für Landeskunde und Raumordnung
BGR	Bundesanstalt für Geowissenschaften und Rohstoffe
BKG	Bundesamt für Kartographie und Geodäsie (ehem. IfAG)
BML/BMELF	Bundesministerium für Ernährung, Landwirtschaft und Forsten (bis 01/2001)
BMU	Bundesministerium für Umwelt, Naturschutz und Reaktorsicherheit
BMVEL	Bundesministerium für Verbraucherschutz, Ernährung und Landwirtschaft
BSH	Bundesamt für Seeschifffahrt und Hydrographie
DIW	Deutsches Institut für Wirtschaftsforschung
durchges.	durchgesehene (Auflage)
erg.	ergänzte (Auflage)
erweit.	erweiterte (Auflage)
Eurostat	Statistisches Amt der Europäischen Gemeinschaften
IfAG	Institut für Angewandte Geodäsie (bis 08/1997)
IfL	Leibniz-Institut für Länderkunde (ehem. Institut für Länderkunde, bis 05/2003)
Konstr.	Konstruktion, Kartenentwurf, Kartographische Datenaufbereitung bzw. -verarbeitung
neubearb.	neubearbeitete (Auflage)
NIW	Niedersächsisches Institut für Wirtschaftsforschung
o.J.	ohne Jahr
Red.	redaktionell, Redaktion
StÄdBL	Statistische Ämter des Bundes und der Länder
StÄdL	Statistische Ämter der Länder
StBA	Statistisches Bundesamt
StLA	Statistisches Landesamt
StLÄ	Statistische Landesämter
überarb.	überarbeitete (Auflage)
unveränd.	unveränderte (Auflage)
unveröff.	unveröffentlicht(e)
versch.	verschiedene
zgl.	zugleich
zit.	zitiert
ZMP	Zentrale Markt- und Preisberichtstelle für Erzeugnisse der Land, Forst- und Ernährungswirtschaft GmbH

Nationalatlas Bundesrepublik Deutschland

Herausgeber: Leibniz-Institut für Länderkunde, Schongauerstr. 9, 04329 Leipzig

Projektleitung: Prof. Dr. S. Lentz, Dr. S. Tzschaschel

Verantwortliche

für Redaktion: Dr. S. Tzschaschel

für Kartenredaktion: Dr. K. Großer

Mitarbeiter

Redaktion: Dipl.-Geogr. V. Bode, D. Hänsgen (M.A.), Dr. S. Tzschaschel unter Mitarbeit von: Dr. G. Herfert, G. Mayr, S. Naumann

Kartenredaktion: Dipl.-Ing. (FH) S. Dutzmann, Dr. K. Großer, Dipl.-Ing. f. Kart. B. Hantzsch, Dipl.-Ing. (FH) W. Kraus

Kartographie: Dipl.-Ing. (FH) K. Baum, Dipl.-Ing. (FH) J. Blauhut, Kart. R. Bräuer, Dipl.-Ing. (FH) S. Dutzmann, stud. ing. P. Grießmann, Dipl.-Ing. f. Kart. B. Hantzsch, Dipl.-Ing. (FH) W. Kraus, A. Müller (Azubi), Kart. P. Mund, Kart. R. Richter, Kart. M. Schmiedel

Elektr. Ausgabe: Dipl.-Geogr. C. Hanewinkel, Dipl.-Geogr. E. Losang und Dipl. Geogr. S. Wagner

Satz, Gesamtgestaltung und Technik: Dipl.-Ing. J. Rohland

Bildauswahl: Dipl.-Geogr. V. Bode

Repro.-Fotografie: K. Ronniger

Anhang: D. Hänsgen (M.A.)

Hinweis

Bibliograpisch nicht nachgewiesene bzw. nur vermutete Angaben, Auslassungen sowie ergänzende und erläuternde Hinweise, die nicht zu den Literaturangaben gehören, stehen in eckigen Klammern.

S. 10-11: Deutschland auf einen Blick

Autoren: Dirk Hänsgen, M.A. und Dipl.-Ing. f. Kart. Birgit Hantzsch, Leibniz-Institut für Länderkunde, Schongauerstr. 9, 04329 Leipzig

Kartographische Bearbeiter

Abb. 1: Konstr: J. Blauhut, U. Hein; Bearb: J. Blauhut

Abb. 2: Red: B. Hantzsch; Bearb: B. Hantzsch, R. Bräuer

Literatur

BREITFELD, K. u.a. (1992): Das vereinte Deutschland. Eine kleine Geographie. Leipzig.

FRIEDLEIN, G. u. F.-D. GRIMM (1995): Deutschland und seine Nachbarn. Spuren räumlicher Beziehungen. Leipzig.

SPERLING, W. (1997): Germany in the Nineties. In: HECHT, A. u. A. PLETSCH (Hrsg.): Geographies of Germany and Canada. Paradigms, Concepts, Stereotypes, Images. Hannover (= Studien zur internationalen Schulbuchforschung. Band 92), S. 35-49.

STBA (Hrsg.) (2002a): Bodenfläche nach Art der tatsächlichen Nutzung [Auszug]. Methodische Erläuterungen und Eckzahlen 2001. Wiesbaden (= Fachserie 3: Land- und Forstwirtschaft, Fischerei. Reihe 5.1). Online im Internet unter: http://www.destatis.de/download/veroe/eckzahlen01.pdf

STBA (Hrsg.) (2002b): Gemeindeverzeichnis GV 2000 (Auszug aus den Gemeindedaten) Jahresausgabe zum 31.12. 2001. Wiesbaden.

STBA (Hrsg.) (jährlich): Statistisches Jahrbuch für die Bundesrepublik Deutschland. Wiesbaden.

STBA: Basisdaten Geographie online im Internet unter: http://www.destatis.de

Quellen von Karten und Abbildungen

Abb. 1: Bevölkerungsdichte am 31.12. 2001: STBA (Hrsg.) (2002b).

Abb. 2: Geographische Übersicht: BKG (Hrsg.): Digitales Landschaftsmodell 1:1.000.000 (DLM 1000). BSH (Hrsg.) (versch. Jahre): Seekarte Nord- und Ostsee (Übersichtskarte). Blätter: 50 Deutsche Bucht 1:375.000 (1995), 61 Die südliche Ostsee von Arkona bis Rozewie (Rixhöft) 1:300.000 (1995) u. 64 Südliche Ostsee, westlicher Teil, Belte und Sund 1:300.000 (1997). SONDERSTELLE FÜR VERMESSUNGSWESEN BEIM WASSER- UND SCHIFFFAHRTSAMT REGENSBURG (2002): Bundeswasserstraßen. Informationen für die Sportschifffahrt. Ca. 1:3.000.000. COMMON WADDEN SEA SECRETARIAT u. RIJKSINSTITUUT VOOR KUST EN ZEE (1998): Das Ems-Dollart Gebiet / The Ems-Dollard Area. Ca. 1:194.000.

S. 12-21: Unternehmen und Märkte – eine Einführung

Autoren: Prof. Dr. Hans-Dieter Haas und Dr. Martin Heß unter Mitarbeit von Hans-Martin Zademach, MSc (LSE), Institut für Wirtschaftsgeographie der Ludwig-Maximilians-Universität München, Ludwigstr. 28, 80539 München

Prof. Dr. Werner Klohn und Prof. Dr. Hans-Wilhelm Windhorst, Institut für Strukturforschung und Planung in agrarischen Intensivgebieten (ISPA) der Hochschule Vechta, Universitätsstr. 5, 49377 Vechta.

Kartographische Bearbeiter

Abb. 1, 2, 10, 13, 14, 15: Red: K. Großer; Bearb: A. Müller

Abb. 3: Konstr: S. Lindemann; Red: K. Großer; Bearb: H. Sladowski, P. Mund

Abb. 4: Konstr: A. Müller; Red: B. Hantzsch; Bearb: A. Müller, R. Richter

Abb. 5, 8, 12, 17: Konstr: BBR; Red: K. Großer; Bearb: P. Mund

Abb. 6, 7: Konstr: M. Osterhold, H.-M. Zademach; Red: K. Großer; Bearb: F. Eder, K. Baum

Abb. 9: Red: K. Großer; Bearb: R. Richter

Abb. 11: Konstr: M. Hess; Red: K. Großer; Bearb: M. Hess, R. Richter

Abb. 16: Konstr: S. Dutzmann; Red: S. Dutzmann; Bearb: A. Müller

Literatur

BATHELT, H. u. J. GLÜCKLER (2003): Wirtschaftsgeographie. Ökonomische Beziehungen in räumlicher Perspektive. 2. korrigierte Aufl. Stuttgart (= UTB für Wissenschaft 8217).

BAUER-EMMERICHS, M., O. REGER u. P. SEEKER (Red.) (2000): Wirtschaft heute. 4. völlig neu bearb. Aufl. Bonn.

BBR (Hrsg.) (2004): Indikatoren und Karten zur Raumentwicklung [INKAR]. Ausgabe 2003. Bonn (= CD-ROM zu Berichte. Band 17).

BROCKHAUS-REDAKTION (Hrsg.) (2003): Der Brockhaus Wirtschaft. Betriebs- und Volkswirtschaft, Börse, Finanzen, Versicherungen und Steuern. Mannheim, Leipzig.

DICKEN, P. u. P. LLOYD (1999): Standort und Raum. Theoretische Perspektiven in der Wirtschaftsgeographie. Aus dem Englischen von Dr. Stephanie Höpfner. Stuttgart (= UTB für Wissenschaft: Große Reihe 8179).

ECKART, K. (1998): Agrargeographie Deutschlands. Agrarraum und Agrarwirtschaft Deutschlands im 20. Jahrhundert. Gotha, Stuttgart (= Perthes GeographieKolleg).

FASSMANN, H. u. P. MEUSBURGER (1997): Arbeitsmarktgeographie. Erwerbstätigkeit und Arbeitslosigkeit im räumlichen Kontext. Stuttgart (= Teubner Studienbücher der Geographie).

FOURASTIÉ, J. (1949): Le Grand Espoir du XXe Siècle. Progrès technique, Progrès économique, Progrès social. [Die große Hoffnung des zwanzigsten Jahrhunderts]. Paris. [Übersetzte Ausgabe, Köln-Deutz, 1954].

GROTEWOLD, A. (1993): Welthandel in Raum und Zeit. Eine Einführung in die Handelsgeographie. Trier.

GÜNTERBERG, B. u. H.-J. WOLTER (2003): Unternehmensgrößenstatistik 2001/2002. Daten und Fakten. Bonn (= Institut für Mittelstandsforschung: IfM-Materialien. Nr. 157). Auch online im Internet unter: http://www.ifm-bonn.org

HEINRITZ, G. (Hrsg.) (1999): Die Analyse von Standorten und Einzugsbereichen. Methodische Grundfragen der geographischen Handelsforschung. Passau (= Geographische Handelsforschung. Band 2).

HEINRITZ, G., K. E. KLEIN u. M. POPP (2003): Geographische Handelsforschung. Berlin, Stuttgart (= Studienbücher der Geographie).

KEIM, H. u. H. STEFFENS (Hrsg.) (2000): Wirtschaft Deutschland. Daten – Analysen – Fakten. Köln.

Klohn, W. u. H.-W. Windhorst (2002): Strukturen der Wald- und Forstwirtschaft. Vechta (= Vechtaer Materialien zum Geographieunterricht. Heft 9).

Klohn, W. u. H.-W. Windhorst (2003): Die Landwirtschaft in Deutschland. 4. erweit. Aufl. Vechta (= Vechtaer Materialien zum Geographieunterricht. Heft 3).

Krätke, S. (1995): Stadt – Raum – Ökonomie. Einführung in aktuelle Problemfelder der Stadtökonomie und Wirtschaftsgeographie. Basel, Boston, Berlin (= Stadtforschung aktuell. Band 53).

Kulke, E. (Hrsg.) (1998): Wirtschaftsgeographie Deutschlands. Gotha, Stuttgart (= Perthes GeographieKolleg).

Maier, J. u. R. Beck (2000): Allgemeine Industriegeographie. Gotha, Stuttgart (= Perthes GeographieKolleg).

Mückenberg, U. u. M. Menzl (Hrsg.) (2002): Der Global Player und das Territorium. Opladen (= Schriftenreihe der HWP – Hamburger Universität für Wirtschaft und Politik. Band 10).

Pollert, A., B. Kirchner u. J. M. Polzin (2004): Das Lexikon der Wirtschaft. Grundlegendes Wissen von A-Z. Bonn (= Bundeszentrale für politische Bildung: Schriftenreihe. Band 414).

Reichart, T. (1999): Bausteine der Wirtschaftsgeographie. Eine Einführung. Bern, Stuttgart, Wien (= UTB für Wissenschaft: Uni-Taschenbücher 2067).

Ritter, W. (1994): Welthandel. Geographische Strukturen und Umbrüche im internationalen Warentausch. Darmstadt (= Erträge der Forschung. Band 284).

Ritter, W. (1998): Allgemeine Wirtschaftsgeographie. Eine systemtheoretisch orientierte Einführung. 3. überarb. u. erweit. Aufl. München, Wien.

Schamp, E. W. (2000): Vernetzte Produktion. Industriegeographie aus institutioneller Perspektive. Darmstadt.

Schätzl, L. (1994): Wirtschaftsgeographie 3. Politik. 3. überarb. Aufl. Paderborn u.a. (= UTB für Wissenschaft: Uni-Taschenbücher 1383).

Schätzl, L. (2000): Wirtschaftsgeographie 2. Empirie. 3. überarb. u. erweit. Aufl. Paderborn u.a. (= UTB für Wissenschaft: Uni-Taschenbücher 1052).

Schätzl, L. (2003): Wirtschaftsgeographie 1. Theorie. 9. Aufl. Paderborn u.a. (= UTB für Wissenschaft: Uni-Taschenbücher 782).

Sedlacek, P. (1994): Wirtschaftsgeographie. Eine Einführung. 2. unveränd. Aufl. Darmstadt (= Die Geographie).

Voppel, G. (1999): Wirtschaftsgeographie. Räumliche Ordnung der Weltwirtschaft unter marktwirtschaftlichen Bedingungen. Stuttgart, Leipzig (Teubner Studienbücher der Geographie).

Wagner, H.-G. (1994): Wirtschaftsgeographie. 2. neubearb. Aufl. Braunschweig (= Das Geographische Seminar).

Welt-Report: Deutschlands Große 500 [Die WELT-Rangliste der deutschen Wirtschaft] (2003). In: DIE WELT vom 20. Juni 2003, Beilage S. WR1-WR6. Auch online im Internet als „Top500 der deutschen Unternehmen 2002“ unter: http://www.welt.de/go/top500

Quellen von Karten und Abbildungen

Abb. 1: Beschäftigtenanteile der Unternehmensgrößenklassen 2000: Günterberg, B. u. H.-J. Wolter (2003), Kap. 5, S. 165, Tab. 5.

Abb. 2: Selbstständigenquote 1999: Günterberg, B. u. H.-J. Wolter (2003), Kap. 14, S. 316, Tab. 6.

Abb. 3: Tertiärisierungsgrad und Beschäftigte in den Wirtschaftssektoren 1999: Haas, H.-D. u. S. Lindemann (2000): Dienstleistungsstandort Bayern. Ein Gutachten des Instituts für Wirtschaftsgeographie der Ludwig-Maximilians-Universität (LMU) München im Auftrag des Bayerischen Staatsministeriums für Wirtschaft, Verkehr und Technologie. München, S. 67.

Abb. 4: Hauptsitze der 500 größten Unternehmen 2002: Welt-Report: Deutschlands Große 500 [Die WELT-Rangliste der deutschen Wirtschaft] (2003).

Abb. 5: Entwicklung des Wohnungsbaus 1995-2000: BBR (Hrsg.) (2004), Tab. 14, Indikator 4.

Abb. 6: Importquoten und Veränderung der Importe 1991-2000,

Abb. 7: Exportquoten und Veränderung der Exporte 1991-2000: Haas, H.-D., H.-M. Zademach u. L. Beck (2002): Zur volkswirtschaftlichen Bedeutung der Importwirtschaft für den Wirtschaftsstandort Bayern. Untersuchung der ökonomischen Relevanz und der Entwicklungsmöglichkeiten der bayerischen Importwirtschaft unter besonderer Berücksichtigung des Importhandels. Unveröff. Forschungsbericht im Auftrag des Landesverbandes Groß- und Außenhandel, Vertrieb und Dienstleistungen Bayern, LGAD e.V. München.

Abb. 8: Relativer Umsatz im Bauhauptgewerbe 2000: BBR (Hrsg.) (2004), Tab. 14, Indikator 14.

Abb. 9: Standorte des Kombinates Carl Zeiss Ende der 1980er Jahre: Wildermuth, H.-P. (1998): Struktur und Vernetzung forschungsorientierter Institutionen und Unternehmen der Technologieregion Jena in der Systemtransformation. In: Nuhn, H. (Hrsg.): Thüringer Industriestandorte in der Systemtransformation. Technologisches Wissen und Regionalentwicklung. Münster (= Arbeitsberichte zur wirtschaftsgeographischen Regionalforschung. Band 5), S. 7-48, S. 26, Tab. 5. W. Wimmer, Carl Zeiss Archiv, Carl Zeiss Jena GmbH, Jena 2004.

Abb. 10: Staatliche Leistungen für Ostdeutschland 1991-1998: Zur Wirtschaftslage in Ostdeutschland (1998). In: Deutsche Bundesbank: Monatsbericht April 1998. Nr. 4, S. 41-54, Tab. S. 53.

Abb. 11: Technologieintensität der Wirtschaft 2000: Prognos AG (2002): Technologieatlas 2002. Erfolgsfördernde Faktoren der technologischen Leistungsfähigkeit in Regionen. [Eine Untersuchung der Prognos AG in Zusammenarbeit mit der Wirtschaftswoche]. Basel u.a.

Abb. 12: Veränderung der Arbeitslosenquote 1995-2002: BBR (Hrsg.) (2004), Tab. 10, Indikator 2.

Abb. 13: Verschuldung je Einwohner im Dezember 2003: Bundesministerium der Finanzen, Berlin 2004.

Abb. 14: Emissionen an Treibhausgas 1990-2001,

Abb. 15: Energieintensität der Wirtschaft 1991-2001: Eurostat: Europa – Eurostat – Statistical Office of the European Communities – Main Access page [Strukturindikatoren, Umwelt, Indikatoren en010 u. en020]: online im Internet unter: http://europa.eu.int/comm/eurostat/

Abb. 16: Agrarpolitik – Ausgezahlte EAGFL-Mittel 2001: Kommission der Europäischen Gemeinschaften (Hrsg.) [2004]: Die Lage der Landwirtschaft in der Europäischen Union. Bericht 2002. [Veröffentlicht im Zusammenhang mit dem Gesamtbericht über die Tätigkeit der Europäischen Union – 2003.] Brüssel, Luxemburg, S. 125, Tab. 7.2.2. StBA (Hrsg.) (2003): Statistisches Jahrbuch 2003 für das Ausland. Wiesbaden, S. 24. Eigene Berechnung.

Abb. 17: Steuereinnahmen je Einwohner 2000: BBR (Hrsg.) (2004), Tab. 9, Indikator 1.

Bildnachweis

S. 12: Carl Zeiss in Jena – 1945 / heute: © Carl Zeiss

S. 13: Zuckerrübenernte: © Südzucker AG

S. 21: Siemens Werk Leipzig (Handy-Produktion) – Fabrik des Jahres 2001: © Jens Rohland, www.rohlands.de

S. 22-23: Wirtschaftswunder, Planwirtschaft, Vereinigung und Transformation

Autor: Prof. Dr. Dr. h.c. Rüdiger Pohl, Institut für Wirtschaftsforschung Halle, Kleine Märkerstr. 8, 06108 Halle (Saale) und Wirtschaftswissenschaftliche Fakultät der Martin-Luther-Universität Halle-Wittenberg, Universitätsring 3, 06108 Halle (Saale)

Kartographische Bearbeiter

Abb. 1, 2, 3, 4, 8, 9, 10: Konstr: R. Pohl; Red: K. Großer; Bearb: R. Bräuer

Abb. 5, 7: Konstr: R. Pohl; Red: K. Großer; Bearb: A. Müller

Abb. 6: Konstr: R. Pohl; Red: K. Großer; Bearb: R. Richter

Literatur

Deutsche Bundesbank (Hrsg.) (1998): 50 Jahre Deutsche Mark. [Buch] Notenbank und Währung in Deutschland seit 1948. [CD-ROM] Monetäre Statistiken 1948-1997. München.

Europäische Kommission (Hrsg.) [2004]: The EU economy: 2003 review. Luxemburg (= European Economy. Nr. 6/2003).

StBA (Hrsg.) (2000): Entstehung und Verwendung des Bruttoinlandsprodukts 1970 bis 1990. Wiesbaden (= Sonderreihe mit Beiträgen für das Gebiet der ehemaligen DDR. Heft 33).

Quellen von Karten und Abbildungen

Abb. 1: Durchschnittliche jährliche Veränderung des realen Bruttoinlandprodukts 1991-2000: Europäische Kommission (Hrsg.) [2004], S. 376f., Tab. 10.

Abb. 2: Arbeitslosigkeit 2000: Europäische Kommission (Hrsg.) [2004], S. 348f., Tab. 3.

Abb. 3: Jährliche Veränderung des Bruttoinlandsprodukts 1992-2003: Arbeitskreis „Volkswirtschaftliche Gesamtrechnung der Länder“, StÄdBL.

Abb. 4: Abgabenquote 1960-2003: Bundesministerium der Finanzen (2003): Datensammlung zur Steuerpolitik [Februar 2003]. Berlin, S. 7. Arbeitsgemeinschaft deutscher wirtschaftswissenschaftlicher Forschungsinstitute e.V. (2004): Die Lage der Weltwirtschaft und der deutschen Wirtschaft im Frühjahr 2004 [Gemeinschaftsdiagnose (GD) Frühjahr 2004]. Hamburg.

Abb. 5: Bruttoinlandsprodukt je Einwohner 1950-1990: Deutsche Bundesbank (Hrsg.) (1998), CD-ROM, Tab. 2.2.

Abb. 6: Bruttoinlandsprodukt, Arbeitslosigkeit und Preisindex 1950-1993: Deutsche Bundesbank (Hrsg.) (1998), CD-ROM, Tab. 2.1, Tab. 2.2 u. Tab. 2.4. Sachverständigenrat zur Begutachtung der gesamtwirtschaftlichen Entwicklung [1971]: Jahresgutachten 1970/71: Konjunktur im Umbruch - Risiken und Chancen -. Stuttgart, Mainz, Tab. 70. Deutsche Bundesbank (1994): Monatsbericht April 1994. Nr. 4.

Abb. 7: Bruttoinlandsprodukt 1970-1989: StBA (Hrsg.) (2000), S. 89.

Abb. 8: Erwerbstätige 1970-1989: StBA (Hrsg.) (2000), S. 186 ff.

Abb. 9: Berufstätige in den produzierenden und nichtproduzierenden Bereichen 1949-1989: Staatliche Zentralverwaltung für Statistik (Hrsg.) (1988): Statistisches Jahrbuch der Deutschen Demokratischen Republik 1988. Berlin. Statistisches Amt der DDR (Hrsg.) (1990): Statistisches Jahrbuch der Deutschen Demokratischen Republik '90. Berlin, S. 18-19.

Abb. 10: Erwerbstätigenstruktur 1950-1990: Deutsche Bundesbank (Hrsg.) (1998), CD-ROM, Tab. 2.1.

S. 24-27: Die deutsche Agrarwirtschaft im Wandel

Autoren: Prof. Dr. Werner Klohn, Institut für Strukturforschung und Planung in agrarischen Intensivgebieten (ISPA) der Hochschule Vechta, Universitätsstr. 5, 49377 Vechta

Prof. Dr. Walter Roubitschek, Advokatenweg 2, 06114 Halle (Saale)

Kartographische Bearbeiter

Abb. 1: Konstr: B. Grabkowsky; Red: K. Großer; Bearb: P. Grießmann

Abb. 2, 3, 4, 7: Konstr: W. Klohn; Red: K. Großer; Bearb: A. Müller

Abb. 5, 6, 11: Red: K. Großer; Bearb: P. Mund

Abb. 8: Red: K. Großer; Bearb: K. Baum

Abb. 9: Red: K. Großer; Bearb: W. Roubitschek, R. Richter

Abb. 10: Konstr: W. Klohn; Red: K. Großer; Bearb: P. Mund

Abb. 12, 13: Konstr: IfL; Red: K. Großer; Bearb: K. Baum

Abb. 14: Konstr: W. Roubitschek; Red: W. Roubitschek; K. Großer; Bearb: G. Bursian, Th. Chudy, K. Baum

Literatur

Eckart, K. (1998): Agrargeographie Deutschlands. Agrarraum und Agrarwirtschaft Deutschlands im 20. Jahrhundert. Gotha (= Perthes GeographieKolleg).

Eckart, K. u. H.-F. Wollkopf (1994): Landwirtschaft in Deutschland. Veränderungen der regionalen Agrarstruktur in Deutschland zwischen 1960 und 1992. Leipzig (= Beiträge zur Regionalen Geographie. Band 36).

Hohmann, K. (1984): Agrarpolitik und Landwirtschaft in der DDR. In: Geographische Rundschau. Heft 12, S. 598-604.

Klohn, W. u. H.-W. Windhorst (2001): Die Landwirtschaft in Deutschland. 3. aktual. Aufl. Vechta (= Vechtaer Materialien zum Geographieunterricht. Heft 3).

Roubitschek, W. (1993): Zum Strukturwandel der ostdeutschen Landwirtschaft. In: Österreich in Geschichte und Literatur mit Geographie. Heft 1, S. 32-43.

Wollkopf, H.-F. (1997): Von LPG zu Wiedereinrichtern und „Autobahnbauern“: Grundzüge des agrarwirtschaftlichen Umbruchs. In: Meyer, G. (Hrsg.): Von der Plan- zur Marktwirtschaft. Wirtschafts- und sozialgeographische Entwicklungsprozesse in den neuen Bundesländern. Mainz (= Mainzer Kontaktstudium Geographie. Band 3), S. 153-166.

Quellen von Karten und Abbildungen

Abb. 1: Anzahl der landwirtschaftlichen Betriebe 1960-1990,

Abb. 2: Anzahl der Schlepper 1950-1990,

Abb. 3: Mineraldüngereinsatz 1950-2002: BML/BMVEL (versch. Jahrgänge): Statistisches Jahrbuch über Ernährung, Landwirtschaft und Forsten der Bundesrepublik Deutschland. Münster-Hiltrup.

Abb. 4: Durchschnittlicher Viehbestand der viehhaltenden Betriebe 1950-2001: BML/BMVEL (versch. Jahrgänge): Statistisches Jahrbuch über Ernährung, Landwirtschaft und Forsten der Bundesrepublik Deutschland. Münster-Hiltrup. Viehzählung 2001, StÄdL.

Abb. 5: Effizienz in der Landwirtschaft 1989: Erträge/ Berufstätige und Nettoprodukt in der Landwirtschaft,

Abb. 6: Daten zur Landwirtschaft der DDR im Wendejahr 1989: Statistisches Amt der DDR (1990): Statistisches Jahrbuch der Land-, Forst- und Nahrungsgüterwirtschaft 1990. Berlin. StBa (Hrsg.) (versch. Jahrgänge): Statistisches Jahrbuch für die Bundesrepublik Deutschland. Wiesbaden.

Abb. 7: Anteil der Betriebe verschiedener Rechtsformen an der landwirtschaftlichen Nutzfläche 1999,

Abb. 8: Durchschnittliche Betriebsgrößen 1999: Deutscher Bauernverband (Hrsg.) (2000): Argumente 2001. Trends und Fakten zur wirtschaftlichen Lage der deutschen Landwirtschaft. Bonn, S. 182.

Abb. 9: Vorherrschende Betriebsgrößen um 1925: Statistisches Reichsamt (Bearb.) (1934): Deutscher Landwirtschafts-Atlas. Berlin, Karten 4-8.

Abb. 10: Verkaufserlöse der Landwirtschaft 2001: BMVEL (Hrsg.) (2002): Statistisches Jahrbuch über Ernährung, Landwirtschaft und Forsten der Bundesrepublik Deutschland 2002. Münster-Hiltrup, S. 163, Tab 183.

Abb. 11: Wirtschaftliche Bedeutung von Landwirtschaft und „Agribusiness“ 2000: Deutscher Bauernverband (Hrsg.) (2002): Situationsbericht 2003. Trends und Fakten zur Landwirtschaft. Bonn, S. 37.

Abb. 12: Ernährungswirtschaftliche Ein- und Ausfuhr 2001 – Einfuhr,

Abb. 13: Ernährungswirtschaftliche Ein- und Ausfuhr 2001 – Ausfuhr: BMVEL (Hrsg.) (2002): Statistisches Jahrbuch über Ernährung, Landwirtschaft und Forsten der Bundesrepublik Deutschland 2002. Münster-Hiltrup, S. 351, Tab. 393 u. S. 369, Tab. 408.

Abb. 14: Anteil und Größe der landwirtschaftlichen Haupterwerbsbetriebe 1999: StÄdBL (Hrsg.) (2001): [CD-ROM] Statistik regional. Daten und Informationen der Statistischen Ämter des Bundes und der Länder. Ausgabe 2001. Düsseldorf, Tab. 115-31 u. 115-32. Landwirtschaftszählung 1999, StÄdL.

S. 28-29: Landwirtschaftliche Bodennutzung

Autoren: Dr. Rudolf Hüwe, Beuditzstr. 121, 06667 Weißenfels

Prof. Dr. Walter Roubitschek, Advokatenweg 2, 06114 Halle (Saale)

Kartographische Bearbeiter

Abb. 1: Red: K. Großer; Bearb: P. Mund

Abb. 2: Konstr: G. Bursian, Th. Chudy; Red: K. Großer; Bearb: K. Baum

Abb. 3: Konstr: G. Bursian, Th. Chudy; Red: K. Großer; Bearb: P. Mund

Abb. 4, 5: Konstr: G. Bursian; Red: K. Großer; Bearb: R. Richter

Literatur

Diepenbrock, W. (1999): Spezieller Pflanzenbau. 3. neubearb. u. erg. Aufl. Stuttgart (= UTB für Wissenschaft 111).

Hempel, G. u.a. [Hrsg.] (2003): Biodiversität und Landschaftsnutzung in Mitteleuropa. Leopoldina-Symposium vom 2. bis 5. Oktober 2001 in Bremen. Stuttgart (= Nova Acta Leopoldina, Neue Folge. Nr. 328, Band 87).

Körber-Grohne, U. (1987): Nutzpflanzen in Deutschland. Kulturgeschichte und Biologie. Stuttgart.

Lütke Entrup, N. u. J. Oehmichen [Hrsg.] (2000): Lehrbuch des Pflanzenbaues. Band 1: Grundlagen. Band 2: Kulturpflanzen. Gelsenkirchen.

Urff, W. v., H. Ahrens u. E. Neander (Hrsg.) (2002): Landbewirtschaftung und nachhaltige Entwicklung ländlicher Räume. Hannover (= ARL Forschungs- und Sitzungsberichte. Band 214).

Quellen von Karten und Abbildungen

Abb. 1: Anbau- und Ertragsentwicklung 1935/38-2000: StBA (Hrsg.) (versch. Jahrgänge): Statistisches Jahrbuch für die Bundesrepublik Deutschland. Wiesbaden. Staatliche Zentralverwaltung für Statistik/ Statistisches Amt der DDR (Hrsg.) (versch. Jahrgänge): Statistisches Jahrbuch der Deutschen Demokratischen Republik. Berlin.

Abb. 2: Erzeugungsrichtungen der Landwirtschaft: StÄdBL (Hrsg.) (2001): [CD-ROM] Statistik regional. Daten und Informationen der Statistischen Ämter des Bundes und der Länder. Ausgabe 2001. Düsseldorf, Tab. 115-34.

Abb. 3: Bonität der agraren Nutzflächen: unveröff. Arbeitsdatei, Referat 125: Steuerangelegenheiten, Boden- und Betriebsbewertung, BMVEL, Bonn/ Berlin 2001.

Abb. 4: Profil Emsland – Oberlausitz,

Abb. 5: Profil Bodensee – Vorpommern: StÄdBL (Hrsg.) (2001): [CD-ROM] Statistik regional. Daten und Informationen der Statistischen Ämter des Bundes und der Länder. Ausgabe 2001. Düsseldorf, Tab. 115-01 u. 115-02 GE.

Bildnachweis

S. 28: Getreideanbaufläche; Grünland: © CLAAS Bildarchiv

S. 30-31: Getreide – unser Grundnahrungsmittel

Autoren: Dr. Rudolf Hüwe, Beuditzstr. 121, 06667 Weißenfels

Prof. Dr. Walter Roubitschek, Advokatenweg 2, 06114 Halle (Saale)

Kartographische Bearbeiter

Abb. 1, 2: Red: K. Großer; Bearb: A. Müller

Abb. 3: Red: K. Großer; Bearb: R. Bräuer, A. Müller

Abb. 4: Konstr: G. Bursian, Th. Chudy, J. Blauhut; Red: K. Großer; Bearb: J. Blauhut, R. Richter

Literatur

Bittermann, E. (1956): Die landwirtschaftliche Produktion in Deutschland 1800 bis1950. Ein methodischer Beitrag zur Ermittlung der Veränderungen des Umfangs der landwirtschaftlichen Produktion und der Ertragssteigerung in den letzten 150 Jahren. In: Kühn-Archiv. Band 70, Heft 1, S. 1-149.

Lütke Entrup, N. u. J. Oehmichen [Hrsg.] (2000): Lehrbuch des Pflanzenbaues. Band 2: Kulturpflanzen. Gelsenkirchen.

Klohn, W. u. H.-W. Windhorst (2001): Die Landwirtschaft in Deutschland. 3. aktual. Aufl. Vechta (= Vechtaer Materialien zum Geographieunterricht. Heft 3).

ZMP (2001): ZMP-Marktbilanz. Getreide, Ölsaaten, Futtermittel. Deutschland, Europäische Union, Weltmarkt. Bonn.

Quellen von Karten und Abbildungen

Abb. 1: Getreideerträge 1800-2000: Bittermann, E. (1956), S. 33 ff. StBA (Hrsg.) (versch. Jahrgänge): Statistisches Jahrbuch für die Bundesrepublik Deutschland. Wiesbaden.

Abb. 2: Getreideerträge 1995 und 2000: ZMP (2001), S. 56.

Abb. 3: Anbau, Erträge und Ernten der Getreidearten 1995 und 2000: ZMP (2001), S. 40.

Abb. 4: Mittlere jährliche Getreideernten und -erträge 1998-2000: StÄdBL (Hrsg.) (versch. Jahrgänge): [CD-ROM] Statistik regional. Daten und Informationen der Statistischen Ämter des Bundes und der Länder. Düsseldorf, Tab. 115-36.

S. 32-33: Sonderkulturen – spezielle Formen intensiver Landnutzung

Autor: PD Dr. Andreas Voth, Institut für Strukturforschung und Planung in agrarischen Intensivgebieten (ISPA) der Hochschule Vechta, Universitätsstr. 5, 49377 Vechta

Kartographische Bearbeiter

Abb. 1, 3: Konstr: A. Voth; Red: A. Voth, W. Kraus; Bearb: P. Grießmann

Abb. 2: Konstr: A. Voth; Red: A. Voth, W. Kraus; Bearb: A. Müller

Literatur

BMVEL (Hrsg.) (2001): Statistisches Jahrbuch über Ernährung, Landwirtschaft und Forsten der Bundesrepublik Deutschland 2001. Münster-Hiltrup.

Glaser, G. (1967): Der Sonderkulturanbau zu beiden Seiten des nördlichen Oberrheins zwischen Karlsruhe und Worms. Eine agrargeographische Untersuchung unter besonderer Berücksichtigung des Standortproblems. Heidelberg (= Heidelberger Geographische Arbeiten. Heft 18).

Klohn, W. (1993): Der räumliche Produktionsverbund des Hopfenanbaus bei Wolnzach (Hallertau). In: Windhorst, H.-W. (Hrsg.): Räumliche Verbundsysteme in der Agrarwirtschaft. Vechta (= Vechtaer Studien zur Angewandten Geographie und Regionalwissenschaft. Band 11), S. 21-50.

Mischorr, T. u. G. Ebert (Red.) (1996): Hat der deutsche Obst- und Gemüsebau eine Zukunft? Produktion und Absatz im Spannungsfeld von Welthandel und Europäischer Union. Hrsg. von der Humboldt-Universität zu Berlin, Landwirtschaftlich-Gärtnerische Fakultät, Institut für Gärtnerischen Pflanzenbau, Fachgebiet Obstbau. Berlin (= Schriftenreihe des Fachgebietes Obstbau. Nr. 5).

Pez, P. (1989): Sonderkulturen im Umland von Hamburg. Eine standortanalytische Untersuchung. Kiel (= Kieler Geographische Schriften. Band 71).

StBA (2001a): Bodennutzung der Betriebe (Landwirtschaftlich genutzte Flächen). Bundes- und Länderergebnisse. Wiesbaden (= Fachserie 3: Land- und Forstwirtschaft, Fischerei. Reihe 3.1.2).

StBA (2001b): Gemüseanbauflächen. Bundes- und Länderergebnisse. Wiesbaden (= Fachserie 3: Land- und Forstwirtschaft, Fischerei. Reihe 3.1.3).

Teuteberg, H.-J. (1998): Obst im historischen Rückspiegel – Anbau, Handel, Verzehr. In: Zeitschrift für Agrargeschichte und Agrarsoziologie. Heft 2, S. 168-199.

Voth, A. (2002): Innovative Entwicklungen in der Erzeugung und Vermarktung von Sonderkulturprodukten – dargestellt an Fallstudien aus Deutschland, Spanien und Brasilien. Vechta (= Vechtaer Studien zur Angewandten Geographie und Regionalwissenschaft. Band 24).

Voth, A. (2003): Aufwertung regionaltypischer Produkte in Europa durch geographische Herkunftsbezeichnungen. In: Europa Regional. Heft 1, S. 2-11.

ZMP (versch. Jahrgänge): ZMP-Marktbilanz Gemüse. Deutschland, Europäische Union, Weltmarkt. Bonn.

ZMP (versch. Jahrgänge): ZMP-Marktbilanz Obst. Deutschland, Europäische Union, Weltmarkt. Bonn.

Quellen von Karten und Abbildungen

Abb. 1: Entwicklung der Sonderkulturflächen 1991-2000: StBA (versch. Jahrgänge): Bodennutzung der Betriebe (Landwirtschaftlich genutzte Flächen). Bundes- und Länderergebnisse. Wiesbaden (= Fachserie 3: Land- und Forstwirtschaft, Fischerei. Reihe 3.1.2). StBA (versch. Jahrgänge): Gemüseanbauflächen. Bundes- und Länderergebnisse. Wiesbaden (= Fachserie 3: Land- und Forstwirtschaft, Fischerei. Reihe 3.1.3).

Abb. 2: Anbauflächen ausgewählter Sonderkulturen 1992-2000: StBA zit. nach ZMP (versch. Jahrgänge).

Abb. 3: Sonderkulturen 1999: Landwirtschaftszählung 1999 u. Bodennutzungserhebung, StÄdL.

Bildnachweis

S. 32: Erdbeerernte in Langförden (Vechta); Spreewaldgurken mit EU-geschützter Herkunftsbezeichnung: © A. Voth

S. 34-35: Die deutsche Rohstoffindustrie

Autoren: Dr. Thomas Thielemann, Referat B1.23 Energierohstoffe und Dr. Hermann Wagner, Referat B1.21 Metallrohstoffe, Bundesanstalt für Geowissenschaften und Rohstoffe, Stilleweg 2, 30655 Hannover

Kartographische Bearbeiter

Abb. 1, 2, 4: Konstr: T. Thielemann; Red: B. Hantzsch; Bearb: B. Hantzsch

Abb. 3: Konstr: H. Wagner; Red: B. Hantzsch; Bearb: B. Hantzsch

Abb. 5: Konstr: BGR; Red: BGR, W. Kraus; Bearb: BGR, P. Mund

Literatur

Wellmer, F.-W. (2003a): Mineral and energy resources: Economic factor and motor for research and development. In: Zeitschrift der Deutschen Geologischen Gesellschaft. Band 154, Teil 1, S. 1-27.

Wellmer, F.-W. (2003b): Die Rohstoffsituation der Welt. In: Erzmetall. Heft 12, S. 705-717.

Quellen von Karten und Abbildungen

Abb. 1: Beschäftigte in der Rohstoffindustrie 2001: Wellmer, F.-W. (2003a), S. 11, Tab. 6.

Abb. 2: Eisenerzproduktion 1960-2001: Wellmer, F.-W. (2003a), S. 14, Tab. 7a.

Abb. 3: Produktion von Rohstahl, Kupfer, Blei und Zink 1960-2002: Dr. Hermann Wagner, Rohstoffdatenbank des Referates B1.21 (Metallrohstoffe), BGR, Hannover (06/2004).

Abb. 4: Rohstoffverbrauch einer Person im Laufe eines Lebens von 78 Jahren: Wellmer, F.-W. (2003a), S. 6, Tab. 1. Wellmer, F.-W. (2003b), S. 709, Tab. 2.

Abb. 5: Bergbau- und Speicherbetriebe 2002: Bergbehörden der Länder u. BGR (2002): Karte der Bergbau- und Speicherbetriebe Bundesrepublik Deutschland 1:2.000.000. Stand 1.1.2002. 35. Aufl. BGR. Hannover. Wellmer, F.-W. (2003a), S. 6, Tab. 2.

S. 36-37: Die Rohstoffe Erdöl und Erdgas

Autor: Michael Pasternak, Niedersächsisches Landesamt für Bodenforschung (NLfB), Stilleweg 2, 30655 Hannover

Kartographische Bearbeiter

Abb. 1, 3, 4: Konstr: NLfB; Red: W. Kraus; Bearb: P. Mund

Abb. 2: Konstr: NLfB; Red: W. Kraus; Bearb: A. Müller

Abb. 5: Konstr: NLfB; Red: NLfB, W. Kraus; Bearb: NLfB, R. Bräuer

Literatur

BAFA (Bundesamt für Wirtschaft und Ausfuhrkontrolle) (2002): Amtliche Mineralöldaten für die Bundesrepublik Deutschland. Auch online im Internet unter: http://www.bafa.de

ExxonMobil (Hrsg.) (2002): Oeldorado 2002. Hamburg. Online im Internet unter: http://www.exxonmobil.de/unternehmen/service/publikationen/downloads/files/oeldorado2002.pdf

MWV (Mineralölwirtschaftsverband e.V., Hrsg.) (2002): Mineralöl-Zahlen 2001. Hamburg. Aktuelle Version online im Internet unter: http://www.mwv.de

Wittke, F. u. H.-J. Ziesing (2002): Kühle Witterung treibt Primärenergieverbrauch in die Höhe. Der Primärenergieverbrauch in Deutschland im Jahre 2001. In: DIW-Wochenbericht. Nr. 7/2002, S. 109-118. Auch online im Internet unter: http://www.diw.de/deutsch/produkte/publikationen/wochenberichte/docs/02-07-1.html

Quellen von Karten und Abbildungen

Abb. 1: Rohöl- und Erdgasversorgung 2001: Niedersächsisches Landesamt für Bodenforschung (Hrsg.) (2002): Erdöl und Erdgas in der Bundesrepublik Deutschland 2001. Hannover, S. 29, Tab. 8 u. S. 40, Tab. 22. Online im Internet unter: http://www.nlfb.de MWV (2002): MWV aktuell. Nr. 1/02, S. 2. Wittke, F. u. H.-J. Ziesing (2002), Tab. 5.

Abb. 2: Mineralölbilanz 2001: MWV (Hrsg.) (2002), S. 5.

Abb. 3: Rohöl- und Erdgasaufkommen, Anteile am Primärenergieverbrauch (PEV) 1950-2001: Bundesamt für Wirtschaft und Ausfuhrkontrolle, Eschborn. Bundesanstalt für Geowissenschaften und Rohstoffe, Hannover. Bundesministerium für Wirtschaft und Technologie, Bonn/ Berlin. Deutsches Institut für Wirtschaftsforschung, Berlin. Mineralölwirtschaftsverband e.V., Hamburg. Wirtschaftsverband Erdöl- und Erdgasgewinnung e.V., Hannover.

Abb. 4: Sektoraler Inlandsverbrauch an Erdgas 2000: Bundesamt für Wirtschaft und Ausfuhrkontrolle, Eschborn. Bundesministerium für Wirtschaft und Technologie, Berlin.

Abb. 5: Erdöl und Erdgas 2001: MWV (Hrsg.) (2002). Schöneich, H. (2000): [Karte] Gasversorgungsnetze in Deutschland. 1:1 Mio. Essen. Niedersächsisches Landesamt für Bodenforschung, Hannover.

Bildnachweis

S. 36: Die Wilhelmshavener Raffineriegesellschaft mbH kann Tanker mit bis zu 250.000 Tonnen Rohöl und Produkten aufnehmen: © Wilhelmshavener Raffineriegesellschaft mbH

S. 38-39: Standortfaktor Verkehrsinfrastruktur

Autor: Prof. Dr. Andreas Kagermeier, Fach Geographie der Fakultät für Kulturwissenschaften der Universität Paderborn, Warburger Str. 100, 33098 Paderborn

Kartographische Bearbeiter

Abb. 1: Konstr: A. Kagermeier; Red: W. Kraus; Bearb: R. Bräuer

Abb. 2: Konstr: A. Kagermeier; Red: W. Kraus; Bearb: P. Mund

Literatur

BBR (Hrsg.) (2001): Indikatoren und Karten zur Raumentwicklung [INKAR]. Ausgabe 2000. Bonn (= CD-ROM zu Berichte. Band 8).

Eckey, H.-F. u. K. Horn (1994): Auswirkungen des Bundesverkehrswegeplans 1992 auf Hessen/ Rheinland-Pfalz/ Saarland und ihre Regionen. In: ARL (Hrsg.): Verkehrsinfrastruktur und Raumentwicklung in Hessen, Rheinland-Pfalz und dem Saarland. Hannover (= ARL Arbeitsmaterial. Nr. 207), S. 31-123.

Eckey, H.-F. u. W. Stock (2000): Verkehrsökonomie. Eine empirisch orientierte Einführung in die Verkehrswissenschaften. Wiesbaden.

Quellen von Karten und Abbildungen

Abb. 1: Bedeutung von Standortfaktoren 1998: Industrie- und Handelskammer für München und Oberbayern (1998): Ergebnisse einer Befragung von High-Tech-Unternehmen in Bayern. Unveröff. Studie. München.

Abb. 2: Qualität der Verkehrserschließung 1998: BBR (Hrsg.) (2001), Tab. 8, Indikatoren 8, 9, 10 u. 11. Eckey, H.-F. u. K. Horn (1994), S. 92. Eckey, H.-F. u. W. Stock (2000), S. 97.

Bildnachweis

S. 38: Hallerbachtalbrücke der Bahnstrecke Frankfurt a.M. – Köln: © Deutsche Bahn AG

S. 40-41: Rolle und Bedeutung weicher Standortfaktoren

Autor: Dr. Busso Grabow, Deutsches Institut für Urbanistik (Difu), Ernst-Reuter-Haus, Str. des 17.Juni 112, 10623 Berlin

Kartographische Bearbeiter

Abb. 1: Konstr: B. Grabow; Red: K. Großer; Bearb: A. Müller

Abb. 2: Konstr: B. Grabow; Red: B. Hantzsch; Bearb: R. Bräuer

Abb. 3: Konstr: B. Grabow; Red: B. Hantzsch; Bearb: A. Müller

Literatur

Grabow, B., D. Henckel u. B. Hollbach-Grömig (1995): Weiche Standortfaktoren. Stuttgart, Berlin, Köln (= Schriften des Deutschen Instituts für Urbanistik. Band 89).

Quellen von Karten und Abbildungen

Abb. 1: Bedeutung von und Zufriedenheit mit Standortfaktoren: Eigene Erhebung. Vgl. Grabow, B., D. Henckel u. B. Hollbach-Grömig (1995), S. 253, Abb. 19.

Abb. 2: Zufriedenheit mit Standortbedingungen 1993/1995,

Abb. 3: Standortfaktoren Wohnen/Freizeit/ Umwelt 1993/1995: Eigene Erhebung. Vgl. Grabow, B., D. Henckel u. B. Hollbach-Grömig (1995).

S. 42-45: Die räumliche Branchenkonzentration im verarbeitenden Gewerbe

Autor: PD Dr. Ralf Klein, Institut für Geographie der Bayerischen Julius-Maximilians-Universität Würzburg, Am Hubland, 97074 Würzburg

Kartographische Bearbeiter

Abb. 1, 3: Konstr: R. Klein; Red: S. Dutzmann; Bearb: A. Müller

Abb. 2: Konstr: R. Klein; Red: K. Großer; Bearb: R. Richter

Abb. 4: Konstr: R. Klein; Red: S. Dutzmann; Bearb: S. Dutzmann, P. Mund

Literatur

StBA (2001): Konzentrationsstatistische Daten für das Verarbeitende Gewerbe, den Bergbau und die Gewinnung von Steinen und Erden sowie für das Baugewerbe 1999 und 2000. Bundesergebnisse. Wiesbaden (= Fachserie 4: Produzierendes Gewerbe. Reihe 4.2.3).

Stichwort „Diversifikation". In: Gabler-Wirtschafts-Lexikon (1997). 14. vollständig überarb. u. erweit. Aufl. Wiesbaden. [Taschenbuchausgabe in 10 Bänden], Band 3: D-FD, S. 955.

Quellen von Karten und Abbildungen

Abb. 1: Branchenstruktur des verarbeitenden Gewerbes 2001: StBA (Hrsg.) (2003): Statistisches Jahrbuch 2003 für die Bundesrepublik Deutschland. Wiesbaden, S. 196.

Abb. 2: Räumliche Konzentration von Branchen des verarbeitenden Gewerbes 2001: StÄdBL (Hrsg.) (2002): [CD-ROM] Statistik regional. Daten und Informationen der Statistischen Ämter des Bundes und der Länder. Ausgabe 2002. Düsseldorf, Tab. 001-11 GE, Tab. 001-41 u. Tab. 254-64. Industrie- und Handelskammern. Eigene Berechnung.

Abb. 3: Sektorale Unternehmenskonzentration im verarbeitenden Gewerbe 2002: StÄdBL.

Abb. 4: Räumliche Verteilung der Branchen: StÄdBL (Hrsg.) (2002): [CD-ROM] Statistik regional. Daten und Informationen der Statistischen Ämter des Bundes und der Länder. Ausgabe 2002. Düsseldorf, Tab. 001-11 GE u. Tab. 001-41. Industrie- und Handelskammern. Eigene Berechnung.

S. 46-49: Dienstleistungsstandort Deutschland

Autoren: Dipl.-Geogr. Sven Henschel und Prof. Dr. Elmar Kulke, Geographisches Institut der Humboldt-Universität zu Berlin, Rudower Chaussee 16, 12489 Berlin

Kartographische Bearbeiter

Abb. 1: Konstr: S. Henschel; Red: K. Großer; Bearb: R. Richter

Abb. 2, 3, 6, 7: Red: K. Großer; Bearb: R. Bräuer

Abb. 4: Konstr: E. Hinke, D. Krüger, S. Malmedie; Red: K. Großer; Bearb: R. Bräuer

Abb. 5: Red: K. Großer; Bearb: R. Richter

Abb. 8, 9: Konstr: S. Henschel, G. Schilling; Red: K. Großer; Bearb: R. Bräuer

Literatur

Brake, K., J. S. Dangschat u. G. Herfert (Hrsg.) (2001): Suburbanisierung in Deutschland. Aktuelle Tendenzen. Opladen.

Daniels, P. W. (1993): Service Industries in the World Economy. Oxford, Cambridge (= IBG studies in geography).

Fourastié, J. (1949): Le Grand Espoir du XXe Siècle. Progrès technique, Progrès économique, Progrès social. [Die große Hoffnung des zwanzigsten Jahrhunderts]. Paris. [Übersetzte Ausgabe, Köln-Deutz, 1954].

Gottmann, J. (1961): Megaloplis. The urbanized Northeastern Seabord of the United States. New York.

Kiel, H.-J. (1996): Dienstleistungen und Regionalentwicklung. Ansätze einer dienstleistungsorientierten Strukturpolitik für ländliche Regionen. Wiesbaden (= Gabler Edition Wissenschaft: Kasseler Wirtschafts- und Verwaltungswissenschaften. Band 4).

Kulke, E. (1998): [Abschnitt] 4.1 Einzelhandel und Versorgung. [Abschnitt] 4.2 Unternehmensorientierte Dienstleistungen. In: Kulke, E. (Hrsg.): Wirtschaftsgeographie Deutschlands. Gotha, Stuttgart (= Perthes GeographieKolleg), S. 158-182 u. S. 183-198.

Kulke, E. (2000): The service sector in Germany – structural and locational change of consumer- and enterprise-oriented services. In: Mayr, A. u. W. Taubmann (Hrsg.): Germany Ten Years after Reunification. Dedicated to the 29th International Geographical Congress Seoul (Korea) 2000. Leipzig (= Beiträge zur Regionalen Geographie. Band 52), S. 105-116.

Singelmann, J. (1978): From Agriculture to Services. The Transformation of Industrial Employment. Beverly Hills (= Sage Library of Social Research. Band 69).

Quellen von Karten und Abbildungen

Abb. 1: Anteil der Erwerbstätigen im Dienstleistungssektor 2000: Eurostat, Luxemburg 2002.

Abb. 2: Langfristiger Wandel der Beschäftigtenanteile der Wirtschaftssektoren: Boesch, H. (1977): Weltwirtschaftsgeographie. 4. Aufl. Braunschweig, S. 20.

Abb. 3: Beschäftigtenanteile der Wirtschaftssektoren 1882-2001: Volkszählungen Deutsches Reich 1882-1939, Kaiserliches Statistisches Amt/ Statistisches Reichsamt, Berlin. StBA (Hrsg.) (Jahrgänge 1950-2001): Statistisches Jahrbuch für die Bundesrepublik Deutschland. Wiesbaden.

Abb. 4: Beschäftigte im tertiären Sektor 1989 und 1999,

Abb. 5: Tertiärisierung der Kreise 1989 und 1999: Laufende Raumbeobachtung, BfLR/ BBR, Bonn. StBA.

Abb. 6: Wirtschaftssektorale Prägung nach der Siedlungsgröße: Lo, F.-C. u. K. Salih (Hrsg.) (1978): Growth pole strategy and regional development policy. Asian experience and alternative approaches. Oxford u.a., S. 264.

Abb. 7: Erwerbstätigenanteile der Wirtschaftsabteilungen 1970-1996: StBA (Hrsg.) (1997): Statistisches Jahrbuch 1997 für die Bundesrepublik Deutschland. Wiesbaden.

Abb. 8: Erwerbstätige in den Wirtschaftssektoren 1991 und 2000,

Abb. 9: Bruttowertschöpfung 1993 und 2000: StBA (Hrsg.) (versch. Jahrgänge): Statistisches Jahrbuch für die Bundesrepublik Deutschland. Wiesbaden.

Bildnachweis

S. 46: Das International Net Management (INMC) der Deutschen Telekom in Frankfurt a.M. muss ein weltumspannendes Sprach- und Datennetz kontrollieren: © Deutsche Telekom AG

S. 49: Das deutsche Unternehmen DACHSER zählt zu den führenden Logistikdienstleistern Europas: © Dachser GmbH & Co. KG

S. 50-53: Wissensintensive unternehmensorientierte Dienstleistungen

Autorin: Prof. Dr. Simone Strambach, Fachbereich Geographie der Philipps-Universität Marburg, Deutschhausstr. 10, 35037 Marburg

Kartographische Bearbeiter

Abb. 1, 2, 3, 4, 6, 7: Konstr: S. Anke, S. Strambach; Red: S. Anke, C. Mann, B. Hantzsch; Bearb: C. Mann, P. Mund

Abb. 5: Konstr: S. Anke, S. Strambach, J. Blauhut; Red: S. Anke, B. Hantzsch; Bearb: P. Mund

Abb. 8: Konstr: S. Anke, S. Strambach, J. Blauhut; Red: S. Anke, K. Großer; Bearb: R. Bräuer

Abb. 9: Konstr: S. Anke, S. Strambach; Red: B. Hantzsch; Bearb: C. Mann, P. Mund

Abb. 10: Konstr: S. Anke, S. Strambach, J. Blauhut; Red: S. Anke, B. Hantzsch; Bearb: R. Bräuer

Literatur

Boden, M. u. I. Miles (Hrsg.) (2000): Services and the knowledge-based economy. London, New York (= Science, technology, and the international political economy series).

Eurostat (2000): Business services in Europe. Luxemburg (= Eurostat: Theme 4: Industry, trade and services).

Organisation for Economic Co-operation and Development [Hrsg.] (1999): Strategic business services. Paris.

Rubalcaba-Bermejo, L. (1999): Business services in European industry. Growth, employment and competitiveness. Luxemburg.

Strambach, S. (1997): Wissensintensive unternehmensorientierte Dienstleistungen – ihre Bedeutung für die Innovations- und Wettbewerbsfähigkeit Deutschlands. In: Vierteljahrshefte zur Wirtschaftsforschung. Heft 2, S. 230-242.

Strambach, S. (2001): Innovation Processes and the Role of Knowledge-Intensive Business Services (KIBS). In: Koschatzky, K., M. Kulicke u. A. Zenker (Hrsg.): Innovation networks. Concepts and challenges in the European perspective. Heidelberg, New York (= Technology, innovation and policy. Band 12), S. 53-68.

Strambach, S. (2002): Germany – knowledge-intensive services in a core industrial economy. In: Wood, P. (Hrsg.), S. 124-151.

Wood, P. (Hrsg.) (2002): Consultancy and innovation. The business service revolution in Europe. London u.a. (= Routledge studies in international business and the world economy 25).

Quellen von Karten und Abbildungen

Abb. 1: Beschäftigtenwachstum des Dienstleistungssektors und wissensintensiver Dienstleistungen 1995-2000: Laafia, I. (2002): Nationale und regionale Beschäftigung in Hightech- und wissensintensiven Sektoren in der EU – 1995-2000. Luxemburg (= Statistik kurz gefasst. Thema 9: Wissenschaft und Technologie 3/2002), S. 3, Tab. 2.

Abb. 2: Beschäftigte in wissensintensiven unternehmensorientierten Dienstleistungen 2000: unveröff. Datenbankauszug Beschäftigtenstatistik (sv Beschäftigte) 2000, BA. Eigene Berechnung.

Abb. 3: Zahl der Unternehmen in wissensintensiven unternehmensorientierten Dienstleistungen 2000: unveröff. Datenbankauszug Umsatzsteuerstatistik 2000, StLÄ. Eigene Berechnung.

Abb. 4: Bruttowertschöpfung der Dienstleistungssegmente 1994-2001: Volkswirtschaftliche Gesamtrechnung der Länder, Juli 2003, StÄdL. Volkswirtschaftliche Gesamtrechnung 2001, StLA BW. Eigene Berechnung.

Abb. 5: Wissensintensive unternehmensorientierte Dienstleistungen: unveröff. Datenbankauszug Umsatzsteuerstatistik der Jahre 1996 und 2000, StÄdL. Eigene Berechnung.

Abb. 6: Anteil der Beschäftigten in wissensintensiven unternehmensorientierten Dienstleistungen 2000,

Abb. 7: Spezialisierung in wissensintensiven unternehmensorientierten Dienstleistungen,

Abb. 8: Beschäftigte in wissensintensiven unternehmensorientierten Dienstleistungen 2000: unveröff. Datenbankauszug Beschäftigtenstatistik (sv Beschäftigte) 2000, BA. Eigene Berechnung.

Abb. 9: Konzentration von wissensintensiven unternehmensorientierten Dienstleistungen 2000: unveröff. Datenbankauszug Beschäftigtenstatistik (sv Beschäftigte) 2000, BA. unveröff. Datenbankauszug Umsatzsteuerstatistik 2000, StLÄ. Eigene Berechnung.

Abb. 10: Unternehmen in wissensintensiven unternehmensorientierten Dienstleistungen 2000: unveröff. Datenbankauszug Umsatzsteuerstatistik 2000, StLÄ. Eigene Berechnung.

Methodische Anmerkung

Die **Beschäftigtenstatistik** der Bundesanstalt für Arbeit (BA) beinhaltet alle sozialversicherungspflichtig Beschäftigten. Sie basiert auf den Angaben der Arbeitgeber, die gesetzlich verpflichtet sind, für ihre Beschäftigten dem Sozialversicherungsträger einheitliche Angaben über demografische, erwerbsstatistische und sozialversicherungsrechtliche Tatbestände zu melden. Die ausschließlich geringfügig Beschäftigten, Selbstständige, mithelfende Familienangehörige, Beamte und Soldaten werden in der Beschäftigtenstatistik nicht erfasst. Nach den Ergebnissen der Repräsentativstatistik über die Bevölkerung und den Arbeitsmarkt (Mikrozensus) stellen sozialversicherungspflichtig Beschäftigte einen Anteil von über 75% an allen Erwerbstätigen. In wissensintensiven unternehmensorientierten Dienstleistungen liegen die Beschäftigtenangaben deutlich unter der tatsächliche Erwerbstätigkeit, da hier die Selbstständigkeit, die freien Berufe und Kleinstunternehmen eine große Bedeutung haben. Auf die Erwerbstätigenstatistik, die über die sozialversicherungspflichtig Beschäftigten hinausgeht, konnte nicht zurückgegriffen werden, da sie sektoral und räumlich nicht differenziert genug vorliegt.

Die **Umsatzsteuerstatistik** enthält alle umsatzsteuerpflichtigen Unternehmen, die mindestens einen Jahresumsatz von 16.617 Euro erzielen, sowie den steuerbaren Umsatz (also alle Lieferungen und Leistungen, den Eigenverbrauch und die innergemeinschaftlichen Erwerbe). Die räumliche Interpretation der Daten aus der Umsatzsteuerstatistik unterliegt Verzerrungen, denn das Unternehmensprinzip der Besteuerung bedingt, dass Umsätze, die vom Hauptbetrieb und von Zweigbetrieben eines Unternehmens an verschiedenen Standorten erzielt werden, nur am Ort des Unternehmenssitzes bzw. der Geschäftsleitung ausgewiesen werden.

Zur Datenbasis der Abb. 2, 3, 6, 7 u. 10

Eine allgemein akzeptierte Definition wissensintensiver unternehmensorientierter Dienstleistungen (wuoDL) ist bislang nicht vorhanden. Der Kernbereich umfasst fünf jeweils zu Branchen aggregierte Bereiche (nach der Wirtschaftszählung von 1993), die der Analyse zugrunde liegen (Ziffern beziehen sich auf Wirtschaftszweige nach Eurostat):

Datenverarbeitung
72 Datenverarbeitung und -banken
72.1 Hardwareberatung
72.2 Softwarehäuser
72.3 Datenverarbeitungsdienste
72.4 Datenbanken
74.5 Instandhaltung und Reparatur von Büromaschinen, DV-Gerät und Einrichtung
72.6 Sonstige mit der Datenverarbeitung verbundene Tätigkeiten
Forschung & Entwicklung
73 Forschung und Entwicklung
73.1 Forschung und Entwicklung im Bereich Natur-, Ingenieur-, Agrarwissenschaften und Medizin
73.2 Forschung und Entwicklung im Bereich Rechts-, Wirtschafts- und Sozialwissenschaften sowie im Bereich Sprach-, Kultur- und Kunstwissenschaften
Wirtschaftsdienste
74 Erbringung von Dienstleistungen überwiegend für Unternehmen
74.1 Rechts-, Steuer- und Unternehmensberatung, Markt- und Meinungsforschung, Beteiligungsgesellschaften
Technische Dienste
74.2 Architektur- und Ingenieurbüros
74.3 Technische, physikalische, chemische Untersuchung
Werbung
74.4 Werbung
Eurostat definiert folgende Wirtschaftszweige als wissensintensive Dienstleistungsbereiche:
61 Schifffahrt
62 Luftfahrt
64 Nachrichtenübermittlung
65 Kreditgewerbe
66 Versicherungsgewerbe
67 Mit Kredit- und Versicherungsgewerbe verbundene Tätigkeiten
70 Grundstücks- und Wohnungswesen
71 Vermietung beweglicher Sachen ohne Bedienungspersonal
72 Datenverarbeitung und Datenbanken
73 Forschung und Entwicklung
74 Erbringung von Dienstleistungen überwiegend für Unternehmen
80 Erziehung und Unterricht
85 Gesundheits-, Veterinär- und Sozialwesen
92 Kultur, Sport und Unterhaltung
Davon werden die Wirtschaftszweige 64, 72 und 73 als High-Tech-Dienstleistungen betrachtet.

S. 54-55: Konzentrationsprozesse in der Wirtschaft

Autor: Prof. Dr. Helmut Nuhn, Fachbereich Geographie der Philipps-Universität Marburg, Deutschhausstr. 10, 35032 Marburg

Kartographische Bearbeiter
Abb. 1: Konstr: C. Mann, H. Nuhn; Red: C. Mann; Bearb: C. Mann, A. Müller
Abb. 2: Konstr: Ch. Enderle, H. Nuhn; Red: Ch. Enderle, W. Kraus; Bearb: Ch. Enderle, J. Blauhut
Abb. 3: Konstr: C. Mann, H. Nuhn; Red: C. Mann; Bearb: C. Mann, W. Kraus, P. Mund

Literatur

BMELF (1999): Die Unternehmensstruktur der Molkereiwirtschaft in Deutschland [Stand 1997]. Zusammengestellt aus Daten der Milch-Meldeverordnung. Bonn (= Daten-Analysen). [Und Vorgänger].
Böge, S. (1993): Erfassung und Bewertung von Transportvorgängen: Die produktbezogene Transportanalyse. In: Läpple, D. (Hrsg.): Güterverkehr, Logistik und Umwelt. Analysen und Konzepte zum interregionalen und städtischen Verkehr. Berlin, S. 131-159.
Browne, L. E. u. E. S. Rosengren (Hrsg.) (1987): The merger boom: proceedings of a conference held at Melvin Village, New Hampshire, October 1987. Boston (= Federal Reserve Bank of Boston: Conference series. Nr. 31).
Deutscher Bundestag (Hrsg.) (2001): Bericht des Bundeskartellamts über seine Tätigkeit in den Jahren 1999/2000 sowie über die Lage und Entwicklung auf seinem Aufgabengebiet und Stellungnahme der Bundesregierung. Bonn (= Bundestags-Drucksache 14/6300 vom 22.06.2001).
Gugler, K. u.a. (2003): The effects of mergers: an international comparison. In: International Journal of Industrial Organization. Heft 5, S. 625-653.
Hülsemeyer, F. (1997): Strukturanalysen – Darstellung am Beispiel der deutschen Milch- und Molkereiwirtschaft. In: Institut für Betriebswirtschaft und Marktforschung der Lebensmittelverarbeitung (Hrsg.): 75 Jahre Institut für Betriebswirtschaft und Marktforschung der Lebensmittelverarbeitung. Entwicklung, Stand und Perspektiven der Forschungsarbeiten zur Ökonomie der Ernährungswirtschaft. Kiel (= Betriebs- und marktwirtschaftliche Studien zur Ernährungswirtschaft. Heft 10), S. 166-181.
Kleinert, J. u. H. Klodt (2000): Megafusionen. Trends, Ursachen und Implikationen. Tübingen (= Kieler Studien. Band 302).
Lademann, R. (1996): Marktstruktur und Wettbewerb in der Ernährungswirtschaft. Eine empirische Analyse der Konzentrationsentwicklung und Marktkräfte in Industrie und Handel. Göttingen (= GHS, Göttinger Handelswissenschaftliche Schriften. Band 44).
Milchindustrie-Verband (1998): Einblick: Geschäftsbericht des Milchindustrie-Verbandes [1997/98]. Teil 1: Analysen & Perspektiven. Teil 2: Zahlen, Daten, Fakten. Bonn. [Und frühere Jahre].
Monopolkommission (Hrsg.) (2002): Netzwettbewerb durch Regulierung. Hauptgutachten 2000/2001. 2 Bände. Baden-Baden (= Hauptgutachten der Monopolkommission. Band 14. Zgl. Bundesrats-Drucksache 703/02 vom 28.08. 2002).
Neiberger, C. (1998): Standortvernetzung durch neue Logistiksysteme. Hersteller und Händler im Wettbewerb: Beispiele aus der deutschen Nahrungsmittelwirtschaft. Münster (= Wirtschaftsgeographie. Band 15).
Nuhn, H. (1993a): Konzepte zur Beschreibung und Analyse des Produktionssystems unter besonderer Berücksichtigung der Nahrungsmittelindustrie. In: Zeitschrift für Wirtschaftsgeographie. Heft 3-4, S. 137-142.
Nuhn, H. (1993b): Strukturwandel in der Nahrungsmittelindustrie. Hintergründe und räumliche Effekte. In: Geographische Rundschau. Heft 9, S. 510-515.
Nuhn, H. (1997): Globalisierung und Regionalisierung im Weltwirtschaftsraum. In: Geographische Rundschau. Heft 3, S. 136-143.
Nuhn, H. (1999a): Fusionsfieber – Neuorganisationen der Produktion in Zeiten der Globalisierung. In: Geographie und Schule. Heft 122, S. 16-22.
Nuhn, H. (1999b): Konzentrationsprozesse in der Milchwirtschaft Norddeutschlands – Wirtschaftsräumliche Grundlagen und Auswirkungen. In: Berichte zur deutschen Landeskunde. Heft 2/3, S. 165-190.
Nuhn, H. (1999c): Veränderungen des Produktionssystems der deutschen Milchwirtschaft im Spannungsfeld von Markt und Regulierung. In: Nuhn, H. u.a.: Auflösung regionaler Produktionsketten und Ansätze zu einer Neuformierung. Fallstudien zur Nahrungsmittelindustrie in Deutschland. Münster, Hamburg (= Arbeitsberichte zur wirtschaftsgeographischen Regionalforschung. Band 3), S. 113-166.
Nuhn, H. (2001): Megafusionen. Neuorganisation großer Unternehmen im Rahmen der Globalisierung. In: Geographische Rundschau. Heft 7-8, S. 16-24.
Ravenscraft, D. J. u. F. M. Scherer (1987): Mergers, sell-offs, and economic efficiency. Washington, D.C.
Rodríguez-Pose, A. u. H.-M. Zademach (2003): Rising metropoli: The geography of mergers and acquisitions in Germany. In: Urban studies. Nr. 10, S. 1895-1923.
Siegwart, H. u. G. Neugebauer (Hrsg.) (1998): Mega-Fusionen. Analysen, Kontroversen, Perspektiven. Bern, Stuttgart, Wien.
Weindlmaier, H. (1998): Molkereistruktur in Deutschland: Entwicklungstendenzen und Anpassungserfordernisse. In: Agrarwirtschaft. Heft 6, S. 242-250.
Wollkopf, M. (1997): Molkereiwirtschaft in der Neustrukturierung. In: IfL (Hrsg.): Atlas Bundesrepublik Deutschland. Pilotband. Leipzig, S. 82-83.
Zademach, H.-M. (2001): Regionalökonomische Aspekte der M&A-Transaktionen mit deutscher Beteiligung (1990-1999) – Ergebnisse einer Zeitreihen- und Regressionsanalyse. In: M&A Review. Heft 12, S. 554-563.

Quellen von Karten und Abbildungen
Abb. 1: Unternehmenszusammenschlüsse und Akquisitionen 1985-2002: Transaktionszahlen in Deutschland leicht rückläufig (2001). In: M&A Review. Heft 1, S. 2. Frankenberger, S. u. S. Mezger (2003): Das M&A Jahr 2002 in Deutschland – besser als viele meinen. In: M&A Review. Heft 2, S. 52. Deutscher Bundestag (Hrsg.) (2001 u. frühere Jahrgänge). Vgl. Nuhn, H. (2001), S. 16, Abb. 1.
Abb. 2: Standorte der Fahrzeugproduktion der DaimlerChrysler-Gruppe 2001: DaimlerChrysler – Home: online im Internet unter: http://www.daimlerchrysler.de MITSUBISHI MOTORS GLOBAL: online im Internet unter: http://www.mitsubishi-motors.com Eigene Auswertung. Vgl. Nuhn, H. (2001), S. 20, Abb. 4.
Abb. 3: Standortkonzentration der Milch verarbeitenden Industrie: BML/BMVEL (versch. Ausgaben): Bekanntmachung der in der Bundesrepublik Deutschland zugelassenen Betriebe für die Herstellung und Vermarktung von Rohmilch, wärmebehandelter Milch und Erzeugnissen auf Milchbasis. Veröffentlicht im Bundesanzeiger. Behörden und Verbände der Land- und Milchwirtschaft. Karten des Milchindustrie-Verbandes e.V., Bonn. Unveröff. Arbeitskarte 1987, H. Weindlmaier, Freising-Weihenstephan. Wollkopf, M. (1997), S. 83. Vgl. auch Nuhn, H. (1999c), S. 150ff.

Anmerkung zu Abb. 1
Angaben über das internationale M&A-Geschehen werden regelmäßig von den einschlägigen Fachzeitschriften publiziert und ausgewertet (z.B. Mergers & Acquisitions: The Dealermaker's Journal, Mergers & Acquisitions Review). Die für Abb. 1 verwendeten Statistiken stammen aus der M&A Review Database, die Transaktionen aus dem deutschsprachigen Raum enthält. In der zur Verlagsgruppe Handelsblatt gehörenden Zeitschrift werden auch Jahresüberblicke und spezielle Auswertungen publiziert. Die Kartellamtsstatistik erfasst nur größere M&A, die wegen der Überprüfung eines marktbeherrschenden Einflusses angezeigt werden müssen. Die Zahlen liegen deshalb deutlich niedriger als die von privater Seite aus unterschiedlichen Quellen zusammengetragenen M&A-Statistiken.

S. 56-57: Unternehmungszusammenschlüsse und -übernahmen

Autor: Hans-Martin Zademach, MSc (LSE), Institut für Wirtschaftsgeographie der Ludwig-Maximilians-Universität München, Ludwigstr. 28, 80539 München

Kartographische Bearbeiter
Abb. 1, 3: Konstr: H.-M. Zademach, K. Großer; Red: S. Dutzmann; Bearb: S. Dutzmann
Abb. 2: Konstr: A. Rodríguez-Pose, H.-M. Zademach, S. Dutzmann; Red: H.-M. Zademach, S. Dutzmann; Bearb: S. Dutzmann
Abb. 4: Konstr: H.-M. Zademach; Red: H.-M. Zademach, S. Dutzmann; Bearb: H.-M. Zademach, A. Müller

Literatur

Jansen, S.A., G. Picot u. D. Schiereck (Hrsg.) (2001): Internationales Fusionsmanagement. Erfolgsfaktoren grenzüberschreitender Zusammenschlüsse. Stuttgart.
Lo, V. (2003): Wissenbasierte Netzwerke im Finanzsektor. Das Beispiel des Mergers & Acquisitions-Geschäfts. Wiesbaden (= Gabler Edition Wissenschaft).
M&A International GmbH (2004): [Tabelle] Unternehmenskäufe mit deutscher Beteiligung 1999-2003. Kronberg. Online im Internet unter: http://www.m-a-international.com/Grafiken_1Hlbj_2003_inkl_branchen.pdf
Rodríguez-Pose, A. u. H.-M. Zademach (2003): Rising metropoli: The geography of mergers and acquisitions in Germany. In: Urban studies. Nr. 10, S. 1895-1923.
Veltz, P. (1996): Mondialisation, villes et territoires: l'économie d'archipel. Paris (= Economie en liberté).
Zademach, H.-M. (2001): Regionalökonomische Aspekte der M&A-Transaktionen mit deutscher Beteiligung (1990-1999) – Ergebnisse einer Zeitreihen- und Regressionsanalyse. In: M&A Review. Heft 12, S. 554-563.

Quellen von Karten und Abbildungen
Abb. 1: Grenzüberschreitende Unternehmensübernahmen mit deutscher Beteiligung 1999-2003: M&A International GmbH (2004). Eigene Darstellung.
Abb. 2: Regionale Verteilung der Kaufobjekte 1990-1999: M&A Review Database, Institut für Betriebswirtschaft an der Universität St. Gallen. Eigene Darstellung. Vgl. auch Rodríguez-Pose, A. u. H.-M. Zademach (2003), S. 1907.
Abb. 3: Unternehmenskäufe mit deutscher Beteiligung 1999-2003: M&A International GmbH (2004). Eigene Darstellung.
Abb. 4: Unternehmenszusammenschlüsse und -übernahmen in den 1990ern: M&A Review Database, Institut für Betriebswirtschaft an der Universität St. Gallen. Eigene Darstellung.

Bildnachweis
S. 56: Mehr als 1500 Hoechst-Apothekenschilder wurden nach der Fusion mit Rhône-Poulenc durch Aventis-Schilder ersetzt: © Aventis AG

S. 58-59: Shopping-Center – ein erfolgreicher Import aus den USA

Autor: Prof. Dr. Günter Heinritz, Department für Geo- und Umweltwissenschaften der Ludwig-Maximilians-Universität München, Luisenstr. 37, 80333 München

Kartographische Bearbeiter
Abb. 1, 2: Red: K. Großer; Bearb: R. Bräuer
Abb. 3: Konstr: F. Huber, J. Blauhut; Red: K. Großer; Bearb: F. Huber, J. Blauhut

Literatur

Bayerisches Staatsministerium des Inneren, Oberste Baubehörde (Hrsg.) [2003]: Forschungsbericht innerstädtische Einkaufszentren. München (= Materialien für den Städtebau und die Städtebauförderung).
Falk, B. (2000): Shopping-Center-Report 2000. Starnberg.
Falk, B. (Hrsg.) (1973): Shopping-Center-Handbuch. München.
Heineberg, H. u. A. Mayr (1986): Neue Einkaufszentren im Ruhrgebiet. Vergleichende Analysen der Planung, Ausstattung und Inanspruchnahme der 21 größten Shopping-Center. Paderborn (= Münstersche Geographische Arbeiten. Heft 24).
Mayr, A. (1976): Der Ruhrpark in Harpen – ein zwischenstädtisches Shopping-Center. In: Dodt, J. u. A. Mayr (Hrsg.): Bochum im Luftbild. Festschrift zum 20jährigen Bestehen der Gesellschaft für Geographie und Geologie Bochum e.V. Paderborn (= Bochumer Geographische Arbeiten: Sonderreihe. Band 8), S. 78-79.
Popp, M. (2002): Innenstadtnahe Einkaufszentren. Besucherverhalten zwischen neuen und traditionellen Einzelhandelsstandorten. Passau (= Geographische Handelsforschung. Band 6).
Wolf, K. (1966): Das Shopping-Center Main-Taunus – ein neues Element des rhein-mainischen Verstädterungsgebietes. In: Be-

richte zur deutschen Landeskunde. Band 37, Heft 1, S. 87-97.

Quellen von Karten und Abbildungen

Abb. 1: Anzahl der Shopping-Center 1961-2000,

Abb. 2: Geschäftsflächen großer Shopping-Center 2000: FALK, B. (2000).

Abb. 3: Shopping-Center und Kaufkraft 2000/02: FALK, B. (2000). Consodata Marketing Intelligence, Planegg b. München (07/2002).

Bildnachweis

S. 58: Der Ruhrpark in Bochum: © Kommunalverband Ruhrgebiet (KVR)

S. 60-61: Finanzstandort Deutschland: Banken und Versicherungen

Autorinnen: Dr. Britta Klagge und Dipl. cand. Nina Zimmermann, Institut für Geographie der Universität Hamburg, Bundesstr. 55, 20146 Hamburg

Kartographische Bearbeiter

Abb. 1: Konstr: C. Carstens; Red: C. Carstens, W. Kraus; Bearb: C. Carstens, R. Bräuer

Abb. 2, 3: Konstr: N. Zimmermann; Red: W. Kraus; Bearb: R. Bräuer

Abb. 4: Red: W. Kraus; Bearb: R. Bräuer

Abb. 5: Konstr: C. Carstens; Red: C. Carstens, W. Kraus; Bearb: C. Carstens, P. Mund

Literatur

BUNDESMINISTERIUM DER FINANZEN (Hrsg.) (1999): Unser Börsen- und Wertpapierwesen. Bonn.

ENGELS, W. (1989): Industriegigant und Finanzzwerg. Finanzplatz Deutschland - Ein Problemüberblick. In: ENGELS, W. (Hrsg.): Institutionelle Rahmenbedingungen effizienter Kapitalmärkte. Frankfurt a.M. (= Schriften des Bankwirtschaftlichen Kolloquiums an der Johann Wolfgang Goethe-Universität Frankfurt a.M.), S. 11-29.

Entwicklung des Bankensektors und Marktstellung der Kreditinstitutsgruppen seit Anfang der neunziger Jahre (1998). In: DEUTSCHE BUNDESBANK: Monatsbericht März 1998. Nr. 3, S. 33-64.

GAEBE, W. (1993): Changing financial strategies of financial corporations in the Federal Republic of Germany. In: SCHAMP, E. W., G. J. R. LINGE u. C. M. ROGERSON (Hrsg.): Finance, institutions and industrial change. Spatial perspectives. Berlin, New York, S. 103-117.

GESAMTVERBAND DER DEUTSCHEN VERSICHERUNGSWIRTSCHAFT E.V. [2001]: Jahrbuch 2001. Die deutsche Versicherungswirtschaft. Berlin.

GROTE, M. H., V. LO u. S. HARRSCHAR-EHRNBORG (2002): A value chain approach to financial centers – The case of Frankfurt. In: Tijdschrift voor Economische en Sociale Geografie. Heft 4, S. 412-423.

KLAGGE, B. (1995): Strukturwandel im Bankwesen und regionalwirtschaftliche Implikationen: Konzeptionelle Ansätze und empirische Befunde. In: Erdkunde. Heft 4, S. 285-304.

KLAGGE, B. [2004]: Finanzstandort Deutschland im Wandel? Rolle und Entwicklung des deutschen Risikokapitalmarktes. In: Petermanns Geographische Mitteilungen. Heft 4, [im Druck].

KLAGGE, B. [im Erscheinen]: Regionale Kapitalmärkte, dezentrale Finanzplätze und die Eigenkapitalversorgung kleinerer Unternehmen – Eine institutionell orientierte Analyse am Beispiel Deutschlands und Großbritanniens. In: Geographische Zeitschrift. Band 91, 2003, [Heft u. Erscheinungstermin nicht bekannt].

KOCH, P. (2001): Aktuelle Entwicklungen der Versicherungswirtschaft. In: Versicherungswirtschaft. Heft 15, S. 1209-1212.

LO, V. u. E. W. SCHAMP (2001): Finanzplätze auf globalen Märkten – Beispiel Frankfurt/Main. In: Geographische Rundschau. Heft 7-8, S. 26-31.

MOST, E. (1990): Die Neuorientierung des DDR-Bankensystems. In: Bank-Archiv. Heft 6, S. 412-414.

SCHAMP, E. W. (1999): The system of German financial centres at the crossroads: from national to European scale. In: WEVER, E. (Hrsg.): Cities in perspective I: Economy, planning and the environment. Assen, S. 83-98.

Quellen von Karten und Abbildungen

Abb. 1: Bankzweigstellen 2000: Anlagen zum Bankstellenbericht (versch. Jahre), Deutsche Bundesbank, Frankfurt a.M. StÄdL. Eigene Berechnung.

Abb. 2: Vergleich der Bankzweigstellendichte 1987 und 1999: BANK FOR INTERNATIONAL SETTLEMENTS, COMMITTEE ON PAYMENT AND SETTLEMENT SYSTEMS (2001): Statistics on payment systems in the group of Ten countries. Figures for 1999. Basel (= CPSS Publications. Nr. 44). BANK FÜR INTERNATIONALEN ZAHLUNGSAUSGLEICH (1989): Zahlungsverkehrssysteme in elf entwickelten Ländern: April 1989. Frankfurt a.M.

Abb. 3: Banken und Bankzweigstellen 1980-2000: Anlagen zum Bankstellenbericht (versch. Jahre), Deutsche Bundesbank, Frankfurt a.M. Eigene Berechnung.

Abb. 4: Finanzbranche 2000: Bundesanstalt für Finanzdienstleistungsaufsicht (BaFin), Bonn, Frankfurt a.M. Bundesverband deutscher Kapitalbeteiligungsgesellschaften e.V., Berlin. Deutsche Bundesbank, Frankfurt a.M. Dr. Heinrich Wassermann, Friedberg (Hessen) 2002.

Abb. 5: Banken und Versicherungen 1993-2000: BA, Nürnberg. Anlagen zum Bankstellenbericht (versch. Jahre), Deutsche Bundesbank, Frankfurt a.M. Bundesverband Deutscher Banken e.V., Berlin. Deutscher Sparkassen- und Giroverband, Bonn. Eigene Auswertung. KUCK, H. (2000): Die 100 größten deutschen Kreditinstitute. In: Die Bank. Heft 9, S. 611-615. BUNDESAUFSICHTSAMT FÜR DAS VERSICHERUNGSWESEN (2001): Geschäftsbericht 1999. Teil B. Bonn.

S. 62-63: Auf dem Börsenparkett

Autoren: Dipl.-Geogr. Volker Bode und Dipl.-Geogr. Christian Hanewinkel, Leibniz-Institut für Länderkunde, Schongauerstr. 9, 04329 Leipzig

Armin Mahler, Ressortleiter Wirtschaft beim Nachrichtenmagazin DER SPIEGEL, Branstwiete 19, 20457 Hamburg

Kartographische Bearbeiter

Abb. 1: Konstr: V. Bode, C. Hanewinkel; Red: K. Großer; Bearb: R. Richter

Abb. 2: Konstr: V. Bode, C. Hanewinkel; Red: B. Hantzsch; Bearb: A. Müller

Quellen von Karten und Abbildungen

Abb. 1: Aktiengesellschaften des Prime Standard mit deutschem Hauptsitz 2004,

Abb. 2: Hauptsitze deutscher DAX-Unternehmen 2004: COMDIRECT BANK AKTIENGESELLSCHAFT: comdirect bank AG: online im Internet unter: http://www.comdirect.de DEUTSCHE BÖRSE AG: Gruppe Deutsche Börse: online im Internet unter: http://www.deutsche-boerse.com Eigene Auswertung.

Bildnachweis

S. 62: Aktiensaal der Frankfurter Wertpapierbörse: © Deutsche Börse AG

S. 64-67: Automobilindustrie: Standorte und Zulieferverflechtungen

Autor: Prof. Dr. Eike W. Schamp unter Mitarbeit von Dipl.-Geogr. Bernd Rentmeister, Institut für Wirtschafts- und Sozialgeographie der Johann Wolfgang Goethe-Universität Frankfurt a.M., Dantestr. 9, 60054 Frankfurt a.M.

Kartographische Bearbeiter

Abb. 1: Konstr: Ö. Alpaslan, B. Rentmeister, E. W. Schamp; Red: W. Kraus; Bearb: P. Grießmann

Abb. 2, 3: Konstr: Ö. Alpaslan, B. Rentmeister, E. W. Schamp; Red: W. Kraus; Bearb: P. Mund

Abb. 4: Konstr: Ö. Alpaslan, B. Rentmeister, E. W. Schamp; Red: Ö. Alpaslan, W. Kraus; Bearb: Ö. Alpaslan, P. Grießmann

Abb. 5, 6: Konstr: Ö. Alpaslan, B. Rentmeister, E. W. Schamp; Red: Ö. Alpaslan, W. Kraus; Bearb: R. Bräuer

Abb. 7: Konstr: IfL; Red: V. Bode, W. Kraus; Bearb: W. Kraus, P. Mund

Literatur

JÜRGENS, U. (1998): The development of Volkswagen's Industrial Model, 1967-1995. In: FREYSSENET, M. u.a. (Hrsg.): One best way? Trajectories and industrial models of the world's automobile producers. Oxford, S. 273-310.

PRIES, L. u. H. KILPER (Hrsg.) (1999): Die Globalisierungsspirale in der deutschen Automobilindustrie. Hersteller-Zulieferer-Beziehungen als Herausforderung für Wirtschaft und Politik. München (= Arbeit und Technik. Band 14).

RENTMEISTER, B. (2001): Vernetzung wissensintensiver Dienstleister in der Produktentwicklung der Automobilindustrie. In: ESSER, J. u. E. W. SCHAMP (Hrsg.): Metropolitane Region in der Vernetzung. Der Fall Frankfurt/Rhein-Main. Frankfurt a.M., New York (= Campus Forschung. Band 836), S. 154-180.

SCHAMP, E. W. (1995): [Chapter 5] The German Automobile Production System Going European. In: HUDSON, R. u. E. W. SCHAMP (Hrsg.): Towards a New Map of Automobile Manufacturing in Europe? New Production Concepts and Spatial Restructuring. Berlin u.a., S. 93-116.

VERBAND DER AUTOMOBILINDUSTRIE E.V. (2002): Auto. Jahresbericht 2002. Frankfurt a.M. Auch online im Internet unter: http://www.vda.de

Quellen von Karten und Abbildungen

Abb. 1: Anteil der Forschungs- und Entwicklungskosten am Konzernumsatz 2001/2002: Vom Forschungsaufwand fließt jeder dritte Euro in das Auto (2003). In: Frankfurter Allgemeine Zeitung. Nr. 135 vom 13.06.2003, S. 15.

Abb. 2: Entwicklung von Beschäftigung, Umsatz und FuE-Aufwendungen in der Autoindustrie 1991-2001,

Abb. 3: PKW-Produktion nach Marktsegmenten 1981-2002: Verband der Automobilindustrie e.V., Frankfurt a.M.

Abb. 4: Modullieferanten für das VW-Werk Zwickau-Mosel 2001: BUNGERT, U. (2002): [Vortrag] Einbindung von Zulieferern in SCM-Szenarien in der Automobilindustrie / SCM in der Automobilindustrie, Abb. S. 21. Online im Internet unter: http://www.orbis.ag/pdf/BVL_210202_final.pdf Faurecia: Where we are: online im Internet unter: http://www.faurecia.com/pages/tools/our_locations.asp Gesellschaften – Grupo Antolin: online im Internet unter: http://www.grupoantolin.es/deutsch/sociedades.htm HANKE, P. u. A. MÜLLER [2001]: [Vortrag] Global Data Management Follows Global Engineering, Abb. S. 5. Online im Internet unter: http://www.prostep.org/file/10096.Dokument16/13HankeMueller.pdf JOOS, O. (1999): [Interview] Effektiver durch Businessplan. [Das Werk Emden wird zum Flaggschiff]. In: Automobil-Produktion. Heft 1/99, S. 98-100, Tab. S. 100. Pegufom – Automotive Competence: online im Internet unter: http://www.peguform.de/ger/1/default.asp?a1=0

Abb. 5: PKW-Produktionsstandorte und interne Lieferverflechtungen 2003: Audi AG, Ingolstadt. Bayerische Motoren Werke AG, München. DaimlerChrysler AG, Stuttgart. Ford-Werke AG, Köln. Wilhelm Karmann GmbH, Osnabrück. Adam Opel AG, Rüsselsheim. Dr. Ing. h.c. F. Porsche AG, Stuttgart. VOLKSWAGEN AG, Wolfsburg. VERLAG MODERNE INDUSTRIE (Hrsg.) (versch. Jahrgänge): Automobil-Produktion. Landsberg/Lech. Eigene Erhebung u. Zusammenstellung.

Abb. 6: Standorte der Automobilentwicklung 2002: Eigene Erhebung von 196 Ingenieur-Dienstleistern.

Abb. 7: Ausländische Automarken: Sonderauswertung Zulassungsstatistik: Pkw-Neuzulassungen 2002 und Pkw-Bestand 01.01.2003, Kraftfahrt-Bundesamt, Flensburg (12/2003). Eigene Berechnung.

Anmerkung zu Abb. 5

Durch regelmäßige Reorganisation der Produktionsflüsse in den Unternehmen werden einzelne Verflechtungen zwischen den Werken immer wieder geändert.

S. 68-71: Chemische Industrie: Integrierte Standorte im Wandel

Autoren: Prof. Dr. Harald Bathelt, Dipl.-Geogr. Heiner Depner und Dipl.-Geogr. Katrin Griebel, Fachbereich Geographie der Philipps-Universität Marburg, Deutschhausstr. 10, 35032 Marburg

Kartographische Bearbeiter

Abb. 1: Konstr: Ö. Alpaslan, H. Bathelt, H. Depner, K. Griebel; Red: K. Großer; Bearb: R. Bräuer

Abb. 2, 3: Konstr: Ö. Alpaslan, H. Bathelt, H. Depner, K. Griebel; Red: K. Großer; Bearb: A. Müller

Abb. 4, 5, 7: Konstr: Ö. Alpaslan, H. Bathelt, H. Depner, K. Griebel; Red: K. Großer; Bearb: R. Richter

Abb. 6: Konstr: Ö. Alpaslan, H. Bathelt, H. Depner, K. Griebel; Red: K. Großer; Bearb: M. Schmiedel

Abb. 8: Konstr: Ö. Alpaslan, K. Griebel; Red: S. Dutzmann; Bearb: S. Dutzmann

Literatur

BASF AG (Hrsg.) (2001): Daten und Fakten. Charts 2001. Ludwigshafen.

BATHELT, H. (1997): Chemiestandort Deutschland. Technologischer Wandel, Arbeitsteilung und geographische Strukturen in der chemischen Industrie. Berlin.

BATHELT, H. u. K. GRIEBEL (2001): Die Struktur und Reorganisation der Zulieferer- und Dienstleisterbeziehungen des Industriepark Höchst (IPH). Frankfurt a.M. (= Johann Wolfgang Goethe-Universität Frankfurt, Institut für Wirtschafts- und Sozialgeographie: Forschungsberichte/ IWSG Working Papers 02-2001).

FAUPEL, T., C. NIETERS u. H. DERLIEN (2001): Chemieparks als innovative Standortstrategie? Analyse des Strukturwandels in der Region Bitterfeld-Wolfen/ Schkopau/ Leuna. In: Geographische Rundschau. Heft 3, S. 31-36.

FESTEL, G., F. SÖLLNER u. P. BAMELIS (Hrsg.) (2001): Volkswirtschaftlehre für Chemiker. Eine praxisorientierte Einführung. Berlin u.a.

GRIEBEL, K. (2002): Vorsprung durch Erfahrung: Konsequenzen für die Zulieferer- und Dienstleisterbeziehungen durch den Umstrukturierungsprozess des früheren Hoechst-Konzerns zum Industriepark Höchst (IPH). Unveröff. Diplomarbeit. Johann Wolfgang Goethe-Universität Frankfurt. Frankfurt a.M.

MENZ W., S. BECKER u. T. SABLOWSKI (1999): Shareholder-Value gegen Belegschaftsinteressen. Der Weg der Hoechst AG zum „Life-Sciences"-Konzern. Hamburg.

MÜLLER-FÜRSTENBERGER, G. (1995): Kuppelproduktion. Eine theoretische und empirische Analyse am Beispiel der chemischen Industrie. Heidelberg (= Umwelt und Ökonomie. Band 13).

VERBAND DER CHEMISCHEN INDUSTRIE E.V. (2001): Chemiewirtschaft in Zahlen. Ausgabe 2001. 43. Aufl. Frankfurt a.M.

WESSELS, H. (2000): Die chemische Industrie in den 90er Jahren – wieder verstärktes Wachstum. In: DIW-Wochenbericht. Nr. 27/2000, S. 413-420. Auch online im Internet unter: http://www.diw.de/deutsch/produkte/publikationen/wochenberichte/docs/00-27-2.html

Quellen von Karten und Abbildungen

Abb. 1: Beschäftigte in der chemischen Industrie 1995/1999: STÄDBL (Hrsg.) (2001): [CD-ROM] Statistik regional. Daten und Informationen der Statistischen Ämter des Bundes und der Länder. Ausgabe 2001. Düsseldorf,

Tab. 001-41. Eigene Schätzungen.

Abb. 2: Beschäftigte und Umsatz der chemischen Industrie 1980-2000: Verband der Chemischen Industrie e.V. (2001).

Abb. 3: Die 10 umsatzstärksten Chemieunternehmen in Deutschland 2000: Verband der Chemischen Industrie e.V.: Zahlen und Fakten: Aktual. Version online im Internet unter: http://www.vci.de. Geschäftsberichte 2000 der Unternehmen.

Abb. 4: Betriebe der chemischen Industrie 1995-1999 und Verwaltungsstandorte der zehn umsatzstärksten Unternehmen 2000: StÄdBL (Hrsg.) (2001): [CD-ROM] Statistik regional. Daten und Informationen der Statistischen Ämter des Bundes und der Länder. Ausgabe 2001. Düsseldorf, Tab. 001-41. Geschäftsberichte 2000 der Unternehmen.

Abb. 5: Produktionsstruktur der chemischen Industrie 1995/1999: Verband der Chemischen Industrie e.V. (2001).

Abb. 6: Investitionen, Beschäftigte und Umsätze der BASF-Gruppe 1993, 1998 und 2001: Geschäftsbericht 2000, BASF AG, Ludwigshafen. Bathelt, H. (2000): Räumliche Produktions- und Marktbeziehungen zwischen Globalisierung und Regionalisierung – Konzeptioneller Überblick und ausgewählte Beispiele. In: Berichte zur deutschen Landeskunde. Heft 2, S. 97-124, S. 116, Abb. 2.

Abb. 7 Umstrukturierung des ehemaligen Hoechst-Konzerns von 1994 bis 2002: Bathelt, H. u. K. Griebel (2001), S. 7-14.

Abb. 8: Zuliefer- und Dienstleisterbetriebe der Infraserv Höchst 2000: Unveröff. Datenbestand, Infraserv Höchst AG, Frankfurt a.M. (06/2000).

Bildnachweis

S. 70: Der Industriepark Höchst, in dem rund 22.000 Menschen beschäftigt sind: © Infraserv Höchst

S. 72-73: Brauwirtschaft – Vielfalt von Marken und Sorten

Autor: Dipl.-Geogr. Axel Borchert, Borchert GeoInfo GmbH, Düsseldorfer Str. 47, 10707 Berlin

Kartographische Bearbeiter

Abb. 1: Konstr: A. Borchert; Red: W. Kraus; Bearb: A. Müller

Abb. 2: Konstr: A. Borchert, W. Kraus; Red: W. Kraus; Bearb: W. Kraus, A. Müller

Abb. 3: Konstr: A. Borchert, J. Blauhut; Red: W. Kraus; Bearb: R. Bräuer

Literatur

Brauwelt. Zeitschrift für das gesamte Brauwesen und die Getränkewirtschaft (2003). 143. Jahrgang. [CD-ROM]. Nürnberg.

Brauwelt-Brevier 2002 [2002]. Nürnberg.

Das Deutsche Bier. Ein Wegweiser zu Brauereien, Geselligkeit, Tradition und Kultur. Reiseatlas mit über 500 Adressen, Biergärten, Biersorten und Spezialitäten (1997). Bern, Ostfildern, Nürnberg.

Deutscher Brauer-Bund e.V. (2003): 24. Statistischer Bericht 2003. Bonn.

Gesellschaft für Öffentlichkeitsarbeit der deutschen Brauwirtschaft e.V. (Hrsg.) [1997]: Vom Halm zum Glas. Wie unser Bier gebraut wird. Bonn.

Hoppenstedt Firmeninformationen GmbH (Hrsg.) (2003): Brauereien und Mälzereien in Europa/ Breweries and Maltsters in Europe/ Brasseries et Malteries en Europe 2003. [Buch u. CD-ROM]. Darmstadt.

Welt-Report: Bier (2001). In: DIE WELT vom 9. November 2001, Beilage.

Quellen von Karten und Abbildungen

Abb. 1: Betriebsgrößenklassen 2002/ Marktanteil der wichtigsten Sorten am Bierabsatz 2002/ Getränkeverbrauch 2002: Deutscher Brauer-Bund e.V. (2003), S. 20-21, Tab. 2, S. 48-49, Tab. 23 u. S. 66-67, Tab. 33.

Abb. 2: Beschäftigte in der Brauwirtschaft und Bierausstoß 1960-2002: Deutscher Brauer-Bund e.V. (2003), S. 27 u. S. 98, Tab. 56.

Abb. 3: Brauereistandorte 2002: Deutscher Brauer-Bund e.V. (2003), S. 38-39, Tab. 14. Die 18 größten deutschen Biermarken (2003). In: Brauwelt. Nr. 6/7, S. 134, Tab. 2. Hoppenstedt Firmeninformationen GmbH (Hrsg.) (2003), S. 100-358.

Bildnachweis

S. 72: Die Geschmacks- und Sortenvielfalt deutscher Biere: © GfÖ (Gesellschaft für Öffentlichkeitsarbeit der Deutschen Brauwirtschaft e.V.)

S. 74-75: Milcherzeugung und Milchverarbeitung

Autor: Prof. Dr. Werner Klohn, Institut für Strukturforschung und Planung in agrarischen Intensivgebieten (ISPA) der Hochschule Vechta, Universitätsstr. 5, 49377 Vechta

Kartographische Bearbeiter

Abb. 1, 3: Red: K. Großer; Bearb: A. Müller

Abb. 2, 4: Konstr: W. Klohn, J. Blauhut; Red: K. Großer; Bearb: P. Grießmann

Literatur

BML (Hrsg.) (1996): Die Unternehmens- und Betriebsstruktur der Molkereiwirtschaft in Deutschland. Bonn (= Daten-Analysen).

BML (Hrsg.) (1999): Die Unternehmensstruktur der Molkereiwirtschaft in Deutschland. Stand: 31. Dezember 1997. Zusammengestellt aus Daten der Milch-Meldeverordnung. Bonn (= Daten-Analysen).

BML/ BMVEL (versch. Jahrgänge): Agrarbericht der Bundesregierung/ Ernährungs- und agrarpolitischer Bericht der Bundesregierung. Bonn.

BML/ BMVEL (Hrsg.) (versch. Jahrgänge): Statistisches Jahrbuch über Ernährung, Landwirtschaft und Forsten der Bundesrepublik Deutschland. Münster-Hiltrup.

Klohn, W. u. H.-W. Windhorst (2001): Die Landwirtschaft in Deutschland. 3. aktual. Aufl. Vechta (= Vechtaer Materialien zum Geographieunterricht. Heft 3).

Kluge, U. (1989): Vierzig Jahre Agrarpolitik in der Bundesrepublik Deutschland. Band 1: Vorgeschichte (1918-1948), Die Ära Niklas (1949-1953), Die Ära Lübke (1953-1959), Die Ära Schwarz (1959-1965). Band 2: Die Ära Höcherl (1965-1969), Die Ära Ertl (1969-1983), Die Ära Kiechle (ab 1983), Agrarpolitischer Rückblick und Ausblick. Hamburg, Berlin (= Sonderheft zu Berichte über Landwirtschaft, Neue Folge. Nr. 202).

Sossna, R. (Red.) (2000): Die umsatzstärksten Mopro-Anbieter in Deutschland und den umliegenden Ländern 2000. Branchenstudie der Fachzeitschrift „Deutsche Milchwirtschaft“. Gelsenkirchen (= Deutsche Milchwirtschaft Spezial).

ZMP (versch. Jahrgänge): ZMP-Bilanz Milch/ ZMP-Marktbilanz Milch. Deutschland, Europäische Union, Weltmarkt. Bonn.

Quellen von Karten und Abbildungen

Abb. 1: Durchschnittlicher Milchkuhbestand je Betrieb 2001: Viehzählung 2001, StÄdL.

Abb. 2: Milch-Einzugsgebiet und Verarbeitungsbetriebe der Nordmilch eG 2001: S. Guericke, geschäftsf. Vorstandsmitglied, Nordmilch eG, Bremen 2002.

Abb. 3: Milchkuhbestand und durchschnittlicher Milchertrag 1991-2000: BML/ BMVEL (versch. Jahrgänge): Statistisches Jahrbuch über Ernährung, Landwirtschaft und Forsten der Bundesrepublik Deutschland. Münster-Hiltrup.

Abb. 4: Milchkühe und Grünlandanteil 2001: Landwirtschaftszählung 1999 u. Viehzählung 2001, StÄdL.

Bildnachweis

S. 74: Milchkühe werden vor allem in Grünlandregionen gehalten: © W. Klohn

S. 76-77: Zuckerwirtschaft – der Trend zur Konzentration

Autor: Prof. Dr. Werner Klohn, Institut für Strukturforschung und Planung in agrarischen Intensivgebieten (ISPA) der Hochschule Vechta, Universitätsstr. 5, 49377 Vechta

Kartographische Bearbeiter

Abb. 1, 2: Konstr: W. Klohn; Red: K. Großer; Bearb: R. Bräuer

Abb. 3: Konstr: B. Grabkowsky, W. Klohn; Red: K. Großer; Bearb: Richter

Abb. 4: Konstr: B. Grabkowsky, W. Klohn; Red: K. Großer; Bearb: R. Bräuer

Literatur

BML/ BMVEL (Hrsg.) (versch. Jahrgänge): Statistisches Jahrbuch über Ernährung, Landwirtschaft und Forsten der Bundesrepublik Deutschland. Münster-Hiltrup.

Klohn, W. u. H.-W. Windhorst (2001): Die Landwirtschaft in Deutschland. 3. aktual. Aufl. Vechta (= Vechtaer Materialien zum Geographieunterricht. Heft 3).

Kluge, U. (1989): Vierzig Jahre Agrarpolitik in der Bundesrepublik Deutschland. Band 1: Vorgeschichte (1918-1948), Die Ära Niklas (1949-1953), Die Ära Lübke (1953-1959), Die Ära Schwarz (1959-1965). Band 2: Die Ära Höcherl (1965-1969), Die Ära Ertl (1969-1983), Die Ära Kiechle (ab 1983), Agrarpolitischer Rückblick und Ausblick. Hamburg, Berlin (= Sonderheft zu Berichte über Landwirtschaft, Neue Folge. Nr. 202).

Zuckerwirtschaft Europa (jährlich). Berlin. [Vorgänger: Zuckerwirtschaft (1988-1999)/ Zuckerwirtschaftliches Taschenbuch (1954-1987)].

Quellen von Karten und Abbildungen

Abb. 1: Durchschnittliche Zuckerrübenanbaufläche je Betrieb 1999: Landwirtschaftszählung 1999, StÄdL.

Abb. 2: Zuckerfabriken 1990/91 und 2000/01: Zuckerwirtschaft Europa (2002), S. 84.

Abb. 3: Fabriken der Zuckerrübenverarbeitung 1952/53 und 2000/01: Zucker-Jahrbuch (1955). Hamburg. Wirtschaftliche Vereinigung Zucker, Bonn 2001.

Abb. 4: Anbau und Verarbeitung von Zuckerrüben 1999/2001: Landwirtschaftszählung 1999, StÄdL. Wirtschaftliche Vereinigung Zucker – Unternehmen – Deutschland: online im Internet unter: http://ww.zuckerwirtschaft.de/4_2_1.html Auskünfte der Zuckerrüben-Anbauverbände und Zuckerfabriken.

Bildnachweis

S. 76: Zuckerfabrik bei Offenau (Neckar): © W. Klohn

S. 78-79: Schweinefleischerzeugung – Schwerpunkt im Nordwesten

Autor: Prof. Dr. Hans-Wilhelm Windhorst, Institut für Strukturforschung und Planung in agrarischen Intensivgebieten (ISPA) der Hochschule Vechta, Universitätsstr. 5, 49377 Vechta.

Kartographische Bearbeiter

Abb. 1: Konstr: B. Grabkowsky, J. Blauhut; Red: K. Großer; Bearb: R. Bräuer

Abb. 2, 3: Red: K. Großer; Bearb: R. Bräuer

Abb. 4: Konstr: B. Grabkowsky; Red: K. Großer; Bearb: R. Bräuer

Literatur

Klohn, W. u. H.-W. Windhorst (2001): Die Landwirtschaft in Deutschland. 3. aktual. Aufl. Vechta (= Vechtaer Materialien zum Geographieunterricht. Heft 3).

Windhorst, H.-W. (2001): Emerging production systems in Europe. In: Fleischwirtschaft international. Nr. 2, S. 39-41.

Windhorst, H.-W. (2001): Offene Agrarmärkte und ihre Auswirkungen auf die Produktion tierischer Nahrungsmittel. In: Agra-Europe. Nr. 14 vom 2. April 2001, Dokumentation, S. 1-9.

ZMP (2001): ZMP-Marktbilanz 2000. Vieh und Fleisch. Deutschland, Europäische Union, Weltmarkt. Bonn.

Quellen von Karten und Abbildungen

Abb. 1: Durchschnittliche Bestandsgrößen in der Schweinehaltung 2001: Viehzählung 2001, StÄdL.

Abb. 2: Standorte der Nordfleisch-Gruppe 2000: Geschäftsbericht 2000, CG Nordfleisch AG, Hamburg.

Abb. 3: Erzeugung und Verbrauch von Schweinefleisch 1996-2001: ZMP [2002]: ZMP-Marktbilanz 2002. Vieh und Fleisch. Deutschland, Europäische Union, Weltmarkt. Bonn.

Abb. 4: Schweinebestand und Schweinebesatz 2001: Viehzählung 2001, StÄdL.

Bildnachweis

S. 78: Ferkelaufzucht in Großgruppenbuchten: © Big Dutchman International GmbH

S. 80-81: Geflügelhaltung – die Dominanz agrarindustrieller Unternehmen

Autor: Prof. Dr. Hans-Wilhelm Windhorst, Institut für Strukturforschung und Planung in agrarischen Intensivgebieten (ISPA) der Hochschule Vechta, Universitätsstr. 5, 49377 Vechta.

Kartographische Bearbeiter

Abb. 1, 3: Konstr: B. Grabkowsky, J. Blauhut; Red: K. Großer; Bearb: J. Blauhut

Abb. 2: Red: K. Großer; Bearb: A. Müller

Literatur

Klohn, W. u. H.-W. Windhorst (2001): Das agrarische Intensivgebiet Südoldenburg. Entwicklung, Strukturen, Probleme, Perspektiven. 3. neubearb. Auflage. Vechta (= Vechtaer Materialien zum Geographieunterricht. Heft 2).

Klohn, W. u. H.-W. Windhorst (2001): Die Landwirtschaft in Deutschland. 3. aktual. Aufl. Vechta (= Vechtaer Materialien zum Geographieunterricht. Heft 3).

Windhorst, H.-W. (2001): Is there a future for Europe's egg industry? In: Poultry International. Nr. 7, S. 26-32.

ZMP (2002): ZMP-Marktbilanz 2002. Eier und Geflügel. Deutschland, Europäische Union, Weltmarkt. Bonn.

Quellen von Karten und Abbildungen

Abb. 1: Legehennenbestände 2001: Viehzählung 2001, StLA NI.

Abb. 2: Standorte der Deutschen Frühstücksei GmbH 2003: Deutsche Frühstücksei GmbH, Neuenkirchen-Vörden.

Abb. 3: Geflügelbestände 2001: Viehzählung 2001, StÄdL.

Bildnachweis

S. 80: Legehennen in Bodenhaltung; Legehennen-Freilandhaltung: © Big Dutchman International GmbH

S. 82-83: Wissen als Ressource: Patentaktivitäten

Autor: Dr. Siegfried Greif, Heiterwanger Straße 52, 81373 München

Kartographische Bearbeiter

Abb. 1: Konstr: S. Greif, S. Dutzmann; Red: S. Dutzmann; Bearb: P. Mund

Abb. 2: Konstr: S. Greif; Red: S. Dutzmann, K. Großer; Bearb: D. Schmiedl, R. Bräuer

Abb. 3: Konstr: S. Greif; Red: S. Dutzmann; Bearb: D. Schmiedl, S. Dutzmann

Literatur

Greif, S. (1998): Patentatlas Deutschland. Die räumliche Struktur der Erfindungstätigkeit. Unter Mitarbeit von Dieter Schmiedl. München.

Greif, S. (2001): Patentgeographie. Die räumliche Struktur der Erfindungstätigkeit in Deutschland. In: Raumforschung und Raumordnung. Heft 2/3, S. 142-153.

Greif, S. u. D. Schmiedl (2002): Patentatlas Deutschland – Ausgabe 2002. Dynamik und Strukturen der Erfindungstätigkeit. München.

Quellen von Karten und Abbildungen

Abb. 1: Patentanmeldungen 1995 und 2000: Eigene Erhebung. Vgl. Greif, S. u. D. Schmiedl (2002), S. 13, Abb. 3.

Abb. 2: Patenanmeldungen 2000: Eigene Erhebung. Vgl. Greif, S. u. D. Schmiedl (2002), S. 19, Abb. 7.

Abb. 3: Patenanmeldungen 2000: Eigene Erhebung. Vgl. Greif, S. u. D. Schmiedl (2002), S. 16, Abb. 5. Deutsches Patent- und Markenamt (Hrsg.) (2004): Jahresbericht 2003/ Annual Report 2003. München. Auch online im Internet unter: http://www.dpma.de

S. 84-85: Technologie- und Gründerzentren

Autorin: Dr. Christine Tamásy, Niederrheinstr. 61b, 41472 Neuss

Kartographische Bearbeiter

Abb. 1: Red: K. Großer; Bearb: P. Mund
Abb. 2: Konstr: Ch. Tamásy; Red: B. Hantzsch; Bearb: A. Müller

Literatur

Baranowski, G. u. U. Heukeroth (Hrsg.) (2000): Innovationszentren in Deutschland 2000/01. Mit Firmenbeschreibungen. Hrsg. in Zusammenarbeit mit dem ADT e.V., Arbeitsgemeinschaft Deutscher Technologie- und Gründerzentren. Berlin.

Sternberg, R. u.a. (1997): Bilanz eines Booms. Wirkungsanalyse von Technologie- und Gründerzentren in Deutschland. Ergebnisse aus 108 Zentren und 1021 Unternehmen. 2. korrigierte Aufl. Dortmund.

Quellen von Karten und Abbildungen

Abb. 1: Lage von Technologie- und Gründerzentren: Baranowski, G. u. U. Heukeroth (Hrsg.) (2000). Eigene Auswertung.
Abb. 2: Technologie- und Gründerzentren 2001: Baranowski, G. u. U. Heukeroth (Hrsg.) (2000), Teil B, S. 53-888. Eigene Auswertung.

Bildnachweis

S. 84: Das Technologie- und Gründerzentrum Spreeknie in Berlin: © TGS Technologie- und Gründerzentrum Spreeknie GmbH

S. 86-87: Forschung und Entwicklung in der Privatwirtschaft

Autoren: PD Dr. Knut Koschatzky, Fraunhofer-Institut für Systemtechnik und Innovationsforschung, Breslauer Str. 48, 76139 Karlsruhe
Rüdiger Marquardt, SV Gemeinützige Gesellschaft für Wissenschaftsstatistik mbH im Stifterverband für die Deutsche Wissenschaft, Barkhovenallee 1, 45239 Essen

Kartographische Bearbeiter

Abb. 1, 2, 3, 4: Konstr: A. Bröhl, P. Jablonski; Red: K. Großer; Bearb: R. Bräuer
Abb. 5: Konstr: A. Bröhl, P. Jablonski; Red: K. Großer; Bearb: R. Richter

Literatur

Bundesministerium für Bildung und Forschung (Hrsg.) (2002): Faktenbericht Forschung 2002. Bonn (= BMBF-Bericht).

Bundesministerium für Bildung, Wissenschaft, Forschung und Technologie, Deutsches Institut für Wirtschaftsforschung, Fraunhofer-Institut für Systemtechnik und Innovationsforschung, Institut für Weltwirtschaft u. Niedersächsisches Institut für Wirtschaftsforschung (Hrsg.) (2000): Regionale Verteilung von Innovations- und Technologiepotentialen in Deutschland und Europa. Endbericht an das Bundesministerium für Bildung und Forschung, Referat Z 25. Karlsruhe.

Edler, J., R. Döhrn u. M. Rothgang (2003): Internationalisierung industrieller Forschung und grenzüberschreitendes Wissensmanagement. Eine empirische Analyse aus der Perspektive des Standortes Deutschland. Heidelberg (= Technik, Wirtschaft und Politik. Band 54).

Koschatzky, K. u. A. Jappe (2003): Analyse regionaler Wissens- und Technologieprofile. In: Koschatzky, K. (Hrsg.): Innovative Impulse für die Region – Aktuelle Tendenzen und Entwicklungsstrategien. Stuttgart, S. 57-66.

Koschatzky, K., M. Reinhard u. C. Grenzmann (2003): Forschungs- und Entwicklungsdienstleistungen in Deutschland. Struktur und Perspektiven eines Wachstumsmarktes. Stuttgart.

Organisation for Economic Co-operation and Development (2002): Frascati manual 2002. Proposed Standard Practice for Surveys of Research and Experimental Development. The Measurement of Scientific and Technological Activities. 6. Aufl. Paris.

Quellen von Karten und Abbildungen

Abb. 1: Patentanmeldungen 1994-2000: Datenbank PATDPA, Deutsches Patent- und Markenamt, München. Eigene Recherche u. Darstellung.
Abb. 2: Forschungs- und Entwicklungsausgaben 1991-2000: Bundesministerium für Bildung und Forschung (Hrsg.) (2002), S. 348, Tab. 2. Eigene Darstellung.
Abb. 3: Beschäftigte in Forschung und Entwicklung 1985-1999,
Abb. 4: Beschäftigte in Forschung und Entwicklung 1991-1999: Wissenschaftsstatistik GmbH im Stifterverband für die Deutsche Wissenschaft (2001): Forschung und Entwicklung in der Wirtschaft 1999-2000. Bericht über die FuE-Erhebung 1999. Essen. Wissenschaftsstatistik GmbH im Stifterverband für die Deutsche Wissenschaft (2000): Forschung und Entwicklung in der Wirtschaft 1997-1999. Bericht über die FuE-Erhebung 1997 und 1998. Essen. Eigene Darstellung.
Abb. 5: Forschung und Entwicklung 2000: FuE-Erhebung 1999, Regionalisierte Daten des FuE-Personals in der Wirtschaft (Vollzeitäquivalente), Wissenschaftsstatistik GmbH im Stifterverband für die Deutsche Wissenschaft. Beschäftigtenstatistik (sv Beschäftigte)1999, BA.

S. 88-89: Berufsqualifikationen und Weiterbildung

Autor: PD Dr. Manfred Nutz, Geographisches Institut der Universität zu Köln, Albertus-Magnus-Platz, 50923 Köln

Kartographische Bearbeiter

Abb. 1: Red: K. Großer; Bearb: P. Mund
Abb. 2: Red: K. Großer; Bearb: R. Bräuer
Abb. 3: Konstr: M. Nutz, J. Blauhut; Red: K. Großer; Bearb: R. Richter

Literatur

Böhm-Kasper, O. u. H. Weishaupt (2002): Regionale Strukturen der Weiterbildung. In: IfL (Hrsg.): Nationalatlas Bundesrepublik Deutschland. Band 6: Bildung und Kultur. Mithrsg. von Mayr, A. u. M. Nutz. Heidelberg, Berlin, S. 52-55.

Bundesinstitut für Berufsbildung (Hrsg.) (2001): Schaubilder zur Berufsbildung / Ausgabe 2001. Fakten, Strukturen, Entwicklungen. Berlin, Bonn.

Janssen, M., H.-J. Wenzel u. M. Woltering (2002): Bildung und Arbeitslosigkeit. In: IfL (Hrsg.): Nationalatlas Bundesrepublik Deutschland. Band 6: Bildung und Kultur. Mithrsg. von Mayr, A. u. M. Nutz. Heidelberg, Berlin, S. 60-61.

Janssen, M., H.-J. Wenzel u. M. Woltering (2002): Qualifikation und Beschäftigung. In: IfL (Hrsg.): Nationalatlas Bundesrepublik Deutschland. Band 6: Bildung und Kultur. Mithrsg. von Mayr, A. u. M. Nutz. Heidelberg, Berlin, S. 58-59.

Kuwan, H., D. Gnahs u. S. Seidel (2000): Berichtssystem Weiterbildung VII. Integrierter Gesamtbericht zur Weiterbildungssituation in Deutschland. Bonn.

Pfeiffer, F. u. W. Pohlmeier (Hrsg.) (1998): Qualifikation, Weiterbildung und Arbeitsmarkterfolg. Baden-Baden (= ZEW-Wirtschaftsanalysen. Band 31).

Zedler, R. (1992): Berufsbildung und Qualifikationsbedarf im neuen Bundesgebiet. Köln (= Beiträge zur Gesellschafts- und Bildungspolitik. Nr. 172).

Quellen von Karten und Abbildungen

Abb. 1: Bildungsströme in der BRD 1999: Bundesinstitut für Berufsbildung (Hrsg.) (2001), Schaubild 0804.
Abb. 2: Teilnehmerbestand in Maßnahmen der beruflichen Bildung 2000: Weiterbildungsstatistik, BA 2001. Eigene Berechnung.
Abb. 3: Ausbildungsniveau der sozialversicherungspflichtig Beschäftigten 2000: Beschäftigtenstatistik (sv Beschäftigte), BA 2001. Eigene Berechnung.

S. 90-91: Zentren forschungs- und wissensintensiver Wirtschaft

Autoren: Dr. Birgit Gehrke, Niedersächsisches Institut für Wirtschaftsforschung, Königstr. 53, 30175 Hannover
Prof. Dr. Rolf Sternberg, Wirtschafts- und Sozialgeographisches Institut der Universität zu Köln, Albertus-Magnus-Platz, 50923 Köln

Kartographische Bearbeiter

Abb. 1, 2: Red: B. Hantzsch; Bearb: P. Mund
Abb. 3: Konstr: B. Gehrke; Red: B. Hantzsch; Bearb: P. Mund
Abb. 4: Konstr: B. Gehrke; Red: B. Hantzsch; Bearb: R. Bräuer

Literatur

Eurostat (1998): Labour force survey. Methods and definitions. Luxemburg (= Eurostat: Theme 3: Population and social conditions).

Gehrke, B. (2001): Employment in high technology sectors. In: European Commission u. Eurostat (Hrsg.): Statistics on Science and Technology in Europe. Data 1985-1999. Luxemburg (= Eurostat: Theme 9: Science and technology), S. 111-123.

Gehrke, B. u. H. Legler (2001): Innovationspotenziale deutscher Regionen im europäischen Vergleich. Berlin (= Beiträge zur angewandten Wirtschaftsforschung. Band 28).

Grupp, H. u.a. (2000): Hochtechnologie 2000. Neudefinition der Hochtechnologie für die Berichterstattung zur technologischen Leistungsfähigkeit Deutschlands. Karlsruhe, Hannover.

Klodt, H., R. Maurer u. A. Schimmelpfennig (1997): Tertiarisierung in der deutschen Wirtschaft. Tübingen (= Kieler Studien. Band 283).

Legler, H. u.a. (2000): Innovationsstandort Deutschland. Chancen und Herausforderungen im internationalen Wettbewerb. Landsberg a. Lech.

Sternberg, R. (1996): Regionale Spezialisierung und räumliche Konzentration FuE-intensiver Wirtschaftszweige in den Kreisen Westdeutschlands – Indizien für Industriedistrikte? In: Berichte zur Deutschen Landeskunde. Heft 1, S. 133-155.

Quellen von Karten und Abbildungen

Abb. 1: Jahresdurchschnittliche Veränderung der Beschäftigtenzahl im forschungs- u. wissensintensiven Wirtschaftssektor 1995-2000: Sonderauswertung Community Labour Force Survey 1995 (FIN, S 1997)/2000, Eurostat. Zuordnung u. Berechnung, NIW.
Abb. 2: Führende High-Tech-Regionen 2000: Sonderauswertung Community Labour Force Survey 2000, Eurostat. Zuordnung u. Berechnung, NIW.
Abb. 3: Beschäftigte in forschungsintensiven Industrien 2000,
Abb. 4: Beschäftigte in wissensintensiven Wirtschaftszweigen 2000: Sonderauswertung BA. Zuordnung u. Berechnung, NIW. Vgl. Grupp, H. u.a. (2000).

S. 92-93: Mittelstand – vom Handwerker zum Entrepreneur

Autor: Prof. Dr. Michael Fritsch, Fakultät für Wirtschaftswissenschaften der Technischen Universität Bergakademie Freiberg, Lessingstr. 45, 09596 Freiberg/Sachsen

Kartographische Bearbeiter

Abb. 1, 2, 3: Red: K. Großer; Bearb: R. Bräuer
Abb. 4: Konstr: J. Blauhut; Red: K. Großer; Bearb: P. Grießmann

Literatur

Fritsch, M. (1993): The Role of Small Firms in West Germany. In: Acs, Z. J. u. D. B. Audretsch (Hrsg.): Small firms and entrepreneurship. An East-West perspective. Cambridge/UK, S. 38-54.

Sternberg, R. (2000): Entrepreneurship in Deutschland. Das Gründungsgeschehen im internationalen Vergleich. Länderbericht Deutschland 1999 zum Global Entrepreneurship Monitor. Berlin.

Quellen von Karten und Abbildungen

Abb. 1: Anzahl der Betriebe nach Größenklassen 2000: Sonderauswertung Betriebsdatei der Statistik der sozialversicherungspflichtig Beschäftigten, BA.
Abb. 2: Anteil der beruflich selbstständigen Personen an den Erwerbstätigen 1980-2000: StBA (versch. Jahrgänge): Stand und Entwicklung der Erwerbstätigkeit (Ergebnisse des Mikrozensus). Ergebnisse nach Regierungsbezirken. Wiesbaden (= Fachserie 1: Bevölkerung und Erwerbstätigkeit. Reihe 4.1.1).
Abb. 3: Anzahl der Gründungen im privaten Sektor zwischen dem 1. Juli 1999 und dem 30. Juni 2000: Sonderauswertung Betriebsdatei der Statistik der sozialversicherungspflichtig Beschäftigten, BA.
Abb. 4: Mittelständische Unternehmen 2000: Betriebsdatei der Statistik der sozialversicherungspflichtig Beschäftigten, BA. Bundesverband deutscher Kapitalbeteiligungsgesellschaften: online im Internet unter: http://www.bvk-ev.de TEC NET Beratungs- und Servicegesellschaft für Technologie- und Gründerzentren mbH: Innovative Standorte: online im Internet unter: http://www.tecworld.de/innova/

Bildnachweis

S. 92: Eine Elektroinstallations-Firma auf der Leipziger BauFach-Messe; Die Elektrowerkzeuge GmbH aus dem Erzgebirge: © Leipziger Messe GmbH

S. 94-95: Zentren der Kulturökonomie und der Medienwirtschaft

Autor: Prof. Dr. Stefan Krätke, Kulturwissenschaftliche Fakultät der Europa-Universität Viadrina Frankfurt (Oder), Große Scharrnstr. 59, 15230 Frankfurt (Oder)

Kartographische Bearbeiter

Abb. 1: Konstr: S. Krätke; Red: K. Großer; Bearb: R. Bräuer
Abb. 2, 4: Konstr: S. Krätke; Red: K. Großer; Bearb: A. Müller
Abb. 3: Konstr: S. Krätke; Red: K. Großer; Bearb: P. Grießmann

Literatur

EUREK (Europäisches Raumentwicklungskonzept). Auf dem Wege zu einer räumlich ausgewogenen und nachhaltigen Entwicklung der Europäischen Union. Angenommen beim Informellen Rat der für Raumordnung zuständigen Minister in Potsdam, Mai 1999 (1999). Luxemburg. Auch online im Internet unter: http://europa.eu.int/comm/regional_policy/sources/docoffic/official/reports/som_de.htm

Krätke, S. (2002): Medienstadt. Urbane Cluster und globale Zentren der Kulturproduktion. Opladen.

Beaverstock, J. V., P. J. Taylor u. R. G. Smith (1999): A roster of world cities. In: Cities. Heft 6, S. 445-458.

Quellen von Karten und Abbildungen

Abb. 1: Regionale Cluster der Kulturindustrie 2000: Beschäftigtenstatistik 2000 nach Krätke, S. (2002), S. 197, Abb. 28.
Abb. 2: Beziehungsnetz der Firmen in dem Medien-Cluster Potsdam-Babelsberg: Krätke, S. (2002), S. 121, Abb. 11.
Abb. 3: Welt-Medienstädte in Europa 2001: EUREK (1999), S. 9. Krätke, S. (2002), S. 209, Tab. 31.
Abb. 4: Cluster der Kulturindustrie im Städtesystem 2000: Beschäftigtenstatistik 2000 nach Krätke, S. (2002), S. 201, Abb. 29.

Bildnachweis

S. 94: Der erfolgreiche Film GOOD BYE, LENIN!: © www.79qmDDR.de

S. 96-97: Standortkonzentration von Beratungsunternehmen

Autor: Dipl.-Geogr. Johannes Glückler, Institut für Wirtschafts- und Sozialgeographie der Johann Wolfgang Goethe-Universität Frankfurt a.M., Dantestr. 9, 60054 Frankfurt a.M.

Kartographische Bearbeiter

Abb. 1: Konstr: J. Glückler; Red: B. Hantzsch; Bearb: A. Müller
Abb. 2, 5: Red: B. Hantzsch; Bearb: A. Müller
Abb. 3, 4: Red: K. Großer; Bearb: P. Mund
Abb. 6: Konstr: J. Glückler; Red: B. Hantzsch; Bearb: R. Richter

Literatur

Bathelt, H. u. J. Glückler (2003): Wirtschaftsgeographie. Ökonomische Beziehungen in räumlicher Perspektive. 2. korrigierte Aufl. Stuttgart (= UTB für Wissenschaft 8217).

BDU (Bundesverband Deutscher Unternehmensberater BDU e.V.): Managementberater und Personalberater [Berufsdefinition]: online im Internet unter: http://www.bdu.de

BDU (2003): Facts & figures zum Beratermarkt 2002. Bonn (= BDU-Studie).

Eurostat (2002): Jahrbuch 2002. Der statistische Wegweiser durch Europa. Daten aus den Jahren 1990-2000. Luxemburg, Brüssel (= Themenkreis 1: Allgemeine Statistik).

FEACO (Fédération Européene des Associations de Conseil en Organisation/ Federation of Management Consulting Associations) (versch. Jahrgänge): Survey of the European Management Consultancy Market [...]. 31st December [...]. Brüssel. Auch online im Internet unter: http://www.feaco.org

Glückler, J. (2001): Internationalisierung der Unternehmensberatung – Eine Exploration im Rhein-Main-Gebiet. Frankfurt a.M. (= Johann Wolfgang Goethe-Universität Frankfurt, Institut für Wirtschafts- und Sozialgeographie: Forschungsberichte/ IWSG Working Papers 11-2001).

Glückler, J. u. T. Armbrüster (2003): Bridging Uncertainty in Management Consulting. The Mechanisms of Trust and Networked Reputation. In: Organization Studies. Band 24, Heft 2, S. 269-297.

Illeris, S. (1996): The service economy. A geographical approach. Chichester u.a.

Niedereichholz, C. (1997): Unternehmensberatung. Band 1: Beratungsmarketing und Auftragsakquisition. 1. Nachdruck der 2. überarb. Aufl. München, Wien.

Strambach, S. (1994): Knowledge-Intensive Business Services in the Rhine-Neckar Area. In: Tijdschrift voor Economische en Sociale Geografie. Heft 4, S. 354-365.

Walger, G. u. C. Scheller (1998): Das Angebot der Unternehmensberatung in Deutschland, Österreich und der Schweiz. Eine empirische Analyse. Berlin (= QUEM-Report. Heft 54).

Wood, P. (Hrsg.) (2002): Consultancy and innovation. The business service revolution in Europe. London u.a. (= Routledge studies in international business and the world economy 25).

Quellen von Karten und Abbildungen

Abb. 1: Konzentrationsraum von Beratungsunternehmen 1999: Unveröff. Datenbankauszug Umsatzsteuerstatistik 1999, StLA HE.

Abb. 2: Zahl und Umsatz der Unternehmen 1999: Unveröff. Datenbankauszug Umsatzsteuerstatistik 1999, StÄdBL.

Abb. 3: Marktvolumen der Unternehmensberatung 1994-2000: BDU (2003), S. 4, Grafik 1. FEACO [2001], S. 4, Fig. 1.

Abb. 4: Europäischer Beratungsmarkt 1996-2000: FEACO [1997 u. 2001]. Eurostat (2002).

Abb. 5: Die geographische Nähe zum Kunden ist ...: Europäische Kommission zit. nach Hofmann, H. u. K. Vogler-Ludwig (1991): The Impact of 1992 on Services Acitivites: Management Consultancy. Final Report [unveröff. Studie]. IFO Research Group Labour Market and Social Policies. München, S. 20.

Abb. 6: Unternehmensberatung 2000: Unveröff. Datenbankauszug Umsatzsteuerstatistik 2000, StÄdBL.

S. 98-99: Biotechnologie

Autor: Prof. Dr. Jürgen Oßenbrügge, Institut für Geographie der Universität Hamburg, Bundesstr. 55, 20146 Hamburg

Kartographische Bearbeiter

Abb. 1, 2, 3, 4: Konstr: C. Carstens, J. Oßenbrügge; Red: K. Großer; Bearb: C. Carstens, R. Richter

Literatur

Bundesministerium für Bildung und Forschung (Hrsg.) (2003): BioRegionen in Deutschland. Starke Impulse für die nationale Technologieentwicklung. Bonn.

Ernst & Young AG (2003): Zeit der Bewährung. [4.] Deutscher Biotechnologie-Report 2003. Mannheim.

Ernst & Young AG (2004): Per Aspera Ad Astra. „Der steinige Weg zu den Sternen". [5.] Deutscher Biotechnologie-Report 2004. Mannheim.

Quellen von Karten und Abbildungen

Abb. 1: Biotechnologische Geschäftsfelder 2002,

Abb. 2: Biotechnologische Kernunternehmen und Beschäftigte 1995-2002: nach Ernst & Young AG (2003). Eigener Entwurf.

Abb. 3: Biotechnologie-Cluster 2003: Eigene Zusammenstellung.

Abb. 4: Biotechnologie-Unternehmen 2003: nach InformationsSekretariat Biotechnologie, DECHEMA e.V., Frankfurt a.M. Unternehmensdatenbank, Ernst & Young AG Wirtschaftsprüfungsgesellschaft, Stuttgart. Bundesministerium für Bildung und Forschung (Hrsg.) (2003). Spangenberg, M. (2003): Regionales Bevölkerungspotenzial. In: INFORMATIONEN aus der Forschung des BBR. Nr. 6/Dezember 2003, S. 10-11. Eigener Entwurf.

Bildnachweis

S. 98: Das Innovations- und Gründerzentrum für Biotechnologie (IZB) in Martinsried: © Bio^M AG

S. 100-101: Das Oldenburger Münsterland – Silicon Valley der Agrartechnologie

Autor: Prof. Dr. Hans-Wilhelm Windhorst, Institut für Strukturforschung und Planung in agrarischen Intensivgebieten (ISPA) der Hochschule Vechta, Universitätsstr. 5, 49377 Vechta.

Kartographische Bearbeiter

Abb. 1: Konstr: H.-W- Windhorst, W. Kraus; Red: W. Kraus; Bearb: A. Müller

Abb. 2: Konstr: J. Blauhut; Red: J. Blauhut, W. Kraus; Bearb: J. Blauhut

Abb. 3: Konstr: H.-W- Windhorst, W. Kraus; Red: W. Kraus; Bearb: P. Mund

Abb. 4: Konstr: H.-W- Windhorst; Red: W. Kraus; Bearb: A. Müller

Abb. 5: Konstr: H.-W- Windhorst; Red: W. Kraus; Bearb: P. Grießmann

Literatur

Klohn, W. u. H.-W. Windhorst (2001): Die Landwirtschaft in Deutschland. 3. aktual. Aufl. Vechta (= Vechtaer Materialien zum Geographieunterricht. Heft 3).

Windhorst, H.-W. (1975): Spezialisierte Agrarwirtschaft in Südoldenburg. Eine agrargeographische Untersuchung. Leer (= Nordwestniedersächsische Regionalforschungen. Band 2).

Windhorst, H.-W. (1998): Veredlung: Pracht-Revier. Die Veredlungsregion Oldenburger Münsterland. In: Agrarmarkt. Nr. 11, S. 6-15.

Quellen von Karten und Abbildungen

Abb. 1: Entwicklung der Hühner - und Schweinebestände 1850/1910-2001: Klohn, W. u. H.-W. Windhorst (2001), S. 17.

Abb. 2: Verkaufsagenturen des Unternehmens Big Dutchman 2003: Unternehmensleitung, Big Dutchman International GmbH, Vechta-Calveslage.

Abb. 3: Produktionsverbund in einem vertikal integrierten Unternehmen 2003: Klohn, W. u. H.-W. Windhorst (2001), S. 93.

Abb. 4: Anteile der Veredelungswirtschaft an der deutschen Produktion 2001: Viehzählung 2001, StÄdL. Eigene Berechnung.

Abb. 5: Das „Silicon Valley" der Agrartechnologie für die Veredelungswirtschaft 2003: Eigene Erhebung.

Bildnachweis

S. 101: Sitz der Big Dutchman International GmbH in Vechta-Calveslage: © Big Dutchman International GmbH

S. 102-103: Die Musikwirtschaft – räumliche Prozesse in der Rezession

Autoren: Dipl.-Geogr. Dirk Ducar, Department für Geo- und Umweltwissenschaften der Ludwig-Maximilians-Universität München, Luisenstr. 37, 80333 München

Dipl.-Ing. Norbert Graeser, a-raum architekten, Landwehrstr. 79, 80336 München

Kartographische Bearbeiter

Abb. 1, 2: Red: K. Großer; Bearb: J. Blauhut

Abb. 3: Konstr: J. Blauhut; Red: K. Großer; Bearb: K. Baum, J. Blauhut

Literatur

Entertainment Media Verlag GmbH & Co. oHG: www.mediabiz.de – das topaktuelle Businessportal für die kompletten Entertainmentbranche: online im Internet unter: http://www.mediabiz.de

Quellen von Karten und Abbildungen

Abb. 1: Anteile an den Top 100 Album-Charts 2003: Entertainment Media Verlag GmbH & Co. oHG, Dornach b. München (05/2004).

Abb. 2: Musikwirtschaftliche Firmen 2003: Entertainment Media Verlag GmbH & Co. oHG, Dornach b. München.

Abb. 3: Musikwirtschaft 2003: Bundesverband der Phonographischen Wirtschaft e.V. (Hrsg.) (2004): Jahrbuch 2004 – phonographische Wirtschaft. Starnberg, S. 9 u. S. 24. Entertainment Media Verlag GmbH & Co. oHG, Dornach b. München.

Anmerkung zu Abb. 3

Die Hauptkarte zeigt die räumliche Verteilung der im umfassendsten Branchenverzeichnis (Datenbank des Entertainment Media Verlages) erfassten Musik schaffenden und vermittelnden Unternehmen sowie die aktuellen Standorte der Unternehmensbestandteile der größten Tonträgerfirmen ab einer Personalstärke von 25 Mitarbeitern. Die im Vergleich zum Marktanteil schwache personelle Präsenz von Universal, Sony und EMI erklärt sich aus der Tatsache, dass die Hauptsitze dieser Unternehmen nicht auf dem Gebiet der Bundesrepublik Deutschland liegen.

S. 104-105: Verarbeitendes Gewerbe

Autor: Dr. Dietrich Zimmer, M.A., Fachbereich VI – Geographie/Geowissenschaften der Universität Trier, Campus II, Behringstr. 21, 54296 Trier

Kartographische Bearbeiter

Abb. 1, 2, 3: Red: K. Großer; Bearb: P. Mund

Abb. 4: Konstr: E. Losang; Red: K. Großer, E. Losang; Bearb: E. Losang, R. Richter

Literatur

BBR (Hrsg.) (2000): Raumordnungsbericht 2000. Bonn (= Berichte. Band 7).

Friedrich, K. u. M. Frühauf (Hrsg.) (2002): Halle und sein Umland. Geographischer Exkursionsführer. Halle (Saale).

Karl, H. (2001): Transformation, Integration und Regionalentwicklung der ostdeutschen Volkswirtschaft. Eine Bilanz nach zehn Jahren deutscher Einheit. In: Informationen zur Raumentwicklung. Heft 2/3, S. 71-80.

Kulke, E. (Hrsg.) (1998): Wirtschaftsgeographie Deutschlands. Gotha, Stuttgart (= Perthes GeographieKolleg).

Maretzke, S. (2001): Die Unterschiede in der Regionalstruktur von heute prägen die Trends von morgen. Ostdeutsche Regionen in der Warteschleife? In: Informationen zur Raumentwicklung. Heft 2/3, S. 81-108.

Schaden, B. u.a. (2000): Neue Informations- und Kommunikationstechnologien, Tertiarisierung und Globalisierung. Strukturberichterstattung 1996-1998. Berlin (= Schriftenreihe des ifo Instituts für Wirtschaftsforschung. Nr. 149).

StBA (Hrsg.) (2003): Datenreport 2002. Zahlen und Fakten über die Bundesrepublik Deutschland. In Zusammenarbeit mit dem Wissenschaftszentrum Berlin für Sozialforschung (WZB) und dem Zentrum für Umfragen, Methoden und Analysen, Mannheim (ZUMA). 2. aktual. Aufl. Bonn (= Bundeszentrale für politische Bildung: Schriftenreihe. Band 376). Auch online im Internet unter: http://www.destatis.de/allg/d/veroe/d_daten.htm

Zimmer, D. (1993): Zur Industriestruktur der neuen Bundesländer – Zentrum oder Peripherie? In: Hornetz, B. und D. Zimmer (Hrsg.): Beiträge zur Kultur- und Regionalgeographie. Festschrift für Ralph Jätzold. Trier (= Trierer Geographische Studien. Heft 9), S. 353-368.

Quellen von Karten und Abbildungen

Abb. 1: Erwerbstätige nach Wirtschaftsbereichen 1882-2001: StBA (Hrsg.) (2003), S. 92, Abb. 4.

Abb. 2: Erwerbstätige nach Wirtschaftsbereichen 1960-2001: StBA (Hrsg.) (2003), S. 91, Tab. 4.

Abb. 3: Unternehmen, Beschäftigte und Umsatz im verarbeitenden Gewerbe 1999: StBA (Hrsg.) (2003), S. 289, Tab. 1.

Abb. 4: Verarbeitendes Gewerbe 1999: StÄdBL (Hrsg.) (2001): [CD-ROM] Statistik regional. Daten und Informationen der Statistischen Ämter des Bundes und der Länder. Ausgabe 2001. Düsseldorf, Tab. 173-11 GE u. 254-44. BBR. StLÄ. Eigene Berechnung.

Bildnachweis

S. 104: LEUNA Werkteil II: © InfraLeuna Infrastruktur und Service GmbH

Danksagung

Der Autor dankt Frau Dipl.-Geogr. Nicole Schrader und Herrn Dr. Steffen Möller für die Aufarbeitung der Daten.

S. 106-109: Der Strukturwandel des verarbeitenden Gewerbes

Autoren: PD Dr. Ralf Klein und Prof. Dr. Günter Löffler, Institut für Geographie der Bayerischen Julius-Maximilians-Universität Würzburg, Am Hubland, 97074 Würzburg

Kartographische Bearbeiter

Abb. 1, 2, 3, 5, 6: Konstr: R. Klein; Red: K. Großer; Bearb: R. Bräuer

Abb. 4: Konstr: R. Klein, J. Blauhut; Red: K. Großer; Bearb: P. Mund

Abb. 7: Konstr: R. Klein, J. Blauhut; Red: K. Großer; Bearb: A. Müller

Literatur

Clark, C. (1940): The Conditions of Economic Progress. London.

Fourastié, J. (1949): Le Grand Espoir du XXe Siècle. Progrès technique, Progrès économique, Progrès social. [Die große Hoffnung des zwanzigsten Jahrhunderts]. Paris. [Übersetzte Ausgabe, Köln-Deutz, 1954].

Hoover, E. M. (1937): Location Theory and the Shoe and Leather Industries. Cambridge, Mass. (= Harvard Economic Studies. Band 55).

Hoover, E. M. (1948): The Location of Economic Activity. New York, Toronto, London (= Economics Handbook Series).

Quellen von Karten und Abbildungen

Abb. 1: Verarbeitendes Gewerbe 1960-2000: StBA (Hrsg.) (versch. Jahrgänge): Statistisches Jahrbuch [...] für die Bundesrepublik Deutschland. Wiesbaden, (3): 1984, Tab. 9.18.2. (3): 1986, Tab. 9.17.1. (3): 1988, Tab. 9.17.1. (3, 4): 1989, Tab. 6.4, 9.2, 9.4, 24.5. (2): 1991, Tab. 6.4. (2, 3, 4): 1997, Tab. 9.2, 9.4, 24.6.1. (1, 3, 4): 2002, Tab. 6.8, 9.2., 9.4, 24.6. Eigene Berechnung.

Abb. 2: Verarbeitendes Gewerbe nach Abteilungen 1961, 1970 und 1987: Statistiken zum Produzierenden Gewerbe, StÄdL. Eigene Bearbeitung.

Abb. 3: Veränderung der Anzahl der Betriebe und Beschäftigten im verarbeitenden Gewerbe 1961-1987: s. Abb. 4 u. Abb. 7. Arbeitsstättenzählung 1961, StÄdL. Eigene Berechnung.

Abb. 4: Strukturwandel im Verarbeitenden Gewerbe 1970-1987,

Abb. 5: Verarbeitendes Gewerbe nach Abteilungen 1995 und 2000: Statistiken zum Produzierenden Gewerbe, StÄdL. Eigene Bearbeitung.

Abb. 6: Veränderung der Anzahl der Betriebe und Beschäftigten im verarbeitenden Gewerbe 1995-2000: StBA (Hrsg.) (1997 u. 2002): Statistisches Jahrbuch [...] für die Bundesrepublik Deutschland. Wiesbaden, (aL): Tab. 9.5.2, (nL): Tab. 9.5.3.

Abb. 7: Strukturwandel im verarbeitenden Gewerbe 1995-2000: Statistiken zum Produzierenden Gewerbe, StÄdL. Eigene Bearbeitung.

Bildnachweis

S. 106: Förderturm der Zeche Minister

Achenbach, Schacht IV in Lünen, bis 1991 in Betrieb: © Stadtarchiv Stadt Lünen

S. 106: Das 2001 fertig gestellte Gründerzentrum LÜNTEC befindet sich im sog. Colani-Ufo: © KVR/Schumacher

S. 110-111: Bergbaureviere und Strukturwandel

Autor: Prof. Dr. Hans-Werner Wehling, Institut für Geographie der Universität Duisburg-Essen, Universitätsstr. 15, 45141 Essen

Kartographische Bearbeiter

Abb. 1, 2: Konstr: B. Sattler, H.-W. Wehling; Red: B. Sattler, W. Kraus; Bearb: B. Sattler, R. Bräuer

Abb. 3: Konstr: BGR, B. Sattler, H.-W. Wehling; Red: W. Kraus; Bearb: R. Bräuer

Abb. 4, 5: Konstr: B. Sattler, H.-W. Wehling; Red: B. Sattler, W. Kraus; Bearb: B. Sattler, P. Mund

Literatur

Brecht, C. u.a. (Hrsg.) (1990 u. 1991): Jahrbuch [1991/ 1992] Bergbau, Öl und Gas, Elektrizität, Chemie. Essen.

Brecht, C. u.a. (Hrsg.) (1992-1994): Jahrbuch [1993-1995] Bergbau, Erdöl und Erdgas, Petrochemie, Elektrizität, Umweltschutz. Essen.

Bundesministerium für Wirtschaft und Technologie (Hrsg.) (2002): Der Bergbau in der Bundesrepublik Deutschland 2001. Bergwirtschaft und Statistik. Zusammengestellt in Zusammenarbeit mit den Bergbehörden der Länder. Berlin. Online im Internet unter: http://www.bmwi.de

DEBRIV (Bundesverband Braunkohle, Hrsg.) (2001): Braunkohle. Ein Industriezweig stellt sich vor. Köln.

Klatt, H.-J. u.a. (Hrsg.) (1995 u. 1996): Jahrbuch [1996/ 1997] Bergbau, Erdöl und Erdgas, Petrochemie, Elektrizität, Umweltschutz. Essen.

Meller, E. (Hrsg.) (2001): Jahrbuch 2002 der europäischen Energie- und Rohstoffwirtschaft. Bergbau, Erdöl und Erdgas, Petrochemie, Elektrizität, Umweltschutz. Essen.

Quellen von Karten und Abbildungen

Abb. 1: Kohlenbergbau 1990-2000: Brecht, C. u.a. (Hrsg.) (1990 u. 1991). Brecht, C. u.a. (Hrsg.) (1992-1994). Klatt, H.-J. u.a. (Hrsg.) (1995 u. 1996). Meller, E. (Hrsg.) (2001). Eigene Berechnung.

Abb. 2: Entwicklung des Steinkohlenbergbaus bis 2000: nach Meller, E. (Hrsg.) (2001).

Abb. 3: Stein- und Braunkohlenreviere 2000/ 2004: nach BGR (2004): [Karte] Kohle-Bergbau. Kohle-Kraftwerke > 100MW. Stand: 30.04.2004. Unveröff. Arbeitskarte. Hannover. DEBRIV (Hrsg.) (2001). Meller, E. (Hrsg.) (2001).

Abb. 4: Lausitzer Braunkohlenrevier 2003: nach DEBRIV (Hrsg.) (2001). DEBRIV (2003): Revierkarte Lausitz. Stand: 04/2003. Köln. Meller, E. (Hrsg.) (2001). Wallat & Knauth GmbH (2003): [Karte] Das Lausitzer Braunkohlenrevier. Stand: 10/2003. Cottbus.

Abb. 5: Rheinisches Braunkohlenrevier 2002: nach DEBRIV (Hrsg.) (2001). Meller, E. (Hrsg.) (2001). [Karte] Rheinisches Braunkohlenrevier. In: Westermann Schulbuchverlag GmbH (2002): Diercke Weltatlas. 5. aktual. Aufl. Braunschweig, S. 36. [Karte] Rheinisches Braunkohlenrevier. Stand: 01/2003. In: Meller, E. u.a. (Hrsg.) (2003): Jahrbuch der europäischen Energie- und Rohstoffwirtschaft 2004. Essen, S. 43. RWE Rheinbraun AG (Hrsg.) [2003]: Geschäftsbericht 2002. Köln, S. 33.

S. 112-113: Altindustrialisierte Gebiete: Peripherien und ländliche Räume

Autor: Prof. Dr. Reinhard Wießner, Institut für Geographie der Universität Leipzig, Johannisallee 19a, 04103 Leipzig

Kartographische Bearbeiter

Abb. 1: Konstr: S. Kiesl, R. Wießner; Red: K. Großer; Bearb: K. Baum, A. Müller

Abb. 2: Konstr: S. Kiesl, R. Wießner, J. Blauhut; Red: K. Großer; Bearb: K. Baum

Literatur

Haas, H.-D., W. Hess u. G. Scherm (1983): Industrielle Monostrukturen an Mikrostandorten. Ansätze zur Arbeitsplatzsicherung im Rahmen der Stadtentwicklungsplanung, dargestellt am Beispiel Albstadt. Kallmünz/ Regensburg (= Münchner Studien zur Sozial- und Wirtschaftsgeographie. Band 24).

Pruschwitz, S. (1995): Die Textilregion Münchberg/Helmbrechts – ein Industrial District? Strategiekonzepte für einen von der Textil- und Bekleidungsindustrie geprägten Raum. Bayreuth (= Arbeitsmaterialien zur Raumordnung und Raumplanung. Heft 146).

Schlier, O. (1922): Der deutsche Industriekörper seit 1860. Allgemeine Lagerung der Industrie und Industriebezirksbildung. Mit einem Vorwort von Alfred Weber. Tübingen (= Über den Standort der Industrien. Teil 2, Heft 1).

Sieber, S. (1967): Studien zur Industriegeschichte des Erzgebirges. Köln, Graz (= Mitteldeutsche Forschungen. Band 49).

Wiessner, R. (1992): Krisenregionen im Spannungsfeld zwischen Strukturerhaltung, Umstrukturierung, exogenem und endogenem Krisenmanagement. Das Beispiel der „Stahlstadt" Sulzbach-Rosenberg. In: Erdkunde. Heft 2, S. 77-90.

Wiessner, R. (1999): Arbeitsmärkte in Altindustrierevieren des Ländlichen Raums. In: Institut für Entwicklungsforschung im Ländlichen Raum Ober- und Mittelfrankens e.V. (Hrsg.): 10 Jahre Institut für Entwicklungsforschung – Ländlicher Raum wohin? Kronach, München (= Kommunal- und Regionalstudien. Heft 30), S. 63-82.

Wiessner, R. (2002): Industrialisierung und Deindustrialisierung im ländlichen Raum. In: IfL (Hrsg.) (2002): Nationalatlas Bundesrepublik Deutschland. Band 5: Dörfer und Städte. Mithrsg. von Friedrich, K., B. Hahn u. H. Popp. Heidelberg, Berlin, S. 66-67.

Quellen von Karten und Abbildungen

Abb. 1: Sozialversicherungspflichtig Beschäftigte im verarbeitenden Gewerbe 1991-2000: Beschäftigtenstatistik, Landesarbeitsamt Nordbayern, Nürnberg 1991, 1996 u. Landesarbeitsamt Bayern, Nürnberg 2000.

Abb. 2: Ländliche Altindustrieräume: [Karte] Industriegebiete in Deutschland (1907). In: Schlier, O. (1922). Ministerkonferenz für Raumordnung (1993): Verdichtungsräume. In: BBR (Hrsg.) (2000): Raumordnungsbericht 2000. Bonn (= Berichte. Band 7), S. 49, Karte 28.

Bildnachweis

S. 112: Industriebrache und leer stehendes Fabrikgebäude im Erzgebirge; Saniertes ehemaliges Fabrikgebäude im Erzgebirge, das heute durch einen Dienstleistungsbetrieb genutzt wird: © Silvio Kiesl

Danksagung

Der Autor dankt Herrn Dipl.-Geogr. Silvio Kiesl herzlich für die Unterstützung bei der Anfertigung des Beitrags.

S. 114-115: Alte Industrieregionen

Autoren: Dr. Christian Berndt, Fachgebiet Geographie der Katholischen Universität Eichstätt-Ingolstadt, Ostenstraße 18, 85072 Eichstätt

Dipl.-Geogr. Pascal Goeke, Institut für Migrationsforschung und Interkulturelle Studien (IMIS) der Universität Osnabrück, Neuer Graben 19/21, 49069 Osnabrück

Kartographische Bearbeiter

Abb. 1: Konstr: C. Berndt, P. Goeke; Red: K. Großer; Bearb: A. Müller

Abb. 2: Konstr: C. Berndt, P. Goeke; Red: K. Großer; Bearb: R. Richter

Literatur

Beck, J. (2001): Landkreis Greiz. In: Sedlacek, P. (Hrsg.): Die Landkreise und kreisfreien Städte des Freistaates Thüringen. Erfurt (= Thüringen gestern & heute. Band 14), S. 109-118. [Erschienen 2002].

Berndt, C. (2001): Corporate Germany between globalization and regional place dependence. Business restructuring in the Ruhr Area. Basingstoke u.a.

Danielzyk, R. (1998): Zur Neuorientierung der Regionalforschung – ein konzeptioneller Beitrag. Oldenburg (= Wahrnehmungsgeographische Studien zur Regionalentwicklung. Heft 17).

Faupel, T., C. Nieters u. H. Derlien (2001): Chemieparks als innovative Standortstrategie? Analyse des Strukturwandels in der Region Bitterfeld-Wolfen/ Schkopau/ Leuna. In: Geographische Rundschau. Heft 3, S. 31-36.

Grabher, G. (1993): The weakness of strong ties. The lock-in of regional development in the Ruhr Area. In: Grabher, G. (Hrsg.): The embedded firm. On the socioeconomics of industrial networks. London u.a., S. 255-277.

Kaiser, C. (1997): Altindustrialisierte Gemeinden Ostdeutschlands im Transformationsprozeß - das Beispiel Zschornewitz. In: Hallesches Jahrbuch für Geowissenschaften. Reihe A: Geographie und Geoökologie. Band 19, S. 125-136.

Schamp, E. W. (2000): Vernetzte Produktion. Industriegeographie aus institutioneller Perspektive. Darmstadt.

Quellen von Karten und Abbildungen

Abb. 1: Index der Bruttowertschöpfung pro Kopf der Bevölkerung 1978-1996: statistischer Datenbestand, Kommunalverband Ruhrgebiet, Essen.

Abb. 2: Verdichtete Kreise und kreisfreie Städte altindustrieller Prägung 1998: Hoppenstedt Firmeninformationen GmbH (Hrsg.) (2002): [CD-ROM] Großunternehmen. Ausgabe 2002. Darmstadt. StÄdBL (Hrsg.) (2001): [CD-ROM] Statistik regional. Daten und Informationen der Statistischen Ämter des Bundes und der Länder. Ausgabe 2001. Düsseldorf, Tab. 001-41 u. 254-64. Eigene Erhebung.

Bildnachweis

S. 114: Die 1946 gegründete Werft in Rostock-Warnemünde: © Aker Warnow Werft GmbH

S. 116-117: Standorte der Informationstechnologie

Autoren: Dr. Klaus Baier, Fachgruppe Geowissenschaften der Rheinisch-Westfälischen Technischen Hochschule (RWTH) Aachen, Lochnerstr. 4-20, 52064 Aachen

Prof. Dr. Peter Gräf, Geographisches Institut der Rheinisch-Westfälischen Technischen Hochschule (RWTH) Aachen, Templergraben 55, 52056 Aachen

Kartographische Bearbeiter

Abb. 1: Konstr: K. Baier, P. Gräf, J. Blauhut; Red: K. Großer; Bearb: P. Grießmann, A. Müller

Abb. 2: Konstr: K. Baier, P. Gräf; Red: K. Großer; Bearb: A. Müller

Abb. 3: Red: K. Großer; Bearb: K. Großer

Abb. 4: Konstr: K. Baier, P. Gräf, J. Blauhut; Red: K. Großer; Bearb: R. Richter

Quellen von Karten und Abbildungen

Abb. 1: Beschäftigte in der Datenverarbeitung (DV) 2001,

Abb. 2: DV- Beschäftigte in ausgewählten Arbeitsamtsbezirken 2001,

Abb. 3: Frauenanteil an den DV-Beschäftigten 2001: Beschäftigtenstatistik der BA, Arbeitsbereich V/4 Par, Institut für Arbeitsmarkt- und Berufsforschung, Nürnberg (09/2001).

Abb. 4: Aussteller der CeBIT 2001: [Deutsche Messe AG] (2001): [Katalog] CeBIT. World's No. 1. Hannover, 22.-28.3.2001. Get the spirit of tomorrow. Hannover, CD-ROM.

Bildnachweis

S. 116: Stammsitz der PC-Ware Informationstechnologies AG in Leipzig: © J. Rohland, www.rohlands.de

S. 118-121: Ostdeutsche Landwirtschaft seit der Wende: Umbruch und Erneuerung

Autor: Prof. Dr. Walter Roubitschek, Advokatenweg 2, 06114 Halle (Saale)

Kartographische Bearbeiter

Abb. 1: Red: K. Großer; Bearb: P. Mund

Abb. 2, 5, 6, 7, 8: Red: W. Roubitschek, K. Großer; Bearb: K. Baum

Abb. 3: Konstr: G. Bursian, Th. Chudy; Red: W. Roubitschek, K. Großer; Bearb: K. Baum

Abb. 4: Konstr: W. Roubitschek; Red: K. Großer; Bearb: A. Müller, R. Richter

Literatur

BMVEL (Hrsg.) (2003): Statistisches Jahrbuch über Ernährung, Landwirtschaft und Forsten der Bundesrepublik Deutschland 2003. Münster-Hiltrup.

Forstner, B. (2001): Zukunftsfähigkeit der ostdeutschen Landwirtschaft – Betriebsstrukturen. In: Agrarsoziale Gesellschaft e.V. (Hrsg.): Landwirtschaft in Ostdeutschland – stabile Strukturen oder mitten im Umbruch? Göttingen (= Schriftenreihe für ländliche Sozialfragen. Heft 137), S. 32-66.

Luft, H. (1998): Blickpunkt Landwirtschaft. Zum Transformationsprozeß ostdeutscher Agrarstrukturen. Frankfurt a.M. u.a. (= Humangeographie. Sozialökonomische Strukturen in Europa. Band 1).

LwAnpG/ Landwirtschaftsanpassungsgesetz (Gesetz zur Änderung des Landwirtschaftsanpassungsgesetzes und anderer Gesetze vom 3. Juli 1991) (1991). In: Bundesgesetzblatt, Teil 1. Nr. 40 vom 06.07.1991, S. 1410-1417.

Thiele, H. (1998): Dekollektivierung und Umstrukturierung des Agrarsektors der neuen Bundesländer. Eine gesamtwirtschaftliche und sektorale Analyse von Politikmaßnahmen. Bergen/Dumme (= Sonderheft von Agrarwirtschaft. Nr. 160).

Quellen von Karten und Abbildungen

Abb. 1: Rechtsformen der deutschen Landwirtschaftsbetriebe 2001: BMVEL (Hrsg.) (2003), S. 32.

Abb. 2: Familienbetrieb Schaaf in Sietzsch: Clemens Schaaf, Emsdorfer Platz 4, 06188 Sietzsch. Nach Betriebsunterlagen und eigener Kartierung.

Abb. 3: Anteile der Betriebe > 100ha und der Betriebe der Rechtsform „Juristische Person privaten Rechts" an der LF 1999: StÄdBL (Hrsg.) (2001): [CD-ROM] Statistik regional. Daten und Informationen der Statistischen Ämter des Bundes und der Länder. Ausgabe 2001. Düsseldorf, Tab. 115-32. Landwirtschaftszählung 1999, StÄdL.

Abb. 4: Anteilige Leistungen und Potenziale der ostdeutschen Landwirtschaft 2002: StBA (Hrsg.) (2003): Statistisches Jahrbuch 2003 für die Bundesrepublik Deutschland. Wiesbaden, S. 162ff.

Abb. 5: GbR Beckendorf – Großelterlicher Besitz 1950 und Wirtschaftsflächen 2002,

Abb. 6: GbR Beckendorf – Wirtschaftsflächen 1990/Eigentumsland und Anbaustruktur 2002: Dr. Wolfgang Nehring, Am Bach 1, 39393 Beckendorf. Nach Betriebsunterlagen und eigener Kartierung.

Abb. 7: Eigentumsverhältnisse und Betriebsgrößen vor der ersten LPG-Gründung am 19. Mai 1959,

Abb. 8: Bodennutzung 2001: Erhard Markert, Auf der Elm 2, 98634 Reichenhausen. Nach Betriebsunterlagen und eigener Kartierung.

Bildnachweis

S. 118: Die Zuckerfabrik in Zeitz zählt mit einer Tagesverabeitung von 11.300 t Rüben zu den größten der Südzucker AG: © Südzucker AG

S. 120: Biosphärenreservat Rhön bei Reichenhausen: © Rudi Hundt

S. 122-125: Die einzelhandelsrelevante Kaufkraft

Autor: Prof. Dr. Günter Löffler, Institut für Geographie der Bayerischen Julius-Maximilians-Universität Würzburg, Am Hubland, 97074 Würzburg

Kartographische Bearbeiter

Abb. 1, 2: Konstr: G. Löffler; Red: K. Großer; Bearb: R. Bräuer

Abb. 3, 4, 6: Konstr: G. Löffler; Red: K. Großer; Bearb: P. Grießmann

Abb. 5, 7: Konstr: G. Löffler; Red: K. Großer; Bearb: R. Richter

Literatur

Cécora, J. (1985): Standort und Lebenshaltung. Der Einfluß der Siedlungsstruktur auf die Lebenshaltung privater Haushalte. Berlin (= Beiträge zur Ökonomie von Haushalt und Verbrauch. Heft 19).

GfK Marktforschung (Hrsg.) (2002): Vorbemerkungen zu den GfK-Kaufkraftkennziffern 2002 in den Gemeinden der Bundesrepublik Deutschland. Nürnberg.

GfK Marktforschung (Hrsg.) (2002): Vorbemerkungen zur Einzelhandelsrelevanten Kaufkraft der GfK 2001 in den Gemeinden der Bundesrepublik Deutschland. Nürnberg.

Greipl, E. (1988): Der Konsumgüterhandel auf dem Weg ins 21. Jahrhundert. Eckpunkte, Szenarien, Optionen. In: ARL (Hrsg.): Situation und Perspektiven des Einzelhandels aus der Sicht der räumlichen Planung. 10. Seminar für Landesplaner in Bayern. Hannover (= ARL Arbeitsmaterial. Nr. 136), S. 31-69.

Meyer, A. (1989): Mikrogeographische Marktsegmentierung. Grundlagen, Anwendungen und kritische Beurteilung von Verfahren zur Lokalisierung und gezielten Ansprache von Zielgruppen. In: Jahrbuch der Absatz- und Verbrauchsforschung. Heft 4, S. 342-365.

StBA (Hrsg.) (versch. Jahrgänge): Statistisches Jahrbuch für die Bundesrepublik Deutschland. Wiesbaden.

Quellen von Karten und Abbildungen

Abb. 1: Verfügbares Einkommen, Konsumausgaben der Haushalte und Umsätze im Einzelhandel 1994 bis 2000: StBA (Hrsg.) (1999), S. 24, Tab. 2.1. StBA (Hrsg.) (2001), S. 24, Tab. 2.1, S. 665, Tab. 24.8 u. S. 671, Tab. 24.15.

Abb. 2: Umsatzmesszahlen des Einzelhandels 1994-2001: StBA (2001): Beschäftigte und Umsatz im Einzelhandel (Messzahlen). Bundesergebnisse. Wiesbaden (= Fachserie 6: Binnenhandel, Gastgewerbe, Tourismus. Reihe 3.1), S. 13.

Abb. 3: Verbraucherpreisindex ausgewählter Ausgabenbereiche 1995-2000: StBA (Hrsg.) (2000), S. 613, Tab. 23.12. StBA (Hrsg.) (2001), S. 633, Tab. 23.12.

Abb. 4: Gewichtungsanteile zur Bestimmung des Lebenshaltungskostenindex privater Haushalte: StBA (Hrsg.) (2001), S. 633, Tab. 23.12.

Abb. 5: Einzelhandelsrelevante Kaufkraft 2001: Kaufkraftdaten 2001, Gesellschaft für Konsumforschung (GfK), Nürnberg. Eigene Bearbeitung.

Abb. 6: Umsätze im Einzelhandel (EH) 1994-1998: StBA (Hrsg.) (1997), S. 267, Tab. 11.8. StBA (Hrsg.) (1998), S. 252, Tab. 11.7. StBA (Hrsg.) (1999), S. 253, Tab. 11.5. StBA (Hrsg.) (2000), S. 245, Tab. 11.5. StBA (1998): Beschäftigung, Umsatz, Wareneingang, Lagerbestand und Investitionen im Einzelhandel. Bundesergebnisse. Wiesbaden (= Fachserie 6: Binnenhandel, Gastgewerbe, Tourismus. Reihe 3.2), S. 56, Tab. 4.

Abb. 7: Kaufkraftströme 2001: Kaufkraftdaten 2001, Gesellschaft für Konsumforschung (GfK), Nürnberg. Eigene Bearbeitung.

Quellen von Karten und Abbildungen

S. 124: Galeria Kaufhof in Frankfurt a.M. und in Chemnitz: © Kaufhof Warenhaus AG

S. 126-127: Massenarbeitslosigkeit und regionale Arbeitsmarktdisparitäten

Autor: Prof. Dr. Heinz Faßmann, Institut für Geographie und Regionalforschung der Universität Wien, Universitätsstr. 7, 1010 Wien, A

Kartographische Bearbeiter

Abb. 1, 2: Red: K. Großer; Bearb: P. Mund

Abb. 3, 4, 5: Konstr: J. Blauhut; Red: K. Großer; Bearb: R. Bräuer

Literatur

BBR (Hrsg.) (2002): Indikatoren und Karten zur Raumentwicklung [INKAR]. Ausgabe 2002. Bonn (= CD-ROM zu Berichte. Band 14).

Fassmann, H. u. P. Meusburger (1997): Arbeitsmarktgeographie. Erwerbstätigkeit und Arbeitslosigkeit im räumlichen Kontext. Stuttgart (= Teubner Studienbücher der Geographie).

Quellen von Karten und Abbildungen

Abb. 1: Beschäftigte und Arbeitslose 2001: BBR (Hrsg.) (2002), Tab. 6, Indikator 1 u. 3, Tab. 10, Indikatoren 1, 2 u. 3.

Abb. 2: Arbeitslose nach demographischen Gruppen 2000: BBR (Hrsg.) (2002), Tab. 10, Indikatoren 5, 7, 9, 10, u. 11.

Abb. 3: Arbeitslosenquote im Juni 2001: BBR (Hrsg.) (2002), Tab. 10, Indikator 2. Eigene Berechnung.

Abb. 4: Langzeitarbeitslose im Juni 2001: BBR (Hrsg.) (2002), Tab. 10, Indikator 11. Eigene Berechnung.

Abb. 5: Arbeitslose Ausländer im Juni 2001: BBR (Hrsg.) (2002), Tab. 10, Indikator 7. Eigene Berechnung.

S. 128-129: Logistikzentren – Distributionsprozesse im Wandel

Autorin: Dr. Cordula Neiberger, Fachbereich Geographie der Philipps-Universität Marburg, Deutschhausstr. 10, 35037 Marburg

Kartographische Bearbeiter

Abb. 1: Konstr: Ch. Enderle; Red: B. Hantzsch; Bearb: Ch. Enderle, P. Mund

Abb. 2, 3: Red: B. Hantzsch; Bearb: C. Mann, R. Richter

Abb. 4: Konstr: C. Mann; Red: B. Hantzsch; Bearb: C. Mann, R. Bräuer

Literatur

Aberle, G. (2003): Transportwirtschaft. Einzelwirtschaftliche und gesamtwirtschaftliche Grundlagen. 4. überarb. und erweit. Aufl. München, Wien (= Wolls Lehr- und Handbücher der Wirtschafts- und Sozialwissenschaften).

BAG (Bundesamt für Güterverkehr, Hrsg.) (2002): Marktbeobachtung Güterverkehr. Jahresbericht 2001. Köln.

BDF (Bundesverband des deutschen Güterfernverkehrs e.V.) (Hrsg.) (1995): Verkehrswirtschaftliche Zahlen (VWZ) 1995. Frankfurt a.M.

BMVBW (Bundesministerium für Verkehr, Bau- und Wohnungswesen u. Vorgänger, Hrsg.) (versch. Jahrgänge): Verkehr in Zahlen. [Bonn], Berlin.

Neiberger, C. (1998): Standortvernetzung durch neue Logistiksysteme. Hersteller und Händler im Wettbewerb: Beispiele aus der deutschen Nahrungsmittelwirtschaft. Münster (= Wirtschaftsgeographie. Band 15).

Zobel, A. (1988): Der Werkfernverkehr auf der Straße im Binnengüterverkehr der Bundesrepublik Deutschland. Zur Problematik staatlicher Regulierungen im Verkehrsbereich. Berlin (= Schriften zu Regional- und Verkehrsproblemen in Industrie- und Entwicklungsländern. Band 47).

Quellen von Karten und Abbildungen

Abb. 1: Beschäftigte im Transportwesen 2001: Unveröff. Daten der Beschäftigtenstatistik, BA, Nürnberg.

Abb. 2: Entwicklung der Güterverkehrsleistung von gewerblichem und Werkverkehr 1955-1990: BMVBW u. Vorgänger (Hrsg.) (versch. Jahrgänge).

Abb. 3: Güterverkehrsleistung von gewerblichem und Werkverkehr: Unveröff. Daten, Kraftfahrt-Bundesamt: Statistische Mitteilungen. Güterkraftverkehr deutscher Lastkraftwagen. Stuttgart (= Reihe 8: Kraftverkehr).

Abb. 4: Speditionsunternehmen 2004: Dachser Gmbh & Co. KG, Kempten. DHL Logistics GmbH, Hamburg, [Danzas GmbH, Düsseldorf]. FIEGE Deutschland GmbH & Co. KG, Greven. Schenker Deutschland AG, Frankfurt a.M.

S. 130-133: Energienachfrage und Angebotsdifferenzierung

Autoren: Prof. Dr. Wolfgang Brücher und PD Dr. Malte Helfer, Fachrichtung 5.4 Geographie der Universität des Saarlandes, Im Stadtwald, Gebäude 11, 66041 Saarbrücken

Kartographische Bearbeiter

Abb. 1: Konstr: M. Helfer; Red: W. Brücher, M. Helfer, B. Hantzsch; Bearb: A. Müller

Abb. 2: Konstr: M. Helfer; Red: W. Brücher, M. Helfer, B. Hantzsch; Bearb: M. Helfer, R. Richter

Abb. 3: Konstr: M. Helfer; Red: W. Brücher, M. Helfer, B. Hantzsch; Bearb: P. Mund

Abb. 4: Konstr: M. Helfer; Red: W. Brücher, M. Helfer, B. Hantzsch; Bearb: B. Hantzsch

Abb. 5: Konstr: M. Helfer; Red: W. Brücher, M. Helfer, B. Hantzsch; Bearb: R. Bräuer

Literatur

Blättchen, K. (1999): Die Transformation der Elektrizitätswirtschaft im Osten Deutschlands. Nürnberg (= Nürnberger Wirtschafts- u. Sozialgeographische Arbeiten. Band 54).

Brücher, W. (1997): Mehr Energie! Plädoyer für ein vernachlässigtes Objekt der Geographie. In: Geographische Rundschau. Heft 6, S. 330-335.

Cassedy, E. S. u. P. Z. Grossman (1998): Introduction to Energy. Resources, Technology, and Society. 2. Aufl. Cambridge.

Chapman, J. D. (1989): Geography and energy. Commercial energy systems and national policies. Harlow (= Themes in resource management).

Haas, H.-D. u. J. Scharrer (1998): [Kapitel] A.2 Bergbau, Bodenschätze und Energie. In: Kulke, E. (Hrsg.): Wirtschaftsgeographie Deutschlands. Gotha, Stuttgart (= Perthes GeographieKolleg), S. 65-86.

Kaltschmitt, M. u. A. Wiese (Hrsg.) (1997): Erneuerbare Energien. Systemtechnik, Wirtschaftlichkeit, Umweltaspekte. 2. Aufl. Berlin u.a.

Michaelis, H. u. C. Salander (Hrsg.) (1995): Handbuch Kernenergie. Kompendium der Energiewirtschaft und Energiepolitik. 4. Aufl. Frankfurt a.M.

Schiffer, H.-W. (1997): Energiemarkt Bundesrepublik Deutschland. 6. völlig neu bearb. Aufl. Köln (= Praxiswissen aktuell).

Staiss, F. (2000): Jahrbuch Erneuerbare Energien 2000. Radebeul.

Quellen von Karten und Abbildungen

Abb. 1: Entwicklung des Primärenergieverbrauchs 1950-2000: Arbeitsgemeinschaft Energiebilanzen, Köln. Online im Internet unter: http://www.ag-energiebilanzen.de

Abb. 2: Energiebereitstellung und -umwandlung 1998: Arbeitsgemeinschaft Fernwärme e.V. (Hrsg.) [1999]: AGFW-Arbeitsbericht 1999. Frankfurt a.M. BBR (Hrsg.) (2000): Raumordnungsbericht 2000. Bonn (= Berichte. Band 7). BGR (Hrsg.) (2000): Bundesrepublik Deutschland. Rohstoffsituation 1999. Stuttgart (= Rohstoffwirtschaftliche Länderstudien. Band XXIII). Bundesministerium für Wirtschaft und Technologie (Hrsg.) [2000]: Energie Daten 2000. Nationale und internationale Entwicklung. Bonn (= Zahlen und Fakten). Gesamtverband des Deutschen Steinkohlenbergbaus (Hrsg.) (2001): Steinkohle. Jahresbericht 2001. Essen. Mineralölwirtschaftsverband e.V. (Hrsg.) (2000): Mineralöl-Zahlen 2000. Hamburg. Mineralölwirtschaftsverband e.V. (Hrsg.) [2001]: Jahresbericht 2000. Hamburg. StBA (Hrsg.) (2000): Datenreport 1999. Zahlen und Fakten über die Bundesrepublik Deutschland. In Zusammenarbeit mit dem Wissenschaftszentrum Berlin für Sozialforschung (WZB) und dem Zentrum für Umfragen, Methoden und Analysen, Mannheim (ZUMA). Bonn (= Bundeszentrale für politische Bildung: Schriftenreihe. Band 365), S. 362-373. Union pour la Coordination de la Production et du Transport de l'Électricité (UCPTE, Hrsg.) [1999]: Statistisches Jahrbuch 1998. Luxemburg. Verband der Elektrizitätswirtschaft e.V. (o.J.): Statistik 1998. Frankfurt a.M., S. 38-46. Verein deutscher Kohlenimporteure (Hrsg.) [2002]: Jahresbericht 2001. Hamburg. Wirtschaftsministerium Baden-Württemberg (2001): Energiebericht 2000. Stuttgart. Arbeitsgemeinschaft Energiebilanzen, Köln. Bundesverband Braunkohle, Köln. Deutsche Verbundgesellschaft e.V., Heidelberg 2001. Statistik der Kohlenwirtschaft e.V., Essen.

Abb. 3: Primär- und Endenergieverbrauch 1998: Länderarbeitskreis Energiebilanzen. Online im Internet unter: http://www.lak-energiebilanzen.de

Abb. 4: Entwicklung des Beitrags erneuerbarer Energiequellen zur Endenergiebereitstellung 1990-1999: Staiss, F. (2000), S. II-16. Wagner, E. (1999): Nutzung erneuerbarer Energien durch die Elektrizitätswirtschaft. Stand 1998. In: Elektrizitätswirtschaft. Heft 24, S. 12-22.

Abb. 5: Strom aus regenerativen Energien 1998: Staiss, F. (2000), S. II-21. Wagner, E. (1999): Nutzung erneuerbarer Energien durch die Elektrizitätswirtschaft. Stand 1998. In: Elektrizitätswirtschaft. Heft 24, S. 12-22.

Bildnachweis

S. 130: Kohlekraftwerk Lippendorf bei Leipzig: © Vattenfall Europe AG

S. 132: Photovoltaikanlage auf dem Dach eines Saarbrücker Bergmannshäuschens aus dem 19. Jh.: © W. Brücher

S. 134-135: Standorte der Telekommunikationsunternehmen

Autoren: Dr. Klaus Baier, Fachgruppe Geowissenschaften der Rheinisch-Westfälischen Technischen Hochschule (RWTH) Aachen, Lochnerstr. 4-20, 52064 Aachen

Prof. Dr. Peter Gräf, Geographisches Institut der Rheinisch-Westfälischen Technischen Hochschule (RWTH) Aachen, Templergraben 55, 52056 Aachen

Kartographische Bearbeiter

Abb. 1: Konstr: K. Baier, P. Gräf; Red: K. Großer; Bearb: P. Grießmann

Abb. 2: Konstr: K. Baier, P. Gräf, J. Blauhut; Red: K. Großer; Bearb: R. Richter

Literatur

Bay. StK (Bayerische Staatskanzlei): BayernOnline – Am Fortschritt teilnehmen: online im Internet unter: http://www.bayern.de/Wirtschaftsstandort/Medien_und_IuK/IuK/BayernOnline/

Bay. StMWVT (Bayerisches Staatsministerium für Wirtschaft, Verkehr und Technologie) (2000): Bayerische Technologiepolitik. Juni 2000. München.

Regulierungsbehörde für Telekommunikation und Post (2001): Veröffentlichung der Anbieter von Telekommunikationsdienstleistungen (§ 4 TKG) einschließlich Lizenznehmer (§ 6 TKG). Aktuelle Version online im Internet unter: http://www.regtp.de

Quellen von Karten und Abbildungen

Abb. 1: Telekommunikationsunternehmen im Stadtgebiet 2000,

Abb. 2: Telekommunikationsunternehmen 2000: Regulierungsbehörde für Telekommunikation und Post (2001).

Bildnachweis

S. 134: Die Zentrale der Deutschen Telekom in Bonn: © Deutsche Telekom AG

S. 136-137: Die Marktforschung und ihre Netzwerke

Autoren: Dipl.-Math. Dipl.-Kfm. Werner Kunz, Prof. Dr. Anton Meyer, Dipl.-Kffr. Nina Specht, Institut für Marketing der Ludwig-Maximilians-Universität München, Ludwigstr. 28 Rückgebäude, 80539 München

Kartographische Bearbeiter

Abb. 1, 2: Konstr: GfK; Red: B. Hantzsch; Bearb: B. Hantzsch

Abb. 3: Konstr: J. Blauhut; Red: B. Hantzsch; Bearb: A. Müller

Literatur

Berekoven, L., W. Eckert u. P. Ellenrieder (1996): Marktforschung. Methodische Grundlagen und praktische Anwendung. 7. vollständig überarb. u. erweit. Auflage. Wiesbaden (= Gabler Lehrbuch).

Martin, M. (1993): Mikrogeographische Marktsegmentierung. Ansatz zur Segmentidentifikation und zur integrierten Zielgruppenbearbeitung. In: Marketing. Zeitschrift für Forschung und Praxis. Heft 3, S. 164-180.

Meyer, A. (1989): Mikrogeographische Marktsegmentierung. Grundlagen, Anwendungen und kritische Beurteilung von Verfahren zur Lokalisierung und gezielten Ansprache von Zielgruppen. In: Jahrbuch der Absatz- und Verbrauchsforschung. Heft 4, S. 342-365.

Meyer, A. u. J. H. Davidson (2001): Offensives Marketing. Gewinnen mit POISE. Märkte gestalten – Potenziale nutzen. Freiburg i.Br., Berlin, München.

Quellen von Karten und Abbildungen

Abb. 1: Statusniveau von Haushalten: GfK Marktforschung GmbH, Nürnberg.

Abb. 2: Statusniveau von Haushalten: Stadt München. Mit Cityguide. 1:20.000. 3. Aufl. (2000). Bad Soden (= ADAC-Stadtplan). GfK Marktforschung GmbH, Nürnberg.

Abb. 3: Haushalte der Panelbefragung der GfK 2003: GfK Panel Services Consumer Research GmbH, Nürnberg (01/2003).

S. 138-139: Ökonomische Bedeutung des Messewesens

Autoren: Dipl.-Geogr. Volker Bode und Prof. Dr. Joachim Burdack, Leibniz-Institut für Länderkunde e.V., Schongauerstr. 9, 04329 Leipzig

Kartographische Bearbeiter

Abb. 1: Konstr: V. Bode, J. Burdack; Red: W. Kraus; Bearb: P. Mund

Abb. 2, 3, 4: Konstr: V. Bode, J. Burdack; Red: W. Kraus; Bearb: R. Bräuer

Abb. 5: Konstr: V. Bode, J. Burdack; Red: W. Kraus; Bearb: A. Müller

Literatur

AUMA (Ausstellungs- und Messe-Ausschuss der Deutschen Wirtschaft e.V.) (Hrsg.) (1996a): AUMA-Handbuch Messeplatz Deutschland '97. Messen und Ausstellungen 1997 und Vorschau auf die folgenden Jahre. Köln.

AUMA (Hrsg.) (1996b): AUMA-Handbuch. Regional '97. Messen und Ausstellungen in Deutschland mit regionalem Einzugsgebiet auf der Besucherseite. Köln.

AUMA (Hrsg.) (1998): Aus- und Weiterbildung in der Messewirtschaft. Untersuchung von Struktur und Umfang messefachlicher Aus- und Weiterbildung in Deutschland mit Darstellung des aktuellen Angebots. Bergisch Gladbach (= AUMA-Edition. Nr. 7).

AUMA (Hrsg.) (2000a): AUMA-Handbuch Messeplatz Deutschland 2001. Internationale und überregionale Messen und Ausstellungen und Vorschau auf die folgenden Jahre. Köln.

AUMA (Hrsg.) (2000b): AUMA-Handbuch. Regional 2001. Messen und Ausstellungen in Deutschland mit regionalem Einzugsgebiet auf der Besucherseite. Berlin.

AUMA (Hrsg.) (2002): AUMA-Messe-Guide Deutschland 2003. Internationale, überregionale und regionale Messen und Ausstellungen. Berlin.

AUMA (Hrsg.) (2003): AUMA-Messe-Guide Deutschland 2004. Internationale, überregionale und regionale Messen und Ausstellungen. Berlin.

Beckmann, K. (1998): Fachwirt/Fachwirtin für die Tagungs-, Kongreß- und Messewirtschaft. Ein Fortbildungsberuf für die Branche. In: AUMA (Hrsg.) (1998), S. 25-31.

Bode, V. u. J. Burdack (1998): Messen und ihre regionalwirtschaftliche Bedeutung. In: IfL (Hrsg.): Atlas Bundesrepublik Deutschland. Pilotband. 2. Aufl. Leipzig, S. 70-73.

Bode, V. u. J. Burdack (2002): Messestädte. In: IfL (Hrsg.): Nationalatlas Bundesrepublik Deutschland. Band 5: Dörfer und Städte. Mithrsg. von Friedrich, K., B. Hahn u. H. Popp. Heidelberg, Berlin, S. 96-97.

Bode, V. u. J. Burdack (2003): Die Messestadt Leipzig im Netz der deutschen Messestädte. In: Stadt Leipzig, Amt für Statistik und Wahlen: Statistischer Quartalsbericht. Heft 1/ 2003, S. 14-18.

Deutsche Telekom Medien, TVG u. Gelbe-Seiten-Fachverlage (Hrsg.) (2002): [CD-ROM] Gelbe Seiten. Das Branchenverzeichnis für Deutschland. (Stand 1. August 2002).

Deutscher Bundestag (Hrsg.) (2001): Zukunft der deutschen Messewirtschaft in der Globalisierung. Antwort der Bundesregierung auf die Große Anfrage der Abgeordneten Wolfgang Börnsen (Bönstrup), Gunnar Uldall, Peter Rauen, weitere Abgeordnete und der Fraktion der CDU/CSU – Drucksache 14/ 4816 –. Berlin (= Bundestags-Drucksache 14/ 5581 vom 14.03. 2001).

Eurostat (Hrsg.) (1994): Fairs and exhibitions in the European economy. Brüssel, Luxemburg (= Eurostat: Theme 7: Services and transport. Series C: Accounts, surveys and statistics).

m+a MessePlaner 2003. Messen und Ausstellungen international/ Schedule of fairs and exhibitions worlwide/ Guide internationale des faires et expositions (2002). Frankfurt a.M.

Penzkofer H. (2002): Wirtschaftliche Wirkungen der Frankfurter Messen. In: Ifo Schnelldienst. Nr. 1, S. 24-31.

Penzkofer H. (2003): Leipziger Messe: Veranstaltungen und Kongresse führen zu einer Beschäftigung von über 4800 Personen. In: Ifo Schnelldienst. Nr. 14, S. 14-24.

Penzkofer H. u. U. C. Täger (2001): Wirtschaftliche Wirkungen der Münchner Messe. In: Ifo Schnelldienst. Nr. 23, S. 23-32.

Spannagel, R. u.a. (1999): Die gesamtwirtschaftliche Bedeutung von Messen und Ausstellungen in Deutschland. München (= Ifo-Studien zu Handels- und Dienstleistungsfragen 57).

Quellen von Karten und Abbildungen

Abb. 1: Größte internationale Messeplätze weltweit 2003: Ausstellungs- und Messe-Ausschuss der Deutschen Wirtschaft e.V.: AUMA Messen Ausstellungen: online im Internet unter: http://www.auma.de/content.aspx?sprache=d&cnt=100200&spdata=1 MEREBO Messe Marketing: Water China 2004 Messegelände: online im Internet unter: http://www.merebo.de/Water/Deutsch/Messegelaende/messegelaende.html Industrie- und Handelskammer zu Düsseldorf: Messen: online im Internet unter: http://www.duesseldorf.ihk.de/de/Internationales/Auslandsmaerkte/USA/Messe.jsp

Abb. 2: Ausgaben der Besucher und Aussteller 1997: Spannagel, R. u.a. (1999), S. 42 u. S. 51.

Abb. 3: Messebesucher 1991-2002,

Abb. 4: Aussteller 1991-2002: AUMA (Hrsg.) (1996): Die Messewirtschaft 1995/96. Berlin. AUMA (Hrsg.) (2000a). AUMA (Hrsg.) (2000b). AUMA (Hrsg.) (2002). Spannagel, R. u.a. (1999). Eigene Berechnung.

Abb. 5: Messewirtschaft: AUMA (Hrsg.) (1996a). AUMA (Hrsg.) (1996b). AUMA (Hrsg.) (1998). AUMA (Hrsg.) (2002). AUMA (Hrsg.) (2003). Deutsche Telekom Medien, TVG u. GelbeSeiten-Fachverlage (Hrsg.) (2002). m+a MessePlaner 2003. Spannagel, R. u.a. (1999). Eigene Erhebung. Eigene Berechnung.

S. 140-143: Exportnation Deutschland

Autoren: Prof. Dr. Hans-Dieter Haas und Hans-Martin Zademach, MSc (LSE), Institut für Wirtschaftsgeographie der Ludwig-Maximilians-Universität München, Ludwigstr. 28, 80539 München

Kartographische Bearbeiter

Abb. 1, 2, 5: Konstr: H.-D. Haas, H.-M. Zademach; Red: S. Dutzmann; Bearb: P. Mund

Abb. 3: Konstr: S. Dutzmann; Red: S. Dutzmann; Bearb: P. Mund

Abb. 4: Konstr: H.-D. Haas, H.-M. Zademach; Red: S. Dutzmann; Bearb: D. Hajizadeh-Alamdary, H. Sladkowski, P. Mund

Abb. 6: Konstr: D. Hajizadeh-Alamdary, H.-M. Zademach; Red: S. Dutzmann; Bearb: D. Hajizadeh-Alamdary, H. Sladkowski, P. Mund

Abb. 7: Konstr: H.-D. Haas, H.-M. Zademach; Red: S. Dutzmann; Bearb: D. Hajizadeh-Alamdary, H. Sladkowski, H.-M. Zademach, P. Mund

Literatur

Deutsche Bundesbank (2003): Monatsbericht Mai 2003. Nr. 5.

Eberth, F. (2003): Außenhandel 2002 nach Ländern. In: Wirtschaft und Statistik. Heft 4, S. 319-326.

Haas, H.-D. u. M. Hess (1999): Struktur und Entwicklung der deutschen Außenwirtschaft. In: IfL (Hrsg.): Nationalatlas Bundesrepublik Deutschland. Band 1: Gesellschaft und Staat. Mithrsg. von Heinritz, G., S. Tzschaschel u. K. Wolf. Heidelberg, Berlin, S. 134-137.

Jahrmann, F.-U. (2001): Außenhandel. 10. überarb. und erweit. Aufl. Ludwigshafen a. Rhein (= Kompendium der praktischen Betriebswirtschaft).

Koch, E. (1997): Internationale Wirtschaftsbeziehungen. Band 1: Internationaler Handel. Chancen und Risiken der Globalisierung. 2. völlig überarb. und erweit. Aufl. München (= Internationale Wirtschaftsbeziehungen. Band1).

Schintke, J. u. R. Stäglin (2003): Export stützt Beschäftigung. Jeder fünfte Arbeitsplatz in Deutschland von der Ausfuhr abhängig. In: DIW-Wochenbericht. Nr. 9/2003, S. 139-146. Auch online im Internet unter: http://www.diw.de/deutsch/produkte/publikationen/wochenberichte/docs/03-09-1.html

StBA (versch. Ausgaben): Pressemitteilungen nach Sachgebieten: Außenhandel. Online im Internet unter: http://www.destatis.de/presse/deutsch/sach/pm18.htm

Quellen von Karten und Abbildungen

Abb. 1: Zusammensetzung des deutschen Exportsortiments 2000: Jahrmann, F.-U. (2001), S. 31. Eigene Darstellung.

Abb. 2: Gesamtentwicklung von Außenhandel und BIP 1950-2002: StBA [2003]: Gesamtentwicklung im Außenhandel seit 1950 - 2003 (Excel/ 28 KB): online im Internet unter: http://www.destatis.de/download/d/aussh/gesamt03.xls Sonderauswertung Lange Reihe des BIP, Gruppe IIIA: Entstehung und Verwendung des Inlandsprodukts, StBA (08/ 2003). Eigene Darstellung.

Abb. 3: Die 15 wichtigsten Exporthandelspartner 2002: StBA (1999): Frankreich – Deutschlands wichtigster Handelspartner im Jahre 1998. Wiesbaden (= Pressemitteilung 11. März 1999). Auch online im Internet unter: http://www.destatis.de/presse/deutsch/pm1999/p0820181.htm StBA (2003): Frankreich bleibt Deutschlands wichtigster Handelspartner 2002. Wiesbaden (= Pressemitteilung 11. April 2003). Auch online im Internet unter: http://www.destatis.de/presse/deutsch/pm2003/p1490181.htm

Abb. 4: Deutscher Außenhandel 2002: StBA (2003): Rangfolge der Handelspartner im Außenhandel der Bundesrepublik Deutschland (.pdf/ 62 KB): online im Internet unter: http://www.destatis.de/download/d/aussh/rang2.pdf Eberth, F. (2003), S. 322f.

Abb. 5: Güterumschlag im grenzüberschreitenden Verkehr 2001: StBA (Hrsg.) (2002): Statistisches Jahrbuch 2002 für die Bundesrepublik Deutschland. Wiesbaden, S. 295, Tab. 13.2.2.

Abb. 6: Exportziele und Außenhandelsbilanz 2002: StÄdBL 2003. Eigene Berechnung.

Abb. 7: Entwicklung der Außenhandelsbilanz und Ausfuhren 1993 und 2002: StÄdL 2003. Eigene Berechnung.

Bildnachweis

S. 140: Der Flughafen Frankfurt a.M. ist ein internationales Luftfracht-Drehkreuz: © Fraport AG

S. 142: Im Containerhafen Hamburg – dem zweitgrößten Europas – wurden im Jahr 2003 6,1 Mio. Container verladen: © Karl-Heinz Hänel/OKAPIA

S. 144-145: Großmärkte, Erzeugermärkte und Direktvermarktung

Autor: PD Dr. Andreas Voth, Institut für Strukturforschung und Planung in agrarischen Intensivgebieten (ISPA) der Hochschule Vechta, Universitätsstr. 5, 49377 Vechta

Kartographische Bearbeiter

Abb. 1, 2, 3: Red: B. Hantzsch; Bearb: P. Mund

Abb. 4, 5, 6, 7: Red: B. Hantzsch; Bearb: B. Hantzsch

Abb. 8: Konstr: A. Voth; Red: B. Hantzsch; Bearb: P. Mund

Literatur

Behr, H.-C. u. J. J. Riemer (1997): Absatzwege von frischem Obst und Gemüse. Bonn (= Materialien zur Marktberichterstattung. Band 14).

Glaser, G. (1967): Der Sonderkulturanbau zu beiden Seiten des nördlichen Oberrheins zwischen Karlsruhe und Worms. Eine agrargeographische Untersuchung unter besonderer Berücksichtigung des Standortproblems. Heidelberg (= Heidelberger Geographische Arbeiten. Heft 18).

Hamm, U. (1991): Landwirtschaftliches Marketing. Grundlagen des Marketing für landwirtschaftliche Unternehmen. Stuttgart (= UTB für Wissenschaft: Uni-Taschenbücher 1620).

Kreuzer, K. u. K. Drube (1996): Bio-Vermarktung. Vermarktungswege für Lebensmittel aus ökologischer Erzeugung. Lauterbach [, Darmstadt].

Liebster, G. (1990/1991): Warenkunde Obst & Gemüse. Band 1: Obst. Band 2: Gemüse. 2. Aufl. Düsseldorf.

Pachner, H. (1992): Räumliche Strukturen der Vermarktung landwirtschaftlicher Erzeugnisse in Württemberg. Struktur- und funktionsräumlicher Ansatz zum Verständnis von Vermarktungswegen und Marktregionen als Gestaltungselemente des ländlichen Raumes. Stuttgart (= Erdkundliches Wissen. Heft 106).

Voth, A. (2002): Innovative Entwicklungen in der Erzeugung und Vermarktung von Sonderkulturprodukten – dargestellt an Fallstudien aus Deutschland, Spanien und Brasilien. Vechta (= Vechtaer Studien zur Angewandten Geographie und Regionalwissenschaft. Band 24).

Quellen von Karten und Abbildungen

Abb. 1: Monatliche Verkaufserlöse der deutschen Erzeugermärkte bei Obst und Gemüse 2000: ZMP (2001): ZMP-Marktbilanz Obst. Deutschland, Europäische Union, Weltmarkt. Bonn. ZMP (2001): ZMP-Marktbilanz Gemüse. Deutschland, Europäische Union, Weltmarkt. Bonn.

Abb. 2: Erdbeerpreise an deutschen Großmärkten 1999: ZMP (2000): ZMP-Marktbilanz Obst. Deutschland, Europäische Union, Weltmarkt. Bonn.

Abb. 3: Anteile der Absatzwege im deutschen Gartenbau 1994: StBA (1996 u.1997): Gartenbauerhebung 1994. Teil I u. II. Stuttgart (= Fachserie 3: Land- und Forstwirtschaft, Fischerei). Zit. nach ZMP (1997): ZMP-Marktbilanz Obst. Deutschland, Europäische Union, Weltmarkt. Bonn.

Abb. 4: Erzeugermärkte für Obst und Gemüse 1992 und 2000: ZMP (versch. Jahrgänge): ZMP-Marktbilanz Obst. Deutschland, Europäische Union, Weltmarkt. Bonn.

Abb. 5: Struktur des Großhandels mit Obst und Gemüse 1996: ZMP (2000): ZMP-Marktbilanz Obst. Deutschland, Europäische Union, Weltmarkt. Bonn.

Abb. 6: Entwicklungsstufen der Organisation der Direktvermarktung: Eigener Entwurf.

Abb. 7: Anteile der Einkaufsstätten für frisches Obst und Gemüse 1999: ZMP (2001): ZMP-Marktbilanz Obst. Deutschland, Europäische Union, Weltmarkt. Bonn. ZMP (2001): ZMP-Marktbilanz Gemüse. Deutschland, Europäische Union, Weltmarkt. Bonn. Nach Daten der Gesellschaft für Konsumforschung, im Auftrag der Centrale Marketing-Gesellschaft der deutschen Agrarwirtschaft mbH.

Abb. 8: Erzeuger- und Großmärkte für Obst und Gemüse 2000: Arbeitsgemeinschaft Marktwesen im Deutschen Städtetag, Mitgliederliste, 2000. Gemeinschaft zur Förderung der Interessen der deutschen Großmärkte, Hamburg 2000. K. Schmitz, Geschäftsführer, Bundesvereinigung der Erzeugerorganisationen Obst und Gemüse e.V., Anschriftenverzeichnis, Bonn 2000. Ch. Somia, ZMP,

Bonn 2001. S. Strauß und H. Erharter, Großmarkthalle München, 2001.

Bildnachweis

S. 144: Erdbeervermarktung am Straßenstand: © A. Voth

S. 146-147: Fischwirtschaft zwischen Küstenfischerei und Aquakultur

Autoren: Dipl.-Geogr. Regina Dionisius und Prof. Dr. Ewald Gläßer, Wirtschafts- und Sozialgeographisches Institut der Universität zu Köln, Albertus-Magnus-Platz, 50923 Köln

Dr. Johann Schwackenberg, Neuer Weg 29, 50170 Kerpen-Buir

Dr. Axel Seidel, Prognos AG, Kasernenstr. 36, 40213 Düsseldorf

Kartographische Bearbeiter

Abb. 1: Konstr: S. Pohl; Red: R. Dionisius, E. Gläßer, J. Schwackenberg, A. Seidel, B. Hantzsch; Bearb: S. Pohl, P. Mund

Abb. 2, 3: Konstr: S. Pohl; Red: R. Dionisius, E. Gläßer, J. Schwackenberg, A. Seidel, B. Hantzsch; Bearb: S. Pohl, B. Hantzsch

Abb. 4: Konstr: S. Pohl; Red: R. Dionisius, E. Gläßer, J. Schwackenberg, A. Seidel, B. Hantzsch; Bearb: S. Pohl, R. Richter

Literatur

BMELF (Hrsg.) (1998): Fischwirtschaft in Deutschland. Markt – Politik – Forschung. Bonn (= BMELF informiert).

Bundesforschungsanstalt für Fischerei (Hrsg.) (versch. Jahrgänge): Informationen für die Fischwirtschaft aus der Fischereiforschung. Hamburg.

Bundesmarktverband der Fischwirtschaft (Hrsg.) (1997): [BMV: Fischwirtschaft]. Daten und Fakten. Hamburg.

Bundesverband der deutschen Fischindustrie und des Fischgrosshandels (Hrsg.) (versch. Jahrgänge): Geschäftsbericht [= Jahresbericht] des Bundesverbandes der deutschen Fischindustrie und des Fischgroßhandels e.V. Hamburg.

Glässer, E., J. Schwackenberg u. A. Seidel (2000): Strukturanpassung und Marktfähigkeit der deutschen Fischwirtschaft. In: Zeitschrift für Wirtschaftsgeographie. Heft 1, S. 2-18.

Institut für Landwirtschaftliche Marktforschung der Bundesforschungsanstalt für Landwirtschaft (Hrsg.) (versch. Jahrgänge): Die Fischwirtschaft in Zahlen/ Fisheries in figures. Braunschweig.

Quellen von Karten und Abbildungen

Abb. 1: Standorte der Verarbeitung und des Vertriebs von Fischen 2000: BML: Bekanntmachung der in der Bundesrepublik Deutschland zugelassenen Betriebe, Fabrikschiffe, Großhandelsmärkte und Versteigerungshallen für Fischereierzeugnisse, registrierten Umpackzentren sowie zugelassenen Versand- und Reinigungszentren von lebenden Muscheln. [Stand: 31.10.2000]. Veröffentlicht im Bundesanzeiger.

Abb. 2: Standorte und Fangmengen der deutschen Seefischerei: Fischwirtschaftliches Marketing-Institut (Hrsg.) (versch. Jahrgänge): [FIMA: Fischwirtschaft]. Daten und Fakten. Bremerhaven. Liste Kutteranlandeorte, Referat 522: Bereederung, Fangregulierung, Bundesanstalt für Landwirtschaft und Ernährung, Dienststelle Hamburg 2000.

Abb. 3: Warenstromanalyse für Fisch und Fischereierzeugnisse: Eigener Entwurf.

Abb. 4: Betriebe der Binnenfischerei 2001: Verband der deutschen Binnereifischerei e.V., Sitz: Nürnberg, Geschäftsstelle: Brandenburg.

Bildnachweis

S. 146: Der Hafen von Dornumersiel an der ostfriesischen Küste: © E. Gläßer

S. 148-149: Der ökologische Umbau der Industrie

Autor: Prof. Dr. Boris Braun, Institut für Geographie der Otto-Friedrich-Universität Bamberg, Am Kranen 12, 96045 Bamberg

Kartographische Bearbeiter

Abb. 1: Konstr: S. Schneider, U. Schnell; Red: K. Großer; Bearb: R. Bräuer

Abb. 2: Konstr: S. Schneider, U. Schnell; Red: K. Großer; Bearb: A. Müller

Abb. 3: Konstr: S. Schneider, U. Schnell; Red: K. Großer; Bearb: P. Grießmann

Abb. 4: Konstr: S. Schneider, U. Schnell; Red: K. Großer; Bearb: R. Richter

Literatur

Braun, B. (2002): Die Umweltproblematik in der Wirtschafts- und Industriegeographie. Bestandsaufnahme und Vorschläge für eine akteurszentrierte mikroanalytische Konzeption. In: Soyez, D. u. C. Schulz (Hrsg.): Wirtschaftsgeographie und Umweltproblematik. Köln (= Kölner Geographische Arbeiten. Heft 76), S. 13-27.

Braun, B. (2003): Unternehmen zwischen ökologischen und ökonomischen Zielen. Konzepte, Akteure und Chancen des industriellen Umweltmanagements aus wirtschaftsgeographischer Sicht. Münster, Hamburg, London (= Wirtschaftsgeographie. Band 25).

Bundesumweltministerium u. Umweltbundesamt (Hrsg.) (1995): Handbuch Umweltcontrolling. München.

Freimann, J. (1996): Betriebliche Umweltpolitik. Praxis – Theorie – Instrumente. Bern, Stuttgart, Wien (= UTB für Wissenschaft 1910).

Landesanstalt für Umweltschutz Baden-Württemberg (Hrsg.) (2001): Der Weg zu EMAS. Mannheim.

Umweltbundesamt u. StBA (2002): Umweltdaten Deutschland 2002. Berlin.

Quellen von Karten und Abbildungen

Abb. 1: Am Öko-Audit-System teilnehmende Betriebe 2001: EMAS-Standortverzeichnis, Deutscher Industrie- und Handelskammertag, Berlin/Bonn (11/2001).

Abb. 2: Betriebe des produzierenden Gewerbes (pG) im Öko-Audit-System 2001: EMAS-Standortverzeichnis, Deutscher Industrie- und Handelskammertag, Berlin/Bonn (11/2001). Unveröff. Sonderauswertung Betriebe des Produzierenden Gewerbes 2000, StÄdL.

Abb. 3: Bereiche der Umweltschutzinvestitionen im verarbeitenden Gewerbe 1998-2000,

Abb. 4: Umweltschutzinvestitionen im verarbeitenden Gewerbe (vG) 1998-2000: Unveröff. Sonderauswertung Umweltschutzinvestitionen im Verarbeitenden Gewerbe 1998, 1999 u. 2000, StÄdL.

S. 150-151: Umweltschutztechnologien – eine Zukunftsbranche

Autor: Dr. Johann Wackerbauer, Arbeitsbereich Umwelt, Regionen, Verkehr, ifo Institut für Wirtschaftsforschung an der Universität München, Poschingerstr. 5, 81679 München

Kartographische Bearbeiter

Abb. 1, 4: Konstr: IfL; Red: K. Großer; Bearb: A. Müller, M. Schmiedel

Abb. 2: Red: K. Großer; Bearb: R. Bräuer

Abb. 3: Red: K. Großer; Bearb: A. Müller

Literatur

Dreyhaupt, F. J. (Hrsg.) (1994): VDI-Lexikon Umwelttechnik. Düsseldorf.

UMFIS® – Das Umweltfirmen-Informationssystem der Industrie- und Handelskammern in Deutschland: online im Internet unter: http://www.umfis.de

Verordnung (EG) Nr. 761/2001 des Europäischen Parlaments und des Rates vom 19. März 2001 über die freiwillige Beteiligung von Organisationen an einem Gemeinschaftssystem für das Umweltmanagement und die Umweltbetriebsprüfung (EMAS). In: Amtsblatt der Europäischen Gemeinschaften. L 114 vom 24. April 2001, S. 1-29.

Quellen von Karten und Abbildungen

Abb. 1: Umwelttechnologie produzierende Firmen 2003: UMFIS®.

Abb. 2: Anbieter von Umweltschutzgütern 1999: Arbeitsbereich Umwelt, Regionen, Verkehr, ifo Institut, München 1999.

Abb. 3: Zuwachs der Umweltschutzwirtschaft 1993-1998: Arbeitsbereich Umwelt, Regionen, Verkehr, ifo Institut, München.

Abb. 4: Umsatz und Exportquote umwelttechnologischer Güter 1993 und 1998: Arbeitsbereich Umwelt, Regionen, Verkehr, ifo Institut, München 1998.

Bildnachweis

S. 151: Photovoltaik-Module auf der BauFach-Messe in Leipzig: © Leipziger Messe GmbH

S. 152-153: Einsatz und Entwicklung regenerativer Energien

Autor: PD Dr. Ralf Klein, Institut für Geographie der Bayerischen Julius-Maximilians-Universität Würzburg, Am Hubland, 97074 Würzburg

Kartographische Bearbeiter

Abb. 1, 2: Konstr: R. Klein; Red: K. Großer, W. Kraus; Bearb: P. Grießmann

Abb. 3: Konstr: R. Klein; Red: K. Großer; Bearb: P. Grießmann

Abb. 4: Konstr: R. Klein; Red: W. Kraus; Bearb: P. Mund

Abb. 5: Konstr: R. Klein, W. Weber; Red: W. Weber, K. Großer, W. Kraus; Bearb: W. Weber, A. Müller

Literatur

EEG/ Gesetz für den Vorrang Erneuerbarer Energien (Erneuerbare-Energien-Gesetz – EEG) sowie zur Änderung des Energiewirtschaftsgesetzes und des Mineralölsteuergesetzes vom 29. März 2000 (2000). In: Bundesgesetzblatt, Teil 1. Nr. 13 vom 31. März 2000, S. 305-309.

Europäische Kommission (1997): [Mitteilung der Kommission]. Energie für die Zukunft: Erneuerbare Energieträger. Weißbuch für eine Gemeinschaftsstrategie und Aktionsplan. Luxemburg (= KOM (97) 599, endgültig vom 26.11.1997).

Europäische Kommission (2001): Grünbuch – Hin zu einer europäischen Strategie für Energieversorgungssicherheit. Luxemburg (= KOM (2000) 769 endgültig vom 29.11.2000).

Staiss, F. (2003): Jahrbuch Erneuerbare Energien 02/03. Radebeul.

Stromeinspeisungsgesetz (Gesetz über die Einspeisung von Strom aus erneuerbaren Energien in das öffentliche Netz vom 7. Dezember 1990) (1990). In: Bundesgesetzblatt, Teil 1. Nr. 67 vom 14.12.1990, S. 2633-2634.

Vereinte Nationen (1992): Rahmenübereinkommen der Vereinten Nationen über Klimaänderungen. [United Nations Framework Convention on Climate Change (UNFCCC)]. New York am 9. Mai 1992.

Vereinte Nationen (1997): Protokoll von Kyoto zum Rahmenübereinkommen der Vereinten Nationen über Klimaänderungen. Kyoto am 11. Dezember 1997.

Vereinte Nationen (2002): Bericht des Weltgipfels für nachhaltige Entwicklung. Johannesburg, Südafrika, 26. August – 4. September 2002. [Report of the World Summit on Sustainable Development. Johannesburg, South Africa, 26 August – 4 September 2002]. New York (= A/CONF.199/20).

WBGU (Wissenschaftlicher Beirat der Bundesregierung Globale Umweltveränderungen) (2003): Energiewende zur Nachhaltigkeit. Berlin u.a. (= Welt im Wandel).

Quellen von Karten und Abbildungen

Abb. 1: Anteil der Energieträger am Primärenergieverbrauch 2002,

Abb. 2: Entwicklung des Primärenergieverbrauches 1990-2002: Bundesministerium für Wirtschaft und Arbeit (Hrsg.) (2003): Energie Daten 2003. Nationale und internationale Entwicklung. Berlin (= Zahlen und Fakten), S. 10.

Abb. 3: Entwicklung der Marktformen für regenerative Energien: nach T. Weller, fair energy consulting, Unterföhring. Eigener Entwurf.

Abb. 4: Veränderung des globalen Energiemix bis 2050/2100: WBGU (2003), S. 4, Abb. 1.

Abb. 5: Wind- und Wasserkraftanlagen 2002: Giesecke, J. u. S. Heimerl (1999): Wasserkraftanteil an der elektrischen Stromerzeugung in Deutschland. In: Wasserwirtschaft – Zeitschrift für Wasser und Umwelt. Heft 7-8, S. 336-347. [Karte] 8.3 Elektrizitätsversorgung – Verbundnetz (1993). 1:2.500.000. In: Amt für Militärisches Geowesen (Hrsg.) (1991ff.): Atlas der Militärlandeskunde – Bundesrepublik Deutschland. M 24-ABD. Euskirchen. Mittlere Windgeschwindigkeit in 10 m Höhe (1995). In: Informationszentrale der Elektrizitätswirtschaft e.V. (IZE) (Hrsg.): Strombasiswissen. Informationen zur energiewirtschaftlichen und energiepolitischen Diskussion. Frankfurt a.M. (= Nr. 109). Institut für solare Energieversorgungstechnik (ISET) an der Universität Kassel. Landesämter für Wasserwirtschaft bzw. Wirtschaft oder Landwirtschaft und Umwelt.

S. 154-155: CO_2-Ausstoß und Emissionshandel

Autor: Dipl.-Kfm. Dieter Schlesinger, MBR, Institut für Wirtschaftsgeographie der Ludwig-Maximilians-Universität München, Ludwigstr. 28, 80539 München

Kartographische Bearbeiter

Abb. 1: Konstr: D. Schlesinger; Red: S. Dutzmann; Bearb: S. Dutzmann

Abb. 2, 3, 4: Konstr: D. Schlesinger; Red: K. Großer, B. Hantzsch; Bearb: P. Mund

Abb. 5: Konstr: J. Blauhut; Red: B. Hantzsch; Bearb: B. Hantzsch

Literatur

Bundesministerium für Umwelt, Naturschutz und Reaktorsicherheit (Hrsg.) (2004): Nationaler Allokationsplan für die Bundesrepublik Deutschland 2005-2007. Berlin. Auch online im Internet unter: http://www.bmu.de/files/nap_kabinettsbeschluss.pdf

Europäische Umweltagentur: EPER. European Pollutant Emission Register: online im Internet unter: http://www.eper.cec.eu.int

Umweltbundesamt (Hrsg.) (2003): Deutsches Treibhausgasinventar 1990-2001. Nationaler Inventarbericht 2003. Berichterstattung unter der Klimarahmenkonvention der Vereinten Nationen. Berlin. Auch online im Internet unter: http://www.umweltbundesamt.org/fpdf-l/2515.pdf

Vereinte Nationen (1992): Rahmenübereinkommen der Vereinten Nationen über Klimaänderungen. [United Nations Framework Convention on Climate Change (UNFCCC)]. New York am 9. Mai 1992.

Vereinte Nationen (1997): Protokoll von Kyoto zum Rahmenübereinkommen der Vereinten Nationen über Klimaänderungen. Kyoto am 11. Dezember 1997.

Ziesing, H.-J. (2002): Internationale Klimaschutzpolitik vor großen Herausforderungen. In: DIW-Wochenbericht. Nr. 34/2002, S. 555-568. Auch online im Internet unter: http://www.diw.de/deutsch/produkte/publikationen/wochenberichte/docs/02-34-1.html

Quellen von Karten und Abbildungen

Abb. 1: CO_2-Ausstoß durch EPER-Anlagen: Europäische Umweltagentur: EPER, 2004.

Abb. 2: Vereinbarte und erreichte Minderungsziele für Treibhausgasemissionen: Ziesing, H.-J. (2002), Tab. 4.

Abb. 3: Definition und Verteilung der emittierten Kyoto-Gase 2001: Umweltbundesamt (Hrsg.) (2003), S. 14, Tab. 2.

Abb. 4: Nationaler Allokationsplan: Bundesministerium für Umwelt, Naturschutz und Reaktorsicherheit (Hrsg.) (2004), S. 19, Tab. 2 u. S. 22, Tab. 3.

Abb. 5: CO_2-Ausstoß der Wirtschaft: Europäische Umweltagentur: EPER, 2004.

Bildnachweis

S. 155: Der CO_2-Ausstoß trägt wesentlich zur Smog-Bildung bei: © Prof. Dr. J. Baumüller

S. 156-157: Abfallwirtschaft

Autor: Dr. Eckhard Störmer, Seebrucker Str. 37, 81825 München

Unter Mitarbeit von Dipl.-Geogr. Marc Jochemich, MBR, GründerRegio M e.V.,

Frankfurter Ring 193a, 80807 München und Dipl.-Kfm. Dieter Schlesinger, MBR, Institut für Wirtschaftsgeographie der Ludwig-Maximilians-Universität München, Ludwigstr. 28, 80539 München

Kartographische Bearbeiter

Abb. 1: Konstr: D. Schlesinger, S. Dutzmann; Red: S. Dutzmann; Bearb: P. Mund

Abb. 2: Konstr: M. Jochemich; Red: S. Dutzmann; Bearb: P. Mund

Abb. 3: Konstr: E. Störmer, S. Dutzmann; Red: S. Dutzmann; Bearb: P. Mund

Abb. 4: Konstr: J. Blauhut, S. Dutzmann; Red: S. Dutzmann; Bearb: A. Müller

Literatur

Alwast, H., J. Hoffmeister u. F. Schneegans (2000): Zukunft in Zahlen. Prognose bis 2010 – Entsorgungsmärkte weiter im Wandel. In: Entsorga-Magazin. Heft 5, S. 33-45.

Bundesministerium für Umwelt, Naturschutz und Reaktorsicherheit (Hrsg.) (2002): Abfallrecht aktuell: Verordnungen des Bundes für eine nachhaltige Abfallwirtschaft. Praktizierte Kreislaufwirtschaft – ein Beitrag zum Ressourcenschutz (Stand: April 2002). In: Umwelt. Nr. 5., Sonderteil.

Einzmann, U., T. Turk u. K. Fricke (2001): Lenkungsfunktion der Abfall- und Abfallgebührensatzungen. In: Müll und Abfall. Heft 8, S. 473-479.

Gawel, E. (1999): Produktverantwortung zur Steuerung abfallwirtschaftlicher Produktrisiken. In: Hansjürgens, B. (Hrsg.): Umweltrisikopolitik. Berlin (= Sonderheft zur Zeitschrift für angewandte Umweltforschung. Sonderheft 10), S. 188-205.

Haas, H.-D. u. S. Siebert (1993): Entsorgung im Wandel – Probleme und Perspektiven der bundesdeutschen Abfallwirtschaft. In: Zeitschrift für Wirtschaftsgeographie. Heft 1, S. 1-13.

Haas, H.-D. u. S. Siebert (1995): Umweltorientiertes Wirtschaften. Aktuelle Ansatzpunkte aus einzel- und gesamtwirtschaftlicher Sicht. In: Zeitschrift für Wirtschaftsgeographie. Heft 3-4, S. 137-146.

Jochemich, M. u. D. Schlesinger (2002): Effiziente Organisationsformen in der Gewerbeabfallwirtschaft nach Einführung des Kreislaufwirtschafts- und Abfallgesetzes. Das Forschungskonzept. In: Soyez, D. u. C. Schulz (Hrsg.): Wirtschaftsgeographie und Umweltproblematik. Köln (= Kölner Geographische Arbeiten. Heft 76), S. 69-81.

KrW-/AbfG/ Kreislaufwirtschafts- und Abfallgesetz (Gesetz zur Förderung der Kreislaufwirtschaft und Sicherung der umweltverträglichen Beseitigung von Abfällen vom 27. September 1994) (1994). In: Bundesgesetzblatt, Teil 1. Nr. 66 vom 06.10.1994, S. 2705-2724.

Seidel, A. (2000): Kreislaufwirtschaft im Spannungsfeld zwischen Ökonomie und Ökologie in Deutschland. Mit einem Geleitwort von Ewald Gläßer, Rolf Sternberg und Götz Voppel zum 50jährigen Bestehen des Wirtschafts- und Sozialgeographischen Instituts an der Universität zu Köln. Köln (= Kölner Forschungen zur Wirtschafts- und Sozialgeographie. Band 50).

Umweltbundesamt (Hrsg.) (2002): Nachhaltige Konsummuster. Ein neues umweltpolitisches Handlungsfeld als Herausforderung der Umweltkommunikation. Mit einer Zielgruppenanalyse des Frankfurter Instituts für Sozialökologische Forschungen. Berlin (= Umweltbundesamt: Berichte. Nr. 06/2002).

Quellen von Karten und Abbildungen

Abb. 1: Abfallentsorgung 1996-2001: StBA (2002): Abfallentsorgung. Bundes- und Ländererergebnisse. Wiesbaden (= Fachserie 19: Umwelt. Reihe 1), S. 33f., Tab. 1.3.

Abb. 2: Abfallwirtschaft: KrW-/AbfG (1994).

Abb. 3: Verwertete DSD-Verpackungen 1992-2003: Duales System Deutschland AG (2002): Kreislaufwirtschaft in Zahlen. Köln. Duales System Deutschland AG: Der Grüne Punkt: Leistungsbilanz/ Mengenstrom: online im Internet unter: http://www.gruener-punkt.de

Abb. 4: Entsorgungsanlagen: Abfallbilanzen und Umweltberichte der Länder. W. Franke, FB III 3.2: Sonderabfallentsorgung u. B. Engelmann, FB III 3.3: Abfallbehandlung, -ablagerung, Umweltbundesamt Berlin (05/2004). Eigene Erhebung.

S. 158-159: Ansätze nachhaltiger Regionalentwicklung

Autor: Dr. Thorsten Wiechmann, Leibniz-Institut für Ökologische Raumentwicklung, Weberplatz 1, 01217 Dresden

Kartographische Bearbeiter

Abb. 1, 2: Red: B. Hantzsch; Bearb: P. Mund

Abb. 3: Red: B. Hantzsch; Bearb: R. Bräuer

Abb. 4: Konstr: S. Witschas; Red: B. Hantzsch; Bearb: P. Mund

Literatur

Adam, B. u. T. Wiechmann (1999): Die Rolle der Raumplanung in regionalen Agenda-Prozessen. In: Informationen zur Raumentwicklung. Heft 9/10, S. 661-673.

BBR (Hrsg.) (1998): Regionen der Zukunft – regionale Agenden für eine nachhaltige Raum- und Siedlungsentwicklung. Bonn (= Werkstatt: Praxis. Nr. 7/1998. Zgl. Wettbewerbszeitung Nr. 1).

BBR (Hrsg.) (2000): Gute Beispiele einer nachhaltigen regionalen Raum- und Siedlungsentwicklung. Handbuch. Bonn (= Werkstatt: Praxis. Nr. 1/2000).

BBR (Hrsg.) (2001): Regionen der Zukunft – Aufgaben der Zukunft. Bonn (= Werkstatt: Praxis. Nr. 3/2001. Zgl. Wettbewerbszeitung Nr. 3).

BMVEL (Hrsg.) (2002): Regionen Aktiv - Land gestaltet Zukunft. Dokumentation zu den Gewinnern des Wettbewerbs. Berlin.

Brundtland-Kommission (World Commission on Environment and Development) (1987): Our common future. Oxford, New York.

BUND [Bund für Umwelt und Naturschutz] u. Misereor (Hrsg.) (1996): Zukunftsfähiges Deutschland. Ein Beitrag zu einer global nachhaltigen Entwicklung. Studie des Wuppertal Instituts für Klima, Umwelt, Energie GmbH. Basel, Boston, Berlin.

Deutscher Bundestag (Hrsg.) (1998): Abschlussbericht der Enquete-Kommission „Schutz des Menschen und der Umwelt – Ziele und Rahmenbedingungen einer nachhaltig zukunftsverträglichen Entwicklung". Konzept Nachhaltigkeit. Vom Leitbild zur Umsetzung. Bonn (= Bundestags-Drucksache 13/11200 vom 26.06.98).

Deutscher Bundestag (Hrsg.) (2002): Umweltgutachten 2002 des Rates von Sachverständigen für Umweltfragen. Für eine neue Vorreiterrolle. Unterrichtung durch die Bundesregierung. Berlin (= Bundestags-Drucksache 14/8792 vom 15.04.2002).

The Local Futures Group (1998): The London Study: A strategic framework for London. In Zusammenarbeit mit Demos und der Universität Dundee. London.

Umweltbundesamt (Hrsg.) (1998): Nachhaltiges Deutschland. Wege zu einer dauerhaft umweltgerechten Entwicklung. 2. durchges. Aufl. Berlin.

Quellen von Karten und Abbildungen

Abb. 1: E³-Modell nachhaltiger regionaler Entwicklung: The Local Futures Group (1998).

Abb. 2: Steuerungsformen nachhaltiger Regionalentwicklung: verändert nach Adam, B. u. T. Wiechmann (1999), S. 672.

Abb. 3: Ziele einer nachhaltigen Raum- und Siedlungsentwicklung: BBR (Hrsg.) (1998), S. 11.

Abb. 4: Ansätze nachhaltiger Regionalentwicklung: Eigener Entwurf.

Danksagung

Der Autor dankt Herrn Leander Küttner (Student der Geographie, Dresden) herzlich für die Unterstützung bei der Anfertigung des Beitrags.

S. 160-161: Entwicklung des ökologischen Landbaus

Autor: Dr. Rolf Diemann, Institut für Agrarökonomie und Agrarraumgestaltung der Martin-Luther-Universität Halle-Wittenberg, Adam-Kuckhoff-Str. 15, 06108 Halle (Saale)

Kartographische Bearbeiter

Abb. 1: Konstr: Th. Chudy; Red: K. Großer; Bearb: A. Müller, R. Richter

Abb. 2: Red: K. Großer; Bearb: K. Baum

Abb. 3, 4, 5: Red: K. Großer; Bearb: R. Bräuer

Abb. 6: Konstr: K. Baum; Red: K. Großer; Bearb: K. Baum

Literatur

BMVEL: Zentrales Portal Ökolandbau: online im Internet unter: http:// www.verbraucherministerium.de

Haccius, M. u. W. Neuerburg (2001): Ökologischer Landbau. Grundlagen und Praxis. 2. überarb. Aufl. Bonn (= Auswertungs- und Informationsdienst für Ernährung, Landwirtschaft und Forsten: aid. Nr. 1070).

Ministerium für Umwelt und Naturschutz, Landwirtschaft und Verbraucherschutz des Landes Nordrhein-Westfalen (Hrsg.) (2001): EU-Verordnung ökologischer Landbau. Eine einführende Erläuterung mit Beispielen. 2. überarb. Aufl. Düsseldorf.

Verordnung (EWG) Nr. 2092/91 des Rates vom 24. Juni 1991 über den ökologischen Landbau und die entsprechende Kennzeichnung der landwirtschaftlichen Erzeugnisse und Lebensmittel. In: Amtsblatt der Europäischen Gemeinschaften. L 198 vom 22. Juli 1991, S. 1-15.

Willer, H., I. Lünzer u. M. Haccius (2002): Ökolandbau in Deutschland. Bad Dürkheim (= SÖL-Sonderausgabe. Nr. 80).

Wippel, P. (1997): Ökologische Agrarwirtschaft in Baden-Württemberg. Mannheim (= Südwestdeutsche Schriften. Heft 23).

Zerger, C. u. G. Haas (2003): Ökologischer Landbau und Agrarstruktur in Nordrhein-Westfalen. Atlas und Analysen. Berlin (=Institut für Organischen Landbau: Schriftenreihe [21]).

Quellen von Karten und Abbildungen

Abb. 1: Ökologischer Landbau 1999: Agrarstrukturerhebung 1999, StÄdL. StÄdBL (Hrsg.) (2001): [CD-ROM] Statistik regional. Daten und Informationen der Statistischen Ämter des Bundes und der Länder. Ausgabe 2001. Düsseldorf, Tab. 115-35.

Abb. 2: Prinzipien des ökologischen Landbaus: Neuerburg, W. u. S. Padel (1992): Organisch-biologischer Landbau in der Praxis. Umstellung, Betriebs- und Arbeitswirtschaft, Vermarktung, Pflanzenbau und Tierhaltung. München u.a., S. 12.

Abb. 3: Gewinnentwicklung in ökologischen und vergleichbaren konventionellen Betrieben 1993-2000: Offermann, F. u. H. Nieberg (2001): Ökologischer Landbau in Europa – eine wirtschaftliche Alternative? In: Ökologie & Landbau. Heft 2, S. 10-13, S. 12, Abb. 2.

Abb. 4: Betriebe und Fläche der ökologischen Landwirtschaft 1978-2001: Willer, H., I. Lünzer u. M. Haccius (2002), S. 15.

Abb. 5: Kennziffern des ökologischen und konventionellen Landbaus 1999/2000: BMVEL (Hrsg.) (2002): Ernährungs- und agrarpolitischer Bericht 2002 der Bundesregierung. Bonn, Berlin.

Abb. 6: Landwirtschaftliche Betriebe in den Ökoverbänden 2001: Biokreis e.V., Verband für ökologischen Landbau, Passau 2002. Bioland Bundesverband, Mainz 2002. Biopark e.V., Karow 2002. Demeter-Bund e.V., Darmstadt 2002. Gäa – Vereinigung ökologischer Landbau e.V., Dresden 2002. Naturland – Verband für naturgemäßen Landbau e.V., Gräfelfing 2002.

S. 162-165: Die Wald- und Forstwirtschaft

Autor: Prof. Dr. Werner Klohn, Institut für Strukturforschung und Planung in agrarischen Intensivgebieten (ISPA) der Hochschule Vechta, Universitätsstr. 5, 49377 Vechta

Kartographische Bearbeiter

Abb. 1: Red: K. Großer; Bearb: A. Müller

Abb. 2, 3, 4, 5, 7, 10: Konstr: W. Klohn; Red: K. Großer; Bearb: A. Müller

Abb. 6: Red: K. Großer; Bearb: P. Mund

Abb. 8: Red: K. Großer; Bearb: R. Bräuer

Abb. 9: Konstr: B. Grabkowsky; Red: K. Großer; Bearb: R. Richter

Abb. 11, 12: Konstr: W. Klohn; Red: K. Großer; Bearb: R. Bräuer

Literatur

BML [1992]: Bundeswaldinventur 1986-1990. Band 1: Inventurbericht und Übersichtstabellen für das Bundesgebiet nach dem Gebietsstand bis zum 03.10.1990 einschließlich Berlin (West). Band 2: Grundtabellen für das Bundesgebiet nach dem Gebietsstand vor dem 03.10.1990 einschl. Berlin (West). Bonn.

BML (1994): Der Wald in den neuen Bundesländern. Eine Auswertung vorhandener Daten nach dem Muster der Bundeswaldinventur. [Bonn].

BML (1997): Waldbericht der Bundesregierung. Bonn.

BML/ BMVEL (Hrsg.) (versch. Jahrgänge): Statistisches Jahrbuch über Ernährung, Landwirtschaft und Forsten der Bundesrepublik Deutschland. Münster-Hitrup.

BMVEL (Hrsg.) (2001): Gesamtwaldbericht der Bundesregierung. Bonn.

Hohnhorst, M. v. (1997): Holz - Schlüsselressource für das Jahrhundert der Umwelt. In: Bode, W. (Hrsg.): Naturnahe Waldwirtschaft. Prozeßschutz oder biologische Nachhaltigkeit? Holm, S. 281-294.

Klohn, W. u. H.-W. Windhorst (2002): Strukturen der Wald- und Forstwirtschaft. Vechta (= Vechtaer Materialien zum Geographieunterricht. Heft 9).

Küster, H. (1998): Geschichte des Waldes. Von der Urzeit bis zur Gegenwart. München.

Ministerium für Ländlichen Raum, Ernährung, Landwirtschaft und Forsten Baden-Württemberg (Hrsg.) (1994): Wald, Ökologie und Naturschutz. Leistungsbilanz und Ökologieprogramm der Landesforstverwaltung Baden-Württemberg. 2. Aufl. Stuttgart.

ZMP (versch. Jahrgänge): ZMP-Marktbilanz. Forst und Holz. Bonn.

Quellen von Karten und Abbildungen

Abb. 1: Anzahl und Fläche der Forstbetriebe 1999: BML/ BMVEL (Hrsg.) (2000), S. 382-383.

Abb. 2: Waldanteil, Waldfläche und Waldbesitz 2000: Agra-Europe Presse- und Informationsdienst GmbH (Hrsg.) (1997): Deutschland: Auf eine leistungsfähige Forst- und Holzwirtschaft angewiesen. In: Agra-Europe. Nr. 36 vom 8. September 1997, Länderberichte S. 44-48, Tab. S. 45.

Abb. 3: Waldfläche nach Baumartengruppen 1993: BMVEL (Hrsg.) (2001), S. 19.

Abb. 4: Waldfläche nach Besitzarten 1999: BMVEL (Hrsg.) (2001), S. 20.

Abb. 5: Jährlicher Holzeinschlag in den Wäldern 1991-2001: BML (1997), S. 63. BML/ BMVEL (Hrsg.) (versch. Jahrgänge).

Abb. 6: Unternehmen, Beschäftigte und Umsatz der Holzwirtschaft und Papierindustrie 1999: Auswertungs- und Informationsdienst für Ernährung, Landwirtschaft und Forsten (aid) (2001): Der deutsche Wald in Zahlen. Bonn.

Abb. 7: Gesamtholzbilanz 2001: Dieter, M. (2002): Holzbilanzen 2000 und 2001 für die Bundesrepublik Deutschland. Hamburg (= Bundesforschungsanstalt für Forst- und Holzwirtschaft: Arbeitsbericht des Instituts für Ökonomie 2002/7), Tab. 1.1. Auch online im Internet unter: http://www.bfafh.de/bibl/pdf/ iii_02_07.pdf

Abb. 8: Stundenaufwand je Festmeter geernteten Holzes 1955-2002: Ministerium für Ernährung und Ländlichen Raum Baden-Württemberg (Hrsg.) (versch. Jahrgänge): Jahresbericht der Landesforstverwaltung Baden-Württemberg. Forstwirtschaftsjahr [...]. Stuttgart.

Abb. 9: Holzeinschlag und Anteil des Nadelholzes am Bestand 2001: BML [1992]. BML (1994). ZMP (2002).

Abb. 10: Wirtschaftsergebnisse im Staats- und Privatwald 1960-1999: BML/ BMVEL (Hrsg.) (versch. Jahrgänge).

Abb. 11: Baumartenanteile im öffentlichen Wald

1850-1987: Ministerium für Ländlichen Raum, Ernährung, Landwirtschaft und Forsten Baden-Württemberg (Hrsg.) (1994), S. 47.
Abb. 12: Ein- und Ausfuhr von Holzprodukten 1999: Auswertungs- und Informationsdienst für Ernährung, Landwirtschaft und Forsten (aid) (2001): Der deutsche Wald in Zahlen. Bonn.

Bildnachweis
S. 162: Waldreiche Landschaft in Sachsen – Blick vom Scheibenberg im oberen Erzgebirge: © W. Klohn
S. 163: Altersklassenwald bei Taufkirchen südlich von München: © W. Klohn
S. 163: Altersklassenwald/ Naturnah bewirtschafteter Wald: Klohn, W. u. H.-W. Windhorst (2002), S. 44, Mat. 1-37.
S. 164: Mischwald im Siebertal im Harz: © W. Klohn
S. 165: Waldschäden am Rudolfstein im Fichtelgebirge (1997): © W. Klohn

S. 166-167: Wirtschaftsförderung
Autor: Oberstudiendirektor Dr. Klaus Kremb, M.A., Wilhelm-Erb-Gymnasium, Gymnasiumstr. 15, 67722 Winnweiler
Kartographische Bearbeiter
Abb. 1, 2, 3: Konstr: K. Kremb; Red: K. Großer; Bearb: P. Mund
Abb. 4: Konstr: J. Blauhut; Red: B. Hantzsch; Bearb: B. Hantzsch

Literatur
BBR (Hrsg.) (2000): [Themenheft] Europäische und nationale Strukturpolitik im Zeichen der AGENDA 2000. In: Informationen zur Raumentwicklung. Heft 2.
Bundesministerium der Finanzen (Hrsg.) (2001): Achtzehnter Subventionsbericht. Bericht der Bundesregierung über die Entwicklung der Finanzhilfen des Bundes und der Steuervergünstigungen für die Jahre 1999 - 2002. Berlin. Auch online im Internet unter: http://www.bundesfinanzministerium.de
Deutscher Bundestag (Hrsg.) (2002): Einunddreißigster Rahmenplan der Gemeinschaftsaufgabe „Verbesserung der regionalen Wirtschaftsstruktur“ für den Zeitraum 2002 bis 2005. Berlin (= Bundestagsdrucksache 14/ 8463 vom 06.03.2002).
FöBG/ Förderbankenneustrukturierungsgesetz (Gesetz zur Neustrukturierung der Förderbanken des Bundes vom 15. August 2003) (2003). In: Bundesgesetzblatt, Teil 1. Nr. 42 vom 21. August 2003, S. 1657-1663.
Kremb, K. (1999): Grenzüberschreitende Kooperationsräume und EU-Fördergebiete. In: IfL (Hrsg.): Nationalatlas Bundesrepublik Deutschland. Band 1: Bevölkerung und Gesellschaft. Mithrsg. von Heinritz, G., S. Tzschaschel u. K. Wolf. Heidelberg, Berlin, S. 132-133.

Quellen von Karten und Abbildungen
Abb. 1: Komponenten der Wirtschaftsförderung,
Abb. 2: Regionalförderung 2000-2003: Eigene Darstellung.
Abb. 3: Kreditprogramme (Auswahl) und Förderbeträge 2002: Kreditanstalt für Wiederaufbau (KfW), Frankfurt a.M. 2003. Deutsche Ausgleichsbank (DtA), Bonn 2003.
Abb. 4: Wirtschaftsförderung 2002: BBR: [Karte] Gebiete der Gemeinschaftsaufgabe „Verbesserung der regionalen Wirtschaftsstruktur“. In: Deutscher Bundestag (Hrsg.) (2002), Anhang 16, Karte 1. Kreditanstalt für Wiederaufbau (KFW), Frankfurt a.M. 2003. Deutsche Ausgleichsbank (DtA), Bonn 2003.

S. 168-169: Regional- und Stadtmarketing
Autor: Prof. Dr. Ulrich Ante, Institut für Geographie der Bayerischen Julius-Maximilians-Universität Würzburg, Am Hubland, 97074 Würzburg
Kartographische Bearbeiter
Abb. 1: Konstr: U. Ante; Red: K. Großer; Bearb: R. Bräuer
Abb. 2: Konstr: U. Ante, S. Dutzmann; Red: S. Dutzmann; Bearb: S. Dutzmann

Literatur
BfLR (Hrsg.) (1997): [Themenheft] Städtenetze – ein Forschungsgegenstand und seine praktische Bedeutung. In: Informationen zur Raumentwicklung. Heft 7.
Brake, K. (1997): Städtenetze – ein neuer Ansatz interkommunaler Kooperation. In: Archiv für Kommunalwissenschaften. Heft 1, S. 98-115.
Bundesministerium für Raumordnung, Bauwesen und Städtebau (1993): Raumordnungspolitischer Orientierungsrahmen. Leitbilder für die räumliche Entwicklung der Bundesrepublik Deutschland. Bonn-Bad Godesberg.
Gleisenstein, S., S. Klug u. A. Neumann (1997): Städtenetze als neues „Instrument“ der Regionalentwicklung? In: Raumforschung und Raumordnung. Heft 1, S. 38-47.
Knieling, J. (1997): Städtenetze und Konzeptionen der Raumordnung. Wirkungszusammenhänge und Maßnahmen zur Optimierung der instrumentellen Ergänzungsfunktion. In: Raumforschung und Raumordnung. Heft 3, S. 165-175.
Mielke, B. (2000): Regionalmarketing im Kontext regionaler Entwicklungskonzepte. In: Raumforschung und Raumordnung. Heft 4, S. 317-325.
Scibbe, P. (2000): Städtenetzwerke – ein neues Organisationskonzept in Raumordnung und Kommunalpolitik. Würzburg (= Würzburger Geographische Manuskripte. Band 49).

Quellen von Karten und Abbildungen
Abb. 1: Umfeldfaktoren der Entstehung neuer Instrumente der regionalen Wirtschaftspolitik: Eigener Entwurf.
Abb. 2: Regionalmarketing und Städtenetze 2001: nach Jurczek, P. u. M. Wildenauer (1999): Städtenetze – ein neues Instrument der Raumordnung. In: IfL (Hrsg.): Nationalatlas Bundesrepublik Deutschland. Band 1: Gesellschaft und Staat. Mithrsg. von Heinritz, G., S. Tzschaschel u. K. Wolf. Heidelberg, Berlin, S. 70-71, Abb. 2. Bundesministerium für Verkehr, Bau- und Wohnungswesen u. BBR: FORUM Städtenetze: online im Internet unter: http:// www.staedtenetzeforum.de Autorenvorlage. Eigene Erhebung.

Bildnachweis
S. 168: Internetauftritt des Sächsisch-Bayerischen Städtenetzes: © Arbeitsgemeinschaft Sächsisch-Bayerisches Städtenetz

S. 170-171: Die Geographie des Verbandswesens
Autor: Dr. Jens Kirsch, Geographisches Institut der Humboldt-Universität zu Berlin, Rudower Chaussee 16, 12489 Berlin
Kartographische Bearbeiter
Abb. 1, 2: Konstr: J. Kirsch, K. Baum; Red: S. Dutzmann; Bearb: P. Mund
Abb. 3: Konstr: J. Kirsch; Red: S. Dutzmann; Bearb: S. Dutzmann

Literatur
Berlin/Bonn-Gesetz (Gesetz zur Umsetzung des Beschlusses des Deutschen Bundestages vom 20. Juni 1991 zur Vollendung der Einheit Deutschlands) (1994). In: Bundesgesetzblatt, Teil 1. Nr. 27 vom 06.05.1994, S. 918-921.
Beyme, K. v. (1991): Hauptstadtsuche. Hauptstadtfunktionen im Interessenkonflikt zwischen Bonn und Berlin. Frankfurt a.M. (= Edition Suhrkamp 1709. N.F. 709).
BMJ (Bundesministerium der Justiz, Hrsg.) (jährlich): Bekanntmachung der öffentlichen Liste über die Registrierung von Verbänden und deren Vertretern vom [...]. Köln (= Beilage zum Bundesanzeiger).
Deutscher Bundestag: Dokumentations- und Informationssystem für Parlamentarische Vorgänge: Liste der registrierten Verbände: online im Internet unter: http:// dip.bundestag.de/verband.html
Herles, H. (Hrsg.) (1994): Das Berlin-Bonn-Gesetz: eine Dokumentation. Bonn.
Kirsch, J. (2003): Geographie des deutschen Verbandswesens. Mobilität und Immobilität der Interessenverbände im Zusammenhang mit dem Regierungsumzug. Münster (= Geographie. Band 15).
Latz, W. (1991): Die Bedeutung der Hauptstadtfunktion für Bonn. In: Praxis Geographie. Heft 10, S. 50-56.
Laux, H. D. (1991): Berlin oder Bonn? Geographische Aspekte einer Parlamentsentscheidung. In: Geographische Rundschau. Heft 12, S. 740-743.
Mann, S. (1994): Macht und Ohnmacht der Verbände. Das Beispiel des Bundesverbandes der Deutschen Industrie e.V. (BDI) aus empirisch-analytischer Sicht. Baden-Baden.
Schmid, J. (Bearb.) (1998): Verbände. Interessenvermittlung und Interessenorganisationen. Lehr- und Arbeitsbuch. München, Wien (= Lehr- und Handbücher der Politikwissenschaft).
Triesch, G. u. W. Ockenfels (1995): Interessenverbände in Deutschland. Ihr Einfluss in Politik, Wirtschaft und Gesellschaft. München, Landsberg a. Lech (= Geschichte und Staat. Band 302).

Quellen von Karten und Abbildungen
Abb. 1: Branchenspezifische Verbandskonzentrationen 2002: BMJ (Hrsg.) (2002): Bekanntmachung der öffentlichen Liste über die Registrierung von Verbänden und deren Vertretern vom 2. Mai 2002. Köln (= Beilage zum Bundesanzeiger. Nr. 137a).
Abb. 2: Arbeitgeber- und Arbeitnehmerorganisationen 2002: Mitgliederstatistiken: beamtenbund und tarifunion (DBB), Berlin. Bundesvereinigung der Deutschen Arbeitgeberverbände e.V. (BDA), Berlin. Christlicher Gewerkschaftsbund Deutschlands (CGB), Berlin. Deutscher Gewerkschaftsbund (DGB), Berlin.
Abb. 3: Hauptsitze von Interessenverbänden 2002: BMJ (Hrsg.) (1997): Bekanntmachung der öffentlichen Liste über die Registrierung von Verbänden und deren Vertretern vom 31. März 1997. Köln (= Beilage zum Bundesanzeiger. Nr. 148a). BMJ (Hrsg.) (2002): Bekanntmachung der öffentlichen Liste über die Registrierung von Verbänden und deren Vertretern vom 2. Mai 2002. Köln (= Beilage zum Bundesanzeiger. Nr. 137a).

Bildnachweis
S. 170: Die zukünftige Zentrale der Vereinten Dienstleistungsgewerkschaft ver.di am Spreeufer in Berlin kurz vor der Fertigstellung (2004): © Hochtief AG

Anmerkung
Teile des Textes beziehen sich auf Ergebnisse einer vom Autor durchgeführten Verbändebefragung (Mai-Oktober 2001, 85 Interviews). Sie erheben damit keinen Anspruch auf Allgemeingültigkeit.

S. 172-173: Der öffentlicher Dienst als Arbeitgeber
Autor: Prof. Dr. Alois Mayr, Von-Humboldt-Str. 39, 48159 Münster
Kartographische Bearbeiter
Abb. 1, 2, 3, 4: Konstr: A. Mayr; Red: K. Großer; Bearb: R. Richter
Abb. 5: Konstr: A. Mayr, J. Blauhut; Red: K. Großer; Bearb: R. Richter

Literatur
Benzing, A. u.a. (1978): Verwaltungsgeographie. Grundlagen, Aufgaben und Wirkungen der Verwaltung im Raum. Köln u.a.
Braun, G. u. C. Ellger (Hrsg.) (2003): Der Dienstleistungssektor in Nordostdeutschland – Entwicklungsproblem oder Zukunftschance. Hannover (= ARL Arbeitsmaterial. Nr. 304).
Fürst, D. (1995): Öffentliche Finanzen als Instrument der Regionalpolitik. In: ARL (Hrsg.): Handwörterbuch der Raumordnung. Hannover, S. 679-685.
Geppert, K. u. R.-D. Postlep (1999): Der Staat als Unternehmen: Öffentlicher Dienst und Gemeindefinanzen. In: IfL (Hrsg.): Nationalatlas Bundesrepublik Deutschland. Band 1: Gesellschaft und Staat. Mithrsg. von Heinritz, G., S. Tzschaschel u. K. Wolf. Heidelberg, Berlin, S. 56-57.
Kreft-Kettermann, H. (1990): Behörden und Zuständigkeitsbereiche I und II. [Begleittext zu den gleichnamigen Doppelblättern]. In: Geographische Kommission für Westfalen Landschaftsverband Westfalen-Lippe (Hrsg.): Geographisch-landeskundlicher Atlas von Westfalen. Themenbereich X: Administration und Planung. Münster. Lieferung 5, Doppelblätter 4 u. 5.
Mayr, A. (1990): Staatliche und kommunale Verwaltungsgliederung. [Begleitheft zum gleichnamigen Doppelblatt]. In: Geographische Kommission für Westfalen Landschaftsverband Westfalen-Lippe (Hrsg.): Geographisch-landeskundlicher Atlas von Westfalen. Themenbereich X: Administration und Planung. Münster. Lieferung 5, Doppelblatt 3.
Mayr, A. u. J. Kleine-Schulte (1994): Landschaftsverband Westfalen-Lippe: Regionale Repräsentanz und Raumwirksamkeit. [Begleittext zum gleichnamigen Doppelblatt]. In: Geographische Kommission für Westfalen Landschaftsverband Westfalen-Lippe (Hrsg.): Geographisch-landeskundlicher Atlas von Westfalen. Themenbereich X: Administration und Planung. Münster. Lieferung 7, Doppelblatt 6.
Müller, K. (Hrsg.) (1978): Behörden- und Gerichtsaufbau in der Bundesrepublik Deutschland. In Schaubildern systematisch entwickelt und dargestellt sowie ausführlich erläutert. Band 1: Behördenaufbau im Bund. Köln u.a.
Scholich, D. u. G. Tönnies (1999): Staatliche Einrichtungen von Bund und Ländern. In: IfL (Hrsg.): Nationalatlas Bundesrepublik Deutschland. Band 1: Gesellschaft und Staat. Mithrsg. von Heinritz, G., S. Tzschaschel u. K. Wolf. Heidelberg, Berlin, S. 54-55.
Taschenbuch des Öffentlichen Lebens. Deutschland 2004. Begründet von Professor Dr. Albert Oeckl (2003). Bonn.
Vesper, D. (1998): Öffentlicher Dienst: Starker Personalabbau trotz moderater Tarifanhebungen. Entwicklungstendenzen in den neunziger Jahren. In: DIW-Wochenbericht. Nr. 5/1998, S. 87-97. Auch online im Internet unter: http://www.diw.de/deutsch/produkte/publikationen/wochenberichte/docs/98-05-1.html

Quellen von Karten und Abbildungen
Abb. 1: Beschäftigte im öffentlichen Dienst 2000,
Abb. 2: Statusgruppen der Beschäftigten im öffentlichen Dienst 2000,
Abb. 3: Beschäftigte im öffentlichen Dienst,
Abb. 4: Beschäftigte im öffentlichen Dienst 1998-2000,
Abb. 5: Beschäftigte im öffentlichen Dienst 2000: Daten auf Kreisbasis für 2000 und auf Länderbasis für 1998-2000 der Personalstandsstatistik des Bundes, der Länder und der Gemeinden und -verbände (PERSGES00), Laufende Raumbeobachtung Deutschland (LRB) des BBR, Bonn nach StÄdBL.

Sachregister

L

M

N

O

P

Q

R

S

T

U

V

W

Z